金宗濂近照

1964 年北京大学本科毕业照

1991 年和爱人在加拿大 Alberta 大学做访问学者

1999 年赴欧洲访问调研职业教育

2007 年退休

2001年赴中国台湾访问统一企业

2004年赴澳大利亚访问

2004年赴悉尼进行职业教育调研

2004年赴新西兰进行职业教育调研

2005年赴北欧考察本科教育（1）

2005年赴北欧考察本科教育（2）

2005年赴俄罗斯访问

2005年指导研究生论文

2006年赴加拿大访问

2006年在办公室工作

2006年在实验室工作

2009年参观山西杏花村汾酒集团有限公司

2009年赴香港参加全球华人保健食品大会

2009年赴英国参加学术会议

2012年主持讨论北京食品学会主办的食品科技北京论坛

2012年参加纪念赵以炳先生诞辰100周年座谈会

2012年与恩师蔡益鹏合影

2014年参加保健食品研讨会并发言

2016年赴陕西省安康市参加功能农产品发展讨论会做学术报告

2014年主持北京食品学会年会

家庭小花絮：

我爱人周时佳，1964年南开大学生物系毕业后，进入中国农科院作物科学研究所工作，副研究员。我们1968年结婚，1969年育一子，名金东。金东1995年毕业于首都医科大学生物医学工程专业。他先在惠普工作，现已组建了一家有200多位员工的小型集团公司，他是该公司的董事长。我有三个孙辈，大孙女金喜12岁、孙子8岁、小孙女2岁。儿媳孙薇毕业于首都医科大学临床医学系，她原是首都儿科研究所外科大夫，现主要协助丈夫工作，并承担儿女教育。小家庭生活十分美满。有趣的是，我的亲家公竟是我上海南洋模范中学校友，比我高两届，他毕业于北京医科大学药物系，是首都医科大学药物系教授。现在我们又是北大校友了。

1968年结婚照

1971年全家福

2018 年金婚纪念（1）　　　　　　2018 年金婚纪念（2）

孙子（金城 2011 年 1 月生）和孙女（金喜 2007 年 11 月生）

2018 年全家福

功能食品论文集

金宗濂 编著

科学出版社
北京

内 容 简 介

本书汇集了作者及其团队自 1990 年以来在功能食品领域内教学、科研和学科建设，以及有关功能食品法律法规方面的学术论文。全书共分为 6 章，分别是工作回顾与评述、保健食品功能因子及作用机制研究、保健食品功能基础材料研究、食品保健功能检测方法与实例研究、保健（功能）食品的管理及产业评述，以及教学和学科建设，在一定程度上反映了我国保健食品在这一阶段的发展历程。

本书可供高、中等食品专业院校教师，本、专科学生和研究生作为参考用书，也可作为食品研究机构研究人员及食品企事业单位和各级政府机构专业人士工作参考材料使用。

图书在版编目（CIP）数据

功能食品论文集 / 金宗濂编著. —北京：科学出版社，2020.3
ISBN 978-7-03-062881-7

Ⅰ. ①功⋯ Ⅱ. ①金⋯ Ⅲ. ①疗效食品 - 文集 Ⅳ. ① TS218-53

中国版本图书管 CIP 数据核字（2019）第 242344 号

责任编辑：陈若菲　董　林 / 责任校对：杨　赛
责任印制：赵　博 / 封面设计：龙　岩

科 学 出 版 社 出版
北京东黄城根北街 16 号
邮政编码：100717
http://www.sciencep.com

三河市骏杰印刷有限公司　印刷
科学出版社发行　各地新华书店经销

*

2020 年 3 月第　一　版　　开本：787×1092　1/16
2020 年 3 月第一次印刷　　印张：40 1/4　插页 8
字数：1061 000

定价：238.00 元
（如有印装质量问题，我社负责调换）

作 者 简 介

金宗濂，1940年生，上海市人。我国著名功能（保健）食品专家，保健食品资深评审专家。北京联合大学二级教授。

1958年毕业于上海市南洋模范中学，1964年毕业于北京大学生物系人体及动物生理专业（本科六年制），1982年毕业于北京大学生物系，获硕士学位。1989年12月至1992年1月在加拿大Alberta大学做访问学者两年。1983年在国内率先建立了"食品科学和营养学"专业，填补了当时国内食品专业设置的空白。1992年该学科被评为北京市重点建设学科，金宗濂为该学科带头人。

曾兼任中国食品科学技术学会常务理事，第一届功能食品分会理事长，中国保健协会理事、专家组成员，中国保健协会健康产品监督监测分会理事长，中国农产品贮藏加工分会常务理事、名誉主任委员，北京食品学会第七、八届理事会理事长。

自1983年以来，"保健（功能）食品理论及产品开发"是他的科研方向之一。30余年来，共发表论文200余篇，出版专著4部（3部为第一作者），其中，《功能食品评价原理及方法》是我国第一本保健食品功能评价专著，于2000年获北京市科技进步三等奖。他善于将生理学、生物化学和营养学等理论与保健食品开发相结合，使保健食品研究与开发建立在现代科学基础之上。主持并完成中国人民解放军总后勤部"八五"攻关课题"高能野战口粮"子课题"增力胶囊"研究，解决了野战口粮在半热量供应条件下保持战斗人员战斗力的问题。该成果于1999年获中国人民解放军全军科技进步三等奖。提出脑内腺苷含量增加是老年记忆障碍的重要病因之一，利用腺苷阻断剂试制成的增智胶囊，可显著改善老年记忆障碍，并为动物和人体试食实验所证实，该成果成功实现了技术转让。

1996年被卫生部遴选为"食品卫生评审委员"，即"保健食品评审专家委员会的成员"和"保健食品功能学检测机构认定专家组成员"，成为这两个组织中唯一一位非卫生部系统专家。主持建立的"北京联合大学应用文理学院保健食品功能检测中心"也被卫生部认定为国家保健食品功能检测中心，并任中心主任，现为荣誉主任。2000年建立的"生物活性物质与功能食品"实验室，被评为北京市重点实验室，他为该实验室首任主任。30余年来，获国家科技进步三等奖1项，省部级以上科技进步二等奖2项，部级科技进步三等奖2项，北京市教学成果二等奖1项，并被评为北京市优秀教师（1997年）及全国优秀教师（1998年）。2015年又被中国食品科学技术学会授予"科技创新突出贡献奖"。

序一

金宗濂教授早年毕业于北京大学生物系,为著名科学家赵以炳教授所最为器重,是我国著名的食品科学家,在高校从事食品科学教学与研究多年,著述及获奖甚丰。他对常用食物、食品,尤其是保健功能食品,有深邃的专业教学和研究成就。30余年来,我与金宗濂教授不时在食品科学会议、国家卫生和计划生育委员会保健功能食品审评会议,以及有关食品生产制作会议上碰面,很是欣慰。金宗濂教授真诚而率直,讨论问题常常能够将理想与现实结合,接地气,折射出他对事业与学问的真性情,有浓厚的家国情怀,也不时流露出对食品科学专业的钟爱与志趣,多有建言,有底气,更有灵气。多年以前,我曾拜读过他的《功能食品评价原理及方法》《功能食品教程》等多部专著,获益良多。

食品科学、食品功能、食品制作工程与保健功能食品等是一门极为重要的学问,涉及国民健康、经济发展、合理监管,以及相关的食物文化等一系列科学技术及社会民生发展问题,必须认真研究和发展。我国上下五千年的悠久历史,传统生活中还有所谓酒文化、茶文化、饮食环境文化、食疗文化、素食文化、药食两用文化等诸多流派或考究,也有不少是值得继承、研究与发展的。

金宗濂教授今又将其自1983年之后公开发表的200余篇论著精选100余篇全文组成《功能食品论文集》出版,涉及保健食品功能因子及作用机制研究、保健食品功能基础材料研究、保健食品功能检测方法及实例研究、保健功能食品管理及产业评述,以及食品学科教学和学科建设等,均以实例加以阐述。书末附有金宗濂教授发表过的200余篇文献,实为当下不可多得之鸿篇巨制,对我国食品科学技术各界专业人员都是一部极好的案头参考用书。金宗濂教授邀我为此论文集作序,谨以此序祝贺该书的面世。

中国科学院院士
2015年盛夏于北京

序二

民以食为天。食品的营养与健康是食品之本。随着生活水平的提高和健康意识的增强，人们对食品的要求已不仅仅是能吃饱、吃好，更希望食品能对身体健康有促进作用，吃出健康。食品领域的研究也由最初的注重食品加工过程中的科学技术问题，发展到关注食品科学与人类健康的新领域——功能（保健）食品的研究。金宗濂教授是我国功能（保健）食品的先驱和开拓者，自1983年率先主持建立"食品科学和营养学"专业以来，金先生在功能（保健）食品研究开发领域已经耕耘了30多年，是国内外著名的功能食品专家。

功能（保健）食品是一门综合学科，相关研究涉及化学、生物化学、生理学、营养学及中医药学等多学科的基础理论。对功能食品中生物活性因子的化学结构、构效关系、量效分析及作用机制的研究是关键环节。金先生在化学、生物学和营养学方面有着扎实的理论功底，加上敏捷的思维、高瞻远瞩的科研思路和娴熟的实验技能，金先生几十年来硕果累累，获得国家和北京市多项奖励，累计发表论文200余篇，对功能（保健）食品的基础研究和相关管理及发展趋势都有独到的见解。

这本论文集收录了金先生120多篇论文的全文，均是有关功能（保健）食品的研究和学科建设方面的精品，也介绍了有关我国功能（保健）食品产业发展，法律、法规建设方面的情况，非常值得功能（保健）食品相关的研究人员和从业人员研读。

食品产业是民生产业，是永恒的朝阳产业。功能（保健）食品发展前景十分广阔，其中，普通食品功能化也是未来功能（保健）食品中非常重要的增长点。能为金先生这本书作序我感到非常荣幸，把包括功能（保健）食品在内的食品产业做好是我们义不容辞的历史使命，我们应该向金先生学习，聚焦食品的一个研究领域，并长期坚持下去。此为序。

中国工程院院士
2015 年 7 月 11 日

前　言

　　众所周知，在食品专业领域，大致需要"食品科学""食品工程"和"食品装备"三方面的专业人才。最初只培养"食品工程"和"食品装备"人才，不培养"食品科学"人才。到1978年，北京大学（简称北大）分校生物系开始按照北大模式培养基础生物学人才。1982年第一届学生毕业后，北京市教育行政部门的领导开始察觉，北京市并不需要这么多基础学科专业人才，于是提出北京的大学分校应培养应用型人才。根据北京市教育委员会指示，时任北大校长的张龙翔教授建议北大分校生物系应着手建立培养"食品科学"与"食品营养"方面的专业人才。

　　根据我们的调研，"食品科学"有两类学科方向。一类是研究食品加工中的科学问题，需要较强的工科基础；另一类是研究"食品与人类健康关系"方面的科学问题，需要较强的生理学、生物化学、营养学与微生物学等理科基础。这正是当时北大分校生物系的强项，有北大的支持，在校党委支持下，我们决定在北大分校生物系建立以研究"食品与人类健康关系"为特点的"食品科学"学科。学科建设应从哪里突破呢？

　　在研究"食品与人类健康关系"领域，有一个重要的内容是研究营养素与人类健康关系的问题。20世纪80年代，营养素摄取不足是影响国人健康的突出问题，也是我国公共卫生与临床营养面临的一个严峻问题。国内一些医药院校和科研机构就在开展这方面的研究、培养这方面的人才。在研究"食品与人类健康关系"中还有一个重要的研究领域，即研究食品的健康功能，当时在国外如日本刚开始，而我国尚属空白。因为当时人们只有"食"与"药"之分，因而提及食品的健康功能常认为属于药物的研究领域。如果我们要将研究"食品健康功能"作为学科的科研方向，就必须要回答"食品的健康功能是否客观存在"和"能否用现代科学手段来检测这一功能"两方面的问题。因此，1983年，我们率先在北大分校生物系建立了以研究"食品与人类健康关系"为特点的食品科学学科，而且是用现代科学手段来客观评价食品健康功能是否能作为科研突破口。1983～1992年，大致花了近10年时间，我们建立了近10种食品健康功能的检测评价方法，并于1995年由北京大学出版社出版了我国第一部食品健康功能评价的专著《功能食品评价原理及方法》，明确了"功能食品概念"及科学的功能评价方法。当时正值《中华人民共和国食品卫生法》出台，该法确立了保健（功能）食品的法律地位。我国保健食品自此进入法制化的管理轨道。北京联合大学应用文理学院（北大分校是其前身之一）的"保健食品功能检测中心"成为我国首批卫生部认定的保健食品功能检测机构。本人也成为我国首个非卫生系统保健食品评审专家。2001年北京联合大学应用文理学院的"生物活性物质与功能食品"实验室被北京市教育委员会（简称教委）和科学技术委员会（简称科委）联合认定为北京市重点实验室，得到了政府的强有力支持。学校的食品科学学科也被北京市教委认定为北京市重点建设学科。

躬耕功能食品领域 30 年，应当对该领域的创建、发展和现状做一详细总结，因此，本人有意愿将总结编汇成书，以供参考。本书取名《功能食品论文集》，收集了近 30 年本人及其团队在功能食品领域有关教学、科研、产业发展和学科建设等方面的论文 100 余篇，注明了发表出处，并在附录中详细记录了全部论文的题目和出处。这些论文分为三类：其一是功能食品的研究论文；其二是学科建设论文；其三是产业发展与评述方面的论文，包括我国保健食品产业发展，法律、法规建设方面的论文。以飨读者，并请批评指正。

金宗濂

2020 年 1 月于北京

目　　录

第一章　工作回顾与评述 ··· 1
一次探索应用理科专业方向的实践 ··· 2
保健（功能）食品研究工作三十年的回顾与评述 ··· 7

第二章　保健食品功能因子及作用机制研究 ·· 39
腺苷与阿尔茨海默型老年痴呆症——一种可能的分子机制的新思路 ················ 40
腺苷受体阻断剂对老龄大鼠记忆障碍的研究 ·· 43
茶碱对由东莨菪碱造成的记忆障碍大鼠海马、皮层及纹体乙酰胆碱含量的影响 ······ 47
腺苷受体激动剂对大鼠海马乙酰胆碱释放抑制效应的随龄变化 ······················· 56
大鼠脑组织腺苷含量的 HPLC 分析 ·· 62
茶碱对喹啉酸损毁单侧基底核所致大鼠学习记忆行为的影响 ·························· 67
苯异丙基腺苷对大鼠学习记忆行为和脑内单胺类递质的影响 ·························· 76
口服茶碱对喹啉酸损毁单侧基底核大鼠学习记忆行为的影响 ·························· 85
茶碱的动员脂肪功能及其在功能食品中的应用 ·· 94
通过增强内源性腺苷活动致使老龄大鼠对寒冷耐受性降低的研究 ···················· 96
富硒营养粉对人工缺硒小鼠免疫、衰老、疲劳等生理指标的影响 ··················· 107
壳聚糖降血脂、降血糖及增强免疫作用的研究 ··· 112
保健食品功能因子及其作用机理研究 ·· 117
硒的生理活性及保健功能 ·· 124
茶碱促进脂肪动员功能的研究 ·· 126
金属硫蛋白抗辐射的实验研究 ·· 130
木糖醇改善小鼠胃肠道功能的实验研究 ·· 134
低聚异麦芽糖改善小鼠胃肠道功能的研究 ··· 138
金属硫蛋白抗氧化及增强免疫作用的研究 ··· 143
D-木糖调节肠道功能的实验研究 ·· 148
壳寡糖抑制肿瘤作用的研究 ··· 155
茶碱改善东莨菪碱诱发的大鼠记忆障碍 ·· 161
低聚壳聚糖抑制肿瘤作用的实验观察 ·· 167
褪黑激素的生理功能 ··· 172
褪黑激素调节免疫和改善睡眠作用的研究 ··· 177
黄酮类化合物的生理活性及其制备技术研究进展 ·· 184
几种食物源性生物活性肽 ·· 192

嘌呤类物质生理活性和第三代保健（功能）食品研制与开发	196
食物中一些降压的生物活性物质及其降压机理	207
葛根黄酮改善老龄小鼠抗氧化功能的研究	210
葛根黄酮对DNA氧化损伤的保护研究	213
丙烯酰胺毒性研究进展	218

第三章　保健食品功能基础材料研究　223

金针菇发酵液的延缓衰老作用	224
金针菇抗疲劳的实验研究	226
金针菇对小鼠免疫功能和避暗反应的影响	230
榆黄蘑发酵液的延缓衰老研究	233
榆黄蘑发酵液对小鼠血乳酸、血尿素氮、乳酸脱氢酶影响的实验研究	237
香菇发酵液对小鼠延缓衰老及增强免疫功能的评价	241
参芪合剂延缓衰老的实验研究	245
金针菇增强免疫保健营养液的研制	249
"六珍益血粥"的配制及其对贫血改善作用的实验研究	252
复方生脉饮对小鼠心肌乳酸脱氢酶同工酶的影响	256
黑米对小鼠Hyp和GSH-Px的影响	260
桑源口服液延缓小鼠衰老指标观察	263
黑黏米酶解水提液延缓衰老作用研究	267
芪草冬归五子汤抗疲劳的研究	271
冬虫夏草菌丝体改善肺免疫功能的研究	277
红曲中生物活性物质研究进展	283
红曲对L-硝基精氨酸高血压大鼠降压作用初探	289
γ-氨基丁酸是红曲中的主要降压功能成分吗	293
红曲中降压活性物质的提取工艺研究	298
红曲降血压的血管机制：抑制平滑肌钙通道并激发其一氧化氮释放	302
四种中药对骨愈合过程中相关基因表达的影响	307
红曲对自发性高血压大鼠降压机理研究	312
红曲降低肾血管型高血压大鼠血压的生化机制	316
红车轴草提取物中异黄酮成分的分析	320
紫红曲代谢产物中的甾体成分	326
"燕京2号"口服液抗疲劳作用的实验研究	330
参芪合剂对血乳酸、血尿素及肌力的影响	335

第四章　食品保健功能检测方法与实例研究　341

| 从血乳酸动态变化看药物或食物的抗疲劳作用 | 342 |
| 通过小鼠运动后血尿素变化规律观察中药的抗疲劳作用 | 348 |

半乳糖亚急性致衰老模型的研究 352
肝癌细胞能量代谢中三种酶活力的比较研究 355
用血糖动态变化评价抗疲劳功能食品可行性的研究 359
果蔬组织中维生素 C 对邻苯三酚法测定 SOD 的影响 364
不同龄大鼠不同脑区乙酰胆碱的反相高效液相色谱测定 370
红曲中内酯型洛伐他汀的 HPLC 测定方法研究 375
双波长紫外分光光度法测定红曲中洛伐他汀的含量 380
红曲及洛伐他汀的生理活性和测定方法研究进展 387
紫外分光光度法测定红曲中酸式洛伐他汀的含量 395
利用失血性贫血动物模型评价含 EPO 因子功能食品的方法 403
用蛋白质羰基含量评价抗氧化保健食品的研究 407
RP-HPLC 以开环形式测定红曲中总洛伐他汀含量 414
洛伐他汀检测方法研究进展 419

第五章　保健（功能）食品的管理及产业评述 425

保健（功能）食品的现状和展望 426
我国保健食品现状与 21 世纪发展趋势 432
中国保健食品科研开发进展（一）——功能因子及其作用机理研究 437
中国保健食品科研开发进展（二）——对功能性基础材（配）料的研究 444
我国保健食品市场现状及发展趋势 454
我国保健食品的管理体制及消费者需求 461
2001 年中国保健食品产业的现状及 2002 年展望 467
日本的特定保健用食品及其管理体制 473
对发展我国保健食品行业的一些思考 480
中国保健食品产业与国际接轨——与世界同行 487
我国保健食品的市场走向及发展对策 489
功能食品的发展趋势及未来 493
韩国对功能食品的管理 497
全球功能食品的市场及其发展趋势（上） 504
全球功能食品的市场及其发展趋势（下） 509
功能性饮料的市场发展趋势与管理对策 513
保健食品开发研究和营销管理模式的理论体系 519
我国保健（功能）食品产业的创新与发展 524
从北京保健食品市场调查结果探讨保健食品管理问题 532
我国保健（功能）食品产业的创新 538
美国对功能食品的管理 542
创新是推动我国保健（功能）食品产业发展的根本动力 549

日本对功能食品的管理…………………………………………………………………554
欧盟对功能食品的管理…………………………………………………………………559
澳大利亚对功能食品的管理……………………………………………………………567
我国对保健（功能）食品的管理………………………………………………………573
我国与国外发达国家在功能食品管理上的差距………………………………………580
中国保健（功能）食品的发展…………………………………………………………586
我国保健食品研发趋势及其产业发展走向……………………………………………592
我国保健食品研发与生产中可能出现的安全问题及对策……………………………595

第六章 教学和学科建设……………………………………………………………598

开拓实验室的社会服务功能，建设好保健食品功能检测中心………………………599
更好地发挥实验室的社会服务功能……………………………………………………604
以科研为先导，推动学科建设，办好特色专业——食品科学和营养学专业方向与
　学科建设15年回顾……………………………………………………………………606
发展高等职业技术教育，培养"技术型"的食品工业人才…………………………611
张龙翔老师指导我们创办应用性生物学专业…………………………………………615
难忘于若木同志的指导和关怀——记于若木同志指导我们创办食品科学专业……617
顾景范教授为《功能食品评价原理及方法》一书作序………………………………620
李椿校长为《食品科学论文集》作序…………………………………………………621

获奖及专利…………………………………………………………………………………623
著作…………………………………………………………………………………………624
附录：金宗濂教授著述目录（按发表日期先后为序）…………………………………625
后记…………………………………………………………………………………………633

第一章 工作回顾与评述

功能食品论文集

一次探索应用理科专业方向的实践

葛明德

北京联合大学 应用文理学院

1983年以来，我有幸参与了北京联合大学应用文理学院（原北京大学分校，北京大学以下简称北大）食品科学与营养学学科的建设工作。这是一次探索应用理科专业方向的实践。这方面的实践至今还没有终结，我们的认识也还没有达到一个相对完整的水平。今天，在这世纪之交，冷静地审视一下这一段工作，若是做得好，也许对今后的工作有所裨益。我作为一个历史的见证人，不揣浅陋，对15年来的工作试作一次回顾性的评述，以供有关同志参考。

1 探索应用理科的专业方向，选好专业的主攻领域

1983年，我受北京大学（简称北大）和北大分校领导的委托，带着探索如何办好生物系应用理科专业的任务，到北大分校生物系兼任部分工作。当时，北大校长张龙翔教授对我说："北大分校要办好应用性的理科专业，北大也要发展应用性理科专业。你到分校去摸一摸，生物系可以办一些什么样的应用专业，在这方面先走一步。"北大分校校长李椿给我介绍了有关领导对分校办学方向的意见。有两句话给了我深刻印象，一是当时中共北京市委教育工作委员会负责人谭元堃同志说："各个分校要为北京市培养各方面的应用型人才"；二是当时北京市高等教育局的负责人庞文弟同志说："分校要在为北京市地方服务中，办出自己的特色。"李椿校长对我说："我们要在生物系试点探索理科专业如何培养应用人才的问题。你到生物系后，大胆地开展工作，我们全力支持你。"所有这一切使我强烈地意识到，探索应用理科专业的任务，已经历史性地落到我们这一代人的肩上。

理科专业如何培养应用人才？应用理科应该是怎么样的？这对我们来说还是十分陌生的事情。如何着手去干这件事呢？有一种做法，我们称之为"戴帽挂牌"，就是保留理科专业的基本框架不动，在基础课和专业课的基础上，增加几门应用课程，再打一张应用专业的牌，即"应用××学专业"。这是一种可供选择的路子，对某些专业来说，也许是适用的。

而当时北大分校生物系的金宗濂等同志则认为，我们不妨去试一试另一条路子：选择一个社会需要而且有发展潜力的应用领域，深入到实践的第一线，不受原来理科专业框架的束缚，从实际出发探讨应用理科专业的业务规格，构建新的培养模式。由于生物学革命和生物技术的兴起，出现了许多以生命科学为基础的新的应用领域，其发展势头方兴未艾，对我们生物系来说，这条路子是值得去试一试的。

从1983年暑假起，生物系的金宗濂、杨思鞠、董文彦等同志走出校门，深入社会进行实际调查，拜访有关专家并做了大量文献调研。经过近一年的工作，提出试办当时国内尚属空白的食品科学和营养学专业。对于创办这样的应用理科专业，虽然一时在校内外众说纷纭，但得到张龙翔、于若木、沈治平等科技界前辈的赞许和鼓励，也得到了有关方面的专家如天津轻工业学院姚国雄和北京营养源研究所朱相远的大力支持。根据生物系的论证，北京市高等教育局于1984年批准试办本科专业。专业方向确定后，我们又制定了一个既有良好理科知识结构和科学素质，又有一定食品工业知识和能力的应用理科专业的教学计划。

专业方向确定了，专业建设应该从哪里着手呢？我们认为，要创办这样一个新的应用理科

专业，必须组织教师深入我国食品工业发展与建设的实际，倾听实践的呼声，并努力开创食品科学中具有前沿性的工作。这就意味着我们要努力将营养学和食品工业结合起来，基础与应用结合起来，开展科研工作。只有进行了这方面的科研工作，从中获得了第一手经验，才能真正理解和把握如何去培养这种类型的人才。这样我们就确定了以科研为突破口，推动学科和专业建设的思路。

经过大量调查论证，我们逐步认识到在食品科学领域内有两个重要方向：一个是研究食品加工、运输和贮存过程中物理、化学和生物化学的变化及其机理。培养这类人才需要较好的工科基础。目前轻工业、农业院校的食品科学专业大致属此类型。另一个重要方向是研究"食品与人类健康"关系。它需要较好的生理学、生物化学、营养学等理科基础。后者恰恰是食品工业和生物化学、生理学等基础学科相互交叉、相互渗透的结合点。选择这个领域作为专业方向，符合我校实际，利于扬长避短，将专业办出特色。研究食品与人类健康关系，除了研究食品的营养和感官等两种功能属性外，还有一个当时被人们所忽略的特殊生理功能或称食品保健功能。自1985年起生物系确定将"保健（功能）食品的理论及新产品开发"作为科研主攻方向。

保健（功能）食品已经成为当今食品研究开发的世界潮流。在人们温饱问题解决后，随着经济发展和人们生活水平的提高，这类食品必有大幅增长。这一点已经被我国20世纪80年代末保健食品的发展事实所证明。选择这一方向，无疑有很强的生命力，也符合我国国情和发展潮流。由于这是一个全新的应用研究课题，选择这一科研方向也有利于处理好"基础和应用""理与工""学术成果和经济效益"及"当前与长远"四方面的关系，有利于探索如何办好应用理科专业。

1993年，北大分校生物系接受了一个北京市自然科学基金资助的课题：天然腺苷受体阻断剂改善老年记忆障碍研究。腺苷是一种神经调质。研究它与衰老的关系是当今基础生物学、实验性老年医学研究的一个前沿课题，是国外衰老生物学和老年医学研究的热点之一，但在腺苷受体阻断剂的保健功能方面国内外报道很少。开展这方面研究，北大分校生物系有较好的条件：有素质较好的生理学和生物化学的专门人才，有北大专家指导等。这些条件使北大分校生物系的工作有可能在国内尚属领先，并接近国际同类研究水平。但作为一个应用理科专业，不能停留于此，还必须考虑它的应用前景，因此在课题设计时，北大分校生物系便安排了从天然资源中筛选"腺苷受体阻断剂"，将它进一步发展成延缓老年记忆障碍和阿尔茨海默病的保健食品，并将此作为科研主要内容列入研究计划。经过3年的努力工作，现已结题。从查新报告看，"用HPLC加电化学检测器测定脑内乙酰胆碱"在国内尚未见报道，国际上也属先进水平。他们提出的"腺苷是老年记忆障碍和阿尔茨海默病重要原因"这一科学假说，在国内外均未见报道。而且这一假说目前已完成了开发性研究，证明了所筛选的腺苷受体阻断剂的确能有效改善老年性记忆障碍，为开发产品完成了关键性技术工作。根据腺苷的脂肪动员功能，金宗濂、文镜、唐粉芳等与中国人民解放军总后勤部（简称总后）军需装备研究所合作完成了总后"八五"攻关课题——高能野战口粮研究。经专家鉴定，认为是国际上第一个具有功能性的军粮，属国际首创。1998～1999年将以此用于部队。可见，只要课题选得好，就可能在基础理论和应用之间起到桥梁作用，显现出应用理科的特色和作用。

2 用滚动发展的办法，推动专业建设的思路和做法

北大分校生物系10余年学科建设工作，大体上可划分为三个阶段。第一阶段的主要工作是探索构建评价保健食品功能的指标体系；第二阶段探索新型第三代保健食品；第三阶段将保健食品工作和生物技术结合起来，探索发展保健食品的新途径。

第一个阶段,大约花费了5年时间(1985～1990年)。当时科研方向刚确定,物质条件较差,教师队伍刚组建起来。根据社会和文献调查得知,研究保健食品首要的任务是要用现代生理学、生物化学和营养学的理论建立一套评价食品保健功能的指标体系和检测方法。这是一项研究保健食品的基础工作。要开展这项研究当时面临三方面困难:第一,在20世纪80年代后期,开展这项研究没有现成的国内外文献可供借鉴。原因是在此期间,食品的健康(保健)功能是否客观存在,能否用现代科学方法予以检测在世界范围内尚是一个悬而未决的问题。1982年,《中华人民共和国食品卫生法(试行)》只承认食品的营养和感官功能,不认可食品的保健功能。第二,1985年,我们还没有科研实验室,硬件条件极差。科研队伍刚组成,人员年轻,缺乏经验。第三,生物系里一些同志受传统思想影响,认为从事保健功能评价指标的研究水平低。

经过讨论,多数同志认为进行功能评价指标的研究是开展保健食品科研的基础性工作。北大分校生物系有较好的生理、生化的基础,从这一起点开始,采用滚动发展办法逐步推进,能够为今后赶上国内外先进水平创造良好条件,这是一个在目前可操作,在未来有发展前景的路子。为此,北大分校生物系制定了专业建设三步走的奋斗目标:即1985～1990年初具规模;1991～1995年在国内本学科领域内处于先进地位;1996～2000年在某些方面进入国际先进水平。这样经过5年时间,至1990年建立了8个功能40余项评价指标,使生物系在国内保健功能评价方面占据了领先地位。1992年后,在总结了生物系科研工作的基础上,于1995年由北京大学出版社出版了我国第一部保健食品功能评价专著《功能食品评价原理及方法》。该书得到了广大科研人员和有关领导的首肯。此时,正值《保健食品管理办法》即将出台。有关部门正在制定"保健食品功能评价程序与方法"等法规性文件。这本专著成为他们编制文件的参考材料之一。我院的"保健食品功能检测中心"也被卫生部认定为国家级保健食品功能检测机构之一。两年来,中心仅7名专职人员却完成了400余万元的检测任务。1998年开始,中心不仅逐渐向科研领域拓展,还成为了"食品检测"高等职业实训基地。使高校的实验室,不仅完成教学、科研等基本任务,还拓展了它们的社会服务功能。

通过反复实践,我们认识到:

(1)国家教育委员会的"分层次"办学原则,各类高校在各自的层次上办出特色,办出水平的方针是正确的。我们不能一开始就将目光盯在某些尖端课题上,科研必须是前沿性的,但前沿的课题并不都是尖端的高科技课题。我们可以在自己的层次上,办出特色,办出水平,创造一流的工作。

(2)要发扬"钉子"精神,方向一旦选好,不要轻易改变,要几十年如一日,持之以恒,才能求生存,得发展,并采用"滚雪球"办法,从小到大,形成实力。

(3)将科研和教学结合起来,用科研带动学科建设和课程建设。10余年来,我们先后动用60余万创收,支持教学实验室建设。我们在总结科研工作基础上为本科四年级学生开设了"功能食品"专题讲座课,不仅讲授功能食品基本知识、保健功能评价原理和检测方法,还试图通过该课程启发学生将生命科学成就应用于食品工业的思路和方法。

1992年以后,北大分校生物系的科研工作进入了第二个阶段。北大分校生物系抓住了北京市高等教育局建设重点学科的时机,用50万元重点学科建设费,建设了"功能食品实验室",添设了具有90年代初期国际先进水平的高效液相色谱(HPLC)和高速离心机等设备,使北大分校生物系有可能开展接近国际先进水平的第三代保健食品的研究工作。自1992年开始的5年内,北大分校生物系从上级获得了各类款项215万元,建设和发展了教学和科研实验室。1994年,北大分校生物系与首都医科大学合作,开始招收脑营养硕士研究生,现已有2人获硕士学位。自1994年开始的4年多时间内,该专业完成近250万元横向研究课题,以及两项省部级重点科研项目。保健食品功能评价指标的建立和第三代保健食品的研制，使生物系在国内保健食品研究、开发和检测领域属于领先的单位之一，并接近国际水平。

1996年，北大分校生物系入围国家科学技术委员会（简称国家科委）生物技术领域"九五"攻关课题："机能性食品及添加剂""低聚糖的生理调节机能及作用机理研究"，并应北大、浙江农业大学邀请，共同合作完成金属硫蛋白（metallothionein，MT）和促红细胞生成素（erythropoietin，EPO）等生物技术制药领域"九五"攻关课题。北大分校生物系承担了5个国家级二级学会的常务理事和副会长职务，目前正在编写《保健食品的功能评价及开发》一书，将由中国轻工出版社出版。5年来，该专业教师共发表论文80余篇，多篇为SCI收录，更重要的是该专业形成了一支可打硬仗的科研团队。这支队伍人数不多，但将是未来该学科专业开展科研工作及推动学科建设的宝贵财富。

现在，面对21世纪，生物系正满怀信心地步入上面所说的学科建设第三阶段。

3　从事专业建设必须十分重视队伍的组织工作，使优秀人才脱颖而出

多年来的实践告诉我们：不应该把科研与教学对立起来，应该使之结合起来，使高等学校的三项功能，即教学、科研和社会服务互相促进、互相依赖、互为条件；要创造条件开展工作，而不是坐等条件。要做到这一点，关键又在于把队伍组织好。当代的科学技术研究很少是单纯的科学家的个人创造，任何一项比较重大的成果都是由一个科学集体来完成的。只有组织起来，才能在科技战线上打阵地战，取得比较系统的重大成果。因此，科研方向必须相对集中，不宜分散。我们认为，像我们这类学校，一个20人左右的小系，原有基础又非常薄弱，也许全系重点从事一个方向为好，而且要长期坚持，持之以恒，才能做出成绩。当然我们说的是重点方向不能多，而不是说只从事一个课题。围绕一个方向，总是包含多方面的工作，问题在于相互协同，形成拳头，形成合力。在北大分校生物系，围绕"食品与健康"的主攻方向，金宗濂、马熙媛、董文彦、文镜、唐粉芳主攻食品的保健功能，刘德富、赵胜年先后从事水解酶在食品科技中的应用，杨俭华在计算机营养咨询专家系统的开发研究，杨卯君、刘忠信主攻食品工艺方面。这些工作互相配合，互相促进，协同发展，有利于获得比较系统、比较重大的成果。

在组织科研队伍上，北大分校生物系的做法：①采取双向选择的办法，在自愿的基础上组织科研队伍；②科研队伍要形成核心，要关心骨干成员，要使干活的人舒心，形成团队精神；③尊重科学，尊重劳动，严格要求，严格考核，不要平均主义，在有一定经济效益时，保证多劳多得，拉开差距；④要有竞争机制，不论资排辈，而以业绩论英雄。

建设科研师资队伍，不仅要重视普遍素质和平均水平的提高，而且要重视最高水平人才的作用。一个学科的发展需要一批勤勤恳恳、踏实工作的业务骨干。同时还需要能真正洞悉学科前沿并富有创新精神的带头人，他们往往发挥如指挥对于乐队那样不可或缺的作用。任何把突出人才和群众的作用对立起来的观念和论调，都是错误的。我们的责任是使两者结合起来。

在食品科学和营养学专业建设中所取得的成绩中常常包含着两位主要学科带头人马熙媛教授和金宗濂教授的贡献。马熙媛教授是一位资深营养学家，当她获悉我们要创办食品科学和营养学专业时，满腔热情地加入我们的专业队伍。她率先争取到国家自然科学基金会的资助，对玉米胚粉的降血脂和调节血糖的作用做了在当时堪称系统而深入的研究工作，虽然当时在医学界还普遍地不承认食品的保健作用。同时，金宗濂教授和他的合作者开展了功能食品抗疲劳和延缓衰老的功能学研究。在他们之后，北大分校生物系在保健食品功能学的研究基本上采取同一技术思路进行的，即利用合适的动物模型选择一组适宜的生理生化指标，配合必要的人体试

验对某一食品的保健功能做出鉴别性的实验。如前所述，到1990年共建立了8个功能60余项指标的评价体系。

金宗濂教授早年在北大师从著名生理学家赵以炳和蔡益鹏两位教授，从事神经生理学工作。1992年以后，他把神经生理学基础研究成果和保健食品工作结合起来，带领其他同志专攻腺苷受体阻断剂的保健功能研究，使北大分校生物系的工作又上了一个新的台阶。

如果我们不用把专家和群众对立起来看问题，那么，应该公正而客观地承认，一个科学集体的工作之所以达到一定高度，学科带头人在学术上所达到的高度虽然不是起着唯一作用但却是关键性的作用，他们也就成为一个科学集体中当之无愧的代表性人物。为了更好地发挥学科带头人的作用，除了放手让他们工作之外，还要不失时机地把他们介绍给社会。这些学科带头人一旦被社会认可，将会更有力地推动一个学科，乃至整个学校上一个新台阶。他们是一个学校最珍贵的无形资产之一。我们学校，目前知名专家、学科带头人不是太多。特别重要的是，在这世纪之交，培养跨世纪的中青年业务骨干和学科带头人，已经作为十分紧迫的战略任务，提到我们面前。如何使学科带头人能排除各种障碍，脱颖而出，是校系两级干部的一项严肃的任务。这项任务不是可有可无，而是深化教学改革赋予高校的一项义不容辞的政治任务，是每一所高校得以生存和发展的生命线。

回顾15年来的风风雨雨，酸甜苦辣俱生。展望未来，这还仅仅是一个序幕，总的来讲还是打基础阶段。现在的问题是如何面向21世纪，努力拼搏，不断进取，使专业和学科建设上一个新台阶，迎接新世纪的挑战。今天，笔者已经退休，离开了高等教育的前沿阵地。在此谨为祖国的高教事业，在新的世纪取得辉煌的成就，而深深地祝福。

【作者简介】

葛明德（1935—2013），教授。江苏省南通市人，1957年毕业于北大生物学系。曾任北大生物系副系主任，生物系党总支书记。1983～1987年兼任北大分校生物系主任。1987年任北大分校副校长，北京联合大学文理学院副院长。1990年任北京联合大学应用文理学院院长。1997年12月退休。

原文曾以《以科研为先导，推动学科建设，办好特色专业》为题发表于
北京联合大学高等教育研究1998年校庆专刊，并为
《二十一世纪中国社会发展战略研究文集》收录。
收入本论文集时，作了修改。

功能（保健）食品研究工作三十年的回顾与评述

金宗濂

北京联合大学　应用文理学院

【摘要】 本文是笔者及其科研工作团队（北京大学分校，现为北京联合大学应用文理学院生物系）30 年来（1983～2013 年）有关保健（功能）食品科研工作的回顾与评述。文章分四个部分。本文第一部分提出了保健（功能）食品的基本概念及其在我国发展的三个阶段，即第一代功能食品，第二代功能食品及第三代功能食品。比较了保健（功能）食品与普通食品及药品的区别，提出我国的"保健食品"与世界各发达国家采用的"功能食品"一词为同一概念。第二部分关于功能食品保健功能评价体系与第二代功能食品的研究与开发。我国已批准的保健食品多是第二代产品，因而采用现代科学方法，建立保健食品功能评价体系是研发第二代保健食品的关键。本文介绍了笔者及其科研团队 1985～1995 年建立的 8 项保健功能的评价体系的研究工作。本文的第三部分和第四部分介绍了第三代保健食品研发。研发第三代保健食品是我国保健食品未来发展方向。研究保健食品功能因子（有效成分）的构效、量效关系及其作用机理是研发第三代产品的核心，本文以研究嘌呤类物质如茶碱等单一功能成分生理活性及红曲（复杂功能成分）降血脂、降血压生理活性为例，介绍笔者及其科研团队对第三代保健食品的研究和开发工作。

【关键词】 功能食品；保健食品；功能食品分代；第一代保健食品；第二代保健食品；第三代保健食品；功能因子；嘌呤类物质；红曲

1985 年，经过反复的调查和论证，北京大学分校（现为北京联合大学应用文理学院）生物学系将"功能食品的基本理论及新产品开发"的研究确定为本系主要科研方向。30 余年来，我们的工作和我国在功能食品方面的探索、研究、发展的过程同步。本文对此做一个综合性的回顾与评述。

1　功能食品的概念及其研究发展现况

1.1　功能食品的概念及其分类

近年来，"功能食品"（functional food）一词，受到国内外广泛重视。中国轻工业中长期发展纲要中提出"调整食品工业和产业结构，开发方便食品、功能食品和工程食品等各类新产品"。

什么叫功能食品？它与目前各国流行的"健康食品（health food）""保健食品、营养食品（nutritional food）""改善食品（performed food）"有哪些区别？

虽然世界各国对这一类食品的定义、称谓和范围略有区别，但基本含义有一点是一致的，即这类食品是在医学上或营养学上具有特定要求、特定功能的食品。也就是说，这类食品除了具有一般食品皆具备的营养功能和感官功能（色、香、味、形）外，还具有一般食品所没有的或不强调的调节人体生理活动的功能[1]。在我国，称这类食品为"保健食品"。1996 年 3 月卫生部公布的《保健食品管理办法》对保健食品的定义：保健食品指表明具有特定保健功能的食品。即适宜于特定人群食用，具有调节机体功能，不以治疗疾病为目的的食品。

功能食品的概念最早是由日本提出的。早在 1962 年日本厚生省的文件中就已出现"功能食品"这一名词。日本厚生省提出，功能食品是具有与生物防御、生物节律调整、防止疾病、恢复健康等有关功能因子，经设计加工，对生物体有明显调整功能的食品。其特点为由通常食品所使用的材料或成分加工而成，以通常形态和方法摄取，标有生物调整功能标签。

根据日本千叶英雄教授意见，功能食品必须具备如下6项条件：
（1）目的指南、制作目标明确。
（2）含有已被阐明化学结构的功能因子（或称有效成分）。
（3）功能因子在食品中稳定存在，并有特定存在的形态和含量。
（4）经口服摄取有效。
（5）安全性高。
（6）作为食品为消费者所接受。

因此，一定意义上在我国可将"保健食品"和"功能食品"看成一个概念。笔者认为，也许采用"功能食品"这一名词更为恰当。因为这一名词所强调的是这类食品具有调节人体生理活动的功能，而和一般食品相区别[1]。1995年我国公布的《中华人民共和国食品卫生法》确定称这类食品为保健食品。1997年由卫生部公布了GB16740-1997《保健(功能)食品通用标准》。该标准的发布说明在我国，"功能食品"和"保健食品"同属一个概念，但"保健食品"是具有法律地位的名词。

苏联学者Breckman教授认为，人体健康态和疾病态之间存在一种第三态（the third state）或称诱发病态（elicit illness state）。当机体第三态积累到一定程度时，就会发生疾病。保健食品作用于人体第三态，促使机体逐渐向健康态转化，达到增进健康的目的。因此这类食品亦可称为健康食品。可以认为，一般食品为健康人服用，使人体从中摄取各类营养素，并满足色、香、味、形等感官需求。药物为病人所服用，是为达到治疗和预防疾病的目的。而功能食品为诱发病态人体所设计，不仅满足人们对食品营养和感官的需求，更重要的是，它将作用于人体诱发病态，促使机体向健康态复归，达到增进健康的目的。经过了20年的发展，在2015年公布的《中华人民共和国食品安全法实施条例（修订草案送审稿）》对保健食品的定义有了许多新的内容："保健食品是指具有保健功能或者以补充维生素、矿物质等营养素为目的，能够调节人体机能，不以治疗疾病为目的，含有特定功能成分，适宜特定人群使用，有规定食用量的食品。"

1.2 功能食品产生的历史背景及其在我国的三个发展阶段

功能食品的概念大约在20世纪60年代初由日本提出。进入20世纪60年代，日本摆脱了第二次世界大战给日本国民带来的贫穷与灾难，解决了温饱问题，因而对食品功能提出一种新需求，即摄取食品不仅是为了从中获取营养素，以维持生存，而且还要求它具有调节机体生理活动的功能以促进人体健康。自20世纪60年代开始后的10年间，在日本各地功能食品应运而生。20世纪70年代，日本经济获得了高速发展，步入发达国家行列。随着国民生产水平的提高，人均寿命也得到了延长。但随着膳食结构西方化和人口老龄化，由于营养过剩而引发的富裕性疾病（如糖尿病、脑卒中、冠心病等疾病）和老年病逐渐成为危害日本国民的主要疾病。日本的医疗费用也呈急剧上升态势。在这一形势下，日本厚生省提出了改变药物治疗为食品保健的新思路，并修改了药品管理的一些规定。在日本政府这些变革措施的推动下，20世纪80年代日本的功能食品得以蓬勃发展。1980年日本功能食品的销售额为3600亿日元，1989年已超过7000亿日元，至1991年仅功能性饮料这一项的销售额便有1000亿日元。从日本功能食品发展的历程不难看出，它的出现是在国民温饱问题解决后，人们对食品功能产生的新的需求。它的出现是历史的必然。它随国民经济的发展而发展，随人们生活水平的提高而不断增长。

采用严格的科学实验充分论证食品的保健功能，是功能食品得以蓬勃发展的另一个历史背景，美国是一个典型的例子。1984年以前，美国食品药品监督管理局（FDA）对食品有益于人体健康，强调食品对人体生理活动的调节这一类观点，一般持反对态度。1984年Kelogy公司在美国国立癌症研究院（NIH）的协助下，开发出高纤维"全麸"食品，并在包装上明确指出，全麸食品中的膳食纤维有益于直肠癌的预防，其后美国开始研讨食品和健康的关系。许多事实证明下，1987年美国FDA承认了食品可有益健康，并修改了《食品标签管理条例》。1988年美国FDA制定法规，确定了健康食品的6项审查标准，明确了食物某些成分有益于人体的健康，并能降低某些疾病的发生率。由此可见，对于食品有益人体健康，强调它对人体生理活动具有调节功能，一定要有充分的实验依据。在经过严格的科学论证后，方可在食品的标签上予以表示。这也是近年来，功能食品在世界许多国家得以蓬勃发展的另一个重要历史背景[1]。

纵观我国功能食品发展，大体经历了三个阶段，也可称之为三代产品[2]。

第一代功能食品，包括各类强化食品，这是最原始的保健食品。仅根据食品中各类营养素或强化营养素来推断该类食品的功能。这些功能没有经过任何实验予以验证。目前欧美各国，以及日本仅将此类产品列入一般食品。在我国《保健食品管理办法》实施前，多数功能食品属于这一代产品。而在《保健食品管理办法》实施后，已不允许这类食品以保健食品的形式出现。

第二代功能食品，必须经过人体及动物实验证明该产品具有某项生理调节功能，即欧美等国强调的"真实性"和"科学性"。在《保健食品管理办法》实施前，这代产品是少数。《保健食品管理办法》实施后，该代产品在市场上占绝大多数。

第三代功能食品，不仅需要经过人体和动物实验证明该产品具有某项生理调节功能，还需确认具有该项功能的功能因子的结构、含量及其作用机制，以及功能因子在食品中应有稳定的形态。

目前欧美各国、日本等都在大力开发第三代功能食品。目前，我国市场上第三代产品占极少数，而且多数从国外引进，缺乏我们自己系统的原创性工作。

由此可见，保健（功能）食品的地位似介于一般食品和药品之间。

1.3 我国保健食品发展的现状

20世纪70年代末，随着我国改革开放，国民经济获得高速发展，人民生活水平有了较快的提高，全国大多数地区逐步解决了温饱问题。自20世纪80年代始，我国保健食品获得迅速发展。1980年全国保健食品厂家不到100家，1994年保健食品总产值达300亿人民币，占食品工业总产值1/10（不包括烟）。1995年《中华人民共和国食品卫生法》出台，确立了保健食品的法律地位，接着卫生部又出台了《保健食品管理办法》。2003年保健食品国家管理部门由卫生部划归国家食品药品监督管理总局。2005年发布的《保健食品注册管理办法（试行）》、2009年出台的《中华人民共和国食品安全法》、2015年修订后的《中华人民共和国食品安全法》公布及实施条例出台，以及一系列法律法规的发布，极大地推动了保健食品产业的发展。至2015年，已批准注册的保健食品有15 373个，其中国产14 711个，进口662个。保健食品厂家有3000余家，600余万生产员工，总销售额3000亿元人民币。

目前我国的保健食品分为营养素补充剂与具有功能的保健食品两类。

（1）营养素补充剂：单纯以一种或数种化学合成或天然动植物提取营养素为原料加工制成的食品。营养素补充剂虽没有确定的保健功能，但至今仍纳入保健食品的一个门类。目前我国的营养素补充剂仅局限补充维生素和矿物质两类营养素。根据新法规的要求，在设计一个营养素补充剂产品时所用的营养素的原料种类和用量需符合原料目录内规定的要求。

它们与特殊营养食品的差异：①不一定要求食品做载体；②补充的营养素的量要按照法律的规定作为推荐量。

（2）具有功能的保健食品：目前我国允许的保健功能声称有27项。

1）保健食品与普通食品的共性与区别

A. 共性：保健食品和普通食品都应能提供人体生存必需的基本营养物质，都应具有特定的色、香、味、形等感官属性。

B. 区别：保健食品允许声称保健功能，适宜特定人群食用，具有规定的每日服用量。普通食品不允许声称保健功能，普遍人群食用，无规定食用量。

2）保健食品与药品的区别：保健食品不以治疗、预防疾病为目的，长期服用不能产生任何急性、亚急性及慢性危害，仅口服。药品以诊断、治疗、预防疾病为目的，可存有不良反应，有规定的使用期限，可以注射、外用、口服。

功能食品起源于我国的食疗，这一观点已为世界各地学者所公认。在祖国医药文献中可以找到许多关于功能食品初始概念的论述。例如，唐代孙思邈提出："为医者，当晓病源，知其所犯，以食治之，食疗不愈，然后命药。"东汉时的《神农本草经》载药365种，并将其分为上、中、下三品，其中"上药120种，为君，主养命以应天，无毒，多服、久服不伤人，欲轻身益气，不老延年者，本上经"。又如，春秋战国时的《山海经》有更精辟论述，"櫰木之实，食之多力"，"其实如棷，服之不忘"，"其名曰狌狌，食之善走"，"其名曰獜，服之不夭"。这里"善走""不夭""不忘""多力"换用现代术语，即表明食物具有延缓衰老、增强记忆、提高耐力和抗疲劳之功效。可见早在几千年前，我国医学就提出了与现代功能食品相类似的构想。问题在于中医有关食疗的资料较分散，往往局限于实际经验，缺乏现代科学实验分析和论证。加之在中医理论指导下研究食品"健身、养生""防病、治病"与现代营养学存在较大差距，限制了食疗的发展。

食疗是中医药宝贵遗产之一，应努力加以发掘，尽快予以整理。我们可以借鉴发达国家对功能食品研究成果的同时，以我国食疗为基础，发挥现代多学科研究优势，发展中国特色的功能食品。加紧使用现代科学实验手段，研究食疗、食养。既要用现代科学理论和术语，阐明有关食疗配方的功能和作用机理，又要允许运用现代中医药理论和临床资料，阐明其机理，努力提高我国功能食品的研究水平。

功能食品本来起源于我国"食养""食疗"，只是近几十年内落后了，一个重要的因素是因为缺少必要的基础研究而缺乏创新和后劲。

当前制约我国保健食品产业发展的主要技术瓶颈：

（1）由于多数为第二代产品，其功能因子尚不能确定，作用机制更不明确。对功能因子的有效剂量范围和安全量也缺少研究。

（2）功能评价时间较长，花费较多，缺乏体内和体外相结合的评价方法。特别不能适应分离、纯化功能因子的需要。

（3）保健食品中功效成分的检测鉴伪技术手段落后，特别缺乏标准化的检测方法和技术标准，包括标准物质，更缺乏能够快速鉴别功效成分（或标志性成分）的快速检测手段。

（4）功能因子分离和制备手段单一，缺少利用高效制备、分离功能因子的关键技术。

（5）以食品作载体产品少，占产品总量不到5%（包括酒），而多数产品以胶囊、片剂等药用形态存在。

（6）对严重危害人类健康的肥胖症、高血压、高血糖、高脂血症、老年记忆障碍等特殊人群，缺乏理想保健食品。

因此要发展保健食品产业，关键在"创新"。创新是保健食品产业发展的驱动力，也是一个国家和民族的灵魂。

保健食品产业应如何创新呢？

依笔者看，保健食品产业的创新应包括 4 个层次：研发技术创新、保健食品管理体制创新、监管体制创新、企业发展机制特别是营销体制的创新。

2015 年《中华人民共和国食品安全法》修改后，紧接着《中华人民共和国食品安全法实施条例》的公布及国家食品药品监督管理总局出台了《保健食品注册与备案管理办法》，并于 2016 年 7 月 1 日实施，标志着保健食品的管理和监管体制的创新，它必将推动保健食品产业的发展。关于营销体制的创新，最近业内讨论较多，特别是网购和跨境电商的兴起。这里笔者要重点讨论一下研发技术的创新。研发技术创新包括三个方面，即基础研究创新、应用技术创新及产业化创新。

研发技术创新的第一个方面是基础研究创新。当前保健食品领域内有两个亟待解决的基础理论课题：

（1）关于"亚健康"的研究。因为保健食品是针对亚健康人群（上述的第三态，即诱发病态、亚健康态）食用的，使亚健康态不向病态转变，而向健康态转变。那么什么是亚健康态呢？在"十一五"国家科技支撑计划中，曾设有一个用中医研究"治未病"（亚健康）及亚健康中医干预研究的重点项目，但是至今尚未用现代科学手段来研究"亚健康"，它应包括"亚健康的定义""评价标准及方法研究""亚健康的分类及干预效果及其评价研究""亚健康基础数据及数据管理共性技术研究"和"亚健康人群监测及监测网络研究"范畴。"亚健康"的问题不解决，对保健食品与普通食品和药品的界限很难划清。另外，在保健食品的人体试食实验中，人群的选择也带来了很多问题。

（2）关于生理剂量、生理效应（保健功能）与药理剂量、治疗效应的区别与机理的研究。

众所周知，国外有一种叫"顺势疗法"的医疗措施。它是指小剂量（生理剂量）长期作用于机体产生的一种生理效应。它类似于我国保健食品的健康效应，即保健功能。现在试问，同一种功能因子如维生素 C 进入人体，为何小剂量长期作用机体会产生保健效应，而加大剂量短期作用机体会产生治疗效应？同一种物质，由于剂量不同会产生不同效应，其作用机理有什么差别？这个问题不解决，不仅会给研究功能因子量效关系带来一定困难，也会给区分保健食品和药品带来难题。

研发技术的创新第二方面的课题是应用技术创新，当前围绕保健食品新原料和新功能两方面进行。我国保健食品原料的研究有两个方面：

（1）可用于保健食品原料，包括原料中功效成分与相应功能的用量研究。功效成分与相应功能的最低有效量、有效剂量范围及安全量与功效成分的检测方法研究。

（2）保健食品新原料研究。保健食品的功能学研究也包括两方面：①当前 27 种功能评价程序及检测方法的完善，特别是人体试食实验的程序与分析的完善；②新功能（即 27 种功能以外的新功能）的研究。

研发技术的创新第三方面是产业化创新：当前主要是研发机构科研成果的技术转化及企业科学研究的问题。这方面问题较多，不在这里详细讨论了。

2 功能食品保健功能指标评价体系与第二代功能食品的研究开发

当前世界各发达国家仅认可第三代功能食品。而我国的保健食品大多数为第二代，少数为第三代。虽然第三代功能食品是今后我们为之奋斗的目标之一，但根据我国国情，在我国将会出现第二代、第三代保健食品长期并存的局面。为了更好地开发利用传统的"食疗"宝库，满足人民对保健食品日益增长的需要，当务之急是尽快开发各类保健食品必需的功能评价，确认其科学真实性。而建立、完善各项指标评价体系是实现保健食品功能评价的一项关键性工作，这些工作本身又正是开发第三代保健食品的必要基础之一。

20世纪80年代中期，我国的一些单位开始保健食品功能学检验的研究。北京大学分校生物系自1985年以来，将"功能食品的基本理论及新产品开发"的研究作为本系主要科研方向。至1992年，已逐步形成了8个体系的研究课题："老年营养及延缓衰老食品""疲劳机理及提高运动能力食品""高血脂及降脂降糖食品""腺苷与抗寒、减肥食品""学习记忆机理及增智食品""贫血及提高血红蛋白食品""多糖及增强免疫功能食品""计算机在营养学及其食品工业中的应用"。开展了40余项功能评价指标的研究工作，如脑B型单胺氧化酶（MAO-B）、超氧化物歧化酶（SOD）、过氧化脂质（LPO）等7项评价衰老的生化指标，溶血素等5项评价免疫功能的指标，血乳酸、血尿素等10项评价疲劳功能的指标及血脂（9项）、贫血（4项）、减肥（9项）、学习记忆（3项）等指标。有了这些客观指标，就可以评价已有的各类功能食品，开发新产品，寻找新的食品资源，还可以进一步研究功能因子（有效成分）的作用机制。至1992年，我们利用上述指标不仅完成了10余项上级下达的研究项目，还为合作单位评价了多种保健食品的生理调节功能，同时为进一步研究第三代功能食品创造了条件。

这些客观指标的提出和确立是以现代生理学、生物化学、营养学的基本理论为出发点，经过反复实践予以确认的，也为世界各国所公认。1995年，我们对这些工作进行了总结，并出版了《功能食品的评价原理及方法》（北京大学出版社）一书。这是我国第一部评价食品健康功能的专著（我国著名营养学家顾景范语）。

我们现通过对金针菇的功能评价工作来说明这一问题。

金针菇（Flammulina velutipes）属担子菌门，伞菌目，口蘑科，金线菌属，又名冬菇、朴菇，是一种著名的食用菌。它不仅味道鲜美，营养丰富，而且有很好的药用价值。几年来，我们实验室对金针菇的保健功能进行过一些研究，证明了它具有良好的延缓衰老、抗疲劳、增强免疫力和提高学习记忆的功能。

有关衰老的学说众多，当今受到普遍重视的衰老学说有衰老的脑中心说、衰老的自由基学说和衰老的免疫学说。

衰老的脑中心说是Finch（1976年）提出的，该学说认为在中枢神经系统（CNS）内存在一个控制衰老的神经结构。这个结构也许存在于下丘脑换能神经元内，被形象地称作"衰老钟"。单胺类神经递质控制着"衰老钟"的运行，其中，去甲肾上腺素（noradrenaline，NE）含量上升会延长机体寿命，而5-羟色胺（5-hydroxytryptamine，5-HT）的增加则会促进衰老。因此，对于一个衰老的脑，5-HT占优势，而NE和多巴胺（dopamine，DA）功能低下。进一步研究认为，NE和DA随龄下降与脑内一种分解儿茶酚胺的代谢酶——MAO-B活性随龄增加有关。人出生后至45岁，MAO-B活性的升高较为平缓，45周岁后呈现直线上升。这是人到中年后面临的一个严重问题。因此，国外有人提出用单胺氧化酶的抑制剂（monoamine oxidase inhibitors，MAOI）抑制脑MAO-B活性，以改善中老年人脑中儿茶酚胺过度降低，从而延缓人体衰老。国外研究MAOI有30多年的历史，它能提高老年人脑儿茶酚胺水平，治疗一些老年人常见的抑郁症也颇有效。但是国外采用的MAOI大多为人工合成，多有不良反应，限制其临床应用。我国有丰富的中草药和各类天然资源，从中筛选MAOI大有可为。

因此，我们可将脑内 MAO-B 作为一个客观指标去评价各种保健食品的延缓衰老功能[1]。

衰老的自由基学说（theory of free radical）是 Harman（1956 年）提出的。在众多的衰老理论中，一直占有重要位置[2]。

Harman 认为机体在利用氧进行有氧呼吸时，大约有 2% 的氧会产生超氧自由基（$O_2\cdot$，superoxide radical）。即当一个氧原子和另一个氧原子化合时，由于存在一个未配对的价电子而变得非常活泼，会自动去寻找其他电子进行反应，使自由基反应以连锁方式进行。超氧自由基可与蛋白质、脂肪、核酸反应，破坏了细胞正常的化学结构，干扰其正常功能，造成各种损害。超氧自由基作用于不饱和脂肪酸，生成 LPO。LPO 可分解产生醛，其中最重要的是丙二醛，它与蛋白质反应形成席夫碱（Shiff base）。这是一种生物大分子，由于它含有异常键，不易被溶酶体消化。随年龄增长，它们不断在细胞内积累，形成脂褐质（lipofuscin）。这些大分子能发荧光，因此称之为增龄色素。该学说认为，在细胞内多位点产生氧化损伤是老化的重要原因。由于自由基存在时间极短，不易测定，因此，可测定细胞内脂褐质和 LPO 的积累，作为衡量自由基多寡的衰老生物学指标。SOD 是体内唯一能够捕获自由基的酶：

$$O_2 + O_2\cdot + 2H^+ \xrightarrow{SOD} H_2O_2 + O_2 \xrightarrow{过氧化物酶} H_2O + O_2$$

由于 SOD 的存在，上述歧化反应提高 10^{10} 倍，使 $O_2\cdot$ 变成毒性较小的 H_2O_2。在过氧化物酶如谷胱甘肽过氧化物酶（glutathione peroxidase，GSH-Px）的作用下进一步分解为无毒的 H_2O 和 O_2。因此，GSH-Px 与 SOD 共同组成自由基酶系防御体系。

实验证明，SOD 的活性是随龄下降的，机体消除自由基的能力也随之降低。加之老年人抗氧化剂摄入不足，自由基在体内积累，造成 LPO 和脂褐质含量上升，致使机体衰老。有报告指出，不同年龄的健康男性体内过氧化脂质由儿童期进入少年期时开始增加，老年前期又有所增加，60 岁以上增至最高。SOD 和 GSH-Px 在老年期后明显下降。据统计分析表明，与年龄关系最为密切的是 LPO 和 GSH-Px。如老年人服用 β- 胡萝卜素等抗氧化性维生素和一些抗氧化性微量元素（如硒）3 个月，血清的 LPO 可从（2.7±0.7）μmol/L 降至（2.2±0.6）μmol/L。因此，从衰老的自由基学说出发，提高老年机体 SOD 和谷胱甘肽过氧化物酶的活性，降低 LPO 和脂褐质的含量，以清除自由基对机体的老化，延缓衰老进程（表 1～表 3）。

表 1　金针菇发酵液延缓衰老效应（$\bar{X}\pm$SD）[2]

指标	对照组	金针菇组
脑 MAO-B[O·D/（mg 蛋白·h）]	0.272±0.028	0.089±0.028**
肝 MAO-B[O·D/（mg 蛋白·h）]	1.560±0.300	1.479±0.236
红细胞 SOD（U/mg 蛋白）	247.49±17.54	326.72±39.90**
肝 LPO（$\times 10^{-10}$ mol/mg 蛋白）	1.502±0.120	1.040±0.156**
心肌脂褐质（μg 硫酸奎宁/g 组织）	4.889±0.606	2.285±0.511**
皮肤羟脯氨酸（mg/g 组织）	104.11±10.22	122.49±13.68**

**$P < 0.01$ 与对照组比较。

表2　榆黄蘑发酵液延缓衰老作用的研究（$\bar{X}\pm SD$）[3]

指标	对照组	榆黄蘑组
脑 MAO-B[O·D/（mg 蛋白·h）]	0.5811±0.0603	0.4098±0.1011**
肝 MAO-B[O·D/（mg 蛋白·h）]	1.5600±0.2955	1.5027±0.3594
红细胞 SOD（U/mg 蛋白）	342.58±36.49	390.90±42.32**
肝 LPO（$\times 10^{-10}$mol/mg 蛋白）	1.4780±0.1283	0.9663±0.1486**
心肌脂褐质（μg 硫酸奎宁/g 心肌）	4.6562±0.5597	2.7705±0.5504**
皮肤羟脯氨酸（mg/g 皮肤）	111.747±5.6101	111.944±2.6814

**$P<0.01$ 与对照组比较。

表3　山楂营养液延缓衰老作用（$\bar{X}\pm SD$）

指标	糖水对照组	山楂营养液组
脑 MAO-B[O·D/（mg 蛋白·h）]	0.1301±0.0743	0.0973±0.0197**
肝 MAO-B[O·D/（mg 蛋白·h）]	0.2267±0.0784	0.1996±0.0487
红细胞 SOD（U/mg 蛋白）	189.14±64.30	257.28±122.35**
肝 LPO（$\times 10^{-10}$mol/mg 蛋白）	2.67±1.738	1.187±0.888**
心肌脂褐质（μg 硫酸奎宁/g 组织）	1.1378±0.353	0.8275±0.513**
皮肤羟脯氨酸（mg/g 组织）	13.09±2.17	13.79±4.47

**$P<0.01$ 与糖水对照组比较。

　　金针菇可降低小鼠脑 MAO-B 比活性，对肝脏 MAO-B 比活性无显著影响，降低肝脏 LPO 和心肌脂褐质含量，增加血液中红细胞 SOD 比活性，表明它有良好的延缓衰老功能。

　　在评价抗疲劳功能时，我们用血乳酸、血尿素、肌糖原、肝糖原、乳酸脱氢酶活力等作为评价的指标。

　　乳酸是糖酵解的产物。长时间剧烈运动，在缺氧条件下使体内乳酸（lactic acid，LC）积累过多，以致影响机体内环境的相对稳定和体内的正常代谢过程。由于乳酸积累，使肌肉内 pH 下降，降至 6.4 左右便会阻断糖酵解过程和抑制 ATP 酶的活性。因此，乳酸堆积是引发运动性疲劳的一个重要原因。小鼠游泳停止后 20～50 min 是运动后乳酸恢复期。这期间血乳酸含量越低，表明疲劳消除越快。乳酸脱氢酶（lactic dehydrogenase，LDH）的同工酶（isoenzyme）LDH_1 在乳酸的消除代谢中起催化作用。运动后恢复期，其活力增加，有利于乳酸清除。

　　糖原是机体运动时能量的重要来源。它的多少直接影响运动能力。提高糖原储备对提高运动耐力有重要意义。

　　运动中的肌肉，当能量平衡遭到破坏时，蛋白质和含氮化合物代谢加强，并伴有尿素形成的增加，机体对运动负荷适应性降低。这种分解代谢作用越强，形成尿素也就越多。

　　从下述实验（表 4～表 7）可以看出，食用金针菇能够增强 LDH 活力，有效降低运动后血乳酸水平，提高机体肌糖原、肝糖原储备，增强机体对运动负荷适应能力。说明金针菇在提高机体运动机能、增强运动耐力、迅速消除疲劳等方面具有相当高的营养价值[4]。

表4　金针菇对小鼠LDH活性的影响（U/100 ml，$\bar{X}\pm SD$）

组别	实验前	实验第15 d
对照组	321±39	325±22
金针菇组	315±45	376±31*

*$P < 0.05$ 与实验前及对照组比较。

表5　金针菇对小鼠血乳酸水平的影响（mg/100 ml，$\bar{X}\pm SD$）

组别	实验前			实验第29 d		
	运动前	运动后20 min	运动后50 min	运动前	运动后20 min	运动后50 min
对照组	22.0±3.2	51.2±3.8	41.1±2.2	21.1±1.9	49.1±2.1	38.2±2.4
金针菇组	22.8±2.5	51.3±3.6	40.9±3.5	21.0±1.8	36.3±3.1*	22.0±2.8**

*$P < 0.05$ 与实验前对照组比较；**$P < 0.01$ 与实验前对照组比较。

表6　金针菇对小鼠肌糖原和肝糖原含量的影响（mg/100 g，$\bar{X}\pm SD$）

组别	肌糖原	肝糖原
对照组	0.33±0.06	0.36±0.07
金针菇组	0.35±0.04	0.49±0.05*

*$P < 0.05$ 与对照组比较。

表7　金针菇对运动后1.5 h血尿素增量的影响（mg/100 ml，$\bar{X}\pm SD$）

组别	实验前	实验第29 d
对照组	8.29±1.25	6.94±1.69
金针菇组	7.81±1.70	3.75±1.23*

*$P < 0.05$ 与实验前和对照组比较。

我们曾对人参、红景天、黑加仑、沙棘及复方生脉饮等产品进行了抗疲劳的测试，结果表明，这些天然资源和中草药都有良好的抗疲劳作用。

评价机体免疫功能的指标很多，考虑到国内食品企业和基层单位的条件，我们选择了小鼠胸腺重（thymus weight）、巨噬细胞吞噬率（phagocytic ratio）、吞噬指数（phagocytic index）、迟发性过敏反应（delay hypersensitive reaction）、皮肤羟脯氨酸及溶血素（skin hydroxyproline and hemolysin）等最基本的指标来评价机体免疫的功能。

众所周知，巨噬细胞能非特异性地吞噬多种抗原，具有抗感染等重要作用。如给小鼠腹腔内注射一定量的鸡红细胞，经过10多个小时后处死实验动物，可以检测小鼠的巨噬细胞吞噬鸡红细胞的活力。巨噬细胞吞噬率是指每100个巨噬细胞中巨噬细胞吞噬鸡红细胞的数目，而吞噬鸡红细胞的数目即为巨噬细胞吞噬指数。

特异性免疫是指T淋巴细胞的细胞免疫和B淋巴细胞的体液免疫的功能。

B淋巴细胞受抗原如羊红细胞刺激后，分化成浆细胞并产生抗体（antibody），即溶血素。当再次接受同一抗原刺激时，通过溶血素和抗原作用，在补体（complement）的参与下使羊红细胞发生溶血。可以通过测定羊红细胞破裂释放血红蛋白（hemoglobin）的量作为衡量小鼠产生溶血素，即抗体的数量，以表示机体清除特异性抗原的能力。

T淋巴细胞受抗原刺激转变为致敏T淋巴细胞。致敏T淋巴细胞产生淋巴因子（lymphokine），并能促进巨噬细胞对抗原的吞噬及扩大炎症反应。当相同抗原侵入机体（足跖）后，就能在淋巴因子的作用下引起炎症反应，炎症反应的剧烈程度反映机体细胞免疫的强弱。

胸腺分泌胸腺素与 T 细胞的成熟和分泌关系密切。胸腺发育在青春期达到顶峰，成年后其重量随年龄下降。在人类中，50 周岁以上的中老年健康人，其胸腺萎缩 95%，60 周岁以上的老年人的血液内已测不到胸腺素。胸腺素分泌的减少影响机体的细胞免疫力，致使机体对感染和抵御肿瘤等疾病的功能逐步下降。

我们还观察了金针菇对小鼠免疫和学习记忆功能的影响。

结果表明（表 8）：金针菇对小鼠的非特异性免疫（巨噬细胞吞噬功能）、特异性细胞免疫（迟发性过敏反应）、体液免疫（溶血素）和对胸腺重量都有显著增强作用，表明金针菇能有效增强机体免疫功能[5]。

表 8　金针菇对小鼠免疫反应的影响（$\bar{X}\pm$SD，$n=12$）

指标	实验组	对照组
巨噬细胞吞噬率（%）	22.00±6.81**	10.67±5.53
巨噬细胞吞噬指数	0.42±0.20*	0.23±0.16
溶血素（HC50/ml）	347.00±86.77**	117.55±62.98
迟发性过敏反应（足跖肿胀反应）（mm）	0.12±0.07*	0.07±0.02
胸腺重（mg）	39.63±12.28**	19.51±9.37
皮肤羟脯氨酸（mg/g 组织）	13.09±2.17	13.79±4.47

*$P < 0.05$ 与对照组比较；**$P < 0.01$ 与对照组比较。

我们曾以小鼠避暗反应为指标评价金针菇对小鼠学习记忆能力的影响。鼠类动物通常喜暗避光，但在实验中每当小鼠进入暗处便会受到电击，这样就学会了停在亮处（避暗）。在实验的第 1d、第 2d，由于小鼠从未受过学习记忆的训练，有些动物的正确反应是为了逃避电击而偶然进入安全区，所以第 1d、第 2d 正确反应的高低不能完全代表学习记忆的能力。经过两天的强化训练，大部分鼠已学会识别灯光处在安全区，第 3d 和第 4d 正确反应率可代表学习记忆能力的高低。结果表明（表 9）金针菇组小鼠第三天和第四天的成绩较对照组分别提高 27.73% 和 22.77%（$P < 0.01$ 和 $P < 0.001$），而平菇组与对照组比则没有显著差异，表明金针菇对小鼠的学习记忆能力有显著的增强作用[5]（$P < 0.05$）。

表 9　金针菇对小鼠避暗反应正确反应率（%）的影响（$\bar{X}\pm$SD）

组别	n	第 1 d	第 2 d	第 3 d	第 4 d
金针菇组	12	5.50±2.15	8.17±1.90	9.58±0.90*	9.92±0.29**
平菇组	12	6.67±1.83	6.17±1.80	7.67±1.37	8.08±1.24
对照组	12	4.83±1.53	7.42±1.44	7.50±1.51	8.08±1.38

*$P < 0.01$ 与对照组比较；**$P < 0.001$ 与对照组比较。

此外，我们还根据国内的一些常见病、多发病，研究过一些天然产物的降血脂和提高血红蛋白的功能。马熙媛教授和他的合作者在 1985～1992 年对玉米胚强化谷粉的保健作用进行了系统的研究工作[6,7]。玉米籽粒外层的主要成分是胚和种皮。将玉米籽粒外层的粉作为强化剂，用来强化一般谷粉即为玉米胚强化谷粉。研究表明，玉米胚强化谷粉的保健作用之一是它有良好的降血脂的作用。

动物实验见表10、表11。

表10　玉米胚强化谷粉对大鼠实验性高血脂的降血脂效应（胆固醇，mmol/L）（$\bar{X} \pm SD$）

组别	n	第 0 d	第 20 d
正常饲料	15	1.80±0.27	1.61±0.12
高脂饲料	15	1.77±0.31	3.37±0.96
高脂饲料 + 玉米胚强化谷粉（10%）	15	1.75±0.14	2.85±0.60
高脂饲料 + 玉米胚强化谷粉（15%）	15	1.76±0.32	2.51±0.47*

*$P < 0.01$ 与高血脂组相比有显著差异。

表11　玉米胚强化谷粉对小鼠实验性高血脂预防效应（$\bar{X} \pm SD$）

组别	n	时间（d）	总胆固醇 mmol/L	高密度脂蛋白胆固醇（mmol/L）	高密度脂蛋白胆固醇/总胆固醇	（总胆固醇 − 高密度脂蛋白胆固醇）/高密度脂蛋白胆固醇
正常饲料	10	0	3.56±0.25	1.73±0.38	0.49±0.14	1.16±0.54
		60	3.57±0.12	1.76±0.33	0.49±0.09	1.09±0.34
高脂饲料	10	0	3.44±0.37	1.68±0.40	0.50±0.15	1.14±0.49
		60	5.24±0.48△△	1.55±0.30	0.30±0.05△△	2.45±0.58△△
高脂饲料 + 玉米胚强化谷粉	10	0	3.43±0.35	1.69±0.36	0.50±0.10	1.10±0.48
		60	3.83±0.54*+	1.79±0.26*+	0.53±0.13*	0.98±0.37*

*$P < 0.01$ 与高血脂组相比有显著差异；△△ $P < 0.01$ 与正常组相比有显著差异；+$P < 0.05$ 与第 0 d 自身对照相比有显著差异。

人体实验见表12、表13。

表12　玉米胚强化谷粉对高血脂人群降血脂效应（$\bar{X} \pm SD$）

组别	n	时间（d）	总胆固醇（mmol/L）	总甘油三酯（mmol/L）	高密度脂蛋白（mmol/L）	低密度脂蛋白（mmol/L）	低密度脂蛋白/高密度脂蛋白	（总胆固醇 − 高密度脂蛋白胆固醇）/高密度脂蛋白胆固醇
对照组	40	0	7.40±1.17	2.71±0.78	1.59±0.42	5.21±1.56	3.20±0.86	3.65±0.96
		60	7.02±0.95	2.62±0.69	1.63±0.35	4.87±1.65	2.89±1.20	3.31±1.11
玉米胚强化谷粉组	43	0	7.32±1.14	2.75±0.91	1.57±0.48	5.20±1.77	3.15±1.05	3.76±2.15
		60	6.55±1.12*+	2.25±0.84*	1.80±0.30*+	3.44±1.48*+	2.19±1.17*+	2.68±1.57*+

*$P < 0.01$ 与高血脂组相比有显著差异；+$P < 0.05$ 与第 0 d 自身对照相比有显著差异。

表 13　玉米胚强化谷粉对血清卵磷脂酰基转移酶相对活性的影响（$\bar{X} \pm \mathrm{SD}$）

组别	n	时间（d）	总胆固醇（mmol/L）	游离胆固醇（mmol/L）		卵磷脂酰基转移酶	
				0 h	6 h	LCAT（%）	增加（%）
玉米胚强化谷粉组	20	0	7.15±1.46	1.83±0.78	1.51±0.36	17.8±14.6	29.8
		60	6.07±1.25*	1.73±0.71	1.33±0.54	23.1±10.1*	
对照组	14	0	6.94±1.09	1.71±0.57	1.41±0.49	17.5±11.2	-1.7
		60	6.45±1.19	1.69±0.77	1.40±0.69	17.2±18.2	

*$P < 0.05$ 与对照组相比有显著差异。

针对国内 50% 儿童和 30% 运动员易患缺铁性贫血的情况，我们根据验方配制一种口感好、又有良好的提高血红蛋白效果的食品——六珍益血粥（表 14～表 17）。

表 14　六珍益血粥对贫血小鼠血红蛋白的影响（g/100 ml，$\bar{X} \pm \mathrm{SD}$）

组别	实验前	实验第 31 d
实验组	9.3±1.5	12.1±1.3*
对照组	9.8±1.1	10.6±1.4

*$P < 0.05$ 对照组与实验前比较。

表 15　六珍益血粥对贫血运动员 Hb、RBC 和 MCH 的影响（$\bar{X} \pm \mathrm{SD}$）

指标	实验前	实验第 31 d	P
Hb（g/100 ml）	10.8±0.9	12.3±1.2	< 0.05
RBC（10^{12}/L）	4.35±0.96	6.00±0.75	< 0.01
MCH（pg）	25.94±2.51	24.69±1.45	> 0.01

表 16　六珍益血粥对 2～5 岁贫血儿童 Hb、RBC 和 MCH 的影响（$\bar{X} \pm \mathrm{SD}$）

指标	实验前	实验第 31 d	P
Hb（g/100 ml）	10.3±0.5	13.0±10.8	< 0.01
RBC（10^{12}/L）	4.20±0.89	4.41±0.67	> 0.1
MCH（pg）	25.85±2.29	30.16±2.07	< 0.01

表 17　六珍益血粥对 6～9 岁贫血儿童 Hb、RBC 和 MCH 的影响（$\bar{X} \pm \mathrm{SD}$）

指标	实验前	实验第 31 d	P
Hb（g/100 ml）	10.4±0.6	13.6±1.0	< 0.01
RBC（10^{12}/L）	4.47±0.45	4.74±0.85	> 0.1
MCH（pg）	23.66±1.12	29.30±2.21	< 0.01

由此可见，评价食品保健功能指标体系的确立，不仅对检测已有功能食品的保健功能，确保其功能的真实性和科学性有重要意义，对进一步研究保健食品的基础原料，开发第三代保健食品也有着重要意义。

3　嘌呤类物质的生理活性及第三代功能食品研制与开发

第三代功能食品是指不仅经过严格的动物和人体实验证实该产品具有某项保健功能，而且还需查明具有该项功能的功能因子的构效、量效关系及其作用机理。日本厚生省要求特殊用途保健食品的每一个产品必须明确其功效成分，而且在厚生省功能食品委员会下设的12个专门的工作小组是以功能成分的类别划分的。美国的"设计食品"也是在明确了功能成分的构效和量效关系后进行功能设计的。总之，一些发达国家的功能食品主要是第三代产品，而我国批准的产品多数是第二代产品。因而要直追国际先进水平，必须要加强对功能因子的研究和剖析。特别是大专院校和科研院所应当将研制和开发第三代功能食品作为自己的奋斗目标。下面介绍一下北京大学分校生物系对嘌呤类物质生理活性研究及以它作为基础研制开发的第三代功能食品。

早在半个多世纪前，人们已经知道嘌呤类化合物能影响神经系统的活动，产生心血管效应，有镇静、解痉及扩张血管、降低血压等生理活性。Burnstock（1972年）在研究肠道神经支配时，发现阻断了肾上腺能和胆碱能传递后，刺激神经还能引起肠肌反应。经过反复论证，认为介导这种反应的是ATP，从而提出了嘌呤能神经（purinergic nerve）的概念。接着电生理研究发现腺苷及其衍生物能抑制中枢神经元的活动；生化研究表明腺苷能影响细胞内环磷酸腺苷（cAMP）生成；药理学研究提出了腺苷受体及其特异性激动剂和拮抗剂。至今资料证明，腺苷不仅是体内重要的生理活性物质，在脑内还可能起着神经调质的作用。

3.1 嘌呤类物质的化学结构及生化代谢

3.1.1 嘌呤类物质的化学结构

嘌呤（purine）在机体代谢中占有重要地位，腺嘌呤是组成核酸的一种主要碱基，它与戊糖缩合合成腺苷及其衍生物AMP、ADP、ATP、cAMP，其中，以ATP和腺苷的生理功能最为重要（图2）。

3.1.2 嘌呤类物质的生化代谢

ATP和腺苷在体内普遍存在，脑内ATP通常在3 mmol/kg左右，腺苷一般不超过1 μmol/kg，腺苷和ATP在体内的代谢见图3。

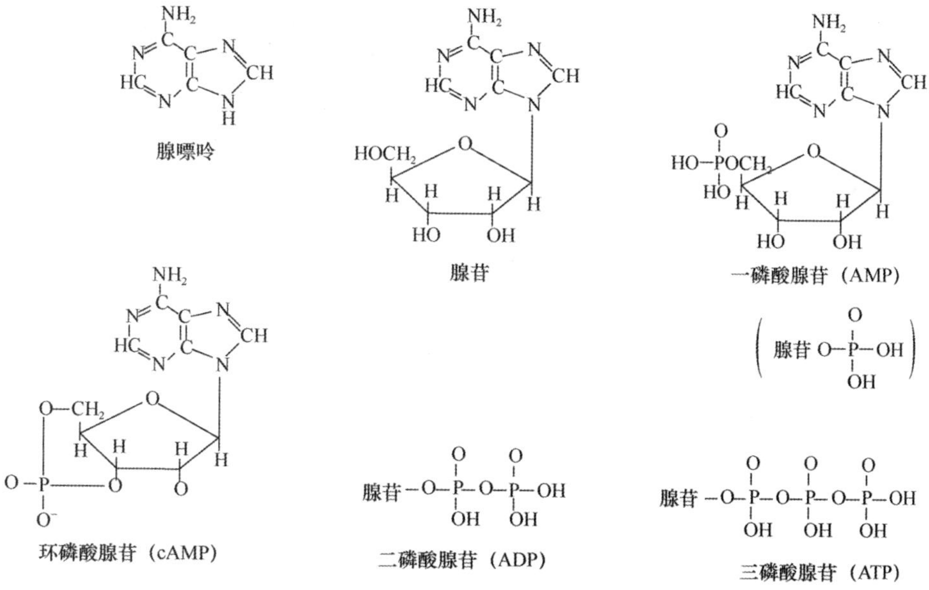

图2 腺嘌呤、腺苷及其衍生物的化学结构

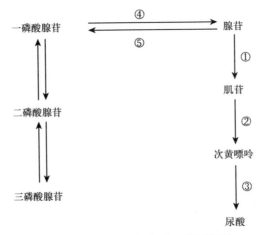

图 3　腺苷和 ATP 的合成和分解代谢

①腺苷脱氢酶；②核苷酶；③黄嘌呤氧化酶；④ 5'-核苷酸酶；⑤腺苷激酶

ATP 和腺苷在体内的失活，主要通过重摄取和脱氨基两条途径，其中，重摄取是腺苷失活的主要方式。

3.2　嘌呤受体和腺苷受体

3.2.1　外周有两类嘌呤受体

Burnstock（1976 年）提出外周嘌呤能受体分两大类型，它们的激动剂、拮抗剂和效应完全不同（表 18）。

表 18　两类嘌呤受体

	P1	P2
激动剂	腺苷≥AMP≥ADP≥ATP	ATP≥ADP≥AMP≥腺苷
拮抗剂	甲基黄嘌呤（茶碱，咖啡因）	奎尼丁，咪唑啉
中间环节	腺苷酸环化酶	2,2'-pyridylisatogen
主要作用	影响 cAMP	生成前列腺素
	突触前调制	突触后作用

3.2.2　中枢有两类腺苷受体和一个 P 位点（表 19）

表 19　腺苷受体和位点

	A_1 受体	A_2 受体	P 位点
别名	Ri	Ra	
对腺苷酸环化酶的作用	抑制	激活	抑制
存在部位	细胞外	细胞外	细胞内
亲和力	高	低	低
激动剂	PIA，CPA，CHA	NECA	dideoxyadenosine
拮抗剂	茶碱，咖啡因	茶碱，咖啡因	5'-甲硫腺苷

注：Ri. ribose inhibition（具有核糖的配体，起抑制作用）；Ra. ribose activation（具有核糖的配体，起激活作用）；PIA. L-N_6-苯异丙基腺苷（L-N_6-phenylisopropyladenosine）；CPA. 环戊基腺苷（cyclopentyladenosine）；CHA. 环己腺苷（cyclohexyladenosine）；NECA. 5'-N_6-乙基卡巴胺（5'-N_6-ethylcarboxaminoadenosine）。

腺苷在中枢中有较强抑制作用。由于在嘌呤类物质中只有腺苷作用最为明显，其他腺嘌呤核苷酸基本不起作用，因而命名为腺苷受体（adenosine receptor）。相当于外周 P1 受体。一般将中枢的腺苷受体分为 A_1、A_2 两种类型。A_1 受体对腺苷有较高亲和力，主要对 Gi 蛋白偶联的腺苷酸环化酶起抑制作用。A_2 受体对腺苷有较低亲和力，对腺苷酸环化酶起激动作用。另外，还存在一个对腺苷有较低亲和力的起调节作用的受体称为 P 位点（P site），它存在于细胞内，被 5′- 甲硫腺苷（methylthioa denosine）拮抗。

3.3　A_1 受体和 G 蛋白在细胞信息传递中的作用及其机制

腺苷和 A_1 受体结合后，激活 Gi，从而抑制腺苷酸环化酶（Ac）的活性，使胞内 cAMP 生成减少。cAMP 进一步降低了蛋白激酶的活性，影响细胞内氧化磷酸化过程。体内许多酶如脂肪酶，它们磷酸化后被激活。一些离子通道蛋白也是如此，如钙通道蛋白通过磷酸化作用，打开电压门控通道（图4）。

Gi 蛋白还可以通过直接膜内效应发挥作用。如 Gi 激活，可直接激活钾通道，使膜超级化。当然，上述直接作用和间接作用可以同时并存。在神经元中，腺苷和 A_1 受体结合，通过激活 Gi 蛋白，再激活钾通道同时抑制钙通道，这样双管齐下抑制了细胞内递质释放。因为一方面通过钾通道使细胞膜超极化可限制电压依赖性钙内流；另一方面又直接抑制了电压门控钙通道（图5）。A_1 受体既存在于突触前，也存在于突触后。海马脑薄片锥体细胞研究发现，使用咖啡因后能增加诱发兴奋性突触后电位（EPSP）的振幅。这个增殖效应在使用腺苷摄取抑制剂（硝苯硫肌苷）后得到加强，而用腺苷去胺酶后明显减弱。说明内源性腺苷有一种嘌呤能产生紧张性抑制效应（图5）。生理学研究进一步说明，在突触后由于 K^+ 电导增加引起膜超极化。在突触前由于 Ca^{2+} 内流减少，使其兴奋性递质如 ACh 释放减少。药理学分析证明介导这一抑制的受体不论在突触前还是突触后均是 A_1 受体。总之，A_1 受体激活后，可通过降低 cAMP，增加 K^+ 电导，抑制 Ca^{2+} 内流而触发细胞生理效应。

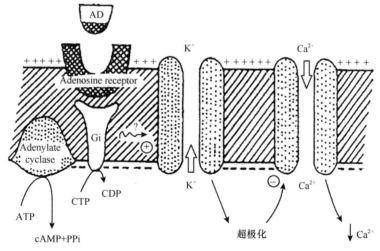

图4　腺苷激活的信号转导系统

AD 除影响 AC-cAMP 系统外，还能增加钾电导并转而抑制钙内流。
Adenylate cyclase. 腺苷酸环化酶；AD. 腺苷脱氨酶；Adenosine receptor. 腺苷受体；
CDP. 胞苷二磷酸；CTP. 胞苷三磷酸；ATP. 腺苷三磷酸

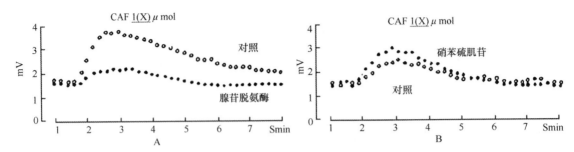

图 5　咖啡因对海马锥体细胞 EPSP 的影响
A. 腺苷脱氨酶（分解内源性腺苷）使得咖啡因的作用减弱；B. 硝苯硫肌苷加强咖啡因的作用
咖啡因（CAF）使海马 CAI 锥体细胞的 EPSP 振幅增加
资料来源：Greene RW，Haas HL. Prog Neurobiop 1991；36：329-341.

3.4　嘌呤类物质的某些生理活性及在保健食品中应用

3.4.1　嘌呤类物质抑制产热和抗寒的食品研究

在高寒地区研究抗寒食品有重要的实用价值。加拿大 Alberta 大学王加璜教授经过 16 年潜心研究，于 1992 年成功地研制出一种抗寒小食品 Cold Buster。在北美洲申请了专利，美国 FDA 也批准在美国销售。

王加璜教授从 20 世纪 70 年代开始研究冬眠代谢调控时发现茶碱（theophylline）能增强动物产热，并证明这一作用主要通过阻断腺苷 A_1 受体实现的。由于茶碱阻断腺苷 A_1 受体，激活了腺苷酸环化酶，使细胞内 cAMP 浓度增加。cAMP 通过蛋白激酶，增加细胞内氧化磷酸化过程，提高了脂肪酶的活性，促进了脂肪动员，增加产热，达到抵御寒冷的目的[8]（表 20～表 22）。

从表 20～表 22 可见，老龄动物产热能力低于成龄动物。腹腔给予腺苷脱氨酶（adenosine deaminase，AD）以降低内源性腺苷含量，或给予腺苷受体阻断剂 CPT、腺苷受体阻断剂 D-Lys-XAC，都能增加机体在寒冷环境中的产热能力，而且成龄动物更为敏感。从表 23 可见，老龄动物体内 AD 活性低下，是老龄动物抵御寒冷能力低下的原因之一。进一步的人体实验也证明了给予腺苷受体阻断剂后，大大增加了机体在寒冷环境中抵御寒冷的能力。

表 20　分别给暴露寒冷条件下成龄（3～6 月龄）鼠和老龄（24～28 月龄）鼠腹腔注射 AD 对其最高产热量、总产热量及终体温的影响（$n=8$，$\bar{X}\pm SD$）

组别	剂量	最高产热量（kcal/15 min）	总产热量（kcal/105 min）	终体温（℃）
成龄鼠	生理盐水 1 mg/kg	1.67±0.06	11.23±0.52	-5.69±0.71
	AD 25 U/kg	1.64±0.07	10.83±0.48	-5.62±0.68
	AD 50 U/kg	1.82±0.05*	12.17±0.39	-4.72±0.55
	AD 100 U/kg	1.89±0.06*	12.73±0.50*	-3.65±0.56*
	AD 200 U/kg	1.75±0.06	11.76±0.42	-5.03±0.39

续表

组别	剂量	最高产热量 （kcal/15 min）	总产热量 （kcal/105 min）	终体温（℃）
老龄鼠	生理盐水 1 mg/kg	1.41±0.06[+]	9.24±0.56[+]	-8.40±0.39[+]
	AD 25 U/kg	1.38±0.07[+]	9.03±0.47[+]	-8.06±0.68[+]
	AD 50 U/kg	1.47±0.06[+]	9.48±0.48[+]	-7.84±0.56[+]
	AD 200 U/kg	1.56±0.07[*+]	10.88±0.42[*+]	-6.52±0.34[*+]
	AD 400 U/kg	1.36±0.47	8.76±0.47	-8.14±0.39

*$P < 0.05$ 与同龄生理盐水组比较有显著差异；+$P < 0.05$ 与接受同剂量 AD 成龄鼠有显著差异。

表21　分别给暴露寒冷条件下成龄（3～6月龄）鼠和老龄（24～28月龄）鼠腹腔注射腺苷受体阻断剂 CPT 对其最高产热量、总产热量及终体温的影响（$n=8$，$\bar{X}\pm SD$）

剂量	成龄鼠			老龄鼠		
	最高产热量 （kcal/15 min）	总产热量 （kcal/105 min）	终体温（℃）	最高产热量 （kcal/15 min）	总产热量 （kcal/105 min）	终体温（℃）
生理盐水 1 mg/kg	1.53±0.04	10.64±0.42	-6.62±0.66	1.39±0.04	8.84±0.37	-9.30±0.61
CPT 0.0002 mg/kg	1.58±0.06[+]	11.13±0.52[+]	-5.82±0.71[+]	1.36±0.07[+]	9.13±0.28[+]	-8.06±0.58[+]
CPT 0.001 mg/kg	1.77±0.05[*]	11.83±0.45[*+]	-4.28±0.43[*+]	1.51±0.04[*]	9.89±0.32[*+]	-7.96±0.46[*+]
CPT 0.005 mg/kg	1.69±0.03[*]	11.35±0.46[*+]	-4.93±0.44[*+]	1.49±0.03[*]	9.71±0.36[*+]	-8.13±0.52[*+]

*$P < 0.05$ 与同龄生理盐水组比较有显著差异；+$P < 0.05$ 与接受同剂量 CPT 成龄鼠有显著差异。

表22　分别给暴露寒冷条件下成龄（3～6月龄）鼠和老龄（24～28月龄）鼠腹腔注射腺苷受体阻断剂 D-Lys-XAC 对其最高产热量、总产热量及终体温的影响（$n=8$，$\bar{X}\pm SD$）

剂量	成龄鼠			老龄鼠		
	最高产热量 （kcal/15 min）	总产热量 （kcal/105 min）	终体温（℃）	最高产热量 （kcal/15 min）	总产热量 （kcal/105 min）	终体温（℃）
生理盐水 1 mg/kg	1.64±0.04	10.83±0.37	-5.97±0.71	1.37±0.04	9.54±0.38	-8.26±0.69
Lys-XAC 0.625 mg/kg	1.76±0.07[+]	11.90±0.49[+]	-5.67±0.68[+]	1.39±0.07[+]	10.13±0.52[+]	-8.32±0.67[+]
Lys-XAC 1.25 mg/kg	1.88±0.04[*]	12.63±0.33[*+]	-3.67±0.56[*+]	1.57±0.04[*+]	10.69±0.35[*+]	-6.34±0.56[*+]
Lys-XAC 2.50 mg/kg	1.79±0.03[*]	12.17±0.45[*+]	-4.43±0.62[*+]	1.51±0.03[*+]	10.50±0.46[*+]	-6.58±0.60[*+]

*$P < 0.05$ 与同龄生理盐水组比较有显著差异；+$P < 0.05$ 与接受同剂量 Lys-XAC 成龄鼠有显著差异。

表23　暴露寒冷条件下成龄鼠和老龄鼠颈肌腺苷去氨酶活性 [nmol/（g·min），$\bar{X}\pm SD$]

暴露寒冷后时间（min）	成龄鼠（$n=8$）	老龄鼠（$n=8$）
0	202.3±9.9	147.6±7.6[*]
60	236.5±13.9	186.9±14.2[*]
120	253.6±15.3[+]	196.4±10.7[*+]

*$P < 0.05$ 和同一时间成龄鼠比有显著差异（t 检验）；+$P < 0.02$ 和 0 min 同年龄生理盐水组比有显著差异（t 检验）。

3.4.2　关于减肥食品研究[9]

根据上述原理，我们进一步研究了腺苷受体阻断剂的减肥功能并获得了成功。1993 年北京加来腾公司与我们合作研制的一种新型的减肥食品,可以在基本不改变原有饮食习惯的情况下,只要增加活动量便能达到减肥的目的,下面是动物实验的结果(表24)。

表24 腺苷受体阻断剂脂肪动员功能和减肥食品研制（$n=8$，$\bar{X}\pm\mathrm{SD}$）

指标	空白对照组	高脂对照组	实验组
实验前体重（g）	109.2±13.5	117.5±15.8	115.1±16.4
饲喂8周后体重（g）	331.5±26.6	367.5±27.4++	304.9±24.5*
体脂（g）	4.9±0.7	7.1±1.5	4.6±1.2**
总胆固醇（mol/L）	2.62±0.44	3.77±0.79	2.34±0.34**
甘油三酯（mol/L）	0.58±0.36	0.7±0.38	0.43±0.29
HDL-C（mol/L）	1.42±0.21	1.39±0.32	1.61±0.34
脂肪酶（U/dL）	6.7±6.89	11.84±9.17	16.36±10.08*
酮体（mg/dL）	1.95±1.13	2.70±0.86	1.49±0.7***

++$P<0.01$ 与空白对照组比有极显著差异；*$P<0.05$ 与高脂对照组比有显著差异；**$P<0.01$ 与高脂对照组比有极显著差异；***$P<0.001$ 与高脂对照组比有极显著差异。

进一步研究发现,有些人群因活动量不够,动员出来的脂肪酸因不能氧化利用,又重新合成中性脂肪。此后,我们采用了腺苷受体阻断剂,配以肉碱,从而加快血液中游离脂肪酸进入线粒体被氧化利用的速度,达到了较好的减肥效果(图6)。

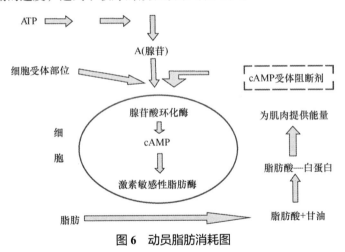

图6 动员脂肪消耗图

3.4.3 嘌呤类物质抑制脂肪动员及抗疲劳食品的研究

1994年我们与部队合作研究以腺苷受体阻断剂为功能因子的抗疲劳食品。在半能量供应条件下动员体内脂肪,增强机体耐力,达到抗疲劳效果。经过3年的动物和人体实验,研制的高能野战口粮已通过鉴定。研制一个具有功能的野战口粮在国内外尚属首次,超过了美国21世纪军粮。高能野战口粮由高能模块、营养模块、增力粉剂和风味模块组成。其中,增力粉剂通过腺苷受体阻断剂的动员脂肪功能,达到抗疲劳的目的。

从表25可见,使用增力粉剂4 d后小鼠游泳时间显著延长,而且有明确的量效关系。表26结果表明,增力粉剂的抗疲劳作用主要是其中的腺苷受体阻断剂通过激活脂肪组织脂肪酶活性，加速脂肪动员机理实现的。进一步的人体实验肯定了动物实验结果。从血乳酸、血尿素、血糖、肝糖原等生化指标的检测说明增力粉剂具有明显的抗疲劳作用（表 27～表 32）。从体能测试可以看到参试人员耐力活动如 3000 m、600 m 携战备定量负荷的成绩明显提高。其背力测试成绩也优于试食前（表 33～表 37）。利用安菲莫夫表测试了中枢神经系统兴奋性（表 38），表明食用该高能野战口粮后中枢兴奋性也有显著提高（表 39）。其他肝功能、肾功能、血液等指标检测皆证明，在食用该高能野战口粮后参试人员机体各器官的功能正常。安全性毒理学检测也提示长期食用该高能野战口粮安全、无毒、无害。该高能野战口粮已于 1998 年开始装备部队，将有良好社会和经济效益。

表 25　不同剂量增力粉剂的抗疲劳作用（$\bar{X}\pm SD$）

药量组别	n	游泳时间（min）
对照组	12	69±31.1
低剂量	12	98±31.5*
中剂量	12	108±32.3*
高剂量	12	114±31.9**

*$P < 0.05$ 与对照组比较；**$P < 0.01$ 与对照组比较。

表 26　中剂量增力粉剂对小鼠脂肪组织脂肪酶活力的影响（$\bar{X}\pm SD$）

组别	n	脂肪组织脂肪酶活力（μmol/min, 100 g）
对照组	20	7.79±6.46
实验组	20	15.06±7.76*

*$P < 0.01$ 与对照组比较。

表 27　中剂量增力粉剂对小鼠肝糖原含量的影响（$\bar{X}\pm SD$）

组别	n	肝糖原含量（mg/g）
对照组	16	28.8±9.2
实验组	19	37.2±7.7*

*$P < 0.01$ 与对照组比较。

表 28　中剂量增力粉剂对小鼠血糖含量的影响（$\bar{X}\pm SD$）

组别	n	负重（体重3%）游泳 60 min 后血糖含量（mg/g）
对照组	16	83.1±6.2
实验组	19	95.7±7.7*

*$P < 0.05$ 与对照组比较。

表 29　中剂量增力粉剂对小鼠负重（体重4%）游泳 30 min 后血乳酸含量的影响（$\bar{X}\pm SD$）

组别	n	游泳前安静时（mmol/L）	游泳后 25 min（mmol/L）	游泳后 50 min（mmol/L）
对照组	17	2.17±0.32	5.61±0.45	4.54±0.49
实验组	17	2.19±0.21	3.81±0.36*	2.95±0.35*

*$P < 0.01$ 与对照组比较。

表30 中剂量增力粉剂对小鼠负重（体重4%）游泳停止50 min时血乳酸恢复水平的比较（$\bar{X}\pm$SD）

组别	n	游泳后50 min血乳酸恢复水平（%）
对照组	17	27.7±8.2
实验组	17	53.9±15.1**

**$P < 0.01$ 与对照组比较。

表31 中剂量增力粉剂对小鼠心肌同工酶LDH_1比活的影响（$\bar{X}\pm$SD）

组别	n	LDH_1
对照组	16	0.71±0.58
实验组	17	0.89±0.17*

*$P < 0.05$ 与对照组比较。

表32 中剂量增力粉剂对小鼠运动后血尿素增量的影响（$\bar{X}\pm$SD）

组别	n	游泳后90 min（mmol/L）	游泳后150 min（mmol/L）
对照组	17	1.42±0.10	1.12±0.13
实验组	18	0.91±0.18**	0.70±0.17**

**$P < 0.01$ 与对照组比较。

表33 试验口粮对受试者10～40 min血乳酸下降百分率的影响（$\bar{X}\pm$SD）

组别	n	ΔL（%）
对照组	20	-2.75±4.58
实验组	20	6.65±8.1**

**$P < 0.01$ 与对照组比较。

表34 试验口粮对受试者血尿素消除速度的影响（$\bar{X}\pm$SD）

组别	n	运动后90 min（mmol/L）	次日晨（mmol/L）
对照组	21	5.92±1.06	5.81±1.00
实验组	20	6.00±0.51	5.56±0.56*

*$P < 0.05$ GNI组次日晨血尿素值与运动后90 min比较。

表35 试验口粮对受试者3000 m成绩的影响（$\bar{X}\pm$SD）

组别	n	ΔT（min）
对照组	21	1.1±0.74
实验组	19	1.7±0.82**

**$P < 0.01$ GNI与对照组比较。

表36 试验阶段前后600 m携战备定量负荷跑受试者经10 min休息后血乳酸（峰值）的影响（$\bar{X}\pm$SD）

组别	n	峰值（mmol/L）
对照组	20	0.92±2.11
实验组	20	-0.50±1.10**

**$P < 0.01$ GNI与对照组比较。

表37　受试者食试验口粮后背力成绩增量（$\bar{X}\pm SD$）

组别	n	ΔF（kg）
对照组	21	-3.4 ± 10.61
实验组	21	5.0 ± 9.52**

**$P<0.01$ GNI 与对照组比较。

表38　试验口粮对受试者安菲莫夫表测试成绩影响（$\bar{X}\pm SD$）

组别	n	食用试验口粮前 5 月 3 日（point）				食用试验口粮后 5 月 11 日（point）			
		阅读符号数	遗漏数	错误数	总得分	阅读符号数	遗漏数	错误数	总得分
对照组	20	860.9	5.4	1.8	5.4 ± 1.3	1156.3	2.4	1.5	6.5 ± 1.0
实验组	21	1115.4	5.2	1.0	6.1 ± 1.2	1390.3	0.8	4.3	7.4 ± 1.2**

**$P<0.01$ GNI 与对照组比较。

表39　试验口粮对试验负荷日尿肌酐日排泄量增量的影响（$\bar{X}\pm SD$）

组别	n	ΔU（mmol/L）
对照组	18	3.13 ± 0.92
实验组	19	1.95 ± 1.34**

**$P<0.01$ GNI 与对照组比较。

3.4.4　嘌呤类物质对中枢神经系统的抑制作用及对改善老年记忆障碍的保健食品研究

众所周知，脑内特别是海马 ACh 的降低是老年记忆障碍的一个重要原因。阿尔茨海默病（阿尔茨海默型老年痴呆，senile dementia of Alzheimer' stype，SDAT）患者脑内存在多种递质联合受损。而各种递质替代疗法并不能有效地加强递质功能，改善临床症状。

近些年来，我们在研究腺苷的神经调制作用时发现，腺苷受体激动剂 PIA 能抑制海马脑片释放 ACh，这一效应有随龄变化的特征（图7），而且大鼠海马腺苷、5-核苷酸酶（5′-nucleotidase，5-ND）的活性均随龄增加（表40），提示海马 ACh 的释放随龄降低有可能是嘌呤能神经活动随龄增强的结果。我们曾用 SD 成龄鼠和老龄鼠为实验材料，以被动逃避反应作为模型，分别观察腺苷受体阻断剂茶碱和 PIA 对大鼠学习记忆的影响时发现，茶碱可明显改善由东莨菪碱（scopolamine）造成的近期记忆障碍。这种作用随阻断剂浓度加大而增强。而腺苷受体激动剂 PIA 可抑制大鼠学习记忆行为（表41～表43）。进一步实验还证明，茶碱改善近期记忆障碍的功能可能是通过增加与记忆有关的神经结构，如皮层、海马、纹体的 ACh 的机制实现的。根据以往的文献报道和我们实验的结果，我们曾提出在中枢神经系统中腺苷含量随龄增加可能是老年记忆障碍特别是 SDAT 发病的更深层的分子机理之一。此后，我们用神经毒素喹啉酸（QA）单侧损毁 Meynert 基底核（NBM）造成大鼠认知功能障碍。这种模型与人类 SDAT 相似。我们曾证明经侧脑室

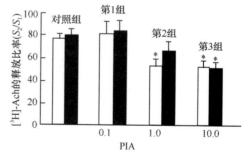

图7　PIA 对由 K^+ 诱导的成龄鼠和老龄鼠海马脑片 $[^3H]$-ACh 的释放的比较

白色为成龄鼠，黑色为老龄鼠，*$P<0.05$ 与对照组比有显著差异

灌注茶碱后，可显著提高 QA 损毁单侧 NBM 认知功能障碍大鼠的学习记忆能力。进一步的研究还查明，口服茶碱不但可以显著提高 QA 损毁单侧 NBM 学习记忆障碍大鼠的学习记忆能力，还可以推迟模型鼠学习记忆障碍发生，在一定程度上起到降低 SDAT 的风险。此后的人体实验也证明了茶碱对改善老年记忆障碍具有良好作用（表44）。这一认识为今后进一步探讨 SDAT 的预防和治疗提供新的思路和方向，为茶碱临床应用提供了实验依据[10]。

表40　成龄鼠与老龄鼠海马中腺苷浓度和 5'- 核苷酸酶（5'-ND）活性的比较（$\bar{X}\pm SD$）

组别	老龄鼠	成龄鼠
腺苷浓度（nmol/mg 蛋白）	160.60±14.1（8）	260.8±33.4*（8）
5'-ND 活性（mU/mg 蛋白）	75.57±2.46（6）	118.5±2.99*（6）

*$P < 0.05$ 与成龄鼠比较有显著差异。

表41　东莨菪碱对 SD 大鼠学习记忆的影响（$\bar{X}\pm SD$）

组别	处理△	n	训练期 错误次数	记忆保持期 潜伏期（S）	记忆保持期 错误次数
成龄鼠（对照组）	生理盐水	12	1.4±0.2	235.6±33.0	0.2±0.1
成龄鼠（东莨菪碱）	东莨菪碱（0.5 mg/kg）	12	15.2±0.9**	104.0±42.1*	0.8±0.2*
老龄鼠（对照组）	生理盐水	14	1.4±0.2	241.4±31.2	0.2±0.1
老龄鼠（东莨菪碱）	东莨菪碱（0.3 mg/kg）	12	16.4±1.6**	25.2±15.6**	2.3±0.4**

注：△试验前 30 min 腹腔注射；*$P < 0.05$ 与对照组比较；**$P < 0.01$ 与对照组比较。

表42　茶碱对由东莨菪碱诱导的学习机能紊乱的大鼠的步下实验影响

组别	处理△ 东莨菪碱（i.p.）（mg/kg）	处理△ 茶碱（i.c.v）（μg）	n	学习和记忆（$\bar{X}\pm SD$）训练期 错误次数	记忆保持期 潜伏期	记忆保持期 错误次数
成龄鼠（对照组）	0.5	0	12	15.2±0.9	104.4±42.1	0.8±0.2
成龄鼠（茶碱1）	0.5	0.01	10	12.0±0.8*	100.4±42.5	0.7±0.1
成龄鼠（茶碱2）	0.5	0.1	10	6.9±0.8**	104.1±43.0	0.9±0.2
成龄鼠（茶碱3）	0.5	1.0	12	4.0±0.5**	202.9±41.4**	0.7±0.3
老龄鼠（对照组）	0.3	0	12	16.4±1.6	25.2±12.6	2.3±0.4
老龄鼠（茶碱）	0.3	1.0	13	7.9±0.6**	88.8±33.9*	1.2±0.2*

注：△试验前 30 min 腹腔注射；*$P < 0.05$ 与对照组比较；**$P < 0.01$ 与对照组比较。

表43　PIA 对大鼠步下实验的影响（$\bar{X}\pm SD$）

组别	处理△	n	训练期 错误次数	记忆保持期 潜伏期（S）	记忆保持期 错误次数
成龄鼠（对照组）	0	12	1.4±0.2	235.6±33.8	0.2±0.1
成龄鼠（PIA）	10	12	4.1±0.5**	66.5±39.0**	0.9±0.2**
老龄鼠（对照组）	0	14	1.4±0.2	241.4±31.2	0.2±0.1
老龄鼠（PIA）	1.0	12	3.5±0.6**	260.4±33.9	0.2±0.1

注：△试验前 30 min 腹腔注射；**$P < 0.01$ 与对照组比较。

表 44　腺苷受体阻断剂对老年记忆影响（临床记忆量表）

组别	人数	年龄（岁）	教育（年）
实验组	30（男 14，女 16）	62.2（8.7）	3.8（3.8）
对照组	30（男 10，女 20）	62.5（4.2）	3.8（2.3）

组别	指向记忆		联想学习		图像自由回忆		无意义图形再认识		人像特点回忆		总分		记忆商	
	前	后	前	后	前	后	前	后	前	后	前	后	前	后
实验组	16.7	13.3**	18.3	19.7	15.0	19.0	20.0	23.2**	19.4	18.8	90.2	10.47***	102.4	11.45**
	(5.3)	(4.4)	(4.1)	(5.9)	(4.1)	(6.1)	(4.9)	(4.5)	(5.4)	(5.5)	(16.0)	(19.4)	(12.9)	(14.7)
对照组	19.6	22.6***	18.7	20.8**	16.0	16.8	20.8	19.8	18.1*	17.4	94.4	98.4	105.0	108.3
	(5.3)	(4.2)	(3.8)	(4.1)	(1.7)	(4.6)	(5.4)	(5.8)	(4.0)	(4.1)	(14.7)	(13.9)	(11.9)	(11.3)

注：除人数组外，括弧数字为标准差；*$P < 0.05$ 为服用腺苷受体阻断剂前后（组内）差异，**$P < 0.01$ 为服用腺苷受体阻断剂前后（组内）差异，***$P < 0.001$ 为服用腺苷受体阻断剂前后（组内）差异

4　红曲降血脂、降血压的生理活性、作用机理及功效成分的研究

红曲以大米为原料，经红曲霉发酵而成的一种紫红色米曲。可用于保健食品的有两类曲霉，即红曲霉（*Monascus spp.*）和紫红曲霉（*Monascus purpureus*）。在我国利用红曲制作食品已有一千多年的历史。早在古代就已被广泛应用于食品着色、酿酒、发酵。在中医中药方面，《本草纲目》中记载了它的药用价值："消食活血，健脾燥胃，治赤白痢、下水谷。"因而它是一个有悠久使用历史，传统的药食两用的原料，可谓有中华民族特色的保健食品的原材料。

近年来，随着对红曲生理活性的研究发现红曲有良好的降血脂、降血压、抗菌、降血糖的生理活性，对于降低代谢性疾病的风险有重要意义[11]。

前文所述我们曾利用茶叶提取物中的茶碱和咖啡因作为腺苷受体阻断剂，研究了它的抗寒、抗疲劳、减肥、降低老年记忆障碍风险等生理活性，并开发了相应功能的保健食品，取得一定的经济价值和社会价值。由于它们结构明确，作用机理清楚，大量选用十分方便。但是红曲是一个功能因子复杂的产品，据我们研究其大致有几十个功效成分，其中还有一些新结构。目前对红曲中的 lovastatin 具有降胆固醇的功能及其作用机理较清楚，但降血压的功效成分的结构、量效关系、作用机理尚不明了。因而以红曲做材料进一步研究其降血脂、降血压的功效成分作用机理并进一步开发产品有着重要的社会意义和经济意义。本课题是北京市自然科学基金和北京市教育委员会科技发展计划重点项目（2002 年 1 月～2005 年 8 月）。

4.1　红曲中 lovastatin 的降脂量效关系及如何鉴别产中 lovastatin 是红曲霉的产物还是外源的

该部分主要进行两项研究内容。

4.1.1　建立红曲中降脂主要成分 lovastatin 不同异构体检测方法

红曲中 lovastatin 有内酯型和开环型两种异构体。内酯型是在发酵产品加工处理过程中产生的，或为外源性的。开环型是红曲发酵液中天然存在形式（图 8）。

酸式 lovastatin

内酯型 lovastatin

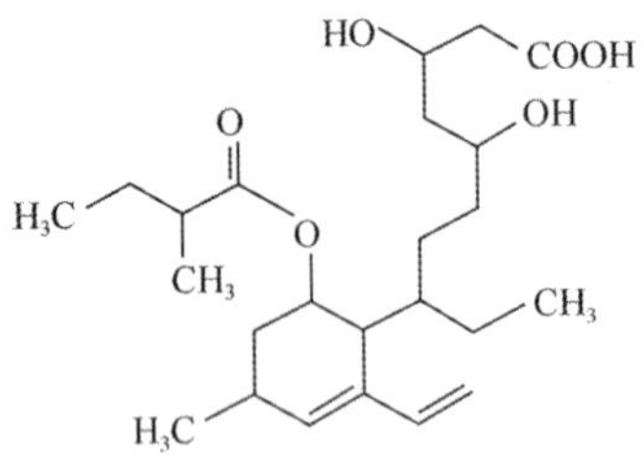

图 8　酸式及内酯型 lovastatin 化学结构式

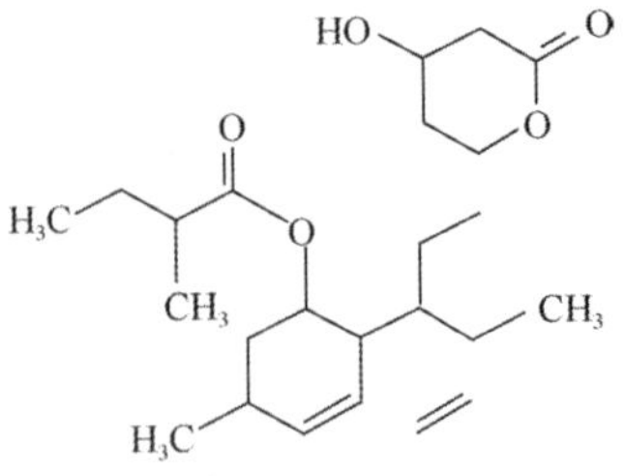

我们分别建立了闭环型和开环型 lovastatin 的测定方法[12-13]。考虑到当时要在国内应用，还分别建立了 RP-HPLC 和双波长紫外分光光度法两种测定方法。

根据建立的测定方法，在中国发酵工业协会功能性发酵制品专业委员会尤新教授指导下，建立了轻工业部功能性红曲米（粉）的行业标准。

4.1.2　红曲中 lovastatin 的降胆固醇量效关系研究

Lovastatin 在国内外均可作为临床药物出售，并确定其临床用量为 20 ～ 80 mg/d。但保健食品中 lovastatin 的用量及它与降脂量效关系当时尚未见报道。我们做了初步的研究，结果表明，含有 lovastatin 每人 2.5 mg/d（即临床用量的 1/8）即可有效降低血清胆固醇和甘油三酯水平。这一结果与目前中国台湾采用备案法注册的红曲降胆固醇 lovastatin 的有效剂量范围 4.8 ～ 15 mg 基本一致。

4.2　红曲降血压的生理活性及作用机理的研究

20 世纪 80 年代末，日本 Keisuke 首次选用 10% 红曲霉加入饲料，选用 18 周龄自发性高血压（SHR）小鼠，证明红曲有显著的降血压功能。此后临床试验的结果也证实，每天服用 9 g 红曲有较好的降血压效果，而且呈现良好的量效关系。

4.2.1　在不同类型高血压动物模型上对红曲降血压效应进行了观察[14-16]

考虑到人类高血压成因复杂，我们建立了 4 种不同类型高血压动物模型：肾源性高血压动物模型、盐性高血压动物模型、精氨酸模型高血压动物模型和自发性高血压动物模型，并进行了红曲降血压效应观察，结果见图 9 ～图 12，结果表明在四种不同的高血压动物模型中都得到红曲有良好的降血压的效果。

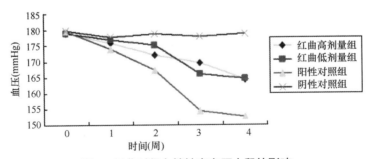

图 9　红曲对肾血管性高血压大鼠的影响

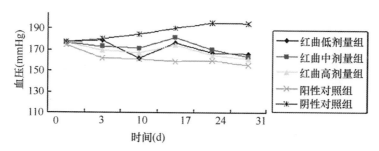

图 10　盐性高血压大鼠灌胃红曲后血压变化

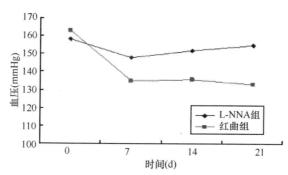

图 11　精氨酸模型高血压大鼠灌胃红曲后血压变化

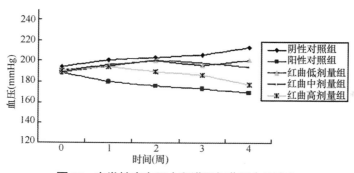

图 12　自发性高血压大鼠灌胃红曲后血压变化

4.2.2　红曲降血压的机理，整体动物（*in vivo*）研究 [14]

由图 13 可见，红曲抑制肺组织 ACE 酶的活性，从而抑制血管紧张素Ⅱ的形成，致使血管舒张，达到降血压目的。

图 14 可见，红曲能减少血浆中缩血管物质——内皮素（endothelin，ET）的含量，增加舒血管的物质——降钙素基因相关肽（calcitonin gene-related peptide，CGRP）的数量并形成血管舒张。

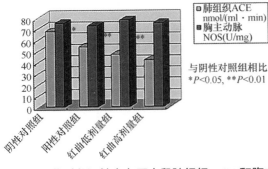

图13 红曲对肾源性高血压大鼠肺组织 ACE 和胸主动脉 NOS 的影响

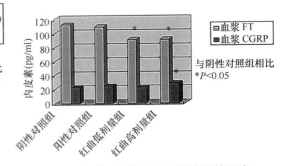

图14 红曲对血浆中内皮素含量的影响

红曲高剂量组（$n=8$）：0.83g/（kg.bw）[equal to 10g/（individual·day）]；
红曲低剂量组（$n=8$）：0.42g/（kg.bw）[equal to 5g/（individual·day）]

4.2.3 红曲降血压机理体外（*in vitro*）研究[17]

在离体血管环的研究中，我们发现红曲主要作用于血管平滑肌，而不是内皮，从而使血管平滑肌释放一氧化氮（NO），导致血管舒张，结果见表45、图15。

表45 大鼠主动脉环有无内皮的松弛率的比较

组别	n	松弛率（%）	
		红曲（5 mg/ml）	*L*-NNA + 红曲（5 mg/ml）
内皮细胞（+）	8	69.67±12.50	—
内皮细胞（−）	8	71.28±15.44	—
内皮细胞（±）	16	70.83±14.74	46.78±19.9*

*$P < 0.05$ 相比添加 *L*-NNA 之前和之后。

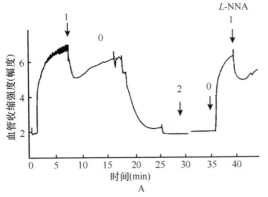

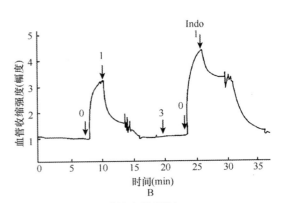

图15 比较大鼠主动脉被 Indo 和 *L*-NNA 抑制后红曲导致的血管舒张

A. *L*-NNA，左旋硝基精氨酸；B. Indo，吲哚美辛

0. NE 1×10^{-7} mol/L；1. 红曲霉 5 mg/ml；2. Indo 1×10^{-6} mol/L；3. *L*-NNA 1×10^{-4} mol/L；0～3. 加入 Krebs 液之后

内皮完整组和去除内皮组血管环，肾上腺素（NE）致血管收缩后，红曲 5 mg/ml 能使其明显舒张，且舒张百分比无差异（$P>0.05$），见表 45。加入吲哚美辛（Indo）抑制环氧合酶后，红曲所致的血管舒张较前没有明显变化（$P>0.05$），见图 15A。而加入左旋硝基精氨酸（L-NNA）抑制 NO 合酶后，红曲所引起的血管舒张较前减弱，见图 15B，与加药前相比差异显著（$P<0.01$）。表明在离体血管中环红曲刺激平滑肌细胞产生 NO 而介导部分血管舒张，与环氧合酶通路无关系。

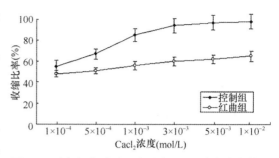

图 16 对大鼠主动脉环氯化钙累积浓度响应曲线的红曲与控制之间的松弛率的比较

进一步的离体血管环研究还证明，红曲作用血管平滑肌细胞是为了抑制平滑肌细胞膜上钙通道（图 16），对肌细胞内质网上的钙通道没有作用。红曲对肌细胞膜上的两种钙通道，即电压门控钙通道和受体门控钙通道都有抑制效应，并会造成细胞外钙内流减少，引起血管舒张。

由图 16 可知，加入 5 mg/ml 红曲后，$CaCl_2$ 诱发的缩血管量效曲线下移，说明红曲可抑制血管平滑肌上的钙通道。在无 Ca^{2+} 生理液中，NE 引起血管收缩是细胞内钙释放的结果；之后加入 $CaCl_2$ 则引起较强烈的收缩，是 ROC（受体门控的钙通道）开放使得细胞膜紧密结合的外钙内流的结果。本研究中对 NE 诱发的不同 Ca^{2+} 成分所致血管收缩结果显示，红曲主要是对细胞外钙内流的抑制，而对细胞内钙的释放没有影响。这些结果表明红曲可抑制细胞膜上 ROC 和 VOC（电压门控的钙通道）通道而抑制细胞外钙内流，从而引起血管环舒张。

4.3 红曲降血压有效成分研究

4.3.1 红曲中 γ-氨基丁酸不是红曲主要降血压功效成分[18]

过去有报告称，红曲中 γ-氨基丁酸（GABA）是红曲降血压主要功效成分，对此我们进行了研究，结果见表 46、图 17、图 18。

表 46 GABA 对 RHR 大鼠血压的影响（$\bar{X}\pm SD$）

组别	n	灌胃剂量	灌胃前（mmHg）	第 1 周（mmHg）	第 2 周（mmHg）	第 3 周（mmHg）	第 4 周（mmHg）
高剂量组	8	125 μg/(kg·bw)（GABA）	166±14.44	151±17.57	150.5±15.11*	150.75±15.44*	179±14.47
低剂量组	8	4.2 μg/(kg·bw)（GABA）	167±14.73	165±16.78	164.25±16.81	163.75±15.88	164±17.04
阳性对照组	8	4 mg/(kg·bw)（卡托普利） 0.0833 mg/(kg·bw)（寿比山）	180±21.02	174±18.45	167±21.48**	154±21.04***	152±22.99***
阴性对照组	8	—	180±14.99	177±13.72	178.55±16.52	178±13.25	179±14.47

*$P<0.05$ 血压差值与阴性对照组血压差值相比有显著性差异；**$P<0.01$ 血压差值与阴性对照组血压差值相比有极显著性差异；***$P<0.01$ 血压差值与阴性对照组血压差值相比有极显著性差异。

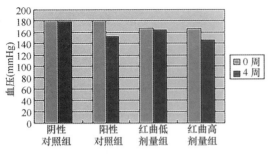

图 17 红曲降血压成分研究

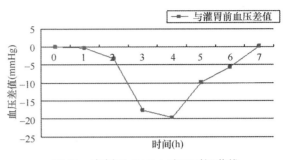

图 18 高剂量 GABA 降压时间曲线

*$P < 0.05$ 与正常组比较，血压变化差异显著。高剂量是低剂量的 30 倍

本实验采用了以往经过多次动物实验证实的红曲降压有效剂量 0.8333 g/（kg·bw），折合人体剂量为每人 10 g/d 中的 GABA 量灌胃 RHR 大鼠，却不能获得降压效果，见表 46、图 18，提示必须高于 30 倍的红曲量才能有效，而以此剂量必须每人每日服用 300 g 红曲才能达到降压效果。使用这一降压剂量，其降压持续时间短，5 h 后血压开始回升，见图 19，而且与红曲降压曲线也不相符合。我们曾观察到，停喂红曲后，大致要经过 4～5 d 动物血压才会回升到初始水平。而国内外学者的研究实验证明，停喂红曲 7 d 后，RHR 大鼠血压仍维持在低水平。因此可以认为，GABA 不是红曲中的降压主要成分，它可能只参与服用最初几小时内的降压作用，之后的降压作用为其他物质的功效。

4.3.2 红曲中降压成分的分离提纯和结构鉴定

我们从中国协和医科大学药物研究所引进了尚小雅博士，开始了这方面的深入研究，主要进行了以下几方面的工作。

（1）在体外离体血管环法和 ACE 酶活性的指导下，对紫红曲中显示舒血管活性和具有抑制 ACE 酶的多个组分的化学成分进行了系统的研究，从中共分离鉴定了 52 个化合物的结构。其中 46 个化合物是从紫红曲属中首次发现，18 个是新化合物，1 个为新的天然产物。

（2）利用体外离体血管环法和 ACE 酶测试方法，将上述分离得到的 52 个结构进行体外抑制 ACE 酶的活性测试，并将分离得到的样品量大于 15 mg 的样品进行了体外离体血管环法的测试。在体外活性测试中共发现有 3 个化合物具有较好活性，其中 1 个具有较好的舒血管活性、2 个具有较好的抑制 ACE 酶的活性。

（3）利用自发性高血压大鼠，对上述体外筛选出的活性化合物进行体内降压的功能性实验论证，发现均有较好的降压功能，但效果没有阳性对照组好。

（4）从大鼠体内实验、结合体外筛选及 4 个生化指标的改变，推测紫红曲降低自发性大鼠血压的机理与化合物 41（染料木素）和化合物 42（黄豆苷元）能有效降低肺组织内 ACE 有关。内皮素（ET）的下降很可能是 ACE 下降的"连锁反应"，ET 和降钙素基因相关肽（CGRP）是一对相互拮抗的因子，ET 下降引起 CGRP 升高。另外，紫红曲的降压也与化合物 5（4α, 5-去氢诺伐他汀）影响 NO/NOS 途径有关（化合物名称见后）。

（5）在分离紫红曲降压同时又具降脂的活性组分中，得到 20 个他汀类化合物，进行体外抑制羟甲基戊二酰辅酶 A（HMG-CoA）还原酶活性测试，发现有 1 个单体抑制体外 HMG-CoA 还原酶活性比洛伐他汀强 10 倍，另有一结构与洛伐他汀活性相当。通过分子对接方法发现这两个化合物均可与 HMG-CoA 还原酶结合，且其分子对接结果也均优于洛伐他汀。

（6）目前已在国内外学术期刊上发表研究论文8篇，其中6篇为SCI收录论文，1篇为EI收录论文，1篇为CSCD收录论文[19-26]。

在该书成书前紫红曲多个活性组分化学成分的研究处于初级阶段，利用体外离体血管环法和ACE酶法，借助Sephadex LH-20、正反相中压液相色谱、正反相闪式低压液相色谱、半制备、制备型高压液相色谱等及常规色谱分离方法，对紫红曲乙酸乙酯部位未分离的多个活性组分进行了系统的分离纯化；再借助波谱学方法，包括紫外光谱、红外光谱、质谱、核磁、X射线单晶衍射、HPLC-MS和HPLC-NMR，Nano探头和超低温探头NMR等新技术，准确鉴定了包括绝对构型的化合物共52个结构。分离鉴定的52个结构，主要包括洛伐他汀类（12个新化合物，1个新天然产物）、甾体类（2个新化合物）、色素类（3个新化合物）、黄酮类（2个）和其他类（1个结构独特新颖的新化合物），见表47。

表47　从紫红曲活性组分中分离得到的化合物单体

编号	名称
洛伐他汀类	
化合物1*	heptatetide
化合物2	洛伐他汀
化合物3	α，β-去氢诺伐他汀
化合物4	α，β-双去氢诺伐他汀
化合物5	4α，5-去氢诺伐他汀
化合物6	莫那可林L
化合物7**	monacophenyl
化合物8**	monacolin P
化合物9**	monacolin P acetone ketal
化合物10**	monacolin O
化合物11**	monacolin O acetone ketal
化合物12**	monacolin Q
化合物13	monacolin S
化合物14	lactone ring six-membered of monacolin S
化合物15**	monacolin R
化合物16**	monacolin T
化合物17**	methyl ester of aromonacolin F hydroxyl acid form
化合物18**	aromonacolin F
化合物19**	monacophenylone A
化合物20**	monacophenylone B
甾类化合物	
化合物21	豆甾4烯-3-酮
化合物22	3β-羟基豆甾-5烯-7-酮
化合物23	β-谷甾醇
化合物24	豆甾醇
化合物25	7β-羟基豆甾醇
化合物26	3β-羟基豆甾-5，22-二烯-7-酮

续表

编号	名称
化合物 27	（22E，24R）-5α，8α-过氧麦角甾-6，22-二烯-3β-醇
化合物 28	（22E，24R）-6β-甲氧基麦角甾-7，22-二烯-3β，5α-二醇）
化合物 29	（22S，23R，24S）-20β，23α，25α-16，22-环氧-三羟基-4，6，8（14）-麦角甾-3-酮
化合物 30	（22S，23R，24S）-20β，23α，25α-16，22-环氧-三羟基-4，6，8（14）-麦角甾-3-酮
化合物 31	（22E，24R）-3β，5α-二羟基麦角甾-23-甲基-7，22-二烯-6-酮
化合物 32	4，6，8（14），22-麦角甾-丁烷-3-酮
化合物 33**	28-去甲基-豆甾-3，7，8，25-四醇
化合物 34**	ergosta-16, 22-epoxy-3, 6, 14, 20, 23, 25-hexahydroxy-en
化合物 35	3, 25-dihydroxyergosta-5, 24（28）-dien-7-one
化合物 36	β-胡萝卜苷
化合物 37	豆甾醇-3-O-$β$-D-吡喃葡萄糖苷
色素（azaphilone）类化合物	
化合物 38**	monapurones A
化合物 39**	monapurones B
化合物 40**	monapurones C
黄酮类化合物	
化合物 41	染料木素
化合物 42	黄豆苷元
其他类化合物	
化合物 43	（2S, 3R, 4E, 8E, 2′R）-1-O-$β$-D-吡喃葡萄糖基-2-[2′-羟基-十八烷酰胺基]-9-甲基-4，8-十八碳二烯-3-醇
化合物 44	（2RS, 2′SR, 3′SR, 4E, 8E）-1-O-$β$-D-吡喃葡萄糖基-2-[2′-羟基-3′-十八烯酰胺基]-9-甲基-4，8-十八碳二烯-3-醇
化合物 45	3-oxo-24-methylenecycloarane
化合物 46	4-羟基-3，5-二甲氧基苯甲酸
化合物 47**	2，3-二甲基-4-异丙基-2，3-二羟基-1，5-戊二酸
化合物 48	色氨酸
化合物 49	光黄素
化合物 50	7Z-trifostigmanoside
化合物 51	demethylincisterol A2
化合物 52	dinonyl 1, 2-benzenedicarboxylate

*. 表示新化合物；**. 表示新的天然产物。

从紫红曲降压活性组分中分离得到的单体化合物的体外活性研究结果如下。

（1）体外抑制 ACE 酶活性测试研究结果：利用体外 ACE 酶法，在 10^{-5} mol/L 浓度下，对分离得到的 52 个单体化合物进行体外抑制 ACE 酶活性的筛选，与空白对照和阳性对照降压药卡托普利比较，显示一定及较好抑制活性的化合物筛选结果见表 48。在对分离得到的 52 个单体化合物进行体外抑制 ACE 酶的筛选中，筛选出两个化合物：41 和 42 的抑制 ACE 酶的活性与阳性对照降压药卡托普利相当。

表48 体外ACE酶抑制活性筛选结果

样品名称	摩尔浓度（mol/L）	抑制率（%）
空白	—	—
卡托普利	1.28×10^{-5}	99.54
1	1.91×10^{-5}	25.8
5	1.75×10^{-5}	35.5
7	1.89×10^{-5}	21.7
17	1.72×10^{-5}	15.5
18	1.86×10^{-5}	23.8
19	1.33×10^{-5}	12.1
20	1.87×10^{-5}	14.7
38	1.26×10^{-5}	37.1
39	1.87×10^{-5}	16.7
40	1.34×10^{-5}	9.6
41	1.62×10^{-5}	96.49
42	2.05×10^{-5}	82.34

（2）体外舒血管活性单体的筛选研究结果：精确称取从红曲降压活性部位分离纯化得到的单体化合物 1～2 mg 样品，配成终浓度为 10^{-5} mol/L 的 Krebs 液。本实验中选用维拉帕米作为阳性对照物，配成终浓度为 5×10^{-5} mol/L 的 Krebs 液；选用等体积 Krebs 液作为阴性对照物。用体外离体血管环法快速跟踪检测，筛选出 3 个化合物：化合物 5，41 和 42 的舒血管活性的舒张幅度大于 50%，其中，化合物 5 体外舒血管的舒张幅度与市售降压药维拉帕米相当。筛选结果见表 49。

表49 体外舒血管活性单体的筛选结果

样品名称	摩尔浓度（mol/L）	舒张幅度（%）	n
空白	—	—	
维拉帕米	5.0×10^{-5}	76.7 ± 6.3	3
1	6.4×10^{-5}	23.8 ± 3.7	3
4	3.6×10^{-5}	41.1 ± 2.9	3
5	3.9×10^{-5}	70.4 ± 3.5	3
7	5.3×10^{-5}	17.4 ± 6.5	3
8	3.87×10^{-5}	10.1 ± 9.3	3
9	4.01×10^{-5}	3.8 ± 4.6	3
10	4.55×10^{-5}	11.2 ± 3.3	3
11	5.16×10^{-5}	6.3 ± 6.9	3
12	3.19×10^{-5}	15.5 ± 7.2	3
13	4.28×10^{-5}	13.9 ± 8.8	3
14	3.73×10^{-5}	21.6 ± 5.4	3
15	3.35×10^{-5}	15.4 ± 2.8	3

续表

样品名称	摩尔浓度（mol/L）	舒张幅度（%）	n
17	4.89×10^{-5}	8.9 ± 3.7	3
18	5.14×10^{-5}	12.4 ± 6.5	3
41	5.68×10^{-5}	61.3 ± 3.7	3
42	6.12×10^{-5}	54.6 ± 4.3	3

【参考文献】

[1] 金宗濂，文镜，唐粉芳，等．功能食品评价原理及方法．北京：北京大学出版社，1995.
[2] Harman D. Aging： A theory based on free radical and radiation chemistry. Journal of Gerontology. 1956，11（3）：298-300.
[3] 金宗濂，戴涟漪，唐粉芳，等．金针菇发酵液的抗衰老作用．中国应用生理学杂志，1991，7（4）：358-359.
[4] 金宗濂，唐粉芳，戴涟漪，等．榆黄蘑发酵液的抗衰老研究．北京联合大学学报：自然科学版，1991，5（2）：8-12.
[5] 文镜，陈文，王津，等．金针菇抗疲劳的实验研究．营养学报，1993，15（1）：79-81.
[6] 唐粉芳，金宗濂，赵凤玉，等．金针菇对小鼠免疫功能和避暗反应的影响．营养学报，1994，16（4）：440-442.
[7] 董文彦，马熙媛，张东平，等．玉米胚芽降血脂作用的研究．生物化学杂志，1992，8（4）：457-461.
[8] 文镜，陈文，金宗濂．"六珍益血粥"的配制及其对贫血改善作用的实验研究．食品科学，1997，18（1）：39-42.
[9] Wang L C H，Jin Z L，Lee T F. Decrease in cold tolerance of aged rats caused by the enhanced endogenous adenosine activity. Pharmacolgy Biochemistry Behavior，1992，43（1）：117.
[10] Jin ZL，Lee TF，Zhou SJ，et al. Age-dependent change in the inhibitory effect of an adenosine agonist on hippocampal acetylcholine release in rats. Brain Research Bulletin，1993，30（1-2）：149-152.
[11] 金宗濂，朱永玲，赵红，等．腺苷受体阻断剂对老年大鼠记忆障碍的研究．营养学报，1996，18（1）：20-24.
[12] 雷萍，金宗濂．红曲中生物活性物质研究进展．食品工业科技，2003，24（9）：86-89.
[13] 文镜，罗琳，常平，等．紫外分光光度法测定红曲中酸式lovastatin的含量．中国食品添加剂，2002，（1）：69-74.
[14] 文镜，顾晓玲，常平，等．双波长紫外分光光度法测定红曲中洛伐他汀（lovastatin）的含量．中国食品添加剂，2000（4）：11-17.
[15] 郑建全，郭俊霞，金宗濂．红曲对自发性高血压大鼠降压机理研究．食品工业科技，2007，28（3）：207-208.
[16] 雷萍，郭俊霞，金宗濂．红曲降低肾血管型高血压大鼠血压的生化机制．辽宁中医药大学学报，2007，9（3）：217-218.
[17] 唐粉芳，张静，邹洁，等．红曲对L-硝基精氨酸高血压大鼠降压作用初探．食品科学，2004，25（4）：155-157.
[18] 郭俊霞，郑建全，雷萍，等．红曲降血压的血管机制：抑制平滑肌钙通道并激发其一氧化氮释放．营养学报，2006，28（3）：236-239.
[19] 常平，李婷，李荣，等．γ-氨基丁酸（GABA）是红曲中的主要降压功能成分吗．食品工业科技．2004，25（5）：120-121.
[20] Li B， Wei W，Luan N，et al. Structure elucidation and NMR assignments of two unusual isomeric aromatic monacolin analogues from *Monascus purpureus*. Magn Reson Chem，2015，53（3）：233-236.
[21] Liu M T，Li J J，Shang XY，et al. Structure elucidation and complete NMR spectral assignments of an unusual aromatic monacolin analog from *Monascus purpureus*-fermented rice. Education and government/Yale University press，2012，50（10）：709-712.
[22] Shang X Y，Li J J，Liu M T，et al. Cytotoxic steroids from *Monascus purpureus*-fermented rice.Steroids，2011，76（10）：1185-1189.
[23] Liu M T，Li J J，Shang X Y，et al. Structure elucidation and complete NMR spectral assignment of an unusual aromatic monacolin analog from *Monascus purpureus*-fermented rice. Magn Reson Chem，2012，50（10）：129-131.
[24] Li J J，Shang X Y，Li L L，et al. New cytotoxic azaphilones from *Monascus purpureus*-fermented rice（red yeast rice）. Molecules，2010，15（3）：1958-1966.
[25] 王阿利，段红梅，李金杰，等．紫红曲中的麦角甾类化合物．中国食品学报，2015，15（6）：178-190.
[26] 尚小雅，王若兰，尹素琴，等．紫红曲代谢产物中的甾体成分．中国中药杂志，2009，34（14）：1809-1811.

第二章 保健食品功能因子及作用机制研究

功能食品论文集

腺苷与阿尔茨海默型老年痴呆症——一种可能的分子机制的新思路

金宗濂　王卫平　赵红

北京联合大学　应用文理学院

【摘要】　本文通过研究阿尔茨海默型老年痴呆症（senile dementia of Alzheimer type，SDAT）的病理变化，认为 SDAT 可能是中枢神经系统多种递质联合受损性疾病，但是应用递质替代疗法，却往往不能收到满意的效果，提示可能存在更深层次的分子机理。近年来的研究表明：腺苷作为一种神经调质对各类递质有着广泛的调制作用，因此认为，中枢神经系统内腺苷的随龄变化很可能是 SDAT 产生的另一个分子机制，为研究 SDAT 治疗对策提供一个新思路。

【关键词】　阿尔茨海默型老年痴呆症；递质；调质；腺苷

阿尔茨海默症（Alzheimer disease，AD）又称阿尔茨海默型老年痴呆症（senile dementia of Alzheimer type，SDAT），随着人类寿命的普遍延长，这种世纪之病已被认为是当前危害人类健康的主要疾病之一。据调查，上海市 55 岁以上人群患病率为 1.5%，60 岁以上为 2.05%，65 岁以上为 2.9%。西方国家统计的发病率还要高，甚至有人认为在 80 岁以上的老年人中，30% 以上存在着不同程度的痴呆。病理学研究表明，患者脑皮层呈进行性萎缩变性，病变主要位于额叶、颞叶、海马等部位；组织学观察表明患者脑内有明显的神经细胞变性、脱失，胶质细胞增生，神经原纤维缠结，颗粒空泡变性及老年斑形成。患者认知障碍与病理改变程度密切相关。发病早期（1～2 年）主要表现为记忆力减退，逐渐发展为认知功能的完全丧失并呈高度痴呆，最后，患者多死于并发感染性疾病。电子计算机断层扫描及磁共振扫描的研究表明 SDAT 患者出现弥漫性脑皮质萎缩、脑室扩大，正电子断层扫描可见脑皮质能量代谢较正常对照组减少 40% 以上[1-2]。

自 20 世纪初该病由德国病理学家阿尔茨海默（Alzheimer）首先报道以来，对其病因学和发病机理进行过大量研究，提出了许多假说，其中神经递质假说研究的最早，成果也较为丰富。研究发现 SDAT 患者脑内出现一系列神经递质功能的紊乱，不仅涉及皮层内神经元还累及到某些特异性皮层下核团向新皮层和海马的投射，如基底前脑的胆碱能系统神经元，中缝核群的 5-羟色胺能神经元，蓝斑核的去甲肾上腺能神经元以及黑质中的多巴胺能神经元，因此有人提出 SDAT 为一种中枢神经系统多递质联合受损性疾病，其中胆碱能系统的功能障碍已得到普遍公认。

胆碱能神经元在脑内分布很广，与记忆、痴呆关系密切的有两处，一处位于大脑深层无名质（substantia innominate）的大型细胞团，从 Meynert 基底核（NBM）向大脑皮层的投射系统；另一处位于海马区的胆碱能神经元，其起始核位于透明隔基底部的中隔内侧核以及 Brosca 对角带状核。1974 年 Drachman 指出脑内 ACh 与记忆、认知功能有密切关系。

1976 年后相继报道 SDAT 患者脑内胆碱能神经元异常，表现为 SDAT 患者的胆碱能递质的减少，与智力的丧失、皮层老年斑和神经原纤维缠结增加的程度呈正相关[4]。另有报道指出 SDAT 患者 NBM 的胆碱能细胞数减少 50%～75%，推测这一减少是 SDAT 患者皮层胆碱能递质衰减的直接原因[3]。在 SDAT 动物模型中，突触前胆碱的再摄取能力也呈现降低趋势，利用胆碱合成 ACh 的功能也呈下降趋势[4]，ACh 的合成酶：胆碱乙酸化转移酶（CAT）及分解酶——乙酰胆碱酯酶（AChE）在 SDAT 患者大脑皮层及海马内的活性均较同龄对照组下降 28%～50%，其中以颞叶减少最为显著。多数研究证实：在皮层和海马内突触前的 M2 受体密度下降，而突触后 M1 受体则无改变，在颞叶皮层 N 受体显著减少，壳核、NBM 的 N 受体结合能力也降低[3]。

其次累及的是单胺类神经递质系统，中枢的 NE 主要由脑干蓝斑核团前部的神经元合成，这些神经元发出的上行纤维会投射到大脑皮层。在 SDAT 患者中，蓝斑核细胞丧失，蓝斑和海马内 NE 浓度较正常同龄对照组显著减少；NE 合成酶——多巴胺 β- 羟化酶活性在大脑皮层内亦呈下降趋势；而其分解酶之一，单胺氧化酶则较高[5-6]；额叶皮层的 α_2 肾上腺素能受体密度下降。

SDAT 患者脑内 DA 递质含量变化报道不一，这可能是由于合并帕金森综合征所致。D_1 受体总浓度无改变，但在额叶皮层 D_1 受体激动剂的高亲和力位点有显著性降低[7]，在该病早期即发现嗅球中 D_2 受体丧失。

SDAT 患者 5- 羟色胺（5-HT）系统亦受到影响。即 5-HT 含量及其细胞数均下降，皮层中 5-HT 的 S_2 受体下降明显，海马的 S_2 受体是各受体中减少得最为明显的一种[8]。

总之，SDAT 患者脑中各类递质变化总的趋势使其含量下降，受体数目及其亲和力也有降低，因此有人提出 SDAT 可能是中枢神经系统多种递质联合受损性疾病。利用上述中枢递质的变化可以解释许多关于 SDAT 的临床症状及其病理学改变，但是应用递质替代疗法，却往往不能收到满意的效果，提示 SDAT 的产生可能存有更深层次的分子机理。

中枢神经系统内存在众多的神经调质（neuromodulator），它们的释放会影响神经递质的平衡，而神经递质则会直接影响神经系统功能。所谓神经调质是指在神经系统中，神经纤维末梢所含有的与神经递质并存的物质，可以调制神经递质对突触后膜的作用，增加或降低神经递质对突触后膜的作用，以影响神经递质的效应，同时也可能与突触前膜受体结合，以调制突触前膜对神经递质的释放量。总之，它通过改变神经递质的释放及在突触后膜上的效应来影响细胞间的信息传递[9]。

近年来，腺苷（adenosine）逐渐受到神经生理学家的重视，作为一种神经调质，它在脑内有着广泛分布。其生成有两种途径：一是以环磷酸腺苷（cAMP）作为前体物质，在磷酸二酯酶的作用下生成一磷酸腺苷（AMP），再通过 5′- 核苷酸酶（5′-nculoetidase, 5-ND）的催化生成腺苷；另一途径是以 ATP 作为前体。

腺苷的释放主要来自突触后效应细胞，可被认为是一种突触后对突触前末梢具有负反馈性的调节物质。腺苷受体可分为 A_1 和 A_2 两种类型，其中 A_1 受体具有高亲和力和低亲和力两种亚型，A_1 受体兴奋抑制腺苷酸环化酶的作用，使 cAMP 生成减少，而 A_2 受体的作用则相反。A_1、A_2 两种受体有共同的拮抗剂——茶碱（theophylline）和咖啡因（caffine），目前尚未发现亚型的选择性拮抗剂。研究表明脑内腺苷通过突触前抑制的机制对多种神经递质的释放有着向下调节的作用。临床观察表明 SDAT 患者脑内的腺苷及其受体也有诸多变化，如海马内 A_1 受体与同龄对照组减少达 40%～60%，受体丢失最显著的区域为齿回的分子层，但受体亲和力未有明显改变[10]。A_1 受体的丢失显示这些区域内锥体细胞的丧失，另外还发现纹状体内尾核、壳核 A_1 受体减少，其减少程度与胆碱乙酰化转移酶活性下降程度相平行[10]，但对于腺苷含量及其合成酶——5′- 核苷酸酶的变化都未见报道。

近年来，我们研究腺苷在神经调制中的作用时也发现它对 ACh 有着广泛的调制作用，它能抑制大鼠脑片胆碱能神经元释放 ACh，这一效应有随龄变化的特征[11]。提示海马释放人 ACh 的随龄降低有可能是海马胆碱能神经活动增强的结果。一些与记忆有关的脑结构如皮层，纹状体和海马的腺苷含量及其合成酶 5′- 核苷酸酶均有随龄增加的趋势，如用腺苷受体激动剂苯异丙基腺苷（phenyl isopropyl adenosine，PIA）能抑制大鼠海马脑片 ACh 的释放水平。众所周知，海马 ACh 降低是老年近期记忆衰退和 SDAT 的一个重要原因。我们曾用成龄鼠和老年鼠为材料，以被动逃避反应为行为模型，发现腺苷受体阻断剂——茶碱可明显改善东莨菪碱（scopolamine）造成的近期记忆障碍。这种作用随茶碱浓度增加而加强。而腺苷受体激动剂 PIA 可抑制大鼠学习记忆行为。

由于腺苷作为一种神经调质对各类递质有着广泛的调制作用，因此，在中枢神经系统内腺苷的随龄增加也很可能是 SDAT 产生的一个更为深层的分子机制。令人感兴趣的是，M_1 受体激动剂对 SDAT 患者有良好的治疗作用，而它们的作用机理是通过激活腺苷酸环化酶，增加细胞内 cAMP 含量实现的。神经节苷脂（ganglioside）由于刺激神经生长，被用于 SDAT 的治疗和预防，而 Daly 等曾发现，高浓度外源性的神经节苷脂能激活腺苷酸环化酶，使细胞内 cAMP 迅速增加，这一机制可能是神经节苷脂促使神经突起大量萌发的原因之一。而茶碱也是由于阻断了腺苷与 A 受体的作用，通过激活腺苷酸环化酶，增加细胞内 cAMP，实现其生理功能。因此腺苷的随龄增加很有可能是 SDAT 型痴呆发生的原因之一。研究腺苷，神经节苷脂和神经生长因子与 SDAT 关系，也许能为 SDAT 研究开辟新思路，为研究 SDAT 治疗对策提供一个新途径。

总之，由于腺苷在脑内摄取和代谢都十分迅速，因此，要想建立一个理想的药物代谢动力学模型有一定的困难，特别是缺乏有高度特异性的受体激动剂和阻断剂，所以迄今为止对于这一系统的研究还远远不够，特别是关于 SDAT 与腺苷的关系还有许多问题有待澄清。但由于腺苷在中枢神经系统中存在广泛的调节作用，我们认为它可能是 SDAT 发病机理中一个重要的因素，至少通过对腺苷的研究，将使我们对 SDAT 各类神经递质改变的最终原因有进一步的认识。

【参考文献】

[1] 陈蓓．皮质性痴呆和皮质下痴呆．国外医学，神经病学神经外科学杂志，1988，（5）：262-264.
[2] Ruberg M, Mayo W, Brice A, et al. Choline acetyltransferase activity and [3H] vesamicol binding in the temporal cortex of patients with Alzheimer's disease, Parkinson's disease, and rats with basal forebrain lesions. Neuroscience, 1990, 35（2）：327-333.
[3] Snyder S H. Adenosine as a neuromodulator. Ann Rev Neurosei, 1985, 8：103-124.
[4] Brashear H R, Godec M S, Carlsen J. The distribution of neuritic plagues and acetylcholinesterase staining in the amygdala in Alzheimer's disease. Neurology, 1988, 38（11）：1694-1699.
[5] Shanaz M, Tezani-Butt, Jianxin Y. Norepinephrine transporter sites are decreased in the locus coeruleus in Alzheimer's disease. Brain Res, 1993, 631（1）：147-150.
[6] Meana J J, Barturen F, Garro M A, et al. Decreased density of presynaptic α 2-adrenoceptors in postmortem brains of patients with Alzheimer's disease. J Neurochem, 1992, 58（5）：1896-1903.
[7] De Keyser J, Ebinger G, Vauquelin G. Dl-dopamine receptor abnormality in frontal cortex points to a functional alteration of cortical cell membranes in Alzheimer's disease. Arch Neurol, 1990, 47（7）：761-763.
[8] Kalaria R N, Sromek S, Wilcox B J, et al. Hippocampal adenosine A1 receptors are decreased in Alzheimer's disease. Nuerosci Lett, 1990, 118（2）：257-260.
[9] 王绍．神经递质间的相互关系．白求恩医科大学学报，1986，（05）：448-451.
[10] Ikeda M, Mackay KB, Dewar D, et al. Differential alterations in adenosine A1 and K1 opioid receptors in the striatum in Alzheimer's disease. Brain Res, 1993, 616（1-2）：211-217.
[11] Jin Z L, Lee T F, Zhou S J, et al. Age-dependent change in the inhibitory effect of an adenosine agonist on hippocampal acetylcholine release in rats. Brain Res Bulle, 1993, 30（1-2）：149-152.

原文发表于《心理学动态》，1995 年第 4 期

腺苷受体阻断剂对老龄大鼠记忆障碍的研究

金宗濂　朱永玲　赵　红　李　赛　文　镜　王　磊

北京联合大学　应用文理学院

【摘要】　以被动逃避反应——跳台法为行为反应模型，分别观察了腺苷受体阻断剂茶碱（theophylline）和激动剂苯基异丙基腺苷（phenyl isopropyl adenosine，PIA）对 SD 成龄鼠和老龄鼠学习记忆的影响。结果观察到成龄鼠脑室注射 0.01 μg、0.1 μg、1.0 μg 茶碱可明显改善东莨菪碱（scopolamine）0.5 mg/kg 造成的学习记忆障碍，主要表现为减少了训练期的错误次数，延长了 24 h 后的潜伏期。这种作用随茶碱浓度的增加而增强。10 μg 茶碱可改善东莨菪碱（0.3 mg/kg）造成的老龄鼠的学习记忆障碍。10 μg PIA 和 1 μg PIA 可分别抑制成龄鼠和老龄鼠的学习记忆，表现在增加了训练期和记忆保持期的错误次数，缩短了 24 h 后的潜伏期。

【关键词】　腺苷；茶碱；东莨菪碱；学习记忆

Improvement of memory disorder of the aged rats with the receptor antagonist adenosine

Jin Zonglian　Zhu Yongling　Zhao Hong　Li Sai　Wen Jing　Wang Lei

College of Applied Science and Humanities of Beijing Union University

Abstract: To investigate the possibility that adenosine antagonists could improve learning and memory dysfunction, the effect of theophylline, an adenosine antagonists and (-)-N_5-phenyl isopropyl adenosine (PIA), an adenosine agonist on the step-down test of SD rats were examined. The results showed, for adult rats, 0.01 μg, 0.1 μg, 1.0 μg, icv of theophylline could significantly improve the learning and memory dysfunction induced by Scop (0.5 mg/kg). Errors of response during training period were decreased, the latent period after 24 hours were prolonged. The effect was does-dependent. 10 μg of theophylline for old rats could improve the learning and memory dysfunction induced by Scop (0.3 mg/kg). 10 μg PIA and 1 μg PIA inhibited the learning and memory process in adult and old rats, respectively. Errors during training and retentive periods were increased, the latent period after 24 h was shortened.

Key words: adenosine; theophylline; scopolamine; learning and memory

学习和记忆是脑的高级机能，中枢胆碱能递质系统在学习和记忆中有重要的调节作用。老年性痴呆是一种常见病，它的病因很可能与脑内胆碱能系统功能的衰退[1-2]有关。胆碱能系统的活动受到多种其他神经递质和神经调质的调控，腺苷（adensine）是 ATP 脱磷酸化的一个产物，刺激中枢神经系统可以释放出这种物质。腺苷和它的类似物可以通过突触前抑制来抑制乙酰胆碱（ACh）的释放[3-5]。本文旨在研究腺苷与学习记忆的关系，以探求腺苷受体阻断剂能否改善某些学习和记忆障碍，特别是老年性记忆障碍。

1　材料与方法

1.1　实验动物

SD 大鼠，雄性（首都医科大学动物房提供）。依年龄分为成龄（3～5 个月）和老龄（18

个月以上）两组。

1.2 药品

东莨菪碱（scopolamine），Sigma 产品，用生理盐水配制；腺苷受体阻断剂茶碱和激动剂 PIA，均为 Sigma 产品，用人工脑脊液（CSF）配制。

1.3 脑内埋管手术

行为实验一周前，在动物侧脑室部位插入不锈钢套管，并固定于颅骨上，以便进行脑室注射。

1.4 被动回避性反应实验

采用跳台法（step-down）。跳台训练期先将动物放入箱内适应 5 min，然后将其放在平台上并立即通电，电压为 36 V。通常情况下，动物由台上跳下后，会立即跳回平台以逃避电击，如此连续训练，直至动物在台上站立满 5 min，以此作为其学会的标准。记录训练过程中，动物下台受到电击的次数，即为错误次数，作为其学习结果。24 h 后，将动物再次置于台上，以同样方式考察记忆保持。记录动物第一次跳下平台的潜伏期及 5 min 内的错误次数，作为其记忆结果。

2 结果

2.1 东莨菪碱对大鼠学习记忆的影响

训练前 30 min，腹腔注射东莨菪碱（成龄鼠 0.5 mg/kg，老龄鼠 0.3 mg/kg，对照组以生理盐水代替东莨菪碱），脑室注射（i.c.v）5 ml 人工脑脊液。结果发现，东莨菪碱明显增加了训练期和记忆保持期的错误次数，缩短了 24 h 后的潜伏期，见表 1。这个结果表明东莨菪碱确实是制备学习记忆障碍模型的有效药物，与文献报道一致[6]。

表 1 东莨菪碱对 SD 大鼠跳台行为的学习和记忆力的影响（$\bar{X}\pm \mathrm{SD}$）

分组	处置方法△	n	训练期错误次数	固定时间 潜伏期（s）	固定时间 错误次数
成龄（对照组）	生理盐水	12	1.4±0.2	235.6±33.0	0.2±0.1
成龄（东莨菪碱）	东莨菪碱（0.5 mg/kg）	12	15.2±0.9**	104.0±42.1*	0.8±0.2*
老龄（对照组）	生理盐水	14	1.4±0.2	241.4±31.2	0.2±0.1
老龄（东莨菪碱）	东莨菪碱（0.3 mg/kg）	12	16.4±1.6**	25.2±15.6**	2.3±0.4**

△试验前 30 min 腹腔注射；*$P<0.05$ 与控制组比较；**$P<0.01$ 与控制组比较。

2.2 茶碱对大鼠学习记忆的影响

在东莨菪碱制备的学习记忆障碍模型上，观察了三种不同浓度的茶碱（0.01 μg、0.1 μg、1.0 μg）对成龄鼠跳台行为的影响。结果发现这三种浓度的茶碱均可明显减少在训练期间成龄鼠的错误次数，这种作用随茶碱浓度的增大而加强，见表 2。1 μg 茶碱还可明显延长记忆保持期的潜伏期。10 μg 茶碱可明显减少老龄鼠训练期的错误次数，延长 24 h 后潜伏期并减少了错误次数，见表 2。

表 2　在东莨菪碱制备的学习记忆障碍模型下茶碱对成龄鼠跳台行为的影响

分组	项目[△]		n	训练期错误次数	学习与记忆（$\bar{X}\pm$SD）	
	东莨菪碱（i.p.）（mg/kg）	茶碱（i.c.v.）（μg）			固定时间	
					潜伏期（s）	错误次数
成龄（对照组1）	0.5	0	12	15.2±0.9	104.0±42.1	0.8±0.2
成龄（茶碱1）	0.5	0.01	10	12.0±0.8*	100.4±42.5	0.7±0.1
成龄（茶碱2）	0.5	0.1	10	6.9±0.8**	104.1±43.0	0.9±0.2
成龄（茶碱3）	0.5	1.0	12	4.0±0.5**	202.9±41.4**	0.7±0.3
老龄（对照组）	0.3	0	12	16.4±1.6	25.2±12.6	2.3±0.4
老龄（茶碱）	0.3	1.0	13	7.9±0.6**	88.8±33.9*	1.2±0.2*

△ 试验前 30 min 注射生理盐水；*$P<0.05$ 与对照组比较；**$P<0.01$ 与对照组比较。

2.3　PIA 对动物学习记忆的影响

训练前 30 min，腹腔注射生理盐水，脑室注射 PIA（成龄鼠 10 μg，老龄鼠 1 μg，对照组以人工脑脊液代替 PIA）。结果表明，10 μg PIA 可明显增加成龄鼠训练期和记忆保持期的错误次数，缩短 24 h 后的潜伏期。1 μg PIA 也可明显增加老龄鼠训练期的错误次数，见表 3。以上结果说明 PIA 对大鼠学习记忆行为起一定的阻碍作用。

表 3　PIA 对 SD 大鼠跳台行为的学习和记忆力的影响（$\bar{X}\pm$SD）

分组	PIA（i.c.v）[△] μg	n	训练期错误次数	固定时间	
				潜伏期（s）	错误次数
成龄（对照组）	0	12	1.4±0.2	235.6±33.8	0.2±0.1
成龄（异丙基腺苷）	10	12	4.1±0.5**	66.5±39.0**	0.9±0.2**
老龄（对照组）	0	14	1.4±0.2	241.4±31.2	0.2±0.1
老龄（异丙基腺苷）	1.0	12	3.5±0.6**	260..4±33.9	0.2±0.1

△ 试验前 30 min 注射生理盐水；**$P<0.01$ 与对照组比较。

3　讨论

茶碱是腺苷的受体阻断剂，从实验结果来看，它确实能显著增强动物的学习记忆能力。PIA 是腺苷受体的激动剂，结果表明，它可以削弱动物的学习记忆能力。综合这两个结果，可以认为腺苷和受体的活动与学习记忆有关。推测这种作用是通过调节 ACh 递质的释放来完成的。腺苷受体激动剂可以减少 ACh 递质的释放量，从而抑制学习记忆，而腺苷受体阻断剂可以增加 ACh 递质的释放量，因而可以增强学习记忆能力。体外实验已经证明，PIA 能抑制海马脑片释放 ACh[5]，因而推测体内也有类似的机制。当然，这些假设尚有待以后的实验加以证明。

从表 1 可见，0.5 mg/kg 东莨菪碱可使成龄鼠训练期的错误次数由（1.4±0.2）次增加到（15.2±0.9）次。0.3 mg/kg 东莨菪碱可使老龄鼠由（1.4±0.2）次增加到（16.4±1.6）次。这说明老龄鼠对东莨菪碱的敏感程度比成龄鼠高。因为东莨菪碱是胆碱能系统 M 受体的阻断剂，这个结果提示老龄鼠的胆碱能系统活性低于成龄鼠，和文献报道一致[7]。

茶碱对成龄鼠的作用比老龄鼠更强。造成这种差异的原因可能在于老龄鼠脑内腺苷含量的增加，需要更多的茶碱来抑制腺苷作用，以提高胆碱能的活动，才能达到它在成龄鼠上的作用水平。

老年性记忆障碍是一种较为常见的老年性功能障碍，中枢神经系统中胆碱能功能低下是导致其功能障碍的原因之一。因此，目前的大部分工作是针对提高脑内 ACh 水平来进行的，包括给予胆碱酯酶抑制剂[8]和胆碱受体激动剂来改善记忆[9-10]。本实验则试图采用调节腺苷受体的活动来影响 ACh 的水平，最终达到改善学习记忆能力的目的。从结果来看，这种思路是可行的，由于天然的腺苷受体阻断剂较易筛选提取，因此，这种改善老年性记忆障碍的途径具有广阔的应用前景。

【参考文献】

[1] Bartus R T, Dean R L, Beer B, et al. The cholinergic hypothesis of geriatric memory dysfunction.Science, 1982, 217（4558）: 408-414.

[2] Flicker C, Dean R L, Watkins D L, et al. Behavioral and neurochemical effects following neurotoxic lesions of a major cholinergic input to the cerebral cortex in the rat. Pharmacol Biochem Behav, 1983, 18（6）: 973-981.

[3] Dunwiddie T V. The physiological role of adenosine in the central nervous system.Int Rev Neurobiol, 1985, 27（4）: 63-139.

[4] Fredholm B B. Adenosine Al-receptor-mediated inhibition of evoked acetylcholine release in the rat hippocampus does not depend on protein kinase C. Acta Physiol Scand, 1990, 140（2）: 245.

[5] Jin Z L, Lee T F, Zhou S J, et al. Age-dependent change in the inhibitory effect of an adenosineagonist on hippocampal acetylcholine release in rats. Brain Res Bulle, 1993, 30（1-2）: 149-152.

[6] Hunter B, Steven F Z, Murray E J, et al. Modulation of learning and memory: effects of drugs influencing neurotransmitters. New York and London: Plenum Press, 1977: 531.

[7] Ben-Barak J, Dudai Y. Scopolamine induces an increase in muscarinic receptor level in rat hippocampus. Brain Res, 1980, 193（1）: 309-313.

[8] Berger P A, Davis K L, Hollister L E. Cholinomimetics in mania, schizophrenia and memory disorders. Nutri Brain, 1979, 5: 425-441.

[9] Sitaram N, Weingartner H, Gillin J C. Human serial learning: enhancement with arecholine and choline impairment with scopolamine. Science, 1978, 201（4352）: 274-276.

[10] Bovet D, Bovet-Nitti F, Oliverio A. Genetic aspects of learning and memory in mice. Science, 1969, 163（3863）: 139-149.

原文发表于《营养学报》，1996 年第 1 期

茶碱对由东莨菪碱造成的记忆障碍大鼠海马、皮层及纹体乙酰胆碱含量的影响

金宗濂　文　镜　王卫平

北京联合大学　应用文理学院

【摘要】众所周知，脑内乙酰胆碱（ACh）与学习记忆功能有密切关系。随着年龄的增加，学习记忆能力逐渐减退。与此同时，发现脑内腺苷含量也有随龄增加的特性。本实验以被动逃避反应-跳台法和迷宫法为行为反应模型。分别观察了成龄雄性SD大鼠和老龄雄性SD大鼠学习记忆行为的随龄变化。结果表明，与成龄鼠相比，老龄鼠在迷宫中的错误次数明显增多（$P < 0.01$），跳台测试中潜伏期明显缩短，记忆保持期中错误次数也显著增加（$P < 0.05$）。表明SD大鼠学习记忆能力有随年龄下降的特征。行为学测试结束后利用HPLC配电化学检测器对这两组大鼠的海马、纹体和皮层内ACh的含量进行了分析。结果表明，与成龄鼠相比，老龄鼠海马、皮层和纹体中ACh含量分别减少了49.11%、11.32%和58.15%。表明大鼠以上脑区中的ACh含量也有随龄下降的特征。

本实验以被动逃避反应-跳台法为行为反应模型，观察了腺苷受体阻断剂茶碱（theophylline）对东莨菪碱（scopolamine，0.5mg/mg）造成的近期记忆障碍大鼠学习记忆能力的影响。结果观察到，脑室注射1.0 μg茶碱可明显改善其学习记忆能力，表现为减少了训练期的错误次数，延长了24h后的潜伏期。行为学测试结束后，利用HPLC配电化学检测器对以上大鼠海马、纹体和皮层内ACh的含量进行了分析。结果表明，脑室注射1.0 μg茶碱后，以上脑区中ACh含量显著升高（$P < 0.01$），其中海马升高了10.18%，纹体中升高了10.89%，皮层中升高了8.21%。表明腺苷受体阻断剂茶碱可以通过升高与记忆相关脑区内ACh含量来改善动物的学习记忆能力。

以上实验结果表明，腺苷的随龄增加很可能通过对胆碱能系统的过度抑制造成ACh的随龄下降，从而成为老年记忆障碍产生的一种可能的分子机制，因而有可能采用调节腺苷受体的活动来提高脑内ACh的水平，从而达到改善学习记忆的目的。为探寻改善老年性记忆障碍保健食品功能因子提供新的思路。

本实验采用测定ACh的方法是利用HPLC配电化学检测器来完成的。该方法目前国内尚未见报道，与国外类似的方法相比，也做了进一步的改进，使其更加准确（变异系数为0.07），灵敏（最低检测限为1 nmol），快速简便（ACh的出峰时间为7.58 min，完成一份样品的测定仅需10 min）。

【关键词】腺苷；茶碱；乙酰胆碱；学习记忆；衰老

The effect of theophylline improvement ach contents in hippocampus cortex and striatum of learning and memory dysfunction rat induced by scopolamine

Jin Zonglian　Wen Jing　Wang Weiping

College of Applied Science and Humanities of Beijing Union University

Abstract: It was well known that ACh closely connected with learning and memory functions in CNS. Following with aging the functions were decreasing gradually. At the same time adenosine

contents in rat brain were increasing with age. To instigate learning and memory functions changing with age in male SD rat, the passive avoidance task-step down and Y-maze tests were examined. The results shows aged rat errors in Y-maze increased obviously ($P < 0.01$), the retention time was shortened and errors of response in the step down test were increased significantly ($P < 0.05$) compared with adult rat. The result indicated that learning and memory functions were decreasing with age in rat.

After these behavious task tests ACh in hippocampus, striatum and cortex of these rats was measured by HPLC-ECD. It was decreased by 49.11%、11.32% and 58.15% respectively in these regions in aged rat compared with adult rat. The result indicated that ACh was decreased following with aging in the brain areas corresponding with learning and memory in rat.

To investigate whether theophylline, a kind of adenosine receptor antagonist could improve learning and memory dysfunction induced by scopolamine (0.5 mg/kg) in rat, step down and Y-maze tests were also examined. The result showed theophylline (1.0 μg, icv) could significantly improve the learning and memory dysfunction. Errors of response during training period were decreased, the retention time after 24 h was prolonged.

After these behavious task tests ACh in hippocampus, striatum and cortex of these rats was measured by HPLC-ECD. It was increased by 10.18%, 10.89% and 8.21% respectively in these regions after injecting theophylline (1.2 μg, icv). The result indicated theophylline could improve learning and memory dysfunction by increasing ACh in CNS in rat.

According to above results, it was inferred that adenosine increasing with age could inhibit cholinergic system seriously in CNS, which could cause learning and memory dysfunction in aging.

Method of detection ACh by HPLC-ECD in these experiments hasn't been reported in home. It is more precious (CV: 0.07), sensitive (the mini. limited: 1 nmol) and rapid (peak time of ACh: 7.58 min detecting one sample needing 10 min only) than those methods reported in abroad.

Key words: adenosine; theophylline; ACh; learning and memory; aged

早在 1974 年 Drachman 曾指出脑内 ACh 与记忆、认知功能有密切关系。此后，许多研究资料都表明，老年记忆障碍最固定的神经化学异常是脑内 ACh 减少，其合成随龄下降，在一些与记忆有关的脑区内 M 受体也明显减少。因此，许多学者认为胆碱能功能的随龄衰退是老年记忆障碍的脑化学基础。那么脑内 ACh 为什么会出现随龄下降呢？一些研究曾指出，胆碱乙酰化酶活性（ACh 合成酶）的随龄下降是重要原因[1]。但是临床上应用递质替代疗法，却往往不能收到满意效果。提示 ACh 随龄下降也许存在更为深层次的原因。

近年来腺苷（adenosine）作为一种神经调质逐渐受到人们的重视。在我们的实验室里也曾观察到：在一些与记忆有关的脑区如海马、纹体、皮层的腺苷含量也有随龄增加的趋势[2]。进一步体外研究指出，腺苷受体激动剂 PIA 能抑制大鼠脑内胆碱能神经元释放 ACh，这一效应有随龄增加趋势[3]，提示海马释放 ACh 的随龄降低有可能是海马嘌呤能神经元活动增强的结果。此后，我们曾用成龄鼠和老龄鼠为材料，以被动逃避反应为行为模型，发现腺苷受体阻断剂——茶碱（theophylline）可以明显改善东莨菪碱（scopolamine）造成的近期记忆障碍。这种作用随茶碱浓度增强而加强。而腺苷受体激动剂 PIA 则可抑制大鼠学习记忆行为[4]。可见从体外（in vitro）及体内（in vivo）实验皆证明腺苷随龄变化很可能是老年记忆障碍产生的一种可能的分子机制。那么，利用腺苷受体阻断剂茶碱后，中枢神经系统中与记忆有关的脑结构内的 ACh 含量是否会出现增加的趋势呢？这正是本文要回答的问题。

1 材料与方法

1.1 实验材料

1.1.1 主要仪器

高效液相色谱仪（美国 BECKMAN 公司）；江湾 I 型 C 脑立体定位器（上海生物医学仪器厂）；酶柱 Brownlee AX-3003 cmX 2.1 mm（美国 BECKMAN 公司）；跳台（step-down）、Y 型迷宫（Y-maze）（张家港市生物医学仪器厂）；电化学检测器（美国 BAS 公司）。

1.1.2 主要试剂

标准品：氯化乙酰胆碱（ACh chloride），美国 Sigma 公司出品；氯化胆碱（choline chloride），美国 Sigma 公司出品；酶，乙酰胆碱酯酶（AChE，EC3.1.17），美国 Sigma 公司出品；胆碱氧化酶（Cho，ECl.1.3.17），美国 Sigma 公司出品；全部实验用水为重蒸去离子水，且过 0.3μm 混合纤维素酯微孔滤膜。东莨菪碱（scopolamine）美国 Sigma 公司出品（生理盐水配制）；茶碱（theophylline）美国 Sigma 公司出品（0.1 MPBS pH=7.4，配制）。

1.1.3 实验动物

Sprague-Dawlay（SD）大鼠：2～3 月龄，10～12 月龄，雄性。由首都医科大学实验动物中心提供。

1.2 实验方法

1.2.1 脑室埋管手术

利用脑立体定位仪，根据《大鼠脑立体定位图谱》[12]（包新民，舒斯云主编，1991）确定大鼠左侧脑室坐标：前囟后 0.5 mm（B），中线旁开 1.5 mm（L），脑表面下 3.5 mm（H）。插入自制不锈钢套管，并用牙科水泥固定于颅骨上，以进行侧脑室注射。手术后一周，动物伤口基本愈合，可进行以下实验。

1.2.2 动物学习记忆行为的测定

采用跳台法（step-down）作为检测学习记忆行为的模型[5]。跳台训练期先将动物放入箱内适应 5 min，然后将其放在平台上并立即通电，电压为 36 V。通常情况下，动物由台上跳下后会立即跳回平台以逃避电击。如此连续训练，直至动物在台上站满 5 min，以此作为训练的标准。记录在上述训练过程中，动物受到电击的次数，即错误次数，作为学习成绩的评价标准。24 h 后，将动物再次置于台上，以同样方式考察记忆保持能力。记录动物第一次跳下平台的潜伏期和 5 min 内的错误次数，作为记忆的成绩。本实验在训练前 30min，给予大鼠腹腔注射（i.p.）东莨菪碱（0.5mg/kg），同时通过套管，实验组脑室注射茶碱 1 μg/5 μl，对照组注射人工脑脊液（0.1 m PBS，5 μl）代替茶碱。然后重复上述实验步骤。

采用迷宫法作为另一种检测学习行为的模型。Y 型迷宫一般分为三等分辐射式。它的每一臂顶均有 15 W 信号灯，臂底由铜棒组成，通以可变电压的交流电，来刺激动物引起逃避反应。本实验采用电压为 50 V。实验时，灯光信号表示该臂为安全区，不通电。安全区顺序呈随机变换。实验开始时，先将动物放入任意一臂内并呈现灯光，5 s 后两暗臂通电，直到动物逃避到安全区，灯光继续作用 10 s 后熄灭。动物所在臂作为下一次测试的起点，两次测试之间的时间间隔为 20～30 s。固定测试 10 次。以 10 次中的错误次数作为评价动物学习能力的标准。

1.2.3　ACh 的高效液相色谱 - 电化学法（HPLC-ECD）分析

以上跳台实验结果后，立即将动物断头，剥取脑组织，进行海马、纹体、皮层的 ACh 水平分析（HPLC-ECD 法）。

1.2.3.1　方法原理

利用一根 C-4 反向色谱柱将样品中的 ACh 和 Ch 分离出来，再使之进入柱后的一个含有乙酰胆碱酯酶（AChE）和胆碱氧化酶（Cho）的反应螺旋（酶固定柱），柱中发生如下反应：

$$ACh \xrightarrow{AChE} Ch + CH_3COOH$$
$$Ch \xrightarrow{Cho} (CH_3)_3N^+CH_2COOH + 2H_2O_2$$
$$H_2O_2 \longrightarrow 电极 \longrightarrow O_2 + 2H^+ + 2e$$

1 U 的 AChE 可催化 1 μmol ACh 产生 1 μmol Ch，再在 2U Cho 催化下形成 2 μmol H_2O_2。H_2O_2 被玻璃碳电极捕获，再由电化学检测器检测。

本实验采用的 HPLC 系统由流动相、HPLC- 泵、进样系统、406 控制系统、预柱、反向色谱柱、酶反应器和检测器构成。整个系统的核心是酶反应器和电化学检测器。

1.2.3.2　样品前处理

采用四硫氰二氨络铬酸铵（雷氏盐，Reinecke salt）沉淀法[6]，分别制备大鼠海马、纹体和皮层的待测脑样本。

1.2.3.3　脑组织蛋白质含量测定

取脑组织用 Bio-rad 法（考马斯亮蓝法），以牛血清白蛋白为标准品，分别测定大鼠海马纹体和皮层脑样本中蛋白质的含量。

1.2.3.4　色谱条件

流动相：0.2 mol/L Tris- 马来酸缓冲液（pH=7），其中包括四甲基氯化铵（tetramethylammonium chloride，TMA）150 mg/L，辛基硫酸钠（sodium octyl sulfate，SOS）10 mg/L。应用前用 0.3 μm 微孔滤膜过滤，超声波除气。

流速：1.3 ml/min。

检测器条件：工作电压 +0.5 V，量程 20 μA，频率 0.1 Hz。

1.2.3.5　装载酶柱

分别把 AChE 125 U、Cho 75 U 溶解于重蒸水中，用 1 ml 注射器注入与进样装置相连的 1000 μl 定量环中，环后直接与酶柱相连，启动 HPLC 泵，用低速（0.08 ml/min）流动相携带酶液进入酶柱，并使之充分反应，酶通过离子交换作用结合到酶柱中的阴离子树脂上。

1.2.3.6　样品测定

经树脂处理过的样品上清液，取 20 μl 进样，Goldsystem 软件自动分析结果。

2　结果

2.1　不同年龄 SD 大鼠学习记忆能力的比较

选择成龄 2～3 月龄和老龄 10～12 月龄 SD 大鼠，分别进行迷宫和跳台成绩的行为学测试。结果表明在迷宫中老龄鼠错误次数明显增多（$P < 0.01$），跳台测试中潜伏期明显缩短（$P < 0.05$），记忆保持期中错误次数也显著增加（$P < 0.05$），表明 SD 大鼠学习记忆能力

有随龄下降的特征，见表1。

表1　老龄鼠和成龄鼠迷宫跳台成绩比较（$\bar{X}\pm$SD）

组别	n	迷宫成绩 错误次数（次）	跳台成绩 潜伏期（s）	跳台成绩 错误次数（次）
成龄鼠	10	1.2±0.4	258.0±49.4	0.9±0.1
老龄鼠	10	3.1±1.2"	186.7±74.0*	2.2±0.6*

*$P < 0.05$ 与成龄组比较。

2.2　不同年龄 SD 大鼠海马、皮层、纹体中 ACh 的含量

行为学测试结束后，将老龄鼠和成龄鼠断头，剥取脑组织，分别测试其海马、皮层和纹体中 ACh 的含量，结果表明：10～12 月龄（老龄）大鼠与 2～3 月龄（成龄）大鼠相比，海马、皮层和纹体中 ACh 含量分别减少了 49.11%、11.32% 和 58.15%，见表2。表明 SD 大鼠海马、皮层和纹体中 ACh 含量有随龄下降的特征。另外还发现同龄 SD 大鼠不同脑区 ACh 含量也存在差异（$P < 0.01$），其中纹体中含量最高，海马次之，皮层中 ACh 水平最低，见表2。

表2　大鼠脑海马、皮层、纹体中 ACh 的含量（pmol/mg, p.o.）

组别	n	脑区含量 $\bar{X}\pm$SD 海马	纹体	皮层
成龄鼠	10	592.31±57.61	684.25±32.62☆	227.31±20.50△
老龄鼠	10	286.33±27.24**	1.44±34.53**	201.13±23.02**△

**$P < 0.01$ 老龄组与成龄组比较；△ $P < 0.01$ 老龄组、成龄组自身皮层海马、纹体比较；☆ $P < 001$ 成龄组自身纹体与海马比较。

2.3　茶碱对东莨菪碱动物模型

在东莨菪碱制备的记忆障碍模型上，与对照组相比，1 μg 茶碱可明显减少实验动物训练期的错误次数，即可提高学习成绩（$P < 0.01$），同时可显著延长记忆保持期的潜伏期时间，即可提高记忆成绩（$P < 0.01$），见表3。

表3　茶碱对东莨菪碱动物模型跳台成绩的影响

组别	n	处理△ 东莨菪碱（i.p.）(mg/kg)	处理△ 茶碱（i.c.v）(μg)	跳台成绩 $\bar{X}\pm$SD 学习 训练错误次数（次）	跳台成绩 $\bar{X}\pm$SD 记忆 潜伏期（s）	跳台成绩 $\bar{X}\pm$SD 记忆 错误次数（次）
对照组	8	0.5	0	15.2±0.9	104.0±42.1	0.8±0.2
实验组	8	0.5	1	4.0±0.5**	202.9±41.4**	0.7±0.3

△ 训练前 30min 注射；**$P < 0.01$ 与对照组比较。

2.4　茶碱对东莨菪碱动物模型相关脑区 ACh 含量的影响

跳台行为测试结束后，将动物断头，剥取脑组织，分别测定其海马、纹体和皮层 Ach 的含量。结果表明实验组动物脑室注射 1.0 μg 茶碱后与对照组相比，海马、纹体和皮层中 Ach

制备的近期记忆障碍大鼠，使用腺苷受体阻断剂——茶碱后，实验动物跳台成绩明显改善，表现为训练错误次数显著减少，潜伏期明显延长。而在这些脑区的ACh含量测定表明，在注射茶碱后，海马、纹体及皮层ACh水平出现显著升高的趋势。这一结果不仅从侧面支持了胆碱能系统随龄衰退是老年记忆障碍的重要原因之一，更重要的是，表明腺苷受体阻断剂茶碱可以通过升高与记忆相关脑区内ACh含量来改善动物的学习记忆能力。这似乎表明腺苷引起老年记忆障碍的机理也是通过降低相关脑区的ACh水平来实现的。综合我们以往的实验结果，可以认为在脑内特别是与记忆相关脑区内腺苷活动的随龄增加，通过它对中枢各类神经元的抑制作用，尤其是对胆碱能神经元抑制作用的增强，使ACh含量出现了随龄下降和胆碱能系统的功能障碍，在行为学上则表现为老年性学习记忆能力的衰退。基于这一思想，在本次实验中我们使用了腺苷受体阻断剂茶碱，试图通过提高动物脑内ACh的水平来达到改善其学习记忆的能力。从结果上看，这一思路是可行的。这就为进一步探讨老年记忆障碍和老年性痴呆的发生机制提供了新的方向，为寻找改善老年记忆障碍的药物和保健食品提供了新途径。

实验中我们还发现同龄大鼠不同脑区ACh含量也存在差异，其中纹体ACh含量最高，海马次之，皮层最低。这与胆碱能神经细胞的分布和投射区域相一致[7]。神经解剖学研究发现纹状体内含有丰富的胆碱能神经细胞体，尤其是尾核。另外，在Meynert基底核中90%以上（在啮齿类动物中）为胆碱能神经元[8]。海马除本身具有胆碱能神经元外，还接受Broa斜角带核、内侧隔核和Meynert基底核后部的胆碱能投射，大脑皮层（Ⅱ～Ⅲ层）中亦有少量胆碱能神经的胞体定位，同时接受Meynert基底核的胆碱能投射。因此，在研究这些与学习记忆有关的脑区内ACh含量时，取材部位很重要。

本实验采用测定ACh的方法是利用HPLC配电化学检测器来完成的。该方法目前在国内尚未见报道，与国外类似的方法相比[9]，也做了进一步的改进，使其更加准确（变异系数为0.077），灵敏（最低检测限为1 nmol），快速简便（ACh的出峰时间为7.58 min，完成一份样品的测定仅需10 min）（参见附件）。

附件：HPLC-ECD测定ACh的方法

1 流动相的选择

本实验采用的流动相为0.2 mol/L Tris-马来酸缓冲液（pH=7.0），其中加入150 mg/L的四甲基氯化铵（tetramethylammonium chloride，TMA）和10 mg/L的辛基硫酸钠（sodium octyl sulfate，SOS）。SOS作为离子配对剂，能延缓胆碱的洗脱；TMA则可避免ACh在分离柱上过强的吸附，并可使峰形尖锐。实验中观察到，TMA和SOS浓度变化可改变色谱图的特征，即增加SOS的浓度，延长Ch、ACh的保留时间；若浓度过低，又会使Ch和ACh出峰过于提前，与杂质峰重叠引起干扰。当TMA浓度过低时，ACh保留时间延长，可能会出现峰形严重脱尾，难以进行积分计算。但若TMA浓度过高，则可抑制胆碱氧化酶（Cho）的活性，因此其浓度一般不应超过1.2 mmol/L。虽然本实验中采用的酶最适pH均为碱性，如Cho为8.0、AChE为7.5，但HPLC的反相色谱分离柱却在偏酸性的条件下分离效果最佳。因此，本实验采用的流动相pH为中性值，是色谱分离和酶反应各自适宜pH的折中值。实验结果证明是可行的。

2 分离柱和电化学检测器

文献报道ACh的分离均采用C_{18}柱进行[10]。本实验采用C_4分离柱代替C_{18}柱用于ACh的分离，结果证明由于C_4柱极性较强，样品出峰时间明显提前，同时峰形也得到改善，并具有良好的重复性，这在一定程度上提高了分析质量。对于测定ACh等脑内非极性的神经递质，可使保留时间由13 min缩短到5 min以内。

Neff及Meek等均以Ag-Agcl电极作参比电极，铂电极（Pt）为工作电极[11]。由于铂电极容易钝化,所以在使用若干星期后必须进行磨光才可保持其最大灵敏度。因此我们尝试使用玻璃碳电极作为工作电极,不仅取得了与 Pt 电极相似的灵敏度(Ch 检测低限为 0.5 nmol,ACh 为 1 nmol),而且省去了磨光电极的烦琐操作。

3 酶的固定

对于 ACh 和 Ch 这类没有明显的可被检测的功能基因物质,一个结合有能产生过氧化物酶的离子交换柱为它们提供了最佳的解决方案。而最初 ACh 的 HPLC 分析方法是采用样品中的分离流出液与酶制剂混合的反应方式进行的[11]。这不仅需要两个泵分别提供样品流出液和酶液(这样会使基线不稳定,降低检测灵敏度),而且液体形式的酶液转化率虽高但不稳定,4 d 左右就会失去大部分活性,这样价格昂贵的酶没有被充分利用,消耗量很大。酶溶液的连续灌注还可能导致分析样品的稀释和由于蛋白质附着引起的工作电极钝化。这一切都可以通过酶的固定化而得以大大改善。

本实验采用的酶固定方法是直接利用离子交换作用把酶吸附到一根弱阴离子交换柱上(AX-300,3 cm×2.1 mm)。Cho 和 AChE 先后被注射到流动相中,就可很容易地被固定在酶柱上。在装酶过程中,我们利用了 HPLC 系统的高压泵作为推送酶液的动力,流速设置为 0.08 ml/min,这使得酶液可以匀速恒压地与酶柱担体充分接触,使 AChE 和 Cho 最大限度地结合在这一弱阴离子交换柱上。

为了保持吸附后酶的稳定性,延长酶的使用时间,我们选择了低离子强度单一流动相(pH=7.0),这样酶的洗脱可忽略不计。为了延长酶柱的使用寿命,样品前处理避免使用高浓度的盐和有机溶剂,且避免出现极端 pH 和温度等条件。这样即使放在室温条件下,酶柱也可使用 10 d 左右,在此期间,可分析样品约 100 份。酶柱放在 4℃冰箱中保存可以延长其使用寿命达两周以上。每次样品检测完毕,都需用去盐流动相(未加 TMA 和 SOS)和水充分冲洗分析柱及酶柱,这样可以降低柱压,保护酶柱和分析柱。

4 样品前处理

由于 ACh 检测条件的要求,一般样品前处理都不能符合酶柱保护的原则。于是我们选择了一种较为复杂的神经组织样品提取过程——雷氏盐沉淀法。这种方法在以后的测定中消除了内源性干扰物的影响,使分析测定更为精确。该方法是由一系列互相置换的过程组成的,首先是高氯酸沉淀样品中的蛋白质,然后是醋酸钾沉淀高氯酸,接着用四乙胺和雷氏盐将样品中的 ACh、Ch 沉淀出来,最后是用树脂除去该沉淀中的四乙胺和雷氏盐,剩余的则是 ACh 和 Ch,可以用于分析测定。

综上所述,本实验采用的分析方法国内尚未见报道,与国外类似方法比较,要相对简单、省时、灵敏。例如,生物鉴定法完成一份样品需要几个小时,而本方法只需 10 min。其不足之处是酶柱的要求较高,分析条件限制较严,而且样品前处理过程相对复杂费时。尽管如此,配有电化学检测器和酶反应器的 HPLC 是 ACh 和 Ch 定量测定的一种较为理想的分析方法,它在现行方法中选择性较高,而且仪器设备也相对容易置备。这种方法不仅可用于脑组织,也可用于外周组织中的 ACh 分析。当然 HPLC 还可与其他检测器配合使用。最近有文献报道 ACh、Ch 和其他胆碱类似物用 HPLC 分离和固定化酶及荧光检测器的结合检测,与 HPLC-ECD 法同样灵敏而且更简单。

【参考文献】

[1] Mori M,Nishizaki T,et al. Dyfunction of CAT activities in senile brains. Neuroscience,1992,46:301-307.

[2] 文镜,金宗濂. 大鼠脑组织腺苷含量的 HPLC 分析. 北京联合大学学报,1997,11(1):46-50.

[3] Jin ZL, Wang LC, Lee TF, et al. Age-dependent change in the inhibitory effect of an adenosine agonist on hippocampal acetylcholine release in rats. Brain Res Bulle, 1993, 30: 149-154.
[4] 金宗濂, 朱永玲, 赵红, 等. 腺苷受体阻断剂对老年大鼠记忆障碍的研究. 营养学报, 1996, 18 (1): 20-23.
[5] 金宗濂. 学习记忆实验的设计原理及方法. 北京: 北京大学出版社, 1995: 138-141.
[6] Potter P E, Meek J L, Neff N H. Acetylcholine and choline in neuronal tissue measured by HPLC with electrochemical detection. J Neurochem, 1983, 41 (1): 188-194.
[7] 韩济生. 经典神经递质和神经肽及其受体. 北京: 北京医科大学, 中国协和医科大学联合出版社, 1993: 297-322.
[8] Ezrin-Waters C, Resch L. The nucleus basalis of Meynert. Can J Neurol Sci, 1986, 13 (1): 8-14.
[9] Niklas T. Improvement in the separation and detection of Ach and Ch using HPLC and electro-chemical detection. J chromato, 1990, 502: 337-349.
[10] Meek J L, Eva C. Enzymes adsorbed on an ion exchanger as a post-column reactor: application to acetylcholine measurement. J Chromatogr A, 1984, 317: 343-347.
[11] Yasushi I, Tomiya S. Determination of Ch and Ach levels in rat brain regions by HPLC with ECD. J Chromato, 1988, 322: 191-199.

原文为北京市自然科学基金资助项目的研究成果报告, 1997 年 6 月完成, 主要结论已做过报道。

腺苷受体激动剂对大鼠海马乙酰胆碱释放抑制效应的随龄变化

金宗濂　李嗣峰　周时佳　王家璜

【摘要】　为了查明通过改变内源性嘌呤活动，能否促进乙酰胆碱（acetylcholine，ACh）释放随龄降低效应，本实验检查了腺苷受体激动剂 PIA[（-）N_6-phenyl isopropyl adenosine] 对由 K^+（25 mmol/L）诱发的成龄鼠（3～6月龄）和老龄鼠（26～30月龄）海马脑片释放 [^{3}H]-ACh 的调节反应的影响。当采用 0.1～10 µmol/L PIA 时灌流成龄鼠海马脑片，[^{3}H]-ACh 释放呈现剂量相关性抑制效应。1 µmol/L PIA 使 [^{3}H]-ACh 释放显著减少；而在老龄鼠中也可见到 PIA 对 K^+ 诱发 [^{3}H]-ACh 释放相似的抑制效应。但要引起显著抑制作用，需要高于 10 倍的 PIA 浓度（10 µmol/L）。对于 PIA 反应的随龄降低，可能是由于老龄鼠的内源性腺苷活动增强的缘故，从而导致对腺苷受体的下向调节。与成龄鼠相比，老龄鼠海马的腺苷浓度及其合成酶 5'-nucleotidase 的随龄增加支持这一结果。

【关键词】　腺苷；腺苷受体；乙酰胆碱；海马；衰老

Age-dependent change in the inhibitory effect of an adenosine agonist on hippocampal acetylcholine release in rats

Jin Zonglian　Li Sifeng　Zhou Shijia　Wang Jiahuang

Abstract: To investigate the possibility that age-dependent deficits in acetylcholine (ACh) release are precipitated by the alteration of endogenous purinergic activities, the effects of (-)-N_6-phenyl isopropyl adenosine (PIA), an adenosine agonist, in modulating K^+ (25 mmol/L)-induced [^{3}H]-ACh release from the hippocampal slices of young (3-6 months old) and old rats (26-30 months old) were examined. In young rats, PIA (0.1-10 µmol/L) caused a dose-related inhibition of [^{3}H]-ACh release from the hippocampal slices and a significant reduction in [^{3}H]-ACh release was observed in the presence of 1 µmol/L PIA. In old rats, a similar pattern of PIA suppression of K^+-induced [^{3}H]-ACh was observed; however, a 10-fold higher concentration of PIA (10µmol/L) was required to elicit a significant inhibition. This age-dependent reduction in responsiveness to PIA may be due to an enhanced endogenous adenosine activity in aged rats leading to downregulation of the adenosine receptors. This notion is supported by the finding that both the adenosine concentration and activity of 5'-nucleotidase, an enzyme partially governing adenosine synthesis, were increased in the hippocampus of old rats as compared to their younger counter-parts.

Key words: adenosine; adenosine receptor; acetylcholine; hippocampus; aging

To correlate age-dependent changes in many physiological and behavioral functions, numerous studies have examined the alteration with aging of activities of various neurotransmitters in the CNS. Much attention has been focused on the brain cholinergic systems because their deterioration has been suggested to underlie geriatric memory disorders [1-2]. Dramatic reductions in cholinergic enzymes, muscarinic receptors, and acetylcholine (ACh) release have been reported inspecific brain regions, including the hippocampus, cortex, and striatum, during aging [3-4]. Other than the possibility that the impairment of ACh release is due to a loss of cholinergic terminals with age, the exact mechanism (s) that causes the age-dependent deficit in ACh release remains obscure.

Adenosine is a dephosphorylation product of ATP known to be released from stimulated CNS neurons. It acts as a neuromodulator in inhibiting neuronal firing and synaptic transmission [5-6]. In the hippocampus, a high density of adenosine receptors has been demonstrated [7-8], and adenosine and its analogs can suppress the release of ACh through presynaptic inhibition [5, 9]. Although the exact mechanism of this effect is still unknown, it has been suggested that activation of adenosine A_1 receptors is responsible for the inhibitory effect of adenosine on neurotransmitter release [10-11]. Recently, an age-related increase in purinergic activity has been demonstrated in invitro human fibroblast cultures [12] and rat neck muscle following cold stimulation [13]. Even though no direct measurement of hippocampal adenosine activity has been carried out in aged rats, a subpopulation of low-affinity A_1 receptors in the hippocampus has been observed to disappear in old rats [14]. These age-related changes in adenosine concentration and ligand-receptor interaction raise the question whether the age-dependent change in CNS cholinergic function could be related to adenosine metabolism. To answer this, we investigated the modulatory role of and adenosine analog (-)-N_6-phenylisopropyladenosine (PIA), on ACh release, in the hippocampus. To evaluate further the age-dependent changes in endogenous purinergic metabolism, the hippocampal adenosine concentration and its metabolic enzyme activities were also measured in rats of different ages.

1 METHOD

All experimental protocols used in the present study received prior approval of the University of Alberta Animal Care Committee following the guidelines of the Canadian Council on Animal Care. Two groups of adult, male Sprague-Dawley rats, 3-6 and 26-30 months old, were used. They were housed individually in polycarbonate cages with woods having bedding at 22 ± 1 ℃ in a walk-in environmental chamber under a 12L:12D photoperiod. Food (Rodent Blox, consisting of 24% protein, 4% fat, 65% carbohydrate, 4.5% fiber and vitamins; Wayne Laboratory Animal Diets, Chicago, IL) and water were made available at all times.

Animals were sacrificed by decapitation and brains were rapidly removed. Both hippocampi were dissected out and sliced to a thickness of 0.3 mm using a McIlwain tissue chopper. Slices were incubated for 30 min at 37℃ in 1 ml oxygenated Krebs medium (pH 7.4) containing paraoxon (1 µmol/L) and 0.1 µmol/L [^{3}H] choline Cl (specific activity 79.3 Ci/mmol, Amersham Corp., Arlington Heights, IL). After labeling, aliquots of 100 µl of tissue suspension were transferred to each off our superfusion chambers (about 80 mg of wet tissue per chamber) and superfused with Krebs medium with a flow rate of 1 ml/min at 37 ℃. Tissues within each chamber were stimulated twice at 46 min (S_1) and 76 min (S_2) after the onset of superfusion by exposure to a medium containing 25 nmol/L KCl for 6 min. The S_1 was used as self-control and various concentrations of PIA were added to the superfusion medium immediately after S_1 and remained present throughout the rest of the experiment.

Samples of the superfusate were collected at 2min intervals 30 min after onset of superfusion. At the end of the experiment, the slices were solubilized with 1.0 ml 1 mol/L NaOH and the radioactivity in the slices and superfusate determined by liquid scintillation spectrometry. [^{3}H] Choline was separated from [^{3}H]-ACh according to the procedure described by Briggs and Cooper [15]. A 125-μl aliquot of a solution containing choline kinase (1 mU), adenosine triphosphate (50 mmol/L), and $MgCl_2$ (6.25 mmol/L) in glycylglycine buffer (250 mmol/L, pH 8.5) was added to 0.5 ml of each fraction of perfusate to convert choline to phosphorylcholine. The remaining [^{3}H] ACh was then extracted with 750 μl 3-heptanone containing 10 mg/ml sodium tetraphenylborate. The amount of [^{3}H]-ACh in 500 μl aliquots of organic supernatant was determined by liquid scintillations pectrometry. [^{3}H]-ACh make sup 46.61±1.75% ($n=8$) of the total H released. The amount of H released in a 2 min sample was expressed as a fraction of the total tissue H content within the same chamber at the onset of the respective collection period. The percentage of radioactivity released above the basal level by the two pulses of K^+ was expressed as the ratio of S_2/S_1 for both the control and drug-treated slices. To quantify the effects of drugs on the stimulation-evoked outflow, the S_2/S_1 ratios of the drug-treated slices were compared with the ratios calculated under the respective control conditions.

To measure the adenosine concentration within the hippocampus, the tissue samples were homogenized in 1 N perchloric acid and the homogenate was then centrifuged to remove the precipitated protein. The amount of adenosine in the supernate was assayed by high-performance liquid chromatography (HPLC) as described by Jackson and Ohnishi [16]. Owing to the short half-life of adenosine [17], the absolute level of adenosine may not be positively correlated with the physiological responses. To examine the enzyme activity governing adenosine synthesis, the hippocampal 5'-nucleotidase (ND, EC3.1.3.5) activity from animals of different ages was compared. After removing it from the rat, the hippocampus was homogenized with 25 times (w/v) 0.1 mol/L Tris-buffer (pH 7.4) and the activity of 5'-ND in the homogenate was determined by a conventional enzymatic method (Sigma Kit 265, Sigma Chemical Co., St. Louis, MO).

Statistical analysis was by the unpaired t test and the significance was set at $P < 0.05$ unless otherwise stated.

2 RESULTS

Effects of PIA on hippocampal [^{3}H]-ACh release.

Even though the fractional release of [^{3}H]-ACh induced by 25 mmol/L KCl was about the same between young and old rats (the ratios of $S_2 : S_1$ were 0.75±0.05 and 0.79±0.05 for young and old rats, respectively; Fig.1), the total Ach outflow elicited in the hippocampal slices of young rats (9.11% ± 0.17%, $n=10$) during the first period of K^+-induced stimulation (S_1) was significantly higher than that of old rats (8.60% ± 0.14%, $n=12$). In experimental slices, addition of PIA (0.1-10 μmol/L), immediately after S_1, inhibited the K^+-evoked release of [^{3}H]-ACh from the hippocampal slices of both young and old rats in a dose-related manner (Fig.1). In young rats, a significant suppression (about 31%) of ACh outflow was observed at 1 μmol/L PIA. In old rats, however, 10 μmol/L PIA was required to elicit a similar inhibition on [^{3}H]-ACh release (Fig.1).

Changes in hippocampal adenosine concentrations and 5'-nucleotidase activity with aging.

To examine whether the reduction in responsiveness to exogenous PIA was due to enhanced endogenous purinergic activity the Hippocampal adenosine concentration was measured in both young and old rats and the results are shown in Table 1. The hippocampal adenosine concentration of old rats was significantly higher (about 61%) than that found in their younger counter parts. In parallel with that observed with adenosine concentration, the hippocampal 5′-ND activity was also significantly higher (about 57%) in old than in young rats (Table 1).

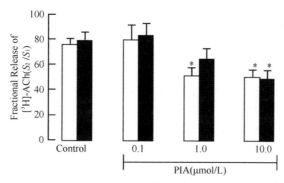

Fig.1 Effect of (−) N_6-phenylisopropyladenosine (PIA) on K^+-evoked [^{3}H]-acetylcholine (ACh) release from hippocampal slices of either young (open columns) or old (closed columns) rats. Each column represents the mean±SEM from 6-10 and 8-12 experiments for young and old rats, respectively. Significantly different from respective control value, $P < 0.05$

Table 1 Hippocampal adempsine concentration and 5′-ND activity in young and old rats

group	Young Rats	Old Rats
Adenosine concentration (nmol/mg protein)	161.60±14.1 (8)	260.8±33.4* (8)
5′-ND activity (mU/mg protein)	75.57±2.46 (6)	118.50±2.991* (6)

Each value represents the mean ± SE from number of animals shown in parentheses.
*Significantly different from the young rat, $P < 0.01$ (two-tailed unpaired t test).

3 DISCUSSION

It is well documented that endogenous adenosine can modulate central neuronal transmission by inhibiting presynaptic release of various neurotransmitters [5, 9]. In the hippocampus, activation of A_1 adenosine receptors has been reported to suppress the electrically stimulated ACh release[10]. To investigate the possibility that the enhanced endogenous adenosine activity may be involved in blunting stimulated ACh release in older animals, the effect of PIA a selective A_1 receptor agonist, on K^+-stimulated ACh release from the hippocampal slices of both young and old rats was examined. Addition of PIA to the perfusion medium caused a doserelated suppression of K^+-evoked ACh outflow from the hippocampal slices of the young rat. Even though a different stimulation method was used in our study, the concentration of PIA (1 μmol/L) that caused a significant inhibition of ACh release was comparable to the concentration used previously in inhibiting electrically stimulated ACh release from the hippocampal slices of rats [10].

Similar to earlier reports [4], the hippocampal ACh release evoked by 25 mmol/L K^+ was reduced with increasing age. The most interesting finding of the present study is that there was a decrease in responsiveness of the hippocampal ACh release to PIA in old rats. Ten times higher concentration of PIA than that used for young rats was required to elicit a significant suppression of K^+-evoked ACh outflow in old rats. Similar reduction in responsiveness to exogenously applied adenosine has also been observed previously in electrically stimulated ACh release from the cortical slices of old rats [18-19]. Because age-related increase in adenosine release has been demonstrated in rat neck muscle following cold stimulation [13] and human fibroblast cultures [12], it is possible that the reduced responsiveness of hippocampal ACh release to PIA seen in old rats is due to a reduction in adenosine receptor efficacy consequent to an age-dependent increase in endogenous purinergic out flow. This suggestion is supported by the present finding that the hippocampal adenosine concentration was about 61% higher in old than in young rats. Coinciding with the increase in adenosine concentration, the activity of hippocampal 5'-ND, which has been proposed to partially govern adenosine synthesis [20], was also significantly higher in old than in young rats. Based on these observations, the age-dependent decrease in the inhibitory effect of PIA on hippocampal ACh release could be due to an enhanced endogenous purinergic activity during senescence.

Alteration in the activity of an endogenous neurotransmitter is known to cause changes in the efficacy of its receptor (s). The net result of an increase in endogenous purinergic activity may possibly lead to conformational changes in adenosine receptor (s). This speculation is supported by the finding that the disappearance of a subpopulation of the low-affinity A_1 receptors in the hippocampus of 24-month-old rats is partly substituted by the high-affinity A_1 receptors [14]. The decrease in responsiveness of the old rat hippocampal slices to PIA is, however, counter to the observed increase in receptor binding affinity. As suggested previously [14], this apparent paradox may possibly indicate that the low-affinity adenosine A_1 receptors, rather than the high affinity A_1 receptors, are functionally important in modulating ACh release. If this interpretation is correct, then the observed age-related decrease in sensitivity to the inhibitory effect of an adenosine agonist is consistent with an increased endogenous purinergic activity with aging. In view of the recent finding that the cognitive deficit can be improved by pretreatment with a selective A_1 receptor antagonist [21], if is worthwhile to carry out further investigations on central adenosine metabolism and cholinergic activity during senescence.

4 ACKNOWLEDGEMENT

The present study was supported by a Medical Research Council of Canada Operating Grant to L.W. We are indebted to S.M. Paproski for excellent technical assistance.

【REFERENCES】

[1] Barnes C A. Spatial learning and memory processes: the search for their neurobiological mechanisms in the rat. Trends Neurosci, 1988, 11 (4): 163-169.

[2] Bartus R T, Dean R L, Beer B, et al. The cholinergic hypothesis of geriatric memory dysfunction. Science, 1982, 217 (4558): 408-414.

[3] McGeer P L, McGeer E G, Suzuki J, et al. Aging, Alzheimer's disease, and the cholinergic system of the basal forebrain. Neurology, 1984, 34（6）: 741-745.

[4] Sherman K A, Friedman E. Pre- and post-synaptic cholinergic dysfunction in aged rodent brain regions: new findings and an interpretative review. Int, J, Dev, Neurosci, 1990, 8（6）: 689-708.

[5] Dunwiddie T V. The physiological role of adenosine in the central nervous system. Int, Rev, Neurobiol, 1985, 27: 63-139.

[6] Ohisalo J J. Regulatory functions of adenosine. Med Biol, 1987, 35: 181-191.

[7] Erfurth A, Reddington M. Properties of binding sites for [3H] cyclohexyladenosine in the hippocampus and other regions of rat brain: a quantitative autoradiographic study. Neur Lett, 1986, 64（1）: 116-120.

[8] Goodman R R, Synder S H. Autoradiographic localization of adenosine receptors in rat brain using [3H]cyclohexyladenosine. J Neurosci, 1982, 2（9）: 1230-1241.

[9] Fredholm B B, Dunwiddie T V. How does adenosine inhibit transmitter release?Trends Pharmacol Sci, 1988, 9（4）: 130-4.

[10] Fredholm B B. Adenosine A_1-receptor-mediated inhibition of evoked acetylcholine release in the rat hippocampus does not depend on protein kinase C. Acta Physiol Scand, 1990, 140（2）: 245-255.

[11] Phillis J W, Barraco R A. Adenosine, adenylate cyclase, and transmitter release. Adv Cyclic Nucleotide Protein Phosphoryl Res, 1985, 19（10）: 243-257.

[12] Ethier M F, Hickler R B, Dobson J G Jr. Aging increases adenosine and inosine release by human fibroblast cultures. Mech Ageing Dev, 1989, 50（2）: 159-168.

[13] Wang L C H, Jin Z L, Lee T F. Decrease in cold tolerance of aged rats caused by the enhanced endogenous adenosine activity. Pharmacol Biochem Behav, 1992, 43（1）: 117-123.

[14] Corradetti R, Kiedrowski L, Nordström O, et al. Disappearance of low affinity adenosine binding sites in aging rat cerebral cortex and hippocampus. Neurosd. Lett, 1984, 49（1）: 143-146.

[15] Briggs C A, Cooper J R. A synaptosomal preparation from the guinea pig ileum myenteric plexus. J Neurochem, 1981, 36（3）: 1097-1108.

[16] Jackson E K, Ohnishi A. Development and application of a simple microassay for adenosine in rat plasma. Hypertension, 1987, 10（2）: 189-197.

[17] Moeser G H, Schrader J, Deussen A. Turnover of adenosine in plasma of human and dog blood. Am J Physiol, 1989, 256（4）: C799-C806.

[18] Giovannelli L, Giovannini M G, Pedata F, et al. Purinergic modulation of cortical acetylcholine release is decreased in aging rats. Exp Gerontol, 1988, 23（3）: 175-181.

[19] Pedata F, Antonelli T, Lambertini L, et al. Effect of adenosine, adenosine triphosphate, adenosine deaminase, dipyridamole and aminophylline on acetylcholine release from electrically-stimulated brain slices. Neuropharmacology, 1983, 22（5）: 609-614.

[20] Henderson J F. The study of adenosine metabolism in isolated cells and tissues. New York: Springer, 1985: 67-82.

[21] Schingnitz G, Küfner-Mühl U, Ensinger H, et al. Selective A_1-antagonists for treatment of cognitive deficits. Nucleosides Nucleotides, 1991, 10（5）: 1067-1076.

原文是金宗濂、中国农科院周时佳和加拿大李嗣峰、王家璜在加拿大 Alberta 大学王家璜教授实验室合作完成的研究论文。原文发表于 Brain Research Bulletin, Vol.30, P149-152, 1993。

大鼠脑组织腺苷含量的 HPLC 分析

文 镜 金宗濂

北京联合大学 应用文理学院

【摘要】 用高效液相色谱（high performance liquid chromatography，HPLC）配紫外检测器，分离测定大鼠脑组织中腺苷含量。经实验确定以甲醇（10%～62%）、磷酸缓冲液（90%～38%）为流动相梯度洗脱，样品液中腺苷含量 2～10 mg/L 范围内线性关系良好。加入标准样品的平均回收率为 96.6%±2.0%。对 6 mg/L 样品 10 次重复测定结果的标准偏差为 0.14，变异系数为 3.1%。对比大鼠脑组织样品测定结果发现：与 3～6 月龄成龄鼠比较，18～20 月龄老龄鼠大脑皮层、海马、纹状体中腺苷含量分别增加了 66.7%、37.2% 和 27.3%，不同脑区腺苷含量也有明显差异。结果显示不同脑区腺苷含量的随龄增加可作为研究衰老的一项指标，而中枢神经系统中随龄增长腺苷的堆积使 ACh 释放受到抑制可能是出现记忆衰退等常见老年性功能障碍的一个重要原因。

【关键词】 高效液相色谱；大鼠；海马；纹状体；皮层；腺苷

Quantitative analysis of adenosine content in rat brain

Wen Jing Jin Zonglian

College of Applied Science and Humanities of Beijing Union University

Abstract: Using HPLC combine with a UV detector to separate and identify Adenosine content in rat brain, it was found that Methanol (10%-62%) and Phosphate buffer (90%-38%) as a motive phase for gradient elution, the content of Adenosine in the sample at 2-10 mg/L gave a good linear relationship. The average recovery rate of standard A denosine added to the sample was 96.6%±2.0%. The sample of 6 mg/L was identified. Through 10 times identification, its standard deviation (SD) was 0.14. The coefficient of variability was 3.1%. The experiment of comparison between 3-6 months and 18-20 months rats showed that the Adenosine contents in brain cortex, hippocampus and striatum raised 66.7%, 37.2% and 27.3%respectively. Adenosine content of different regions were obviously different. The results showed that the increasing Adenosine content of different brain region according to ages could be as indicator for investigating ageing. And the inhibition of the release of acetylcholine (ACh) by ageing accumulation of Adenosine in control nervous system could be one of the important reason of memory loss of senile functional problems.

Key words: high-performance liquid chromatography; rat; hippocampus; brain cortex; striatum; adenosine

腺苷（adenosine）是三磷酸腺苷（ATP）的代谢产物，作为一种中枢调质近年来引起人们的广泛重视。经研究发现，腺苷具有广泛的生理活性，例如，它能阻断肾素释放、调节神经递质的分泌、降低机体产热能力、调节脑及冠状动脉血流量等[1-3]。由于腺苷具有重要的生理功能，因而测定其在组织中含量具有十分重要的意义。1987 年，Jackson[4] 用 HPLC 进行单一浓度洗脱配紫外检测器成功地测定了大鼠血浆中腺苷含量。1988 年，Hammer 和 Donald[5] 改变流动相后测定了大鼠心脏腺苷含量。1992 年，Gamberini 等[6] 用甲醇、磷酸缓冲液和水梯度洗脱测定了大鼠大脑皮层中腺苷含量。我们参考 Gamberini 等的方法，采用反相 HPLC 配紫外检测器，以甲醇、磷酸缓冲液为流动相进行梯度洗脱，测定了 3～6 月龄及 18～20 月龄 SD 大鼠脑海马、纹体、皮层中腺苷含量，并将结果进行了分析比较。

1 实验材料

1.1 仪器

美国 BECKMAN 公司 HPLC-GOLD SYSTEM，包括 110B 溶剂输送系统、166 紫外检测器、Ultrasphere ODS C_{18} 柱（5 μm，颗粒 4.6 mm×250 mm）和 GOLD 数据处理系统；BECKMAN J2-HS 高速冷冻离心机。

1.2 试剂

腺苷（adenosine）购自 Sigma 公司；甲醇（色谱纯），北京昌化精细化工厂生产；磷酸二氢钾、磷酸氢二钾（分析纯），北京红星化工厂生产；三氯乙酸（分析纯），北京顺义李遂化工厂生产。

1.3 实验动物

雄性 Sprague-Dawley 大鼠（3～6 月龄和 18～20 月龄），由北京医科大学动物室提供。

2 实验方法

2.1 样品前处理

将大鼠断头，低温下分别取海马、纹状体和皮层。先后加 10% 三氯乙酸 2 ml，磷酸缓冲液（pH=5.8，I=0.02）4 ml 在冰浴中匀浆。匀浆液用 15 kg 低温离心 25 min，取上清液经 0.2 μm 微滤膜后进样 20 μl 分析或于 −70℃ 冰箱冻藏。

2.2 脑组织蛋白质含量测定

取脑组织用 Lowry 法[7]，以牛血血清蛋白为标准分别测定海马、纹状体和皮层蛋白含量。

2.3 色谱条件

流动相：A 泵 甲醇；B 泵 磷酸缓冲液（pH=5.8，I=0.02，用前经 0.45 μm 滤膜减压过滤并超声脱气）。

梯度洗脱：B% 0～9 min，90%～38%；9～9.5 min，38%；9.5～10 min，38%～90%；流速 1 ml/min。

紫外检测波长：254 nm。

3 实验结果

3.1 流动相的选择

采用甲醇：磷酸缓冲液（体积比为 10∶90 或 20∶80）作为流动相进行单一浓度洗脱。采用 10→20（甲醇）∶90→80（磷酸缓冲液）、0→60（甲醇）∶100→40（磷酸缓冲液）、10→62（甲醇）∶90→38（磷酸缓冲液）进行梯度洗脱。比较这几种不同比例流动相的分

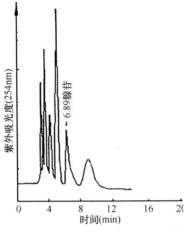

图 1 大鼠脑海马腺苷 HPLC 色谱图

离效果。结果表明，以 10→62（甲醇）：90→38（磷酸缓冲液）作为流动相梯度洗脱，腺苷的分离效果最好。用该流动相梯度洗脱测定大鼠脑海马腺苷含量的色谱图，见图 1。

3.2 标准曲线的绘制

准确称取 0.0500 g 腺苷标准试剂溶于三氯乙酸：磷酸缓冲液 =1：2 的混合液中，定容到 100 ml，分别取 0.2 ml、0.4 ml、0.6 ml、0.8 ml、1.0 ml 用混合液定容到 50 ml 配成腺苷标准系列，其浓度为 2 mg/L、4 mg/L、6 mg/L、8 mg/L、10 mg/L。将标准溶液依次注入色谱柱，用峰面积与相应浓度求回归方程和相关系数：$y=0.000\,219+0.001\,215x$，$r=0.9994$。

3.3 方法的精密度

将浓度为 6 mg/L 的腺苷标准样品连续进行 10 次重复测定，结果见表 1。

表 1 腺苷标准样品（6 mg/L）10 次重复测定的结果

第 n 次测定	1	2	3	4	5	6	7	8	9	10	$\bar{X}\pm SD$	CV
峰面积（mm²）	5.89	6.03	5.86	5.88	6.17	6.16	6.38	6.32	6.29	6.15	6.11±0.14	3.1%

由表 1 结果可以看到，10 次重复测定结果的标准偏差为 0.14，变异系数为 3.1%，表明此方法有良好的精密度。

3.4 方法的准确度

将鼠脑海马匀浆液平均分成两份，其中一份加入腺苷标准样品，两份样品平行按上述操作进行测定，用加标样品测定结果减去未加标样品的结果计算腺苷标准品测定的回收率。10 次重复测定的结果见表 2。

表 2 鼠脑海马中加入腺苷标准样品测定的回收率

加入标准腺苷含量（mg/L）	n 次测定的回收率（%）										$\bar{X}\pm SD$
	1	2	3	4	5	6	7	8	9	10	
4	98.7	95.2	96.5	95.3	99.1	93.6	95.0	94.7	96.7	97.2	96.2±1.8
8	98.8	93.6	99.8	97.5	98.2	94.6	97.7	95.5	98.5	94.7	96.9±2.1

表 2 显示样品中分别加入浓度为 4 mg/L 和 8 mg/L 的标准腺苷后，10 次重复测定结果的回收率是 96.2%±1.8% 和 96.9%±2.1%，表明准确度较高。

3.5 样品的测定

分别取 3～6 月龄（成龄）和 18～20 月龄（老龄）大鼠脑海马、纹状体及皮层，按前述实验步骤测定，结果见表 3。

表3　大鼠脑海马、纹状体、皮层中腺苷含量

组别	n	海马（μmol/g 蛋白质）	纹状体（μmol/g 蛋白质）	皮层（μmol/g 蛋白质）
3～6月龄成龄鼠	12	6.28±1.29 ☆	8.68±1.01	4.27±1.23
18～20月龄老龄鼠	12	8.62±2.32 *△	11.05±1.80	7.13±1.54*

*$P < 0.01$ 与 3～6 月龄成龄鼠比较；☆ $P < 0.05$ 与本组纹状体、皮层中含量比较；△ $P < 0.05$ 与本组纹状体中含量比较。

4　讨论

4.1　蛋白沉淀剂的选择

在 HPLC 分析样品的前处理中常用高氯酸或三氯乙酸作为蛋白沉淀剂。若用高氯酸沉淀蛋白质，沉淀后通常还需加入 EDTA 络合金属离子，然后用磷酸氢二钾中和高氯酸造成的酸性环境，否则腺苷就不易被色谱柱所保留。本实验选用三氯乙酸沉淀蛋白质，这不仅减少了试剂的种类和用量，而且不需在三氯乙酸沉淀蛋白质后回调 pH，这是因为腺苷在过量的三氯乙酸条件下会与三氯乙酸形成一种电子配对体，这种电子对容易被色谱柱所保留而且减少了拖尾现象的发生。

4.2　大鼠脑海马、纹状体、皮层中腺苷含量的随龄变化

从表 3 的结果可以看出，同一年龄段大鼠脑的海马、纹状体、皮层等脑区中腺苷含量存在着差异：其中以纹状体中腺苷含量最高，海马次之，皮层中腺苷含量相对较少。特别值得注意的是，在海马、纹状体、皮层这些与学习记忆有关的脑区，腺苷的含量是随龄增加的，并且差异非常显著。与 3～6 月龄成龄鼠比较，18～20 月龄老龄鼠大脑皮层中腺苷含量增加了 66.7%，海马增加了 37.2%，纹状体增加了 27.3%。这一结果显示大脑皮层、海马、纹状体中腺苷含量的多少可作为研究衰老的一项指标。Dunwiddle T V 等[8-9]的研究表明，腺苷可以通过突触前抑制来抑制 ACh 的释放。由于中枢胆碱能系统在学习记忆中起重要的调节作用，而脑内胆碱能系统的衰退又是机体衰老的重要标志[10]，因此，从表 3 结果可以推测：中枢神经系统中随龄增长的腺苷的堆积使 ACh 释放受到抑制可能是出现记忆衰退等常见老年性功能障碍的一个重要原因。老龄动物大脑组织中腺苷的堆积机制及腺苷与中枢神经系统中胆碱能系统的相互作用关系值得进一步研究。

【参考文献】

[1] Fredholm B B, Hedqvist P. Modulation of neurotransmission by purine nucleotides and nucleosides. Biochem Pharmacology，1980，29：1635-1643.

[2] Wang L C H, Jin Z L, Lee TF. Decrease in cold tolerance of aged rats caused by the enhanced endogenous adenosine activity. Pharm Biochem & Behav，1992，43（1）：117-123.

[3] Fowler J C. Modulation of neuronal excitability by endogenous adenosine in the absence of synaptic transmission. Brain Res，1988，463（2）：368-373.

[4] Jackson EK, Ohnishi A. Development and application of a simple microassay for adenosine in rat plasma. Hyper tension，1987，10（2）：189-197.

[5] Donald FH, Donald V. Extraction and measurement of myocardial nucleotides, nucleosides, and purine bases by HPLC. Anal Biochem，1988，169（2）：300.

[6] Gamberini G, Ferioli V, Zanoli P, et al. A high-performance liquid chromatographic method for the analysis of adenosine and some metabolites in the brain tissue of rats. Chrom atog raphia，1992，34（11-12）：563-567.

[7] Lowry O H, Rosebrough N J, Farr A L, et al. Protein measurement with the folin phenol reagent. J Biol Chem, 1951, 193（1）: 265-275.

[8] Dunwiddie T V. The physiological role of adenosine in the central nervous system. Int Rev Neurobiol, 1985, 27: 63.

[9] Fredholm B B. Adenosine A_1-receptor-mediated inhibition of evoked acetylcholine release in the rat hippocampus does not depend on protein kinase C. Acta Physiol Scand, 1990, 140: 245.

[10] Flicker C, Dean R L, Watkins D L, et al. Behavioral and neurochemical effects following neurotoxic lesions of a major cholinergic input to the cerebral cortex in the rat. Pharmacol Biochem Behav, 1983, 18（6）: 973.

原文发表于《北京联合大学学报》，1997 年第 1 期

茶碱对喹啉酸损毁单侧基底核所致大鼠学习记忆行为的影响

金宗濂 文 镜 王卫平

北京联合大学 应用文理学院

【摘要】 研究发现，阿尔茨海默型老年痴呆症（SDAT）的发病机制，特别是其中认知功能的障碍可能与老年近期记忆减退之间存在着一定的联系。在本次实验中，我们试图查明腺苷受体阻断剂茶碱对喹啉酸（QA）破坏Meynert基底核（NBM）大鼠认知功能的影响，进一步探讨腺苷及其受体与SDAT认知功能障碍之间的关系。

本实验采用240 nmol喹啉酸损毁成龄SD雄性大鼠左侧NBM的方法来建立学习记忆障碍的动物模型，并分别用跳台法和迷宫法作为行为测试模型来检验其学习记忆能力。结果表明在喹啉酸作用下，与同龄对照组相比，模型组动物在迷宫中错误次数明显增高（$P<0.01$）。在跳台测试中第一次步下平台的潜伏期明显缩短（$P<0.01$），错误次数明显增多（$P<0.01$）。以上的行为学测试成绩甚至低于老龄对照组（$P<0.01$）。表明模型组动物学习记忆能力显著下降。行为学测试结束后，对其进行了海马皮层和纹体的乙酰胆碱（ACh）HPLC-CED法测定。结果表明破坏左侧NBM后，左右两侧海马、纹体和皮层ACh含量均显著降低，甚至低于老龄对照组。模型组左右两侧脑区之间ACh含量下降的程度也存在显著差异（$P<0.01$）。最后应用乙酰胆碱酯酶（AChE）染色和尼氏染色，对其进行了组织学检查，结果表明正常大鼠的NBM区散在分布着一些圆形、椭圆形的AChE强染的大细胞，并可见胞体发出数个突起。在尼氏对照染色片上可见该区存在大小两种细胞，小细胞周围散在分布着大细胞，在NBM损毁区可见有大小不等的空洞，AChE强染的大细胞及突起消失。4个月后，以上损伤未见恢复，且在该区域附近有胶质细胞增生。

以上的行为学、神经生化及组织学检查均表明本实验所建立的大鼠学习记忆障碍模型是成功的，且与SDAT有较高的可比性，是制作大鼠SDAT动物模型的一种较为理想的方式。

在此模型基础上通过右侧脑室插管，观察了10 μg/12 h茶碱，连续给药7 d后，对模型动物学习记忆行为的影响。结果表明给予茶碱后，训练期错误次数较对照组有显著减少（$P<0.01$），表明其学习能力有所提高。记忆保持期的潜伏时间明显延长，错误次数明显减少（$P<0.01$），表明其记忆能力有所提高。以上结果显示了腺苷受体阻断剂茶碱对喹啉酸单侧损毁NBM大鼠的学习记忆均有显著改善作用。我们认为其作用机理是腺苷受体阻断剂茶碱通过阻断脑内腺苷对ACh的抑制作用，从而改善模型的学习记忆行为。

综合以上的实验结果，我们认为在中枢神经系统中腺苷水平的过度增加可能是SDAT发病的一个更深层的分子机制。腺苷受体阻断剂茶碱可能通过阻断腺苷与受体的作用改善SDAT患者的记忆认知功能。这一认识有可能为今后进一步探讨SDAT的发病机理及提出预防和治疗该症的对策，以及探寻改善老年性记忆障碍保健食品功能因子提供了新的方向和思路。

【关键词】 腺苷；茶碱；喹啉酸；NBM；学习记忆；SDAT；乙酰胆碱

The effect of theophylline improvement learning and memory disorder rat induced by quinolinic acid producing NBM lesions

Jin Zonglian　Wen Jing　Wang Weiping

College of Applied Science and Humanities of Beijing Union University

Abstract: The studies had found that the pathogeny of senile dementia of Alzheimer's type (SDAT) especial its cognition dysfunction might have some connections with aged short-term memory disorder. In this experiment, we tried to find theophylline, a kind of adenosine receptor antagonist could improve learning and memory dysfunction rat induced by quinolinic acid (QA) producing NBM lesions and study what adenosine and its receptors might play a role in cognition dysfunction of SDAT.

240 nmol QA was used to produce left side NBM lesions of adult male SD rat, which could make a learning and memory functions disorder animal model. To investigate learning and memory functions changing with the model rat, the passive avoidance task-step down and Y-maze tests were examined. The results showed model group errors in Y-maze increased obviously ($P < 0.01$), the retention time was shortened and errors of response in the step down test were increased significantly ($P < 0.01$) compared with adult control even with aged control ($P < 0.01$). The result indicated that learning and memory functions were decreasing in model group significantly.

After these behavous task tests ACh in hippocampus, striatum and cortex of these rats was measured by HPLC-ECD. It was decreased in two sides of these regions after left side NBM lesions compared with adult control, even with aged control ($P < 0.01$). There were also significant difference between left and right hippocampus, striatum and cortex ACh contents in model group ($P < 0.01$). Histological analyses demonstrated normal NBM distributed some round and ellipse large cells stained by AChE deeply and stretched out a few projections. There were two cells in this region, large cells scattering into small cells stained by Nissle. Compared with normal NBM, there were some holes in lesions region, both large cells stained by AChE deeply and projections disappearing. After 4 months the lesions didn't recover and gliosised in this region. These results indicated the learning and memory dysfunction animal model had been developed successfully.

To investigate whether theophylline, a kind of adenosine receptor antagonist could improve learning and memory dysfunction induced by QA (240 nmol) producing NBM lesions rat, step down test was also examined. The result showed theophylline (10 μg/12 h, icv. Continued for 7 d) could significantly improve the learning and memory dysfunction. Errors of response during training period were decreased ($P < 0.01$), the retention time after 24 h was prolonged and errors of response were decreased ($P < 0.01$) compared with control. The result indicated theophylline could improve learning and memory dysfunction in model rat. The mechanism might be adenosine receptor antagonist theophylline could block adenosine inhibiting cholinergic system, which could improve learning and memory disorder.

According to above results, it was inferred that adenosine increasing intensively caused learning and memory dysfunction in SDAT patients, thus adenosine receptor antagonist theophylline might inhibit adenosine, improve cognition function in SDAT.

Key words: adenosine; theophylline; quinolinic acid (QA); NBM; learning and memory; SDAT; ACh

随着老龄社会的到来，老年近期记忆功能下降及阿尔茨海默型老年痴呆症（senile dementia

of Alzheimer type，SDAT）已逐渐成为神经科学研究的重点和前沿课题之一。SDAT 患者认知功能的丧失与老年近期记忆衰退的表现是极其相似的[1]。而在 SDAT 患者脑内发现的一些病理学改变，如脑萎缩、神经细胞丧失、胶质细胞增生、神经原纤维缠结（neuro fibril tangle，NFT）和老年斑（senile plague，SP），其形成也常见于正常衰老的脑内，只是在 SDAT 患者中程度更严重，范围更广泛而已[2]。更重要的是，在 SDAT 患者的中枢神经系统内发现有多种神经递质功能障碍。而神经递质如胆碱能、肾上腺素能系统功能的随龄下降，早已在正常衰老的机体中出现。这些结果均显示 SDAT 的发病机制，特别是其中认知功能的障碍可能与老年近期记忆减退之间存在着一定的联系。通过对正常衰老时学习记忆障碍机理的研究将有助于揭示 SDAT 的发病原因。

在 SDAT 发病机理中胆碱能系统的功能障碍最为肯定，但据此提出的递质替代疗法结果却并不理想[3]。这促使人们去发掘该病的深层机理。腺苷及其受体在老年记忆障碍中的作用及调节 ACh 等神经递质的能力[4]，使人联想到它可能在 SDAT 发病机理中扮演一个重要的角色。

前面的实验中我们已经证实腺苷受体阻断剂茶碱可以升高脑内 ACh 的含量，提高东莨菪碱造成的近期记忆障碍动物模型的学习记忆能力。从而有可能改善老年近期记忆障碍，在下面的实验中，我们将试图查明腺苷受体阻断剂茶碱对喹啉酸破坏基底核（NBM）大鼠认知功能的影响。进一步探讨腺苷及其受体与 SDAT 认知功能障碍之间的关系，从而为揭示 SDAT 发病机理提供一新的思路。

1 实验材料

1.1 主要仪器

高效液相色谱仪（美国 BECKMAN 公司）；电化学检测器（美国 BAS 公司）；酶柱 Brownlee AX-300 3 cm×2.1 mm（美国 BECKMAN 公司）；江湾Ⅰ型 C 脑立体定位器（上海生物医学仪器厂）；跳台（step-down）（张家港市生物医学仪器厂）；Y-型迷宫（Y-maze）（张家港市生物医学仪器厂）。

1.2 实验动物

Sprague-Dawlay（SD）雄性大鼠，2～3 月龄，体重 250～300 g；Sprague-Dawlay（SD）雄性大鼠，10～12 月龄，体重 500 g 左右；由首都医科大学实验动物中心提供。

1.3 主要试剂

喹啉酸（quinolinicacid，QA）；美国 Sigma 公司出品（0.1 mol/L PBS，pH=7.4 配制）；戊巴比妥钠（进口分装），广东佛山试剂厂；茶碱（Theophylline）；美国 Sigma 公司出品（0.1 mol/L PBS，pH=7.4 配制）。

2 实验方法

2.1 QA 破坏单侧 NBM 大鼠模型的建立

2.1.1 手术

取 250～300 g（2～3 月龄）成龄 SD 雄性大鼠，腹腔注射（i.p.）戊巴比妥钠（45 mg/kg 体重）麻醉。利用脑立体定位器，根据《大鼠脑立体定位图谱》（包新民，舒斯云主编，

1991）[5] 确定大鼠左侧 NBM 位置：前囟后 1.5 mm（B），中线左侧旁开 3.2 mm（L），脑表面下 6.7 mm（H）。以微量进样器将 240 nmol QA（4 μl）注入左侧 NBM。手术对照组则用 0.1 m PBS（pH=7.4）代 QA 酸注射入动物左侧 NBM。另设同龄和老龄（10～12 月龄）两个对照组，此两组动物均不进行手术处理。

2.1.2 动物被动回避性反应：跳台法

采用跳台法（step-down）作为学习记忆行为模型。跳台训练期先将动物放入箱内适应 5 min，然后将其放在平台上并立即通电，电压为 36 V。通常情况下，动物由台上跳下后会立即跳回平台以逃避电击。如此连续训练，直至动物在台上站满 5 min，以此作为训练的标准。记录在此训练过程中，动物受到电击的次数，即错误次数，作为学习成绩的评价标准。24 h 后，将动物再次置于台上，以同样方式考察记忆保持能力。记录动物第一次跳下平台的潜伏期及 5 min 内的错误次数，作为记忆成绩。

2.1.3 Y-型迷宫

Y 型迷宫（Y-maze）一般分为 3 等分辐射式，它的每一臂顶均有 15 W 信号灯，臂底由铜棒组成，通以可变电压的交流电，以刺激动物引起逃避反应。本实验采用的电压为 50 V。实验时，灯光信号表示该臂为安全区，不通电。安全区顺序呈随机变换。实验开始时，先将动物放入任意一臂内并呈现灯光，5 s 后两暗臂通电，直至动物逃避到安全区，灯光继续作用 10 s 后熄灭。动物所在臂作为下一次测试的起点，两次测试之间的时间间隔为 20～30 s，固定测试 10 次。以 10 次中的错误次数作为评价动物学习能力的成绩。

2.1.4 组织学检查

在跳台迷宫的行为学测试后，每组动物各取 2 只，作冰冻切片，分别进行 AChE 染色和尼氏染色，以观察 NBM 破坏区及对侧未损毁区和大脑皮层、海马区胆碱能细胞的形态与分布。AChE 染色采用改良硫胆碱法，用 0.2 mmol/L 乙基丙嗪来抑制非特异性 AChE 反应。尼氏染色采用常规焦油固紫法。4 个月后，每组动物再次进行上述组织学检查。术后不同天数动物跳台成绩，见表 1。

表 1 术后不同天数动物跳台成绩（$\bar{X}\pm SD$）

组别	n		术后天数（d）			
			1	3	5	7
手术对照组	6	潜伏期时间（s）	245.0±43.6	250.3±38.2	290.5±19.5	300.0±0.0
		错误次数（次）	1.2±0.2	1.1±0.1	1.3±0.2	0.0±0.0
模型组	6	潜伏期时间（s）	250.0±23.5	200.6±27.8	150.6±21.7	20.4±5.7**
		错误次数（次）	1.5±0.5	2.3±0.1	3.2±0.5	10.8±2.1**

组别	n		术后天数（d）			
			10	18	30	90
手术对照组	6	潜伏期时间（s）	300.0±0.0	285.7±28.9	300.0±0.0	300.0±0.0
		错误次数（次）	0.0±0.0	1.2±0.3	0.0±0.0	0.0±0.0
模型组	6	潜伏期时间（s）	10.2±3.1**	18.9±5.0**	20.5±2.1**	2.5±3.9**
		错误次数（次）	9.2±1.3**	9.3±3.7**	7.3±3.0	6.2±1.8**

注：模型组，用 240 nmol QA 损毁左侧 NBM 的成龄（2～3 月龄）SD 大鼠；手术对照组，用 0.1 mol/L PBS 代替 QA 注入左侧 NBM 的成龄（2～3 月龄）SD 大鼠；**$P < 0.01$ 与手术对照组比较。

由表 1 可见，注射 QA 后第 7 d 开始，动物记忆能力出现明显障碍，直至 3 个月后仍未见恢复。

2.1.5　ACh 的 HPLC 分析

行为学测试结束后，各组动物均断头剥取海马、纹体和皮层。分别进行 ACh 的 HPLC-ECD 法测定。

2.2　茶碱对损毁 NBM 大鼠学习记忆行为的影响

2.2.1　手术

利用脑立体定位器，在 QA 制备的模型动物右侧脑室前囟后 0.5 mm（B），中线旁开 1.5 mm（L），脑表面下 3.5 mm（H），插入自制不锈钢套管，并用牙科水泥固定于颅骨上，以进行侧脑室注射给药。

2.2.2　给药

从手术后 12 h 开始，经套管向脑室注射腺苷受体阻断剂茶碱（theophylline，10 μg/5 μl，只），每隔 12 h 注射 1 次，持续 7 d，对照组模型动物给予 5 μl 0.1 mol/LPBS（pH=7.4）代替茶碱。

2.2.3　跳台实验

茶碱组和对照组动物经连续给药 7 d 后，测定其跳台成绩，作为学习记忆能力的评价标准。

3　结果

3.1　QA 破坏大鼠单侧 NBM 后动物学习记忆行为变化

3.1.1　手术后动物的反应

术后 2 h 左右模型组动物完全从麻醉中苏醒，并出现癫痫症状。表现为四肢抽搐，尤以左侧为甚；翻滚，头向左扭曲。24 h 内摄食饮水明显减少，3 d 内恢复正常。动物的体重有所下降。3 d 后逐渐出现自主活动和自我修饰动作减少等现象，直至 3 个月后实验结束时仍未见恢复。

手术对照组除个别动物出现头部轻度左偏外，未见其他异常情况。

3.1.2　QA 作用的有效时间

为了寻找 QA 发挥作用的有效时间，先通过跳台法，测得模型组动物手术后若干天内的记忆成绩如下所示。

3.1.3　行为学测试

术后第 7 d 分别用跳台法和迷宫法检测动物的学习记忆能力结果，见表 2。表 2 显示，与同龄对照组相比，模型组动物在迷宫中错误次数明显增高（$P < 0.01$）。在跳台测试中第一次步下平台的潜伏期明显缩短（$P < 0.01$），错误次数显著增多（$P < 0.01$）。以上的行为学测试成绩，学习记忆能力显著下降，甚至低于老龄对照组（$P < 0.01$）。表明模型组动物学习能力显著下降。

表 2　模型组与各对照组动物迷宫、跳台成绩（$\bar{X}\pm SD$）

组别	n	迷宫成绩（学习）错误次数（次）	跳台成绩（记忆）潜伏期（s）	跳台成绩（记忆）错误次数（次）
同龄对照组	10	1.2±0.4	258.0±49.4	0.9±0.1
老龄对照组	10	3.1±1.2*	186.7±74.0*	2.2±1.6*
手术对照组	10	1.7±0.8	245.6±87.8	1.0±0.2
模型组	10	7.0±2.2**	11.2±8.9	5.7±2.2**

注：同龄对照组，成龄（2～3月龄）SD 大鼠，未经手术处理；老龄对照组，老龄（10～12 月龄）SD 大鼠，未经手术处理；手术对照组，用 0.1mol/LPBS 代替喹啉酸注入左侧 NBM 的成龄（2～3 月龄）SD 大鼠；模型组，用 240 mmol QA 损毁左侧 NBM 的成龄（2～3 月龄）SD 大鼠；*$P<0.05$ 老龄组与成龄组比较；**$P<0.01$ 老龄组与成龄组比较。

3.1.4　组织形态学检查

组织学检查结果显示：正常大鼠的 NBM 区散在分布着一些圆形、椭圆形的 AChE 强染的大细胞，并可见胞体发出数个突起，在尼氏对照染色片上可见该区存在大小两种细胞，小细胞中散在分布着大细胞。在 NBM 损毁区可见有大小不等的空洞，AChE 强染的大细胞和突起消失。4 个月后以上改变未见恢复，且在 NBM 区出现了胶质细胞增生。

3.1.5　与记忆有关脑区乙酰胆碱的测定

各组动物海马、纹体、皮层 ACh 的 HPLC 分析结果见表 3。破坏左侧 NBM 后，左右两侧海马、纹体和皮层 ACh 含量均显著降低，甚至低于老龄对照组。模型组左右两侧脑区之间 ACh 含量下降的程度也存在显著差异（$P<0.01$）。

表 3　模型组及其三个对照组各脑区 ACh 含量的测定（pmol/mg pro.）（$\bar{X}\pm SD$）n=8

脑		成龄对照组	老龄对照组	手术对照组	模型组
海马	左	583.21±27.38	287.31±25.36*	581.39±49.31	141.90±15.30**
	右	579.38±56.32	284.11±21.68*	571.20±39.28	13.96±0.70**△
纹体	左	694.32±32.61	304.21±30.09*	684.29±30.62	12.97±0.67**
	右	687.21±46.40	310.40±34.21*	679.83±40.61	133.90±17.20**△
皮层	左	227.38±26.50	201.47±19.38*	219.18±31.42	139.70±16.90**
	右	231.25±43.21	199.56±20.61*	224.36±20.18	12.37±0.11**△

*$P<0.05$ 老龄组与成龄组比较；**$P<0.01$ 模型组与三个对照组比较；△ $P<0.01$ 模型组两侧脑区比较。

3.2　茶碱对 QA 损毁单侧 NBM 大鼠学习记忆行为的影响

3.2.1　手术及给药后动物的反应

茶碱组及对照组大鼠 QA 损毁左侧 NBM 后，均不同程度地出现 3.1.1 所述的反应。但茶碱组动物行为表现较对照组更活跃，摄食、饮水量相对较多，体重下降较少。

3.2.2　跳台成绩

给药 7 d 后对茶碱组及模型组动物均进行了跳台成绩测试，结果见表 4。显示给予茶碱后，训练期错误次数较对照组有显著减少（$P<0.01$），表明其学习能力有所提高。记忆保持期的

潜伏期时间明显延长，错误次数显著减少（$P < 0.01$），表明其记忆能力有所提高。以上结果显示了腺苷受体阻断剂茶碱对用 QA 单侧损毁 NBM 大鼠的学习记忆行为均有显著改善作用。

表4　茶碱对模型鼠跳台成绩的影响（$n=10$）

组别	给药		跳台成绩 $\bar{X}\pm SD$		
	QA（NBM）（nmol）	茶碱（i.c.v）（μg/12 h）	训练期	记忆保持期	
			错误次数（次）	潜伏期（s）	错误次数（次）
模型组	240	0	6.8±1.6	19.9±3.4	5.0±1.2
茶碱组	240	10	3.0±0.8**	158.7±26.1**	2.1±0.7**

注：模型组，用 QA 损毁左侧 NBM 后脑室注射溶剂（0.1 mol/L PBS）；**$P < 0.01$ 与对照组比较。

4　讨论

4.1　QA 损毁单侧 NBM 大鼠学习记忆行为的影响

众所周知，胆碱能神经系统功能的紊乱是造成 SDAT 的较为肯定的原因。因此破坏中枢神经系统中有关的胆碱能系统是制备 SDAT 动物模型的主要方法之一[6]。胆碱能神经元在脑内分布很广，与记忆关系密切的有两处：其中之一是位于腹侧苍白球底的一些大型细胞团，即 NBM，它发出胆碱能纤维投射至大脑皮层的广泛区域，其中以额顶叶为主，为皮层提供了胆碱能神经纤维投射的主要来源[7]。NBM 也向杏仁核、海马发出胆碱能投射，这与内侧隔核和 Broca 斜角带状核的投射区一致。内侧隔核和 Broca 斜角带状核即为脑内另一处与记忆有关的胆碱能神经元的分布区，它们主要向海马发出投射。由于以上的胆碱能神经解剖学分布及在临床中发现 SDAT 患者 NBM 出现广泛的细胞缺失（50%～70%），以及胆碱能的标志酶——ChAT 和 AChE 含量的减少，所以采用不同类型的神经毒素和电损伤破坏动物的 NBM 是目前文献报道中制备 SDAT 动物模型的主要手段。本实验用内源性神经毒素喹啉酸破坏 SD 大鼠左侧 NBM，使破坏区的胆碱能神经元及其突起消失。4 个月后再次进行 AChE 和尼氏染色观察，未见胆碱能神经元及其纤维的再生。此结果与国外报道相符，从形态上证实了模型大鼠制作的可靠性[8]。

从行为学检测可以看出，注射 QA 制作的模型动物与同龄对照组相比，学习记忆能力明显降低（$P < 0.01$），甚至低于老龄组（$P < 0.01$）。这与 SDAT 患者学习认知功能严重丧失，甚至低于正常老年人的临床表现相符[9]，从而在行为学表现上证实了模型制作的可靠性。

模型鼠脑区 ACh 含量的测定表明，破坏左侧 NBM 后，左右两侧海马、纹体、皮层 ACh 含量均有明显降低，甚至低于老龄对照组。其中严重一侧的脑区 ACh 丧失达 90% 左右。这与 SDAT 患者海马、皮层和 NBM 胆碱能神经细胞损失达 75%～95% 的报道相符[10]，也与前述模型鼠的行为学和组织学观察结果相一致。从而从神经生化方面证明了模型制作的可靠性。

从实验结果还可看出，破坏模型鼠一侧 NBM 后，却造成了双侧海马、纹体和皮层的 ACh 含量下降，但左右两侧下降的程度也存在明显差异（$P < 0.01$）。这可能是由于 NBM 位于基底前脑腹侧苍白球，它的胆碱能纤维投射主要支配对侧大脑皮层区域，是皮层胆碱能支配的主要来源。因此破坏了左侧 NBM 会造成右侧皮层胆碱能来源的丧失，ACh 水平严重下降。除支配皮层外，尾侧 NBM 还向对侧海马发出胆碱能的纤维投射，其投射区域与内侧隔核及 Broca 斜角带核的投射区一致[11]。因此破坏左侧 NBM 会引起右侧海马 ACh 水平的下降。但由未破

坏侧（右侧）NBM 支配的左侧海马和皮层内 ACh 水平也出现降低，这可能是由于 NBM 发出部分胆碱能投射支配同侧皮层、海马的缘故。因此破坏一侧 NBM，会引起双侧皮层、海马 ACh 水平下降，但下降的程度还是以破坏侧支配为主者（右侧）严重。

另外，还发现，纹体 ACh 中的下降程度是左侧重于右侧，这是由于 NBM 位于腹侧苍白球（纹体）下方，且是这一区域主要的胆碱能细胞团[12]。而我们取纹体作为样本测试时，实际上也包括了该核。因此破坏左侧 NBM 可以引起该侧纹体的 ACh 水平严重降低。而实验中右侧纹体 ACh 的水平下降，可能是由于该核也向对侧纹体发出神经支配之故。当然这些推论还需运用神经解剖学技术进一步验证。

目前损伤 NBM 是制作 SDAT 动物模型较为肯定的方法。损伤的方式又以应用药物损伤为优。我们实验中采用的 QA 是一种内源性神经毒素，作为色氨酸的代谢产物，它既产生于外周也存在于中枢。在啮齿类动物衰老过程中，其浓度增加 600%。QA 选择性地损伤神经元的胞体和树突，而不破坏过路纤维。它的作用与神经退化过程极相似，不良反应小于红藻氨酸（kainic acid, KA）和鹅膏蕈氨酸（ibotenic Acid, IA）等其他神经毒素[13]。在本实验中只见到轻度的饮水吞咽困难，且持续时间短（3d），手术死亡率为零。本实验中应用 QA 制作的模型鼠胆碱能损失达 90%，与文献报道一致。还有报道指出 QA 作用于 NBM 会使产生酶的减少和降低亲和力受体数量，还会造成一些在 SDAT 中发现的非胆碱能系统和细胞骨架的异常[14]。在本实验中我们也发现，模型鼠 NBM 中除 AChE 浓染大细胞消失外，核周围的小细胞丢失也很严重。

Olton 指出[15]，记忆障碍动物模型的效果最终应受到如下三方面的检验。
（1）涉及正常记忆的脑机制。
（2）能复制引起记忆损伤的病理变化。
（3）通过治疗能减轻记忆损伤。

因此一般认为能反映或包括上述三个方面的动物模型，即可认为是成功的。本实验所建立的大鼠老年痴呆动物模型，基本符合上述标准，且与 SDAT 有较高的可比性，是制作大鼠 SDAT 动物模型的一种较为理想的方式。这就为进一步研究腺苷及其受体与 SDAT 的发病关系提供了实验基础。

4.2 腺苷受体阻断剂茶碱对 QA 损毁 NBM 大鼠学习记忆能力的影响

业已查明，ACh 与学习记忆行为有密切关系。胆碱能递质系统的功能障碍可引起动物学习记忆能力的降低。本实验中用 QA 损毁 NBM 制作的大鼠学习记忆障碍模型正是基于这一原理，而腺苷也是通过抑制 ACh 的突触前释放及突触后效应来影响记忆认知功能的[16]。腺苷受体阻断剂则能抑制腺苷与受体的结合（在中枢神经系统中主要为 A_1 受体）[17]从而降低了腺苷对 ACh 的抑制效应，即增强了胆碱能系统的功能，提高了动物学习记忆的能力。这一推论在第一篇的实验中已得到了验证[18]。在此次实验中用 QA 破坏左侧 NBM 所建立的记忆障碍大鼠模型基础上，观察了腺苷受体阻断剂茶碱对该模型的学习记忆行为的影响。结果表明，茶碱确能显著提高模型鼠的学习记忆能力。表现为训练期错误次数减少，记忆保持期的潜伏期时间显著延长。再一次证明了腺苷及其受体在学习记忆行为中起作用。综合以往的实验结果，可以认为茶碱仍是通过阻断脑内腺苷与受体（主要是 A_1 受体）的作用，从而提高模型鼠脑内与记忆相关脑区的 ACh 水平，增强 ACh 在学习记忆行为中的促进作用。

由于腺苷不仅抑制胆碱能系统的作用，而且对多种递质系统都有抑制性影响。因此，腺苷受体阻断剂就有可能通过阻断高浓度腺苷的抑制作用，而达到改善 SDAT 患者记忆认知功能的效果。

综上所述，我们认为在中枢神经系统中腺苷水平的过度增加是 SDAT 发病的一个更为深层的分子机制。腺苷受体阻断剂茶碱可能通过阻断腺苷与受体的作用来改善 SDAT 患者的记忆认知功能。这一认识有可能为今后进一步探讨 SDAT 的发病机理及为提出预防和治疗该症的对策，探寻改善老年性记忆保健食品的功能因子提供了新的方向和思路。

【参考文献】

[1] 刘冬戈，尤广发，韦嘉瑚，等. 老年人痴呆 30 例尸检分析. 中华老年医学杂志，1995，（1）：28-31.
[2] 李卫平，姚志彬，陈以慈. 老年期痴呆患者脑海马区胆碱能纤维的分布与临床病理研究. 中华神经精神科杂志，1995，28（2）：76-79.
[3] Marx J. Searching for drugs that combat Alzheimer's. Science, 1996, 273 (5271): 50-53.
[4] Jin Z L, Lee T F, Zhou S J, et al. Age-dependent change in the inhibitory effect of an adenosine agonist on hippocampal acetylcholine release in rats. Brain Res Bull, 1993, 30 (1-2): 149-152.
[5] 包新民，舒斯云. 大鼠脑立体定位图谱，北京：人民卫生出版社，1991.
[6] Gwenn S. Animal models of AD experimental cholinergic denervation. Brain Res Rev, 1988, 13: 103-118.
[7] Cheryl Z W, Resch L. The nucleus Basalis of Meynert. Can J Neurol Sci, 1986, 13 (1): 8-13.
[8] Miyamoto M, Shintani M, Nagaoka A, et al. Lesioning of the rat basal forebrain lead to memory impairments in passive and active avoidance tasks. Brain Res, 1985, 328 (1): 97-104.
[9] Pearson R C, Esiri M M, Hiorns R W, et al. Anatomical correlates of the distribution of the pathological changes in the neocortex in AD. Pro Natl Acad Sci USA, 1985, 82 (13): 4531.
[10] Whitehouse P J, Price D L. AD: evidence for selective loss of cholinergic neurons in the nucleus basalis. Ann Neurol, 1994, 23: 122-126.
[11] McGeer P L, McGeer E G, Singh V K, et al. CHAT locatization in the central nervous system. Brain Res, 1976, 102: 164-173.
[12] Lehmann J, Nagy J I, Atmadia S, et al. The nucleus basalis of magnocellularis: the origin of a cholinerigic projection to the neocortex of the rat. Neuroscience, 1980, 5 (7): 1161-1174.
[13] Everitt B J. The effects of excitotoxic lesions of the substantia innominate, ventral and dorsal globus pallidus on the acquisition and retention of a conditional visual discrimination implications for cholinergic hypotheses of learning and memory. Neuroscience, 1987, 22 (2): 441.
[14] Davies S W, Roberts P J. Sparing of cholinergic neurons following quinolinic acid lesions of the rat striatum. Neuroscience, 1988, 26 (2): 387-393.
[15] Olton D S. Strategies for the development of animal models of human memory impairments. Ann N Y Acad Sci, 1985, 444: 113-121.
[16] Vizi E S, Knoll J. The inhibitory effect of adenosion and related nucleotides on the release of acetylcholine. Neuroscience, 1976, 1 (57): 391-398.
[17] Fredholm B B, Abbracchio M P, Burnstock G, et al. Nomenclature and classification of purinoceptors. Pharmacol Rev, 1994, 46 (2): 143-156.
[18] 金宗濂，朱永玲，赵红，等. 腺苷受体阻断剂对老年大鼠记忆障碍的研究. 营养学报，1996，18（1）：20-23.

原文为北京市自然科学基金资助项的科研报告，1997 年 6 月完成，主要结论已做过报道。

苯异丙基腺苷对大鼠学习记忆行为和脑内单胺类递质的影响

金宗濂　张书青

北京联合大学　应用文理学院

【摘要】　本研究试图查明腺苷（adenosine）受体激动剂苯异丙基腺苷（phenylisopropyl-Adenosine，PIA）对 SD 大鼠学习记忆功能和脑内单胺类递质的影响，以进一步探讨腺苷与阿尔采默型老年痴呆（Senile Dementia of Alzheimer's Type，SDAT）患者认知功能障碍之间的关系。

本研究将腺苷 A_1 受体激动剂 PIA 注入成龄雄性 SD 大鼠左侧脑室，以跳台法进行行为学测试。根据 PIA 量的不同将实验组分为 10 μg PIA/只和 20 μg PIA/只两组，另设成龄组（空白对照）、手术对照组和正常老龄组（空白对照），每组均为 10 只。结果显示大鼠的学习记忆能力不仅有随龄下降趋势，而且与 PIA 之间有明确的量效关系。

行为学测试后，测定了大鼠的海马、皮层、纹体、脑干中去甲肾上腺素（NE）、多巴胺（DA）、5-羟色胺（5-HT）含量。结果表明，与成龄组相比，老龄组大鼠左侧海马、皮层、纹体、脑干中 NE、DA、5-HT 的含量都有不同程度的降低。注射 10 μg PIA 组在以上四个脑区左右两侧递质含量无显著差异，成龄组大鼠脑内单胺类递质含量与手术对照组比较，无显著性差异。与手术对照组比较，10 μg PIA 组大鼠左侧海马、皮层、纹体、脑干中的 NE、DA、5-HT 的含量都有不同程度显著的降低。与老龄对照组比较，10 μg PIA 组大鼠左侧海马、皮层、纹体中的 NE 含量显著降低，但左侧脑干 NE 含量高于老龄对照组 31.2%（$P < 0.001$）。左侧海马、皮层、纹体 DA 含量显著降低，但左侧脑干中 DA 含量高于老龄对照组 10.5%（$P < 0.01$），左侧海马、皮层中 5-HT 含量亦显著降低，左侧纹体、脑干中分别高于老龄对照组 9.5%（$P < 0.05$）、21.1%（$P < 0.01$），结果提示与手术对照组相比，PIA 降低了大鼠上述各脑区单胺类递质的含量。特别是与学习记忆密切关的皮层和海马中单胺类递质的含量，不仅低于成龄组，还低于老龄组。这与大鼠学习记忆行为的降低趋势也大体一致。

【关键词】　腺苷；苯异丙基腺苷；学习记忆；阿尔采默型老年痴呆；单胺类递质

Effects of phenylisopropyladenosine on learning and memory behavior and monoamine transmitters in brain of rats

Jin Zonglian　Zhang Shuqing

College of Applied Science and Humanities of Beijing Union University

Abstract: This study was designed to investigate the effects of Phenylisopropyl-Adenosine（PIA）, a receptor agonist of adenosine, on learning and memory function and monoamine transmitters in the brain of SD rats, in order to further explore the relationship between adenosine and cognitive impairment in senile Dementia of Alzheimer's Type（SDAT）patients.

In this study, PIA was injected into the left ventricle of adult male SD rats, and the behavioral test was performed by step-down method. According to the different amount of PIA, the experimental group was divided into 10 μg and 20 μg PIA / groups, control group, surgical control group and aging group, each group with 10 rats. The results showed that the learning and memory abilities of rats not only decreased with age, but also had a clear dose-effect relationship with PIA.

After behavioral tests, NE, DA and 5-HT contents in hippocampus, cortex, striatum and brainstem of rats were determined. The results showed that the contents of NE, DA and 5-HT in left hippocampus, cortex, striatum and brainstem of aged rats were significantly lower than those of control group rats. There was no significant difference in the content of monoamine neurotransmitters between the left and right sides of the above four brain regions in the 10 μg PIA group. There was no significant difference in the content of monoamine neurotransmitters between the adult group and the surgical control group. Compared with the surgical control group, the contents of NE, DA and 5-HT in the left hippocampus, cortex, striatum and brainstem of rats in 10 μg PIA group were significantly decreased in varying degrees. Compared with the aged control group, the content of NE in the left hippocampus, cortex and striatum of rats in the 10 μg PIA group was significantly lower, but the content of NE in the left brainstem was 31.2% higher ($P < 0.001$). The content of DA in left hippocampus, cortex and striatum was significantly decreased, but the content of DA in left brainstem was 10.5% higher than that in aging group ($P < 0.01$), and the content of 5-HT in left hippocampus and cortex was also significantly decreased. The content of 5-HT in left striatum and brainstem was 9.5% ($P < 0.05$) and 21.1% ($P < 0.01$) higher than that in aging group, respectively. The results indicated that PIA decreased monoamine transmitters in the above brain regions of rats compared with the surgical control group. Especially in the cortex and hippocampus which are closely related to learning and memory, the content of monoamine transmitters is not only lower than that of the adult group, but also lower than that of the aging group. This is also consistent with the decreasing trend of learning and memory behavior in rats.

Key words: adenosine; phenylisopropyladenosine; learning and memory; Alzheimer's dementia; monoamine transmitters

阿尔茨海默型老年痴呆（senile dementia of Alzheimer's type，SDAT）是严重威胁老年人群的一种中枢神经系统退行性疾患，85 岁以上人群中，其发病率高达 47%。据文献报道[1]，目前全球 SDAT 患者有 1700 万～2500 万，而我国大约有 300 万。因此随着老龄社会的到来，SDAT 越来越成为神经科学的前沿课题和研究重点。一般认为，脑内神经递质的联合受损是 SDAT 认知功能障碍的重要原因[2-3]。但据此提出的递质替代疗法结果却并不理想。由于腺苷的随龄增加及其对中枢神经递质释放有广泛的抑制效应，我们曾推断腺苷的随龄增加可能在 SDAT 的发病机理中起重要作用[4]。

金宗濂等[5]证明腺苷受体激动剂 PIA 可降低大鼠学习记忆能力，而其受体阻断剂茶碱可显著改善由东莨菪碱（scopolamine）造成的学习记忆障碍大鼠的学习记忆行为。本研究试图查明腺苷受体激动剂 PIA 对大鼠学习记忆行为的影响及其作用机理，为今后建立更接近于 SDAT 的动物模型、揭示 SDAT 发病机理提供依据并为今后预防、治疗 SDAT 及探寻改善老年性记忆障碍的保健食品的功能因子提供新思路。

1 材料与方法

1.1 实验材料

1.1.1 主要仪器

高效液相色谱仪（美国 Beckman 公司）；110B 泵；7725 型六通进样阀；406 数据收集系统；Goldsgtem 数据分析系统。预柱（Ultrasphere, ODS 5 μ 4.6 mm×4.5 cm）（美国 Beckman 公司）；C-18 反相高效液相色谱分析柱（Ultrasphere, ODS 5μ 4.6 mm×25 cm）（中科院大连化物所·

国家色谱中心）；电化学检测器 LC-44 型（美国 BAS 公司）；江湾Ⅰ型 C 脑立体定位仪（上海生物医学仪器厂）；跳台（中国医学科学院药物所）。

1.1.2 主要试剂

苯异丙基腺苷（P-4532），分析纯，美国 Sigma 公司；标准品，去甲肾上腺素（NE，A-7257），美国 Sigma 公司；肾上腺素（L-Adrenaline，02250），德国 Fluka 公司；多巴胺（DA，H-8502），美国 Sigma 公司；5-羟色胺（5-HT，H-7752），美国 Sigma 公司；流动相：乙腈，HPLC 级，上海脑海生物技术公司；磷酸，优级纯，北京红星化工厂；氢氧化钠，分析纯，北京益利精细化学品有限公司；EDTA·2Na，分析纯，华美生物工程公司；十二烷基磺酸钠，分析纯，美国 Seva 公司；流动相用去离子重蒸水配制，使用前用 0.3μm Hyybond·Nylon 膜过滤，并超声脱气。

1.1.3 实验动物

成龄 Sprague-Dawlay（SD）大鼠：2～3 月龄，首都医科大学动物中心提供。

老龄 Sprague-Dawlay（SD）大鼠：20～24 月龄，首都医科大学动物中心提供成龄鼠，在我校动物室喂养至 20～24 月龄，供实验用。

各组实验用大鼠均为雄性。

1.2 实验方法

1.2.1 脑室埋管手术

利用脑立体定位仪，根据《大鼠脑立体定位图谱》[6]，确定大鼠左侧脑室坐标：前囟后 0.5 mm（B），中线旁开 1.5 mm（L），脑表面下 3.5 mm（H）。钻开颅骨，插入不锈钢套管，并用牙科水泥固定于颅骨表面，用于进行侧脑室注射。手术后一周备用。

1.2.2 学习记忆行为的测定

采用跳台法（step-down test）检测大鼠学习记忆行为[7]。跳台训练期先将动物放入箱内适应 5 min，然后将其放于平台上并立即通电，电压为 36 V。通常情况下，动物由台上跳下后会立即跳回平台以逃避电击。如此连续训练，直至动物在台上站满 5 min，以此作为其学会的标准。记录在此过程中，动物受到电击的次数，即错误次数，作为其学习成绩。24 h 后，将动物再次置于台上，以同样方式观察记忆保持能力。记录动物第一次跳下平台的潜伏期及 5 min 内的错误次数，作为其记忆成绩。

本实验共设 5 组：成龄组、手术对照组、老龄组（20～24 月龄）、实验组Ⅰ（10 μg PIA/只）和实验组Ⅱ（20 μg PIA/只），每组均为 10 只。在跳台训练前 30 min，通过套管，分别将 10 μg/5 μl 和 20 μg/5 μl PIA 注入实验组Ⅰ和实验组Ⅱ动物左侧脑室，手术对照组注入 5 μl 0.1mol/L PBS。然后进行上述实验。

1.2.3 单胺类递质的 HPLC-ECD 分析

跳台实验结束后，将动物断头，剥取海马、皮层、纹体、脑干，进行 NE、DA 和 5-HT 的 HPLC-ECD 分析。

1.2.3.1 方法原理

利用 C-18 反相色谱柱将样品中的 NE、DA、5-HT 分离，使之分别进入电化学检测器。当工作电极与参比电极之间的电位维持在某一水平时，这些化合物被氧化，生成醌和醌亚胺[8]。电

化学检测器工作电极吸收电子所产生的电流与检测池中被测化合物的浓度成正比

1.2.3.2 样品前处理

采用高氯酸沉淀法，制备大鼠海马、皮层、纹体、脑干的待测脑样品。为防止样品中单胺类递质的氧化，可在高氯酸溶液中加入 L- 半胱氨酸（0.005%）。

1.2.3.3 色谱条件

流动相：70% 0.1 mol/L 磷酸缓冲液（含 1.0 g/L 十二烷基磺酸钠和 29 mg/L EDTA·2Na，pH=3.7）30% 乙腈。

流速：1.0 ml/min。

电化学检测器工作电压为 0.7 V，灵敏度为 50 nA，频率为 0.1 Hz[8-9]。

1.2.3.4 样品测定

取 20 μl 经过前处理的大鼠脑样品上清液经六通阀进样，Goldsystem 软件自动分析结果。

2 结果

2.1 PIA 对大鼠学习记忆行为的影响

PIA 对大鼠学习记忆行为的影响结果，见表 1。

表 1　PIA 对 SD 大鼠跳台成绩的影响（$\bar{X}\pm$SD，n=10）

组别	PIA（μg/μl）	训练期 错误次数（次）	记忆期 潜伏期（S）	记忆期 错误次数
成龄组	0	1.4±0.5	278.1±23.7	0.7±0.5
手术对照组	0	1.3±0.5	261.6±37.5	1.1±0.6
老龄组	0	3.2±0.8##	195.6±39.4##	2.6±0.7##
实验组 I	10	5.2±1.3***▲▲▲	64.1±17.9***▲▲▲	3.4±0.8***▲
实验组 II	20	7.9±1.2△△△▲▲▲	14.4±4.9△△△▲▲▲	7.5±1.1△△△▲▲▲

注：测试前 30 min 手术对照组大鼠经套管侧脑室注入 5 μl 0.1 mol/L PBS，实验组 I 和实验组 II 分别注入 10 μg/5 μl 和 20 μg/5 ml PIA。

***$P < 0.001$ 实验组 I 与手术对照组比较；▲$P < 0.05$ 实验组 I 和 II 与老龄组比较；▲▲▲$P < 0.001$ 实验组 I 和 II 与老龄组比较；##$P < 0.01$ 老龄组与成龄组比较；△△△$P < 0.001$ 实验组 II 与实验组 I 比较。

表 1 结果表明，与成龄组比较，老龄组大鼠在跳台训练期内的错误次数增加 128.6%（$P < 0.01$），24 h 记忆保持期内的潜伏期缩短 25.2%（$P < 0.01$）和错误次数增加 136.4%（$P < 0.01$）。手术对照组大鼠的学习记忆能力与成龄组比较无显著性差异。与手术对照组比较，10 μg PIA 可使 SD 大鼠跳台训练期内的错误次数增加 272.4%（$P < 0.001$），24 h 记忆保持期内的潜伏期缩短 77.0%（$P < 0.001$）和错误次数增加 385.7%（$P < 0.001$）。与 20～24 月龄老龄组比较，10 μg PIA 可使大鼠跳台训练期内的错误次数增加 62.5%（$P < 0.01$），

24 h 记忆保持期内的潜伏期缩短 67.2%（$P < 0.001$）和错误次数增加 30.8%（$P < 0.05$）。与老龄组比较，20 μg PIA 实验组大鼠跳台训练期内的错误次数增加 146.9%（$P < 0.001$），24 h 记忆保持期内的潜伏期缩短 92.6%（$P < 0.001$）和错误次数增加 188.5%（$P < 0.001$）。与 10 μg PIA 实验组比较，20 μg PIA 可使大鼠跳台训练期内的错误次数增加 51.9%（$P < 0.01$），24 h 记忆保持期内的潜伏期缩短 77.5%（$P < 0.001$）和错误次数增加 120.6%（$P < 0.001$）。

行为学测试表明：①大鼠学习记忆能力有显著的随龄下降趋势；②PIA 可显著性降低大鼠学习记忆能力，增加 PIA 用量，其效应增强，并呈现明确的量效关系。

2.2 脑内单胺类递质含量的测定

大鼠不同脑区 NE、DA、5-HT 含量测定结果见表 2～表 5。

表 2　PIA 对 SD 大鼠左侧各脑区 NE 含量的影响（$\bar{X} \pm SD$）（$n=8$）

脑区	老龄组（nmol/g组织）	成龄组（nmol/g组织）	手术对照（nmol/g组织）	实验组 I（PIA 10 μg/只）
海马	$3.295 \pm 0.210^{\#}$	3.739 ± 0.268	3.810 ± 0.319	$2.705 \pm 0.370^{**\triangle\triangle\triangle}$
皮层	$3.101 \pm 0.502^{\#}$	3.651 ± 0.315	3.640 ± 0.400	$2.345 \pm 0.266^{*\triangle\triangle\triangle}$
纹体	$5.246 \pm 0.362^{\#\#\#}$	7.284 ± 0.342	7.254 ± 0.394	$4.177 \pm 0.158^{**\triangle\triangle\triangle}$
脑干	$4.594 \pm 0.711^{\#\#\#}$	7.150 ± 0.652	7.084 ± 0.351	$6.026 \pm 0.377^{***\triangle\triangle\triangle}$

$\#P < 0.05$ 老龄组与成龄组比较；$\#\#P < 0.01$ 老龄组与成龄组比较；$\#\#\#P < 0.001$ 老龄组与成龄组比较；$\triangle\triangle\triangle P < 0.001$ 实验组I与手术对照组比较；$*P < 0.05$ 实验组I与老龄组比较；$**P < 0.01$ 实验组I与老龄组比较；$***P < 0.001$ 实验组I与老龄组比较。

表 3　PIA 对 SD 大鼠左侧各脑区 DA 含量的影响（$\bar{X} \pm SD$）（$n=8$）

脑区	老龄组（nmol/g组织）	成龄组（nmol/g组织）	手术对照（nmol/g组织）	实验组 I（PIA 10 μg/只）
海马	$0.587 \pm 0.070^{\#\#\#}$	1.069 ± 0.060	1.076 ± 0.079	$0.432 \pm 0.075^{**\triangle\triangle\triangle}$
皮层	$0.892 \pm 0.117^{\#\#}$	1.195 ± 0.171	1.246 ± 0.145	$0.727 \pm 0.098^{**\triangle\triangle\triangle}$
纹体	$2.083 \pm 0.302^{\#}$	2.878 ± 0.330	2.946 ± 0.283	$2.010 \pm 0.373^{\triangle\triangle}$
脑干	$0.819 \pm 0.090^{\#\#\#}$	1.343 ± 0.129	1.293 ± 0.264	$0.905 \pm 0.061^{*\triangle\triangle\triangle}$

$\#P < 0.05$ 老龄组与成龄组比较；$\#\#P < 0.01$ 老龄组与成龄组比较；$\#\#\#P < 0.001$ 老龄组与成龄组比较；$\triangle\triangle P < 0.01$ 实验组I与手术对照组比较；$\triangle\triangle\triangle P < 0.001$，实验组I与手术对照组比较；$*P < 0.05$ 实验组I与老龄组比较；$**P < 0.01$ 实验组I与老龄组比较。

表 4　PIA 对 SD 大鼠左侧各脑区 5-HT 含量的影响（$\bar{X} \pm SD$）（$n=8$）

脑区	老龄组（nmol/g组织）	成龄组（nmol/g组织）	手术对照（nmol/g组织）	实验组 I（PIA 10μg/只）
海马	$1.884 \pm 0.254^{\#\#\#}$	2.888 ± 0.238	2.970 ± 0.341	$1.588 \pm 0.248^{*\triangle\triangle\triangle}$
皮层	$3.009 \pm 0.276^{\#\#\#}$	3.820 ± 0.450	3.824 ± 0.303	$2.099 \pm 0.352^{**\triangle\triangle\triangle}$
纹体	$3.534 \pm 0.284^{\#\#\#}$	4.485 ± 0.248	4.485 ± 0.244	$3.868 \pm 0.236^{*\triangle\triangle\triangle}$
脑干	$3.463 \pm 0.277^{\#\#\#}$	5.495 ± 0.548	5.554 ± 0.388	$4.193 \pm 0.183^{**\triangle\triangle\triangle}$

$\#\#\#P < 0.001$ 老龄组与成龄组比较；$\triangle\triangle\triangle P < 0.001$ 实验组与手术对照组比较；$*P < 0.05$ 实验组I与老龄组比较；$**P < 0.01$ 实验组I与老龄组比较。

表5 实验组Ⅰ两侧脑区 NE、DA、5-HT 含量比较（$\bar{X}\pm$SD，单位：nmol/g 组织）（$n=8$）

脑区		NE	DA	5-HT
海马	左	2.705±0.370	0.432±0.075	1.588±0.248
	右	2.806±0.214	0.440±0.076	1.592±0.287
皮层	左	2.345±0.266	0.727±0.098	2.099±0.352
	右	2.400±0.377	0.722±0.072	2.129±0.358
纹体	左	4.177±0.158	2.010±0.373	3.868±0.236
	右	4.232±0.127	2.024±0.276	3.887±0.174
脑干	左	6.026±0.377	0.905±0.061	4.193±0.183
	右	6.081±0.309	0.936±0.081	4.183±0.133

由表2（图1）可见，与成龄组比较，老龄组大鼠左侧海马、皮层、纹体、脑干中的 NE 含量分别降低 11.9%（$P<0.05$）、15.1%（$P<0.05$）、28.0%（$P<0.001$）、35.8%（$P<0.001$）。手术对照组各脑区 NE 含量与成龄组比较无显著性差异。与手术对照组比较，实验组Ⅰ大鼠左侧海马、皮层、纹体、脑干中的 NE 含量分别降低 20.5%（$P<0.001$）、35.4%（$P<0.001$）、42.7%（$P<0.001$）、15.7%（$P<0.001$）。与老龄组比较，实验组Ⅰ大鼠左侧海马、皮层、纹体中的 NE 含量分别降低 17.9%（$P<0.01$）、24.4%（$P<0.05$）、20.4%（$P<0.01$），左侧脑干中 NE 含量虽然低于手术对照组，但仍高于老龄对照组 31.2%（$P<0.001$）。

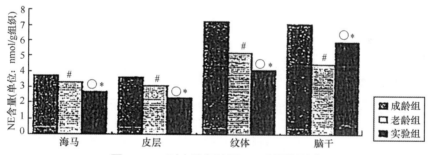

图1 PIA 对大鼠各脑区 NE 含量的影响

#.老龄组与成龄组比较，有显著性差异；○.实验组与老龄组比较，有显著性差异；*.实验组与成龄组比较，有显著性差异

由表3和图2可见，与成龄组比较，老龄组大鼠海马、皮层、纹体、脑干中 DA 含量分别降低 45.1%（$P<0.001$）、25.4%（$P<0.01$）、27.6%（$P<0.05$）、39.0%（$P<0.001$）。手术对照组各脑区 DA 含量与成龄组比较无显著性差异。与手术对照组比较，实验组Ⅰ大鼠海马、皮层、纹体、脑干中的 DA 含量分别降低 59.6%（$P<0.001$）、39.2%（$P<0.001$）、30.2%（$P<0.01$）、32.6%（$P<0.001$）。与老龄组比较，实验组Ⅰ大鼠海马、皮层、纹体中的 DA 含量分别降低 26.4%（$P<0.01$）、18.5%（$P<0.01$）、3.5%（$P>0.05$），但脑干中 DA 含量高于老龄对照组 10.5%（$P<0.05$）。

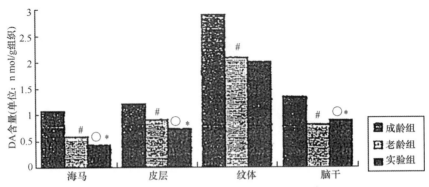

图 2　PIA 对大鼠各脑区 DA 含量的影响

#. 老龄组与成龄组比较，有显著性差异；○. 实验组与老龄组比较，有显著性差异；*. 实验组与成龄组比较，有显著性差异

由表 4、图 3 可见：与成龄组比较，老龄组大鼠左侧海马、皮层、纹体、脑干中的 5-羟色胺含量分别降低 34.8%（$P < 0.001$）、21.2%（$P < 0.001$）、21.2%（$P < 0.001$）、37.0%（$P < 0.001$）。手术对照组各脑区 5-HT 含量与成龄组比较无显著性差异。与手术对照组比较，实验组 I 大鼠左侧海马、皮层、纹体、脑干中 5-HT 含量分别降低 45.0%（$P < 0.001$）、45.1%（$P < 0.001$）、13.8%（$P < 0.01$）、23.7%（$P < 0.01$）。与老龄组比较，实验组 I 大鼠左侧海马、皮层中 5-HT 含量分别降低 15.7%（$P < 0.05$）、30.2%（$P < 0.01$），但纹体、脑干中 5-HT 含量高于老龄组 9.5%（$P < 0.05$）、21.1%（$P < 0.01$）。

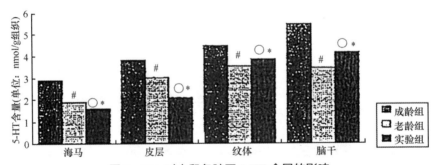

图 3　PIA 对大鼠各脑区 5-HT 含量的影响

#. 老龄组与成龄组比较，有显著性差异；○. 实验组与老龄组比较，有显著性差异；*. 实验组与成龄组比较，有显著性差异

由表 5 可见，两侧海马、皮层、纹体、脑干中 NE、DA、5-HT 含量无显著性差异。

综上结果提示：①实验组 I 大鼠以上四个脑区左右两侧单胺类递质含量无显著差异；②上述各脑区单胺类递质含量呈现随龄下降的趋势，并与学习记忆能力降低一致；③与手术对照组比较，PIA 降低了上述各脑区单胺类递质的含量，特别是与学习记忆密切相关的皮层和海马两脑区，单胺类递质的含量不仅低于手术对照组，还低于老龄组。这与大鼠学习记忆能力的降低大体一致。

2.3　精确度与回收率的测定

将一定浓度的标准品混合液加入脑样品中，进行回收率的测定。本实验将大鼠脑皮层匀浆液平均分为两份，其中一份加入 NE、DA、5-HT 标准品各 0.05 ng/μl，两份脑样品平行按上述操作进行测定，进行回收率的测定。结果见表6。

表6 大鼠脑区内皮层中 NE、DA、5-HT 含量测定的回收率（$n=8$）

递质	NE	DA	5-HT
回收率（%）	90.56±1.56	85.17±0.87 87	65±1.04

同一份样品重复测定多次，测得变异系数，来反映样品测定的重复性和精确性。将标准品 0.05 ng/μl 连续进样 8 次，求出变异系数。结果见表7。

表7 测定 NE、DA、5-HT 的变异系数（$n=8$）

递质	NE	DA	5-HT
变异系数（CV）	2.7%	2.8%	3.0%

表6、表7结果表明，本研究所应用的单胺类递质的测定方法具有良好的重复性和精确性。

3 讨论

腺苷作为中枢抑制性神经调质，对各类递质的释放具有广泛的抑制作用。激动腺苷 A_1 受体可使 ACh、NE、DA、5-HT、GABA 和 Glu 等释放减少，其中兴奋性递质更容易受到影响[10]。

一般认为脑内 ACh、去甲肾上腺素、5-羟色胺、多巴胺等神经系统功能联合受损是造成 SDAT 痴呆症状出现的重要原因[2]。腺苷水平具有随龄增高的趋势。文镜等应用 HPLC 配紫外检测器测定不同年龄 SD 大鼠海马、皮层、纹体内腺苷水平。发现与 3～6 月龄成龄鼠相比，18～20 月龄老龄鼠大脑皮层、海马、纹体中腺苷水平分别增加了 66.6%、37.2%、27.3%。金宗濂等[11]应用 HPLC-ECD 测定大鼠脑内 ACh 含量，发现与成龄鼠相比，18～20 月龄老龄鼠大脑皮层、海马、纹体中 ACh 含量也呈显著降低趋势。在体外实验中已观察到腺苷受体激动剂 PIA 能抑制大鼠海马脑片 ACh 的释放，这一抑制效应有随龄增强的特点[12-13]。由此推测，侧脑室灌注 PIA 可抑制 ACh 的释放。

本研究结果表明，左侧脑室灌注 10 μg PIA 后，大鼠两侧海马、皮层、纹体和脑干中 NE、DA、5-HT 含量均显著降低，不仅低于成龄组，而且在与学习记忆密切相关的皮层与海马中还低于老龄组（结果见表2～表5）。

从行为学测试结果可以看出，与成龄组比较，老龄组大鼠学习记忆能力显著降低。表明学习记忆能力有随龄下降的趋势，这与文献报道一致。与手术对照组相比，注射 PIA 的动物学习记忆能力显著降低，甚至低于老龄组，且随着 PIA 剂量的增加，动物的学习记忆能力进一步降低，呈现良好的剂量效应关系，见表1。这与上述单胺类递质的测定结果基本吻合。

由于腺苷对中枢神经递质释放广泛的抑制作用和其在脑内含量具有随龄增加的趋势，因而腺苷的随龄增加在老年记忆障碍及在 SDAT 发病机理中可能具有重要作用[13]。

上述结果提示，左侧脑室灌注 PIA 后，双侧海马、皮层、纹体、脑干中单胺类递质含量均显著下降，且左右两侧下降的程度并无显著性差异。说明 PIA 可能通过脑脊液循环作用影响左右脑区，而并非通过局部渗透作用影响单侧中枢神经系统。

在 SDAT 患者出现临床症状之前，均有抑郁症状出现，5-HT 水平的降低是抑郁症状出现的重要原因[14]。5-HT 含量的改变，不仅与情绪变化有关，而且对学习记忆也有影响。5-HT 介导学习的敏感化过程，通过一系列的步骤，使 Ca^{2+} 内流增加，从而导致感觉神经元递质释放的增加，最终造成行为上的敏感化[15]。众所周知，长期记忆（long-term memory）需要新的蛋白质分子的合成，而 5-HT 可使此类蛋白质的合成增加三倍[16]。另外，5-HT 水平的降低，可损伤部分脑区胆碱能活动，特别是与学习记忆有关脑区如海马、皮层[17]。由此可见，腺苷对 5-HT 释放的抑制，可能是 SDAT 患者认知功能障碍和情绪变化的更深层次的分子机制。

脑内 DA 和 NE 水平的降低，可显著降低小鼠跳台成绩[18]。Steckler T 等研究证明，与学习记忆有关的神经递质系统（谷氨酸、GABA、ACh、5-HT、DA、NE）并非独立起作用，各系统相互作用，形成不同的神经网络，共同参与学习记忆的过程。

由此可见，利用腺苷受体激动剂 PIA 灌注大鼠侧脑室引起的脑内神经递质变化与 SDAT 患者脑内呈现多递质联合受损的生化变化有一定的相似性，为制作 SDAT 大鼠模型提供新的思路，并为进一步研究腺苷及其受体与 SDAT 的发病机理提供实验基础。

【参考文献】

[1] 耿德章. 中国老年保健全书. 北京：人民卫生出版社，1994.
[2] Francis P T, Sims N R, Procter A W, et al. Cortical pyramidal neurone loss may cause glutamatergic hypoactivity and cognitive impairment in Alzheimer's disease：investigative and therapeutic perspectives. J Neurochem, 1993, 60（5）：1589-1604.
[3] 金宗濂, 王卫平, 赵红. 腺苷与阿尔茨海默型老年痴呆症———一种可能的分子机制的新思路. 心理科学进展, 1995, 13（4）：4-7.
[4] 金宗濂, 朱永玲, 赵红, 等. 腺苷受体阻断剂对老年大鼠记忆障碍的研究. 营养学报, 1996, 18（1）：20-23.
[5] 包新民, 舒斯云. 大鼠脑立体定位图谱. 北京：人民卫生出版社, 1991：28-30.
[6] 金宗濂, 文镜, 唐粉芳, 等. 功能食品评价原理及方法. 北京：北京大学出版社, 1995：138-141.
[7] 叶惟泠. 快速、灵敏检测生物样本中单胺类递质及其代谢产物的方法——反相色谱-电化学检测分析法. 色谱, 1990, 8（3）：159-162.
[8] 程兰英, 郑肖钊, 王叶, 等. 人血浆儿茶酚胺及其产物的高效液相色谱-电化学检测法. 中日友好医院学报, 1990, 4（3）：188-191.
[9] Phillis J W, Wu P H. The role of adenosine and its nucleotides in central synaptic transmission. Prog Neurobiol, 1981, 16（3-4）：187-239.
[10] 文镜, 金宗濂. 大鼠脑组织腺苷含量的 HPLC 分析. 北京联合大学学报, 1997, 11（1）：46-50.
[11] Jin Z L, Lee T F, Zhou S J, et al. Age-dependent change in the inhibitory effect of an adenosine agonist on hippocampal acetylcholine release in rats. Brain Res Bulle, 1993, 30（1-2）：149-152.
[12] Sperlágh B, Zsilla G, Baranyi M, et al. Age-dependent changes of presynaptic neuromodulation via A_1-adenosine receptors in rat hippocampal slices. Int J Dev Neurosci, 1997, 15（6）：739-747.
[13] 韩济生. 神经科学纲要. 北京：北京医科大学, 协和医科大学联合出版社, 1993：393-397.
[14] 韩济生. 神经科学纲要. 北京：北京医科大学, 协和医科大学联合出版社, 1993：721-736.
[15] Martin K C, Casadio A, Zhu H, et al. Synapse-specific, long-term facilitation of aplysia sensory to motor synapses：a function for local protein synthesis in memory storage. Cell, 1997, 91（7）：927-938.
[16] González-Burgos I, Pérez-Vega M I, Angel-Meza A R D, et al. Effect of tryptophan restriction on short-term memory. Physiol Behav, 1998, 63（2）：165-169.
[17] Lazarova-Bakarova M B, Stancheva S, Petkova B, et al. Effects of β-adrenoceptor blocker pindolol, calcium antagonist verapamil and their combination on retention in step-down- and shuttle-box-trained rats and on brain biogenic monoamines. J Physiol Paris, 1997, 91（6）：301-305.
[18] Steckler T, Sahgal A, Aggleton J P, et al. Recognition memory in rats—Ⅲ. Neurochemical substrates. Prog Neurobiol, 1998, 54（3）：333-348.

原文为北京市自然科学基金资助项的科研报告，1998 年 6 月完成，主要结论已做过报道。

含量明显升高（$P < 0.01$），其中海马中增高了 10.18%，纹体中增高了 10.89%，皮层中提高了 8.21%，结果见表 4。

表 4 茶碱对东莨菪碱动物模型各脑区 ACh 含量的影响（pmol/mg pro，$\bar{X} \pm SD$）

组别	$n^{\triangle}$	海马	纹体	皮层
对照组	16	185.32±8.04	180.32±7.21	179.10±6.50
实验组	16	204.18±6.75**	199.95±6.35**	193.81±11.75**

△ 每只鼠均取双侧海马、纹体和皮层，因此 8 只鼠每个脑区共 16 例样本；**$P < 0.01$ 与对照组比较。

2.5 ACh 的 HPLC-ECD 测定

2.5.1 精确度与回收率的测定

将一定浓度的标准品混合液加到一定量的脑样品中，经从样品提取到测定的全过程，进行回收率的测定。本实验将鼠脑海马匀浆液平均分成两份，其中一份加入标准品 0.036 mg/ml，两份样品平经样品结果计算 ACh 测定的回收率，结果见表 5。

表 5 鼠脑海马中加入 ACh 标准品测定的回收率

n	1	2	3	4	5	6	7	8	9	10	$\bar{X} \pm SD$
回收率（%）	90.7	89.2	92.7	89.3	91.9	90.9	89.6	92.1	88.9	92.0	90.73±1.41

同一份样品在同一天重复测定多次，测得变异系数，来反映样品测定的重复性和精确性。将标准品 ACh 4 nmol 连续进样 8 次，得到 ACh 峰面积，求出变异系数（CV），结果见表 6。

表 6 ACh 标准样品（4 nmol）8 次重复测定的结果

n	1	2	3	4	5	6	7	8	$\bar{X} \pm SD$	CV
峰面积（cm²）	0.42	0.50	0.48	0.46	0.40	0.42	0.44	0.45	0.45±0.03	0.07

2.5.2 色谱分离及保留时间

标准品和脑样品中 ACh 和 Ch 分离良好，脑样品中的杂质峰在 3 min 内洗脱完毕，对 Ach 和 Ch 峰无干扰，ACh 的保留时间（t_R）为 7.58 min，Ch 的保留时间（t_R）为 3.66 min。

3 讨论

学习记忆能力，特别是近期记忆能力的下降是脑衰老的一个重要表现，随着人口老龄化进程的加快，这一现象受到人们越来越多的关注。众所周知，中枢神经系统内胆碱能神经系统功能的随龄衰退是老年学习记忆能力下降的重要原因之一。我们的实验结果也支持这一论点。表 1 结果表明，与 2～3 月龄的成龄鼠相比，10～12 月龄的老龄鼠在迷宫中的错误次数明显增多（$P < 0.01$）；在跳台测试中第一次步下平台的潜伏期显著缩短（$P < 0.05$），错误次数也明显增加（$P < 0.05$）。与此相对应的是，与学习记忆能力相关的脑区，如海马、纹体和皮层，ACh 水平出现随龄下降的趋势。在本次实验中，10～12 月龄的老龄鼠的海马，纹体 ACh 含量比 2～3 月龄的成龄鼠下降显著。皮层下降幅度较小，为 2～3 月龄的成龄鼠的 88.4%，见表 2。这些脑区的 ACh 水平为什么会出现随龄下降呢？我们以往的工作曾查明在中枢神经系统中腺苷活动的随龄增强，是产生老年记忆障碍的一种可能分子机制[2]。由表 3、表 4 可见，对东莨菪碱

口服茶碱对喹啉酸损毁单侧基底核大鼠学习记忆行为的影响

金宗濂　张书青

北京联合大学　应用文理学院

【摘要】　我们曾证明经侧脑室灌注腺苷受体阻断剂茶碱，可显著提高喹啉酸（QA）损毁单侧基底核（NBM）认知功能障碍大鼠的学习记忆能力。本研究试图查明口服腺苷受体阻断剂茶碱是否有同样的作用并确定口服的最适剂量。

（1）本实验采用 240 nmol QA 损毁成龄 SD 大鼠左侧 NBM 的方法建立学习记忆障碍的动物模型（下称模型鼠）。在注射 QA 后第 7 d 即模型鼠的跳台成绩稳定后，通过口服茶碱途径，观察了 0.05 mg/12 h、0.5 mg/12 h、1.0 mg/12 h、2.5 mg/12 h 四个剂量，连续口服 3 d、7 d、21 d、28 d 后，对模型鼠学习记忆行为的影响。结果表明：①大鼠学习记忆能力具有随龄降低的趋势；②连续 28 d 灌胃模型鼠 0.05 mg/12 h 茶碱，不能提高模型鼠学习记忆能力；③ 0.05 mg/12 h、1.0 mg/12 h 和 2.5 mg/12 h 三种茶碱剂量可渐进性提高模型鼠的学习记忆能力，三种茶碱剂量呈现良好的剂量效应关系；④各剂量组模型鼠连续灌胃茶碱 28 d，均无文献报道的出现，由此可见，灌胃茶碱可改善模型鼠学习记忆能力，且以 1.0 mg/12 h 为最适剂量。

（2）在注射 QA 后 12 h，茶碱组模型鼠灌胃茶碱 2.5 mg/12 h，模型组、成龄组和老龄组灌胃等量蒸馏水与老龄组比较，第 3 d 和第 7 d 模型组大鼠跳台学习期错误次数逐渐增加，24 h 记忆保持期潜伏期逐渐缩短。错误次数逐渐增加，表明注射 QA 7 d 内模型鼠学习记忆能力呈现逐渐降低趋势，与模型组比较，灌胃 2.5 mg/12 h 茶碱第 3 d，模型鼠学习记忆能力虽有降低，但下降速度已显著低于模型组，两者呈现显著性差异，但茶碱组模型鼠的学习记忆成绩仍低于老龄组。3 d 后，茶碱组模型鼠学习记忆成绩呈现回升趋势，至第 7 d 已显著优于老龄鼠（$P<0.05$）。由此可见灌胃 2.5 mg/12 h 茶碱可以推迟模型鼠学习记忆障碍的发生，在一定程度上起到预防作用。本研究为茶碱的临床和在保健食品中的应用提供了实验依据。

【关键词】　茶碱；阿尔茨海默型老年痴呆

Effects of oral theophylline on the learning and memory behavior of quinolinic acid-damaged unilateral NBM rats

Jin Zonglian　Zhang Shuqing

College of Applied Science and Humanities of Beijing Union University

Abstract: We have shown that infusion of theophylline, an adenosine receptor blocker, through the lateral ventricle can significantly improve the learning and memory ability of rats with unilateral NBM nuclear cognitive impairment impaired by quinolinic acid（QA）. This study was designed to determine whether theophylline, an oral adenosine receptor blocker, had the same effect and to determine the optimal dose for oral administration.

（1）In this study, 240 nmol QA was used to destroy the left NBW nucleus of adult SD rats to establish an animal model of learning and memory impairment（hereinafter referred to as model rats）. On the 7th day after QA injection, the effects of four doses of theophylline on learning and memory behavior of model mice were observed by oral administration of 0.05 mg/12 h、

0.5 mg/12 h、1.0 mg/12 h、2.5 mg/12 h for 3 days、7 days, 21 days and 28 days. The results showed that: ① The learning and memory abilities of rats decreased with age. ② Theophylline 0.05 mg/12 h for 28 days could not improve the learning and memory ability of model rats. ③ The three doses of theophylline (0.5 mg/12 h, 1.0 mg/12 h and 2.5 mg/12 h) could progressively improve the learning and memory ability of model rats, and the three doses showed a good dose-effect relationship. ④ Theophylline was administered continuously for 28 days in each dose group without any side effects reported in the literature. Therefore, theophylline could improve the learning and memory ability of model rats, and the optimal dose was 1.0 mg/12 h.

(2) At 12 hours after QA injection, theophylline group rats were fed with theophylline 2.5 mg/12 hours. The model group and the aged group were fed with distilled water of equal volume. Compared with the normal aged group, the learning and memory abilities of the model rats decreased gradually within 7 days after QA injection. Compared with the model group, theophylline 2.5 mg/12 hours after 3 days of intragastric administration decreased the learning and memory abilities of the rats, but the decline rate was significantly lower than that of the model group. After 3 days, the learning and memory performance of theophylline group showed an upward trend, which was significantly better than that of normal aged rats at 7 days (P < 0.05). Therefore, 2.5 mg/12 h theophylline administration can delay the occurrence of learning and memory impairment in model rats, and play a preventive role to some extent.

This study provides some experimental basis for theophylline's clinical application and health food application.

Key words: theophylline; Alzheimer's dementia

阿尔茨海默型老年痴呆（senile dementia of Alzheimer's type, SDAT）是严重威胁老年人群的一种神经系统退行性疾病，患者脑内最显著的病理变化是神经元缺失、神经纤维缠结（neurofibrillary tangles, NFT）、老年斑（senile plaque, SP）和β-淀粉样蛋白（β-amyloid protein, Aβ）的沉积[1]。SDAT的病因学假说众多，包括遗传、免疫、中毒、脑外伤、雌激素缺乏及环境因素等[2]。虽然不同患者发病的原因并不相同，但所有患者脑内都存在多种递质联合受损[3]。而采用递质替代疗法往往不能取得满意的疗效。腺苷作为神经调质，对中枢神经递质的释放有广泛的抑制效应[4]，其脑内的含量尚有随龄增加趋势[5-6]，我们曾提出腺苷与SDAT患者认知功能障碍之间可能有一定的联系[7]。

现已查明，茶碱可显著性提高东莨菪碱（scopolamine）造成的学习记忆障碍大鼠的学习记忆能力[8]，侧脑室灌注茶碱也可以显著提高喹啉酸（QA）损毁单侧NBM大鼠学习记忆能力[9]。

本实验试图通过口服不同剂量腺苷受体阻断剂茶碱，观察其对QA损毁单侧NBM大鼠认知功能障碍的影响，以查明口服腺苷受体阻断剂茶碱是否具有同样的效果并确定口服的最适剂量，为茶碱在改善认知功能障碍方面的实际应用提供实验依据。

1 材料和方法

1.1 实验材料

1.1.1 主要仪器

江湾Ⅰ型C脑立体定位仪，上海生物医学仪器厂；跳台（step-down），中国医学科学院药物所。

1.1.2 实验动物

成龄Sprague Dawky（SD）大鼠，2～3月龄，由首都医科大学动物中心提供。

老龄 Sprague Dawlay（SD）大鼠，20～24 月龄，从首都医科大学实验动物中心购入成龄鼠，在我校动物室喂养至 20～24 月龄，供实验用。

所有实验用大鼠均为雄性。

1.1.3 主要试剂

QA（Q-1375），分析纯，美国 Sigma 公司；茶碱（T-1633），分析纯，美国 Sigma 公司。

1.2 实验方法

1.2.1 QA 破坏左侧 NBM，建立大鼠学习记忆障碍模型[10]

1.2.1.1 手术

取 250～300 g（2～3 月龄）成龄雄性 SD 大鼠，腹腔注射戊巴比妥钠（45 mg/kg 体重）麻醉。根据《大鼠脑立体定位图谱》[11]，利用脑立体定位仪，确定大鼠左侧 NBM 位置：前囟后 1.5 mm（B），中线左侧旁开 3.2 mm（L），脑表面下 6.7 mm（H），以微量进样器将 240 nmol QA（4 μl）注入该核。

1.2.1.2 动物学习记忆成绩的测试

采用跳台法（step-down）检测学习记忆成绩[12]。

1.2.2 茶碱对 QA 损毁单侧 NBM 大鼠学习记忆行为的影响

1.2.2.1 茶碱对由 QA 损毁单侧 NBM 大鼠学习记忆障碍的改善作用

QA 损毁左侧 NBM 后的第 7 d，即模型鼠跳台成绩稳定后[9]，根据灌胃茶碱剂量的不同将动物分为四组：0.05 mg/12 h、0.5 mg/12 h、1.0 mg/12 h、2.5 mg/12 h。另设模型组、成龄组和老龄组作为对照，每组均为 10 只，灌胃给予等量蒸馏水。连续灌胃 28 d，并于灌胃第 3 d、第 7 d、第 14 d、第 21 d、第 28 d 分别测各组大鼠跳台成绩，观察茶碱对模型鼠学习记忆障碍的改善作用。

1.2.2.2 茶碱对 QA 损毁单侧 NBM 大鼠学习记忆障碍的预防作用

QA 损毁左侧 NBM 后的 12 h，将模型鼠分为两组，一组灌胃茶碱 2.5 mg/12 h，一组灌胃等量蒸馏水作为对照。另设成龄空白对照组和老龄空白对照组，灌胃等量蒸馏水。各组动物均为 8 只。观察茶碱是否可预防由 QA 损毁单侧 NBM 大鼠学习记忆障碍的发生。

2 结果

2.1 茶碱对大鼠学习记忆障碍的改善作用

表 1 结果说明：①老龄鼠学习记忆成绩低于成龄鼠，表明大鼠学习记忆能力具有随龄降低的趋势；②用 QA 损毁单侧 NBM 后，模型鼠学习记忆能力显著降低，甚至低于老龄鼠；③连续 3 d 给予模型鼠 0.05 mg/12 h 和 0.5 mg/12 h 茶碱不能改善模型鼠学习记忆障碍症状；④连续 3 d 给予模型鼠 1.0 mg/12 h 和 2.5 mg/12 h 茶碱可以改善模型鼠学习记忆障碍症状且两种剂量的效果比较接近（$P > 0.05$），但改善的效果较差，模型鼠的学习记忆能力尚低于正常老龄水平（$P < 0.001$）。

表 1　灌胃不同剂量茶碱第 3 d（注射 QA 后第 10 d）大鼠跳台成绩（$\bar{X} \pm SD$，$n=10$）

组别	茶碱（mg/12 h）	学习期错误次数（次）	记忆期	
			潜伏期（s）	错误次数（次）
成龄组	0	1.3±0.5	276.4±17.1	1.1±0.6
老龄组	0	3.2±0.6○○○	198.2±38.9○○○	3.0±0.4
模型组	0	8.5±1.9◇◇◇	28.5±8.3◇◇◇	8.0±1.8◇◇◇

续表

茶碱组 1	0.05	8.1±1.9	25.9±9.8	7.6±2.0

组别	茶碱（mg/12 h）	学习期错误次数（次）	记忆期	
			潜伏期（s）	错误次数（次）
茶碱组 2	0.5	80±1.7	29.8±6.3	7.7±2.1
茶碱组 3	1.0	6.3±1.6*###	99.9±28.0***###	6.2±1.3*###
茶碱组 4	2.5	5.7±1.3**###	122.4±46.0***###	5.6±1.4**###

°°°$P < 0.001$ 老龄组与成龄组比较；◇◇◇$P < 0.001$ 模型组与老龄组比较；*$P < 0.05$ 茶碱 1～4 组与模型组比较；**$P < 0.01$ 茶碱 1～4 组与模型组比较；***$P < 0.001$ 茶碱 1～4 组与模型组比较；###$P < 0.001$ 茶碱 3～4 组与老龄组比较。

表 2 结果说明：①连续 7 d 给予 0.05 mg/12 h 茶碱，模型鼠学习记忆能力无显著变化；②连续 7 d 灌胃 0.5 mg/12 h，学习记忆成绩提高，而且与模型组比较出现显著差异；③连续 7 d 灌胃 1.0 mg/12 h、2.5 mg/12 h 茶碱，模型鼠学习记忆成绩进一步提高，其中 2.5 mg/12 h 茶碱组模型鼠学习记忆成绩高于老龄组，表现为学习期和记忆期跳台错误次数显著低于老龄组（$P < 0.05$），但记忆期潜伏期与老龄组相比仍无统计学意义；④ 1.0 mg/12 h 和 2.5 mg/12 h 两种茶碱剂量作用效果接近（$P > 0.05$），且均优于 0.5 mg/12 h 茶碱剂量（$P < 0.001$）。5 mg/12 h、0.5 mg/12 h、1.0 mg/12 h、2.5 mg/12 h 三种茶碱剂量呈现良好的剂量效应关系。

表 2 灌胃不同剂量茶碱第 7 d（注射 QA 后第 14 d）大鼠跳台成绩（$\bar{X}\pm\mathrm{SD}$，$n=10$）

组别	茶碱（mg/12 h）	学习期错误次数（次）	记忆期	
			潜伏期（s）	错误次数（次）
成龄组	0	1.4±0.5	269.3±30.9	1.1±0.7
老龄组	0	3.6±1.0	195.7±33.4	3.2±0.5
模型组	0	8.5±1.6	25.8±6.2	8.4±1.7
茶碱组 1	0.05	7.8±1.9	27.2±7.9	7.9±1.7
茶碱组 2	0.5	7.0±1.5*	86.1±37.2***	6.8±1.6*
茶碱组 3	1.0	2.9±0.7***△△△	211.3±44.8***△△△	5.7±0.7***△△△
茶碱组 4	2.5	2.8±0.6***#	224.2±34.1***	2.4±0.8***#

*$P < 0.05$ 茶碱 1～4 组与模型组比较；***$P < 0.001$ 茶碱 1～4 组与模型组比较；#$P < 0.05$ 茶碱 1～4 组与老龄组比较；△△△ 茶碱 3 组与茶碱 2 组比较。

表 3 结果说明：①连续 14 d 灌胃 0.05 mg/12 h 茶碱，模型鼠学习记忆能力仍无显著提高；②连续 14 d 胃 0.5 mg/12 h、1.0 mg/12 h、2.5 mg/12 h 茶碱，模型鼠学习记忆成绩进一步提高，1.0 mg/12 h 茶碱组模型鼠学习记忆成绩高于老龄组，表现为学习期和记忆期跳台错误次数显著性降低（$P < 0.05$，$P < 0.01$），但记忆期潜伏期与老龄组比无统计学意义，2.5 mg/12 h 茶碱剂量组模型鼠记忆期潜伏期比老龄组显著延长（$P < 0.05$）；③ 1.0 mg/12 h 和 2.5 mg/12 h 两种茶碱剂量作用效果接近。

表 3 灌胃不同剂量茶碱第 14 d（注射 QA 后第 21 d）大鼠跳台成绩（$\bar{X}\pm\mathrm{SD}$，$n=10$）

组别	茶碱（mg/12 h）	学习期错误次数（次）	记忆期	
			潜伏期（s）	错误次数（次）
成龄组	0	1.3±0.7	266.9±33.4	1.0±0.7
老龄组	0	3.6±0.5	191.7±36.4	3.2±0.5
模型组	0	8.2±1.6	24.9±5.2	8.0±1.5

续表

组别	茶碱（mg/12 h）	学习期错误次数（次）	记忆期	
			潜伏期（s）	错误次数（次）
茶碱组 1	0.05	8.2±1.9	23.7±5.4	7.7±1.6
茶碱组 2	0.5	6.5±1.5*	95.1±17.1***	6.3±1.5*
茶碱组 3	1.0	2.8±0.8***△△△#	219.5±46.5***△△△	2.5±0.9***△△△##
茶碱组 4	2.5	2.6±0.7***##	235.7±33.9***#	2.4±0.5***#

*$P < 0.05$ 茶碱 1～4 组与模型组比较；***$P < 0.001$ 茶碱 1～4 组与模型组比较；#$P < 0.05$ 茶碱 1～4 组与老龄组比较；##$P < 0.01$ 茶碱 1～4 组与老龄组比较；△△△茶碱 3 组与茶碱 2 组比较。

表 4 结果说明：①连续 21 d 给予 0.05 mg/12 h 茶碱，模型鼠学习记忆能力仍无提高；②连续 21 d 给予 0.5 mg/12 h 和 2.5 mg/12 h 茶碱，模型鼠学习记忆成绩未进一步提高，但与老龄组比较，1.0 mg/12 h 茶碱剂量组模型鼠记忆期潜伏期显著延长（$P < 0.05$）；③ 1.0 mg/12 h 和 2.5 mg/12 h 两种茶碱剂量作用效果接近，两组模型鼠学习记忆成绩均优于老龄组，但仍低于成龄组（$P < 0.001$）。

表 4　灌胃不同剂量茶碱第 21 d（注射 QA 后第 28 d）大鼠跳台成绩（$\bar{X}$±SD，n=10）

组别	茶碱（mg/12 h）	学习期错误次数（次）	记忆期	
			潜伏期（s）	错误次数（次）
成龄组	0	1.5±0.5	266.1±32, 0	1.0±0.6
老龄组	0	3.5±0.7	183.3±22.2	3.3±0.5
模型组	0	7.7±1.3	23.6±4.9	7.6±1.4
茶碱组 1	0.05	8.0±1.8	25.8±9.7	7.8±1.4
茶碱组 2	0.5	6.5±1.1*	94.6±16.5***	6.4±1.1*
茶碱组 3	1.0	2.7+0.7***△△△#	212.8±33.8***△△△#	2.5±0.5***△△△##
茶碱组 4	2.5	2.4±0.7***##	234.1±29.0***##	1.3±0.8***##

*$P < 0.05$ 茶碱 1～4 组与模型组比较；***$P < 0.001$ 茶碱 1～4 组与模型组比较；#$P < 0.05$ 茶碱 1～4 组与老龄组比较；##$P < 0.05$ 茶碱 1～4 组与老龄组比较；△△△茶碱组 3 与茶碱 2 比较。

表 5　灌胃不同剂量茶碱第 28 d（注射 QA 后第 35 d）大鼠跳台成绩（$\bar{X}$±SD，n=10）

组别	茶碱（mg/12 h）	学习期错误次数（次）	记忆期	
			潜伏期（s）	错误次数（次）
成龄组	0	1.3±0.5	287.7±31.3	0.9±0.6
老龄组	0	3.6±0.7	190.7±28.4	3.4±0.7
模型组	0	7.8±1.2	23.3±4.2	7.6±1.2
茶碱组 1	0.05	7.4±1.7	22.9±8.8	7.3±1.1
茶碱组 2	0.5	6.7±1.0*	97.7±20.7***	6.5±1.1*
茶碱组 3	1.0	2.8±0.8***△△△#	218.0±21.1***△△△##	2.6±0.7***△△△#
茶碱组 4	2.5	2.5±0.6***##	233.7±32.9***##	2.3±0.7***##

*$P < 0.05$ 茶碱 1～4 组与模型组比较；***$P < 0.001$ 茶碱 1～4 组与模型组比较；#$P < 0.05$ 茶碱 1～4 组与老龄组比较；##$P < 0.01$ 茶碱 1～4 组与老龄组比较；△△△茶碱组 3 与茶碱 2 比较。

表 5 结果说明：①连续 28 d 给予 0.05 mg/12 h 茶碱，模型鼠学习记忆能力仍无提高；②连续 28 d 给予 0.5 mg/12 h、1.0 mg/12 h、2.5 mg/12 h 茶碱，与连续灌胃 21 d 效果接近，模型鼠学习记忆成绩未进一步提高。

表 1～表 5 结果表明：①大鼠学习记忆能力具有随龄降低的趋势；②灌胃模型鼠 0.05 mg/12 h 茶碱，28 d 内不能提高模型鼠学习记忆能力；③ 0.5 mg/12 h、1.0 mg/12 h、2.5 mg/12 h 三种剂量茶碱可显著提高模型鼠的学习记忆能力，但 1.0 mg/12 h、2.5 mg/12 h 两种茶碱剂量效果优于 0.5 mg/12 h 茶碱剂量，不仅改善效应出现早，而且效果好，三种茶碱剂量呈现良好的剂量效应关系；④连续灌胃 0.5 mg/12 h、1.0 mg/12 h、2.5 mg/12 h 茶碱 14 d 模型鼠学习记忆能力与模型组比均有显著提高，但 1.0 mg/12 h、2.5 mg/12 h 两种茶碱剂量可使模型鼠学习记忆能力提高到优于正常老龄鼠水平（与老龄组比，除 1.0 mg/12 h 茶碱模型鼠记忆期潜伏期无统计学意义以外，其余各项学习记忆指标均有显著性差异），而 0.5 mg/12 h 茶碱模型鼠的学习记忆能力却低于老龄组水平（$P < 0.01$）；⑤连续 21 d 灌胃 1.0 mg/12 h 茶碱，模型鼠记忆期潜伏期与老龄鼠比，出现显著性差异；⑥连续灌胃 0.5 mg/12 h、1.0 mg/12 h、2.5 mg/12 h 三种剂量茶碱 21～28 d，模型鼠学习记忆能力无显著性提高，1.0 mg/12 h、2.5 mg/12 h 茶碱剂量组模型鼠学习记忆成绩虽高于老龄组，但仍低于成龄对照组（$P < 0.001$）。

综上结果，认为茶碱能有效改善 QA 损毁单侧 NBM 学习记忆障碍大鼠的学习记忆能力，且以 1.0 mg/12 h 剂量为改善模型鼠学习记忆功能障碍的最适剂量（图 1）。

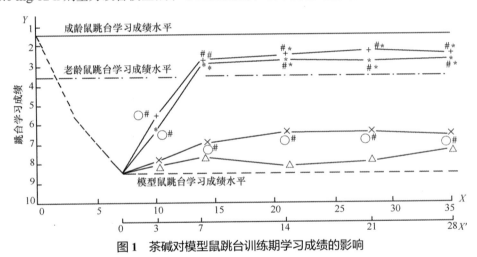

图 1　茶碱对模型鼠跳台训练期学习成绩的影响

X 轴. 注射 QA 后的天数；X' 轴. 灌胃茶碱的天数；Y 轴. 跳台学习成绩，以跳台训练期错误次数表示；-△-. 茶碱 1 组模型鼠跳台学习成绩；-×-. 茶碱 2 组模型鼠跳台学习成绩；-*-. 茶碱 3 组模型鼠跳台学习成绩；-+-. 茶碱 4 组模型鼠跳台学习成绩。
○. 与模型组比较有显著差异；#. 与老龄组比较有显著差异；*. 与成龄组比较有显著差异

2.2　茶碱对注射 QA 后大鼠学习记忆障碍的预防作用

由表 6 可见：①与成龄鼠比较，老龄鼠学习记忆能力显著降低，表现为学习期错误次数增多，记忆期潜伏期缩短和错误次数增加；②与老龄组比较，模型组大鼠学习记忆成绩显著降低，表明 QA 损毁 NBM 可降低大鼠学习记忆能力；③与模型组比较，灌胃茶碱第 3 d 灌胃 2.5 mg/12 h 茶碱剂量可使模型鼠跳台学习期错误次数降低 17.9%（$P < 0.05$），24 h 记忆保持期潜伏期延长 169.0%（$P < 0.001$）、错误次数降低 20.0%（$P < 0.05$），结果表明灌胃茶碱 3 d 后模型鼠学习记忆能力降低的速度已显著低于模型组，两者呈现显著差异。但茶碱组模型鼠的学习记忆成绩

仍低于老龄组。可见连续 3 d 灌胃 2.5mg/12 h 茶碱可在一定程度上减轻模型鼠学习记忆能力降低的程度。

表 6　灌胃茶碱第 3 d（注射 QA 后第 3 d）大鼠跳台成绩（$\bar{X}\pm SD$，$n=8$）

组别	茶碱（2.5 mg/12h）	学习期错误次数（次）	记忆期潜伏期（s）	错误次（次）
成龄组	0	1.3±0.5	267.6±31.3	0.9±0.6
老龄组	0	3.6±0.7###	191.5±28.4###	3.2±0.7###
模型组	0	5.6±0.9△△△	34.5±7.2△△△	5.0±0.8△△△
茶碱组	2.5	4.6±1.0*	92.8±24.7***	4.0±0.8*

###$P < 0.001$ 老龄组与成龄组比较；△△△ $P < 0.001$ 模型组与老龄组比较；*$P < 0.05$ 茶碱组与模型组比较；***$P < 0.001$ 茶碱组与模型组比较。

由表 7 可见：①与老龄组比较，模型组大鼠学习记忆能力进一步降低；②与模型组比较，灌胃茶碱第 7 d，2.5 mg/12 h 茶碱可使茶碱组模型鼠跳台学习期错误次数降低 72.6%（$P < 0.001$），24 h 记忆保持期潜伏期延长 75.86%（$P < 0.001$）、错误次数降低 74.1%（$P < 0.001$），结果表明，从第 3 d 后茶碱组模型鼠学习记忆成绩出现回升，至第 7 d 已显著高于老龄组（$P < 0.01$）。可见连续灌胃 2.5 mg/12 h 茶碱可推迟模型鼠学习记忆障碍的发生，并在一定程度上起到预防作用。

表 7　灌胃茶碱第 7 d（注射 QA 后第 7 d）大鼠跳台成绩（$\bar{X}\pm SD$，$n=8$）

组别	茶碱（2.5 mg/12h）	学习期错误次数（次）	记忆期潜伏期（s）	错误次数（次）
成龄组	0	1.4±0.4	276.7±40.2	1.2±0.5
老龄组	0	3.5±0.6###	183.3±25.2###	3.3±0.7###
模型组	0	8.4±1.2△△△	26.8±4.9△△△	8.1±1.2△△△
茶碱组	2.5	2.3±0.7**	230.0±29.1**	2.1±0.6**

###$P < 0.001$ 老龄组与成龄组比较；△△△ $P < 0.001$ 模型组与老龄组比较；**$P < 0.01$ 茶碱组与老龄组比较。

综合表 6、表 7 结果说明：7 d 内未灌胃茶碱的模型鼠学习记忆能力呈现渐进性降低趋势，而灌胃茶碱的模型鼠的学习记忆能力在 3 d 后呈现回升趋势，在第 7 d 其学习记忆成绩优于正常老龄鼠，可见茶碱可推迟模型鼠学习记忆障碍的发生，并在一定程度上起预防作用。

综上所述，茶碱不但可提高 QA 损毁单侧 NBM 学习记忆障碍大鼠的学习记忆能力，而且能推迟模型鼠学习记忆障碍的发生。

3　讨论

SDAT 是严重威胁老年人群的一种神经系统退行性疾病。由于社会人口老龄化问题逐渐突出，SDAT 也越来越受到研究者的重视，对该病的研究成为老年医学的前沿和热点。

SDAT 患者最突出的表现为记忆和其他认知功能的进行性衰退。患者首先出现的是近期记忆障碍，逐渐发展为远期记忆的损害[13]。由于 SDAT 的病因仍未确定，对因治疗仍十分困难，所以对症治疗具有重要意义。

目前的对症治疗主要是针对患者行为、情绪异常和痴呆症状的治疗。痴呆症状的治疗研究最多的是提高脑内胆碱能系统的功能[14]。胆碱能递质前体胆碱和卵磷脂的应用已被证明无效。胆碱酯酶抑制剂 tacrine 和多奈哌齐（donepezil，E2020）是目前美国食品药品监督管理局（FDA）

批准的仅有的两种 SDAT 治疗药物。但 tacrine 的胆碱能不良反应和肝毒性限制了它的临床应用，而 E2020 的远期疗效仍未肯定。

由于 SDAT 患者脑内存在多种递质联合受损[3]，记忆能力的降低不仅与胆碱能系统功能降低密切相关，而且与单胺类递质水平的降低也有关系[15-16]。因此我们认为，从神经调质水平对 SDAT 进行治疗，效果可能要优于单纯的胆碱能系统的治疗。

目前研究较为充分的神经调质为腺苷。腺苷作为神经调质，对脑内多种递质的释放具有抑制作用，包括 ACh 和单胺类递质。金宗濂等已在体外实验（in vitro）中证明腺苷 A_1 受体激动剂 PIA 可抑制大鼠海马脑片 ACh 的释放[17]，本文第一部分已验证 PIA 对大鼠记忆相关脑区如海马和皮层单胺类递质释放的抑制效应。体内实验（in vivo）证明 PIA 可显著降低大鼠学习记忆能力[8]，而腺苷受体阻断剂茶碱显著提高由东莨菪碱造成的学习记忆障碍大鼠的学习记忆成绩。金宗濂等也已证明侧脑室灌注茶碱显著性提高 QA 损毁单侧 NBM 大鼠的学习记忆能力[9]。本研究结果证明口服茶碱不但可提高 QA 损毁单侧 NBM 学习记忆障碍大鼠的学习记忆能力（表1～表5），而且能够推迟学习记忆障碍的发生，在一定程度上起到预防的作用，见表6、表7、图2。

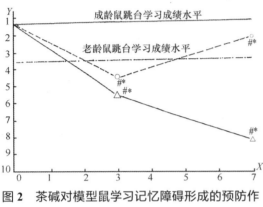

图 2 茶碱对模型鼠学习记忆障碍形成的预防作用（学习期）

X 轴．注射 QA 后的天数；Y 轴．跳台学习成绩，以跳台训练期错误次数表示；-△-．模型组大鼠跳台学习成绩；-○-．茶碱组大鼠跳台学习成绩；#．与老龄组比较有显著差异；*．与成龄组比较有显著差异

茶碱在临床上作为平滑肌松弛剂，成人口服用量为 0.3～0.6 g/d，极量为 1.0 g/d。本研究中，改善模型鼠学习记忆障碍最适的茶碱用量每天为 2×1.0 mg/12 h，换算为成人口服量为 0.1 g/d 左右；预防模型鼠学习记忆障碍发生的茶碱每天用量为 2×2.5 mg/12 h，换算为成人口服用量大约为 0.24 g/d。可以认为本研究中所用茶碱剂量为安全剂量。

0.05 mg/12 h、0.5 mg/12 h、1.0 mg/12 h、2.5 mg/12 h 四个茶碱剂量组模型鼠连续灌胃 28 d，各组模型鼠活动正常，无躁狂或抑郁现象；每天摄食及饮水量无明显变化；大小便正常，无便秘症状。

综上结果，可以认为茶碱在改善认知功能障碍特别是学习记忆障碍方面起着重要作用。由于 QA 损毁 NBM 造成的认知功能障碍大鼠模型与 SDAT 患者的病理变化存在一定的差异，因此，能否临床应用茶碱来治疗 SDAT 患者的痴呆症状，仍需进一步探索。

【参考文献】

[1] Ball M J, Murdoch G H. Neuropathological criteria for the diagnosis of Alzheimer's disease: are we really ready yet. Neurobiol Aging, 1997, 18（4）: S3-S12.

[2] Breitner J C, Welsh K A. Genes and recent developments in the epidemiology of Alzheimer's disease and related dementia. Epidemiol Rev, 1994, 17（1）: 39-47.

[3] Francis P T, Sims N R, Procter A W, et al. Cortical pyramidal neurone loss may cause glutamatergic hypoactivity and cognitive impairment in Alzheimer's disease: investigative and therapeutic perspectives. J Neurochem, 1993, 60（5）: 1589-1604.

[4] Phillis J W, Wu P H. The role of adenosine and its nucleotides in central synaptic transmission. Prog Neurobiol, 1981, 16（3-4）: 187-239.

[5] 文镜，金宗濂．大鼠脑组织腺苷含量的 HPLC 分析．北京联合大学学报，1997，11（1）: 46-50.

[6] Sperlágh B, Zsilla G, Baranyi M, et al. Age-dependent changes of presynaptic neuromodulation via A_1-adenosine receptors in rat hippocampal slices. Int J Dev Neurosci, 1997, 15（6）：739-747.

[7] 金宗濂，王卫平，赵红.腺苷与阿尔采默氏型老年痴呆症———一种可能的分子机制的新思路.心理科学进展,1995,13(4): 4-7.

[8] 金宗濂，朱永玲，赵红，等.腺苷受体阻断剂对老年大鼠记忆障碍的研究.营养学报, 1996, 18（1）：20-24.

[9] 金宗濂，王卫平.茶碱对喹啉酸损毁 NBM 所致大鼠学习记忆的影响.中国营养学会第四次营养资源与保健食品学术会议论文摘要汇编，1997：65.

[10] Moroni F, Lombardi G, Carlà V, et al. Studies on the content synthesis and disposition of quinolinic acid in physiology and pathology. Brain Res, 1984, 328：448-449.

[11] 包新民，舒斯云.大鼠脑立体定位图谱.北京：人民卫生出版社，1991.

[12] 金宗濂，文镜，唐粉芬，等.功能食品评价原理及方法.北京：北京大学出版社，1995：138-141.

[13] Seltzer B, Sherwin I. A comparison of clinical features in early- and late-onset primary degenerative dementia. One entity or two? Arch Neurol, 1983, 40（3）：143-146.

[14] Marx J.Searching for drugs that combat Alzheimer's. Science, 1996, 273（5271）：50-53.

[15] Rogers S L, Perdomo C, Friedhoff L T. Clinical benefits are maintained during long-term treatment of Alzheimer's disease with the acetylcholinesterase inhibitor, E2020. J Eur Neuropsychopharmacol, 1995, 5（3）：386-387.

[16] Lazarova-Bakarova M B, Stancheva S, Petkova V, et al. Effects of β-adrenoceptor blocker pindolol, calcium antagonist verapamil and their combination on retention in step-down-and shuttle-box-trained rats and on brain biogenic monoamines. J Physiol Paris, 1997, 91（6）：301-305.

[17] Jin Z L, Lee T F, Zhou S J, et al. Age-dependent change in the inhibitory effect of an adenosine agonist on hippocampal acetylcholine release in rats. Brain Res Bull, 1993, 30（1-2）：149-152.

原文为北京市自然科学基金资助项目的研究报告，1998 年 6 月完成，主要结论已做过报道。

茶碱的动员脂肪功能及其在功能食品中的应用

唐粉芳　文　镜　王卫平　魏　涛　金宗濂

北京联合大学　应用文理学院

【摘要】 本文提出茶碱具有十分显著的脂肪动员的生理功能，是一个很有发展前途的功能因子，也是一个值得视的保健食品的基础原料。

【关键词】 茶碱；脂肪动员；抗疲劳

茶碱作为一种天然腺苷受体阻断剂，具有动员脂肪的功能。脂肪的动员受多种因素影响，而其限制性因素是激素敏感性脂肪酶。当腺苷与脂肪细胞上 A_1 受体结合后，通过膜上 G 蛋白的信息传递能抑制腺苷酸环化酶，使细胞内环磷酸腺苷（cAMP）含量下降，从而抑制了细胞的氧化磷酸化过程。众所周知，在超过 10 min 的长时间的运动，其能量是由脂肪酸在有氧过程中释放出的 ATP 提供。脂肪动员受阻必然造成肌肉活动的能源枯竭，这是长时间运动产生疲劳的根本原因之一。茶碱阻断了腺苷和受体结合，激活腺苷酸环化酶，提高激素敏感性脂肪酶活性，从而加速脂肪组织中的脂肪动员。

利用茶碱的脂肪动员作用，我们研究了它们的抗疲劳功能。实验选用 BALB/C 雄性小鼠，随机分为对照组和实验组。经口给予 13.3 mg/（kg·bw）茶碱 5 d 后，测定各项指标。与对照组相比，实验组游泳持续时间延长 27.4%（$P<0.05$）；脂肪组织中的脂肪酶活力提高 93.3%（$P<0.01$）；肝糖原含量增加 29.2%（$P<0.01$）；负重（体重3%）游泳 60 min 后血糖含量提高 15.2%（$P<0.05$）；负重游泳 30 min，休息 25 min 后血乳酸含量下降 32.1%（$P<0.01$），休息 50 min 后血乳酸含量下降 35.0%（$P<0.05$），与游泳前相比，实验组的血乳酸恢复水平提高 94.6%（$P<0.01$）；小鼠心肌乳酸脱氢酶的比活力提高 25.4%（$P<0.05$）；运动后 90 min 血尿素的增值降低 35.9%（$P<0.01$），150 min 后降低 37.5%（$P<0.01$）。结果表明，服用 13.0 mg/（kg·bw）茶碱 5 d 后，由于显著增加小鼠体内脂肪分解供能，提高肝糖原储备，增加机体无氧及有氧代谢能力，因而它具有抗疲劳，提高机体耐力的功能（表 1）。

表 1　茶碱对小鼠抗疲劳指标的影响（$\bar{X}\pm SD$）

项目	对照组	实验组	P
游泳时间（min）	88.3±31.8	115.7±27.4	<0.05
脂肪酶活力 [μmol/（min·100 g）]	7.79±6.46	15.06±7.76	<0.01
肝糖原含量（mg/g）	28.8±9.2	37.2±6.8	<0.01
负重（体重3%）游泳 60 min 后血糖含量（mg%）	83.1±6.2	95.7±7.7	<0.05
游泳前血乳酸含量（mmol/L）	2.17±0.32	2.19±0.21	>0.05
负重（体重4%）游泳 30 min，休息 25 min 血乳酸含量（mmol/L）	5.61±0.45	3.81±0.36	<0.01
负重（体重4%）游泳 30 min，休息 50 min 后血乳酸含量（mmol/L）	4.54±0.49	2.95±0.35	<0.01
负重（体重4%）游泳 30 min，休息 50 min 后血乳酸恢复水平（%）	27.7±8.2	53.9±15.1	<0.01
心肌 LDH 同工酶 I 比活力	0.71±0.58	0.89±0.17	<0.05
运动后 90 min 血尿素增值（mmol/L）	1.42±0.10	0.91±0.18	<0.01
运动后 150 min 血尿素增值（mmol/L）	1.12±0.13	0.70±0.17	<0.01

茶碱的减肥功能作用的研究选用雄性 Wistar 大鼠。随机分为正常对照组、肥胖模型组和茶碱组。肥胖模型组和茶碱组均饲喂高脂饲料，茶碱组同时灌胃 1.56 mg/（kg·bw）的茶碱，正常对照组和肥胖模型组灌胃等量蒸馏水。32 d 后，测定各组体重和体脂。与肥胖模型组相比，茶碱组体重增重降低 36.0%（$P < 0.05$），体脂湿重降低 28.7%（$P < 0.01$），体脂/终体重降低 19.7%（$P < 0.05$）。因此，茶碱具有减肥功能（表2）。

表2　茶碱对大鼠的减肥指标的影响（$\bar{X} \pm$ SD）

组别	n	体重增重（g）	体脂湿重（g）	体脂/终体重
正常对照组	8	36.52±21.43[***]	6.47±3.10[**]	0.0205±0.0086
肥胖模型组	9	147.60±51.29	9.70±0.76	0.0254±0.0034
茶碱组	9	94.38±27.71[*]	6.92±2.13[**]	0.0204±0.0060[*]

*$P < 0.05$ 与肥胖模型组比较；**$P < 0.01$ 与肥胖模型组比较；***$P < 0.001$ 与肥胖模型组比较。

综上所述，由于茶碱具有十分显著的脂肪动员的生理功能，使它成为一个很有发展前途的功能因子，是一个十分值得研究的保健食品的基础原料。

原文发表于海洋天然产物与天然生化药物论文荟萃——全国第二届海洋生命活性物质与天然生化药物学术讨论会论文集，1998.8 上海

通过增强内源性腺苷活动致使老龄大鼠对寒冷耐受性降低的研究

王家璜 金宗濂 李嗣峰

【摘要】 露宿于严寒条件下的大鼠,由于老龄鼠(24~28月龄)产热速率低下,其维持体温的能力低于成龄鼠(3~6月龄)。单次注射腺苷去氨酶(adenosine deaminase, AD,转变腺苷为次黄嘌呤核苷)能显著增加老龄鼠和成龄鼠的产热活动。然后,对于老龄鼠来说最高的产热反应需要2倍的腺苷去氨酶剂量。相反,在接受相同最大的特异性腺苷受体阻断剂后,在成龄鼠和老龄鼠两者均可观察到其产热和对寒冷耐受性呈现相似的增强效应。这一结果提示,暴露于严寒条件下的老龄鼠降低耐寒能力可能是由于内源性腺苷去氨酶活性降低,增强了腺苷刺激作用,而不是增强了腺苷受体的敏感性。与成龄鼠相比,老龄鼠在暴露寒冷前后,其战栗产热的一个关键位置——颈肌的腺苷去氨酶活性较低,支持上述观点。本项工作为探寻抗寒保健食品功能因子提供了思路。

【关键词】 腺苷;衰老;产热;抗寒;腺苷受体;腺苷去氨酶

Decrease in cold tolerance of aged rats caused by the enhanced endogenous adenosine activity

Wang Jiahuang Jin Zonglian Li Sifeng

Abstract: During severe cold exposure, old rats (24-28 months) were less capable of maintaining their body temperature compared to young rats (3-6 months) due to lower rate of heat production. Single injection of adenosine deaminase (AD) (converts adenosine to inosine) significantly increased thermogenesis in both young and old rats. However doubling the dose of AD was required for optimal thermogenic response in old rats. In contrast. the similar enhancements in both thermogenesis and cold tolerance were observed in both young and old rats receiving the same optimal doses of specific adenosine receptor antagonists. These results lead to the suggestion that the lower capability of aged rats to withstand cold exposure could be due to an increase in adenosine stimulation because of the decreased endogenous AD activity in the neck muscle, a key site for shivering thermogenesis, was significantly lower in old rats as compared to their younger counterparts before and after cold exposure.

Key words: adenosine; aging; thermogenesis; cold resistance receptors; adenosine deaminase

It has been well established that the mortality rate is higher in the elderly after cold exposure when compared to younger subjects [1-2]. It is currently unknown what specific age-dependent changes are responsible for the observed deterioration in thermoregulatory competence with aging, but a reduction in heat production coupled with a reduced ability to minimize heat loss are major possibilities.

It has been known for some time that most cells are able to release adenosine following stimulation (e. g. adrenergic or local hypoxia) and that within a given tissue adenosine functions as a local hormone or messenger [3-4]. This purine nucleoside has been shown to be a potent antilipolytic agent both *in vitro* in adipocytes [5-6] and in vivo in perfused subcutaneous adipose tissue [7]. In addition, adenosine has also been shown to reduce the sensitivity of insulin stimulated glucose utilization in the soleus muscle [8]. Therefore, the combined effects of adenosine could result in a decrease of both substrate mobilization and utilization, leading to reduced muscle performance. In the told, this could precipitate the onset of hypothermia due to reduced shivering thermogenesis. This possibility is supported by our previous findings that pretreatment with either specific A_1 adenosine receptor antagonists or adenosine deaminase (AD) [9] significantly enhanced thermogenesis and improved cold resistance in young rats.

Recently, a three-to fivefold increase in 5′-nucleotidase activity, generally considered involved in the production of adenosine [10], has been observed in the adipocytes from old rats and this increased adenosine production was associated with the attenuation of insulin-stimulated glucose up take [11]. Further, the inhibitory effects of adenosine on lipolysis has been shown to increase with aging [6]. It is possible that enhanced inhibitory effects of adenosine may be involved in blunting the thermogenic responses to cold stimulation in older animal. This notion is indirectly supported by our previous finding that the cold tolerance of the old rat can be improved by acute pretreatment with theophylline [12]. Because theophylline has a dual effect in both adenosine receptor antagonism and inhibition of phosphodiesterase activity [13], the precise cellular and molecular mechanisms via which its effect is manifested remain unknown. The present study was, therefore, undertaken to provide more direct evidence on the possibility that the endogenous adenosine activity in the aged group may be over activated, which in turn may reduce the maximum thermogenic capacity under cold exposure.

Method

All experimental protocols used in the present study received prior approval of the University of Alberta Animal Care Committee following the guideline of Canadian Council on Animal Care. Two groups of adult, male Sprague-Dawley rats, 3-6 and 26-30 months old, were used. They were housed individually in polycarbonate cages with wood shaving bedding at 22 ± 1 ℃ in a walk-in environmental chamber under a 12L : 12D photoperiod. Water was made available at all times. Because both thermal conductance [14] and thermogenesis have been shown to be affected by body size, food (Rodent Blox, consisting of 24% protein, 4% fat, 65% carbohydrate, 4.5% fiber and vitamins; Wayne Lab. Animal Diets, Chicage, IL) was rationed daily after the body weight had reached about 400g to eliminate the possible variation in results due to different body sizes between the age groups. The night before the experiment, however, food was made available ad lib to ensure maximal thermogenesis [15].

Cold Exposure

The protocol for acute cold exposure was similar to that described earlier [15]. Briefly, the animal was removed from its home cage, placed in a metal metabolism chamber, and exposed to -10 ℃

under helium-oxygen (79% He : 21% O_2) for 120 min. Helium-oxygen (1.5 L/min STP) was used to facilitate heat loss. Exhaust gas from the metabolic chamber was divided into two streams, one stream was for oxygen measurement by an oxygen analyzer (Applied Electrochemistry Model S-3, Ametek, Pittsburgh, PA) following drying by Drierite (W. A. Hammond Drierite Co., Xenia, OH) and CO_2 removal by Ascarite (Thomas scientific, Swedesboro, NJ). The second stream was only dried for the measurement of CO_2 by an Applied Electrochemistry CD-2 analyzer. Oxygen consumption and CO_2 production were recorded simultaneously and continuously and integrated by an online computerized data acquisition system. Heat production (HP) was calculated from oxygen consumption and respiratory quotient using Kleiber's equation [15]. The integrated HP for each 15-min period was used as the rate of HP. The sum of HP from seven consecutive 15 min periods (min 16-120) constituted the total HP and the highest rate of any one 15-min period was used as the maximum HP. The colonic temperature (6 cm from anus) (Tb) was measured with a thermocouple thermometer (BAT-12, Bailey Instruments, Saddlebrook, NJ) immediately before vehicle or tested compound injection and immediately after cold exposure. The change in Tb was used as an index for cold tolerance. Either vehicle or tested compound was administered IP in a volume of 1ml/kg 15 min prior to cold exposure. To avoid habituation and possible acclimation, at least 2 weeks was allowed between successive cold exposures and vehicle/drug treatments were randomized in each animal in a self-control design.

Biochemical Assays

Rats were killed by decapitation at different time periods after cold exposure (0、60 min and 120 min) and various tissue samples (the interscapular brown adipose tissues and the neck muscles around the shoulder) were removed rapidly with tongs precooled in liquid nitrogen. The tissue samples were homogenized in 1 N perchloric acid and the homogenate was then centrifuged to remove precipitated protein. The adenosine concentrations in the plasma, fat pads, and muscles were assayed by high-performance liquid chromatography (HPLC) as described by Jackson and Ohnishi [16]. Owing to the short half-life of adenosine [17], the absolute level of adenosine may not be positively correlated to the physiological responses. Another approach was to examine the activity of adenosine metabolizing enzyme, AD, in the muscles from animals of different ages. After removing from the rat, the neck muscle was homogenized in 0.1 M Tris-buffer (pH 7.4) and then centrifuged in a refrigerated centrifuge, and the supernatant was used for enzyme assays. Activity of AD was determined by the HPLC method as described by Abd-Elfattah and Wechsler [18].

Results are expressed as the mean±SEM. For in vivo studies, statistical analysis was by either the unpaired t-test for comparison between different age groups or Wilcoxon's signed ranks teat for comparisons of treatment effect in individuals of the same group. Unpaired t-test was used for all biochemical comparisons between same and different age groups. Significance was set at $P < 0.05$ unless otherwise stated.

Results

Effects of AD and Adenosine Receptor Antagonists on Cold Tolerance

Before either saline or AD treatment, old rats had initial mean Tb of (37.2±0.23) ℃ (*n*=8), not significantly different from that observed in control young rats (37.5±0.22) ℃, (*n*=8). Figure 1 shows the change of HP during cold exposure in young and old rats after saline or AD treatment. After saline administration, the HP of both young and old rats increased rapidly during the first 30 min after cold exposure and continued to increase gradually until the maximum level was reached with the next 15-30 min. However, the maximum HP could not be sustained in the aged group and it declined continuously throughout the remainder of the cold exposure, resulting in deep hypothermia (28.9±0.58) ℃. A similar pattern was observed in old rats after pretreatment with AD (200 U/kg) except the level of thermogenesis was significantly elevated. As a result, the cold tolerance after AD treatment was improved, as indicated by the higher final Tb(31.6±0.62)℃. Further increasing the dose of AD up to 400 U/kg failed to elicit higher rate of HP, and the final Tb was about the same as that observed in controls. In young rats, more sustained HP was observed after saline injection and consequently the final Tb (31.4±0.61)℃ was higher than that of the aged group. Similar to old rates, the HP was significantly enhanced after AD at 100 U/kg but not at 200 U/kg.

Table 1 summarizes the group data for all parameters. Both the total and maximum HP of control young rats were significantly higher than those observed in the elderly; the decrease in Tb after cold exposure was thus significantly less in the young group. In comparison to saline control, both the total and maximal thermogenesis were significantly enhanced (13.2% and 13.4% above control values, respectively) after young rats received 100 U/kg AD. The reduction of Tb was also significantly less after this treatment. Upon increasing the dose to 200 U/kg, maximal and total HP and the change in Tb were approximately the same as observed in the control condition. Similar thermogenic responses to systemic pretreatment with AD was also observed in rats; however, the significant increases in both HP (10.6 and 17.7% above the control values, respectively) and cold tolerance were only observed after receiving the AD at 200 U/kg.

Table 1 effects of ip injection of AD on maximal HP, total HP, and change in final Tb on young (3-6 months) and old (24-28 months) rats exposed to cold

Dosage	Maximal HP (kcal/15 min)	Total HP (kcal/105 min)	Tb Change (℃)
Young rats (*n*=8)			
Saline 1 ml/kg	1.67±0.06	11.23±0.52	-5.69±0.71
AD 25 U/kg	1.64±0.07	10.83±0.48	-5.62±0.68
AD 50 U/kg	1.82±0.05*	12.17±0.39	-4.72±0.55

续表

Dosage	Maximal HP (kcal/15 min)	Total HP (kcal/105 min)	Tb Change (℃)
AD 100 U/kg	1.89±0.06*	12.73±0.50*	-3.65±0.56*
AD 200 U/kg	1.75±0.06	11.67±0.42	-5.03±0.39
Old rats (*n*=8)			
Saline 1 ml/kg	1.41±0.06+	9.24±0.56+	-8.40±0.39+
AD 50 U/kg	1.38±0.07+	9.03±0.47+	-8.06±0.68+
AD 100 U/kg	1.47±0.06+	9.48±0.48+	-7.84±0.56+
AD 200 U/kg	1.56±0.07*+	10.88±0.42*	-6.52±0.34*+
AD 400 U/kg	1.36±0.08	8.76±0.47	-8.14±0.39

*Significantly different from same age control treatment, $P < 0.05$.; +Significantly different from young rat group receiving same dose of AD, $P < 0.05$.

Table 2 Effects of ip injection of CPT on maxlmal HP, total HP, and change in final Tb on young (3-6 months) and old (24-48 months) rats exposed to cold

Dosage	Maximal HP (kcal/15 min)	Total HP (kcal/105 min)	Tb Change (℃)
Young rats (*n*=8)			
Saline 1 ml/kg	1.52±0.04	10.64±0.42	-6.26±0.66
CPT 0.0002 mg/kg	1.58±0.06*	11.13±0.52*	-5.82±0.71*
CPT 0.001 mg/kg	1.77±0.05+	11.83±0.45*+	-4.28±0.43*+
CPT 0.005 mg/kg	1.69±0.03+	11.35±0.46*+	-4.93±0.44*+
Old rats (*n*=8)			
Saline 1 ml/kg	1.39±0.04	8.84±0.37+	-9.30±0.61
CPT 0.0002 mg/kg	1.36±0.07*	9.13±0.28*	-8.88±0.58*
CPT 0.001 mg/kg	1.51±0.04*+	9.89±0.32*+	-7.96±0.46*+
CPT 0.005 mg/kg	1.49±0.03+	9.71±0.36*+	-8.13±0.52*+

*Significantly different from same age control treatment, $P < 0.05$; +Significantly different from young rat group receiving same dose of AD, $P < 0.05$.

To further examine whether the decrease in thermogenic response of the aged rat under cold exposure is due to an increase in adenosine receptor sensitivity, cyclopentyltheophylline (CPT) and D-Lys-XAC, the most potent and effective adenosine receptor antagonists, respectively, on thermogenesis[12], were used and the results are summarized in Tables 2 and Table 3. As observed previously with other adenosine antagonists [9, 19], pretreating the animal with CPT and D-Lys-XAC caused and inverted –U shaped dose – response curve in HP and final Tb changes. Significant increases in both the HP and cold tolerance in young rats were recorded after pretreatment with 0.001-0.005 mg/kg CPT and 1.25-205 mg/kg D-Lys-XAC, respectively. Similar thermogenic patterns were observed in old rats after pretreating them with either CPT or D-Lys-XAC at the same optimal doses as those used in young rats.

Table 3 Effects of ip injection of D-Lys-XAC on maximal HP, total HP, and change in final Tb on young (3-6 months) and old (24-28 months) rats exposed to cold

Dosage	Maximal HP (kcal/15 min)	Total HP (kcal/105 min)	Tb Change (℃)
Young rats (n=8)			
Saline 1 ml/kg	1.64±0.04	10.83±0.37	-5.97±0.71
Lys-XAC 0.625 mg/kg	1.76±0.07*	11.90±0.49*	-5.67±0.68*
Lys-XAC 1.25 mg/kg	1.88±0.04+	12.63±0.33*+	-3.67±0.56*+
Lys-XAC 2.50 mg/kg	1.79±0.03+	12.17±0.45*+	-4.43±0.62*+
Old rats (n=8)			
Saline 1 ml/kg	1.37±0.04	9.54±0.38	-8.26±0.69
Lys-XAC 0.625 mg/kg	1.39±0.07*	10.13±0.52*	-8.32±0.67*
Lys-XAC 1.25 mg/kg	1.57±0.04+	10.69±0.35*+	-6.34±0.56*+
Lys-XAC 2.50 mg/kg	1.51±0.03+	10.50±0.46*+	-6.58±0.60*+

*Significantly different from same age control treatment, $P < 0.05$; +Significantly different from young rat group receiving same dose of AD, $P < 0.05$.

Table 4 Changes in adenosine contents in the neck muscle and the brown fats from young and old rats exposed to cold

	Time After Cold ExPosure (min)	Young Rats (n=8)	Old Rats (n=8)
	0	24.4±6.51	36.5±5.13
Neck muscle (nmol/g tissue)	60	30.1±6.19	41.6±8.25
	120	34.1±4.75	45.9±4.97

Continned table

	Time After Cold ExPosure (min)	Young Rats (n=8)	Old Rats (n=8)
	0	50.6±7.83	49.9±7.92
Brown fats (nmol/g tissue)	60	58.8±6.04	47.0±6.67
	120	57.6±5.07	52.9±7.83

Changes in Adenosine Concentrations and AD Activity After Cold Exposure

Table 4 summarizes the changes in adenosine concentrations in the neck muscle and the brown fats from both young and old rats exposed to extreme cold. During cold exposure, there were no significant changes in brown fat adenosine concentration in both young and old rats. Before cold exposure, the adenosine level in the neck muscle from old rats is slightly higher than that of young rats ($P < 0.1$). A steady increase in adenosine concentration was observed in the neck muscle form both young and old rats after exposure to the cold; however, the differences failed to achieve any statistical significance ($P < 0.15$ and 0.2 for young and old rats, respectively, when comparing time 0 and 120 min). As adenosine is metabolized rapidly, the absolute level of adenosine may not be positively correlated to the physiological responses. We, therefore, also examined the change in the activity of adenosine metabolizing enzyme, AD. Because no significant change in AD activities with age was observed in our preliminary study on the brown fat tissue, only the change in AD activity in the neck muscle of different aged rats was systematically examined and the results are shown in Table 5. The activity of AD of young rats was significantly higher than that of old rats before cold exposure. The AD activities of both young and old rats increase with time after cold exposure and were significantly higher than the baseline values in both age groups.

Discussion

It is well known that the minimum thermal conductance and maximum thermogenesis are dependent upon the body size of the animal [14]. Variation in body size will thus affect the thermoregulatory responses of the animal under cold exposure. To eliminate the possible variation resulted by the difference in body size, the body weights of animals used in the present study were monitored by food rationing. Our present results on thermoregulatory responses are similar to those observed previously in rats under ad lib feeding [20-21]. This indicates that the decrease in thermogenic capacity of old rats. Observed in the present study is not affected by our food rationing regimen.

Although opinions vary as to what specific age-depended changes are responsible for the observed deterioration in thermoregulatory competence with aging, alteration in endogenous adenosine activity may be a possibility. Previously, we demonstrated that endogenously released adenosine can attenuate the thermogenic capacity of young rats in severe cold [9, 19]. Further, the inhibitory effects of adenosine on lipolysis [6] and insulin-stimulated glucose transport [11] in isolated fat cells have been shown to increase with age. Therefore, it is quite possible that an enhanced inhibitory effect of endogenous adenosine may set the upper limit of aerobic capacity in aging mammals and seriously impair their ability to withstand old exposure.

Table 5 Changes in AD activities [nmol adenosine / (g·min)] in the Neck muscle from yound and old rats exposed to cold

Time After Cold ExPosure (min)	Young Rats ($n=8$)	Old Rats ($n=8$)
0	202.3±9.9	147.6±7.6*
60	236.5±13.6	186.9±14.2*
120	253.6±15.3+	196.4±10.7*+

*Significantly different from young rat controls at the same time point ($P < 0.05$, t-test). +Significantly different from the same age controls at 0 min, ($P < 0.02$, t-test).

In an inaugural attempt, AD, the enzyme that converts adenosine to inosine and thereby eliminates adenosine's effects, was chosen to test the possible changes in endogenous adenosine activity with aging. At 100U/kg IP, a single injection of AD significantly enhanced both total and maximal thermogenesis and significantly improved cold resistance of young rats. This indicates that the normal thermogenic capacity of the animal can be return of thermogenesis to the control level. This may be due to the dual effect of adenosine: Via the A_2 receptor, adenosine may increase regional blood flow [for review, see [22] and therefore oxygen and substrate supply to the shivering muscle. Reducing this beneficial effect by AD could lead to reduced thermogenesis. As shown in Table 1, pretreating old rats with AD elicited a similar thermogenic stimulation to those observed in young rats. However, aging did result in a right shift of the dose-response curve relating HP and AD, resulting in a doubling of the dose required or optimal thermogenic response in aged rats. This indicates in the release of endogenous adenosine or adenosine receptor responsiveness could occur with aging, requiring greater amounts of AD to nullify the inhibitory action of adenosine on thermogenesis.

A conformational change in adenosine receptors has been demonstrated in the cerebral cortex end hippocampus of 24-month-old rats [23]. Further, it has been shown that the enhanced efficacy of adenosine in inhibiting lipolysis in old rats was associated with an increase in the number of adenosine receptor per cell [6]. Therefore, it is possible that the impairment in thermogenesis in the aged rat is resulted by the change in adenosine receptor responsiveness. To test this, CPT and D-Lys-XAC, selective A_1 adenosine receptor antagonists that previously have been shown to be the most potent and effective, respectively, in enhancing thermogenesis [24] were used. Both CPT and D-Lys-XAC caused a dose-related increase in HP and final Tb in both young and old rats. In contrast to that observed with AD, the optimal doses of these antagonists in eliciting maximum beneficial effect for cold tolerance were identical in young and old rats. At higher doses, both CPT and D-Lys-XAC failed to elicit further enhancement of thermogenesis. This is consistent without previous observation of an invested-U shape of the dose-response curve using other adenosine receptor antagonists [9, 20]. Recently, it has been demonstrated that the agonist and antagonist may bind preferentially to different conformations of the adenosine A_1 receptors [25]; the antagonist radioligand appears to specifically photo incorporate into the receptor with about 10 time higher efficiency than does the agonist. The inverted-U shape of the dose-response curve may be attributed to the fact that after the optimal dose the antagonist acts as a partial agonist that binds to the agonist conformation receptor site to reduce the thermogenic capacity. Regardless of the precise mechanisms responsible for the inverted-U shaped dose-response curve, a change in activity of the adenosine receptors does not appear to be the direct cause for the reduced thermogenesis observed during senescence. This is evidenced by the fact that the optimal dosage of adenosine antagonists used in eliciting the thermogenic effect is about the same in both young and old rats. However, possible age-dependent differences remain on binding of adenosine agonist and antagonist to different conformations of the adenosine receptor. Further studies are required to evaluate this possibility.

Since an age-related increase in adenosine release has been demonstrated in isolated perfused rat's heart [26] and human fibroblast cultures[27], the other explanation for the reduced cold tolerance in old rats could be due to an overproduction of endogenous adenosine after stimulation. To seek direct evidence in support of this, changes of adenosine concentration in two main thermogenic sites (neck muscle and brown fat for shivering and nonshivering thermogenesis, respectively) were examined during cold exposure in both young and old rats. No significant change in adenosine concentration was observed in the brown fat between the age groups. The failure to observe any change in the brown fat may be because that nonshivering thermogenesis constitutes only a minor portion of HP during cold exposure in 22 ℃ -acclimated rats [12, 28]. Although not significantly different from each other, higher adenosine concentration was observed in the neck muscle of old rats than that of young rats before cold exposure. Gradual increase in adenosine concentration was observed in neck muscles from both young and old rats during cold exposure, indicating increased ATP utilization. It is well known that adenosine has a very short half-life [17]; the absolute level of adenosine may not be positively correlated to the physiological responses. To correlate the change in tissue adenosine concentration and it physiological influence, the activity of the adenosine deactivating enzyme, AD, in the neck muscle was also investigated. The activity of AD from young rats wag significantly higher than that of old rats before cold exposure. The AD activities from both young and old rats increased with time after cold exposure and were significantly higher than the baseline values in both age groups. As the change in AD activity is positively correlated with the change in adenosine concentration, these results indicate that decreased AD activity with aging could result in an increase in local adenosine concentration during cold exposure. Since neck muscle participates in shivering thermogenesis [29], any inhibitory effect of adenosine on this muscle will lead to a reduced thermogenic capacity. Since we did not measure the enzyme activities governing adenosine synthesis (5'-nucleotidase or S-adenosylhomocysteine hydrolase) in the present study, the possibility of an increased cellular adenosine production with aging under normal or cold stimulated conditions cannot be ruled out. Nevertheless, the reduced capability to withstand cold in old rats can at least be partially explained by their decreased AD activity under both normal and cold – stimulated conditions (Table 5), resulting in greater local adenosine concentration than that of young rats.

The inability of the elderly to cope with cold stress and the resultant hypothermia have received much attention in both the lay and scientific literature [1-2]. From results of the present study, it is possible that the deficiency of aged rats to withstand cold is due to the presence of higher concentration of endogenous adenosine. Further, pretreating old rats with specific adenosine receptor antagonists can effectively enhance their thermogenic capacity and cold tolerance. Our findings have suggested a practical means for improving tolerance to cold in the elderly.

Acknowledgements

The present study was supported by a Defence and Civil Insititute of Environmental Medicine research contract and a Medical Research Council of Canada Operating grant to L.W. The authors are indebted to Dr. K. A. Jacobson of NIDDK, NIH for kindly supplying them with D-Lys-XAC and to S. M. Paproski for excellent technical assistance.

【REFERENCES】

[1] Collins K J. Effects of cold on old people. Br J Hosp Med (Lond), 1987, 38 (6): 506-508.
[2] Halstead H L. Homeostatic Function and Aging. New York: Raven Press, 1986.
[3] Daly J W, Kuroda Y. Physiology and pharmacology of adenosine derivatives. New York: Raven Press, 1983: 275-290.
[4] Ohisalo J J. Regulatory functions of adenosine. Med Biol, 1987, 65 (4): 181-191.
[5] Fredholm B B, Lindgren E. The effect of alkylxanthines and other phosphodiesterase inhibitors on adenosine-receptor mediated decrease in lipolysis and cyclic AMP accumulation in rat fat cells. Acta Pharmacol Toxicol, 1984, 54 (1): 64-71.
[6] Hoffman B B, Chang H, Farahbakhsh Z, et al. Inhibition of lipolysis by adenosine is potentiated with age. J Chin Invest, 1984, 74 (5): 1750-1755.
[7] Sollevi A, Hjemdahl P, Fredholm B B. Endogenous adenosine inhibits lipolysis induced by nerve stimulation without inhibiting noradrenaline release in canine subcutaneous adipose tissue *in vivo*. Arch, Pharmacol, 1981, 316 (2): 112-119.
[8] Choi O H, Shamim M T, Padgett W L, et al. Caffeine and theophylline analogues: correlation of behavioral effects with activity as adenosine receptor antagonists and as phosphodiesterase inhibitors. Life Sci, 1988, 43 (5): 387-398.
[9] Wang L C, Lee T F. Enhancement of maximal thermogenesis by reducing endogenous adenosine activity in the rat. J Appl Physiol, 1990, 68 (2): 580-585.
[10] Henderson J F. The Study of Adenosine Metabolism in Isolated Cells and Tissues. New York: Plenum Press, 1985: 67-82.
[11] Bush P, Souness J E, de Sanchez C V. Effect of age and day time on the adenosine modulation of basal and insulin-stimulated glucose transport in rat adipocytes. Int J Biochem, 1988, 20: 279-283.
[12] Lee T F, Wang L C H. Improving cold tolerance in elderly rats by aminophylline. Life Sci, 1985, 36: 2025-2032.
[13] Goodman L S, Rall T W, Murad F. The Pharmacological basis of therapeutics. New York: Macmillan, 1985: 589-603.
[14] Bradley S R, Deavers D R. Are-examination of the relationship between thermal conductance and body weight in mammals. Comp Biochem, Physiol, 1980, 65A: 465-476.
[15] Wang L C. Modulation of maximum thermogenesis by feeding in the white rat. J Appl Physiol, 1980, 49 (6): 975-978.
[16] Jackson E K, Ohnishi A. Development and application of a simple microassay for adenosine in rat plasma. Hypertension, 1987, 10 (2): 189-197.
[17] Moser G H, Schrader J, Deussen A. Turnover of adenosine in plasma of human and dog blood. Am J Physiol Cell Physiol, 1989, 256 (4): C799-C806.
[18] Abd-elfattah A S, Wechsler A S. Superiority of HPLC to assay for enzymes regulating adenine nucleotide pool intermediates metabolism: 5′-nucleotidase, adenylate deaminase, adenosine deaminase, and adenylosuccinate lyase-a simple and rapid determination of adenosine. J Lip Chromatogr, 1987, (12): 2653-2694.
[19] Wang L C, Jourdan M L, Lee T F. Mechanisms underlying the supra-maximal thermogenesis elicited by aminophylline in rats. Life Sci, 1989, 44 (44): 927-934.
[20] Kiang-Ulrich M, Horvath S M. Age-related differences in response to acute cold challenge (-10 degrees C) in male F344 rats. Exp Gerontol, 1985, 20 (20): 201-209.
[21] Mcdonald R B, Day C, Carlson K, et al. Effect of age and gender on thermoregulation. Am J Physiol, 1989, 257 (2): 700-704.
[22] Collis M G. The vasodilator role of adenosine. Pharmacol Ther, 1989, 41: 143-162.
[23] Corradetti R, Kiedrowski L, Nordstrom O, et al. Disapperance of low affinity adenosine binding sites in aging rat cerebral cortex and hippocampus. Neurosci Lett, 1984, 49 (1-2): 143-146.

[24] Lee T F, Li D J, Jacobson K A, et al. Improvement of cold tolerance by selective A1 adenosine receptor antagonists in rats. Pharmacol Biochem Behav, 1990, 37（1）: 107-112.

[25] Reddington M, Alexander S P, Erfurth A, et al. Biochemical and Autoradiographic Approaches to the Characterization of Adenosine Receptors in Brain. Berlin: Springer, 1987: 49-58.

[26] Dobson J G, Fenton R A, Romano F D. Reduced contractile response to β-adrenergic stimulation in the aged heart is associated with an elevated release of myocardial adenosine. Fed Proc, 1986, 45: 750.

[27] Ethier M F, Hickler R B, Dobson Jr JG. Aging increases adenosine and inosine release by human fibroblast cultures. Mech Ageing Dev, 1989, 50（2）: 159-168.

[28] Foster D O, Frydman M L. Tissue distribution of cold-induced thermogenesis in conscious warm- or cold-acclimated rats reevaluated from changes in tissue blood flow: the dominant role of brown adipose tissue in the replacement of shivering by nonshivering thermogenesis. Can J Physiol Pharmacol, 1979, 57（3）: 257-270.

[29] Lomax P, Schönbaum E. Body temperature: regulation, drug effects, and therapeutic implications. New York: Marcel Dekker, 1979: 89-117.

原文是金宗濂和加拿大李嗣峰、王家璜在加拿大Alberta大学王家璜教授实验室合作完成的研究论文。

原文发表于Pharmacology Biochemistry and Behavior，Vol.43，P117-123，1992。

富硒营养粉对人工缺硒小鼠免疫、衰老、疲劳等生理指标的影响

唐粉芳[1]　金宗濂[1]　王　磊[1]　赵凤玉[1]　张文清[1]　苏　琪[2]　骆尚华[2]

1. 北京联合大学　应用文理学院
2. 中国农业大学科学院

【摘　要】　以中国农业科学院提供的低硒饲料（$0.02×10^{-6}$）喂养BALB/C小鼠作为缺硒动物模型，采用富硒营养粉和亚硒酸钠溶液，以每只小鼠2.5μg/d元素硒作为补充，70 d后发现：富硒营养粉和亚硒酸钠对小鼠全脑B型单胺氧化酶（MAO-B）活性无显著影响（$P>0.05$）；富硒营养粉使肝超氧化物歧化酶活性增高36.1%（$P<0.05$），亚硒酸钠对其无显著影响（$P>0.05$）；两者均极显著地（$P<0.01$）提高巨噬细胞吞噬率（59.8%和71.96%）和吞噬指数（68.5%和65.1%）；提高溶血素含量，富硒营养粉为65%（$P<0.01$，亚硒酸钠为41.3%（$P<0.05$）；富硒营养粉能使运动后小鼠乳酸含量迅速下降31.8%（$P<0.01$）。

【关键词】　硒；富硒营养粉；衰老；免疫；疲劳

The Effect of the selenium-rich nutrient power on the immunity, aging and fatigue of selenium-dificient of mice

Tang Fenfang[1]　Jin Zonglian[1]　Wang Lei[1]　Zhao Fengyu[1]　Zhang Wenqing[1]

Su Qi[2]　Luo Shanghua[2]

1. College of Sciences and Humanities of Beijing Union University
2. Chinese Academy of Agricultural Sciences

Abstract: Each BALB/C mouse was fed each day with 2.5 microgram of selenium element in the form of low-selenium feed to ($0.02×10^{-6}$) provided by the Chinese Academy of Agricultural Sciences. The feed is a mixture of selenium-rich nutrient power and selenite solution. After 70 days the mice did not show obvious effect on the activity of B-type monoamine oxidase of the mouse brain ($P>0.05$). But the nutrient power increased the activity of superoxide dismutase of the mice liver by 36.1% ($P<0.05$), while the selenite solution did not show obvious effect ($P>0.05$). Both showed marked effect on the increase of macrophage phagocytic percentage (59.8% and 71.96%, respectively) and phagocytic index (68.5% and 65.1% respectively). The nutrient power increased the erythrolysin content by 65% ($P<0.01$) and the selenite solution increased it by 41.3% ($P<0.05$). The selenium-rich power can reduce the content of blood lactic acid in the mice after physical exertion quickly by 31.8% ($P<0.01$)

Key words: selenium-rich nutrient power; selenium; aging; immunity; fatigue

　　硒（selenium）作为微量元素被发现已有180多年的历史。长期以来，它一直被作为剧毒品，直到20世纪50年代Schwarz等发现硒具有预防大鼠肝脏坏死的作用后，人们才逐渐认识到硒与动物及人体的健康密切相关[1]。20世纪70年代初我国科学工作者发现克山病与人群缺硒有关，从此认识硒是人体所必需的微量元素[2]。美国NAS-NRC规定成人硒日摄入量为

50～200 μg，我国营养学会规定的标准为 40～240 μg/d[2]。硒的生物学作用已有较多的报道，它是谷胱甘肽过氧化物酶（GSH-Px）的必需成分。此酶能催化任何过氧化物和还原型谷胱甘肽（GSH），使机体具有抗氧化能力。许多研究表明[3]。GSH-Px 与硒摄入量呈正相关，人体对有机硒的吸收水平高于无机硒。本实验旨在探讨硒对 B 型单胺氧化酶（MAO-B）和超氧化物歧化酶（SOD）活性有无影响，并对其在免疫和抗疲劳方面的作用进行研究，且比较富硒营养粉和亚硒酸钠对上述指标的影响，为将富硒营养粉开发成为新型保健食品提供科学依据。

1 材料与方法

1.1 实验动物与饲养

使用雄性 12 月龄和 2 月龄 BALB/C 小鼠（由北京医科大学实验动物部提供）。将两种不同月龄的小鼠各自随机分为 3 组，第 1 组补给富硒营养粉，第 2 组补亚硒酸钠，第 3 组为空白对照组。前两组动物每只每天分别定量灌胃硒元素含量为 31.75 μmol/L 的富硒营养粉溶液和亚硒酸钠溶液各 1 ml。空白对照组每只每天灌胃 1 ml 去离子水，各组动物的低硒饲料和水足量供给。灌胃 70 d。分别测各项指标，其中，免疫指标中的迟发型过敏反应和溶血素含量是将富硒营养粉和亚硒酸钠分别与低硒饲料混合，采用自由取食，空白对照组则自由摄取低硒饲料，饲养 40 d。

1.2 测定方法

脑 MAO-B 比活性采用紫外吸收法[4]；肝 SOD 比活性为核黄素 NBT 法[5]；巨噬细胞吞噬功能采用滴片法[6]；溶血素测定采用改进的体液免疫测定法[7]；迟发性过敏反应采用直接测量致敏小鼠接受了同-抗原后足跖的肿胀程度，来反映特异性细胞免疫力的大小；血乳酸含量采用超微量改良测定法[8]。

2 结果与讨论

2.1 富硒营养粉和亚硒酸钠对衰老和免疫指标的影响（表1～表6）

表 1 补硒后对脑 MAO-B 活性的影响

组别	n	$\bar{X} \pm SD$（×10^{-3} U*/mg 蛋白质）	P（与空白对照组比较）	P（与亚硒酸钠组比较）
空白对照组	10	25.211±5.930		
亚硒酸钠组	10	21.966±5.535	>0.05	
富硒营养粉组	10	23.790±3.549	>0.05	>0.05

* 1 U= 产生 0.01/3 h 光吸收值（A）改变的酶量，此光吸收值的改变相当于生产 1 nmol 的共醛（37℃）。

表 2 补硒后对肝 SOD 活性的影响

组别	n	$\bar{X} \pm SD$（×10^{-3} U*/mg 蛋白质）	P（与空白对照组比较）	P（与亚硒酸钠组比较）
空白对照组	10	0.194±0.031		
亚硒酸钠组	10	0.203±0.081	>0.05	
富硒营养粉组	10	0.264±0.069	<0.05	<0.05

* 1 U= 在 1 ml 反应液中，每分钟抑制邻苯三酚自氧化速率达 50% 的酶量（λ=325 nm）。

表3 补硒后对巨噬细胞吞噬率的影响

组别	n	$\bar{X}\pm SD$（%）	P（与空白对照组比较）	P（与亚硒酸钠组比较）
空白对照组	16	17.786±5.056		
亚硒酸钠组	12	30.417±5.368	<0.01	
富硒营养粉组	14	28.429±2.138	<0.01	>0.05

注：吞噬率 = $\dfrac{\text{吞噬了肌红蛋白的巨噬细胞数}}{100\ \text{个巨噬细胞}}$。

表4 补硒后对巨噬细胞吞噬指数的影响

组别	n	$\bar{X}\pm SD$（%）	P（与空白对照组比较）	P（与亚硒酸钠组比较）
空白对照组	16	30.643±10.645		
亚硒酸钠组	12	50.583±10.983	<0.01	
富硒营养粉组	14	51.643±7.196	<0.01	>0.05

注：吞噬率 = $\dfrac{\text{吞噬了肌红蛋白的巨噬细胞数}}{100\ \text{个巨噬细胞}}$。

表5 补硒后对溶血素产生量的影响

组别	n	$\bar{X}\pm SD$（HC50/ml）	P（与空白对照组比较）	P（与亚硒酸钠组比较）
空白对照组	12	83.29±25.37		
亚硒酸钠组	12	117.67±46.86	<0.05	
富硒营养粉组	12	137.77±27.57	<0.01	>0.05

表6 补硒后对迟发型过敏反应的影响

组别	n	$\bar{X}\pm SD$（mm）	P（与空白对照组比较）	P（与亚硒酸钠组比较）
空白对照组	15	0.601±0.231		
亚硒酸钠组	15	0.783±0.211	<0.05	
富硒营养粉组	15	0.785±0.215	<0.05	>0.05

随着老年医学和老年生物学的发展，目前已有多种有关衰老起因和衰老进程的学说被人们所接受，如以单胺氧化酶（MAO）为特异性指标的"中央衰老钟学说"和以超氧化歧化酶（SOD）为代表性指标的"自由基学说"。本实验结果表明，对硒缺乏的小鼠补充富硒营养粉和亚硒酸钠后，对脑 MAO-B 活性无显著影响。有文献报道亚硒酸钠和硒酸钠能提高老龄动物肝 GSH-Px 的活性，以及增加食物硒含量可使血浆 GSH-Px 活性增强。本实验证明无机硒（亚硒酸钠）不能提高老龄动物肝 SOD 活性，而富硒营养粉组动物的肝 SOD 活性无论是与空白对照组相比还是与亚硒酸钠组相比均有显著升高。既然 GSH-Px 与硒的摄入成正相关，而富硒营养粉又可以同时提高 SOD 的活性，对于无机硒只能提高 GSH-Px 的活性，而对 SOD 无显著影响的特点，富硒营养粉使机体内多种抗氧化酶的活性增强，无疑更有利于延缓由于过氧化作用而产生的衰老进程。

免疫是机体的防御性反应，是抗原-抗体相互作用形成的保护机制。巨噬细胞吞噬功能主要反映机体的非特异性免疫力。本实验表明，富硒营养粉和亚硒酸钠对巨噬细胞的吞噬功能有显著的增强作用（$P<0.01$）。溶血素的产生是发生体液免疫反应的结果。实验结果表明，亚

硒酸钠组与空白对照组相比能显著提高溶血素含量41.3%（$P < 0.05$），富硒营养粉与空白对照组相比提高更为显著，为65%（$P < 0.01$）。迟发型过敏反应可反映机体的细胞免疫力。实验结果表明，富硒营养粉和亚硒酸钠都能显著增强迟发型过敏反应（$P < 0.05$），表明两者能提高机体对抗原的特异性细胞免疫力。

综上所述，硒能提高机体的免疫力。这与文献报道的硒能促进淋巴细胞产生抗体，提高机体中GSH-Px活性，促进吞噬细胞功能，以及硒能使血中免疫球蛋白水平增高或维持正常，增强动物对疫苗或其他抗原产生抗体的能力等功能的结论是相一致的[2]。从实验结果看，富硒营养粉在提高小鼠体液免疫的效果比无机硒更好。

2.2 富硒营养粉和亚硒酸钠对血乳酸含量的影响（表7～表9）

表7 静息时血乳酸的含量

组别	N	$\bar{X} \pm SD$（mmol/L）	P（与空白对照组比较）	P（与亚硒酸钠组比较）
空白对照组	10	17.22±0.85		
亚硒酸钠组	10	15.83±2.00	> 0.05	
富硒营养粉组	10	17.28±1.83	> 0.05	> 0.05

表8 游泳后10 min血乳酸含量的变化

组别	N	$\bar{X} \pm SD$（mmol/L）	P（与空白对照组比较）	P（与亚硒酸钠组比较）
空白对照组	10	24.60±2.56		
亚硒酸钠组	10	21.74±2.72	< 0.05	
富硒营养粉组	10	20.58±3.97	< 0.05	> 0.05

表9 游泳后50 min血乳酸含量的变化

组别	N	$\bar{X} \pm SD$（mmol/L）	P（与空白对照组比较）	P（与亚硒酸钠组比较）
空白对照组	10	18.27±1.32		
亚硒酸钠组	10	18.70±3.00	> 0.05	
富硒营养粉组	10	12.45±1.41	< 0.01	< 0.01

有文献报道，导致机体疲劳的最终产物是乳酸。安静时，血乳酸含量有基础值，当剧烈运动时，肌肉处于相对无氧状态。糖原分解产生的丙酮酸在乳酸脱氢酶的作用下生成乳酸。大量乳酸在肌肉组织内堆积，影响肌肉的运动能力，产生肌肉收缩疲劳，所以，如果使剧烈运动后血乳酸含量迅速降低，则可达到抗疲劳的效果。本实验结果表明：静息时，两组补硒动物血乳酸含量与空白对照组相比无显著差异（$P > 0.05$）；剧烈运动（游泳30 min）后，休息10 min时两组补硒动物的血乳酸含量均不如空白对照组高，有显著差异（$P < 0.05$）；休息50 min时，亚硒酸钠组的血乳酸含量与空白对照组相比已无显著差异（$P > 0.05$）；而此时富硒营养粉组的血乳酸下降情况无论是与空白对照组还是与亚硒酸钠组相比，均有极显著差异（$P < 0.01$），表明富硒营养粉的抗疲劳效果比亚硒酸钠更好。

综合上述实验结果，可以认为富硒营养粉在延缓衰老、提高免疫机能和抗疲劳方面具有显著的作用，并优于无机硒，是一种理想的多功能保健食品。

【参考文献】

[1] Rosenfeld I,Beath O A. Selenium Geobotany Biochemistry Toxicity and Nutrition. New York:Academic Press,1964.
[2] 陈清,卢国垩. 微量元素与健康. 北京:北京大学出版社,1989.
[3] 陈元明,苏琪,刘强. 硒与健康50问. 北京:中国财政经济出版社,1993.
[4] McEwen A C. International boundaries of East Africa. Oxford:Clarendon Press.
[5] Beauchamp C,Fridovich I. Superoxide dismutase:improved assays and an assay applicable to acrylamide gels. Anal Biochem,1971,44(1):276-287.
[6] 张蕴芬,崔文英,李顺成,等. 观察巨噬细胞吞噬功能的滴片法(滴片法及爬片法的比较实验). 北京医学院学报,1979,11(2):114.
[7] 徐学瑛,李元,许津. 一个改进的体液免疫测定方法——溶血素测定法. 药学学报,1979,14(7):443.
[8] 杨奎生,王世平. 用0.02 ml全血分别测定血乳酸和血糖的超微量方法. 中国运动医学杂志,1983,(2):42-45.

原文发表于《北京联合大学学报》,1994年第1期

壳聚糖降血脂、降血糖及增强免疫作用的研究

魏　涛　唐粉芳　高兆兰　王卫平　金宗濂

北京联合大学　应用文理学院

【摘要】　对壳聚糖的降血脂、降血糖和增强免疫作用进行初步研究。降血脂研究采用 SD 大鼠，分低 [83.3 mg/（kg·bw）]、中 [166.7 mg/（kg·bw）]、高 [333.3 mg/（kg·bw）] 三个剂量组和一个高脂对照组。经口给予各剂量组大鼠壳聚糖 28 d 后，与高脂对照组相比，中、高剂量组的血清总胆固醇含量分别降低 10.5%（$P<0.01$）、14.2%（$P<0.01$）；低、中、高剂量组的血清总甘油三酯分别降低 27.5%（$P<0.01$）、18.8%（$P<0.01$）和 26.1%（$P<0.01$）；低、中、高剂量组的血清高密度脂蛋白胆固醇分别升高 16.5%（$P<0.01$）、32.7%（$P<0.001$）、50.4%（$P<0.001$）。降血糖和增强免疫功能的研究采用健康昆明小鼠，分低 [166.7 mg/（kg·bw）]、中 [333.3 mg/（kg·bw）]、高 [666.7 mg/（kg·bw）] 三个剂量组。免疫功能研究设空白对照组，降血糖功能研究设高糖模型组。壳聚糖降血糖作用结果表明：经口给予各剂量组小鼠壳聚糖 14 d 后，与高糖对照组相比，低、中、高剂量组的空腹血糖值分别降低 20.9%（$P<0.01$）、19.2%（$P<0.01$）、18.4%（$P<0.01$）；给予各小鼠 50% 葡萄糖后 2 h 的血糖分别降低 26.5%（$P<0.001$）、23.6%（$P<0.001$）、18.4%（$P<0.001$）；免疫作用表明：经口给予各剂量组小鼠壳聚糖 21 d 后，与空白对照组相比，低、中、高剂量组的迟发型变态反应分别升高 9.1%（$P<0.01$）、14.8%（$P<0.001$）和 13.4%（$P<0.001$）；低、中、高剂量组的迟发型变态反应分别升高 82.5%（$P<0.01$）、82.5%（$P<0.001$）、105.3%（$P<0.001$）；中、高剂量组的血清溶血素分别升高 28.1%（$P<0.05$）、28.4%（$P<0.05$）；中剂量组的 NK 细胞活性升高 84.3%（$P<0.05$）。由此可见，壳聚糖具有显著的降血脂、降血糖和增强免疫的作用。

【关键词】　壳聚糖；高血脂；高血糖；四氧嘧啶；糖耐量；免疫

壳聚糖（chitosan）也称为几丁聚糖，是甲壳素（chitin）脱去乙酰基的产物。甲壳素是节肢动物外壳的重要成分，也存在于真菌和藻类的细胞壁中。它由 2-乙酰胺-2 脱氧葡萄糖单体通过 β-（1-4）糖苷键连接起来的直链多糖。学名为（1-4）-2-乙酰胺-2 脱氧-β-D-葡聚糖。甲壳素脱去分子中的乙酰基就转变为壳聚糖，其溶解性能大大改善。自 Braconnot（1811 年）发现壳聚糖以来，对它的研究不断深入，在纺织、印染、食品、医药和环境保护等众多领域内展示了广阔的应用前景[1]。近年来，随着高分子科学和生物医学工程的发展，壳聚糖在医学方面的研究日益增多，国内外已经把壳聚糖应用于生物医学领域。本课题主要对壳聚糖的降血脂、降血糖及增强免疫作用进行初步研究。

1　材料和方法

1.1　实验动物

SD 雄性大鼠（体重 130～170 g）：首都医科大学中心提供。
昆明种雌性小鼠（体重 18～26 g）：北京医科大学动物部提供。

1.2　受试物及剂量选择

壳聚糖（脱乙酰度＞85%）由北京生命之光科技发展有限责任公司提供。
降血脂实验剂量：壳聚糖 83.3 mg/（kg·bw）（低剂量）、166.7 mg/（kg·bw）（中剂量）、333.3 mg/（kg·bw）（高剂量）。

降血糖及增强免疫实验剂量：壳聚糖 166.7 mg/（kg·bw）（低剂量）、333.3 mg/（kg·bw）（中剂量）、666.7 mg/（kg·bw）（高剂量）。

1.3 实验方法

1.3.1 降血脂实验方法

将大鼠随机分为高脂对照组和低、中、高三个剂量实验组，每组 9 只，各组之间在体重、血清总胆固醇、血清总甘油三酯和血清高密度脂蛋白胆固醇含量上均无显著性差异。此后分别给予含 1% 胆固醇和 0.2% 脱氧胆酸钠的合成高脂饲料同时给予受试物，28 d 后，分别测定各大鼠空腹 12 h 血清总胆固醇（CHOD-TAT 法）[2]、血清总甘油三酯（GPO-PAP 法）[4] 和血清高密度脂蛋白胆固醇（磷钨酸酶沉淀法）[2] 含量等指标。

1.3.2 降血糖实验方法

选用健康昆明种雌性小鼠，体重为 26～30 g。除留 10 只作为空白对照组外，其余给予尾静脉注射四氧嘧啶（60 mg/kg），6 d 后，空腹 12 h，取各鼠尾血，测其血糖值，选用血糖值在 25 mmol/L 以上者备用。将高血糖小鼠随机分为高糖对照组和低、中、高三个剂量实验组，每组 10 只，各组小鼠体重和血糖值均无显著差异。各剂量组分别给予受试物 14 d 后，分别测定空腹 12 h 血糖值（葡萄糖酶氧化法）[2]、血清溶血素半数溶血值（HC50）[2] 及 NK 细胞活性[3] 等指标。

1.4 仪器和试剂

1.4.1 仪器

螺旋测微器、CO_2 孵箱、显微镜、752 型紫外可见分光光度计。

1.4.2 试剂

胆固醇、脱氧胆酸钠：北京海淀微生物培养基制品厂。
高密度脂蛋白胆固醇、总胆固醇、甘油三酯、葡萄糖测定试剂盒：北京化工厂。
基础饲料粉：中国农业科学院食品研究所。
四氧嘧啶：美国 SIGMA 公司。
2% 绵羊红细胞悬液、20% 绵羊红细胞悬液、补体（豚鼠血清）：北京医科大学。

2 实验结果

2.1 降血脂实验

由表 1～表 3 可见，经口给予壳聚糖 28 d 后，与高脂对照组相比，中、高剂量组的血清总胆固醇含量分别降低 10.5%（$P<0.01$）、14.2%（$P<0.01$）；低、中、高剂量组的血清总甘油三酯含量分别降低 27.5%（$P<0.01$）、18.8%（$P<0.01$）和 26.1%（$P<0.01$）；低、中、高剂量组的血清高密度脂蛋白胆固醇分别升高 16.5%（$P<0.01$）、32.7%（$P<0.001$）、50.4%（$P<0.001$）。可见，壳聚糖具有显著降低高血脂大鼠血脂的作用。

表 1　壳聚糖对大鼠血清总胆固醇含量的影响（$\bar{X}\pm SD$）

组别	n	壳聚糖剂量 [mg/（kg·bw）]	0 d 总胆固醇（mg/dl）	28 d 总胆固醇（mg/dl）
高脂对照组	9	0.0	62.32±12.44	86.19±6.63
低剂量组	9	83.3	60.97±7.03	83.49±5.91

续表

组别	n	壳聚糖剂量 [mg/(kg·bw)]	0 d 总胆固醇（mg/dl）	28 d 总胆固醇（mg/dl）
中剂量组	9	166.7	60.79±12.33	77.16±5.60**
高剂量组	9	333.3	58.91±13.91	73.92±5.14**

**$P < 0.01$ 与高脂对照组比较有非常显著性差异。

表 2　壳聚糖对大鼠血清甘油三酯含量的影响（$\bar{X}\pm SD$）

组别	n	壳聚糖剂量 [mg/(kg·bw)]	0 d 甘油三酯（mg/dl）	28 d 甘油三酯（mg/dl）
高脂对照组	9	0.0	55.08±16.25	103.17±11.51
低剂量组	9	83.3	57.10±10.17	74.78±21.45**
中剂量组	9	166.7	55.01±10.64	83.77±11.08**
高剂量组	9	333.3	53.37±9.45	76.28±12.58***

$P < 0.01$ 与高脂对照组比较有非常显著性差异；*$P < 0.001$ 与高脂对照组比较有极显著性差异。

表 3　壳聚糖对大鼠血清高密度脂蛋白胆固醇含量的影响（$\bar{X}\pm SD$）

组别	n	壳聚糖剂量 [mg/(kg·bw)]	0 d 高密度脂蛋白胆固醇（mg/dl）	28 d 高密度脂蛋白胆固醇（mg/dl）
高脂对照组	9	0.0	34.11±9.86	39.85±4.44
低剂量组	9	83.3	35.96±6.95	46.44±3.84**
中剂量组	9	166.7	34.91±5.60	52.87±4.97***
高剂量组	9	333.3	35.09±4.48	59.92±3.97***

$P < 0.01$ 与高脂对照组比较有非常显著性差异；*$P < 0.001$ 与高脂对照组比较有极显著性差异。

2.2　降血糖实验

由表 4 可见，各组高血糖小鼠经口给予壳聚糖 14 d 后，与高糖对照组相比，低、中、高剂量组的血糖值分别降低 20.9%（$P < 0.001$）、19.2%（$P < 0.001$）、18.4%（$P < 0.001$）。给予 50% 葡萄糖后 2 h 的血糖值分别降低 26.5%（$P < 0.001$）、23.60%（$P < 0.001$）、18.4%（$P < 0.001$）。给予葡萄糖后 2 h 与 0 h 的血糖差值分别降低 40.0%（$P < 0.001$）、36.1%（$P < 0.001$）、20.6%（$P < 0.05$）。因此，壳聚糖对四氧嘧啶所致的高血糖小鼠具有显著的降血糖和增强糖耐量作用。

表 4　壳聚糖对高血糖小鼠血糖含量和糖耐量的影响（$\bar{X}\pm SD$）

组别	壳聚糖剂量 [mg/(kg·bw)]	n	0 h 血糖（mmol）	2 h 血糖（mmol）	2 h−0 h 血糖（mmol）
高脂对照组	0.0	10	33.66±1.99	46.09±3.00	12.51±2.38
低剂量组	166.7	10	26.63±3.36***	33.87±2.54***	7.50±1.45***
中剂量组	333.3	10	27.20±2.35***	35.20±2.35***	8.00±1.22***
高剂量组	666.7	10	27.46±3.76***	37.60±4.24***	9.93±1.88*

*$P < 0.05$ 与高糖对照组比较有显著性差异；***$P < 0.001$ 与高糖组对比有非常显著性差异。

2.3　增强免疫实验

由表 5～表 8 可见，各组小鼠经口给予壳聚糖 21 d 后，与对照组相比，低、中、高剂量组的碳廓清吞噬指数分别升高9.1%（$P<0.01$）、14.8%（$P<0.001$）和13.4%（$P<0.001$）；低、中、高剂量组的迟发性变态反应分别升高82.5%（$P<0.01$）、82.5%（$P<0.001$）、105.3%（$P<0.001$）；中、高剂量组的血清溶血素分别升高28.1%（$P<0.05$）、28.4%（$P<0.05$）；中剂量组的NK细胞活性升高84.3%（$P<0.05$）。因此，壳聚糖具有增强巨噬细胞吞噬功能、细胞免疫功能、体液免疫功能及NK细胞活性的作用。

表5　壳聚糖对正常小鼠碳廓清的影响（$\bar{X}\pm\mathrm{SD}$）

组别	n	壳聚糖剂量 [mg/(kg·bw)]	吞噬指数
高脂对照组	10	0.0	5.28±0.38
低剂量组	10	166.7	5.76±0.29**
中剂量组	10	333.3	6.06±0.39***
高剂量组	10	666.7	5.99±0.34***

$P<0.01$与高脂对照组比较有显著性差异；*$P<0.001$与高脂对照组比较有非常显著性差异。

表6　壳聚糖对正常小鼠迟发性变态反应的影响（$\bar{X}\pm\mathrm{SD}$）

组别	n	壳聚糖剂量 [mg/(kg·bw)]	足趾肿胀厚度（mm）
高脂对照组	10	0.0	0.57±0.35
低剂量组	10	166.7	1.04±0.16**
中剂量组	10	333.3	1.04±0.15***
高剂量组	10	666.7	1.17±0.17***

$P<0.01$与高脂对照组比较有显著性差异；*$P<0.001$与高脂对照组比较有非常显著性差异。

表7　壳聚糖对正常小鼠血清溶血素（HC50）的影响（$\bar{X}\pm\mathrm{SD}$）

组别	n	壳聚糖剂量 [mg/(kg·bw)]	HC50
对照组	10	0.0	237.34±72.76
低剂量组	10	166.7	292.61±63.74
中剂量组	10	333.3	303.93±35.49*
高剂量组	10	666.7	304.73±39.30

*$P<0.05$与对照组比较有显著性差异。

表8　壳聚糖对正常小鼠NK细胞活性的影响（$\bar{X}\pm\mathrm{SD}$）

组别	n	壳聚糖剂量 [mg/(kg·bw)]	100∶1靶向NK细胞活性
对照组	10	0.0	15.3±3.9
低剂量组	10	166.7	20.9±10.1
中剂量组	10	333.3	28.2±19.3*
高剂量	10	666.7	18.0±12.6

*$P<0.05$与对照组比较有显著性差异。

3　讨论

食物中脂类的消化除需胰脂肪酶外，还要胆汁酸盐作乳化剂。壳聚糖能够降血脂的原因可能与其正电性有关。正电性的壳聚糖和负电性的胆汁酸相结合而排出体外,脂肪不被乳化就会影响到脂肪的消化吸收,降低血清甘油三酯含量。胆固醇主要在肝脏中转化成胆汁酸,在胆囊中有一定储量,胆汁酸通常在完成脂肪消化吸收后,约95%由小肠再吸收回到肝脏,即胆汁酸的肠肝循环,胆汁酸进入肝脏后会促进胆汁的分泌。壳聚糖与胆汁酸结合排出体外,重吸收入肝脏中的胆汁减少,使胆囊排空,而胆囊中必须有一定量的胆汁酸储备,这就促进肝脏将胆固醇转化成胆汁酸,使血胆固醇降低。高密度脂蛋白将外周组织的胆固醇运向肝脏,进而排出体外,因此高密度脂蛋白有"胆固醇的清道夫"之称。高密度脂蛋白含量升高,有利于胆固醇清除,降低血胆固醇含量。此外,壳聚糖为动物性食物纤维,能吸附胆固醇,减少它的吸收。

四氧嘧啶能够选择性作用于多种动物的胰腺B细胞,造成胰腺B细胞因不可逆性变性而坏死,而对A细胞及外分泌组织并无损害,从而产生实验性糖尿病。由胰岛素分泌不足引起的糖尿病,其体液呈酸性,若pH下降0.1,胰岛素的敏感度下降30%,糖的利用会降低。壳聚糖的降血糖作用可能在于能将pH调节到弱碱性[3],提高胰岛素利用率,有利于糖尿病的防治。

壳聚糖为葡聚糖胺的聚合物,其分子量有的高达100万以上。但因其为线形多聚合物,在体内很容易被肠道菌群分泌的某些酶类水解成单糖或低聚糖,所以它的抗原性很弱或几乎没有。因而壳聚糖的免疫作用有可能通过低聚糖完成。1990年户仓清一报道壳聚糖能够促进巨噬细胞的吞噬功能,这与我们的实验结果是一致的。壳聚糖分子上有大量氨基,而巨噬细胞和T淋巴细胞表面带有负电荷,正负电荷相互吸引而激活免疫细胞。当壳聚糖活化巨噬细胞和T细胞后,就可以向B细胞发出产生指令,而产生出各种免疫球蛋白(IgG、IgM、IgA、IgE、IgD),从而增强机体的细胞免疫应答和体液免疫应答。而NK细胞的活性对pH的变化非常敏感,当pH下降时,NK细胞活性下降,而壳聚糖能够改善机体pH,因而能够使NK细胞活性增强。另有文献报道壳聚糖具有增强机体抗体生成的功能[4]和抗菌作用[5-6],这些均为壳聚糖的调节免疫功能提供了依据。

由上可见,壳聚糖具有显著的降血脂、降血糖及增强免疫作用。但其对于机体的生理作用和分子机制尚待阐明,实现壳聚糖在临床上的应用还需进行更深入和严格的研究。

【参考文献】

[1] Muzzarelli R A A, Peters M G. Chitin handbook. Oxford: Pergamon Press Ltd. Uxford, 1997.
[2] 金宗濂,文镜,唐粉芳. 功能食品评价原理及方法. 北京:北京大学出版社,1995.
[3] 薛彬. 免疫毒理学试验技术. 北京:北京医科大学、中国和医大学联合出版社,1995.
[4] Suzuki S, Okada F. Shielding structure of electronic endoscope apparatus. America: U.S. Patent 5, 569, 158.1996-10-29.
[5] Muzzarelli R A A, Toschi E, Ferioli G, et al. N-Carboxybutyl chitosan and fibrin glue in cutaneous repair processes. J Bioact Compat Polym, 1990, 5(4): 396-411.
[6] Sudarshan N R, Hoover D G, Knorr D. Antibacterial action of chitosan. Food Biotechnol, 1992, 6(3): 257-272.

原文发表于《中国甲壳质资源研究开发应用学术研讨会论文集(下册)》,青岛,1997年

保健食品功能因子及其作用机理研究

金宗濂

北京联合大学　应用文理学院

近年来我国保健食品的科研开发工作大致围绕以下八个方面展开：
（1）保健食品功能因子及其作用机理研究。
（2）保健食品功能性基础材料（配料）研究与开发。
（3）保健食品功能因子（或特征因子）分析技术的研究。
（4）保健食品功能学评价程序和检测方法的研究。
（5）新技术、新工艺和新装备在保健食品生产中的应用研究。
（6）保健食品产品及其原料的安全性研究。
（7）保健食品的产品开发和市场开拓研究。
（8）保健食品管理体制及各项政策法规的研究。

自1996年以来的4年间，中国营养资源与保健食品学会先后召开过三次有关保健食品的全国性专业学术会议。1999年，东方食品国际会议也开设了"保健食品开发"的专题讨论。四次会议共发表了有关保健食品研究开发论文301篇。分类统计（表1）表明论文占前三位的分别是保健食品的产品开发、保健食品功能性基础材料（配料）研究与开发及保健食品功能因子及其作用机理研究。

表1　1996年以来召开的四次保健食品专业学术会议发表论文分类统计表

论文类型	篇数	占总篇数（%）
保健食品的产品开发和市场开拓研究	82	27.2
保健食品功能性基础材料（配料）研究与开发	77	25.6
保健食品功能因子及其作用机理研究	43	14.3
保健食品管理体制及各项政策法规的研究	29	9.6
新技术、新工艺和新装备在保健食品生产中的应用研究	27	9.0
保健食品功能因子（或特征因子）分析技术的研究	11	3.7
保健食品功能学评价程序和检测方法的研究	3	1
其他	29	9.6

笔者在"中国保健（功能）食品现状及趋势"一文中曾提出："第三代保健食品将是21世纪发展的重点。"而功能因子的构效、量效关系及其作用机理的研究是发展第三代保健食品的关键。尽管市场上第三代保健食品仍占极少数，但有关功能因子研究的论文数量已排在第3位。这表明我国保健食品研究工作正在赶超国际先进水平，我国保健食品升级换代并与国际接轨为期不远。

从近年来的研究论文的内容看，主要研究了12大类的功能因子，它们是功能性低聚糖、功能性多糖、腺苷受体阻断剂、功能性油脂、L-肉碱、褪黑素、黄酮类化合物、皂苷、氨基酸、

肽和蛋白质、抗氧化维生素、核酸及其他。

1 功能性低聚糖

功能性低聚糖（functional oligosaccharide）是由 2～10 个相同或不相同的单糖以糖苷键结合而成。它不被人类胃肠道消化，属于一类不消化性糖类。功能性低聚糖包括水苏糖、棉籽糖、低聚异麦芽糖、低聚果糖、低聚木糖、palatinose 等。由于人体胃肠道内没有水解这些低聚糖（除 palatinose 外）的酶。因此，它们不能被消化吸收，而是直接进入肠道，首先为双歧杆菌等大肠微生物所利用，因此其属于双歧杆菌增殖因子，亦称之益生元（prebiotics）。

已经确认的功能性低聚糖的生理活性包括以下五方面：

（1）很难或不被人类消化吸收，所提供的能量值极低或根本没有，因此，可用于低热量或减肥食品的功能性基料，或供糖尿病患者食用，食用后不会引起血糖升高。

（2）具有润肠通便和改善肠道菌群作用。特别是作为双歧杆菌的增殖因子可促使肠道内有益菌增殖，抑制有害菌生长，有利于肠道内有害物质的清除。

（3）预防牙齿龋变。龋齿是由于口腔内微生物特别是突变链球菌（*Streptococcus mutans*）侵蚀引起的。功能性低聚糖不是这些微生物合适的作用底物，因此不会引起牙齿龋变。

（4）具有降低血清胆固醇，调节血脂功能。

（5）增强机体免疫。

功能性低聚糖由于具有这些独特的生理活性而引起了各国学者普遍关注。1996 年世界各国低聚糖产量约为 8500 吨。日本在这方面的研究和开发工作位于世界前列，其已形成工业化生产规模的低聚糖有几十个品种，1990 年总产值达 4.6 亿美元。1998 年 5 月日本已批准的 108 个特殊健康用食品中，用功能性低聚糖作为功能因子的有 43 个，占 39.8%。功能性低聚糖作为保健食品功能因子也进入了欧洲和美国市场。在欧洲，如荷兰、比利时、英国等均有不少高校和研究机构开发这方面工作。

我国功能性低聚糖的研究始于 20 世纪 90 年代初。1995 年国家科学技术委员会生物工程中心将功能性低聚糖研究列入国家科学技术委员会"九五"生物技术攻关课题。

目前我国研究开发的功能性低聚糖包括低聚异芽糖、低聚甘露糖、低聚果糖、低聚壳聚糖、低聚葡萄糖及大豆低聚糖等。目前国内已上市的低聚糖有低聚异麦芽糖、低聚果糖、大豆低聚糖，还有小批量试生产的低聚木糖和水苏糖。

2 功能性多糖

至今我国研究得最多的功能性多糖共四类：膳食纤维、真菌多糖、壳聚糖与植物多糖。下面主要介绍膳食纤维、真菌多糖、壳聚糖三类。

2.1 膳食纤维

膳食纤维是指一类不被人体消化吸收的多糖类碳水化合物和木质素，可包括纤维素、半纤维素及木质素三部分。不同来源的膳食纤维其结构差异很大。

膳食纤维内有很多亲水基因，因此有很强的蓄水能力。又因有较多的羟基和羟基等侧链，其相当一个弱酸性阳离子交换树脂，对阳离子有良好的结合和交换能力。膳食纤维表面又有很多活性基团，可以螯合吸附胆固醇和胆汁酸，抑制消化道对它们的吸收，因此有一定的降血脂功能。膳食纤维有吸水功能加之体积较大，对肠道产生容积作用，食后可产生饱腹感，也是目前广泛用于减肥食品机理之一。此外膳食纤维具有刺激肠道蠕动，促使肠道内有益菌生长的作用，作为食品添加物，以改善便秘，预防结肠癌发生。有人建议，正常人每天膳食中应摄入 15～25 g 膳食纤维，对改善便秘，预防结肠癌有好处。

目前我国已开发的膳食纤维包括谷类纤维（如燕麦、荞麦、玉米及小麦纤维等）、豆类种子和种皮纤维、水果蔬菜纤维等。

2.2 真菌多糖

真菌多糖（fungus polysaccharide）因具有独特的生理性，是目前我国学者研究最多，也是最引人注目的一个研究领域，主要有香菇多糖、金针菇多糖、灵芝多糖、枸杞多糖、银耳多糖、茯苓多糖等。近年来，虫草多糖、灰树花多糖的研究也引人注目。真菌多糖分结构多糖和活性多糖两类。真菌细胞壁中的几丁质属结构多糖，而另一类多糖是由真菌菌丝体产生的一类次生代谢产物。它对真菌本身的意义研究较少，而对它的生理性研究较多，因此有人称为活性多糖。

真菌的活性多糖均是广谱免疫促进剂。研究表明，它们具有较好的抑瘤活性。真菌多糖的抑瘤作用并不是它对肿瘤的直接杀伤，而是它激活了宿主免疫功能的间接效果。进一步的研究表明，具有免疫激活和抑瘤活性的真菌多糖的主链是 β（1→3）连接的葡聚糖，沿主链随机分布着由 β（1→6）连接的葡萄糖基。β 葡聚糖的分支度、分子大小、主链连接方式和侧链基团都会影响抑瘤作用。此外，也有一些报道，真菌多糖还有降血脂、降血糖、抗氧化和提机体运动耐力的功效。

2.3 壳聚糖

甲壳素（chitin）是 α-乙酰氨基-α 脱氧-D-葡萄糖经 β（1→4）糖苷键连接起来的一种多糖，与纤维素结构十分相似，亦可称之动物纤维素。它经脱乙酰基聚合物称之壳聚糖（chitosan）。由于现有的技术尚不能将甲壳素完全脱去乙酰基形成 100% 的壳聚糖，也很难将两者完全分离开。因此，现有的壳聚糖商品是甲壳素和壳聚糖的混合物。但作为保健食品的原料要求脱乙酰度达到 85% 以上。

20 世纪 90 年代，比利时来恩公司将"救多善"壳聚糖粉末产品首次引入国内。并于 1997 年获卫生部批准为具有调节免疫功能的进口保健食品。此后以壳聚糖为原料的保健食品纷纷上市。北京联合大学曾研究过壳聚糖的生理活性，证明它具有良好的调节免疫和降血脂的功能。但尚不能证明其抑瘤和降血糖（仅动物实验有效）功效。不同实验室报道结果差异较大，是否可能与壳聚糖的来源及相对分子质量大小差异有关，尚待进一步深入研究。国家科学技术委员会生物工程中心曾将"低聚氨基葡萄糖"的研究列入了国家科学技术委员会"九五"生物技术攻关课题。中国科学院大连化学物理研究所与北京联合大学合作，研制开发了一种具有较强抑瘤活性的 6～8 个氨基糖的低聚糖。于 2001 年 8 月通过了中华人民共和国科学技术部的鉴定，有望于 2001 年形成产品，投入市场。

3 腺苷受体阻断剂

腺苷是腺嘌呤与核糖缩合的产物。在体内是 AMP 在 5′-核苷酸酶催化下脱磷酸而成。它在体内有着广泛的分布。在组织细胞膜上存在两类腺苷受体，当腺苷与膜上受体结合后会抑制细胞质内蛋白质的组磷酸化。众所周知，体内的一些酶如激素敏感型脂肪酶是通过磷酸化被激活，因而体内腺苷含量的增加会抑制脂肪动员。利用腺苷的这一生理活性，我们曾采用腺苷受

体阻断剂,激活激素敏感型脂肪酶加速脂肪动员,为肌肉活动提供充足能量。为此,我们不仅研制了具有良好性能的抗寒、减肥食品,并与中国人民解放军总后勤部军需装备研究所合作,研制了一种具有国际先进水平的"高能野战口粮"。它在半能量供给条件下,保持部队战斗力。它的功能超过了美国的 21 世纪军粮。1998 年已通过鉴定装备部队,1999 年获军队科技进步三等奖。

腺苷的另一个功能是它作为中枢神经系统的一个抑制性调质,对脑内神经递质的释放有着广泛的抑制作用,从而影响了神经元间的信息传递。众所周知,脑内腺苷含量有随龄增加的趋势。我们的研究表明,腺苷的随龄增加也许是老年记忆障碍和阿尔茨海默型老年痴呆的分子机理之一。我们曾采用腺苷受体阻断剂在实验动物模型上证明了它的确能改善老年记忆障碍和阿尔茨海默病中记忆衰退。进一步的人体实验也证实了动物实验的结论。

4 功能性油脂

作为保健食品的功能因子,功能性油脂(functional fat)目前应用最多的是必需脂肪酸、ω-3 多不饱和脂肪酸和磷脂三类。

4.1 必需脂肪酸

必需脂肪酸是指亚油酸(linoleic acid)、亚麻酸(linolenic acid)和花生四烯酸(arachidonic acid)。严格地说,只有亚油酸是人体不可缺少的,其他两种必需脂肪酸均可由亚油酸在体内部分转化而得,但因转化率较低,仍需从食物中获取。

实验证明,动物缺乏必需脂肪酸会出现诸多症候,如生长停滞、肾功能衰退、生殖能力丧失,尤其是中枢神经系统、视网膜和血小板功能异常。此外,亚油酸还具有降低血液胆固醇、防止动脉硬化的功效。对糖尿病也有一定预防作用。

γ-亚麻酸及其代谢产物对婴儿生长发育有着重要作用,而且还是合成前列腺素 PG I 的前体,也是花生四烯酸和前列腺素 PG II 的来源。前列腺素 PG I、PG II 能抑制血管紧张素合成、降低血管张力作用,对高血压患者有明显降压作用。γ-亚麻酸降低甘油三酯和胆固醇的效果也很好。

4.2 ω 不饱和脂肪酸——DHA 和 EPA

近年来,国外的鱼油产品蜂拥进入国内市场,这是根据一个流行病学的调查,即对爱斯基摩人食用富含 DHA 和 EPA 生理功能的深入研究。多数研究资料表明,DHA 和 EPA 对心血管系统有较好生理功理功能,如降低甘油三脂、胆固醇、降低血压、预防心血管病、抑制血小板凝集、防止血栓形成。

此外,DHA 还有增强记忆,提高学习效果作用。还有报道说,它能增强视网膜功能、防止视力退化。据临床观察,EPA 还有增强性功能作用。因此,建议少年儿童慎用,儿童每日摄入 EPA 应在 4mg 以下才较安全。我国关于用鱼油生产儿童增智保健食品也规定 DHA:EPA > 25:1。

5 L-肉碱

L-肉碱(L-carnitine)是 1905 年俄国化学家 Gulewitsch 和 Krimberg 在肉浸汁中首次发现。1927 年,Tomitat 和 Senju 确定它的化学结构。其分子式 $C_7H_{15}NO_3$。肉碱分左旋(L)和右旋(D)

两种。只有 L 旋肉碱才有生理活性，D 旋肉碱由于会竞争性地抑制肉碱乙酰转移酶（CAT）和肉碱脂肪酰转移酶（PTC）的活性，阻碍细胞脂肪代谢，对人体有害。

L-肉碱的主要生理功能是参与转运脂肪酸进入线粒体的载体，因而有促进脂肪酸的运输与氧化的作用。此外，它还能加速精子成熟并提高精子数目和活力。

由于婴幼儿自身合成肉碱的能力有限，因而对他们补充是必要的。对成人来说，一般不易缺乏。但对于一些特殊人群如运动员，因为激烈运动会使肌肉中肉碱含量下降20%，因而有必要进行补充，可改善疲劳。目前肉碱广泛用于运动员和减肥、健美人群。

6 褪黑素

褪黑素（melatonin）是由人体和动物松果体分泌的一种激素。松果体位于人体大脑第三脑室上方，是一个退化了的内分泌腺体。儿童时代松果体较大，但它随年龄增长趋于萎缩。松果体分泌褪黑素有昼夜、季节和年度节律。一般白天分泌下降，夜间分泌增加，凌晨最高，往往是白天的10余倍。褪黑素的主要生理功能是调节睡眠和昼夜节律，因此西方国家最早用于调节时差反应。目前我国已批准了40余个以褪黑素为功能因子改善睡眠的保健食品。据报道褪黑素还有良好延缓衰老、增强免疫、降血压及抑瘤等功能。

7 黄酮类化合物

黄酮类化合物（flavonoids）广泛存在于自然界。在植物体内大多数与糖结合形成糖苷，一部分以游离形式存在。植物中黄酮类化合物分布广且含量丰富。黄酮类化合物又称生物类黄酮（bioflavonoid），有微雌激素样作用。花青素（anthocyanin）的有效成分是黄酮和三萜，它有增加冠脉血流量、降低胆固醇及镇静中枢神经等作用。

黄酮类化合物的主要生理活性如下所示：

（1）调节毛细血管的脆性和渗透性，保护心血管系统。

（2）具有强的抗氧化作用，是一种有效的自由基清除剂，其作用仅次于维生素E，主要的抗氧化活性基团是酚羟基。黄酮类化合物能在高胆固醇模型大鼠体内抑制脂质过氧化，降低血脂和胆固醇，防止血管粥样硬化。

（3）具有金属螯合能力，影响酶和膜的活性。由黄酮类物质（如体内槲皮素）抑制细胞膜脂质过氧化，保护细胞膜不受过氧化破坏。

（4）抗肿瘤活性。黄酮类化合物抗肿瘤活性主要表现为两方面，一是抑制肿瘤细胞生长；二是保护细胞免受致癌物的损害。例如，槲皮素能在每升毫摩尔浓度下直接阻滞癌细胞增殖。芦丁（rutin）等能抑制苯并芘对小鼠皮肤的致癌作用。美国国家癌症研究所（NCI）对黄酮-8-乙酸（FAA）的研究表明，它对几乎所有小鼠接种的实体瘤都有抑瘤活性，如多种结肠癌、胰腺癌、乳腺癌、M5076网状细胞肉瘤、Glasgow骨肉瘤等。

（5）抗炎、抗菌、抗病毒作用。

美国人平均每日从膳食中摄取约1 g黄酮类化合物。

8 皂苷

皂苷（saponin），又称皂甙，是广泛存在于植物界及某些海洋生物中的一种特殊苷类。它也是许多中草药的有效成分，如大豆皂苷、人参皂苷、甘草皂苷、柴胡根皂苷等。近年来，随着分离纯化技术和结构测定的进步，皂苷的研究进展很快，揭示了许多鲜为人知的生理功能，如甘草皂苷具有去氧皮质酮激素样作用和类似皮质醇抗炎活性，并具有抗变态反应和抗消化性溃疡功能。大豆皂苷具有降低血胆固醇、预防心血管病、增强机体免疫、抑制肿瘤细胞生长功效。

在皂苷类化合物中，国内外各国学者研究最多的是人参皂苷，目前已分离得到 32 种结构各异的皂苷；人参皂苷的生理功能较为广泛，主要为如下四方面。

（1）促进学习记忆。人参皂苷中 Rg1 和 Rb1 是人参益智主要成分。其中，Rg1 可改善记忆全过程，Rb1 仅对记忆获得和记忆再现有促进作用。人参皂苷的增智作用的机制，可能是①促进 RNA 和蛋白质合成；②促进神经递质（多巴胺、去甲肾上腺素）及其受体（M 受体）的合成；③增加动物抗缺氧能力，改善脑内氧代谢和刺激大脑能量代谢。

（2）调节免疫功能。

（3）延缓衰老。

（4）强心，增加心肌收缩力，减慢心率。增加心排血量和冠脉流量，保护心血管系统。

9 氨基酸肽和蛋白质

近几年，作为功能因子用于保健食品的这类物质包括牛磺酸、谷氨酰胺、酪蛋白磷酸肽类物质肽、金属硫蛋白（metallothionein，MT）、免疫球蛋白及超氧化物歧化酶（SOD）等。

9.1 牛磺酸

牛磺酸（taurine）化学名为 2-氨基乙磺酸。普遍存在于动物乳汁、脑及心脏中。动物实验表明，如果缺乏牛磺酸小鼠会生长不良和存活率低，猫的视网膜会发生病变。婴幼儿如果缺乏牛磺酸，也会发生视网膜功能紊乱和生长、智力发育迟缓。牛磺酸与胆酸结合后形成胆盐，牛磺酸缺乏会减少胆盐生成量，使脂肪吸收发生紊乱。由于牛奶中的牛磺酸含量仅是人乳中的 1/25，因而用牛乳喂养的婴儿要注意补充牛磺酸。

9.2 谷氨酰胺

谷氨酰胺是人体中含量最多的一种氨基酸，在肌肉蛋白质中游离的谷氨酰胺占细胞内氨基酸总量的 61%。在正常情况下，它是一种非必需氨基酸，但在剧烈运动、受伤、感染等应激条件下，谷氨酰胺的需求量大大超过了机体合成谷氨酰胺能力，这时，体内谷氨酰胺含量会降低，蛋白质合成也会减少，会出现小肠黏膜萎缩和免疫功能低下现象，因此需要适时补充。

9.3 酪蛋白磷酸肽

酪蛋白磷酸肽（casein phosphopeptide，CPP）是酪蛋白在胰蛋白酶作用下获得的。由于酪蛋白是一种非常不均匀的混合体，因此不同酪蛋白水解后获得 CPP 结构和分子大小也有差异。由于 CPP 与钙、铁等金属离子有很强亲和力，能形成可溶性复合体，因此 CPP 能促进钙和铁的吸收。众所周知，无机钙必须以可溶状态才能被小肠吸收，而小肠中的 pH 为弱碱性，常使钙沉淀而形成不溶物，而 CPP 有防止钙沉淀，可促进小肠对钙吸收的作用。

9.4 金属硫蛋白

MT 广泛存在于生物界、动物体内，MT 主要在肝脏合成，它是一种富含胱氨酸的蛋白质、相对分子质量为 6000～10 000。每个摩尔 MT 含 60～61 个氨基酸分子，其中 30% 为半胱氨酸。每 3 个键可结合 1 个 2 价金属离子。用重金属喂养动物时，可在肝脏诱导下生成 MT，MT 可螯合金属，使其失去毒性。

MT 主要生理功能：①清除自由基，不仅清除超氧自由基，还能清除羟自由基，因而较 SOD 更为优越；②抗辐射作用；③调节体内矿物元素平衡；④排铅等重金属；⑤抗应激，各种内外应激因素如寒冷、创伤都能诱导机体合成 MT，来抵御应激。

9.5 免疫球蛋白

免疫球蛋白（immunoglobulin，Ig）是一类具有抗体活性的球蛋白，它由 B 淋巴细胞合成，分泌体液而执行体液免疫。1997 年，Hilpert 提出将牛初乳中 Ig 富集后，再应用于婴儿配方乳粉设想，并对摄取 Ig 种类、加工过程、活性保存与肠道致病菌作用机制、抗蛋白酶消化能力及临床应用效果等问题进行了深入研究。但限于资源不足，大规模工业化技术不成熟及价格昂贵，因此仅作婴幼儿食品添加剂。1991 年，美国 ConturgLab 将 Ig 微胶囊化，Ig 类婴儿食品配方含有 Ig、DHA、EPA、蛋白质和碳水化合物，并与母乳相似，我国母乳化奶粉中也有添加 Ig。

9.6 SOD

20 世纪 90 年代以来，人们从牛、猪血或一些植物如沙棘中提取 SOD 再添加入食品中，出现 SOD 口服液、SOD 啤酒等保健食品，并声称具有抗氧化功能。SOD 是一个蛋白质，进入消化道后如何抵抗消化酶水解，进一步被小肠吸收而发挥生理作用，一直受到人们质疑。1995 年，我们曾对 SOD 作为延缓衰老食品功能因子可行性进行了研究。结果表明，SOD 可于 4℃ 酸奶中 72 h 保持活性不变。饲喂 SOD 酸奶 60 d 的小鼠，其肝脏 SOD 比活性较普通酸奶组增加 28.8%（$P < 0.05$）。因此，SOD 可以作为延缓衰老保健食品的功能因子。例如，用 β-环状糊精对 SOD 进行修饰和微胶囊化，在高热和酸条件下使之稳定。对于 SOD 抗御胃肠道消化酶水解及吸收机制还有待深入研究。

原文发表于《食品工业科技》，2001 年增刊

硒的生理活性及保健功能

唐粉芳　陈　文　金宗濂

北京联合大学　应用文理学院

　　1817 年由 Berzelius 发现硒元素（selenium）后的一百多年时间里，它一直被认为是有毒元素。直到 20 世纪中期，Schwarz 等发现了硒具有预防大鼠肝坏死的作用，第一次证明了硒具有营养作用。此后，又有大量的研究证明硒对动物和人体的健康至关重要。

　　20 世纪 70 年代初，我国克山病研究者发现，克山病在本质上是属于一种地球生物化学疾病，在土壤贫硒地区此病的发病率很高。表现为患者的心脏扩大、房室传导阻滞、心动过速或过缓、心源性休克或心力衰竭，从而丧失劳动力。在给予亚硒酸钠进行防治后，收到良好效果。大骨节病是流行于低硒地区的另一种地方病，在国际上又称卡辛 - 贝克病（Kaschin-Beck's disease）。其主要症状为骺软骨细胞坏死而致骨骼畸变，常伴有肌肉萎缩和发育障碍。服用亚硒酸钠可以预防和治疗此病。硒作为抗癌因子的证据是 1949 年由 Clayton 等首次报告的。他们发现饲料中含 5 ppm 的亚硒酸钠可以显著抑制由致癌物偶氮染料引起的肝肿瘤。以后大量的研究证明，在饲料中添加硒在多种情况下能保护大鼠和小鼠免于因化学物质所致的、自发性的及移植的肿瘤。

　　1996 年 Snamberger 研究了美国不同地区土壤和谷物中硒与癌症死亡率的关系，结果显示，美国各州土壤中硒含量越低，则谷物中硒含量也低，而癌症死亡率越高。Allaway 研究了 1959～1961 年美国 19 个城市中 35～74 岁白种人血硒水平与癌症死亡率的关系，结果显示两者呈负相关。此外，国内外众多报道表明癌症患者发硒水平明显低于健康人。总之，由于土壤贫硒，使植物和动物的含硒量较低，导致以当地所产粮食和肉类为主的人群血硒和发硒水平低于正常人群，而癌症的发病率则较高。中国营养学会规定每日硒供给量标准为 50 mg。中国农业科学院（以下简称中国农科院）对我国 30 个省、直辖市、自治区的 1094 个县市主要作物及土壤的含硒量进行的调查，结果表明，我国大部分地区的土壤和作物中的硒含量都不能满足人体的需要。

　　众所周知硒的主要生理功能是通过谷胱甘肽过氧化物酶（GSH-Px）保护机体免受自由基损害，GSH-Px 能特异地催化还原型谷胱甘肽（GSH）与过氧化物的氧化还原反应，它仅对 GSH 有专一性，而对过氧化物专一性较差，因此它能催化任何过氧化物。由于这一特性，使它具有很重要的生理功能。此外，硒对氯化汞、甲基汞和二甲基汞均有解毒作用，并能拮抗锡的毒性作用。

　　鉴于硒对人体健康的重要作用和我国大部分地区人群硒摄入量均感不足，硒制品的研究与开发就显得更为迫切。中国农科院研制的"中植营养素 8 号"是一种含有机硒和其他营养成分的保健品。研究表明，以每只人工缺硒小鼠每天补充含 2.5 μg 元素硒的"中植营养素 8 号"，70 d 后测定结果显示，实验组小鼠肝 SOD 活性增高 36.1%（$P < 0.05$），巨噬细胞吞噬率提高 59.8% 和吞噬指数提高 68.5%（$P < 0.01$），溶血素含量增高 65%（$P < 0.01$），迟发型过敏反应增强 30.6%（$P < 0.05$），使运动后的小鼠血乳酸迅速下降 31.80%（$P < 0.01$）。上述的结果说明"中植营养素 8 号"能提高机体抗氧化酶 SOD 的活性，有利于延缓由于自由基过

氧化作用而产生的衰老进程。巨噬细胞的吞噬功能主要反映机体的非特异性免疫力，溶血素的产生是机体发生体液免疫反应的结果，迟发型过敏反应可反映机体的细胞免疫力。研究发现，缺硒时机体对传染病的易感性增加。"中植营养素8号"对机体的免疫功能具有全面的增强作用。一般认为，导致机体疲劳的最终产物是乳酸。当剧烈运动时，肌肉处于相对缺氧状态，糖原分解产生的丙酮酸在乳酸脱氢酶的作用下生成乳酸。大量乳酸在肌肉内堆积，从而降低肌肉运动能力，产生疲劳。因此，通过保健食品能迅速清除体内乳酸，降低血乳酸水平，即可达到抗疲劳的效果。"中植营养素8号"对运动后血乳酸的消除有显著作用。

综上所述，可以认为"中植营养素8号"在延缓衰老、提高机体免疫和抗疲劳方面均具有显著作用，是一种理想的多功能保健食品。

原文发表于《中国食物与营养》，1996年第3期

茶碱促进脂肪动员功能的研究

文 镜　唐粉芳　陈 文　金宗濂

北京联合大学　应用文理学院　保健食品功能检测中心

1991年王家璜、金宗濂等[1]研究发现露宿于严寒条件下的大鼠接受腺苷受体阻断剂后，其产热和耐寒能力明显增强。这一工作提示腺苷受体阻断剂具有加速脂肪分解供能的作用。本文在此研究基础上观察口服腺苷受体阻断剂——茶碱对大鼠机体脂肪分解代谢的影响。结果显示茶碱具有促进机体脂肪分解供能的作用。其在抗疲劳、减肥保健食品的开发研究中是一个值得注意的基础材料。

1　材料

1.1　茶碱

分析纯（T-1633），Sigma公司。

1.2　实验动物

BALB/C雄性小鼠，体重17～19 g，8～9周龄，分笼单养，随机分为茶碱组和对照组。

2　实验方法

2.1　动物的饲喂方法

茶碱组每天每只灌服茶碱水溶液0.4 ml（相当茶碱13 mg），对照组灌服同体积水，连续饲喂11 d，实验第12 d进行下述5项指标测定。

（1）小鼠运动耐力实验

将小鼠放入（30±2）℃，深30 cm清水中，记录动物入水至力竭而沉入水中并持续8 s不能浮出水面为小鼠游泳耐力时间。

（2）肝糖原含量的测定

小鼠在（30±2）℃，25 cm深水中游泳60 min后，断头处死小鼠，立即取肝脏用蒽酮比色法测定肝糖原含量[2]。

（3）血糖的测定

用Folin-Malmors法取尾血测定每只小鼠安静时和在（30±2）℃，25 cm深水中游泳60 min后的血糖含量[3]。

（4）血乳酸的测定

用乙醛-对羟基联苯比色法取尾血测定每只小鼠安静时和在（30±2）℃，25 cm深水中游泳40 min后血乳酸含量[4]。

（5）脂肪酶活力的测定

取脂肪组织用分光光度比浊法测定脂肪酶活力[5]。

2.2 茶碱对大鼠体脂含量的影响

取雄性 Wistar 大鼠随机分为正常对照组、高脂组和茶碱组。高脂组和茶碱组饲喂高脂饲料，茶碱组每天经口给予 56 mg/（kg·bw）茶碱。32 d 后测定各组体重和体脂。

3 结果与讨论

3.1 茶碱对小鼠游泳耐力的影响

运动耐力的延长是机体供能水平高的有力证据。从表1的结果可以看到，服用茶碱 11 d 后，小鼠游泳从入水到衰竭的时间比对照组增加了 35%（$P < 0.05$）。结果表明茶碱具有使机体获得更多能量的作用。

表1 服用茶碱 11 d 后小鼠游泳至衰竭的时间比较（$\bar{X} \pm \mathrm{SD}$）

组别	n	体重（g）	持续时间（min）	增加（%）
对照组	10	22±1	75±23	35
茶碱组	10	22±1	101±27*	

*$P < 0.05$ 与对照组比较。

3.2 茶碱对小鼠运动后肝糖原含量的影响

表2显示服用茶碱 11 d，60 min 游泳后，茶碱组小鼠肝糖原含量明显高于对照组。说明茶碱组动物在运动中所获得比对照组更多的能量不是来自于肝糖原的分解。正是由于茶碱组从其他能源物质获得了更多的能量才使肝糖原能够在运动后维持在（比对照组）更高的水平。

表2 茶碱对小鼠运动后肝糖原含量的影响（$\bar{X} \pm \mathrm{SD}$）

组别	n	肝糖原（mg/g）
对照组	10	10.1±3.5
茶碱组	10	14.3±4.0*

*$P < 0.05$ 与对照组比较。

3.3 茶碱对小鼠血糖含量的影响

从表3可以看到，两组小鼠运动前安静时血糖含量没有显著差异，游泳 60 min 后，对照组血糖下降了 20%，而茶碱组仅下降了 14%。游泳 60 min 后茶碱组血糖水平明显高于对照组（$P < 0.05$）。这一结果也说明茶碱组动物并没有从糖的分解代谢中得到比对照组更多的能量。在运动耐力比对照组高的情况下，糖的分解不比对照组高，也反映出茶碱组通过其他途径获得了比对照组更多的能量。

表3 茶碱对小鼠血糖原含量的影响（$\bar{X} \pm \mathrm{SD}$）

组别	n	运动前血糖含量（mg%）	游泳 60 min 后血糖含量（mg%）
对照组	10	112.8±2.8	90.5±3.2
茶碱组	10	110.3±3.2	94.6±2.9*

*$P < 0.05$ 与对照组比较。

3.4 茶碱对运动后血乳酸的影响

由表4可知,服用茶碱11 d后,小鼠运动前血乳酸安静值与对照组比较没有显著变化,表明实验条件稳定。小鼠游泳40 min后,实验组血乳酸值明显低于对照组。乳酸是糖无氧代谢的产物,其生成越少说明机体通过无氧代谢获得的能量越少。因此,实验结果表明茶碱组动物并没有通过糖的无氧代谢比对照组获得更多的能量。

表4 茶碱对小鼠游泳40 min前后血乳酸含量的影响($\bar{X}\pm$SD)

组别	n	游泳前安静时(mmol/L)	游泳40 min后(mmol/L)
对照组	10	2.05±0.21	6.75±0.66
茶碱组	10	2.14±0.25	4.88±0.51*

*$P < 0.05$ 与对照组比较。

3.5 茶碱对小鼠脂肪组织脂肪酶活力的影响

脂肪酶活力单位定义是100 g脂肪组织中的脂肪酶37℃作用1 min能水解1 μmol橄榄油为一个脂肪酶活力单位。

脂肪是机体重要的能源物质,1 g脂肪完全氧化可释放9.3 kcal能量,比同量的葡萄糖所释放的能量大一倍多。人体可动员的储存脂肪一般为7～14 kg,而一次马拉松赛跑仅需消耗145 g脂肪,但是机体内储存脂肪的动员要受到脂肪酶作用的限制。当脂肪组织中的脂肪酶活力增加时可加速脂肪分解供能;而当脂肪组织脂肪酶活力降低时,则脂肪分解代谢减弱,甚至停止分解脂肪。脂肪组织中的脂肪酶受多种激素调控,又被称为激素敏感性脂肪酶。表5的结果表明茶碱具有提高脂肪酶活力的作用。综合表1～表5的结果得知,茶碱组运动耐力高于对照组,其主要原因不是糖代谢供能增加,而是茶碱提高脂肪酶活力,使脂肪分解供能水平提高。

表5 茶碱对小鼠脂肪组织脂肪酶活力的影响($\bar{X}\pm$SD)

组别	n	脂肪组织脂肪酶活力 [μmol/(min·100 g)]
对照组	10	6.1±2.7
茶碱组	10	9.5±3.2*

*$P < 0.05$ 与对照组比较。

3.6 茶碱对大鼠体脂含量的影响

由表6可知,饲喂高脂饲料32 d后,与正常对照组比较,高脂组和茶碱组大鼠体重都有明显增加,但茶碱组体重的增加明显低于高脂组($P < 0.05$),其中,体脂湿重比高脂组低29%($P < 0.01$);体脂/体重比高脂组低20%($P < 0.05$)。实验结果表明口服茶碱具有降低体脂的作用,即加速脂肪分解代谢的作用。

表6 茶碱对大鼠体脂含量的影响($\bar{X}\pm$SD)

组别	n	体重增重(g)	体脂湿重(g)	体脂/体重
正常对照组	8	36.52±21.43	6.47±3.10	0.0205±0.0086
高脂组	9	147.60±51.29	9.70±0.76	0.0254±0.0034
茶碱组	9	94.38±27.71*	6.92±2.13**	0.0204±0.0060*

*$P < 0.05$ 与高脂组比较;**$P < 0.01$ 与高脂组比较。

人在进行长时间强度较大的活动时，随着肌肉活动时间的延长，肌细胞需要长时间不间断地获取能量。对于长时间的运动，由于运动速度较慢，强度不是太大，经过机体对心脏、脑血流量的调整之后，细胞中的氧基本上能够满足能量供应的需要。此时的运动就属于有氧运动。在有氧运动中，机体主要通过氧化糖和脂肪酸产生 ATP 来获得能量，糖原在机体中的储备远不如脂肪多，但由于脂肪的动员受到多方面因素的影响，尽管机体内脂肪储备量很大，但在有氧运动中并不能大量动员脂肪供能。脂肪动员受阻必然造成肌肉活动的能源枯竭，这是长时间运动产生疲劳的一个重要原因[6]。

腺苷作为一种神经调质对多种神经递质的释放有抑制作用。腺苷的作用是通过其受体来实现的[7]，其中 A_1 受体对腺苷具有高度的亲和力。腺苷与 A_1 受体结合后可激活 Gi 蛋白从而抑制腺苷酸环化酶的活性，使细胞内环磷酸腺苷（cAMP）生成减少，cAMP 可进一步降低各种蛋白激酶的活性，影响细胞内氧化磷酸化的过程[8]。

甘油三酯在机体内的分解代谢是从水解开始的。甘油三酯在激素敏感性脂肪酶作用下水解生成游离脂肪酸和甘油而被释放入血液中以供其他组织利用的过程称为脂肪动员。在这过程中，甘油三酯水解的第一步是脂肪动员的限速步骤。激素敏感性脂肪酶是限制脂解速度的限速酶。该酶必须在有活性的蛋白激酶作用下经磷酸化才能被激活。由于腺苷的作用，激素敏感性脂肪酶不能被激活，因此腺苷是限制脂肪动员的一个重要因素[9]。

茶碱是腺苷的类似物，如果茶碱与 A_1 受体结合，不仅阻断了腺苷的结合而使 Gi 蛋白不被激活，进而还增加了腺苷酸环化酶的活性，使细胞内 cAMP 生成增加，由此提高激素敏感性脂肪酶的活性，促进脂肪动员。

乳酸是糖在机体中无氧分解代谢的产物。实验中口服茶碱组的小鼠运动后乳酸生成较对照组少，见表4，肝糖原和血糖水平却比对照组高，见表2、表3。表明实验组动物在运动中对于糖的利用比对照组少。但是这并没有影响它们的运动能力，从表1可以看到实验组运动耐力不仅没有下降而且显著高于对照组。可见茶碱组通过另外的途径——脂肪分解获得了更多的能量。这一点由表5中脂肪酶活力的增加及表6中体脂的减少得到证实。

综上所述，茶碱具有十分显著的促进脂肪动员功能。由于其安全性好，因此是一个很有发展前途的功能因子，在抗疲劳、减肥的研究中也是一个十分值得注意的保健食品基础原料。

【参考文献】

[1] Wang L C H，Jin Z L，Lee T F. Decrease in cold tolerance of aged rats caused by the enhanced endogenous adenosine activity. Phartmacnol Biochem Behav，1992，43（1）：117-123.

[2] Vies J V D. Two methods for the determination of glycogen in liver. Biochem J，1954，57：410.

[3] 运动生物化学编写组. 运动生物化学. 北京：高等教育出版社，1986：330-332.

[4] Barker S B，Suramerson W H. The colorimetric determination of lactic acid in biological material. J Biol Chem，1941，138：535.

[5] 陈瑞新. 速率比浊法测定脂肪酶的实验探讨. 上海检验医学，1992，7（3）：160.

[6] 金宗濂，文镜，唐芬芳，等. 功能食品评价原理及方法. 北京：北京大学出版社，1995：30-32.

[7] Fredholm B B. Nomenclature and classification of purinoceptors. Pharmacol Rew，1994，46：143-156.

[8] Collis M G，Hourani S M. Adenosine receptor subtypes. Trends Pharmacol Sci，1993，14：360-365.

[9] 沈同，王镜岩. 生物化学. 2版. 北京：高等教育出版社，1991：209-211.

原文发表于《东方食品国际会议论文集》，2000年

金属硫蛋白抗辐射的实验研究

文 镜[1] 赵 建[1] 毕 欣[1] 金宗濂[1] 金瑞元[2] 茹炳根[2]

1. 北京联合大学 应用文理学院
2. 北京大学 生命科学学院

【摘要】 目的：研究口服金属硫蛋白对机体抵御电离辐射能力的影响。方法：采用灌胃方式给予受试小鼠金属硫蛋白，连续灌胃 30 d 后分别接受 7Gy ^{60}Co-γ、8Gy ^{60}Co-γ 一次性辐照及每周 1 Gy ^{60}Co-γ 辐照。于照后不同时间取血测定各组小鼠白细胞和淋巴细胞，并记录 8 周一次性辐照后小鼠存活时间。结果：① 7 Gy ^{60}Co-γ 辐照的实验条件对于抗辐射保健食品功能的观察较为适宜。7 Gy ^{60}Co-γ 辐照后淋巴细胞的下降趋势与白细胞基本一致，淋巴细胞可以作为评价抗辐射保健食品实验的一项观测指标。②灌胃金属硫蛋白 0.6 mg/（kg·bw）和 3 mg/（kg·bw）30 d 的小鼠经 7 Gy ^{60}Co-γ 一次性辐照后，白细胞和淋巴细胞数量明显高于未服金属硫蛋白的辐照对照组。③经 8 Gy ^{60}Co-γ 辐照后服用金属硫蛋白的小鼠比辐照对照组小鼠平均存活时间提高了 72%（$P<0.05$）。④每周一次 1 Cy 小剂量 ^{60}Co-γ 射线辐照小鼠，持续 7、8 周辐照之后，服用金属硫蛋白的小鼠白细胞和淋巴细胞数量明显高于未服金属硫蛋白的辐照对照组小鼠。结论：口服金属硫蛋白能够延长一次性大剂量电离辐射小鼠的存活时间，降低一次性大剂量和多次小剂量电离辐射对免疫系统的损伤。

【关键词】 金属硫蛋白；抗辐射；白细胞计数；淋巴细胞计数；平均存活时间

人在正常情况下受各种电离辐射源的辐照剂量，年有效剂量为 2.5 mSv/a，来自天然辐射源的剂量占总剂量的 92%[1]，因此，研究抗辐射药物和保健食品有重要意义。金属硫蛋白（metallothionein，MT）参与微量元素的储存、运输及代谢，在重金属解毒、清除自由基等方面起着重要作用[2]。潘爱华等[3] 用 ^{60}Co-γ 辐照小鼠后体内 MT 含量明显增高，提示 MT 可能有抗辐射作用。Satoh 等[4] 指出 MT 能够增强机体对电离辐射的耐受力。本实验拟通过对实验小鼠进行 ^{60}Co-γ 辐照，观察口服 MT 抗辐照损伤的作用。

1 材料与方法

1.1 实验动物

中国医学科学院动物中心繁育场昆明种雄性小鼠，体重 18～22g。

1.2 MT

经皮下注射 $ZnSO_4·7H_2O$ 诱导家兔肝脏产生 MT。处死动物，取肝脏，加入 2 倍体积预冷的匀浆液进行匀浆，之后再加入等体积预冷的乙醇：氯仿混合液，振荡混匀。离心取上清液，80℃水浴加热沉淀杂蛋白，真空过滤得上清液，再经乙醇沉淀，离心弃上清液，沉淀物溶于匀浆液，再离心，上清液过 Sephadex G-50 柱进行分离，以 NH_4HCO_3 溶液洗脱，收集含 MT 组分，进行冰冻干燥后得成品[5]。

1.3 仪器和试剂

血球计数板、显微镜等。5% 醋酸溶液、瑞氏染液、磷酸缓冲液等。

1.4 MT 对大剂量一次性辐射后白细胞和淋巴细胞的影响

将实验小鼠随机分为空白对照组、辐照对照组，以及低、中、高 3 个剂量组。每日灌胃一次，灌胃量 0.4 ml，其中低剂量组每只小鼠 MT 摄入量为 0.3 mg/（kg·bw·d）；中剂量组每只小鼠 MT 摄入量为 0.6 mg/（kg·bw·d）；高剂量组每只小鼠 MT 摄入量为 3.0 mg/（kg·bw·d）。空白、辐照对照组灌胃等量的 pH 为 8.2 的 Tris 缓冲液（MT 溶剂）。饲喂受试物 30 d 后，除空白对照组外，其他各组接受 7 Gy ^{60}Co-γ 射线一次性辐照，于辐照后不同时间取血测定各组小鼠白细胞和淋巴细胞。另一批动物分组和饲喂方法同上，除空白对照组外，其他各组接受 8 Gy ^{60}Co-γ 射线一次性辐照，于辐照后不同时间取血测定各组小鼠白细胞和淋巴细胞。

1.5 MT 对小剂量多次辐照小鼠白细胞、淋巴细胞的影响

动物分组和饲喂方法同 1.4。实验开始后，除空白对照组外，其他各组每周接受 1 Gy ^{60}Co-γ 射线辐照一次，分别于第 7 周和第 8 周取血测定各组小鼠白细胞和淋巴细胞。

1.6 MT 对一次大剂量辐照后小鼠平均死亡时间的影响

动物分组和饲喂方法同 1.4。各组接受 8 Gy ^{60}Co-γ 一次性辐照，照射后记录各组小鼠存活时间。

1.7 数据处理

白细胞计数、淋巴细胞计数及平均存活时间用方差分析法。

2 结果与讨论

2.1 MT 对 7 Gy ^{60}Co-γ 辐照小鼠白细胞、淋巴细胞的影响

通过对不同强度辐照小鼠的观察，发现辐照后的 10 d 里，接受 4.5 Gy ^{60}Co-γ 辐照的小鼠白细胞数量有波动。接受 8 Gy ^{60}Co-γ 辐照的小鼠白细胞在第 4 d 下降到很低的水平（原来的 3%），由于辐照强度较大，容易掩盖抗辐射保健食品的作用。而接受 7 Gy ^{60}Co-γ 辐照后 10 d 内白细胞从辐照后第 2 d 的 21% 逐渐下降到 2%，这一实验条件对于抗辐射保健食品功能的观察较为适宜。实验中还观察到淋巴细胞的下降趋势与白细胞基本一致，表明淋巴细胞可以作为一项检验抗急性辐照功能的指标。

表 1 表明，与未服 MT 的辐照对照组相比，辐照后 144 h 灌胃剂量为中剂量的小鼠白细胞提高了 71%（$P < 0.05$），淋巴细胞提高了 43%（$P < 0.05$）；灌胃剂量为高剂量的小鼠白细胞提高了 79%（$P < 0.01$），淋巴细胞提高了 93%（$P < 0.01$）。辐照后 192 h 中剂量组白细胞提高了 81%（$P < 0.05$），淋巴细胞提高了 100%（$P < 0.05$）；高剂量组白细胞提高了 105%（$P < 0.01$），淋巴细胞提高了 118%（$P < 0.01$）。

表 1　MT 对 7 Gy ^{60}Co-γ 辐照小鼠白细胞、淋巴细胞的影响（$\bar{X} \pm SD$）

分组	MT 剂量 [mg/（kg·bw）]	n	白细胞数量（10^9/L）		淋巴细胞数量（10^9/L）	
			144 h	192 h	144 h	192 h
空白对照组	0	12	8.20±2.70	6.60±1.90	6.60±2.20	4.60±1.80
辐照对照组	0	12	0.28±0.10	0.21±0.14	0.14±0.06	0.11±0.08
低剂量组	0.3	12	0.36±0.02	0.32±0.20	0.18±0.09	0.18±0.10
中剂量组	0.6	12	0.48±0.15*	0.38±0.20*	0.20±0.09*	0.22±0.10*
高剂量组	3.0	12	0.50±0.20**	0.43±0.15**	0.27±0.10**	0.24±0.10**

* $P < 0.05$ 与辐照对照组比较；** $P < 0.01$ 与辐照对照组比较。

2.2 MT 对 8Gy 辐照小鼠白细胞、淋巴细胞的影响

表2表明，与辐照对照组相比，辐照后168 h灌胃低剂量的小鼠淋巴细胞提高120%（$P < 0.05$）；灌胃中剂量的白细胞提高了67%（$P < 0.05$），淋巴细胞提高了140%（$P < 0.01$）；灌胃高剂量的淋巴细胞提高了120%（$P < 0.05$）上述实验显示小鼠口服中剂量和高剂量MT后机体抗辐射能力显著增强，表现为受辐照后白细胞和淋巴细胞数量比辐照对照组显著增加。

表2 MT 对 8 Gy ^{60}Co-γ 辐照小鼠白细胞、淋巴细胞的影响（$\bar{X}\pm$SD）

分组	MT 剂量 [mg/(kg·bw)]	n	辐射后 168 h 白细胞数量（10^9/L）	淋巴细胞数目（10^9/L）
空白对照组	0	12	6.10±0.40	3.90±0.50
辐照对照组	0	12	0.12±0.05	0.05±0.02
低剂量组	0.3	12	0.18±0.09	0.11±0.09*
中剂量组	0.6	12	0.20±0.09*	0.12±0.06**
高剂量组	3.0	12	0.18±0.08	0.11±0.07*

*$P < 0.05$ 与辐照对照组比较；**$P < 0.01$ 与辐照对照组比较。

2.3 MT 对小剂量多次辐照小鼠白细胞、淋巴细胞的影响

表3表明与辐照对照组相比，经7周共7次1 Gy ^{60}Co-γ射线辐照后（累计剂量7 Gy ^{60}Co-γ），灌胃高剂量MT的小鼠白细胞提高了82%（$P < 0.001$），淋巴细胞提高了76%（$P < 0.05$）。经8周共8次1 Gy ^{60}Co-γ射线辐照后（累计剂量8 Gy），不仅高、中剂量组小鼠白细胞、淋巴细胞数量显著高于对照组，而且灌胃低剂量MT的小鼠白细胞数量与辐照对照组比较也出现显著差异（$P < 0.05$）。这一结果一方面证明口服MT可以提高机体对小剂量多次辐照的抵抗作用。另一方面，经与表1、表2比较还可以看出，由于自身修复机制的作用，小剂量多次辐照组白细胞、淋巴细胞量高于大剂量一次性辐照。因此，小剂量多次辐照不容易掩盖抗辐照药物的作用，其灵敏度比一次性大剂量辐照要高，但缺点是费时费力。

表3 MT 对小剂量多次辐照小鼠白细胞、淋巴细胞的影响（$\bar{X}\pm$SD）

分组	MT 剂量 [mg/(kg·bw)]	n	白细胞数量（10^9/L）		淋巴细胞数量（10^9/L）	
			辐射7 h后	辐射8 h后	辐射7 h后	辐射8 h后
辐照对照组	0	12	1.70±0.70	1.20±0.60	0.91±0.40	0.70±0.20
低剂量组	0.3	12	1.50±0.70	1.80±0.60*	0.85±0.30	1.30±0.40**
中剂量组	0.6	12	2.10±0.60	1.60±0.30*	1.30±0.40	1.20±0.20***
高剂量组	3.0	12	3.10±0.90***	2.50±0.90***	1.60±0.80*	1.70±0.60***

*$P < 0.05$ 与辐照对照组比较；**$P < 0.01$ 与辐照对照组比较；***$P < 0.001$ 与辐照对照组比较。

2.4 MT 对 8 Gy ^{60}Co-γ 辐照小鼠平均存活时间的影响

表4表明，8 Gy ^{60}Co-γ射线辐照后服用中剂量MT的小鼠平均存活时间比辐照对照组提高70%（$P < 0.05$），高剂量的提高72%（$P < 0.05$）。实验中观察到7 Gy ^{60}Co-γ一次性辐照后，小鼠不能在一个月内达到90%的死亡率，因此在进行辐照后生存时间实验时用8 Gy ^{60}Co-γ的辐照剂量较合适。

表4 MT对 8 Gy ^{60}Co-γ 辐照小鼠平均存活时间的影响（$\bar{X}\pm$SD）

分组	MT 剂量 [mg/（kg·bw）]	n	存活时间（d）
辐照对照组	0	10	9.9±2.1
低剂量组	0.3	10	15.0±8.6
中剂量组	0.6	12	16.8±9.9*
高剂量组	3.0	12	17.1±8.1*

*$P<0.05$ 与辐射组比较。

综上所述，口服 MT 中剂量和高剂量能够延长一次性大剂量电离辐射小鼠的存活时间，可以明显降低一次性大剂量或多次小剂量电离辐射对免疫系统的损伤，而小剂量没有明显的抗辐射作用。又由于口服 MT 中剂量和高剂量经 8 Gy ^{60}Co-γ 一次性辐照后平均存活时间没有显著差异（$P>0.05$），所以小鼠口服 MT 0.6 mg/（kg·bw·d）是抗辐射的适宜剂量。

MT 是一种半胱氨酸含量占 30% 的特殊蛋白质。口服后在胃肠中被酶消化成氨基酸和小肽并在小肠中被吸收。MT 是诱导蛋白，能被多种引起自由基生成和组织损伤的因素诱导生成[6]。无论是自然产生的还是诱导生成的 MT，其氨基酸组成基本相同[7]。机体受到辐照后，启动了内源 MT 同化代谢。MT 合成中所需半胱氨酸的量很大，机体自身难以及时供应。口服 MT 不仅使机体内由外源 MT 经消化吸收得到的氨基酸和小肽数量大大增加，而且比例合理，特别是增加了合成内源 MT 所需半胱氨酸的供应，而作为小肽被吸收进入体内的部分更可以提高内源 MT 的合成速度。MT 含有大量 -SH 键和低能空轨道，能有效清除多种自由基，使辐照的间接作用对机体的损伤大为减少。MT 中的亲电巯基基团可以通过氢供体使受损的 DNA 得以修复。辐照引起的 DNA 损伤和羟自由基有关，而 MT 是一种有效的羟自由基清除剂[8]。Adel 和 Ruiter 证实 MT 中大量 -SH 参与了清除羟自由基的过程，其对 DNA 的保护作用比谷胱甘肽高 800 倍[9]。辐照的直接作用和间接作用引起机体损伤的另一个重要原因是使机体蛋白质，特别是酶受到损坏。二硫键对维持蛋白质三级结构有重要作用，而它又是容易受到外来射线损伤和辐照的间接作用产生的自由基攻击的部位。口服 MT 经消化吸收进入体内大量半胱氨酸为修复受辐照作用而断裂的二硫键提供了原料。上述原因很可能是口服 MT 能够增强机体抗辐照能力的主要机制。MT 抗辐射作用的确切机制还有待进一步的研究。

【参考文献】

[1] 朱昌寿.中国人受电离辐射照射剂量份额研究.中华放射医学与防护杂志，1998，18（5）：340-345.
[2] 张保林，卢景雾，王文清，等.金属硫蛋白抗自由基损伤研究.生物物理学报，1992，8（3）：539-544.
[3] 潘爱华，张瑞钧，茹炳根.Co-60 照射后小鼠肝脏金属硫蛋白含量的动态变化.生物化学与生物物理进展，1989，16（1）：48-51.
[4] Satoh M，Miura N，Naganuma A，et al. Prevention of adverse effects of γ-ray irradiation after metallothionein induction by bismuth subnitrate in mice. Eur J Cancer Clin Oncoh，1989，25（12）：1727-1731.
[5] 潘爱华，铁锋.锌诱导家兔肝脏金属硫蛋白的纯化及鉴定.生物化学与生物物理学报，1992，24（6）：509-515.
[6] Sato M，Bremner I. Oxygen free radicals and metallothionein. Free Rad Biol Med，1993，14：325-337.
[7] 赵京山，尹桂山.金属硫蛋白的生理功能及其研究进展.生命的化学，1998，18（3）：9-11.
[8] 周湘艳，蔡露，高卫民.金属硫蛋白与辐射关系的研究现状及展望.中华放射医学与放射杂志，1999，19（1）：60-63.
[9] Abel J，de Ruiter N. Inhibition of hydroxyl-radical-generated DNA degradation by metallothionein. Toxicol Letters，1989，47（2）：191-196.

原文发表于《营养学报》，2001 年第 3 期

木糖醇改善小鼠胃肠道功能的实验研究

魏 涛 陈 文 齐 欣 彭 涓 金宗濂

北京联合大学 应用文理学院 生化系

【摘要】 以 1 月龄雄性 BALB/C 小鼠为实验对象,研究木糖醇调节胃肠道菌群的作用,结果表明,在连续给予木糖醇 14 d 后,小鼠胃肠道内双歧杆菌和乳杆菌数量显著增加,提示木糖醇可有效改善胃肠道内的微生态环境,有效剂量为 2.5 g/(d·kg·bw)。以 1 月龄雌性 BALB/C 小鼠为实验对象,以复方地芬诺酯建立的便秘模型为参比对照,研究木糖醇的润肠通便功能,结果表明,在连续给予 14 d 后,木糖醇可显著提高便秘小鼠的小肠推进率,明显缩短首便、首黑便时间,增加 5 h、8 h、11 h 的排便重量,提示木糖醇有较好的润肠通便功能,有效剂量为 2.5 g/(d·kg·bw)。

【关键词】 木糖醇;双歧杆菌;乳酸菌;肠杆菌;肠球菌;润肠通便;便秘

20 世纪 80 年代以来,关于木糖醇的报道已不仅仅局限于它能调整糖代谢异常的方面[1-2],在其防龋齿、缓泻、改善肝功能、抗酮体作用等方面亦有大量报道[3-5]。木糖醇在食品、医疗药品、洁齿品中的应用已相当广泛。20 世纪 90 年代,日本科学家又进一步证实木糖醇还具有调节胃肠道菌群的功效,为木糖醇的应用开辟了一个新的领域。目前在我国尚未见这方面的报道。因此,本文旨在研究木糖醇对小鼠胃肠道功能的影响,并确定其有效剂量,为今后木糖醇的合理利用和监督管理提供科学的实验依据。

1 材料与方法

1.1 实验材料

实验动物:BALB/C 1 月龄、二级小鼠,由中国医学科学院动物中心繁殖场提供,体重 20～24 g。润肠通便实验选用雌性,调节肠道菌群实验选用雄性,均按体重随机分组。

木糖醇:白色结晶或结晶性粉末,味甜,有吸湿性,河北保定化工二厂生产。

1.2 剂量

调节胃肠道菌群实验采用 2.5 g/(d·kg·bw)、4.2 g/(d·kg·bw)、10.0 g/(d·kg·bw)为低、中、高剂量,并设空白对照组;润肠通便实验采用 2.5 g/(d·kg·bw)、5.0 g/(d·kg·bw)、10.0 g/(d·kg·bw)为低、中、高剂量,并设空白对照组和模型对照组(复方地芬诺酯组)。均采取灌胃法,每日灌胃 1 次,每次 0.2 ml/(10 g·bw),连续 14 d。空白对照组和模型对照组灌等量蒸馏水。

1.3 实验方法[6]

1.3.1 肠道菌群的计数

给予受试物之前及最后一次给受试物后 24 h,无菌采取小鼠粪便,放入已灭菌的装有 3 ml 稀释液的试管中,称重,振荡混匀,使粪便完全均质于稀释液中。采取 10 倍系列稀释至 10^{-9} 或 10^{-8}。选择合适的稀释度分别接种在各培养基上[7]。培养 48 h 后,以菌落形态、革兰氏染色镜检计数菌落，算出每克湿便中的菌数，取对数后进行统计处理。

1.3.2 小肠推进实验

在连续给予受试物 14 d 后，各组小鼠禁食 24 h。实验开始前各剂量组给予受试物，空白对照组和模型对照组给予等量蒸馏水。30 min 后，除空白对照组外，其余各组灌胃复方地芬诺酯 50 mg/（kg·bw）。20 min 后，各组每只灌胃 15% 炭黑墨水 0.5 ml。经 20 min，颈脱臼处死动物，立即取出自幽门至盲肠部的整段小肠，不加牵引平铺成直线。测量小肠全长和幽门至墨水运动前沿位移，计算小肠推进率。

小肠推进率（%）= 墨水移动距离（cm）/ 小肠全长（cm）×100

1.3.3 小鼠排便实验

在连续给予受试物 14 d 后，各组小鼠禁食 24 h。除空白对照组外，其余各组灌胃复方地芬诺酯 10 mg/（kg·bw）。将小鼠放入鼠笼单独饲养，正常饮水进食。1 h 后给各组每只小鼠灌胃 15% 炭黑墨水 0.5 ml（实验组炭黑墨水含相应剂量的受试物）。观察记录每只小鼠自灌胃复方地芬诺酯起的首次排便时间、首次排黑便时间及 5 h、8 h、11 h 内排便重量。

2 结果与分析

2.1 木糖醇对小鼠体重的影响

给予小鼠不同剂量的木糖醇 14 d 前后，与空白对照组相比较，各剂量组间体重均无显著性差异（$P > 0.05$）。提示服用木糖醇对小鼠的体重无任何影响。

2.2 木糖醇对小鼠肠道菌群的影响

结果如表 1 所示。在连续给予小鼠木糖醇 14 d 后，小鼠肠道内的四种菌群数量发生了变化。与空白对照组相比较，低剂量组双歧杆菌和乳杆菌数量分别增长了 6.3%（$P < 0.001$）和 6.5%（$P < 0.001$）；中剂量组肠杆菌和肠球菌分别减少了 3.3%（$P < 0.05$）和 2.3%（$P < 0.05$），双歧杆菌和乳杆菌分别增长了 7.6%（$P < 0.001$）和 7.1%（$P < 0.001$）；高剂量组，肠杆菌数量减少了 3.1%（$P < 0.05$），双歧杆菌和乳杆菌数量分别增长了 6.1%（$P < 0.001$）和 6.8%（$P < 0.001$）。将各剂量组灌服前后的结果做自身比较，低剂量组双歧杆菌和乳杆菌数量分别增长了 6.4%（$P < 0.001$）和 6.8%（$P < 0.001$）；中剂量组肠杆菌和肠球菌分别减少了 3.1%（$P < 0.05$）和 2.2%（$P < 0.05$），双歧杆菌和乳杆菌分别增长了 7.7%（$P < 0.001$）和 7.4%（$P < 0.001$）；高剂量组肠杆菌数量减少 2.4%（$P < 0.05$），双歧杆菌和乳杆菌数量分别增长了 6.1%（$P < 0.001$）和 7.0%（$P < 0.001$）。提示 2.5 g/（d·kg·bw）低剂量木糖醇即具有改善肠道菌群的功能。

表 1 木糖醇对小鼠肠道菌群的影响（lg CFU/g，$\overline{X} \pm SD$，$n=12$）

菌名	空白对照组		低剂量组 [2.5 g/（d·kg·bw）]		中剂量组 [4.2 g/（d·kg·bw）]		高剂量组 [10.0 g/（d·kg·bw）]	
	灌服前	灌服后	灌服前	灌服后	灌服前	灌服后	灌服前	灌服后
肠杆菌	7.85±0.15	7.87±0.27	7.81±0.27	7.71±0.20	7.85±0.24	7.61±0.26*#	7.82±0.18	7.63±0.24*#
肠球菌	7.81±0.24	7.78±0.22	7.78±0.23	7.69±0.18	7.77±0.22	7.60±0.15*#	7.78±0.20	7.65±0.13
双歧杆菌	8.47±0.05	8.48±0.05	8.47±0.08	9.01±0.24***###	8.47±0.07	9.12±0.25***###	8.84±0.05	9.00±0.28***###
乳酸菌	8.41±0.06	8.42±0.04	8.40±0.09	8.97±0.23***###	8.40±0.03	9.02±0.24***###	8.40±0.05	8.99±0.26***###

#$P < 0.05$ 与自身比较；###$P < 0.05$ 与自身比较；*$P < 0.05$ 与空白对照组比较；***$P < 0.001$ 与空白对照组比较。

2.3 木糖醇对小鼠润肠通便功能的影响

结果如表2所示。在连续灌胃了木糖醇14 d后，与空白对照组相比较，模型对照组小鼠小肠推进率降低了46.2%（$P < 0.001$），首次排便时间和首次排黑便时间分别延长了394%（$P < 0.001$）和100%（$P < 0.001$），5 h、8 h、11 h排便重量分别减少了85.6%（$P < 0.001$）、73%（$P < 0.001$）和52.7%（$P < 0.001$），说明模型建立成功。与模型对照组相比较，低剂量组小肠推进率提高了64.5%（$P < 0.001$），首次排便时间和首次排黑便时间分别缩短了29.5%（$P < 0.001$）和31.0%（$P < 0.001$），5 h、8 h排便重量分别增加了96.4%（$P < 0.01$）、35.7%（$P < 0.05$）；中剂量组小肠推进率提高了110.8%（$P < 0.001$），首次排便时间和首次排黑便时间分别缩短了40.2%（$P < 0.001$）和32.8%（$P < 0.001$），5 h、8 h、11 h排便重量分别增加了159.3%（$P < 0.001$）、71.3%（$P < 0.001$）和28.6%（$P < 0.001$）；高剂量组小肠推进率提高了163.6%（$P < 0.001$），首次排便时间和首次排黑便时间分别缩短了42.5%（$P < 0.001$）和36.5%（$P < 0.001$），5 h、8 h、11 h排便重量分别增加了266.5%（$P < 0.001$）、123.1%（$P < 0.001$）和49.9%（$P < 0.001$）。以上结果提示，2.5 g/（d·kg·bw）剂量木糖醇即可有效改善小鼠便秘情况，但该剂量虽能使5 h、8 h排便重量显著增加，却不能明显增加11 h排便重量，说明其由于剂量低而使得发挥作用的时间较短。相比之下，中、高剂量效果更佳。

表2 木糖醇对小鼠润肠通便功能的影响（n=12）

组别	剂量 [g/(kg·bw)]	小肠推进率（%）	首次排便时间（min）	首次排黑便时间（min）	5 h排便重量（g）	8 h排便重量（g）	11 h排便重量（g）
模型对照组	0	33.81±6.91	208.1±28.2	325.9±38.7	0.0951±0.0580	0.3297±0.1259	0.8242±0.1368
低剂量组	2.5	55.61±14.21***	146.8±48.1***	224.9±42.1***	0.1868±0.06558**	0.4475±0.1432*	0.9400±0.1543
中剂量组	5.0	71.28±22.28***	124.5±44.5***	219.0±39.3***	0.2466±0.0974***	0.5647±0.0881***	1.0602±0.1482***
高剂量组	10.0	89.13±10.19***	119.6±38.7***	207.0±40.5***	0.3485±0.2135***	0.7355±0.2565***	1.2353±0.2630***
空白对照组	0	62.89±20.10***	42.1±12.0***	162.8±38.7***	0.6599±0.2587***	1.2227±0.3906***	1.7420±0.4374***

*$P < 0.05$ 与空白对照组比较；**$P < 0.01$ 与空白对照组比较；***$P < 0.001$ 与空白对照组比较。

3 讨论

木糖醇的人体推荐剂量为25～30 g/（d·kg·bw）。实验中，以该剂量作为灌胃小鼠的中等剂量，在其上、下分别设有高、低剂量组。由实验结果可知，木糖醇可增加小鼠肠道内双歧杆菌与乳杆菌的数量，有效剂量为2.5 g/（d·kg·bw）。当剂量达到5.0 g/（d·kg·bw）时，小鼠肠道内不仅双歧杆菌与乳杆菌数量极显著增多，而且，肠杆菌和肠球菌数量也明显减少。提示木糖醇进入肠道后，有益菌以其为养分得到大量增殖，而这些菌群代谢的终产物——短链脂肪酸又使得肠道内pH降低，抑制了致病菌的生长繁殖，还可以刺激肠道的蠕动。由表2可见，木糖醇可显著提高便秘小鼠的小肠推进率，缩短首次排便时间、首次排黑便时间，增加5 h、8 h、11 h的排便重量，具有良好的润肠通便功效，有效剂量为2.5 g/（d·kg·bw）。由于消化道内缺少转运木糖醇的载体，因而木糖醇的消化吸收速度缓慢。大量摄入木糖醇后，大部分将被运送至肠道内，在肠道内形成高浓度，引起渗透压上升，使得水分进入肠腔内，从而起到润肠通便作用。

综上所述，木糖醇在改善小鼠胃肠道功能方面有相当的作用，可作为一种新的微生态制剂而开发利用。

【参考文献】

[1] Bellentani S, Hardison W G M, Manenti F. Mechanisms of liver adaptation to prolonged selective biliary obstruction (SBO) in the rat. J Hepatol, 1985, 1 (1): 525-535.
[2] Hassinger W, Sauer G, Cordes U, et al. The effects of equal caloric amounts of xylitol, sucrose and starch on insulin requirements and blood glucose levels in insulin-dependent diabetics. Diabetologia, 1981, 21 (1): 37-40.
[3] Menaker L, Navia J M. Effect of undernutrition during the perinatal period on caries development in the rat: V. Changes in whole saliva volume and protein content. J Dent Res, 1974, 53 (3): 592-597.
[4] Leach S A, Green R M. Reversal of fissure caries in the albino rat by sweetening agents. Caries Res, 1981, 15 (6): 508-511.
[5] 尤新. 木糖醇的生产和应用. 北京: 中国轻工业出版社, 1984, 3: 30-32.
[6] 中华人民共和国卫生部. 保健食品功能学评价程序和检验方法, 1997.
[7] 布坎南, 吉本斯. 伯杰细菌鉴定手册. 8版. 中国科学院微生物研究所译. 北京: 科学出版社, 1984: 928.

原文发表于《食品工业科技》，2001年第5期

低聚异麦芽糖改善小鼠胃肠道功能的研究

金宗濂　王　政　陈　文　田熠华　金　川　张　颖　马远芳

北京联合大学　应用文理学院

【摘要】　以2月龄雄性BALB/C小鼠为实验对象,研究了IMO-50与IMO-90调节胃肠道菌群的功能,结果表明:连续给予IMO-50或IMO-90 14 d后,小鼠胃肠道内双歧杆菌数量显著增加。以2月龄雄性BALB/C小鼠为实验对象,以复方地芬诺酯建立的便秘模型为参比对照,研究IMO-50与IMO-90的润肠通便功能,结果表明:在连续给予受试物14 d后,便秘小鼠的小肠推进率显著提高,首次排便、首次排黑便时间明显缩短,8 h排便重量显著增加。提示IMO-50和IMO-90均可改善小鼠胃肠道功能。

【关键词】　低聚异麦芽糖；双歧杆菌；乳杆菌；便秘

低聚异麦芽糖（isomaltooligosaccharide，IMO）又称分支低聚麦芽糖,主要由 α-1,6糖苷键结合的异麦芽糖、潘糖及异麦芽三糖组成。据报道,低聚异麦芽糖具有预防龋齿、促进双歧杆菌增殖、润肠通便、防止心血管病的发生、改善食物中钙的吸收等作用[1-2]。因此,近年来国内外对低聚异麦芽糖的研究及利用异常活跃。目前,低聚异麦芽糖产品规格有两种,即主要成分占50%以上的IMO-50和主要成分占85%以上的IMO-90。

本研究旨在研究IMO-50和IMO-90改善胃肠道菌群与润肠通便作用的有效剂量、作用特点,为今后进一步研究、开发及合理利用低聚异麦芽糖资源提供科学依据。

1　材料与方法

1.1　材料

1.1.1　实验动物

BALB/C二级雄性、雌性小鼠（购自中国医学科学院动物中心繁殖场）,体重18～22 g。润肠通便实验选用雌性小鼠,按体重随机分组；肠道菌群实验选用雄性小鼠,按体重随机分组。

1.1.2　样品

由江苏省微生物研究所提供。
IMO-50,浅黄色透明黏稠液体。
IMO-90,白色粉末。

1.1.3　剂量

各实验中所设的IMO-50及IMO-90的剂量如结果本文表中所示。

1.2　实验方法

1.2.1　肠道菌群的计数

无菌采取小鼠粪便,放入已灭菌的装有3 ml稀释液的试管中,称重,振荡混匀。采取10倍系列稀释至 10^{-8} 或 10^{-9},选择合适的稀释度分别接种在培养基上[3]。培养48 h后,以菌落形态、革兰氏染色镜检计数菌落,计算出每克湿便中的菌数,取对数后进行统计处理。

1.2.2 小肠推进实验

在连续给予受试物 14 d 后，各组小鼠禁食 24 h。实验开始前各剂量组给予受试物，空白对照组及模型对照组给予等量蒸馏水。30 min 后，除空白对照组外，其余各组灌胃复方地芬诺酯 50 mg/（kg·bw）。20 min 后，各组灌胃 15% 炭黑墨水 0.1 ml/（10 g·bw）。经 20 min，颈脱白处死动物，立即取出自幽门至盲肠部的整段小肠，不加牵引平铺成直线。测量小肠全长和幽门至墨水运动前沿位移，计算小肠推进率。

小肠推进率（%）= 墨水移动距离（cm）/ 小肠全长（cm）×100。

1.2.3 小鼠排便实验

在连续给予受试物 14 d 后，各组小鼠禁食 24 h。除空白对照组外，其余各组灌胃复方地芬诺酯 10 mg/（kg·bw）。1 h 后给各组小鼠灌胃 10% 炭黑墨水 0.1 ml/（kg·bw），受试物组炭黑墨水混合相应剂量的受试物。观察记录每只小鼠自灌胃复立地芬诺酯起，首次排便时间、首次排黑便时间及 8 h 内排便重量。

2 结果与分析

2.1 低聚异麦芽糖对小鼠体重的影响

给予小鼠不同剂量的 IMO-50 和 IMO-90 14 d 前后，与空白对照组比较，各剂量组间体重均无显著性差异。提示服用低聚异麦芽糖对小鼠的体重无任何影响。

2.2 IMO-50 对小鼠胃肠道功能的影响

2.2.1 对小鼠肠道菌群的影响

由表 1 可知，在连续给予 IMO-50 14 d 后，小鼠肠道内的四种菌群数量发生了变化。各剂量组与空白对照组比较的结果，以及将各剂量组灌服前后自身比较，其结果均提示中剂量 IMO-50 具有改善肠道菌群的功能，而高剂量在促进双歧杆菌的增殖与减少肠球菌数量方面均有作用，效果比中剂量更好。

表 1 IMO-50 对小鼠胃肠道功能的影响（lg CFU/g, $\bar{X}\pm$SD）

菌名	空白对照组		低剂量组 [1.7 g/（kg·bw）]		中剂量组 [2.5 g/（kg·bw）]		高剂量组 [5.0 g/（kg·bw）]	
	灌服前	灌服后	灌服前	灌服后	灌服前	灌服后	灌服前	灌服后
肠杆菌	7.74±0.44	7.69±0.42	7.74±0.43	7.77±0.41	7.81±0.29	7.75±0.28	7.80±0.41	7.70±0.38
肠球菌	7.72±0.34	7.66±0.34	7.63±0.54	7.64±0.53	7.86±0.52	7.77±0.45	7.59±0.42	7.20±0.43[#**]
双歧杆菌	9.11±0.33	9.13±0.28	9.20±0.42	9.24±0.45	9.19±0.34	9.54±0.36[#**]	9.07±0.23	9.36±0.32[#*]
乳杆菌	9.05±0.43	9.06±0.36	9.12±0.45	9.17±0.41	9.18±0.50	9.26±0.56	9.11±0.42	9.43±0.36[*]

#$P < 0.05$ 灌胃前后比较；*$P < 0.05$ 与空白对照组比较；**$P < 0.01$ 与空白对照组比较。

2.2.2 对小鼠小肠推进率的影响

在连续灌胃了 IMO-50 14 d 后，与空白对照组比较，模型对照组小鼠小肠推进率显著降低，说明模型建立成功。与模型对照组相比较，低、中、高剂量组小肠推进率提高了 22%~55%。提示低剂量 [3.3g/（kg·bw）] 的 IMO-50 即可有效改善小鼠小肠推进率（表 2）。

表2　IMO-50对小鼠胃肠道推进率的影响（$\overline{X}\pm\text{SD}$）

组别	动物只数 n	小肠推进率（%）
模型对照组	12	38.0±5.4
低剂量组 [3.3 g/（kg·bw）]	12	46.5±11.2*
中剂量组 [5.0 g/（kg·bw）]	12	55.4±12.9***
高剂量组 [10.0 g/（kg·bw）]	12	58.9±7.5***
空白对照组	12	63.1±9.3***

*$P<0.05$ 与模型对照组比较；***$P<0.001$ 与模型对照组比较。

2.2.3　对小鼠排便功能的影响

在连续给予小鼠 IMO-50 14 d 后，与空白对照组比较，模型对照组小鼠首次排便时间和首次排黑便时间均明显延长，8 h 排便重量显著减少，提示便秘模型建立成功。与模型对照组相比较的结果表明中剂量 [5.0g/（kg·bw）] 的 IMO-50 即可有效改善小鼠的便秘状况（表3）。

表3　IMO-50对小鼠排便时间及重量的影响（$\overline{X}\pm\text{SD}$，$n=12$）

组别	受试物剂量 [g/（kg·bw）]	首次排便时间（min）	首次排黑便时间（min）	8 h 排便重量（g）
模型对照组	0	260.59±44.23	341.67±27.69	0.5102±0.2019
低剂量组	3.3	248.33±54.00	322.95±21.46	0.5352±0.1459
中剂量组	5.0	180.38±47.76***	305.48±32.98**	0.7074±0.1200***
高剂量组	10.0	218.90±50.76*	310.28±24.12**	0.7599±0.1992***
空白对照组	0	82.12±11.26***	181.57±14.92***	1.3901±0.3853***

*$P<0.05$ 与模型对照组比较；**$P<0.01$ 与模型对照组比较；***$P<0.001$ 与模型对照组比较。

2.3　IMO-90对小鼠胃肠道功能的影响

2.3.1　对小鼠肠道菌群的影响

结果如表4所示。在连续给予小鼠 IMO-90 14 d 后，将各组灌服前后的菌群数量做自身对照，同时也将灌服后各剂量组与空白对照组相比较，结果显示 IMO-90 具有改善肠道菌群的功能，有效剂量为 1.2 g/（d·kg·bw）。

表4　IMO-90对小鼠肠道菌群的影响（$\overline{X}\pm\text{SD}$，$n=12$）

菌名	空白对照组		低剂量组 [1.2g/（kg·bw）]		中剂量组 [1.7g/（kg·bw）]		高剂量组 [3.4g/（kg·bw）]	
	灌服前	灌服后	灌服前	灌服后	灌服前	灌服后	灌服前	灌服后
肠杆菌	7.76±0.58	7.36±0.55	7.72±0.47	7.53±0.45	7.81±0.43	7.47±0.35	7.79±0.48	7.56±0.32
肠球菌	7.75±0.57	7.69±0.46	7.68±0.47	7.57±0.42	7.88±0.52	7.82±0.32	7.63±0.32	7.33±0.24#

续表

菌名	空白对照组		低剂量组 [1.2g/(kg·bw)]		中剂量组 [1.7g/(kg·bw)]		高剂量组 [3.4g/(kg·bw)]	
	灌服前	灌服后	灌服前	灌服后	灌服前	灌服后	灌服前	灌服后
双歧杆菌	9.11±0.47	9.34±0.46	9.18±0.29	9.51±0.20##	9.23±0.21	9.55±0.13###	9.06±0.49	9.59±0.50#
乳酸菌	9.01±0.50	8.94±0.34	9.05±0.41	9.06±0.31	9.07±0.23	9.32±0.22**	9.09±0.22	9.44±0.21###***

#$P<0.05$ 灌胃前后比较;##$P<0.01$ 灌胃前后比较;###$P<0.001$ 灌胃前后比较;*$P<0.05$ 与空白对照组比较;**$P<0.01$ 与空白对照组比较;***$P<0.001$ 与空白对照组比较。

2.3.2 对小鼠小肠推进率的影响

在连续灌胃了 IMO-90 14 d 后,模型对照组与空白对照组相比,小鼠小肠推进率降低了 35%,表示模型建立成功。与模型对照组相比较,低、中、高剂量组小肠推进率分别提高了 28%~50%。提示低剂量 [2.5 g/(kg·bw)] 的 IMO-90 为改善小鼠小肠推进率的有效剂量(表5)。

表5 IMO-90 对小鼠胃肠道推进率的影响($\bar{X}\pm$SD)

组别	动物只数 n	小肠推进率(%)
模型对照组	13	43.1±7.6
低剂量组 [2.5 g/(kg·bw)]	14	55.1±10.0**
中剂量组 [3.3 g/(kg·bw)]	14	63.4±15.6***
高剂量组 [6.7 g/(kg·bw)]	13	64.7±12.6***
空白对照组	14	66.2±12.9***

$P<0.01$ 与模型对照组比较;*$P<0.001$ 与模型对照组比较。

2.3.3 低聚异麦芽糖对小鼠排便功能的影响

由表6可知,在连续给予小鼠 IMO-90 14 d 后,模型对照组小鼠比空白对照组小鼠首次排便时间、首次排黑便时间明显延长,8 h 排便重量显著减少,表示便秘模型建立成功。与模型对照组相比较的结果表明中剂量[3.3 g/(kg·bw)]的 IMO-90 为改善小鼠的便秘状况的有效剂量。

表6 IMO-90 对小鼠排便时间及重量的影响(n=12)

组别	受试物剂量 [g/(kg·bw)]	首次排便时间(min)	首次排黑便时间(min)	8 h 排便重量(g)
模型对照组	0	280.30±68.25	365.67±32.76	0.4188±0.1804
低剂量组	2.5	237.02±60.93	331.38±57.18	0.5351±0.2504
中剂量组	3.3	184.92±60.14**	288.59±45.88**	0.5888±0.1530*
高剂量组	6.7	271.45±41.72	325.47±57.16*	0.5969±0.1130**
空白对照组	0	76.08±10.51***	144.29±13.57***	1.2854±0.3250***

*$P<0.05$ 与模型对照组比较;**$P<0.01$ 与模型对照组比较;***$P<0.001$ 与模型对照组比较。

3 讨论

人体肠道菌群可被分为对人体健康有益和有害两大类。双歧杆菌和乳杆菌是有益菌,这类菌可抑制病原菌的生长繁殖，激活巨噬细胞的吞噬作用，增强机体的非特异性和特异性免疫反应，提高机体抗病能力。而肠球菌、肠杆菌等是条件有害菌，可将食物中的一些成分变为多种有害物质，如胺、吲哚、酚类，从而引起某些肠道疾病。因此，肠道菌群间形成的相互协调、制约的微生态环境，与人体健康密切相关[4-6]。

本实验结果表明，IMO-50和IMO-90都具有调节小鼠肠道菌群的作用。表1显示，IMO-50调节小鼠肠道菌群的有效剂量为2.5 g/（kg·bw），若剂量加倍，则效果更全面。表4提示IMO-90调节小鼠肠道菌群的有效剂量为1.2 g/（kg·bw），剂量增加到3.4 g/（kg·bw）时，其调节效果更佳。

低聚异麦芽糖是功能性低聚糖的一种，20世纪80年代由日本学者首先开发成产品。低聚异麦芽糖属难消化性低聚糖，其渗透压仅为葡萄糖的1/4，因而在经过小肠时被吸收利用的速度比单、双糖慢得多。进入大肠后，被双歧杆菌所利用，而肠内有害菌则很难利用它们。双歧杆菌以其为养分得到大量繁殖。另外，由于低聚异麦芽糖的水分湿度为0.75，比蔗糖、高麦芽糖浆、葡萄糖浆等都低，而一般的细菌、霉菌在水分湿度小于0.8的环境中不能生长，因此，双歧杆菌得以大量增殖，使有益菌在肠道内占绝对优势。由此，低聚异麦芽糖可以作为双歧因子，使双歧杆菌增殖，从而其代谢产物乙酸和乳酸也必然增多，降低肠道内pH，抑制有害菌的生长，大大减少了它们的有毒代谢物，如胺、吲哚等。同时低pH的微生态环境还可以刺激肠道的蠕动。另外，由于低聚异麦芽糖的难消化性，使其具备膳食纤维的作用，也起到了促进肠道蠕动的功效[2, 7]。

本文的润肠通便实验结果显示，中等剂量的IMO-50 [5.0g/（kg·bw）]和IMO-90 [3.3g/（kg·bw）]均可有效缩短便秘小鼠首次排便时间和首次排黑便时间，明显增加8 h排便重量；低剂量的IMO-50[3.3 g/（kg·bw）]和IMO-90[2.5 g/（kg·bw）]即可有效增加便秘小鼠的小肠推进率，到高剂量时，两者都可以使便秘小鼠的小肠推进率恢复到正常小鼠的状态。

本实验结果提示低聚异麦芽糖不仅促进了小鼠肠道微生态环境的良性调整，而且具有润肠通便功效。

【参考文献】

[1] 郑建仙，耿立萍. 功能性低聚糖析论. 食品与发酵工业，1997，23（1）：39-46.
[2] 尤新. 功能性发酵制品. 北京：中国轻工业出版社，2000.
[3] 布坎南，吉本斯. 伯杰细菌鉴定手册. 8版. 中国科学院微生物研究所译. 北京：科学出版社，1984：928.
[4] lshibashi N, Shimamura S. Bifidobacteria: research and development in Japan. Food Technology, 1993, 6: 126.
[5] Yoshioka H, Fujita K. Development of the normal intestinal flora and its clinical significance in infants and children. Bifidobacteria Microflora, 1991, 10（1）：11.
[6] 熊德鑫. 微生态制剂. 江西科学，1990，1（52）：161.
[7] 胡新平，张本山，杨连生，等. 功能糖类——异麦芽低聚糖. 食品与发酵工业，1996，（5）：70-72.

原文发表于《食品科学》，2001年第6期

金属硫蛋白抗氧化及增强免疫作用的研究

魏 涛 唐粉芳 王卫平 高兆兰 金宗濂

北京联合大学 应用文理学院

【摘要】 本文研究了金属硫蛋白的抗氧化及增强免疫作用。以低 [0.33 mg/（kg·bw）]、中 [0.67 mg/（kg·bw）]、高 [1.00 mg/（kg·bw）] 三个剂量的 Zn-MT 饲喂 10 月龄的昆明小鼠，测定各项抗氧化指标。以 3.3 μg/（kg·bw）的 Zn-MT 饲喂 2 月龄的昆明小鼠，测定各项免疫指标。结果表明：与对照组相比，低剂量金属硫蛋白能够提高肝超氧化物歧化酶活力 9%（$P<0.01$）；中剂量金属硫蛋白能够提高小鼠谷胱甘肽过氧化物酶活力 10%（$P<0.05$），降低肝过氧化脂质 18%（$P<0.05$），提高肝超氧化物歧化酶活力 14%（$P<0.01$）；高剂量金属硫蛋白能够提高小鼠谷胱甘肽过氧化酶活力 15%（$P<0.01$），降低肝过氧化脂质 18%（$P<0.05$）；降低心肌脂褐质含量 9%（$P<0.5$）；3.3 μg/（kg·bw）的 Zn-MT 能够提高小鼠胸腺/体重 17%（$P<0.05$），提高足跖肿胀厚度 15%（$P<0.001$）和碳廓清吞噬指数 19%（$P<0.05$），结果提示金属硫蛋白具有抗氧化及增强免疫作用。

【关键词】 金属硫蛋白；抗氧化；免疫；自由基

Study of antioxidation and enhancing immunity effect of metallothioneins

Wei Tao Tang Fenfang Wang Weiping Gao Zhaolan Jin Zonglian

College of Applied Science and Humanities of Beijing Union University

Abstract: The purpose of this research was to investigate the effects of metallothioneins on antioxidation and enhancing immunity. The effect of Zn-MT on antioxidation was investigated in 10 month old mice. There were control group, low dose group [0.33mg/（kg·bw）], media dose group [0.67mg/（kg·bw）] and high dose group [1.00mg/（kg·bw）]. The effect of metallothionein on enhancing immunity was investigated in 2 month old mice with 3.3 μg/（kg·bw）Zn-MT. The results indicated: compared with control group, low dose Zn-MT could improve hepatic SOD 9%（$P<0.05$）; media dose Zn-MT could improve GSH-Px 10%（$P<0.05$）, lower peroxidize lipid 18%（$P<0.05$）and hepatic SOD 14%（$P<0.01$）; high dose Zn-MT could improve GSH-Px 15%（$P<0.01$）, lower peroxidize lipid 18%（$P<0.05$）and LPO 9%（$P<0.05$）; 3.3 μg/（kg·bw）Zn-MT could improve thymus/weight 17%（$P<0.05$）, DTH 15%（$P<0.001$）and carbon expurgation index 19%（$P<0.05$）. These results indicate MT's functions on antioxygenation and enhancing immunity.

Key words: metallothionein; antioxidation; immunity; free radical

金属硫蛋白（metallothionein，MT）又名金属硫组氨酸甲基内盐，是一类广泛存在于生物体内，低相对分子质量，富含半胱氨酸，又可被多种因素诱导的金属结合蛋白。哺乳类动物的 MT 通常是一条含有 61 个氨基酸的肽链，其中有 20 个半胱氨酸残基占氨基酸残基总量的 33%，半胱氨酸残基上的巯基能结合 7 个金属离子。所有半胱氨酸以还原型与金属离子配位而形成具有特定光谱学特征的金属硫基配位簇[1]。MT 不含组氨酸和芳香族氨基酸。由于其结构上的特性决定了 MT 生物学功能的多样性。MT 除了具有对重金属的解毒作用和对生物体内所必需的微量元素的储存、运输作用外，它还具有增强机体的应激能力、拮抗电离辐射、清除自由基等重要生物学功能。目前国际上已提出一系列的衰老学说来揭示衰老机理。自由基学说是具有代表性的衰老学说之一[2]。MT 被认为是生物体清除羟基自由基能力最强的生物活性物质，它能够抑制脂质过氧化过程，保护细胞，增强吞噬细胞的功能，具有延缓衰老和提高机体免疫的生物学功能。本实验探讨 MT 在抗氧化和提高机体免疫力中的作用。

1 材料与方法

1.1 样品

白色粉末状 Zn-MT，供抗氧化及免疫实验。

1.2 实验动物

1.2.1 抗氧化实验

选用北京大学医学部（简称北医）实验动物部昆明种 10 月龄二级雌性小鼠，按体重随机分为对照组和低 [0.33 mg/（kg·bw）]、中 [0.67 mg/（kg·bw）]、高 [1.00 mg/（kg·bw）]3 个剂量组，组间体重经 t 检验无显著差异（$P > 0.05$）。采取灌胃法，连续给予受试物 60 d 后，测定各项抗氧化指标。

1.2.2 调节免疫实验

选用北医实验动物部昆明种 2 月龄二级雌性小鼠，按体重随机分为对照组和 MT 组 [剂量为 3.3 μg/（kg·bw）]，组间体重经 t 检验无显著差异（$P > 0.05$）。采取灌胃法，连续给予受试物 30 d 后，测定各项免疫指标。

1.3 实验方法

1.3.1 心肌脂褐质含量测定

取出心肌，去除结缔组织和脂肪后，称重。在匀浆器中加入三氯甲烷甲醇提取液（2∶1）匀浆，提取脂褐质 2～3 次。将几次提取液合并，定容至 7 ml。将提取液以 3000 r/min 离心 10 min，其上清液用于测定荧光强度。激发波长 360 nm，发射波长 450nm，以硫酸奎宁（0.1 μg/ml，0.1 mol/L 硫酸）为标准对照，其荧光强度定为 50 单位（Is）。在该条件下测定样品荧光强度（Is），三氯甲烷甲醇溶液为空白对照。

1.3.2 肝超氧化物歧化酶（SOD）比活力测定

小鼠断头后，取适量肝脏加入预冷的 pH 为 8.2 的 0.1 mol Tris-HCl 缓冲液，制备 10%（W/V）组织匀浆。将匀浆器的液体以 13 000 r/min（4℃）离心 10 min，其上清液即为粗酶液，可供测定。

邻苯三酚自氧化速率的测定：在 4.5 ml 经 25 ℃保温 20 min 的 Tris-HCl 缓冲液中加入 10 μl 经 25 ℃预温的邻苯三酚溶液，立即计时，并迅速摇匀，倒入光径 1 cm 的石英比色杯内，于 λ=325 nm 下每隔 30 s 测定吸收值 A 1 次，每管读 4 min。

样品自氧化速率的测定：在 4.5 ml 经 25 ℃保温 20 min 的 Tris-HCl 缓冲液中再加入适量样液，加入 10 μl 经 25℃预温的邻苯三酚溶液，立即计时，并迅速摇匀，倒入光径 1 cm 的石英比色杯内，在 $\lambda=325$ nm 下每隔 30 s 测定吸收值 A 1 次，每管读 4 min 酶活力单位（U）定义是在 1 ml 反应液中，每分钟抑制邻苯三酚自氧化率达 50% 的酶量定为一个活力单位。SOD 比活力用 U/mg 蛋白表示。

1.3.3　全血中谷胱甘肽过氧化物酶（GSH-Px）活力测定

取鼠血 10 μl 加入到 1 ml 双蒸水中，充分振摇，制成血样稀释液，见表 1。

表 1　GSH-Px 的测定

试剂	样品管	非酶管	空白管
还原型谷胱甘肽（GSH，ml）	0.4	0.4	—
血样稀释液（ml）	0.4	—	—
双蒸水	—	0.4	—
37℃水浴 5 min			
H_2O_2（ml）37℃预温	0.2	0.2	—
37℃水浴准确反应 3 min			
偏磷酸沉淀液（ml）	4	4	—
3000 r/min 离心 10 min			
离心上清液	2	2	—
双蒸水	—	—	0.4
偏磷酸沉淀液	—	—	1.6
Na_2HPO_4	2.5	2.5	2.5
DTNB 显色液	0.5	0.5	0.5
显色反应 1 min，于 420 nm 波长，读光密度（O.D.）值			

全血 GSH-Px 活力单位：规定 1 ml 全血在 1 min 内，扣除非酶反应的 lg[GSH] 降低后，使 lg[GSH] 降低 1 为一个活力单位。

1.3.4　肝过氧化脂质（LPO）含量的测定

用 0.15 mol KCl-5mmol/L Tris-Maleate（pH 7.4）制备 10% 组织匀浆（W/V），见表 2。

表 2　LPO 的测定

试剂	空白管	样品管
缓冲组织（ml）	1.0	—
匀浆液（ml）	—	1.0
TCA-TBA 溶液（ml）	2.0	2.0

混匀后，于 1500 r/min 离心 10 min，将上清液移入另一试管，在沸水浴中加热 8 min 待冷却至室温后，在 535 nm 波长下测定光吸收值，空白管调零。

1.3.5　迟发型变态反应（DTH）（足跖增厚法）

腹腔注射 0.2 ml 1.2%（V/V）SRBC 免疫每只小鼠。免疫 4 d 后，用螺旋测微器测量左后足趾厚度，然后在测量部位皮下注射 0.02 ml 20% SRBC，24 h 后测量左后足趾厚度。同一部位测量 3 次，取平均值。以攻击前后足趾厚度的差值来表示 DTH 的程度。

1.3.6 小鼠碳廓清实验

对每只小鼠尾静脉注射稀释 4 倍的印度墨汁，0.1 ml/10 g 体重。待墨汁注入后立即计时。分别于注入墨汁后 2 min、10 min 取血 0.02 ml 加至 2 ml 碳酸钠溶液中，600 nm 波长处测定光密度值，以碳酸钠溶液作对照。另取肝脏和脾称重，以吞噬指数来表示巨噬细胞吞噬功能。

1.3.7 血清溶血素的测定

腹腔注射 0.2 ml 2%（V/V）SRBC 免疫每只小鼠。5 d 后，摘眼球取血于离心管内，放置 1 h，2000 r/min 离心 10 min，收集血清。小鼠血清用 SA 缓冲液稀释 400 倍，依次加入稀释的小鼠血清 1 ml、10%（V/V）的 SRBC 0.5 ml、补体（用 SA 液 1：10 稀释）1 ml。另设不加血清的对照管（SA 缓冲液代替），置 37 ℃水浴 20 min 后冰水浴终止反应，2000 r/min 离心 10 min。取上清液 1 ml，都氏试剂 3 ml 于试管内，同时取 10%（V/V）的 SRBC 0.25 ml，加都氏试剂 4 ml 和为半数溶血管。放置 10 min 后，540 nm 波长处测定光密度值。试验结果以半数溶血值（HC50）表示。

2 结果

2.1 Zn-MT 对老龄小鼠抗氧化实验指标的影响

表 3 表明，与对照组相比，低剂量 MT 能够提高肝 SOD 比活力 9%（$P < 0.05$）；中剂量 MT 能够提高小鼠 GSH-Px 10%（$P < 0.05$），降低肝 LPO 18%（$P < 0.05$），提高肝脏 SOD 比活力 14%（$P < 0.01$）；高剂量 MT 能够提高小鼠 GSH-Px 15%（$P < 0.01$），降低肝 LPO 18%（$P < 0.05$），降低心肌脂褐质含量 9%（$P < 0.05$）。因此，MT 具有抗氧化作用。

表3 Zn-MT 对老龄小鼠抗氧化试验指标的影响（$\bar{X} \pm SD$）

组别	n	心肌脂褐质含量（μg/g）	肝 LPO 含量（pmol/mg 蛋白）	SOD 比活力（U/mg 蛋白）	GSH-Px（活力单位数）
对照组	12	3.43±0.30	2.70±0.58	28.47±2.06	26.59±2.35
低剂量组	12	3.47±0.45	2.74±3.04	31.09±2.89*	26.53±3.04
中剂量组	12	3.35±0.60	2.22±0.37*	32.42±2.80**	29.30±3.23*
高剂量组	12	3.03±0.10*	2.22±0.40*	28.95±3.30	30.67±3.55**

*$P < 0.05$ 与对照组比较有显著性差异；**$P < 0.01$ 与对照组比较有非常显著性差异。

2.2 Zn-MT 对小鼠免疫实验指标的影响

表 4 表明，与对照组相比，3.3 μg/（kg·bw）剂量的 MT 能够提高小鼠胸腺/体重 17%（$P < 0.05$），增加足趾肿胀厚度 15%（$P < 0.001$），提高碳廓清吞噬指数 19%（$P < 0.05$）。因此，MT 具有增强免疫作用。

表4　Zn-MT对老龄小鼠免疫实验指标的影响（$\bar{X}\pm$SD）

组别	n	胸腺/体重（mg/g）	足跖肿胀厚度（mm）	碳廓清吞噬指数	溶血素（HC50）
对照组	10	2.22±0.44	1.03±0.09	4.57±0.29	182.7±31.2
MT组	10	2.60±0.39*	1.18±0.07***	5.45±1.03*	205.6±45.7

*$P<0.05$与对照组比较有显著性差异；***$P<0.001$与对照组比较有极显著性差异。

3　讨论

MT中富含半胱氨酸的巯基，具有极强的清除自由基能力，而自由基是严重影响细胞正常功能、引起细胞和机体衰老的原因。体内自由基的平衡是由一些抗氧化剂防御系统来完成的，这些防御系统包括一些特异性的酶对自由基的清除作用，如SOD对O_2的分解和谷胱甘肽过氧化物酶对H_2O_2及脂类过氧化物的分解等，以及一些非特异性的抗氧化剂，如还原型GSH、维生素E、维生素C、转铁蛋白等。在它们的协同作用下，使体内过多的自由基转变为无害的H_2O分子，起到抗氧化作用。我们的实验结果表明，MT能显著提高SOD、GSH-Px的活性。而且MT的抗氧化作用还在于能直接有效地清除·OH，而·OH是体内危害性最大的一类自由基。MT清除·OH自由基能力是GSH-Px的100倍，为SOD的1000倍。此外，MT非常容易被诱导，作用范围广泛。许多因素如高氧吸入、体温过高、离子辐射或接触某些化学物质在导致自由基产生并引起过氧化的同时，也诱导机体MT合成的增加。因此，MT可针对不同的氧化性应激因素发挥作用，具有广泛的保护意义。

MT具有很强的生物膜保护功能，可增强细胞功能。我们的实验结果表明，MT能够显著提高小鼠胸腺/体重、足跖肿胀厚度及碳廓清吞噬指数，具有提高细胞免疫和非特异性免疫功能。另外，MT在清除自由基的同时释放出微量元素锌，促进免疫功能和细胞代谢，从而提高其抗炎和自我保护、自我修复、自我改善的能力。

综上所述，MT具有较强的抗氧化和增强免疫作用，是应用于保健食品的一个极好的功能因子，在食品领域内具有广阔的应用前景。

【参考文献】

[1] Käji J H R, Kojima Y. Chemistry and biochemistry of metallothionein. Experientia Supplementum，1987，（52）：25-61.
[2] 王永雁，田清涞，马瑾瑜，等．人类衰老学．上海：上海科技大学出版社，1995：159.

原文发表于《中国食品添加剂》，2000年第2期

D- 木糖调节肠道功能的实验研究

文 镜　魏 涛　赵育鑫　张 微　金宗濂

北京联合大学　应用文理学院　保健食品功能检测中心

【摘要】 对 D- 木糖调节肠道菌群和润肠通便功能进行研究。以小鼠为实验材料，调节肠道菌群和润肠通便实验均设三个 D- 木糖剂量组和正常对照组，实验组每日灌胃不同剂量的 D- 木糖溶液，连续 14 d 后取小鼠粪便检测肠道菌群，测定小肠推进率、首次排便时间、排便量等指标。实验结果显示三个剂量 D- 木糖溶液对实验组小鼠肠道菌群和润肠通便各项指标都有影响，表明 D- 木糖具有调节肠道菌群和润肠通便作用，D- 木糖调节人体肠道功能的适宜剂量为 $0.5 \sim 0.84$ g/(d·kg·bw)。

【关键词】 D- 木糖；调节肠道菌群；润肠通便

Regulation effect of *D*-xylose on intestinal function

Wen jing　Wei Tao　Zhao Yuxin　Zhang Wei　Jin Zonglian

Center of Functional Inspection of Health Food College of Applied Science and Humanities of Beijing Union University

Abstract: The regulation effects of *D*-xylose on the intestinal colonies intestinal moistening and relief of constipation were studied. Mice were used as experimental animal. Three different dose of *D*-xylose were used in each of the following experiments; the regulation effect on intestinal colonies and the intestinal moistening and relief of constipation. For the control group, water wax used Instead of *D*-xylose. On the experimental mice, different amount of *D*-xylose solution were orally fed daily. After feeding for 14 days, the Following items were identified: identification of the intestinal colonies through stool examination, the promotion rate of bowel movement and the first excrement time and its quantity. The results revealed that all the three different doses of *D*-xylose were influenced both the intestinal colonies and all of the other index of the intestinal movement. All the above indicated that *D*-xylose possessed the potency of both the regulation of intestinal colonies and the potency of intestinal moistening and relief of constipation.

Key words: *D*-xylose; regulation of intestinal colonies; moistening intestinal and relief of constipation

D- 木糖（D-xylose）是一种五碳醛糖，化学式为：$C_5H_{10}O_5$。D- 木糖首先由 Kock 于 1881 年从木材中发现并分离。1930 年，美国标准局公布了一种从棉籽壳中提取 D- 木糖的简便方法[1]。D- 木糖在农产品的废弃部分中（如玉米的穗轴、秸秆、棉桃的外皮等）含量很多[2]。目前工业上多以玉米穗轴加酸水解大规模生产 D- 木糖[3]，D- 木糖在人体中不易被吸收，热源作用极小，其在体内代谢极慢，通常用作低聚热量食品和糖尿病患者的甜味剂。D- 木糖是否具有调节肠道菌群和润肠通便作用目前尚未见有关实验研究报道。本文对 D- 木糖调节肠道菌群和润肠通便作用进行了实验研究。

1 材料与方法

1.1 样品

D- 木糖，白色粉末，纯度为 99.5%（永清天成木糖有限公司产品）。

1.2 实验动物

调节肠道菌群实验采用中国医学科学院动物中心繁育场提供的 BALB/C 二级雄性小鼠（合格证书：医动字第 01-3001 号），体重 18～22 g。按体重随机分为 4 组，经检验无明显差异。

润肠通便实验采用中国医学科学院动物中心繁育场提供的昆明种二级雄性小鼠，体重 18～22 g。按体重随机分为 5 组，经检验无明显差异。

1.3 D- 木糖的饲喂剂量

调节肠道菌群实验设三个实验组，三组 D- 木糖饲喂剂量分别为 2.8 g/（d·kg·bw）、4.2 g/（d·kg·bw）和 8.4 g/（d·kg·bw），为低、中和高剂量组。同时设正常对照组。采取灌胃法，每日灌胃各剂量受试物 1 次，灌胃量为 0.17 ml/（d·10 g·bw），正常对照组每日灌胃等量蒸馏水，连续给予受试物 14 d。

润肠通便实验设三个实验组，三组 D- 木糖饲喂剂量分别为 2.5 g/（d·kg·bw）、5 g/（d·kg·bw）和 10 g/（d·kg·bw），为低、中和高剂量组。同时设正常对照组和便秘模型对照组（复方地芬诺酯组）。采取灌胃法，每日灌胃各剂量受试物 1 次，灌胃量为 0.2 ml/（d·10g·bw），两个对照组每日灌胃等量蒸馏水，连续给予受试物 14 d。

1.4 仪器与试剂

1.4.1 仪器

超净台、AE100 电子天平、电热三用水箱、旋涡混合器、恒温恒湿箱、蒸气消毒器、JY922-11 型超声波细胞粉碎机；表面皿、锥形瓶、移液管、试管、酒精灯、恒温水浴锅、培养箱、电炉、厌氧罐、解剖器械、直尺、灌胃针等。

1.4.2 试剂

伊红亚甲蓝琼脂、牛肉蛋白胨、胰蛋白胨、酵母浸膏、琼脂、蔗糖、七叶苷、酵母粉、葡萄糖、可溶性淀粉、氯化钠、磷酸氢二钾、乙酸钠、柠檬酸铵、硫酸镁、硫酸锰、L- 半胱氨酸、吐温 80、炭黑墨水、复方地芬诺酯片。

1.4.3 培养基配方

肠杆菌培养基（EBM）、肠球菌培养基（SC）：蛋白质 15 g，琼脂 20 g，胰质 10 g，酵母浸膏 10 g，蔗糖 1 g，七叶苷 1 g，蒸馏水 1000 ml，SC 10 ml，马血清 10 ml，pH 8.0。

双歧杆菌选择性培养基（BBL）：蛋白质 15 g，酵母粉 2 g，葡萄糖 20.0 g，可溶性淀粉 0.5 g，氯化钠 5.0 g，5% 半胱氨酸 10 ml，番茄浸出液 400.0 ml，吐温 80 10 ml，肝提取液 80.0 ml，脂 20.0 g，蒸馏水 5200 ml，pH 7.0。

乳杆菌选择性培养基（MRS）：蛋白质 10 g，牛肉膏 10 g，酵母粉 2 g，葡萄糖 20 g，吐温 800 ml，磷酸氢钾 2 g，乙酸钠 5 g，柠檬酸铵 2 g，硫酸镁 0.2 g，硫酸锰 0.05 g，琼脂 25 g，蒸馏水 1000 ml，pH 6.0～6.5 稀释液，0.5% 半胱氨酸 0.01 ml，吐温 80 10 ml，酵母粉 0.5 g，

蒸馏水 1000 ml，pH 7.0～7.2。

1.5 观察 D-木糖调节肠道菌群作用的实验方法

1.5.1 实验条件

大肠杆菌：37℃于 EMB 培养基培养 48 h 后菌落计数。
大肠球菌：37℃于 SC 培养基厌氧培养 48 h 后菌落计数。
双歧杆菌：37℃于 BBL 培养基厌氧培养 48 h 后菌落计数。
乳杆菌：37℃于 MRS 培养基厌氧培养 48 h 后菌落计数。

1.5.2 实验步骤

在给予受试物之前，无菌采取小鼠粪便，放入已灭菌的 3 ml 稀释液的试管中，称重，并振荡混匀，使粪便完全均质于稀释液中。10 倍系列稀释至 10^8。选择合适的稀释区分别接种在各培养基上。培养后，以菌落形态，革兰氏染色镜检鉴定计数菌落（CFU），计算出每克湿便中的菌数，取对数后进行统计处理。连续给予各剂量受试物 14 d，最后一次给予受试物后 24 h，取粪便，检测肠道菌群，方法同上。

1.6 观察 D-木糖润肠通便作用的实验方法

1.6.1 小肠推进实验

连续给予受试物 14 d 后，各组小鼠禁食 24 h。实验开始前各剂量组给予受试物 0.5 ml，正常对照组和模型对照组给予等量蒸馏水。30 min 后，除正常对照组外，其余各组灌胃复方地芬诺酯 10 mg/（kg•bw）。20 min 后用颈椎脱臼法处死动物，立即取出小肠全长和自幽门至墨水运动前沿位移，计算小肠推进率。

小肠推进率（%）= 墨水移动距离（cm）/ 小肠全长（cm）×100

1.6.2 排便实验

连续给予受试物 14 d 后，各组小鼠禁食 24 h。除正常对照组外，其余各组灌胃复方地芬诺酯 10 mg/（kg•bw），将小鼠放入鼠笼中单独饲养，正常饮水进食。1 h 后，给各组小鼠灌胃 10% 炭黑墨水 0.5 ml。受试物组给予炭黑墨水含相同剂量的受试物。观察记录每只小鼠自灌胃复方地芬诺酯起，至首次排出黑便所需时间，以及小鼠排便粒数和排便重量。

1.7 实验资料用方差分析进行统计

2 实验结果

2.1 D-木糖调节肠道菌群作用的实验结果

2.1.1 D-木糖对小鼠体重的影响

给小鼠灌胃不同剂量的 D-木糖 14 d 前后，与正常对照组比较，各剂量组体重均无显著差异。说明实验环境稳定，饲喂剂量适宜。

2.1.2 D-木糖对小鼠肠道大肠杆菌数量的影响

给小鼠灌胃 D-木糖 14 d 后，与灌胃前相比，低、中、高剂量组，大肠杆菌的 lgCFU/g 值分别减少 6.8%（$P<0.01$）、6.4%（$P<0.05$）、8.6%（$P<0.05$）。与正常对照组比较，低剂量 D- 木糖能减少大肠杆菌 lgCFU/g 7.1%（$P<0.01$）。

2.1.3 D- 木糖对小鼠大肠球菌数量的影响

由表 1 可知，给小鼠灌胃 D- 木糖 14 d 前后，与灌胃前相比，中、高剂量组大肠球菌 lgCFU/g 值分别减少 8.4%（$P<0.05$）和 8.2%（$P<0.05$）。

表 1 D- 木糖对小鼠肠道大肠球菌数量的影响（$\bar{X}\pm SD$）

组别	受试物剂量 [g/(d·kg·bw)]	动物数（只）	灌胃前计数（lgCFU/g）	灌胃后计数（lgCFU/g）	灌胃前后变化率（%）
正常对照组	0	10	7.60±0.68	7.54+0.54	0.03±0.12
低剂量组	2.8	10	7.50±0.27	7.31±0.70	2.2±0.99
中剂量组	4.2	10	8.11±0.52	7.54±0.63#	8.4±0.101
高剂量组	8.4	10	8.03±0.57	7.35±0.76#	8.2±0.09

#$P<0.05$ 与灌胃前比较，有显著性异常。

2.1.4 D- 木糖对小鼠肠道内双歧杆菌数量的影响

由表 2 可知，给小鼠灌胃 D- 木糖 14 d 后，与灌胃前相比，低、中、高剂量组双歧杆菌的 lgCFU/g 值分别增加 3.8%（$P<0.05$）、4.2%（$P<0.05$）和 6.4%（$P<0.05$）。与正常对照可知，高剂量组双歧杆菌的 lgCFU/g 值提高 6.0%（$P<0.05$）。

表 2 D- 木糖对小鼠肠道内双歧杆菌数量的影响（$\bar{X}\pm SD$）

组别	受试物剂量 [g/(d·kg·bw)]	动物数（只）	灌胃前计数（lgCFU/g）	灌胃后计数（lgCFU/g）	灌胃前后变化率（%）
正常对照组	0	10	9.11±0.33	9.10±0.34	2.49±0.07
低剂量组	2.8	10	8.97±0.40	9.30±0.22#	3.8±0.04
中剂量组	4.2	10	8.88±0.39	9.37±0.33##	4.2±0.07
高剂量组	8.4	10	9.07±0.46	9.65±0.45#*	6.4±0.05

#$P<0.05$ 与灌胃前比较，有显著性差异；##$P<0.01$ 与灌胃前比较，有极显著性差异；*$P<0.05$ 与正常对照组比较，有显著性差异。

2.1.5 D- 木糖对小鼠肠道内乳杆菌的影响

由表 3 可知，给小鼠灌胃 D- 木糖 14 d 后，与灌胃前相比，低、中、高剂量组乳杆菌的 lgCFU/g 提高 5.6%（$P<0.01$）、5.8%（$P<0.05$）和 5.5%（$P<0.05$）。与正常对照组相比，高剂量组乳杆菌的 CFU/g 值增加 1.8%（$P<0.05$）。

表 3 D- 木糖对小鼠肠道内乳杆菌的影响（$\bar{X}\pm SD$）

组别	受试物剂量 [g/(d·kg·bw)]	动物数（只）	灌胃前计数（lgCFU/g）	灌胃后计数（lgCFU/g）	灌胃前后变化率（%）
正常对照组	0	10	8.98±0.63	9.07±0.17	2.7±0.08
低剂量组	2.8	10	8.73±0.29	9.15±0.41##	5.6±0.04

续表

组别	受试物剂量 [g/(d·kg·bw)]	动物数（只）	灌胃前计数（lgCFU/g）	灌胃后计数（lgCFU/g）	灌胃前后变化率（%）
中剂量组	4.2	10	8.90±0.41	9.25±0.43	5.8±0.06
高剂量组	8.4	10	8.82±0.61	9.30±0.33#	5.5±0.06

#$P < 0.05$ 与灌胃前比较，有显著性差异；##$P < 0.01$ 与灌胃前比较，有极显著性差异。

2.2 D-木糖润肠通便作用的实验结果

2.2.1 D-木糖对润肠通便实验小鼠体重的影响

表4的实验结果经统计可知，给予小鼠不同剂量的受试物14 d前后，与正常对照组比较，两组动物模型对照组和各剂量组小鼠体重均无显著性差异（$P > 0.05$）。表明实验环境稳定，口服受试物在实验期间未给动物身体带来不适。在此条件下，以下实验各项检测指标结果中出现的差异主要是由受试物引起的。

表4 D-木糖对排便实验小鼠体重的影响（$\bar{X}\pm SD$）

组别	受试物剂量 [g/(d·kg·bw)]	动物数（只）	给受试物前体重（g）	给受试物14 d后体重（g）
模型对照组	0	12	21.3±0.8	29.1±2.5
低剂量组	2.5	12	21.3±1.3	28.1±2.4
中剂量组	5	12	20.9±1.4	27.5±2.4
高剂量组	10	12	21.0±1.0	27.8±1.9
正常对照组	0	12	21.7±0.9	27.5±2.0

2.2.2 D-木糖对小鼠小肠推进运动的影响

由表5可见，模型对照组与正常对照组相比小肠推进率降低31%（$P < 0.001$），表明模型建立成功。与模型对照组相比，低剂量组小肠推进率提高52%（$P < 0.001$），中剂量组小肠推进率提高86%（$P < 0.001$），高剂量组小肠推进率提高93%（$P < 0.001$），说明D-木糖具有增加肠蠕动的作用。

表5 D-木糖对小鼠小肠推进运动的影响（$\bar{X}\pm SD$）

组别	受试物剂量 [g/(d·kg·bw)]	动物数（只）	小肠推进率（%）	P（与模型对照组比较）
模型对照组	0	14	43.8±8.1	
低剂量组	2.5	14	66.7±10.3***	6.2×10^{-7}
中剂量组	5	14	81.3±12.9***	1.2×10^{-9}
高剂量组	10	14	84.5±14.4***	1.1×10^{-9}
正常对照组	0	14	63.4±18.0***	0.0009

***$P < 0.001$ 与模型对照组相比有极显著差异。

2.2.3 D-木糖对小鼠首次排黑便时间的影响

由表6可见，模型对照组与正常对照组相比，首次排黑便时间平均延长149 min（$P < 0.001$），说明便秘模型建立成功。与模型对照组相比，低剂量组首次排黑便时间平均缩短85 min（$P < 0.001$），中剂量组首次排黑便时间平均缩短106 min（$P < 0.001$），高剂量组首次排黑便时间平均缩短111 min（$P < 0.001$），这说明D-木糖能够有效缓解便秘。

表6 D-木糖对小鼠首次排黑便时间的影响（$\bar{X}\pm \text{SD}$）

组别	受试物剂量[g/(d·kg·bw)]	动物数（只）	首次排黑便时间（min）	P（与模型对照组比较）
模型对照组	0	12	312±43	—
低剂量组	2.5	12	227±54***	0.0003
中剂量组	5	12	206±33***	7.5×10^{-7}
高剂量组	10	12	201±44***	2.3×10^{-6}
正常对照组	0	12	163±38***	7.3×10^{-9}

***$P < 0.001$ 与模型对照组相比有极显著差异。

2.2.4 D-木糖对小鼠排便粒数的影响

模型对照组与正常值相比4 h排便粒数减少75%（$P < 0.001$），表明模型建立成功。与模型对照相比低剂量组4 h排便粒数增加73%（$P < 0.05$），中剂量组4 h排便粒数增加68%（$P < 0.001$），高剂量组4 h排便粒数增加64%（$P < 0.001$）。

2.2.5 D-木糖对小鼠排便重量的影响

由表7可见，服用D-木糖的小鼠在本实验条件下排便比便秘模型组显著增加。说明木糖具有通便作用。

表7 D-木糖对小鼠4 h排便重量的影响（$\bar{X}\pm \text{SD}$）

组别	受试物剂量[g/(d·kg·bw)]	动物数（只）	4 h排便重量（g）	P（与模型对照组比较）
模型对照组	0	12	0.1282±0.0781	—
低剂量组	2.5	12	0.3062±0.2044**	0.009
中剂量组	5	12	0.3353±0.1116***	0.0006
高剂量组	10	12	0.3112±0.2007**	0.008
正常对照组	0	12	0.5861±0.1487***	4.0×10^{-6}

$P < 0.01$ 与模型对照组比有显著差异；*$P < 0.001$ 与模型对照组比有极显著差异。

3 讨论

在肠道菌群实验中选用的双歧杆菌、乳杆菌为胃肠道有益指示菌，大肠杆菌和大肠球菌为有害指示菌。在灌胃受试物14 d后进行测定。由表1～表3可知，各剂量组在灌服受试物前大肠球菌与双歧杆菌数量无显著差异（$P < 0.05$）。在灌服受试物后，各剂量组大肠球菌数量均有不同程度的减少。其中以低剂量受试物效果最好，大肠球菌与对照组相比有明显下降（$P < 0.01$），与其自身灌服前相比也明显下降（$P < 0.01$），各剂量组大肠球菌均有不同程度减少。

同时各剂量组双歧杆菌均有不同程度增加，其中以高剂量受试物效果最好，双歧杆菌与自身灌服前相比不仅明显增加（$P < 0.05$），而且与对照组相比，也有明显增加（$P < 0.05$），各剂量组乳杆菌同样均有不同程度增加，以高剂量组受试物效果最好，乳杆菌与对照组和自身灌服前比较有明显增加（$P < 0.05$）。实验结果显示，各剂量组 4 种菌群均有不同程度改变。其中，高剂量 D- 木糖可以显著改善 4 种肠道指示菌，不仅灌服前后有显著差异，而且与对照组相比，双歧杆菌、乳杆菌显著增加，而低剂量 D- 木糖不能明显降低大肠球菌，中剂量 D- 木糖不能明显提高乳杆菌。因此，高剂量 [8.4 g/（kg·bw）] D- 木糖改善肠道菌群的作用最好。

D- 木糖之所以具有调节肠道菌群的功能，可能是由于它在消化道内吸收的速度较慢，被肠道内微生物利用，作为它们的营养物质，促进它们增殖。双歧杆菌产生的双歧杆菌素对腐生菌有抑制作用，同时，双歧杆菌、乳杆菌产生的乙酸、乳酸使肠道 pH 降低，达到抑制腐生菌的目的。

连续 14 d 给小鼠灌胃 D- 木糖后，双歧杆菌和乳杆菌均有增加现象。据报道，双歧杆菌和乳杆菌代谢过程中产生有机酸使肠道 pH 变为弱酸性，可促进肠道蠕动。由于人体内缺乏分解 D- 木糖的酶，使得 D- 木糖不易被吸收。肠道内 D- 木糖的积累出现高渗透压使肠外水分渗透进入肠道，引起肠道蠕动。由此可推测，D- 木糖对润肠通便也应有一定作用。与模型对照组比较，低、中、高剂量组小鼠小肠推进率分别提高 52%、86% 和 93%，首次排黑便时间各缩短 85 min、106 min 和 111 min，见表 6。排便重量有显著增加，且中剂量组与高剂量组之间无明显差异，见表 7。实验表明 D- 木糖具有良好的润肠通便作用。对于小鼠，D- 木糖润肠通便作用的适宜剂量为 5 g/（d·kg·bw）。结合 D- 木糖改善肠道菌群的适用剂量 [8.4 g/（d·kg·bw）]，木糖调节小鼠肠道功能的适宜剂量为 5～8.4 g/（d·kg·bw），换算到成年人为 0.5～0.84/（d·kg·bw）。

【参考文献】

[1] Mabel M M, Howard B L. Pentose metabolism. 3: the rate of absorption of D-xylose and the formation of glycogen in the organism of the white rat after oral administration of D-xylose. J Bio Chem，1932，98：133-140.
[2] 山田常雄. 生物学词典. 鄂永昌，译. 北京：科学出版社，1997：600.
[3] 尤新. 木糖醇市场和我们的工作. 发酵工业通讯，2000，91（2）：6.

原文发表于《世界名医论坛杂志（香港）》，2002 年第 2 期

壳寡糖抑制肿瘤作用的研究

杜昱光[1]　白雪芳[1]　金宗濂[2]　燕　秋[2]　朱正美[3]

1. 中国科学院　大连化学物理研究所
2. 北京联合大学　应用文理学院
3. 大连医科大学　生化教研室

【摘要】 本文通过对几种寡聚糖对 S_{180} 癌细胞的抑制作用试验，筛选出其中有较强抑制肿瘤作用的壳寡糖，并对不同工艺制备的壳寡糖用体外抑制肿瘤方法进行抑制肿瘤活性比较，结果表明：3 种壳寡糖中对癌细胞 DNA 合成的抑制作用效果最好的是 C-Ⅲ-2，抑制率达 98.5%。壳寡糖 C-Ⅲ-2 对多种肿瘤细胞体外的抑制作用试验表明：壳寡糖对肝癌细胞有明显抑制作用，抑制率平均达 76%，高于顺铂组及对照组，同时对小鼠肝癌腹水细胞的生长也有一定的影响。

【关键词】 壳寡糖；抑制肿瘤

壳寡糖具有多种优异的生理功能，它能提高机体的免疫能力和抗制肿瘤能力[1-2]，改善肠道微生物的区系分布，刺激有益菌的生长[3-4]，还可作为植物功能调节剂刺激植物生长[5]，增强植物对病虫害的防御能力。利用经过酶降解和反应分离耦合等生化工程新技术、采用不同工艺制备的壳寡糖，进行了抑制肿瘤活性筛选、体外及体内抑制肿瘤作用试验，试验方法及结果如下所示。

1 材料与方法

1.1 材料

甘露寡糖（由中国科学院微生物研究所提供）。
磺化甘露寡糖（由中国科学院微生物研究所提供）。
壳寡糖（由中国科学院大连化学物理研究所 603 组提供）
患 S_{100} 腹水癌昆明小鼠（由北京药物所提供）。
昆明种 1 月龄雌性二级小鼠，体重 18～22 g（由中国医学科学院动物中心繁育场提供）。
肝癌、宫颈癌（Hela）、红白血病（K562）、淋巴性白血病（Raji）4 种人肿瘤和小鼠肝癌腹水模型（Heps）（由大连医科大学病理教研室提供）。
小鼠肝癌高淋巴道转移细胞系 HCa-F（由大连医科大学病理教研室提供）。

1.2 方法

1.2.1 壳寡糖的制备

壳寡糖是以蟹虾的外壳甲壳质（几丁质）经脱乙酰化处理后得到壳聚糖为原料，通过酶降解及反应分离耦合等生化工程技术制备而成。不同的制备工艺得到不同的壳寡糖，即 C-Ⅲ-2、C-Ⅱ-2 和 C-Ⅰ-2。

1.2.2 壳寡糖的测定方法

通过盐酸水解成游离氨基葡萄糖释出，以水为对照，在 535 nm 处测定光密度值，由标准曲线求出其氨基葡萄糖的含量[7]。

1.2.3 同位素掺入实验方法

由已接种 7～8 d 患 S_{100} 腹水癌昆明小鼠 5 只，无菌制成混合腹水，染色，镜检，癌细胞 >95%，用 Eagle 液稀释成 3.5×10^6 个/ml。实验分成本低、空白对照和实验等 3 组，每个样品设 3 个平行管。各管按上述顺序加完后，混匀，37 ℃保温 4 h 后细胞收集器收集癌细胞于玻璃纤维膜，用冷生理盐水洗涤 2 次，每次 5 s，间隔空抽 2 s 后用 10% TCA 洗涤并固定细胞，干燥，置于闪烁杯中，消化，冷却，各管加 7 ml 闪烁液。LKB-1209 全自动液闪仪进行测量（cpm）。按公式：

$$抑制率（\%）=（对照管实验管）/对照管 \times 100$$

计算样品对癌细胞 DNA 合成的抑制率。

1.2.4 壳寡糖的筛选方法

以不同批次的壳寡糖 C-Ⅲ-2（48.3 g/L），C-Ⅱ-2（52.3 g/L），C-Ⅰ-2（47.6 g/L）为原液、稀释 10 倍和稀释 100 倍 3 个剂量，除空白对照外，其余各组均设无瘤细胞组，最后计算抑制率。

1.2.5 动物试验的剂量

小鼠的等效剂量相当于人体推荐剂量的 10 倍，分别以人体推荐剂量的 5 倍、10 倍和 30 倍作为低 [3.3ml/（d·kg）]、中 [6.7ml/（d·kg）]、高 [20.0ml/（d·kg）] 剂量。采取灌胃法，每日灌胃 1 次，空白对照组灌胃蒸馏水。各组小鼠连续给予受试物 30 d。

1.2.6 移植性肿瘤试验（腹水瘤）的方法

收集腹腔瘤细胞悬液：H_{22} 瘤细胞复苏后接种于小鼠腹腔内，传代一次后出生 7～10 d 的动物，颈椎脱臼处死。固定于蜡板上，腹部皮肤消毒后，剪开并剥去腹部皮肤。用消毒空针穿过腹部肌肉，抽取腹水，放入无菌试管内，试管周围置冰块保存。若用多只动物供瘤时，应将腹水混合进行瘤细胞计数。

接种：用 Hanks 工作液稀释瘤细胞悬液至活细胞数为 2×10^6 个/ml 种于空白对照组、环磷酰胺对照组和低、中、高剂量组小鼠的腹腔内，每只小鼠 0.2 ml。继续给予受试物 15 d。同时环磷酰胺对照组腹腔注射环磷酰胺每只每天 1.5 mg，观察各组小鼠的存活时间。本试验需重复 1 次。接种后次日起逐日记录体重，并观察记录动物死亡情况。

1.2.7 移植性肿瘤试验（实体瘤）的方法

方法同 1.2.6。

1.2.8 小鼠碳廓清实验的方法

对每只小鼠尾静脉注射稀释 4 倍的印度墨汁 0.01 ml/g，待墨汁注入后立即计时，分别于注入墨汁后 1 min、10 min 取血 0.02 ml 加至 2 ml 碳酸钠溶液中，600 nm 波长测定光密度值，以碳酸钠溶液作对照。另取肝脏和脾称重，以吞噬指数来表示巨噬细胞吞噬功能。

1.2.9 抑制肿瘤细胞生长的检测方法采取四甲基偶氮唑蓝（MTT）法

实验重复 2 次，每组实验设平行孔，壳寡糖给药组剂量分别为 1000 mg/L、400 mg/L、100 mg/L、10 mg/L，贴壁细胞于实验前一天铺板，悬浮细胞于实验当天处理。每孔细胞数为 1×10^5，终体积为 1 ml。阳性对照药物顺铂浓度为 10 mg/L。加药后培养 72 h，加 MTT[3-（4,5-二甲基噻唑-2）-2,5-二苯基四氮唑溴盐] 及溶解液，于 595 nm 比色测定，并根据吸光度计算抑制率。

1.2.10 排染法检测壳寡糖对 HCa-F 的抑制率

分别在第 3 h、6 h、24 h 取各孔的细胞悬液 50 μl 于载玻片上，再加台酚蓝染液 50 μl，混合均匀后在显微镜下观察。核蓝染的为死细胞。

抑制率（%）= 死细胞数 / 细胞总数 ×100

2 结果

2.1 不同寡聚糖对 S_{180} 癌细胞的抑制作用

用寡聚糖进行抑制肿瘤试验，筛选抑制肿瘤作用较强的寡聚糖，结果表明：壳寡糖 C-Ⅲ-2 的抑制肿瘤率远高于甘露寡糖和磺化甘露寡糖，壳寡糖 C-Ⅲ-2 的 3 个处理中，浓度较低，抑制肿瘤率较高，达到 99.5%（表 1）。

表 1 不同寡聚糖对 S_{180} 的抑制肿瘤率

样品	用量（g/L）	抑瘤率（%）
甘露寡糖	5	59.5
	2.5	60.5
	1.5	12.9
硫化甘露寡糖	5	18.8
	2.5	32.6
	1.5	34.8
壳寡糖 C-Ⅲ-2	9.5	90.5
	7.1	98.5
	4.7	99.5

2.2 壳寡糖不同批次对 S_{180} 肿瘤细胞的抑制作用

用体外抑制肿瘤方法对壳寡糖不同批次进行快速筛选，结果表明：3 种不同制备工艺的壳寡糖中对癌细胞 DNA 合成的抑制作用效果最好的是壳寡糖 C-Ⅲ-2，3 个浓度的抑制率均达到 90% 以上（表 2）。因此，随后的抑制肿瘤试验样品均选用壳寡糖 C-Ⅲ-2。

表 2　壳寡糖不同批次对 S_{180} 肿瘤细胞 DNA 合成的抑制作用

壳寡糖样品（批次）	浓度（g/L）	抑制率（%）	平均（%）
C-Ⅲ-2	48.3	99.8	
	4.83	97.4	98.5
	0.48	98.2	
C-Ⅱ-2	52.3	87.5	
	5.23	81.3	82.8
	0.52	79.7	
C-Ⅰ-2	47.6	13.3	
	4.76	13.5	23.5
	0.46	43.7	

2.3　壳寡糖 C-Ⅲ-2 抑瘤作用的动物试验

2.3.1　壳寡糖 C-Ⅲ-2 对腹水瘤小鼠生存时间的影响

由表 3 可见，小鼠接种肿瘤后，与空白对照组比较，环磷酰胺阳性对照组生存时间延长 37%（$P<0.01$）；低、中、高剂量组生存时间分别延长 16%（$P<0.05$）、34%（$P<0.01$）、35%（$P<0.001$）。

表 3　口服壳寡糖 C-Ⅲ-2 30 d 对 H_{22} 腹水瘤小鼠生存时间的影响

组别	剂量 [ml/(kg·bw)]	动物数（只）	生存时间（d）	P
空白对照组	0	12	11.9±2.2	—
低剂量组	3.3	12	13.8±2.0*	0.0338
中剂量组	6.7	12	15.9±3.6**	0.0338
高剂量组	20.0	12	16.1±1.5***	$1.6×10^{-5}$
阳性对照组	0	12	16.3±2.6***	0.0002

*$P<0.05$ 与对照组比较；**$P<0.01$ 与对照组比较；***$P<0.001$ 与对照组比较。

2.3.2　壳寡糖对实体瘤小鼠瘤重的影响

由表 4 可见，小鼠接种肿瘤 20 d 后，与空白对照组比较，环磷酰胺阳性对照组实体瘤重降低 28%（$P>0.05$），低、中、高剂量组实体瘤重分别降低 62%（$P<0.01$）、63%（$P<0.01$）、76%（$P<0.001$）。

表 4　口服壳寡糖 C-Ⅲ-2 30 d 对实体瘤小鼠瘤重的影响

组别	剂量 [ml/(kg·bw)]	动物数（只）	实体瘤重（g）	P
空白对照组	0	16	1.640±0.99	—
低剂量组	3.3	16	0.618±0.55**	0.0011
中剂量组	6.7	16	0.610±0.64**	0.0015
高剂量组	20.0	16	0.386±0.43***	9.6×10^{-5}
阳性对照组	0	16	1.175±0.64	0.1249

$P<0.01$ 与空白对照组比较；*$P<0.001$ 与空白对照组比较。

综合表 3 和表 4 的结果可以看出，壳寡糖 C-Ⅲ-2 对实体瘤小鼠肿瘤具有明显抑制作用。

2.3.3　壳寡糖 C-Ⅲ-2 对正常小鼠巨噬细胞吞噬功能的影响

由表 5 可见，经口给予小鼠不同剂量的受试物 30 d 后，与空白对照组比较，各剂量组的碳廓清指数均无显著差异（$P>0.05$）。

表 5　壳寡糖 C-Ⅲ-2 对正常小鼠的碳廓清的影响

组别	剂量 [ml/(kg·bw)]	动物数（只）	吞噬指数	P
空白对照组	0	12	6.55±0.29	—
低剂量组	3.3	12	6.51±0.54	0.7631
中剂量组	6.7	12	6.40±0.69	0.4805
高剂量组	20.0	12	6.56±0.47	0.9884

2.3.4　壳寡糖 C-Ⅲ-2 对小鼠 NK 细胞活性的影响

由表 6 可见，经口给予小鼠不同剂量的受试物 30 d 后，与空白对照组比较，各剂量组的 NK 细胞活性均无显著差异（$P>0.05$）。

表 6　壳寡糖 C-Ⅲ-2 对小鼠 NK 细胞活性的影响

组别	剂量 [ml/(kg·bw)]	动物数（只）	NK 活性（1∶50）（%）
空白对照组	0	12	32.8±10.6
低剂量组	3.3	12	29.6±12.7
中剂量组	6.7	12	28.0±12.0
高剂量组	20.0	12	33.4±10.9

从表 5 和表 6 的结果可知，壳寡糖 C-Ⅲ-2 对免疫功能影响不明显，同时也表明它不会对小鼠免疫系统造成损伤。

2.4　壳寡糖 C-Ⅲ-2 对多种肿瘤细胞体外的抑制作用

壳寡糖 C-Ⅲ-2 对肝癌细胞有明显抑制作用，抑制率平均达 76%，高于顺铂组和对照组，见表 7。同时对小鼠肝癌腹水细胞的生长也有一定的影响，见图 1。

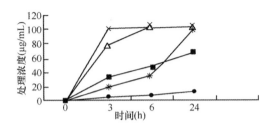

图1 不同时间不同浓度壳寡糖对 HCa-F 的抑制作用

-■-壳寡糖50；-△-壳寡糖100；-×-壳寡糖400；-*-顺铂10；-●-1%乙酸。

表7 壳寡糖对5种肿瘤细胞的抑制作用

处理	浓度(g/L)	吸光值（595nm）					抑制率（%）				
		肝癌	Hela	K562	Raji	Hepa	肝癌	Hela	K562	Raji	Hepa
壳聚糖组	1	0.33	0.49	0.48	0.24	0.33	73	49	68	70	66
	400	0.27	0.51	0.51	0.54	0.48	76	47	66	33	51
	100	0.24	0.65	1.17	0.76	—	79	32	22	6	—
顺铂组	0.01	0.49	0.73	1.31	0.69	—	56	24	13	15	—
	0.01	0.28	0.15	0.65	0.15	0.05	75	84	57	82	95
对照组	0	1.12	0.96	1.50	0.81	0.81					

图1所示壳寡糖对高淋巴道转移癌细胞系 Hca-F 具有较强的体外杀灭能力，100 mg/L 壳寡糖的抑制肿瘤能力强于 10 mg/L 顺铂；50 mg/L 壳寡糖的抑制肿瘤能力稍弱于 10 mg/L 顺铂；壳寡糖的溶剂乙酸不具有抑瘤作用。

3 讨论

国外已有报道，聚合度为4～7的几丁寡糖对 BAIB/C 小鼠的腹膜渗出液细胞具有强烈反应，对几丁六糖和壳六糖对 S_{180}、MM_{46}、Meth-A 等癌细胞的生长有完全的抑制效果；当 Lewis 肺癌细胞注入小白鼠体内，几丁六糖具有抑制癌细胞转移效果。特殊工艺处理，可去除单糖、二糖等小分子，得到浓缩8～10倍的高活性浓缩液，主要组成为3～8糖，10糖以上的含量极微。其中壳寡糖 C-Ⅲ-2 经过动物及体外抑制肿瘤试验，结果表明效果较好，特别是对肝癌细胞有明显抑制作用，抑制率平均达76%，同时对小鼠肝癌腹水细胞的生长也有一定的影响，但对小鼠的免疫功能没有提高作用。因此，根据试验结果，壳寡糖 C-Ⅲ-2 抑制肿瘤并不是通过提高动物的免疫活性来实现，它的直接抑制肿瘤机理尚不清楚，研究工作正在进行之中。

【参考文献】

[1] McGahren W J. Chitosan by fermentation. Process Biochem, 1984, 19: 88.
[2] 张虎, 杜昱光, 虞星炬. 几丁寡糖与壳寡糖的制备和功能. 中国生化药物杂志, 1999, 20（2）: 99.
[3] 余露, 李纬, 谭健, 等. 低聚糖提高小麦的抗病性及其应用于防治小麦赤霉病的研究. 生物工程进展, 1995, 15（6）: 36.
[4] 杜昱光, 白雪芳, 虞星炬, 等. 寡聚糖类物质生理活性的研究. 中国生化药物杂志, 1997, 18（5）: 268.
[5] Beeley J G. Glycoprotein and proteoglycan techniques. Amsterdam: Elsevier, 1985.

原文发表于《中国海洋药物》，2002年第2期

茶碱改善东莨菪碱诱发的大鼠记忆障碍

金宗濂 文 镜 王卫平 贺闻涛

北京联合大学 应用文理学院

【摘要】 用高效液相色谱测定了不同年龄SD大鼠与记忆有关脑区的腺苷和乙酰胆碱（ACh）水平。结果表明，18～20月龄鼠的脑内腺苷含量明显高于3～6月龄鼠，而ACh含量却显著低于3～6月龄鼠。经腹腔给大鼠注射东莨菪碱建立近期记忆障碍模型，同时经脑室给予茶碱后，其跳台成绩明显优于对照组，且脑内ACh含量亦显著升高。提示腺苷含量的随龄增加可能是老年记忆障碍的一个重要因素，茶碱作为腺苷受体阻断剂可能通过提高脑内ACh水平起到改善东莨菪碱诱发的大鼠记忆障碍的作用，因此，茶碱可能是治疗老年记忆障碍的一种有希望的药物。

【关键词】 腺苷；茶碱；乙酰胆碱；东莨菪碱；老年学习记忆障碍

The role of theophylline in the improvement of scop-induced learning and memory impairment

Jin Zonglian Wen Jing Wang Weiping He Wentao

College of Applied Sciences and Humanities of Beijing Union University

Abstract: Adenosine and ACh contents in hippocampus, striatum region around the nucleus of basal meynert (NBM) and the frontal and temporal parts of rat cortex were measured by a high performance liquid chromotography-electronic detector (HPLC-ECD). Adenosine content in 18-20 month-old rats was significantly higher than that of 3-6 month-old rats, while ACh content in 18-20 month-old rats was lower than that of 3-6 month-old ones. Learning and memory impairment models were established by induction of SD rats with scopolamine (0.5 mg/kg, ip), which were injected with an adenosine receptor antagonist theophylline (1.0 mg/5μl, icv), and the step-down test was performe. The error frequency in the step-down test decreased significantly ($P < 0.05$), and the retention time was longer than that of control. Furthermore, ACh content increased in all the three different brain regions. The above results suggest that adenosine may play an important role in senile learning and memory impairment, and theophylline may improve scopolamine-induced learning and memory impairment by increasing ACh content. In consequence, theophylline could be a promising drug for ameliorating senile learning and memory impairment.

Key words: adenosine; theophylline; acetylcholine; scopolamine; senile learning and memory impairment

记忆是指将获得新的行为习惯和经验储存一定时间的能力，这是脑的一种高级机能。记忆过程受神经递质和神经肽的调节，而中枢胆碱能系统在这一调节过程中起重要作用[1]。有报道表明，人类中枢神经系统中乙酰胆碱（acetylcholine，ACh）浓度自40～50岁开始有明显降低趋势，ACh合成酶亦有随龄降低的变化，而变化最显著的是一些与学习和记忆密切相关的脑区，如海马、皮层和纹状体等[2]。因此不少学者认为，脑内胆碱能功能随龄衰退是老年记忆障碍的脑化学基础。但是脑内ACh为什么会出现随龄降低的现象呢？一些研究曾指出，胆碱乙酰化酶活性的随龄下降是重要原因。但是临床上采用递质替代疗法却往往不能获得满意效果，提示 ACh 随龄下降也许存在更深层次的原因。近年来，腺苷（adenosine）作为一种神经调质逐渐受到人们重视。在离体实验中，我们也曾观察到腺苷受体激动剂 PIA 能抑制大鼠海马脑区胆碱能神经元释放 ACh，这一效应有随龄变化的特征，提示海马释放 ACh 的随龄降低有可能是海马嘌呤能神经元活动随龄增强的结果[3]。本文试图通过整体实验研究腺苷、ACh 和老年记忆障碍的关系，并进一步探讨腺苷受体阻断剂茶碱改善老年记忆的可能机制。

1 材料和方法

1.1 材料

实验用 SD 大鼠，根据不同月龄分组。主要试剂有腺苷、茶碱、乙酰胆碱、胆碱氧化酶、乙酰胆碱酯酶、东莨菪碱（Sigma 产品）。采用高效液相色谱仪（HPLC，美国 BECKMAN 公司）110B 溶剂输送系统、ultrasphere ODS C_{18} 柱（5 μm 颗粒 4.6 mm×250 mm）、166 紫外检测器、BAS 电化学检测器和 GOLD 数据处理系统，以及 BECKMAN J2-HS 高速冷冻离心机和江湾 I 型脑立体定位器（上海生物医学仪器厂）。

1.2 方法

1.2.1 大鼠不同脑区腺苷的随龄变化

取 3～6 月龄和 18～20 月龄 SD 雄性大鼠各 12 只。低温下取大鼠海马、纹状体（尾、壳核及苍白球外侧）和皮层（额叶、颞叶），加 10% 三氯乙酸、pH=5.8、I=0.02 磷酸缓冲液 4 ml 在冰浴中匀浆，15 000 g 低温离心 25 min，上清液经 0.2 μm 膜过滤，取 20 μl 进 HPLC 分析，用 Lowry 法测蛋白质含量。HPLC 分离条件[4-5]：C_{18} 柱，A 泵甲醇，B 泵磷酸缓冲液梯度洗脱。B% 变化量 0～9 min：38%～90%。9～9.5 min：38%。9.5～11 min：38%～90%。流速 1 ml/min。紫外检测波长 254 nm。

1.2.2 大鼠不同脑区 ACh 的随龄变化

取 1～2 月龄、3～6 月龄和 18～20 月龄的 SD 雄性大鼠各 10 只，用雷氏盐（Reinecke salt）沉淀法分别制备大鼠海马、纹状体（尾、壳核及苍白球外侧）和皮层（额叶、颞叶）。用 HPLC 分析样品[6]，HPLC 分离后用酶柱（AChE 125 U，Cho 75 U）进行柱后反应，再以电化学检测器工作电压 0.5 V 检测。流动相：0.2 mol/L Tris-马来酸缓冲液（pH 7.0），其中包括四甲基氯化铵 150 mg/L，辛基磺酸钠 10 mg/L。流速 1.3 ml/min。

1.2.3 东莨菪碱对大鼠跳台成绩的影响

取 2～3 月龄 SD 雄性大鼠 24 只，18～20 月龄 SD 雄性大鼠 26 只，随机分为实验组和对照组。经腹腔给实验组注射东莨菪碱 0.5 mg/kg，对照组注射生理盐水，30 min 后用跳台法（step-down）作为检测学习记忆行为的模型。记录动物在台上站满 5 min 受到电击的次数，即错误次数作为学习成绩。24 h 后记录动物第一次跳下平台的潜伏期和 5 min 内的错误次数作为记忆的成绩。老龄鼠（18～20 月龄）和成龄鼠（2～3 月龄）的电击电压均为 36 V。

1.2.4 东莨菪碱对大鼠脑内 Ach 的影响

取 2～3 月龄 SD 雄性大鼠 32 只，随机分为实验组和对照组。经腹腔给实验组注射东莨菪碱 0.5 mg/kg，对照组注射生理盐水，24 h 后用 HPLC-ECD 法测 ACh，方法同 1.2.2。

1.2.5 茶碱对东莨菪碱近期记忆障碍模型大鼠跳台成绩的影响

取 2～3 月龄 SD 雄性大鼠 44 只,随机分为 4 组。在动物侧脑室部位插入不锈钢管并固定于颅骨上,以便进行脑室注射。1 周后,4 组大鼠均经腹腔注射东莨菪碱,以建立近期记忆障碍模型。然后实验组经脑室分别注射 1.0 μg/5 μl、0.1 μg/5 μl、0.01 μg/5 μl 茶碱,对照组注射人工脑脊液(0.1 mol/L PBS,5 μl)代替茶碱,30 min 后测跳台成绩,方法同 1.2.3。

1.2.6 茶碱对东莨菪碱近期记忆障碍模型大鼠脑内 ACh 含量的影响

取 2～3 月龄 SD 雄性大鼠 32 只,随机分为实验组和对照组。在动物侧脑室部位插入不锈钢管并固定于颅骨上,以便进行脑室注射。1 周后,两组大鼠均经腹腔注射东莨菪碱以建立近期记忆障碍模型。然后实验组经脑室注射 1.0 μg/5 μl 茶碱,对照组注射人工脑脊液(0.1 mol/L PBS,5 μl)代替茶碱,24 h 后即可用 HPLC-ECD 法测 ACh,方法同 1.2.2。

1.2.7 数据处理

实验数据用 Microsoft Excel 软件进行方差分析。

2 结果

2.1 大鼠不同脑区腺苷的随龄变化

与 3～6 月龄鼠相比,18～20 月龄鼠大脑皮层(额叶、颞叶)、海马、纹状体(尾、壳核及苍白球外侧)中腺苷含量分别增加了 66.7%、37.2% 和 27.3%。结果提示,与记忆有关脑区腺苷含量有随龄增加的特征,见表 1。

表 1　不同年龄大鼠大脑皮层、海马、纹状体中的腺苷含量($\bar{X}\pm SD$)

分组	n	海马(μmol/g)	纹状体(μmol/g)	皮层(μmol/g)
3～6 月龄	12	6.28±1.29	8.68±1.01	4.27±1.23
18～20 月龄	12	8.26±2.32*	11.05±1.80*	7.13±1.54*

*$P < 0.01$ 与 3～6 月龄组相比。

2.2 大鼠不同脑区 ACh 的随龄变化

与 3～6 月龄相比,18～20 月龄鼠大脑皮层(额叶、颞叶)、海马和纹状体(尾、壳核及苍白球外侧)三脑区的 ACh 含量分别减少 51.7%、60.0% 和 11.5%。与 1～2 月龄相比,3～6 月龄大鼠以上三脑区 ACh 含量分别减少 53.6%、47.6% 和 14.5%。表明 SD 大鼠以上三脑区中 ACh 含量有随龄下降的特征,见表 2。

表 2　不同年龄大鼠大脑皮层、海马、纹状体中的乙酰胆碱含量

分组	n	大鼠脑中 ACh 含量(pmol/mg)($\bar{X}\pm SD$)		
		海马	纹状体	皮层
1～2 月龄	10	1275.44±77.09	1305.50±93.40	266.42±25.62
3～6 月龄	10	592.31±57.61*	684.25±32.62*	227.31±20.50*
18～20 月龄	10	286.33±27.24**	301.44±34.53**	201.13±23.02**

*$P < 0.01$ 3～6 月龄大鼠与 1～2 月龄大鼠之间比较;**$P < 0.01$ 在 1～2 月龄大鼠、3～6 月龄大鼠、18～20 月龄大鼠之间比较。

2.3 东莨菪碱对大鼠跳台成绩的影响

东莨菪碱明显增加了跳台训练期和记忆保持期的错误次数，缩短了 24 h 后的潜伏期。表明注射东莨菪碱后，实验动物的记忆出现显著障碍。同时，东莨菪碱对 18～20 月龄鼠记忆能力的损害程度显著高于 2～3 月龄。表明东莨菪碱对于 18～20 月龄鼠记忆能力的损害更为严重，见表 3。

表 3 东莨菪碱对大鼠跳台成绩的影响（$\bar{X}\pm SD$）

分组	方法	n	训练期间记忆保留时间		
			错误次数（次）	保留时间（s）	错误次数（次）
2～3 月龄					
对照组	生理盐水东莨菪碱	12	1.4±0.2	235.6±33.0	0.2±0.1
实验组	（0.5 mg/kg）	12	15.2±0.9**	104.0±42.1*	0.8±0.2*
18～20 月龄					
对照组	生理盐水东莨菪碱	14	1.4±0.2	241.4±31.2	0.2±0.1
实验组	（0.5 mg/kg）	12	16.4±1.6**	25.2±15.6**△	2.3±0.4**△

*$P < 0.05$ 东莨菪碱试验前 30 min 腹腔注射；**$P < 0.01$ 与实验组相比；△ $P < 0.05$ 与东莨菪碱 2～3 月龄组相比。

2.4 东莨菪碱对大鼠脑内 ACh 的影响

给予东莨菪碱后，与正常对照组相比，大鼠大脑皮层（额叶、颞叶）、海马和纹状体（尾、壳核及苍白球外侧）ACh 含量均显著降低，见表 4。

表 4 东莨菪碱对大鼠脑内 ACh 的影响（$\bar{X}\pm SD$）

分组	n	海马（pmol/mg, p.o.）	纹状体（pmol/mg, p.o.）	皮层（pmol/mg, p.o.）
对照组	16	286.33±27.24	301.44±34.53	201.13±23.02
实验组	16	185.32±8.04**	180.32±7.21**	179.10±6.05**

注：东莨菪碱 0.5 mg/kg，腹腔注射；**$P < 0.01$ 与实验组相比。

2.5 茶碱对东莨菪碱近期记忆障碍模型大鼠跳台成绩的影响

表 5 显示，与对照组相比，三种浓度的茶碱均可明显减少由东莨菪碱造成的大鼠近期记忆训练期的错误次数，且其作用随浓度增大而加强。1 μg 的茶碱还可以明显延长它们记忆保持的潜伏期。结果表明，茶碱可显著改善由东莨菪碱造成的近期记忆障碍。

表 5 茶碱对东莨菪碱近期记忆障碍模型大鼠跳台成绩的影响

分组	n	治疗△		台阶测试（$\bar{X}\pm SD$）		
		东莨菪碱（mg/kg，腹腔注射）	茶碱（μg，脑室内注射）	训练期 错误次数（次）	保留期 保留（s）△	错误次数（次）
对照组	12	0.5	0	15.2±0.9	104.0±42.1	0.8±0.2
茶碱 1	10	0.5	1.0	4.0±0.5**	202.9±41.4**	0.7±0.3
茶碱 2	10	0.5	0.1	6.9±0.8**	104.1±43.0	0.9±0.2
茶碱 3	10	0.5	0.01	12.0±0.8*	100.4±42.5	0.7±0.1

△培训前 30 min 腹腔注射；*$P < 0.05$ 与对照组相比；**$P < 0.01$ 与对照组相比。

2.6 茶碱对东莨菪碱近期记忆障碍模型大鼠脑内 ACh 含量的影响

成年鼠实验组动物脑室注射 1.0 μg 茶碱后与对照组相比,大脑皮层(额叶、颞叶)、海马和纹状体(尾、壳核及苍白球外侧)中 ACh 含量明显升高($P < 0.01$),其中海马中增高了 10.18 %,纹状体中增高了 10.89%,皮层中增高了 8.21%。表明茶碱改善由东莨菪碱造成的近期记忆障碍是通过提高与记忆相关脑区 ACh 水平实现的,见表 6。

表 6 茶碱对东莨菪碱近期记忆障碍模型大鼠脑内 ACh 含量的影响($\bar{X}\pm$SD)

分组	n	海马(pmol/mg)	纹状体(pmol/mg)	皮层(pmol/mg)
控制组	16	185.32±8.04	180.32±7.21	179.10±6.50
茶碱	16	204.18±6.75	199.95±6.35**	193.81±11.75

**$P < 0.01$,与控制组相比。

3 讨论

学习记忆能力,特别是近期记忆能力的下降是脑衰老的一个重要表现。随着人口老龄化进程的加快,这一现象受到人们越来越多的关注。众所周知,中枢神经系统内胆碱能系统的随龄衰退是老年近期记忆障碍的重要原因之一[4],我们的实验结果支持这一论点。表 2 所示脑内 ACh 含量有随龄降低的趋势,与文献报道一致[7]。但是,与记忆相关脑区(海马、纹状体、皮层)的 ACh 水平为什么会呈现随龄降低的趋势呢?从表 1 的结果可以看到,海马、纹状体及皮层这些与近期记忆密切相关脑区的腺苷含量有随龄升高的趋势。腺苷作为一种神经调质,在脑内有广泛的分布。腺苷的释放主要来自突触后效应细胞,它对突触前末梢存在一种负反馈调节。脑内腺苷通过对突触前抑制的机制对多种递质的释放有向下调节的影响[8]。因此,与记忆有关脑结构的 ACh 水平随龄下降可能是脑内嘌呤能活动增强的结果[9]。以往我们曾在离体实验中观察到,腺苷受体激动剂 PIA 对大鼠海马脑区的 ACh 的释放有显著的抑制作用,而且这一抑制效应有随龄变化的特征[3]。本次实验进一步在整体实验中证实,在由东莨菪碱诱发的近期记忆障碍的动物模型上,和对照组相比,与记忆有关脑区的 ACh 含量也呈现显著降低的趋势(表 4),而且与行为测试结果一致(表 3)。在采用腺苷受体阻断剂茶碱后,不仅实验组近期记忆障碍得到显著改善(表 5),而且与记忆有关脑区的 ACh 含量也出现明显升高(表 6),也与行为改善的结果相一致。茶碱改善大鼠学习记忆行为的机制,一方面与其提升与学习记忆相关脑区内 ACh 水平有直接关系;另一方面,可能与茶碱对中枢神经系统有兴奋作用,可舒张脑血管,增加脑血流量,从而改善脑代谢状况有关。此外,我们的实验还发现,茶碱也可以提升海马、皮层、纹状体及脑干内单胺类递质水平,从而改善大鼠的学习记忆能力(待发表)。1995 年,在总结了以往的文献报道和我们实验室工作基础上,我们曾提出过一个假设:中枢神经系统内腺苷的随龄变化很可能是发生阿尔茨海默型老年痴呆症的另一种可能的分子机制[10]。本实验结果不仅从另一侧面支持了胆碱能系统的随龄衰退是老年记忆障碍一个重要原因,同时也表明脑内嘌呤能活动的增强可能是老年记忆障碍更为深层次上的一种分子机制,即腺苷的神经调节机制。

综合上述动物实验的结果,我们认为脑内特别是与记忆相关脑区腺苷活动的随龄增强,可能是通过它对中枢各类神经元的抑制作用,特别是对胆碱能神经元抑制作用的增强,使胆碱能系统的功能出现障碍,在行为学上表现为老年近期记忆障碍。

【参考文献】

[1] Smith C J, Perry E K, Perry R H, et al.Muscarinic cholinergic receptor subtypes in hippocampus in human cognitive disorders.J Neurochem, 1988, 50: 847-856.

[2] Ikeda Y, Edlund A.Evidence for cholinergic M receptors decreasing in aging SD rat brain.J Trans, 1990, 30: 25-32.

[3] Jin Z L, Lee T F, Zhou S J, et al. Age-dependent change in the inhibitory effect of an adenosine agonist on hippocampal acetylcholine release in rats. Brain Res Bulle, 1993, 30: 149-152.

[4] Jackson E K, Ohnishi A. Development and application of a simple microassay for adenosine in rat plasma. Hypertension, 1987, 10（2）: 189-197.

[5] Gamberini G, Ferioli V, Zanoli P, et al. A high-performance liquid chromatographic method for the analysis of adenosine and some metabolites in the brain tissue of rats. Chromatography, 1992, 34（11-12）: 563-567.

[6] Niklas T. Improvement in the separation and detection of ACh and Ch using HPLC and electrochemical detection. J Chromato, 1990, 502: 337-349.

[7] Ma X F, Ye W L, Mei Z T. Comparative study on cholinergic transmission in frontal cortex of aged and young rats.J Neuroanat, 2000, 16（1）: 1-6.

[8] Everitt B J. The effect of excitotoxic lesions of the substantia innominata, ventral and dorsal globus pallidus on the acquisition and retention of a conditional visual discrimination: implications for cholinergic hypotheses of learning and memory. Neuroscience, 1987, 22: 441.

[9] Wang S.Relationship of neurotransmitters. Acta Bethune Med Sci Univ, 1986, 12: 5.

[10] Jin Z L, Wang W P, Zhao H. Relationship of adenosine with senile dementia of Alzheimer's type. Proc Psychol, 1995, 4: 4-7.

原文发表于《生理学报》, 2000 年第 5 期

低聚壳聚糖抑制肿瘤作用的实验观察

文 镜　吕菁菁　戎卫华　金宗濂

北京联合大学　应用文理学院 保健食品功能检测中心

【摘要】 目的：观察低聚壳聚糖（6～9个单糖分子）抑制肿瘤的作用。方法：①采用体外肿瘤细胞培养法进行低聚壳聚糖抑制肿瘤活性的体外观察。②用移植肿瘤试验（实体瘤，腹水瘤）对低聚壳聚糖进行抑制肿瘤作用的整体观察。结果：低聚壳聚糖能够抑制体外培养的肿瘤细胞 DNA 的合成。小鼠连续喂服低聚壳聚糖 30 d 后与对照组比较，中剂量 [280 mg/（d·kg·bw）] 和高剂量组 [840 mg/（d·kg·bw）] 荷腹水瘤小鼠存活时间显著延长（$P<0.01$），荷实体瘤小鼠瘤重明显降低（$P<0.05$）。结论：低聚壳聚糖具有一定的抑制肿瘤作用。

【关键词】 低聚壳聚糖；抑制肿瘤；腹水瘤；实体瘤

甲壳素，又名几丁质、壳多糖，其化学本质为聚 -N- 乙酰 -D- 氨基葡萄糖，是甲壳类动物外壳、节肢动物表皮、低等动物细胞膜、高等植物细胞壁等生物组织中广泛存在的一种天然动物纤维素[1]。甲壳质脱乙酰化，得到能溶于稀有机酸的物质，即壳聚糖（chitosan）[2]。甲壳质脱乙酰化后，溶解性能提高，能被人体吸收。有研究表明，甲壳质对肿瘤细胞没有直接的抑制作用，而是通过免疫系统显示抗肿瘤活性的，但脱乙酰甲壳质对肿瘤细胞有直接的抑制作用[3]。脱乙酰甲壳质经水解生成低聚壳聚糖，能溶于水，更易于吸收。有实验证明，相对分子质量为 2510、1950 及 1000 的脱乙酰壳聚糖对肿瘤有明显的抑制能力[4]。但目前还缺乏大量的实验支持。本课题通过体外及整体动物实验对 6～9 个聚合度的低聚壳聚糖抑制肿瘤的活性进行了实验观察。

1　材料与方法

1.1　材料

（1）壳聚糖：由北京市物资局提供，在本实验室测定其理化指标；脱乙酰度（DD）90.38%，1% 壳聚糖黏度 60.0 mPa·s，灰分 1.71%，水分 9.98%。

（2）瘤株：S_{180}。

1.2　实验动物及分组

选用中国医学科学院动物中心繁育场提供的昆明种 1 月龄雌性二级小鼠，体重 20～25 g（合格证：医动字第 01-3001 号）。每次实验将小鼠随机分为 5 组，每组 12 只，分别为空白对照组、环磷酰胺对照组和低、中、高低聚壳聚糖剂量组。3 个剂量组小鼠每日经口灌胃低聚壳聚糖溶液，实际低聚糖摄入量分别为 140 mg/（d·kg·bw）、280 mg/（d·kg·bw）和 840 mg/（d·kg·bw）。

1.3　仪器

恒温水浴箱，细胞采集器，LKB-1209 全自动液体闪烁仪，AE100 电子天平，显微镜，752 分光光度计，恒温培养箱，超净工作台，KA-1000 型台式离心机。

1.4 实验方法

1.4.1 低聚壳聚糖的制备

壳聚糖 ①→ 壳聚糖溶液 ②→ 壳聚糖酶解混合液 ③→ 壳聚糖酶解液 ④→ 低聚壳聚糖溶液

① 0.2 mol/L HAc+0.1 mol/L NaAc 缓冲液溶解；② 纤维素酶、脂肪酶、果胶酶复合水解酶水解（T=40 ℃，pH=4.4，[E]/[S]=0.1，时间 =12 h）；③ 灭酶活，离心去除固型物；④ 分子筛分离，得到低聚壳聚糖溶液：黄褐色液体，可溶性总固形物为 10%，含 6～9 个氨基糖的低聚糖占 4.2%。

1.4.2 低聚壳聚糖对肿瘤细胞增殖影响的体外观察

取已接种 8 d 的 S_{180} 腹水瘤小鼠腹水，用 Eagle 液稀释成每毫升 $35×10^6$ 个肿瘤细胞。实验分本底、空白对照、低聚糖浓度 4.2% 和低聚糖浓度 0.42% 4 组，每组设 3 个平行管。利用肿瘤细胞快速增殖的特性，将肿瘤细胞悬液加入到含有同位素 ^{3}H 标记的胸腺嘧啶核苷的细胞培养液中，两个实验组培养液中加入相应浓度的低聚糖。37 ℃ 保温培养 4 h。用细胞采集器收集肿瘤细胞，经固定、干燥等步骤加入闪烁液，用 LKB-1209 全自动闪烁仪进行测量。根据结果计算出样品对肿瘤细胞 DNA 合成的抑制率。抑制率的计算：

$$抑制率（\%）= \frac{对照组_{cmp}-实验组_{cmp}}{对照组_{cmp}} \times 100$$

1.4.3 低聚壳聚糖对移植性腹水瘤的影响

小鼠喂服低聚壳聚糖 20 d 后，用 Hanks 工作液稀释肿瘤细胞悬浮液至活细胞数为 $2×10^6$ 个/毫升。将肿瘤细胞接种于空白对照组、环磷酰胺对照组和低、中、高剂量组小鼠的腹腔内，每只小鼠 0.2 ml。接种后小鼠继续喂服低聚壳聚糖。同时环磷酰胺对照组腹腔注射环磷酰胺每只 1.5 mg/d。接种后次日起逐日记录体重，并观察记录动物死亡情况。实验结束 1 个月后再重复 1 次。

1.4.4 低聚壳聚糖对移植性肿瘤（实体瘤）的影响

小鼠喂服低聚壳聚糖 15 d 后，用 Hanks 工作液稀释肿瘤细胞悬液至活细胞数为 $2×10^6$ 个/毫升。将肿瘤细胞接种于空白对照组、环磷酰胺对照组和低、中、高剂量组小鼠的右前肢皮下，每只小鼠 0.2 ml。继续给予受试物 15 d。同时环磷酰胺对照组腹腔注射环磷酰胺每只 1.5 mg/d。接种肿瘤细胞 20 d 后处死小鼠，分离肿瘤组织并称重。实验结束 1 个月后再重复一次。

1.4.5 实验数据用方差分析进行统计

2 结果

2.1 低聚壳聚糖对肿瘤细胞增殖影响的体外实验

经 37 ℃ 保温 4 h 培养后结果显示浓度为 4.2% 和浓度为 0.42% 的低聚壳聚糖对肿瘤细胞 DNA 合成的平均抑制率分别为 87.4% 和 78.2%。

2.2 低聚壳聚糖对腹水瘤小鼠生存时间的影响

由表 1 可见，小鼠接种腹水瘤后，与空白对照组比较，环磷酰胺对照组生存时间延长

37%（$P < 0.001$），低、中、高剂量低聚壳聚糖组生存时间分别延长16%（$P < 0.05$）、34%（$P < 0.01$）和35%（$P < 0.001$）。

表1　低聚壳聚糖对腹水瘤小鼠生存时间的影响Ⅰ（$\bar{X} \pm \text{SD}$）

组别	动物数（只）	生存时间（d）	P
空白对照组	12	11.9±2.2	—
低剂量组	12	13.8±2.0*	0.0338
中剂量组	12	15.9±3.6**	0.0033
高剂量组	12	16.1±1.5***	1.6×10^{-5}
环磷酰胺对照组	12	16.3±2.6***	0.0002

*$P < 0.05$与空白对照组比较有显著性差异；**$P < 0.01$与空白对照组比较有非常显著性差异；***$P < 0.001$与空白对照组比较有极显著性差异。

表2为低聚壳聚糖对腹水瘤小鼠生存时间影响的重复实验。由表2可知，小鼠接种腹水瘤后，与空白对照组比较，环磷酰胺对照组生存时间延长38%（$P < 0.01$），中、高剂量组生存时间分别延长42%（$P < 0.01$）和39%（$P < 0.01$）。

表2　低聚壳聚糖对腹水瘤小鼠生存时间的影响Ⅱ（$\bar{X} \pm \text{SD}$）

组别	动物数（只）	生存时间（d）	P
空白对照组	12	11.5±2.9	—
低剂量组	12	13.6±3.2	0.0829
中剂量组	12	16.3±3.7*	0.0036
高剂量组	12	16.0±3.0*	0.0020
环磷酰胺对照组	12	15.9±3.1**	0.0044

*$P < 0.01$与空白对照组比较有非常显著性差异；**$P < 0.001$与空白对照组比较有极显著性差异。

表1与表2两次实验结果都显示低聚壳聚糖具有延长腹水瘤小鼠生存时间的作用。

2.3　低聚壳聚糖对实体瘤小鼠瘤重的影响

由表3可见，小鼠接种肿瘤20 d后，与空白对照组比较，环磷酰胺对照组实体瘤重降低了53%（$P < 0.05$），低、中、高剂量低聚壳聚糖组实体瘤重分别降低了62%（$P < 0.01$），63%（$P < 0.01$）和72%（$P < 0.001$）。

表4为低聚壳聚糖对实体瘤小鼠瘤重影响的重复实验。由表4可见，小鼠接种肿瘤20 d后，与空白对照组比较，环磷酰胺对照组实体瘤重降低了34%（$P < 0.05$），中、高剂量组实体瘤重分别降低了35%（$P < 0.05$）、61%（$P < 0.01$）。

综合表3和表4的结果可以看出低聚壳聚糖对荷实体瘤小鼠肿瘤具有一定的抑制作用。

表3　低聚壳聚糖对实体瘤小鼠肿瘤的影响Ⅰ（$\bar{X}\pm\mathrm{SD}$）

组别	动物数（只）	实体瘤重（g）	P
空白对照组	16	1.6400±0.9909	—
低剂量组	16	0.6177±0.5492**	0.0011
中剂量组	16	0.6102±0.6369**	0.0015
高剂量组	15	0.4564±0.4246***	9.6×10^{-5}
环磷酰胺对照组	16	0.7749±0.6378*	0.0249

*$P<0.05$ 与空白对照组比较有显著性差异；**$P<0.01$ 与空白对照组比较有非常显著性差异；***$P<0.001$ 与空白对照组比较有极显著性差异。

表4　低聚壳聚糖对实体瘤小鼠肿瘤的影响Ⅱ（$\bar{X}\pm\mathrm{SD}$）

组别	动物数（只）	实体瘤重（g）	P
空白对照组	16	1.8307±0.7613	—
低剂量组	16	1.3714±1.1070	0.2500
中剂量组	14	1.1836±1.1200*	0.0232
高剂量组	16	1.7110±0.8579**	2.0×10^{-4}
环磷酰胺对照组	15	1.2071±0.7301*	0.0263

*$P<0.05$ 与空白对照组比较有显著性差异；**$P<0.01$ 与空白对照组比较有非常显著性差异。

3　讨论

上述体外和整体实验结果都表明含6～9个氨基糖单位的低聚壳聚糖对肿瘤有一定的抑制作用。对于壳聚糖的抑制肿瘤机理，至今还不是十分清楚，目前主要认为是活化巨噬细胞、NK细胞、T细胞和B细胞，进而诱导体内干扰素的产生[5]。有实验证明[6]，壳聚糖通过增强机体非特异性免疫对肿瘤有抑制作用，其作用机制是促进巨噬细胞活性。有人进一步研究了壳聚糖对鼠脾NK细胞活性和IL-2分泌的影响[7]。NK细胞的功能与抗肿瘤作用关系密切，目前认为NK细胞处于抗肿瘤的第一道防线，其杀伤作用早于其他具有杀伤能力的效应细胞[8]。IL-2是活化的辅助性T淋巴细胞分泌的一种调节免疫应答的重要介质，IL-2除了促进NK细胞的活性外，对T细胞、B细胞及巨噬细胞等均有增强活性的作用[9]。研究结果表明，脱乙酰壳多糖具有促进NK细胞活性的作用，能促进IL-2的生成。

已有实验证明，壳多糖可以抑制小鼠S_{180}腹水瘤的生长[10]。有人认为，壳聚糖对肿瘤的抑制作用主要是在移植癌细胞至腹水形成这一段时间，腹水一旦形成，壳聚糖并不能显著延长小鼠的存活期[11]。本实验先给予小鼠含6～9个氨基糖单位的低聚壳聚糖15 d后再接种肿瘤细胞，实验结果显示了6～9个糖单位的低聚壳聚糖的抑制肿瘤作用。在接种肿瘤细胞早期，癌细胞数量少，此时增强了的机体免疫系统有可能消灭肿瘤细胞，但如果机体免疫系统不能彻底消灭肿瘤细胞，当肿瘤细胞一旦繁殖起来，并开始形成腹水，可能出现免疫抑制，壳聚糖的免疫调节作用也就减弱。在临床上，肿瘤的产生往往是少数细胞先发生突变而成为恶性细胞，因此，如果将低聚壳聚糖作为早期预防用药，或作为手术后放疗和化疗等疗法的辅助药物是值得提倡与推广的。低聚壳聚糖与人体细胞有很好的亲和性，安全无毒，容易被机体吸收，有利于提高药物的生物利用率[12]，适合作为治疗癌症的辅助药物。

【参考文献】

[1] 武雪芬,孙德梅,翟建波.甲壳质对人体生理生化功能的调节作用.河南中医,1998,18(4):244-245.
[2] 刘万顺,陈西广.甲壳质的药用价值及研究进展.青岛:中国甲壳资源研究开发应用学术研讨会论文集.
[3] 李兆龙.甲壳质及其衍生物的抗肿瘤性能.浙江医学情报,1988,4:24-26.
[4] 张澄波,孙林.壳多糖抑制腹水癌有关的若干因素研究.中国实验临床免疫学杂志,1992,4(5):14-16.
[5] 邵健,杨宇民.甲壳素和壳聚糖在生物医学方面的应用.南通医学院学报,1997,17(1):145-146.
[6] 石明健,刘惟莞,王红英.壳多糖免疫调节作用的实验观察.上海免疫学杂志,1999,19(2):116.
[7] 梅学文,庞宝森,张澄波,等.脱乙酰壳多糖对小鼠脾NK细胞活性及IL-2分泌的影响.首都医学院学报,1994,15(2):141-143.
[8] Frydecka I,Slesak B,Benczur M. Heterogeneity of human natural killer cells with respect to lectin-binding ability. J NCI,1987,78:1145-1148.
[9] Une Y,Kawata A,Uchino J. Adopted immunochemotherapy using IL-2 and spleen LAK cell-randomized study. Nihon Geka Gakkai Zasshi,1991,92(9):1330-1333.
[10] 中山医学院.药理学.北京:人民卫生出版社,1978.
[11] 张澄波,梅学文,都本业,等.脱乙酰壳多糖对肿瘤及免疫系统作用的研究.中国实验临床免疫学杂志,1992,4(1):1-4.
[12] Wan L S,Lim L Y,Soh B L. Drug release from chitosanbeads. STP Pharm Sci,1994,4(3):195-200.

原文发表于《食品科学》,2002年第8期

褪黑激素的生理功能

魏 涛　唐粉芳　金宗濂

北京联合大学 生物活性物质与功能食品北京市重点实验室

【摘要】 褪黑激素（melatonin，MT）是脊椎动物松果腺体分泌的具有明显昼夜节律的一种吲哚类激素。MT 在机体的多种生理功能中起重要作用。本文主要着重介绍褪黑激素调整时差、改善睡眠、延缓衰老、免疫调节、抑制肿瘤等生理功能。

【关键词】 褪黑激素；调整时差；睡眠；衰老；免疫；肿瘤

褪黑激素（melatonin，MT）又名褪黑素、松果体素、黑色紧张素，是脊椎动物脑中松果腺体分泌的一种吲哚类激素。1958 年，Lerner 等首次报道从牛的松果腺体中提取的吲哚类化合物中分离出来褪黑素。它能使两栖类动物皮肤颜色变浅，由此被命名为褪黑素，但它对人体皮肤并没有作用。直到 1963 年，褪黑素才被正式确认为一种激素。

褪黑素学名为 N-乙酰-5-甲氧基色胺，分子式为 $C_{13}N_2H_{16}O_2$，相对分子质量为 232.27，熔点 116～118 ℃，其纯品为淡黄色叶片状结晶。松果体在视神经的控制下，由色氨酸转变为 5-羟色胺而最终生成褪黑素。虽然褪黑素早已被发现，但长期以来，松果体及其分泌的褪黑素并未引起人们的重视。直到 1993 年，美国科学家 Walter Pierpaoli 和 William Reglson 公布了褪黑素具有助眠、调整时差、延缓衰老、防治多种疾病的功能。此后，褪黑素成为人们讨论和研究的热点。

1　褪黑素分泌的节律性

众所周知，褪黑素是由脑中的松果体随昼夜变化周期性分泌的一种维持正常生理机能的生物活性物质。人体的褪黑素主要来源于松果体，视网膜和副泪腺也能产生少量的褪黑素。褪黑素主要产生于夜晚，黑暗可促进其分泌，而明亮的光线却抑制它的分泌。松果体分泌褪黑素具有明显的节律性，可分为如下几种：a. 昼夜性节律。血液中褪黑素浓度白天低夜间高，血液中褪黑素最大浓度值出现在凌晨 2：00～3：00。在丘脑下部的视交叉上核（SCN）有褪黑素的受体，褪黑素能够直接作用于 SCN 而影响昼夜节律。b. 月经节律。女性在月经来潮时褪黑素水平最高，在排卵前夕降到最低，而在怀孕期又逐渐升高，因此，排卵前夕褪黑素含量下降可能起到允许排卵的作用。c. 季节性节律。人体的褪黑素分泌会因季节不同发生相应变化。春季褪黑素水平下降而秋冬季却明显上升。这一交替现象可能是由于各季节日照时间长短不同而造成的。d. 终生性节律。人体随着松果体的发育成熟，褪黑素水平上升，在青少年达到分泌高峰。其后，随着年龄的增大，松果体开始衰老、萎缩，褪黑素的分泌量也逐渐降低，至 45 岁时褪黑素的分泌急剧下降，80 岁时，褪黑素的分泌仅为青年时期的一半。

2　褪黑素与时差反应及睡眠障碍

人类是一种昼间生物，习惯在白天活动。而当人们快速长距离跨越一个或数个时区时，人体生物钟不可能进行如此之快的调整。这种人体生物钟落后于当地时间的差距就称为时差。其症状为睡眠障碍，食欲减退、精神萎靡抑郁、丧失方向感和缺乏注意力。人体有调整生物钟的本能，但需要时间。当人们跨越一个时区时，至少需要 24 h 来调整生物钟才能与此时区的当地时钟一致。但对从事商业活动的人士或是游客来说，他们往往没有足够的时间来调整时差。Petrie K 等的研究表明，当经过国际飞行的机组人员在飞行结束后 5 d 内每日口服褪黑素 5 mg 有助于时差、情绪和睡眠的恢复，同时精力和敏捷度也快速恢复。如果提前 3 d 或到达 5 d 后服用，效果甚至不如安慰剂。Folkard S 等的研究同样表明，临睡前每日给予昼夜轮班的工人 5 mg 褪黑素，能够提高工人工作时的敏捷度。

夜间褪黑素的分泌可能与生理睡眠的开始相关。因此，外源补充褪黑素对治疗失眠有帮助。Zhdanova 等研究在 6：00 和 8：00 外源给予褪黑素 0.3 mg 和 1 mg，发现次日早晨受试者的情绪和工作情绪良好，未见服用褪黑素的不良反应和后遗症。Oldani 等的研究结果证明，褪黑素能够有效延迟睡眠综合征的发生。每日给药 5 mg，一个月后，受试者的平均睡眠开始时间提前了 115 min，平均觉醒时间提前了 106 min。因此，褪黑素对于治疗某些长期睡眠紊乱和调整时差有重要作用。

本实验室曾研究过褪黑激素增强免疫和改善睡眠的功能。以 0.5 mg/（kg·bw）和 1.0 mg/（kg·bw）的褪黑素饲喂 1 月龄 BALB/C 雄性小鼠 28 d 后，与对照组比较，饲喂 0.5 mg/（kg·bw）褪黑素能提高足跖肿胀厚度 22.3%（$P < 0.001$），NK 细胞活性 62.2%（$P < 0.05$），血清溶血素水平 17.1%（$P < 0.05$），抗体生成细胞数量 5.3%（$P < 0.05$），碳廓清吞噬指数 15.9%（$P < 0.05$）。

此外，0.5 mg/（kg·bw）的褪黑素能够延长戊巴比妥钠诱导的小鼠睡眠时间 23.4%（$P < 0.001$），提高睡眠发生率 4 倍（$P < 0.01$）；1.0 mg/（kg·bw）的褪黑素能延长戊巴比妥钠诱导的小鼠睡眠时间 38.7%（$P < 0.001$）提高睡眠发生率 3.5 倍（$P < 0.05$）。

3　褪黑素与衰老

延缓衰老是人类永恒的追求。在众多的衰老发生机制中，自由基学说具有重要地位。机体内酶促反应和非酶促反应均可产生自由基，正常机体内自由基的产生和清除处于动态平衡，一旦平衡打破，自由基便会引起生物大分子如蛋白质、核酸的损伤，导致细胞结构的破坏和机体的衰老。

羟自由基（·OH）是公认的最活泼也是最具危害性的一种自由基。有证据证明，在许多物种体内，羟自由基在体内的累积与衰老密切相关，而那些羟自由基生成速率低和抗氧化机制完备的有机体存活时间较长。研究表明，褪黑素是一种非常高效的抗氧化剂，尤其是·OH 的有效捕获剂。在体外，其清除能力是谷胱甘肽的 4 倍，甘露醇的 14 倍，维生素 E 的 2 倍。Russel 等的研究发现，褪黑素对黄樟素（一种通过释放自由基而损伤 DNA 的致癌物）引起 DNA 损伤的保护作用可达到 99%。褪黑素除了具有直接的捕获自由基的能力外，还能促进脑内主要的抗氧化酶——谷胱甘肽过氧化物酶的产生。张庆柱等的研究表明，褪黑素能够抑制老年小鼠大脑皮层内一氧化氮含量的增高。褪黑素通过清除自由基和抑制脂质的过氧化反应防止 DNA 损伤、降低体内过氧化物的含量，从而延缓机体衰老。

本实验室对褪黑素的抗氧化作用也进行过研究。结果表明，经口连续给予褪黑激素 50 d 后，与对照组比较，0.5 mg/（kg·bw）的褪黑素能提高小鼠全血的谷胱甘肽过氧化物酶（GSH-Px）活力 13.0%（$P < 0.05$），血清的·OH 清除速率 26.8%（$P < 0.05$），降低血清 LPO 含量 17.3%（$P < 0.05$）、心肌脂褐质含量 29.7%（$P < 0.05$）和脑脂褐质含量 19.6%（$P < 0.05$）。

此外，松果体的发育及其分泌的褪黑素也与衰老密切相关。哺乳动物成年后随着年龄增长，

松果腺逐渐退化，腺体萎缩，体积变小，重量减轻，松果腺细胞减少。CT 扫描结果显示，人体的松果腺自 20 岁开始钙化，并随龄递增。人类婴幼儿期夜间褪黑素水平最高，青春期分泌开始减少。随着年龄的逐渐增长，褪黑素的分泌继续减少，自 50 岁开始大幅度降低。褪黑素水平下降与松果腺细胞数目减少及分泌功能降低有关。当褪黑素分泌减少时人类便开始显露出种种衰老的迹象。通过补充褪黑素，可以维持机体正常褪黑素水平而延缓衰老。Pierpaoli 等将褪黑素在昼夜周期的暗期加入饮水中，结果发现小鼠平均寿命较对照组延长 20%。而后，又将 3～4 月龄大鼠的松果腺移植到 16～22 月龄大鼠，衰老大鼠不仅存活期延长，还与年轻大鼠一样充满活力。因此，松果体又被称为"衰老时钟"。

阿尔茨海默型老年痴呆（SDAT）是脑功能进行衰退性疾病。褪黑素水平降低被认为是人脑衰老的一个标志，血浆褪黑素水平为评估是正常衰老过程还是病理性变化的一项指标。与年龄相匹配的正常受试者相比较，SDAT 患者褪黑素分泌明显较低，表明 SDAT 患者衰老过程加速，此学说受到病理学和神经化学研究的支持。由于褪黑素仅在黑暗期由松果体生成，因此，西方发达国家的居民受到过多电子光线的辐照可能是导致其 SDAT 发病率高于非洲国家的重要原因之一。Brusco 等对一对患有 8 年 SDAT 病史的同卵双生子进行了一项研究，二人均每日以 800 U 维生素 E 和 50 mg 甲硫哒嗪治疗，其中一人每日就寝时口服 6 mg 褪黑素 36 个月。结果显示服用褪黑激素的患者记忆功能损伤较轻，睡眠质量有明显改善，以及白天抑郁症状减轻，并在 3 个月后停用甲硫哒嗪的治疗。因此认为褪黑素对 SDAT 患者有良好的效应。褪黑素改善 SDAT 的主要机理被认为是褪黑素是一个强的自由基捕获剂，能有效减轻铝和 Aβ 引起的脂质过氧化作用。与其他抗氧化剂和抗 Aβ 制剂相比，褪黑素能透过血脑屏障，相对无毒性，是一种潜在的新型 SDAT 治疗制剂。

4　褪黑素的免疫调节作用

褪黑素可增强松果体的功能，通过调节机体内其他激素水平改善人体各主要器官的功能，强化机体对感染和肿瘤的抵抗能力。实验表明，将精力旺盛的年轻小鼠的松果体移植到衰老的小鼠脑内，发现松果体对胸腺有较大的影响。接受年轻松果体移植的老年小鼠，其萎缩的胸腺重新发育；而植入年老松果体的年轻小鼠则提前衰老，胸腺出现萎缩。组织学研究发现，褪黑素主要作用于胸腺髓质，而对皮质影响不大。褪黑素对脾也有同样作用。将 25 μg 褪黑素经皮下注射给予叙利亚仓鼠，持续 10 周，结果发现实验鼠的脾相对或绝对重量增加，且髓外造血功能得到了加强。不同的光照周期也可影响脾重量。长光照（14∶10）与短光照（10∶14）周期相比，前者使脾重量明显减轻，红、白髓萎缩，并使脾中淋巴细胞的数量明显减少。

褪黑素可刺激机体 NK 细胞的数量和活性。小鼠切除松果体后，NK 细胞活性降低，用大剂量褪黑素在每日 16∶00 时注射能恢复其活性。研究表明每日傍晚一次给予健康男性志愿者 1 mg 或 100 mg 褪黑素，可明显增强 NK 细胞对重组 IFN-γ 应答反应。

褪黑素可明显增强巨噬细胞的杀伤活性，刺激腹腔巨噬细胞 IL-1 和脾淋巴细胞 IL-2 的产生，降低 IL-2 免疫治疗过程中对巨噬细胞抑制作用，提高 IL-2 的生物活性。这表明褪黑素对巨噬细胞的功能有选择性调节作用。

褪黑素还可以调节体液免疫。据报道，改变光照周期和注射褪黑素溶媒（无水乙醇）可使小鼠血清溶血素水平明显降低。给予褪黑素后，血清溶血素水平出现回升，含量可超过对照组（$P < 0.01$）。冷水束缚应激或连续超声可导致小鼠血清补体下降，而 1 μg/kg 以上的褪黑素能对抗这种效应，使补体水平显著回升。有文献报道，不同剂量的褪黑素对绵羊红细胞（SRBC）

致敏小鼠脾的抗体生成细胞空斑形成细胞（PFC）有不同影响：低剂量（10 μg/kg）组 PFC 数量明显增加，而高剂量（> 10 μg/kg）却产生明显的抑制效应。每日将一定剂量的褪黑素给予正常小鼠、老龄鼠及经环磷酰胺处理过的小鼠，持续 4 d，可使马红细胞（HRBC）致敏的脾细胞抗体反应明显增强。

研究表明，褪黑素能提高外周血中白细胞计数和淋巴细胞百分数。褪黑素还能对抗因光照改变或连续超声所引起的小鼠白细胞计数和淋巴细胞百分数的降低，使其恢复至正常水平（$P < 0.05$）。同时褪黑素还能拮抗异常光照对小鼠中性粒细胞吞噬功能的影响，显著提高其吞噬能力。

在一项实验中，分别对正常小鼠、老龄鼠及环磷酰胺处理过的小鼠以 HRBC 致敏，然后每天给予褪黑素（10 mg/kg），持续 4 d，体外测定 Th 细胞活力。结果发现，与溶剂对照组相比，褪黑素能增强正常小鼠、老龄鼠和环磷酰胺处理过的小鼠的 Th 细胞的活力，但后两者增强作用较低。褪黑素在一定范围内（0.01～1.0 μmol/L）能直接促进经刀豆蛋白 A（ConA）诱导的大、小鼠脾淋巴细胞增殖反应，且剂量在 0.1 μmol/L 时的促进作用最强（$P < 0.01$）。但对未经 ConA 刺激的淋巴细胞则无此作用。若以脂多糖（LPS）作为丝裂原诱导脾淋巴细胞增殖，可观察到同样结果。手术切除或功能性拮抗松果体可使 ConA 或 LPS 诱导的大、小鼠脾淋巴细胞增殖反应降低，这种降低在注射褪黑素后可使之恢复。褪黑素对耐黑色素瘤小鼠 ConA 刺激的 T 淋巴细胞增殖反应也有促进作用。

5 褪黑素与肿瘤

Grin 等的实验结果表明，血液中的褪黑素浓度低于正常水平将增大子宫癌的发生概率。在前列腺患者中，补充外源褪黑素能显著减少前列腺特异性抗原（PSA，前列腺癌的标志）。在体外，褪黑素能够抑制乳腺癌细胞的生长，而临床实验同样表明，褪黑素可以延缓乳腺癌的发生。给黑色素瘤、脑瘤、肺癌患者补充褪黑素，均能提高患者的存活率。褪黑素的抑制肿瘤作用主要与其调节免疫功能相关。Lissoni 等的研究表明，将褪黑素与 IL-2 共同给予严重的实体瘤患者，其效果要优于单独给予 IL-2。褪黑素可能提高了 IL-2 抑制肿瘤的免疫效果。晏建军等的研究显示，褪黑素能够抑制 H22 肝癌荷瘤小鼠的肿瘤生长，延长其存活时间，并与 IL-2 有显著的协同作用。研究表明，肿瘤的发生、生长、转移、恶化与内源性褪黑素水平和昼夜节律性特点密切相关。在摄取褪黑素防治各种肿瘤时，由于摄取的时间不同，其效果也不同。在夜晚给予褪黑素，效果要好于早晨给予。

6 褪黑素与内分泌失调

在实验动物和人体中，外界磁场与褪黑素的分泌同步，并且褪黑素有益于闭经后骨质疏松的治疗。动物实验表明，松果腺分泌的褪黑素可通过刺激甲状旁腺、抑制降钙素的释放和前列腺素的合成而参与钙、磷代谢的调节。闭经过程伴随褪黑素分泌的下降和松果腺钙化的增加。

松果腺和生长发育的关系始终是多年研究的课题。正常的青春期发育似乎并不改变松果腺的外形。但有证据表明，青春期发育的推迟或提早及下丘脑性闭经有可能改变松果腺的外形。

7 褪黑素的安全性

褪黑素是一种内源性物质，通过内分泌、自主神经系统起调节作用，在体内有自己的代谢途径。褪黑素的大部分代谢产物随尿和粪排出体外，不会在体内蓄积。褪黑素血液中的昼夜生理剂量在 0.2～3.5 nmol/L 变动，且褪黑素生物半衰期短，在口服 7～8 h 即降至正常生理水平，因此其毒副作用较小。实验表明，小鼠口服褪黑素的半致死剂量为 1250 mg/kg 体重，大鼠的半致死剂量为 3200 mg/kg，但褪黑素的使用一定要注意其剂量。褪黑素作为一种激素，通常需要小剂量使用。大剂量褪黑素会带来明显的不良反应，如早晨起床后的眩晕、疲倦、睡意、梦游及定向力障碍等。

儿童似乎也并不适宜于使用褪黑素。在一组精神紊乱的儿童中，每晚给予 1～5 mg 褪黑素尽管提高了他们的睡眠质量，但癫痫的发作次数也显著提高了。因此，儿童服用褪黑素应在医生严格指导下进行。

许多科研工作者建议孕妇、乳母、抑郁症患者、癫痫病患者，包括狼疮性疾病在内的自身免疫性疾病患者在没有更多科学依据之前不要服用褪黑素。

在世界范围内，服用褪黑素是否需专科医生的指导存在分歧。在英国，褪黑素是一种处方药，必须在医生指导下服用。而在美国，美国食品药品监督管理局（FDA）已把褪黑素列为一种膳食补充剂，在普通的超市内即可买到。我国卫生部已先后批准 20 余种以褪黑素为功能因子的"改善睡眠"的保健食品，但目前尚未批准褪黑素的延缓衰老、调节免疫等功能。迄今为止的大量研究表明，褪黑素能影响到很多系统，而很多系统的生理病理变化也可导致血液中褪黑素的水平。只是目前我们还不完全清楚这些改变的科学意义。因此，若要使褪黑素得到更广泛的应用，仍需对其生理功能和毒副作用进行更加深入的基础研究。

原文发表于《食品工业科技》，2002 年第 9 期

褪黑激素调节免疫和改善睡眠作用的研究

魏 涛　唐粉芳　张 鹏　何 峰　潘丽颖　金宗濂

北京联合大学 生物活性物质与功能食品北京市重点实验室

【摘要】 本文主要通过经口给予褪黑激素，对小鼠调节免疫和改善睡眠的作用进行研究。调节免疫实验选用健康昆明种 2 月龄雌性二级小鼠，分设对照组、低剂量组 [0.5 mg/（kg·bw）] 和高剂量组 [1.0 mg/（kg·bw）]，对照组灌胃蒸馏水，实验组给予不同剂量褪黑素 28 d 后，测定各项免疫指标，改善睡眠实验选用 BALB/C 1 月龄雄性二级小鼠，组别设立同调节免疫实验。对照组灌胃蒸馏水，实验组给予不同剂量褪黑素后测定各项睡眠指标。结果表明，与对照组比较，低剂量褪黑素能提高足趾肿胀厚度 22.3%（$P < 0.001$），NK 细胞活性 62.2%（$P < 0.05$），血清溶血素水平 17.1%（$P < 0.05$），抗体生成细胞数量 5.3%（$P < 0.05$），碳廓清吞噬指 α 15.9%（$P < 0.05$）。延长戊巴比妥钠诱导的小鼠睡眠时间 23.4%（$P < 0.001$），提高睡眠发生率 4 倍（$P < 0.01$）；高剂量褪黑素能提高足趾肿胀厚度 33.3%（$P < 0.001$），延长戊巴比妥钠诱导的小鼠睡眠时间 38.7%（$P < 0.001$），提高睡眠发生率 3.5 倍（$P < 0.05$）。结果提示：低剂量褪黑激素具有提高免疫力的功能，低、高剂量的褪黑激素具有改善睡眠功能。

【关键词】 褪黑激素；免疫；睡眠；退发型变态反应；淋巴细胞增殖；NK 细胞；碳廓清；溶血素；抗体生成细胞

褪黑激素（melatonin，MT），又名褪黑素，学名 *N*-乙酰-5-甲氧基色胺，分子式 $C_{13}H_{16}N_2O_2$，相对分子质量 232.27。褪黑素纯品为淡黄色叶片状结晶，熔点 116～118 ℃[1-2]。其结构式为：

褪黑素是人体松果体腺分泌的一种吲哚类激素，无论是动物还是植物，其体内均存在这种小分子物质。最初于 1958 年由 Lerner A B 和 Casev J D 从牛的松果体中分离出来，它可使两栖类动物皮肤颜色变淡，因此命名"褪黑素"。但它对人的皮肤并没有作用[1]。虽然褪黑素早已被发现，但长期以来，松果体及其分泌的褪黑素并未引起人们的重视。直到 1993 年，美国科学家 Walter Pierpaoli 和 William Rehlson 公布了褪黑素具有助眠、调整时差、延缓衰老、防治多种疾病的功能[1]。此后，褪黑素成为人们讨论和研究的热点。国内外大量研究结果表明，褪黑素具有增强免疫和调节睡眠的功能[2-7]，但绝大多数研究采用了松果体切除或皮下注射或腹腔注射给药的方法。而本文主要采用口服的方法对褪黑激素调节免疫和改善睡眠的功能进行研究，为褪黑激素的临床应用提供实验依据。

1 材料和方法

1.1 受试物

褪黑素（melatonin），美国 Sigma 公司，用蒸馏水超声溶解后备用。

1.2 动物

1.2.1 调节免疫实验动物

选用由中国医学科学院动物中心繁育场提供的 2 月龄昆明种雌性二级小鼠,体重 18～22 g,按体重将小鼠随机分为 3 组,组间体重经 t 检验无显著差异($P < 0.05$)。

1.2.2 改善睡眠实验动物

选用由中国医学科学院动物中心繁育场提供的 1 月龄 BALB/C 雄性二级小鼠,体重 18～22 g,按体重将小鼠随机分为 3 组,组间体重经 t 检验无显著差异($P < 0.05$)。

1.3 剂量选择

受试物褪黑素的人体推荐剂量为每 60kg 体重 3.0mg/d。小鼠的等效剂量相当于人体推荐剂量的 10 倍。以人体推荐剂量的等效剂量为低剂量 [0.5 mg/(kg·bw)],以低剂量的 2 倍为高剂量 [1.0 mg/(kg·bw)],调节免疫实验连续灌胃 28 d 后进行各项指标的测定,改善睡眠实验当日灌胃后进行测定。

1.4 仪器与试剂

1.4.1 仪器

752 紫外分光光度计;NU-2500E 型 CO_2 培养箱;超净工作台;AE100 电子天平;DT500 电子天平;TDL-5 离心机;KA-1000 型台式离心机;生物显微镜;JY92-Ⅱ型超声波细胞粉碎机;螺旋测微器(0.01mm);YXQG01 型蒸汽消毒锅;细菌滤器(直径 50mm 和 35mm,0.2μm 滤膜);CF-5000 板式酶标仪;电热三用水箱;24 孔平底培养板;96 孔 U 形培养板;96 孔平底测定板;8 道加样器;秒表。

1.4.2 试剂

1640 完全培养基(过滤灭菌);HePes;$NaHCO_3$;谷氨酰胺(L-Glu);青霉素;链霉素;小牛血清;Hanks 工作液(pH 7.2～7.4)(高压灭菌);吩嗪二甲酯硫酸盐(PMS);氧化型辅酶Ⅰ(NAD+);乳酸锂;噻唑兰(MTT);刀豆素(ConA);碘硝基氯化四氮唑(INT);2% NP40;0.2 mol/L 盐酸-Tris 缓冲液;YAC-1 细胞;氰化钾;铁氰化钾;豚鼠血清(5 只豚鼠混合);绵羊红细胞(SRBC);印度墨汁;戊巴比妥钠。

1.5 实验方法

(1)迟发型变态反应(DTH)——足趾肿胀厚度法[8]。

(2)T 淋巴细胞增殖功能测定——ConA 刺激淋转颜色反应法(MTT 法)[9]。

(3)NK 细胞活性的测定(乳酸脱氢酶法)[10]。

(4)抗体生成细胞的测定[9]。

(5)血清溶血素的测定(半数溶血值测定法)[8]。

(6)碳廓清指数的测定:碳廓清实验[9]。

(7)延长戊巴比妥钠诱导的小鼠睡眠时间实验[11]。

(8)阈下剂量戊巴比妥钠诱导睡眠发生率实验[11]。

2 结果

2.1 褪黑素对正常小鼠体重、胸腺/体重、脾/体重的影响

由表 1 可见,灌胃褪黑素 28 d 后,与对照组相比,各剂量组体重、胸腺/体重、脾/体重均无显著差异($P > 0.05$)。

表 1　褪黑素对正常小鼠免疫器官重量的影响($\bar{X}\pm$SD)

组别	剂量 [mg/(kg·bw)]	n	体重(g)	脾/体重(mg/g)	胸腺/体重(mg/g)
对照组	0	12	34.1±2.8	5.29±0.46	2.96±0.49
低剂量组	0.5	12	33.2±3.0	4.95±0.70	3.02±0.41
高剂量组	1.0	12	33.1±3.1	5.13±0.88	3.40±0.44

2.2 褪黑素对正常小鼠迟发型变态反应的影响

由表 2 可见,灌胃正常小鼠褪黑素 28 d 后,与对照组相比,低、高剂量的足趾肿胀厚度分别提高 22.3%($P < 0.001$)和 33.3%($P < 0.001$)。

表 2　褪黑素对正常小鼠足趾肿胀厚度的影响($\bar{X}\pm$SD)

组别	剂量 [mg/(kg·bw)]	n	足趾肿胀厚度(mm)
对照组	0	12	0.62±0.08*
低剂量组	0.5	12	0.77±0.11*
高剂量组	1.0	12	0.80±0.12*

*$P < 0.001$ 与对照组比较有极显著差异。

2.3 褪黑素对正常小鼠脾淋巴细胞增殖能力的影响

由表 3 可见,灌胃正常小鼠褪黑素 28 d 后,与对照组相比,低、高剂量组分别提高经刀豆蛋白 A(ConA)诱导的脾淋巴细胞增殖能力 31.1%($P > 0.05$)和 5.1%($P > 0.05$)。

表 3　褪黑素对正常小鼠脾淋巴细胞 Con A 增殖能力的影响($\bar{X}\pm$SD,λ=570 nm)

组别	剂量 [mg/(kg·bw)]	n	光密度差值
对照组	0	12	0.0074±0.0030
低剂量组	0.5	12	0.0097±0.0044
高剂量组	1.0	12	0.0078±0.0024

2.4 褪黑素对正常小鼠 NK 细胞活性的影响

由表 4 可见,灌胃正常小鼠褪黑素 28 d 后,与对照组相比,低剂量的 NK 细胞活性提高 62.2%($P < 0.5$)。

表 4　褪黑素对正常小鼠 NK 细胞活性的影响（$\bar{X}\pm$SD）

组别	剂量 [mg/(kg·bw)]	n	NK 细胞活性（%）
对照组	0	12	34.7±16.3
低剂量组	0.5	12	56.3±27.0*
高剂量组	1.0	12	40.4±17.1

* $P < 0.5$ 与对照组相比无显著性差异。

2.5　褪黑素对正常小鼠抗体生成细胞的影响

由表 5 可见，灌胃正常小鼠褪黑素 28 d 后，与对照组相比，低剂量组的 PFC 提高 5.3%（$P < 0.5$）。

表 5　褪黑素对正常小鼠 PFC 的影响（$\bar{X}\pm$SD）

组别	剂量 [mg/(kg·bw)]	n	PFC（lg 空斑数/全脾细胞）
对照组	0	10	4.69±0.26
低剂量组	0.5	10	4.94±0.25*
高剂量组	1.0	10	4.86±0.12

* $P < 0.5$ 与对照组相比无显著性差异。

2.6　褪黑素对正常小鼠血清溶血素水平的影响

由表 6 可见，灌胃正常小鼠褪黑素 28 d 后，与对照组相比，低剂量组的溶血素（HC50）提高 17.1%（$P < 0.05$）。

表 6　褪黑素对正常小鼠血清 HC50 水平的影响（$\bar{X}\pm$SD）

组别	剂量 [mg/(kg·bw)]	n	HC50
对照组	0	12	116.1±27.1
低剂量组	0.5	10	136.0±7.4*
高剂量组	1.0	10	128.6±15.6

* $P < 0.05$ 与对照组相比有显著性差异。

2.7　褪黑素对正常小鼠碳廓清能力的影响

由表 7 可见，灌胃正常小鼠褪黑素 28 d 后，与对照组相比，低剂量组的碳廓清指数提高 15.9%（$P < 0.05$）。

表 7　褪黑素对正常小鼠碳廓清能力的影响（$\bar{X}\pm$SD）

组别	剂量 [mg/(kg·bw)]	n	碳廓清指数
对照组	0	10	4.35±0.87
低剂量组	0.5	10	5.04±0.43*
高剂量组	1.0	10	4.62±0.33

* $P < 0.05$ 与对照组相比有显著性差异。

2.8 褪黑素对阈剂量戊巴比妥钠诱导小鼠睡眠时间的影响

由表 8 可见，灌胃正常小鼠褪黑素 28 d 后，与对照组相比，低、高剂量组的戊巴比妥钠诱导的小鼠睡眠时间分别延长 23.6%（$P < 0.001$）和 38.7%（$P < 0.001$）。

表 8 褪黑素对阈剂量戊巴比妥钠诱导小鼠睡眠时间的影响（$\bar{X} \pm \mathrm{SD}$）

组别	剂量 [mg/（kg·bw）]	n	睡眠时间（min）
对照组	0	14	27.1±4.0
低剂量组	0.5	14	33.5±4.9*
高剂量组	1.0	14	37.6±5.5*

* $P < 0.001$ 与对照组比较有极显著性差异。

2.9 褪黑素对阈下剂量戊巴比妥钠诱导小鼠睡眠发生率的影响

由表 9 可见，灌胃正常小鼠褪黑素 28 d 后，与对照组相比，低、高剂量组的戊巴比妥钠诱导小鼠的睡眠率分别提高 4 倍（$P < 0.01$）和 3.5 倍（$P < 0.05$）。

表 9 褪黑素对阈下剂量戊巴比妥钠诱导小鼠睡眠发生率的影响（$\bar{X} \pm \mathrm{SD}$）

组别	剂量 [mg/（kg·bw）]	n	入睡动物数（只）	睡眠发生率（%）
对照组	0	15	2	13.3
低剂量组	0.5	15	10	66.7*
高剂量组	1.0	15	9	60.0**

* $P < 0.001$ 与对照组比较有非常显著性差异；** $P < 0.05$ 与对照组比较有显著性差异。

3 讨论

本实验结果表明，经口给予低、高剂量的褪黑素，与对照组比较，戊巴比妥钠诱导的小鼠睡眠时间分别延长 23.4%（$P < 0.001$）和 38.7%（$P < 0.001$），睡眠发生率分别提高 4 倍（$P < 0.01$）和 3.5 倍（$P < 0.05$）。结果提示，褪黑素具有改善睡眠的功能。褪黑素的分泌具有昼夜性节律。人体血液中褪黑素白天分泌下降，夜间分泌增加，凌晨分泌量最高，血液褪黑素最大浓度值出现在凌晨 2：00～3：00，其浓度是白天的 10 倍[12]。褪黑素改善睡眠和调整时差是其最主要的功能。

本实验结果还表明，经口给予低剂量 [0.5 mg/（kg·bw）] 的褪黑素，与对照组比较，能提高正常小鼠的足趾肿胀厚度 22.3%（$P < 0.001$），NK 细胞活性 62.2%（$P < 0.05$），血清溶血素水平 17.1%（$P < 0.05$），抗体生成细胞数量 5.3%（$P < 0.05$），碳廓清吞噬指数 α 15.9%（$P < 0.05$）。而高剂量褪黑素 [1.0 mg/（kg·bw）] 仅能提高足趾肿胀厚度 33.3%（$P < 0.001$）。结果提示，褪黑素具有提高免疫的功能，但其功能与褪黑素的剂量有很大关系。0.5mg/（kg·bw）的褪黑素能够提高免疫，而 1.0 mg/（kg·bw）的褪黑素却不能调节免疫，可见并非服用褪黑素的剂量越大，调节免疫的作用越好。其原因可能在于人体分泌褪黑素具有终生节律性，即人体随着松果体的发育成熟，褪黑素水平上升，在青少年时期达到分泌高峰。其后，随着年龄的增大，松果体开始衰老、萎缩，褪黑素的分泌量也逐渐下降[13]。而本文选用的小鼠为 2 月龄，其褪黑素的分泌处于高峰期，并不需要补充过多的外源褪黑素。所以，褪

黑素的服用应有适当的方法和剂量。

Femandes 等在 1976 年就发现机体的免疫功能具有日周期性的变化[14]。而 Jankovie 等则发现摘除松果腺后大鼠的免疫功能迅速下降[15]。随后有大量研究表明，外源补充褪黑素能够提高机体免疫力，如可明显增强小鼠对 SRBC 的初级抗体反应[16]，提高 NK 细胞的活性[17]，促进抗体形成及 T 淋巴细胞、B 淋巴细胞增殖反应[18]，刺激腹腔巨噬细胞 IL-1 及脾淋巴细胞 IL-2 的产生[19]等。

褪黑素调节免疫细胞功能可能与其影响腺苷酸环化酶（AC）水平有关。利用 AC 选择性激活剂 forskolin（F）发现，F（10^{-5} mo/L）可明显提高淋巴细胞环磷酸腺苷（cAMP）水平。褪黑素（10^{-9} mol/L、10^{-6} mol/L、10^{-5} mol/L）浓度依赖性抑制淋巴细胞 AC 的活性[20]。深入研究发现，褪黑素抑制淋巴细胞 AC 活性，降低 cAMP 水平是通过 Gi 蛋白实现的。因此提示，Gi 蛋白偶联的 AC-cAMP 信号转导通路可能是褪黑素发挥免疫调节作用的重要机制[20]。有研究表明，以微量（1 μg）褪黑素注入大鼠海马能增强大鼠脾淋巴细胞对 Con A 诱导的增殖反应和脾细胞 IL-2 的产生，还可明显提高腹腔巨噬细胞 IL-1 的产生和 NK 细胞的活性。表明褪黑素能通过海马增强大鼠的免疫功能，提示海马可能是褪黑素作用的一个重要的靶结构[21]。另有研究表明，褪黑素的免疫增强作用是通过阿片肽系统实现的，在给小鼠注射阿片肽（β-内啡肽、强啡肽、亮-脑啡肽和甲硫氨酸脑啡肽）后，均能不同程度地产生与注射褪黑素相似的效应[10]。用褪黑素和受抗原激活的免疫活性细胞培养 16～18 h 后，生理浓度的褪黑素就可刺激 T 淋巴细胞释放阿片激动剂。这说明，阿片肽极可能是褪黑素实现免疫调节的中介物质[3, 22]。褪黑激素明确的免疫机制还需进一步深入研究。

【参考文献】

[1] 郑建仙. 功能性食品. 北京：中国轻工业出版社，1999：517-521.
[2] 杨迎暴，罗景慧，杨淑琴，等. 地西泮对褪黑素免疫调节作用的影响. 免疫学杂志，1997，13（3）：208.
[3] 杨迎暴，罗景慧，杨淑琴，等. 氟哌啶醇对褪黑素免疫调节作用的影响. 中国现代应用药学杂志，1999，16（2）：39.
[4] Pioli C, Caroleo MC, Nistico G, et al. Melatonin increase antigen presentation and amplifies pecific signals for T-cell proliferation. Int J Immunopharmacol, 1993, 15（4）：463.
[5] Maestroni G J M, Conti A, Pierpaoli W. Pineal melatonin, its fundamental immunoregulatory role in aging and cancer. Ann New York Acad Sci, 1988, 521：140.
[6] Sugden D. Psychopharmacological effects of melatonin in mouse and rat. J Pharmacol Exp Ther, 1983, 227（3）：587-591.
[7] Zhdanova I V, Wurtman R J, Lynch H J, et al. Sleep-inducing effects of low doses of melatonin ingested in the evening. Clin Pharm Ther, 1995, 157（8）：552-558.
[8] 金宗濂. 功能食品评价原理及方法. 北京：北京大学出版社，1995：83-85.
[9] 薛彬. 免疫毒理学实验技术. 北京：北京医科大学、中国协和医科大学联合出版社，1995.
[10] 袁崇刚. 褪黑激素对免疫机能的影响. 中国老年学杂志，1995，15（6）：376.
[11] 陈奇. 中国药理研究方法学. 北京：人民卫生出版社，1993，660-661.
[12] Russel J R, Jo R. Melatonin: your body's natural wonder drug. Bantam Book, 1995：17-18.
[13] 吴群兵，汪涛，王子莲. 褪黑素的生理和药理活性. 包头医学，1999，23（1）：23.
[14] Fernandes G, Halberg F, Yunis E J, et al. Orcadian rhythmic Plaque-forming cell response of spleens from mice immunized with SRBC. J lmmunol, 1976, 117（3）：962.
[15] Jankovic B D, lsaković K, Petrović S. Effect of Pinealectomy on immune reaction in the rat. lmmunology, 1970, 18（1）：1-6.
[16] Maestroni G J M, Conti A, Pierpaoli W. Role of the pineal gland in immunity, circadian synthesis and release of melatonin modulates the antibody response and antagonizes the immunosuppressive effect of corticosterone. J Neuroimmunol, 1986, 13（1）：19.
[17] Lissoni P, Marelli O, Mauri R, et al. Ultradian chronomodulation by melatonin of a Placebo effect upon human killer cell activity. Chronobiologia, 1986, 13：339.
[18] Yu Z H, Yuan H, Pang S F. et al. [^{125}I]-iodomelatonin-binding sites in spleens of birds and mammals. Neurosci Lett,

1991,125(2):175.
[19] 魏伟,梁君山,陈学广,等.褪黑素及松果腺培养上清对大鼠巨噬细胞产生 IL-1 的影响.中国药理学通报,1992,8(1):66.
[20] 魏伟,徐叔云.褪黑素对炎症免疫和痛反应的作用及其机制.安徽医科大学学报,1999,34(2):159-160.
[21] 李俊,徐叔云.海马内微量注射褪黑素的免疫调节作用.中国药理学通报,1996,12(3):241-243.
[22] Sibinga N E S, Goldstein A. OPioid peptides and opioid receptors in cells of the immune system. Ann Rev lmmunol, 1998,(6):219.

原文发表于《食品工业科技》,2003 年第 3 期

黄酮类化合物的生理活性及其制备技术研究进展

裴凌鹏[1] 惠伯棣[2] 金宗濂[1] 张 静[1]

1. 北京联合大学 生物活性物质与功能食品北京市重点实验室
2. 中国农业大学 食品科学与营养工程学院

【摘要】 本文介绍了黄酮类化合物的功能和用途，概述了黄酮类化合物的来源和制备技术及其资源的开发与利用。

【关键词】 黄酮；提取及纯化；生物活性；保健食品

Review on health function processing technology and market prospects of flavonoids

Pei Lingpeng[1] Hui Bodi[2] Jin Zonglian[1] Zhang Jing[1]

1. The Beijing Key Lab of Biology Active Material and Function Food of Beijing Union University
2. College of Food Science and Nutrition Engineering of China Agricultural University

Abstract: The health function and use of flavonolds were introduced. The source and manufacturing technology of favoniods were summarized and the market prospects in health food containing favonolds were envisaged.

Key words: flavonoids; extraction; bio-activity; health-food

随着食品工业的迅速发展和消费观念的变化，人们已不再满足于吃饱，而是转向吃得科学，因此含有天然活性成分的保健食品成为现代人追逐的目标。其中黄酮类化合物以纯天然、高活性、见效快、作用广泛等特点日益受到人们的关注。

1 黄酮类化合物的概况

1.1 黄酮类化合物分布

黄酮类化合物是一类低相对分子质量的广泛分布于植物界的天然植物成分，为植物多酚类的代谢物，大多有颜色。从植物系统学的角度，植物体产生黄酮的能力与植物体木质化性质密切相关。因此黄酮类化合物主要分布在维管束植物中，而在其他较低等的植物类群中分布较少，其中大多集中于被子植物中，如豆科、蔷薇科等。这些植物中此类化合物的类型最全，结构最复杂，含量也最高。

1.2 黄酮类化合物特征

1.2.1 结构特征

黄酮类化合物是色原烷或色原酮的衍生物。目前泛指由两个芳香环 A 和 B 通过中央三碳链相互作用连接而成的一系列化合物，其基本骨架具有 C_6-C_3-C_6 的特点，见图1。

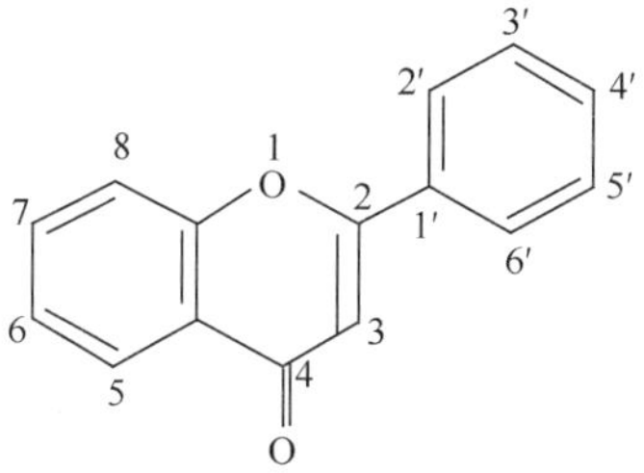

2-苯基色原酮(黄酮) 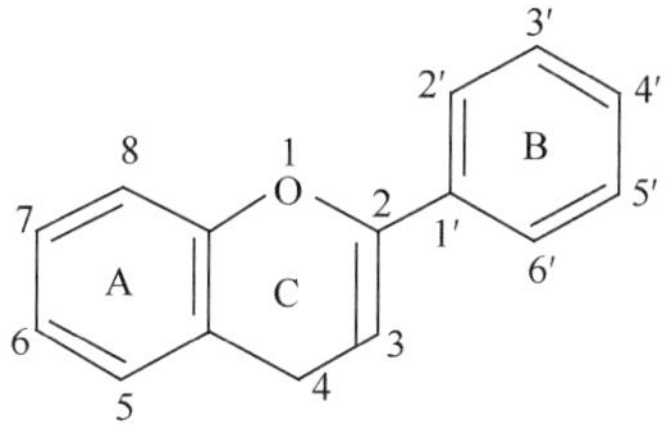　　　　　　　　　C_6-C_3-C_6

图 1　黄酮类化合物分子式

天然的黄酮类化合物几乎在 A、B 环上均有取代基，一般是羟基、甲氧基和异戊烯基等。在植物体中，黄酮类化合物因其所在组织不同，其存在状态也呈多样化。在木质部多以苷元形式存在；在花、叶、果实等器官多以糖苷形式存在。人体包括异黄酮（isoflavone）、黄酮（flavone）、黄酮醇（flavonol）、黄烷酮（flavanone）、异黄烷酮（isoflavone）、查耳酮（chalcone）、双氢黄酮、花色苷等[1]。

1.2.2　理化特性

黄酮类化合物具有较好的水溶性，因其具有酚羟基团，因此显示一定的酸性，较易溶于碱液中。

2　黄酮类化合物的生理活性

2.1　抗氧化及抗自由基作用

自由基性质活泼，有极强的氧化反应能力，对人体有很大的危害性，在体内自由基和脂质过氧化作用使多种大分子成分，如核酸、蛋白质产生氧化变性，DNA 交联和断裂，导致细胞结构改变和功能破坏，从而引起癌症、衰老及心血管等退变性疾病[2]。

生物体内常见的自由基有超氧自由基（$O_2·$）、羟自由基（·OH）、烷氧自由基（RO·）黄酮类化合物具有清除自由基和抗氧化的能力，其作用机理在于它阻止了自由基在体内产生的 3 个阶段：①与 $O_2·$ 反应阻断自由基的引发连锁反应；②与金属离子螯合阻断自由基生成；③与脂质过氧基（ROO·）反应阻断脂质过氧化过程。胡春等通过 ESR 研究发现黄酮类化合物 B 环上的 3′，4′- 邻二羟基是具有清除自由基生物活性的关键结构，其他位上的羟基起一定作用，这可能是由于邻位羟基的存在可使一个羟基形成羰基之后易与邻位的羟基形成分子内氢键，使氧化后的物质稳定，而中断自由基导致的链反应。张光成等[3]经体外实验表明葛根异黄酮 10 ～ 100 μg/ml 可明显抑制小鼠肝、肾组织及兔脑组织匀浆在振荡温育条件下引起的脂质过氧化产物丙二醛（MDA）的升高，并呈剂量效应关系。体内实验表明，经液氮冷冻致兔脑伤成脑水肿后，葛根异黄酮对降低血、脑组织中 LPO 含量有明显作用，而且对提高血、脑组织中 SOD 活性有极显著作用。邝枣园[4]发现葛根素注射液 0.15 ～ 2.50 g/L 可以降低利用抗坏血酸体系产生的·OH 水平，与对照管相比（$P < 0.05$），在 2.50 g/L 时·OH 消除率为 100%±5.5%，并随葛根素浓度的降低，清除率也逐渐下降，呈量效依赖关系。

2.2　对心血管系统的作用

2.2.1　对血压的影响

黄酮类化合物对高血压引起的头痛、项强、头晕、耳鸣等症状有明显的疗效，尤以缓解头痛、项强为显著。葛根素对正常和高血压动物都有一定的降压作用，静脉注射葛根素能使正常麻醉犬的血压短暂而明显地降低，也能显著降低清醒自发性高血压大鼠（SHR）血压[5]。

2.2.2 抑制血小板凝集作用

黄酮类化合物对凝血因子具有较强的抑制作用，因此表现出较好的抗凝血作用。实验表明，不同浓度的黄酮类化合物可以不同程度地抑制二磷酸腺苷（ADP）诱导的大鼠血小板凝集，对5-羟色胺和ADP联合诱导的家兔和绵羊血小板凝集也有同样的抑制作用[6]。此外，黄酮类化合物还可以降低血管内皮细胞羟脯酸代谢，使内壁的胶原或胶原纤维含量相对减少，有利于防止血小板黏附凝集和血栓形成，也有利于防治动脉粥样硬化。

2.2.3 对外周血管的影响

静脉注射黄酮类化合物于麻醉犬后，全部动物的脑血流量增加且血管阻力相应降低，还能使ACh引起的脑内动脉扩张和去甲肾上腺素引起的收缩减弱，使处于异常状态下的血管功能恢复正常水平[7]。此外，还可以改善异丙肾上腺素引起的小鼠微循环障碍，使毛细血管前小动脉管径增加，流速加快。

2.3 抗癌作用

黄酮类化合物具有较强的抗癌防癌作用，一般可通过以下三种途径发挥作用：①对抗自由基；②直接抑制癌细胞生长；③对抗致癌促癌因子。陈晓莉等[8]用MTT快速测定法及流式细胞仪分析黄酮类化合物对靶细胞人肝癌SMMC-7721细胞的抗癌药效表明，此类物质有较强的抗癌活性，与丝裂霉素（MMC）联合用药抗癌活性显著增强，流式细胞仪分析细胞分裂周期各时期DNA变化显示，此类物质可使S期细胞明显减少，增殖指数降低，并诱导凋亡。

2.4 对平滑肌的作用

葛根对小鼠、大鼠离体肠管具有罂粟碱样解痉作用。多种异黄酮成分可能是舒张平滑肌的成分，收缩成分可能是胆碱、乙酰胆碱和卡塞因R等物质。

2.5 抗炎、抗菌、抗病毒作用

黄酮类化合物具有明显的消炎、抗溃疡作用。白凤梅等[9]研究表明天然黄酮对小鼠急性胃溃疡有明显的消退作用，肯定了高剂量的黄酮提取物（200 mg/ml）能使胃黏液增加并且减轻胃的损伤。此外，研究表明芦丁黄酮类化合物具有抗流感病毒、脊髓灰质炎病毒的感染和复制能力。

2.6 雌激素作用

黄酮类化合物具有雌激素的双重调节作用。当雌激素水平较低时，表现为雌激素作用，反之，表现为抗雌激素作用。张荣庆[10]经实验发现大豆黄酮能提高正常大鼠及未交配过的雌性正常大鼠乳腺的重量和乳腺细胞DNA含量，并能促进其乳腺发育和增加泌乳量。但同时也可使正常雄鼠的血清睾酮、雌二醇、生长激素等水平显著升高。

2.7 降血糖作用

黄酮类化合物能够促进胰岛B细胞的恢复，降低血糖和血清胆固醇，改善糖耐量，对抗肾上腺素的升血糖作用，并能抑制醛糖还原酶。

2.8 对中枢神经系统作用

2.8.1 对神经系统的保护作用

谷氨酸（Glu）是中枢神经系统中的主要兴奋性神经递质，但过度释放会造成兴奋性神经毒性损伤，引起多种神经变性疾病。韩喻美等[11]采用大鼠脑分区切片培养，加入活性的黄酮提取物发现，此类物质能有效地抑制培养切片上由 K^+ 引起的 Glu 释放，抑制效应随浓度增加而增加。此外黄酮类化合物可作为钙离子通道拮抗剂，能抑制 KCl、去甲肾上腺素、5-羟色胺等引起的 Ca^{2+} 增高，从而对神经系统起到保护作用。

2.8.2 对记忆的影响

通过避暗和迷宫法证实黄酮影响小鼠记忆行为，此类物质对亚硝酸钠、乙醇、N_2 吸入及颈总动脉阻断再灌流造成的小鼠记忆障碍均有改善作用，对 D-半乳酸所致急性衰老小鼠的记忆功能也有改善作用[12]。

3 黄酮类化合物制备技术

依据不同植物组织中黄酮类化合物的不同理化特性，可采用不同的工艺对其进行提取、分离、纯化，最终可制备高纯度的黄酮类化合物。

3.1 常见制备方法

3.1.1 水提法

此法仅限于提取黄酮苷类。在提取过程中要考虑加水量、浸泡时间、煎煮时间及煎煮次数等因素[13]，其优点在于成本低、易操作、无污染，工程流程图如图2：原料→蒸馏水煎煮两次→过滤→浓缩→制成浸膏。

3.1.2 醇提法

高浓度的乙醇（90%～95%）适宜于提取黄酮苷元，60% 左右浓度的乙醇适宜于提取黄酮苷类。按提取过程又分为冷浸法、渗漉法、间流法等。这些方法各有优缺点。冷浸法虽不需要加热，但提取时间长，效率低。渗漉法由于保持一定的浓度差，所以提取效率较高，浸液杂质较少，但费时较长，溶剂用量大，操作烦琐。间流法效率较冷浸法和渗漉法高，但不适用于受热易破坏成分的药材提取[14]。工艺流程见图2。

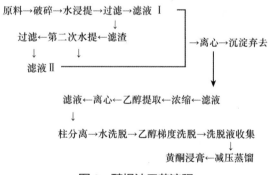

图 2　醇提法工艺流程

3.1.3 其他有机溶剂萃取法

这是目前国内使用最广泛的方法。此方法设备条件低，产品得率高，但产品中杂质含量较高。姚渭溪[15]将银杏叶干燥粉碎后用有机溶剂（如甲醇、丙酮、乙醚等）浸泡、萃取、过滤，滤液减压浓缩，得到银杏浸膏，其活性成分黄酮类化合物含量为10%。

3.1.4 CO_2 超临界流体提取法

超临界流体提取法（SFE）与上述提取工艺相比，具有提取效率高，无溶剂残留，天然植物活性成分和热不稳定性成分不易被分解破坏等优点，同时还可以通过控制临界温度和压力的变化，来达到选择性提取和分离纯化的目的，因此多年来在天然植物有效成分提取中得到了广泛的应用[16]。

3.2 制备前处理

3.2.1 酶解法

陈炳华等[17]利用果胶酶将山楂中的果胶完全分解后，在果肉中的黄酮类物质充分释放后，再进行黄酮的提取、分离和纯化，使其得率较常规方法高出 2～3 个百分点。

3.2.2 超声波法

利用超声波产生的强烈震动、高加速度、强烈空化效应及搅拌作用等，都可以加速药物有效成分进入溶剂，从而提高提取率，缩短提取时间，并且免去高温对活性成分的影响。

3.3 制备后处理

近十年国外根据黄酮类化合物电荷性质，运用大孔吸附树脂柱对此类物质分离纯化，取得了较好的效果。大孔吸附树脂是近十年来发展起来的一类有机高分子聚合物吸附剂。它具有物理化学稳定性高，吸附选择性独特，不受无机物存在的影响，再生简便，解析条件温和，使用周期长，易于构成闭路循环，节省费用等优点。经实验测定分析，AB-8 树脂孔径适当，有较高比表面积，较大比重，而且极性较强，因而对葛根黄酮吸附量大，解吸容易，吸附后黄酮含量高，是一种性能良好的黄酮吸附剂。大孔树脂分离法操作简便，成本低，收率高，可供大量生产选用。国内某些院校进行过初步尝试，张妍报告利用此方法成功地对山楂黄酮类化合物进行了提取。

4 黄酮类化合物的定性定量检测

4.1 定性分析

4.1.1 紫外分光光度法

利用黄酮分子结构中羟基和芳环形成较强的共轭体系，对紫外光（250±1）nm 有较强的特征吸收，且性质稳定。此法操作简便。

4.1.2 薄层层析-比色法

利用黄酮分子结构中的酚羟基，能与磷钨酸-磷钼酸试剂产生颜色反应，在 700 nm 波长处用最大吸收的特性进行比色测定。

4.1.3 络合-分光光度法

将样品用 30% 乙醇溶解，经 $NaNO_3$、$Al(NO_3)_3$ 络合后，在 UV 510 nm 处作紫外分光比色测定，但因样品未经过分离纯化，受杂质干扰，定量测定误差较大。

4.2 定量检测

4.2.1 高效液相色谱法（HPLC）

将样品溶解在有机溶剂中，直接经高效液相色谱进行分离测定，用归一法可测出总黄酮含量。但设备要求严格，操作较复杂。汪静端等[18]利用反向 HPLC 成功对银杏叶中 6 种黄酮成分，即槲皮素、异鼠李素、山柰酚、白果黄素、银杏黄素、西阿多黄素进行了分析。

4.2.2 气相色谱法（GC）

将样品用衍生化试剂（如双三甲基硅烷基三氟乙酸氨）制成黄酮衍生物，然后经气相色谱分离测定。

4.2.3 超临界流体色谱法（SFC）

综合了气相色谱（GC）和高效液相色谱（HPLC）的特点的新分离技术。

4.2.4 高效毛细管电泳法（HPCE 法）

该法简便快捷，分析周期短，消耗溶剂少，费用低，抗污染能力强，具有良好的精密度，回收率呈线性关系等优点，适用于葛根及其制剂中葛根素的快速定量分析。

4.2.5 导数脉冲极谱法

将原料用 95% 乙醇溶液回流提取 2h，取出放冷后称重，补充失去的乙醇量，摇匀，加塞后放置澄清，上清液注入 1% 硫酸铵底液，置极谱池中，通氮气进行极谱测定。

5 黄酮类化合物的开发与应用

5.1 市场前景

随着食品工业的发展和消费水平的不断提高，人们越来越注重强身健体，改善饮食习惯，提高生活质量。于是保健食品以其天然性、食效性等特点在世界范围内成为人们追逐的目标。由于葛根黄酮的保健作用确有实效，东南亚及欧美各国最近掀起以葛根黄酮为代表的开发应用热潮。据报道，国际市场上葛根黄酮含量 40% 的为 300 元/千克左右，含量达 80% 以上的为 2500～4000 元/千克，含量 90% 以上的为 10 000～15 000 元/千克。据不完全统计，2010 年我国保健品市场销售额将达 1000 亿元。在众多的天然活性成分中黄酮类化合物是极有应用潜力的资源之一。

黄酮类化合物在人体不能直接合成，只能从食品中获得，而黄酮类化合物广泛存在于植物体中，因此，近十多年来各国科学家都积极关注着从植物体中提取纯度高、活性强的天然黄酮成分，并进一步加工成具有抗癌、延缓衰老、调节内分泌等特异功能的保健食品和药品等产品。这些产品可以调节人体生理功能，提高生命运动质量，为食用者带来健康体魄。

目前黄酮类化合物一般可采取如下两种利用方式：① 直接应用含黄酮的植物提取液制成保健品食品；② 将含黄酮的植物提取液经浓缩、分离纯化、干燥等精制步骤，制取高纯度的黄酮类化合物。

5.2 黄酮资源开发

5.2.1 抗心血管病药物

黄酮类化合物在防止心脑血管疾病方面发挥了重要的作用。自 20 世纪 80 年代起，国内外先后研制开发了以银杏叶提取物制成的各种银杏制剂，内含 24% 的黄酮（主要由异鼠李素、山柰酚等组成），适用于脑功能障碍，智力功能衰退，末梢血管血流障碍并伴随的肢体血液不畅。临床上用于治疗冠心病、心绞痛、脑血管疾病等均有良好的疗效[19]。利用沙棘总黄酮开发的天然药品是治疗心绞痛，预防动脉粥样硬化、心肌梗死、脑血栓的理想药物，对治疗心绞痛的总有效率为97.1%。此外，利用山楂叶中的芦丁、牡荆素等提取总黄酮制成"益心酮"片，对治疗冠心病的总有效率为90%。

5.2.2 抗肝脏毒药物

从紫花水飞蓟种子中提取总黄酮，内含水飞蓟宾（silybin）、异水飞蓟宾（silydianin）、次水飞蓟宾（silibinin），是常用抗肝素药"益肝宁""利肝隆"及国外"Silimarit"的重要有效成分。具有刺激新的肝细胞形成，抗脂质过氧化作用，用于治疗肝炎、肝硬化，并能支持肝的自愈能力，改善健康状况[20]。

5.2.3 止咳平喘药

20世纪80年代我国研制的124种防止气管炎的植物药中就有69种主成分是黄酮类化合物，包括黄酮醇、双氢黄酮及其苷，大多是较好的消炎、止咳、平喘活性成分。

5.2.4 天然抗氧化剂

黄酮类化合物作为合成抗氧剂如BHT、BHA等替代品具有高效、低毒、廉价、易得的特点，日益受到重视。大量研究表明，茶多酚可以有效地抑制油脂的过氧化物形成和多烯脂肪酸的分解，从而延长油脂的货架期。茶多酚已在保健食品、鱼油、食用油中得到广泛应用。如从法国桦树皮和葡萄籽中提取的总黄酮制成食用保健品"碧罗芷"被美国食品药品监督管理局（FDA）认可，经研究表明其具有较好的抗氧自由基作用，比维生素E强50倍，比维生素C强20倍，而且能通过血脑屏障，可防治中枢神经系统的疾病[21]。

5.2.5 无公害农药

化学合成农药的生产和使用日益受到环境和商业的压力，开发具有特异性功能、靶标专一性较安全的无公害农药显示了广阔的市场潜力。例如，豆科植物中异黄酮类化合物，鱼藤酮（rotenone）及类鱼藤酮（rotenoids）均已制成植物类杀虫剂，在农业生产中得以广泛的使用[22]。

【参考文献】

[1] 彭芳，陈植和．黄酮类化合物的生物学作用．大理医学院学报，1998，7（4）：52.
[2] Rice E C, Miller N J, Bolwell P G, et al. The relative anthioxidant activities of plant derived ployphenloic flavonoids. FreeradicalRes, 1995, 22: 375-383.
[3] 张光成，方思鸣．葛根异黄酮的抗氧化作用．中药材，1997，20（7）：358-360.
[4] 邝枣园，吴伟，黄衍寿．葛根素、丹参、川芎嗪注射液对羟自由基水平的影响．中药新药与临床药理，1998，9（2）：92.
[5] 宋雪鹏．葛根素对自发高血压大鼠的降压作用及对其血浆肾素活性的影响．中国药理报，1998，9（1）：55.
[6] 尹钟洙，曾贵云．葛根素对人和动物血小板聚集性和5-HT释放的影响．中国医学科学院学报，1981，3：S44.
[7] 曾贵云．葛根素对犬血压血管反应性脑循环及外周循环的作用．中华医学杂志，1974，54（5）：265.
[8] 陈晓莉，胡毅．葛根提取物的体外抗瘤作用及流式细胞仪分析．中药药理与临床，1997，13（6）：27-29.
[9] 白凤梅，蔡同一．类黄酮生物活性及其机理的研究进展科学．中国农业科学．1999，（8）：11-13.
[10] 张荣庆．大豆黄酮对大鼠生理的影响．动物学报，1995，16（1）：23-29.
[11] 韩喻美，谢华云．中药对兴奋性神经递质谷氨酸的影响．江西医学院学报，1996，36.
[12] 禹志领，张广钦，赵红旗，等．葛根总黄酮对小鼠记忆行为的影响．中国药科大学学报，1997，28（6）：350.
[13] 李苑，张敏．中草药中黄酮类化合物提取工艺的研究概况．广东药学，1999，9（2）：4.
[14] 郭建平，孙其荣，周全，等．葛根总黄酮不同提取工艺的探讨．中草药，1995，26（10）：522.
[15] 姚渭溪．银杏中活性成分的提取工艺测定及其进展．中草药，1995，26（3）：157.
[16] LeeM L. Analytical supercritlcal fluid chromatography and extraction.Chromatogra Phic Conferences. IncProvo VT，1990：437.

[17] 陈炳华,张清其,谢必峰,等.酶解法对山楂总黄酮提取及含量分析的影响.食品工业技术,1997,13(6):90-93.
[18] 池静端,何秀峰,刘爱茹,等.HPLC法测定银杏叶中6种黄酮成分的含量.药学学报,1997,32(8):625-628.
[19] 高锦明,王蓝,张鞍灵,等.银杏叶中有效成分的研究.西北林学院学报,1995,10(4):94.
[20] 周荣汉.药用植物化学分类学.上海:高等教育出版社,1988:66-87.
[21] 龚盛昭.黄酮类化合物保健食品大有开发价值.广州食品工业科技,2000,18(1):63-65.
[22] 张鞍灵,高锦明,王姝清.黄酮类化合物的分布及开发利用.西北林学院学报,2000,15(1):69.

原文发表于《食品科学》,2004年第2期

几种食物源性生物活性肽

雷 萍[1] 金宗濂[2]

1. 首都医科大学
2. 北京联合大学 生物活性物质与功能食品北京市重点实验室

【摘要】 本文综述了目前国内外研究比较热门的四种生物活性多肽，如促矿物质吸收肽——酪蛋白磷酸肽，降血压 ACEI 肽，有抗菌功能的乳铁蛋白肽及免疫调节肽的结构与功能的研究进展。

【关键词】 生物活性肽；酪蛋白磷酸肽；ACEI 肽；乳铁蛋白肽；免疫调节肽

生物活性肽是指一类对人体功能有积极影响的，最终将影响人体健康的特定的蛋白质片段。它是胃肠道内蛋白酶降解蛋白质的产物，也是从中释放出来的具有特定的生理功能的蛋白质片段。它们不仅能作为氨基酸的供体，而且也是一类生理调节物，如参与机体的免疫调节、降血压、抗菌、促进矿物质吸收等。其中以食物来源的生物活性肽研究最多，本文将介绍几种国内外广泛关注的生物活性肽。

1 矿物质吸收肽——酪蛋白磷酸肽

酪蛋白磷酸肽（casein phosphopeptides，CPPs）是新近发现的促钙、铁吸收的物质。它是以乳中的酪蛋白（包括 α 和 β 酪蛋白）为原料，利用酶技术分离而取得的特定肽片段，可从很多酪蛋白水解物中得到 CPPs，如 $α_{s1}$- 酪蛋白，β- 酪蛋白等。

1.1 作用机理

远端回肠是吸收钙和铁的主要场所，食物中的钙通过胃时，碰到胃酸可形成可溶性钙，当到达小肠时，酸度降低，部分钙、铁即与磷酸形成不溶性盐而沉淀排出，导致吸收率下降。而 CPPs 可与钙铁离子形成可溶性络合物（1 mol 的 CPPs 可以结合大约 40 mol 的钙），在整个小肠环境中保持溶解状态，明显地延缓和阻止了难溶性磷酸盐结晶的形成，从而增加远端回肠的钙铁吸收率。

目前研究较多的是 CPPs 促进钙溶解的特性。体外实验已经证明它能在碱性条件下防止钙与磷酸发生沉淀。CPPs 中的多个磷酸化的肽序列在矿物质结合中起到重要作用，这些亲水基团附近的氨基酸残基也参与作用。而去磷酸的肽不能像磷酸化的肽那样结合矿物质，如钙、锌、铁等。

1.2 作用

1.2.1 矿物质补充剂

CPPs 既然可以结合和促进矿物质的吸收，那么，CPPs 可以作为以钙、镁、铁等矿物质为原料的营养素补充剂的配料，预防诸如骨质疏松、高血压和贫血等疾病。

1.2.2 防龋齿

世界上许多地方习惯餐后咀嚼乳酪，有助于防止龋齿的发生。近年来研究表明，乳酪中的

CPPs 能将食物中的钙离子结合在牙齿上，减轻釉质的去矿物化，从而达到抗龋齿的目的。

1.2.3 牛奶的"人性化"

人体内的有机磷占总磷含量的比例约比牛奶高三倍，因此在婴幼儿食谱中加入 CPPs 可以使牛奶更加"人性化"。

1.2.4 免疫调节剂

Hates 等报道了 CPPs 可以增加培养的小鼠脾细胞 IgG 的产量。而且喂了 CPPs 的小鼠血清和肠道内抗原特异性 IgA 的水平比对照组要高。

1.3 影响因素

Erba 最近指出，CPPs 降低了磷酸对钙吸收的抑制作用，还使钙的转运大大增加。但是这种效应是和钙与磷酸的比例高度相关的。Bennett 指出，太高的 CPPs/钙值将会由于高水平的 CPPs 引起的整合作用而降低钙的生物利用度。

2 降血压肽——ACEI 肽

ACEI 是血管紧张素转换酶抑制剂（angiotensin converting enzyme inhibitors）的缩写，作为一种降血压肽，目前被研究得比较多。

2.1 来源

2.1.1 酶解得到

ACEI 肽已经从人、牛酪蛋白、玉米醇溶蛋白、明胶、酱油、大豆、谷物、小麦及其他食品蛋白中的酶降解物中得到。有趣的是，前体药物型多肽（prodrug-type peptides）可在体内被消化酶激活成为有活性的肽。例如，从千鲣中通过嗜热芽孢菌蛋白酶酶解得到的 Leu-Lys-Pro-Ans-Met 序列（IC_{50}=2.4μmol/L，注：IC_{50}，指产生 50% ACE 抑制效应的浓度），可进一步转化为 Leu-Lys-Pro（IC_{50}=0.32 μmol/L），该序列有着更强的 ACEI 活性。从 *L. heliveticus* CP790 中经蛋白酶水解得到的酪蛋白水解产物纯化后为一个降压活性并不很强的肽 Lys-Val-Leu-Pro-Val-Pro-Gln（IC_{50} > 1000 μmol/L）。然而，被胰腺消化变短后，成为 Lys-Val-Leu-Pro-Val-Pro，则有着更高的 ACEI 活性（IC_{50}=5μmol/L）。说明摄入的肽在体内经过了胃肠道酶的降解，其活性会发生一定的变化。

2.1.2 从发酵产物中得到

近年来，有报道在含 *L. heliveticus* 引子的酸奶里发现了能降压的 ACEI 相关肽。当发酵的酸奶 pH 达到约 3.3 时得到纯化的两种 ACEI 物质，经鉴定它们的序列是 Val-Pro-Pro 和 Ile-Pro-Pro。这两种肽产生 50% ACE 抑制效应的浓度（IC_{50}）分别是 9 μmol/L 和 5 μmol/L。Val-Pro-Pro 和 Ile-Pro-Pro 的序列分别在牛 β-酪蛋白（84～86 片段）（74～76 片段）和 K-酪蛋白的一级结构中发现。这些肽是在发酵的过程中产生的，但是并没有在酪蛋白的细胞外蛋白酶水解产物中发现。可能是在发酵过程中，酪蛋白分子经过细胞外蛋白酶作用，然后在肽酶的作用下产生。有 ACE 抑制活性的肽已在酱油、鱼子酱、纳豆、发酵的豆腐、奶酪中发现，但是在 mirin 日本米酒和醋中没有发现。最近从韩国的日常饮食 soybean paste 中发酵得到一个强 ACEI 肽，序列是 His-His-Leu。

2.2 降压效应

自发性高血压大鼠（SHR）是评价 ACEI 肽的降压活性的有效的动物模型。有研究表明，给 SHR 鼠饲喂 5 ml/（kg·bw）含 Val-Pro-Pro 和 Ile-Pro-Pro 的酸奶，服后 6～8 h 能显著降低收缩压。化学合成这两种肽，口服 2～8 h 后就有降压作用，并且作用有剂量依赖性 [0.1～10 mg/（kg·bw）]。一些影响因素如稳定性、中间一系列变化、肠道的吸收和作用机制，都可能影响降压活性。在日本和芬兰，将含 3.4 mg Val-Pro-Pro 和 Ile-Pro-Pro 的 95 ml 牛奶给高血压患者服用，每日 1 次，共 8 周。4～8 周后，该组患者的收缩压有显著性下降，而对照组没有变化。

2.3 肽的吸收

众所周知，小肽如二肽或三肽容易在肠道内吸收。Masuda 等认为，这些 ACEI 肽未被消化酶分解，而是被直接吸收的。它们被转运到腹部动脉抑制 ACE，在 SHR 体内发挥降压作用。血液和器官内的生物活性肽的半衰期可能影响降压活性，各种肽和药物的半衰期都不同。例如，卡托普利在血中的半衰期约为 60 min，而 Val-Tyr 的半衰期约是 3.5 h。卡托普利口服后的降压效应可维持数小时，而 Val-Tyr 肽可维持超过 10 h。

3 抗微生物肽——乳铁蛋白肽

已经从几种牛乳的水解产物中得到一些纯化的抗微生物肽，其中研究最多的就是从牛和人乳铁蛋白（lactoferrin, Lf）中得到的乳铁蛋白肽（lactoferricin, Lfcin）。该肽有抗革兰氏阳性菌、革兰氏阴性菌、酵母和丝状真菌的活性。

3.1 结构

Lfcin B 是从牛 Lf 的 N 端（17～41）被胃蛋白酶水解下来的 25 个氨基酸残基，其中 11 个氨基酸残基具有与完整的 LfcinB 相同的抗菌活性。11 个氨基酸残基中的 6 个氨基酸残基（Lfcin B4～B9）是 LfcinB 的活性中心。其一级结构分别如下（用氨基酸一字符号表示）：

① FKCRRWQWRMKKLGAPSITCVRRAF；② RRWQWRMKKL；③ RRWQWR。

其中①为 25 个残基的完整肽，②为 11 个残基的 Lfcin B，③为 6 个残基 Lfcin B4～B9。

Lfcin B 的二级结构是在一级结构的肽链上折叠而成，它的立体结构远比 Lf 简单。Lfcin B 的结构分析也表明：Lfcin B 是两性分子结构，疏水的 Trp 残基与带正电荷的 Arg 和 Lys 残基是相互分开的，这是其抗菌功能所必需的空间结构。

Tornita 等研究了牛乳铁蛋白的蛋白酶水解物的抗菌效果。结果表明，猪胰蛋白酶水解得到的小分子多肽具有较强的抗菌作用，其抗菌活性是未降解前的 20 倍。此后，Bellarny 等分离到乳铁蛋白 N 端附近的一条多肽，具有比 Lf 强 400 多倍的抗菌活性，即 Lfcin。

3.2 抑菌机理

Schibly 等研究了 Lfcin B 的活性中心，即 Lfcin B4～B9 的三维结构。结果显示：位于一侧的 2 个疏水的 Trp 残基和另一侧的 3 个带正电荷的 Trp 残基与细菌或病毒细胞膜结合，其中，Trp 残基起着膜定位器的作用。首先是带正电荷的 Trp 残基与膜上磷脂基团的阴离子之间的相互作用，接着与膜上的脂多糖相互作用，然后通过膜定位器 Trp 的作用，使肽分子的疏水 α 螺旋插入膜上，聚合形成孔道，导致内容物外泄，细菌或病毒死亡。

4 免疫调节肽

免疫调节肽主要是从牛的 κ- 酪蛋白（106～169），α- 酪蛋白（194～199）及 β- 酪蛋白（63～68，191～193，193～202）中得到，对免疫系统既有抑制又有增强作用。据报道，从酪蛋白中经酶消化得到的序列 Val-Glu-Pro-Ile-Pro-Tyr 有免疫刺激作用。在体外它具有刺激绵羊红细胞调理的鼠腹腔巨噬细胞的吞噬作用。给成年小鼠静脉注射该肽，能提高小鼠对肺炎克雷伯杆菌的抵抗性。相反，牛 κ- 酪蛋白和酪蛋白经胰酶消化得到的其他肽能抑制小鼠脾淋巴细胞和兔集合淋巴结细胞的免疫反应。κ- 酪蛋白还能明显抑制有丝分裂原诱导的小鼠脾淋巴细胞和兔集合淋巴结细胞的增殖反应。κ- 酪蛋白经过胰蛋白酶消化后对细胞增殖也有抑制作用，但是经过胃蛋白酶或糜蛋白酶消化后对免疫反应没有影响。α- 酪蛋白和 β- 酪蛋白经胰蛋白酶和胰酶消化后也能明显抑制增殖反应。

其他从牛乳蛋白分离出来的免疫调节肽在低浓度中即能抑制人外周血淋巴细胞的增殖，在高浓度中能刺激包括 β-casomorphin-7 和 β-casokinin-10 在内的外周血淋巴细胞的增殖。分别从牛 κ- 酪蛋白和 α- 水解乳白蛋白中得到的肽 Tyr-Gly 和 Tyr-GLy-GLy 能促进外周血淋巴细胞的增殖及刺激蛋白质合成。Sande 等研究了体外 β- 酪蛋白肽（193～209）对不同功能的来源于有菌和无菌的小鼠的骨髓前巨噬细胞的影响，发现该肽能上调巨噬细胞主要组织相容性复合体 Ⅱ 抗原的表达，提高巨噬细胞的吞噬活性，刺激少量细胞因子的释放。

从鳍鱼胃水解产物中得到的酸性肽组分为中等分子量的肽（500～3000 Da），具有免疫刺激的活性。四种来源于鲜鱼的酸性肽有类似于刺激白细胞超氧阴离子产生的作用。他们通过增加活性氧代谢产物，如超氧阴离子的产生，或通过增加巨噬细胞的吞噬活性和胞饮作用来提高非特异性免疫系统的防御功能。

从大米胰蛋白酶水解物中发现一种有免疫调节活性的具有促进平滑肌收缩的肽称 oryzatensin（Gly-Tyr-Pro-Met-Tyr-Pro-Leu-Pro-Arg）。少几个氨基酸的 oryzatensin 的 C 端片段也有类似的活性。在体外，人血白细胞的吞噬活性也被 oryzatensin 诱导，并且能刺激白细胞中超氧阴离子的产生。

其他的生物活性肽还有阿片肽、抗血凝肽及具抗氧化活性的肽等。食物来源的生物活性肽具有安全、方便、低成本等优点，可用于功能性食品或天然药物的开发，具有广阔的应用前景。

原文发表于《食品工业科技》，2004 年第 4 期

嘌呤类物质生理活性和第三代保健（功能）食品研制与开发

金宗濂

北京联合大学　应用文理学院

　　第三代保健食品是指不仅经过严格的动物和人体实验证实该产品具有某项保健功能，而且还需要查明具有该项功能的功能因子的构效、量效关系及其作用机理。日本厚生省要求特殊用途保健食品的每一个产品必须明确其功效成分。而且在厚生省功能食品委员会下设的12个专门的工作小组是以功能成分类别划分的。美国的"设计食品"也是在明确了功能成分的构效和量效关系后进行功能设计的。总之，一些发达国家的功能食品主要是第三代产品。而我国迄今批准的3000余个产品，90%以上是第二代产品。因而要直追国际先进水平，必须要加强对功能因子的研究和剖析工作，特别是大专院校和科研院所应当将研制和开发第三代功能食品作为奋斗目标。下面介绍一下北大分校生物系对嘌呤类物质生理活性研究及以它为基础研制开发的第三代保健（功能）食品。

　　早在半个多世纪前，人们已经知道嘌呤类化合物能影响神经系统的活动，产生心血管效应。有镇静、解痉、扩张血管、降低血压等生理活性。Burnstcok（1972）在研究肠道神经支配时，发现阻断了肾腺能和胆碱能传递后，刺激神经还能引起肠肌反应。经过反复论证，认为介导这种反应的是ATP，从而提出了嘌呤能神经（purinergic nevre）的概念。接着电生理研究发现腺苷及其衍生物能抑制中枢神经元活动的生化研究表明，腺苷能影响细胞内环磷酸腺苷（cAMP）生成。药理学研究提出了腺苷受体及其特异性激动剂和拮抗剂。至今资料证明，腺苷不仅是体内重要的生理活性物质，在脑内可能起着神经调质的作用。

1　嘌呤类物质的化学结构及生化代谢

1.1　嘌呤类物质的化学结构

　　嘌呤（purine）在机体代谢中占有重要地位，腺嘌呤是组成核酸的一种主要碱基，它与戊糖缩合成腺苷及其衍生物 AMP、ADP、ATP、cAMP。其中以 ATP 和腺苷的生理性最为重要，见图1。

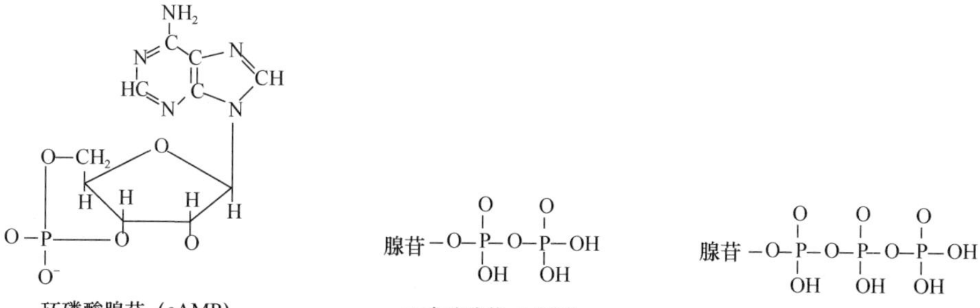

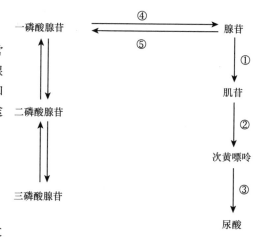

图 1 腺嘌呤、腺苷及其衍生物的化学结构

1.2 嘌呤类物质的生化代谢

腺苷和 ATP 在体内普遍存在，脑内 ATP 通常在 3 mol/kg 左右，腺苷一般不超过 1 μmol/kg，腺苷和 ATP 在体内的合成和分解代谢见图 2。腺苷和 ATP 在体内的失活主要通过重摄取和脱氨基两条途径，重摄取是腺苷失活主要方式。

2 嘌呤受体和腺苷受体

2.1 外周有两类嘌呤受体

Bumostck（1976）提出外周嘌呤能受体分两大类型，它们的激动剂、拮抗剂和效应完全不同，见表 1。

图 2 腺苷和 ATP 的合成和分解代谢
①腺苷脱氢酶；②核苷酶；③黄嘌呤氧化酶；④ 5′- 核苷酸酶；⑤腺苷激酶

表 1 两类嘌呤受体

	P1	P2
激动剂	腺苷 ≥ AMP ≥ ADP ≥ ATP	ATP ≥ ADP ≥ AMP ≥ 腺苷
拮抗剂	甲基黄嘌呤（茶碱，咖啡因）	奎尼丁，咪唑啉
中间环节	腺苷酸环化酶	2, 2′-pyridylisatogen
主要作用	影响 cAMP 突触前调至	生成前列腺素突触后作用

2.2 中枢有两类腺苷受体和一个 P 位点

腺苷在中枢有较强抑制作用。由于在嘌呤类物质中只有腺苷作用最为明显，其他嘌呤核苷酸基本上不起作用，因而命名为腺苷受体（adenosine receptor），相当于外周 P1 受体。一般将中枢的腺苷受体分为 A_1、A_2 两种类型。A_1 受体对腺苷有较高亲和力，主要作用于和 Gi 蛋白偶联的腺苷酸环化酶上，对它起抑制作用。A_2 受体对腺苷有较低亲和力，对腺苷酸环化酶起激动作用。另外，还存在一个对腺苷有较低亲和力起调节作用的受体称 P 位点（P-site）。它存在于细胞内，被 5′ 甲硫腺苷（5′-methylthioadenosine）拮抗，见表 2。

表 2　腺苷受体的位点

	A_1 受体	A_2 受体	P 位点
别名	Ri	Ra	
对腺苷酸环化酶的作用	抑制	激活	抑制
存在部位	细胞外	细胞外	细胞内
亲和力	高	低	低
激动剂	PIA，CPA，CHA	NECA	Dideoxyadenosime
拮抗剂	茶碱，咖啡因	茶碱，咖啡因	5'- 甲硫腺苷

注：Ri. ribose inhibition（具有核糖的配体，起抑制作用）；Ra. ribose activation（具有核糖的配体，起激活作用）；PIA. L-N_6-苯异丙基腺苷（L-N_6-phenylisopropyladenosine）；CPA. 环戊基腺苷（cyclopentyladenosine）；CHA. 环己腺苷（cyclohexyladenosine）；NECA. 5'-N_6-乙基卡巴胺（5'-N_6-ethylcarboxaminoadenosine）。

3　受体和 G 蛋白在细胞信息传递中的作用及其机理

腺苷和 A_1 受体结合后，激活 Gi 从而抑制腺苷酸环化酶（Ac）的活性，使胞内 cAMP 生成减少。cAMP 进一步降低了蛋白激酶的活性，影响细胞的内氧化磷酸化过程。体内许多酶如脂肪酶，它们磷酸化后被激活。一些离子通道蛋白也是如此，如钙离子通道蛋白通过磷酸化作用，打开电压门控通道。G 蛋白还可通过直接膜内效应发挥作用。例如，Gi 激活，可直接激活钾离子通道，使膜超极化。当然上述直接和间接作用可以同时并存。在神经元中，腺苷和 A_1 受体结合，通过激活 Gi 蛋白，再激活钾离子通道同时抑制钙离子通道，这样双管齐下抑制了细胞内递质释放。因为一方面通过钾离子通道使细胞超极化可限制电压依赖性钙内流；另一方面，又直接抑制了电压门控钙通道，见图 3。

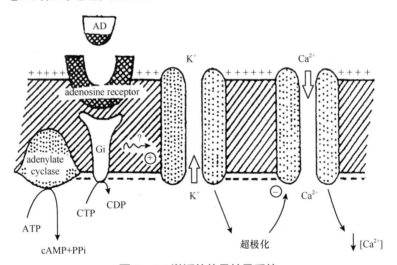

图 3　AD 激活的信号转导系统

AD 除影响 AC-cAMP 系统外，还能增加钾电导并转而抑制钙内流。
adenylate cyclase. 腺苷酸环化酶；AD. 腺苷脱氨酶；
adenosine receptor. 腺苷受体；CDP. 胞苷二磷酸；CTP. 胞苷三磷酸；ATP. 腺苷三磷酸

A_1 受体既存在于突触前，也存在突触后。对海马脑薄片锥体细胞研究发现，使用咖啡因后能增加诱发兴奋性突触后电位（EPSP）的振幅。这个增殖效应在使用腺苷摄取抑制剂（硝苯硫肌苷）后得到加强，而用腺苷去胺酶后明显减弱。说明内源性腺苷有一种嘌呤能紧张性抑制效应,见图4。生理学研究进一步说明,在突触后由于K^+电导增加引起膜超极化。在突触前由于Ca^{2+}内流减少,使其兴奋性递质如ACh释放减少。药理学分析证明介导这一抑制不论是突触前还是突触后均是A_1受体。总之A_1受体激活后,可通过降低cAMP,增加K^+电导,抑制Ca^{2+}内流而触发细胞生理效应。

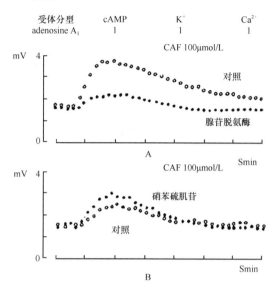

图4 咖啡因对海马锥体细胞EPSP的影响

A. 腺苷脱氨酶(分解)内源性腺苷使得咖啡因的作用减弱;B. 硝苯硫肌苷加强咖啡因的作用

咖啡因(CAF)使海马CAI锥体细胞的EPSP振幅增加。

资料来源:Greene R W, Haas H L. Prog Neurobiop 1991;36:329-341.

4 嘌呤类物质的某些生理活性及在功能食品中应用

4.1 嘌呤类物质抑制产热和抗寒的食品研究

在高寒地区研究抗寒食品有重要的实用价值。加拿大Alberta大学王加璜教授经过16年潜心研究,于1992年成功地研制出一种抗寒小食品Cold Buster。在北美洲申请了专利,美国食品药品监督管理局(FDA)也批准在美销售。

王加璜教授从20世纪70年代开始研究冬眠代谢调控时发现茶碱(theophylline)能增强动物产热。并证明这一作用主要通过阻断腺苷A_1受体实现的。由于茶碱阻断腺苷A_1受体,激活了腺苷酸环化酶,使细胞内cAMP浓度增加。cAMP通过蛋白激酶,增加细胞内氧化磷酸化过程,提高了脂肪酶的活性,促进了脂肪动员,增加产热,达到抵御寒冷的目的,见表3~表5。

表3 分别暴露寒冷条件下成龄(3~6月龄)鼠和老龄(24~28月龄)鼠腹腔注射腺苷脱氨酶对其最高热量、总产热量及终体温的影响

剂量	最高产热量(kcal/15 min)	总产热量(kcal/105 min)	终体温(℃)
	成龄鼠(n=8)		
Saline 1mg/kg	1.67±0.06	11.23±0.52	-5.69±0.71
AD 25 units/kg	1.64±0.07	10.83±0.48	-5.62±0.68

续表

剂量	最高产热量（kcal/15 min）	总产热量（kcal/105 min）	终体温（℃）
AD 50 units/kg	1.82±0.05*	12.17±0.39	-4.72±0.55
AD 100 units/kg	1.89±0.06*	12.73±0.50*	-3.65±0.56*
AD 200 units/kg	1.75±0.06	11.76±0.42	-5.03±0.39
老龄鼠（$n=8$）			
生理盐水 1 mg/kg	1.41±0.06+	9.24±0.56+	-8.40±0.39+
AD 50 units/kg	1.38±0.0+	9.03±0.47+	-8.06±0.68+
AD 100 units/kg	1.47±0.06+	9.48±0.47+	-7.84±0.56+
AD 200 units/kg	1.56±0.07*+	10.88±0.42*+	-6.52±0.34*+
AD 400 units/kg	1.36±0.47	8.76±0.47	-8.14±0.39

*$P < 0.05$ 与同龄对照组有显著差异；+$P < 0.05$ 与接受同剂量 AD 的成龄鼠有显著差异。

表4　分别给暴露寒冷条件下成龄（3～6月龄）鼠和老龄（24～28月龄）鼠腹腔注射腺苷受体阻断剂 CPT 对其最高产热量、总产热量及终体温的影响

剂量（mg/kg）	最高产热量（kcal/15 min）	总产热量（kcal/105 min）	终体温（℃）
成龄鼠（$n=8$）			
生理盐水 1	1.53±0.04	10.64±0.52	-6.62±0.66
CPT 0.002	1.58±0.05	11.13±0.52+	-5.82±0.71+
CPT 0.001	1.77±0.05*	11.83±0.45*+	-4.82±0.43*+
CPT 0.005	1.69±0.03*	11.35±0.46*+	-4.93±0.44*+
老龄鼠（$n=8$）			
生理盐水 1	0.39±0.04	8.84±0.37	-9.30±0.61
CPT 0.002	1.36±0.07+	9.13±0.28+	-8.06±0.58+
CPT 0.001	1.51±0.04*	9.89±0.32*+	-7.96±0.46*+
CPT 0.005	1.49±0.03*	9.71±0.36*+	-8.13±0.52+

*$P < 0.05$ 与同龄对照组有显著差异；+$P < 0.05$ 与接受同剂量 AD 的成龄鼠有显著差异。

表5　分别给暴露寒冷条件下成龄（3～6月龄）鼠和老龄（24～28月龄）鼠腹腔注射腺苷受体阻断剂 D-Lys-XAC 对其最高产热量、总产热量及终体温的影响

剂量（mg/kg）	最高产热量（kcal/15 min）	总产热量（kcal/105 min）	终体温（℃）
成龄鼠（$n=8$）			
生理盐水 1	1.64±0.04	10.83±0.37	-5.97±0.71
Lys-XAC 0.625	1.76±0.07+	11.90±0.49+	-5.67±0.68*+
Lys-XAC 1.25	1.88±0.04*	12.63±0.33*+	-3.67±0.56*+
Lys-XAC 2.50	1.79±0.03*	12.17±0.45*+	-4.43±0.62*+
老龄鼠（$n=8$）			
生理盐水 1	1.37±0.04	9.54±0.38	-8.26±0.69
Lys-XAC 0.625	1.39±0.07+	10.13±0.52+	-8.32±0.67+
Lys-XAC 1.25	1.57±0.04*+	10.69±0.35*+	-6.34±0.56*+
Lys-XAC 2.50	1.51±0.03*+	10.50±0.46*+	-6.58±0.60*+

*$P < 0.05$ 与同龄对照组有显著差异；+$P < 0.05$ 与接受同剂量 AD 的成龄鼠有显著差异。

从表 3～表 5 可见，老年动物产热能力低于成年者。腹腔给予腺苷脱氨酶（AD）以降低内源性腺苷含量。或给予腺苷受体阻断剂 D-Lys-XAC，都能增加机体在寒冷环境中的产热能力，而且成年动物更为敏感。从表 6 可见，老年动物体内 AD 活性低下，是老年动物抵御寒冷能力低下的原因之一。进一步的人体实验也证明了给予腺苷受体阻断剂后，大大增加了机体在寒冷环境中抵御寒冷的能力。

表 6 暴露寒冷条件下成龄鼠和老龄鼠颈肌去氨酶活性 [nmol/（g·min）]

暴露寒冷后时间（min）	成龄鼠（$n=8$）	老龄鼠（$n=8$）
0	202.3±9.9	147.6±7.6*
60	236.5±13.9	186.9±14.2
120	253.6±15.3+	196.4±10.7*

*$P < 0.05$ 和同一时间成龄鼠比有显著差异（t 检验）；+$P < 0.05$ 和 0 min 成龄鼠比有显著差异（t 检验）。

4.2 关于减肥食品研究

根据上述原理，我们进一步研究了腺苷受体阻断剂的减肥功能并获得了成功。1993 年北京加来腾公司与我们合作研制的一种新型的减肥食品，可以在基本不改变原有饮食习惯的情况下，只要增加活动量便能达到减肥的目的，下面是动物实验的结果，见表 7。

表 7 腺苷受体阻断剂脂肪动员功能和减肥食品研制（$n=8$）

指标	空白对照组	高脂对照组	实验组
实验前体重（g）	109.2±13.5	117.5±15.8	115.1±16.4
饲喂 8 周后体重（g）	331.5±26.6	367.5±27.4++	304.9±24.5*
体脂（g）	4.9±0.7	7.1±1.5	4.6±1.2**
总胆固醇（mol/L）	2.62±0.44	3.77±0.79	2.34±0.34**
甘油三酯（mol/L）	0.58±0.36	0.7±0.38	0.43±0.29
HDL-C（mol/L）	1.42±0.21	1.39±0.32	1.61±0.34
脂肪酶（U/dL）	6.7±6.89	11.84±9.17	16.36±10.08*
酮体（mg/dL）	1.95±1.13	2.70±0.86	1.49±0.74***

++$P < 0.01$ 与空白对照组比有极显著差异；*$P < 0.05$ 与高脂对照组比有显著差异；**$P < 0.05$ 与高脂对照组比有极显著差异；***$P < 0.001$ 与高脂对照组比有极显著差异。

进一步研究发现，有些人群因活动量不够，动员出来的脂肪酸因不能氧化利用，又重新合成中性脂肪。此后，我们采用了腺苷受体阻断剂，配以肉碱，从而加快血液中游离脂肪酸进入线粒体氧化利用，达到了较好的减肥效果。

4.3 嘌呤类物质抑制脂肪动员及抗疲劳的研究

1994 年我们与部队合作研究腺苷受体阻断剂为功能因子的抗疲劳食品。在半能量供应条件下动员体内脂肪，增强了机体耐力，达到抗疲劳效果。经过 3 年的动物和人体实验，研制的高能野战口粮已通过鉴定。该口粮由高能模块、营养模块、增力胶囊的风味模块组成。其中增力胶囊通过腺苷受体阻断剂的动员脂肪的功能，达到抗疲劳的目的。

从表 8 可见，使用增力粉剂 4 d 后小鼠游泳时间显著延长，而且有明确的剂量关系。

表8 不同剂量增力粉剂的抗疲劳作用

药量组别	n	游泳时间（min, $\bar{X}\pm S$）
对照组	12	69±31.3
低剂量	12	98±31.5*
中剂量	12	108±31.9*
高剂量	12	114±31.9*

*$P < 0.01$ 与对照组比较。

表9结果表明，增力粉剂的抗疲劳作用主要是其中的腺苷受体阻断剂通过激活脂肪酶活性加速脂肪动员的机理实现的。从血乳酸、血尿素、血糖、肝糖元等系列生化指标的检测说明增力粉剂具有明显的抗疲劳作用，见表10～表15，进一步的人体实验肯定了动物实验结果。从体能测试可以看到参试人员耐力活动如300 m、600 m携战备定量负荷的成绩明显提高。其背力测试成绩也优于试食前，见表16～表20。还利用安菲莫夫表测试了中枢神经系统兴奋性，表明食用高能野战口粮后中枢兴奋性也有显著提高，见表21。其他肝功能、肾功能、血液等指标检测皆证明，在食用高能野战口粮后参试人员机体各器官的功能正常，见表22。安全性毒理学检测也提示长期食用该口粮安全、无毒、无害。高能野战口粮已于1998年开始装备部队，将有良好社会和经济效益，1999年获军队科技进步三等奖。

表9 中剂量增力粉剂对小鼠脂肪组织酶活力的影响（$\bar{X}\pm SD$）

组别	n	脂肪组织脂肪酶活力（μmol/min, 100 g）
对照组	20	7.79±6.46
实验组	20	15.06±7.76*

*$P < 0.01$ 与对照组比较。

表10 中剂量增力粉剂对小鼠肝糖原含量的影响（$\bar{X}\pm SD$）

组别	n	脂肪组织脂肪酶活力（μmol/min, 100g）
对照组	16	28.8±9.2
实验组	19	37.2±7.7*

*$P < 0.01$ 对照组比较。

表11 中剂量增力粉剂对小鼠血糖含量的影响（$\bar{X}\pm SD$）

组别	负重（体重3%）游泳 50min 后血糖含量（mg/g）
对照组	83.1±6.2
实验组	95.7±7.7*

*$P < 0.05$ 与对照组比较。

表12 中剂量增力粉剂对小鼠负重（体重4%）游泳 30 min 后血乳酸含量的影响（mmol/L, $\bar{X}\pm SD$）

组别	n	游泳前安静时	游泳后 25 min	游泳后 50 min
对照组	17	2.17±0.32	5.61±0.45	4.54±0.49
实验组	17	2.19±0.21	3.81±0.36*	2.95±0.35*

*$P < 0.01$ 与对照组比较。

表 13　中剂量增力粉剂对小鼠负重（体重 4%）游泳停止 50 min 后血乳酸恢复水平的比较

组别	n	肝糖原的含量（mg/g）
对照组	17	27.7±8.2
实验组	17	53.9±15.1*

*$P < 0.01$ 与对照组比较。

表 14　中剂量增力粉剂对小鼠心肌同工酶 LDH_1 比活的影响

组别	n	肝糖原的含量（mg/g）
对照组	16	0.71±0.58
实验组	17	0.89±0.17*

*$P < 0.05$ 与对照组比较。

表 15　中剂量增力粉剂对小鼠运动后血尿素增量的影响（$\bar{X}\pm SD$）

组别	n	游泳后 25 min（mmol/L）	游泳后 50 min（mmol/L）
对照组	17	1.42±0.10	1.12±0.13
实验组	18	0.91±0.18**	0.70±0.17**

**$P < 0.01$ 与对照组比较。

表 16　试验口粮对受试者 10～40 min 血乳酸下降百分率的影响（$\bar{X}\pm SD$）

组别	n	△L（%）
对照组	20	−2.75±4.58
实验组	20	6.65±8.11**

**$P < 0.01$ 与对照组比较。

表 17　试验口粮对试验者血尿素消除速度的影响（$\bar{X}\pm SD$）

组别	n	运动后 90 min（mmol/L）	次日晨（mmol/L）
对照组	21	5.92±1.06	5.81±1.00
实验组	20	6.00±0.51	5.56±0.56*

*$P < 0.05$，GNI 组次日时晨血尿素值与运动后 90 min 比较。

表 18　试验口粮对受试者 300m 成绩的影响（$\bar{X}\pm SD$）

组别	n	△T（min）
对照组	21	1.1±0.74
实验组	19	1.7±0.82**

**$P < 0.01$，GN 与对照组比较。

表 19　试验阶段前后 600m 携战备定量负荷跑受试者经 10min 休息后血乳酸（峰值）的影响（$\bar{X}\pm SD$）

组别	n	△L（10min）11-6（mmol/L）
对照组	20	0.92±2.11
实验组	20	0.50±1.10*

*$P < 0.05$ 与对照组比较。

表 20　受试者食试验口粮后背力成绩增量（$\bar{X}\pm$SD）

组别	n	△ L%11-6（kg）
对照组	21	-3.4±10.61
实验组	21	5.0±9.52**

**$P < 0.01$ 与对照组比较。

表 21　试验口粮对受试者安菲莫夫表测试成绩影响（$\bar{X}\pm$SD；point）

组别	n	食用试验口粮前 5 月 3 日				食用试验口粮后 5 月 11 日			
		阅读符号数	遗漏数	错误数	总得分	阅读符号数	遗漏数	错误数	总得分
对照组	20	860.9	5.4	1.8	5.4±1.3	1156.3	2.4	1.5	6.5±1.0
实验组	21	1115.4	5.2	1.0	6.1±1.2	1390.3	0.8	4.3	7.4±1.2**

**$P < 0.01$ 与对照组比较。

表 22　试验口粮对试验负荷日尿肌酐日排泄量增量的影响（$\bar{X}\pm$SD）

组别	n	△ U（mmol/L）
对照组	18	3.13±0.92
实验组	19	1.95±1.34**

**$P < 0.01$ 与对照组比较。

4.4　嘌呤类物质对中枢神经系统的抑制作用及对改善老年记忆障碍和老年痴呆功能食品研究

众所周知，脑内特别是海马 ACh 的降低是老年记忆障碍的一个重要原因。阿尔茨海默型老年痴呆（SDAT）患者脑内存在多种递质功能联合受损，而各种递质替代疗法并不能有效地加强递质功能以改善临床症状。

近些年来，我们在研究腺苷的神经调制作用时发现，腺苷受体激动剂 PIA 能抑制海马脑片释放 ACh，这一效应随龄变化的特征（图 5），而且大鼠海马腺苷浓度和 5′-核苷酸酶（5′-nucleotidase，5′-ND）的活性均随龄增加，见表 23。提示海马 ACh 的释放的随龄降低有可能是嘌呤能神经活动随龄增强的结果。我们曾用 SD 成龄鼠和老龄鼠为实验材料，以被动逃避反应作为模型，分别观察了腺苷受体阻断剂茶碱和 PIA 对大鼠学习记忆的影响时发现，茶碱可明显改善由东莨菪碱（scopolamine）造成的近期记忆障碍。这种作用随阻断剂浓度增强而增加。而腺苷受体激动剂 PIA 可抑制大鼠学习记忆行为，见表 24～表 27。进一步实验还证明，茶碱改善近期记忆障碍的功能可能是通过增加与记忆有关的神经结构：皮层、海马、纹状体的 ACh 的机制实现的。根据以往的文献报道和我们实验结果，我们曾提出在中枢神经系统中腺

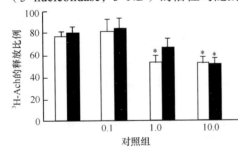

图 5　PIA 对由 K^+ 诱导的成龄鼠和老龄鼠海马脑片 ^{3}H-ACh 的释放的比较

白色为成龄鼠，黑色为老龄鼠，*$P < 0.05$ 与对照组相比有显著差异

苷含量随龄增加可能是老年记忆障碍特别是 SDAT 发病的更深层的分子机理之一。此后，我们用神经毒素喹啉酸（QA）单侧损毁 NBM 造成大鼠认知功能障碍。这种模型与人类 SDAT 相似。金宗濂等曾证明经侧脑室灌注茶碱后，可显著改善 QA 损毁单侧 NBM 认知功能障碍大鼠的学习记忆能力。进一步的工作还查明，口服茶碱不但可以显著提高 QA 损毁单侧 NBM 学习记忆障碍大鼠的学习记忆能力，还可以推迟模型鼠学习记忆障碍的发生，在一定程度上起到预防作用。此后的人体实验也证明了茶碱改善老年记忆障碍具有良好作用，见表 27。这一认识为今后进一步探讨 SDAT 的预防和治疗提供新的思路和方向，为茶碱临床应用提供了实验依据。

表 23 成龄鼠与老龄鼠海马中腺苷浓度和 5′- 腺苷酸酶（5′-ND）活性的比较

	老龄鼠	成龄鼠
腺苷浓度（nmol/mg 蛋白）	160.60±14.1（8）	260.8±33.4*（8）
5′- 腺苷酸酶活性（mU/mg）	75.57±2.46（6）	118.5±2.99*（6）

*$P < 0.05$ 与成龄鼠比较有显著差异。

表 24 东莨菪碱对 SD 大鼠学习记忆的影响（$\bar{X}\pm SD$）

组别	处理△	n	训练期错误次数	记忆保持期	
				潜伏期（s）	错误次数
成龄鼠（对照组）	生理盐水	12	1.4±0.2	235.6±33.0	0.2±0.1
成龄鼠（Scop）	Scop（0.5 mg/kg）	12	15.2±0.9**	104.0±42.1	0.8±0.2*
老龄鼠（对照组）	生理盐水	14	1.4±0.2	541.4±31.2	0.2±0.1
老龄鼠（Scop）	Scop（0.3 mg/kg）	12	16.4±1.6**	25.2±15.6**	2.3±0.4*

△ 试验前 30min 腹腔注射；**$P < 0.01$ 与对照组比较；*$P < 0.05$ 与对照组比较。

表 25 茶碱对东莨菪碱诱导的学习机能紊乱的大鼠的步下实验影响

组别	处理△		n	学习记忆（$\bar{X}\pm SD$）		
	东莨（i.P.）（mg/kg）	菪碱（i.c.v.）（μg）		训练期错误次数	记忆保持期	
					潜伏期	错误次数
成龄鼠（对照组）	0.5	0	12	15.2±0.9	104.4±42.1	0.8±0.2
成龄鼠（茶碱组 1）	0.5	0.01	10	12.0±0.8*	100.4±42.5	0.7±0.1
成龄鼠（茶碱组 12）	0.5	0.1	10	6.9±0.8**	104.1±43.0	0.9±0.2
成龄鼠（茶碱组 3）	0.5	1.0	12	4.0±0.5**	202.9±41.4**	0.7±0.3
老龄鼠（对照组）	0.3	0	12	16.4±1.6	25.2±12.6	2.3±0.4
老龄鼠（茶碱组）	0.3	1.0	13	7.9±0.6**	88.8±33.9*	1.2±0.2

△ 试验前 30 min 腹腔注射；*$P < 0.05$ 与对照组比较；**$P < 0.01$ 与对照组比较。

表 26　PIA 对大鼠步下实验的影响（$\bar{X}\pm$SD）

组别	处理△	训练期错误次数	记忆保持期	
			潜伏期（S）	错误次数
成龄鼠（对照组）	0	12	1.4±0.2	235.6±33.8	0.2±0.1
成龄鼠（PIA）	10	12	4.1±0.5**	66.5±39.0	0.9±0.2**
老龄鼠（对照组）	0	14	1.4±0.2	241.4±31.2	0.2±0.1
老龄鼠（PIA）	1.0	12	3.5±0.6	260.4±33.9	0.2±0.1

△ 试验前 30 min 腹腔注射；*$P<0.05$ 与对照组比较；**$P<0.01$ 与对照组比较。

表 27　腺苷受体阻断剂对老年记忆影响（临床记忆量表）

组别	人数	年龄（岁）	教育（年）
实验组	30（男 14，女 16）	62.2（8.7）	13.8（3.8）
对照组	30（男 10，女 20）	62.5（4.2）	14.4（2.3）

组别	指向记忆		联想学习		图像自由回忆		无意义图形再认识		人像特点回忆		总分		记忆商	
	前	后	前	后	前	后	前	后	前	后	前	后	前	后
实验组	16.7 (5.3)	13.3** (4.4)	18.3 (4.1)	19.7 (5.9)	15.0 (4.4)	19.0 (6.1)	20.0 (4.9)	23.2** (4.5)	19.4 (5.4)	18.8 (5.5)	90.2 (16.0)	10.47*** (19.4)	102.4 (12.9)	11.45** (14.7)
对照组	19.6 (5.3)	22.6*** (4.3)	18.7 (3.8)	20.8** (4.1)	16.0 (1.7)	16.8 (4.6)	20.8 (5.4)	19.8 (5.8)	18.1* (4.0)	17.4 (4.1)	94.4 (14.7)	98.4 (13.9)	105.0 (11.9)	108.3 (11.3)

注：括弧数字为标准差。*$P<0.05$ 为服用腺苷受体阻断前后（组内）差异；**$P<0.01$ 为服用腺苷受体阻断前后（组内）差异；***$P<0.001$ 为服用腺苷受体阻断前后（组内）差异。

原文发表于《食品科学》，2000 年第 12 期

食物中一些降压的生物活性物质及其降压机理

郭俊霞　金宗濂

北京联合大学　生物活性物质和功能食品北京市重点实验室

【摘要】 食源性降压活性物质由于无毒副作用而备受重视。本文就目前研究较多的三种食源性降压活性物质大豆5，7，4′- 三羟基异黄酮、蒜素及ACE抑制肽及其降压机理作一综述。

【关键词】 降压；5，7，4′- 三羟基异黄酮；蒜素；ACE抑制肽

近年来人们逐渐发现，多种食物具有降压或者抑制血压升高的功效，而且由于食物不会引起不良反应，因此人们开始着手开发食源性的降压活性物质，以期能辅助临床用药。本文对几种研究较多的食源性降压有效成分及其降压机理作一综述。

1　大豆异黄酮

近来植物雌激素，尤其是大豆中的植物雌激素，因其具有较广泛的生理活性而引起人们的重视。大豆的植物雌激素主要为异黄酮（isoflavone），包括5，7，4′- 三羟基异黄酮（5，7，4′-trihydro xyisofla vone）和黄豆苷元（daidzein）。它们的混合物具有多种生理功能，如调节细胞生长、骨密度及血脂等。大量的研究表明，饲喂高血压动物或人食用大豆后血压较对照组下降，而且血浆或尿中5，7，4′- 三羟基异黄酮含量升高。进一步实验证实，5，7，4′- 三羟基异黄酮直接给予自发性高血压大鼠（SHR），雄性SHR和去除卵巢的雌性SHR血压较对照组低，而未手术的雌性SHR血压则无显著性变化。因此认为，5，7，4′- 三羟基异黄酮可能是大豆降压的主要活性物质。

目前的研究认为，5，7，4′- 三羟基异黄酮的这种降压功能可能是通过舒张血管、增加一氧化氮（NO）、作用于交感神经系统及利尿等多种途径共同作用的结果。

5，7，4′- 三羟基异黄酮具有与雌二醇相似的结构，可以激活雌激素受体而表现雌激素功能。而雌激素受体的激活对心血管危险因素具有保护作用，长期应用可部分恢复高血压动物的血管内皮性舒张功能。离体实验表明，雌激素和植物雌激素5，7，4′- 三羟基异黄酮均可引起冠脉、肠系膜动脉、离体肾脏血管舒张。另外，在去除卵巢（OVX）大鼠离体血管中加入雌激素和5，7，4′- 三羟基异黄酮后可改善内皮NO相关的舒张功能，而且可使肺组织的一氧化氮合酶（nitric oxide syntheses，NOS）活性增加，两者的作用之间无显著性差异。因此认为，5，7，4′- 三羟基异黄酮可能与雌激素相似，通过增加NO的生成而发挥其降压作用。但也有相反的结果，在喂大豆的OVX SHR组加入硝基精氨酸甲酯（N^G-nitro-L-arginine methyl ester，L-NAME，NOS抑制剂），血压与对照组血压无显著性差异。5，7，4′- 三羟基异黄酮的降压作用是否与增强NOS活性有关还有待进一步证实。

中度高血压患者饮用豆奶每次500 ml，每日2次，3个月后收缩压和舒张压均下降，尿5，7，4′- 三羟基异黄酮浓度增加，且浓度与血压下降呈显著相关，尤其是舒张压。离体肾脏的研究表明，加入5，7，4′- 三羟基异黄酮可引起类似呋塞米（又称速尿）的作用，即剂量依赖性利尿，尿Na^+、K^+排泄增加，但比呋塞米作用弱3～5倍。这一利尿作用是通过抑制肾小管的Na-K-Cl转运而进行的。人食用大豆食品后尿液中5，7，4′- 三羟基异黄酮浓度可达微摩尔，

而这一浓度在离体肾脏中即可引起上述利尿和舒张肾血管的作用。因此，利尿可能是 5，7，4'- 三羟基异黄酮降压的机制之一。

交感神经系统持续紧张在高血压的发病机制中具有重要作用。用神经阻断剂可消除饲喂大豆对 OVX SHR 的降压作用，因此认为，5，7，4'- 三羟基异黄酮可能是通过激活雌激素或抑制酪氨酸酶等途径，从而与交感神经系统相互作用而引起血压下降。

总之，目前认为，大豆的降压活性物质是 5，7，4'- 三羟基异黄酮，是通过多种途径共同作用的结果。

2 蒜素

大蒜作为一种有多种保健功能的食品已有较长的历史，具有多方面的药理作用，如降脂、抗癌、抑制血小板聚集、抗菌及近年来发现的降压作用。但到底是大蒜内哪种组分发挥了相应的功能至今尚未明确。

目前较多的研究认为，大蒜素是大蒜降压的主要活性成分，研究表明，以蒜素较高的大蒜饲喂大鼠，其降压的效果较蒜素较低者更为明显。但大蒜作为一种食物一般经消化道的作用其成分会发生较大的变化。大蒜的主要成分为 γ- 谷氨酰胺 -S- 烃基 -L- 半胱氨酸和 S- 烃基 -L- 半胱氨酸亚砜，后者包括蒜氨酸（alliin）。大蒜一般含有约 1% 的蒜氨酸，在低温储藏过程时大蒜中蒜氨酸的含量会有所增加。在切割、捣碎、咀嚼等情况下，蒜氨酸酶会迅速将蒜氨酸分解为硫代亚磺酸酯，其中主要化合物为蒜素（allicin）。蒜素及其他硫代亚磺酸酯立即分解为硫化物形式、乙烯基二硫杂苯（vinyl dithiobenzene）和阿霍烯类（aponene）。研究表明，经消化道后蒜素基本被降解，其降解产物之一的阿霍烯类可以使细胞膜超极化从而舒张血管平滑肌。因此，蒜素的降压作用可能是通过其降解产物来介导的，但蒜素降压的详细机制还有待进一步研究。

目前的研究表明，大蒜中的蒜素是通过多种机制来实现降压功能的。在高血压形成中，肾素 - 血管紧张素系统（renin-angiotensin system，RAS）活性增加和 NO 系统活性下降发挥了非常重要的作用。大蒜可以抑制血管紧张素转换酶（angiotensin-converting enzyme，ACE）活性，从而可以减少血管紧张素Ⅱ（angiotensin Ⅱ，Ag Ⅱ）的生成。Mohamadi 等的研究也得出了相似的结果，饲喂大蒜的大鼠血中 Ag Ⅱ 水平较对照组明显降低。同时大蒜还可以激活 NOS，使 NO 生成增加，发挥舒张血管的作用，从而降低血压。另外，L-NAME 是 NOS 抑制剂，给予大鼠可以诱发高血压。在喂以大蒜的大鼠 4 周后加喂 L-NAME，其血压没有变化，同时对照组血压显著升高。这些结果提示，大蒜中的蒜素其降压的机理是通过抑制 RAS 活性，减少 Ag Ⅱ；同时可以激活 NOS，使 NO 生成增加，两者的共同作用使血压下降。

另外，大蒜中还分离出了具有 ACE 抑制活性的二肽。这些二肽可能或部分参与了大蒜的降压作用。关于这几种二肽和蒜素的关系尚需进一步探讨。

3 ACE 抑制肽

自从发现食物蛋白质中存在一些生物活性肽，如降压肽，它们具有良好的吸收效果，更具有优越的生理活性，因此一直是人们研究的热点。至今已成功地从多种食物中分离得到了 ACE 抑制肽，如牛奶、磷虾、金枪鱼、玉米、酸奶、大豆，以及上文提到的大蒜等。

对从不同食物中分离得到的 ACE 抑制肽的结构进行分析，认为 C 端的 Phe、Pro、Tyr 或序列中含有疏水性氨基酸对维持高活性是必需的，对二肽而言，N 端的芳香族氨基酸与 ACE 的结合是最有效的。随着研究的进一步深入，越来越多的三肽、二肽被分离并证实有 ACE 抑制作用。人们认为大部分的二肽、三肽能被机体直接吸收。因此，肽链越短越有利于功能的发挥。例如，从酸奶中分离出 Val-Pro-Pro 和 Ile-Pro-Pro 两种三肽，从大蒜中提取出了七种抑制 ACE 的二肽，都具有良好的抑制 ACE 活性而发挥降压作用。在离体 Caco-2 单层肠上皮细胞研究这些短肽在肠内的转运机制发现，Val-Pro-Pro 和 Ile-Pro-Pro 通过在细胞一侧局部扩散和肠上皮细胞的吞噬作用，直接进入肠上皮细胞，而非载体介导的转移，细胞内的肽酶立即将三肽分解为单个的 Val 和 Pro。

众所周知，具有降压功能的食物很多，除前面提到的大豆、大蒜、酸奶、玉米等，还有芹菜、胡萝卜、红曲等。例如，Gilani 等从胡萝卜中分离出 coumarin glycosides，在离体实验中证实有抑制血管收缩的作用。目前这一领域的研究和开发非常活跃。因为食源性的降压物质对正常血压不起作用，而对高血压患者来说其降压效果也较温和，更重要的是没有任何不良反应，除降压功能外还可能有其他的生物活性，如免疫促进、降血脂等，因此其应用前景是非常广阔的。

原文发表于《食品工业科技》，2004 年第 2 期

葛根黄酮改善老龄小鼠抗氧化功能的研究

裴凌鹏　常　铮　金宗濂

北京联合大学 应用文理学院　生物活性物质与功能食品北京市重点实验室

【摘要】 黄酮类化合物主要以苯基色原酮为基核,以游离的苷元或以与糖结合的苷类等形式存在于多种植物中,如银杏、大豆、葛根、蜂胶、竹叶、黑芝麻、黑豆、橄榄等[1]。其所含有的黄酮类物质,具有防止高血压及动脉硬化、活血化瘀、抗肝脏毒、抗炎、祛痰、解热、提高机体免疫力、防骨质疏松、抗菌等多种药理作用[2]。本实验对葛根提取物降低脂质过氧化、升高超氧化物歧化酶(SOD)和谷胱甘肽过氧化物酶(GSH-Px)活性的作用进行研究。

【关键词】 葛根提取物；黄酮；丙二醛

1　材料与方法

1.1　葛根 (*Pueraria lobata* Ohwi,PLO) 总黄酮的提取

1.1.1　主要仪器和试剂

KQ-100 超声波清洗器(昆山市定山湖检测仪器厂)、UV8500 紫外-可见分光光度计(上海天美仪器公司)、Labconco 冰冻真空干燥仪(美国)、芦丁(北京化学试剂公司)、葛根(重庆地区)、无水乙醇(北京化学试剂公司)、大孔吸附树脂(天津农业股份公司)。

1.1.2　提取工艺

超声波提取工艺流程：原料→破碎→超声提取→过滤→滤液过柱→水洗脱→乙醇洗脱→减压浓缩→真空干燥→总黄酮。

1.1.3　葛根黄酮提取制备

此工艺下所得葛根总黄酮提取率为 10.0%,质量分数(即总黄酮量占原料总重的质量比)为 50.6%[3]。

1.2　动物实验

1.2.1　动物

12 月老龄雌性昆明小鼠 40 只(中国医学科学院实验动物中心),根据体重将老龄鼠随机分为老龄对照组、葛根提取物实验组(三个剂量组),每组各 10 只。

1.2.2　实验时间

实验连续 1 个月。自正式实验开始给予各组小鼠普通饲料,自由取食和饮水。实验结束时,小鼠眼底采血,用于延缓衰老的生化指标测定。

1.2.3　给药方法

老龄对照组给予同体积蒸馏水；实验组分别给予葛根提取物水溶液,以葛根总黄酮计,低、

中、高剂量分别为 10 mg/（kg·d）、20 mg/（kg·d）、30 mg/（kg·d），每只每天灌胃 0.2 ml，所用葛根提取物由本实验室提供。

1.2.4 生化测定

脂质过氧化产物丙二醛（MDA）含量测定采用硫代巴比妥酸分光光度法测定，超氧化物歧化酶（SOD）活力测定采用邻苯三酚氧化法，谷胱甘肽过氧化物酶（GSH-Px）活力采用比色测定法。

1.2.5 统计处理

各组数据以 $\bar{X}\pm SD$ 表示，统计处理方法为 t 检验。

2 结果

2.1 葛根提取物对小鼠血 MDA 浓度的影响

实验表明不同剂量的葛根提取物能明显降低小鼠血 MDA 浓度，与老龄对照组比较有显著性差异（$P < 0.001$），见表 1。

表 1　葛根提取物对小鼠血 MDA 浓度的影响（$\bar{X}\pm SD$, $n=10$）

分组	MDA 浓度（μmol/L）
对照组	36.12±1.02
PLO 提取物 10 mg/kg	34.29±1.13*
PLO 提取物 20 mg/kg	32.15±0.79*
PLO 提取物 30 mg/kg	31.27±1.01*

*$P < 0.001$ 与对照组比较。

2.2 葛根提取物对小鼠血 SOD 和 GSH-Px 活性的影响

实验表明不同剂量葛根提取物能明显提高小鼠血 SOD、GSH-Px 活力，与老龄对照组比较有显著性差异（$P < 0.001$），见表 2。

表 2　葛根提取物对小鼠血 SOD 和 GSH-Px 活性的影响（$\bar{X}\pm SD$, $n=10$）

分组	SOD 活性	GSH-Px 活性（μmol/L）
对照组	101.98±9.25	151.60±1.36
PLO 提取物 10 mg/kg	121.36±8.21*	167.24±2.38*
PLO 提取物 20 mg/kg	135.19±11.25*	170.15±2.15*
PLO 提取物 30 mg/kg	141.27±10.32*	176.21±2.17*

*$P < 0.001$ 与对照组比较。

3 讨论

生物体在需氧代谢过程中的氧化还原反应伴有大量的自由基生成。这些自由基性质活泼，有极强的氧化反应能力，对人体有很大的危害性，在体内自由基使多种大分子成分，如核酸、蛋白质产生氧化变性，DNA交联和断裂，导致细胞结构改变和功能破坏，而引起癌症、心血管等退变性疾病及衰老[4,5]。

目前认为SOD与GSH-Px共同组成消除自由基的酶系防御体系[6]，能特异地、有效地清除自由基，使活性氧自由基变成低毒物质，从而有效地阻止脂质过氧化。此外，多不饱和脂肪酸被自由基攻击后通过链式反应最终断裂形成脂质过氧化物产物如MDA等，因此，MDA的生成量也可以反映氧化程度的高低。

黄酮类化合物的作用机理可能在于阻止自由基在体内产生的3个阶段：①与超氧自由基（$O_2·$）反应阻断其他类自由基的进一步生成；②与金属离子（如Cu^{2+}）螯合，避免自由基特异与其结合共同攻击DNA碱基；③与脂质过氧基（ROO·）反应阻断脂质过氧化过程[7]。例如，张光成等[8]经体外实验表明葛根异黄酮10～100μg/ml可明显抑制小鼠肝、肾组织及大白兔脑组织匀浆在振荡温育条件下引起的脂质过氧化产物MDA的升高并呈剂量效应关系。另外，银杏叶总黄酮还具有提高SOD活力的作用[9]。本实验结果进一步表明葛根提取物确实具有明显降低脂质过氧化和提高SOD及GSH-Px活力的作用。

【参考文献】

[1] 张鞍灵，高锦明，王姝清. 黄酮类化合物的分布及开发利用. 西北林学院学报，2000，15（1）：69.
[2] 彭芳，陈植和. 黄酮类化合物的生物学作用. 大理医学院学报，1998，7（4）：52.
[3] 裴凌鹏，李文卅，唐粉芳. 葛根总黄酮成分的超声提取及抗氧化作用. 北京联合大学学报，2003，17（3）：25-27.
[4] de Zwart L L, Meerman J H, Commandeur J N, et al.Biomarkers of free radical damage applications in experimental animals and in humans. Free Radic Biol Med，1999，26（1-2）：202-206.
[5] Collins A R. Oxidative DNA damage, antioxidants and cancer. Bioessays，1999，21（3）：238-246.
[6] 胡春. 葛根黄酮的抗氧化研究进展. 食品与发酵工程，1996，3：46-53.
[7] Rice-Evans C A, Miller N J, Paganga G. Structure-antioxidant activity relationships of flavonoids and phenolic acids. Free Radical Bio Med，1996，20：933-956.
[8] 张光成，方思鸣. 葛根异黄酮的抗氧作用. 中药材，1997，20（5）：358-360.
[9] 张黎，陈志武，王瑜，等. 银杏叶总黄酮抗炎作用及机制的探讨. 安徽医科大学学报，2001，36（5）：350-352.

原文发表于《营养学报》，2004年第6期

葛根黄酮对 DNA 氧化损伤的保护研究

裴凌鹏　惠伯棣　张　帅　金宗濂

北京联合大学　应用文理学院

【摘要】 本文使用不同方法提取葛根黄酮，并在 $CuSO_4$-Phen-VC-H_2O_2-DNA 化学发光体系中测定其对 DNA 氧化损伤的保护作用。实验结果表明黄酮作为天然抗氧化剂能够明显抑制 DNA 损伤发光，并通过量效关系的研究确定在 0.02～1000 μg/ml 范围内能有效抑制自由基对 DNA 的损伤。

【关键词】 黄酮；DNA 损伤；提取；化学发光

Study on Protection Against DNA Damage by Flavones from *Pueraria lobata* Ohwi

Pei Lingpeng　Hui Bodi　Zhang Shuai　Jin Zonglian

College of Applied Science and Humanities of Beijing Union University

Abstract: Flavone fraction was extracted from Kudzu with different protocols in this study. Protection against DNA damage by the extracts was demonstrated by $CuSO_4$-Phen-VC-H_2O_2-DNA reaction. The photon count of the reacts suggested that flavones, a natural antioxidant, at the concentration 0.02-1000 μg/ml could reduce (in amount) and delay DNA damage.

Key words: flavones; DNA damage; extraction; chemiluminescence

葛根为多年生豆科植物葛（*Pueraria leguminosae*）的根。野葛一般生长于山坡、草丛、路旁及较阴湿的地方，在我国有广泛的分布。已经证明葛根含葛根素、葛根素木糖苷、大豆黄酮、大豆黄酮苷及 β-谷甾醇、花生酸，并含大量淀粉（鲜葛根含淀粉 19%～20%，干葛根含淀粉 37%）。据中国古代医书记载，葛根气味甘、辛、平、无毒，主治消渴、全身大热、呕吐、诸痹、解毒等。现代医学的研究表明，葛根中的总黄酮，具有解痉止痛、增强脑及冠状动脉血流量、降血脂、降血糖、抗氧化和增强机体的免疫力等功效。因此加强对葛根的生物学功能研究，开发各种功能性食品具有广阔的前景[1-3]。

近年来，有关葛根黄酮的抗氧化作用一直是人们研究的热点，但利用生物发光检测技术对葛根黄酮抗 DNA 氧化损伤进行研究的国内报道很少。本实验使用 $CuSO_4$-Phen-VC-H_2O_2-DNA 化学发光体系来测定葛根黄酮对 DNA 损伤的抑制作用及其有效浓度范围。

1 材料与方法

1.1 材料

1.1.1 仪器

BPCL-4 型微弱发光测量仪（中国科学院生物物理研究所设计并制造）、KQ-100 超声波清洗器（昆山市定山湖检测仪器厂）、UV8500 紫外-可见分光光度计（上海天美仪器公司）、Labconco 冰冻真空干燥仪（美国）、G-17 离心机（北京医疗仪器）。

1.1.2 试剂

无水乙醇（北京化学试剂公司）、氨水（北京化学试剂公司）、大孔吸附树脂（天津农业股份公司）、硫酸铜（$CuSO_4$，北京化工厂）、邻啡罗啉（1, 10-phenanthroline 分析纯，Sigma）、维生素 C（Vit C，分析纯，Sigma）、过氧化氢（H_2O_2 30%，优级纯，北京化工厂）、DNA（分析纯，Sigma）、芦丁（北京化学试剂公司）。

1.1.3 原料

葛根（购于重庆地区）。

1.2 方法

1.2.1 葛根黄酮提取与纯化

使用不同工艺提取葛根中的黄酮，并比较得到的黄褐色粉末总量、总黄酮含量、提取率。

1.2.1.1 水煎煮法[4]

提取流程如下：10 g 葛根原料→蒸馏水煎煮两次，每次 2 h→离心过滤→冰冻真空干燥，制成干粉。

1.2.1.2 回流法[5]

提取流程如下：10 g 葛根原料→70% 乙醇溶液加热回流两次，每次 2 h→离心过滤→合并滤液→柱分离→水洗脱→乙醇洗脱→减压浓缩→冰冻真空干燥，制成干粉。

1.2.1.3 索氏提取法[6]

提取流程如下：10 g 葛根原料→70% 乙醇溶液 60 ml 回流提取，提取 4 h→离心过滤→柱分离→水洗脱→乙醇洗脱→减压浓缩→冰冻真空干燥，制成干粉。

1.2.1.4 超声波法[7]

提取流程 10 g 葛根原料→超声提取→离心过滤→柱分离→水洗脱→乙醇洗脱→减压浓缩→冰冻真空干燥，制成干粉。

1.2.1.5 大孔吸附树脂柱的制备

取大孔吸附树脂，用乙醇加热回流洗脱，洗至洗脱液蒸干后无残留物。将经乙醇洗净的树脂挥去溶剂备用。用乙醇湿法装柱，继续用乙醇在柱上流动清洗，不时检测洗出的乙醇，至与水混合不呈白色混浊为止，最后以大量蒸馏水洗去乙醇备用。

1.2.2 微弱发光体系的配制[8-9]

用 0.1 mol/L 醋酸盐缓冲液（pH 5.5）配制 $CuSO_4$-Phen-VC-DNA 溶液，使 Cu^{2+}、Phen、维生素 C、DNA 终浓度分别为 $5×10^{-5}$ mol/L、$3.5×10^{-4}$ mol/L、$3.5×10^{-4}$ mol/L、1 μg/ml，加入一定量的抗氧化剂（对照用缓冲液补齐）。取该溶液 1 ml，放入发光仪样品池中，加入 200 μl 3% 的 H_2O_2 溶液，立即测量化学发光反应动力学曲线。每组实验重复 3 次。

2 结果与分析

2.1 葛根黄酮含量测定

2.1.1 标准曲线绘制

精确称取芦丁对照品 10 mg，放入 50 ml 容量瓶中，加 70% 乙醇溶液，稀释至刻度。吸取上述溶液 1 ml、2 ml、3 ml、4 ml、5 ml 分别置于 50 ml 容量瓶中，加入 5 ml 70% 乙并加水至50 ml。同时以上述溶剂为对照，在250 nm处进行比色测定。用最小二乘法，以对照品芦丁质量浓度与吸光度作线形回归，得芦丁质量浓度c（g/L）与吸光度A的关系：$c=0.0217A-0.0007$，$r=0.9982$。

2.1.2 葛根提取物中总黄酮的测定

精确称取上述各种流程得到的提取物，其量相当于10 mg葛根黄酮，置50 ml容量瓶中，加5 ml 70%乙醇溶解，后加水至刻度后摇匀，同时以70%乙醇溶液加水至10 ml的溶液做空白对照，在250 nm波长处测定吸收度。从标准曲线上换算出葛根黄酮的含量，见表1。

表1 不同提取方法黄酮产率比较

方法	提取物总量（g）	提取率（%）	总黄酮量（g）
水煎煮法	0.100	1.00	0.0261
回流法	0.186	1.86	0.0560
索氏提取法	0.217	2.17	0.0797
超声波法	0.500	5.00	0.2561

注：提取率（%）=（提取率总量/样品总量）×100。

2.2 DNA损伤产物发光测定体系

$CuSO_4$-Phen-VC-H_2O_2-DNA化学发光体系生成羟自由基（·OH），随着·OH损伤DNA而产生了一个延迟于Phen化学发光峰。如图1所示前峰Ⅰ代表Phen自身氧化发光，后峰Ⅱ代表DNA损伤产物发光。

2.3 葛根黄酮对DNA的保护作用

选用超声波法制备的黄酮提取物为被测样品。如图2所示，黄酮的加入使得前后两峰都有

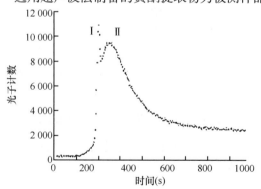

图1 $CuSO_4$-Phen-VC-H_2O_2-DNA体系的光子计数

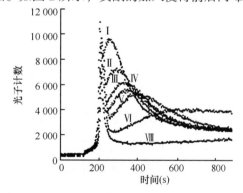

图2 黄酮浓度变化对$CuSO_4$-Phen-VC-H_2O_2-DNA体系光子计数的影响

黄酮浓度：Ⅰ=0.00 μg/ml；Ⅱ=0.02 μg/ml；Ⅲ=0.20 μg/ml；Ⅳ=2.00 μg/ml；Ⅴ=20.00 μg/ml；Ⅵ=200.00 μg/ml；Ⅶ=1000.00 μg/ml。Flavone amount：Ⅰ=0.00 μg/ml；Ⅱ=0.02 μg/ml；Ⅲ=0.20 μg/ml；Ⅳ=2.00 μg/ml；Ⅴ=20.00 μg/ml；Ⅵ=200.00 μg/ml；Ⅶ=1000.00 μg/ml

明显下降，且后峰有明显后移现象，浓度越大，作用越强，表明葛根黄酮可以有力地清除·OH，降低 DNA 损伤强度且延迟 DNA 损伤发生的时间。当黄酮浓度为 0.02 μg/ml、0.2 μg/ml、2 μg/ml、20 μg/ml、200 μg/ml、1000 μg/ml 时，DNA 损伤产物发光峰延迟时间分别为 39 s、78 s、93 s、150 s、363 s、601 s，如图 3 所示，发光峰强度抑制率（亦称峰高抑制率）分别为 38.5%、51.2%、65.3%、71.9%、81.2%、94.8%，见图 4。

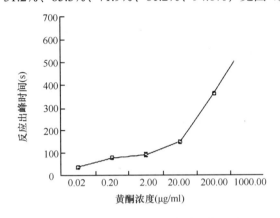

图 3　黄酮浓度变化对出峰时间的影响

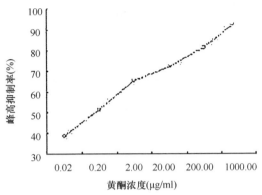

图 4　黄酮浓度变化对峰高抑制率的影响

峰高抑制率（%）=（空白对照峰高－样品峰高）/空白对照峰高 ×100

3　讨论

3.1　不同葛根黄酮提取方法的比较

黄酮类化合物易溶于有机溶剂，从表 1 可见用乙醇法提取效率明显高于水提取，但后者成本较低，且作为溶剂的水可回收再利用。其提取效率高于单纯回流提取。

超声波可产生强烈震动，形成空化效应，加速黄酮类化合物进入溶剂，从而提高提取效率，缩短提取时间。又由于其环境多为常温，所以不会使淀粉与总黄酮一同浸出，因此比其他三种方法的黄酮提取效率好。实验结果表明以 70% 乙醇溶液为溶剂，超声提取经大孔吸附树脂分离，提取效率和总黄酮质量分数最高。

3.2　利用 $CuSO_4$-Phen-VC-H_2O_2-DNA 化学发光体系对黄酮抗氧化作用的量效关系研究

利用 $CuSO_4$-Phen-VC-H_2O_2-DNA 化学发光体系对黄酮抗氧化作用的量效关系研究，结果表明当黄酮的浓度在 0.02～1000 μg/ml 范围内对 DNA 损伤均有良好的保护作用，并存在一定的剂量依从关系。

综上所述，葛根黄酮是一种有效的天然自由基清除剂，对 DNA 损伤具有明显的保护作用[10]。本研究进一步验证了 $CuSO_4$-Phen-VC-H_2O_2-DNA 化学发光体系可作为抗氧化的有效研究方法，也为进一步研究和开发天然植物黄酮类产品提供了实验依据。

【参考文献】

[1] 姚新生，赵守训，潘德济，等. 天然药物化学. 2 版. 北京：人民卫生出版社，1996：191-195.
[2] 彭芳，陈植和. 黄酮类化合物的生物学作用. 大理医学院学报，1998，7（4）：52.
[3] 白凤梅，蔡同一. 类黄酮生物活性及其机理的研究进展. 食品科学，1999，8：11-13.

[4] 李苑, 张敏. 中草药中黄酮类化合物提取工艺的研究概况. 广东药学, 1999, 9(2): 4.
[5] 郭建平, 孙其荣, 周全, 等. 葛根总黄酮不同提取工艺的探讨. 中草药, 1995, 26(10): 522.
[6] 冯映冰, 王娟. 湖南安化山楂几种化学成分的研究. 湖南中医学院学报, 1999, (1): 15-16.
[7] 刘峥. 超声波提取银杏叶中总黄酮. 桂林工学院学报, 2001, 21(3): 276-278.
[8] 张健, 曹恩华, 秦静芬, 等. 抗氧化剂对DNA损伤的保护作用机制的研究. 生物物理学报, 1997, 13(1): 123-127.
[9] Zhang J, Cao E H, Qin J F. Study of mechanism of antioxidant protection against DNA damage. ACT A Biophysica Sinica, 1997, 13(1): 123-127.
[10] Collins A R. Oxidative DNA damage, antioxidants, and cancer. Bioessays, 1999, 21(3): 238.

原文发表于《食品科学》, 2005 年第 4 期

丙烯酰胺毒性研究进展

秦 菲 陈 文 金宗濂

北京联合大学 生物活性物质与功能食品北京市重点实验室

【摘要】 食品中丙烯酰胺的存在及其对人类健康的潜在危害引起国际上对其毒性的关注。世界各国科学家进行了广泛深入的研究，在丙烯酰胺神经、生殖、遗传及致癌毒性等方面的研究均有所进展。虽然动物实验已经证实了丙烯酰胺的各种毒性，但食品中丙烯酰胺对人体健康的不良作用还需进一步研究。

【关键词】 丙烯酰胺；神经毒性；生殖毒性；遗传毒性；致癌性

The Toxicity of Acrylamide

Qin Fei Chen Wen Jin Zonglian

The Beijing Key Lab of Biology Active Material and Function Food of Beijing Union University

Abstract: The existence of acrylamide in food and its potential danger to human body have caused extensive attention internationally. Many studies have been carried out, particularly on the neurotoxicity, reproductive toxicity, genotoxicity and carcinogenicity of acrylamide. Although the toxicological effects of acrylamide have been studied in animal models, the potential negative effect of dietary acrylamide on human beings remained to be further investigated.

Key words: acrylamide; neurotoxicity; reproductive toxicity; genotoxicity; carcinogenicity

2002年4月，瑞典国家食物管理局（NFA）和斯德哥尔摩大学的科学家经过研究，发现富含淀粉的食物在经受高温油炸或烧烤时能生成对人类身体极为有害的物质——丙烯酰胺。瑞典学者的这一发现立即受到了国际社会的高度重视。尽管丙烯酰胺作为一种化学品早已被广泛应用于各种技术领域，其毒理学特征明确，但其在食物的加工过程中的形成却是一项新的发现。由于食品是人类生存的基本条件之一，对于丙烯酰胺毒性的研究也成为近年来的热点。

丙烯酰胺英文名为acrylamide（AA），其分子式为$CH_2 = CHCONH_2$。AA为有毒的无色、无臭透明片状晶体，沸点125℃（3.33 kPa），熔点（84.5±0.3）℃，可溶于水、醇、丙酮、醚和三氯甲烷，微溶于甲苯，不溶于苯和庚烷。AA固体在室温下可以稳定存在，但熔融时或暴露在紫外光下以及与氧化剂接触时可以进行游离型聚合反应，产生高分子聚合物聚丙烯酰胺。它还可以与丙烯酸、丙烯酸盐等化合物发生共聚反应。当AA加热分解时，会释放出辛辣刺激的烟雾和氮氧化物（NO_x），以P_2O_5进行脱水反应时会生成丙烯腈。

AA由德国于1949年首次合成，1954年开始大规模生产。我国于1964年开始试产AA。世界上，美国、欧洲、日本、俄罗斯及中国的生产规模较大。AA是生产和合成聚丙烯酰胺过程中形成的一种中间化学物质，广泛应用于饮用水净化、城市污水和工业废水处理、油井工艺、建筑行业、造纸工业、土壤稳定剂及化妆品、日用化学品添加剂、生物工程学试验等，同时，它还存在于烟草燃烧的烟雾中（这证明它能在生物原料的加热过程中形成）。富含淀粉类的食品，在经煎炸、烧烤、烘焙等120℃以上的高温烹制时会产生AA，根据目前各国提供的数据，富含AA的主要食品有炸薯条和薯片、咖啡，以及一些由谷物加工的食品，如各式糕点及甜饼干、面包、面包卷和烤面包片。

职业性接触主要见于生产 AA 等的合成过程；日常生活中，AA 可见于使用化妆品、烟草、经高温加工处理的淀粉类食品及饮用水中。AA 可通过皮肤、口腔或呼吸道进入生物体内，一旦进入体内，它可以快速分布于全身的组织中，如肉组织、肝脏、血液、皮下组织、肺部和脾等。如果孕妇接触了 AA，它可以通过血液进入胎儿。

1　AA 的神经毒性

AA 是中等毒性的亲神经毒物，它水溶性强，很容易被生物体的消化道、皮肤、肌肉或其他途径吸收，引起急性、亚急性、慢性中毒，主要表现为神经系统的损害，出现感觉－运动型周围神经和中枢神经病变。AA 对各种动物均有不同程度的神经毒性作用。在饮水中加入 AA 可导致大鼠的神经异常，最小有作用剂量为 2 mg/kg，最大无作用剂量为 0.5 mg/kg[1]。有研究表明大鼠每日摄入 1 mg/kg AA 并连续 90 日可导致神经系统的慢性毒性作用；以每日 10 mg/kg 体重饲养猴子 12 周，出现周围神经损伤相应的周围神经病临床症状，以四肢的症状尤其明显。对我国从事 AA 和丙烯腈作业 2 年以上的工人进行调查，结果显示，当 AA 的每日暴露量超过 1 mg/kg 可引起机体周围神经系统的毒性作用，主要症状为四肢麻木、乏力、手足多汗、头痛头晕、远端触觉减退等，累及小脑时还会出现步履蹒跚、四肢震颤、深反射减退等症状[2]。通常非职业人群摄入 AA 量较少，一般不会出现神经毒性作用。Matthys 等[3] 在法兰德斯青少年 7 日饮食的基础上，评价了其 AA 摄入量，结果表明所摄入 AA 的神经毒性非常微小。

40 年前 AA 的神经毒性作用已被肯定，但其作用机制和神经毒性作用位点尚未完全确定。毒理动力研究表明 AA 进入体内，分布于体液中，主要在细胞色素 P450 2E1 的作用下生成环氧丙酰胺（glycidamide，GA），那么就提出了 AA 的神经毒性是其本身的作用，还是其代谢物的作用的问题。邓海[4] 等通过观察染毒大鼠的生长、行为、生化和病理改变，比较了 AA 和 GA 的神经毒性，结果表明 AA 的神经毒性主要是其本身的作用，其代谢物 GA 的影响较小。Abou-Donia 等[5] 研究结果也表明在 AA 对小鼠的神经毒害中，GA 基本上没有起作用。

对于 AA 在生物体内的神经定位也存在分歧。早在 1981 年，就有学者指出 AA 能选择性抑制外周和中枢神经系统中的 3-磷酸甘油醛脱氢酶、磷酸果糖激酶和神经元特异烯醇酶（NSE），从而干扰神经系统的糖代谢过程。赫秋月等[6] 的研究结果表明 AA 染毒的小鼠三磷酸腺苷（ATP）水平明显降低，证实了以上能量假设。除此之外，有关细胞和分子作用水平研究较多的有神经丝（NF）、微管（MT）、运动蛋白（motor protein）和钙离子等。大多数研究者认为 NF 的改变和堆积是病变的主要原因，如 Endo 等[7] 发现急性 AA 中毒使大鼠脑中 NF-M mRNA 表达增加 50%，慢性中毒使 NF-L mRNA 表达增加 20%，这种表达增加可能是因为 NF 被结合后的一种代偿作用。但也有研究者置疑，如有报道用无 NF 的转基因鼠与同窝出生的正常子鼠比较，其 AA 中毒的神经行为变化和轴突病理变化的范围和敏感性均无差别[8]。目前认为，这种差异可能是由于实验设计和参数测量方法不同而造成的。MT 是快速轴突转运所依赖的特殊轨道，AA 可以与微管蛋白直接结合，阻碍快速轴突转运。Lapadula 等[9] 研究表明 ^{14}C 标记的 AA 可以结合大鼠脊髓和脑的微管蛋白。Nordin Anderson 等[10] 则认为神经细胞内钙离子浓度及钙离子和钙结合蛋白激酶体系的改变对轴突病变起了重要作用，也有研究者认为 AA 是一种亲电子试剂，亲和巯基，而驱动蛋白的功能也依赖于巯基，所以驱动蛋白似乎是 AA 轴突有害作用的首选作用点[11]。神经病变是一个复杂的过程，全面阐释其发展变化的机制尚需时日。

2 AA 的生殖毒性

AA 具有生殖毒性。动物实验研究表明，AA 可以影响雄性动物的生育能力。大鼠的生殖毒性试验的 NOAEL 为 2 mg/（kg·d）。以每日 15 mg/kg AA 喂养雄性大鼠 5 日，雄性小鼠补充 12 mg/kg AA 连续 4 周，均出现精子损伤，精子数量、移动距离下降的现象，说明 AA 可以降低其生育能力。AA 对精子的损伤可能是由于 AA 及 GA 与精细胞鱼精蛋白相结合，造成精细胞形态学的改变和死亡[12]。经口每天给予实验动物 36 mg/kg AA，连续 8 周，可导致动物精细胞和精母细胞突变。但具体机制目前尚不清楚。Yang 等[13] 对 AA 处理的大鼠进行研究，结果初步表明 AA 的生殖毒性与雄性大鼠的睾丸基因表达有关。鲁开化等[14] 将氨鲁米特（国产医用聚丙烯酰胺水凝胶）注入小香猪母代及子代后观察其生长、健康情况，结果在实验剂量下未见生殖毒性。可以预见在人体中要有相当的剂量才可能出现生殖毒性，目前尚无 AA 对人类生殖毒性的报道。

3 AA 的遗传毒性

AA 在哺乳动物体细胞和生殖细胞中，可以诱导基因和染色体异常，如染色体异常、微核形成、姐妹染色单体交换、多倍体、非整倍体和其他有丝分裂异常，并可诱导体内细胞转化。关景芳等[15] 采用细胞培养染色体畸变技术进行实验观察，结果表明 AA 既能诱导染色体结构畸变，又能诱导非整倍体的形成。AA 致畸作用有剂量关系，高浓度诱发大量非整倍体形成及结构变异，低浓度没有诱发 CHL 细胞染色体畸变的作用[16]。瑞典食品管理局的报道指出，AA 诱导小鼠基因突变的最低剂量为 25～50 mg/kg，此最低剂量的 10～20 倍可诱导小鼠的染色体发生异常[1]。Besaratinia 等[17] 利用鼠胚胎成纤维细胞进行实验发现，细胞经低浓度 AA 处理后能引起 cII 基因突变，产生更多的 DNA 加合物，基因突变数比对照组多约 2 倍，显示 AA 具有潜在的遗传毒性。

AA 与其代谢产物 GA 的遗传毒性不同，AA 在鼠伤寒沙门菌回复突变实验（Ames 实验）中表现为阴性，GA 在不加代谢活化系统的情况下呈阳性反应。AA 不能诱导大鼠肝细胞的程序外 DNA 合成，而 GA 却可以诱导大鼠肝细胞和人体细胞的程序外 DNA 合成。AA 不能诱导细菌的基因突变，而 GA 可诱导细菌的基因发生突变。Koyama 等[18] 用彗星实验、微核实验和 TK 基因突变实验研究了 AA 及其代谢物 GA 对人体淋巴 TK6 细胞的基因毒性，结果表明二者的基因毒性特征不同，AA 主要是染色体异常，GA 则主要是致突变。

4 AA 的致癌性

在诸多 AA 的研究中，其致癌性研究一直是科学界的研究热点，其研究结果受社会关注的程度最大，因此而引发的争论也最多。近年来，一些研究人员分别利用体外试验、动物试验、流行病学调查等方法对 AA 的致癌作用进行了研究，但结果有较大差异。Johnson[19]、Friedman 等[20] 关于低剂量（每日摄入 1～2 mg/kg）摄入 AA 对小鼠致癌性进行了长期的研究，研究结果均显示 AA 可增加小鼠乳腺、甲状腺良性肿瘤或恶性肿瘤以及间皮瘤的发生率。Alunad 等[6] 利用体外转基因鼠胚胎纤维形成细胞分析 cII 基因，进一步证实了 AA 的致癌性。Gamboa da 等[21] 应用同位素稀释质谱法，在经 GA 和 AA 腹腔注射染毒的成年小鼠部分组织及出生 3 d 的小鼠整体组织中检测到了 2 种新的 DNA 加合物，即 N_3GA-Ade 和 N_1-（2-羟基-2-羟乙基）-2-脱氧腺苷。而且经 GA 处理形成的加合物比经 AA 处理形成的要高，AA 的剂量与成年鼠 DNA

加合物之间呈剂量-反应关系。因此 GA 比 AA 具有更强的致突变性，AA 的致突变性主要是由于其环氧代谢产物 GA 形成 DNA 加合物。大鼠和小鼠实验研究表明 GA 与 DNA 加合活性是 AA 的 100～1000 倍[22]。

目前的人群流行病学调查资料尚未明确 AA 与肿瘤之间存在相关性，已进行的研究结果之间相互矛盾。Mucci 等[1] 从流行病学的角度，采用病例对照研究了瑞典 591 名膀胱癌患者、263 名肾癌患者、133 名大肠癌的患者和 587 个健康对照者，结果显示 AA 摄入水平与这 3 种肿瘤之间没有明显相关性。同时还发现 AA 摄入量越高，肠癌的发病率反而更低。意大利和瑞士于 1991～2000 年对口腔癌、食管癌、喉癌、大肠癌、直肠癌、乳腺癌、卵巢癌等肿瘤和炸薯条的相关性进行了研究，结果显示，炸薯条消费频率最高一组的 OR 值为 0.8～1.1，炸薯条与患癌症的危险性没有重要联系，即并未增加肿瘤发生的危险性[23]。在 1976～2002 年 14 个课题组对 AA 的致癌性研究中，有 11 个认为对动物是致癌物，对人类是可能致癌物；有 3 个认为对动物和人类都不是致癌物[24]。Mucci 等[25] 于 1991～2002 年年底对 490 000 名瑞典人（43 404 名妇女）跟踪调查，其中 667 名在研究期间患上乳腺癌。研究人群平均 AA 日摄取量为 25.9 mg，研究结果表明罹患乳腺癌的风险与 AA 的摄入量没有明显相关性。大部分研究人员认为 AA 可能对人致癌，但几乎所有证据都是通过动物实验获得的。

在职业接触 AA 流行病学方面，由于资料不完全、样本较小和同时接触多种化学物质等因素，还没有直接有效的证据充分证明其对人体有致癌性。但由于 AA 在动物和人体中均可代谢转化为其致癌活性代谢产物 GA，且众多动物实验证实了其致癌性，1994 年国际癌症研究机构（IARC）将 AA 分在 2A 类，把其定为对人可能有致癌性物质，EU 和德国的评价为 2 级。德国在研究食品中的致癌物时提出了一个接触极限 MOE（maigin of exposure）为参考值，即使动物致癌的最小剂量除以人体每日的最大摄入量，用来评估致癌的危险性，MOE 值越高评估越乐观。强致癌物质黄曲霉毒素和亚硝胺为 100 000，AA 为 1000，仅为前者的 1/100。因此，AA 对人体的潜在危险性较大。

自从瑞士研究人员发现食品中存在 AA 后，AA 毒性研究成为各国科学家的研究热点，其毒性机制也正逐步被揭示。然而其毒性涉及面比较广泛，还有不少待深入研究的热点。虽然动物实验证实 AA 具有神经、生殖、遗传和致癌毒性，且被认为是一种人类潜在的致癌物质，但在人体中得到验证的只有神经毒性，目前还不能确定是否致癌。然而 AA 总归是一种有害物质，因此应尽量减少食品中的 AA 含量。在日常生活中要改变传统的煎炸烹饪习惯，避免过度烹调食品，食品生产加工企业要改进食品加工工艺和条件，研究减少食品中 AA 的可能途径。

【参考文献】

[1] Mucci L A, Dickman P W, Steineck G, et al. Dietary acrylamide and cancer of the large bowel, kidney and bladder: absence of an association in a population-based study in Sweden. Cancer, 2003, (88): 84-89.

[2] 王爱红. 丙烯酰胺危害健康的研究进展. 中国公共卫生, 2003, 19(12): 1534-1535.

[3] Matthys C, Bilau M, Govaert Y, et al. Risk assessment of dietary acrylamide intake in flemish adolescents. Food Chem Toxicol, 2005, (43): 271-278.

[4] 邓海, 焦小云, 何凤生, 等. 丙烯酰胺和环氧丙酰胺的神经毒性研究. 中华预防医学杂志, 1997, 31(4): 202-205.

[5] Abou-Donia M B, Ibrahim S M, Corcoran J J, et al. Neurotoxicity of glycidamide and acrylamide metabolite following intraperitoneal injections in rats. J Toxicol Environ Health, 1993, 39(4): 447-464.

[6] 赫秋月, 韩漫夫, 饶明俐. 丙烯酰胺中毒后小鼠脑中肌酸激酶和三磷酸腺苷含量的改变及意义. 中华劳动卫生职业病杂志, 2002, 20(3): 195-196.

[7] Endo H, Kittur S, Sabri M I. Acrylamide alters neurofilament protein gene expression in rat brain. Neurochem Res, 1994, 19(7): R15-R20.

[8] Stone J D, Peterson A P, Eyer J, et al. Neurofilaments are nonessential to the pathogenesis of toxicant-induced axonal degeneration. J Neurosci, 2001, 21（7）: 2278 -2287.

[9] Lapadula D M, Bowe M, Carrington C D, et al. In vitro binding of 14 C acrylamide to neurofilament and microtubule proteins of rats. Brain Res, 1989, 418（1）: 157-161.

[10] Nordin-Andersson M, Walum E, Kjellstrand P, et al. Acrylamide-induced effects on general and neurospecific cellular functions during exposure and recovery. Toxicol, 2003, 19（1）: 43 -51.

[11] Elluru R G, Bloom G S, Brady S T. Fast axonal transport of kinesin in the rat visual system: functionality of kinesin heavy chain isoforms. Mol Biol Cell, 1995, 6: 21-40.

[12] Tyl R W, Friedman H A. Effects of acrylamide on rodent reproductive performance. Reprod Toxicol, 2003,（17）: 1-13.

[13] Yang H J, Lee S H, Jin Y, et al. Toxicological effects of acrylamide on rat testicular gene expression profile. Reprod Toxicol, 2005,（19）: 527-534.

[14] 鲁开化, 周智, 雷永红, 等. 奥美定注入小香猪体内生殖毒性的观察. 实用美容整形外科杂志, 2003, 14（1）: 14-16.

[15] 关景芳, 贾文英, 程林, 等. 丙烯酰胺单体的细胞染色体实验观察. 吉林医学, 2003, 24（1）: 27-28.

[16] 贾松, 吕立夏, 杨翠香, 等. 丙烯酰胺对小鼠小脑 SOD 基因表达的影响. 同济大学学报: 医学版, 2003, 24（1）: 28-30.

[17] Besaratinia A, Pfeifer G P. Weak yet distinct mutagenicity of acrylamide in mammalian cells. J Natl Cancer Inst, 2003,（95）: 889-896.

[18] Koyama K, Sakamoto H, Sakuraba M, et al.Genotoxicaty of acrylamide and glycidamide in human lumphoblastoid TK6 cell. Mutat Rep, 2006,（603）: 151-158.

[19] Johnson K, Corzinski S, Balner K, et al. Chronic toxicity and oncogenicity study on acrylamide incorporated in the drinking water of fisher 344 rats. Toxicol Appl Pharmacol, 1986, 85（2）: 154-168.

[20] Friedman M A, Dulak L H, Stedham M A. A Lifetime oncogenicity study in rats with acrylamide. Toxicol Sci, 1995, 27（1）: 95-105.

[21] Gamboa da C G, Churchwell M I, Hamilton L P, et al. DNA adduct formation from acrylamide via conversion to glycidamide in adult and neonatal mice. Chem Res Toxicol, 2003, 16（10）: 1328-1337.

[22] Rice J M. The carcinogenicity of acrylamide. Mutat Res, 2005,（580）: 3-20.

[23] Pelucchi C, Franceschi S, Levi F, et al. Fired potatoes and human cancer. Inter J Cantor, 2003, 105（4）: 558-560.

[24] Ruden C. Acrylamide and cancer risk-expert risk assessments and the public debated. Food Chem Toxicol, 2004, 42（3）: 335-349.

[25] Mucci L A, Sandin S, Balter K, et al. Acrylamide intake and breast cantor risk in Swedish women. JAMA, 2005,（293）: 1326-1327.

原文发表于《北京联合大学学报》，2006 年第 3 期

第三章 保健食品功能基础材料研究

功能食品论文集

金针菇发酵液的延缓衰老作用

金宗濂[1]　戴涟漪[1]　唐粉芳[1]　陈　晨[1]　周宗俊[2]

1. 北京大学分校　生物系
2. 中国农业科学院　植物保护研究所

【摘　要】　本文提出，金针菇发酵液可极显著地降低脑中 B 型单胺氧化酶（MAO-B）活性，可极显著地提高红细胞超氧化物歧化酶（SOD）活性，并极显著降低细胞内肝过氧化脂质（LPO）和脂褐质的含量，从而能有效地延缓衰老。金针菇发酵液还能显著增加皮肤羟脯氨酸（Hyp）的含量，表明它具有提高机体内胶原蛋白的作用。

【关键词】　金针菇；单胺氧化酶；过氧化脂质；羟脯氨酸

金针菇（*Flammulina velutipes*）属担子菌门，伞菌目，口蘑科，金线菌属。国内外对金针菇的研究曾有一些报道，证明它具有抗癌、增智、防治高血压和儿童肥胖症等作用。为了进一步利用这一新资源，我们对饲喂金针菇发酵液的小鼠进行了与衰老有关的 B 型单胺氧化酶（MAO-B）活性、红细胞超氧化物歧化酶（SOD）活性、肝过氧化脂质（LPO）含量、心肌脂褐质含量及皮肤羟脯氨酸（Hyp）含量等研究，以便为金针菇的开发利用提供科学依据。

1　材料与方法

实验用动物为 10 月龄雄性昆明种小鼠，随机分为实验组和对照组，每组 15 只。实验组饲喂金针菇发酵液的滤液，对照组喂白水。以饮水方式饲喂，日平均饮用量为 20 ml。2 个月后处死，进行如下测定。

（1）MAO-B 活性测定。参照戴尧仁[1]的方法进行，略有改进。取脑、肝组织，用 0.2 mol/L 磷酸缓冲液（pH 7.4）制成匀浆，于 9000 r/min 4 ℃离心 100 min，取上清液于 17 000 r/min 4 ℃离心 20 min，沉淀重新用 0.2 mol/L 磷酸缓冲液悬浮，制成粗酶液。进行 MAO-B 活性及蛋白质浓度的测定[1-2]。

（2）红细胞 SOD 活性测定。取小鼠全血，离心取血细胞，洗涤，溶血。缓慢加入 0.25 倍体积的 95% 乙醇溶液，0.15 倍体积的氯仿，振荡提取，于 3000 r/min 离心 15 min，除尽血红蛋白。上清液中按 0.4 g/ml 比例加入 $K_2HPO_4 \cdot 3H_2O$，振荡溶解，静置分层，收集上层黄色乳浊液，于 3500 r/min 离心 20 min。上清液用于 SOD 活性及蛋白质浓度的测定[3]。整个制备过程在 0～4 ℃下进行。

（3）肝脂质过氧化物（LPO）、心肌脂褐质、皮肤 Hyp 含量的测定，参照文献[2]的方法进行。

（4）金针菇发酵液滤液的制备。其发酵液目前采用深层发酵法生产，产量大幅度提高。发酵液为金针菇在（25±1）℃下经 4 日发酵而成（由中国农业科学院植物保护研究所提供），再经 3 层纱布过滤，即为金针菇发酵液的滤液。

2　结果

金针菇发酵液可使小鼠脑 MAO-B 的活性降低 67.3%；对肝 MAO-B 活性无显著影响；能

使肝中 LPO 含量降低 30.8%；使心肌脂褐质含量下降 53.3%；血中 SOD 活性增加 32.0%；使皮肤中 Hyp 含量上升 17.7%，见表 1。

表 1　金针菇发酵液的延缓衰老作用（$\bar{X}\pm\text{SD}$）

项目	对照组	实验组
脑 MAO-B[OD（mg 蛋白·h）]	0.272±0.028	0.089±0.028**
肝 MAO-B[OD/（mg 蛋白·h）]	1.560±0.300	1.479±0.236
红细胞 SOD（U/mg 蛋白）	247.49±17.54	326.72±39.90**
肝 LPO（$\times 10^{-10}$ mol/mg 蛋白）	1.502±0.120	1.040±0.156
心肌脂褐素（μg 硫酸奎宁/g 组织）	4.889±0.606	2.285±0.511
皮肤 Hyp（mg/g 组织）	104.11±10.22	122.49±13.68*

注：MAO-B. B 型单胺氧化酶；SOD. 超氧化物歧化酶；LPO. 脂质过氧化物；Hyp. 羟脯氨酸。* $P<0.05$ 与对照组比较；** $P<0.01$ 与对照组比较。

3　讨论

单胺氧化酶（MAO）是广泛催化芳香族、脂肪族单胺类氧化脱氨反应的酶。MAO 有 A 型和 B 型两种形式。人脑中 MAO-B 的活性在 45 岁后随年龄急剧增加[4]。本研究证明，金针菇发酵液可极显著地降低（$P<0.01$）脑中 MAO-B 的活性，从而能有效地延缓衰老。但它对肝 MAO-B 活性又无显著影响，这对保护肝脏的解毒功能显然有益。随着年龄增长，LPO 和脂褐质水平不断上升，是细胞衰老的重要原因。而机体清除超氧化物还原酶（superoxide reductase，SOR）主要由 SOD 实现，本研究证明金针菇发酵液可极显著地提高 SOD 活性，并极显著降低细胞内 LPO 和脂褐质的含量，因此有利于延缓衰老。胶原蛋白是构成皮肤、肌腱的主要成分。在生命早期，其含量较丰富，以后随年龄增加而逐步减少，Hyp 含量的变化直接反映了胶原蛋白的多寡。金针菇发酵液能显著增加皮肤 Hyp 的含量，表明它具有提高机体内胶原蛋白的作用。

【参考文献】

[1] 戴尧仁，殷莹. 中药 B 型单胺氧化酶抑制作用的研究. 中华老年医学杂志，1987，6：27.
[2] 金宗濂，唐粉芳，戴涟漪，等. 榆黄蘑发酵液的抗衰老研究. 北京联合大学学报，1991，（2）：8-12.
[3] 袁勤生，谢卫华，姚菊芳，等. 连苯三酚自氧化法测定超氧化物歧化酶活性的改进. 中国医药工业杂志，（5）：217-220.
[4] Benedetti M S, Keane P E. Differential changes in monoamine oxidase A and B activity in the aging rat brain. J Neurochem，1980，35（5）：1026-1032.

原文发表于《中国应用生理学》杂志，1991 年第 4 期

金针菇抗疲劳的实验研究

文镜　陈文　王津　金宗濂

北京大学分校　生物系

【摘要】 本文以小鼠为对象，采用血清乳酸脱氢酶（LDH）活力、血乳酸、肌糖原、肝糖原、血清尿素氮（BUN）的含量变化等指标观察了金针菇的抗疲劳效应。结果表明，服用金针菇一定时间的小鼠，乳酸脱氢酶活力、肌糖原、肝糖原含量均比对照组显著增加，运动后血乳酸水平及血清尿素氮增量明显降低，运动后恢复期血乳酸清除速率显著升高。提示金针菇有增强机体对运动负荷的适应能力，在抵抗疲劳产生和加速疲劳消除方面具有明显的作用。

【关键词】 金针菇；乳酸脱氢酶；血乳酸；肌糖原；肝糖原；血清尿素氮；抗疲劳

Experimental research on the antifatigue effect of *Flammulina velutipes*

Wen Jing　Chen Wen　Wang Jin　Jin Zonglian

Department of Biology, Branch of Peking University

Abstract: The present paper reports a systematic research of the antifatigue effect of *Flammulina velutipes*. The antifatigue effect was judged by the examination of serum lactate dehydrogenase activity, level of blood lactic acid, serum urea nitrogen, muscle and liver glycogen. The experiments indicated that feeding *Flammulina velutipes* to mice for several days the lactate dehydrogenase activity, muscle and liver glycogen levels were significantly higher than that of the control. After exercise, the levels of blood lactate and serum urea nitrogen were significantly lower than those of control. After exercise, the recovery rate of lactic acid was much faster than that of control. From the above results, we concluded the *Flammulina velutipes* may have significant effect on the capability of adaptation to heavy exercise and prevention or elimination of fatigue after exercise.

Key words: *Flammulina velutipes*; lactate dehydrogenase; blood lactic acid; muscle glycogen; liver glycogen; blood urea nitrogen; antifatigue

金针菇（*Flammulina velutipes*），担子菌纲，伞菌目，金钱菌属，俗名冬菇、朴菇。本文以小鼠为对象，观察了金针菇对血清乳酸脱氢酶（LDH）活力、血乳酸、肌糖原、肝糖原、血清尿素氮（BUN）含量的影响，以求阐明金针菇在抗疲劳方面的营养价值。

1 实验材料

1.1 动物

2～3月龄昆明种健康雄性小鼠，单只分笼饲养，随机分为金针菇组与对照组，每组12只。

1.2 金针菇液体培养基

由玉米（3%）、蔗糖（1%）、磷酸二氢钾（0.1%）、硫酸镁（0.05%）等组成。

1.3 金针菇发酵液

在上述培养基上接入金针菇菌种，25 ℃，回旋振荡器 150 r/min 培养 5 日。实验所用各试剂均为国产分析纯试剂。

2 方法与结果

2.1 金针菇的饲喂方法

用水将金针菇发酵液及液体培养基稀释，使其固形物含量为 10%。金针菇组用金针菇发酵液，对照组用金针菇液体培养基代替水，随意饮用，日平均饮用量为（19±3）ml。

2.2 对小鼠 LDH 活力的影响

实验前及实验第 15 d 分别取尾血用 King 法测定 LDH 活力[1]（表 1）。

表 1　金针菇发酵液对小鼠 LDH 活力的影响（U/100 ml，$\bar{X}\pm SD$）

分组	实验前	实验第 15 d
对照组	321±39	325±22
金针菇组	315±45	376±31*

*$P < 0.05$ 与对照组比较。

表 1 结果显示：对照组实验第 15 d 与实验前 LDH 活力无显著差异。金针菇组实验第 15 d LDH 活力比实验前增加 19%，比对照组实验第 15 d 增加 16%，经 t 检验（CL=95%）存在显著差异。

2.3 对小鼠血乳酸的影响

实验前及实验第 29 d 分别让小鼠在（30±2）℃水中游泳 40 min。游泳前安静时及游泳后 20 min、50 min 各取尾血 1 次，用乙醛、对羟基联苯比色法测定血乳酸含量[2]。

表 2 结果表明，实验前金针菇组与对照组血乳酸的安静值及运动后 20 min、50 min 血乳酸值均无显著差异（$P > 0.05$）。对照组实验第 29 d 与实验前血乳酸值也无明显区别（$P > 0.05$）。而金针菇组实验第 29 d 运动后 20 min 及 50 min 血乳酸值不仅明显低于对照组，也低于本组实验前的水平（$P < 0.01$）。

表 2　金针菇发酵液对小鼠 LDH 活力的影响（U/100 ml，$\bar{X}\pm SD$）

分组	运动前	运动 20 min	运动 50 min
实验前			
对照组	22.0±3.2	51.2±3.8	41.1±2.2
金针菇组	22.8±2.5	51.3±3.6	40.9±3.5
实验第 29 d			
对照组	21.1±1.9	49.1±2.1	38.2±2.4
金针菇组	21.0±1.8	36.3±3.1*+	22.0±2.8*+

*$P < 0.01$ 与实验前的值比较；+$P < 0.01$ 与对照组比较。

从表 3 可知，食用金针菇第 28 d 的小鼠，运动停止后 20～50 min，血乳酸的恢复速率比对照组提高 36%（$P < 0.05$），比本组食用金针菇之前提高 40%（$P < 0.05$）。

表 3 金针菇发酵液对小鼠血乳酸的影响（U/100 ml, $\bar{X}\pm SD$）

分组	实验前	实验第 29 d
对照组	0.33±0.06	0.36±0.07
金针菇组	0.35±0.04	0.49±0.05*

*$P < 0.05$ 与对照组的值比较。

2.4 对小鼠肌糖原、肝糖原含量的影响

实验第 15 d 断头处死小鼠，立即取后肢肌肉和肝脏，用蒽酮比色法测定糖原含量[3]。表 4 表明，实验第 15 d，与对照组比较，金针菇组小鼠肌糖原含量增加了 29%，肝糖原含量增加了 63%（$P < 0.05$）。

表 4 金针菇发酵液对小鼠肌糖原、肝糖原含量的影响（mg/100 ml 组织，$\bar{X}\pm SD$）

分组	肌糖原	肝糖原
对照组	0.28±0.03	3.16±0.74
金针菇组	0.36±0.04*	3.50±1.47*

*$P < 0.05$ 与对照组比较。

2.5 对小鼠 BUN 的影响

实验前及实验第 29 d 分别让小鼠在（30±2）℃水中游泳 1 h。游泳前安静时及游泳后 1.5 h 各取尾血一次。用二乙酰一肟改良法测定 BUN 含量[4]。将运动后 BUN 含量减去安静时 BUN 含量即为运动后 BUN 增量，对两组小鼠运动后 BUN 增量进行比较，结果见表 5。

表 5 金针菇发酵液对 BUN 的影响（mg/100ml，$\bar{X}\pm SD$）

分组	实验前	实验第 29 d
对照组	8.29±1.25	6.94±1.69
金针菇组	7.81±1.70	3.75±1.23*

*$P < 0.01$ 与对照组的值比较。

实验第 29 d，金针菇组运动后 1.5 h BUN 增量不仅低于对照组也低于本组实验前的数值，经 t 检验存在显著差异（$P < 0.01$）。

3 讨论

乳酸是糖无氧酵解的产物。长时间剧烈运动使机体内乳酸积累过多就会影响机体内环境的相对稳定和体内的正常代谢过程。因此乳酸的堆积是引起运动性疲劳的一个重要原因。小鼠停止游泳后 20～50 min 是运动后血乳酸的恢复期。其间血乳酸的数值越低，表明疲劳消除越快。LDH 在乳酸的清除代谢过程中起催化作用，运动后血乳酸的恢复期其活力的增加有利于乳酸的消除。本实验结果表明，食用金针菇能够增强 LDH 活力，并有效地降低运动后血乳酸水平，说明金针菇具有抗疲劳作用。提示金针菇通过提高 LDH 活力使血乳酸水平降低可能是其提高机体抗疲劳能力的一个重要途径。

糖原是机体运动时能量的重要来源，它的多少直接影响运动能力。提高糖原储备对增强运

动耐力有重要意义。在运动的肌肉中，当能量平衡遭到破坏时，蛋白质和含氮化合物的分解代谢加强并伴随着尿素的形成增加。机体对运动负荷的适应性越低，这种分解代谢作用越强，形成的尿素也就越多。从本实验结果可知食用金针菇能有效地提高机体糖原储备，增强机体对运动负荷的适应能力。

综上所述，金针菇在提高机体运动功能、增强运动耐力、迅速解除疲劳等方面具有很高的营养价值。

【参考文献】

[1] King J. A routine method for the estimation of lactic dehydrogenase activity. J Med Lab Tech，1959，15：265.
[2] Barker S B，Summerson W H. The colorimetric determination of lactic acid in biological material. J Biol Chem，1941，138：535.
[3] Van Der Vies J. Two methods for the determination of glycogen in liver. Biochem J，1954，57：410.
[4] Wybengn D R，Di Giorgio J，Pileggi V J. Manual and automated methods for urea nitrogen measurement in whole serum. Clin Chem，1971，17（9）：891-895.

原文表于《营养学报》，1993 年第 1 期

金针菇对小鼠免疫功能和避暗反应的影响

唐粉芳　金宗濂　赵凤玉　张文清

北京大学分校　生物系

【摘要】 实验证明，金针菇对小鼠的非特异性免疫、特异性免疫、体液免疫及胸腺的增重都有显著的增强作用，表明金针菇能有效地增强机体的免疫功能。在避暗反应实验的第 3 d 和第 4 d，金针菇组的成绩比对照组分别有显著提高。这说明，金针菇在提高学习记忆能力方面有显著作用。

【关键词】 金针菇；免疫功能；避暗反应

金针菇（*Flammulina velutipes*），又名冬菇，朴菇，是一种著名的食用菌。它不仅味道鲜美，营养丰富，而且有很好的药用价值。本实验室曾证明金针菇具有良好的延缓衰老和抗疲劳作用[1-2]。本文以 BALB/C 小鼠为对象，进一步探讨金针菇对小鼠某些免疫指标和学习记忆能力的影响。

1　材料与方法

1.1　材料

本实验采用 2 月龄 BALB/C 雄性小鼠，随机分为 5 组。免疫指标设 2 组（金针菇组和对照组），避暗反应设 3 组（金针菇组、平菇组和对照组）。金针菇和平菇均由中国医学科学院药用植物研究所提供，剪成 2 cm 小段，每只鼠每天给予 5 g，再喂以普通饲料，对照组只给普通饲料。喂养 2 个月，测定各项指标。

1.2　方法

1.2.1　免疫指标

巨噬细胞吞噬功能采用滴片法[3]；溶血素测定采用徐学瑛法[4]；迟发型过敏反应以直接测量致敏小鼠接受了同一抗原后足跖的肿胀程度，来反映特异性细胞免疫力[5]；胸腺重量测定是取完整胸腺置于盛有生理盐水的小烧杯中，用减量法称其沥干重。

1.2.2　避暗反应

采用 MG-2 型 Y 形迷宫，实验前先筛选能在 2 min 内从 Y 形迷宫的亮区进入暗区的小鼠，然后再将选出来的小鼠进行随机分组，按上述方法喂养 2 个月后测试各组小鼠的避暗反应（实验电压为 25～30 V）。每只小鼠一天训练 10 次，每次间隔 1 min，共训练 4 d。小鼠受到电击直接跑到亮区为正确，其余均为错误。10 次中的正确反应次数为学习成绩，并用百分率表示正确反应率，以此来代表小鼠学习记忆能力。

2 结果与讨论

2.1 金针菇对小鼠免疫指标的影响

巨噬细胞能非特异性地吞噬多种抗原,具有抗感染等重要作用。B 淋巴细胞受抗原(羊红细胞)刺激后,分化成浆细胞并产生抗体(溶血素),当再次接受同一抗原时,溶血素与羊红细胞作用,在补体的参与下使羊红细胞发生溶血,以清除其对机体的有害作用。T 淋巴细胞受抗原刺激转变为致敏 T 淋巴细胞,致敏 T 淋巴细胞产生淋巴因子(IFN),IFN 能促进吞噬细胞对抗原的吞噬及扩大炎症反应。当相同抗原入侵机体(足跖)后,就能在 IFN 的作用下引起炎症反应,炎症反应的剧烈程度反映了机体细胞免疫力的强弱。胸腺分泌的胸腺素与 T 细胞的成熟及分化密切相关,成年后胸腺的重量逐渐下降,从而影响机体的细胞免疫力,致使机体对感染和肿瘤等疾病的免疫功能逐渐下降。

表 1 显示,金针菇对小鼠的非特异性免疫(巨噬细胞吞噬功能)、特异性细胞免疫(迟发型过敏反应)、体液免疫(溶血素含量)及对胸腺的增重都有显著的增强作用,表明金针菇能有效地增强机体的免疫功能。

表 1 金针菇对小鼠免疫指标的影响($\bar{X}\pm$SD,n=12)

	噬菌细胞的比率(%)	噬菌细胞的指数	溶血素含量 Δ(HC 50×10^{-3}/L)	足跖肿胀(mm)	胸腺重量(mg)
对照组	10.67±5.53	0.23±0.16	117.55±62.98	0.07±0.02	19.51±9.37
金针菇组	22.00±6.81**	0.42±0.20*	374.00±86.77**	0.12±0.07*	39.63±12.28**

*$P < 0.05$ 与对照组比较;**$P < 0.01$ 与对照组比较。

2.2 金针菇对小鼠避暗反应的影响

鼠通常喜暗避光,但在实验中每当它们在暗处时就会受到电击,这样就逐渐学会停留在亮处(避暗反应)。本实验对小鼠进行了 4 d 测试,在前 2 d,由于小鼠从未受过学习记忆训练,有些动物的正确反应是为了逃避电击而偶然进入安全区,所以前 2 d 的正确反应率的高低不能完全代表学习记忆能力。经过 2 d 的强化训练,大部分鼠已学会识别灯光处为安全区,则第 3 d 和第 4 d 的正确反应率可代表学习记忆能力的高低。结果表明,金针菇组小鼠第 3 d 和第 4 d 的成绩比对照组分别提高了 27.73% 和 22.77%,而平菇组与对照组相比无显著差异。金针菇含锌量较高,实验证明[6],缺锌严重影响学习记忆能力,推测金针菇对小鼠学习记忆能力的增强作用可能与其含锌量较高有关(表 2)。

表 2 金针菇对小鼠避暗反应的影响($\bar{X}\pm$SD,n=12)

	正确反映比例(%)			
	第 1 d	第 2 d	第 3 d	第 4 d
对照组	48.3±15.3	72.4±14.4	75.0±15.1	80.8±13.8
金针菇组	55.0±21.5	81.7±19.0	95.8±9.0*	99.2±2.9**
平菇组	67.7±18.3	61.7±18.0	78.7±13.7	80.8±12.4

*$P < 0.05$ 与对照组比较;**$P < 0.01$ 与对照组比较。

综上所述,金针菇在增强机体免疫功能和提高学习记忆能力方面有显著的作用,是一种理想的多功能保健食品。

【参考文献】

[1] 金宗濂，戴涟漪，唐粉芳，等. 金针菇发酵液的抗衰老作用. 中国应用生理学杂志，1991，（4）：72-73.
[2] 文镜，陈文，王津，等. 金针菇抗疲劳的实验研究. 营养学报，1993，（1）：79-82.
[3] 张蕴芬，崔文英，李顺成，等. 观察巨噬细胞吞噬功能的滴片法（滴片法及爬片法的比较实验）. 北京医学院学报，1979，（2）：114-116.
[4] 徐学瑛，李元，许津. 一个改进的体液免疫测定方法——溶血素测定法. 药学学报，1979，（7）：443-446.
[5] Lagrange PH, Mackaness GB, Miller TE. Influence of dose and route of antigen injection on the immunological induction of T cells. J Exp Med, 1974, 139（3）：528-542.
[6] Halas ES, Eberhardt MJ, Diers MA. Learning and memory impairment in adult rats due to severe zinc deficiency during lactation. Physiol Behav, 1983, 30（3）：371-381.

原文发表于《营养学报》，1994 年第 16 卷第 4 期

榆黄蘑发酵液的延缓衰老研究

金宗濂[1]　唐粉芳[1]　戴涟漪[1]　丁　伟[1]　周宗俊[2]

1. 北京联合大学　应用文理学院
2. 中国农业科学院　植物保护研究所

【摘要】　本文以"中央衰老钟"和"自由基"学说为依据，以昆明种10月龄雄性小鼠为实验对象，对榆黄蘑发酵液的延缓衰老作用进行了研究。结果表明，榆黄蘑发酵液能抑制脑B型单胺氧化酶（MAO-B）的活性（29.48%），对肝MAO-B活性无显著影响（$P > 0.05$），能降低肝脂质过氧化物（LPO）的含量（34.62%）；使心肌脂褐素含量下降（40.50%），增高皮肤羟脯氨酸（Hyp）的含量（6.41%）及提高红细胞中超氧化物歧化酶（SOD）的活性（14.10%）。据此，可以认为榆黄蘑发酵液具有良好的延缓衰老的作用。

【关键词】　榆黄蘑；衰老；单胺氧化酶；过氧化脂质；超氧化物歧化酶；脂褐素；羟脯氨酸

Anti-aging effect of the zymosis juice of *Pleurotus citrinopieatus* Sing

Jin Zonglian[1]　Tang Fenfang[1]　Dai Lianyi[1]　Ding Wei[1]　Zhou Zongjun[2]

1. College of Applied Science and Humanities of Beijing Union University
2. Chinese Academy of Agricultural Sciences

Abstract: This article studies the anti-aging effect of the zymosis juice of *Pteurotus citrinopieatus* Sing, The result of the experiment shows clearly that B-type monoamine oxidase (MAO-B) of mouse brain reduces (29.48%), but MAO-B of the liver no significantly; lipid peroxide (LPO) of the liver (34.62%) and lipofuscin of its heart-muscle (40.50%), the hydroxyproline (Hyp) in the skin and superoxide dismutase (SOD) in blood, however, increase (6.41% and 14.10%) respectively. Therefore, zymosis juice of *Pleurotus citrinopieatus* Sing is supposed to have good anti-aging effect.

Key words: *Pleurotus eitrinopieatus* Sing; aging; monoamine oxidase; lipid peroxide; superoxide dismutase; lipofuscin; hydroxyproline

榆黄蘑（*Pleurotus citrinopileatus* Sing）是担子菌门，伞菌目，侧耳科，金顶侧耳属的真菌。由于其菌盖呈黄色，层叠排列，形似皇冠，因此又有玉皇蘑之称。榆黄蘑味道鲜美，营养丰富。山西农业科学院对它的营养成分分析结果表明，其粗蛋白含量高达42.12%，赖氨酸等八种必需氨基酸和其他氨基酸含量均很丰富。榆黄蘑的自然分布区域小，主要分布在东北、河北的部分林区，生长周期长，产量低。近年来，中国农业科学院植物保护研究所的周宗俊等，采用深层发酵法生产榆黄蘑发酵液，不仅产量高，且生长周期也大大缩短，为将榆黄蘑开辟成蛋白质新资源创造了广阔的前景。

本文拟通过测定小鼠脑、肝B型单胺氧化酶（MAO-B）和红细胞超氧化物歧化酶（SOD）的活性，肝过氧化脂质LPO、心肌脂褐素及皮肤羟脯氨酸（Hyp）的含量等衰老学指标，对榆黄蘑的延缓衰老作用进行客观的评价，为开发榆黄蘑发酵液作为延缓衰老食品新资源提供科学依据。

1 材料与方法

1.1 实验动物

以昆明种 10 月龄小鼠为实验对象,随机分为实验组和对照组,每组 51 只。实验组以饮水方式喂以榆黄蘑发酵液滤液,对照组饮白水(每只动物日饮量约 20 ml)。2 个月后处死动物,测定各项衰老指标。

1.2 榆黄蘑发酵液滤液的制备

榆黄蘑发酵液由中国农业科学院植物保护研究所提供,将发酵液原液用 3 层纱布人工挤压过滤即得榆黄蘑发酵液滤液。

1.3 各项衰老指标的测定方法

(1)心肌脂褐素含量的测定。
(2)肝 LPO 含量的测定[1]。
(3)皮肤 Hyp 含量的测定[2]。
(4)脑、肝 MAO-B 活性的测定[3]。
(5)红细胞 SOD 活性的测定[4]。

2 结果

通过对上述各项衰老指标测定的结果表明榆黄蘑发酵液滤液对脑 MAO-B、红细胞 SOD 活性和心肌脂褐素、肝 LPO、皮肤 Hyp 含量与对照组相比均有显著性差异($P < 0.01$),而对肝 MAO-B 活性无显著性影响($P > 0.05$)。具体统计见表 1。

表 1 榆黄蘑发酵液对各项衰老指标的测定结果

项目	单位	实验组	对照组	变化率*(%)
脑 MAO-B	O·D/(mg 蛋白·h)	0.4098±0.1011	0.5811±0.0603	-29.48***
肝 MAO-B	O·D/(mg 蛋白·h)	1.5027±0.3594	1.5600±0.2955	-3.67**
红细胞 SOD	U/mg 蛋白	390.90±42.32	342.58±36.49	+14.20***
肝 LPO	mol/mg 蛋白	0.9663±0.1486	1.4780±0.1283	-34.62***
心肌脂褐素	μg 硫酸奎宁/g 心肌	2.7705±0.5504	4.6562±0.5597	-40.50***
皮肤 Hyp	mg/g 皮肤	111.9440±2.6814	111.7470±5.6101	+6.41***

* ×100%;** $P > 0.05$ 与对照组比较;*** $P < 0.01$ 与对照组比较。

3 讨论

3.1 榆黄蘑发酵液对 MAO-B 的影响

MAO 是广泛地催化芳香族、脂肪族单胺类氧化脱氨反应的酶,可分为 A、B 两型,主要分布在脑、肝、肾等组织。在脑内,MAO-A 存在于神经元中,而 MAO-B 主要存在于神经胶质细胞中。

与 MAO 有关的衰老学说为"中央衰老钟"学说。Finch[5] 提出,在中枢神经系内存在着一个控制寿命的中枢,并形象地称为"衰老钟",此中枢定位于下丘脑换能神经元内。脑内儿茶酚胺含量的变化是控制"衰老钟"运行的发条。有报道表明[6],衰老时脑内 5-羟色胺(5-HT)系统占优势。5-HT 含量的增高,去甲肾上腺素(NE)和多巴胺(DA)的降低,破坏了机体节律性的同步化,从而加速了衰老的进程。

目前,许多研究表明,MAO-B 活性随年龄增长而加强,因此,MAO-B 活性可被认为是衰老指标,这与在成年以后,随着年龄增长,脑内神经元逐渐丧失而胶质细胞不断增生补偿是相一致的。在衰老过程中,由于神经元之间往往不能形成直接的突触联系,神经元释放的递质(如 NE、DA 和微量胺)只能缓慢地扩散到达靶神经元。在此过程中,递质分子会受到胶质细胞中 MAO-B 的作用。因此,脑组织内 MAO-B 的增龄变化可引起儿茶酚胺含量紊乱,引起生理活动失调,从而导致衰老。

本实验结果表明,喂以榆黄蘑发酵液 2 个月后,小鼠脑内 MAO-B 活性与对照组相比下降了 29.48%,可见,它对脑内 MAO-B 活性有显著的抑制作用($P < 0.01$),而肝中 MAO-B 活性与对照组相比没有显著差异($P > 0.05$),这就保证了肝脏对单胺类的解毒作用不受影响。

3.2 榆黄蘑发酵液对 LPO、脂褐素及 SOD 的影响

"自由基"学说于 1956 年由 Harman 提出后,在众多的衰老理论中,一直占有重要地位。LPO 脂褐素和 SOD 等都是依据该理论建立起来的衰老学指标。

体内产生的超氧自由基能引起不饱和脂肪酸的过氧化反应而形成 LPO,据文献报道[7-8] LPO 为体内活性氧之一,是一种"增龄物质"和细胞毒。当体内 LPO 水平超过机体防御体系的代偿能力时,将攻击靶分子,引起细胞结构和功能的严重障碍。

脂质过氧化产生的丙二醛是大分子交联剂,它与蛋白质、磷脂及核酸交联形成席夫碱(Schiff base)。此物质在溶酶体中不能被消化,随着年龄的增长而蓄积在其中,成为脂褐素[10]。脂褐素主要存在于心肌、肝及肾上腺等细胞中,其含量随增龄增加,因而可作为理想的衰老指标。

SOD 是机体能淬灭超氧自由基的酶。据报道[9],体内的 SOD 活性是随年龄增长而下降的。因而,随着年龄增长,机体消除超氧自由基的能力下降是造成衰老的原因之一。

榆黄蘑发酵液可降低肝 LPO 含量(34.62%,$P < 0.01$),可降低心肌脂褐素含量(40.50%,$P < 0.01$),能增高红细胞 SOD 的活性(14.10%,$P < 0.01$)。因此,它具有较好的延缓衰老的作用。

3.3 榆黄蘑发酵液对胶原蛋白的影响

胶原是一种纤维状的结构蛋白,它由 3 条肽链螺旋状缠绕而成。它在大多数组织中沉积在细胞外,成为间质。而有些组织如韧带、尾腱、肌腱几乎全部由胶原蛋白组成。Hyp 是胶原蛋白的主要成分,且含量恒定,占胶原蛋白的 12%~41%,而在其他蛋白质中含量甚微,因此,可以用 Hyp 或其 7.46 倍代表胶原的含量。许多文献报道,老人及老年动物胶原蛋白的溶解度随年龄增长而降低,表明在老年动物胶原蛋白的多肽链间的共价交联程度增加,使老年人和老年动物皮肤僵硬少弹性,通透性低,胶原代谢率降低,使 Hyp 含量下降[6,10]。

胶原中 Hyp 含量随年龄增长而降低的原因很可能与自由基有关。自由基反应能引起生物体内大分子异常交联,细胞内的羟化酶在自由基的作用下交联从而失去羟化功能,使脯氨酸不能羟化成 Hyp。另外,合成胶原蛋白的成纤维细胞及其他细胞,在自由基的作用下,合成胶原蛋白的能力降低,使胶原数量减少。

随年龄增长,体内胶原蛋白交联增加,可溶性 Hyp 含量下降,因此,Hyp 可作为反映衰

老过程的特殊指标[11]。

　　本实验表明，榆黄蘑发酵液能提高皮肤 Hyp 的含量（6.14%），从而增加了胶原蛋白的含量。

　　综上所述，榆黄蘑发酵液能抑制脑 MAO-B 活性，提高红细胞 SOD 活性，降低肝 LPO 及心肌脂褐素的含量，增加皮肤 Hyp 的含量，因此，可以认为它是一种较具开发价值的延缓衰老食品新资源。

【参考文献】

[1] Fletcher B L, Dillard C J, Tapple A L. Measurement of fluorescent lipid peroxidation products in biological systems and tissues. Anal Biochem, 1973, 52（1）: 1-9.
[2] 刘泽民. 血清游离脯氨酸、游离羟脯氨酸和肽结合羟脯氨酸测定及其在骨肿瘤的评价. 中华检验医学杂志，1986，9（3）: 123-133.
[3] 戴尧仁. 中药 B 型单胺氧化酶抑制作用的研究. 中华老年医学杂志，1987，（6）: 29.
[4] Dai Y R, Gao C M, Tian Q L, et al. Effect of extracts of some medicinal plants on superoxide dismutase activity in mice. Plant Medica, 1987, 53（3）: 233-310.
[5] Finch C E. The regulation of physiological changes during mammalian aging, Q Rev Biol, 1976, 51（1）: 49-83.
[6] 罗光，王容. 抗衰老研究进展. 基础医学与临床，1988，8（2）: 65-64.
[7] Morris R. Theoretical Aspects of Aging. New York: Academic Press. Inc., 1974: 61-79.
[8] 刘时中. 自由基与衰老. 生理科学进展，1983，14（2）: 147-151.
[9] 王文正. 老年病的研究和诊治. 合肥: 安徽科学出版社，1986.
[10] 罗光. 间质的衰老. 生理科学，1985，5（3）: 132-134.
[11] 许士凯. 抗衰老药物的药理与应用. 上海: 上海中医学院出版社，1987.

原文发表于《北京联合大学学报》，1991 年第 2 期

榆黄蘑发酵液对小鼠血乳酸、血尿素氮、乳酸脱氢酶影响的实验研究

文 镜[1]　金宗濂[1]　陈 文[1]　周宗俊[2]

1. 北京联合大学　应用文理学院
2. 中国农业科学院　植物保护研究所

【摘要】 以小鼠为实验材料，研究榆黄蘑发酵液对血乳酸、乳酸脱氢酶（LDH）、血尿素氮（BUN）的影响。结果表明，与对照组比较，服用榆黄蘑发酵液 25 d 的小鼠剧烈运动停止后 50 min，血乳酸含量降低 32%（$P<0.05$）；乳酸在血液中的清除速率提高 19.5%（$P<0.01$）；血清 LDH 活性提高 11.6%（$P<0.05$）。BUN 增量降低 65%（$P<0.05$）。实验结果提示榆黄蘑发酵液有较好的抗疲劳作用。

【关键词】 榆黄蘑发酵液；疲劳；血乳酸；乳酸脱氢酶；血尿素氮

The antifatique effect of the *Pleurotus citrinipileatus* Sing culture fluid by determination of blood lactic acid, serum lactate dehydrogenase (LDH) activity and serum urea nitrogen (BUN) of mice

Wen Jing[1]　Jin Zonglian[1]　Chen Wen[1]　Zhou Zongjun[2]

1. College of Applied Science and Humanities of Beijing Union University
2. Chinese Academy of Agricultural Sciences

Abstract: After the *Pleurotus citrinipileatus* Sing culture fluid was fed to the mice for twenty five days, the animals were compelled to do exercises violently. Fifty minutes after exercises the determination was processed. The results are as below: the blood lactic acid decreased 32% ($P<0.05$), the exclution rate of lactic acid from the blood increased 19.5% ($P<0.01$), the activity of serum LDH increased 11.6% ($P<0.05$) and the quantity of the increased BUN decreased 65% ($P<0.05$) comparing with that of the control animals. From the above results it can be seen that the *Pleurotus citrinipileatus* Sing possessing antifatique effect definitely.

Key words: *Pleurotus citrinipileatus* Sing; fatigue; blood lactic acid; lactate dehydrogenase; blood urea nitrogen

榆黄蘑（*Pleurotus citrinipileatus* Sing）是担子菌门，伞菌目，侧耳科，金顶侧耳属的真菌，亦称金顶菇。它是我国北方林区人民最喜爱的食用菌之一，其颜色鲜黄、形态美观、味道鲜美、营养丰富，蛋白质含量高达 42%，氨基酸特别是谷氨酸含量较高。榆黄蘑主要分布在东北和河北的部分林区，国内自 20 世纪 80 年代开始栽培实验，已逐渐成为我国栽培食用菌的主要菇种之一，有较高的营养价值和开发利用前景[1-2]。

本文通过测定小鼠血清乳酸脱氢酶（LDH）的活性和运动前后小鼠血乳酸、血尿素氮（BUN）的含量，研究分析了榆黄蘑对这几项生化指标的影响，并对其抗疲劳作用进行了客观的分析、评价。

1 材料与方法

1.1 材料

1.1.1 榆黄蘑液体培养基

榆黄蘑发酵液体培养基由中国农业科学院植物保护研究所提供。

1.1.2 榆黄蘑发酵液

榆黄蘑发酵液由中国农业科学院植物保护研究所提供,由上述培养基接种、摇床连续培养 6 d 制得。

1.1.3 实验动物

2～3 月龄雄性昆明种小鼠,随机分为实验和对照组,每组 12 只。实验组以饮水方式喂饲榆黄蘑发酵液,对照组则喂饲榆黄蘑培养基,于喂饲 25 d 前后分别测定各项生化指标。

1.2 各项生化指标的测定方法

1.2.1 血乳酸的测定

尾部取血,采用超微量改良法测血乳酸[3]。首先测小鼠在安静状态下的血乳酸值,然后让小鼠在水温(28±2)℃,深 25 cm 的水中游泳 40 min,停止游泳后 20 min、50 min 时分别测定血乳酸值。

1.2.2 血清 LDH 活力的测定

于实验前及实验第 26 d 用 King 法[4],取尾血测定血清中 LDH 活力。

1.2.3 BUN 的测定

让小鼠在水温(28±2)℃,深 25 cm 的水中游泳 1 h,游泳前及游泳后 1.5 h 各取尾部血 0.50 ml。以二乙酰一肟 - 硫脲法测定 BUN 含量[5]。以游泳后 1.5 h BUN 的含量减去游泳前安静状态下 BUN 的含量作为游泳后 BUN 增量,比较实验组和对照组的 BUN。

2 结果与讨论

2.1 榆黄蘑发酵液对血乳酸的影响

糖是人体活动所需能量的主要来源。在进行剧烈运动时,由于供氧不足,三羧酸循环不能顺利进行,这时机体主要通过糖酵解途径来获得能量,于是,糖酵解的终产物乳酸便大量堆积[6]。过多的乳酸使肌细胞内 pH 降低,当肌肉 pH 降至 6.3～6.4 时,就会抑制细胞内磷酸果糖激酶(糖酵解的限速酶之一)的活性。另外,乳酸增多,使得氢离子浓度增大,从而干扰钙离子的生理作用,影响肌肉兴奋 - 收缩的偶联过程,使肌肉的收缩力量下降[7]。由此可见,乳酸的堆积,影响了机体内环境的稳定和肌肉正常的代谢过程,从而导致疲劳的产生。因此测定机体在运动中及运动后恢复期血乳酸含量的变化就成为判断机体疲劳及其恢复程度的一项重要指标。

由表 1 可知,喂饲榆黄蘑发酵液前(即实验前),对照组和实验组小鼠运动前和运动停止后 50 min 血乳酸含量无差异($P > 0.05$)。将各组进行自身对照,可以看出,运动停止后 50 min 小鼠血乳酸值大大高于运动之前,说明两组小鼠都还处于疲劳状态,远没有恢复。而喂饲榆黄蘑发酵液后即实验第 26 d，对照组和实验组小鼠运动前血乳酸含量仍无差异（$P > 0.05$）。但运动停止后 50 min，两组小鼠血乳酸含量有显著性差异（$P < 0.05$），说明实验组小鼠疲劳的消除较对照组快。从数值上看，实验组小鼠在运动停止后 50 min 时血乳酸含量已同运动前相当，表明此组小鼠在运动停止后 50 min 疲劳已完全消除，而对照组恢复情况却不如实验组。由表 2 可知，实验后对照组与实验组小鼠在运动停止后 20～50 min 血乳酸的恢复速率有显著性差异（$P < 0.05$），说明榆黄蘑发酵液能使疲劳小鼠乳酸的清除速率加快，帮助小鼠较快地消除疲劳。由于乳酸的清除速率依赖于糖异生作用或组织细胞呼吸利用乳酸的速率[8]，因此这一结果提示，榆黄蘑可能具有提高糖异生作用，增强组织中细胞有氧呼吸的功能。

表 1　榆黄蘑发酵液对小鼠血乳酸含量的影响（$\bar{X} \pm SD$，单位：mmol/L）

	组别	运动前	运动停止后 50 min
实验前	对照组	2.32±0.32	4.50±0.37
	实验组	2.36±0.22	4.68±0.31
实验第 26 d	对照组	2.29±0.12	3.11±0.21
	实验组	2.32±0.13	2.12±0.36*

*$P < 0.05$ 与本组实验前及对照组比较。

表 2　榆黄蘑发酵液对运动后小鼠血乳酸恢复速率的影响（$\bar{X} \pm SD$，单位：mmol/L）

组别	运动停止后 20～50 min 血乳酸的恢复速率
对照组	0.046±0.005
实验组	0.054±0.007*

*$P < 0.05$ 与本组实验前及对照组比较。

$$血乳酸的恢复速率 = \frac{运动停止后 20 \text{ min } 血乳酸值 - 运动停止 50 \text{ min } 血乳酸值}{50 \text{ min} - 20 \text{ min}}$$

2.2　榆黄蘑发酵液对血清 LDH 活性的影响

LDH 广泛存在于心肌、骨骼肌、脑、肝、肾等各种组织及红细胞中，能催化乳酸脱氢，生成丙酮酸，即其能够清除乳酸在体内的蓄积，是无氧代谢途径中一个重要酶类。LDH 活性在一定范围内的升高可以说明机体清除乳酸能力的增强（表 3）。

表 3　榆黄蘑发酵液对小鼠 LDH 活性的影响 [$\bar{X} \pm SD$，单位：mmol/（s·L）]

组别	实验前	实验后
对照组	4.07±0.27	4.20±0.51
实验组	4.02±0.29	4.69±0.62*

*$P < 0.05$ 与本组实验前及对照组比较。

2.3　榆黄蘑发酵液对 BUN 的影响

BUN 是蛋白质代谢的一个终产物。剧烈运动时，肌肉收缩加强，肌糖原的消耗增大，能量的供应失衡，为确保能量的供给，蛋白质的分解代谢增强。有文献报道[9]，蛋白质在运动中分解，可提供 5%～10% 的能量，以弥补糖原供给的不足。蛋白质分解释出的支链氨基酸，通过"葡萄糖 - 支链氨基酸 - 丙氨酸循环"合成丙氨酸，丙氨酸在供能的同时，脱下的氨转变为尿素，从而使得 BUN 的含量升高[10-11]。机体对于运动负荷的适应性越低，蛋白质分解代谢越强，形成的 BUN 也越多，因而 BUN 是较为理想、灵敏的疲劳指标。

由表 4 可知，喂饲榆黄蘑发酵液 25 d，实验组小鼠运动后 1.5 h BUN 增量不仅明显低于对照组，而且也明显低于本组实验前的水平（$P < 0.01$）。由此说明榆黄蘑发酵液具有提高机体对运动负荷的适应能力，加速消除疲劳的作用。

表 4　榆黄蘑发酵液对小鼠 BUN 活性的影响（$\bar{X} \pm$ SD，单位：mmol/L）

组别	实验前	实验后
对照组	5.01±2.3	4.6±1.6
实验组	5.3±1.7	1.5±1.3*

*$P < 0.01$ 与本组实验前及对照组比较。

综上所述，榆黄蘑发酵液能够降低运动后小鼠血乳酸、BUN 的含量，加快血乳酸的清除速率，提高血清 LDH 活性，因此可以认为榆黄蘑发酵液不仅具有较高的营养价值，而且具有一定的抗疲劳作用。

【参考文献】

[1] 沈海川．榆黄蘑栽培．北京：中国林业出版社，1986.
[2] 王柏松，江日仁，李建英，等．榆黄蘑埋木栽培法．临汾：山西农业大学出版社，1985.
[3] 杨奎生，王世平．用 0.02ml 全血分别测定血乳酸和血糖的超微量方法．中国运动医学杂志，1983，2（2）：40-41.
[4] King J. A routine method for the estimation of lactic dehydrogenase activity. J Mel Lad Tech，1959，16：265.
[5] Wybenga D R，Di Giorgio J，Pileggi V J. Manual and automated methods for urea nitrogen measurement in whole serum. Clin Chem，1971，17（9）：891-895.
[6] 沈同等．生物化学．北京：高等教育出版社，1984.
[7] 许豪文．限制运动能力的周围性因素．中国运动医学杂志，1985，4（3）：36-41.
[8] 冯炜权，冯美云．乳酸与运动能力．中国运动医学杂志，1987，6（4）：31-35.
[9] Lemon P W，Mullin J P. Effect of initial muscle glycogen levels on protein catabolism during exercise. J Appl Physiol，1980，48（4）：624-629.
[10] Odessey R，Di Giorgio J，Pileggi V J. Original and possible signfficance of alanine production by skeletal muscle. J Biol Chem，1974，24（23）：7623-7629.
[11] 曾凡星，韦俊文．定量负荷时血清氨基酸及尿素氮变化的研究．中国运动医学杂志，1991，10（1）：8-10.

原文发表于《北京联合大学学报》，1994 年第 1 期

香菇发酵液对小鼠延缓衰老及增强免疫功能的评价

唐粉芳[1]　金宗濂[1]　王　磊[1]　张文清[1]　赵　红[2]　李静绮[2]

1. 北京联合大学　应用文理学院
2. 北京营养源研究所

【摘要】　本文以BALB/C小鼠为对象，研究香菇发酵液对小鼠某些衰老和免疫指标的影响。结果表明：香菇发酵液使脑单胺氧化酶活性下降28.1%（$P<0.01$）；肝超氧化物歧化酶活性增强10.67%（$P<0.05$）；心肌脂褐素含量降低29.7%（$P<0.01$）。使巨噬细胞吞噬率和吞噬指数分别提高192.9%和108.7%（$P<0.01$）；迟发型过敏反应和溶血素的产生分别增强69.4%和265.3%（$P<0.01$）；对胸腺和脾桩的增重（49.0%，45.7%）亦有极显著影响（$P<0.01$）。以上结果证明，香菇发酵液具有良好的延缓衰老和增强免疫力作用，是一种理想的保健食品。

【关键词】　香菇发酵液；衰老；单胺氧化酶；超氧化物歧化酶；脂褐素；免疫；吞噬率；吞噬指数

Evaluation of the effect of zymosis juice of *Lentinus edodes* on the antiaging and immunity of mice

Tang Fenfang[1]　Jin Zonglian[1]　Wang Lei[1]　Zhang Wenqing[1]　Zhao Hong[2]　Li Jingqi[2]

1.College of Applied Science and Humanities of Beijing Union University
2.Beijing Research Institute for Nutritional Resources

Abstract：The experiment was carried to test the effect of zymosis juice of lentinus edodes on the antiaging and immunity of BALB/C mice. The result shows the zymosis juice can reduce brain monoamine oxidase activity by 28.1 percent（$P<0.01$），increase liver superoxidase dismutase activity by 10.67 percent（$P<0.05$），lower myocardial lipofuscin content by 29.7 percent（$P<0.01$），increase macrophage phagocytic percentage and phagocytic index by 192.9 percent and 108.7 percent（$P<0.01$）respectively，increase delayed-type-hypersensitivity and erythrolysin by 69.4 percent and 265.3 percent（$P<0.01$）respectively，and add the weight of thymus and lien by 49.0 percent and 45.7 percent（$P<0.01$）respectively. The result shows the zymosis juice is good for health.

Key words：zymosis juice of *Lentinus edodes*；aging；monoamine oxidase；superoxidase dismutase；lipofuscin；immunity；phagocytic percentage；phagocytic index.

香菇[*Lentinus edodes*（Beck）Sing]也称香蕈，属于真菌中的担子菌门，伞菌目，光茸菌科，香菇属。其营养丰富，含多种维生素、矿物质和氨基酸。菌伞中含有5′-鸟苷酸等物质，使其味道鲜美。本次实验中所采用的香菇发酵液，由北京营养源研究所提供，用来研究它的延缓衰老和增强免疫的作用，为开发延缓衰老功能食品提供科学依据。

1　材料及方法

1.1　实验动物及饲养

由北京医科大学实验动物部提供2月龄雄性和15月龄雌雄各半BALB/C小鼠，将2种月龄小鼠分别随机分为 2 组。2 月龄小鼠，实验组每日给予香菇发酵液代替饮用水（平均日饮量 10 ml/只）。喂养 2 个月后，测免疫指标。15 月龄实验组每只每天定量灌胃香菇发酵液 1 ml，对照组每只每天灌胃 1 ml 白水，饮用水足量供给，2 个月后测衰老指标。

1.2 实验方法

脑、肝 B 型单胺氧化酶（MAO-B）比活性的测定采用紫外吸收法[1]；肝超氧化物歧化酶（SOD）比活性的测定采用邻苯三酚自氧化法[2]；心肌脂褐素含量的测定采用荧光法[3]；巨噬细胞吞噬功能的测定采用滴片法[4]；迟发型过敏反应采用直接测量致敏小鼠接受了同一抗原后跖的肿胀程度，来反映特异性细胞免疫力的大小；溶血素含量的测定采用改良的体液测定法[5]；胸腺和脾的重量采取减量法。

2 实验结果

表 1 显示，香菇发酵液能使脑 MAO-B 比活性降低 28.1%（$P < 0.01$）；肝 SOD 比活性增强 10.67%（$P < 0.05$），心肌脂褐素降低 29.4%（$P < 0.01$），表明香菇发酵液有显著延缓衰老作用。

表 1 香菇发酵液对小鼠衰老指标的影响（$\bar{X} \pm SD$）

	n	对照组	实验组	t 检验
脑 MAO-B 比活性（$\times 10^{-3}$U*/mg 蛋白）	14	22.237±2.799	15.989±4.007	$P < 0.01$
肝 MAO-B 比活性（$\times 10^{-3}$U*/mg 蛋白）	12	35.700±5.930	35.060±8.760	$P > 0.05$
肝 SOD 比活性（$\times 10^{-3}$U**/mg 蛋白）	12	3.252±0.337	3.599±0.326	$P > 0.05$
心肌脂褐素（μg 荧光物质/g 心肌）	15	4.147±0.733	2.962±0.634	$P < 0.01$

*1U=产生 0.01/3h 光吸收值（A）改变的酶量。此光吸收值的改变相当于生成 1 nmol 的共醛（37℃）；**1U=在 1 ml 反应液中，每分钟抑制邻苯三酚自氧化速率达 50% 的酶量（λ=325 nm）。

表 2 显示，实验组与对照组相比，巨噬细胞吞噬率和吞噬指数分别提高 192.9% 和 108.7%；溶血素含量提高了 265.3%；足跖厚度增加 69.4%；胸腺和脾增重分别为 49.0% 和 45.7%。表明香菇发酵液对上述各项免疫指标均有极显著的增强（$P < 0.01$）。

表 2 香菇发酵液对小鼠免疫指标的影响（$\bar{X} \pm SD$）

	n	对照组	实验组	t 检验
巨噬细胞吞噬率（%）	12	10.7±5.5	31.25±8.67	$P < 0.01$
巨噬细胞吞噬指数	12	0.23±0.16	0.48±0.15	$P < 0.01$
溶血素含量（$\times 10^{-3}$HC50/L）	14	55.81±43.65	203.86±99.81	$P < 0.01$
足跖肿胀厚度（mm）	14	0.111±0.055	0.188±0.08	$P < 0.01$
胸腺重量（mg/g 体重）	12	1.38±0.27	1.44±0.26	$P < 0.01$
脾重量（mg/g 体重）	12	4.06±0.95	4.17±0.94	$P < 0.01$

3 讨论

3.1 香菇发酵液对衰老指标的影响

单胺氧化酶（MAO）是一种催化芳香族、脂肪族单胺类氧化脱氨反应的酶，广泛存在于动物和人体的不同器官和组织。在神经系统中，MAO 主要作用是调节单胺类递质的含量，MAO 有 A、B 两型，A 型（MAO-A）存在于神经元中，B 型（MAO-B）存在于神经胶质细胞内。目前，大多数研究表明[6]，MAO-B 活性随年龄增长而加强，这是由于在脑的衰老过程中，神经元不断丧失而胶质细胞不断增生补偿的结果。在中枢神经系统中的儿茶酚类神经元之间是一种非经典的突触联系。由曲张体释放的递质一般要扩散几百个微米才能到达下一个神经元。神经递质在扩散过程中受到胶质细胞中的催化而发生氧化脱氨反应，结果使儿茶酚类神经递质的含量下降以至脑的生理功能紊乱，导致衰老。所以，脑 MAO-B 活性可作为老化指标。在多年的临床实践和研究中，人们发现约有 140 种 MAO 的抑制剂（MAOI），但大多数 MAOI 都有较严重的不良反应。因此，寻找各种天然 MAOI 来延缓衰老，是当今延缓衰老研究的方向之一。

从实验结果看，灌胃香菇发酵液 60 d 后，小鼠脑 MAO-B 活性极显著（$P < 0.01$）下降，从而对儿茶酚类神经递质产生调节作用，继而延缓衰老的进程。由于肝脏是动物的解毒器官，肝内的 MAO-B 具有对胺的解毒作用。实验结果显示，香菇发酵液对肝 MAO-B 活性无明显抑制作用，这就保证了肝脏的正常解毒功能。

SOD 是机体唯一能直接、特异性淬灭超氧自由基的酶，它将超氧自由基歧化成为过氧化氢和水。研究表明[7]，SOD 对生物大分子有保护作用，可防止超氧自由基引起的突变和细胞老化。许多文献报道[8]，动物及人体内 SOD 活性随年龄增长而显著下降。生物体内的抗氧化酶除 SOD 外，还有过氧化氢酶、谷胱甘肽过氧化氢酶等。当这些酶的活性下降，其消除自由基对机体的损害的功能下降，使脂质过氧化，继而形成脂褐素沉淀在细胞中，导致细胞功能发生障碍。脂褐素是一种增龄物质，可作为衰老指标，这一点已被人们所公认。

本实验结果表明，香菇发酵液能显著地（$P < 0.05$）提高肝 SOD 活性（10.67%）和降低（$P < 0.01$）心肌脂褐素含量（29.7%），提示在香菇发酵液中存在增加 SOD 活性的天然活性物质，从而减少了脂褐素的生成。

3.2 香菇发酵液对免疫指标的影响

免疫反应是机体对非己物质的识别、消灭过程。巨噬细胞是一种非特异性免疫细胞，它能吞噬和消灭外来异物及自身衰老死亡的细胞。在吞噬过程中，单核细胞通过毛细血管进入组织（成为巨噬细胞），趋向异物入侵的部位，识别并吞噬异物，通过细胞中各种水解酶最终将异物消灭。此外，巨噬细胞在免疫反应中起到了处理抗原、传递抗原信息、调节免疫反应等重要作用。从实验结果看，饲喂了香菇发酵液 2 个月后的小鼠，其巨噬细胞吞噬率和吞噬指数分别提高 192.9% 和 108.7%，与对照组相比均有极显著差异（$P < 0.01$）。

迟发型过敏反应和溶血素的产生反映机体的特异性免疫功能。迟发型过敏反应即 T 淋巴细胞受抗原刺激后，分化为特异性的致敏淋巴细胞。当有相同抗原再次入侵时，局部致敏淋巴细胞释放出多种淋巴因子，导致以单核细胞浸润为主的炎症反应，表现为皮肤红肿、硬结。炎症反应的程度反映了机体对该抗原特异性细胞免疫力的大小。溶血素的产生即 B 淋巴细胞受抗原（羊红细胞）的刺激后，分化成浆细胞。浆细胞产生一种抗体（免疫球蛋白）——溶血素；当再次接受相同抗原刺激时，溶血素和抗原在补体的参与下发生免疫反应（溶血）[9]。因此，血清溶血素的含量客观反映了被抗原（羊红细胞）免疫后的小鼠特异性体液免疫的功能。实验结果表明，香菇发酵液能极显著地（$P < 0.01$）增强小鼠的迟发型过敏反应（69.4%）和溶血素的产生（265.3%）。

胸腺是中央淋巴器官，是 T 细胞发育的场所，对机体的细胞免疫力有重要的影响。胸腺在小鼠出生后高度增生，直至 6 个月后随年龄增长而退化。脾是机体重要的淋巴器官，脾的重量变化可反映出免疫细胞的增殖数量和机体免疫功能的变化情况。实验结果显示,香菇发酵液对胸腺和脾均有显著的增重(49.0% 和 45.7%)作用,与对照组相比有极显著性差异($P<0.01$)。

有文献报道[10],用新鲜香菇浸出液喂养移植了"小鼠肉瘤180"的小鼠,5 周后癌细胞完全消失。有人已从香菇中分离出具有抗癌活性的香菇多糖,认为它们是 T 细胞的特异免疫佐剂,并能间接激活巨噬细胞的抑瘤活性。综合本实验结果可以看出,由香菇真菌通过发酵而得的发酵液,具有同样良好的延缓衰老和提高机体免疫功能的作用。可以认为,香菇发酵液是一种理想的多功能保健食品。

【参考文献】

[1] Charles M, McEwen J. Monoamine oxidase. Methods Enzymol, 1971, 17: 686-692.
[2] 袁勤生. 超氧化物歧化酶的分析测定. 中国医药工业杂志, 1989, (10): 473-477.
[3] Balland A. Chem Abstr. 95: 328, No.38189t.1981.
[4] 张蕴芬, 崔文英, 李顺成, 等. 观察巨噬细胞吞噬功能的滴片法. 北京医学院学报, 1979, (2): 114-116.
[5] 徐学瑛. 一个改进的体液免疫测定方法——溶血素测定法. 药学学报, 1979, (7): 443-446.
[6] Benedetti M S, Dostert P. Monoamine oxidase, brain aging and degenerative diseases. Bioche Pharm, 1989, 38 (4): 555-561.
[7] 施秉仪. 超氧化物歧化酶的生物学意义. 生物科学动态, 1984, (5): 24.
[8] 杨竟平, 周翔. 大小白鼠血清及组织中 SOD 和 LPO 的增龄性改变. 老年学杂志, 1988, (5): 301-302.
[9] 张索雅. 免疫学原理. 上海: 上海科学技术出版社, 1975.
[10] Aoki T, Miyakoshi H, Usuda Y, et al. Mechanisms of Lentinan action to peripheral blood lymphocytes from healthy persons and cancer patients. Int J Immunopharmacol, 1980, 2 (3): 170.

原文发表于《北京联合大学学报》,1994 年第 1 期

参芪合剂延缓衰老的实验研究

金宗濂　文　镜　李嗣峰　王家璜

北京联合大学　应用文理学院

【摘要】 以 2 月龄 SD 大鼠为对象，观察参芪合剂（由党参、黄芪、何首乌组成）对动物体重、摄食、产热量、心脏功能及脑 B 型单胺氧化酶（MAO-B）、红细胞超氧化物歧化酶（SOD）活力的影响。结果表明，服用参芪合剂一定时间后，脑中 MAO-B 活力明显降低。红血细胞 SOD 活力显著升高。老龄机体在不增加体重的情况下产热率和耐寒能力明显提高。心脏功能得到加强。提示参芪合剂具有较好的延缓衰老作用。

【关键词】 党参；黄芪；何首乌；延缓衰老；单胺氧化酶；超氧化物歧化酶

祖国医学对于滋补强壮、延年益寿有着很长的实践史。传统中医特别注重养生，很多方剂的设计都与增强机体自身免疫、提高生命活力及延长生命有关。根据传统医学对衰老的认识及补中益气、健脾补肾的原则，采用主治气血两虚肢倦乏力的著名方剂代参膏中两味主药：党参与黄芪，添加具有补肝益肾作用的药物何首乌，经水煎熬制成参芪合剂，通过动物（大鼠）实验研究其延缓衰老作用。

1 材料

1.1 动物

24 月龄，体重（100±12）g SD 大鼠。

1.2 参芪合剂

党参 12 g，黄芪 15 g，何首乌 15 g，两次煎熬共得药汁 120 ml。

2 方法与结果

2.1 动物饲喂方法

大鼠分笼单养，随机分为服药组及对照组，每组 8 只（每项指标）。服药组每日每只采用灌胃法灌服参芪合剂 1 ml，对照组灌服同样体积的水。实验期间两组动物均饲喂标准基础饲料。

2.2 参芪合剂对老龄大鼠摄食量及体重的影响

实验开始后每日记录动物摄食量和体重，连续观察 70 d。结果表明，服药组动物每日每只平均摄食量为（25.8±2.6）g。对照组动物每日每只平均摄食量为（27.0±2.3）g。经 t 检验，两组动物每日摄食量没有显著性差异（$P>0.05$），而在实验期间两组动物的体重却出现显著变化，见图 1。

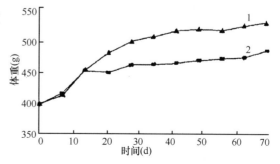

图 1　参芪合剂对老龄大鼠体重的影响
1. 对照组；2. 服药组

从图 1 可见实验开始时两组动物体重没有显著差异。20 d 后，两组动物体重开始出现差异，到实验第 70 d，对照组平均体重为（530±25）g，而服药组平均体重为（487±22）g。经 t 检验两组体重有显著性差异（$P < 0.05$）。

2.3 参芪合剂对老龄大鼠耐受寒冷能力的影响

于实验第 70 d 先测量每只大鼠体温，然后将大鼠放入温度为 -10 ℃ 的代谢率测定器中，测定器内气体组成：氮 79 %，氧 21 %。利用氧分析器和二氧化碳检测器分别测定动物耗氧量和二氧化碳产出量。然后计算出实验第 15 min 最高产热值和实验第 105 min 的总产热量[1]。实验结束（120 min）时再次测量动物体温，计算出体温的变化值，结果见表 1。服药组动物在 -10 ℃ 环境中 15 min 最大产热量及 105 min 时的总产热量分别比对照组增加了 9.3% 和 10.4%，服药组在 -10 ℃ 环境中 120 min 时体温比对照组平均少降低 2.27 ℃。

表 1 参芪合剂对老龄大鼠耐受寒冷（-10 ℃）能力的影响（$\bar{X}\pm SD$）

组别	n	15 min 最大产热量（kcal）	105 min 总产热量（kcal）	120 min 时体温变化值（℃）
对照组	3	1.94±0.07	12.82±0.50	-6.67±0.37
服药组	8	2.12±0.04*	14.15±0.35*	-4.40±0.44**

*$P < 0.05$ 与对照组比较；**$P < 0.01$ 与对照组比较。

2.4 参芪合剂对老龄大鼠离体心脏功能的影响

实验第 70 d 用大鼠离体心脏灌流装置，采用经 95% O_2、5% CO_2 混合气体平衡好的灌流液进行离体心脏灌流，每升灌流液中含 NaCl 6.9 g、KCl 0.35 g、$MgSO_4 \cdot 7H_2O$ 0.29 g、KH_2PO_4 0.16 g、$NaHCO_3$ 2.1 g、$CaCl_2$ 28 g、葡萄糖 2.0 g。记录大鼠离体心脏（每组 8 只）在 90 min 内平均持续收缩时间及收缩速率，结果见图 2。

由图 2 可以看到，8 只服药组大鼠离体灌流心脏中的 6 只，在整个实验观察的 90 min 里始终保持跳动。而对照组的 8 只大鼠中只有 2 只坚持到 90 min。在实验期间，服药组大鼠离体灌流心脏平均生存时间为（88.75±4.20）min，而对照组仅为（48.75±12.42）min。两组动物离体灌流心脏的生存时间有显著性差异（$P < 0.05$）。

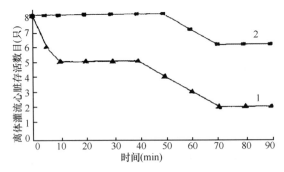

图 2 参芪合剂对老龄大鼠离体灌流心脏生存情况的影响
1. 对照组；2. 服药组

图 3 反映参芪合剂对大鼠离体灌流心脏收缩速率的影响，在实验 30 min 时对照组心脏收

缩速率已经降低到实验开始的 1/3。以后再没有升高。到实验第 90 min 时，对照组平均心率只有 20 次 / 分，而服药组此时为 105 次 / 分。实验组离体灌流心脏收缩速率明显高于对照组。

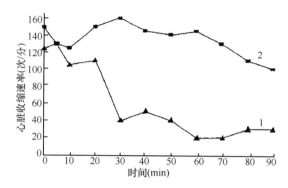

图 3　参芪合剂对老龄大鼠离体灌流心脏收缩速率的影响
1. 对照组；2. 服药组

2.5　参芪合剂对大鼠脑单胺氧化酶 -B（MAO-B）比活性的影响

实验第 70 d 用紫外比色法测定大鼠脑 MAO-B 比活力[2]，结果见表 2。服用参芪合剂 70 d，服药组脑 MAO-B 的米氏常数（K_m）与对照组没有显著区别，但服药组脑 MAO-B 的最大反应速度（V_{max}）比对照组降低 34％。

表 2　参芪合剂对大鼠脑 MAO-B 的影响（$\bar{X}\pm$SD）

组别	n	MAO-B 的 V_{max}[mmol/（mg·pro·h）]	MAO-B 的 K_m[μmol/（mg·pro）]
对照组	3	0.044±0.013	0.628±0.173
服药组	8	0.029±0.003*	0.615±0.132**

*$P<0.05$ 与对照组比较；**$P<0.01$ 与对照组比较。

2.6　参芪合剂对大鼠红细胞超氧化物歧化酶（SOD）比活力的影响

实验第 70 d 用邻苯三酚自氧化法测定大鼠红细胞 SOD 比活力，结果见表 3。服用参芪合剂 70 d，服药组大鼠红细胞 SOD 比活力比对照组提高了 85％，并有非常显著的差异。

表 3　参芪合剂对大鼠红血细胞 SOD 比活力的影响（$\bar{X}\pm$SD）

组别	n	SOD 比活力[×10³U/（mg·pro）]
对照组	8	5.432±0.582
服药组	8	10.056±1.657*

注：1 U= 在 1 ml 反应液中，每分钟抑制邻苯三酚自氧化速率达到 50％ 的酶量，$\lambda=325$ nm。

3　讨论

自由基学说是目前公认的，并经得起实验检验的重要衰老学说。自由基产生于细胞与组织的代谢反应过程中，不断积累的自由基能够逐渐引起细胞发生不可逆的损坏从而增加机体病变和死亡的可能性。根据这个理论，有机体的生命过程可以通过减少组织中自由基浓度而得到延长。SOD 是机体唯一能直接清除代谢过程中产生的自由基的酶,所以又被称为机体内源性防御酶,在一定条件下机体 SOD 活力越高说明清除自由基的能力越强,研究发现机体中 SOD 的活性随着年龄的增加而逐渐下降。因而可将 SOD 活力大小作为机体抵延缓衰老能力的一项重要指标。

单胺氧化酶(MAO)是一种催化芳香族、脂肪族单胺类物质氧化脱氨反应的酶,在神经系统中,MAO 在调节单胺类递质含量方面起着重要作用。MAO 有 A、B 两种类型,研究表明,MAO-B 主要存在于神经胶质细胞内,中枢神经系统中的儿茶酚类神经递质在扩散过程中由于受到胶质细胞内 MAO-B 的催化而发生氧化而含量降低,中枢神经系统中的儿茶酚类递质含量下降,将使脑神经的生理功能紊乱,大量的研究发现动物大脑中 MAO-B 的活性随龄增加。此外,大量实验证明当动物暴露在寒冷环境中时,与年轻动物比较,老龄动物的死亡率要高得多,这主要与老龄机体的能量代谢水平下降有关。所以增强老龄机体能量代谢水平,加强机体的产热能力,将有利于防止机体的进一步老化。进入老年后,体力劳动和运动减少,机体能量代谢水平下降,如果食入多于消耗,摄入机体中的过多的糖类、脂肪及蛋白质就转变为体脂从而导致肥胖使体重增加。许多调查结果一致表明,肥胖的人比正常人心血管病的发病率及诱发糖尿病的机会要高得多,所以老年人应尽量减少体重的增加。

由参芪合剂能够降低脑中 MAO-B 活力,提 SOD 活力,提高老龄机体产热率和对寒冷的耐受能力,增加老龄机体的心脏功能,并可控制老龄机体体重的实验结果,可以看出参芪合剂具有较好的延缓衰老作用。

【参考文献】

[1] Wang L C. Modulation of maximum thermogenesis by feeding in the white rat.J Appl Physiol,1980,49:975-978.
[2] Charles M,McEwen J. Monoamine oxidase. Methods in Enzymology,1971,17:686-692.

原文发表于《北京联合大学学报》,1996 年第 2 期

金针菇增强免疫保健营养液的研制

王 政 刘忠信 戴涟漪 李鹏宇 谢承宁 王 防 金宗濂

北京联合大学 应用文理学院

【摘要】 用发酵工程的方法,将金针菇菌株在适宜条件下进行深层培养,获得多糖含量高达 7.43 g/L 的金针菇发酵液。利用金针菇多糖具有增强机体免疫的生理特性,以该发酵液为原料,制成金针菇增强免疫保健营养液,可为工业化大生产提供科学依据。

【关键词】 金针菇多糖;发酵;免疫

The preparation of *Flammulina velutipes* nutritions liquid to increase immunity

Wang Zheng Liu Zhongxin Dai Lianyi Li Pengyu Xie Chengning Wang Fang Jin Zonglian

College of Applied Science and Humanities of Beijing Union University

Abstract: In fit conditions, *Flammulina velutipes* fermented liquid can be obtained, which contains 7.43 g/L polysaccharose. One of its characteristics is able to increase organism immunity. Therefore, by taking fermental liquid as factional materials. Flammulina velutipes nutritions liquid is made up to increase organic immunity. All can provide scientific basis for industrial production.

Key words: polysaccharide of *Flammulina velutipes*; fermentation; immunity

金针菇(*Flammulina velutipes*)又名朴菇,是可食用的高等担子菌。自 1988 年以来,北京联合大学应用文理学院生物系对金针菇进行了全面的营养学评价[1-3],发现它具有抗疲劳、延缓衰老、增强免疫和增智等功效。其成分中多糖有着良好的增强免疫的功能[3]。因而近些年国内外对金针菇多糖的利用和开发异常活跃,金针菇多糖的产品更是国内外广泛研究的课题之一。但金针菇多糖的发酵产品至今还不多见,尤其在饮料方面。为此,生产金针菇发酵液,制成风味鲜美、保健作用广泛,特别是具有免疫增强作用的发酵饮料,具有广阔应用前景和重要经济价值。

1 实验材料

菌株:选用中国农业科学院金针菇三明一号。

琼脂斜面培养基:20% 马铃薯滤液 1000 ml、葡萄糖 20 g、磷酸二氢钾 3 g、硫酸镁 1.5 g、维生素 B_1 1 mg、维生素 B_2 1 mg、琼脂 15 g,pH=6。

液体培养基:玉米粉 4%、硫酸镁 0.2%、葡萄糖 2%、磷酸二氢钾 0.2%、酵母粉 0.5%、吐温 80 0.1%、淀粉 1%,pH=5~6。

2 金针菇发酵工艺

2.1 斜面接种培养

将琼脂培养基分装在试管或茄形瓶中,封口,在 1.1 kg/cm² 下灭菌 30 min。制成斜面后冷却至 25～28℃接菌种三明一号。接种量为斜面面积 1/15～1/10，于恒温 25℃下培养箱培养 7 d。

2.2 一级发酵培养

在 250 ml 三角瓶中，装液体培养基 80 ml；在 1.1 kg/cm² 下灭菌 30 min，冷却至 25～28℃用斜面菌种接种，接种量每瓶 1～2 cm²。静置 24 h 后上摇床，转速为 150 r/min，在温度（25±1）℃下培养 5～7 d 后下摇床。

2.3 二级发酵培养

在 500 ml 三角瓶中装液体培养基 150 ml，在与一级发酵培养完全相同条件下按培养基 10% 的量接种一级发酵培养菌液，培养 5～7 d 后下摇床。

2.4 三级发酵培养

在 2000 ml 三角瓶中装液体培养基 500 ml，在与二级发酵培养完全相同条件下按培养基 10% 的量接种二级发酵培养菌液，培养 5～7 d 后下摇床。

2.5 金针菇发酵清液

将三级发酵培养达发酵终点的发酵液加热至 80～85℃保持 2～3 min 后灭活；加入抗氧化剂维生素 C，过滤分离菌丝体（菌丝体可另制其他多糖产品）。滤液于 4000 r/min 离心；弃去沉淀物，得到金针菇发酵清液。以金针菇发酵清液为原料，可以调配成金针菇增强免疫保健饮料和金针菇增强免疫口服液。

3 金针菇发酵液的免疫效应

我们曾对金针菇发酵液的免疫功能进行过专门的研究，用上述发酵液饲喂 12 月龄雄性昆明小鼠，饲喂量每只 20 ml/d，其中多糖含量每只 110～140 mg/d，35 d 后进行测定，结果见表 1。

表 1　金针菇发酵液对小鼠免疫功能的影响

组别	巨噬细胞吞噬率（%）	吞噬指数	胸腺重量（mg）	足趾厚度（mm）	溶血素（HC50）
对照组	32.2	0.552	69.7	0.285	275
实验组	50.1	0.875	129.4	0.403	337

实验结果表明：金针菇发酵液能提高小鼠腹腔巨噬细胞吞噬率（55.6%）；提高吞噬指数（58.5%）；增加胸腺重量（85.7%）；增加足趾厚度（41.4%）；提高溶血素值（22.5%）。可见，金针菇发酵液有着良好的增强机体免疫的功能 [3]。

4 小结与讨论

4.1 菌种的选择

我们曾采用的金针菇菌种有三明一号、金针菇 5611 和金针菇 5632。经过多种不同的培养基中培养比较、筛选，发现三明一号菌种生长速度快，菌丝球质量好，抗污染能力强。为此我们首选中国农业科学院金针菇三明一号为本研究菌种。

4.2 发酵过程中添加适当浓度吐温 80 对提高金针菇多糖产量作用明显

经多次试验表明,在常规培养基的基础上,加入适当浓度的吐温 80 可以使发酵清液中多糖含量增加,见表 2。

表 2 吐温 80 对发酵清液中多糖产量的影响

添加吐温 80	0	0.05%	0.10%	0.15%
发酵清液多糖含量(g/L)	5.10	5.50	7.43	7.06

其中,当吐温 80 浓度增至 0.1% 时,发酵清液中多糖产量达到最高。继续增加吐温 80,发酵清液中多糖产量反而降低。这一结果与某些报道颇为一致[4],可能是由于这种表面活性剂有利于多糖产物不断向细胞外排放,从而增加发酵清液中胞外多糖含量。但是,如果这种表面活性剂超越一定浓度时,又能抑制细胞自身的生长与代谢,因而也会影响多糖的产量。

4.3 发酵过程中摇床转速对菌丝体生长的影响

实验结果表明,发酵过程中不同摇床转速,可获得不同效果的菌丝体。

当转速为 120 r/min 时,瓶内菌液较浑浊,培养基的利用不太好,且菌球不匀、个大、数量少;当转速为 150 r/min 时,瓶内菌液较为清亮,培养基利用较完全,菌球大小适宜,数量较多;当转速为 200 r/min 时,瓶内菌液较为清亮,菌球密度偏小,数量多,但容易污染。因此我们选择摇床转速 150 r/min 为发酵培养条件。

4.4 发酵清液中多糖含量与折光率的关系

工业上判断发酵终点的简便易行方法是测发酵清液的折光率。我们在其他条件都不变的情况下,经多次实验,发现发酵清液中多糖含量与折光率的关系,见表 3。

表 3 发酵清液中多糖含量与折光率关系

多糖含量(g/L)	4.83	5.10	5.40	5.50	6.20	7.06	7.43
发酵清液折光率(%)	4.4	4.6	4.8	4.9	5.4	6.0	6.3

当发酵达到终点时,发酵液中菌球数量明显增多,体积增大,有浓郁的清香味。此时,发酵清液折光率为 6% 左右。

4.5 发酵清液中多糖含量的测定

工业生产中常采用醇沉淀法,使多糖分子脱水凝集形成沉淀,再水解沉淀,以硫酸-苯酚法测 OD 值,计算多糖含量。

【参考文献】

[1] 金宗濂,戴涟漪,唐粉芳,等. 金针菇发酵液的抗衰老作用. 中国应用生理学杂志,1991,7(4):358.
[2] 文镜,陈文,金宗濂,等. 金针菇抗疲劳的实验研究. 营养学报,1993,15(1):79.
[3] 唐粉芳,金宗濂,赵凤玉,等. 金针菇对小鼠免疫功能和避ாதreaction的影响. 营养学报,1994,16(4):440.
[4] 黄德鑫,吴文礼,陈汉清. 金针菇深层发酵的研究. 福建农业大学学报,1994,23(3):351.

原文发表于《北京联合大学学报》,1996 年第 4 期

"六珍益血粥"的配制及其对贫血改善作用的实验研究

文 镜 陈 文 金宗濂

北京大学分校 生物系

【摘要】 "六珍益血粥"由大枣等6种天然食物加水熬成。将24 d龄雄性昆明种小鼠用低铁饮食法制备成贫血动物模型,之后用"六珍益血粥"进行恢复实验。结果表明,小鼠服用"六珍益血粥"2周后,血红蛋白(Hb)增加了30%,其增加量明显高于对照组($P<0.05$)。而"六珍益血粥"组与血宝组(阳性对照)之间没有显著差异($P>0.1$)。贫血儿童服用"六珍益血粥"30 d后,2~5岁组Hb含量提高了26%($P<0.05$);6~9岁组提高31%($P<0.05$)。两组红细胞计数(RBC)没有显著增加($P>0.1$)。两组红细胞平均血红蛋白浓度(MCHC)分别增加了(4.31 ± 0.40)pg($P<0.01$)和(5.73 ± 0.32)pg($P<0.01$)。"六珍益血粥"对贫血儿童Hb含量的增加是由每个细胞中合成Hb量的增加而引起的。患运动性贫血的青年运动员服用"六珍益血粥"30 d,Hb含量提高了12%($P<0.01$)。RBC从(4.35 ± 0.96)$\times 10^{12}$/L提高到(6.00 ± 0.76)$\times 10^{12}$/L($P<0.01$)。MCHC没有显著增加($P>0.1$)。"六珍益血粥"对运动性贫血的改善作用可能首先是促进骨髓造血干细胞快速繁殖,然后再促进幼稚红细胞合成血红蛋白。

【关键词】 贫血;血红蛋白;红细胞计数;红细胞平均血红蛋白浓度

贫血的病理生理学基础是血液携氧能力的减低。它直接影响呼吸系统、心脏循环系统、消化系统、泌尿生殖系统的正常生理功能。长期贫血会导致器官组织因缺氧而发生病变。在引起贫血的原因中,最常见的是营养性贫血,如缺铁性贫血。缺铁性贫血已成为当前世界上主要营养缺乏病之一,学龄前儿童、孕妇、育龄妇女为易发人群,尤其是婴幼儿患病率最高[1-2]。1983年四川医学院对全国12省市32 940名7岁以下儿童贫血发病情况的调查表明,血红蛋白(Hb)低于12 g者占55.5%[3]。贫血还是运动员的一种常患疾病,1988年,田庆年等对102名竞走运动员调查发现其贫血患病率为38.42%[4]。1990年陈吉棣等研究102名竞走运动员发现其贫血患病率为38.42%[4]。1990年陈吉棣等调研报道192名优秀运动员和124名儿童青少年运动员,贫血检出率分别为22.4%和39.5%[5]。

以往治疗缺铁性贫血的药物以铁剂为主,铁剂常引起恶心、呕吐、腹痛、腹泻等胃肠道刺激症状,大量长期服用还会导致铁剂中毒,食品中若添加铁剂其色泽和口感都较差。

"六珍益血粥"由大枣等6种天然食物加水熬制而成,其原料容易购买,加工简单,味道好。通过小鼠及人体实验,观察"六珍益血粥"对贫血患者的影响,结果表明"六珍益血粥"对于儿童贫血和运动性贫血都具有一定的改善作用。

1 材料

1.1 动物

昆明种24 d龄雄性小鼠,体重(14.0 ± 1.7)g(由北京医科大学提供)。

1.2 动物饲料

①低铁基础饲料[6];②普通基础饲料。

1.3 血宝固体饮料

由中国预防医学科学院营养与食品卫生研究所监制，辽宁省建平县升华保健食品厂生产。

1.4 六珍益血粥

大枣 15 g，花生 10 g，银耳 6 g，核桃仁 6 g，黑芝麻 6 g，桂圆肉 5 g。

先用冷水将银耳浸泡 0.5 h，然后与其他 5 种食物一起放入锅中，加水 1000 ml，大火煮沸后用小火煮 40 min。

1.5 贫血幼儿受试者

北京体育大学附属幼儿园 3～5 岁贫血幼儿 26 名 [Hb：（10.3±0.5）g%]。

1.6 贫血儿童受试者

北京体育大学附属小学 6～9 岁贫血儿童 26 名 [Hb：（10.4±0.6）g%]。

1.7 贫血运动员受试者

北京体育大学患运动性贫血的青年运动员 20 名 [Hb：（10.8±0.9）g%]。

2 方法

2.1 缺铁性贫血小鼠模型的制备

小鼠在实验室适应 3 d 后开始喂饲低铁基础饲料，饮去离子水。3 周后从小鼠尾部采血，用氰化高铁血红蛋白法测定每只小鼠 Hb 含量[7]。从 60 只小鼠中选出 48 只 Hb 含量为（9.6±1.2）g% 的贫血小鼠。

2.2 "六珍益血粥"对缺铁性贫血小鼠 Hb 的影响

将贫血小鼠随机分为对照组、血宝组（阳性对照）和"六珍益血粥"组，每组 16 只。实验开始后 3 组均饲喂普通基础饲料。对照组饮用自来水，血宝组、"六珍益血粥"组分别用血宝、"六珍益血粥"稀释液（经纱布过滤）代替水饮用（每只鼠每日相当食用血宝或"六珍益血粥"固体 25 mg）。连服 14 d，实验第 15 d 测定每只小鼠血红蛋白含量。

2.3 六珍益血粥对幼儿及儿童贫血的影响

3～5 岁贫血幼儿每人每日服"六珍益血粥"（相当 15 g 固体）1 次，6～9 岁贫血儿童每人每日服"六珍益血粥"（相当 30 g 固体）1 次，连服 30 d，服用前后分别测定 Hb 含量，用显微镜观察测定红细胞计数（RBC），并计算红细胞平均血红蛋白浓度（Hb/RBC=MCHC）。

2.4 "六珍益血粥"对运动性贫血的影响

贫血运动员每人每日服"六珍益血粥"（相当 48 g 固体）1 次，连服 30 d。于实验前及实验第 31 d 分别测定 Hb、RBC 和 MCHC。

3 结果与讨论

3.1 "六珍益血粥"对贫血小鼠含量的影响

从表 1 可知，"六珍益血粥"组实验第 15 d Hb 含量比实验前增加了 30%，血宝组比实验前增加了32%，而对照组Hb含量仅增加了8%，"六珍益血粥"组与血宝组Hb的增量显著高于对照组（$P < 0.05$），而"六珍益血粥"组与血宝组之间Hb的增加量没有显著差异（$P > 0.1$），实验结果表明"六珍益血粥"具有提高缺铁性贫血小鼠Hb含量的作用。

表1 "六珍益血粥"对小鼠Hb含量的影响（$\bar{X} \pm SD$）

组别	Hb含量（g%）	
	实验前	实验第15 d
对照组	9.8±1.1	10.6±1.4
血宝组	9.6±0.9	12.7±1.1*
六珍益血粥组	9.3±1.5	12.1±1.3*☆

* $P < 0.05$ 与对照组及本实验前比较；☆ $P > 0.1$ 与血宝组比较。

3.2 "六珍益血粥"对幼儿及儿童贫血的影响

由表2、表3可知，服用"六珍益血粥"30 d，3～5岁贫血幼儿组Hb增加了26%，6～9岁贫血儿童组增加了31%。两组MCHC分别比实验前增加了16.7%和23.6%，表明"六珍益血粥"对于幼儿及儿童贫血有较好的改善作用。由两组实验前后RBC没有显著增加，而MCHC有明显增加，可以看出血红蛋白的增加是由每个细胞中合成Hb量的增加而引起的。这说明"六珍益血粥"对于幼儿及儿童贫血的作用主要表现为增强Hb的合成。

表2 "六珍益血粥"对3～5岁贫血幼儿Hb、RBC及MCHC的影响（$\bar{X} \pm SD$）

测定项目	实验前	实验第31 d	P
Hb（g%）	10.3±0.5	13.0±0.8	< 0.01
RBC（10^{12}/L）	4.20±0.89	4.41±0.67	> 0.1
MCHC（pg）	25.85±2.29	30.16±2.07	< 0.01

表3 "六珍益血粥"对6～9岁贫血儿童Hb、RBC及MCHC的影响（$\bar{X} \pm SD$）

测定项目	实验前	实验第31 d	P
Hb（g%）	10.4±0.6	13.6±1.0	< 0.01
RBC（10^{12}/L）	4.47±0.45	4.74±0.85	> 0.1
MCHC（pg）	23.66±1.12	29.30±2.21	< 0.01

3.3 "六珍益血粥"对运动性贫血的影响

剧烈运动使运动员红细胞的破坏速度大大高于正常人，这是引起运动性贫血的一个重要因素，RBC的明显降低使得运动性贫血与幼儿及儿童贫血有所不同。由表4可知，贫血运动员服用"六珍益血粥"30 d，Hb含量比实验前增加了14%，RBC增加了38%，MCHC没有显著变化。这一方面表明"六珍益血粥"对运动性贫血有较好的改善作用；另一方面也说明"六珍益血粥"主要是通过补充由于剧烈运动而损失的RBC来提高血红蛋白含量的。提示"六珍益血粥"对运动性贫血的补血作用可能首先是促进骨髓造血干细胞快速繁殖，然后再促进幼稚红细胞合成Hb。

表4 "六珍益血粥"对贫血运动员 Hb、RBC 及 MCHC 的影响（$\bar{X}\pm$SD）

测定项目	实验前	实验第 31 d	P
Hb（g%）	10.8±0.9	12.3±1.2	<0.05
RBC（10^{12}/L）	4.35±0.96	6.00±0.76	<0.01
MCHC（pg）	25.94±2.51	24.69±1.45	>0.1

"六珍益血粥"对于运动性贫血和幼儿及儿童贫血都具有一定改善作用。反映了"六珍益血粥"的作用机制不仅表现在对于铁元素的补充上，而且可能对细胞分裂、蛋白质合成的代谢过程有一定影响。其主要功能因子及其对代谢的调控机制有待于进一步研究。"六珍益血粥"原料容易购买，制作加工方法简单且味道好吃。与价格高贵的营养口服液比较，花钱不多便可长期食用，有益于增强体质，预防营养性贫血的发生，也有助于营养性贫血患者健康的恢复。

【参考文献】

[1] International Anemia Consultative Group（INA-CG）. Iron deficiency in infancy and childhood. Washington D C：Nutrition Foundation，1979：12.
[2] WHO Tech Rep. WHO Scientific Group on Nutrition Anemia.Ser. No. 405，Geneva，1968.
[3] 李齐岳，吴玥. 全国小儿血液病学术会议纪要. 中华儿科杂志，1983，21（2）：100.
[4] 田庆年，王世和，杨树艺，等.102 名竞走运动员贫血的调查. 中国运动医学杂志，1988，7（2）：101-102.
[5] 陈吉棣，李可基. 运动员贫血的研究. 中国运动医学杂志，1990，9（4）：193-197.
[6] Williama S. Official methods of analysis of the association of official analytical chemists. 14th. F.dition. USA. 1984：880.
[7] International committee for standardization in hematology recommendations for reference method for hemoglobinometry in human blood（ICSH Standard EP 6/2：1977）and specifications for international hemoglobin cyanide reference preparation（ICSH Standard EP 6/3：1977）. Clin Pathol，1978，31：139J.

原文发表于《食品科学》，1997 年第 1 期

复方生脉饮对小鼠心肌乳酸脱氢酶同工酶的影响

文 镜　陈 文　金宗濂

北京联合大学　应用文理学院

【摘要】　本文采用聚丙烯酰胺凝胶电泳活性染色法，观察复方生脉饮对小鼠心肌乳酸脱氢酶（LDH）同工酶的影响。结果表明：①服用复方生脉饮 10 d 的小鼠 LDH 总比活力比对照组提高 13%；②实验组小鼠心肌 LDH 同工酶谱发生显著变化，LDH_1 和 LDH_2 增加，LDH_4 与 LDH_5 减少；③与对照组比较，实验组小鼠心肌 $LDH_{1\sim2}$ 比活力提高 38%，$LDH_{4\sim5}$ 比活力降低 31%；④小鼠剧烈运动后血乳酸清除速率显著加快。结果提示复方生脉饮可改变 LDH 同工酶谱，增加 $LDH_{1\sim2}$ 比活力，是其一个重要的抗疲劳机制。

【关键词】　复方生脉饮；乳酸脱氢酶；同工酶；抗疲劳

近年来，乳酸脱氢酶（lactate dehydrogenase，EC1.1.1.27，简称 LDH）同工酶与运动性疲劳的关系逐渐被人们所重视。1975 年 Burke 等发现 ST 肌纤维比 FT 肌纤维有更强的抗疲劳作用。1978 年 Tesch 的研究表明，FT 肌纤维中 M 型 LDH 活力明显高于 ST 肌纤维中 M 型 LDH 的活力。1984 年，Pette 在研究运动引起 FT 肌纤维向 ST 肌纤维转变的过程中发现 LDH 同工酶谱的改变：LDH_4 和 LDH_5 减少而 LDH_1、LDH_2 及 LDH_3 增加，指出这与增强抗疲劳能力有关。国内一些学者在研究中药补剂强力宝和蜂花粉的抗疲劳作用时也观察到 LDH 同工酶谱改变的现象。1990 年，我们发现复方生脉饮具有提高血清 LDH 总活力和加速运动后血乳酸清除的作用。在此基础上，我们研究了复方生脉饮对小鼠心肌 LDH 同工酶的影响，探讨其在乳酸代谢过程中的作用机理。

1　材料

1.1　动物

8 周龄雄性 BALB/C 小鼠，体重（19.5±0.6）g。

1.2　复方生脉饮

2　方法

2.1　动物分组与饲养

将小鼠随机分为实验组与对照组，每组 20 只，单笼分养。实验组小鼠每日每只灌胃复方生脉饮煎剂 0.6 ml（相当生药 24 g/kg），对照组小鼠每日每只灌胃同样剂量的清水。连续灌胃 10 d。

2.2　血乳酸含量的测定

用乙醛对羟基联苯比色法在连续给药 10 d 左右取尾血测定每只小鼠游泳前和于（30±2）℃水中负重（体重 3%），游泳 30 min，离水休息 25 min、50 min 时测血乳酸含量。

2.3 心肌 LDH 同工酶的提取

于实验第 11 d 断颈处死小鼠,取心脏,用预冷的生理盐水洗去血污,滤纸吸干水分,称重。按 $W/V=1/5$ 加入 4℃预冷的 10 mmol/L、pH 6.5 磷酸钾盐缓冲液,在冰浴中匀浆,于 4℃、6000 r/min 离心 20 min,上清液为 LDH 提取液。

2.4 LDH 比活力的测定

取 LDH 提取液 0.02 ml,用 King 法测定 LDH 活力,以牛血清白蛋白为标准,用 Bradford 法测定蛋白质含量。LDH 比活力单位:每毫克蛋白质每秒催化乳酸转变为丙酮酸的纳摩尔数。

2.5 LDH 同工酶分析

用连续聚丙烯酸胺电泳及活性染色法分离 LDH 同工酶。显色后的凝胶经透射薄层扫描记录 660 nm 波长处的电泳酶谱。

3 结果

3.1 复方生脉饮对心,肌 LDH 比活力的影响

实验组小鼠服复方生脉饮 10 d 后,心肌 LDH 总比活力比对照组增加 13%(表 1)。

表 1 复方生脉饮对心肌 LDH 比活力的影响($\bar{X}\pm$SD)

分组	n	实验第 11 d[nmol/(s·mg)]
对照组	20	38.27±2.17
实验组	20	43.35±2.19*

*$P < 0.05$ 与对照组比较。

3.2 复方生脉饮对小鼠心肌 LDH 同工酶的影响

实验第 11 d,由电泳扫描图谱得出的两组小鼠心肌 LDH 提取液经电泳分离后的扫描图谱如图 1 所示;LDH 同工酶分布情况见表 2。

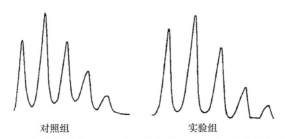

图 1 服用复方生脉饮 10 d 后小鼠心肌 LDH 同工酶电泳扫描图谱

峰从左至右依次为 LDH_1、LDH_2、LDH_3、LDH_4、LDH_5。

表 2　实验第 11 d 小鼠心肌 LDH 同工酶分布（%）

组别	n	LDH_1	LDH_2	LDH_3	LDH_4	LDH_5
对照组	20	19.2±1.6	31.6±1.3	24.7±1.5	15.5±1.8	9.0±2.2
实验组	20	25.1±1.9*	3.60±1.5*	24.0±2.0	10.3±2.1*	4.6±1.4*

*$P < 0.05$ 与对照组比较。

从图 1 和表 2 可以看到，小鼠服用复方生脉饮 10 d 后 LDH 同工酶谱发生了变化：与对照组比较，实验组 $LDH_{1\sim2}$ 增加，$LDH_{4\sim5}$ 减少。

根据 LDH 总比活力和同工酶谱计算出有变化的 LDH 同工酶比活力结果见表 3。

表 3　复方生脉饮对小鼠心肌 $LDH_{1\sim2}$ 及 $LDH_{4\sim5}$ 比活力的影响（$\bar{X}\pm SD$）

组别	N	$LDH_{1\sim2}$[nmol/(s·mg)]	$LDH_{4\sim5}$[nmol/(s·mg)]
对照组	20	19.44±1.07	9.35±0.88
实验组	20	26.49±1.26*	6.46±1.08*

*$P < 0.05$ 与对照组比较。

小鼠服用复方生脉饮 10 d 后，心肌 $LDH_{1\sim2}$ 比活力比对照组提高了 36%，而 $LDH_{4\sim5}$ 比活力比对照组降低了 31%。

3.3　复方生脉饮对小鼠血乳酸的影响

结果见表 4。服用复方生脉饮 10 d 小鼠负重游泳后 25 min 时，血乳酸含量比对照组低 1.94 mmol/L，50 min 时，比对照组低 2.72 mmol/L。

表 4　复方生脉饮对小鼠血乳酸的影响（$\bar{X}\pm SD$）

组别	n	游泳前（nmol/L）	游泳后 25 min（nmol/L）	游泳后 50 min（nmol/L）
对照组	20	2.15±0.26	6.91±0.36	5.95±0.38
实验组	20	2.39±0.39	4.97±0.43*	3.23±0.41*

*$P < 0.05$ 与对照组比较。

4　讨论

LDH 的 5 种同工酶都是由 H 型亚基和 M 型亚基按不同比例组成的四聚体，它们是 LDH_1（亚基组成为 H_4）、LDH_2（亚基组成为 H_3M_1）、LDH_3（亚基组成为 H_2M_2）、LDH_4（亚基组成为 H_1M_3）和 LDH_5（亚基组成为 M_4），H 型亚基和 M 型亚基对于相同底物的 K_m 值有显著区别。H 型亚基对乳酸的亲和力高，M 型亚基对丙酮酸的亲和力高。因此，LDH_1、LDH_2 主要催化乳酸脱氢转变成丙酮酸的反应，而 LDH_4 和 LDH_5 主要催化丙酮还原为乳酸的反应。

从实验结果可以看到，小鼠服用复方生脉饮 10 d 以后，不仅 LDH 总比活力有了显著增加，而且 LDH 酶谱也发生了变化，表现为心肌细胞中 $LDH_{1\sim2}$ 升高而 $LDH_{4\sim5}$ 降低。酶谱的这一改变使得 $LDH_{1\sim2}$ 比活力比对照组提高了 36%。剧烈运动时由于供氧不足，机体储备的糖原主要通过无氧酵解最终生成乳酸的反应为机体提供能量。机体内乳酸的大量积累成为导致疲劳的一个重要原因。体内积累的乳酸必须经过由乳酸转变为丙酮酸的反应才能得到清除。由于这一反应是在 LDH_1 和 LDH_2 的催化下完成的，所以 $LDH_{1\sim2}$ 比活力的增加必然会加速乳酸的清除代谢过程。从表 4 的结果可以看到，服用复方生脉饮 10 d 的小鼠负重游泳后血乳酸水平明显低于对照组。特别是在游泳停止后 25～50 min 时，实验组血乳酸平均清除速率为 0.07 mmol/（L·min），而对照组只有 0.04 mmol/（L·min）。

综上所述，复方生脉饮通过改变心肌细胞 LDH 同工酶谱，增加 $LDH_{1\sim2}$ 比活力，从而加速乳酸的清除代谢过程是其具有抗疲劳作用的重要机制。

原文发表于《中草药》，1997 年第 11 期

黑米对小鼠 Hyp 和 GSH-Px 的影响

施鸿飞[1]　王　磊[2]　唐粉芳[2]　金宗濂[2]

1. 扬州大学　商学院
2. 扬州大学商学院　北京大学分校

【摘要】 以黑米水提液、黑米醇提液、螺旋藻悬液给老龄 BALB/C 小鼠每日每只灌胃 1 ml，经 45～60 d 后，测定其皮肤及尾腱中的羟脯氨酸（Hyp）的含量及全血谷胱甘肽过氧化物酶（GSH-Px）的活力。结果表明黑米水提液、黑米醇提液能著提高小鼠皮肤中 Hyp 含量（$P < 0.01$，$P < 0.05$）。黑米水提液能著提高小鼠尾腱中 Hyp 的含量（$P < 0.05$），而黑米醇提液对小鼠尾腱中的 Hyp 含量无明显影响（$P > 0.05$）；黑米水提液和醇提液均能显著提高小鼠全血 GSH-Px 的活力（$P < 0.05$）。

【关键词】 黑米水提液；黑米醇提液；螺旋藻悬液；Hyp；GSH-Px

黑米是近年流行的"健康食品"之一，我国有丰富的黑米资源，其皮层的天然维生素含量丰富，硫胺素和核黄素含量是一般精白米的 1.5～6.8 倍，其表层含有大量的黑色素[1]。为了探讨其是否具有延缓衰老的作用，本试验观察黑米水提液（黑 1 组）、黑米醇提液（黑 2 组）、螺旋藻悬液（螺旋藻组）对小鼠皮肤及尾腱中羟脯氨酸（Hyp）含量和全血谷胱甘肽过氧化物酶（GSH-Px）活力的影响。

1　实验材料

1.1　动物

12 月龄的 BALB/C 小鼠，雌雄各半，体重为 28～30 g，由北京医科大学实验动物部提供。

1.2　原料

黑米（香血糯）由北京农业科学研究院提供，分别以乙醇、水浸制成醇提液和水提液；螺旋藻粉由广东湛江水产品公司提供，以 60 mg/ml 的浓度配成螺旋藻水混悬液。

1.3　实验试剂

1.3.1　Hyp 测定试剂

脱脂脱水用氯仿：甲醇混合液（2：1）；水解用 6 mol/L HCl 液、10 mol/L NaOH 液；测定用 10% 对二甲氨基苯甲醛、柠檬酸缓冲液、3.1 mol/L 过氯酸、10 μg/ml Hyp 标准液。

1.3.2　GSH-Px 活力测定试剂

叠氮化钠磷酸缓冲液、1.25～1.50 mmol/L H_2O_2 液、1.0 mmol/L GSH 液、偏磷酸沉淀液 0.32 mol/L、Na_2HPO_4 液、DTNB 显色液。

1.4　实验器材

烤箱、恒温水浴槽、80-2 型离心沉淀器（上海手术器材厂产品），H_2S-D 水浴振荡器（哈尔滨东联电子有限公司产品），752 型分光光度计（上海第三分析仪器厂产品）等。

2 实验方法与结果

把小鼠按体重随机分为 4 组,每组雌雄各半,组间体重经 t 检验无显著性差异。每组分别灌胃 1 ml 蒸馏水(对照组)、黑米水提液(黑 1 组)、黑米醇提液(黑 2 组)、螺旋藻悬液(螺旋藻组),以普通饲料自由进食取水,共饲养 45~60 d。

2.1 各组小鼠皮肤与尾腱中 Hyp 含量测定

据参考文献 [2-3] 方法,取小鼠背部皮肤去毛皮脂肪,先用氯仿甲醇液浸泡脱脂 2 h,然后用丙酮乙醚脱水 2 h,再于 105℃烤箱中烘干备用。从小鼠尾腱中抽取尾腱细丝,用丙酮乙醚脱水 2 h,于 105℃烤箱中烘干备用。各取 9~10 mg 干样品于具塞刻度试管中加 6mol/L HCl 1.5 ml,140℃烤箱中水解 4 h,用 NaOH 调 pH 至 6~7,以过氯酸、氯胺 T 氧化,对二甲氨基苯甲醛显色(60℃),560 nm 波长下测其 OD 值,据标准曲线计算皮肤及尾腱中的 Hyp 含量。标准曲线:$y=0.6499x+0.029$,$r=0.994$。结果,黑米水提液和醇提液能明显提高小鼠皮肤的 Hyp 含量,与对照组相比,$P < 0.01$~0.05。黑米水提液还可提高尾腱 Hyp 含量,$P < 0.05$。结果见表 1。

表 1 各组小鼠皮肤及尾腱 Hyp 含量变化($\bar{X}\pm$SD)

组别	n	皮肤 Hyp(μg/mg 干重)	尾腱 Hyp(μg/mg 干重)
对照组	16	6.49±2.0	8.35±0.27
黑 1 组	16	7.49±0.32**	9.36±0.29*
黑 2 组	15	7.21±0.22	8.10±0.35
螺旋藻组	13	7.07±0.40	8.82±0.30

*$P < 0.05$ 与对照组相比;**$P < 0.01$ 与对照组相比。

2.2 全血 GSH-Px 活力测定结果

取鼠血 10 μl,按参考文献 [4] 提供的方法测定酶活力。结果显示黑米水提液和醇提液能明显地增加小鼠全血 GSH-Px 的活力,与对照组相比较,$P < 0.01$~0.05。结果见表 2。

表 2 各组小鼠全血 GSH-Px 活力的变化($\bar{X}\pm$SD)

组别	n	GSH-Px(U)
对照组	17	9.32±0.73
黑 1 组	17	12.44±1.31**
黑 2 组	19	11.12±0.49*
螺旋藻组	16	11.03±0.92

*$P < 0.05$ 与对照组相比;**$P < 0.01$ 与对照组相比。

3 讨论

中国古代医书记载黑米有滋阴补肾、健脾暖胃和明目活血的功效,滋阴补肾法是延缓人类衰老的重要方法之一。本实验结果表明黑米水提液、黑米醇提液能显著提高小鼠皮肤中 Hyp 含量($P < 0.01$,$P < 0.05$),且黑米水提液能显著提高小鼠尾腱中 Hyp 的含量($P < 0.05$),提示黑米有延缓动物衰老的保健功效。

【参考文献】

[1] 翟映雪, 周宝龙, 程如新. 黑米主要营养成份分析及酶制剂在黑米食品中的应用. 中国酿造, 1996, (6): 7.
[2] 刘泽民, 冒国光, 陆健民. 血清游离脯氨酸、游离羟脯氨酸和肽结合羟脯氨酸测定及其在骨肿瘤的评价. 中华医学检验杂志, 1986, 9 (3): 129.
[3] 许志勤, 高兰兴. 组织羟脯氨酸测定方法的改进. 解放军预防医学杂志, 1990, 8 (1): 41.
[4] 金宗濂, 文镜, 唐粉芳, 等. 功能食品评价原理及方法. 北京: 北京大学出版社, 1995: 21.

原文发表于《南京中医药大学学报》, 1997 年第 6 期

桑源口服液延缓小鼠衰老指标观察

施鸿飞[1] 曹 晖[1] 孙鸿才[1] 唐粉芳[2] 王 磊[2] 金宗濂[2]

1. 扬州大学 商学院
2. 北京大学分校

【摘要】 目的：探索桑源口服液益肾填精、延缓衰老的作用。方法：测定灌饲桑源口服液予 45～60 d 老龄 BALB/C 小鼠与衰老有关的生化指标。结果：桑源口服液能使小鼠脑内 B 型单胺氧化酶（MAO-B）比活性显著降低（$P<0.01$）；不影响肝内 MAO-B 的活性；使肝超氧化物歧化酶（SOD）比活性显著增强（$P<0.05$ 或 0.01）；全血谷胱甘肽过氧化物酶（GSH-Px）活性显著提高（$P<0.01$）；心肌脂褐素明显减少（$P<0.05$）；肝过氧化脂质（LPO）含量有降低；皮肤羟脯氨酸（Hyp）含量显著升高（$P<0.01$）。结论：桑源口服液具有较明显的抗氧化延缓衰老的作用，亦具有益肾填精、延年益寿之功效。

【关键词】 桑源口服液；B 型单胺氧化酶；抗氧化指标；羟脯氨酸

我们根据中国传统饮食保健原理和现代药理研究的结果，把桑葚、桑叶等中药按一定的比例粉碎浸提，将蚕蛹蛋白分离水解成氨基酸液，再按一定的比例将浸提液和水解液混合，加入一般辅助成分配制成"桑源口服液"。为了探索其补肾益精、延缓衰老的保健效果，我们用其灌饲老龄 BALB/C 小鼠，观察与衰老有关的 7 种生化指标。

1 实验材料

1.1 药物及试剂

1.1.1 B 型单胺氧化酶（MAO-B）测定试剂

0.2 mol/L pH 7.4 的磷酸缓冲液，8 mmol/L 盐酸苄胺溶液，60%（V/V）过氯酸。

1.1.2 超氧化物歧化酶（SOD）活力测定试剂

0.1 mol/L pH 8.2 的 Tris-HCl 缓冲液，45 mmol/L 的邻苯三酚。

1.1.3 过氧化脂质（LPO）含量测定试剂

0.15 mol/L KCl-5 mmol/L Tris-Maleate 缓冲液，0.5 % 硫代巴比妥酸溶液。

1.1.4 谷胱甘肽过氧化物酶（GSH-Px）活力测定试剂

叠氮化钠磷酸缓冲液，1.25～1.50 mmol/L H_2O_2 溶液，1.0 mmol GSH 溶液，偏磷酸沉淀液，0.32 mol/L Na_2HPO_4 溶液，DTNB 显色液。

1.1.5 心肌脂褐素含量测定试剂

甲醇氯仿混合液 [1∶2（V/V）]，硫酸奎宁。

1.1.6 羟脯氨酸（Hyp）含量测定试剂

10 % 对二甲氨基苯甲醛，柠檬酸缓冲液，3.1 mol/L 过氯酸，10 μg/ml Hyp 标准液。

1.2 实验动物

由北京医科大学提供 12 月龄 BALB/C 小鼠，随机分为 4 组。实验 1 组（低剂量组）每天每只定量灌胃桑源口服液 0.5 ml，实验 2 组（中剂量组）每天每只定量灌胃桑源口服液 1 ml，实验 3 组（高剂量组）每天每只定量灌胃桑源口服液 2 ml（浓缩至 1 ml），对照组每天每只灌胃蒸馏水 1 ml，实验组和对照组均正常供给小鼠饲料，饮用水亦足量供给，45～60 d 后测定与抗氧化及延缓衰老的有关指标。

2 方法与结果

2.1 实验方法

用紫外吸收法测定脑、肝 MAO-B 的比活性[1-2]；用邻苯三酚自氧化法测定肝 SOD 比活性[2-3]；采用 DTNB 法测定小鼠全血 GSH-Px 活力[2,4]；采用荧光法测定心肌脂褐素的含量[2,5]；采用 TBA 法测定肝脏 LPO 含量[2,6]；采用氯胺 T 法测定皮肤 Hyp 的含量[2,7]。

2.2 实验结果

表 1 结果显示：3 剂量组小鼠脑内 MAO-B 活力与对照组比均显著下降（$P < 0.01$），肝脏内 MAO-B 活力与对照组比无显著性差异。

表 1 桑源口服液对小鼠脑、肝单胺氧化酶活力的影响（$\bar{X} \pm SD$）

组别	n	脑 MAO-B 比活性（10^{-3}U/mg 蛋白）	n	肝 MAO-B 比活性（10^{-3}U/mg 蛋白）
对照组	13	23.63±2.80	15	28.46±2.50
低剂量组	16	16.28±2.20**	16	29.76±3.25
中剂量组	15	10.60±0.33**	15	31.58±0.29
高剂量组	15	10.47±2.23**	16	30.42±0.36

**$P < 0.01$ 与对照组相比。

表 2 结果显示：中、高剂量组小鼠肝脏 SOD 活力与对照组比显著提高（$P < 0.05, P < 0.01$），LPO 含量与对照组比无显著性差异。

表 2 桑源口服液对小鼠脑、肝脏 SOD 活力及 LPO 含量的影响（$\bar{X} \pm SD$）

组别	n	肝 SOD 比活性（10^{-3}U/mg 蛋白）	n	肝 LPO 比活性（nmol/mg 蛋白）
对照组	13	23.63±2.80	15	28.46±2.50
低剂量组	16	16.28±2.20**	16	29.76±3.25
中剂量组	15	10.60±0.33**	15	31.58±0.29
高剂量组	15	10.47±2.23**	16	30.42±0.36

**$P < 0.01$ 与对照组相比。

表 3 结果显示：中、高剂量组小鼠全血 GSH-Px 活力与对照组比显著提高（$P < 0.01$），心肌脂褐素含量与对照组比显著降低（$P < 0.05$）。

表 3　桑源口服液对小鼠全血 GSH-Px 活力及心肌脂褐素含量的影响（$\bar{X}\pm$SD）

组别	n	血 GSH-Px 活力（U/mg 蛋白）	n	心肌脂褐素含量（μg 荧光物/g 心肌重）
对照组	13	23.63±2.80	15	28.46±2.50
低剂量组	16	16.28±2.20**	16	29.76±3.25
中剂量组	15	10.60±0.33**	15	31.58±0.29
高剂量组	15	10.47±2.23**	16	30.42±0.36

**$P<0.01$ 与对照组相比。

表 4 结果显示：中、高剂量组小鼠皮肤 Hyp 含量与对照组比显著提高（$P<0.01$）。

表 4　桑源口服液对小鼠皮肤 Hyp 含量的影响（$\bar{X}\pm$SD）

组别	n	皮肤 Hyp 含量（μg/mg）
对照组	15	6.49±0.20
低剂量组	16	6.80±0.38
中剂量组	13	7.54±0.23**
高剂量组	16	7.85±0.24**

**$P<0.01$ 与对照组相比。

3　讨论

3.1　桑源口服液对脑、肝 MAO-B 的影响

"脑中心说"认为在脑内存在一个衰老的控制中心，即下丘脑 - 垂体内分泌轴，机体的衰老就是由于下丘脑对垂体失去控制，而垂体又对全身内分泌腺失去控制的缘故。而脑内单胺类递质（5-羟色胺、去甲肾上腺素、多巴胺）的含量和比例的变化是控制这个衰老钟运行的发条。在机体中单胺氧化酶（monoamine oxidase，MAO）水平和活力的高低能改变单胺类神经递质的含量和比例，使脑的生理功能发生改变，且发现人脑中的 MAO 活性在 45 岁以后随年龄的增长而急剧增加，其中 MAO-B 型与衰老的关系最为密切，Fowler 等研究证实脑的 MAO-B 活性与年龄呈现正相关。目前已发现及合成的 MAO-B 抑制剂有 140 多种，但大多有严重的不良反应，人们试图从中药中寻找效果好且不良反应小的 MAO-B 抑制剂（MAOI），如鹿茸、山楂、人参、黄芪、香菇及其发酵液等物[8]。实验结果表明桑源口服液能降低老龄小鼠脑内 MAO-B 含量。

3.2　桑源口服液对肝 SOD、LPO、全血 GSH-Px 及心肌脂褐素的影响

SOD 是机体内唯一能直接特异性地淬灭超氧自由基的酶，研究表明，机体内 SOD 活力高低与年龄呈负相关，即随年龄增加而 SOD 活力降低。从表 2 可见，中、高剂量组桑源口服液能显著地提高小鼠 SOD 活力（$P<0.05$ 或 $P<0.01$）。生物体内的 GSH-Px、过氧化氢酶（CAT）等也具有抗氧化的作用，其活力也是随年龄增长而下降的，当这些酶的活性下降时，会使脂质过氧化产生过氧化脂质，继而形成脂褐素沉积在细胞中而导致细胞功能发生障碍。因此 GSH-Px、CAT、LPO、心肌脂褐素都可作为衰老指标[9]。本次实验揭示桑源口服液能改善这些衰老指标。

3.3 桑源口服液对皮肤 Hyp 含量的影响

由于 Hyp 是胶原蛋白特有的氨基酸之一，它在其他蛋白质中很少出现，而在胶原蛋白中又是恒定的氨基酸，约占胶原全部氨基酸残基的 10%，所以 Hyp 在皮肤中的含量与年龄呈现负相关[10]。本研究结果示实验小鼠皮肤 Hyp 含量提高而相对年轻。

【参考文献】

[1] Bendetti M S, Keane P E. Differential change in monoamine oxidase A and B acivity in the aging rat brain. J Neurochem, 1980, 35: 1026-1028.
[2] 金宗濂, 文镜, 唐粉芳, 等. 功能食品评价原理及方法. 北京: 北京大学出版社, 1995: 2.
[3] 黄维嘉, 陈宏础, 黄天禄. 邻苯三酚自氧化抑制法测定人红细胞超氧化物歧化酶. 中华医学检验杂志, 1989, 12（4）: 206.
[4] 夏奕明, 朱莲珍. 血和组织中谷胱甘肽过氧化物酶活力的测定方法. 卫生研究, 1987, 16（4）: 29.
[5] 田清涞. 某些天然食物和中草药对小鼠心肌脂褐素的影响. 老年学杂志, 1986, 6（4）: 50.
[6] 孟庆礼, 杨红, 陈练波, 等. 过氧化脂质与老化的关系. 中华老年医学杂志, 1987, 6（4）: 242.
[7] 许志勤, 高兴兰. 组织羟脯氨酸测定方法的改进. 解放军预防医学杂志, 1990, 8（1）: 41.
[8] 唐粉芳, 金宗濂, 王磊. 香菇发酵液对小鼠抗衰老及增强免疫功能的评估. 北京联合大学学报, 1994, 8（1）: 9.
[9] 袁勤生. 超氧化物歧化酶的分析测定. 中国医药工业杂志, 1989, 20（10）: 476.
[10] 田清涞, 殷莹. 羟脯氨酸和动物衰老相关性的研究. 老年学杂志, 1985, （10）: 15.

原文发表于《南京中医药大学学报》, 1998 年第 11 期

黑黏米酶解水提液延缓衰老作用研究

陈 文[1] 王 磊[1] 唐艳芳[1] 施鸿飞[1] 金宗濂[1] 赖来展[2] 张名位[2]

1. 北京联合大学 应用文理学院
2. 广东省农科院 黑色食品研究中心

【摘要】 以BALB/C小鼠为实验对象,研究了黑黏米酶解水提液对小鼠某些衰老指标的影响。结果表明:黑黏米酶解水提液能降低小鼠脑B型单胺氧化酶(MAO-B)活性40.68%($P<0.01$);肝超氧化物歧化酶(SOD)和全血谷胱甘肽过氧化物酶(GSH-Px)活性分别提高10.41%($P<0.05$)和19.31%($P<0.01$);肝过氧化脂质(LPO)含量降低25.71%($P<0.05$);皮肤和尾腱羟脯氨酸(Hyp)含量分别增加15.41%($P<0.01$)和12.1%($P<0.01$)。提示黑黏米酶解水提液有较好延缓衰老作用。

【关键词】 黑黏米;衰老;单胺氧化酶;超氧化歧化酶;谷胱甘肽;过氧化物酶;过氧化脂质;羟脯氨酸

A study on effects of enzymatic hydrolysate of black glutinous rice on delaying senescence

Chen wen[1]　Wang Lei[1]　Tang Yanfang[1]　Shi Hongfei[1]　Jin Zonglian[1]　Lai Laizhan[2]　Zhang Mingwei[2]

1. College of Applied Science and Humanities of Beijing Union University
2. Research Centre of Black Foods, Guangdong Academy of Agricultural Sciences

Abstract: Using BALB/C mice as objects of the experiments, the effects of enzymatic hydrolysate of black glutinous rice on some senescent indications of the mice have been studied. The results showed that enzymatic hydrolysate of black glutinous rice can decrease 40.68% of the activity of monoamine oxidase B (MAO-B) in the mouse brain ($P<0.01$); increase 10.41% ($P<0.05$) of liver superoxide dismutase activity (SOD) and 19.31% ($P<0.01$) of whole blood glutathione peroxidase (GSH-Px) activity respectively; decrease 25.71% ($P<0.05$) of the content of live peroxide lipid (LPO); enhance 15.41% ($P<0.01$) of Skin and 12.1% ($P<0.01$) of hydroxyproline in tail tendon. Suggesting that enzymatic hydrolysate of Black glutinous rice might be useful to delay senescence.

Key words: black glutinous rice; senescence; MAO; SOD; GSH; peroxides; peroxide lipid; Hyp

　　黑米又称黑紫米,分黑黏米、黑糯米两大类型,为我国稻种中的珍品,是近年来国际流行的主要黑色食品之一。其外皮墨黑,质地细密,煮食味道醇香。古人常以此进贡皇宫食用,因此有"贡米"之称。黑米中蛋白质含量较高,必需氨基酸齐全,结构合理。脂肪酸组成以油酸、亚油酸等不饱和脂肪酸为主。此外,还含有丰富的维生素、微量元素和天然色素。不仅含有丰富的营养成分,还有特殊的药用成分。古代医学和现代医学皆已证明[1],黑米具有滋阴补肾、健脾开胃、养目明目、补中益气、活血化瘀之功效。

　　前人对黑糯米的食疗作用有些研究,本文首次研究黑黏米的延缓衰老作用,是通过测定小鼠脑B型单胺氧化酶(MAO-B)、肝超氧化物歧化酶(SOD)、全血谷胱甘肽过氧化物酶

（GSH-Px）活性及肝过氧化脂质（LPO）、皮肤和尾腱羟脯氨酸（Hyp）的含量，对黑黏米酶解水提液的延缓衰老作用进行研究，旨在为开发延缓衰老的黑色功能食品提供科学依据。

1 材料与方法

1.1 黑黏米酶解水提液

由广东省农业科学院黑色食品研究中心提供，即以该中心养育成的当前在全国推广面积最大的黑米新品种"黑优粘"为原料，通过多酶系统水解抽取而得。

1.2 实验动物及饲养

10月龄雌雄各半 BALB/C 小鼠，随机分为实验组和对照组，每组 20 只。实验组每只每日定量灌胃黑黏米酶解水提液 1 ml，对照组每只每日定量灌白水 1 ml，饮用水足量供给，自由取食，50 d 后处死并测定相关衰老指标。

1.3 测定指标及方法

① 脑、肝 MAO-B 活性的测定采用紫外线吸收法[2]；② 肝 SOD 活性的测定采用邻苯三酚自氧化法[3]；③ 全血 GSH-Px 活力的测定选用 DTNG 直接法[4]；④ 肝 LPO 含量的测定选用荧光法[5]；⑤ 皮肤、尾腱 Hyp 含量的测定采用二甲氨基苯甲醛显色法[6]。

2 结果与分析

表 1 显示，黑黏米酶解水提液能使小鼠脑 MAO-B 活性降低 40.68%（$P < 0.01$），肝 SOD 活性、全血 GSH-Px 活力分别增加 10.41%（$P < 0.05$）、19.31%（$P < 0.01$），肝 LPO 含量下降 25.71%（$P < 0.05$），皮肤、尾腱 Hyp 含量分别提高 16.41%（$P < 0.01$）和 12.10%（$P < 0.01$）。表明黑黏米酶解水提液具有显著的延缓衰老作用。

表 1 黑黏米酶解水提液对小鼠衰老指标的影响（$\bar{X} \pm SD$）

指标	对照组（$n=20$）	实验组（$n=20$）	P
脑 MAO-B 比活性（$\times 10^3 \mu^*$/mg 蛋白质）	23.62±2.58	14.01±2.35	< 0.01
肝 MAO-B 比活性（$\times 10^3 \mu^*$/mg 蛋白质）	28.46±2.52	26.81±2.60	> 0.05
肝 SOD 比活性（μ^{**}/mg 蛋白质）	64.76±3.69	71.50±11.72	< 0.05
全血 GSH-Px 活力（μ^{***}）	9.32±0.73	11.12±0.49	< 0.01
肝 LPO 含量（nmol/mg 蛋白质）	1.40±0.61	1.04±0.25	< 0.05
皮肤 Hyp（g/mg 干样）	6.49±0.20	7.49±0.32	< 0.01
尾腱 Hyp（g/mg 干样）	8.35±0.27	9.36±0.29	< 0.01

*1 μ 是产生 0.01/3 h 光吸收值改变的酶量。此光吸收值的改变相当于生成 1 nmol 的苄醛（37℃）；**1 μ 是在 1 ml 反应液中，每分钟抑制邻苯三酚自氧化率达 50% 的酶量（λ=325 nm）；***1 μ 是每 1 ml 全血，每分钟扣除非酶反应的 lg[GSH] 降低后，使 lg[GSH] 降低 1 的酶量。

3 讨论

3.1 黑黏米酶解水提液对脑、肝 MAO-B 活性的影响

单氨氧化酶（MAO）是一种催化芳香族、脂肪族单胺类氧化脱氨反应的酶，广泛存在于

动物的脑、肝、肾、脾等组织器官中，是控制单胺类递质代谢的关键酶之一。MAO 分 A、B 两型，A 型（MAO-A）存在于神经元内，B 型（MAO-B）存在于神经胶质细胞中。据文献报道[7]，脑内 MAO-B 活性随年龄增长而上升。随年龄增加，神经元不断丧失，并为胶质细胞所填补，神经元释出的递质在向靶细胞扩散的过程中，不断为胶质细胞的 MAO-B 所分解，降低了儿茶酚胺类递质的调节作用，致使脑生理功能紊乱，使机体衰老。因而，脑 MAO-B 活性是衰老的标志指标之一。

本实验结果表明，在连续灌胃黑黏米酶解水提液 50 d 后，小鼠脑 MAO-B 活性明显降低，提示黑黏米酶解水提液中存在有抑制 MAO-B 活性的功能因子，从而对儿茶酚胺类神经物质发挥向上调节作用，因此具有延缓衰老的功能。单胺类神经递质主要在肝内代谢分解，实验结果显示，黑黏米酶解水提液对肝 MAO-B 活性无显著影响，从而确保了肝脏的正常解毒功能。

3.2 黑黏米酶解水提液对肝 SOD、全血 GSH-Px 活力及肝 LPO 含量的影响

自由基是导致机体衰老的重要因素，在正常的有氧代谢条件下，大约有 2% 的氧会转变为超氧自由基。体内的抗氧化防御系统能不断歼灭自由基，保护机体免受自由基损伤。抗氧化防御体系由两类物质组成，一是非酶类，如维生素 E、维生素 C 等；二是酶类，即 SOD、GSH-Px、过氧化氢酶等，它们可消除阴离子超氧化物自由基（$O_2^-\cdot$）、羟自由基（$\cdot OH$）和过氧化氢（H_2O_2）等，防止单态氧的产生，减轻和阻断脂质过氧化作用，保护机体免遭过氧化物侵害，延缓细胞衰老。据文献报道[8-9]，中年后动物体内 SOD 和 GSH-Px 活性随年龄增加而显著下降，从而致使机体抗氧化能力减弱，体内自由基增多，导致细胞结构与功能损伤，引发衰老。

黑黏米酶解水提液能显著提高肝 SOD 活性，全血 GSH-Px 活性和降低肝 LPO 含量，提示黑黏米酶解水提液中存在增加 SOD、GSH-Px 活性的天然活性物质，从而减少了 LPO 的产生，因此有延缓衰老之功效。

3.3 黑黏米酶解水提液对皮肤、尾腱 Hyp 含量的影响

胶原蛋白是鼠皮肤、尾腱、骨骼、血管等重要器官的组成成分，约占身体蛋白总量的 25%。而 Hyp 是胶原蛋白特有的氨基酸之一，约占胶原全部氨基酸成分的 10%。随着动物的增龄，胶原代谢变得缓慢，溶解度降低，胶原蛋白多肽键间的共价交联程度增加，组织器官中 Hyp 含量降低。Hyp 含量随年龄增加而下降，与体内自由基的作用有关，一方面，自由基可损伤有合成胶原蛋白能力的成纤维细胞，使胶原蛋白的合成能力减弱，总量减少；另一方面，自由基可使细胞内的羟基化酶发生大分子交联，失去羟化能力，使脯氨酸不能羟化成为 Hyp[10]。

本结果表明，黑黏米酶解水提液能显著提高皮肤、尾腱 Hyp 含量，提示 Hyp 含量的提高与黑米酶解水提液中含有能歼灭自由基的成分有关[11]。

综上所述，黑黏米酶解水提液能显著降低脑 MAO-B 活性和肝 LPO 含量，明显提高肝 SOD、全血 GSH-Px 活性和皮肤及尾腱 Hyp 含量，因此可以认为黑黏米不仅具有较高的营养价值，还具有较好的延缓衰老作用。

【参考文献】

[1] 许立奎，张宗宸，谢拾冰. 黑米素的营养价值及开发利用. 粮油食品科技，1993，5（4）：33-35.
[2] Meewen C. Monoumine oxidase. Methods Enzymol, 1971, 17.
[3] 谢卫华，姚菊芳，袁勤生，等. 连苯三酚自氧化法测定超氧化物歧化酶活性的改进. 医药工业，1988，19（5）：217.
[4] 夏奕明，朱莲珍. 血和组织中 GSH-P 二活力的测定方法. 卫生研究，1987，16（4）：29.
[5] 许家琪，伍钢. 血清过氧化脂质的改良比色测定法. 临床检验杂志，1990，8（1）：96.

[6] 许志勤, 高兰兴. 组织羟脯氨酸测定方法的改进. 解放军预防医学杂志, 1990, 8（1）：40-42.
[7] 贾雪梅, 齐易祥. 单胺氧化酶与衰老. 国外医学老年医学分册, 1988, 9（4）：145.
[8] 田清涞, 殷莹, 李云兰. GSH-Px 和动物衰老关系的研究. 老年医学杂志, 1992, 12（1）：50.
[9] 杨竟平, 周翔. 大小白鼠血清及组织中 SOD 和 LPO 的增龄性改变. 老年学杂志, 1988, 8（5）：301.
[10] 田清涞, 殷莹. 羟脯氨酸和动物衰老相关性的研究. 老年学杂志, 1991, 11（3）：169.
[11] 赖来展, 李宝健. 应用生物技术选育黑优粘系列新品种的研究. 中山大学学报论丛, 1989, （4）：123-127.

原文发表于《黑色食品开拓研究》，1995 年

芪草冬归五子汤抗疲劳的研究

文 镜　陈 文　金宗濂

北京联合大学 应用文理学院

【摘要】 芪草冬归五子汤由黄芪、冬虫夏草、麦冬、当归、五味子组成。实验结果表明它具有以下作用：①增加机体糖原储备；②维持机体在长时间运动中的血糖水平；③加速运动后血乳酸的清除；④提高乳酸脱氢酶活力；⑤降低运动中血尿素氮的含量，加速运动后血尿素氮水平的恢复；⑥加强长时间持续运动能力。以上全部结果表明，芪草冬归五子汤具有良好的抗疲劳作用。

【关键词】 芪草冬归五子汤；糖原；血糖；血乳酸；乳酸脱氢酶；血尿素氮；抗疲劳

The anti-fatigue effect of "Qi-Cao-Dong-Gui-Wuzi Tang"

Wen Jing　Chen Wen　Jin Zonglian

College of Applied Science and Humanities of Beijing Union University

Abstract: the "Qi-Cao-Dong-Gui-Wuzi Tang" is a decoction of five Chinese medicinal herbs: Huangqi [*Astragalus membranaceus* Fisch.）Bge.], Dongchongxiacao [*Cordyceps sinensis*（BerK.）Sacc.], Maidong（*Ophiopogon japonicus* Ker-Gawl）, Danggui[*Angelica sinensis*（Oliv.）Diels] and Wuwei zi [*Schisandra chinensis*（Turcz.）Balli]. Experimental results revealed it possessed the following effects: ① Increases body glycogen reserve; ② Maintains blood glucose level during long time exercise; ③ Accelerates elimination of blood lactate after exercise; ④ Raises activity of lactate dehydrogenase; ⑤ Reduce content of blood urea doing exercise, accelerate recovery of blood urea content after exercise; ⑥ Enhance capability of long time continuing exercise. All the above results indicated the decoction really possesses a good anti-fatigue effect.

Key words: Qi-Cao-Dong-Gui-Wuzi Tang; glycogen; blood glucose; blood lactate; lactate dehydrogenase; blood urea nitrogen; anti-fatigue

传统医学理论认为，饮食和劳动是人类赖以生存保持健康的必要条件。正常的劳动有助于气血疏通，增强体力。但是过度的体力劳动，可损伤脾气，耗伤气血，引起少气倦怠，精神疲惫。劳心过度可使阴血暗耗，心神失养，出现心悸健忘，失眠多梦等症[1]。苏联学者Breekman教授提出，在人体健康态和疾病态之间存在一种第三态。当这种状态积累到一定程度就转为疾病态。在当今世界经济高速发展，人们工作节奏不断加快的情况下，第三态人群的数量不断增加[2]。利用益气、滋阴养血的中草药帮助机体消除疲劳，增强体力，使第三态人群转变为健康人群是人们十分关心的一个问题，也是传统医学十分注重的一个课题。我们根据传统医学理论，在气血两补的验方当归补血汤（《内外伤辩惑论》）的基础上添加主治气息虚弱之症的验方生脉散（《千金方》）中的辅药麦冬、五味子，再加具有补益虚损作用的冬虫夏草组成芪草冬归五子汤。以小鼠为实验材料，观察芪草冬归五子汤对动物运动耐力及血乳酸等六项生物化学指标的影响。结果表明芪草冬归五子汤具有良好的抗疲劳作用。

1 实验材料

1.1 芪草冬归五子汤

黄芪 12 g，冬虫夏草 5 g，麦冬 9 g，当归 5 g，五味子 9g，加水两次煎熬浓缩到 50 ml。

1.2 实验动物

BALB/C 雄性小鼠，体重 17～19 g，8～9 周龄，分笼单养，随机分为实验组和对照组。

2 实验方法

2.1 动物的饲喂方法

实验组每日每只灌服芪草冬归五子汤 0.5 ml（相当生药 0.36 g）对照组灌服同体积水，连续饲喂 14 d，实验第 15 d 进行各项指标测定。

2.2 肝糖原含量的测量

断头处死小鼠后立即取肝脏用蒽酮比色法测定肝糖原含量[3]。

2.3 肌糖原含量的测定

取双后肢肌肉用蒽酮比色法测定肌糖原含量。

2.4 血糖的测定

取尾血用 Folin 法测定每只小鼠安静时及在（30±2）℃，25 cm 深水中负重（体重3%）游泳 60 min 后的血糖含量。

2.5 血乳酸的测定

用乙醛-对羟基联苯比色法取尾血测定每只小鼠安静时及在（30±2）℃，25 cm 深水中负重（体重5%）游泳 20 min，离水休息约 25 min、50 min 时血乳酸含量[4]。

2.6 乳酸脱氢酶同工酶比活力的测定

用 Lowry 法测定小鼠心肌乳酸脱氢酶（LDH）提取液中蛋白质含量，并用 King 法测定小鼠心肌 LDH 比活力，再用聚丙烯酰胺凝胶电泳分离 LDH 同工酶。光密度凝胶扫描仪测定乳酸脱氢酶同工酶（$LDH_{1～5}$）在 LDH 中所占比例并计算出 $LDH_{1～5}$ 比活力[5-7]。

2.7 血尿素的测定

用二乙酰一肟-硫氨尿法测定每只小鼠游泳前及（30±2）℃，30 cm 深水中负重（体重3%）游泳 60 min，离水休息 90 min 及 150 min 时血尿素氮（BUN）含量[8]。

2.8 小鼠运动耐力实验

将小鼠于（30±2）℃，30 cm 深清水中，以动物入水至力竭而深入水中并持续 8 s 中不能浮出水面为小鼠游泳耐力时间并记录。

3 结果与讨论

3.1 芪草冬归五子汤对肝糖原、肌糖原含量的影响

表 1 显示服用芪草冬归五子汤 14 d 后，实验组小鼠肝糖原含量比对照组增加了 34%，肌糖原含量比对照组增加 16%，表明芪草冬归五子汤具有增加肌体糖原储备的功效。

表 1 芪草冬归五子汤对肝糖原、肌糖原含量的影响（$\bar{X} \pm$SD）

组别	n	肝糖原含量（mg/g）	肌糖原含量（mg/g）
对照组	12	50.05±6.88	5.01±0.08
实验组	12	67.1±8.47*	5.80±0.10*

*$P < 0.01$ 与对照组比较。

3.2 芪草冬归五子汤对小鼠血糖含量的影响

从表 2 可以看到，两组小鼠运动前安静时血糖含量没有显著差异，负重游泳 1 h 后，对照组血糖下降了 27%，而实验组仅下降了 17%。负重游泳 1 h 后，实验组血糖水平明显高于对照组（$P < 0.01$），实验表明芪草冬归五子汤具有在剧烈运动时维持血糖水平的功效。

表 2 芪草冬归五子汤对小鼠血糖含量的影响（$\bar{X} \pm$SD）

组别	n	运动前血糖含量（mg%）	游泳 60 min 后血糖含量（mg%）
对照组	12	112.8±2.8	81.5±3.3
实验组	12	110.3±2.2	90.6±3.8*

*$P < 0.01$ 与对照组比较。

有实验证明，单独利用肌糖原不能满足持续几小时运动能量的需要[9]。在长时间运动时，肌肉必须吸收和利用肌外燃料血糖所产生的能量。血糖又是中枢神经系统、红细胞等组织唯一依靠的供能物质。血糖的下降不仅影响到肌肉的能量供应，更主要的是会影响中枢神经系统的正常功能，降低其兴奋性，因此，血糖水平降低是长时间运动时导致中枢疲劳的一个重要因素[10]。运动时由于肌肉吸收及向中枢神经系统等组织供能，使血糖水平降低，此时血糖浓度的恒定依靠肌肉糖原消耗和肝糖原分解释放葡萄糖进入血液。如果肌糖原储备充足，肌肉依靠自身储备的能量时间就长，有助于维持血糖水平，延缓疲劳发生。当肌糖原大量消耗，血糖水平降低时，肝糖原会加速分解释放葡萄糖进入血液，以维持血糖浓度的恒定。如果肝糖原储备充足，就能长时间维持血糖水平，延缓疲劳的发生。比较表 1 和表 2 可以看到，芪草冬归五子汤能够维持机体在长时间运动中的血糖水平。两种不同的实验方法得出符合同一理论的结果，这不仅大大提高了结果可靠性的概率，也说明芪草冬归五子汤之所以能够维持血糖水平，正是由于它加快了糖原的合成代谢，提高了机体中糖原储备。

3.3 芪草冬归五子汤对血乳酸的影响

由表 3 可知，服用芪草冬归五子汤 14 d，小鼠运动前血乳酸安静值与对照组比较没有显著变化，表明实验条件稳定。小鼠进行短时间剧烈运动，负重（体重 5%）游泳 20 min 后，实验组血乳酸值明显高于对照组，见表 3。在这期间实验组血乳酸生成速率是对照组的 1.65 倍，见表 4。由于短时间高强度运动机体主要靠无氧代谢系统供能，乳酸是无氧代谢的产物，其生成

越多说明机体通过无氧代谢获得的能量越多。因此，实验结果表明芪草冬归五子汤具有提高机体无氧代谢能力的作用。

表 3 芪草冬归五子汤对小鼠游泳 20 min 负重（体重 5%）前后血乳酸含量的影响（$\bar{X}\pm SD$）

组别	n	游泳前安静时（nmol/L）	游泳后 20 min（nmol/L）	游泳后 50 min（nmol/L）
对照组	12	2.33±0.28	4.87±0.60	3.75±0.66
实验组	12	2.35±0.33	6.50±0.53*	2.88±0.51*

*$P < 0.01$ 与对照组比较。

表 4 芪草冬归五子汤对短时间剧烈运动血乳酸生成速率的影响

组别	n	血乳酸生成速率（mmol/min）
对照组	12	0.115±0.012
实验组	12	0.190±0.017*

*$P < 0.01$ 与对照组比较。

注：血乳酸生成速度 = $\dfrac{\text{血乳酸最高值} - \text{运动前安静值}}{\text{运动开始到血乳酸出现最高值所用时间}}$

在运动后的恢复期，机体需要吸进大量氧气，此时机体除了主要以有氧代谢方式供能外，还要偿还剧烈运动中的氧债，乳酸的清除正是依靠此时的有氧代谢来完成[11]。从表 5 可以看到实验组血乳酸清除速率是对照组的 3.2 倍，说明芪草冬归五子汤具有提高机体有氧代谢能力的作用。正是由于有氧代谢能力得到提高，使得实验组小鼠负重游泳停止后 50 min，血乳酸基本恢复正常水平（与自身游泳前比较 $P > 0.1$）。此时其血乳酸值明显低于对照组，见表 3。

表 5 两组小鼠游泳停止后 20～50 min 时血乳酸清除速率的比较

组别	n	游泳停止后 20～50 min 血乳酸清除速率的比较（mmol/min）
对照组	12	0.023±0.01
实验组	12	10.075±0.015*

*$P < 0.01$ 与对照组比较。

注：血乳酸清除速度 = $\dfrac{\text{恢复期 20 min 时血乳酸值} - \text{50 min 时血乳酸值}}{48 \text{ min}}$

3.4 芪草冬归五子汤对小鼠心肌 LDH 比活力的影响（表 6）

表 6 芪草冬归五子汤对小鼠心肌 LDH 比活力的影响（$\bar{X}\pm SD$）

组别	n	LDH 比活力 [μmol/（min·mg 蛋白质）]
对照组	12	2.01±0.08
实验组	12	2.38±0.14*

*$P < 0.01$ 与对照组比较。

3.5 芪草冬归五子汤对小鼠心肌 LDH 同工酶比活力的影响（表 7）

表 7　芪草冬归五子汤对小鼠心肌 LDH 同工酶比活力的影响（$\bar{X}\pm SD$）

组别	n	LDH_1[μmol/(min·mg 蛋白质)]	LDH_2[μmol/(min·mg 蛋白质)]	LDH_{1+2}[μmol/(min·mg 蛋白质)]
对照组	18	0.31±0.08	0.55±0.10	0.88±0.12
实验组	18	0.45±0.11*	0.68±0.14*	1.15±0.15*

*$P<0.05$ 与对照组比较。

在激烈运动时，由于肌肉组织缺氧，肌糖原通过无氧代谢糖酵解分解产生乳酸，并释放出能量以维持运动的需要。乳酸在机体中大量堆积使氢离子浓度升高，改变了机体内环境，这是已经被公认为外周肌肉疲劳产生的一个主要机制[12-13]。显然，机体在以有氧代谢为主的运动中或在运动后的恢复期，产生的乳酸被清除得越快，机体疲劳消除得也越快，抗疲劳的能力就越强。

机体内的乳酸清除有 3 条代谢转换途径。这 3 条途径都需要经过由乳酸转变成丙酮酸的反应，而这一反应是在 LDH 的催化作用下完成的。LDH 是由 2 条或 2 条以上多肽链以非共价键结合的多聚体，其亚基分为 H 型和 M 型。这 2 种亚基以不同比例组成 5 种四聚体。以在电泳中向阳极泳动的速率把他们命名为 LDH_1、LDH_2、LDH_3、LDH_4 及 LDH_5，这就是 LDH 的 5 种同工酶。由于 H 型亚基对乳酸的亲和力大于对丙酮酸，而 LDH_1 和 LDH_2 以 H 型亚基为主，因此 LDH_1 和 LDH_2 在机体中主要催化由乳酸转化为丙酮酸的反应。显然，如果能提高这 2 种同工酶的活力将有利于乳酸的清除。

从表 6 的结果可以看到，小鼠服用芪草冬归五子汤 14 d 后，心肌 LDH 比活力比对照组明显提高。从表 7 可进一步看到，这种提高主要表现为 LDH_1 和 LDH_2 比活力的提高。其中 LDH_1 比对照组提高了 31%。LDH_2 比对照组提高了 22%，而 LDH_1 与 LDH_2 之和比对照组提高了 80%。这一结果表明芪草冬归五子汤具有在长时间运动中延缓疲劳的发生和在运动后恢复期加快疲劳消除的作用。

表 5 中实验组血乳酸消除速率比对照组显著提高的实验结果与表 6、表 7 中 LDH 同工酶的测定结果相吻合，这不仅说明了实验结果的可靠性，也进一步支持了 LDH 同工酶实验结果所得出的结论。

3.6 芪草冬归五子汤对小鼠运动后 BUN 的影响

表 8 显示服用芪草冬归五子汤 14 d 后，小鼠负重（体重 3%）游泳 60 min 休息 90 min、150 min 时血尿素的增值。可以看到运动后 90 min 实验组 BUN 增值比对照组降低 30%，运动后 150 min 实验组比对照组降低 49%。

表 8　芪草冬归五子汤对小鼠运动后 BUN 增量的影响（$\bar{X}\pm SD$）

组别	n	游泳停止后 90 min（mmol/L）	游泳停止后 150 min（mmol/L）
对照组	12	2.88±0.37	1.93±0.33
实验组	12	2.02±0.23*	0.98±0.30*

*$P<0.05$ 与对照组比较。

长时间剧烈运动机体不能通过糖、脂肪分解代谢得到足够的能量时，机体蛋白质与氨基酸分解代谢随之增强。肌肉中氨基酸经转氨基或脱氨基后，碳链被氧化，氨基与 α-酮戊二酸转氨形成丙酮酸和谷氨酸。谷氨酸透过线粒体膜进入线粒体基质，由谷氨酸脱氢酶将氨基脱下形成游离氨，再经尿素循环生成尿素，使血中尿素含量增加。在激烈运动时，核苷酸代谢也随之加强，核苷酸及核苷分解时都要脱下氨基而产生氨，再经尿素循环转变成尿素，从而也使血尿素含量增高。实验证明当负荷使运动员血尿素含量超过 8.3 mmol/L 时，尽管运动员主观上还没有疲劳的感觉，但此时机体组织的肌肉蛋白质和酶都已经开始分解而使机体受到损伤。可见 BUN 对于评价机体在体力负荷时的承受能力是一个非常灵敏的指标。研究表明机体 BUN 含量随运动负荷的增加而增加，机体对负荷适应能力越差，其 BUN 增加就越显著[14]。表 8 的结果表明服用芪草冬归五子汤 14 d 后，实验组小鼠运动后 BUN 的增加量显著低于对照组。这说明芪草冬归五子汤具有显著增强机体对运动负荷耐受能力的功效，即有良好的抗疲劳作用。

3.7 芪草冬归五子汤对小鼠游泳耐力的影响

从实验的结果（表 9）可以看到，服用芪草冬归五子汤 14 d 后，小鼠从入水到衰竭的时间比对照组增加了 40 min（$P < 0.05$）。结果表明芪草冬归五子汤具有明显的抗疲劳功效。综上所述芪草冬归五子汤能够提高机体糖原储备，提高机体无氧及有氧代谢功能，增强机体在体力负荷时的能力，具有良好的抗疲劳作用。

表 9 服用芪草冬归五子汤 14 d 后小鼠游泳至衰竭的时间比较（$\bar{X} \pm SD$）

组别	n	体重（g）	持续游泳时间（min）	增加（%）
对照组	12	21±1	121±27	
实验组	12	21±1	168±33*	38

*$P < 0.05$ 与对照组比较。

【参考文献】

[1] 北京中医学院. 中医学基础. 北京：人民卫生出版社，1978：127-129.
[2] 金宗濂，义镜，唐粉芳，等. 功能食品评价原理及方法. 北京：北京大学出版社，1995.
[3] Van Der Vies J. Two methods for the determination of glycogen in liver. Biochem J，1954，57：410.
[4] Banker S B，Summerson W H. The coldmetric delermination of lactic acid in biological matecal. J Biol Chem，1941，138：535.
[5] Lowry O H，Rosebrough N J，Farr A L，et al. Protein measurement with the folin phenol reagent. J Biol Chem，1951，193：265.
[6] King J. A routine method for the estimation of lactic dehydrogenase activity. J Med Lad Tech，1959，16：265.
[7] Markert C L，Ursprung H. The ontogeny of isozyme pattens of LDH in the mouse. Dev Biol，1962，5：363.
[8] Wybenga D R，Di Giorgio J，Pileggi V J. Manual and automated methods for urea nitrogen measurement in whole serum. Clin Chen，1971，17（9）：891.
[9] Hultman E. Studies on muscle metabolism of glycogen and active phosphate in man with special reference to exercise and diet. Scend J Clin Lab Invest Suppl，1967，94：1-63.
[10] Rowell L B. Human cardiovas-cular adjustments to exercise and thermal stress. Physiol Rev，1974，54：75.
[11] 冯炜权，翁庆章. 血乳酸与运动训练应用手册. 北京，人民体育出版社，1900：3-31.
[12] 冯炜权，冯美云. 运动训练的生物化学. 北京：北京体育学院出版社，1985：80-82.
[13] 方丁. 同工酶在医学上的应用. 北京：人民卫生出版社，1982：66-92.
[14] Haralambie G，Berg A. Serum urea and amino nitrogen changes with exercise duration. Europ J Appl Physical，1976，36：39.

原文发表于《世界名医论坛杂志（香港）》，2001 年第 10 期

冬虫夏草菌丝体改善肺免疫功能的研究

魏　涛　唐粉芳　郭　豫　贡晓娟　张　鹏　魏威凛　金宗濂

北京联合大学 生物活性物质与功能食品北京市重点实验室

【摘要】 本文主要对冬虫夏草菌丝体改善肺部免疫功能进行研究。以 Wistar 大鼠为研究对象，将大鼠分为空白对照组、低剂量组 [1.42 g/（kg·bw）] 和高剂量组 [2.83 g/（kg·bw）]。连续灌胃冬虫夏草菌丝体 28 d 后，与空白对照组相比，低、高剂量组的肺巨噬细胞吞噬率分别提高 54.9%（$P<0.05$）和 79.0%（$P<0.01$）；吞噬指数分别提高 52.2%（$P<0.05$）和 93.8%（$P<0.01$）；肺巨噬细胞内酸性磷酸酶（ACPase）活性分别提高 80.8%（$P<0.05$）和 96.6%（$P<0.05$），精氨酸酶（arginase）活性分别提高 94.0%（$P<0.05$）和 44.8%（$P<0.05$）。本文还以昆明种小鼠为研究对象对冬虫夏草菌丝体的全身非特异性免疫功能进行研究。将小鼠分为空白对照组、低剂量组 [2.83 g/（kg·bw）] 和高剂量组 [5.66 g/（kg·bw）]。与空白对照组相比，低、高剂量组的腹腔巨噬细胞吞噬率分别提高 21.9%（$P<0.05$）和 52.4%（$P<0.001$）；腹腔巨噬细胞吞噬指数分别提高 29.6%（$P<0.001$）和 60.1%（$P<0.001$）；小鼠廓清指数分别提高 10.6%（$P<0.05$）和 15.5%（$P<0.05$），碳廓清吞噬指数分别提高了 8.2%（$P>0.05$）和 10.5%（$P<0.01$）。结果提示：冬虫夏草菌丝体具有提高肺巨噬细胞及全身非特异性免疫的功能。

【关键词】 虫草菌丝体；肺巨噬细胞；巨噬细胞；碳廓清

肺巨噬细胞（alveolar macrophage，AM_Φ）是参与肺部非特异性免疫的重要细胞，是肺防卫机制的第一道防线。肺巨噬细胞是一种具有多种功能的免疫细胞，其吞噬功能及细胞内酶的活力高低可在一定程度上反映肺部的免疫水平。

冬虫夏草是一味名贵的滋补中药，《本草从新》中记载其有补肺益肾的功效。而人工培植的冬虫夏草菌丝体的成分、用途与天然冬虫夏草相似。现代实验研究表明[1]，冬虫夏草菌丝体可提高肺巨噬细胞的吞噬能力及小鼠吞噬细胞的碳廓清能力、促进淋巴细胞转化、提高小鼠血清溶血素及脾细胞免疫溶血活性，具有很强的增强机体免疫力的效果。

本文拟用肺巨噬细胞和腹腔巨噬细胞的吞噬功能及肺巨噬细胞内的酸性磷酸酶（acid phosphatase，ACPase EC3.1.3.2）和精氨酸酶（arginase EC3.5.3.1）活力为评价指标，对冬虫夏草菌丝体改善肺部免疫功能和全身非特异性免疫功能进行研究。

1 材料和仪器

1.1 冬虫夏草菌丝体

由上海中祥生物工程有限公司提供。

1.2 试剂

戊巴比妥钠；RPMI1640（With L-glutamine；Without Sodium Bicarbonate），GIBCOBRL 公司；无支原体新生小牛血清（new born calf serum），Hyclone 公司；Hepes，Sigma 公司；LDH 试剂盒，ACP 试剂盒，南京建成生物工程研究所；氢溴乌氨酸；印度墨汁。

1.3 实验仪器

752 紫外分光光度计，上海第三分析仪器厂；隔水式电热恒温培养箱，重庆四达实验仪器厂医疗仪器厂；恒温振荡水槽，上海实验仪器总厂；MA200 电子秤；TDL-5 离心机，上海安亭科学仪器厂；生物显微镜，重庆光学仪器厂；JY92-Ⅱ型超声波细胞粉碎机，宁波新芝科技研究所。

1.4 实验动物及饲养

AM_ϕ 实验采用 Wistar 10 月龄雌性二级大鼠，由中国医学科学院动物中心繁育场提供。将大鼠随机分为对照组、低剂量组 [1.42 g/（kg·bw）] 和高剂量组 [2.83 g/（kg·bw）]，经 t 检验无显著差异。连续灌胃 28 d 后进行各项指标的测定。

腹腔巨噬细胞实验及碳廓清实验采用昆明种 2 月龄雌性二级小鼠，由中国医学科学院动物中心繁育场提供。将小鼠随机分为对照组、低剂量组 [2.83 g/（kg·bw）] 和高剂量 [5.66 g/（kg·bw）] 组，经 t 检验无显著性差异。连续灌胃 28 d 后进行各项指标的测定。

2 实验方法

2.1 大鼠 AM_ϕ 吞噬功能的测定 [2-3]

末次给药第 2 d，对所有大鼠进行支气管肺泡原位灌洗（BAL），将灌洗液进行离心洗涤。后用生理盐水将细胞沉淀定容于 0.7 ml，分别吸取 0.3 ml 细胞悬液及 0.3 ml 1%鸡红细胞悬液在试管中混匀（做平行），然后吸取混合液滴于玻片上，铺片。37℃培养 48 min，用生理盐水冲洗，甲醇固定，Giemsa-Wright-PB 染色，油镜下观察吞噬鸡红细胞的巨噬细胞数及被吞噬的鸡红细胞数，计算吞噬率及吞噬指数。

$$吞噬率（\%）= \frac{吞噬鸡红细胞的巨噬细胞数}{计数的观察巨噬细胞总数} \times 100$$

$$吞噬指数（\%）= \frac{被吞噬的鸡红细胞总数}{计数的观察巨噬细胞总数} \times 100$$

2.2 大鼠 AM_ϕ 酶活性的测定

获得 AM_ϕ 灌洗液后，37℃培养 2 h，将 AM_ϕ 反复冻融，制成破碎的 AM_ϕ 悬液。测定酸性磷酸酶（ACPase）[4] 及精氨酸酶（arginase）[5-6] 的酶活性。

2.3 小鼠腹腔巨噬细胞吞噬鸡红细胞实验 [7]

小鼠腹腔注射 20%鸡红细胞悬液 1.0 ml，间隔 30 min，颈椎脱臼处死动物，剪开腹壁皮肤，腹腔注入 Hanks 液 2.0 ml。按揉腹腔，吸出腹腔洗液 1.0 ml，分别滴于 2 张载玻片上，37.0℃恒温箱中温育 30 min 然后经 1∶1 丙酮甲醇溶液固定，4%（V/V）Giesma-磷酸缓冲液染色，再用蒸馏水漂洗晾干。油镜下计数巨噬细胞，每张片计数 100 个。以吞噬百分率和吞噬指数表示小鼠巨噬细胞的吞噬能力。

$$吞噬率（\%）= \frac{吞噬鸡红细胞的巨噬细胞数}{计数的观察巨噬细胞总数} \times 100$$

$$吞噬指数（\%）= \frac{被吞噬的鸡红细胞总数}{计数的观察巨噬细胞总数} \times 100$$

2.4 碳廓清试验小鼠碳廓清实验

对每只小鼠尾静脉注射稀释 4 倍的印度墨汁，每 10g 体重 0.1 ml。待墨汁注入后立即计时。分别于注入墨汁后 10 min 取血 0.020 ml 加至 2.00 ml 碳酸钠溶液中，600 nm 波长处测定光密度值，以碳酸钠溶液作对照。另取肝脏和脾称重。以吞噬指数来表示巨噬细胞吞噬功能。

$$碳廓清指数\ K = \frac{\lg OD_1 - \lg OD_2}{t_2 - t_1}$$

式中，OD_1 为 t_1 时的 OD 值；OD_2 为 t_2 时的 OD 值。

$$吞噬指数 = \frac{体重}{肝重 + 体重} \sqrt[3]{K}$$

3 实验结果

3.1 冬虫夏草菌丝体对大鼠体重的影响

由表 1 可见，给予大鼠不同剂量的冬虫夏草菌丝体 28 d 后，与对照组比较各剂量组体重均无显著性差异（$P > 0.05$）。

表 1　冬虫夏草菌丝体对大鼠体重的影响

组别	n	受试物剂量 [g/(kg·bw)]	灌服前体重（g）($\bar{X} \pm SD$)	灌服后体重（g）($\bar{X} \pm SD$)
对照组	8	0	261.78±26.34	261.8±21.46
低剂量组	8	1.42	262.50±20.44	272.08±15.92
高剂量组	8	2.83	244.30±35.72	261.40±26.28

3.2 冬虫夏草菌丝体对 AM_Φ 吞噬功能的影响

由表 2 可见，经口给予低、高剂量冬虫夏草菌丝体 28 d 后，与对照组比较，AM_Φ 吞噬率分别提高 49.7%（$P < 0.05$），82.0%（$P < 0.01$），吞噬指数分别提高了 48.4%（$P < 0.05$）和 86.1%（$P < 0.01$）。结果提示，冬虫夏草菌丝体具有提高 AM_Φ 吞噬功能的作用。

表 2　冬虫夏草菌丝体对大鼠肺巨噬细胞吞噬功能的影响

组别	n	吞噬率（%）($\bar{X} \pm SD$)	吞噬指数（$\bar{X} \pm SD$）
对照组	8	9.17±1.79	9.63±1.97
低剂量组	8	13.73±5.68*	14.29±5.35*
高剂量组	8	16.69±6.50**	17.92±7.25**

*$P < 0.05$ 与对照组比较；**$P < 0.01$ 与对照组比较。

3.3 冬虫夏草菌丝体对 AM$_\phi$ 内酶活力的影响

由表3可见，经口给予低、高剂量冬虫夏草菌丝体28d后，与对照组比较，肺巨噬细胞内酸性磷酸酶（ACPase）活性分别提高80.8%（$P < 0.05$），96.6%（$P < 0.05$），精氨酸酶（arginase）活性分别提高了94.0%（$P < 0.05$）和44.8%（$P < 0.05$）。结果提示，冬虫夏草菌丝体能够提高肺巨噬细胞内 ACPase 及 Arginase 活性。

表3 冬虫夏草菌丝体对 AM$_\phi$ 内酶活力的影响

组别	n	ACPase ☆（金氏单位）（$\bar{X}\pm SD$）	精氨酸酶※（活力单位）（$\bar{X}\pm SD$）
对照组	8	2.34±1.64	7.45±2.58
低剂量组	8	4.23±1.46*	14.45±6.67*
高剂量组	8	4.60±1.44*	10.79±3.47*

※ 1000 ml AM$_\phi$ 细胞破碎液在37℃、pH 9.5条件下精氨酸酶作用30 min产生1 mg鸟氨酸一个活力单位（U）；*$P < 0.05$ 与对照组比较；☆ 100 ml AM$_\phi$ 细胞破碎液在37℃与基质作用30 min产生1 mg酚为一个金氏单位。

3.4 冬虫夏草菌丝体对小鼠体重、胸腺/体重、脾/体重的影响

由表4可见，给予小鼠不同剂量的冬虫夏草菌丝体28 d后，与对照组比较各剂量组体重均无显著性差异（$P > 0.05$）。

由表5可见，灌胃冬虫夏草菌丝体28 d后对小鼠体重、胸腺/体重，脾/体重均无影响。

表4 冬虫夏草菌丝体对小鼠体重的影响

组别	n	受试物剂量[g/(kg·bw)]	灌胃前体重（g）（$\bar{X}\pm SD$）	灌胃后体重（g）（$\bar{X}\pm SD$）
对照组	10	0	21.96±1.30	33.13±2.74
低剂量组	10	2.83	22.42±1.29	31.89±2.09
高剂量组	10	5.66	22.35±1.15	32.16±2.69

表5 冬虫夏草菌丝体对小鼠免疫器官重量的影响

组别	n	胸腺/体重（mg/g）（$\bar{X}\pm SD$）	脾/体重（mg/g）（$\bar{X}\pm SD$）
对照组	10	2.55±2.55	3.67±0.60
低剂量组	10	2.59±0.94	4.20±0.91
高剂量组	10	2.24±0.41	3.46±0.69

3.5 冬虫夏草菌丝体对小鼠腹腔巨噬细胞吞噬能力的影响

由表6可见，经口给予低、高剂量冬虫夏草菌丝体28 d后，与对照组比较，腹腔巨噬细胞吞噬率分别提高21.9%（$P < 0.05$），52.4%（$P < 0.001$），吞噬指数分别提高29.6%（$P < 0.001$）和60.1%（$P < 0.001$）。结果提示：冬虫夏草菌丝体能提高腹腔巨噬细胞的吞噬功能。

表6 冬虫夏草菌丝体对小鼠腹腔吞噬功能的影响

组别	n	吞噬率（%）（$\bar{X}\pm SD$）	吞噬指数（$\bar{X}\pm SD$）
对照组	10	24.63±4.18	31.13±5.38
低剂量组	10	30.03±4.56*	40.35±3.91***
高剂量组	10	37.53±3.50***	49.83±4.13***

*$P < 0.05$ 与对照组比较；***$P < 0.001$ 与对照组比较。

3.6 冬虫夏草菌丝体对碳廓清实验的影响

由表 7 可见，经口给予低、高剂量冬虫夏草菌丝体 28 d 后，与对照组比较，小鼠廓清指数分别提高 10.6%（$P < 0.05$）和 15.5%（$P < 0.05$），吞噬指数分别提高 8.2% 和 10.5%（$P < 0.01$）。结果提示，冬虫夏草菌丝体具有提高小鼠的碳廓清能力。

表 7　冬虫夏草菌丝体对小鼠碳廓清能力的影响

组别	n	吞噬率（%）（$\bar{X} \pm SD$）	吞噬指数（$\bar{X} \pm SD$）
对照组	10	4.89±0.43	30.41±2.25
低剂量组	10	5.41±0.42*	32.91±3.40
高剂量组	10	5.65±0.80*	33.58±2.52**

*$P < 0.05$ 与对照组比较；**$P < 0.01$ 与对照组比较。

4　讨论

我国传统医学中有许多药食兼用的中草药及其制品被认为具有润肺的功能，如冬虫夏草、甘草、秋梨膏等，这些中草药已有很长的应用历史，其润肺功能亦被广泛认可。目前市场上也急需具有润肺功能的保健食品，但润肺功能还没有统一的部颁标准。

在人体的呼吸免疫系统中，AM_ϕ 是参与肺内非特异性免疫的重要细胞。AM_ϕ 是经管壁溢出的游离单核细胞定植于肺泡腔内所形成。在生理状况下，它主要承担免疫监视、抗原呈递及吞噬入侵的病原微生物和灰尘等作用。AM_ϕ 吞噬异物，主要是通过细胞内的溶酶体系统将异物溶解。ACPase，精氨酸酶存在于巨噬细胞溶酶体内，参与巨噬细胞的多种溶酶体的消化功能。有文献报道，ACPase 被认为是溶酶体的标志酶[7]，而精氨酸酶活性升高被认为是巨噬细胞被激活的标志[8-10]。当外界的病原微生物或异物入侵体内，肺吞噬细胞能游走至异物的周围并识别异物，当巨噬细胞吞噬异物后经细胞内的溶酶体系统将其分解清除，从而达到杀菌和清除异物的目的。由此可见，AM_ϕ 的吞噬功能和细胞内酶的活力高低可在一定程度上反映肺部的免疫水平。

经大量的研究证明，冬虫夏草菌丝体与天然的冬虫夏草成分极其相似，并且有相似的药理作用与临床效果，甚至在某些方面优于天然冬虫夏草[2]。因此，临床上多用于治疗肺虚咳嗽和肺肾两虚，久咳不愈之症。

测定灌服冬虫夏草菌丝体后的大鼠肺巨噬细胞内酶活性，结果表明，与对照组相比，低 [1.42 g/（kg·bw）]、高剂量组 [2.83 g/（kg·bw）] ACPase 活性分别提高 80.8%（$P < 0.05$），96.6%（$P < 0.05$），精氨酸酶活性分别提高了 94.0%（$P < 0.05$）和 44.8%（$P < 0.05$）。上述结果提示，冬虫夏草菌丝体能够显著改善肺部免疫功能。

本研究还表明，冬虫夏草菌丝体对腹腔巨噬细胞的吞噬功能及碳廓清指数有较好的增强作用。而腹腔巨噬细胞的吞噬功能和碳廓清实验是全身非特异性免疫的重要指标。因此，结果提示冬虫夏草菌丝体具有提高小鼠全身非特异性免疫的功能。

【参考文献】

[1] 于自净. 人工虫体菌丝体开发与临床应用. 时珍国医国药，1999，10（1）：62-63.
[2] 穆效群，姚小曼，牛铁芹，等. 评价保健食品对肺巨噬细胞吞噬功能影响的实验方法. 中国食品卫生杂志，1998，10（5）：14-16.

[3] 吕建新，金丽琴，陈国荣，等.细脚拟青霉对大鼠肺泡巨噬细胞的激活作用.免疫学杂志，1997，13（2）：82-84.
[4] 陈国荣，金丽琴，邵黎明，等.实验性糖尿病大鼠巨噬细胞内酶活性及吞噬功能的研究.免疫学杂志，2000，16（5）：352-354.
[5] 王坤，秦明芬.精氨酸酶的测定.江苏医药，1979，（4）：4-6.
[6] Jakway J P，Morris H G，Blumenthal E J，et al. Serum factors required for arginase induction in macrophages. Cell Immunol，1980，54：253.
[7] 金宗濂，文镜，唐粉芳，等.功能食品评价原理及方法.北京：北京大学出版社，1995.
[8] 李万德，徐英含，周水云.卡介苗活化的肺巨噬细胞对二氧化矽的反应.Ⅱ溶酶体膜通透性变化的研究.浙江大学学报：医学版，1982，5（4）：239-242.
[9] 高天祥，韩世杰.临床免疫学与实验技术.济南：山东科学技术出版社，1984：127-143.
[10] Cohn Z A.The activation of mononuclear phagocytes：Fact，fancy and future. J Immunol，1978，121：813.

原文发表于《食品科学》，2002年第8期

红曲中生物活性物质研究进展

雷 萍 金宗濂

北京联合大学 生物活性物质与功能食品北京市重点实验室

【摘要】 本文综述了红曲产生的红曲色素降血脂、降血压、抗菌、降血氨、抑制肿瘤及麦角固醇等生理活性成分的研究现状和新的进展。

【关键词】 红曲；红曲霉；生物活性物质；进展

1 红曲应用的历史和现状

红曲是以大米为原料，经红曲霉（Monascus）繁殖而成的一种紫红色米曲。它是药食两用的食品，在中国已有一千多年的历史。早在古代它就已被广泛应用于食品着色、酿酒、发酵、中医中药方面。《本草纲目》中记载了它的药用价值——"消食活血、健脾燥胃；治赤白痢、下水谷；治妇女血气痛及产后恶血不尽"。近年来，随着对红曲中生物活性物质研究的不断发展，各国的学者对其进行了深入而广泛的研究，发现红曲能产生许多有用的次级代谢产物，如红曲色素、胆固醇抑制剂洛伐他汀（lovastatin），以及具有降血压、抗菌、降血氨、抗肿瘤、降糖等生理活性的成分，使传统的红曲增添了新的内涵。一种天然物质能同时具有多项生物活性实属罕见，因此开发红曲的新功能已成为各国研究的热点。

2 红曲霉的种类

红曲霉有8种48个菌株，分别为紫红曲霉（*M. purpureus*）22株，安卡红曲霉（*M. anka*）11株，红色红曲霉（*M. ruber*）2株，巴克红曲霉（*M. bakeri*）1株，烟色红曲霉（*M. fuligmosus*）7株，发白红曲霉（*M.albcans*）1株，锈色红曲霉（*M. rust*）1株，变红红曲霉（*M. alternatus*）3株。

3 红曲的代谢产物及生物活性物质

3.1 红曲色素

红曲霉是目前世界上唯一能产生食用色素的微生物。红曲色素长期作为食品着色剂，它与合成色素相比具有性质稳定，耐热性强（100℃的高温色调保持不变），耐光性和对蛋白质着色性极好等特点。而且，红曲色素安全无毒，是值得大力推广的可食用天然色素[1]。红曲易培养，产色素能力强，安全性高，国外尤其是日本已广泛将其用于肉类、鱼、豆、面、糖、果酱、果汁等食品的着色。目前我国红曲主要应用于红曲酒酿制、红曲食醋、发酵食品（红曲腐、酱油、红曲糟制品等）、食品色素等。我国庄桂研制了红曲西瓜发酵乳酸，卢红梅研制了红曲糖醋饮料。此外，红曲色素还可做头发染料。红曲色素是多种色素成分的混合物。

1932年，Nishikawa首次从紫红曲霉 *M. purpureus* 等培养物中分离出黄色和红色晶体，随后许多学者将红曲色素用有机溶剂提取分离，除了得到红色针状、黄色片状结晶外，还得到紫色针状结晶。经元素定性、熔点测定、紫外线、红外线和可见光吸收光谱分析，以及核磁共振谱分析，认为红曲色素是由化学结构不同、性质相近的红、黄、紫三类不同色谱组成的混杂色素物质，它们都是arphilone类有机物。目前，确定的红曲色素的结构有6种，分为3类，如潘红（rubropunctatin）、梦那玉红（monascorubrin）等 2 种红色色素；梦那红（monascin）、安卡黄素（ankafl）等 2 种黄色色素；潘红胺（rubropunctamine）、红曲红胺（monascorubramine）等 2 种紫色色素。1993 年，郭东川等分离得到 2 种红色色素，确定为新的红曲色素，分子式分别为 $C_{25}H_{31}O_5N$ 和 $C_{25}H_{27}O_5N$。日本又有报道，从 M. anka 和 M. purpureus 分离出的红色色素和黄色色素，能通过加速分解致畸剂，起到抑制突变的作用[2-3]。

3.2 红曲的降血脂活性成分

1979 年，日本的 Akira Endo 从 M. ruber No.1005 中分离出能够抑制胆固醇合成的物质 monacolin K。之后又陆续分离出 monacolin K 的类似物 monacolin J 和 monacolin L，dihydromonacolin L 和 monacolin X，以及从 M. ruber M4681 中分离出的 monacolin M。1990 年，从 M. ruber/J-199 中得到 3α- 羟 -3,5-dihydromonacolin L。monacolin 类物质是红曲霉共同的代谢产物，它们的分子结构很相似，差别只在于 R 基不同，如下所示。

Alberts 和 Endo 等研究表明，lovastatin 是羟甲基戊二酰辅酶 A（HMG-CoA）还原酶的竞争性抑制剂，而 HMG-CoA 还原酶是控制胆固醇合成速度的关键酶，由此可知，抑制此酶的活性，就能减少或阻断体内胆固醇的合成。lovastatin 的 β- 羟基 -δ- 内酯部分可以游离酸形式存在，而这个结构与 HMG-CoA 的结构更为接近，所以能竞争性抑制 HMG-CoA。monacolin 类物质，其浓度只要达到 0.001～0.005 μg/ml，胆固醇的合成就会受阻。

由于 lovastatin 的强效降血脂作用，所以其在原料产品中的含量测定十分重要。目前，国内外对于红曲中 lovastatin 的测定方法主要有高效液相色谱法、紫外分光光度法和薄层层析法等。其中最常用的是液相色谱法。最早 lovastatin 是日本的 Endo 教授通过有机溶剂提取到的。Alberts 采用柱预处理再进行高压液相色谱得到了 monacolin K 的晶体。1981 年，Vincent 等使 mevinolin 和 4- 硝基苯混合，以 HPLC 测定所产生的衍生物，简化了测定过程。1986 年，有人又用反相液相色谱法测定血浆和胆汁中的 lovastatin。1995 年，Friedrich 用甲醇提取发酵液中 lovastatin，又以甲醇为流动相进行 HPLC 分析，发现在甲醇中，lovastatin 在 pH 为 7.7 时呈酸性形式，内酯环开环，出现氢基和羧基；pH 为 3.0 时呈内酯形式。研究者认为，测定 lovastatin 最好的形式是酸式 lovastatin，可以保证大量的 lovastatin 被测到，且分离度好，保留时间短。1997 年人们开始用色 - 质谱联用技术分析 lovastatin，均取得了良好效果[4]。

生物活性物质与功能食品北京市重点实验室文镜[5]等用 HPLC 法测定红曲中内酯型 lovastatin 的含量。他用不同的提取溶剂和不同的超声时间，发现采用 75% 乙醇对红曲中的 lovastatin 超声提取 20 min，lovastatin 的提取比较完全。超声后离心，再用中性氧化铝柱层析吸附上清液中的色素进行前处理以去除色素。此外，还对洗脱剂的收集量进行选择，证明在洗脱开始后的 2.5～12.5 ml，内酯型 lovastatin 被完全洗脱，在此条件下样品提取液中的酸性形式的 lovastatin 不被完全洗脱，因此采用中性铝柱层析的前处理方法基本上能将色素、酸性形式 lovastatin 与内酯型 lovastatin 分离开。经过前处理的样品以甲醇：0.1% 磷酸（V/V）=75：25 为流动相，在 1 ml/min 流速下用反相高效液相色谱法分离去除残余色素及其他杂质干扰，内酯型 lovastalin 用紫外检测器在 238 nm 波长下检测。在本实验条件下 7 次重复测定加标样品的回收率为 98%±5%，标准样品 7 次重复测定的变异系数为 2.63%。样品中内酯型 lovastatin 的最低检测下限为 4 μg。利用该实验条件成功测定了两种红曲发酵制品中内酯型 lovastatin 的含量。

美国、日本的研究已证明，monacolin K 对人是安全的。他们研制的纯品药物洛伐他汀（或美降脂）（lovastatin or mevacor）经临床证实，属高效、安全、低毒的药物[1]。lovastatin 不仅具有抑制 HMG-CoA 还原酶的作用，还可以增加肝细胞表面 LDL 受体的表达并具有升高 HDL 浓度的作用，因此有很强的降低血清胆固醇的作用，能治疗高脂血症。之后，又用 monacolin J 开发出疗效更好的半合成药辛伐他汀，均取得良好效果。国内的红曲制剂血脂康，经过临床实验验证，也有很好的降脂效果，并已上市。

3.3 降压活性成分

3.3.1 红曲的降压作用

3.3.1.1 动物实验

红曲的降压作用近年来逐渐被人们所认识到。20 世纪 80 年代末，日本的 Keisnke 等将红曲和米曲霉曲 10% 分别添加入饲料，选用 18 周龄已呈高血压的自发性高血压大鼠（SHR），使其自由摄取上述饲料中的一种，7 d 后测血压，发现只给予蒸米的对照组血压有所升高，而添加米曲霉曲饲料组的血压有所下降，添加红曲饲料组的血压显著下降。停止给予添加曲的饲料，换成普通饲料，7 d 后添加红曲饲料组仍停留在低值。

3.3.1.2 临床试验

日本的 Keisnke 等以住院的原发性高血压患者为对象，进行红曲提取物（BKE）摄入量的比较实验。实验对象共 12 人，7 男 5 女，年龄在 46～68 岁。住院时停止服用一切降压药物，此后 7 d 期间定期测血压。设对照组（每天 1 瓶对照饮料，除不含红曲，其余成分与红曲饮料完全一致），每天 1 瓶红曲饮料组（含 9 g 红曲）、每天 2 瓶红曲饮料组（含 18 g 红曲）、每天 3 瓶红曲饮料组（含 27 g 红曲），共 4 组，每组 3 人。结果显示，12 个住院患者的收缩压和舒张压均有明显下降。服用 BKE14 d 后，每天 3 瓶红曲饮料组的血压从（157±11）/（91±10）mmHg 下降到（141±10）/（81±6）mmHg。此外，他们还进行了长期饮用实验。每天 3 瓶红曲饮料组服用 30 d 后，血压从（154±9）/（92±6）mmHg 下降到（147±10）/（81±5）mmHg。他们还对症状不严重的 12 位门诊者（7 男 5 女）进行长期实验，其中 7 人每天 1 瓶红曲饮料（BKE 组），连续服用 180 d，其他 5 人为对照组。180 d 后 BKE 组血压从（164±9）/（99±6）mmHg 下降到（154±14）/（88±5）mmHg。同时还观察到 BKE 组的血清胆固醇从（228±42）mg/dl 下降到（184±27）mg/dl，但对照组无下降。因此，日常食用 BKE 同时有降低血压和血清胆固醇的治疗作用。

3.3.2 红曲降压成分和降压机制的研究

Keisuke 等推测红曲的降压作用可能随红曲的繁殖而增强，于是采用测定细胞壁成分氨基葡萄糖（Glc-NHZ）间接估计菌体量的方法进行了红曲菌体量与降压作用关系的研究。结果表明，红曲的降压效果随菌体量的增加而增强。氨基葡萄糖作为 N-乙酰氨基葡萄糖胺是构成细胞壁几丁质的主要成分，但至今尚无氨基葡萄糖或几丁质具有降压作用的报道，而且几丁质是非水溶性物质。Keisuke 推断它不是红曲的降压成分。γ-氨基丁酸（GABA）是公认的降压物质，但是含量少，因此也被排除。樽井庄一等从红曲属 *M. sp.* 霉菌的肉汤培养基中分离到一种新的降压成分，用柱层析得到的馏分符合中性氨基酸的标准，该组分易溶于水、甲醇、丙酮，不溶于正丁醇、乙酸乙酰、己烷、苯氯仿，为高黏度暗棕色液体，以凝胶过滤法处理得低于 3000 Da 的混合物，颜色反应阳性（茚三酮，福林试剂）。我国孙明等[6]通过每日经口分别给予 SHR、肾血管性高血压大鼠（RHR）、DOCA-盐型高血压大鼠（DHR）0.0 g/（kg·bw）、0.4 g/（kg·bw）、0.8 g/（kg·bw）、1.2 g/（kg·bw）红曲 21～28 d，每 7 d 测量一次收缩压。结果提示，红曲能降低 SHR、DHR 的血压，对 RHR 的降血压作用不明显，其中对 DHR 的降压作用强于 SHR。红曲很可能主要通过调节机体的水盐平衡而发挥作用，而红曲的降压成分可能是多样的，不排除红曲降压是多成分、多机制联合作用的结果。韩国的 Rhyu[7]等从 *M. ruber* IFO 31318 发酵的红曲水溶液中提取出舒血管成分，在离体血管上证实，该水相抽提物（WP/FRM）是不同于 ACh 和 GABA 的未知物质，能刺激大鼠胸主动脉血管内皮细胞产生或释放 NO，使血管舒张。当去除内皮细胞或存在 NO 合成酶抑制剂（*L*-NNA，10mmol/L）时作用消失，说明该降压物质具有内皮依赖的 NO 介导的血管舒张作用。

3.4 抗菌活性物质

我国自元代以来就已将红曲用在鱼、肉制品防腐保存上。《天工开物》中记载："世间鱼肉最朽腐物，而此物薄施涂抹，能固其质于炎暑之中，经历旬月，蛆蝇不敢近，色味不离初，盖奇药也。"已证明红曲霉固体培养物和液体发酵液有抗菌活性。1981 年，李云等[8]发表论文所述香港中文大学的 Hinchung Wang 等首次分离出红曲中的抑菌因子，命名为 monascidin A。1993 年，Blanc 等[9]带领的研究小组用质谱、磁共振等多种方法发现 monascidin A 实质是桔霉素（关于桔霉素的毒性下文将有叙述）。目前，对是否因为桔霉素的存在使红曲及其相关产品产生并增强其抑菌性尚无定论。红曲中的抗菌物质有多种，不止桔霉素一种。2001 年，中国台湾的 Wang S L 等[10]在虾蟹壳粉末制成的培养基中，从 *M. purpureus* CCRC31499 的细胞外发现一种有抗菌作用的几丁质酶，并对其进行纯化和鉴定。该几丁质酶分子质量约为 81 000D，等电点为 5.4，最适 pH 为 7，最适温度为 40℃，稳定的 pH 为 6～8。该酶可被 Fe^{2+} 强烈抑制，可抑制细菌和真菌。

3.5 降血氨活性成分

Monascus 产生的潘红和梦那玉红可有效地治疗动物的高血氨症及其他与氨有关的疾病。雄性小鼠口服 0.25 g/kg 色素 12h 后，血氨水平从 7～11 μmol/ml 降到 6.58 μmol/ml。林赞峰认为，红曲色素中的橙色素具有活泼的碳基，易与氨基作用，所以不但可以治疗氨血症，而且很可能是优良的防癌物质。而红曲所产生的单胺氧化酶阻遏物早就用于对帕金森综合征的治疗。1996 年，日本人又从红曲中提取出一系列具有抑制单胺氧化酶活性的香豆素衍生物，它们分别是 monakarins A～D，而 E 和 F 无此作用[11]。

3.6 抑制肿瘤活性成分

1994 年，日本 Yosukawa K 等[12]从 *M. anka* 中分离出的梦那玉红（一种 azaphilone 衍生物），和从 *Chaotomium globosum* Var flavoviridao 分离出的 chaotoviridin A（一种 azaphilone），通过对抗炎症反应起到抑制肿瘤的作用。给予小鼠 1 mg 的 TPA（一种促肿瘤长剂）能诱导炎症

梦那玉红及其相关物质，chaotoviridin A 及其相关物质抑制 TPA 诱导小鼠炎症的活性。该化合物的 50% 抑制剂量为 0.4～1.5 mmol。而且 2 mmol 梦那玉红、2 mmol Chaotoviridin A 及 1 mg 红曲色素能显著抑制 1 mg TPA 所致的小鼠皮肤肿瘤的生成。1996 年，又发现口服 M. anka 的红曲色素能抑制肿瘤。

3.7 麦角固醇

麦角固醇是维生素 D_2 的前体。它经过紫外线的照射可转化为维生素 D_2，而维生素 D_2 可以防治婴幼儿佝偻病，促进孕妇和老年人对钙、磷的吸收。麦角固醇还是生产可的松和黄体酮的原料，是一种很重要的药品。毛宁等从红曲及土壤中分离得到 8 株红曲霉，均能产生麦角固醇，并且其中某些菌株已接近目前工业生产用的酵母的发酵水平，同时又能产生红曲色素，而红曲色素存在于发酵液中，可以与存在菌体中的麦角固醇分别提取，具有工业开发、应用的价值[1]。

3.8 红曲的其他功用

3.8.1 治疗胆结石、前列腺增生

monacolin K 的酯构型弱碱化形成碱金属盐、土族金属盐等分别有预防和治疗胆结石、前列腺增生的作用，能使胆结石形成指数下降，改善前列腺增生程度，使排尿正常。

3.8.2 抗氧化

2000 年，日本人从 M. anka 中分离得到抗氧化剂 dimerumic acid，能清除 DPPH，减轻 CCl_4 引起的肝损害，保护肝脏[13]。

3.8.3 降血糖

此外，远藤章还发现红曲的某些菌种可以产生降低血糖的成分，对糖尿病有一定的预防作用。

4 一些不良作用

4.1 桔霉素毒性

1998 年，欧洲科学家发现红曲中存在着一种名为桔霉素的物质对人体有潜在危害，使我国红曲出口受到严重威胁。桔霉素问题成为限制我国红曲及相关产品出口的瓶颈问题。在动物实验中发现，monascidin A（后被认定是桔霉素）对肾脏有毒害作用，还可使动物致畸、致死，所以应当严格限制红曲及相关产品中桔霉素的含量，必须低于规定值。至于红曲产品中的桔霉素的最低含量应为多少尚无定论。目前所报道的桔霉素的最低检测浓度（双向板层析法）为 10 ng[14]。

检测桔霉素的方法有高效液相色谱法、薄层层析法、酶联免疫法和抑菌圈法等。红曲样品前处理多采用超声离心或冷冻干燥之后加入有机溶剂萃取。在经过这样复杂的前处理后，一方面，样品中桔霉素的损失较大；另一方面，前处理时间长，影响因素多，且难于对活菌株或鲜样直接检测。抑菌圈法比较直接，利用红曲中所含桔霉素的抗菌性来间接定性和半定量，但红曲中的抗菌物质不止桔霉素一种，而且影响因素多，不够准确。高效液相色谱法最精确，最近还发展了反相高效液相色谱法，配合荧光检测仪；采用冷冻干燥处理细胞，加入有机溶剂提取，所得结果比较精确灵敏。

桔霉素与红曲色素的合成开始在同一途径上，由1个乙酰辅酶A和3个丙二酰辅酶A合成丁酮和辅酶，复合物经甲基化，在丙二酰辅酶A的参与下合成戊酮，然后分开，一条途径合成己酮，最后产生红曲色素；另一条途径最后产生桔霉素。所以，要控制桔霉素的产生量，可以加入抑制从戊酮到桔霉素这途径中限速酶的抑制剂，既可有效减少桔霉素的含量，又可保证较高的红曲色素的产率[11]。

4.2 过敏

2000年，有文献报道红曲能导致哮喘[15]。2002年，又首次有文献报道红曲作为香肠中色素有致敏现象发生，症状是喷嚏、流涕、结膜炎、全身瘙痒，继续发展会出现荨麻疹、水肿、呼吸困难等[16]。

5 结束语

红曲自古至今就是一个药食两用的典型代表。在全世界都在提倡以食品保健康，以厨房代替药房的今天，红曲的保健疗效和治疗功能格外受到世人关注。随着对红曲有效生理活性物质的深入研究，发现了越来越多的生理活性物质。红曲霉的应用研究已进入一个新阶段。

【参考文献】

[1] 刘永华，徐文生，夏云梯，等.红曲研究的现状与进展.食品与发酵工业，1997，23（5）：69-72.
[2] 毛宁，陈松生.红曲霉有效成分的生理活性及应用研究.中国酿造，1997，（1）：9-13.
[3] Izawa S, Harada N, Watanabe T, et al. Inhibitory effects of food-coloring agents derived from monascus on the mutagenicity of heterocyclic amines. Agricultural and Food Chemistry，1997，45（10）：3980-3984.
[4] 文镜，常平，顾晓玲，等.红曲及洛伐他汀的生理活性和测定方法研究进展.中国食品添加剂，2001，（1）：12-19.
[5] 文镜，常平.红曲中内酯型lovastatin的HPLC测定方法研究.食品科学，2000，21（12）：100-102.
[6] 孙明，李悠慧，严卫星，等.红曲降血压作用的研究.卫生研究，2001，30（4）：206-208.
[7] Rhyu M R, Kim D K, Kim H Y, et al. Nitric oxide-mediated endothelium dependent relaxation of rat thoracic aorta induced by aqueous extract of red rice fermented with Monascus ruber.Ethnopharmacol，2000，70（1）：29-34.
[8] 李云，阎雪秋，李枚秋，等.红曲与桔霉素.食品与发酵工业，2000，26（3）：82-87.
[9] Blanc P J, Laussac J P, LeBars J, et a1. Characterization of monascidin A fromMonascus as citrinin. Interna J Food Micro，1995，27（2/3）：201-213.
[10] Wang S L, Hsiao W J, Chang W T. Purification and characterization of an antimicrobial chitinase extracellularly produced by monascus purpureus CCRC 31499 in a shrimp and crab shell powder medium. Agric Food Chem，2002，50（8）：2249-2255.
[11] Hossain C F, Okuyama E, Yamazaki M. A new series of coumarin derivatives having monoamine oxidase inhibitory activity from Monascus anka. Chem Pharm Bull，1996，44（8）：1535-1539.
[12] Yasukawa K, Takahashi M, Natori S, et al. Azaphilones inhibit tumor promotion by 12-0-tetradecanoylphorbol-13-acetate in two-stage carcinogenesis in mice.Oncology，1994，51（1）：108-112.
[13] Aniya Y, Ohtani I I, Higa T, et al. Dimerumic acid as an antioxidant of the mold, Monascus anka.Free Radic Biol Med，2000，28（6）：999-1004.
[14] 许赣荣.浅变红曲霉桔霉素田.酿酒科技，1999，（3）：20-22.
[15] Wigger-Alberti W, Bauer A, Hipler U C, et al.Anaphylaxis due to Monascus perpureus-fermented rice（red yeast rice）. Allergy，1999，54（12）：1330-1331.
[16] Hipler U C, Wigger Alberti W, Bauer A, et al.Case report：monascus purpureus-a new fungus of allergologic relevance. Mycoses，2002，45（1-2）：58-60.

原文发表于《食品工业科技》，2003年第9期

红曲对 L-硝基精氨酸高血压大鼠降压作用初探

唐粉芳[1]　张　静[1]　邹　洁[1]　孙　伟[1]　焦晓慧[2]　金宗濂[1]

1. 北京联合大学 应用文理学院
2. 首都医科大学 临床检测中心

【摘要】 在本实验室建立 L-硝基精氨酸（L-NNA）高血压大鼠模型，探讨红曲（Monascus）对该类高血压模型大鼠的降压功效，并考察其血中内皮素（ET）和降钙素基因相关肽（CGRP）含量变化。雄性 Wistar 大鼠共 20 只：正常对照组（C 组）8 只；L-NNA 模型对照组（L 组）6 只；红曲组（L+M 组）6 只。使用放免法测定血浆 ET 和 CGRP 含量。L-NNA 模型对照组与正常对照组相比，血浆 ET 明显升高（$P<0.05$）；血浆 CGRP 略有下降但不具有统计学意义（$P=0.8342$）；ET/CGRP 明显升高（$P<0.05$）。红曲组血浆 ET 含量极显著低于 L-NNA 模型对照组（$P<0.001$）。实验结果提示：血中 ET 的大幅度上升导致 ET 与 CGRP 之间平衡被打破，这一变化可能参与了 L-NNA 引起的大鼠高血压模型的产生；红曲有可能是通过降低 L-NNA 高血压模型大鼠血中 ET 水平而发挥降压作用的，但其作用机理有待进一步研究。

【关键词】 红曲；内皮素；降钙素基因相关肽；高血压；L-硝基精氨酸

Hypertension lowering study on L-nitro-arginine hypertension model ratsby monascus administration

Tang Fenfang[1]　Zhang Jing[1]　Zou Jie[1]　Sun Wei[1]　Jiao Xiaohui[2]　Jin Zonglian[1]

1. College of Arts and Sciences of Beijing Union University
2. Capital University of Medical Sciences

Abstract: The purpose of the study was to investigate the effect of Monascus on lowering hypertension and the changes of plasma endothelin（ET）value and calcitonin gene-related peptide（CGRP）value in L-nitro-arginine（L-NNA）hypertension model rats. There were 20 male Wistar rats divided into 3 groups: control group（group C）8 cases, L-NNA hypertension group（group L）6 cases and L-NNA+monascus group（group L+M）6 cases. The results showed ET and ET/CGRP were increased markedly in L-NNA hypertension model rats（$P<0.05$）, while CGRP showed no significant difference between group C and group L（$P=0.8342$）. ET was reduced remarkably in L+M group（$P<0.001$）.Therefore, increasing ET and ET/CGRP might lead to the hypertension of rats. Monascus could lower hypertension by reducing blood ET value.

Key words: Monascus; endothelin; calcitonin gene-related peptide; hypertension; L-NNA

内皮素（endothelin，ET）是血管内皮细胞分泌的，具有强烈收缩血管和促血管平滑肌细胞增殖作用的生物活性多肽，在高血压的发病中起着举足轻重的作用。降钙素基因相关肽（calcitonin gene related peptide，CGRP）是体内最强的舒血管活性多肽，主要分布于神经系统和心血管系统，在高血压的发病中也起着十分重要的作用[1]。本文检测 L-硝基精氨酸（L-NNA）高血压模型大鼠血中 ET 和 CGRP 水平的变化，以及灌胃红曲（Monascus）后对以上两种物质的影响，旨在探讨 L-NNA 高血压模型大鼠血中 ET 和 CGRP 含量变化，以及红曲对此类高血压模型大鼠的降压功效。

1 材料与方法

1.1 样品

红曲粉剂：由东方红生物技术有限公司提供。

左旋硝基精氨酸（Nw-NITRO-L-ARGININELNNA）：由 Sigma 生产。

1.2 动物分组

雄性 Wistar 大鼠（购自中国医学科学院动物中心）共 28 只，随机分为两组，空白对照组 8 只；L-NNA 模型组 20 只。造模 15 d 后测量血压，在 L-NNA 模型组中选择血压高于 140 mmHg 的 12 只大鼠再随机分为两组：L-NNA 模型对照组 6 只；红曲组 6 只。给两组动物继续注射 L-NNA，同时 L-NNA 模型对照组灌胃白水，红曲组灌胃红曲水溶液，21 d 后测量所有大鼠的血压，并取血检测 ET 和 CGRP 含量。

1.3 实验方法

1.3.1 高血压大鼠模型制备

将大鼠随机分为两组：空白对照组 8 只，每日 2 次腹腔注射生理盐水（2 ml/d）；L-NNA 模型组 20 只，每日 2 次腹腔注射 L-NNA 水溶液 [15 mL/（d·kg·2mL 生理盐水）]，15 d 后测量所有大鼠的血压。

1.3.2 红曲降压实验

在 L-NNA 模型组中选择血压高于 140 mmHg 的 12 只大鼠再随机分为两组：L-NNA 模型对照组 6 只；红曲组 [红曲 0.417 g/（d·kg）]6 只。给两组动物继续注射 L-NNA，同时 L-NNA 模型对照组灌胃白水（每只 1.5 ml），红曲组灌胃上述剂量的红曲水溶液。21 d 后测量所有大鼠的血压，并取血测量 ET 和 CGRP 含量。

1.3.3 采血条件

采血前所有大鼠断食 10 h 以上，但给予充足饮水。眼底采血，低温离心（4℃，3000 r/min）分离血浆。

1.3.4 生化指标的测定

放射免疫法测定血浆 ET 和 CGRP 含量。

1.3.5 数据统计

样本测定的数据结果以均值 ± 标准差表示。两组数据间的比较用 t 检验。

2 试验结果

2.1 L-NNA 高血压大鼠模型的建立

由表 1 可见，L-NNA 模型对照组与空白对照组相比血压显著升高。

2.2 红曲对 L-NNA 高血压大鼠的降压作用

由表 2 可见，红曲对 L-NNA 模型大鼠的降压作用。

表 1 造模期间各组大鼠血压（$\bar{X}\pm$SD）

分组	基础值（mmHg）	7 d（mmHg）	10 d（mmHg）	14 d（mmHg）
空白对照组 $n=8$	116.63±4.48	120.50±4.60	124.63±9.88	121.75±3.41
L-NNA 模型对照组 $n=20$	112.25±8.70	145.70±15.87	158.80±14.45***	157.45±15.42***

***$P < 0.001$ 与正常对照组相比。

表 2 红曲降压实验期间各组大鼠血压（$\bar{X}\pm$SD）

分组	基础值（mmHg）	7 d（mmHg）	10 d（mmHg）	14 d（mmHg）
L-NNA 模型对照组 $n=6$	158.17±13.29	147.83±10.83	151.83±9.30	154.83±8.23
红曲组 $n=6$	163.00±13.22	135.17±12.81	135.67±8.98*	133.33±6.56***

*$P < 0.05$ 与 L-NNA 模型对照组相比；***$P < 0.001$ 与 L-NNA 模型对照组相比。

2.3 样本测定结果

由表 3 可见，灌胃不同受试物 21 d 后，血浆 ET 含量：L-NNA 模型对照组 [（59.34±12.49）μg/ml] 明显高于（$P < 0.05$）空白对照组 [（31.39±24.89）μg/ml]；红曲组 [（19.33±14.53）μg/ml] 较 L-NNA 模型对照组 [（59.34±12.49）μg/ml] 显著下降（$P < 0.001$）。血浆 CGRP 含量：L-NNA 模型对照组 [（77.27±37.38）μg/ml] 与空白对照组 [（83.45±62.47）μg/ml] 相比，$P=0.8342$；红曲组 [（54.75±15.84）μg/ml] 与 L-NNA 模型对照组及空白对照组相比 P 分别为 0.2041 和 0.2976，即三组大鼠血浆 CGRP 含量无统计学差异。血浆 ET/CGRP：L-NNA 模型对照组 0.94±0.46 与空白对照组 0.36±0.35 相比明显上升（$P < 0.05$）。

表 3 灌胃不同受试物 21 d 后各组大鼠血压及血中 ET 和 CGRP 含量（$\bar{X}\pm$SD）

分组	血压（mmHg）	ET（μg/ml）	CGRP（μg/ml）	ET/CGRP
空白对照组 $n=8$	118.88±4.49	31.39±24.89	83.45±62.47	0.36±0.35
L-NNA 模型对照组 $n=6$	154.834±8.23***	59.34±12.49*	77.27±37.38	0.94±0.46*
红曲组 $n=6$	133.33±6.56###	19.33±14.53###	54.75±15.84	0.46±0.39

*$P < 0.05$ 与空白对照组相比；***$P < 0.001$ 与空白对照组相比；###$P < 0.001$ 与 L-NNA 模型对照组相比。

3 讨论

3.1 L-NNA 高血压模型大鼠血中 ET 和 CGRP 含量变化

血管内皮细胞（VEC）产生的内皮依赖性舒张因子（EDRF）和收缩因子（EDCF）二者功能的动态平衡对维持正常血管功能具有非常重要的作用。

ET 是 1988 年由日本学者 Tanagisawa 等[2] 从猪主动脉内皮细胞中分离出的一种多肽，具有旁分泌和自分泌形式，是迄今所知最强的缩血管物质。ET 除具有强大的缩血管作用外，还具有促有丝分裂和促血管平滑肌细胞（VSMC）增殖作用，与心血管重构的形成存在密切联系。高血压患者及自发性高血压（SHR）大鼠血中 ET 含量都会有不同程度的上升[3]。CGRP 是目前已知人体内最强的内源性血管舒张物质。它可以促进内皮细胞生长，修复受损的血管壁。同时，CGRP 还能够抑制平滑肌增殖，与一氧化氮（NO）有相似的生理作用。正常状态下，

CGRP 与 ET 之间协调释放使血管张力保持一定水平,维持血压正常。但是,关于 CGRP 的血浆含量,在 EH 患者和 SHR 的研究中不同的研究小组得出的结论不全一致。这可能有实验样本、测定方法的原因,也可能是由于高血压的不同类型和不同阶段的差异所致[4]。

本实验显示,与正常对照组相比 L-NNA 模型对照组大鼠血浆 ET 含量明显上升($P < 0.05$);CGRP 含量略有下降($P = 0.8342$),虽无统计学意义,但 ET/CGRP 明显升高($P < 0.05$)。提示,血中 ET 含量的大幅度上升致使 ET 与 CGRP 之间的平衡被打破,这一变化参与 L-NNA 引起的大鼠高血压模型的产生。国内目前在使用 L-NNA 建立大鼠高血压模型同时检测 ET 和 CGRP 的报道还很少。这两种物质对此类高血压模型大鼠的病理生理作用机制还有待进一步研究。

3.2 红曲的降压功效

日本远藤章曾用高血压大鼠进行红曲的降血压试验。他用 10 周龄的 SHR 大鼠,实验时血压 158 mmHg,对照组在饲料中添加 1% 食盐,3 周内血压升至 224 mmHg,而添加 3% 和 5% 红曲的实验组动物血压没有升高。实验组和对照组之间有显著差异,证明红曲降压效果非常之强,在饲料中只要添加 3% 红曲就可发挥降血压作用,而且随着红曲剂量的增加,其效果也越强[5]。韩国的 Rhyu M R 等从 *Monascus ruber* IFO 31318 发酵的红曲的水溶液中提取出舒血管成分,其对于内皮依赖的 NO 介导的血管有舒张作用[6]。

本实验显示,红曲能极显著降低($P < 0.001$)血浆 ET 浓度,提示红曲可能是通过作用于内皮素而发挥了降压效应,但其降压机制还有待进一步的研究。

【参考文献】

[1] 程光华, 张新路, 王荣鑫. 自发性高血压大鼠降钙素基因相关肽水平观察. 高血压杂志, 1998, 6(2): 91.
[2] Yanagisawa M, Kurihara H, Kimura S, et al. A novel peptide vasoconstrictor, endothelin, is produced by vascular endothelium and modulates smooth muscle Ca^{2+} channels. J Hypertens Suppl, 1988, 6(4): S188-11.
[3] 刘力生. 高血压. 北京: 人民卫生出版社, 2001: 342.
[4] 王望, 工宪. 降钙素基因相关肽超家族与高血压. 心血管病学进展, 2000, 21(5): 260.
[5] 金宗濂. 保健食品的功能评价与开发. 北京: 中国轻工业出版社, 2001: 474.
[6] 宋洪涛, 郭涛, 宓鹤鸣. 中药红曲的研究进展. 药学实践杂志, 1999, 17(3): 172-174.

原文发表于《食品科学》,2004 年第 4 期

γ- 氨基丁酸是红曲中的主要降压功能成分吗

常 平　李 婷　李 茉　金宗濂

北京联合大学 生物活性物质与功能食品北京市重点实验室

【摘要】 为查明 γ- 氨基丁酸（GABA）是否是红曲中主要的降压成分，利用 HPLC-EC 法测定 OPA 衍生后红曲中 GABA 含量。实验分低、高剂量两组，低剂量组灌胃 GABA 为 4.2 μg/（kg·bw），它是 0.8333 g/（kg·bw）红曲（具有显著降压作用）中 GABA 含量；高剂量组灌胃 GABA 126 μg/（kg·bw），为低剂量组的 30 倍。另设阳性对照组，灌胃降压药片卡托普利和吲达帕胺（寿比山），灌胃 4 周后，与阴性对照组相比，低剂量组无显著性降压作用，高剂量组自第 2 周开始已有显著降压作用。此后，还观察 GABA 高剂量的降压曲线，结果显示，自灌胃后的第 1 h、第 2 h 血压并无明显变化；自第 3 h 血压开始明显降低，持续到第 4 h、第 5 h 后血压开始回升；至第 7 h 血压基本回升到灌胃前的血压值。由此可知，GABA 不是红曲中的降压主要成分。

【关键词】 红曲；γ- 氨基丁酸；血压；功能因子

红曲的降压作用近年来逐渐被人们所认识，但其中的降压功能因子至今尚无定论。由于 γ- 氨基丁酸（4- 氨基丁酸，γ-aminobutyric acid，GABA，4-AB）是一种抑制性神经递质，多年来有许多文献证实具有一定的降压作用。

本实验的目的是为查明 GABA 是否为红曲中主要的降压成分。

1　材料与方法

1.1　材料与仪器

红曲，××生物技术有限公司提供；邻苯二甲醛（OPA），美国 Sigma 公司，纯度＞97%；GABA，美国 Sigma 公司，纯度＞99%；甲醇，色谱纯，天津市四友生物医学技术有限公司；磷酸钠、无水亚硫酸钠、十水合四硼酸钠、硼酸，分析纯，北京益利精细化学品有限公司；EDTA 华美生物工程公司；磷酸、无水乙醇，分析纯，北京化工厂；青霉素 80×10 000U，石家庄市第二制药厂，翼卫药准字（1995）第 010529 号，批号 971104；吲达帕胺片（寿比山），批号 010938，天津力生制药股份有限公司；卡托普利，批号 0111002，北京曙光药业有限责任公司；戊巴比妥钠，化学纯，广州南方化玻公司。

高效液相色谱仪，美国 BECKMAN 公司 HPLC-GOLDSYSTEM；RBP-1B 型大鼠尾压心率测定仪，北京中日友好临床医学研究所；PALL 超纯水系统。

1.2　HPLC 法测定红曲中 GABA 含量

1.2.1　HPLC 色谱条件色谱柱

Diamonsil^{TM} C$_{18}$（4.6 mm×250 mm，5 μm）；流速 1.0 ml/min；进样量 20 μl；流动相 0.1 mol/L 磷酸钠，内含 0.5 mmol/L EDTA 及体积分数为 20% 甲醇，pH 4.2，用 0.45 μm 孔径滤膜（上海兴亚净化材料厂提供）过滤并脱气 15 min 后备用；柱温为室温；电化学检测器玻璃碳工作电极，Ag/AgCl 参比电极，电极电压 +0.85 V，灵敏度值 20 nA。

1.2.2 衍生液的配制

称取 11 mg OPA，依次加 0.25 ml 无水乙醇、4.5 ml 硼酸缓冲液（0.1 mol/L，pH 10.4）及 0.25 ml 亚硫酸钠溶液（1 mmol/L），摇匀后避光 4℃冷藏备用，老化 24 h 以上。

1.2.3 标准溶液及样品配制

（1）标准溶液配制：准确称取 GABA 标准品 2 mg 于 50 ml 容量瓶中，浓度为 40 μg/ml，摇匀备用。

（2）样品制备：准确称取 5 g 红曲样品于 50 ml 容量瓶中，摇匀，室温下超声 15 min。3500 r/min 离心 10 min，取上清液，经 0.22 μm 膜（混合纤维树脂微孔滤膜，上海兴亚净化材料厂提供）过滤备用。

1.2.4 衍生化反应

吸取 GABA 标准液或样品液 1 ml 置于聚乙烯管中，加入 OPA 衍生试剂 20 μl，混匀，45℃反应 10 min 后进样 20 μl 测定。

1.3 GABA 对肾源性高血压模型大鼠的降压作用

1.3.1 实验动物

健康 2 月龄雄性 Wistar 大鼠（二级），由中国医学科学院实验动物中心提供。

1.3.2 肾血管性高血压大鼠模型的建立

以 1% 戊巴比妥钠腹腔注射 50 mg/kg 麻醉。暴露左肾，将其推出腹腔后用生理盐水纱布包裹防止干燥。用玻璃分针分离肾动脉，在近主动脉侧套上内径为 0.2 mm 的 U 形银夹。使左肾归位，缝合腹直肌、皮肤，用碘酒消毒皮肤切口。

1.3.3 动物分组

肾源性高血压模型大鼠模型（RHR），按体重与血压随机分为阳性对照组、阴性对照组、GABA 高剂量及低剂量组，每组 8 只，见表 1。

表 1 RHR 大鼠的分组及受试物剂量

组别	n	灌胃物	灌胃剂量
阴性对照组	8	白水	—
阳性对照组	8	卡托普利 寿比山	4 mg/（kg·bw）
		寿比山	0.0833 mg/（kg·bw）
GABA 高剂量组	8	GABA	125 μg/（kg·bw）
GABA 低剂量组	8	GABA	4.2 μg/（kg·bw）

1.3.4 GABA 剂量选择

低剂量＝红曲剂量[0.8333 g/（kg·bw）]×红曲样品中 GABA 含量，高剂量＝低剂量×30 倍。

1.4 统计学分析方法

各组动物每周测得的血压（mmHg）、体重（g）以 $\bar{X}\pm SD$ 表示，体重以每剂量组每周当次体重值与对照组相比较，以 $P<0.05$ 为有显著性差异。各组的每周当次血压值与其基础值相减得到差值，各实验组的差值与阴性对照组的差值相比较，以 $P<0.05$ 为有显著性差异。

2 结果与讨论

2.1 HPLC 法测定红曲中 GABA 含量

2.1.1 标准品和样品的分离

在上述色谱条件下，经提取的样品液在色谱柱上得到充分洗脱和较好的分离，GABA 在柱上的保留时间是 37.05 min。

2.1.2 标准曲线

称取 GABA 标准品 2 mg 定容至 50ml（40 μg/ml），吸取标准溶液 0.01 ml、0.05 ml、0.1 ml、0.5 ml 定容到 10 ml，混合均匀，20 μl 进样测定。以浓度作为横坐标，峰面积作为纵坐标，绘制标准曲线。结果表明，在 GABA 0.04～2 μg/ml 内线性关系良好，回归方程为 $y=696.01x-10.659$，$r=0.9997$。

2.1.3 样品含量测定

分别吸取标准溶液及样品溶液衍生后，进样 20 μl 测定，外标法重复测定 5 次，GABA 平均含量为（6.33 ± 0.30）μg/g。

2.2 GABA 降压效果

2.2.1 GABA 对肾血管性高血压大鼠体重的影响

如表 2 所示，各剂量组体重在灌胃前后无显著性差异，即实验期间大鼠生长状况良好。

2.2.2 GABA 对 RHR 大鼠血压的影响

从表 3 可见，在灌胃前，各实验组的血压值相比无显著性差异（$P>0.05$）。低剂量 GABA 组灌胃后第 1 周至第 4 周的血压差值（当次与零周血压值相减）与阴性对照组血压差值（当次与零周血压值相减）相比无显著差异（$P>0.05$）。高剂量 GABA 组在灌胃第 1 周血压差值与阴性对照组的血压差值相比无显著性差异；第 2 周、第 3 周与阴性对照组的血压差值相比均有显著性差异（$P<0.05$）；第四周出现极显著性差异（$P<0.01$），表明高剂量 GABA 对 RHR 大鼠血压有显著性降低作用。

表 2　GABA 对肾血管性高血压大鼠体重的影响（$\bar{X}\pm SD$）

组别	n	灌胃剂量	大鼠体重（g）				
			灌胃前	第1周	第2周	第3周	第4周
高剂量组	8	125 μg/(kg·bw)（GABA）	390.9±13.2	392.2±11.4	395.1±11.8	394.5±14.2	395.0±11.9
低剂量组	8	4.2 μg/(kg·bw)（GABA）	390.2±13.7	391.6±13.0	386.5±13.6	390.1±13.1	387.8±16.2

续表

组别	n	灌胃剂量	大鼠体重（g）				
			灌胃前	第1周	第2周	第3周	第4周
阳性对照组	8	4 mg/(kg·bw)（卡托普利） 0.0833 mg/(kg·bw)（寿比山）	389.6±16.9	383.1±14.4	380.9±14.3	376.8±11.2	375.0±11.9
阴性对照组	8	—	392.1±14.0	388.4±13.3	390.8±14.1	390.1±13.3	391.7±15.1

表3　GABA 对 RHR 大鼠血压的影响（$\bar{X}\pm SD$）

组别	n	灌胃剂量	大鼠血压（mmHg）				
			灌胃前	第1周	第2周	第3周	第4周
高剂量组	8	125 μg/(kg·bw)（GABA）	166±14.44	151±17.57	150.5±15.11*	150.75±15.44*	179±14.47
低剂量组	8	4.2 μg/(kg·bw)（GABA）	167±14.73	165±16.78	164.25±16.81	163.75±15.88	164±17.04
阳性对照组	8	4 mg/(kg·bw)（卡托普利） 0.0833 mg/(kg·bw)（寿比山）	180±21.02	174±18.45	167±21.48**	154±21.04***	152±22.99***
阴性对照组	8	—	180±14.99	177±13.72	178.55±16.52	178±13.25	179±14.47

*$P<0.05$ 血压差值与阴性对照组血压差值相比有显著性差异；**$P<0.01$ 血压差值与阴性对照组血压差值相比有非常显著性差异；***$P<0.001$ 血压差值与阴性对照组血压差值相比有极显著性差异。

2.2.3　GABA 高剂量组降压的时间曲线

实验还进一步观察其在灌胃后 7 h 内降压状况。以每小时测定结果与当天灌胃前初始血压差值作图，见图 1。图 1 显示高剂量 GABA 在灌胃后的第 1 h、第 2 h 的血压并无明显变化；灌胃后的第 3 h 血压开始明显降低；持续降低到第 4 h；自第 5h 血压开始回升；至第 7 h 血压回升到灌胃之前的血压值。

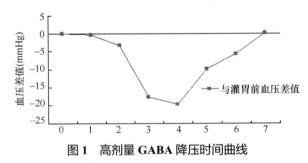

图 1　高剂量 GABA 降压时间曲线

3　结论

本实验采用了生物活性物质与功能食品北京市重点实验室以往经过多次实验证实的红曲降

压有效动物剂量 0.8333 g/（kg·bw），折合人体剂量为每人每日 10g 的 GABA 量灌胃 RHR 大鼠，却不能获得降压效果，见表 3，必须使用高于 30 倍的红曲量才能有效，而以此剂量必须每人每日服用 300 g 红曲才能达到。即使使用这一降压剂量，其降压持续时间短，5 h 后血压开始回升，与红曲降压曲线也不相符合。我们曾观察到，停喂红曲后，大致要经过 4～5 d，动物血压才会回升到初始水平。而国外学者的研究实验证明，停喂红曲 7 d 后，RHR 大鼠血压仍维持在低水平。因此可以认为，GABA 不是红曲中的降压主要成分，它可能只参与服用最初几小时内的降压作用，之后的降压作用为其他物质的功效。

原文发表于《食品工业科技》，2004 年第 5 期

红曲中降压活性物质的提取工艺研究

张馨如[2] 郑建全[3] 魏嵘[1] 任勇[1] 金宗濂[1]

1. 北京联合大学 生物活性物质与功能食品北京市重点实验室
2. 兰州大学公共卫生学院
3. 北京师范大学生命科学学院

【摘要】 目的：研究红曲中的降压活性物质的最佳提取条件。方法：通过正交试验和离体血管检测的方法寻找最佳提取工艺。结果：50% 乙醇浸泡、80℃水浴加热 1 h、30 ml 环己烷洗涤的提取工艺，其有效成分的得率和降压活性都较高。

【关键词】 红曲；正交试验；离体血管；提取工艺

The research to extract antihypertensive substance in red yeast rice

Zhang Xinru[2]　Zheng Jianquan[3]　Wei Rong[1]　Ren Yong[1]　Jin Zonglian[1]

1. The Beijing Key Lab of Biology Active Material and Function Food，Beijing Union University
2. Public Health Institute，Lanzhou University
3. Life Science Institute，Beijing Normal University

Abstract：Aim：Finding the best method to extract the antihypertensive substance in the red yeast rice. Method：We find the best way by the orthogonal design method and isolated aorta to check the activity. Result：We find the best way is to be immersed in 50% ethanol at 80℃ in water bath for 1 hour，suction-filtered and then mixed and shaken with cyclohexane. This way not only improves the activity of antihypertensive substance but also improves the output.

Key words：red yeast rice；orthogonal design method；isolated aorta；extraction process

红曲是红曲霉在大米上发酵而生成的一种红色米曲，自古就是药食两用的食品，在古代就被广泛用于食品着色、酿酒、发酵、中医中药方面。《本草纲目》上记载其具有消食活血、健脾燥胃，治赤白痢、下水谷[1]的作用。近来，随着对红曲研究的深入，发现红曲霉的次级代谢产物中含有降血脂、降血压、抗菌、降血氨、抗肿瘤和降血糖等作用的活性成分。因此红曲的保健作用逐渐被人们所认识和接受。

高血压是危害人类健康的一种常见疾病，它的发病率和致死率高于任何一种疾病，全世界每年由于高血压而死亡 1200 万人[2]。治疗高血压的药物很多，但是大都具有一定的不良反应。随着保健食品的发展，人们开发具有调节血压作用的保健食品，以达到辅助治疗的目的。20 世纪 80 年代日本学者 Keisuke 发现红曲具有降压作用，我国学者孙明发现给自发性高血压大鼠（SHR）和 DOCA- 盐型高血压大鼠（DHR）饲喂红曲后有明显的降压效果，并且停止饲喂红曲后降压效果持续的时间较长。日本学者 Yasuhiro Kohama 等[3]和韩国学者 Rhyu M R 等[4]分别对降压活性物质提取方法进行了改进，但是上述提取方法提取的降压活性物质的降压活性不稳定，因此，本实验对红曲中降血压活性物质的提取工艺进行进一步的研究。

1 材料与方法

1.1 仪器和设备

METTLERAE-200 电子天平；旋转蒸发器 RE-52A，上海亚荣生化仪器厂；SHZ-D（Ⅲ）循环水真空泵，河南巩义市英峪予华仪器厂；冷冻干燥机，美国 LABCONCO，Model 195）；离体血管浴槽，西班牙 LETICA，Model LE 13206；POWERLAB 400 多道生理记录仪，澳大利亚 ADINSTRUMENTS，Model ml 118。

1.2 试剂

去甲肾上腺素，美国 Sigma 公司；乙酰胆碱，美国 Sigma 公司；其他试剂均为分析纯。

1.3 材料

实验样品：红曲粉末（中国空间技术研究院），批号 02081122。实验动物：Wistar 健康雄性大鼠（军事医学科学院实验动物中心）。

1.4 实验方法

1.4.1 提取流程

称红曲粉末 50 g→溶于 250 ml 提取液中→水浴加热、搅拌 1 h→抽滤→收集滤液，滤渣用提取液溶解后重复上述步骤 2 次→混合 3 次的滤液→45℃旋转蒸发至乙醇较少时，加入少量的水，将乙醇全部蒸出→用环己烷洗涤 3 次（保留水相）→旋转蒸发将残留的环己烷蒸出→冷冻干燥→得到红色粉末状固体→低温储藏。

1.4.2 正交试验设计

根据本实验室已有提取条件，即无水乙醇浸泡，80℃水浴加热，环己烷每次 20 ml 洗涤，将本试验设计成三因素三水平。比较各种提取方案取得产物的舒张血管活性大小，确定最佳工艺条件。

1.4.3 舒张血管活性的检测方法

健康雄性 Wistar 大鼠（体重 150～200 g），1% 戊巴比妥钠 [50 mg/（kg·bw），IP] 麻醉，股动脉放血后，取出胸主动脉，置于预冷的 Krebs 液[5-6]：NaCl 11.1 mmol/L、KCl 4.9 mmol/L、$NaHCO_3$ 25 mmol/L、$MgSO_4$ 1.2 mmol/L、KH_2PO_4 1.2 mmol/L、$CaCl_2$ 2.5 mmol/L、葡萄糖 11.1 mmol/L、EDTA 0.03 mmol/L、pH 7.2～7.4 中。修剪血管成 2～3 mm 长血管环，将血管环悬挂于自动组织浴槽（Automatic Organ Bath，澳大利亚）平行支架上，置于盛有 10 ml Krebs 液（37℃）恒温浴槽内，并持续通以 95%O_2+5%CO_2（体积分数）混合气体。

标本负荷 2 g，平衡 1 h，其间每 15 min 换 Krebs 液 1 次。血管环的舒缩活动通过等长张力换能器（MLT0201，澳大利亚）连接至多道生理记录仪（PowerLab 400 和四桥式放大器，澳大利亚）显示并记录。血管环在 2 g 最适静息张力下平衡 1h 后，以高 K^+ 溶液（KCl 60 mmol/L，其他与 Krebs 液相同）预刺激 2 次，每次都用 37℃的 Krebs 液冲洗至基线，平衡 30 min。用 $3.0×10^{-7}$ mol/L，10 μl 去甲肾上腺素（NE）刺激（用微量注射器在浴槽内 Krebs 液 10 ml 情况下，针头伸入液面加入）血管，待张力由基础张力 2 g 升高一段，达平台期后，加入各提取方案所得的红曲提取物溶液（400 μl，终浓度 10 mg/ml），观察红曲提取物是否舒张血管并计算舒张幅度。

计算公式：舒张百分比（%）= [（张力最大值 − 张力最小值）/（张力最大值 − 基线张力值）] × 100。

2 结果与分析

2.1 正交试验

在文献和我实验室以往提取条件的基础上，根据无水乙醇浸泡、80℃水浴加热 1 h、20 ml 环己烷洗涤三个条件，将本实验设计成三因素三水平的正交试验，如表1所示。因此从 2n 因素正交表中选用 L9（34）表，从 L9（34）表可以看出有9种提取方案。结果见表2。提取条件分别为 1（无水乙醇、100℃、30 ml/次环己烷）、2（无水乙醇、80℃、20 ml/次环己烷）、3（无水乙醇、60℃、10 ml/次环己烷）、4（75%乙醇、100℃、20 ml/次环己烷）、5（75%乙醇、80℃、10 ml/次环己烷）、6（75%乙醇、60℃、30 ml/次环己烷）、7（50%乙醇、100℃、10 ml/次环己烷）、8（50%乙醇、80℃、30 ml/次环己烷）、9（50%乙醇、60℃、20 ml/次环己烷）。

表1 红曲中降压功效成分提取工艺正交试验的因素与水平

因素	水平		
	水平1	水平2	水平3
乙醇浓度（%）	100	75	50
提取温度（℃）	100	80	60
环己烷洗涤用量（ml/次）	30	20	10

表2 红曲中降压活性物质初提物的产量和产率

试验号（处理组合）	产量（g）	产率（%）
1	0.2200	0.44
2	1.1062	2.21
3	0.6673	1.33
4	2.7379	5.48
5	2.6898	5.38
6	1.0000	2.00
7	6.0401	12.08
8	5.8500	11.70
9	4.6899	9.38

2.2 提取结果

根据正交试验设计的提取方案进行提取，得到的结果如表2所示，产物为红色粉末状固体，其成分较复杂且含有大量的色素等杂质，从表中我们可以看出，第7、8两种提取方案的产量和产率明显高于其他几种提取方案。

2.3 红曲提取物对离体血管舒张活性的检测

红曲提取物以终浓度 10 mg/ml 加入到经去甲肾上腺素刺激的离体血管中,观察并记录血管的张力变化,进行多次实验,最后将多次的实验结果进行统计学处理,取均值,结果如图 1 所示,从图中可以看出第 8 种提取方案的血管舒张百分比均值最高为 95.11%。

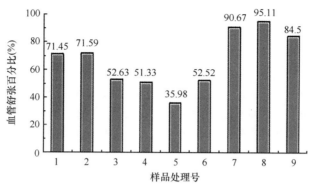

图 1 红曲提取物对离体血管的舒张百分比均值

3 讨论

从以上的实验可以看出,第 7、8 种提取方案的红曲舒张离体血管活性比其他几种较好,并且产率也较高,通过比较发现第 8 种提取方案得到的产物对离体血管的舒张百分率高于第 7 种。另外,在提取的过程中第 7 种方案的温度为 100℃,提取液达到沸腾,条件不易控制。因此,可以认为第 8 种提取方案优于第 7 种,即在 50% 乙醇提取、80℃水浴加热、30 ml 环己烷洗涤的条件下从红曲中提取的舒血管活性物质较多,并且血管的舒张百分比均值高于其他几种提取方案。但是本实验只是对降压活性物质的初步提取,进一步分析它的性质和降血压机制尚需进一步的研究。

【参考文献】

[1] 雷萍,金宗濂. 红曲中生物活性物质研究进展. 食品工业科技,2003,24(9):86-89.
[2] 文允镒. 浅谈血压及高血压. 生物学通报,1996,31(10):18-20.
[3] Kohama Y,Matsumoto S,Mimura T,et al.Isolation and identification of hypotensive principles in red-mold rice. Chem Pharm Bull,1987,35(6):2484-2489.
[4] Rhyu M R,Kim D K,Kim H Y,et al. Nitric oxide-mediated endothelium-dependent relaxation of rat thoracic aorta induced by aqueous extract of red rice fermented with Monascus ruber. Ethnopharmacol,2000,70(1):29-34.
[5] Li H F,Wang L D,Qu S Y,et al. Phytoestrogen genistein decreases contractile response of aortic artery in vitro and arterial blood pressure in vivo. Acta Pharmacol Sin,2004,25(3):313-318.
[6] 董建文,吴秀香,贾月霞,等. 缺氧复氧对家兔胸主动脉环张力的影响及其机制.Chin J Appl Physiol,1998,14(1):22-25.

原文发表于《食品科学》,2005 年第 4 期

红曲降血压的血管机制：抑制平滑肌钙通道并激发其一氧化氮释放

郭俊霞　郑建全　雷萍　高岩峰　陶陶　金宗濂

北京联合大学 生物活性物质与功能食品北京市重点实验室

【摘要】 目的：探讨红曲的降血压机制。方法和结果：在离体血管环，去甲肾上腺素（NE）预刺激使血管收缩后加入红曲 5 mg/ml 可明显舒张血管，舒张百分比为 70.84%±14.74%。其舒张血管作用与血管内皮完整度无关。加入吲哚美辛（Indo），阻断前列腺环素（PGI）生成，对红曲的舒张血管作用没有影响（$P > 0.05$）。而加入左旋硝基精氨酸（L-NNA）阻断平滑肌细胞的 NO 合成，则可明显抑制红曲的舒张血管作用（$P < 0.05$）。红曲可使 $CaCl_2$、KCl 和 NE 量效曲线均明显右移（$P < 0.05$），表明红曲可抑制细胞膜钙通道，包括电位调控性钙通道（VOC）和受体调控性钙通道（ROC）。NE 收缩血管反应中 Ca^{2+} 来自细胞内和细胞外，红曲对细胞内钙引起的收缩没有影响，但可明显抑制细胞外钙引起的收缩。结论：红曲可通过刺激平滑肌细胞产生 NO 和抑制钙通道而引起血管舒张是其降血压的主要血管机制。

【关键词】 红曲；血管环；内皮；平滑肌；钙离子通道

人体[1]和多种动物模型[2-5]的研究结果表明，红曲有良好的降压功能。韩国学者 Rhyu 等[6]的研究提示红曲通过刺激血管内皮细胞产生 NO，使血管舒张而引起降压。也有研究[7-8]显示，一些具有降压功能的生物活性物质，多数是通过内皮细胞和血管平滑肌释放 NO 和前列腺环素（PGI）及阻断钙通道，促使血管舒张而实现降压。本研究探讨红曲降压的血管机制。

1 材料与方法

1.1 动物与药品

雄性 Wistar 大鼠由北京大学医学部实验动物中心提供。乙酰胆碱（acetylcholine，ACh）、去甲肾上腺素（norepinephrine，NE）、乙酰脱氧皮质酮（deoxycorticosterone，DOCA）、左旋硝基精氨酸（L-nitro-arginine，L-NNA）、吲哚美辛（indomethacin，Indo）均为 Sigma 产品。红曲由北京东方红航天生物技术公司提供。

1.2 红曲降压成分的提取

参考 Kohama 等[5]的方法，进行红曲降压成分的初步提取。100 g 红曲于 4 倍体积乙醇 80℃搅拌提取 1 h，重复 3 次，旋转蒸发；环己烷洗脱 5 次；冷冻干燥，溶于生理盐水，浓度 1 g/ml（为提取物浓度，折合红曲约 9.1 g/ml）用于血管环实验。

1.3 血管环制备及张力的记录

健康雄性 Wistar 大鼠，体重 250～350 g，1% 戊巴比妥钠 [50 mg/（kg·bw），ip] 麻醉后，迅速打开胸腔取出胸主动脉，修成 2～3 mm 血管环。将血管环悬挂于自动组织浴槽（LE13206，西班牙）平行支架上，置于 Krebs 液 37℃恒温浴槽内，并持续通以 95% O_2+5% CO_2 混合气体。标本负荷 2 g。血管环的舒缩活动通过等长张力换能器，连接至多道生理记录仪（Power

Lab400 和四桥式放大器，澳大利亚）显示并记录。内皮完整的判断标准是：NE 3.0×10^{-7} mol/L 刺激血管环预收缩，加入 ACh（1.0×10^{-3} mol/L）可使血管舒张达 80% 以上。用眼科镊前端轻轻摩擦血管环内壁，ACh 的舒张作用消失，则认为内皮被去除[9]。实验中，加入 NE 3.0×10^{-7} mol/L 刺激血管环预收缩，张力稳定后加入 5.0 mg/ml 红曲（为提取物浓度，折合红曲约 45.5 mg/ml。下同），或在此前加入 L-NNA（1×10^{-4} mol/L）或 Indo（1×10^{-6} mol/L）孵育 15 min 后，再依次加入 NE 和红曲 5.0 mg/ml，观察血管张力的变化。

1.4　$CaCl_2$、KCl 和 NE 量效曲线制作

1.4.1　$CaCl_2$ 量效曲线制作

已平衡的血管环用无 Ca^{2+} Krebs 液换洗平衡 30 min，换入无 Ca^{2+} 高 K^+ Krebs 液（K^+ 浓度为 40 mmol/L）使血管去极化，20 min 后累积加入 $CaCl_2$，使其浓度依次分别为 1×10^{-4} mol/L、3×10^{-4} mol/L、1×10^{-3} mol/L、3×10^{-3} mol/L、5×10^{-3} mol/L 和 1×10^{-2} mol/L，测得 $CaCl_2$ 收缩血管的量效曲线（最大反应为 100%）。然后用无 Ca^{2+} Krebs 液反复冲洗，换入无 Ca^{2+} 高 K^+ Krebs 液，20 min 后分别加入红曲（5 mg/ml）或等体积生理盐水，给药 20 min 后再测定 $CaCl_2$ 收缩血管的量效曲线（$n=8$，n 为血管环数。下同）。

1.4.2　KCl 量效曲线制作

用累积浓度法依次加入 KCl，使其浓度依次分别为 1×10^{-2} mol/L、2×10^{-2} mol/L、3×10^{-2} mol/L、4×10^{-2} mol/L、8×10^{-2} mol/L，得到 KCl 收缩血管环的量效曲线（最大反应为 100%）。然后用 Krebs 液反复冲洗血管环，分别加入红曲 5 mg/ml 或等体积生理盐水，20 min 后测定给药后的 KCl 收缩血管的量效曲线（$n=6$）。

1.4.3　NE 量效曲线制作

方法同 1.4.2。将 KCl 换成 NE，使其浓度依次分别为 3×10^{-11} mol/L、3×10^{-10} mol/L、3×10^{-9} mol/L、3×10^{-8} mol/L、3×10^{-7} mol/L、3×10^{-6} mol/L、3×10^{-5} mol/L 递增，分别测得加入红曲或等体积生理盐水前后的 NE 收缩血管的量效曲线。

1.4.4　NE 引起的依赖于细胞内钙与细胞外钙收缩反应的记录

已平衡的血管环用无 Ca^{2+} Krebs 液换洗平衡 30 min，加入 3×10^{-7} mol/L NE，血管环出现快速而较弱的收缩反应（依赖细胞内钙的收缩），待收缩稳定后再加入 $CaCl_2$ 使其终浓度为 1.5 mmol/L，血管环出现缓慢而强烈的进一步收缩，即依赖细胞外钙的收缩[10]。然后用无 Ca^{2+} Krebs 液反复冲洗，血管张力恢复正常后，分别加入红曲 5.0 mg/ml 或等量生理盐水，20 min 后重复。

1.5　实验数据处理

所有数据均用 SPSS 11.0 分析软件，采用单因素方差、t 检验和配对 t 检验进行分析，以 $P\leqslant 0.05$ 为有显著性差异。

2　结果

2.1　红曲对主动脉环的舒张作用

静息张力的主动脉环（$n=6$）加入红曲 5 mg/ml，血管张力仍为 2.0 g 左右，表明红曲对静息状态的血管张力没有影响。而 NE 使主动脉环（$n=20$）预收缩并达稳定后，加入红曲

（5 mg/ml），血管张力迅速下降，舒张百分比为 70.84%±14.74%，5～10 min 后降至最低点，之后张力多稳定不变，见图 1A，但也有少数（n=4）缓慢回升，见图 1B。

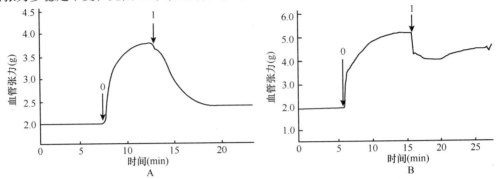

图 1 红曲对去甲肾上腺素诱导的大鼠主动脉环的紧缩效应

0. NE 1×10^{-7} mol/L；1. 红曲霉 5 mg/ml。A 和 B 是两种不同的放松形式。

舒张百分比的计算公式为

舒张百分比(%)=舒张反应强度(收缩最大张力-舒张最小张力)/收缩幅度(收缩最大张力-静息张力)×100

2.2 内皮在红曲舒张血管效应中的作用

在 NE 致血管收缩后，红曲 5 mg/ml 均能使内皮完整组和去除内皮组血管环明显舒张，且舒张百分比无差异（$P>0.05$），见表 1。加入 Indo（抑制环氧合酶）后，红曲所致的血管舒张较之前没有明显变化（$P>0.05$），见图 2A。而加入 L-NNA（抑制 NO 合酶）后，红曲所引起的血管舒张较之前减弱，见图 2B，与加药前相比差异显著（$P<0.01$），表明在离体主动脉环红曲刺激平滑肌细胞产生 NO 而介导部分血管舒张，与环氧合酶通路无关系。

表 1 大鼠主动脉坏有无内皮的松弛率的比较

组别	n	松弛率（%）	
		红曲（5 mg/ml）	L-NNA + 红曲（5 mg/ml）
内皮细胞（+）	8	69.67±12.50	—
内皮细胞（-）	8	71.28±15.44	—
内皮细胞（±）	16	70.83±14.74	46.78±19.9*

*$P<0.05$ 相比添加 L-NNA 之前和之后。

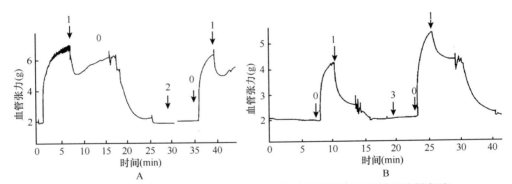

图 2 比较大鼠主动脉被 Indo 和 L-NNA（A）抑制后红曲导致的血管舒张

0. NE 1×10^{-7} mol/L；1. 红曲霉 5 mg/ml；2. Indo 1×10^{-6} mol/L；3. L-NNA 1×10^{-4} mol/L；0～3 指将药品加入 Krebs 液的溶解槽。

2.3 红曲舒张血管效应中对 Ca^{2+} 通道的抑制作用

加入红曲 5 mg/ml 后,$CaCl_2$ 收缩血管的量效曲线明显下移,见图 3,较生理盐水对照组有显著性差异($P < 0.01$),证明红曲可抑制血管平滑肌细胞的钙离子通道。同样,红曲也使 KCl(图 4)和 NE(图 5)收缩血管的量效曲线明显右移或下移,较生理盐水对照组均有显著性差异($P < 0.01$),证明红曲既可抑制电位调控性钙通道(VOC),也可以抑制受体调控性钙通道(ROC)。

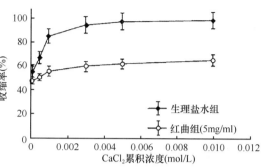

图 3 $CaCl_2$ 累积浓度对大鼠主动脉环响应曲线的红曲组与生理盐水组之间的松弛率的比较

表 2 也表明,红曲对 NE 引起的依赖于细胞内钙的收缩无明显作用($P > 0.05$),而对依赖于细胞外钙的收缩则有显著抑制作用($P < 0.001$)。

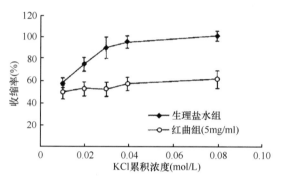

图 4 KCl 累积浓度对大鼠主动脉环响应曲线的红曲组与生理盐水组之间的收缩率的比较

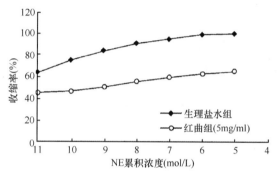

图 5 NE 累积浓度对大鼠主动脉环响应曲线的红曲组与生理盐水组之间的收缩率的比较

表 2 红曲对 NE 致血管收缩的抑制取决于细胞内和细胞外钙在大鼠主动脉环的作用

组别	前	后
细胞内 Ca^{2+}		
控制	2.41±0.19	2.36±0.23
红曲 5 mg/ml	2.39±0.24	2.34±0.10
细胞外 Ca^{2+}		
控制	4.53±0.38	4.10±0.25
红曲 5 mg/ml	4.42±0.41	3.40±0.32*

*$P < 0.01$ 与对照组相比。

3 讨论

一般认为,植物提取物舒张外周血管主要是两种机制:一是通过激发内皮细胞产生 NO 或者 PGI 致使血管舒张;二是直接作用于血管平滑肌,使其产生 NO 或直接抑制细胞膜的钙通道,导致血管平滑肌舒张。本实验结果表明,红曲提取物对 NE 预收缩的离体主动脉环有舒张作用,对静息张力的血管环则没有作用;加入 Indo(环氧合酶抑制剂,可抑制 PGI 的生成)后并不能抑制红曲的舒张血管作用，表明红曲不能诱发内皮细胞产生 PGI，这与 Rhyu 等[6]的报道一致。内皮完整和去除内皮两组动脉环的结果显示，红曲的舒张程度没有差异（$P > 0.05$），提示红曲是作用于血管平滑肌细胞而不是内皮细胞。加入 L-NNA（NO 合酶抑制剂，可抑制 NO 的生成）后血管舒张程度明显下降，但没有完全抑制，表明红曲可刺激平滑肌释放舒张因子 NO 而引起血管舒张。这一结果与 Rhyu 等[6]报道不同，其原因有待进一步研究。红曲能使 $CaCl_2$ 量效曲线明显下移，说明红曲可能通过某种途径阻滞钙通道从而抑制钙内流。NE 可使细胞膜上的受体调控性钙通道（ROC）开放，从而促使细胞膜上紧密结合的 Ca^{2+} 内流，同时还能使细胞内储存的 Ca^{2+} 释放。而高 K^+ 可使细胞膜上的电位调控性钙通道（VOC）开放，从而促使细胞外液或与细胞膜疏松结合的 Ca^{2+} 内流[11]。红曲能使 KCl 和 NE 收缩血管环的量效曲线均右移，表明红曲对 VOC 和 ROC 通道均有阻滞作用，从而抑制 KCl 和 NE 引起的血管环收缩。在无 Ca^{2+} 生理液中，NE 引起血管收缩是细胞内钙释放的结果，之后加入 $CaCl_2$ 则引起较强烈的收缩，是 ROC 开放使得细胞膜紧密结合的外钙内流的结果[12]。本研究中对 NE 诱发的不同 Ca^{2+} 成分所致血管收缩结果显示，红曲主要是对细胞外钙内流的抑制，而对细胞内钙的释放则没有影响。这些结果表明红曲可抑制细胞膜上 ROC 和 VOC 通道而抑制细胞外钙内流，从而引起血管环舒张。

【参考文献】

[1] Inoue K，Mukaiyama Y，Tsuji K，et al.Effect of Beni-koji extracts on blood pressure in primary hypertensive volunteers.Jpn J Nutr，1995，53：263-271.
[2] 唐粉芳，张静，邹洁，等．红曲对 L-硝基精氨酸高血压大鼠降压作用初探．食品科学，2004，25：155-157.
[3] 孙明，李悠慧，严卫星．红曲降血压作用的研究．卫生研究，2001，30：206-208.
[4] Tsuai K，Ichikawa T，Tanabe N，et al. Effect of mycelial weight on hypotensive activity of Beni-koji in spontaneously hypertensive rats. Nippon Shokuh in Kogyo Gakkaishi，1992，39：790-795.
[5] Kohama Y，Matsumoto S，Mimura T，et al. Isolation and identification of hypotensive principles in red-mold rice. Chem Pharm Bull（Tokyo），1987，35：2484-2489.
[6] Rhyu M R，Kim D K，Kim H Y，et al. Nitric oxide-mediated endothelium-dependent relaxation of rat thoracic aorta induced by aqueous extract of red rice fermented with Monascus ruber. J Ethno pharmacol，2000，70：29-34.
[7] 张必祺，孙坚，胡申江，等．黄芪的内皮依赖性血管舒缩作用及其机制．中国药理学与毒理学杂志，2005，19：44-48.
[8] 吕圭源，葛卫红，石森林，等．血灵对大鼠血管平滑肌收缩的影响．浙江中医学院学报，2002，26：51-56.
[9] 曹春梅，叶松，俞虎，等．白细胞介素-2 引起离体大鼠主动脉环舒张及其作用机制．生理学报，2003，55：19-23.
[10] Lee T S，Hou X H. Vasoactive effects of ketamine on isolated rabbit pulmonary arteries. Chest，1995，107：1152-1155.
[11] Chaplin M F，Sandra E，Blackwood A，et al. Primary structure of arabinoxylans of ispaghula husk and wheat bran. Proc Nutr Soc，2003，62：217-222.
[12] 蔡炯，许进，倪国强．肠道菌群与膳食纤维．肠外与肠内营养，2002，（9）：50-52.

原文发表于《营养学报》，2006 年第 3 期

四种中药对骨愈合过程中相关基因表达的影响

董福慧[1]　金宗濂[2]　郑　军[1]　裴凌鹏[1]　高　云[1]　杨淑芹[1]　蔡静怡[1]

1. 中国中医科学院　骨伤科研究所
2. 北京联合大学　应用文理学院

【摘要】 目的：探索中药水蛭、海螵蛸、阿胶、骨碎补在骨折愈合过程中的干预作用，了解它们各自的调节靶点，探索建构其基因组学的途径。方法：通过在大鼠胫骨打孔的方法建立单因素干扰模型，并将300只大鼠随机分为正常组、模型组和给药组（分别用4种中药给药），每组50只，分别在实验的第4 d、7 d、14 d、21 d、28 d不同时间点采用原位杂交方法对各类mRNA的变化进行动态观察，分析骨愈合过程中Ⅰ型、Ⅱ型、Ⅲ型前胶原mRNA、转化生长因子TGF-β_1mRNA、骨形态发生蛋白BMP-2mRNA，以及血管内皮生长因子VEGF-mRNA的表达情况。结果：不同中药对不同基因的作用不同，作用的时间点不同，作用强度也存在差异。其中海螵蛸在骨折早期对Ⅰ型、Ⅲ型前胶原mRNA、VEGF-mRNA、BMP-2mRNA的表达升高，后期Ⅱ型、Ⅲ型前胶原mRNA表达水平下降，VEGF-mRNA、TGF-β_1mRNA表达量维持于较高水平；骨碎补组较模型组在BMP-2mRNA、TGF-β_1mRNA、Ⅰ型前胶原mRNA的表达上差异有显著性统计意义；阿胶对骨愈合早、中期Ⅰ型、Ⅱ型、Ⅲ型前胶原mRNA和TGF-β_1mRNA的表达与模型组比较差异存在显著性统计意义；水蛭对VEGF-mRNA的表达具有一定的促进作用。结论：海螵蛸、水蛭对血管形成有促进作用，阿胶、骨碎补和海螵蛸对骨折软骨形成早期具有促进骨诱导的作用，并对成骨细胞的增殖及合成活性有较大影响。

【关键词】 骨愈合；基因表达；原位杂交；中草药；动物实验

Influence of Chinese medicine on related gene expression during bone healing

Dong Fuhui[1]　Jin Zonglian[2]　Zheng Jun[1]　Pei Lingpeng[1]　Gao Yun[1]　Yang Shuqin[1]　Cai Jingyi[1]

1.Institute of Orthopedics and Traumatology, China Academy of Traditional Chinese Medicine Science

2.College of Applied Science and Humanities of Beijing United University

Abstract: *Objective* The purpose is to reveal the influence of Chinese medicine (Leech, Cuttlebone, Donkey-hide glue, Fortune's Drynaria Rhizome) on fracture healing, to explore the Chinese medicine regulating target and to explore the way for creating the genomics of traditional Chinese medicine. *Methods* Single factor interfering model was set up in SD rat, and 300 SD rats were divided randomly into the normal group, model group and treated group (4 species Chinese medicine) with 50 rats in each group. On 4、7、14、21 and 28 days of the experiment, the in-situ hybridization method was adopted to detect the change of procollagen mRNA, type Ⅰ、Ⅱ、Ⅲ, TGF-β_1mRNA, BMP-2mRNA and VEGF-mRNA. *Results* Four Chinese medicines had different functions action on different gene, different functional time and different functional strength. The results showed that in early stage of fracture, Cuttlebone could increase the expression of precollagens mRNA type Ⅰ、Ⅲ, VEGF-mRNA and BMP-2mRNA; at the later stage, the expression of precollagens mRNA type Ⅱ、Ⅲ descended, but the expression of VEGF-mRNA, TGF-β_1mRNA kept a high level. There were significant different in expression of BMP-2mRNA, TGF-β₁mRNA, precollagens mRNA type Ⅰ between treated group by Fortune's Drynaria Rhizome and untreated model group. There were significant different in expression of procollagens mRNA type Ⅰ、Ⅱ、Ⅲ and TGF-β₁mRNA in early and middle stage between treated group by Donkey-hide glue and untreated model group. The Leech can promote for expression of VEGF-mRNA. *Conclusion* Cuttlebone and Leech have promotion for angiopoiesis; Donkey-hide glue, Fortune's Drynaria Rhizome and Cuttlebone have a bone-induction-promoting effect on early fracture of chondrification and have a great influence on osteoblastic proliferation and synthesis activity.

Key words: bone healing; gene expression; in situ hybridization; drugs, chinese herbal; animal experiment

骨愈合是一个复杂的过程，其在组织水平、细胞水平已得到了较好地研究与描述。但在分子生物学水平，所知还不多。中药在骨愈合过程中是否对其相关基因表达存在调节作用，调节的时空性、水平、强度、机制如何等，均属未知。为此，通过对骨愈合过程中Ⅰ型、Ⅱ型、Ⅲ型前胶原 mRNA、转化生长因子 TGF-β₁mRNA、骨形态发生蛋白 BMP-2mRNA、血管内皮生长因子 VEGF-mRNA 表达的动态观察，揭示水蛭、海螵蛸、阿胶、骨碎补等 4 种中药在此过程中对骨愈合的干预作用，了解它们的调节靶点，探索建构其中药基因组学的途径[1]。

1 材料与方法

1.1 动物模型的建立

相关内容见文献 [2]。

1.2 物制备

所用药材均购于北京同仁堂北城药材批发中心，水蛭、海螵蛸、骨碎补粉碎后过 120 目筛，临用时加蒸馏水制成口服液（28 g/100 ml 生药），阿胶烊化后制成水溶液。配好的药剂低温保存备用，临用时摇匀。

1.3 动物分组、给药和取材

将大鼠随机分为正常组、模型组和给药组（分别用 4 种中药给药）共 6 组，每组 50 只。模型组和给药组均按上述模型制作方法打孔。打孔术后第 2 天，给药组开始灌胃给药，用药量根据人体常用剂量（15 g/70 kg），按人 / 鼠表面积比率换算等效计量法计算后，每次 0.34 g/2 ml，每天 2 次。模型组及正常组灌服同等容量、频率的蒸馏水。分别于术后第 4 d、7 d、14 d、21 d、28 d 在无菌条件下取胫骨，处死。共 10 批，每批 30 只。所取胫骨为整段，以圆孔为中心约 10 mm 长。经生理盐水冲洗后立即置于液氮中暂存。

1.4 切片的制备及原位杂交

相关内容见文献 [2]。

1.5 统计学处理

使用 SPSS 11.0 统计软件分析，采用 t 检验。

2 结果

2.1 各组不同时间 I 型前胶原 mRNA 的表达

相关内容见文献 [2-5]。正常组各时间点均无显著性统计意义上的阳性表达，各给药组、模型组与正常组在各时间点差异存在显著性统计意义（$P < 0.05$）。给药组第 4 d 时，低量表达。第 7 d 时，表达量上升，成骨细胞中均有高表达。第 14 d 时，达到峰值，在成骨细胞中有很高表达。第 21 d 时，几乎维持于峰值水平，表达于成骨细胞中。第 28 d 时，表达量下降，表达于骨小梁表面成骨细胞中。这个过程中给药组与模型组差异存在显著性统计意义（$P < 0.05$）。

2.2 各组不同时间 II 型前胶原 mRNA 的表达

相关内容见文献 [2-5]。正常组各时间点均无显著性统计意义上的阳性表达，各给药组、模型组与正常组在第 4 d、第 7 d、第 14 d 差异存在显著性统计意义（$P < 0.05$）。给药组第 4 d 时，中等强度，表达于软骨细胞中。第 7 d 时，达到峰值，表达于成熟软骨细胞中。第 14 d 时，表达强度下降，但在成骨细胞中有表达。第 21 d 时，表达量极低。第 28 d 时，几乎探测不到。这个过程中给药组与模型组第 1 周差异存在显著性统计意义（$P < 0.05$）。

2.3 各组不同时间 III 型前胶原 mRNA 的表达

相关内容见文献 [2-5]。正常组各时间点均无显著性统计意义上的阳性表达，各给药组、模型组与正常组在第 4 d、第 7 d、第 14 d 时间点差异存在显著性统计意义（$P < 0.05$）。给药组第 4 d 时，达到峰值，见于间充质细胞、成纤维细胞。第 7 d 时，表达量已明显下降。第 14 d、第 21 d 时表达量极低。第 28 d 时，未探测到。这个过程中给药组与模型组第 1 周差异存在显著性统计意义（$P < 0.05$）。

2.4 各组不同时间 TGF-$β_1$mRNA 的表达

相关内容见文献 [2-5]，正常组各时间点均无显著性统计意义上的阳性表达，各给药组、模型组与正常组在第 4 d、第 7 d、第 14 d 差异存在显著性统计意义（$P < 0.05$）。给药组第 4 d 时，有较高表达，见于间充质细胞、成纤维细胞及肉芽基质中。第 7 d 时，有较高表达，并见于软骨细胞中。第 14 d 时，达到峰值，在成熟的软骨细胞、成骨细胞中均有高表达。第 21 d 时，在新生骨表面成骨细胞中呈高表达，成熟骨质区表达量很低。第 28 d 时，表达量很低。这个过程中给药组与模型组第 2、3 周差异存在显著性统计意义（$P < 0.05$）。

2.5 各组不同时间 BMP-2mRNA 的表达

相关内容见文献 [2-5]，正常组各时间点均无显著性统计意义上的阳性表达，各给药组、模型组与正常组在第 4 d、第 7 d、第 14 d、第 21 d 差异存在显著性统计意义（$P < 0.05$）。给药组第 4 d 时，达到较高水平，主要存在于间充质细胞。第 7 d 时，达到峰值，主要存在于早期的软骨细胞。第 14 d 时，主要在早期的成骨细胞中有高表达。第 21 d 时，在成骨细胞中有表达，表达强度已呈下降趋势。第 28 d 时，水平很低。这个过程中给药组与模型组在第 4 d 时差异存在显著性统计意义（$P < 0.05$），在其余时间点差异均无显著性统计意义（$P > 0.05$）。

2.6 各组不同时间 VEGF-mRNA 的表达

相关内容见文献 [2-5]。正常组各时间点均无显著性统计意义上的阳性表达，各给药组、模型组与正常组在各时间点差异存在显著性统计意义。给药组第 4 d 时，表达见于间充质细胞、

成纤维细胞，表达强度较弱。第 7 d 时，达到峰值，软骨细胞、早期的成骨细胞中有高表达。第 14 d 时，在血管内皮细胞、成熟及肥大的软骨细胞、成骨细胞均有较高程度表达。第 21 d 时，主要在成骨细胞、血管内皮细胞中有表达。第 28 d 时，在成骨细胞中仍有表达。给药组与模型组在第 4 d 时差异存在显著性统计意义（$P < 0.05$），其余时间点均无显著性差异（$P > 0.05$）。

3 讨论

通过上述实验我们得到如下结论。①海螵蛸在骨折早期Ⅲ型前胶原 mRNA 的表达显著升高，但达到峰值后，其表达水平迅速下降。推测其在骨折早期可能与骨折炎性期的间充质细胞、成纤维细胞的增殖及功能活跃有关，通过增加其数量、促进其合成功能而缩短炎性反应期，加速骨愈合。海螵蛸对Ⅱ型前胶原 mRNA 的表达量峰值无明显影响，但在骨折中后期表达量下降明显，这可能是由于血管数量的增加，导致软骨性基质吸收的加快。而 BMP-2mRNA 早期的表达较高，表明海螵蛸在骨折软骨形成早期具有促进骨诱导作用。在本实验中，TGF-$β_1$mRNA 表达量早期变化不明显，中后期维持于较高水平。推测海螵蛸对成骨细胞的增殖及合成活性有较大影响，而对软骨细胞影响不大。海螵蛸有促进骨折愈合作用，可缩短愈合时间，促进纤维细胞和成骨细胞增生与骨化。②骨碎补在骨修复早期，促进了 BMP-2mRNA 的表达，说明其与间充质细胞分化有关。但Ⅲ型前胶原 mRNA 表达水平并无明显改变。之后Ⅱ型、Ⅰ型前胶原 mRNA 表达水平显著上升。TGF-$β_1$mRNA 表达水平在软骨形成期及软骨内骨化期亦明显上升。据此推测，骨碎补在细胞表型分化过程中有调节作用，促进了间充质细胞向成骨细胞系及成软骨细胞系分化，并增强了其合成活性，而对成纤维细胞无影响。从这一点上看，成软骨细胞、成骨细胞并非源于成纤维细胞的演化，或者是骨碎补对细胞表型分化的调节作用主要发生于炎性期后，同时我们还注意到，VEGF-mRNA 表达量无明显变化，说明骨碎补促进骨化的机制与血管生成量无关。此外，Ⅱ型前胶原 mRNA 在达到峰值之后，迅速下降，表明软骨性基质吸收加快，结合 VEGF-mRNA、Ⅰ型前胶原 mRNA、TGF-$β_1$ mRNA 表达量变化特征，有理由怀疑骨碎补对破骨细胞的功能有促进作用，并且这种作用不是单向的，而是与成骨细胞功能相耦合的。③阿胶在骨折早、中期可明显促进 TGF-$β_1$mRNA 的表达。由于骨折早期 TGF-$β_1$ mRNA 主要源于血小板，而骨折炎性期的血小板主要源于巨核细胞，因此，推测在骨折早期阿胶可加强巨核细胞的富集及增强其活性。断端血肿体积的相对减小，有利于外骨膜的成骨细胞"爬过"血肿，加速外骨痂的形成，促进骨愈合。另外，TGF-$β_1$ mRNA 又可以在骨折早、中期促进软骨细胞、成骨细胞的增殖及合成活性，加快软骨内骨化。本实验中Ⅰ型、Ⅱ型前胶原的 mRNA 表达量的增加已证明了此点。Ⅲ型前胶原 mRNA 峰值的提高，提示阿胶促进Ⅲ型胶原的合成，而纤维支架的建构有利于修复细胞侵入血肿。BMP-2mRNA 的表达量在骨折早期无明显变化（第 4 d、第 7 d 时），提示阿胶无促进间充质细胞分化的活性。VEGF-mRNA 在骨愈合过程中无明显改变，表明阿胶在骨愈合过程中，对血管形成无明显作用。④水蛭在骨折第 4 d 时，TGF-$β_1$ mRNA 的表达量低于模型组，由于骨折早期 TGF-$β_1$ mRNA 主要源于血小板，因而水蛭在骨折早期减小了血小板的凝集；而Ⅲ型前胶原 mRNA 表达量亦相应下降，这些从一个侧面说明炎症反应程度降低，血肿量下降。在骨折第 14 d 时 TGF-$β_1$ mRNA 的表达量开始高于模型组，而 VEGF-mRNA 始终高于模型组，说明水蛭在骨折中、后期促进了血管生成，加速了爬行替代过程，促进骨愈合。实验中Ⅱ型前胶原 mRNA 在达到峰值之后，迅速下降；Ⅰ型前胶原 mRNA 表达水平显著上升。Ⅰ型、Ⅱ型前胶原的 mRNA 表达量的变化特征支持此点推论。BMP-2mRNA 的表达量在骨修复期与模型组相比无明显变化，表明水蛭无促进间充质细胞分化的作用。水蛭通过在骨折早期降低炎症反应程度，在骨折中、后期促进了血管生成而加速骨愈合，而骨损伤后的血肿量减小并不影响骨愈合的速度。

【参考文献】

[1] 董福慧，郑军. 在人类基因组学基础上建构骨折治疗的基因中药谱系的设想. 中医正骨，2000，12（2）：245-246.
[2] 董福慧，郑军，程伟. 骨碎补对骨愈合过程中相关基因表达的影响. 中国中西医结合杂志，2003，23（7）：518-520.
[3] 郑军，董福慧，程伟. 水蛭对骨愈合过程中相关基因表达的影响. 中国骨伤，2003，16（9）：513-515.
[4] 高云，董福慧，郑军. 海螵蛸对骨愈合过程中相关基因表达的影响. 中医正骨，2004，16（7）：386-387.
[5] 高云，董福慧，郑军. 阿胶对骨愈合过程中相关基因表达的影响. 中国骨伤，2004，17（9）：510-522.

原文发表于《中国骨伤》，2006年第10期

红曲对自发性高血压大鼠降压机理研究

郑建全　郭俊霞　金宗濂

北京联合大学 生物活性物质与功能食品北京市重点实验室

【摘要】 目的：研究红曲对自发性高血压大鼠的降压作用及其机理。方法：每日给自发性高血压大鼠灌胃红曲和降压药，每周测量血压、心率和体重各一次，四周后，股动脉取血并制备血浆，取出胸主动脉和肺组织，通过一氧化氮合酶试剂盒测定主动脉一氧化氮合酶（NOS）活性，利用高效液相色谱测定肺中血管紧张素转换酶（ACE）活性，放射免疫法测定血浆内皮素（ET）和降钙素基因相关肽（CGRP）含量。结果：红曲能够明显的降低自发性高血压大鼠的血压，使主动脉一氧化氮合酶活性上升；红曲组和阳性组肺中 ACE 活性明显降低；红曲组 ET 含量比阴性组有所降低，CGRP 的含量有所上升，并且差异都具有统计学意义（$P < 0.05$）。

【关键词】 红曲；降压；内皮素；血管紧张素转化酶；降钙素基因相关肽；一氧化氮合酶

Study on Antihypertensive Mechanism of Monascus in Spontaneously Hypertensive Rats

Zheng Jianquan　Guo Junxia　Jin Zonglian

The Beijing Key Lab of Biology Active Material and Function Food，Beijing Union University

Abstract: *Objectgive*　The SHR were administered with red yeast rice and hypertensive drug. *Methods*　Systolic blood pressure（SBP）and heart rate as well as body weight were measured once a week. After 4 weeks, blood was taken to prepare plasma and serum, and aortas and lungs were obtained. The activity of NOS in the aorta, ET and CGRP in plasma were inspected with kits. The lung ACE was inspected by HPLC. *Results*　The results showed that the activity of aortas NOS of administered groups were increased, the concentration of red yeast rice groups' ET were decreased and CGRP were increased, and the difference was significant（$P < 0.05$）.

Key words: red yeast rice；hypertensive；ET；ACE；CGRP；NOS

高血压是当今社会的常见病，特别是在中老年人群中高发，严重威胁人类的生命和健康。治疗高血压的药物很多，但都存在一定的毒副作用。红曲是以大米为原料，经红曲霉发酵而制成的米曲，它可以药食两用，在我国已有一千多年的应用历史。有文献报道，红曲有降压作用，但其降压的机理尚未见报道，本实验特对红曲的降压机理进行深入研究。

1 材料与方法

1.1 实验动物

选用 18 周龄的自发性高血压大鼠，分为 5 组，每组 10 只。红曲低剂量组：灌胃红曲为 0.25 g/（bw·d）。红曲中剂量组：灌胃红曲为 0.42 g/（bw·d）；红曲高剂量组：灌胃红曲为 0.84 g/（bw·d）。阳性对照组：灌胃降压药组卡托普利 10 mg/（bw·d），吲达帕胺（寿比山）0.21 mg/（bw·d）。阴性对照组：灌胃白开水。

1.2 实验方法

1.2.1 大鼠收缩压的测定[1]

用尾动脉测压法测大鼠动脉收缩压（SBP），RBP-1型大鼠血压计购自中日友好医院临床医学研究所。

1.2.2 血浆制备方法

在试管中预先加入抑肽酶40 μl，10% EDTA·2Na 80 μl，股动脉取血3 ml，将离心管置于冰水浴中；在4℃，3000 r/min离心10 min，取上清液即为血浆，放-70℃保存。

1.2.3 肺匀浆液的制备

将组织称重切碎，以10%（W/V）加入20 mmol/L Tris-HCl，pH为8.3，将组织在冰上进行匀浆，匀浆液在20 000 r/min，4℃离心30 min，弃上清液。将沉淀称重，以20%（W/V）倍体积加入匀浆缓冲液（20 mmol/L Tris-HCl，pH为8.3，5 mmol/L乙酸镁，30 mmol/L KCl，250 mmol/L蔗糖和0.5% NP-40），在冰上再一次匀浆。将匀浆液在10 000 r/min，4℃离心30 min，上清液在-70℃保存，用于检测ACE活性和总蛋白的测定[2]。

1.2.4 胸主动脉匀浆

股动脉放血后取出胸主动脉，并用生理盐水反复冲洗，除去残留的血液，切成小块，然后在-70℃超低温冰箱保存，匀浆时，称重后研碎，以1∶10的比例（即100 mg/ml）加入生理盐水，在冰浴条件下匀浆。匀浆结束后，在4℃，5000 r/min离心15 min，取上清液的匀浆液，-70℃保存。

1.2.5 测定方法

（1）肺组织中血管紧张素转换酶（ACE）活性测定[3-4]：马尿酰甘胺酰甘氨酸是ACE在体外的专一性底物，通过高效液相色谱（HPLC）的方法检测底物与匀浆液中ACE反应生成的马尿酸的量，间接的推断出组织中ACE的活性。50 μl的匀浆液与250 μl的底物反应（三肽溶解在pH 8.3的磷酸缓冲液中，含有0.3 mol/L NaCl）。将37℃水浴30 min，再加入750 μl 3%的偏磷酸终止反应。用HPLC检测生成的马尿酸的量，流动相为0.01 mol/L磷酸二氢钾和甲醇（1∶1），pH为3.0，流速1 ml/min，色谱柱为C_{18}闪电柱。

（2）胸主动脉中NOS的测定：按照试剂盒的说明操作，试剂盒购自南京建成生物工程研究所。

（3）血浆中内皮素（ET）和降钙素基因相关肽（CGRP）的测定：按照试剂盒的说明操作，试剂盒购自北京东亚免疫技术研究所。

1.2.6 统计方法

采用SPSS 11.0统计软件进行分析。体重、血压比较采用单因素方差分析中的q检验，即用灌胃后红曲组和阳性对照组血压值与阴性对照组血压值进行比较；ET与CGRP组间比较及肺ACE和主动脉一氧化氮合酶（NOS）组间比较亦采用单因素方差分析中的P检验。

2 实验结果

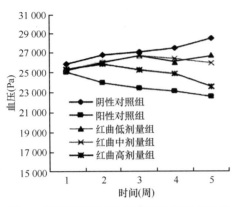

图1 自发性高血压大鼠灌胃红曲后血压变化曲线图

由图1可见,红曲能够明显的降低 SHR 大鼠的血压,灌胃 4 周后,与阴性对照组相比,红曲低、中、高剂量组均具有显著性差异,其中红曲低剂量组血压降低 1600Pa,降幅为 5.63%($P < 0.05$);中剂量组降低 2400Pa,降幅为 8.5%($P < 0.05$);高剂量组降低 4800Pa,降幅为 17%($P < 0.05$);阳性组降低 5866Pa,降幅为 20.7%($P < 0.05$)。阳性对照组和高剂量组与血压基础值相比也存在差异,差异也具有统计学意义($P < 0.05$)。由表1可见,与阴性对照组相比,红曲能够明显的降低肺组织中 ACE 的活性,平均抑制率为 17.7%,并且差异具有极显著性($P < 0.01$);红曲可以提高胸主动脉中 NOS 的活性,平均提高率为 42.7%,并且差异都具有极显著性($P < 0.01$);红曲可以降低血浆中 ET 的含量,平均降低率为 21.2%,并且差异都具有极显著性($P < 0.01$);红曲可以增加血浆中 CGRP 的含量,平均增加了 23.4%,并且差异都具有显著性($P < 0.05$)。

表1 红曲对自发性高血压大鼠 4 种生化指标的测定结果

组别	数量(只)	肺组织 ACE [nmol/(L·min, U)]	总 NOS 活力(U/ml)	血浆 ET(μg/ml)	血浆 CGRP(μg/ml)
阴性对照组	10	301.39±30.53	4.514±0.661	131.28±13.30	18.16±3.18
阳性对照组	10	224.64±20.15**	6.277±0.724**	111.63±11.00**	25.53±3.71*
红曲低剂量组	10	267.17±27.78*	5.700±0.511**	112.29±16.84**	23.72±3.31*
红曲中剂量组	10	246.57±30.55**	7.135±0.548**	96.65±14.45**	21.99±2.30*
红曲高剂量组	10	230.30±22.36**	7.099±0.814**	101.44±8.99**	21.51±3.64*

注:与阴性对照组相比,**$P < 0.01$;与阴性对照组相比 *$P < 0.05$。

3 讨论

ACE 的生理功能是催化血管紧张素 I 转变为血管紧张素 II(Ang II),NO 是广泛存在的舒血管因子,主要由血管内皮产生 ET。ET 是目前为止所知的最强的内源性缩血管因子,参与高血压状态的发生与维持;CGRP 是至今所知的最强的内源性舒血管因子,与 ET 是一对相互拮抗的因子。

由表1可见,红曲降压机理可能是红曲能有效降低肺组织内 ACE 活性,减少缩血管物质 Ang II 的生成量;可以明显提高胸主动脉的 NOS 活性,释放出大量的舒张血管活性物质 NO;减少血浆中缩血管物质 ET 的含量,增加血浆中舒血管物质 CGRP 的含量。事实上,在高血压发病机制中肾素-血管紧张素系统(RAS)、ET 之间均是相互作用,而不是单独发挥作用。ET 有 ACE 的活性,可使血管平滑肌细胞内 Ang II 合成增加,可诱导内皮细胞 ET 基因表达增强[5]。所以,ET 的下降很可能是 ACE 下降的"连锁反应"。ET 和 CGRP 是一对相互拮抗的因子,ET 下降可引起 CGRP 升高。

综上所述，红曲的降压机理很可能与 ACE、NOS 活性的改变和 ET、CGRP 含量的变化有关，红曲中降压的成分复杂，其降压机制可能也是多种途径的，还尚需进一步的研究。

【参考文献】

[1] 宋洪涛，宓鹤鸣. 中药红曲的研究进展. 药学实践杂志，1999，17（3）：172-174.

[2] 李建武，萧能赓，余瑞元，等. 生物化学实验原理和方法. 北京：北京大学出版社，2002：174-176.

[3] Takai S，Sakonjo H，Miyazaki M. Beneficial effect of trandolapril on the lifespan of a severe hypertensive model. Hypertens Res，2001，24（5）：559-564.

[4] Takai S，Jin D，Sakaguchi M，et al. Significant target organs for hypertension and cardiac hypertrophy by angiotensin-converting enzyme inhibitors. Hypertens Res，2004，27（3）：213-219.

[5] 王礼春，耿美玉，曲新颜，等. 海洋硫酸多糖 AHD 的降压作用及其机制的初步探讨. 中国海洋药物，2001，（2）：23-26.

原文发表于《食品工业科技》，2007 年第 3 期

红曲降低肾血管型高血压大鼠血压的生化机制

雷 萍[1] 郭俊霞[2] 金宗濂[2]

1. 辽宁中医药大学
2. 北京市生物活性物质与功能食品重点实验室

【摘要】 目的：初探红曲降低肾血管型高血压大鼠（renovascular hypertensive rats，RHR）血压的生化机制。方法：通过试剂盒测定灌胃红曲4周后RHR肺组织血管紧张素转换酶（ACE）活性和主动脉一氧化氮合酶（NOS）活性，以及灌胃红曲前后血浆内皮素（ET）和降钙素基因相关肽（CGRP）的变化。结果：灌胃4周后，红曲高剂量组和低剂量组肺ACE与阴性对照组相比显著下降（$P<0.01$）；红曲高和低剂量组血浆ET均比阴性对照组低20个单位（$P<0.01$）；红曲高剂量组血浆CGRP比灌胃前增高9个单位（$P<0.01$），比阴性对照组高7个单位（$P<0.05$）。结论：红曲的降压途径可能是多方面的，在RHR上可能主要通过抑制肺ACE起到降压作用，同时也能降低血浆ET和升高血浆CGRP。

【关键词】 红曲；降压；RHR；ACE；NOS；ET；CGRP

Biochemistry mechanism of red yeast rice on renovascular hypertensive rats

Lei Ping[1]   Guo Junxia[2]   Jin Zonglian[2]

1.Liaoning University of TCM

2.The Beijing Key Lab of Biology Active Material and Function Food

Abstract: *Objective* To study the biochemistry mechanism of red yeast rice on RHR. *Methods* The lung ACE, aorta NOS, plasma ET and plasma CGRP of RHR were inspected by using kits. *Results* It showed that the lung ACE of the two red yeast rice groups decreased significantly compared with control group after 4 weeks（$P<0.01$）; the plasma ET of two red yeast rice groups decreased significantly compared with control group（$P<0.01$）, the plasma CGRP of high dose group increased significantly compared with4 weeks ago（$P<0.01$）, and increased significantly compared with control group（$P<0.05$）.*Conclusion* There might be many ways of the hypotensive mechanism of red yeast rice: it mainly inhibited lung ACE, also decreased plasma ET and increased plasma CGRP on RHR.

Key words: red yeast rice；hypotension；RHR；ACE；NOS；ET；CGRP

红曲是以大米为原料，经红曲霉发酵而成的一种紫红色米曲。它是药食两用的食品，在中国已有一千多年的历史。《本草纲目》中记载了它的药用价值——消食活血、健脾燥胃；治赤白痢、下水谷；治妇女血气痛及产后恶血不尽[1]。近年来，多种人体[2]和动物实验[3-4]表明它具有明显降低血压的功效，但是降压的机理尚未定论。韩国Rhyu等[5]和我国郭俊霞等[6]均是从离体血管着手探讨红曲舒张血管的机制，本文将通过测定组织血管紧张素转换酶（ACE）、一氧化氮合酶（NOS）、血浆内皮素（ET）和降钙素基因相关肽（CGRP）来探讨红曲降低肾血管型高血压大鼠（RHR）模型血压的生化机制。

1 实验材料

1.1 动物与试剂

雄性 Wistar 大鼠由中国医学科学院实验动物中心提供。ACE 试剂盒（北京海军总医院中心实验室）、NOS 试剂盒（南京建成生物医学研究所）、吲达帕胺片、卡托普利片。红曲由北京东方红航天生物技术有限公司提供。

1.2 仪器

RBP-1 型大鼠血压计，中日友好医院；UV2450 紫外可见光分光光度计，日本岛津；Centrifuge5804R 冰冻离心机，Eppendorf；U 形夹，自制。

2 实验方法

2.1 RHR 制作方法

对大鼠进行手术，方法参见文献[4]，5 周之后血压上升并稳定超过 160 mmHg 的大鼠作为成功的 RHR。

2.2 实验分组

根据血压和体重值将 RHR 随机分为如下 4 组。①红曲高剂量组（$n=8$）：灌胃剂量为每千克体重 0.83g。②红曲低剂量组（$n=8$）：灌胃剂量为每千克体重 0.42g。③阳性对照组（$n=8$）：灌胃降压药组合卡托普利每千克体重 10 mg+吲达帕胺片每千克体重 0.21 mg。④阴性对照组（$n=8$）：灌胃白水，每天 1 ml/只。

2.3 组织和血浆样本制备

①组织匀浆液制法：灌胃 4 周后取大鼠肺和主动脉，切成小块，分别称重后研碎，按照 1：10 的比例（即 100 mg/ml）加入生理盐水，置于冰浴试管中匀浆。5000 r/min 离心 15 min，取上清液，-70℃保存待测。②血浆制备方法：试管中预先加入抑肽酶 20 μl，10% EDTA·2Na 40 μl，眼眶取血 1 ml 置于冰上，3000 r/min 离心 10 min，取上清液，-70℃保存，送检。灌胃 4 周后股动脉取血 2 ml，抗凝剂加倍。③肺组织 ACE 测定方法：按 ACE 试剂盒说明操作，ACE 活性的计算参见说明书。④主动脉 NOS 活性测定方法：按试剂盒说明操作，NOS 活性的计算公式参见说明书。⑤ RHR 血浆中 ET、CGRP 活性测定血浆样本送检，通过放免法（ET 和 CGRP 试剂盒）测定，方法略。⑥统计方法：采用 SPSS 11.0 统计软件进行分析：组间比较采用单因素方差分析中的 q 检验，前后自身对照采用配对 t 检验。所有数据用 $\bar{X}\pm SD$ 表示。以 $P<0.05$ 和 $P<0.01$ 为差异有统计学意义。

3 结果

结果见表 1。

表 1　RHR 灌胃红曲后生化指标测定（$\bar{X}\pm SD$）

组别	灌胃红曲	血压（mmHg）	肺组织 ACE [nmol/L/（ml·min），U]	主动脉 NOS（U/mg）	血浆 ET（pg/ml）
阴性对照组	前	174.22±34.04	—	—	100.92±28.37
	后	174.22±34.04	67.53±14.50	75.11±9.49	111.68±18.18

续表

组别	灌胃红曲	血压（mmHg）	肺组织 ACE [nmol/L/（ml·min），U]	主动脉 NOS（U/mg）	血浆 ET（pg/ml）
阳性对照组	前	170.00±23.98	—	—	108.42±13.44
	后	141.33±26.55** ##	53.87±11.95*	72.64±5.52	109.12±8.26
红曲低剂量组	前	170.20±25.06	—	—	97.99±18.58
	后	154.80±28.02** ##	46.88±8.69**	77.67±6.66	91.26±20.93**
红曲高剂量组	前	170.20±25.31	—	—	95.00±14.50
	后	156.20±35.68* #	41.51±7.67**	74.85±11.48	91.16±11.72**

* $P < 0.05$ 与阴性对照组比；** $P < 0.01$ 与阴性对照组比；# $P < 0.05$ 与自身灌胃前比；## $P < 0.01$ 与自身灌胃前比。

3.1 血压

阳性对照组、红曲高剂量组和低剂量组血压无论与灌胃前比还是与阴性对照组相比均显著下降（$P < 0.05$）。

3.2 肺组织 ACE

阳性对照组肺组织 ACE 灌胃后比阴性对照组低 14 U（$P < 0.05$）；红曲高剂量组比阴性对照组低 26 U（$P < 0.01$）；红曲低剂量组比阴性对照组低 21 U（$P < 0.01$）。

3.3 主动脉 NOS

各组主动脉 NOS 与阴性对照组和自身灌胃前比均无明显变化（$P > 0.05$）。

3.4 血浆 ET

各组自身灌胃前后无明显变化（$P > 0.05$），但是阴性对照组的 ET 含量比灌胃前增加了近 11 个单位，有增加的趋势；阳性对照组基本无变化，增加的趋势被抑制；而红曲高、低剂量组均有下降的趋势。红曲高剂量组和低剂量组同阴性对照组相比均低 20 个单位（$P < 0.01$）。

3.5 血浆 CGRP

阴性对照组的 CGRP 略有下降，但无统计学意义（$P > 0.05$）；阳性对照组基本无变化；红曲低剂量组也基本无变化；红曲高剂量组比自身灌胃前增高 9 U（$P < 0.01$），比阴性对照组高 7 U（$P < 0.05$）。

4 讨论

4.1 肺组织 ACE

ACE 在体内分布很广，几乎遍布人体各个脏器，可分为血管内和血管外两类。血管内 ACE 主要分布在肺血管床，它的生理功能是催化血管紧张素 I 水解为血管紧张素 II[7]。目前，人们越来越重视组织局部血管-紧张素转换酶系统（RAS）对心血管结构和功能的长期调节作用。许多证据表明心血管局部 RAS 在高血压治疗中起着比循环 RAS 更重要的作用[8]。本研究选取了 ACE 含量较高的肺组织进行测定。与阴性对照组相比，阳性对照组和红曲组的肺组织 ACE 均显著下降（$P < 0.05$），且红曲组的 ACE 值比阳性对照组低，可能是由于灌胃的是红曲混合物，成分比较复杂，不是单一组分作用的结果，因此，还需要更深入的研究。

4.2 主动脉 NOS

NOS 是广泛存在的舒血管因子，主要由血管内皮产生。NOS 是 NO 合成的限速酶。Pollock 等[9]证明 ACEI 能逆转 NOS 抑制剂引起的高血压，这不仅说明此类高血压有血管紧张素 II 参与，而且提示 RAS 系统和 NO/NOS 关系密切，所以本实验也选取 NOS 作为降压指标。郭益民等[10]证明卡托普利能改善左旋硝基精氨酸酯（L-NAME）高血压大鼠的心血管机能，并不通过依赖 NO 的功制，这与本实验阳性对照组结果一致。红曲组的 NOS 与阴性对照组相比差异无统计学意义（$P > 0.05$）。提示红曲降压可能不影响 NO/NOS 途径。

4.3 血浆 ET 和 CGRP

ET 是目前为止所知道的最强的内源性缩血管因子，参与高血压状态的发生与维持。本实验结果表明，阴性对照组灌胃红曲后比灌胃前 ET 升高了 11 个单位，虽然有升高的趋势，但无统计学意义（$P > 0.05$）；阳性对照组 ET 基本无变化（$P > 0.05$），说明降压药物抑制了 ET 的升高；而红曲 2 个组灌胃后 ET 含量均显著低于阴性对照组（$P < 0.01$）。这说明红曲可能通过降低 RHR 血浆 ET 这一途径达到降压效果。CGRP 是目前所知的最强的内源性舒血管因子，与 ET 是一对相互拮抗的因子。阴性对照组的 CGRP 灌胃前后相比略有下降，但无统计学意义（$P > 0.05$）；阳性对照组基本无变化；红曲高剂量组比灌胃前有显著增高（$P < 0.01$），与阴性对照组相比增高也有统计学意义（$P < 0.05$）；红曲低剂量组基本无变化（$P > 0.05$）。说明高剂量的红曲可能升高血浆内 CGRP。

【参考文献】

[1] 雷萍, 金宗濂. 红曲中生物活性物质研究进展. 食品工业科技, 2003, 24（9）: 86-89.

[2] Inoue K, Mukaiyama Y, Tsuji K, et al. Effect of beni-koji extracts on blood pressure in primary hypertensive voluteers. Nutr, 1995, 53（4）: 263-271.

[3] Keisuke T, Tomio I, Nobukazu T, et al. Effect of mycelial weight on hypotensive activity of beni-koji in spontaneously hypertensive rats. Nippon Shokuhin Kogyo Gakkaishi, 1992, 39（8）: 790-795.

[4] 孙明, 李悠慧, 严卫星. 红曲降血压作用的研究. 卫生研究, 2001, 30（4）: 206-208.

[5] Rhyu M R, Kim D K, Kim H Y, et al. Nitric oxide-mediated endothelium-dependent relaxation of rat thoracic aorta induced by aqueous extract of red rice fermented with Monascus ruber. Ethnopharmacol, 2000, 70（1）: 29-34.

[6] 郭俊霞, 郑建全, 雷萍, 等. 红曲降血压的血管机制: 抑制平滑肌钙通道并激发其一氧化氮释放. 营养学报, 2006, 28（3）: 236-239.

[7] 金化民, 张茨, 陈蒇, 等. 酶偶联法测定血清血管紧张素转换酶. 中华医学检验杂志, 1998, 21（6）: 362-365.

[8] 胡文骜, 陈达光, 苏津自, 等. 卡托普利治疗自发性高血压大鼠对循环和局部肾素-血管紧张素系统的长期影响. 高血压杂志, 1998, 6（2）: 83-88.

[9] Pollock DM, Polakowski JS, Divish BJ, et al. Angiotensin blockade reverse hypertension during long-term nitric oxide synthase inhibition. Hypertension, 1993, 21（5）: 660-666.

[10] 郭益民, 黄晓颖, 于建兴. 卡托普利在 L-NAME 高血压大鼠中的作用. 温州医学院学报, 1999, 29（2）: 101-102.

原文发表于《辽宁中医药大学学报》, 2007 年第 3 期

红车轴草提取物中异黄酮成分的分析

常 平[1]　张 颖[1]　夏开元[2]　金宗濂[1]

1. 北京联合大学　生物活性物质与功能食品北京市重点实验室
2. 北京中医药大学

【摘要】　目的：以高效液相色谱法对红车轴草中四种主要异黄酮物质（大豆黄素、染料木素、鹰嘴豆芽素B和鹰嘴豆芽素A）的含量进行测定。方法：高效液相色谱法的条件：反相C_{18}柱（250mm×4.6mm），MeOH-CH_3CN-H_2O（3.7 : 1.3 : 5，$V : V : V$）为流动相，流速1.0 ml/min，进样量20 μl，柱温为室温，检测波长为260 nm。样品前处理方法：称取一定量的红车轴草提取物样品加盐酸甲醇溶液（42 : 500，$V : V$）40 ml，于85℃水浴中回流水解2 h，冷却后用甲醇定容到50 ml，摇匀后用0.45 μm滤膜过滤，取滤液。结果：经高效液相色谱法测定，以保留时间定性，以峰面积定量，得出红车轴草（1#）中四种主要异黄酮物质的含量分别为：鹰嘴豆芽素B（4.79%）、鹰嘴豆芽素A（1.32%）、大豆黄素（0.43%）和染料木素（0.35%）；而红车轴草（2#）中四种主要异黄酮物质的含量分别为大豆黄素（0.60%）、染料木素（0.64%）、鹰嘴豆芽素B（9.29%）和鹰嘴豆芽素A（2.63%）。

【关键词】　红车轴草；异黄酮；高效液相色谱

Analysis of isoflavone in extract of *Trifolium pratense* L.

Chang Ping[1]　Zhang Ying[1]　Xia Kaiyuan[2]　Jin Zonglian[1]

1. Beijing Laboratory of Bioactive Substances and Functional Food, Beijing Union University
2. Beijing University of Chinese Medicine

Abstract: *Objective* High performance liquid chromatography（HPLC）was used for separation and determination of four Isoflavone compounds（daidzein, genistein, formononetin, and biochanin A）in Trifolium pratense L. *Methods* HPLC quantitated the quantity of the four main isoflavones in *Trifolium pratense* L. The qualification of HPLC: C_{18} column（250 mm×4.6 mm）: the mobile phase MeOH-CH_3CN-H_2O（3.7 : 1.3 : 5，$V : V : V$），the flow rate1.0ml/min, the filling amount 20μl, the column temperature room temperature, UV-detection performed at 260nm. Methods about reacting with the sample: the sample was prepared by dissolving in 40ml solution of the HCl methanol（42 : 500，$V : V$）at 85℃ hot-water for 2 hours. After the sample was cool, it was added methanol to reach the volume 50ml in all. After the 0.45μm membrane was used to filtrate the sample and the filtrate was analyzed by HPLC. *Results* According HPLC analysis, in *Trifolium pratense* L.（1#），the quantity of the four main isoflavones: formononetin（4.79%），and biochanin A（1.32%），daidzein（0.43%），genistein（0.35%）；in *trifolium pratense* L.（2#），the quantity of the four main isoflavones: daidzein（0.60%），genistein（0.64%），formononetin（9.29%），and biochanin A（2.63%）.

Key words: *Trifoloum pratense* L.；isoflavones；HPLC

红车轴草（*Trifolium pratense*）为豆科多年生植物，人们发现它是少数几种含异黄酮的植物之一。由于异黄酮具有雌激素样作用，可以改善妇女更年期症状，因而早期人们用人工合成的雌激素来改善妇女更年期症状,但发现由于摄入的雌激素的量难以把握,而且过多摄入会增加女性患乳腺癌的概率,所以人们试图寻找天然的雌激素样的物质以改善妇女更年期症状。近年来国际上采用雌激素样物质替代疗法,特别是采用天然来源的异黄酮化合物治疗妇女更年期综合征,取得了较大成效[1-4]。而以大豆为原料提取异黄酮由于受到提取工艺的限制,存在提取率较低、提取成本较高等问题,影响了异黄酮产业化进程。有研究发现红车轴草含有大豆黄素(daidzein)、染料木素(genistein)、鹰嘴豆芽素 A(biochaninA)和鹰嘴豆芽素 B(formononetin)四种异黄酮,它们在植物中主要以苷形式存在,分别为大豆黄苷(daidzin)、染料木苷(genistein)、黄檀苷(sissoirin)和芒柄花苷(ononin)[5]。

红车轴草中异黄酮成分具有植物雌激素样作用且具有独到之处,即它们几乎能分布到人体每个细胞中发挥作用,且具有双向调节的功能。当人体雌激素水平较高时,可抑制激素分泌;反之,当人体雌激素水平低下时,它们能提供额外的雌激素样作用。对于预防和治疗乳腺癌、前列腺癌,改善骨质疏松和改善妇女更年期症状,特别是对降低潮热的发病率[6]、抑制子宫内膜癌有一定的作用。除此之外,红车轴草中异黄酮还可抑制胃癌[7]、胰腺癌[8]和骨髓白血病[9]细胞的生长,改善动脉血管的柔顺性[10],抑制酪氨酸蛋白激酶[11]、Ⅰ型和Ⅱ型拓扑异构酶[12]、芳香化酶[13]、3β-羟基甾醇脱氢酶[13]和17β-羟基甾醇脱氢酶[13]活性等多种生理功能。由于红车轴草中的异黄酮化合物具有植物雌激素样作用和抗癌作用[14-17],因而倍受关注。

目前,测定异黄酮的方法主要有比色法、纸色谱法(paper chromatography,PC)、薄层色谱法(thin layer chromatography,TLC)、气相色谱法(gaschromatography)、毛细管电泳法等。但比色法干扰多,专一性差,测定结果有较大的偏差;纸色谱法、薄层色谱法存在分离效果差,定量不够准确等不足;气相色谱法需要将样品进行衍生,操作烦琐,易受杂质干扰,而高效液相色谱法(HPLC)是目前测定异黄酮研究工作中应用最为广泛的一种方法[18-20],此类方法具有测定样品范围广、样品制备步骤少、成本低、分离效率高、灵敏度高、测定结果准确等特点,且有多种检测器可供选择。样品多采用不同浓度的甲醇、乙醇,在直接提取、超声或回流提取后用酸或酶水解进行测定,也可采用经柱层析分离等方法。所以本实验采用 HPLC 法检测该红车轴草样品中的异黄酮成分。

1 材料与方法

1.1 仪器

高效液相色谱仪系统(HPLC-GOLD SYSTEM),美国 BECKMAN 公司;Det 166 紫外检测器,美国 BECKMAN 公司;100A 溶剂输送系统,美国 BECKMAN 公司;NUCLEODUR C_{18} 柱,德 Macherey-nagel 公司;AE-100 型电子天平,梅特勒-托利多仪器公司;二极管阵列分光光度计(MultiSpec-1501),SHIMADZU 公司;KQ-100 型超声波清洗器,昆山市超声仪器有限公司。

1.2 试剂

标准品(大豆黄素、染料木素、鹰嘴豆芽素 A、鹰嘴豆芽素 B),北京中医药大学;芦丁,中国药品生物制品检定所;聚酰胺,80~100 目,北京化工厂;盐酸(12.0 mol/L),色谱醇,北京化工厂;苯,分析纯,北京化工厂;甲醇,分析纯,北京化工厂;乙醇,分析纯,北京化工厂;甲醇,色谱纯,飞世尔试剂公司;乙腈,色谱纯,飞世尔试剂公司。

1.3 实验样品

红车轴草（1#）提取物和红车轴草（2#）提取物湖南宏生堂公司。

1.4 方法

1.4.1 高效液相色谱（HPLC）法定量分析红车轴草中的异黄酮含量

1.4.1.1 标准曲线的制备

标准品溶液的制备：精密称取大豆黄素、染料木素、鹰嘴豆芽素A、鹰嘴豆芽素B各1.0 mg，加甲醇溶液定溶于10 ml容量瓶中，即为标准品溶液。

标准曲线的绘制：将标准品溶液（大豆黄素、染料木素、鹰嘴豆芽素A、鹰嘴豆芽素B）按比例混合、稀释，制成浓度为25 μg/ml、20 μg/ml、14 μg/ml、10 μg/ml、5 μg/ml、1 μg/ml的标准品混合液。经HPLC检测，测定峰面积。以标准品混合液浓度（μg/ml）为横坐标，峰面积为纵坐标，绘制标准曲线，得出回归方程。

1.4.1.2 样品的前处理方法[5]

精密称取两种红车轴草提取物样品适量，加盐酸-甲醇溶液（42∶500，$V∶V$）40 ml，于85℃水浴中回流水解2 h，冷却后用甲醇定容到50 ml，摇匀后以0.45 μm滤膜过滤，取滤过液，待测。

1.4.1.3 色谱条件

检测波长为260 nm；流动相为MeOH-CH_3CN-H_2O（3.7∶1.3∶5，$V∶V∶V$）；柱温为室温；色谱柱为C_{18}柱（250 mm×4.6 mm）；流速为1.0 ml/min；灵敏度为0.050AVFS；进样量为20 μl。

1.4.1.4 样品中异黄酮的定量计算方法

经HPLC系统检测分析后得到四种主要异黄酮物质的峰面积，根据4种主要异黄酮物质的回归方程，计算得出4种主要异黄酮物质分别在样品中所占的百分含量和100 mg样品中四种主要异黄酮物质的含量。

$$百分含量（\%）= \frac{XV}{1000M} \times 100$$

式中，X为根据回归方程得到各个异黄酮组分的浓度（μg/ml）；V为样品定容总体积（ml）；M为样品质量（mg）。

$$100\text{mg 样品中 4 种主要异黄酮物质的含量（μg）}= \frac{100XV}{M}$$

式中，X为根据回归方程得到各个异黄酮组分的浓度（μg/ml）；V为样品定容总体积（ml）；M为样品质量（mg）。

1.4.2 紫外吸收对红车轴草中异黄酮总量进行测定

1.4.2.1 标准曲线的制备

芦丁标准溶液的配制：准确称取芦丁5.0 mg，加甲醇溶液定容至100 ml，即得到浓度为50 μg/ml的标准溶液。

标准曲线的绘制：分别吸取芦丁标准溶液5 ml、10 ml、15 ml、20 ml、25 ml，加甲醇定容到50 ml容量瓶中，即得到浓度分别为5 μg/ml、10 μg/ml、15 μg/ml、20 μg/ml、25 μg/ml的标准溶液。以甲醇为空白对照，用二极管阵列分光光度计在360 nm处检测吸光值。以芦丁标准溶液浓度（μg/ml）作为横坐标，吸光值为纵坐标制成标准曲线。

1.4.2.2 样品测定

样品前处理：准确称取样品 0.2 g 三份，分别置于 25 ml 容量瓶中，加入乙醇定容，超声提取 20 min，放置，吸取上清液 1.0 ml，于蒸发皿中，加 1 g 聚酰胺粉吸附，于水浴上挥去乙醇，然后转入层析柱。先用 20 ml 苯液洗，弃去苯液，然后用甲醇洗脱黄酮，定容 25 ml。待测。

测定方法：以甲醇作为空白，将甲醇洗脱液比色，取波长 360 nm 处的光吸收值。

1.4.2.3 计算方法

$$X = \frac{100AV_2}{1000MV_1}$$

式中，X 为试样中黄酮的含量（mg/100 g）；A 为由标准曲线算得被测液中黄酮量（μg/ml）；M 为试样质量（g）；V_1 为测定用试验体积（ml）；V_2 为试样定容总体积（ml）。

2 结果与分析

2.1 高效液相色谱（HPLC）法定量分析红车轴草中的异黄酮含量

2.1.1 标准曲线

按实验方法（1.4.1.1）得到四种主要异黄酮物质（大豆黄素、染料木素、鹰嘴豆芽素 B 和鹰嘴豆芽素 A）的标准曲线回归方程，结果如表 1 所示。

表 1　四种异黄酮的回归方程和相关系数

名称	回归方程	r
大豆黄素	$y=23.875x+0.2343$	0.9996
染料木素	$y=25.540x-3.3049$	0.9996
鹰嘴豆芽素 A	$y=31.802x-7.7626$	0.9990
鹰嘴豆芽素 B	$y=48.917x-14.254$	0.9991

2.1.2 色谱图

将标准品和预处理好的样品按照上述色谱条件（见 1.4.1.3）分析测定，各异黄酮成分分离情况良好，色谱图如图 1、图 2 所示。

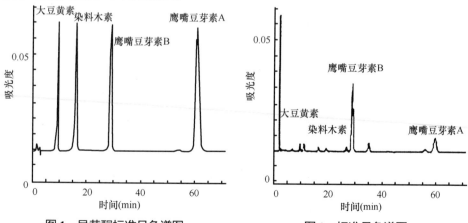

图 1　异黄酮标准品色谱图　　　　图 2　标准品色谱图

2.1.3 红车轴草中四种异黄酮物质的含量

按 1.4.1.2 的实验方法处理得到的样品待测液，经 HPLC 系统检测，根据红车轴草中 4 种主要异黄酮物质（大豆黄素、染料木素、鹰嘴豆芽素 B 和鹰嘴豆芽素 A）的色谱峰面积和各自的回归方程，按 1.4.1.4 的计算方法得出 4 种主要异黄酮物质分别在红车轴草提取物中所占的百分含量（表2）。

表 2　红车轴草样品种异黄酮物质的含量（$\bar{X}\pm SD$，$n=5$）

名称	红车轴草（1#）（g/100 g）	红车轴草（2#）（g/100 g）
红车轴草	0.43±0.01	0.61±0.02
染料木素	0.35±0.01	0.64±0.01
鹰嘴豆芽素 B	4.79±0.09	9.29±0.24
鹰嘴豆芽素 A	1.32±0.03	2.63±0.07

注：以上实验数据说明，鹰嘴豆芽素 A 和鹰嘴豆芽素 B 是红车轴草的主要异黄酮物质。

2.2　紫外吸收法测定红车轴草中异黄酮的总量

2.2.1　标准曲线

由 1.4.2.1 得到标准曲线如图 3 所示。

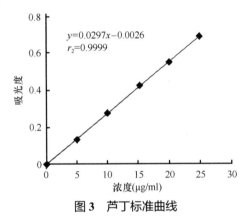

图 3　芦丁标准曲线

2.2.2　红车轴草中异黄酮的总量

根据 1.4.2.2 中对样品的处理方法和测定方法，得到红车轴草提取物中异黄酮物质在 360 nm 处的吸光度，按照 1.4.2.3 中的计算方法可得出红车轴草中异黄酮的总量，结果如表 3 所示。

表 3　红车轴草样品中异黄酮总量（$\bar{X}\pm SD$，$n=5$）

名称	红车轴草（1#）（g/100g）	红车轴草（2#）（g/100g）
异黄酮	5.44±0.16	9.13±0.37

目前，红车轴草的提取物是国际上公认的治疗更年期综合征疗效较为确切的一种植物药。其在国外已被制成各种剂型，对红车轴草的研究越来越多，也越深入。红车轴草的保健食品已

进入国际市场，其销量在美国多年来一直名列植物药的前10位。在我国，红车轴草相关产品每年均有大量出口，但是在我国仍没有充分利用，需要按照食品新资源申请后才能利用。这种植物资源十分丰富，应对其进行深入系统的研究，加强活性成分的开发利用，从中研制成具防治妇女多种疾病的天然保健制剂和药剂，必将产生良好的社会效益和经济效益。

【参考文献】

[1] Zava D T，Dollbaum C M，Blen M. Estrogen and progestin bioactivity of foods，herbs，and spices. Proc Soc Exp Biol Med，1998，217（3）：369-378.

[2] Liu J，Burdette J E，Xu H，et al. Evaluation of estrogenic activity of plant extracts for the potential treatment of menopausal symptoms. J Agric Food Chem，2001，49（5）：2472-2479.

[3] Mahady G B，Parrot J，Lee C，et al. Botanical dietary supplement use in peri-and postmenopausalwomen. Menopause，2003，10（1）：65-72.

[4] Beck V，Unterrieder E，Krenn L，et al.Comparison of hormonalactivity（estrogen，androgen and progestin）of standardized plant extracts for large scale use in hormone replacement therapy. J Steroid Biochem Mol Biol，2003，84（2-3）：259-268.

[5] 边清泉.红车轴草提取物中异黄酮含量的高效液相色谱分析法的研究.绵阳师范学院学报，2003，22（2）：52-55.

[6] Van De Weijer P H，Barentsen R. Isoflavones from red clover（Promensil）significantly reduce menopausal hot flush symptoms compared with placebo. Maturitas，2002，42：187-193.

[7] Yanagihara K，Ito A，Toge T，et al. Antiproliferative effects of isoflavones on human cancer cell lines established from the gastrointestinal tract. Cancer Research，1993，53：5815-5821.

[8] Lyn Cook B D，Stottman H L，Yan Y，et al.The effects of phytoestrogens on human pancreatic tumor cells in vitro. Cancer Letters，1999，142：111-119.

[9] Fung M C，Szeto Y Y，Leung K N，et al.Effects of biochanin A on the growth and differentiation of myeloid leukemia wehi-3B（JCS）cells. Life Sciences，1997，61（2）：105-115.

[10] Nestel P L，Pomeroy S，Kay S，et al.Isoflavones from red clover improve systemic arterial compliance but not plasma lipids in menopausal women.J Clin Endocrinol Metab，1999，84：895-898.

[11] Akiyama T，Ishida J，Nakagawa S，et al.Genistein，a specific inhibitor of tyrosine-specific protein kinases.J Bio Chem，1987，262（12）：5592-5595.

[12] Adlercreutz H. Phytoestrogens and breast cancer. J Steroid Biochem Mol Biol，2003，83：113-118.

[13] Le Bail J C，Champavier Y，Chulia A J，et al. Effects of phytoestrogens on aromatase，3βand17β-hydroxysteroid dehydrogenase activities and human breast cancer cells. Life Sci，2000，66（14）：1281-1291.

[14] Burdette J E，Liu J，Lantvit D，et al. *Trifolium pratense*（red clover）exhibits estrogenic effects in vivo in ovariectomized spraguedawley rats. J Nutr，2002，132（I）：27-30.

[15] Dornstauder E，Jisa E，Unterrieder I，et al. Estrogenic activity of two standardized red clover extracts（menoflavon）intended for large scale use in hormone replacement therapy. J Steriod Biochem Mol Biol，2001，78（1）：67-75.

[16] Cassady J M，Zennie T M，Chae Y H，et al.Use of a mammalian cell culture-benzo（a）pyrene metabolism assay for the detection of potential anticarcino gens from natural products：inhibition of metabolism by biochanin A，an isoflavone from *Trifolium pratense* L. CancerRes，1988，48（22）：6257-6261.

[17] Rice L，Samedi V G，Medrano T A，et al.Mevhanisms of the growth inhibitory effect soft he isoflavonoid biochaninA on LNCaP cell and xenografts.Prostate，2002，52（3）：201-212.

[18] 鞠兴荣，袁建，汪海峰.高效液相色谱法测定大豆提取物中大豆异黄酮的含量.中国粮油学报，2000，15（4）：26-29.

[19] 江和源，吕飞杰，邹建祥，等.高效液相色谱法测定大豆中异黄酮的含量.食品科学，2000，21（4）：56-58.

[20] 孙军明，丁安林，常汝镇，等.中国大豆异黄酮含量的初步分析.中国粮油学报，1995，10（4）：51-54.

原文发表于《食品科学》，2007年第9期

紫红曲代谢产物中的甾体成分

尚小雅　王若兰　尹素琴　李金杰　金宗濂

北京联合大学　生物活性物质与功能食品北京市重点实验室

【摘要】 目的：研究药食两用紫红曲的化学成分。方法：应用各种色谱技术分离纯化，用 MS 和 NMR 分析确定化合物结构。结果：从紫红曲乙醇提取物的石油醚部分分离得到 8 个化合物，分别鉴定为豆甾 -4- 烯 -3- 酮①，3-oxo-24-methyl- enecycloarane ②，豆甾醇③，7β- 羟基豆甾醇④，3β- 羟基豆甾 -5 烯 -7- 酮⑤，3β- 羟基豆甾 -5, 22- 二烯 -7- 酮⑥，5α，8α- 过氧麦角甾 -6, 22- 二烯 -3β- 醇⑦，β- 谷甾醇⑧。结论：以上 8 个化合物除化合物③和⑦外，其余均为首次从红曲菌属代谢产物中分离得到。

【关键词】 红曲菌代谢产物；紫红曲；化学成分；甾体

Steroids from *Monascus Purpureus* metabolite

Shang Xiaoya　Wang Ruolan　Yin Suqin　Li Jinjie　Jin Zonglian

The Beijing Key Lab of Biology Active Material and Functional Foods, Beijing Union University

Abstract: *Objective* To study the chemical constituents of *Monascus purpureus* metabolite. *Methods* The compounds were isolated by column chromatography methods, and their structures were determined by spectroscopic methods. *Results* Eight compounds were isolated from the petroleum ether fraction of ethanol extract and elucidated as stigmast-4-en-3-one ①, 3-oxo-24-methyl-enecycloarane ②, stigmasterol ③, 7β-hydroxystigmasterol ④, 3β-hydroxystigmasterol-5-en-7-one ⑤, 3β-hydroxystigmastol-5, 22-dien-7-one ⑥, 5α, 8α-epidioxyergosta-6, 22-dien-3β-ol ⑦, β-sitosterol ⑧. *Conclusion* All of the compounds were isolated from this genu for the first time except compound ③ and ⑦.

Key words: metabolites of monascus; *Monascus purpureus*; chemical constituents; steroid

紫红曲霉（*Monascus purpureus*）是曲霉科红曲霉属一种小型丝状腐生真菌，红曲是用红曲霉属真菌接种于大米上经发酵制备而成的一种紫红色米曲，在中国的使用已有 1000 多年的历史，被广泛应用于酿酒、食品着色、食品发酵、中药等方面。《本草纲目》和《本草从新》中均记载红曲味甘、性温，具有活血化瘀、健脾消食之功效，主治产后恶露不净、瘀滞腹痛、赤白下痢、跌打损伤等症[1]。红曲代谢产物的化学成分已有报道，主要为红曲色素和洛伐他汀类降血脂活性成分[2-6]。1992 年日本学者 Keisuke 等报道了红曲的降压作用[7]，近年来生物活性物质与功能食品北京重点实验室用 4 种不同的高血压动物模型（肾血管型、DOCA- 盐型、L- 硝基精氨酸型和原发型）确证了紫红曲的降压效果[8-9]，并确定了紫红曲中的降压活性部位，为进一步确定其药效活性成分，笔者对紫红曲中显示降压活性的部位进行化学成分进行研究。本研究报道从紫红曲降压活性部位的低极性组分离得到的 8 个代谢产物，其中有 6 个为首次从该属真菌代谢产物中分离得到。

1 材料

Inova400 和 500 核磁共振仪；Agilent1100 LC-MSDTrapSL 型质谱仪；Micromass Autospec-

Ultima ETOF 型质谱仪（EI 离子源）；Waters600 高效液相色谱仪（Alltech 公司 Alltima C_{18} 制备柱，22 mm×250 mm，5 μm，Waters2996 型检测器）；Combi Flash Com-panion 快速分离仪正反相硅胶（43～60 μm）制备柱，ISCO 公司产品；Sephadex LH-20（Pharmacia 公司产品）；柱色谱硅胶（160～200 目）和薄层色谱硅胶 GF254 均为青岛海洋化工厂产品；溶剂均为分析纯，由北京化学试剂厂生产。

2 提取分离

紫红曲粉末 4.5 kg（购于中国空间技术研究院），依次用 95%、80% 和 60% 乙醇超声提取，每次 2 h，提取液减压浓缩成浸膏（850 g）。将浸膏分散于水中，分别用石油醚、乙酸乙酯萃取，分为 3 个部分。

石油醚部分（38 g）进行硅胶柱色谱，用石油醚-丙酮（100：1～0：100）梯度洗脱，薄层色谱检识，合并相似洗脱流分，得到 12 个组分（Sh1～Sh12）。Sh2 组分先经 Sephadex LH-20 柱色谱，流动相为石油醚-氯仿-甲醇（5：5：1）洗脱，再经快速分离仪正相 flash 柱（40 g）色谱，流动相为石油醚-丙酮（20：1～0：100）梯度洗脱，得到化合物 1（20 mg）、化合物 2（29 mg）；Sh3 组分先经 Sephadex LH-20 柱色谱，流动相为石油醚-氯仿-甲醇（5：5：1）洗脱，再经快速分离仪正相 flash 柱（40 g）色谱，流动相为石油醚-丙酮（20：1～0：100）梯度洗脱，最后经过 HPLC-反相硅胶柱色谱，甲醇-水（90：10）洗脱得到化合物 3（15 mg），化合物 4（11 mg），化合物 5（20 mg），化合物 6（18 mg）；Sh4 组分和 Sh6 组分放置有大量白色沉淀析出，再分别经 Sephadex LH-20 柱色谱，流动相为石油醚-氯仿-甲醇（5：5：1）洗脱，得到化合物 7（35 mg），化合物 8（180 mg）。

3 结构鉴定

化合物 1 白色针状结晶（丙酮），EI-MS m/z 412[M]$^+$。^{1}H-NMR（CDCl$_3$，400 MHz）δ：5.72（1H，s，H-4），1.18（3H，s，H-19），0.92（3H，d，J=6.4 Hz，H-21），0.85（3H，t，J=7.2 Hz，H-29），0.83（3H，d，J=7.6 Hz，H-26），0.80（3H，d，J=6.4 Hz，H-27），0.71（3H，s，H-18）。^{13}C-NMR（CDCl$_3$，100 MHz）δ：35.7（C-1），33.9（C-2），199.6（C-3），123.7（C-4），171.7（C-5），32.9（C-6），32.0（C-7），35.6（C-8），53.8（C-9），38.6（C-10），21.0（C-11），39.6（C-12），42.4（C-13），55.9（C-14），24.2（C-15），28.2（C-16），56.0（C-17），11.9（C-18），17.4（C-19），36.1（C-20），18.7（C-21），34.0（C-22），26.0（C-23），45.8（C-24），29.1（C-25），19.8（C-26），19.0（C-27），23.0（C-28），11.9（C-29）。以上数据与文献[10] 中豆甾-4-烯-3-酮的数据一致。

化合物 2 白色粉末，EI-MS m/z 412[M]$^+$。^{1}H-NMR（CDCl$_3$，400 MHz）δ：4.72（1H，brs，H-31a），4.67（1H，brs，H-31b），2.71（1H，td，J=6.4，14.0Hz，H-2a），2.30（1H，m，H-2b），2.24（1H，m，H-25），2.12（1H，m，H-23a），1.89（1H，m，H-23b），1.10（3H，s，H-28），1.05（3H，s，H-18），1.05（3H，s，H-30），1.02（3H，d，J=5.2 Hz，H-27），1.00（3H，d，J=5.2 Hz，H-26），0.93（3H，s，H-29），0.91（3H，d，J=5.6 Hz，H-21）。^{13}C-NMR（CDCl$_3$，100 MHz）δ：33.4（C-1），37.5（C-2），216.6（C-3），50.2（C-4），48.4（C-5），21.5（C-6），28.1（C-7），47.9（C-8），21.1（C-9），26.0（C-10），26.7（C-11），32.8（C-12），45.3（C-13），48.7（C-14），35.0（C-15），25.9（C-16），52.3（C-17），18.1（C-18），29.6（C-19），36.1（C-20），18.3（C-21），35.6（C-22），31.3（C-23），156.9（C-24），

33.8（C-25），22.0（C-26），21.9（C-27），20.8（C-28），22.2（C-29），19.3（C-30），106.0（C-31）。以上数据与文献[11]中 3-oxo-24-methyle-necycloarane 的数据一致。

化合物 3 白色粉末，EI-MS m/z 412[M]$^+$。NMR（CDCl$_3$）数据与文献[12]中报道的豆甾醇数据一致。

化合物 4 白色粉末，EI-MS m/z 428[M]$^+$。^{1}H-NMR（CDCl$_3$，500 MHz）δ: 5.29（1H, m, H-6），5.16（1H, dd, J=15.0, 8.5 Hz, Ha-22），5.03（1H, dd, J=15.0, 8.5 Hz, Ha-23），3.55（1H, m, H-3），1.05（3Hs, H-19），0.95（3H, d, J=7.0 Hz, H-21），0.85（3H, t, J=6.0 Hz, H-29），0.83（3H, d, J=5.5 Hz, H-26），0.80（3H, d, J=7.5 Hz, H-27），0.70（3H, s, H-18）。^{13}C-NMR（CDCl$_3$，100 MHz）δ: 36.9（C-1），31.6（C-2），71.4（C-3），41.7（C-4），143.4（C-5），125.4（C-6），73.3（C-7），40.8（C-8），48.2（C-9），36.4（C-10），21.0（C-11），39.4（C-12），42.8（C-13），55.2（C-14），26.3（C-15），29.1（C-16），55.9（C-17），12.0（C-18），19.1（C-19），40.3（C-20），19.0（C-21），138.1（C-22），129.4（C-23），51.2（C-24），33.9（C-25），21.3（C-26），21.0（C-27），25.4（C-28），12.2（C-29）。以上数据与文献[13]中 7β-羟基豆甾醇的数据一致。

化合物 5 白色粉末，EI-MS m/z 428[M]$^+$。^{1}H-NMR（CDCl$_3$，500 MHz）δ: 5.69（1H, s, H-6），3.66（1H, m, H-3），1.20（3H, s, H-19），0.93（3H, d, J=7.5 Hz, H-21），0.85（3H, t, J=7.5 Hz, H-29），0.83（3H, d, J=7.0 Hz, H-26），0.81（3H, d, J=7.0 Hz, H-27），0.68（3H, s, H-18）。^{13}C-NMR（CDCl$_3$，100MHz）δ: 36.3（C-1），31.2（C-2），70.5（C-3），41.8（C-4），165.1（C-5），126.1（C-6），202.4（C-7），45.4（C-8），49.9（C-9），38.7（C-10），21.2（C-11），38.3（C-12），43.1（C-13），49.9（C-14），26.3（C-15），28.5（C-16），54.7（C-17），12.0（C-18），17.3（C-19），36.1（C-20），18.9（C-21），33.9（C-22），26.1（C-23），45.8（C-24），29.1（C-25），19.8（C-26），19.0（C-27），23.0（C-28），12.0（C-29）。以上数据与文献[14]中 3β-羟基豆甾 -5 烯 -7- 酮的数据一致。

化合物 6 白色粉末，EI-MS m/z 426[M]$^+$。^{1}H-NMR（CDCl$_3$，500 MHz）δ: 5.69（1H, s, H-6），5.17（1H, dd, J=15.0, 8.5 Hz, Ha-22），5.03（1H, dd, J=15.0, 8.5 Hz, Ha-23），3.68（1H, m, H-3），1.20（3H, s, H-19），0.93（3H, d, J=7.0 Hz, H-21），0.85（3H, t, J=7.5 Hz, H-29），0.83（3H, d, J=7.0 Hz, H-26），0.81（3H, d, J=7.0 Hz, H-27），0.68（3H, s, H-18）。^{13}C-NMR（CDCl$_3$，100 MHz）δ: 36.3（C-1），31.2（C-2），70.5（C-3），41.8（C-4），165.1（C-5），126.1（C-6），202.2（C-7），45.4（C-8），49.9（C-9），38.7（C-10），21.0（C-11），38.3（C-12），43.1（C-13），49.9（C-14），26.4（C-15），28.5（C-16），54.7（C-17），12.0（C-18），17.3（C-19），40.2（C-20），19.0（C-21），138.1（C-22），129.5（C-23），51.2（C-24），31.9（C-25），21.4（C-26），21.2（C-27），25.3（C-28），12.2（C-29）。以上数据与文献[15]中 3β- 羟基豆甾 -5, 22- 二烯 -7- 酮的数据一致。

化合物 7 白色针状结晶（丙酮），ESI-MS m/z 429[M+H]$^+$。^{1}H-NMR（CDCl$_3$，500 MHz）δ: 6.50（1H, d, J=8.5 Hz, H-6），6.24（1H, d, J=8.5 Hz, H-7），5.22（1H, dd, J=8.0, 16.5 Hz, H-22），5.14（1H, dd, J=8.0, 16.5 Hz, H-23），1.00（3H, d, J=6.5 Hz, H-28），0.91（3H, d, J=6.5 Hz, H-21），0.88（3H, s, H-19），0.83（3H, d, J=7.0 Hz, H-27），0.81（3H, s, H-18），0.81（3H, m, H-26）。^{13}C-NMR（CDCl$_3$，125 MHz）数据与文献[16]中 5α, 8α- 过氧麦角甾 -6, 22- 二烯 -3β- 醇的数据一致。

化合物 8 白色针状结晶（丙酮），EI-MS m/z 414[M]$^+$。NMR 数据与文献[12]中 β- 谷甾醇的数据一致。

【参考文献】

[1] 纪远中. 红曲及红曲霉的研究现状及进展. 天津药学, 2005, 17（2）: 65.

[2] Wild D, Toth G, Humpf H U. New *Monascus metabolite* isolated from red yeast rice（Angkak, Red Koji）. J Agric Food Chem, 2002, 50（14）: 3999.

[3] Suchada J, Prasat K, Busaba Y, et al. Azaphilone pigments from a yellow mutant of the fungus *Monascus kaoliang*. Phytochemistry, 2004, 65: 2569.

[4] Toshihiro A, Harukuni T, Ken Y, et al. Azaphilones, furanoisophthalides, and amino acids from the extracts of *Monascus pilosus*-fermented rice（red-mold rice）and their chemopreventive effects. J Agric Food Chem, 2005, 53: 562.

[5] Endo A, Hasumi K, Nakamura T, et al. Dihydromonacolin L and monacolin X. new metabolites those inhibit cholesterol biosynthesis. J Antibiotics, 1985, 38（3）: 321.

[6] Nakamura T, Komagata D, Murakawa S, et al. Isolation and biosynthesis of 3α-hydroxy-3, 5-dihydromonacolin L. J Antibiotics, 1990, 43（12）: 1597.

[7] Keisuke T, Tomio I, Nobukazu T, et al. Effects of beni-koji foods on blood pressure in spontaneously hypertensive rats. Nippon Shokuhin Kogyo Gakkaishi, 1992, 39（10）: 919.

[8] 唐粉芳, 张静, 金宗濂. 红曲对 L-硝基精氨酸高血压大鼠降压作用初探. 食品科学, 2004, 25（4）: 155.

[9] 郑建全, 郭俊霞, 金宗濂. 红曲对自发性高血压大鼠降压机理研究. 食品工业科技, 2007, 28（3）: 207.

[10] 何萍, 李帅, 王素娟, 等. 半夏化学成分的研究. 中国中药杂志, 2005, 30（9）: 671.

[11] Josinete A, Janiza C M C, Maisa O F, et al. Complete assignment of the ^{1}H and ^{13}C NMR spectra of four triterpenes of the ursane, artane, lupane and friedelane groups. Magn ResonChem, 2000, 38（3）: 201.

[12] 吴希, 夏厚林, 黄立华, 等. 香附化学成分研究. 中药材, 2008, 31（7）: 990.

[13] 王媛, 邹忠梅. 毛叶巴豆中甾醇类化合物的研究. 中国药学杂志, 2008, 43（12）: 897.

[14] Antonio G, Michele D A, Francesco P, et al. Pteridines, sterols, and indole derivatives from the *Lithistid Sponge Corallistes undulatus* of the coral sea. J Nat Prod, 1993, 56（11）: 1962.

[15] Shu Y H, Jones S R, KinneyW A, et al. The synthesis of spermine analogs of the shark aminosterol squalamine. Steroids, 2002, 67: 291.

[16] Joachim R, Wilfried A K. Constituents of the fungi daedalea quercina and *Daedaleopsis confragosa* var. *tricolor*. Phytochemistry, 2000, 54（8）: 757.

原文发表于《中国中药杂志》, 2009 年第 7 期

"燕京2号"口服液抗疲劳作用的实验研究

文 镜[1]　金宗濂[1]　翟士领[2]

1. 北京大学分校
2. 北京体育大学

【摘要】 通过小鼠和人体实验，采用血乳酸、血尿素氮（BUN）及力量（卧推、深蹲）变化等指标观察"燕京2号"口服液（由"归脾汤""七宝美髯丹"中主药复合而成）的抗疲劳效应。结果表明服用"燕京2号"口服液一定时间后的受试者，在剧烈运动后血乳酸和BUN增量明显低于对照组，运动后恢复期血乳酸、BUN消除速率显著加快，运动员肌力也有明显加强，提示"燕京2号"口服液具有较好的抗疲劳作用。

【关键词】 抗疲劳；血乳酸；血尿素；肌力

祖国医学对于滋补强壮、延年益寿有着很长的实践史，传统中医很多方剂的设计都与增强机体抗疲劳的能力、提高生命活力、延长生命过程有关。"燕京2号"口服液由主治心脾两虚、肢倦乏力、心悸气短的著名方剂"归脾汤"及具有滋肾阴、养肝血功能的"七宝美髯丹"中的几味主药复合，经水煎熬提取有效成分而制成。本文根据疲劳机理通过小鼠及人体实验观察"燕京2号"口服液对血乳酸、血尿素氮（BUN）及力量（卧推、深蹲）等指标的影响，探讨"燕京2号"口服液的抗疲劳作用。

1 实验研究

1.1 实验材料

动物：昆明种雄性健康小鼠，体重25～32 g；"燕京2号"口服液。

1.2 实验方法

（1）动物饲喂方法：小鼠分笼单养，随机分为中药组与对照组，中药组将"燕京2号"口服液适当稀释代替水，采用自然饮水方式给药，每只鼠每日服药量相当约100 mg。

（2）血乳酸含量的测定：用乙醛对羟基联苯比色法[1]，在连续给药8 d后取尾血，测定每只小鼠在28 ℃水中负重（体重3%）游泳5 min，离水休息20 min及40 min时血乳酸含量。

（3）BUN含量的测定：用二乙酰一肟一硫氨脲法[2]，在连续给药8 d后取尾血，测定每只小鼠游泳前及于28 ℃水中负重游泳15 min，离水休息120 min、240 min时BUN含量，用游泳后BUN值减去泳前静息BUN值作为BUN增量。

1.3 实验结果

1.3.1 "燕京2号"口服液对小鼠血乳酸含量的影响

由表1可知，服用"燕京2号"口服液8 d后的小鼠在其运动后恢复期血乳酸水平显著低于对照组。在运动后20 min，中药组血乳酸的含量比对照组低29.4%，在运动后40 min低51.5%。

表 1 "燕京 2 号"口服液对小鼠游泳负重（体重 3%），5 min 后血乳酸含量的影响（$\bar{X} \pm SD$）

组别	n	游泳之后 20 min（mmol）	游泳之后 40 min（mmol）
对照组	12	2.89±0.50	2.66±0.47
中药组	12	2.04±0.48*	1.29±0.46**

*$P < 0.05$ 与对照组比较；**$P < 0.01$ 与对照组比较。

从表 2 可知，在运动之后 20～40 min 这段时间里，中药组血乳酸的平均每分消除速率是对照组的 3.4 倍。

表 2 "燕京 2 号"口服液对小鼠游泳后 20～40 min 血乳酸消除率的影响

组别	n	游泳后 20～40 min 血乳酸消除率（μmol/L，min）
对照组	12	11.10±3.33
中药组	12	37.74±5.55*

*$P < 0.01$ 与对照组比较。

$$游泳后\ 20 \sim 40\ min\ 血乳酸消除速率 = \frac{游泳后\ 20\ min\ 血乳酸值 - 游泳后\ 40\ min\ 血乳酸值}{20\ min}$$

1.3.2 "燕京 2 号"口服液对小鼠 BUN 的影响

由表 3 可知，服用"燕京 2 号"口服液 8 d 的小鼠游泳后 BUN 的增量明显低于对照组。游泳后 240 min 时，中药组 BUN 已恢复到运动前水平，而此时对照组每 1000 ml 血液中尿素氮仍比运动前高出 0.62 mmol。

表 3 "燕京 2 号"口服液对小鼠游泳（15 min）之后 120 min 及 240 min 时 BUN 增量的影响（$\bar{X} \pm SD$）

组别	n	游泳之后 120 min BUN 增量（mmol）	游泳之后 240 min BUN 增量（mmol）
对照组	12	1.13±0.05	0.62±0.06
中药组	12	0.93±0.06*	-0.30±0.03**

*$P < 0.05$ 与对照组比较；**$P < 0.01$ 与对照组比较。

表 4 反映了游泳之后 120～240 min BUN 的平均消除速率，结果表明在此时间中药组 BUN 的消除速率是对照组的 2.4 倍。

表 4 "燕京 2 号"口服液对小鼠游泳后 120～240 min BUN 消除率的影响

组别	n	泳后 120～240 min BUN 消除率（μmol/L，min）
对照组	12	4.30±0.28
中药组	12	10.27±0.35*

*$P < 0.01$ 与对照组比较。

$$游泳后\ 120 \sim 240\ min\ BUN\ 消除速率 = \frac{游泳后\ 120\ min\ BUN\ 值 - 游泳后\ 240\ min\ BUN\ 值}{120\ min}$$

2 人工实验

2.1 实验对象

北京体育学院竞技体校优秀摔跤、柔道运动员和该专业大学生共 42 人，其中男 31 人，女

11人，年龄15～23岁，训练年限1～6年。

2.2 实验方法

受试者分组情况见表5。

表5 受试者分组情况

组别	实验组	对照组
人数	21（男15，女6）	21（男16，女5）
年龄（岁）	19.8±0.8*	19.1±0.6
体重（kg）	68.1±3.7*	67.2±2.7
训练年限（年）	2.85*	2.83

*$P < 0.05$ 与对照组比较。

运动负荷情况：运动员采用自行车测功计逐渐递增负荷，女子从500 W开始，男子从1200 W开始；当达到最大心率的80%时再冲刺2 min。

受试者服药情况：实验组每人每日服用相当生药42 g的"燕京2号"口服液，对照组每人每日服用与实验组服药相当体积的糖水（安慰剂），连服21 d，此期间两组同时进行同样的大运动量训练（冬训）。

血乳酸的测定：在服用"燕京2号"口服液21 d前后于定量负荷后分别采耳血测定血乳酸值，用运动后3 min血乳酸值减去运动前安静值作为血乳酸增量进行比较。并测定定量负荷运动后恢复期13 min和23 min时血乳酸值，计算出该时间内血乳酸的消除速率。

BUN的测定：在服用"燕京2号"口服液21 d中采用大运动量训练，服药21 d前后分别在定量负荷后测定BUN值。

在服用"燕京2号"口服液21 d前后受试者进行卧推、深蹲指标的测定观察药物对受试者肌力的影响。

2.3 人体实验结果

"燕京2号"口服液对定量负荷运动后血乳酸的影响如下所示。

表6表明服用"燕京2号"21 d，定量负荷运动后对照组血乳酸增量与服药前无显著差异。而实验组血乳酸增量比本组服药前降低了17%，比对照组降低了16%。

表6 两组运动员定量负荷运动后血乳酸增量的比较（mmol，$\bar{X}\pm SD$）

组别	服药前	服药21 d后
对照组	7.99±0.84	7.47±0.97
实验组	7.54±0.91	6.27±0.49*

*$P < 0.05$ 与对照组及本组服药前比较。

表7表明服用"燕京2号"21 d，运动负荷后恢复期13～23 min这段时间里，对照组血乳酸消除速率与服药前无显著差异，而实验组血乳酸消除速率是对照组的4.9倍。

表 7 "燕京 2 号"口服液对运动员定量负荷后 13～23 min 血乳酸消除率影响
[µmol/（L·min），$\bar{X}\pm SD$]

组别	服药前	服药 21 d 后
对照组	3.71±0.59	3.37±1.43
实验组	3.51±0.95	16.4±0.81*

*$P < 0.01$ 与对照组及本组服药前比较。

"燕京 2 号"口服液对定量负荷运动 BUN 的影响如下所示。

由表 8 可以看到：经过 3 周大运动量训练，定量负荷运动后对照组 BUN 含量明显高于 3 周之前，而在这 3 周训练中同时服用"燕京 2 号"的实验组，其 BUN 含量与大强度训练之前无显著差异。

表 8 两组运动员定量负荷运动后 BUN 含量的比较（mmol，$\bar{X}\pm SD$）

组别	服药前	服药 21 d 后
对照组	1.44±0.13	1.57±0.11*
实验组	1.52±0.13	1.49±0.12

*$P < 0.05$ 与本组服药前比较。

"燕京 2 号"口服液对运动员肌力的影响如下所示。

由表 9 可以看到，服用"燕京 2 号" 21 d 后，实验组在卧推项目上肌力增加了 11%，在深蹲项目上肌力增加了 7%，而对照组在这两个项目上都没有显著变化。

表 9 "燕京 2 号"口服液对运动员肌力的影响（kg，$\bar{X}\pm SD$）

组别	卧推		深蹲	
	服药前	服药 21 d 后	服药前	服药 21 d 后
对照组	79.0±21.4	82.0±23.7	111.6±32.6	113.3±33.9
实验组	72.2±27.7	80.3±28.2*	111.2±34.2	119.1±33.9*

*$P < 0.05$ 与本组服药前比较。

3 讨论

大量研究已经证明，乳酸的堆积是直接或间接引起肌肉功能下降从而导致疲劳的一个重要原因[3-4]。剧烈运动时，能量需要增加，糖原的分解加快，尽管呼吸和循环加快但仍不能满足细胞对氧的需要，这就使肌肉处于缺氧状态。为了保证能量的供应，此时机体主要靠糖原酵解产生乳酸的代谢途径供能。激烈运动会使肌肉中乳酸含量增加 30 倍，随着乳酸在肌肉中的积累，它在实验中的清除过程也就相应开始了，乳酸在机体中积累的程度取决于乳酸产生与清除的速度。如果能够减少乳酸的产生或加速乳酸清除速度，就能减少乳酸在体内的积累，延缓疲劳的产生及加快疲劳的消除。在运动后恢复期，乳酸清除速度越快，也就越有利于疲劳的消除，小鼠实验（表 1～表 2）和人体实验（表 6～表 7）的结果一致表明服用"燕京 2 号"口服液能加速血乳酸的清除速率，减少乳酸在肌细胞中的堆积，说明"燕京 2 号"口服液具有一定的抗疲劳作用。

长时间剧烈运动，机体不能通过糖、脂肪分解代谢得到足够的能量时，机体蛋白质与氨基酸分解代谢随之增强，肌肉中氨基酸经转氨基和脱氨基后，碳链氧化，氨基与丙酮酸或 α-酮戊二酸转氨形成丙氨酸或谷氨酸。脱下的氨进入肝细胞经鸟氨酸循环生成尿素。在激烈运动时核苷酸代谢也随之加强，嘌呤核苷酸和核苷分解时都要脱下氨基而产生氨，再经鸟氨酸循环转变成尿素。大强度运动时，由于乳酸堆积，肌细胞质内 pH 下降，蛋白质水解酶活性升高，溶酶体酶活性被进一步激活，使机体蛋白质、酶加速分解。这些因素的共同作用使剧烈运动时体内尿素含量增高[5-6]。已有实验证明当负荷使运动员 BUN 含量超过 8.3 mmol/L 时，尽管运动员主观上还没有疲劳的感觉，但此时机体组织的肌肉蛋白质和酶都已开始分解而使机体受到损伤，因此，血尿素对于评价机体在体力负荷时的承受能力是一个非常灵敏的指标，机体 BUN 含量随运动负荷的增加而增加，当机体糖原储备充足，脂肪分解代谢能力强，能在剧烈运动、充分供能，使 BUN 增加较少，则说明机体对该运动负荷表现出较强的适应性及耐受力，当机体不能从自身糖、脂肪分解代谢中得到足够的能量来维持剧烈运动时，BUN 就开始增加，机体对运动负荷适应能力越差，其 BUN 增加就越显著，从小鼠实验结果可以看到，服用"燕京 2 号"口服液 8 d 的小鼠剧烈运动后 BUN 的增量明显低于对照组，见表 3，并且在运动后能迅速恢复，见表 4；从人体实验中可以看到，经过 3 周高强度运动训练，未服"燕京 2 号"的运动员定量负荷运动后 BUN 含量比 3 周前显著增加，说明此时机体对于这种高强度训练已不能适应，而经同样强度训练又服用"燕京 2 号"的运动员在定量负荷后 BUN 的含量与 3 周之前无显著差别，见表 8。说明运动员能够承受这种高强训练。这表明服用"燕京 2 号"口服液能够增强机体对体力负荷的耐受能力，力量的增加是机体抗疲劳的宏观表现形式，服用"燕京 2 号"口服液具有较好的抗疲劳功能。

【参考文献】

[1] Barker S B, Summerson W H. The colorimetric determination of latic acid in biological material. J Biol Chem, 1941, 188: 585.
[2] Wybenga D R, Di Giorgio J, Pileggi V J. Manualand automated methods for urea nitrogen measurement in whole serum. Clin Chem, 1971, 17（9）: 891.
[3] 冯炜权. 运动性疲劳和恢复过程研究的新进展. 中国运动医学杂志, 1993, 12（3）: 161.
[4] 刘炳智. 肌肉疲劳机理的研究进展. 国外医学：军事医学分册, 1991, 38（1）: 13.
[5] Lemon P W, Mullin J P. Effect of initial muscle glycogen levels on protein catabolism during exercise. J Appl Physiol, 1980, 48（4）: 624.
[6] Dohm G L, Kasperek G J, Tapscott E B, et al. Effect of exercise on synthesis and degradation of muscle protein, Biochem J, 1980, 188（1）: 255.

原文发表于"首届国际中医药保健与食疗研讨会论文汇编"，1995 年

参芪合剂对血乳酸、血尿素及肌力的影响

文 镜[1]　金宗濂[1]　翟士领[2]

1. 北京联合大学
2. 北京体育大学

【摘　要】　通过小鼠和人体实验，观察"参芪合剂"（由党参、黄芪、何首乌组成）对血乳酸、血尿素及肌力的影响，结果表明服用参芪合剂一定时间后的受试者，在剧烈运动后血乳酸及血尿素氮（BUN）增量明显低于对照组；运动后恢复期血乳酸、BUN 消除速率显著加快。肌力也有明显加强。提示参芪合剂具有一定的抗疲劳作用。

【关键词】　党参；黄芪；何首乌；血乳酸；血尿素氮；肌力

Effect of the C. A. Mixture Tonic by determination of blood lactic acid, blood urea nitrogen and muscle strength

Wen Jing[1]　Jin Zonglian[1]　Zhai Shiling[2]

1. Beijing Union University
2. Beijing University of Physical Education

Abstract: The antifatigue effect of the C. A. Mixture Tonic was studied on mice and human body. The blood lactic acid. blood urea nitrogen（BUN）and the muscle strength（prone shove and deep squat）were estimated for identifying the anti-fatigue effect. The results indicated that after feeding C. A. Mixture Tonic for a fixed period the level of blood lactic acid and the increase of serum urea nitrogen after strenuous exercise were significant lower than those of the control. During the period of recovery after exercise the recovery rates of blood lactic acid and BUN were much faster. To the sportsman the muscle strength was enhanced obviously. From the above results, it is evident that the C. A. Mixture Tonic possing anti-fatigue effect. The C. A. Mixture Tonic was composed of *Codonopsis pilosula*（Franch）Nannf., *Astragalus membranaceus* Bge. and *Polygnoum multiflorum* Thunb.

Key Words: *Codonopsis pilosula*（Franch）Nannf.; *Astragalus membranaceus* Bge.; *Polygonum multiflorum* Thunb; blood lactic acid; blood urea nitrogen; muscle strength

参芪合剂是根据祖国医学关于滋补强壮的理论，选择主治气血两虚，肢倦乏力的著名方剂。"代参膏"两味主药：党参与黄芪，添加具有养血补肝益肾作用药物何首乌，经水煎熬提取有效成分而制成。本文通过小鼠和人体观察参芪合剂对血酸、血尿素氮（BUN）及肌力的影响，发现服用参芪合剂一定时间后，血乳酸、BUN 及肌力出现明显的变化。

1　小鼠实验

1.1　实验材料

1.1.1　动物

昆明种雄性健康小鼠，体重 25～32 g。

1.1.2 参芪合剂

党参 12 g，黄芪 15 g，何首乌 15 g，两次煎熬共得药汁 120 ml。

1.2 实验方法

1.2.1 动物饲喂方法

小鼠分笼单养，随机分为中药组与对照组。中药组将参芪合剂适当稀释代替水。采用自然饮水方式给药，每只鼠每日服药量相当生药 100 mg。

1.2.2 血乳酸含量的测定

用乙醛对羟基联苯比色法[1]在连续给药 8 d 后取尾血测定每只小鼠在 28 ℃水中负重（体重 3%）游泳 5 min，离水休息 20 min 和 40 min 时血乳酸含量。

1.2.3 BUN 含量的测定

用二乙酰一肟一硫氨脲法[2]在连续给药 8 d 后取尾血测定每只小鼠游泳前及于 28 ℃水中负重游泳 15 min，离水休息 120 min、240 min 时 BUN 含量。用游泳后 BUN 值减去游泳前静息值作为 BUN 增量。

1.3 实验结果

1.3.1 参芪合剂对小鼠血乳酸含量的影响

由表 1 可知，服用参芪合剂 8 d 后的小鼠在其运动后恢复期血乳酸水平显著低于对照组。在运动后 20 min，中药组血乳酸的含量比对照组低 29.4%，在运动后 40 min 低 51.5%。

表 1　参芪合剂对小鼠游泳负重（体重 3%），5 min 后血乳酸含量的影响（$\bar{X}\pm SD$）

组别	n	游泳之后 20 min（mmol/L）	游泳之后 40 min（mmol/L）
对照组	12	2.89±0.50	2.66±0.47
中药组	12	2.04±0.48*	1.29±0.46**

*$P < 0.05$ 与对照组比较；**$P < 0.01$ 与对照组比较。

从表 2 可知，在运动之后 20 ～ 40 min 这段时间里，中药组血乳酸的平均每分钟消除速率是对照组 3.4 倍。

表 2　参芪合剂对小鼠游泳后 20 ～ 40 min 血乳酸消除速率的影响

组别	n	游泳后 20 ～ 40 min 血乳酸消除速率（μmol/L，min）
对照组	12	11.10±3.33
中药组	12	37.74±5.55*

*$P < 0.01$ 与对组照比较。

$$\text{游泳后 20 ～ 40 min 血乳酸消除速率} = \frac{\text{游泳后 20 min 血乳酸值} - \text{游泳后 40 min 血乳酸值}}{20 \text{ min}}$$

1.3.2 参芪合剂对小鼠 BUN 的影响

由表 3 可知，服用参芪合剂 8 d 的小鼠游泳后 BUN 的增量明显低于对照组，游泳后 240 min

时，中药组 BUN 已恢复到运动前水平，而此时对照组每 1000 ml 血液中 BUN 仍比运动前高出 0.62 mmol。

表 3　参芪合剂对小鼠游泳（15 min）之后 120 min 及 240 min 时 BUN 增量的影响（$\bar{X} \pm \mathrm{SD}$）

组别	n	游泳之后 120 min 时 BUN 增量（mmol/L）	游泳之后 240 min 时 BUN 增量（mmol/L）
对照组	12	1.13±0.05	0.62±0.06
中药组	12	0.93±0.06*	−0.30±0.03**

*$P < 0.05$ 与对照组比较；**$P < 0.01$ 与对照组比较。

表 4 反映了游泳之后 120～240 min BUN 的平均消除速率，结果表明在此时间实验组 BUN 的消除速率是对照组的 2.4 倍。

表 4　参芪合剂对小鼠游泳后 120～240 min BUN 消除速率的影响

组别	n	游泳之后 120～240 min BUN 消除速率（μmol/L, min）
对照组	12	4.30±0.28
中药组	12	10.27±0.35*

*$P < 0.01$ 与对照组比较。

$$\text{游泳后 } 120 \sim 240 \text{ min BUN 消除速率} = \frac{\text{游泳后 } 120 \text{ min BUN 值} - \text{游泳后 } 240 \text{ min BUN 值}}{120 \text{ min}}$$

2　人体实验

2.1　实验对象

在校大学生 42 人，其中男 31 人女 11 人，年龄 18～20 岁。

2.2　实验方法

2.2.1　受试者分组情况（表 5）

表 5　受试者分组情况

组别	中药组	对照组
人数	21（男 15，女 6）	21（男 16，女 5）
年龄（岁）	19.3±0.8*	19.1±0.6
体重（kg）	68.1±3.7*	67.2±2.7

*$P > 0.05$ 与对照组比较。

2.2.2　运动负荷情况

受试者采用自行车测功计递增负荷，女子从 500 W 开始，男子从 1200 W 开始，当达到最大心率的 80% 时再冲刺 2 min。

2.2.3　受试者服药情况

中药组每人每日服用相当生药 42 g 的参芪合剂。对照组每人每日服与中药组服用参芪合剂相当体积的糖水（安慰剂），连服 21 d，此期间两组每日同时进行同样的大运动量活动。

2.2.4 血乳酸的测定

在服用参芪合剂 21 d 前后于定量负荷后分别采耳血测定血乳酸值,用运动后 3 min 血乳酸值减去运动前安静值作为血乳酸增量进行比较,并测定定量负荷运动后恢复期 13 min 和 23 min 时血乳酸值,计算出该时间内血乳酸的消除速率。

2.2.5 BUN 的测定

在服用参芪合剂 21 d 中受试者每天进行大运动量活动,服药 21 d 前后分别在定量负荷后测定 BUN 值。

2.2.6 对受试者肌力的影响

在服用参芪合剂 21 d 前后受试者进行卧推、深蹲指标的测定观察参芪合剂对受试者肌力的影响。

2.3 实验结果

2.3.1 参芪合剂对定量负荷运动后血乳酸的影响

表 6 表明服用参芪合剂 21 d,定量负荷运动后对照组血乳酸增量与服药前无显著差异。而中药组血乳酸增量比本组服药前降低了 17%,比对照组降低了 16%。

表 6 两组受试者定量负荷后血乳酸增量的比较(mmol/L,$\bar{X}\pm SD$)

组别	服药前	服药 21 d 后
对照组	7.99±0.84	7.47±0.97
中药组	7.54±0.91	6.27±0.49*

*$P < 0.05$ 与对照组及本组服药前比较。

表 7 表明服用参芪合剂 21 d,运动负荷后恢复期 13 ~ 23 min 这段时间里,对照组血乳酸消除速率与服药前无显著差异,而中药组血乳酸消除速率是对照组 4.9 倍。

表 7 参芪合剂对受试者定量负荷后 13 ~ 23 min 血乳酸消除速率的影响 [μmol/(L·min),$\bar{X}\pm SD$]

组别	服药前	服药 21 d 后
对照组	3.71±0.69	3.37±1.43
中药组	3.51±0.95	16.4±0.81*

*$P < 0.05$ 与对照组及本组服药前比较。

2.3.2 参芪合剂对定量负荷运动后 BUN 的影响

由表 8 可以看到,经过 3 周大运动量活动,定量负荷运动后对照组 BUN 含量明显高于 3 周之前,而在这 3 周中同时服用参芪合剂的中药组,其 BUN 含量与大强度活动之前无显著差异。

表 8 两组受试者定量负荷后 BUN 含量的比较(mmol/L,$\bar{X}\pm SD$)

组别	服药前	服药 21 d 之后
对照组	1.44±0.13	1.57±0.11*
中药组	1.52±0.13	1.49±0.12

*$P < 0.05$ 与本组服药前比较。

2.3.3 参芪合剂对受试者肌力的影响

由表 9 可以看到，服用参芪合剂 2 d 后，中药组在卧推项目上肌力增加了 11%，在深蹲项目上肌力增加 7%，而对照组在这两个项目上都没有显著变化。

表 9 参芪合剂对受试者肌力的影响（kg, $\bar{X}\pm SD$）

组别	运动项目			
	卧推		深蹲	
	服药前	服药 21 d 后	服药前	服药 21 d 后
对照组	79.0±21.4	82.0±23.7	111.6±32.6	113.3±33.9
中药组	72.2±27.1	80.3±28.2*	111.2±34.2	119.1±33.9

*$P < 0.05$ 与本组服药前比较。

3 讨论

大量研究证明，乳酸的堆积是直接或间接引起肌肉功能下降从而导致疲劳的一个重要原因[3-4]。剧烈运动时，能量的需求增加，糖原的分解加快，尽管呼吸和循环加快但仍不能满足细胞对氧的需要，这就使肌肉处于缺氧状态。为了保证能量的供应，此时机体主要靠糖原酵解产生乳酸的代谢途径供能，激烈运动会使肌肉中乳酸含量增加 30 倍，随着乳酸在肌肉中的积累，它的清除过程也就相应开始了。乳酸在机体中积累的程度取决于乳酸产生与清除的速度。定量负荷运动后乳酸的清除速度越快，就越有利于运动性骨疲劳的消除，小鼠实验（表 1、表 2）和人体实验（表 6、表 7）的结果表明参芪合剂具有加快血乳酸清除速率的作用，长时间剧烈运动，机体不能通过糖、脂肪分解代谢得到足够的能量时，机体蛋白质与氨基酸分解代谢随之增强。肌肉中氨基酸经转氨基和脱氨基后，碳链被氧化，氨基与丙酮酸或 α-酮戊二酸转氨形成丙氨酸或谷氨酸。脱下的氨进入肝细胞经鸟氨酸循环生成尿素。在激烈运动时，核苷酸代谢也随之加强，嘌呤核苷酸及核苷分解时都要脱下氨基而产生氨，再经鸟氨酸循环转变成尿素。大强度运动时，由于乳酸堆积，肌细胞质内 pH 下降，蛋白质水解酶活性升高，溶酶体酶活性被进一步激活，使机体蛋白质、酶加速分解。这些因素的共同作用使剧烈运动时体内尿素含量增高[5-6]。已有实验证明当负荷使运动员血尿素含量超过 8.3 mmol/L 时，尽管运动员主观上还没有疲劳的感觉，但此时机体组织的肌肉蛋白质和酶都已开始分解而使机体受到损伤，因此 BUN 对于评价机体在体力负荷时的承受能力是一个非常灵敏的指标，机体 BUN 含量随运动负荷的增加而增加，当机体糖原储备充足，脂肪分解代谢能力强，能在剧烈运动、充分供能，使 BUN 增加较少，则说明机体对该运动负荷表现出较强的适应性及耐受力，当机体不能从自身糖、脂肪分解代谢得到足够的能量来维持剧烈运动时，BUN 就开始增加。机体对运动负荷适应能力越差，其 BUN 增加就越显著，从小鼠结果可以看到，服用参芪合剂 8 d 的小鼠剧烈运动后 BUN 的增量明显低于对照组，见表 3，并且在运动后能迅速恢复，见表 4，从人体实验中可以看到，经过 3 周高强度运动，未服参芪合剂的受试者定量负荷运动后 BUN 含量比三周前显著增加，说明此时机体对于这种高强度运动已不能适应。而经同样强度运动又服用参芪合剂的受试者在定量负荷后，BUN 的含量与 3 周前无显著差别，见表 8，说明受试者能够承受这种高强度运动，这表明服用参芪合剂能够增强机体对体力负荷的耐受力。肌力的增加是机体抗疲劳能力加强的宏观表现形式，服用参芪合剂 3 周后受试者肌力明显提高，见表 9，实验结果提示参芪合剂可能具有一定的抗疲劳功效。

【参考文献】

[1] Barker S B, Summerson W H. The colorimetric determination of lactic acid in biological material. J Biol Chem, 1941, 138: 535.
[2] Wybenga D R, Di Giorgio J, Pileggi V J. Manualand automatedmethods for urea nitrogen measurement in whole serum. Clin Chem, 1971, 17(9): 891.
[3] 冯炜权. 运动性疲劳和恢复过程研究的新进展. 中国运动医学杂志, 1993, 12(3): 161.
[4] 刘炳智. 肌肉疲劳机理的研究进展. 国外医学: 军事医学分册, 1991, 38(1): 13.
[5] Lemon P W, Mullin J P. Effect of initial muscle glycogen levels on protein catabolism during exercise. J Appl Physiol, 1980, 48(4): 624.
[6] Dohm G L, Kasperek G J, Tapscott E B, et al. Effect of exercise on synthesis and degradation of muscle protein. Biochem J, 1980, 188(1): 255.

原文收集于《食品科学论文集 1999—2004》

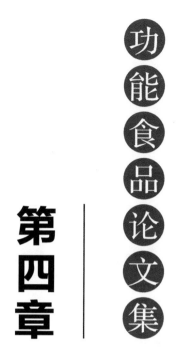

第四章

食品保健功能检测方法与实例研究

从血乳酸动态变化看药物或食物的抗疲劳作用

金宗濂　文　镜

北京联合大学　应用文理学院

【摘要】 本文报道一种以血乳酸动态变化为指标，研究药物或食物抗疲劳作用的新的研究方法和最适实验条件，通过用7%糖水和生脉散进行验证，证实该方法具有准确、可靠、分辨能力强和灵敏度高的特点。

【关键词】 血乳酸；疲劳；血乳酸动态变化；血乳酸恢复速率；血乳酸恢复水平

Evaluating the effect of antifatigue medicine or food by measuring the dynamic changes of blood lactic acid

Jin Zonglian　Wen Jing

College of Applied Science and Humanities of Beijing Union University

Abstract: This paper reports a method for the identification of the effect of anti-fatigue medicine or food by measuring the dynamic changes of blood lactic acid concentration as an indicator, and the optimum experimental condition for the measuring. By using this method a comparison of the anti-fatigue effect of SHENGMAI SAN（a pulse vitalizing tonic compound）with 7% sugar solution are carried out. The results of the experiment indicates that the method reported has characteristics of its accuracy, reliability, high resolution and sensitivity.

Key words: blood lactic acid; fatigue; dynamic changes of blood lactic acid concentration; recovery rate of blood lactic acid; recovery level of blood lactic acid

近年来利用天然食物或中草药提高运动能力、加速疲劳恢复的研究不断取得进展。在研究各种天然物或药物消除疲劳的功能时，往往用血乳酸作为一项重要的观察指标。在过去的研究中，通常只观察服药对运动后某一时刻血乳酸含量的影响。由于乳酸含量随运动的不同时间和功率有着动态的变化规律，若仅考虑某一时刻血乳酸含量的高低，并以此作为评价药物或食物作用的指标，往往会造成较大误差，甚至得出错误结论。因此，有必要寻找一种以血乳酸的动态变化规律为指标，更加准确、可靠地评价运动性疲劳的新方法。

1 材料和方法

1.1 材料

实验动物：昆明种雄性健康小鼠，体重 20～25 g。

糖水：用蔗糖加水配制，蔗糖含量为7%。

生脉散口服液：用人参、麦冬、五味子经提取有效成分制成含糖7%的10 ml瓶装口服液。每10 ml相当生药：人参1 g，麦冬3.5 g，五味子1 g。

1.2 方法

1.2.1 小鼠血乳酸含量测定方法

从动物尾部采血，用乙醛、对羟基联苯比色法测定血乳酸含量。

1.2.2 运动量及采血时间的选择

采用游泳作为引起小鼠疲劳的运动方式。将小鼠分为 A、B、C、D 四组，每组 12 只。分别测定每组小鼠游泳前及在（28±2）℃水中游泳后 5 min、20 min、30 min、45 min 与 60 min 时的血乳酸含量。其中 A、B、C、D 四组游泳时间分别为 5 min、10 min、20 min 和 30 min。根据测定的血乳酸值选择能促使小鼠血乳酸含量显著升高且不易恢复的游泳时间，即游泳 30 min 作为实验所需的运动量，并在每只小鼠游泳前，游泳 30 min 以后的 5 min、30 min、45 min 和 60 min 依次连续采血，测定血乳酸含量，作为下一步研究的基本实验条件。

1.2.3 实验方法及其可行性的验证

将 30 只小鼠分笼单养，随机分为白水、糖水和中药 3 组，每组 10 只。在上述实验条件下先测定每只小鼠游泳前及在（28±2）℃水中游泳 30 min 后不同时间内（5 min、30 min、45 min、60 min）的血乳酸含量，再分别灌服白水、7% 糖水和生脉散口服液，每日每只小鼠灌服量为 0.6 ml。连续灌胃 10 d 后，重复测定每只鼠游泳前及游泳后不同时间的血乳酸含量。以游泳后时间为横坐标，相应的血乳酸含量为纵坐标，在平面直角坐标系中作图，用来观察运动后血乳酸含量动态变化的情况，从而了解中药和糖水的作用，并通过计算运动后一段时间内血乳酸含量平均上升速率、平均恢复速率及运动后某一时刻血乳酸恢复水平，进一步客观评价药物和糖水的抗疲劳效果。

其中：

$$(t_2-t_1) \text{时间内血乳酸平均上升速率} = \frac{t_2 \text{时刻血乳酸值} - t_1 \text{时刻血乳酸值}}{t_2-t_1}$$

t_2-t_1 为游泳后血乳酸上升期内两个时刻，$t_2 > t_1$。

$$(t_2-t_1) \text{时间内血乳酸平均恢复速率} = \frac{t_2 \text{时刻血乳酸值} - t_1 \text{时刻血乳酸值}}{t_2-t_1}$$

t_2-t_1 为游泳后血乳酸恢复期内两个时刻，$t_2 > t_1$。

$$t \text{时血乳酸恢复水平}(\%) = \left(1 - \frac{t \text{时血乳酸恢复水平} - \text{游泳前安静时血乳酸值}}{\text{游泳后血乳酸最大值} - \text{游泳前安静时血乳酸值}}\right) \times 100$$

t 为游泳后血乳酸恢复期内的某一时刻。

2 实验结果

小鼠经不同游泳时间 5 min、20 min、30 min、45 min、60 min 后血乳酸含量变化如图 1 所示。

图 1 显示游泳后的不同时间，小鼠血乳酸含量的动态变化规律，不同游泳时间对血乳酸含量影响不同。随游泳时间延长，游泳后小鼠血乳酸含量变化曲线逐渐升高。游泳之后 20 min 内，A、B 两组血乳酸值处于上升期，20 min 后处于恢复期，而 C、D 两组游泳后血

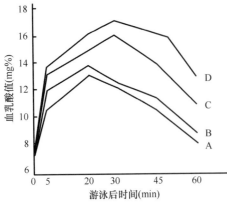

图 1 不同游泳后时间对小鼠血乳酸含量的影响

0. 游泳前安静时；A. 游泳 5 min；B. 游泳 10 min；C. 游泳 20 min；D. 游泳 30 min

乳酸上升期延长到游泳之后 30 min。在游泳之后 60 min，4 组中 D 组血乳酸含量最高。此时虽已处于恢复阶段，但 D 组血乳酸含量恢复得较少。

小鼠灌服中药（糖水、白水）之前，各组游泳 30 min，前后相同时刻血乳酸含量的测定结果如表 1 所示。

从表 1 中可以看到，在游泳前后相同时刻，各组血乳酸含量都无显著差异。各组游泳后血乳酸含量动态变化曲线与图 2 中白水组基本相同（经 t 检验无显著差异）。

表 1 灌服药物（糖水、白水）之前小鼠游泳 30 min 前后血乳酸含量的变化（mg%）

组别	游泳前		游泳后 5 min		游泳后 30 min		游泳后 60 min		游泳后 75 min	
	血乳酸含量（mg%）	P	血乳酸含量（mg%）	P	血乳酸含量（mg%）	P	血乳酸含量（mg%）	P	血乳酸含量（mg%）	P
白水组	5.97±0.62	>0.05	11.44±3.07	>0.05	16.24±3.31	>0.05	13.04±4.39	>0.05	10.75±3.52	>0.05
糖水组	6.42±0.78	>0.05	12.70±1.88	>0.05	18.21±3.66	>0.05	12.90±4.34	>0.05	11.47±4.40	>0.05
中药组	6.23±0.66		12.52±2.48		18.00±3.42		12.25±4.10		10.24±3.28	

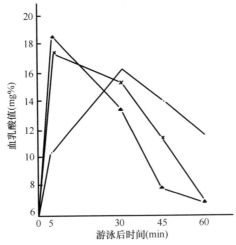

图 2 灌服中药（10 d）与灌服糖水和白水（10 d）不同组小鼠游泳 30 min 后血乳酸含量的比较

0. 游泳前安静时；·—· 白水组；×—× 糖水组；▲—▲ 中药组

小鼠灌服中药（糖水、白水）10 d 之后，各组游泳 30 min 前后相同时刻血乳酸含量的测定结果如表 2 及图 2 所示。

表 2　灌服药物（糖水、白水）10 d 后，小鼠游泳 30 min 前后血乳酸含量的变化

组别	游泳前 血乳酸含量（mg%）	P	游泳后 5 min 血乳酸含量（mg%）	P	游泳后 30 min 血乳酸含量（mg%）	P	游泳后 60 min 血乳酸含量（mg%）	P	游泳后 75 min 血乳酸含量（mg%）	P
白水组	5.79±0.96	>0.05	10.39±2.95	<0.05	16.40±1.70	>0.05	14.02±2.27	>0.05	11.67±2.02	<0.05
糖水组	6.03±0.70	>0.05	17.39±2.01	>0.05	14.36±1.84	<0.05	11.30±2.20	>0.05	6.85±0.85	>0.05
中药组	6.25±0.88		18.63±3.24		13.43±1.26		7.88±1.73		6.86±1.12	

表 2 和图 2 表明，灌服中药（10 d）与灌服糖水和白水（10 d），不同组小鼠游泳 30 min 后，在全部恢复过程中血乳酸含量的动态变化曲线不同。游泳后 5 min，血乳酸含量在中药组和糖水组都显著升高，显示了此刻无氧酵解过程旺盛，而白水组血乳酸含量的升高远不及上述两组，显示了此刻无氧酵解过程不及中药组和糖水组旺盛。游泳后 30 min，中药组的血乳酸含量已明显下降，糖水组也处于下降阶段，而白水组的血乳酸含量尚未开始恢复。游泳后 45 min，中药组血乳酸含量已接近安静时的水平，糖水组和白水组的含量虽也在下降，但明显高于中药组。游泳后 60 min，中药组和糖水组血乳酸含量都已恢复到安静水平，而白水组的含量仍比安静水平约高出一倍。

以上结果不仅显示了中药和糖水这两种物质与白水对小鼠运动后血乳酸含量变化的不同影响，而且也分辨出糖水与中药对血乳酸含量影响的差异。

服用不同物质的小鼠自运动开始至运动后不同时间血乳酸变化速率及恢复水平的比较如表 3～表 5 所示。

表 3　灌服中药（糖水、白水）10 d 后，小鼠自运动开始至运动后 5 min 血乳酸平均上升速率的比较

组别	血乳酸平均上升速率（mg%/min）	P
白水组	0.92±0.09	<0.05
糖水组	2.27±0.16	>0.05
中药组	2.48±0.17	

表 4　灌服中药（糖水）10 d 后，小鼠游泳后 5～45 min 血乳酸的平均恢复速率

组别	血乳酸的平均恢复速率（mg%/min）	P
糖水组	0.15±0.05	<0.05
中药组	0.27±0.06	

表 5　灌服中药（糖水、白水）10 d 后，小鼠游泳后 45 min 时血乳酸恢复水平的比较

组别	游泳后 45 min 时血乳酸恢复水平	P
白水组	22.43%±13.24%	<0.05
糖水组	52.80%±19.51%	>0.05
中药组	86.83%±14.31%	

表 3 表明小鼠自运动开始至运动后 5 min（全部时间为 35 min）内中药组和糖水组血乳酸上升速率基本相同，而白水组的上升速率与上述两组相比约低一半。自运动后 5～45 min 这 40 min 时间内（表 4）中药组血乳酸含量的恢复速率与糖水组相比，已显示出明显的差异。中

药组比糖水组的恢复速率约高出一倍。灌服中药（糖水、白水）10d 后，小鼠游泳后 45 min 时，不同组血乳酸的恢复水平不同（表 5）。中药组在 45 min 时恢复了 86.83%，糖水组恢复了 52.80%，白水组只恢复了 22.43%。

各组小鼠灌服中药（糖水、白水）10d 前后血乳酸含量自身变化情况如表 6 所示。

表 6 各组小鼠灌服中药（糖水、白水）10 d 前后血乳酸含量自身对照

组别	灌药情况	游泳前 血乳酸含量（mg%）	P	游泳后 5 min 血乳酸含量（mg%）	P	游泳后 30 min 血乳酸含量（mg%）	P	游泳后 60 min 血乳酸含量（mg%）	P
白水组	前	5.97±0.62	>0.05	11.44±3.07	>0.05	16.24±3.31	>0.05	13.04±4.39	>0.05
	后	5.79±0.96		10.39±2.95		16.40±1.70		11.67±2.02	
糖水组	前	6.42±0.78	>0.05	12.70±1.88	<0.05	18.21±3.66	<0.05	12.90±4.34	<0.05
	后	6.03±0.70		17.39±2.01		15.36±1.84		6.85±0.85	
中药组	前	6.23±0.66	>0.05	12.52±2.48	<0.05	18.00±3.42	<0.05	12.25±4.10	<0.05
	后	6.25±0.88		18.63±3.24		13.43±1.26		6.86±1.12	

从表 6 可以看出，无论游泳前还是游泳后 5 min、30 min 或 60 min，白水组灌服白水前后血乳酸值都无显著差异，说明白水对血乳酸动态变化规律没有影响，糖水组与中药组在灌服前后，对游泳前安静状态的血乳酸值没有影响，而在游泳后 5 min，血乳酸含量与本组服用前相比都有明显增高，表明服用糖水或中药后，小鼠增强了对游泳开始阶段由酵解提供能量的能力，因此酵解过程明显加强。而在游泳停止 5 min 后的过程中，灌服中药或糖水 10 d 后血乳酸含量比灌服中药（糖水）前迅速降低，显示了机体在能量消耗后代偿机能的增强。

3 讨论

本实验表明，在同样的运动方式条件下，运动持续的时间不同，血乳酸变化的规律也不尽相同。从图 1 中可看到，当游泳时间较短时，如 5 min、10 min，机体所需能量相对较少，与此相适应的血乳酸上升水平也较低，短时间运动引起的动物疲劳程度亦较低，因此血乳酸含量恢复也较快。如果采用这样的运动量作为评价药物或食物的实验条件，由于血乳酸自身恢复作用会掩盖药物或食物的作用，从而使对药物作用的观察受到障碍。过量的运动，如游泳时间超过 30 min，又会使动物的个体差异造成的误差突出。例如，体质差的动物容易因过度疲劳而死亡，或引起体内其他许多应激生化反应。因此我们选择了游泳后 30 min 作为实验的一个基本条件。

另外，游泳后 60 min（图 1），D 组血乳酸已恢复了约 1/3。若在 60 min 以后再采血测定，血乳酸含量将更接近安静值，这不利于观察药物或食物加速乳酸恢复的作用。又由于小鼠连续采血次数不宜太多，我们选择了在游泳前及游泳后 5 min、30 min、45 min、60 min 分别采血测定乳酸含量作为实验的另一个基本条件。实验证实这样的选择是恰当的。

适量糖的摄入有助于提高运动的能力和加速疲劳的消除，这一点已被人们所认识。我国唐代名医孙思邈的验方"生脉散"具有加速疲劳恢复的功效也被实验所证实。为了观察实验的可行性，我们选择了 7% 糖水与生脉散口服液作为实验材料。结果表明：①生脉散与糖都有提高缺氧运动初期血乳酸上升速率的功效，说明这两种物质有增强运动能力的作用；

②生脉散与糖都有提高剧烈运动后血乳酸恢复速率的功效，说明这两种物质都具有促进血乳酸含量的恢复、加速疲劳消除的作用；③在促进血乳酸含量恢复，加速疲劳消除方面，生脉散口服液的作用优于7%糖水。这一结论再次证实了糖与生脉散都具有提高运动能力，加速疲劳消除的作用，同时也验证了本实验的可行性。

观察小鼠血乳酸含量的动态变化，既能了解某一时刻血乳酸情况，又能对血乳酸的上升及恢复速率、血乳酸恢复水平等多方面进行考察。这能使我们更加全面和系统地了解药物或食物对血乳酸的作用，从而做出客观的评价。这是采用动态变化指标评价抗疲劳作用的特点。从图2可以看到，若只观察运动前、运动后5～30 min某一时刻血乳酸情况，并将3组数据加以比较，就会得出错误的结论。因为此时糖水组与中药组血乳酸值已处于恢复期，而白水组血乳酸含量还未上升到最大值。若只在运动后60 min观察，将无法区别糖水组与中药组的不同。从表2中也可以看到，若仅测定运动后30 min时的血乳酸值，并用来评价糖水组与白水组对血乳酸的影响，也会得出错误结论。因此只有通过对血乳酸含量动态变化的观察，才能更加客观地反映出实际情况。表3～表5的结果都是根据测定血乳酸的动态变化而得出的。这些数据是客观评价药物对血乳酸含量影响的不可缺少的重要依据。尤其在研究药物或食品对加速疲劳的消除有无作用时，用血乳酸的平均恢复速率和恢复水平这两项指标说明疲劳的消除情况比只用某一时刻血乳酸值更加准确可靠。因此，用血乳酸动态变化为指标评价药物或食物的抗疲劳作用，所得出的结论是比较令人满意的。

本实验用白水组动物灌服白水10 d前后血乳酸含量的变化情况进行自身对照。从而观察实验条件的稳定性。如果实验期间饲喂动物情况、环境条件、分析测试条件等因素发生了变化，白水组在10 d后的数据将不能重复。表6中白水组的数据反映了实验条件的稳定。由于糖水组、中药组的实验与白水组均相同，所以组间差异只能是中药、糖水引起的，排除了由其他原因导致实验结果出现误差的可能。

在比较两种药物的作用时，需注意选择适当的服药天数。服药时间过短，药物的作用得不到充分发挥；服药时间过长，则实验环境等因素不易控制，这都会给实验结果带来误差。因此本实验选择了10 d作为服药天数。

原文发表于《北京联合大学学报》自然科学版，1990年第1期

通过小鼠运动后血尿素变化规律观察中药的抗疲劳作用

文 镜 王 津 金宗濂

北京联合大学 应用文理学院

【摘要】 给予小鼠不同运动负荷研究其血尿素变化规律,建立了负重(体重5%)游泳40 min 的小鼠疲劳模型。分别用黄芪、沙棘提取液给小鼠灌胃14 d,通过上述疲劳模型观察到实验组小鼠游泳后血尿素氮(BUN)曲线比对照组及本组给药前显著降低。

【关键词】 小鼠;血尿素;抗疲劳;黄芪;沙棘

Using the changing rule of blood urea nitrogen for testing the antifatigue effect of the traditional chinese medicines

Wen Jing Wang Jin Jin Zonglian

College of Applied Science and Humanities of Beijing United University

Abstract: In studying the changing rule of the blood urea nitrogen(BUN), the mice with diffent loads were put to swim for different durations of time. A model of mice in a fatigue situation was established, when the mice were with a load of 5% of their weight and put to swim for 40 mins. Two kinds of the Chinese herbal medicine: *Radix astragali*(Huangqi) and *Hippophae rhamnoides* L.(Shaji) extractions were given directly to the stomach of the mice for 14 days. through the above model for testing the recovery time of the fatigue mice, it can be revealed that both of the two kinds of medicine showed antifatigue functions significantly.

Key words: mouse; blood urea nitrogen(BUN); antifatigue; *Radix astragali*; *Hippophae rhamnoides*

利用中草药加快消除疲劳是当今人们感兴趣的一个课题。以往研究中多用小鼠游泳衰竭实验评价药物提高耐力、抵抗疲劳的作用。由于实验过程中小鼠游泳至衰竭的时间不易掌握,容易给结果带来较大误差。1959 年,Rogozkin V 发现随着工作时间延长,血液中尿素的含量明显增加,1976 年,Haralambie 等证实运动持续到 70 min 以上血尿素氮(BUN)升高的幅度与运动时间的关系近乎直线[1]。1991 年曾凡星等通过实验观察到短时间剧烈运动同样会引起血尿素明显升高[2]。近年来运动医学工作者已经将 BUN 作为评定运动员训练和比赛期间身体功能状态的一项重要指标[3]。我们以小鼠为实验材料,研究在不同运动负荷下 BUN 变化规律,建立起一个小鼠疲劳模型,并分别用黄芪、沙棘提取液对该模型评价药物抗疲劳作用的可行性进行了验证。

1 材料与方法

1.1 材料

(1)实验动物:昆明种 2.5~3.0 月龄雄性小鼠。

(2)10% 黄芪(*Radix astragali*)提取液。

(3)10% 沙棘(*Hippophae rhamnoides* L.)提取液。

(以上材料由中日友好医院提供)

1.2 方法

1.2.1 BUN 测定

从小鼠尾部取血用二乙酰-肟改良法测定 BUN 含量[4]。

1.2.2 不同负荷运动后小鼠 BUN 变化规律

将 72 只小鼠随机分为 6 组,每组 12 只。运动前先测定每只小鼠 BUN 安静值。其后,前 4 组分别在水深 30 cm,水温(30±2)℃的水槽中游泳时间分别为 20 min、40 min、60 min 和 90 min。第 5 组在同样条件下负重(体重 5%)游泳 40 min。第 6 组小鼠将其前爪固定于绳上,悬垂 120 min。分别在运动(悬垂)停止后 30 min、90 min 和 150 min 测定 BUN 含量。

1.2.3 黄芪及沙棘提取液对小鼠负重游泳 40 min 后 BUN 含量的影响

将 36 只小鼠单笼分养,随机分为对照组、黄芪组和沙棘组,每组 12 只,灌胃法给药。对照组灌胃自来水,黄芪组给 10% 黄芪提取液,沙棘组给 10% 沙棘提取液,每日每只鼠给药 0.3 ml。连续给药 14 d。选择负重(体重 5%)游泳 40 min 的运动量,于给药 14 d 前后分别测定小鼠游泳前及游泳停止后 30 min、90 min、150 min 时的 BUN 含量。

1.2.4 黄芪及沙棘提取液对小鼠游泳耐力的影响

小鼠分组给药方法同上。连续给药 14 d。实验第 15 d 先用肥皂水洗去小鼠身体表面的油脂,将其放入水温 25℃的水槽中游泳,记录入水后以沉入水底 30 s 不能浮出水面的时间作为小鼠持续游泳时间。

2 结果与讨论

2.1 小鼠疲劳模型的制备

小鼠经不同强度运动后,其 BUN 含量的变化有一定规律:运动后一段时间内,BUN 含量不同程度升高,随时间的延长 BUN 含量达到最高值,之后便逐渐降低,直到恢复正常水平,见表 1。这与人类运动后 BUN 变化规律相似[3]。但整个变化过程比人类完成同样过程所需的时间要短得多,可能与小鼠新陈代谢速度快和体重轻有关。

表 1 不同负荷运动后小鼠 BUN 变化规律

运动量	动物只数	BUN 含量(mmol/L)			
		运动前	运动后 30 min	运动后 90 min	运动后 150 min
游泳 20 min	12	3.41±0.41	3.88±0.68	3.93±0.83	3.56±0.59
游泳 40 min	12	3.56±0.50	4.49±0.61*	4.87±0.78**	4.25±0.89
游泳 60 min	12	3.44±0.42	4.58±0.68*	4.93±0.84**	4.58±0.84*
游泳 90 min	12	3.03±0.45	4.82±0.63**	5.21±0.81**	4.61±0.76*
负重游泳 40 min	12	2.86±0.51	5.71±0.38**	6.01±0.82**	5.68±0.98**
悬垂 120 min	12	2.88±0.38	3.73±0.39*	4.16±0.53**	3.56±0.48*

*$P < 0.05$ 与运动前比较;**$P < 0.01$ 与运动前比较。

表 1 可知,小鼠各种负荷运动后 BUN 增量的变化顺序:游泳 20 min <悬垂 120 min ≈游

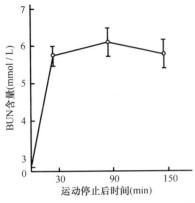

图 1 小鼠负重游泳 40min BUN 变化曲线

泳 40 min ≈ 游泳 60 min < 游泳 90 min < 负重游泳 40 min。表明在相同运动方式的条件下，运动时间越长，BUN 增量越大，且恢复越慢；在相同运动时间条件下，运动负荷强度越大，BUN 增量越大，恢复也越慢。根据这一特点，我们建立了负重游泳 40 min 的小鼠疲劳模型。此模型实验周期较短，小鼠运动后 BUN 含量能够上升到较高水平，并且在较长时间内不易恢复，见图 1，避免了由于运动强度不够，造成 BUN 水平低、恢复快，从而掩盖药物作用，导致认识偏差以至判断错误的结果。同时这一模型所用的运动量适宜，多数未经训练的小鼠都能适应，不会因运动过量导致小鼠衰竭死亡。

2.2 黄芪、沙棘提取液对小鼠 BUN 含量的影响

黄芪及沙棘的抗疲劳作用已被实验所证实。1985 年以来，夏伟恩、李森文等分别通过小鼠游泳衰竭实验证明沙棘及黄芪具有增加小鼠运动耐力的功效[5-6]，这两种药物对 BUN 的影响还没有过报道。由表 2 可以看到，给药之前各组小鼠 BUN 变化规律没有显著差异。此时各组运动后 BUN 变化情况可用图 2 中虚线表示。给药 14 d 后，对照组 BUN 变化规律与本组给药前没有显著差异，见图 2，说明实验条件稳定。而与对照组平行实验的黄芪组与沙棘组给药 14 d 的 BUN 曲线比对照组和本组给药前显著降低，见图 2。表明黄芪、沙棘组 BUN 含量的变化是药物作用而形成的。

在运动着的肌肉中，打破了静止时的能量平衡，伴随而生的是蛋白质和氨基酸分解代谢的加强。肌肉中氨基酸经转氨基或脱氨基后，碳链被氧化，氨基与 α-酮戊二酸形成谷氨酸后又与丙酮酸进行转氨生成丙氨酸，通过血液循环在肝脏中又与 α-酮戊二酸转氨形成丙酮酸和谷氨酸。谷氨酸透过线粒体膜入线粒体基质，由谷氨酸脱氢酶将氨基脱下形成游离氨再经尿素循环生成尿素，使血尿素增加，此外在剧烈运动时，核苷酸代谢也随之加强，核苷酸及核苷分解时都要脱下氨基而产生氨，再经尿素循环而转变成尿素使血尿素增高。德国萨尔大学运动医学教授金特曼通过实验指出，当负荷使运动员血尿素含量超过 8.3 mmol/L 时，尽管运动员主观上还没有感觉到疲劳，但机体组织的肌肉蛋白质和酶都已经开始分解而使机体受到损伤。可见血尿素含量对于机体在负荷时的反映是一个灵敏的指标。

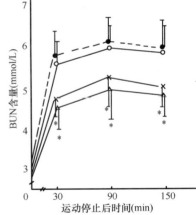

图 2 实验第 15 天小鼠负重游泳 40min 后 BUN 变化曲线

●- - - -● 对照组；○—○ 各组实验前；
×—× 沙棘组；△—△ 黄芪组；
* 与对照组相比，差异显著

表 2 实验前小鼠负重游泳 40 min 前后 BUN 含量（$\overline{X}\pm SD$, mmol/L）

组别	运动前	运动后 30 min	运动后 90 min	运动后 150 min
对照组	2.56±0.32	5.21±0.56	5.64±0.69	5.59±0.58
黄芪组	2.78±0.51*	5.63±0.64*	6.07±0.79*	5.56±0.83*
沙棘组	2.94±0.39*	5.57±0.69*	5.96±0.84*	5.82±0.78*

*$P > 0.05$ 与对照组比较。

用 BUN 含量评价药物作用的灵敏性可通过上述结果与表 3 的对比显示出来。表 3 反映了在与上述方法同样的给药量和给药天数情况下，实验第 15 d 各组小鼠游泳衰竭实验的情况。从结果可以看出，服药 14 d 后黄芪组、沙棘组游泳耐力与对照组比较明显增强，这个结果一方面再次证实了夏伟恩、李森文等的实验结论，更重要的是这些游泳衰竭实验的结论与用 BUN 疲劳模型得出的结论是相吻合的。说明用 BUN 疲劳模型评价中药抗疲劳作用是可行的。由于 BUN 含量能灵敏地反映疲劳程度，而采用上述模型，小鼠游泳时间较短，不易溺水死亡，特别是能够准确掌握游泳时间，并能观察运动后疲劳恢复过程的情况。因此我们认为采用这一方法得出的结果比游泳衰竭方法更加准确可靠。

表 3　实验第 15 d 小鼠持续游泳时间比较

组别	动物只数	持续游泳时间（$\bar{X}\pm$SD，min）	游泳耐力增加（%）
对照组	20	170±47	
黄芪组	20	233±43*	37
沙棘组	20	246±38*	45

*$P<0.05$ 与对照组比较。

【参考文献】

[1] Haralambie G，Berg A. Serum urea and amino nitrogen changes with exercise duration. Europ J Appl Physiol，1976，36（1）：39.
[2] 曾凡星，韦俊文. 定量负荷时血清氨基酸及尿素氮变化的研究. 中国运动医学杂志，1991，10（1）：8.
[3] 李协群，赵佩玲. 血尿素氮在运动员机能评定中的应用研究. 湖南体育科学，1989，37（3）：16.
[4] Wybenga D R，Di Giorgio J，Pileggi V J. Manual and automated methods for urea nitrogen measurement in whole serum. Clin Chem，1971，17（9）：891.
[5] 夏伟恩，陈吉棣，白若昀，等. 沙棘精对运动能力的影响. 体育科学，1985，5（3）：63.
[6] 李森文，丁维光，王玉波，等. 中药黄芪对小白鼠游泳耐力的影响及其与性腺的关系. 中国医科大学学报，1986，15（3）：173.

原文发表于《北京联合大学学报》，1995 年第 2 期

半乳糖亚急性致衰老模型的研究

唐粉芳　金宗濂　王　磊　郭　豫

北京联合大学　应用文理学院

【摘要】 以6～8周龄雄性BALB/C小鼠为实验对象，研究半乳糖亚急性致衰老动物模型，并观察其对免疫功能的影响。皮下注射半乳糖100 mg/（kg·d）40 d后发现，致衰组与对照组相比，脑B型单胺氧化酶（MAO-B）活性升高57.9%（$P<0.01$）；肝超氧化物歧化酶（SOD）活性下降17.2%（$P<0.05$）；心肌脂褐素含量增高48.3%（$P<0.01$），而且各项指标均与老年组（17月龄）非常接近（$P>0.05$）。致衰组与对照组相比，对巨噬细胞吞噬功能、迟发型过敏反应、溶血素的产生、免疫器官的重量均无显著影响（$P>0.05$）。表明这种亚急性致衰老模型可以用作筛选延缓衰老药物和食品的生化指标的研究，而不能作为研究免疫功能的亚急性致衰老模型。

【关键词】 半乳糖；衰老模型；免疫

Study on galactose on the model of subacute induce aging

Tang Fenfang　Jin Zonglian　Wang Lei　Guo Yu

College of Sciences and Humanities of Beijing Union University

Abstract: The experience was conducted on the male BALB/C mice of 6～8 weeks old. A dose of 100 mg/（kg·d）was injected into a group of mice. After 40 days those mice that took the injection increased their MAO-B activity by 57.9 percent（$P<0.01$），reduced their SOD activity by 17.2 percent（$P<0.05$），increased the content of their myocardial lipofuscin by 48.3percent（$P<0.01$）. The indexes were much samiliar to those of 17-month-old mice（$P>0.05$）. Compared to another group of mice that did not take the injcction the induce-aging group did not show obvious effect as their function of macrophage phagocytosis，delayed-type-hypersensitivity，generation of erythrolysin and the weight of immunity organs（$P>0.05$）. The experience shows that the mode of subacute induce-aging can be used to research the effect of antiaging medicine and functional food on organic biochemical indexes but can not used as subacute induce-aging model for immunity functions.

Key words: galactose；aging-model；immunity

半乳糖（galactose）是一种己醛糖，分子式为$C_6H_{12}O_6$，分子量为180.16。半乳糖在自然界极少以游离形式存在。它主要以与其他糖化合为双糖的形式存在。由于对延缓衰老药物和食品及其功能因子的筛选需老龄动物，而得到自然衰老的小鼠费时费力，如果能利用一些药物人为地将年轻小鼠在短期内致衰老，可以缩短实验周期，节省人力和物力。张熙等曾报告（见：北京生理科学会1990年学术年会论文），半乳糖能导致小鼠亚急性衰老，本研究旨在查明半乳糖致衰动物与正常老龄动物某些衰老生化指标的符合程度，以确认半乳糖致衰模型的可靠性。同时观察致衰动物的免疫功能是否发生变化。

1 材料与方法

1.1 实验动物及致衰

将6～8月龄雄性BALE/C小鼠随机分为两组，致衰组小鼠颈部皮下注射1%半乳糖

100 mg/（kg·d），对照组注射 0.01 ml/（g·d）生理盐水，连续注射 40 d 后，进行衰老指标和免疫指标的测定。另设 17 月龄 BALB/C 雄性小鼠一组，作为正常老年组衰老生化指标的对照。所有动物由北京医科大学实验动物部提供。

1.2 测定项目和方法

脑 B 型单胺氧化酶（MAO-B）活性采用紫外吸收法测定[1]；肝超氧化物歧化酶（SOD）活性采用邻苯三酚自氧化法测定[2]；心肌脂褐素采用荧光法测定；巨噬细胞吞噬功能采用滴片法测定；迟发型过敏反应直接测量致敏小鼠接受相同抗原后跖坏的肿胀程度；溶血素含量采用改进的体液免疫测定法；免疫器官重量的测定是取完整胸腺和脾置于盛有生理盐水的小烧杯中，用减量法称其沥干重。

2 实验结果

2.1 衰老生化指标的测定结果（表 1）

表 1 各组动物衰老生化指标的比较（$\bar{X}\pm \text{SD}$）

	n	对照组	老年组	致衰组	t 检验
脑 MAO-B 比活性（$\times 10^{-3}$ U*/mg 蛋白）	15	12.49±3.19	21.91±2.98	19.72±2.53	$P_1 < 0.01$ $P_2 > 0.05$
肝 SOD 比活性（$\times 10^{-3}$ U*/mg 蛋白）	15	4.67±1.10	3.57±0.36	3.86±0.82	$P_1 < 0.05$ $P_2 > 0.05$
心肌脂褐素（μg 荧光物质/g 心肌）	15	2.77±0.28	4.15±0.73	4.11±0.88	$P_1 < 0.01$ $P_2 > 0.05$

注：P_1. 致衰组与对照组相比；P_2. 致衰组与老年组相比；*1U= 产生 0.01/3h 光吸收值（A）改变的酶量，此光吸收值的改变相当于生成 1nmol 的共醛（37℃）。

2.2 免疫指标的测定结果（表 2）

表 2 两组动物免疫指标的测定结果（$\bar{X}\pm \text{SD}$）

	n	对照组	致衰组	t 检验
巨噬细胞吞噬率（%）	12	19.1±13.9	19.2±4.5	$P > 0.05$
巨噬细胞吞噬指数	12	0.33±0.26	0.28±0.08	$P > 0.05$
足跖肿胀厚度（mm）	12	0.57±0.15	0.60±0.11	$P > 0.05$
溶血素含量（HC50/ml）	12	89.92±42.63	59.7±6.5	$P > 0.05$
胸腺重（mg）	12	59.0±14.4	59.7±6.5	$P > 0.05$
脾重（mg）	12	121.2±15.7	118.4±5.4	$P > 0.05$

3 讨论

本实验结果显示，半乳糖致衰组与对照组相比，其心肌脂褐素的含量升高 48.3%（$P < 0.01$），SOD 比活性下降 17.2%（$P < 0.05$），MAO-B 比活性升高 57.9%（$P < 0.01$）。而致衰组的此三项指标与 17 月龄老年组非常接近（$P > 0.05$），表明半乳糖致衰老在衰老的生化指标上是成功的。

本实验的结果还显示，在免疫功能方面，致衰组动物与对照组相比，其巨噬细胞吞噬功能，迟发型过敏反应和溶血素的含量均无显著差异（$P > 0.05$），对胸腺和脾的增重亦无显著影响（$P > 0.05$），因此，半乳糖致衰老动物不能作为评价老龄小鼠免疫生化指标变化的模型。

目前，人们对半乳糖致衰老的机理还不明确，有观点认为这种拟衰老是虚损性的，可造成各种组织的病理改变，也有观点认为是 D-半乳糖造成了糖代谢紊乱，导致一系列拟衰老过程的发生。本实验结果表明，半乳糖可以在较短时间内使正常的年轻小鼠衰老，并且在一些衰老生化指标上与自然衰老无显著差异，符合衰老模型要求，但半乳糖致衰老是一种非正常性衰老，它对机体的另一些指标则无显著性影响，如机体的免疫指标，因此，在一定的范围内，半乳糖致衰老的动物可作为较理想的测定衰老生化指标变化的动物模型。

综上所述，我们认为，本实验的结果为今后更好地利用半乳糖亚急性致衰老模型提供了有力的科学依据。

【参考文献】

[1] 邹国林，桂兴芬，钟晓凌，等. 一种 SOD 的测活方法——邻苯三酚自氧化法的改进. 生物化学与生物物理学进展，1986，4：71-73.

[2] 徐学瑛，李元，许津. 一个改进的体液免疫测定方法——溶血素测定法. 药学学报，1979，（07）：443-446.

原文发表于《北京联合大学学报》，1994 年第 1 期

肝癌细胞能量代谢中三种酶活力的比较研究

文 镜 金宗濂

北京联合大学 应用文理学院

【摘要】 对健康小鼠肝细胞、实验性肝癌小鼠肝细胞及肝癌细胞中琥珀酸脱氢酶、乳酸脱氢酶和细胞色素氧化酶活力进行测定。发现：①与健康鼠肝细胞比较，肝癌细胞中琥珀酸脱氢酶比活力显著降低（$P<0.01$），乳酸脱氢酶、细胞色素氧化酶比活力显著升高（$P<0.01$）；②与正常肝细胞比较，荷瘤小鼠肝细胞中乳酸脱氢酶、细胞色素氧化酶比活力显著升高（$P<0.01$）；琥珀酸脱氢酶比活力无明显变化（$P>0.05$）。结果提示引起恶性肿瘤细胞强烈糖酵解作用的原因之一可能是其三羧酸循环受到抑制，而氧化磷酸化作用的增强为肿瘤细胞提供了比正常细胞更多的能量。实验结果为用乳酸脱氢酶、细胞色素氧化酶作为恶性肿瘤临床诊断的生化指标提供了依据。

【关键词】 肝癌；琥珀酸脱氢酶；乳酸脱氢酶；细胞色素氧化酶

Comparative research on the activities of three kinds of enzymes in energetic metabolism of the liver cancer cells

Wen Jing Jin Zonglian

College of Applied Science and Humanities of Beijing Union University

Abstract: The specific activities of succinate dehydrogenase, lactate dehydrogenase and cytochrome oxydase were identified in three kinds of liver cells of mice: normal liver, liver of the cancer bearing mice and cancer self. The results show that: ① The specific activity of succinate dehydrogenase on cancer cells significantly lower than that of the normal ($P<0.01$); the specific activity of lactate dehydrogenase and cytochrome oxydase rose up significantly ($P<0.01$). ② Compared with normal liver, the specific activity of lactate dehydrogenase and cytochrome oxydase on cancer bearing mice liver significantly rose up ($P<0.01$), but the succinate dehydrogenase had no significant change ($P>0.05$). The results indicated that one of the reasons of the strong glycolysis in cancer cells may be because of the inhibition of TCA cycle, the high activity of oxidative phosphorylation seems to supply more energy to cancer cells. The results offer a support to establish a biochemical inspection for cancer disease by using the activity identification of lactate dehydrogenase and cytochrome oxydase.

Key words: liver neoplasms; succinate dehydrogenase; lactate dehydrogenase; cytochrome oxydase

肿瘤细胞的低度分化和不受机体控制的高度分裂增殖使人们对其能量代谢给予高度重视。大量研究表明，高度的糖酵解作用是肿瘤细胞能量产生的重要来源[1]，但引起肿瘤强烈糖酵解作用的原因没有得到确切解释。在参与肿瘤细胞能量代谢过程中，对各种酶进行系统研究，有助于对这一问题的认识。为此，我们以健康小鼠肝细胞、实验性肝癌小鼠肝细胞和肝癌细胞为材料，对琥珀酸脱氢酶（SDH）、乳酸脱氢酶（LDH）、细胞色素氧化酶（CCO）的活性进行了比较研究。

1 材料与方法

1.1 实验动物

BALB/C 小鼠，雄性。体重 20～22 g。从每批 36 只小鼠中随机取 12 只作为健康组，其余 24 只于右前肢下皮下注射 HepA 细胞悬液，每只 0.2 ml（5×10^6/ml），制成肝癌实体瘤模型，再随机分为荷瘤肝细胞组和肝癌细胞组。每两批动物实验间隔为 15 d。

1.2 肝脏及肿瘤组织线粒体的制备

将小鼠断颈处死。放血，取出肝脏或肿瘤组织，用标准方法分离线粒体[2-3]。

1.3 酶比活力的测定

取细胞线粒体用 2，6-二氯酚靛酚比色法测定 SDH 活力[4]。用二甲基对苯二胺比色法测定 CCO 活力[5]。取离心线粒体上清液用 King 法测定 LDH 活力[6]。用 Lowry 改良法测定蛋白质含量[7]。

2 实验结果

2.1 健康鼠、荷瘤鼠肝细胞及肝癌细胞中 SDH 比活力的比较

由表 1 可以看到，肝癌细胞 SDH 比活力比健康鼠肝细胞平均降低了 42.4%，比荷瘤鼠肝细胞平均降低了 35.7%。荷瘤鼠肝细胞 SDH 比活力的平均值比健康鼠肝细胞有所下降但无统计学差异。

表 1 健康鼠、荷瘤鼠肝细胞及肝癌细胞中 SDH 比活力的比较（$\bar{X}\pm$SD）

组别	SDH 比活力 [mol/min·g)]		
	第 1 批（n=12）	第 2 批（n=12）	第 3 批（n=12）
健康鼠肝细胞	10.7±1.3	9.8±1.2	10.3±1.7
荷瘤鼠肝细胞	9.3±1.8	8.7±1.4	9.5±1.5
肝癌细胞	5.4±1.5*	6.0±1.2*	6.3±1.3*

*$P<0.05$ 与健康鼠肝细胞及荷瘤鼠肝细胞比较。

2.2 健康鼠、荷瘤鼠肝细胞及肝癌细胞中 LDH 比活力的比较

由表 2 可知，荷瘤鼠肝细胞中 LDH 比活力平均为健康鼠的 1.4 倍，而肝癌细胞中 LDH 比活力平均为健康鼠肝细胞的 2.4 倍，为荷瘤鼠肝细胞的 1.6 倍。

表 2 不同肝细胞中 LDH 比活力的比较（$\bar{X}\pm$SD）

组别	LDH 比活力 [mol/（min·g）]		
	第 1 批（n=12）	第 2 批（n=12）	第 3 批（n=12）
健康鼠肝细胞	2.18±0.10	2.21±0.15	2.34±0.12
荷瘤鼠肝细胞	3.30±0.15*	3.27±0.21*	3.18±0.18*
肝癌细胞	5.32±0.23**	5.55±0.27**	5.27±0.20**

*$P<0.01$ 与健康鼠肝细胞比较；**$P<0.01$ 与健康鼠肝细胞及荷瘤鼠肝细胞比较。

2.3 健康鼠、荷瘤鼠肝细胞及肝癌细胞中 CCO 比活力比较

由表 3 可以看到，荷瘤鼠肝细胞中 CCO 比活力平均为健康鼠的 1.7 倍，肝癌细胞中 CCO 比活力平均为健康鼠肝细胞的 2 倍，从平均值上看，肝癌细胞 CCO 比活力要高于荷瘤鼠肝细胞，但经统计学处理后两者未有显著差异。

表 3　不同肝细胞中 CCO 比活力的比较（$\bar{X}\pm\mathrm{SD}$）

组别	CCO 比活力 [μmol/(min·g)]		
	第 1 批（n=12）	第 2 批（n=12）	第 3 批（n=12）
游泳 20 min	25.8±8.0	27.2±7.5	25.0±7.1
游泳 40 min	42.8±8.7*	44.9±9.0*	46.9±6.9*
游泳 60 min	50.1±9.3*	58.5±10.1*	53.2±6.3*

*$P<0.01$ 与健康鼠肝细胞比较。

3　讨论

健康动物安静时主要依靠机体的有氧代谢途径供能，由无氧糖酵解作用提供的能量仅占总能量的 2%。而恶性肿瘤细胞即使在充分供氧时也有 50% 的能量来自糖的无氧酵解，即氧不再能抑制酵解的进行（Crabtree 效应）。由酵解产生的大量乳酸在肝脏中转变成糖时又进一步消耗 ATP，糖的这种转化被 Gold 称为"无效循环"，并认为是恶病质形成的一个主要原因[8]。

SDH 是三羧酸循环（TCA）循环中唯一掺入线粒体内膜的酶。它除了催化 TCA 循环中第三步氧化还原反应之外，还与呼吸链直接相连，使得琥珀酸脱氢产生的 $FADH_2$ 可以转移到酶的铁硫中心，从而进入呼吸链进一步氧化并释放能量。从表 1 可知，肝癌细胞 SDH 比活力比正常肝细胞降低了 42%，SDH 活力的大幅度降低必然影响 TCA 循环导致糖的有氧分解受阻。由于肿瘤细胞一直处于无限制的分裂增殖状态，因而要求有足够的能量供应。TCA 循环受阻对肿瘤细胞旺盛的增殖不利。由表 2 结果可以看到，肿瘤细胞中 LDH 比活力比正常细胞高出 1.4 倍，其活力的升高有利于糖无氧酵解的加速进行，为肿瘤细胞分裂提供能量。由此可以推测肿瘤组织强烈的糖酵解作用可能是由于 TCA 循环受到抑制而继发的结果。

癌肿患者由于体内糖分解产能不足，脂肪动员增强，释放出游离脂肪酸作为补充能源[9]。脂肪酸在 β- 氧化过程中生成 $FADH_2$ 和 NADH 必须经呼吸链将氢传递给氧生成水同时生成 ATP。CCO 是呼吸链中的最后一个载体，对氧有高度亲和力，能够使呼吸链以最大速度发挥作用。表 3 显示肿瘤细胞 CCO 比活力比正常细胞增加了 1 倍。表明在肿瘤细胞中呼吸链的氧化磷酸化作用大大加强。肿瘤细胞比正常细胞得到更多的能量，其呼吸链作用的加强可能是一个重要原因。

Brahn 早在 1916 年就发现肿瘤会影响全身组织。表 2、表 3 的结果表明小鼠荷瘤后其肝脏细胞中的 LDH 与 CCO 活力受到了明显的影响。尽管其活力的变化没有癌细胞那么大，但是与正常细胞比较其变化的数值仍具有统计学意义。从表 1 的结果看到，荷瘤对小鼠肝细胞 SDH 的影响不如 LDH 及 CCO。因此，作为诊断恶性肿瘤的临床生化指标，LDH 和 CCO 比 SDH 更灵敏。

【参考文献】

[1] Pederson P L. Tumor mitochondria and the bioenergetics of cancer cells. Prog Exp Tumor Res,1978,20:190.

[2] Guerra F C. Rapid isolation techniques for mitochondria: technique for rat liver mitochondria. Methods Enzymol,1974,31:299.

[3] Palmer J W, Tandler B, Hopples CL. Biochemical properties of subsarcolemmal and interfibrillar mitochondria isolated from rat cardiac muscle. J Biol Chem,1977,252(23):8731-8739.

[4] Hateti Y, Stiggall D L. Preparation and properties of succinate: ubiquinone oxidoreductase(complex Ⅱ). Methods Enzymol,1978,53:21-27.

[5] 奥列霍维奇 B H. 现代生物化学方法. 袁厚积, 赵邦悌, 译. 北京: 人民教育出版社, 1980: 39-42.

[6] King J. A routine method for the estimation of lactic dehydrogenase activity. J Med Lab Tech,1959,16:265.

[7] Markwell M A, Haas S M, Bieber L L, et al. A modification of the lowry procedure to simplify protein determination in membrane and lipoprotein samples. Anal Biochem,1978,87:206.

[8] Uevita J. Cancer in: principles & practice of oncology. 2nd ed. New York: Lippincott, 1985.

[9] 汤钊猷. 现代肿瘤学. 上海: 上海医科大学出版社, 1993: 49.

原文发表于《北京联合大学学报》，1996 年第 2 期

用血糖动态变化评价抗疲劳功能食品可行性的研究

文 镜　陈 文　金宗濂

北京联合大学　应用文理学院

【摘要】 观察小鼠在不同运动负荷时血糖含量的变化规律，发现小鼠负重（体重3%）游泳70 min后，肌糖原、肝糖原含量显著下降，血糖水平明显降低。通过对小鼠90 min游泳期间这3项指标的动态观察、比较，探讨用"血糖"这一指标评价抗疲劳保健食品的可行性。结果表明，通过测定小鼠负重（体重3%）游泳70 min时血糖含量而得到的"血糖含量水平""血糖下降值""血糖下降速率"等结果，反映了机体在长时间运动中能源储备的变化情况，因而可以作为评价保健食品抗疲劳作用的一项指标。

【关键词】 血糖；肌糖原；肝糖原；保健食品；抗疲劳

Study on the evaluation of the feasibility of anti fatigue functional food by dynamic changes of blood glucose

Wen Jing　Chen Wen　Jin Zonglian

College of Applied Science and Humanities of Beijing Union University

Abstract: Studies on the changing of blood sugar level in mice with different exercise load (3% of their weight) showed that loaded mice after swimming for 70 min. Their muscle glycogen ane blood sugar levels lowered significantly. Through 90 min dynamic observation and comparison of the above mentioned three indices, we tried to find out the possibility of evaluating the function of anti-fatigue foods by adopting the dynamic changes of blood sugar level only. The results showed that the lowered value and the lowering rate of blood sugar at resting state and during 70 min swimming could reflect the situation of the storage of energy resources in the body. Accordingly, it could be suggested that the dynamic blood sugar estimation could play as an "indicator" for evaluation of antifatigue healthy foods.

Key words: blood sugar; muscle glycogen; liver glycogen; healthy food; anti fatigue

由于血糖随血液流经全身，与各组织器官糖代谢关系密切，特别是中枢神经系统仅能利用血糖作为唯一能源。因此血糖水平不仅可以反映机体糖代谢水平，还可以反映中枢疲劳的状况。以血糖为指标来观察运动员身体功能状况，评价运动员训练水平的方法已经被运动生物化学工作者所采用[1]。近年来在抗疲劳保健食品的研究工作中，也出现了利用血糖这一指标来观察功能食品抗疲劳功效的报道[2-3]。但是因为机体血糖相对稳定，目前尚缺乏血糖与疲劳，特别是与肌糖原、肝糖原关系的系统研究，给用这项指标客观评价功能食品造成一定困难。

本文以2～2.5月龄雄性BALB/C小鼠为实验材料，给动物不同的运动负荷，观察小鼠运动时血糖含量的变化规律，运用这个方法研究小鼠血糖与肌糖原、肝糖原含量变化的关系。以7%糖水和金针菇发酵液为阳性对照对这一方法的可行性进行了验证，并且运用血糖这一指标对一种天然食品的抗疲劳作用进行了客观评价。

1 实验材料

1.1 实验动物

BALB/C 种 2～2.5 月龄雄性小鼠（北京医科大学动物中心提供）

1.2 7% 糖水

1.3 金针菇发酵液及培养基[4]

1.4 大枣花生银耳汤

用大枣、花生、银耳经水煎熬 40 min 后过滤而制成。每 1 ml 相当大枣 240 mg、花生 200 mg、银耳 140 mg。

2 实验方法与结果

2.1 动物饲喂方法

小鼠分笼单只饲养。随机分为糖水组、金针菇组、大枣花生银耳汤组、培养基组及对照组。分别灌胃 7% 糖水、金针菇发酵液、大枣花生银耳汤、金针菇养基及水。每日每只灌胃 0.6 ml。

2.2 血糖含量的测定

从小鼠尾部取血，用 Meites 改良量法测定血糖含量[5]。

2.3 肌糖原与肝糖原含量的测定

断头处死小鼠，立即取双后肢肌肉及肝脏，用蒽酮比色法测定肌糖原、肝糖原含量[6]。

2.4 不同运动负荷对小鼠血糖含量的影响

给 3 组小鼠不同负荷运动：不负重、负重（体重 3%）、负重（体重 5%）观察其在水深 30 cm、水温（30±2）℃水槽中游泳 30 min 前后血糖含量，结果如表 1 所示。

表 1 不同负荷运动对小鼠血糖的影响（$\bar{X}\pm$SD）

分组	n	运动负荷	血糖含量（mmol/L）		血糖下降值
			运动前	游泳 30 min 时	
1	15	不负重	6.07±0.18	5.94±0.12	0.13
2	15	负重（体重 3%）	6.08±0.15	4.72±0.14*	1.36
3	15	负重（体重 5%）	6.02±0.17	4.56±0.19*	1.46

*$P < 0.05$ 与第 1 组及本组运动前比较。

第 2 组与第 3 组小鼠游泳 30 min 后血糖显著下降。第 3 组下降的平均值略大于第 2 组，但没有显著差异（$P > 0.05$）。

2.5 负重（体重 3%）游泳对小鼠血糖、肌糖原、肝糖原含量的影响

测定小鼠在游泳前安静时及负重（体重 3%）游泳不同时刻血糖、肌糖原、肝糖原含量。结果如图 1 所示（n=8，血糖、肌糖原、肝糖原测定的最大标准偏差分别为 0.23、0.15 和 0.61）。

图 1 显示小鼠负重（体重 3%）游泳 10 min 内，血糖没有明显变化。游泳 10～30 min 期间，

血糖下降非常明显。之后到 60 min，血糖维持在一个较低的水平上，60 min 以后，随游泳时间的延长，血糖不断降低。肌糖原含量自运动开始后随运动时间的延长不断降低。肝糖原含量在运动开始 20 min 内基本保持稳定，20 min 以后随运动时间的延长不断降低。

2.6 灌胃 7% 糖水对小鼠血糖、肌糖原、肝糖原含量的影响

给小鼠灌胃 7% 糖水 14 d 后，观察其在游泳前及负重（3% 体重）游泳不同时刻血糖、肌糖原、肝糖原的含量，结果如图 2（$n=8$，血糖、肌糖原、肝糖原测定的最大标准偏差分别为 0.27、0.19 和 0.59）。

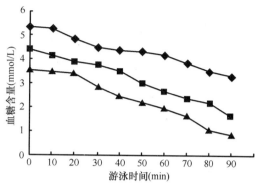

图 1 小鼠 90 min 负重游泳期间血糖、肌糖原、肝糖原含量的变化

—◆—血糖；—■—肌糖原；—▲—肝糖原

纵坐标一个单位等于 0.15 g% 肌糖原和 1 g% 肝糖原

图 2 显示小鼠服 7% 糖水 14 d 后负重（3% 体重）游泳 20 min 后血糖基本没有变化。20 min 以后血糖逐渐下降。肌糖原自运动开始后逐渐降低。肝糖原在运动开始 30 min 内没有显著变化，30 min 以后逐渐降低。

图 3 显示出糖水组血糖含量在游泳过程中始终高于对照组，游泳 70 min 时糖水组血糖含量（4.71±0.15）mmol/L，对照组为（3.85±0.22）mmol/L，糖水组血糖水平显著高于对照组（$P < 0.01$）。

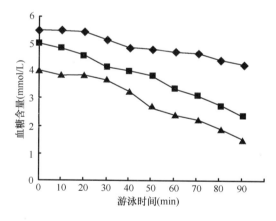

图 2 服 7% 糖水 14 d，小鼠 90 min 负重游泳期间血糖、肌糖原、肝糖原含量的变化

—◆—血糖；—■—肌糖原；—▲—肝糖原

纵坐标一个单位等于 0.15g% 肌糖原和 1g% 肝糖原

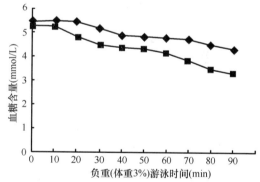

图 3 服 7% 糖水 14 d，小鼠 90 min 负重游泳期间血糖、肌糖原、肝糖原含量的变化

—◆—糖水组；—■—对照组

2.7 金针菇发酵液对小鼠血糖、肝糖原含量的影响

给 2 组小鼠分别灌胃金针菇发酵液及未接种金针菇的培养基。14 d 后进行负重（体重 3%）游泳，并测定两组小鼠游泳不同时间血糖含量，结果见图 4。

由图 4 可以看到金针菇组血糖水平在游泳过程中始终高于培养基组。70 min 时金针菇组血糖含量为（4.83±0.23）mmol/L，而培养基组为（3.88±0.18）mmol/L，金针菇组血糖含量比

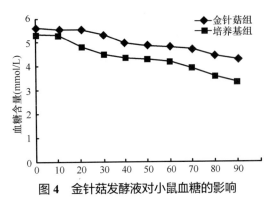

图 4 金针菇发酵液对小鼠血糖的影响

培养基组高 24%（$P < 0.01$）。服用金针菇发酵液 14 d 后两组小鼠肌糖原、肝糖原含量测定结果（安静状态）见表 2。

服用金针菇发酵液 14 d，金针菇组小鼠肌糖原含量比培养基组高 28%，肝糖原含量比培养基组高 39%。

2.8 大枣花生银耳汤对小鼠血糖含量的影响

小鼠灌胃大枣花生银耳汤 14 d 后，测定其在游泳前及负重（体重 3%）游泳 70 min 后的血糖含量。结果见表 3、表 4。

表 2 金针菇发酵液对小鼠肌糖原、肝糖原含量的影响（$\bar{X} \pm \mathrm{SD}$）

分组	n	肌糖原含量（g%）	肝糖原含量（g%）
培养基组	15	0.53±0.08	3.26±0.55
金针菇组	15	0.68±0.07*	4.54±0.49**

*$P < 0.05$ 与培养基组比较；**$P < 0.01$ 与培养基组比较。

表 3 大枣花生银耳汤对小鼠血糖含量的影响（$\bar{X} \pm \mathrm{SD}$）

分组	n	安静时（mmol/L）	负重游泳 70 min 时（mmol/L）	血糖含量降低（%）
对照组	15	5.69±0.14	4.17±0.18	26.7±2.1
大枣花生银耳汤组	15	5.54±0.11	4.96±0.19*	10.5±1.6*

*$P < 0.01$ 与对照组比较。

表 4 大枣花生银耳汤对小鼠 70 min 游泳期间血糖平均下降速率的影响（$\bar{X} \pm \mathrm{SD}$）

分组	n	负重游泳 70 min 血糖平均下降速率（μmol/min）
对照组	15	22±4
大枣花生银耳汤组	15	8±2*

*$P < 0.01$ 与对照组比较。

3 讨论

机体在进行长时间强度较大的运动时，肌细胞需要不间断的能量供应，因此，肌糖原的含量就会逐步下降。为了维持运动肌肉中消耗的糖，血液中的葡萄糖经血液循环输送到肌肉中以补充消耗的糖。血糖还是中枢神经系统红细胞等组织必需的供能物质。血糖在肌肉和中枢等组织中的氧化分解使血糖水平降低。为了维持血糖水平，肝糖原加速分解释放葡萄糖进入血液。因此在通常情况下，机体血糖水平很稳定。但是当激烈运动使肌糖原、血糖大量消耗，而肝糖原分解、糖异生作用不能保证血糖的补充时，血糖水平就会降低。用血糖作为评价抗疲劳指标的首要条件是要建立一个能够引起血糖含量明显降低而又不会造成动物死亡的疲劳模型。

从表 1 可以看到在小鼠 30 min 游泳的条件下，运动负荷越高血糖下降越快。但是如果运动负荷过大负重（体重 5% 以上），一些体弱的小鼠不能坚持到 30 min 就溺水死亡。因此我们选用负重（体重3%）游泳作为疲劳实验条件。从图1、图2、图3可见，小鼠负重（体重3%）游泳10 min血糖水平几乎没有变化。此时肌肉运动所需的能量主要由肌糖原提供。游泳10～30 min血糖有一个下降陡坡，这个陡坡是由于肌糖原的迅速消耗，同时最大限度地摄取血糖来补充能源而造成的。血糖的降低导致肝糖原分解释放葡萄糖进入血液的速度加快，表现为游泳20 min以后肝糖原的明显降低。由于肝糖原分解、补充了血糖，血糖在游泳20 min之后一段较长时间里没有继续下降。运动持续60 min之后，血糖出现第2次下降。这次下降一直持续下去没有出现第二个平台。结果显示此期间肌糖原、肝糖原储备已经被大量消耗。说明小鼠游泳60 min后，由于肝糖原水平的大幅度降低而不能保证血糖的补充。此时的小鼠表现出四肢无力，动作迟缓等疲劳症状。

从表3可知，小鼠负重游泳70 min时，对照组血糖含量的降低值为实验组的3.1倍。在此期间大枣花生银耳组血糖平均下降速率还不到对照组的一半，见表4。游泳超过70 min，由于极度疲劳衰竭死亡的小鼠数量将逐渐增加。因此选择游泳70 min的实验条件是恰当的。

通过补糖增加肌糖原和肝糖原含量从而增强机体抗疲劳能力的方法早已被实验所证实[7-8]。服7%糖水2周后小鼠肌糖原、肝糖原含量分别从服前的0.66 g%、3.56 g%（图1）提高到0.75 g%和4.03 g%（图2）。由于肌糖原储备较充足，因此在运动20 min内肌细胞并不用血糖供能，此时血糖基本没有变化。小鼠游泳20～40 min，由于肌糖原的减少，肌细胞开始由血糖供能，使血糖逐步降低。游泳40～70 min尽管肌糖原已经明显被消耗，但是由于肝糖原分解释放葡萄糖进入血液，血糖基本保持稳定。游泳60 min时，肝糖原从游泳前的4.30 g%下降到2.44 g%。游泳60 min以后，由于肝糖原储备进一步减少，血糖得不到足够的补充而逐渐降低。将服7%糖水2周的小鼠与对照组血糖变化比较可以清楚地看到糖水的抗疲劳作用（图3）。糖水组小鼠负重游泳的90 min中，其血糖水平始终高于对照组。游泳60 min以后两组血糖水平的差距进一步加大。游泳70 min时，糖水组血糖含量是对照组的1.2倍，差异十分显著。

实验证明，金针菇具有提高机体糖原储备的功效[4]。从表2可看到小鼠服金针菇发酵液14 d后，肌糖原、肝糖原含量均明显提高。根据试验可以推测，金针菇发酵液应能在较长时间的运动中维持血糖水平（图4）。

上述实验使我们找到一种用血糖评价抗疲劳保健食品的实验条件。小鼠游泳70 min时血糖水平、血糖下降值和血糖下降速率能够较好地反映小鼠在长时间运动中体内糖储备的变化情况。测定负重（体重3%）游泳70 min时血糖值的方法，使"血糖"能够作为评价影响糖代谢抗疲劳保健食品的一项指标。

【参考文献】

[1] 冯美云. 运动生物化学. 北京：人民体育出版社，1990：203-207.
[2] 李强，陈安. 运动员在热环境运动补充康贝运动饮料的效果观察. 体育科学，1990，10（5）：56.
[3] 杨则宜，贺春晓，谢敏豪，等. 运动中补充西番莲、奥华运动饮料的效果研究. 体育科学，1992，12（2）：50.
[4] 文镜，陈文，金宗濂，等. 金针菇抗疲劳的实验研究. 营养学报，1993，15（I）：79.
[5] Meites S，Saniel-Banrey K. Modified glucose oxidase method for determination of glucose in whole blood. Clin Chem，1973，19（3）：308-311.
[6] Vies J V D. Two methods for the determination of glycogen in liver. Biochem J，1954，57：410.
[7] Felig P，Cherif A，Minagawa A，et al. Hypoglycemia during prolonged exercise in normal men. N Engl J Med，1982，306（15）：895-900.
[8] Hargreaves M，Costill D L，Coggan A，et al. Effect of carbohydrate feedings on muscle glycogen utilization and exercise performance. Med Sci Sports Exerc，1984，16（3）：16219-16222.

原文发表于《食品科学》，1997年第11期

果蔬组织中维生素 C 对邻苯三酚法测定 SOD 的影响

文 镜　唐粉芳　高宇时　高兆兰　金宗濂

北京联合大学　应用文理学院

【摘要】 本文提出，用邻苯三酚自氧化法测定果蔬组织中超氧化物歧化酶（SOD）活性时发现果蔬中所含维生素 C 与 SOD 同样具有抑制邻苯三酚自氧化的影响。本文研究了不同浓度维生素 C 对邻苯三酚自氧化的影响，采用透析法排除维生素 C 的干扰，测定了刺梨汁中 SOD 的活力，并对方法的准确度和可行性进行了分析和讨论。

【关键词】 维生素 C；SOD；邻苯三酚法

自 1969 年 McCord 等首次发现有活性的超氧化物歧化酶（superoxide dismutase，简称 SOD）以来，众多测定 SOD 的方法已逐步建立起来，其中以化学法最为常用。经典的邻苯三酚（pyrogallol）法是 Marklund 等[1]于 1974 年发表的一种通过比色测定 SOD 的简便方法。此后，邻苯三酚法在国内外得以广泛应用。1976 年，国外曾报道以经典邻苯三酚法测定大鼠肝组织内 SOD 并研究了大鼠肝脏 SOD 的随龄变化[2]。1983 年，袁勤生在国内首次研究了邻苯三酚法测定 SOD 时，pH、温度及不同浓度邻苯三酚对自氧化速率的影响。在此基础上，邹国林[3]于 1986 年对经典邻苯三酚法加以改进。此后，陆续有报道应用此法测定不同组织的 SOD 含量。与其他方法相比，邻苯三酚自氧化法具有操作简便、快速、试剂便宜且用量小、灵敏度高、重复性好等优点，但也有准确性不高、受 pH 影响大、易受其他物质干扰等不足。

果蔬组织富含维生素 C（Vitamin C，简称 VitC），如每 100 g 刺梨中 VitC 含量高达 2500 mg[4]。据研究表明，刺梨汁具有明显的抗癌、延缓衰老的保健功能，并认为这些功效与其高 VitC 和高 SOD 含量有关[5-6]。我们在用邻苯三酚自氧化法测定果蔬组织中 SOD 活性时，发现果蔬中所含 VitC 与 SOD 同样具有抑制邻苯三酚自氧化的作用。若不排除 VitC 的干扰，将使 SOD 测定结果显著增高。本实验研究了不同浓度 VitC 对邻苯三酚自氧化的影响，采用透析法排除 VitC 的干扰，测定了刺梨汁中 SOD 的活力，并对方法的准确度和可行性进行了分析和讨论。

1　试剂

Tris-HCl 缓冲液（pH 8.2，0.1 mol/L）：0.2 mol/L Tris（含 4 mmol/L EDTA）100 ml，与 0.2 mol/L HCl 44.76 ml 混合，加双蒸水至 200 ml，调 pH（8.2±0.01）。三羟甲基氨基甲烷（Tris），分析纯（AR），分子量：121.09，新光化学试剂厂。二乙胺四乙酸（EDTA），分析纯 AR，北京化工厂。

邻苯三酚（45 mmol/L），贵州遵义市第二化工厂以 10 mmol/L HCl 配制。

SOD 标准品：（EC 1.15.1.1，Bovine Eruthrocytes，Sigma CHEMICALCO，活力 3300 μ/mg solid，3300 μ/mg prot。

抗坏血酸标准品：分析纯，北京芳草医药化工研制公司。

刺梨汁：产自贵州省毕节县，由珠海银丰保健品公司提供。

实验用水均为双蒸水。

2 仪器设备

Shimabzu UV-120-02 型紫外分光光度计，光径 1 cm 的石英比色杯，10 μl 微量进样器，HZS-D 水浴振荡器，Sartorius 电子天平，电动混匀器，透析袋型号 8，扁宽 0.4 in（1 in=2.54 cm），圆径 0.25 in，透析值（截留分子量）：12 000～14 000，美国联合碳化物公司出品。

3 方法与结果

3.1 SOD 对邻苯三酚自氧化速率的影响 [3]

取 4.5 ml Tris-HCl 缓冲液加入试管，25℃预热 20 min 后，加入经 25℃预热的邻苯三酚 10 μl，迅速混匀并计时，倒入比色杯中，在 25℃，325 nm 波长下，自反应 30 s 开始每隔 30 s 测定一次吸光度（A）值。由测定结果可绘出图 1 中的邻苯三酚自氧化曲线。在上述反应体系中加入稀释 20 倍的 SOD 标准品（528 μ/ml）10 μl，用同样方法测定不同反应时间的吸光度值，结果如图 1 所示（图中每一点为 6 次重复测定的平均值，最大标准偏差为 0.0009）。

从图 1 可以看到，SOD 加入到邻苯三酚自氧化反应体系之后，由邻苯三酚自氧化产生的有色中间产物的生成量减少，吸光度值下降，邻苯三酚自氧化速率降低。

3.2 VitC 对邻苯三酚自氧化速率的影响

分别配制 0.6 mg/ml、1.2 mg/ml、2.25 mg/ml、6.0 mg/ml VitC 标准溶液，各取 10 μl 按上述操作加入到邻苯三酚自氧化反应体系中，测定邻苯三酚自氧化速率，并计算 VitC 对邻苯三酚自氧化反应的抑制率，结果见图 2、图 3（图 2 中每一点为 6 次重复测定的平均值，最大标准偏差为 0.0008）。

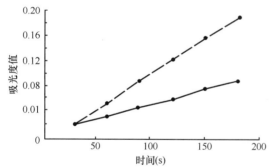

图 1 SOD 对邻苯三酚自氧化速率的影响
吸光度在 325nm 波长下测量
●---邻苯三酚；▲—SOD+邻苯三酚

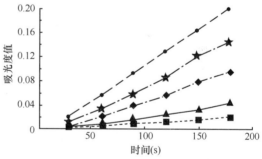

图 2 不同浓度 VitC 对邻苯三酚自氧化影响曲线
VitC．10.60mg/ml；VitC2．1.20mg/ml；VitC．32.25mg/ml；VitC4．6.00mg/ml
●---邻苯三酚；★-·-→VitC1+邻苯三酚；◆---→VitC2+邻苯三酚；▲—VitC3+邻苯三酚；■----VitC4+邻苯三酚。

图 2 为不同浓度 VitC 对邻苯三酚自氧化影响曲线。从图 2 可以看出，VitC 与 SOD 同样具有抑制邻苯三酚自氧化的作用，随着反应体系中 VitC 浓度的增加，其对邻苯三酚自氧化的抑制作用加强。图 3 显示了不同浓度 VitC 对邻苯三酚自氧化反应的抑制率。

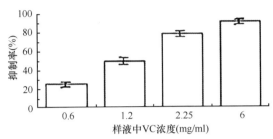

图 3 不同浓度 VitC 对邻苯三酚自氧化反应的抑制率（$n=6$）

抑制率（%）=[（邻苯三酚自氧化速率－加入 VitC 后邻苯三酚自氧化速率）÷邻苯三酚自氧化速率]×100。

3.3 邻苯三酚自氧化法测定 SOD 活力时 VitC 的干扰

配制体积比为 1∶1 的 SOD+H_2O 和 SOD+VitC 两种溶液，其中 SOD 活力为 330 μ/ml；VitC 浓度为 1.2 mg/ml。两种溶液各取 10 μl 加入到邻苯三酚自氧化体系中，测定自氧化速率。结果见表 1。

表 1 样液中 VitC 浓度为 0.6 mg/ml 时对 SOD 活力测定的干扰（$\bar{X}\pm$SD，$n=6$）

组别	不同反应时间的 A（325 nm）值						A/min
	30 s	60 s	90 s	120 s	150 s	180 s	
邻苯三酚	0.0214±0.0009	0.0560±0.0019	0.0906±0.0009	0.1256±0.0015	0.1600±0.0024	0.1947±0.0023	0.0692±0.0007
SOD+H_2O	0.0172±0.0010	0.0360±0.0010	0.0587±0.0015	0.0815±0.0010	0.1040±0.0012	0.1272±0.0012	0.0440±0.0003
SOD+VitC	0.0153±0.0005	0.0310±0.0005	0.0512±0.0008	0.0722±0.012	0.0940±0.0010	0.1177±0.0010	0.0409±0.0004*

*$P<0.01$ 与 SOD+H_2O 组比较。

根据表 1 的测定结果，用下式计算 VitC 对 SOD 活力测定的干扰率[7]。

$$干扰率（\%）=\frac{\triangle A_{SOD+VC}-\triangle A_{SOD}}{\triangle A_{SOD+VC}}\times 100$$

干扰率（%）=[（0.0692-0.0409）-（0.0692-0.0440）]÷（0.0692-0.0409）×100=11.0%

可以看出，0.6 mg/ml VitC 对 SOD 活力测定的干扰率为 11.0%。

3.4 透析法排除 VitC 的干扰

（1）透析时间的确定：准确移取 1 ml，12 mg/ml 标准 VitC 溶液于透析袋内，于 4℃冰箱内，用 1500 ml 蒸馏水透析，每 15 min 换水 1 次，每 30 min 取袋内液少量，用 2,6-二氯酚靛酚滴定法测定袋内 VitC 含量。4 h 后，袋内 VitC 全部析出。

（2）透析对 SOD 活力的影响：分别配制体积比为 1∶1 的下列溶液：VitC+SOD、SOD+H_2O，其中 SOD 活力为 660 μ/ml，VitC 为 1.2 mg/ml，取 1 ml VitC+SOD、1 ml SOD+H_2O 溶液，分别透析 4 h 后取出，将 2 份透析后溶液定容到相同体积，与未透析的 SOD+H_2O 溶液（用 H_2O 定容到与透析过的溶液相同体积）同时测定 SOD 活力。结果如表 2。

表 2 透析对 SOD 活力的影响（$\bar{X}\pm$SD，$n=6$）

组别	透析	不同反应时间的 A（325 nm）值						A/min	SOD 活力（μ/ml）
		30 s	60 s	90 s	120 s	150 s	180 s		
SOD+H_2O	—	0.0172±0.0010	0.0363±0.0010	0.0587±0.0015	0.0815±0.0010	0.1047±0.0012	0.1272±0.0012	0.0440±0.0003	330±3.16

续表

组别	透析	不同反应时间的 A（325 nm）值						A/min	SOD 活力 (μ/ml)
		30 s	60 s	90 s	120 s	150 s	180 s		
SOD+ H$_2$O	+	0.0234± 0.0005	0.0438± 0.0004	0.0676± 0.0005	0.0906± 0.0011	0.1140± 0.0007	0.1334± 0.0009	0.0442± 0.0002	326±2.45
SOD+ VitC	+	0.0196± 0.0005	0.0398± 0.0010	0.0634± 0.0009	0.0868± 0.0008	0.1098± 0.0008	0.1300± 0.0012	0.0442± 0.0004	327±4.47

SOD 活力定义：在 1 ml 反应液中，每分钟抑制邻苯三酚自氧化速率达 50% 的酶量定义为一个活力单位。

$$酶活力（u）= \frac{0.070 - \frac{A}{min}}{0.070 \times 50\%} \times 反应总体积 \times \frac{样液稀释倍数}{样液体积}$$

式中，0.070 为邻苯三酚自氧化速率：

酶比活力（u/mg prot）= 反应体系中的酶活力（u）÷反应体系中的酶量（蛋白质量）(mg)。

根据表 2 结果可计算出经过透析后 SOD 的回收率：

回收率（%）=[透析除 VC 后 SOD 活力 ÷ 未透析 SOD 活力]×100=（327÷330）×100=99.1%

3.5 刺梨汁中 SOD 活性的测定

配制体积比为 1：1 的 SOD+H$_2$O、刺梨+SOD、刺梨+H$_2$O 3 种溶液，其中，SOD 为 1056 μ/ml。取刺梨+SOD 溶液和刺梨+H$_2$O 溶液各 1 ml，分别透析 4 h 后，测定 2 种透析后溶液与未透析的 SOD+H$_2$O 溶液中 SOD 的活力，并计算标准 SOD 经透析后的回收率。结果如表 3 所示。

表 3　刺梨汁 SOD 含量的测定结果（$\bar{X}$±SD，n=10）

组别	透析	不同反应时间的 A（325 nm）值						A/min	SOD 活力 (μ/ml)
		30 s	60 s	90 s	120 s	150 s	180 s		
SOD+H$_2$O	—	0.0230± 0.0012	0.0366± 0.0023	0.0498± 0.0013	0.0655± 0.0013	0.0805± 0.0010	0.0948± 0.0022	0.0288± 0.0004	528±5.26
刺梨+SOD	+	0.0556± 0.0011	0.0652± 0.0010	0.0800± 0.0010	0.0942± 0.0008	0.1064± 0.0005	0.1194± 0.0009	0.0255± 0.0002	571±2.33
刺梨+H$_2$O	+	0.2326± 0.0009	0.2500± 0.0012	0.2726± 0.0005	0.2938± 0.0008	0.3172± 0.0013	0.3432± 0.0011	0.0442± 0.0002	47±0.44

由表 3 结果计算出经透析后标准 SOD 的回收率：

回收率（%）=[（活力$_{刺梨+SOD}$ - 活力$_{刺梨+H_2O}$）÷ 活力$_{SOD+H_2O}$]×100
=[（571-47）÷528]×100
=99.2%

由计算结果可知，透析法除 VitC 后，标准 SOD 回收率为 99.2%。刺梨+H$_2$O 组经透析后测定 SOD 活力，10 次重复测定的结果为（47±0.44）μ/ml。

4 讨论

4.1 SOD 对邻苯三酚自氧化速率的影响

邻苯三酚自氧化测定 SOD 方法的原理是在碱性条件下，邻苯三酚迅速氧化，释放出超氧化物阴离子，生成有色中间产物。从图 1 中可以看到，在邻苯三酚自氧化过程中，随邻苯三酚自氧化的进行，有色物质不断生成，A 值不断增加。自反应开始 30～180 s 期间，A 值与反应时间呈良好的线性关系。SOD 加入邻苯三酚自氧化反应体系之后，与超氧化物阴离子反应，生成过氧化氢，使有色中间产物的生成受阻，导致 A 值下降，使邻苯三酚自氧化速率降低。SOD 活性就是基于单位时间内有色物质的减少导致邻苯三酚自氧化速率发生变化而计算出来的。

4.2 VitC 对邻苯三酚自氧化方法的干扰

比较图 2 和图 1 可知，VitC 与 SOD 同样可以抑制邻苯三酚的自氧化反应。图 2 显示，在邻苯三酚自氧化反应体系中加入 VitC 后，有色中间产物的生成减少，随 VitC 加入量的增加，对邻苯三酚自氧化的抑制作用增强。从图 3 可以看到，当样品溶液中 VitC 含量为 1.2 mg/ml 时，仅在反应体系中加入 10 μl 样品溶液，对邻苯三酚自氧化的抑制率便可达到 49%，而当 VitC 含量为 6 mg/ml 时，对邻苯三酚自氧化的抑制率达到 91%。

4.3 VitC 对 SOD 测定的干扰

表 1 反映 VitC 干扰 SOD 测定的情况。在 SOD+H_2O 和 SOD+VitC 2 种溶液中，SOD 的含量及活性是相同的，但由于 VitC 的干扰，使得 SOD+VitC 组每分钟吸光度的增量显著低于 SOD+H_2O 组。由表中数据可计算出样品液 VitC 浓度为 0.6 mg/ml 时，对 SOD 测定的干扰率已达到 11.4%。许多天然果蔬中 VitC 含量较高。本实验用刺梨汁样品 VitC 含量经测定为 4.5 mg/ml，因此其对 SOD 测定的干扰将是十分严重的。

邻苯三酚自氧化反应是连锁式反应，超氧化物阴离子在其中不断产生。作为中强度还原剂和弱氧化剂的超氧化物阴离子能迅速参与单电子还原反应。VitC 作为强还原剂存在于邻苯三酚自氧化体系中时，能与超氧阴离子反应将其还原，从而抑制邻苯三酚自氧化，使有色中间产物生成受阻。因此在 VitC 含量高的样品 SOD 测活时必须除去 VitC 以保证测定结果的可靠性。

4.4 透析排除 VitC 干扰的可行性

在确定透析时间的实验中，由于刺梨汁样品 VitC 含量为 4.5 mg/ml，本实验以 12 mg/ml 标准 VitC 为样品确定透析时间，以便使实验结果可靠并有更广泛的应用价值。

VitC 和 SOD 分子量相差很大（分别约为 176 和 32 000），实验中选用截留分子量 12 000 的透析袋，既可使 VitC 顺利透过，又可保证 SOD 不会析出。从表 2 结果计算出透析后标准 SOD 活性回收率为 99.09%，表明此实验条件下 SOD 的损失很小。比较标准 SOD+VitC 与标准 SOD+H_2O 透析后的测定结果，可以看到经透析后，两组测定结果未有显著差异（$P > 0.1$），表明样品中的 VitC 经透析后基本上完全除去，不再干扰 SOD 活性的测定。可见采用透析排除 VitC 干扰的前处理方法是简便而可行的。

4.5 刺梨汁 SOD 活性的测定

为了保证测定结果的准确，并再次证实透析排除 VitC 干扰的可行性，在测定刺梨汁的同时，平行进行刺梨+SOD 的回收实验。从表 3 的结果可计算出刺梨+SOD 组的回收率为 99.2%，表明将 SOD 加入刺梨汁中透析后的损失很小。加入标准 SOD 测定具有较高的回收率，就保证了与之平行操作的刺梨汁样品测定结果的准确度。刺梨汁经透析后测定 SOD 活性为（47.00±0.44）μ/ml。用刺梨+SOD 透析后的结果减去 SOD+H_2O 未透析的测定结果来计算刺梨汁 SOD 活性是 43 μ/ml。2 种不同测定方式得出的结果仅差 4 个单位。表明测定结果是准确的。

含有 VitC 的果蔬广泛存在于自然界中。在用邻苯三酚法测定这些果蔬 SOD 活性时，必须考虑 VitC 干扰的问题。从上述实验结果可知，透析作为高 VitC 样品 SOD 邻苯三酚测活法中的一个前处理步骤是必要而可行的。

【参考文献】

[1] Marklund S，Marklund G. Involvement of the superoxide anion redical in the autoxidation of pyrogallol and a convenient assay for superoxide dismutase. Eur J Biochem，1974，47（3）：469.
[2] ReissU，GershonD. Rat-liver superoxide dismutase. Purification and age-related modifications. Eur J Biochem，1976，63：617.
[3] 邹国林，桂兴芬，钟晓凌，等. 一种 SOD 的测活方法——邻苯三酚自氧化法的改进. 生物化学与生物物理进展，1986，13（4）：71.
[4] 杨昔年. 刺槟榔治疗慢性腹泻. 陕西中医，1985，8（1）：35.
[5] 吴立，谭艾娟，沈扬. 刺梨"874"保健饮料的抗衰老作用研究. 老年学杂志，1990，10：353.
[6] 郑子敏，晋玲，覃志坚. 刺梨汁抗衰老的实验研究. 老年学杂志，1990，10：116.
[7] 李学仁，伦立民. 还原物对过氧化物酶氧化还原反应的干扰及消除 VC 干扰的探讨. 中华医学检验杂志，1992，15（6）：323.

原文发表于《中华预防医学杂志》，1997 年第 6 期

不同龄大鼠不同脑区乙酰胆碱的反相高效液相色谱测定

文　镜　王卫平　贺闻涛　金宗濂

北京联合大学　应用文理学院

【摘要】 分别取大鼠脑海马、纹体、皮层组织，经匀浆、提取、沉淀、吸附等步骤初步分离乙酰胆碱（ACh）。再经以 Tris-马来酸、四甲基氯化铵、辛基磺酸钠溶液为流动相的反相高效液相色谱（RP-HPLC）进一步分离。分离出的 ACh 被酶反应柱中的乙酰胆碱酯酶催化转变成胆碱，再被胆碱氧化酶催化分解为 H_2O_2。用工作电压 +0.5 V 电化学检测器检测。在这一实验条件下，脑样品中 ACh 与胆碱得到很好分离且无其他杂质干扰。在 2～10 nmol 范围内线性关系良好。8 次重复测定的变异系数为 1.3%。10 次重复测定样品的回收率 100.7%±3.9%，用这一方法测定不同龄大鼠不同脑区 ACh 含量，结果发现，成龄鼠与幼龄鼠相比，海马、纹体、皮层中 ACh 量分别减少了 53%、48% 和 14%。老龄鼠与成龄鼠相比，海马、纹体、皮层中 ACh 含量分别减少 52%、56% 和 22%。与学习记忆相关脑区 ACh 含量随龄降低的结果提示这些脑区中 ACh 含量的多少可以作为研究大鼠衰老的指标，从而可用于增强学习记忆的研究。

【关键词】 高效液相色谱；大鼠；海马；纹状体；皮层；乙酰胆碱

Identification of acetylcholine in different brain regions of different age rats by reverse phase HPLC

Wen Jing　Wang Weiping　He Wentao　Jin Zonglian

College of Applied Science and Humanities of Beijing Union University

Abstract: Hippocampus, striatum and cortex were used separately for identification of acety lcholine (ACh), three regions of rat brain were separated. After a series of process: homogenizing, extracting, precipitating, absorbing were carried out, a primary separation of ACh was obtained. Using Tris-maleate, tetramethy ammonium chloride and sodium octyl sulfonate as motive phase, the further purification was completed by reverse-phase HPLC. The eluent ACh was transformed into choline (Ch) by acetylcholine sterase in the reaction column, and then using choline oxidase to convert the choline to stoichiometric H_2O_2. The hydrogen peroxide was measured on a electro chemical dector with potential+0.5 V. Under these experimental conditions, ACh and Ch could be separated very well without contaminated interference. In the range of 2-10 nmol, it gave linear relationships between the amounts and the peak areas. Through 8 times repeated determination the coefficient variation was 1.3%. 10 time repetition, the recover was 100.7±0.9 %. By this detection method, the amount of ACh in different regions of different age rat gave clear results. The hippocampus, striatum and cortex of the mature rats compared with that of the young rats, their ACh levels reduced 53%, 48% and 14% respectively. The hippocampus striatum and cortex of the old rats compared with that of the mature rats, their ACh levels reduced 52%、56% and 22%。These results revealed that the determination of ACh in the learning and memory related brain regions could be used as an indicator for doing the research on aging, learning and memory.

Key words: high performance liquid chromatography; rats; hippocampus; striatum; cortex; acetylcholine

乙酰胆碱 [$CH_3COOCH_2CH_2N(CH_3)_3^+$，acetylcholine，简称 ACh]，是胆碱能神经元释放的神经递质，广泛分布在整个中枢神经系统中，与睡眠、运动、学习记忆有着密不可分的联系[1-2]。近期研究表明，人类 ACh 含量从 50～60 岁开始即有显著下降。阿尔茨海默病、亨廷顿病及伴随有显著痴呆的帕金森病等均与 ACh 有关。由于人类老龄社会的到来，对于延缓衰老及以上疾病病因的研究正越来越引起世界范围的关注。因此，ACh 的分析测定就成为一件极具有意义的工作。

目前测定 ACh 的方法有生物检定法、气相色谱－质谱联用法和放射酶学测定方法等，这些方法多数技术复杂，分析耗时，有的还需要昂贵的试剂及仪器，因而限制了它们的普遍应用。

1977 年，Ikuta 提纯了胆碱氧化酶（choline oxidase，简称 ChO）[3]，1982 年 Israel 和 Lesbats、发现了由乙酰胆碱酯酶（acetylcholinestorase，简称 AChE）和 ChO 引起的化学发光反应[4]。在此基础上，Potter 及其合作者于 1983 年首次报道了用反相高效液相色谱（RP-HPLC）分离 Ach 和胆碱（Ch），使流出液与上述酶制剂混合，再用电化学检测器（electrochemical detector，ECD）检测酶反应所产生的过氧化氢（H_2O_2）[5]。1984 年 Meek 等把 ChO 和 AChE 吸附在一根 3 cm 长的弱阴离子交换柱上，使酶活性在室温条件下可保持 1～2 星期。以 C_{18} 柱作为 RP-HPLC 分离柱，采用铂电极 ECD 成功地测定了 ACh[6]。

我们参考 Meek 等的方法，使用 C_{18} 柱分离 ACh，通过酶反应柱后，用配有玻璃碳电极的 ECD 检测，分别测定了 2～5 月龄、10～12 月龄、24～30 月龄 SD 大鼠大脑海马、纹体和皮层中的 ACh 含量，并对结果进行了分析比较。

1 实验材料

1.1 仪器

Beckman 公司高效液相色谱仪：110B Solvent Delivery Module，Analog Interface Module 406。

BAS 公司电化学检测器：LC-4CECD，Ag-AgCl 参比电极，CC-5 玻璃碳电极。

Beckman 公司 J2-HS 高速冷冻离心机。

1.2 试剂

标准品：氯化乙酰胆碱（ACh chloride），SIGMA 公司出品；氯化胆碱（Ch chloride），SIGMA 公司出品。

酶：乙酰胆碱酯酶（AChE，EC3.1.1.7），SIGMA 公司出品；胆碱氧化酶（ChO，EC1.1.3.17），SIGMA 公司出品。

树脂：Dowex 1-X8（100～200 目），SIGMA 公司出品；四乙胺，SIGMA 公司出品；辛基磺酸钠，SIGMA 公司出品；高氯酸分析纯，北京南尚乐化工厂；乙酸钾分析纯，北京红星化工厂；雷氏（Reinecke's）盐分析纯，北京旭东化工厂；三羟甲基氨基甲烷（Tris）分析纯，北京兴福精细化学研究所；顺丁烯二酸分析纯，北京化学试剂厂；氢氧化钠分析纯，北京益利精细化学品有限公司；四甲基氯化铵（TMA）分析纯，成都化学试剂厂。

全部实验用水为重蒸去离子水，且过 0.3 μm 混合纤维素酯微孔滤膜。

1.3 动物

Sprague-Dawlay（SD）大鼠：2～5 月龄、10～12 月龄和 24～30 月龄，雄性。由首都

医科大学动物室提供。

2 实验方法

2.1 样品前处理

大鼠断头，取全脑，于冰上剥离海马、纹体、皮层并立即称重，取 20～100 mg 脑样加 0.4 mol/L 高氯酸 700 μl，冰浴中匀浆，匀浆液离心（8500 r/min，4℃，7.5 min），上清液加 7.5 mol/L 乙酸钾 100 μl 离心（条件同上），上清液加入 5 mmol/L 四乙胺 20 μl 和 56 mmol/L 的雷氏盐 500 μl。4℃静置 1 h，离心（10 000 r/min，4℃，7.5 min），如需要，可停止在此步，将沉淀于 −20℃环境下保存。欲进 RP-HPLC 分析，则沉淀加入 150 μl 的 Tris-马来酸缓冲液（pH=7）溶解，再加入 200 μl 处理过的 DOWER 1-X8 树脂悬浮液，混匀后静置 5 min，再混匀，离心（10 000 r/min，4℃，7.5 min），上清液进样。

2.2 脑组织蛋白质含量测定

按照 Lowry 法，以牛血清蛋白为标准测定脑组织蛋白质含量。

2.3 装载酶反应柱

分别把 AChE 125 U，ChO 75 U 溶解在水中，用 1ml 注射器注射到 1000 μl 定量环中，定量环接酶柱（Brownlee AX-300，30 mm×21 mm），启动 RP-HPLC 泵，用低速（0.08 ml/min）流动相携带酶液进入酶柱，并使之充分反应一段时间，使酶通过离子键作用结合到酶柱中阴离子树脂上。

2.4 色谱条件

VYDAC 公司 Ultrasphere ODS C_{18}，5 μl，4.6 mm×250 mm 柱。流动相组成：0.2 mol/L 的 Tris-马来酸，0.2 mol/L 的 NaOH，150 mg/L 的 TMA，10 mg/L 的辛基磺酸钠。检测器工作电压 +0.5 V，量程 20 μA，流速 1.3 ml/min。

3 实验结果

3.1 标准曲线的绘制

称取 0.009 09 g 标准 ACh 溶于 1 ml 流动相中。分别取 2 μl、4 μl、6 μl、8 μl、10 μl，用流动相分别定容至 1 ml，配成标准系列。将标准液 20 μl，注入色谱柱，使其标准品含量分别为 2 nmol、4 nmol、6 nmol、8 nmol、10 nmol，测定各个标准品的峰面积，以标准品的含量为横坐标，与含量相对应的峰面积为纵坐标作图，呈良好线性关系，用最小二乘法作回归方程：

$$y = 0.2500x - 0.0040$$
$$r = 0.9998$$

3.2 色谱分离及保留时间

标准液和脑样品中 ACh 和 Ch 分离良好，脑样品中的其他主要杂质在 5 min 内洗脱完毕，对 ACh 和 Ch 峰无干扰，ACh 的保留时间（t_R）为 8.28 min，Ch 的保留时间（t_R）为 5.26 min，见图 1。

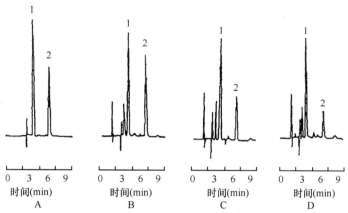

图 1　大鼠脑海马组织中 ACh 的 HPLC 分离色谱图示

A. 胆碱、ACh 标准样品（10 nmol/20 μl）；B. 幼龄鼠海马组织蛋白（1 mg）中 ACh 的一个测定结果；C. 成龄鼠海马组织蛋白（1 mg）中 ACh 的一个测定结果；D. 老龄鼠海马组织蛋白（1 mg）中 ACh 的一个测定结果。

1. Ch；2. ACh

3.3　回收率的测定

大鼠脑样品中准确加入等体积标准 ACh 0.036 g/L，按以上步骤进行测定，计算峰面积的增量，然后换算与已知量相比较，得到回收率，见表 1。

表 1　回收率测定结果

测定次数	1	2	3	4	5	6	7	8	9	10	$\bar{X} \pm SD$
回收率（%）	98.7	105.5	95.7	99.3	106.9	103.5	99.9	107.7	94.7	95.5	100.7±3.9

3.4　方法精密度

将标准 ACh 4 nmol 连续 8 次进样，得到 ACh 峰面积，求出精密度，见表 2。

表 2　标准 ACh 样品（4nmol）8 次重复测定的结果

测定次数	1	2	3	4	5	6	7	8	$\bar{X} \pm SD$	变异系数
峰面积（mm²）	4.51	4.63	4.49	4.60	4.53	4.62	4.51	4.50	4.55±0.06	1.3%

3.5　大鼠脑组织样品的测定

分别取成龄鼠、老龄鼠及幼龄鼠的海马、纹体、皮层，按前述实验步骤进行测定，所得结果见表 3。

表 3　脑样品测定结果

	n	海马（nmol/g）	纹体（nmol/g）	皮层（nmol/g）
2～5 月龄幼龄鼠（$\bar{X} \pm SD$）	14	1258±55	1297±32	298±24
10～12 月龄成龄鼠（$\bar{X} \pm SD$）	14	588±35[*]	680±26[*]	255±19[*]
24～30 月龄老龄鼠（$\bar{X} \pm SD$）	14	283±24[***]	299±27[***]	200±20[***]

*$P < 0.01$ 与幼龄鼠比较；***$P < 0.01$ 与成龄鼠比较。

4 讨论

4.1 流动相的选择

在本实验中用 0.2 mol/L 的 Tris-马来酸与 0.2 mol/L 的 NaOH 混合而成的缓冲液中加入 150 mg/L 的 TMA 与 10 mg/L 的辛基磺酸钠作为流动相。TMA 与辛基磺酸钠的浓度变化可以改变结果的色谱特征，TMA 的增加可以改进峰形，使峰更尖锐，而且缩短 ACh 的保留时间；如增加辛基磺酸钠的浓度，则可以延长 ACh 的保留时间。实验发现，如果 TMA 的浓度过低，以至 ACh 的保留时间过长，ACh 峰会出现脱尾。但若 TMA 的浓度过高，辛基磺酸钠浓度较低，又会使 ACh 峰过于提前，引起杂质峰干扰。

另据 Potter（1983）的报道，TMA 可以抑制 ChO 的活性，因此 TMA 浓度不应超过 1.2 mmol/L。但也有报道（Damsma，1985），TMA 浓度增加到 20 mmol/L 也未发现其对 ChO 活性有抑制。本实验中采用的量使所测 ACh 的出峰时间与峰形均很理想。

4.2 酶的固定

酶反应柱的质量对检测 ACh 与 Ch 起决定性作用。酶的固定化强度和酶活性的保持是实验成功的关键。为了保证酶的最佳状态，我们采取以下措施：①装酶时 ChO 与 AChE 按先后次序加入酶反应柱内，以免蛋白质沉淀；②控制酶液流速，给酶以充足的时间与阴离子发生交换吸附和固定；③流动相中 TMA 的量不能太多，以免对酶造成破坏；④实验后用蒸馏水冲洗酶柱，将酶柱于 4℃下保存，则可延长其使用寿命。

4.3 大鼠不同脑区 ACh 的随龄变化

通过老龄鼠、成龄鼠、幼龄鼠脑部海马、皮层、纹体中 ACh 含量的比较，我们发现，在海马、纹体、皮层这些与学习记忆有关的脑区，ACh 的含量是随龄降低的，而且差异很显著。24～30 月龄老龄与 10～12 月龄成龄相比，海马、纹体、皮层中 ACh 含量分别减少 52%、56%、22%，10～12 月龄成龄与 2～5 月龄幼龄相比，海马、纹体、皮层中 ACh 含量分别减少 53%、48%、14%。结果提示，海马、纹体、皮层中 ACh 含量的多少可以作为判断衰老的指标，从而可用于有关延缓衰老及增强学习记忆的研究工作。

【参考文献】

[1] Mesulam M M, Adelman G. Encyclopedia of Neuroscience. Boston M A：Birkhauser, 1987：233.
[2] McGeer P L, Eccles J C, McGeer E G. Molecular Neurobiology of the mammalian brain. New York：Plenum Press, 1987：244.
[3] Ikuta S, Imamura S, Misaki H, et al. Purification and characterization of choline oxidase from arthrobacter globiformis. Biochem, 1977, 82：1741-1749.
[4] Israël M, Lesbats B. Application to mammalian tissues of the chemiluminescent method for detecting acetylcholine. Neurocham, 1982, 39：248-250.
[5] Potter P E, Meek J L, Neff N H. Acetylcholine and choline in neuronal tissue measured by HPLC with electrochemical detection. J Neurochem, 1983, 41：188-194.
[6] Eva C, Hadjiconstantinou M, Neff N H, et al. Acetylcholine measurement by high-performance liquid chromatography using an enzyme-loaded postcolumn reactor. Analytical Biochemistry, 1984, 143：320-324.

原文发表于《北京联合大学学报》，2000 年第 2 期

红曲中内酯型洛伐他汀的 HPLC 测定方法研究

文 镜 常 平 顾晓玲 金宗濂

北京联合大学 应用文理学院 保健食品功能检测中心

【摘要】 对高效液相色谱（HPLC）测定红曲中内酯型洛伐他汀（lovastatin）的方法进行研究。采用75%乙醇对红曲中的lovastatin超声提取。离心后用中性氧化铝柱层析吸附上清液中的色素。在一定条件下lovastatin不被吸附而随着洗脱液流出。经过前处理后的样品以甲醇：0.1%磷酸（V/V）=75：25为流动相，在1 ml/min流速下用反相高效液相色谱分离去除残余色素及其他杂质干扰，内酯型lovastatin用紫外检测器在238 nm波长下检测。在本实验条件下7次重复测定加标样品的回收率为98%±5%，标准样品7次重复测定的变异系数为2.63%。样品中内酯型lovastatin的最低检测下限为4μg。利用本实验条件成功测定了两种红曲发酵制品中内酯型lovastatin的含量。

【关键词】 红曲；lovastatin；高效液相色谱

Study on the determination of lovastatin in monascus HPLC

Wen Jing Chang Ping Gu Xiaoling Jin Zonglian

Function Testing Center for Health Food of Applied Art and Science Institute, Beijing Union University

Abstract: High performance liquid chromatography（HPLC）quantitative for lovastatin in Monoscus was studied. 75% ethanol for lovastatin ultrasonic extraction from Monoscus was used. After centrifugation the supernatant pigment was adsorbed on a neutral aluminum oxide column. Under the particular condition lovastatin could not be adsorbed and eluted with the effluent. After pretreatment, crude lovastatin sample was treated by a reverse phase HPLC（RP-HPLC）column for future purification to remove the remaining pigment and other impurity. The motive phase of RP-HPLC was as follows: Methanol: 0.1%, phosphate（V/V）=75：25, and the flow rate 1 ml/min. Purified lovastatin sample plus standard, under the experiment condition, the recovery rate was 98%±5% with variance 2.63%. The minimum allowable detection of lovastatin in a sample was 4 μh. Using the experiment condition, the lovastatin contents in two Monascus fermentation products were successfully determined.

Key words: monascus; lovastatin; high performance liquid chromatography

红曲是红曲霉属（*Monascus*）真菌接种于蒸熟大米上发酵而成的，原为我国一味传统中药，始载于元代的《饮膳正要》[1]，在《本草纲目》中亦有记载，主治瘀滞腹痛、食积饱胀、跌打损伤等症。在我国福建、浙江等地区一向利用红曲酿制红酒，此外也可用于制醋及乳制品和食品染色[2]。

自1971年始，远藤章等历经9年多时间对近8000种微生物菌株进行了研究，最终在青霉菌和红曲菌的发酵液中发现了两种新化合物，美伐他汀（compactin）（1973）及洛伐他汀（lovastatin）（1979），并且发现它们都具有降低体内胆固醇作用[3]。1980年Alberts等也得到了lovastatin，分析出其具体结构，发现lovastatin比compactin降胆固醇效果更好[4]。

1981年Vincent[5]用4-硝基苯衍生物与发酵提取液中lovastatin反应首次使用HPLC分析了反应产物。1986年Stubbs[6]等使用HPLC分离测定了人体血浆和胆汁中lovastatin含量。

1997年，宋洪涛[7]采用薄层扫描法测定血脂平胶囊（主要成分为红曲）中lovastatin含量。1998年张倩等[8]使用HPLC测定了血脂平中lovastatin含量。

自从发现红曲中lovastatin降血脂的功效之后，国内过去生产红曲色素的厂家都渴望能够生产lovastatin，增加产品种类、提高经济效益。因此红曲发酵制品中lovastatin的测定就显得特别重要。目前国内红曲发酵制品中lovastatin测定还没有一个统一的标准方法。这便使国内各地生产的以lovastatin为功能因子的红曲产品无法进行科学评价，也不便于生产厂家对自己的产品进行质量检测。本实验目的是集上述方法之所长，建立一种以HPLC分析测定红曲发酵制品中lovastatin含量的可靠而简便的方法，为有关部门制定行业标准提供依据。

1 实验材料

1.1 仪器

高效液相色谱仪，美国BECKMAN公司HPLC-GOLD SYSTEM（110B溶剂输送系统，166紫外检测器及GOLD数据处理系统）。

1.2 试剂

lovastatin，中国医学科学院医药生物技术研究所；层析用中性氧化铝，100～200目，上海五四化学试剂厂；甲醇分析纯，北京化工厂；无水乙醇分析纯，北京化工厂；95%乙醇分析纯，北京化工厂。

1.3 样品

义乌红曲粉由中国发酵工业协会特种功能发酵制品专业委员会提供，义乌市天然色素实业有限公司生产，东方红曲片，河北涿州东方生物技术有限公司。

2 实验方法与结果

2.1 提取溶剂选择及结果

称取0.030 g义乌红曲粉，置同样大小10 ml容量瓶中，分别加入无水乙醇及95%乙醇、75%乙醇、甲醇、无水甲醇，定容到10 ml，室温20℃下超声处理20 min。之后，4000 r/min离心10 min，取上清液4 ml过中性氧化铝柱，以75%乙醇洗脱，前2.5 ml弃去，收集后10 ml，以紫外分光光度法测定，7次重复测定，结果见表1。

从表1可以看出，75%乙醇提取效果与其他溶剂提取效果相比有极显著性差异。

表1 不同溶剂提取义乌样品中lovastatin结果

提取溶剂	n	$\bar{X} \pm SD$ (mg/g)	P
无水乙醇	7	4.25±0.19	—
95%乙醇	7	5.53±0.26	2.2885×10^{-7}
75%乙醇	7	6.69±0.19	2.2546×10^{-6}
无水甲醇	7	6.27±0.07	1.0881×10^{-5}
甲醇	7	6.23±0.13	0.4369

注：P为该行与上一行的t检验结果，相比有显著性差异。

2.2 色谱条件选择及结果

检测波长紫外吸收光谱扫描结果显示 lovastatin 在 228 nm、238 nm、246 nm 处有三个特征峰，238 nm 处吸光值最大（图1）。由于 HPLC 能将 lovastatin 与杂质完全分离，因此选取 238 nm 检测。

色谱条件：色谱柱 CSR（4.6 mm×250 mm，5 μm）。流动相甲醇：0.1% 磷酸（V/V）75：25；柱温室温20℃；流速1 ml/min。在以上实验条件下，样品中 lovastatin 达到基线分离。标准品与样品色谱图见图2。

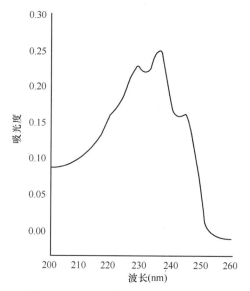

图1　lovastatin 标准品紫外吸收图谱

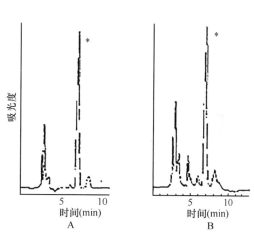

图2　lovastatin 标准品及红曲样品图谱

A. lovastatin 标准品；B. 红曲样品；*. lovastatin

2.3 标准曲线绘制

称取 lovastatin 标准品 2.5 mg，以无水乙醇溶解定容至 50 ml（50 μg/ml）精确吸取 0.04 ml、0.2 ml、1 ml、2.4 ml、6 ml、8 ml 定容到 10 ml，混合均匀。20 μl 进样测定。以浓度作为横坐标，峰面积作为纵坐标，绘制标准曲线（图3）。结果表明，lovastatin 在 0.2～50 g/ml 内线性关系良好。回归方程为 $y=7.2656x-0.2731$，$r=0.9996$。

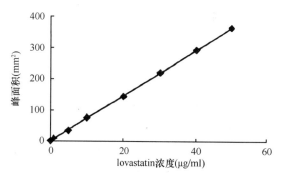

图3　HPLC 法测定 lovastatin 含量标准曲线

2.4 回收率实验

采取加标回收法。称取义乌红曲粉 0.020 g 两份，加入到同样大小的 10 ml 容量瓶中，其中一份加入 44 μg/ml lovastatin 标准溶液 2 ml。各自以 75% 乙醇定容。超声 20 min，4000 r/min 离心 10 min，取上清液 4 ml 过中性氧化铝柱，75% 乙醇洗脱。前 2.5 ml 弃去，收集后 10 ml，混合均匀后 HPLC 测定。用加标样品测定结果减去未加标样品测定结果计算 lovastatin 标准品测定的回收率，重复 7 次测定，结果见表2。

表2 加入标准 lovastatin 样品回收率的测定结果

第 n 次测定	加入量（μg）	检出量（μg）	回收率（%）	$\bar{X} \pm SD$
1	88	83	94	
2	88	87	99	
3	88	89	101	
4	88	91	103	98±5
5	88	93	106	
6	88	83	94	
7	88	81	92	

2.5 精密度实验

将浓度为 4.8 μg/ml lovastatin 标准溶液连续 7 次重复测定，结果见表3。

表3 lovastatin 标准溶液重复测定结果

第 n 次测定	峰面积	$\bar{X} \pm SD$	RSD（%）
1	40.89303		
2	42.45070		
3	43.84491		
4	42.31147	42.19±1.11	2.63
5	41.47475		
6	41.06859		
7	43.25855		

2.6 灵敏度实验

当 lovastatin 浓度为 0.2 μg/ml、进样量为 20 μl 时，色谱图上信噪比大于 2，因此其最低检测量为 4 μg。

2.7 样品含量测定及结果

lovastatin 标准溶液制备：称取内酯型 lovastatin 标准品 1.1 mg 以 75% 乙醇溶解定容 25 ml（44 μg/ml），混合均匀备用。

样品制备：分别称取义乌红曲粉及研碎后的东方红曲片 0.020 g，置 10 ml 容量瓶中，以 75% 乙醇定容，摇匀后于室温 20℃超声处理 20 min，取出后以 4000 r/min 转速，离心 10 min，取上清液 4 ml 置已活化处理的中性氧化铝柱（100～200 目，5 g，110℃活化 30 min，以 75% 乙醇洗脱）。前 2.5 ml 弃去，收集后 10 ml。混合均匀后备用。

样品测定结果：分别吸取标准溶液及样品溶液 20 μl 进样测定，重复 5 次，结果见表 4。

表4 样品中 lovastatin 含量测定结果

样品	n	lovastatin 含量（mg/g）
义乌红曲粉	5	6.2±0.3
东方红曲片	5	1.3±0.1

3 讨论

实验除了对不同的提取溶剂进行测试以外，还做了不同超声时间的比较。取 0.030 g 红曲样品加 10 ml 溶剂，超声提取 5 min，样品中 lovastatin 即可基本提取完全，继续延长提取时间到 10 min、20 min、30 min、40 min、50 min、60 min 后，lovastatin 含量无明显增加。为确保样品中 lovastatin 提取完全，因此实验选用超声提取时间为 20 min。

本实验所使用红曲样品为红曲初级发酵制品，其特点是色素含量较高，而 lovastatin 含量较低。因此在使用 HPLC 分析测定之前，进行样品前处理是必不可少的。为去除色素，进行了吸附剂的选择。比较了中性氧化铝、硅胶、羟基磷灰石、活性炭、白陶土的吸附效果。结果表明，中性氧化铝去除色素效果较好。

对洗脱剂的收集量进行选择。以 4 ml lovastatin 标准溶液过中性氧化铝柱后，进行洗脱。经紫外分光光度法测定，前 2.5 ml 内无内酯型 lovastatin 检出，而 1.25 ml 之后也无内酯型 lovastatin 检出。证明在洗脱开始后的 2.5～12.5 ml 内酯型 lovastatin 被洗脱完全，可以用于测定。在此条件下样品提取液中的酸式 lovastatin 不被完全洗脱，因此采用中性铝柱层析的前处理方法基本上能够将色素、酸式 lovastatin 与内酯型 lovastatin 分离开。

由于样品进行了前处理，其中大部分杂质和色素均已去除。因此，在 HPLC 分析过程中所使用的流动相比较简单且经济，主要为甲醇和水，适当加入磷酸使 lovastatin 保持其内酯形式以减少测量误差。

在以上实验条件下，样品中的内酯型 lovastatin 经 HPLC 层析后可达到与其他杂质成分分离的效果。样品采用加标回收率法经 7 次重复测定的回收率为 98.93%±4.92%。7 次重复测定的标准偏差为 1.11，变异系数为 2.63%，最低检测量为 4 μg。由此可见，此方法具有良好的准确性和精确度，不仅适用于内酯型 lovastatin 含量较高的药品测定，更适用于红曲发酵制品，包括初级发酵制品中的内酯型 lovastatin 含量测定。

【参考文献】

[1] 国家中医药管理局《中华本草》编委会. 中华本草. 上海：上海科学技术出版社，1999，488-489.

[2] 宋洪涛，宓鹤鸣，郭涛. 中药红曲的研究进展. 药学实践杂志，1999，17（3）：172-174.

[3] Endo A.Biological and Pharmacological Activity of inhibitors of 3-hydroxy-3-methylglutaryl coenzyme A reductase.Trends in Biochem Scien，1981，1：10-13.

[4] Alberts A W，Chen J，Kuron G，et al. Mevinolin：a highly potent competitive inhibitors of hydroxymethylglutaryl- coenzyme A reductase and a cholesterol-lowering agent.Proc Natl Sci USA，1980，77（7）：3957-3961.

[5] Gullo V，Goegelman R T，Putter I，et al. High-performance liquid chromatographic analysis of derivatized hypocholesteremic agents from fermentation broths. Journal of Chromatography，1981，212：234-238.

[6] Stubbs R J，Schwartz M，Bayne W F.Determination of mevinolin and mevinolinic acid in plasma and bile by reversed-phase high-performance liquid chromatography.Journal of Chromatography，1986，383：438-443.

[7] 宋洪涛，郭涛，宓鹤鸣，等. 薄层扫描法测定血脂平胶囊中洛伐他汀的含量. 中草药，1997，28（12）：723-725.

[8] 张倩，郭涛，宓鹤鸣，等. 高效液相色谱法测定血脂平胶囊中洛伐他汀的含量，中国药房，1998，9（2）：84.

原文发表于《食品科学》，2000 年第 22 期

双波长紫外分光光度法测定红曲中洛伐他汀的含量

文 镜 顾晓玲 常 平 金宗濂

北京联合大学 应用文理学院 保健食品功能检测中心

【摘要】 对紫外分光光度计测定红曲中洛伐他汀（lovastatin）的方法进行研究。采用75%乙醇对红曲中的lovastatin超声提取20 min。离心后用中性氧化铝柱层析吸附上清液中的色素。一定条件下lovastatin不被吸附而随着洗脱液流出。lovastatin在246 nm波长下吸光度之差（$A_{246}-A_{254}$）正好能够代表一个特征吸收峰的峰高，并且经实验测定与其浓度的关系符合比尔定律，而红曲色素在此波长下△A值极小，因此双波长紫外分光光度法能够排除样品经吸附层析分离后残存色素的干扰，完成对样品中lovastatin含量的定量测定。在本实验条件下6次重复测定加标样品的回收率为97.50%±1.38%，变异系数为1.4%。样品中lovastatin的最低检测下限为0.65 μm/ml。利用本实验条件成功测定了三种红曲发酵制品中lovastatin的含量，同时测定加标回收率。结果实测样品的回收率都在95%以上，标准偏差小于0.2，说明该方法具有良好的实用性，适用于中小企业对lovastatin产品的科研开发和产品质量控制。

【关键词】 红曲；洛伐他汀；双波长紫外分光光度法

Determination of lovastaitn content in *monascus by* double wave lenght UV spectrophotometry

Wen Jing Gu Xiaoling Chang Ping Jin Zonglian

Function Testing Center for Health Food of Applied Art and Science Institute, Beijing Union University

Abstract: An UV spectrophotometry method for determination of lovastatin in *Monaseus* was studied. Using 75% ethanol for supersonic extraction of lovastatin from *Monascus* was carried out for 20 minutes. After centrifugation, the pigment of the supernatant was adsorbed by a neutral aluminum oxide column. Under a particular condition the lovastatin was not eluted with the effluent. It was observed, that the absorbency difference between 246 nm and 254 nm ($A_{246}-A_{254}$) could express a characteristic absorb peak of lovastatin, and the relationship between the absorbency variation and its concentration just obeyed the Bear Law. The above experiments indicated, using double wave length UV spectrophotometry could exclude the disturbance of the remaining pigment, and could be successfully used for lovastatin quantity analysis. According to 6 repeated determination of the lovastatin samples plus standard sample, their recovery rates were 97.50%±1.38% and the absorb variation was 1.4%. The minimum allowable detection quantity of lovastatin was 0.65 μg/ml. Under the same experimental conditions as mentioned above, the content of lovastatin in three kinds of *Monascus* fermentation products were determined. For detection of recovery rate the standard lovastatin was added at the same time. The results showed that the recovery rates of these samples were all above 95% and the standard deviation was less than 0.2. The results revealed that this method may provide a practical value for detection of lovastatin content. It is useful in the large and medium sized enterprises for controlling and testing the quality of the products.

Key words: monascus; lovastatin; double wave length UV spectrophotometry

在工业化国家，冠心病是最常见的致死疾病。引起冠心病的因素很多，临床和病理学研究证明，高胆固醇血症是动脉粥样硬化和冠心病形成的主要原因。1979年远腾章从红曲霉发酵液中分离得到洛伐他丁（lovastatin），并发现它是一种有效降血浆胆固醇的活性物质[1]。这一研究成果后来被美国和欧洲许多科学工作者的研究所证实[2]。由于lovastatin来源于红曲，安全且抑制胆固醇合成的机理清楚，效果好，因此受到广泛的重视和好评。专家们认为lovastatin的发现和开发利用，是防止心血管病的一个突破性进展[3]。

人体中约70%胆固醇在体内合成，抑制体内过多的胆固醇合成是防止心血管病的一种有效途径。机体内从乙酰辅酶A（乙酰CoA）合成胆固醇的主要代谢途径中，由羟甲基戊二酰辅酶A（HMG-CoA）还原为二羟甲基戊酸这一步反应是合成胆固醇的限速步骤。催化此步骤的酶是羟甲基戊二酰CoA还原酶[4]。由于lovastatin与该酶作用底物HMG-CoA有相似结构，因而可成为该酶的竞争性抑制剂。lovastatin可阻断二羟甲基戊酸的合成，进而抑制胆固醇的合成。有文献报道，lovastatin结构中的六氢萘环是一个重要基团。由于这一基团的存在使lovastatin比HMG-CoA对酶有更大的亲和性，因此可以成功地阻断胆固醇合成，从而降低血浆中的胆固醇水平[5]。自红曲的发酵产物中发现lovastatin之后，红曲的研究引起国内外的极大关注，国内许多过去生产红曲色素的厂家都希望了解自己产品中lovastatin含量有多少，更希望能够提高红曲发酵制品中lovastatin含量。为此，需要有一个准确且行之有效的检测方法。红曲样品中存在大量红曲色素的干扰，高效液相色谱法由于经过高效层析分离，因此能够准确测定lovastatin含量。但是高效液相色谱仪设备昂贵，又需要专业技术人员操作，对于目前国内生产红曲的大量中小企业显然不能完成。紫外分光光度法简便、快速，仪器设备相对高效液相色谱仪便宜很多。如果能够用紫外分光光度计测定样品中lovastatin含量，对生产厂家产品质量控制和进一步开发研究将十分有利。然而由于红曲初级样品中主要是大量色素，lovastatin含量很低，如采用一般的紫外分光光度法就无法对样品中的lovastatin进行测定。

本实验对紫外分光光度计测定红曲中lovastatin的方法进行研究，发现高效的提取与分离方法是能够用紫外分光光度计测定红曲样品中lovastatin的先决条件，采用双波长紫外分光光度法可最大限度地排除残余色素的干扰，使应用紫外分光光度计准确测定红曲发酵制品中的lovastatin含量成为可能。

1 实验材料

1.1 仪器

UV-VIS8500型双光束紫外可见分光光度计，上海天美科学仪器有限公司。

1.2 试剂

lovastatin，中国医学科学院医药生物技术研究所；层析用中性氧化铝，100～200目，上海五四化学试剂厂；甲醇，分析纯，北京化工厂；无水乙醇，分析纯，北京化工厂；95%乙醇，分析纯，北京化工厂。

1.3 样品

义乌红曲粉，由中国发酵工业协会特种功能发酵制品专业委员会提供，义乌市天然色素实业有限公司生产；东方红曲片，河北涿州东方生物技术有限公司；血脂康胶囊，北京北大唯信生物科技有限公司。

2 实验原理

lovastatin 易溶于 75% 乙醇，可用 75% 乙醇作为从红曲中提取 lovastatin 的溶剂。采用超声提取的方法以提高 lovastatin 的提取效率。超声提取后离心分离除去不溶杂质。lovastatin 和色素等可溶性杂质混于上清液中，色素等可溶性杂质会干扰 lovastatin 比色测定，需要用吸附柱层析吸附色素等杂质。一定条件下 lovastatin 不被吸附而随着洗脱液流出。由于 lovastatin 在 246 nm、254 nm 两波长下其吸光度之差（$A_{246}-A_{254}$）与其浓度的关系符合比尔定律，而红曲色素在此波长下 $\triangle A$ 极小，因此，采用双波长紫外分光光度法能够排除红曲色素干扰，完成对样品中 lovastatin 含量的定量测定。

3 实验方法与结果

3.1 吸附层析柱的制备

将 100～200 目中性氧化铝在 100℃活化 30 min，冷却至室温，取 5 g 用 75% 乙醇浸泡悬浮后装入内径为 0.9 cm 的柱子中，用 75% 乙醇 25 ml 淋洗柱子。

3.2 分析波长的选择

分别称取不含 lovastatin 的红曲色素两份各 0.300 g，其中一份加入 0.2 ml lovastatin，再称取同样量的 lovastatin，三份样品分别用 75% 乙醇定容到 10 ml，均超声提取 20 min，离心（400 r/min）10 min，取上清液 4 ml 浓缩到近 0.5 ml，分别加入到三个层析柱中，用 75% 乙醇洗脱，收集第 4～7 ml 流出液，用紫外分光光度计样品进行波长扫描。标准 lovastatin、红曲色素及红曲色素加 lovastatin 三个样品的紫外吸收曲线见图 1。从图 1 中可以看到，lovastatin 在 228 nm、238 nm、246 nm 处各有一个特征吸收峰，见图 1 中的 C，238 nm 处吸收值最大；不含 lovastatin 的红曲色素在 200～260 nm 整个扫描范围都有很强烈的紫外吸收，见图 1 中的 B，在 220～240 nm 吸光度有很大变化，而 246～254 nm 吸光度的变化很小；含 lovastatin 的红曲色素其吸收曲线实际上是红曲色素吸收曲线与 lovastatin 吸收曲线的加和，见图 1 中的 A。尽管理论上 lovastatin 对 238 nm 波长紫外光吸收最强烈，用 238 nm 波长测定灵敏度最高。但由于色素的干扰，如果使用 238 nm 波长测定，所测出的吸光度值实际上是红曲色素与 lovastatin 共同产生的。若将其作为 lovastatin 的含量，会引起很大正误差。产生被测样品中 lovastatin 含量很高的假象。从图 1 中可以看到，246 nm 是 lovastatin 的另一个吸收峰，其峰谷吸收波长为 254 nm，246 nm 与 254 nm 的吸光度之差正好反映出这一吸收峰的峰高。尽管色素在此波长范围仍有很强的光吸收，但在 246 nm、254 nm 的波长下测定其吸光度的改变量（$\triangle A$）却很小。因此用分光光度计测定样品中 lovastatin 含量时应采用双波长测定的方法，检测波长为 246 nm 和 254 nm。用两个波长之差（$A_{246}-A_{254}$）来计算含量，这样就排除了样品

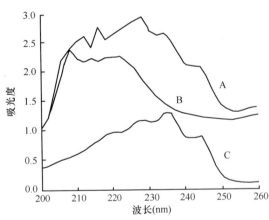

图 1 lovastatin、不含 lovastatin 的红曲色素及含 lovastatin 红曲色素的光吸收曲线

A. 含 lovastatin 的红曲色素；B. 不含 lovastatin 的红曲色素；
C. lovastatin

经吸附层析分离后残存色素的干扰,使得用紫外分光光度计定量测定红曲样品中 lovastatin 含量成为可能。

3.3 提取溶剂的选择

lovastatin 在无水甲醇、无水乙醇、甲醇、95% 乙醇、75% 乙醇等溶剂中都能较好的溶解,以下实验对这几种溶剂的提取效果进行比较。

精密称取 30.0 mg 义乌红曲粉分别用无水乙醇、95% 乙醇、75% 乙醇、无水甲醇和甲醇定容到 10 ml,超声提取 20 min,离心(4000 r/min)10 min。取 4 ml 上清液浓缩到近 0.5 ml,经柱层析分离后,用紫外分光光度计测定洗脱液中 lovastatin 含量。实验重复 7 次,结果见表 1。

表 1　不同溶剂提取义乌红曲中 lovastatin 的结果

提取溶剂	n	$\bar{X}\pm SD$(mg/g)	P
无水乙醇	7	4.25±0.19	—
95% 乙醇	7	5.53±0.26	2.288 54×10^{-7}
无水甲醇	7	6.27±0.07	1.088 08×10^{-5}
甲醇	7	6.23±0.13	0.436 936
75% 乙醇	7	6.69±0.19	2.254 62×10^{-6}

注:P 为该行与上一行的 t 检验结果。

3.4 标准曲线的绘制

精密称取 3.2 mg lovastatin 标准品溶于 50 ml 75% 乙醇,配成 64 g/ml 的溶液。分别量取 0.5 ml、1.0 ml、2.0 ml、3.0 ml、4.0 ml、5.0 ml、6.0 ml、8.0 ml、9.0 ml 定容到 10 ml,使其浓度分别为 3.2 μg/ml、6.4 μg/ml、12.8 μg/ml、19.2 μg/ml、25.6 μg/ml、32.0 μg/ml、38.4 μg/ml、51.2 μg/ml、57.6 μg/ml 和 64 μg/ml,用双波长方法测定其含量,并将结果绘制标准曲线如图 2 所示,其线性回归方程为 $y=0.0363x+0.0032$,r 值为 0.9999。表明 lovastatin 在 3.2~64 μg/ml 的浓度范围内与 $\triangle A$($A_{246}-A_{254}$)呈良好线性关系,符合比尔定律。

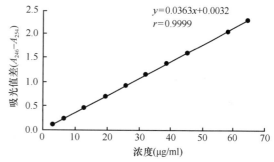

图 2　lovastatin 标准曲线

3.5 方法回收率和精密度的测定

称取 30.0 mg 义乌红曲粉用 75% 乙醇定容到 10 ml 作为未加标样品。称取 2.1 mg lovastatin 标准品用 75% 乙醇定容到 50 ml,摇匀后精密量取 5 ml 放入 10 ml 的容量瓶中,再同样称取 30.0 mg 义乌红曲粉加入其中,并定容到 10 ml 作为加标样品。两份样品平行操作,经超声提取、离心、浓缩、柱层析分离等步骤后测定 lovastatin 含量,重复 3 次,相同条件下再次重复,但标准 lovastatin 加入量为 0.23 mg,结果见表 2。

表2 方法回收率和精密度测定结果（$n=6$）

加入量（mg）	检出量（mg）	回收率（%）	$\bar{X} \pm SD$	变异系数
0.21	0.2057	97.96		
0.21	0.2066	98.39		
0.21	0.2038	97.05	97.50 ± 1.38	1.4%
0.23	0.2204	95.83		
0.23	0.2214	96.26		
0.23	0.2289	99.52		

结果表明，用此方法测定义乌红曲粉中 lovastatin 可以获得较好的回收率和重复性。变异系数为 1.4%。

3.6 紫外分光光度法测定红曲中 lovastatin 含量的最低检出限

首先测定 UV-VIS8500 型双光束紫外可见分光光度计的仪器噪声。在两个相同的石英比色杯中放入 75% 的乙醇，测定其在 246 nm、254 nm 的吸光值 12 次，算出 246 nm 与 254 nm 时的吸光值之差，并求出 12 次的平均值 0.0030 作为仪器噪声值，理论上利用双波长法测定样品中 lovastatin 含量得到的吸光值之差至少要大于噪声值的两倍，即 0.0060。

分别称取不同量的红曲同样定容到 10 ml，同样超声、离心、浓缩、上柱、洗脱、收集、测定，最后得出检测下限结果见图3。

图 3 中的 A 是义乌红曲样品经前处理后，测定浓度为 0.65 µg/ml lovastatin 的光吸收曲线。从图中可以分辨出 lovastatin 的三个特征吸收峰。此时 $A_{246}-A_{254}$ 的值为 0.0229。实验发现若样品中 lovastatin 低于此浓度，仪器将不能检测到 lovastatin 的特征峰。图 3 中的 B 为义乌红曲样品经前处理并稀释后测定的光吸收曲线。虽然此条件下 $A_{246}-A_{254}$ 的吸光值为 0.0069，

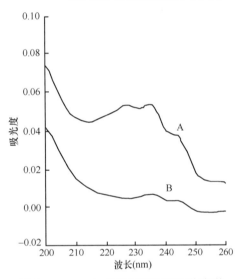

图 3 lovastatin 最低检测下限吸收光谱

A 是红曲样品 lovastatin 浓度为 0.66 µg/ml 时的吸收光谱；B 是将 A 中样品稀释 0.5 倍后 lovastatin 的吸收光谱

即仪器噪声的 2 倍以上，但由于在吸收曲线上不能看到 lovastatin 三个特征峰，不能认为检测到了样品中的 lovastatin。因此，尽管理论上测量值大于噪声值的两倍被认为有效，但在本实验条件下，lovastatin 的检测下限还是应定为 0.65 µg/ml。

3.7 样品中 lovastatin 含量的测定

在上述实验条件下分别测定义乌红曲粉、东方红曲片和血脂康中 lovastatin 含量，以检验实验方法的实用性。其中义乌红曲粉重复 7 次测定并同时做加标回收率（$n=3$）；东方红曲片重复 5 次测定，并同时做加标回收率（$n=3$）；血脂康重复测定 5 次并同时做加标回收率（$n=3$）。结果见表 3、图 4、图 5。图 5 是标准 lovastatin 的光吸收图谱。

表3 样品中 lovastatin 含量的测定（$\bar{X}\pm\mathrm{SD}$）

样品	n	lovastatin（mg/g）	加标回收率（%）（n=3）
义乌红曲粉	7	6.96±0.19	97.54±1.13
东方红曲片	5	2.48±0.19	96.68±1.23
血脂康	5	9.25±0.13	97.32±1.07

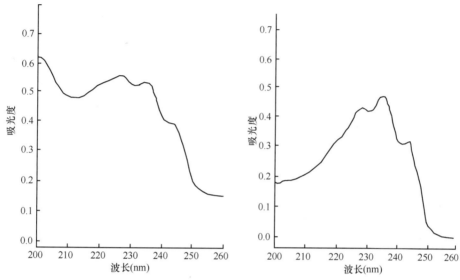

图4　义乌红曲样品经前处理后的光吸收曲线　　图5　标准 lovastatin 的光吸收曲线

将图4和图5比较，可以看到样品经前处理后，尽管绝大部分色素干扰已经消除，但还残存有少量的干扰，表现为254 nm 波长处样品的光吸收值比标准 lovastatin 大。在这一点，标准 lovastatin 已经没有光吸收（A 值接近于零），样品的 A 值来自色素的干扰。因此在采用吸附层析后仍然要用双波长法测定是必需的。从表3可以看到实测样品的回收率都在95%以上，标准偏差小于0.2。说明该方法具有良好的实用性。适用于中小企业对 lovastatin 产品的科研开发及产品质量控制。

4　讨论

用紫外分光光度计测定样品中 lovastatin，前处理工作十分重要。本实验在吸附剂的选择上，曾将活性炭、高岭土、硅藻土、硅胶、羟基磷灰石与中性氧化铝比较，结果是中性氧化铝分离色素和 lovastatin 的效果最好。活性炭虽能很好地除去色素，但经实验测定，它同时也吸附了大量的 lovastatin，且不易洗脱下来，其他几种吸附剂对红曲色素的吸附作用都不理想。

采用超声提取样品中的 lovastatin 是省时、省力的好方法。本实验中使用的样品量较少，提取溶剂相对较多。在这样条件下，将样品从提取5 min 到 1 h 取5个时间段进行比较，发现超声提取 10 min 就能提取完全。为更加保险，本实验采用了 20 min 作为提取时间。

对于吸附层析洗脱剂的收集量问题，实验中用 0.05 g 义乌红曲粉（用量高于一般情况下的取样量）经超声提取、离心、浓缩、层析柱处理，并从加样后开始收集洗脱液，进行紫外扫描。在开始的第 3 ml 和第 8 ml 以后没有发现 lovastatin，在第 4～7 ml 中均有 lovastatin，因此在确定收集体积时，选择了第 4～7 ml 共 4 ml，以确保 lovastatin 完全被收集。在对实际样品进行测定时,取样量低于 0.05 g,因此收集第 4～7 ml 这 4 ml 洗脱液,样品中的 lovastatin 将完全包含在内。样品上柱前浓缩的目的是为了减少层析过程中的扩散,以取得更好的分离效果并缩小洗脱液收集体积。浓缩宜采用冷冻真空法,如用沸水浴加热会使 lovastatin 有一定损失。

对于色素含量高而 lovastatin 含量相对较低的样品,在用 75% 乙醇溶解、超声提取、离心后,可将样品浓缩近干,之后用无水乙醇溶解。再用无水乙醇为流动相进行中性氧化铝层析分离(中性氧化铝的处理及层析柱的平衡也相应用无水乙醇)。由于采用无水乙醇为流动相,极性比 75% 乙醇更低,因此流出液中的色素更少,更有利于紫外分光光度计的测定。

尽管本实验中采用了吸附层析的前处理方法,但经这样处理的样品中还是会存在残存的色素,并在检测波长下有光吸收。遇到这样多组分吸收曲线部分重叠的情况,见图 1,如用经典的(单波长)分光光度法进行定量分析,必须解联立方程,工作烦琐且有较大误差,而且多组分吸收曲线若绝大部分重叠就不能用经典的分光光度法测定。为了解决上述问题,在经典分光光度法的基础上,双波长法显著提高了分光光度法的灵敏性和选择性。因此,本实验选用了双波长紫外分光光度法测定以减少色素等杂质的干扰。

实验中曾试图用干扰曲线扣除法排除紫外测定中色素的干扰。经实验发现,干扰曲线扣除法也能够有效排除色素干扰。但与双波长紫外分光光度法法比较,操作烦琐,且回收率并不高于双波长紫外分光光度法法。因此,本实验选择了双波长紫外分光光度法法解决色素干扰的问题。

本实验方法样品虽经吸附层析分离,但这样的前处理方法并不能将 lovastatin 与它的类似物分离。虽然这些类似物与 lovastatin 相比含量很少,但还是会使测定结果略有偏高。这些类似物大多也具有与 lovastatin 相同的生理活性。因此本方法所测定的结果严格来讲包括了 lovastatin 及它的类似物。如要精确了解样品中 lovastatin 的含量,可用高效液相色谱将 lovastatin 与它的类似物彻底分离后再用紫外检测器对 lovastatin 定量分析。

【参考文献】

[1] Endo A, Monacolin K, A new hypocholesterolemic agent produced by a *Monascus* species. The Journal of Antibiotics, 1979, 32(8): 852-854.

[2] Alberts A W, Chen J, Kuron G, et al. Mevinolin: a highly potent competitive inhibitor of hydroxymethylglutaryl-coenzyme A reductase and a cholesterol-lowering agent. P Natl Acad Sci Usa, 1980, 77(7): 3957-3961.

[3] 苏学惠. 新型降血脂药物——羟甲基戊二酰辅酶 A 还原酶抑制剂. 国外医药抗生素分册, 1994, 15(4): 305-308.

[4] 沈同,王镜岩. 生物化学. 2 版. 北京: 高等教育出版社, 1991: 194-198.

[5] 张俊杰,赵树欣,赵华,等. 红曲霉及其生理活性物质. 食品研究与开发, 1998, 19: 14-18.

原文发表于《中国食品添加剂》,2000 年第 4 期

红曲及洛伐他汀的生理活性和测定方法研究进展

文 镜　常 平　顾晓玲　金宗濂

北京联合大学　应用文理学院　保健食品功能检测中心

【摘要】 综述了红曲霉及其发酵产物的研究概况。介绍了红曲霉主要生理活性物质洛伐他汀的作用机理和检测方法的研究进展。

【关键词】 红曲；洛伐他汀；作用机理；测定方法

The physiological activity of Ang-kak and lovastatin and the research development on determination method

Wen Jing　Chang Ping　Gu Xiaoling　Jin Zonglian

Function Testing Center for Health Food of Applied Art and Science Institute, Beijing Union University

Abstract: This paper described the research situation on monascacene and its fermentation products. It introduced the functional mechanism of the main physiological activity substance, lovastatin, of Ang-kak and the research development of the determination method.

Key words: Ang-kak, lovastatin, functional mechanism, determination method

红曲是一味传统中药，始载于元朝的《饮膳正要》[1]，《本草纲目》《本草从新》等也都有记载。本品性温、味甘，具有活血化瘀、健脾消食之功效，主治瘀滞腹痛、食积饱胀、跌打损伤等症。在红曲的发酵产物中筛选出强效降血脂成分洛伐他汀（lovastatin）之后，红曲的研究引起国内外学者的极大关注。

1 红曲

1.1 红曲霉

红曲为红曲霉属真菌接种于蒸熟的大米上发酵而成，其色赤红，又名赤曲、红米、红大米、红曲米、红糟，又因其主产于福建等地，故又名福曲、福米等[2-3]。红曲呈长卵形，类圆柱形或不规则形（碎米状），略扁，长 5～8 mm，宽 2～3.5 mm，厚 1.5～3 mm，表面紫红色或棕红色，凹凸不平，有的具有浅纵、横纹理。本品质脆，易沿横纹理断开，断面平齐，边缘红色至暗红色，中部略凹，白色至浅红色[1]。红曲霉属真菌门、子囊菌纲、真子囊菌亚纲、散囊菌目、散囊菌科[4]。百余年来，文献中曾记述过 20 种，其中已报道过用于制备红曲的菌种有 6 种：紫红曲霉（*M. purpureus*）、安卡红曲霉（*M. anka*）、巴克红曲霉（*M. barkeri*）、红色红曲霉（*M. ruber*）、变红红曲霉（*M. alternatus* Sato）、烟色红曲霉（*M. fuligmosus*）等，但习惯上供药用大多数为紫红曲霉。在麦芽汁琼脂上，紫红曲霉菌落成膜状的蔓延生长物，表面有皱纹和气生菌丝。菌丝体初为白色或粉色，老熟后呈红紫色或葡萄绛紫色，菌落背面为紫红色。显微镜下观察，菌丝分枝、有隔、多核、含橙红色颗粒，直径 3～7 μm。分生孢子单生或成链，球形或梨形，直径 6～9 μm 或（9～11）μm×

（6～9 μm）。团囊壳橙红色，球形，直径25～75 μm。子囊球形，含8个子囊孢子，成熟后即消失。子囊孢子卵圆形、光滑、无色或淡红色，直径5～6.5 μm或3.5～5 μm[5]。

1.2 色素类物质

红曲菌有很强的产色素能力，其所产红曲色素作为天然色素的一种已经引起人们的重视。从20世纪30年代以来，人们对红曲色素结构的研究开展了很多工作。首先Karrer等（1931）从红曲菌中分离得到红曲菌素（monascin），西川等（1932）分离得到红曲菌红素（monascoruberin），Haws等（1960）分离得到红斑素（rubropunctatine），陈发清等（1961）分离得到红曲菌黄素（monascus flavin）。后来Shibata等（1964）又分离得到红斑胺素（erythemamine）和红曲菌红胺素（monascus erythromycin），郭东川等（1991）分离得到2种新色素，其可能的分子式为$C_{25}H_{31}O_5N$和$C_{23}H_{27}O_5N$，尚未命名[6]。1998年有研究证明红曲色素是红曲菌的一种能量储存物质，又是一种氮源捕获剂[7]。在这些红曲色素中以红斑素和红曲红素为主要成分，结构如图1所示[8]。

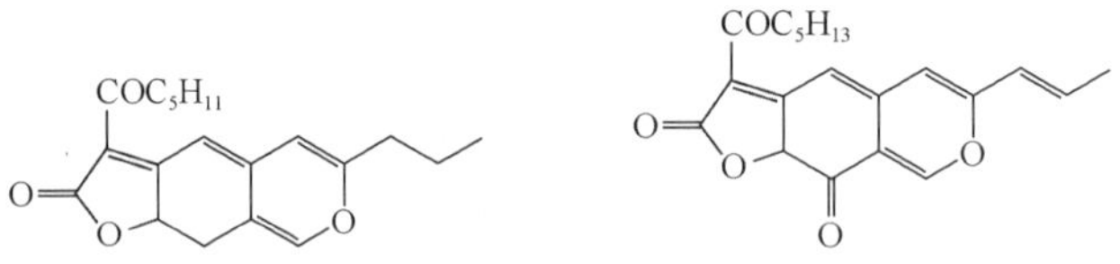

图1 色素结构

1.3 酶类

红曲中所含酶类主要有糊精化酶、α-淀粉酶、淀粉1-4葡萄糖苷酶、麦芽糖酶、蛋白酶、羧肽酶、红曲霉葡萄糖淀粉酶等。其中，红曲霉葡萄糖淀粉酶有五种类型，分别为E1、E2、E3、E4和E5，主要成分为E3和E4[9]。

1.4 食品功用[9]

红曲中含有葡萄糖淀粉酶能将淀粉几乎100%水解成葡萄糖，工业上利用红曲霉这一特性代替了酸水解法生产葡萄糖，具有水解率高、节约粮食、降低成本、提高产品质量等优点。我国福建、浙江等地区一向利用红曲酿制红酒，俗称老酒，闻名于世，红曲还能制醋，制作豆腐乳等豆制品。

日本人将鱼仔浸入红曲霉菌发酵液中，用于制备低胆固醇鱼仔；食醋中混入红曲霉菌发酵液可作为高血脂患者的食疗用品。

由于红曲易培养，产色素能力强，安全性高，在国外，特别是日本已广泛用于肉类、鱼、豆、面、糖果酱、果汁等食品着色。另外，红曲也可做头发染料。

红曲能防止杂菌污染而避免肉和鱼类腐败，其抑菌作用是由红曲菌红素、红斑胺素产生的。这方面我国的《饮膳正要》《天工开物》等历代文献就有记载。但在防腐这一点上，红曲不能完全替代硝酸盐。

1.5 其他成分

红曲霉发酵后可分离到辅酶Q（CoQ）。CoQ又名葵烯醌，是细胞代谢和细胞呼吸的激活剂，能改善线粒体呼吸功能，促进氧化磷酸化反应。它又是细胞自身产生的天然氧化剂，能抑制线粒体的过氧化，有保护生物膜结构完整性的功能。其对免疫有非特异性的增强作用，能提高吞噬细胞的吞噬率，增加抗体的产生，改善 T 细胞的功能。

日本人 1987 年从红曲菌 *M. pilosus* IFO 4520 和 *M. anka* IFO 6540 的发酵产物中分离得到一分子量小于 3000 的茶色组分，具有降血压的作用。

红曲菌丝体和发酵滤液中含各种必需氨基酸，还含有丰富的碳水化合物和一些人体所需的维生素，可抑制小鼠过度肥胖，明显促进小鼠运动耐力，提高其血糖调节能力，从而达到提高小鼠的耐氧能力，增强体质，延缓疲劳的功效[10]。

红曲发酵产物中尚含有麦角甾醇、乙醇、硬脂酸、柠檬酸、琥珀酸、乳酸、草酸、乙酸、核苷酶，微量的乙醛、甲酸、杂醇油、丙酮、3-羟基丁酮等[9]。

2 红曲霉的主要生理活性物质

红曲霉的主要生理活性物质是红曲霉在其生长后期产生的一种对动物和人体羟甲基戊二酰辅酶 A（HMG-CoA）还原酶有抑制活性的物质，即 monacolin 类化合物，其中以 compactin 及 lovastatin 为主要物质[4]。lovastatin 为一个有效的降血浆胆固醇的活性物质，1979 年由远腾章从红色红曲霉发酵液中分离得到，称为 monacolin K。1980 年 Alberts 等报道从土曲霉的发酵液中分离得到一个降血浆胆固醇物质——mevinolin（lovastatin），经研究证实与 monacolin K 为相同的物质[11]。monacolin 类化合物是一族结构类似物。在以后的工作中，人们又得到了 monacolin J、monacolin L、monacolin X、monacolin M、dihydromevinolin 及 dihy-dromonacolin L 等成分。

lovastatin 作为 HMG-CoA 还原酶抑制剂（HMG-CoA-RI），是一类新型的降血脂药物，由于针对病因，疗效显著，毒副作用少，耐受性好而受到广泛的重视和好评。1988 年在米兰召开的胆固醇控制和心血管病的国际专题讨论会上，专家们一致认为这类药物的发展和开发利用是防治心血管病的一个突破性的进展[12]。

2.1 降血脂的作用机理

临床和病理学研究证明，高胆固醇血症是动脉粥样硬化和冠心病形成的主要原因。人体中约 70% 胆固醇在体内合成，其中 50% 以上在肝脏合成。因此，抑制体内过多的胆固醇合成是防治心血管病的一种有效途径。人体内胆固醇生物合成从乙酰 CoA 缩合开始，可概括为如下五个大步骤[13]。

2.1.1 HMG-CoA 的形成

$$乙酰\ CoA \rightarrow 乙酰乙酰\ CoA \rightarrow HMG\text{-}CoA$$

HMG-CoA 在哺乳动物体内是脂酸代谢和胆固醇合成的分支点，可朝两个方向代谢，一是在线粒体中裂解成乙酰乙酰辅酶 A；二是可被还原酶还原成甲羟戊酸（MVA），从此进行胆固醇的合成。

2.1.2 MVA 的合成

$$HMG\text{-}CoA + 2NADPH + 2H^+ \rightarrow MVA + HSCoA + NADP^+$$

形成一分子 MVA 需两分子 NADPH，反应不可逆转。从 MVA 合成开始进入胆固醇合成途径。这一步是合成胆固醇的限速步骤，催化此反应的酶是 HMG-CoA 还原酶。

2.1.3 异戊烯醇焦磷酸酯（IPP）的形成

MVA → 5- 磷酸 MVA → 5- 焦磷酸 MVA → IPP → DPP

2.1.4 鲨烯的合成

DPP+IPP →焦磷酸牻牛儿酯 → 焦磷酸法呢酯 → 前鲨烯焦磷酸 → 鲨烯

2.1.5 胆固醇的形成

鲨烯 → 鲨烯 2，3 氧化物 → 羊毛脂固醇 → 酵母固醇 → 链固醇 → 胆固醇

在这个合成途径中，HMG-CoA 还原酶是控制合成速度的关键酶。因此抑制这个酶的活性，就能有效地减少或阻断体内胆固醇的合成，从而达到治疗高脂血症的目的。Albets 和 Endo 等研究证明，compactin 和 lovastatin 等是 HMG-CoA 还原酶的竞争性抑制剂[11]，结构如图 2 所示。

其中 lovastatin 的化学名称为[14]：1′，2′，6′，7′，8′，8a′- 六氢 -3，5- 二羟基 -2′，6′- 二甲基 -8′（2″- 甲基 -1″- 氧代）-1- 萘 - 庚二酸 5- 内酯。根据其化学结构可将此分子分为四个部分：① β- 羟基 -δ- 内酯；②连接 δ- 内酯与亲脂基团部分；③ 6 氢萘环部分；④侧链酯部分[4]。其中①部分可以以游离酸形式存在，而这个结构与 HMG-GoA 的结构更为接近，如图 3 所示。

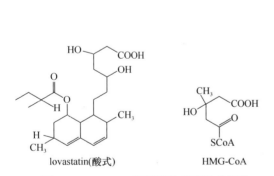

图 2 Monacolin 类化合物结构通式

HMG-CoA 还原酶催化 HMG-CoA 生成 MVA。lovastatin 竞争性地抑制 HMG-CoA 还原酶，阻断 MVA 合成，亦即阻断 MVA 代谢产物——胆固醇、多萜醇和 CoQ 等的合成。Goldstein 和 Brown 研究发现，细胞表面特异性低密度脂蛋白（LDL）受体，在清除 LDL 的过程中起主要作用。细胞表面 LDL 受体合成率与细胞内胆固醇含量为负相关性。lovastatin 抑制胆固醇合成，降低细胞胆固醇含量，因而刺激细胞表面 LDL 受体合成和数量的增加，从而降低血浆 LDL 水平。LDL 受体调节血浆 LDL 水平作用如图 4 所示。

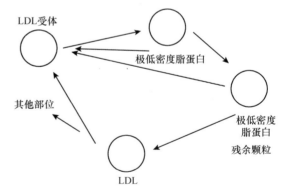

图 3 HMG-CoA 还原酶作用底物的结构　　图 4 LDL 受体调节血浆 LDL 水平示意图

LDL 的前体是肝脏合成的极低密度脂蛋白（VLDL），VLDL 被脂蛋白酯酶水解变成 VLDL 残体，后者进一步水解变成 LDL。以上三种脂蛋白均可被肝细胞表面 LDL 受体清除。一般情况下，VLDL 和 VLDL 残体约 50% 被 LDL 受体清除，减少 LDL 的形成。循环中的 LDL 60%～80% 通过 LDL 受体途径清除。所以 LDL 受体通过影响循环中的 LDL 形成率和清除率来控制 LDL 的水平[12]。

除了 β- 羟基 -δ 内酯（或酸形式）决定 lovastatin 抑制 HMG-CoA 还原酶活性外，其他一

些基团对于其抑制 HMG-CoA 还原酶活性也有重要影响。HMG-CoA 与 compactin 相比，由于缺少 6 氢萘环这个基团而使其活力比 compactin 低 106 倍。但 C3 甲基取代物 lovastatin 又比 compactin 的活力稍高。两种 compactin 类似物——ML-236A 及 ML-236C 由于缺乏侧链的 α- 甲基丁酯结构，因而其抑制活性比 compactin 低许多[4]。

2.2 临床效果

临床研究表明，HMG-CoA-RI 具有显著的降血脂效果。一般可使血浆总胆固醇（TC）下降 30%～40%，LDL 下降 35%～45%，甘油三酯（TG）中等程度下降，还有升高高密度脂蛋白（HDL）的作用。lovastatin 临床研究更为深入，如对家族型和非家族型高脂血症患者进行多中心双盲研究，结果表明给予 40 mg（qpm）和 40 mg（bid），6 周治疗，家族型和非家族型高脂血症患者 TC 分别下降 24%、19% 和 34%、30%，TG 下降 22%、20% 和 12%、27%，LDL 也下降明显，HDL 分别升高 10%、4% 和 8%、13%。而 HMG-CoA-RI 是一类毒性非常低的药物，其不良反应从理论上讲有两个方面。第一，MVA 的最终产物主要是胆固醇、多萜醇、CoQ，众所周知，胆固醇是细胞膜和某些激素的前体物，多萜醇是糖蛋白的组成部分，CoQ 是线粒体电子传递的传递体。它们都有着重要的生理作用。根据 Grundy 报道，在正常治疗量的情况下，HMG-CoA-RI 对这些化合物的生成和作用都不产生有意义的影响。第二，药物本身的直接作用。经过数年的临床观察发现，这类药物引起的较为值得注意的不良反应有如下几点：用药一年以上的患者中，约有 1.9% 的患者氨基转移酶升高，但停药后即恢复正常；治疗中偶见有肌酸磷酸激酶升高的病例；Mevinolin 与烟酸或环孢素合并使用时，偶见发生横纹肌溶解的病例，这清楚提示合并用药的一种不良反应，因此临床上合并用药时要慎重考虑。到目前为止，尚无报道 HMG-CoA-RI 有致癌、致畸和诱变等作用[12]。

2.3 市场情况

lovastatin 是第一个上市的 HMG-CoA-RI，商品名是 Mevacor，由美国默克公司开发，1987 年上市，这是一个很畅销的药物，1989 年销售额为 5.6 亿美元，1990 年销售额为 7.5 亿美元，1992 年销售额为 15 亿美元。Simvastatin 是第二个上市的 HMG-CoA-RI，商品名为 Zocord，由默克公司开发，1988 年上市，它是化学合成的 lovastatin 类似物。普伐他汀是第三个上市的 HMG-CoA-RI，商品名为 Mevalotin，由日本三共株式会社创制，1989 年上市，由 compactin 经微生物转化（羟基化）获得，以游离酸形式投药。1990 年在日本的销售额为 100 亿日元[12]。

3 lovastatin 测定方法的研究进展

由于 lovastatin 的强效降血脂作用，所以其在原料产品中含量测定就显得十分重要。对于红曲中 lovastatin 的测定方法到目前为止有高效液相色谱法、紫外分光光度法、薄层层析法等几种。

3.1 lovastatin 的理化性质

性状：白色针状晶体。

熔点：157～159℃。

比旋光度：$[\alpha]_D^{25}=+307.6$（甲醇溶液）。

分子式：$C_{24}H_{36}O_5$（MW=404）。

元素分析结果：C 71.31%，H 8.91%，O 19.78%。

紫外光谱最大吸收峰：229 nm、237 nm、246 nm（甲醇中）。
IR 光谱（KBr）吸收带：3550 cm^{-1}、2970 cm^{-1}、1696 cm^{-1}、1220 cm^{-1}。

质谱分析（M/e）峰位：404（M$^+$）　　　302（M-102）
　　　　　　　　　　284（M-102）　　　224（M-180）
　　　　　　　　　　198（M-206）　　　172（M-232）
　　　　　　　　　　159（M-245）　　　157（M-247）

溶解性：易溶于甲醇、乙醇、丙醇、乙酸乙酯、苯、碱性水溶液，不溶于正己烷、中性及酸性水溶液。

3.2 国内外测定方法进展 [13-14]

对 lovastatin 的测定，主要有紫外分光光度法、薄层色谱法和高效液相色谱法，其中高效液相色谱法是最常用的方法。最早提取和测定 lovastatin 的是 Endo 教授。他用乙酸乙酯在 pH=3 的条件下提取 lovastatin。提取液真空干燥，残余物以苯溶解，不溶物滤过。滤液以 5% 的 Na$_2$CO$_3$ 洗涤两次，然后以 0.2 mol/L NaOH 混合后室温下搅拌 2 h。分层后，水层收集调节 pH=3，再用乙酸乙酯萃取 2 次。溶剂层收集、挥发、干燥，得到油状物质。用含水丙酮重结晶得到 monacolin K 的无色晶体。Alberts 对 monacolin K 的测定采用了柱预处理的方法。他先用乙酸乙酯提取，提取液挥干后，用甲苯常压蒸馏，用二氯甲烷溶解再提取后用乙酸乙酯 / 二氯甲烷（30：70）溶解上硅胶柱，再用乙酸乙酯 / 二氯甲烷（40：60）作为洗脱液洗脱。洗脱液经高压液相色谱分离得到 monacolin K 的液体残余物，最后经乙腈重结晶得到 monacolin K 的晶体 [11]。1981 年，Vincent 等使用一种新方法，将 mevinolin 与 4- 硝基苯混合，以 HPLC 检测所产生的衍生物，得到了良好的结果。结果表明用 4- 硝基苯甲酰氯羟基化可以简化 HPLC 检测过程 [15]。1985 年 Yamashita 等通过微生物转化用硅胶柱进行层析，分离得到 8- 羟基 compactin 与 8- 羟基 monacolin K。其活性明显不如 compactin、monacolin K[16]。1986 年，Stubbs RJ 等开始用反相高效液相色谱法测定血浆及胆汁中的 lovastatin。在这种方法中，他们应用了 C$_2$ 键合洗脱柱（C$_2$ bond-Elut extraction column）用乙腈 - 水体系（75：25）洗脱，然后用 HPLC 进行成分测定。结果表明通过 C$_2$ 洗脱柱，血浆中的 mevinolin acid 与 mevinolin 都得到有效的保留 [17]。1995 年，Friedrich 等以甲醇提取发酵液中 lovastatin，同时用甲醇为流动相，用于 HPLC 的测定，其提取过程简单。文献显示 lovastatin 在甲醇中呈现三种形式：① pH=7.7 时呈酸性形式，内酯环开环，出现羧基、羟基；② pH=3.0 时呈内酯形式；③ lovastatin 开环与甲醇成酯形成 lovastatin 甲酯。实验中发现肉汤中酸式 lovastatin 占大多数，而内酯闭环形式只占一小部分。因此，研究者认为测定 lovastatin 的最好方法是测定酸式 lovastatin。这样可以保证大量的 lovastatin 被测到，且分离度好，保留时间短 [18]。1997 年人们开始用色谱 - 质谱联用技术分析 lovastatin。Calaf 等用高效液相色谱 - 质谱法测定了人血浆中酸式 lovastatin[19]。Yunhui Wu 等用同样的方法测定了 lovastatin 及其羧酸形式 [20]。

在国内，1995 年，血脂康胶囊为北大维信生物科技有限公司采用高科技生物技术生产的由红曲提取物制成的降血脂、预防动脉硬化的中药制剂。其测定方法曾采用紫外分光光度法，由于供试液制备只经过一般提取，测定时红曲色素成分干扰，影响测定结果的准确性。1996 年，河北省药品检验所（石家庄）和空军总医院（北京）的张哲峰等用 HPLC 法分离测定 lovastatin 及其杂质，他们使用硼砂缓冲液（pH 4.0）- 甲醇（15：85 及 20：80）为流动相，ODS 柱，检测波长为 230 nm，以苯丙酸诺龙作内标。lovastatin 进样量在 0.3～1.8 μg 间线性关系良好（r=0.9998），重复进样 RSD=0.38%（n=5）。正常产品中可分离出四个杂质峰，加热或强光照射其溶液，可使其中两个杂质峰显著增大[21]。1997年，北京市药品检验所的张小茜、周福荣和北大维信生物科技有限公司的石济民采用了中性氧化铝预处理柱，除去供试液中红色素，再以高效液相色谱法测定，较好地解决了原料红曲及其制剂中lovastatin含量测定问题。其选用的测定波长为237 nm，以甲醇-水（75∶25）为流动相，达到基线分离[22]。同年，沈阳军区总医院药剂科的宋洪涛等采用薄层扫描对血脂平胶囊中的主要有效成分lovastatin进行了含量测定。薄层层析及扫描条件：0.5% CMC-Na 硅胶HF254薄层板（200 mm×200 mm×0.5 mm）。展开溶剂系统为正己烷-乙酸乙酯-乙醚-甲酸（10∶8∶2∶0.1），展开3次，展距为15 cm。254 nm紫外灯下可见荧光淬灭斑。将血脂平粉末溶于甲醇后超声处理30 min，过滤，回收甲醇，作为供试品[23]。1998年，张倩等采用高效液相色谱法测定了血脂平胶囊中lovastatin的含量。色谱柱温为22℃；流动相为甲醇∶0.1%磷酸溶液∶乙腈（60∶30∶10）；流速为1.2 ml/min；紫外检测波长为237 nm。样品测定时将血脂平粉末于60℃烘干24 h。用甲醇超声提取30 min，过滤，回收甲醇，用流动相溶解，并定容即得供试品溶液，后进柱测定[24]。1999年，许振华等采用乙腈-0.1%磷酸液（65∶35）为流动相；UV波长238 nm；柱温为室温；流速为1.5 ml/min的实验条件测定lovastatin。实验测定了lovastatin溶解后放置不同时间对结果的影响。发现样品溶解后放置时间的不同，对酸式lovastatin的影响较大，即时进样酸式lovastatin占总峰面积的0.018%，放置到30 min进样，酸式lovastatin占总峰面积的0.330%[25]。张建国和刘文华采用了UV法测定lovastatin胶囊的含量，根据lovastatin的乙醇溶液在238 nm波长处有最大吸收的特点，测定了供试品在室温下24 h内稳定，并与HPLC法测定结果进行了比较，经统计学检验，两法无显著差异[26]。

4　展望

红曲霉菌发酵产物中monacolin类化合物有显著的调节血脂作用，且其针对病因，疗效显著，毒副作用少，耐受性好，这类药物的发现，是长期以来寻找降血脂药物研究的一个突破性进展，但红曲中monacolin的含量非常低，仅有千万分之几，如何利用现有对聚酮体代谢途径的研究成果及有关发酵调控技术来提高活性成分的含量，或能通过物理、化学诱变或基因重组技术获得高产菌株，以及能否利用限制性内切酶切片段长度多态性及随机扩增的多态性分析技术等，找出产生monacolin及其类似物的特定DNA片段，通过转基因技术或反义技术，而使活性成分含量提高等都可能有着重要的现实意义。随着3 μHPLC高效分离柱的逐渐普及，利用高效液相色谱分离测定红曲霉菌发酵产物中monacolin类化合物的方法将得到更广泛的发展，预期这些工作的深入展开将会使红曲的研究和生产进入一个崭新的阶段。

【参考文献】

[1] 国家中医药管理局《中华本草》编委会. 中华本草. 第一卷. 1999：488-489.
[2] 刘波. 中国药用真菌. 太原：山西人民出版社，1978：4.
[3] 凌关庭. 食品添加剂手册. 北京：化学工业出版社，1989：244.
[4] 张俊杰，赵树欣，赵华，等. 红曲霉及其生理活性物质. 食品研究与开发，1998，19（2）：14-18.
[5] 中国科学院微生物研究所. 常见与常用真菌. 北京：科学出版社，1978：22.
[6] 郭东川，吴诚华，李钟庆. 红曲色素的两种新结构. 真菌学报，1993，12（1）：65-70.
[7] 傅亮. 红曲色素在红曲霉发酵代谢中生理功能的探讨. 食品科学，1998，19（10）：10.
[8] 天津轻工业学院食品工业教学研究室. 食品添加剂. 第2版. 北京：轻工业出版社，1987，103.
[9] 宋洪涛，宓鹤鸣，郭涛. 中药红曲的研究进展. 药学实践杂志，1999，17（3）：172-174.
[10] 黄谚谚，毛宁，陈松生. 红曲霉发酵产物抗疲劳作用的研究. 食品科学，1998，19（9）：9-11.
[11] Alberts A W, Chen J, Kuron G, et al. Mevinolin: a highly potent competitive inhibitor of hydroxymethylgutary-coenzyme A

reductase and a cholesterol agent. Proc, Natl. Acad. Sci. USA, 1980, 77: 3957-3961.

[12] 苏学惠. 新型降血脂药物——羟甲基戊二酰辅酶 A 还原酶抑制剂. 国外医药抗生素分册, 1994, 15 (4): 305-308.

[13] 沈同, 王镜岩. 生物化学. 2 版. 北京: 高等教育出版社, 1991: 194-197.

[14] Rarnan K, Vladimir K. Determination of lovastatin (mevinolin) and mevinolinic acid in fermentation liquids. J Chromatogr A, 1993, 630: 415-417.

[15] Vincent P, Gullo, Robert T, et al. High-performance liquid Chromatographic analysis of derivatized hypocholesteremic agents from fermentation broths. J Chromatogr A, 1981, 212: 234-238.

[16] Haruyuki Yamashita, Saeko Tsubokawa, Akira Endo. Microbial hydroxylation of comapactin (ML-236B) and Monacolin K. J Antibiot, 1985, 38 (5): 605-609.

[17] Stubbs R J, Schwartz M, Bayne W F. Determination of mevinolin and mevinolinic acid in plasma and bile by reversed-phase high-performance liquid chromatography. J Chromatogr B, 1986, 383: 438-443.

[18] Jozica F, Mateja Z, Mojca B, et al. High-performance liquid choregraphic analysis of mevinolin as mevinolinic acid in fermentation broths. J Chromatogr A, 1995, 704: 363-367.

[19] Calaf R E, Carrascal M, Gelpi E, et al. Quantitative analysis of mevinolinic acid in human plasma by high - performance liquid chromatography coupled with negative - ionelectrospray tandem mass spectrometry. Rapid Commun Mass S, 1997, 11 (1): 75-80.

[20] Yunhui W, Jamie Z, Jack H, et al. Microsample determination of lovastatin and its hydroxy acid metabolite in mouse and rat plasma by liquid chromatography/lonspray tandem mass spectrometry. Int J Mass Spectrom, 1997, 32: 379-387.

[21] 张哲峰, 鹿颐, 王元度. RP-HPLC 法分离测定洛伐他汀及其杂质. 药物分析杂志, 1996, 16 (6): 28-29.

[22] 张小茜, 周富荣, 石济民. 高效液相色谱法测血脂康胶囊及红曲中洛伐他汀的含量. 中国中药杂志, 1997, 22 (4): 222-224.

[23] 宋洪涛, 郭涛, 宓鹤鸣, 等. 薄层扫描法测定血脂平胶囊中洛伐他汀的含量. 中草药, 1997, 28 (12): 723-725.

[24] 张倩, 郭涛, 宓鹤鸣, 等. 高效液相色谱法测定血脂平胶囊中洛伐他汀的含量. 中国药房, 1998, 9 (2): 84.

[25] 许振华, 吕东玉. HPLC 法对洛伐他汀有关物质的测定方法研究. 中国医药情报, 1999, 5 (4): 256-257.

[26] 张建国, 刘文华. 紫外分光光度法测定洛伐他汀胶囊含量. 中国生化药物杂志, 1999, 20 (3): 152.

原文发表于《中国食品添加剂》, 2001 年第 1 期

紫外分光光度法测定红曲中酸式洛伐他汀的含量

文 镜 罗 琳 常 平 金宗濂

北京联合大学 应用文理学院 保健食品功能检测中心

【摘要】 研究紫外分光光度计测定红曲中酸式洛伐他汀（lovastatin）的方法。将内酯型 lovastatin 全部转化为酸式形式后用硅胶柱层析进行分离，再用双波长紫外分光光度法测定样品中总 lovastatin（以酸式存在）含量，同时用本室报道的实验方法测定内酯型 lovastatin 的含量，二者之差为红曲样品中酸式 lovastatin 的含量。实验探索了样品中 lovastatin 转化和洗脱的最佳条件，对总 lovastatin 测定方法的准确度、精密度及最低检测限进行了研究，并且运用这一方法实测了五种红曲样品中酸式 lovastatin 的含量。结果表明该方法具有良好的实用性，适用于中小企业对 lovastatin 产品的科研开发及质量控制。

【关键词】 红曲；洛伐他汀；紫外分光光度法

UV spectrophotometry for determination of acid lovastatin content in monascus

Wen Jing Luo Lin Chang Ping Jin Zonglian

Function Testing Center for Health Food of Applied Art and Science Institute, Beijing Union University

Abstract: Using UV spectrophotometry to study the determination of acid lovastatin content of *Monascus*. After converting the lactone lovastatin to its acid form, the total acid lovastatin was separated by a silica gel. After the above treatment, double wavelength UV spectrophotometry was used to determine the whole lovastatin (as acid form) content in the sample. The lactone lovastatin content was determined by the method reported by us. The subtraction of the above two content was the acid lovastatin content in *Monascus*. We tried to find out the best condition of conversion and extraction of lovastatin and studied the degree of accuracy, the precision and the minimum detection limit of the method for determing the whole lovastatin. The result showed that the present method was well practicable. It could be applied to research, development and product quality control in small corporations.

Key words: Monascus; lovastatin; UV spectrophotometry

红曲样品中的洛伐他汀（lovastatin）以酸式和内酯型两种形式存在，见图 1。lovastatin 化学结构包括一个萘环系统，一个 β- 羟基 -δ- 内酯和甲基丁酸，其具有生理活性的形式为内酯环水解形成的 β- 羟酸。酸式与内酯型的 lovastatin 在一定条件下可以互相转化。药物中内酯型 lovastatin 在人体内可转化为具有生理活性的酸式形式。

2000 年，本实验室报道了用双波长紫外分光光度法测定红曲中内酯型 lovastatin 含量的实验，采用中性氧化铝柱层析对样品进行前处理，使内酯型 lovastatin 与色素等杂质很好地分离。但由于中性氧化铝对酸式 lovastatin 的强烈吸附作用，在实验条件下，酸式 lovastatin 不能被洗脱，因此只能测定红曲样品中内酯型 lovastatin 的含量。目前对于红曲样品中酸式

lovastatin 的检测方法未见报道。本实验对紫外分光光度计测定红曲样品中酸式 lovastatin 的方法进行了研究。

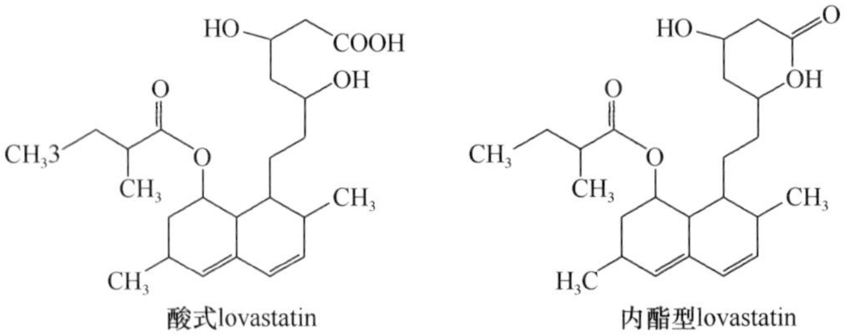

图 1 酸式及内酯型 lovastatin 的化学结构式

1 材料

1.1 仪器

UV-VIS8500 型双光束紫外可见分光光度计,上海天美科学仪器有限公司;高效液相色谱仪,EBCKMAN 公司,101B Solvent Delivery Module,Analog Interface Module 406;KQ-100 型超声波清洗器,昆山市超声仪器有限公司;pH 计,Model5986-62,Chemcadet。

1.2 试剂

lovastatin,中国医学科学院医药生物技术研究所;层析用硅胶,60～100 目,青岛海洋化工厂分厂;层析用中性氧化铝,100～200 目,上海五四化学试剂厂;无水乙醇,分析纯,北京化工厂;氢氧化钠,分析纯,北京化工厂;乙腈,色谱纯,天津市四友生物医学技术有限公司;盐酸,分析纯,北京化工厂;磷酸二氢钾,分析纯,北京新光化学试剂厂;磷酸氢二钾,分析纯,北京红星化工厂。

1.3 样品

×红曲粉,×市天然色素实业有限公司;功能性红曲米,×市天然色素实业有限公司;红曲米食品添加剂,×生物技术有限公司;×红曲色素,×酒厂;红曲粉,×县红曲厂。以上样品由中国发酵工业协会特种功能发酵制品专业委员会提供

2 紫外分光光度法测定酸式 lovastatin 的原理

lovastatin 易溶于碱的水溶液,且内酯型 lovastatin 在 NaOH 溶液中可转化为酸式形式[1],因此采用 0.2 mol/L 的 NaOH 溶液作为从红曲样品中提取并转化 lovastatin 的溶剂。采用超声提取的方法以提高 lovastatin 的提取效率。红曲中的色素等可溶性杂质会干扰比色测定,需要用硅胶吸附柱层析分离除去色素和杂质。由于酸式 lovastatin 对 203 nm、238 nm、246 nm 波长的紫外光有特征吸收,因此可用紫外分光光度法对样品中总 lovastatin 的含量进行测定。再用本实验室报道的实验方法测出内酯型 lovastatin 的含量[2],二者之差即为红曲样品中酸式 lovastatin 的含量。

3 方法与结果

3.1 红曲中总 lovastatin 的测定

3.1.1 最佳转化条件的确定

影响内酯型 lovastatin 向酸式转化的因素主要有三个：温度、时间、碱的浓度。用 4 μg/ml lovastatin 标准品进行正交实验，高效液相色谱仪检测，色谱柱为 Phase Sep HPLC CARTRIDGE COLLUM。流动相：磷酸缓冲液（KH_2PO_4，K_2HPO_4）- 乙腈（65∶35，V/V）。流速：1ml/min。紫外检测波长：238 nm。以酸式 lovastatin 的峰面积为指标，因素及水平设置见表1，结果见表2。

表 1　确定最佳转化条件正交实验的因素及水平设置

	因素	温度（℃）A	时间（min）B	NaOH 的浓度（mol/L）C
水平	1	22	20	0.05
	2	50	40	0.10
	3	80	60	0.15
	4	100	80	0.20

表 2　确定最佳转化条件正交实验的结果

实验号	A	B	C	酸式 lovastatin 峰面积（mm^2）
1	1	1	1	12.50
2	1	2	2	11.39
3	1	3	3	25.58
4	1	4	4	15.46
5	2	1	2	22.56
6	2	2	1	20.38
7	2	3	4	49.85
8	2	4	3	40.15
9	3	1	3	28.05
10	3	2	4	36.59
11	3	3	1	22.56
12	3	4	2	29.20
13	4	1	4	33.11
14	4	2	3	33.05
15	4	3	2	23.95
16	4	4	1	20.32
R1	26.23	24.05	18.94	
R2	33.24	25.35	21.77	影响程度 A＞C＞B
R3	29.10	30.49	31.71	较好水平：A2B3C4
R4	27.60	26.28	33.75	
R	17.01	6.44	14.81	

由表2可以看出，在影响转化的三个因素中，最重要的是温度，其次为 NaOH 的浓度和时间；较好水平是 A2B3C4，即温度50℃，时间60 min，NaOH 的浓度0.2 mol/L。为验证 NaOH 溶液浓度的增大对转化效果的影响，在选用最佳温度和时间的条件下，分别用浓度为

0.25 mol/L、0.30 mol/L、0.35 mol/L、0.40 mol/L 的 NaOH 溶液对标准 lovastatin 进行转化，以酸式 lovastatin 的峰面积为指标，结果见表 3。

表 3 不同浓度 NaOH 溶液对转化影响的实验结果

NaOH 溶液浓度（mol/L）	0.25	0.30	0.35	0.40
酸式 lovastatin 峰面积（mm^2）	33.51	14.62	9.44	4.66

由表 3 可以看出，NaOH 溶液浓度的增大不利于内酯型 lovastatin 向酸式形式的转化，所以最佳的 NaOH 溶液浓度应为 0.2 mol/L，因此，确定最佳转化条件为温度 50℃，时间 60 min，NaOH 的浓度为 0.2 mol/L。

3.1.2 吸附层析柱的制备及样品的分离

将 60～100 目层析硅胶在 110℃活化 30 min，冷却至室温，取 3.2 g 用 pH 为 12.35 的 NaOH 溶液浸泡悬浮后装入内径为 0.9 cm 的柱子中，用 pH 为 12.35 的 NaOH 溶液 10 ml 淋洗柱子。将样品在浓度为 0.2 mol/L 的 NaOH 中 50℃超声提取转化 1 h，冷却至室温，用 1 mol/L 盐酸溶液调至 pH 为 12.85 后离心，将上清液上柱。先用 6 ml pH 为 12.35 的 NaOH 溶液洗脱后，再用 pH 为 12.85 的 NaOH 溶液洗脱。从开始加样收集洗脱液，弃去开始的 6 ml，收集 7～19 ml 共 13 ml 进行定量测定。

3.1.3 紫外检测酸式 lovastatin 标准曲线的制备

精密称取 1.0 mg lovastatin 标准品溶于 25 ml 0.2 mol/L 的 NaOH 溶液中，配成 40 μg/ml 的溶液，50℃转化 60 min，用 HPLC 检测确证全部转化为酸式。分别量取 0.13 ml、0.50 ml、1.00 ml、1.50 ml、2.00 ml、2.50 ml 定容到 10 ml，使其浓度分别为 0.5 μg/ml、2.0 μg/ml、4.0 μg/ml、6.0 μg/ml、8.0 μg/ml、10.0 μg/ml。用双波长法（246 nm、254 nm）测定其含量[2]，并将结果绘制标准曲线如图 2 所示，其线性方程为 $y=0.0402x+0.0007$，r^2 为 0.9997，表明酸式 lovastatin 在 0.5～10.0 μg/ml 的浓度范围内线性关系良好。酸式标准 lovastatin 的紫外吸收光谱见图 3。

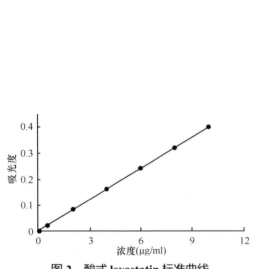

图 2 酸式 lovastatin 标准曲线

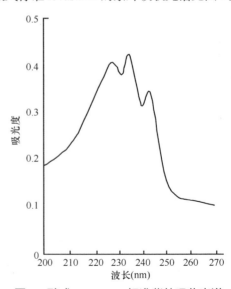

图 3 酸式 lovastatin 标准紫外吸收光谱

3.1.4 总 lovastatin 测定的回收率及精密度

称取两份 100 mg × 红曲样品分别用 10 ml 0.2 mol/L NaOH 溶液溶解,精密称取 2.0 mg 标准 lovastatin 用 20 ml 0.2 mol/L NaOH 溶液溶解,将标准品和两份样品 50℃超声提取转化 1 h,冷却至室温,精密量取 5 ml 标准品加到一份样品中作为加标样品,另一份样品中加入 5 ml 0.2 mol/L NaOH 溶液作为未加标样品,用 1 mol/L 盐酸溶液调至 pH 为 12.85 后离心,两份样品平行操作,分别取 1 ml 上柱,先用 6 ml pH 为 12.35 的 NaOH 溶液洗脱后,再用 pH 为 12.85 的 NaOH 溶液洗脱,从开始加样收集洗脱液,弃去开始的 6 ml,收集 7～19 ml 共 13 ml 后,以酸式 lovastatin 为参比测定样品中 lovastatin 的含量,重复 8 次,结果见表 4。× 红曲样品中酸式 lovastatin 紫外吸收光谱如图 4 所示。

表 4　方法回收率和精密度测定结果（$n=8$）

加入量（mg）	输出量（mg）	回收率（%）	$\bar{X}\pm SD$	变异系数
0.50	0.47	94		
0.50	0.49	98		
0.50	0.48	96		
0.50	0.48	98	97±2.8	2.9%
0.50	0.47	94		
0.50	0.50	100		
0.50	0.51	102		
0.50	0.48	96		

3.1.5 紫外分光光度法测定红曲中总 lovastatin 含量的最低检出限

首先测定 UV-VIS8500 型双光束紫外可见分光光度计的仪器噪声。在两个相同的石英比色杯中放入 0.2 mol/L 的 NaOH 溶液,测定其在 246 nm、254 nm 的吸光值 12 次,算出 246 nm 与 254 nm 处的吸光值之差,并求出 12 次的平均值 0.0010 作为仪器的噪声值,理论上利用双波长法测定样品中 lovastatin 含量得到的吸光值之差至少要大于噪声值的两倍即 0.0002,视为被检出。

精密称取 lovastatin 标准品 1 mg 定容到 25 ml 超声提取转化后加入到经提取不含 lovastatin 的红曲色素中（色素浓度为 10 mg/ml）,并制备成一系列不同浓度的溶液,再经离心、过柱、洗脱、收集、测定。本实验条件下浓度为 0.64 μg/ml 酸式 lovastatin 的紫外吸收光谱如图 5 所示。此时 A_{246}/A_{254} 的值为 0.0258,实验发现若样品中 lovastatin 低于此浓度,仪器将不能良好分辨 lovastatin 的特征吸收峰,见图 6。尽管此时 △吸光度大于 2 倍噪声,但由于仪器已不能检测到 lovastatin 的特征峰,因而认为不能检测到样品中的 lovastatin。因此,在本实验条件下

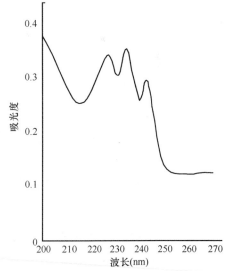

图 4　× 红曲样品中酸式 lovastatin 紫外吸收光谱

lovastatin 的检测下限应确定为 0.64 µg/ml。

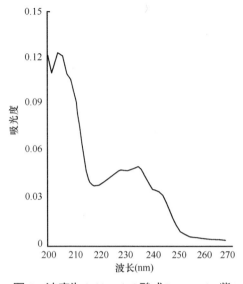

图 5　浓度为 0.64 µg/ml 酸式 lovastatin 紫外吸收光谱

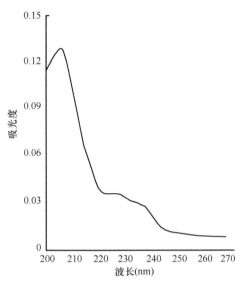

图 6　浓度为 0.32 µg/ml 酸式 lovastatin 紫外吸收光谱

3.2　红曲中内酯型 lovastatin 的测定

3.2.1　样品中内酯型 lovastatin 的提取及分离

采用本实验室报道的方法[2]，用 75% 乙醇超声 20 min 提取样品中的 lovastatin。样品经提取后用中性氧化铝装柱，以 75% 乙醇作为流动相层析分离内酯型 lovastatin。将浓度为 0.05 mg/ml 的酸式 lovastatin 在相同条件下通过中性氧化铝层析柱，洗脱液经紫外分光光度计测定不能检测到 lovastatin 的存在，重复实验 6 次结果相同。表明在此实验条件下酸式 lovastatin 被吸附在层析柱上，不会对洗脱液中的内酯型 lovastatin 构成干扰。

3.2.2　样品中内酯型 lovastatin 的测定

经中性氧化铝柱层析分离后的样品用双波长紫外分光光度法在 246 nm、254 nm 测定吸光值，并计算红曲样品中内酯型 lovastatin 的含量。双波长紫外分光光度法测定内酯型 lovastatin 的回收率，精密度本实验室已有报道[2]，不再重复。

3.3　红曲中酸式 lovastatin 含量的计算

酸式 lovastatin 含量为总 lovastatin 含量与内酯型 lovastatin 含量之差。

3.4　五种红曲样品中总 lovastatin 含量的测定结果

用上述实验方法分别测定五种红曲样品中总 lovastatin 的含量，同时采用加标法（在 10 ml 样品提取液中加入标准 lovastatin 5～6 ml）测定回收率。其中 × 红曲粉重复 8 次测定，其他红曲样品重复 4 次测定，结果见表 5。

表5 红曲样品中总 lovastatin 含量及加标回收率的测定结果

红曲样品	总 lovastatin 含量（mg/g）	回收率（%）	变异系数
×红曲粉	9.27±0.44	98.59±1.70	1.7%
功能性红曲米	1.57±0.14	96.13±1.49	1.5%
红曲米食品添加剂	1.91±0.08	95.90±2.04	2.1%
×红曲色素	未检出	96.17±1.51	1.6%
×红曲粉（×县红曲厂）	2.29±0.14	95.85±2.40	2.5%

各样品加标回收率在59%以上，变异系数为1.5%～2.5%。表明五种样品中总 lovastatin 的检测结果可靠。

3.5 五种红曲样品中内酯型 lovastatin 含量的测定结果

用本实验室报道的实验方法[2]，分别测定义乌红曲等五种红曲粉中内酯型 lovastatin 含量。其中×红曲样品重复8次测定，其他红曲样品重复4次测定，结果见表6。

表6 红曲样品中内酯型 lovastatin 含量测定结果

红曲样品	总 lovastatin 含量（mg/g）
×红曲粉	6.78±0.06
功能性红曲米	0.79±0.04
红曲米食品添加剂	1.09±0.03
×红曲色素	未检出
×红曲粉（×县红曲厂）	1.98±0.04

3.6 五种红曲样品中酸式 lovastatin 含量的计算结果（表7）

表7 红曲样品中酸式 lovastatin 含量的计算结果

红曲样品	酸式 lovastatin 含量（mg/g）
×红曲粉	2.49
功能性红曲米	0.78
红曲米食品添加剂	0.82
×红曲色素	未检出
×红曲粉（×县红曲厂）	0.31

4 讨论

有文献报道，lovastatin 易溶于极性大的有机溶剂（甲醇、乙醇、乙酸乙酯、氯仿）和碱水[3]，又有实验报道在有机溶剂中75%的乙醇对 lovastatin 的提取效果最好[2]。因此，本实验分别将 NaOH 的75%乙醇溶液和 NaOH 水溶液作为提取、转化、洗脱溶剂对酸式 lovastatin 与色素的分离效果进行比较，结果发现采用乙醇的碱溶液作为溶剂尽管提取、转化都能够顺利进行，但在层析分离时乙醇的存在会影响分离效果，而用 NaOH 水溶液作为提取、转化和洗脱的溶剂则可以使 lovastatin 与色素较好的分离。

在内酯型 lovastatin 向酸式形式转化条件的选择上，采用正交实验（三因素为温度、时间、NaOH 溶液浓度）确定了最佳转化条件，即温度为 50℃，时间为 60 min，NaOH 的浓度为 0.2 mol/L。在此项实验中，为了准确观察转化效果，采用高效液相色谱仪对转化后的标准品进行了检测。

对于洗脱液的选择，在已确定选用 NaOH 水溶液的基础上，对三种 pH（pH 为 12.35、pH 为 12.45、pH 为 12.85）的 NaOH 溶液作为洗脱液对酸式 lovastatin 与色素的分离效果进行比较。实验表明，pH 偏高时有一部分酸式 lovastatin 未与色素分离，pH 偏低又不能将酸式 lovastatin 完全洗脱下来。因此，经不断摸索后确定首先用 6 ml pH 为 12.35 的 NaOH 溶液洗脱，再用 pH 为 12.85 的 NaOH 溶液进行洗脱，这样可以保证酸式 lovastatin 完全被洗脱且与色素达到良好的分离。

本实验方法的优点是分别较为准确地测定了红曲样品中总 lovastatin 和内酯型 lovastatin 的含量，因此通过实验，样品中 lovastatin 的存在形式和各自的含量可以清楚地反映出来。缺点则是实验操作较为烦琐，能否在同一层析柱上分别将两种形式的 lovastatin 依次洗脱下来以简化操作的实验方法还有待于进一步研究。

【参考文献】

[1] Jozica F, Mateja Z, Mojca B, et al. High-performance liquid chromatographic analysis of mevinolin as mevinolinic acid in fermentation broths. J Chormatography, 1995, 704: 363-367.
[2] 文镜，顾晓玲，金宗濂，等. 双波长紫外分光光度法测定红曲中洛伐他汀的含量. 中国食品添加剂, 2000, (4): 11-17.
[3] 宓鹤鸣，宋洪涛，陈磊，等. 红曲中降血脂活性成分的研究. 中草药, 1999, 30 (3): 172-173.

原文发表于《中国食品添加剂》，2002 年第 1 期

利用失血性贫血动物模型评价含 EPO 因子功能食品的方法

文 镜 赵 建 朱 晔 沈 琳 金宗濂

北京联合大学 应用文理学院 保健食品功能检测中心

【摘要】 目的：建立一种评价含 EPO 因子功能食品的实验方法。方法：饲喂低铁饲料和内眦静脉丛放血建立大鼠失血性贫血模型，以红细胞数和血红蛋白含量为检测指标，观察口服转红细胞生成素（erythropoietin，简称 EPO）基因蚕蛹表达产物对失血性贫血模型大鼠的影响。结果：利用失血性贫血模型，通过检测血液红细胞数量和血红蛋白含量，能够准确反映出来转 EPO 基因蚕蛹表达产物促进红细胞生成和加速血红蛋白合成的作用。结论：用这一方法对含 EPO 因子的食品进行功能评价是可行的。

【关键词】 红细胞生成素；功能食品评价方法；红细胞数；血红蛋白

外伤和许多疾病都会造成失血。改善失血性贫血最好的方法除输血外就是靠机体自身骨髓造血干细胞尽快增殖和分化，以便形成新生红细胞。1950 年 Reissmann 等研究证实骨髓红细胞的产生受到一种体液激素即红细胞生成素（erythropoietin，简称 EPO）的调节。1975 年 EPO 的分离纯化获得成功。1983 年 Lin 等从人染色体中分离到 EPO 基因并在 CHO 细胞中获得高效表达。EPO 是由肾皮质内的毛细血管内皮细胞合成分泌的一种多肽类激素，它作用于骨髓红系祖细胞上的受体，促进骨髓造血干细胞分化为原红细胞，加速幼红细胞分裂并促进血红蛋白（Hb）的合成[1]。1989 年美国食品药品监督管理局（FDA）批准第一个 EPO 产品投放市场。目前 EPO 在一些发达国家已广泛应用于外科手术等失血性贫血和慢性肾衰竭引起的贫血、溶血性贫血等多种贫血的治疗并出现了含 EPO 因子的功能食品[2-3]。对于这一类功能食品，用一般评价营养性贫血的动物模型进行实验是不适宜的。本实验根据 EPO 的作用机理，建立以大鼠失血性贫血模型评价含 EPO 因子功能食品的实验方法，利用这一方法观察口服转 EPO 基因蚕蛹表达产物对红细胞数量和血红蛋白含量的影响，从而对该方法的可行性进行验证。

1 实验材料

1.1 实验动物

实验动物选用中国医学科学院实验动物研究所繁育场提供的健康二级雄性断乳 Wistar 大鼠 60 只（合格证书：医动字第 01-3009 号）。

1.2 低铁饲料[4]

低铁饲料配方（g%）：淀粉 54、奶粉 40、豆油 5、食盐 1（含铁量 16 ppm*）。

1.3 转 EPO 基因蚕蛹提取物

制备过程：转基因动物蚕 → 桑叶喂养 → 生成蚕蛹 → 蚕蛹干燥磨碎 → 提取 → 过滤 → 低温冷冻干燥。

1.4 仪器

紫外光栅分光光度计，恒温水浴箱，80-2B 台式离心机。

注：*. 1ppm=10^{-6}。

2 实验方法

2.1 失血性贫血大鼠模型制备

将60只刚断乳的大鼠随机分为空白对照组、贫血模型组和低、中、高三个剂量组,每组12只,分笼饲养,除空白对照组外,其余各组喂饲低铁饲料。从实验第四周开始,除空白对照组外其他组动物每只每隔3 d,内眦静脉丛放血10滴,3周后测定红细胞数和血红蛋白含量。

2.2 口服转EPO基因蚕蛹提取物对失血性贫血大鼠的影响

失血性贫血模型建立之后,低、中、高剂量组采取灌胃法灌服转EPO基因蚕蛹提取物,每日灌胃1次,每次1 ml/100(g·bw)。每日转EPO基因蚕蛹提取物的实际摄入量分别为0.5 g/(kg·bw)、1.0 g/(kg·bw)和3.0 g/(kg·bw)。空白对照组和贫血模型组灌胃等体积水。分别于灌胃受试物第15 d和第30 d取血测定红细胞数量和血红蛋白含量。整个实验期间除正常对照组外各组继续饲喂低铁饲料。

2.3 红细胞计数

临床检验常规测定法[5]。

2.4 血红蛋白含量的测定

氰化高铁法[6]。

2.5 数据处理

采用方差分析及t检验进行统计。

3 结果与讨论

3.1 失血性贫血动物模型的制备

由表1可见,与空白对照组比,贫血模型组和低、中、高剂量组红细胞数分别降低了38%($P<0.001$)、39%($P<0.001$)、39%($P<0.001$)、38%($P<0.001$)。贫血模型组和低、中、高剂量组血红蛋白含量分别降低了37%($P<0.001$)、42%($P<0.001$)、43%($P<0.001$)、41%($P<0.001$)。与空白对照组比,贫血模型组和低、中、高剂量组红细胞数和血红蛋白含量均有极显著降低,表明失血性贫血动物模型制备成功。

表1 失血性贫血动物模型各组红细胞数及血红蛋白含量($\bar{X}\pm SD$)

分组	动物数(只)	红细胞数(10^3个/mm^3)	血红蛋白含量(g/100 ml)
空白对照组	12	6.01±0.51	15.5±1.3
贫血模型组	12	3.72±0.60***	9.7±1.6***
低剂量组	12	3.68±0.53***	9.0±1.8***
中剂量组	12	3.66±0.50***	8.8±1.9***
高剂量组	12	3.70±0.56***	9.2±0.9***

***$P<0.001$与空白对照组比较有极显著差异。

3.2 口服转 EPO 基因蚕蛹提取物 15 d 红细胞数及血红蛋白含量的变化

从表 2 可以看到，与贫血模型组比较，低、中剂量组红细胞数和血红蛋白含量均无显著变化（$P > 0.05$），高剂量组红细胞数增加了 38%（$P < 0.05$），高剂量组血红蛋白含量增加了 22%（$P < 0.05$）。这一结果说明在实验条件下，口服高剂量蚕蛹提取物 15 d 开始对机体产生作用，但效果还不够显著。

表 2　口服 EPO 基因蚕蛹提取物 15 d 红细胞数及血红蛋白含量的变化（$\bar{X} \pm SD$）

分组	受试物剂量 [g/(kg·bw)]	动物数（只）	红细胞数（10^3 个 /mm^3）	血红蛋白含量（g/100 ml）
空白对照组	0	12	5.97±0.51	15.0±1.3
贫血模型组	0	12	4.22±0.63	10.1±1.0
低剂量组	0.5	12	5.15±0.76	10.3±1.5
中剂量组	1.0	12	5.34±0.87	10.4±1.3
高剂量组	3.0	12	5.81±0.71*	12.3±1.4*

*$P < 0.05$ 与贫血模型组比较有显著差异。

3.3 口服转 EPO 基因蚕蛹提取物 30 d 红细胞数及血红蛋白含量的变化

从表 3 可以看出，服用 EPO 提取物 30 d 后，低、中、高剂量组红细胞数和血红蛋白含量都明显高于贫血模型组。中剂量组和高剂量组红细胞数量已经达到普通对照组水平，显示出受试物具有良好的促进红细胞增生的效果。当中、高剂量组红细胞数量已达到普通对照组水平时，血红蛋白含量还没有达到普通对照组水平，这是因为实验期间动物一直摄食低铁饲料，体内没有足够的铁参与血红蛋白合成的缘故。由此可见，在本实验条件下，连续饲喂含 EPO 因子功能食品 30 d，功能因子的作用就能够明显反映出来。

表 3　口服 EPO 基因蚕蛹提取物 30 d 红细胞数及血红蛋白含量的变化（$\bar{X} \pm SD$）

分组	受试物剂量 [g/(kg·bw)]	动物数（只）	红细胞数（10^3 个 /mm^3）	血红蛋白含量（g/100 ml）
空白对照组	0	12	6.10±0.65	15.4±1.0
贫血模型组	0	12	4.35±0.76	10.3±1.4
低剂量组	0.5	12	5.85±0.69**	12.8±1.2*
中剂量组	1.0	12	6.05±0.78***	13.0±1.0**
高剂量组	3.0	12	6.13±0.92***	13.6±1.5***

*$P < 0.05$ 与贫血模型组比较有显著差异；**$P < 0.01$ 与贫血模型组比较有非常显著差异；***$P < 0.001$ 与贫血模型组比较有极显著差异。

在失血性贫血模型的制备过程中，采用了放血与低铁饲料相结合的方法，这是因为如果实验自始至终采用单纯放血法，一方面放血量不易准确掌握，特别是离检测时间越近放血量的误差越会直接影响检测结果；另一方面，放血次数太多会给动物造成非实验需要的损伤。而放血次数太少，红细胞数量会很快恢复。这些都不利于保健食品功能的观察。因此本实验采用了放血与低铁饲料相结合的方法。先给大鼠饲喂低铁饲料 3 周，使其产生缺铁性营养不良，以便降低放血后自身恢复功能。当放血达到失血水平后，靠饲喂低铁饲料来维持这一水平，从而避免多次放血对测定的干扰。实验以放血造成失血性贫血为主,因此对低铁饲料要求不高(本实验采用的低铁饲料含铁量为 16 ppm)。实际上,如果低铁饲料含铁量太低(如通常采用的 4～8 ppm),在本实验条件下可能在长时间的实验过程中引起动物死亡。在实验条件下可以清楚地观察到口服转 EPO 基因蚕肾表达提取物促进红细胞增生和促进血红蛋白合成的作用,说明采用大鼠失血性贫血动物模型通过测定红细胞数量和血红蛋白含量,评价以 EPO 为功能因子的保健食品的方法是可行的。

【参考文献】

[1] Lacombe C, Da Silva J L, Bruneval P, et al. Peritubular cells are the site of erythropoietin synthesis in the murine hypoxic kidney[J]. J Clin Invest, 1988, 81: 620-623.
[2] Lui S F, Law C B, Ting S M, et al. Once weekly versus twice weekly subcutaneous administration of recombinant human erythropoietin in patients on continuous ambulatory peritoneal dialysis. Clinicl Nephrology, 1991, 36(5): 246-251.
[3] Eschbach J W. The anemia of chronic renal failure: pathophysiology and the effects of recombinant erythropoietin. Kidney International, 1989, 35: 134-148.
[4] 陈奇. 中药药理研究方法学. 北京: 人民卫生出版社, 1993: 1018.
[5] 朱忠勇, 陈之航. 临床医学检验. 上海: 上海科学技术出版社, 1997: 3-4.
[6] 上海市医学化验所. 临床生化检验. 上海: 上海科学技术出版社, 1979: 121-122.

原文发表于《食品科学》,2002 年第 7 期

用蛋白质羰基含量评价抗氧化保健食品的研究

文　镜　李晶洁　郭　豫　张东平　赵江燕　金宗濂

北京联合大学　应用文理学院　保健食品功能检测中心

【摘要】 为建立以蛋白质羰基含量为检测指标评价抗氧化保健食品的方法，用 2,4-二硝基苯肼比色法测定幼龄鼠和老龄鼠不同组织蛋白质羰基含量，用 3 种具有抗氧化功能的保健食品饲喂小鼠，观察其对脑蛋白质羰基含量的影响。发现随着年龄的增加，小鼠各组织中蛋白质羰基增量为脑＞肝＞心＞血清，因此脑组织是实验的灵敏材料。利用本实验方法能够将抗氧化保健食品对蛋白质的保护功能反映出来。检测结果得出的结论与用卫生部《保健食品功能学评价程序和检验方法》所判定的结论相吻合。采用本方法可为评价抗氧化保健食品的功能提供有力的证据。

【关键词】 蛋白质类；比色法；抗氧化药；营养保健品

Use carbonyl content of proteins in evaluating anti-oxidative health food

Wen Jing　Li Jingjie　Guo Yu　Zhang Dongping　Zhao Jiangyan　Jin Zonglian

Function Testing Center for Health Food of Applied Art and Science Institute, Beijing Union University

Abstract: For established a method for evaluating anti-oxidative health food by using quantitative detection of carbonyl content in proteins. 2, 4-dinitrophenyl hydrazine colorimetry was used for detection of the protein carbonyl content in different tissues of both infant and old mice. Three kinds of anti-oxidative health food were used for feeding different groups of mice. The experiments showed, according to the increase of age the protein carbonyl content increased significantly in the order of brain ＞ liver ＞ serum. So, the brain tissue was used as a sensitive material for the experiments. The results of inspection by our method and the results by the method issued by the ministry of health were in good coordination. Using this method introduced by us may provide one more evidence for evaluating anti-oxidative health food.

Key words: proteins; colorimetry; antioxidants; dietary supplements

随着保健食品功能研究的飞速发展，目前检测抗氧化所用的指标已显露出不足。例如，目前抗氧化保健食品所检测的几项指标，主要是针对抗氧化酶的活性和膜脂受损的程度。缺乏通过观察蛋白质及核酸受损程度来评价保健食品抗氧化功能的指标。

1987 年 Oliver 等报道了蛋白质羰基含量与衰老的关系，指出蛋白质羰基含量随年龄的增长而增加[1]，以后的大量研究结果对这一结论给予肯定。目前蛋白质羰基的形成已经成为判定蛋白质氧化损伤的重要标志[2-3]。本文利用经典的 2,4-二硝基苯肼比色法测定蛋白质羰基含量，建立以蛋白质羰基含量为检测指标评价抗氧化保健食品的方法，并对方法的可行性进行了探讨。

1 材料与方法

1.1 材料

仪器：UV-VIS8500型双光束紫外可见分光光度计，上海天美科学仪器有限公司；离心机，美国Beckman公司。

试剂：蛋白酶抑制剂，Boehringer公司；胃蛋白酶抑制剂，Sigma公司；亮抑酶肽，Sigma公司；苯甲基磺酰氟（PMSF），Amresha公司；EDTA，Serva公司；N-2-羟乙基哌嗪-2-乙磺酸（HEPES），Sigma公司；牛血清白蛋白，Boehringer公司；2,4-二硝基苯肼（DNPH），武汉盛世精细化学有限公司；盐酸胍，北京金龙化学试剂有限公司；维生素C，Sigma公司；×牌羊胎活力肽，×公司产品；羊胎素，×公司产品。

实验动物：不同组织蛋白质随龄变化的比较实验采用昆明种10周龄、52周龄雌性小鼠各10只及4周龄、70周龄雄性小鼠各10只。

×牌羊胎活力肽对小鼠脑、肝蛋白质羰基含量的影响实验采用昆明种40周龄雌性小鼠40只，分低、中、高3个剂量组，分别按人体代谢的5倍（0.11 g/kg bw）、10倍（0.22 g/kg bw）、30倍（0.66 g/kg bw）以灌胃方法，给予受试物50 d，每日1次。同时设对照组，灌胃同样体积的蒸馏水。各组间体重经t检验差异无显著性。

羊胎素对小鼠脑蛋白质羰基含量的影响实验所用动物和分组同上所述。其中3个实验组灌胃剂量分别为0.15 g/kg bw、0.30 g/kg bw和0.90 g/kg bw，每日1次。

维生素C对小鼠脑蛋白质羰基含量的影响实验用56周龄雄性小鼠20只，随机分为实验组与对照组，每组10只。实验组每日灌胃1次维生素C水溶液，每只小鼠维生素C摄入量为每日12 mg/kg bw。对照组灌胃同样体积蒸馏水。

本实验所用动物均来自中国医学科学院实验动物所繁育场提供的健康二级昆明种小鼠（动物许可证编号：SCXK11-00-0006）。

1.2 方法

1.2.1 试样前处理

小鼠摘眼球取血1.0 ml，处死，取待测组织心、脑、肝一定数量（150～200 mg）。将心、脑、肝在HEPES中洗去残余血液，分别放入4 ml匀浆缓冲液中，在4 ℃下匀浆破碎后15 000 r/min离心10 min，分别取上清液待测。血液在室温下放置5 min，3000 r/min离心5 min，取血清。

1.2.2 羰基含量测定方法

见参考文献[4]。

1.2.3 小鼠不同组织蛋白质羰基含量随龄变化的检测

分别取10周龄、52周龄雌性昆明种小鼠各10只，摘眼取血1.0 ml后断头处死，立即取血清、脑、肝、心。用上述方法对各组织蛋白质羰基含量进行测定。再用4周龄、70周龄雄性昆明种小鼠各10只进行同样实验。计算结果，比较不同组织蛋白质羰基含量随龄增量的多少，从而找出用蛋白质羰基含量评价抗氧化保健食品最灵敏的组织。

1.2.4 ×牌羊胎活力肽对小鼠脑、肝蛋白质羰基含量影响的检测

各组小鼠连续灌胃受试物及对照物50 d后断颈处死，立即开颅取脑，开腹取肝。测脑、

肝组织蛋白质羰基含量。

1.2.5 羊胎素对小鼠脑蛋白质羰基含量影响的检测

各组小鼠连续灌胃受试物及对照物 50 d 后断颈处死,立即开颅取脑,测定脑组织蛋白质羰基含量。

1.2.6 维生素 C 对小鼠脑蛋白质羰基含量影响的检测

实验组及对照组小鼠连续灌胃维生素 C 或蒸馏水 30 d 后断颈处死,立即开颅取脑,测定脑组织蛋白质羰基含量。

2 结果

2.1 不同组织中蛋白质羰基含量随龄变化

10 周龄与 52 周龄雌性小鼠不同组织的蛋白质羰基含量测定结果如表 1 所示。图 1 显示了不同组织蛋白质羰基含量随龄增加的情况。

表 1 雌性小鼠不同组织蛋白质羰基含量的变化($\bar{X}\pm$SD,$n=10$)

组织	10 周龄(nmol/mg 蛋白质)	52 周龄(nmol/mg 蛋白质)
脑	2.73±0.54	6.84±1.09*
肝	2.98±0.34	6.05±1.30*
血清	2.66±0.74	3.97±0.94*
心	2.87±0.83	5.00±1.45*

*$P < 0.05$ 与 10 周龄比较显著增加。

从表 1 可以看到,52 周龄雌性小鼠各组织中蛋白质羰基含量都比 10 周龄小鼠显著增高。

蛋白质羰基含量增量 =52 周龄小鼠组织中蛋白质羰基含量 -10 周龄小鼠组织中蛋白质羰基含量。

从图 1 可知,随着年龄的增加,雌性小鼠各组织中蛋白质羰基增量为脑>肝>心>血清。4 周龄与 70 周龄雄性小鼠不同组织的蛋白质羰基含量测定结果如表 2 所示。

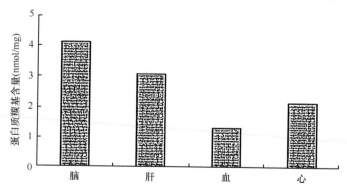

图 1 不同组织中蛋白质羰基含量增量比较

表2 雄性小鼠不同组织蛋白质羰基含量的变化（$\bar{X}\pm$SD，$n=10$）

组织	4 周龄（nmol/mg 蛋白质）	70 周龄（nmol/mg 蛋白质）
脑	2.30±0.58	6.40±1.24*
肝	2.70±0.83	5.92±1.77*
血清	2.17±0.78	4.28±1.10*
心	2.38±0.67	4.60±1.87*

*$P<0.05$ 与 4 周龄比较显著增加。

比较表1、表2可知，随着年龄的增加，雄性小鼠各组织中蛋白质羰基增加的趋势与雌性小鼠基本相同。

2.2 ×牌羊胎活力肽对小鼠脑、肝蛋白质羰基含量的影响

饲喂×牌羊胎活力肽 50 d 后观察该受试物对脑、肝蛋白质羰基含量的影响，其结果如表3所示。

表3 ×牌羊胎活力肽、肝蛋白质羰基含量的影响（$\bar{X}\pm$SD，$n=10$，单位：nmol/mg 蛋白质）

	对照组	低剂量组	中剂量组	高剂量组
脑蛋白质羰基含量	6.25±0.91	5.40±0.78*	4.60±1.02**	4.09±0.76***
肝蛋白质羰基含量	5.04±0.84	4.42±0.77	4.26±0.92	3.64±0.95**

*$P<0.05$ 与对照组比较差异有显著性；**$P<0.01$ 与对照组比较差异有非常显著性；***$P<0.001$ 与对照组比较差异有极显著性。

从表3可以看到服用受试物后低、中、高剂量组小鼠脑中蛋白质羰基含量均显著低于对照组，表明本实验方法能够将受试物抑制蛋白质损伤的作用很好地反映出来。比较两个对照组可以看到，脑组织蛋白质受损程度高于肝组织，而服用抗氧化保健食品之后，低、中剂量对脑组织中蛋白质羰基含量的减少已经有了明显作用，而高剂量对肝组织才表现出明显作用。这一结果也反映出脑组织对自由基攻击的敏感性高于肝组织，因此对于抗氧化保健食品的功能检测采用脑组织更好。

表4为按照目前卫生部对于抗氧化保健食品规定的检测项目检测后的结果。按照目前卫生部颁布的《保健食品功能学评价程序和检验方法》中对于抗氧化保健食品检测结果的判定标准，可以判定×牌羊胎活力肽具有抗氧化功能。

表4 ×牌羊胎活力肽抗氧化功能的测定（$\bar{X}\pm$SD，$n=10$）

	对照组	低剂量组	中剂量组	高剂量组
心肌脂褐素（μg/g 组织重）	10.10±1.40	7.90±1.60**	6.50±2.20***	7.20±2.60**
血清脂质过氧化（mmol/ml）	6.74±1.71	5.83±0.95	5.72±0.93	4.86±1.07**
血清 SOD（NU/ml）	190.20±31.90	196.00±26.80	221.10±20.10**	218.20±28.50*
全血 GSH-Px 活力单位	28.20±1.60	27.80±2.30	27.80±2.30	27.50±2.90

*$P<0.05$ 与对照组比较差异有显著性；**$P<0.01$ 与对照组比较差异有非常显著性；***$P<0.001$ 与对照组比较差异有极显著性。

由于表3与表4使用同样受试物，同一批受试动物及同样喂养天数，从表3和表4的结果

可以看出脑蛋白质羰基含量的测定结果与目前卫生部规定方法检测结果所得出的结论相吻合。

用另一个样品对检测方法再次进行验证，实验结果如下。

2.3 羊胎素对小鼠脑组织蛋白质羰基含量的影响

饲喂羊胎素 50 d 后观察该受试物对脑蛋白质羰基含量的影响，其结果如表 5 所示。

表 5 的结果表明采用本检测方法能够将羊胎素对蛋白质损伤的抑制作用反映出来。

表 6 是按照目前卫生部对于抗氧化保健食品规定的检测项目检测的结果。按照卫生部颁布的《保健食品功能学评价程序和检验方法》中对于抗氧化保健食品检测结果的判定标准，可以判定 × 牌羊胎素具有抗氧化功能。由于表 5 与表 6 使用同样受试物，同一批受试动物和同样喂养天数，因此表明脑蛋白质羰基含量的测定结果与目前卫生部规定方法检测结果所得出的结论相吻合。

表 5　羊胎素对脑蛋白质羰基含量的影响（$\bar{X}\pm\text{SD}$，$n=10$）

	对照组	低剂量组	中剂量组	高剂量组
蛋白质羰基含量（nmol/mg 蛋白质）	6.09±1.21	5.63±1.05	4.99±0.92*	4.59±1.02*

*$P<0.05$ 与对照组比较差异有显著性。

表 6　羊胎素抗氧化功能的测定（$\bar{X}\pm\text{SD}$，$n=10$）

	对照组	低剂量组	中剂量组	高剂量组
心肌脂褐素（μg/g 组织重）	12.21±6.58	12.30±6.13	12.15±3.47	12.51±3.47
血清脂质过氧化（mmol/ml）	5.18±0.70	4.55±0.95	4.51±0.73*	4.80±0.40
血清 SOD（NU/ml）	188.70±4.70	195.30±14.20	196.20±8.90*	189.50±10.20
全血 GSH-Px（活力单位）	21.50±1.84	20.97±2.31	23.33±3.21	23.78±2.25*

*$P<0.05$ 与对照组比较差异有显著性。

2.4 维生素 C 对小鼠脑组织蛋白质羰基含量的影响

维生素 C 清除体内自由基，抗氧化的功能已被大量实验所证实。小鼠口服维生素 C 30 d 后观察该受试物对脑蛋白质羰基含量的影响，结果对照组小鼠脑蛋白质羰基含量为（6.34±0.84）nmol/mg 蛋白质。服用维生素 C 30 d 后的小鼠脑蛋白质羰基含量为（4.82±0.96）nmol/mg 蛋白质。实验组小鼠脑蛋白质羰基含量比对照组降低 24%，经统计学检验，差异有非常显著性（$P<0.01$）。结果表明通过检测小鼠脑蛋白质羰基含量的方法能够将维生素 C 清除自由基对蛋白质的保护作用反映出来。

3　讨论

蛋白质是自由基攻击的一个主要目标，自由基通过对蛋白质侧链残基的氧化修饰使得蛋白质构象改变，肽链断裂、聚合或交联，从而引起蛋白质功能丧失，酶和受体的功能下降，正常的生理活动受到影响。蛋白质侧链氨基酸的氧化是生命系统的一个重要信号，其侧链羰基的形成是蛋白质受到损伤的一个标志。几乎组成蛋白质的所有氨基酸对·OH 或·OH 加 O_2^- 修饰都较敏感，但程度不同。尤其含不饱和键的巯基氨基酸通常对所有形式的活性氧都敏感，蛋氨酸、酪氨酸、色氨酸、脯氨酸、半胱氨酸和苯丙氨酸等都很容易受到自由基的攻击。蛋白质侧

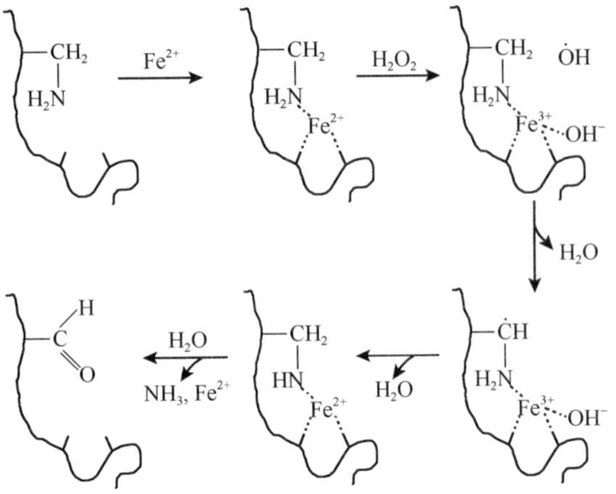

链羰基的形成在体内主要是通过金属离子（铁离子或铜离子）催化氧化系统（MCO系统）完成[5]。在这个过程中，二价铁离子与蛋白质上氨基酸残基形成铁（Ⅱ）-蛋白质配位复合物。H_2O_2作用于此配位复合物的铁（Ⅱ）上，产生·OH、OH^-和铁（Ⅲ）-蛋白质配位复合物。·OH从侧链氨基酸上提出一个氢原子，使侧链氨基酸的碳上有一个不配对电子。在此不配对电子作用下，铁（Ⅲ）-蛋白质配位复合物又重新变回铁（Ⅱ）-蛋白质配位复合物，随后配位键断开，二价铁离子和NH_3与复合物分离，由此在蛋白质侧链形成羰基或羰基衍生物，见图2。此外羟基自由基可直接作用于肽键，

图2 铁离子参与的蛋白质侧链氨基酸氧化形成羰基示意图

使肽键断裂，引起蛋白质一级结构的破坏，在断裂处产生羰基。首先羟基自由基抽提碳原子上的氢，使碳原子氧化，在此基础上水解断裂，见图3。

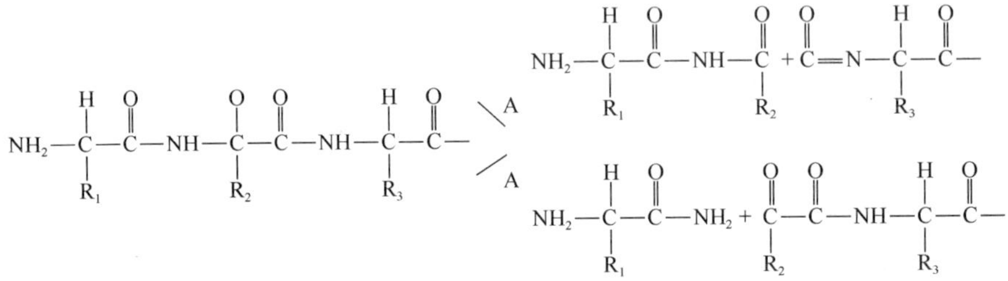

图3 自由基引起肽链断裂并在断裂处形成羰基示意图

除了上述机理以外，蛋白质羰基的形成可能还有其他途径，但以自由基引起羰基形成为主。因此测定蛋白质羰基含量对衡量自由基对机体的损伤有着实际意义。

中枢神经系统是最容易受到自由基损伤的组织[6]。脑组织中抗氧化酶（如SOD、谷胱甘肽）的含量相对其他组织较少，而且在脑组织中代谢缓慢，酶的活性也较低，因此脑组织一旦受到自由基攻击将产生积累效应，损伤不易恢复。从实验结果可知，雌性小鼠各组织蛋白质羰基含量随龄增加，52周龄与10周龄雌性小鼠相比脑组织蛋白质羰基含量增加150%，肝组织增加103%，心组织增加74%，血组织增加49%，脑组织蛋白质中羰基含量的增加最为显著。70周龄与4周龄雄性小鼠相比，脑组织蛋白质羰基含量增加178%，肝组织增加119%，心组织增加97%，血组织增加93%，也是脑组织中的增加最为显著。因此，脑组织是通过蛋白质羰基含量评价抗氧化保健食品功效的最佳组织。卫生部目前对抗氧化保健食品功效评价使用的动物组织是心脏和血清，采用脑作为通过蛋白质羰基含量评价抗氧化保健食品功效的组织，在实验操作上可与其他指标共用同一批实验动物，实验结果可为抗氧化保健食品功效评价提供另一项有力的证据。

用2,4-二硝基苯肼比色法作为蛋白质羰基含量的测定方法优点是操作简便，设备要求低，便于推广，适用于日常常规检测。从上述实验结果看，这一方法能够检测出受试物的抗氧化作

用，满足对一般保健食品的检测。如遇特殊样品需要提高灵敏度，可以考虑其他更为灵敏的方法，如氢硼化物还原法、免疫印迹法等。

【参考文献】

[1] Oliver C N, Ahn B W, Moerman E J, et al. Age-related changes in oxidized proteins. The Journal of Biological Chemistry, 1987, 262: 5488-5491.

[2] Stadtman E R. Protein oxidation and aging. Science, 1992, 257: 1200-1224.

[3] Smith C D, Carney J M, Starke-Reed P E, et al. Excess brain protein oxidation and enzyme dysfunction in normal aging and in Alzheimer disease. Proc Natl Acad Sci, 1991, 88: 10540-10543.

[4] Levine R L, Garland D, Oliver C N, et al. Determination of carbonyl content in oxidatively modified proteins. Methods Enzymol, 1990, 186: 464-487.

[5] Dean P T, Stocker F S, Davies M J, et al. Biochemistry and pathology of radical-mediated protein oxidation. Biochem J, 1997, 324: 1-18.

[6] 黄芬, 梁旭方. 羟基自由基对兔脑微粒体膜脂及膜蛋白的损伤. 生物物理学报, 1991, 7: 223-226.

原文发表于《中国食品卫生杂志》，2002年第4期

RP-HPLC 以开环形式测定红曲中总洛伐他汀含量

文镜 常平 刘迪 金宗濂

北京联合大学 应用文理学院 保健食品功能检测中心

【摘要】 建立用反相高效液相色谱（RP-HPLC）以开环形式测定红曲中总洛伐他汀（lovastatin）含量的方法，红曲样品用 0.2 mol/L NaOH 溶解，50℃超声提取转化 60 min，使样品中的 lovastatin 全部转化为开环形式，再用硅胶吸附层析，初步除去样品中的色素和部分杂质。经过前处理后的样品以磷酸缓冲液 - 乙腈系统（V/V）65∶35 为流动相，在 1 ml/min 流速下用反相高效液相色谱分离去除残余色素及其他杂质干扰，开环 lovastatin 用紫外检测器在 238 nm 波长下检测。本方法的最低检测限为 0.2 μg/ml，在 0.2～6 μg/ml 范围内呈良好的线性关系，$r=0.9991$。6 次重复测定样品加标回收率为 96%±3%，变异系数为 3%。采用本实验方法测定 5 种红曲发酵样品中的总 lovastatin 含量均取得满意结果。

【关键词】 红曲；开环洛伐他汀；高效液相色谱

HPLC 法是测定红曲及相关药物中洛伐他汀（lovastatin）含量的经典方法，它的准确度、精密度及可靠性都非常理想。2001 年本实验室报道了用 HPLC 测定红曲中内酯型 lovastatin 的方法[1]。在功能红曲生产加工过程中，随着干燥程度的逐渐增加，产品中酸式 lovastatin（开环结构）逐渐脱水向内酯型（闭环结构）转化，见图 1。生产加工工艺不同，产品中两种结构 lovastatin 含量不尽相同，但两者在功能红曲产品中同时存在。由于内酯型 lovastatin 在人体内可以水解转化为能够与羟甲基戊二酰 CoA（HMC-CoA）还原酶结合而发挥其生理作用的开环结构[2]。因此人们更关心红曲中总 lovastatin 含量的情况。

本实验用 NaOH 将红曲样品中的 lovastatin 全部转化为开环形式，通过硅胶柱层析除去大部分色素杂质，最后用高效液相色谱（RP-HPLC）联用紫外检测器对样品进行测定。实验对样品前处理条件和方法的准确度、精密度检测最低限度进行了研究，并用该方法成功地测定了 5 种红曲样品中总 lovastatin 含量。

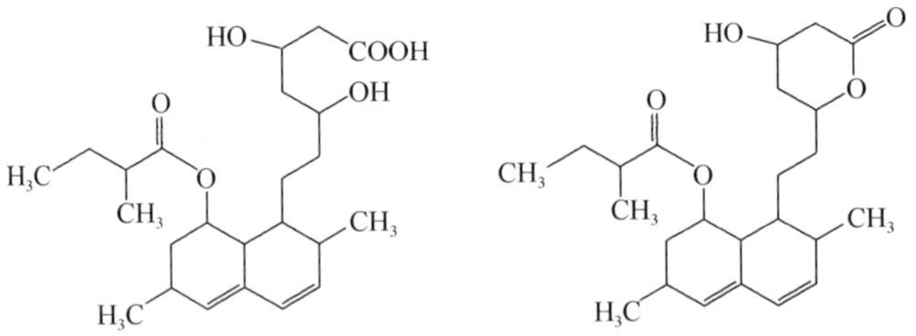

酸式lovastatin(开环)　　内酯型lovastatin(闭环)

图 1 酸式及内酯型 lovastatin 的化学结构式

1 材料

1.1 仪器

HPLC（BECKMAN）；110B 溶液输送系统，166 紫外检测器，406 数据交换器，Gold 软件系统；色谱柱，Diamonsil C_{18} 250 mm×4.6 mm 5 μm；UV-VIS8500 型双光束紫外可见分

光光度计，上海天美科学仪器有限公司；AE-100 型电子天平，梅特勒 - 拖利多仪器公司；Model5986-62 pH 计（Chemcadet）；KQ-100 型超声波清洗器，昆山市超声仪器有限公司。

1.2 试剂

氢氧化钠，分析纯，北京益利精细化学品有限公司；乙腈，一级色谱纯，天津市四友生物医学技术有限公司；磷酸氢钾、磷酸氢钾，分析纯，北京市红星化工厂；柱层析用硅胶，60～100 目，青岛海洋化工厂分厂；柱层析用中性氧化铝，100～200 目，上海五四化学试剂厂；甲醇，色谱纯，北京化工厂；无水乙醇，分析纯，北京化工厂；lovastatin 标准品，纯度99.4%，中国医学科学院医药生物技术研究所。

1.3 样品

× 红曲粉，× 生物工程有限公司；功能性红曲粉 A，× 生物工程有限公司；功能性红曲粉 B，× 生物工程有限公司；DJM-002 红曲粉，× 有限公司；× 牌红曲，× 酒厂。

2 RP-HPLC 法以开环形式测定红曲中 lovastatin 总量的原理

内酯型 lovastatin 在碱性条件下可以转化为开环形式[2]。采用 0.2 mol/L 的 NaOH 溶液以超声法将样品中的 lovastatin 全部提取出来，同时使其转化为开环形式。红曲样品中的杂质很多，色谱图中会出现许多干扰杂峰，并且较大的杂质微粒会影响色谱柱的使用寿命，所以红曲样品提取液要用硅胶柱层析进行分离。层析硅胶柱对不同溶质的吸附力不同，因而可将开环 lovastatin 与色素分开，色素先流出，开环 lovastatin 后流出。将收集的开环 lovastatin 洗脱液进样至 RP-HPLC 进行测定，在色谱柱中开环 lovastatin 会与剩下的杂质进一步分离，并在 238 nm 有紫外光特征吸收，因此可用 RP-HPLC 联用紫外检测器检测出样品中总 lovastatin（此时全部以开环形式存在），用外标法定量。

3 方法与结果

3.1 红曲样品中 lovastatin 的提取及转化

影响样品中 lovastatin 提取和转化的因素主要有三方面，温度、时间、碱的浓度。称取 × 红曲样品 50 mg，加入 10 ml 碱液，进行超声提取，做提取条件正交实验。提取液离心取上清液以 RP-HPLC 法测定，以开环 lovastatin 的峰面积为指标，因素及水平设置见表 1。按表 1 经正交实验结果显示 A2B4C4 的水平较好，即 500℃，时间 60 min，NaOH 浓度为 0.2 mol/L。在此条件下，样品中 lovastatin 以开环形式最大值溶出。

表 1 提取条件正交实验的因素及水平设置

水平	因素		
	温度（℃）A	时间（min）B	NaOH 浓度（mol/L）C
1	31	10	0.05
2	50	20	0.10
3	70	40	0.15
4	80	60	0.20
5	—	90	0.25

3.2 开环转化率的测定

将中性氧化铝柱分离得到的内酯型 lovastatin 分为两份,一份用内酯型 lovastatin 检测方法测定其浓度[1],另一份经上述条件转化为开环形式后再用 RP-HPLC 条件(详见 3.5)以开环形式测定其浓度,计算内酯型 lovastatin 转化率为 97.6%±2.8%。结果说明在 0.2 mol/L NaOH 碱性条件下 50℃反应 60 min,内酯型 lovastatin 基本上可以转化为开环形式。

3.3 开环 lovastatin 的紫外吸收光谱

用紫外分光光度计对开环 lovastatin 在紫外光进行波长扫描,结果如图 2 所示。

从图 2 可以看到开环 lovastatin 在紫外光区最大吸收波长为 238 nm,与内酯型 lovastatin 在紫外光区的最大吸收波长相同[3],因此紫外检测器的检测波长应选择 238 nm。

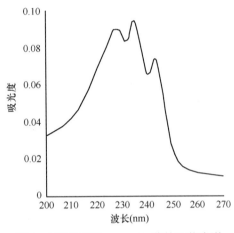

图 2 开环标准 lovastatin 紫外吸收光谱

3.4 吸附层析柱的制备及样品的初步分离

将 60～100 目柱层析用硅胶在 110 ℃,活化 30 min,置干燥器内冷却至室温,取 3.2 g 用 0.02 mol/L 的 NaOH 浸泡 10 min,装入直径 1 cm 的小柱子中,柱床高 7cm,并用 0.02 mol/L NaOH 溶液 8 ml 淋洗柱子。

红曲提取液以 4000 r/min 离心 15 min。取上清液 0.5 ml 上层析柱,同时收集洗脱液,洗脱液流速 0.4 ml/min,前 6 ml 用 0.02 mol/L NaOH 洗脱,后面全用 0.1 mol/L NaOH 洗脱,弃去开始的 4 ml,收集 5～16 ml 共 12 ml。

3.5 HPLC 条件

紫外检测波长,238 nm;色谱柱,C_{18}(Diamonsil 250 mm×4.6 mm 5 μm);流动相,磷酸缓冲液(磷酸二氢钾 5.44 g、磷酸氢二钾 9.12 g,重蒸水定容 2000 ml)-乙腈系统(V/V)65∶35;柱温,室温;流速 1 ml/min;进样量,20 μl。用上述色谱条件测定经硅胶柱层析初步分离的红曲样品色谱图如图 3 所示。

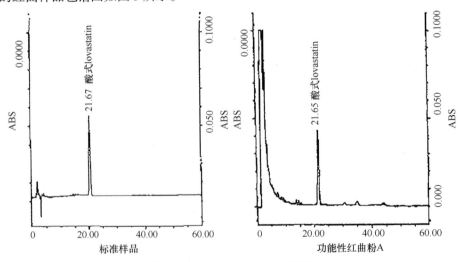

图 3 开环 lovastatin 的色谱图

3.6 标准曲线的绘制

配制浓度分别为 0.2 μg/ml、2 μg/ml、3 μg/ml、4 μg/ml、5 μg/ml、6 μg/ml 的开环 lovastatin 标准溶液,用 HPLC 测定其峰面积。以浓度为横坐标,峰面积为纵坐标,绘制标准曲线如图 4 所示,其线性方程为 $y=5.1771x-0.3795$,$r=0.9991$,表明开环 lovastatin,在 0.2 ~ 6 μg/ml 的浓度范围内线性关系良好。

3.7 RP-HPLC 法以开环形式测定 lovastatin 含量的最低检出限

先测定 RP-HPLC 联用紫外检测器系统噪声。将色谱基线走平,用通过硅胶柱的 0.1 mol/L NaOH 作为空白样品进样,连续进样 10 次,在色谱图 20 ~ 30 min 区间内找到最大峰高即为仪器系统造成的噪声值。用 HPLC 实测 0.2 μg/ml 开环 lovastatin,样品峰高值略高于 2 倍噪声数值,因此在本实验条件下,测定开环 lovastatin 的最低检测限为 0.2 μg/ml。

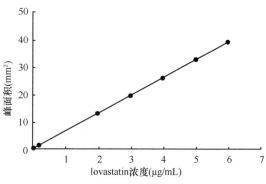

图 4 开环 lovastatin 标准曲线

3.8 以开环形式测定总 lovastatin 的回收率及精密度

精确称取两份 100.0 mg × 红曲样品,分别用 10 ml 0.2 mol/L NaOH 溶液溶解,精密称取 2.0 mg 标准 lovastatin 用 20 ml 0.2 mol/L NaOH 溶解,将标准品和两份样品 50℃超声提取转化 1 h,冷却至室温,精密量取 5 ml 标准品加到一份样品中作为加标样品,另一份加入 5 ml 0.2 mol/L NaOH 溶液作为末加标样品。两份样品按照 3.4 和 3.5 方法平行操作。用经过同样前处理 4 μg/ml 的标准 lovastatin 溶液作为外标物。重复实验 6 次,计算 100.0mg × 红曲样品中总 lovastatin,的检出量与加标回收率,结果如表 2 所示,表明此方法具有良好的准确度与精密度。

表 2 回收率和精密度测定结果（$n=6$）

加标量（mg）	加标样品（mg）	未加标样品（mg）	加标物检出量（mg）	回收率（%）	$\bar{X} \pm SD$	变异系数（%）
0.50	0.92	0.45	0.47	94		
0.50	0.89	0.39	0.50	100		
0.50	0.84	0.37	0.47	94	96±3	3
0.50	0.88	0.42	0.46	92		
0.50	0.87	0.38	0.49	98		
0.50	0.83	0.35	0.48	96		

3.9 以开环形式测定 5 种红曲样品中总 lovastatin 含量

用上述实验方法以开环形式实测 5 种红曲样品中总 lovastatin 含量,同时采用加标法测定回收率。每种样品重复 6 次,结果见表 3。

表3 红曲样品中总 lovastatin 含量及加标回收率的测定结果（$n=6$）

红曲样品	总 lovastatin 含量（mg/g）	加标回收率（%）
×红曲粉	3.9±0.4	96±3
×牌红曲	4.8±0.3	95±4
DJM-002 红曲粉	2.4±0.2	94±4
功能性红曲粉 A	5.2±0.2	95±2
功能性红曲粉 B	11.6±0.4	96±3

从表3可以看出5种样品实测均取得了满意的结果，表明此方法具有良好的实用性。

4 讨论

本实验在样品前处理工作中采用硅胶柱层析对提取转化的红曲样品进行初步分离。对应3.2 g 硅胶的柱高，上样量设为 0.5 ml，其高度约为柱高 1/10，以减少样品层的扩散，提高分离效果。在洗脱样品时，洗脱流速很关键。流速太快会增大传质阻力使色素与 lovastatin 分离效果变差。流速太慢，开环 lovastatin 在柱内滞留时间过长，会使样品在柱内扩散，实验发现洗脱流速在 0.4～0.5 ml/min 可取较好效果。

为减小检测误差，标准 lovastatin 必须与样品一样同时进行各项前处理工作。对于含色素等杂质较少的样品，提取转化后可以不经硅胶柱层析分离，样品离心后可直接进样用 RP-HPLC 分离测定。

【参考文献】

[1] 文镜，常平，顾晓玲，等 . 红曲中内酯型 lovastatin 的 HPLC 测定方法研究 . 食品科学，2000，21（12）：100-102.

[2] Jozica F，Mateja Z，Mojca B，et al. High-performance liquid Chromatographic analysis of mevinolin as mevinolinic acid in fermentation broths. J Chromatography，1995，704：363-367.

[3] 文镜，顾晓玲，常平，等 . 双波长紫外分光光度法测定红曲中洛伐他汀（lovastatin）的含量 . 中国食品添加剂，2000，（4）：11-17.

原文发表于《食品科学》，2003 年第 3 期

洛伐他汀检测方法研究进展

文 镜　刘 迪　金宗濂

北京联合大学　生物活性物质与功能食品北京市重点实验室

【摘要】 本文综述了国内外各种检测红曲中洛伐他汀含量的方法，总结了各种方法的特点，并将它们进行了比较，为从事功能食品功效成分检测人员提供信息和参考。

【关键词】 红曲；洛伐他汀；检测方法

Advances on the study of lovastatin identification methods

Wen Jing　Liu Di　Jin Zonglian

The Beijing Key Lab of Biology Active Material and Function Food, Beijing Union University

Abstract: It gives an review of the national and international quantitative identification methods for lovastatin in *Monascus*; a summary of characteristics and comparison of each identification method. It is a reference and information for the people who are doing the identification on functional food.

Key words: Monascus；lovastatin；identification methods

红曲除有一定的药用价值外，还作为天然色素和食品添加剂广泛应用于食品工业。更重要的是随着其代谢产物 monacolin 类化合物（一类强效降胆固醇物质）的发现，红曲的研究引起国内外学者极大的关注。由于 monacolin 类物质降血脂效果显著，毒副作用小，耐受性好，其发现是长期以来寻找降血脂药物研究的一项突破性进展，所以对其在药品、保健品及某些食品中含量的测定（尤其是对洛伐他汀、辛伐他汀、普伐他汀的测定）就显得十分重要。本文综述了各种测定 monacolin 类物质 [主要是洛伐他汀（lovastatin）] 的方法，为从事这方面研究工作的科研人员提供一定的参考。

1　红曲中洛伐他汀等物质的发现及其降胆固醇机理

1.1　洛伐他汀等物质的发现

红曲霉在生长后期会产生一种对羟甲基戊二酰辅酶 A（HMG-CoA）还原酶起抑制作用的物质，即 monacolin 类化合物，其中以 compaotin 和 lovastatin 为主要成分[1]。洛伐他汀是 1979 年由远藤章报道从红色红曲霉中分离得到的，称为 monacolin K[2]。1980 年 Alberts 等从土曲霉发酵液分离得到一个降血浆胆固醇物质[3]，即洛伐他汀。随后人们又发现与其结构相似的 monacolin J、monacolin L、monacolin X、monacolin M、dihydromevinolin 及 dihyfro-Monacolin L 等成分[4]。

1.2　洛伐他汀的降血胆固醇机理

在胆固醇合成的五大步反应中，第一步 HMG-CoA 的形成最关键，此步反应中的 HMG-CoA 还原酶是限速酶。洛伐他汀是 HMG-CoA 还原酶的竞争性抑制剂，它可使 HMG-CoA 还

原酶活性下降，从而有效地减少或阻断体内胆固醇的合成。

2 lovastatin 测定方法的研究进展

2.1 国内测定方法的研究进展

国内对 lovastatin 的测定始于 20 世纪 90 年代，尤其在 1995 年后有较大发展。最常见也是最典型的方法是高效液相色谱法，此外还有薄层扫描法和紫外分光光度法。

2.1.1 高效液相色谱法测定 lovastatin 含量

1995 年北京市药品检验所的张小茜、周富荣及北大维信生物科技有限公司的石济民测定了降血脂药物血脂康中的洛伐他汀含量并初步确定了测定条件。他们用高效液相色谱法（以下称 HPLC 法）联用紫外检测器。由紫外吸收光谱测定结果表明，lovastatin 在 230 nm、237 nm、246 nm 处有 3 个特征峰与对照溶液的紫外特征峰相一致，由于 237 nm 峰较明显，因此波长选用 237 nm。他们分别以不同浓度的乙醇及甲醇为溶剂，超声处理 20 min，再用 HPLC 测其含量，发现以 75% 乙醇为溶剂，提取较完全。对于提取时间，以 75% 乙醇为溶剂，分别以不同时间进行超声处理，发现处理 20 min 提取较完全。经实验比较，发现用中性氧化铝对提取的样品进行初步分离效果最好。洗脱剂用甲醇，用量（总用量）为 20～25 ml。他们还进行了其他实验来确保结果的可靠性。提取后初步柱层析分离的平均回收率为 99.01%（$n=3$），精密度（$S_r=$相对标准偏差）=0.62%（$n=5$），重现性 $S_r=1.63\%$（$n=5$），样品回收率为 98.04%～100.00%（$n=6$）。最后测得每粒血脂康中含 2.5 mg 洛伐他汀[5]。

1996 年，张析峰等用反相高效液相色谱联用紫外检测器（RP-HPLC-UV）分离测定了 lovastatin 及其杂质。色谱柱用 Nucleosil ODS（7 μm，250 mm×416 mm）；流动相为硼砂缓冲液-甲醇；流速 1 ml/min；检测波长 230 nm；进样量 20 μl。该方法线性关系良好 $r=0.9998$。6 次测定进样的校正因子，平均值，$f=0.6310$，$S_r=0.88\%$。在对样品中杂质测定的实验中，发现除 lovastatin 峰和溶剂峰外，还有 4 个杂峰，经加热或光照后其中有两个杂质峰明显增加，说明溶液中有降解物且对热和光较敏感，所以在处理样品时要避免长时间加热及尽量避光。在实验中选用了甲醇-水系统（乙腈-水系统成本过高），在内标定量时甲醇-水系统设为 80∶15，特点为快速准确，且不易受杂质干扰。若想检测相关物质的杂峰则需将甲醇-水系改为 80∶20。由于该流动相在紫外区无吸收，所以极易用归一法测定各杂质含量[6]。

1997 年，孙考祥、吴琳华等用反相高效液相色谱（RP-HPLC）法测定洛伐他汀的血浆药物浓度。色谱柱采用 Nova-Pak C_{18} 柱（4 μm，3.9 mm×150 mm），柱温控制在 50℃，流动相为乙腈-磷酸铵缓冲液（0.05 mol/ml，pH=3.7，为 45∶55），检测波长为 238 nm。由于是处理血浆样品，采用了 SPE C_{18} 固相萃取小柱（2.5 ml/200 mg），实验时将其活化，依次用磷酸二氢钾缓冲液 2 ml，乙腈-磷酸二氢钾缓冲液（1∶9）洗涤并弃去，最后用乙腈-水（75∶25）2 ml 洗涤，收集洗脱液，获得了较好的初步分离效果。该方法的线性范围为 5～500 g/L，最低检测浓度为 5 μg/L，10 μg/L、100 μg/L、500 μg/L 的平均回收率为 92.4%±7.18%，其间 S_r 均小于 8%。在实验中他们发现过低 pH 会影响色谱柱寿命，因此将 pH 调至 3.7。同时发现随温度升高，分离效果越好，50℃时达到最好分离效果，因此选用 50℃作为柱温[7]。同年，赵飞浪等也用 RP-HPLC 测定了人血浆中 lovastatin 浓度。以乙醇-水（83∶17）为流动相，色谱柱采用 HYPERSILBDS C_{18}（5 μm）不锈钢柱，237 nm 波长测定。在血浆样品的处理中，他们选用环乙烷-异丙醇（95∶5）作为萃取剂，浓缩后进行测定。lovastatin 浓度在 2.5～80 g/L

范围内线性关系较好，$r=0.9968$。测定含 lovastatin 20.0 g/L 的血浆样品，其日内（$n=7$）及日间（$n=7$）的 S_r 分别为 9.8% 和 8.5%，回收率平均为 101.3%±5.5%[8]。

1998 年，宋洪涛、宓鹤鸣等用 HPLC 法对不同来源的红曲中 lovastatin 进行了定量分析。流动相为甲醇 -0.1% 磷酸溶液 - 乙腈（60：30：20），流速 1.2 ml/min，紫外检测波长 237 nm。线性范围 0.65～57.2 mm/L，$r=0.9999$，加样回收率为 96.4%，S_r 为 3.68%。值得一提的是采用硅胶柱层析的方法除去在预处理样品的提取液中的大量杂质。他们将提取液浓缩成膏样，称取 2 g 硅胶，60℃烘干 12 h。上样，以石油醚 - 乙酸乙酯（2：1）为洗脱剂，获得较好除杂效果[9]。

1999 年文镜等对红曲中内酯型 lovastatin 的 HPLC 测定方法进行了研究。在研究中明确了测定 lovastatin 存在形式——内酯型，过去的国内文献对于测定样品的具体存在形式一直没有说清楚。实验者用 75% 乙醇对红曲中的 lovastatin 超声提取 20 min。离心后用中性氧化铝柱层析吸附上清液中的色素。经过前处理后的样品以甲醇：0.1% 磷酸（75：25）为流动相在 1 ml/min 流速下用 RP-HPLC 分离去除残余色素及其他杂质干扰，并在 238 nm 下用紫外检测器检测。7 次重复测定加标样品的回收率为 98%±5%，标准样品 7 次重复测定的变异系数为 2.63%。样品中内酯型 lovastatin 的最低检测下限为 4 μg[10]。

2000 年黄宏南用 RP-HPLC 法分离测定红曲中的 lovastatin。他以甲醇：水（75：25）为流动相，检测波长 238 nm，线性范围为 0.586～5.85 μg，$r=0.9981$，平均回收率为 91.6%（$S_r=1.64\%$，$n=5$）。在前处理中，精密称取红曲 2 g，加 75% 乙醇 50 ml，用超声波提取 30 min，过滤，在水浴氮气条件下蒸去乙醇，加甲醇溶解，移入 100 ml 容量瓶中，取约 80 ml 用超声波提取 10 min，放置室温下，加甲醇至刻度、摇匀。取上清液用 0.45 μm 微孔滤膜过滤，弃去初滤液再收集剩余滤液[11]。

2.1.2 其他测定 lovastatin 的方法

薄层扫描法是较早的一种测定方法，主要采用双波长薄层扫描测定样品中的 lovastatin 含量。常用 0.5% CMC-Na 硅胶 HF254 薄层板，展开剂系统为正己烷 - 乙酸乙酯 - 乙醚 - 甲酸（10：8：2：0.1），在 254 nm 紫外线下观察荧光淬灭斑，用双波长反射式薄层扫描仪定量。1997 年宋洪涛、郭涛等用该法对血脂平胶囊中 lovastatin 进行了测定，结果在检测范围内线性关系良好，$r=0.9997$，加标回收率为 98.1%，S_r 为 2.25%（$n=5$）[12]。

紫外分光光度法是测定 lovastatin 的另一种有效方法。虽然检测精度没有 HPLC 法高和检测下限没有 HPLC 法低，但是它操作简单、快速，成本也比较低。1998 年张惠霞、李平等用紫外法对 lovastatin 进行了测定。他们将样品溶于 60% 乙醇 -1% 亚硫酸氢钠溶液（100：1）的混合溶剂中（加入亚硫酸氢钠，增强 lovastatin 在溶剂中的稳定性），结果发现，辅料对测定无影响。lovastatin 在 2～16 mg/L 范围内与吸收度线性关系良好，$S_r=0.57$（$n=5$）[13]。2001 年文镜等建立了对酸式 lovastatin 测定的双波长紫外法。因为酸式 lovastatin 与内酯型 lovastatin 的提取与除杂有异，所以试验者用正交法确定用 0.12 mol/L NaOH，50℃超声溶解 1 h 能取得较好效果。在前处理中，由于中性氧化铝对酸式 lovastatin 有很强的吸附作用，因此采用硅胶吸附层析，用不同 pH 的 NaOH 进行洗脱，取得了良好的结果。对红曲样品中总 lovastatin 进行测定，回收率为 98.59±1.70（$n=8$，变异系数为 1.7%），在 0～0.5 mg/L 范围内酸式 lovastatin 与吸光度有良好的线性关系，最低检测下限为 0.164 mg/L。在测定 5 种红曲发酵品中酸式 lovastatin 的含量的实验中，加标回收率在 95% 以上，变异系数小于 2.5%[14]。

2.2 国外测定方法的研究进展

国外对 lovastatin 的研究比我国要早，对 lovastatin 的测定方法也比较丰富，除了最经典的 HPLC 法和紫外法还有紫外荧光光度法、气相色谱法等。仔细分析他们的工作，对我国科技工作者进行同类研究有很大帮助。

2.2.1 国外 HPLC 法测定 lovastatin 的含量

1981 年美国的 Vincent P Gullo 等用 HPLC 法对发酵制品中降胆固醇成分（主要是 lovastatin 及其同类物质）进行了测定。为了从发酵品中得到纯物质，他们进行了预处理。取 2 ml 发酵液用 HCl 调 pH 至 4.0，用乙酸乙酯进行提取。然后将乙酸乙酯以 1 ml 为单位分开用氮气干燥，再将样品溶于氯仿。加入含有有 4-硝基苯甲酸氯二甲基胺吡啶的液体（这种 4-硝基苯的衍生物可与 lovastatin 形成内酯型的特构物，使之轻易地同其他杂质分离，在走色谱柱时它可很容易和被测物分离）。室温下反应 5 min，再加入 100 μl 的甲醇和 1 ml pH 为 3.0 的磷酸铵溶液，混匀以 1200 r/min 离心 0.5 min。将下面的氯仿层放入自动进样的小瓶中，以 6 μl 进样。色谱条件是 Dupontzorhax C_8 柱，柱温 60℃，流速 2.0 ml/min，流动相为乙腈：甲醇：水（69：2：29），在 260 nm 处检测。结果在 0～4 g/L 内线性关系良好，内酯型 lovastatin 的相对标准偏差是 2.2%，还原型（酸式）为 2.7%[15]。

1993 年，Kysilka-R，Kren-V 等不经前处理直接用发酵液进样。用 Separon SGX C_{18} 柱，流动相为甲醇：磷酸缓冲液（18 mmol/L）（77.5：22.5），结果表明该方法在 1～500 mg/L 范围内线性关系良好。最低检测下限为 20～30 μg/L。C_{18} 柱较 C_8 柱极性弱，出峰较慢可将众多杂峰与样品峰分开，得到较理想效果[16]。

1994 年 Jozica Friedrich 等也对发酵品中的 lovastatin 进行了测定。在前人的基础上，他们用 pH 为 3.0 的甲醇提取 lovastatin，并在 30℃，200 r/min 振荡器中振荡 1 h。将提取液先过一张滤纸再过一个微型过滤器（滤径为 0.22 μm），得到除杂样品。他们认为样品液中存在 3 种 lovastatin 形式，即内酯型、酸式及甲酯产物，其中酸式结构在 HPLC 中的保留时间最短，所以他们将提取液用 0.1 mol/L NaOH 在 50℃下转化 1 h，用 1 mol/L HCl 调 pH 至 7.7，再分别用滤纸和过滤器过滤，这样得到的除杂样品液中的 lovastatin 为酸式结构。测定样品的色谱柱为 ODS2 250 mm×4 mm，5 μm 柱，检测波长为 237 nm，流动相为磷酸液-乙腈（65：35），流速 0.7 ml/min[17]。

1998 年韩国的 Choi-Hye-Jin 等用 HPLC 法测定了人血中和尿中的 lovastatin。他们用 Novapak C_{18} 色谱柱直接进样，流动相为 0.025 mol/L 磷酸二氢钠-乙腈（35：65）调 pH 为 4.5，流速 1.5 ml/min，紫外检测波长为 238 nm。若 lovastatin 在血（尿）中的析出率为 73.4%～82.9% 时，该方法在 0.5～10 μg/L 内线性关系良好，$r > 0.999$，最低检测下限为 0.5 μg/L，该方法的相对标准偏差（S_r）和相对误差分别小于 4.2% 和 4.0%[18]。

2000 年 Lily Y Ye，Patricia S Firby 等对人血中 lovastatin 做了测定。色谱柱为 C_{18}，250 mm×416 mm，0.5 μm 柱，流动相为甲醇-磷酸缓冲液（82：18）（磷酸缓冲液为磷酸二氢钠，0.025 mol/L，pH=4.5），流速为 1 ml/min，紫外检测波长为 236 nm。所有样品在 -70℃内保存并在 4 个月内测定。他们先用羟脂酶将内酯型 lovastatin 转化为酸式结构，再用质谱检测结构，观察样品的转化情况。测定结果显示：该方法在 100～5 000 μg/L 范围内线性关系良好，最低检测下限为 100 μg/L，r 为 0.9992，S_r 为 0.4295%（$n=10$）[19]。

2.2.2 国外其他方法测定 lovastatin 含量

气相色谱法测定 lovastatin 是较早的实验方法。1989 年，Wang-Iverson-David 等就用气相色谱联合质谱对人血清中酸式 lovastatin 进行了测定。他们先将血清中的酸式 lovastatin 提取出来，再用气相色谱进行测定，流动相为氮气，最后用质谱分析其结构。结果表明该方法的最低检测下限为 2 pg[20]。

也有些学者用荧光光度法测定 lovastatin 含量。1993 年 Habeeb-Ahmed-A 等就用该法测定了几种药物中 lovastatin 等物质的含量，他们将样品放入 0.1% 对苯二胺液体中，并在 90℃加热 25 min，再将反应产物用甲醇稀释，走板，其激发态在 430 nm，到 530 nm 有最大的荧光吸收值。该方法在 0.3～0.9 μg/L 的范围内线性关系良好，最低检测下限为 0.3 μg/L，回收率为 99.76%，S_r=0.958[21]。1998 年，Mabouk-Mokhtar-M 等用该法对人血中的 lovastatin 进行了测定。他们用牛磺酸-磷酸-硼酸混合液（pH=7.4）来溶解样品，并在 70℃加热 30 min，激发态波长为 318 nm，最大荧光波长为 388 nm，该方法在 0.7～0.8 μg/L 范围内线性关系良好，lovastatin 的平均回收率是 99.85%，最低检测下限为 0.2 μg/L[22]。

3 对各种测定方法的比较和对未来研究方向的展望

现在比较常用的方法有：HPLC 法（包括连接各种检测器，如紫外检测器和电化学检测器等）、紫外分光光度法、荧光光度法、气相色谱法及薄层层析法等。其中薄层层析法启用时间较早，它受实验条件干扰较大，方法的回收率较低。荧光光度法的检测灵敏度很高（可达 pg 级），精密度也比较好，但是萃取液多为复杂的有机混合液，不容易测定其酸式结构。气相色谱法对样品的前处理工作要求较高。紫外分光光度法对样品测定有简便、准确、快捷、经济的优点，但红曲或其他发酵品中成分复杂，用紫外分光光度法必需要对样品进行预处理，否则只能测出 monacolin 类化合物的总量。HPLC 法样品经前处理后又经高效液相色谱柱层析分离，再用高灵敏度检测器检测，因此测量误差较小，结果比较准确，且检测的灵敏度很高。发展至今日，HPLC 法的色谱条件已较为稳定，色谱柱根据需要不同一般采用 C_8 与 C_{18} 两种（C_{18} 柱最常见），流速为 0.7～2 ml/min 不等，紫外检测器检测波长为 238 nm，流动相一般为乙腈-水或甲醇-水系统。

红曲等发酵制品所含杂质很多，若直接用其提取液进样进行 HPLC 测定，杂质会影响色谱柱的使用寿命。所谓预处理一般是用一根小柱子对样品中的色素等杂质和 lovastatin 进行初步的分离，使得进样时色素等杂质的浓度大大降低。常用的小柱有 SPE 萃取小柱、中性氧化铝小柱、柱层析用硅胶小柱。其中 SPE 萃取小柱和中性氧化铝小柱可以对内酯型样品进行除杂，该样品一般用醇类提取（如乙醇）。上样后用醇类洗脱，可得到较好的洗脱效果。但对酸式结构的样品，以上提到的两种柱对样品吸附很强，回收率几乎为零。所以需要用硅胶小柱将酸式样品上样，一般用 NaOH 溶液洗脱。

自 lovastatin 发现 20 多年来，人们对其检测方法的研究从未停止过。随着分析仪器的推陈出新，今后 lovastatin 的检测方法必将继续朝着快速、灵敏、简便、可靠的方向发展，并且一定会涌现出更加完善的检测方法。

【参考文献】

[1] 张俊杰, 赵树欣, 赵华, 等. 红曲霉及其生理活性物质. 食品研究与开发, 1998, 19（2）: 14-18.
[2] Endo A. Monacolin K. A new hypocholesterolemic agent produced by a *Monascus* species. The Journal of Antibiotics, 1979, （32）:

852-854.

[3] Alberts A W, Chen J, Kuron G, et al. Mevinolin: a highly potent competitive inhibitor of hydroxymethylglutaryl-coenzyme, A reductase and a cholesterol-lowering agent. Proc Natl Acad Sci Usa, 1980, (77): 3957-3961.
[4] 宋洪涛, 宓鹤鸣, 郭涛. 中药红曲的研究进展. 药学实践杂志, 1999, 17 (3): 172-174.
[5] 张小茜, 周富荣, 石济民. 高效液相色谱法测血脂康胶囊及红曲中洛伐他汀的含量. 中国中药杂志, 1997, 22 (4): 222-224.
[6] 张哲峰, 鹿颐, 王元度, 等. RP-HPLC法分离测定洛伐他汀及其杂质. 药物分析杂志, 1996, 16 (6): 373-375.
[7] 孙考祥, 吴琳华, 胡君茹, 等. 反相高效液相色谱法测定洛伐他汀的血浆药物浓度. 药物分析杂志, 1998, 18 (3): 165-167.
[8] 赵飞浪, 袁倚盛, 沈学英. RP-HPLC测定人血浆中洛伐他汀浓度及药动学研究. 中国药科大学学报, 1997, 28 (5): 288-290.
[9] 宋洪涛, 宓鹤鸣, 郭涛, 等. HPLC法对不同来源红曲中洛伐他汀的定量分析. 中草药, 1999, 30 (2): 100-101.
[10] 文镜, 常平, 顾晓玲, 等. 红曲中内酯型lovastatin的HPLC测定方法研究. 食品科学, 2000, 21 (12): 100-102.
[11] 黄宏南. RP-HPLC法分离测定红曲中洛伐他汀. 海峡预防医学杂志, 2000, 6 (4): 40-41.
[12] 宋洪涛, 郭涛, 宓鹤鸣, 等. 薄层扫描法测定血脂平胶囊中洛伐他汀的含量. 中草药, 1997, 28 (12): 723-725.
[13] 张惠霞, 李平, 禹凤英, 等. 紫外分光光度法测定洛伐他汀片的含量. 药物分析杂志, 1999, 19 (1): 60-61.
[14] 文镜, 罗琳, 常平, 等. 紫外分光光度法测定红曲中酸式lovastatin的含量. 中国食品添加剂, 2002, (1): 69-74.
[15] Gullo V P, Goegelman R T, Putter I, et al. High-performance liquid chromatographic analysis of derivatized hypocholesteremic agents from fermentation broths. Journal of Chromatography, 1981, (212): 234-238.
[16] Kysilka R, Kren V. Determination of lovastatin a (mevinolin) and mevinolinic acid in fermentation liquids. J Chromatogr, 1993, 630 (1-2): 415-417.
[17] Jozica F, Mateja Z, Mojca B, et al. High-performance liquid chromatographic analysis of mevinolin as mevinolinic acid in fermentation broths. Journal of Chromatography A, 1995, (704): 363-367.
[18] Choi H J, Kim M M, Choi K E. Quantitive analysis of lovastatin in human plasma and urine by reversedphrase high-performance liquid chromatography. Yakhak Hoechi, 1998, 42 (5): 473-479.
[19] Ye L Y, Firby P S, Moore M J. Determination of lovastatin in human plasma using reverse-phase high-performance liquid chromatography with UV detection. Their Drug Monit, 2000, 22 (6): 737-741.
[20] Wang-Iverson D, Ivashkiv E, Jemal M, et al. Determination of lovastatin acid in serum by gas chromatography/mass spectrometry. Rapid Commun Mass Spectrom, 1989, 3 (5): 132-134.
[21] Habeeb A A, Mabrouk M. Fluorometric determination of lovastatin and siwvastatin in spiked human plasma. Zagazig J Pharm Sci, 1993, 2 (1): 1-10.
[22] Mabrouk M, Habib A, El Fatatry H M. Spectrofluorimetric determination of the two antilipaemic drugs lovastatin and Simvastatin in spiked human plasma and in dosage forms. Bull Fac Pharm, 1998, 36 (1): 59-65.

原文发表于《北京联合大学学报》（自然科学版），2003年第3期

第五章 保健（功能）食品的管理及产业评述

保健（功能）食品的现状和展望

金宗濂

北京联合大学　应用文理学院

1 保健（功能）食品的概念

近年来功能食品（functional food）一词受到国内外广泛重视，在中国轻工业中长期发展纲要中也提出要调整食品工业和产品结构，开发方便食品、功能食品和工程食品等各类新产品。

什么叫"功能食品"？它与目前各国流行的健康食品（health food）、营养食品（nutritional food）、改善食品（performed food）、特殊健康用途食品（food specified health use）和保健食品（health food）有哪些区别？

虽然世界各国对这一类食品的定义、称谓和划分范围略有区别，但基本含义有一点是一致的。这类食品除了具有一般食品皆具备的营养功能和感官功能（色、香、味、形）外，还具有一般食品所没有的或不强调的调节人体生理活动的功能。由于这类食品强调第三种功能，因此称为"功能食品"。

在我国，称这类食品为"保健食品"。1996年3月，卫生部公布的《保健食品管理办法》对保健食品的定义：保健食品指表明具有特定保健功能的食品。即适宜于特定人群食用，具有调节机体功能，不以治疗为目的的食品。国家技术监督局1997年发布的《保健（功能）食品通用标准》（GB 16740-1997）对保健食品定义：保健（功能）食品是食品的一个种类，具有一般食品的共性，能调节人体的机能，适于特定人群食用，但不以治疗疾病为目的。因此，在一定意义上，我们可将"功能食品""健康食品""营养食品""保健食品""改善食品""特殊健康用途食品"等看成一个概念，这类食品声称它们具有调节人体生理活动的功能或称为保健功能。

功能食品的概念最早是由日本提出的，早在1962年，日本厚生省的文件中就已经出现"功能食品"这一名词。日本厚生省提出的定义：功能食品是具有与生物防御、生物节律调整、防止疾病、恢复健康等有关功能因子，经设计加工，对生物体有明显调节功能的食品。其特点是由通常食品使用的材料或成分加工而成，以通常形态和方法摄取，标有生物调整功能标签。根据日本功能食品专家千叶英雄意见，功能食品必须具备如下六项条件：a.目的指南，制作目的明确（确有明确保健功能）；b.含有已被阐明化学结构的功能因子（functional factor）（或称有效成分）；c.功能因子在食品中稳定存在，并有特定存在的形态和含量；d.经口服摄取有效；e.安全性高；f.作为食品为消费者所接受。

苏联学者Breckman教授认为，在人体健康态和疾病态之间存在一种第三态（the third state）或称诱发病态（elicit illness State）。当机体第三态积累到一定程度时，就会发生疾病。保健（功能）食品作用在人体第三态，促使它向健康态转化，达到增进健康的目的。因此欧美各国把这类食品称之健康食品。因而可以认为，一般食品为健康人所摄取，人体从中获取各类营养素，并满足色、香、味等感官需求。药物被患者服用以达到治疗疾病的目的。而保健（功能）食品为第三态人体所设计，不仅满足人们对食品营养和感官的需求，更主要的是它将作用于人体第三态，促使机体向健康状态转化，达到增进健康的目的。

2 我国保健（功能）食品现状与回顾

2.1 我国保健食品发展的三个阶段

20世纪70年代末，随着我国改革开放，国民经济获得高速发展，人民生活水平有了较快提高，全国多数地区逐步解决了温饱问题，因此自20世纪80年代开始，我国保健食品获得迅速发展。1980年全国保健食品厂家不到100家，1992年已超过3000余家，生产3000余种保健食品，年产值200亿，至1994年总产值达300亿元人民币，占食品工业产值1/10（不包括烟）。

自20世纪80年代末期至20世纪90年代中期，我国的保健食品大多数为第一代保健食品，包括各类强化食品。它们仅根据食品中的各类营养素和其他有效成分的功能来推断该类食品的功能，这些功能没有经过任何实验予以验证。目前欧美各国都将这类食品列入一般食品。我国在"保健食品管理办法"实施后，也不允许这类食品以保健食品的身份出现。

第二代保健食品是必须经过人体和动物实验证明该产品具有某项生理调节功能，即欧美等国强调的"科学性""真实性"。在《保健食品管理办法》（以下简称《办法》）实施以前，这代食品是少数。《办法》实施后，第二代保健食品在市场上占绝大多数。

第三代保健食品，不仅需要经过人体和动物实验证明该产品具有某项生理调节功能，还需查明具有该项保健功能的功能因子的结构、含量及其作用机理。功能因子在食品中应有稳定形态。目前市场上该代产品占极少数，而且功能因子多数从国外引进，缺乏我们自己的系统研究工作（表1）。

表1 我国食品和药品的一般分类

药品	处方药、非处方药
	健字号药
保健食品	第三代保健食品
	第二代保健食品
	营养素补充剂
一般食品	新资源食品
	特殊营养食品
	普通食品

2.2 保健食品和一般食品及药品的区别

2.2.1 特殊营养食品

特殊营养食品（GB13432-92）指通过改变食品的天然营养素的成分和含量比例，以适应某些特殊人群营养需要的食品。它包括婴幼儿食品、营养强化食品、调整营养素的食品（如低糖食品、低钠食品、低谷蛋白食品）。其中营养素指构成食品成分的物质，用来保持人体正常代谢，通常分为蛋白质、脂肪、碳水化合物、矿物质和维生素五类。

2.2.2 新资源食品

食品新资源指在我国新研制、新发现、新引进的无食用习惯或仅在个别地区有食用习惯，符合食品基本要求的物品，以食品新资源生产的食品称为新资源食品（包括新资源食品的原料及成品）。迄今批准正式生产的新资源食品有30种，试生产食品285种。

2.2.3 营养素补充剂

营养剂补充剂是单纯以一种或数种经化学合成或从天然动植物中提取的营养素，可作为原料加工制成食品。营养素补充剂虽没有确定的保健功能，但在目前，它仍纳入保健食品管理。至1997年年底已批准的营养素补充剂有73种，其中国产60种，进口13种。

它们与特殊营养食品的差异：a.不一定要求以食品作为载体；b.补充的营养素是推荐每日膳食供给量（RDA）的 1/3～2/3，其中水溶性维生素可达1个RDA。

2.2.4 第二代、第三代保健食品

第二代、第三代保健食品是真正意义上的保健食品，它们以声称具有保健功能而区别于一般食品。但保健食品不同于药品，它不以治疗为目的。在具体操作上，大致有以下几点值得注意：a.有明确毒副作用的药材不应作为开发保健食品原料；b.已获国家药政管理部门批准的中成药或已受国家保护的中药不能开发成保健食品；c.如保健食品的原料为中药，其用量应控制在临床用量 1/2 以下。

2.3 我国保健食品发展现状

至1997年年底，我国卫生部发布批准863种保健食品，进口82种，国产781种（表2）。已批准790个具有功能的保健食品共有1023项功能，其功能分布见表3。

表2 至1997年年底我国批准保健食品数

项目	国产（种）	进口（种）	合计（种）
具有功能保健食品	721	69	790
营养补充剂	60	13	73
合计	781	82	863

表3 至1997年我国批准保健食品的功能分布

保健功能	被批准保健食品数目（种）	保健功能	被批准保健食品数目（种）	保健功能	被批准保健食品数目（种）
调节血脂	155	减肥	28	改善营养贫血	5
调节免疫	282	改善睡眠	45	美容	8
抗氧化	29	改善记忆	29	改善视力	2
延缓衰老	41	抗突变	15	促进排铅	2
抗疲劳	148	促进生长发育	13	改善骨质疏松	16
耐缺氧	54	护肝	20	改善微循环	2
抑制肿瘤	38	抗辐射	14	护发	2
调节血糖	36	改善胃肠功能	37	调节血压	1
				清咽润喉	1

2.4 我国保健食品存在的问题

2.4.1 产品的地域和功能分布极不均衡

保健食品的产生和发展是经济增长、人们生活水准提高的结果。反过来，它的发展又必然

推动着经济的进一步增长。一种保健产品的兴旺,不仅会给企业带来一片生机,有时还会牵动一个县甚至一个地区经济的繁荣。目前已批准的 790 种产品就地域而言仅广东省、北京市、上海市、山东省等四个省、直辖市便有 400 个,占 50.6%,但是诸如新疆维吾尔自治区、西藏自治区、云南省、贵州省、宁夏回族自治区等经济不发达地区,批准的产品却很少,有十个省、自治区、直辖市均不足 5 个产品,见表 4。这些地区往往都是生产保健食品所需原料的产地,我国要建立一个强大的保健食品产业,就必须有与之相适应的资源基地,将我国东部的科学优势和西部地区的资源优势结合起来,发展保健食品产业将有利于把西部山区资源优势转变为经济优势。在 790 种产品中,共批准 1023 项的功能中仅调节血脂、免疫调节和抗疲劳三项就有 585 项,占总数 57.1%。功能如此集中,不仅使市场销售步履艰难,也很难取得良好经济效益。

表 4 至 1997 年年底批准保健食品的地域分布

省、自治区、直辖市	保健食品生产企业数目(家)	保健食品批准数目(种)	省、自治区、直辖市省	保健食品生产企业数目(家)	保健食品批准数目(种)
广东省	90	147	江西省	9	13
北京市	105	132	辽宁省	10	12
上海市	46	65	吉林省	9	9
山东省	42	56	内蒙古自治区	8	8
天津市	33	40	重庆市	6	8
四川省	15	39	山西省	5	5
湖北省	37	37	海南省	3	4
河北省	31	35	甘肃省	3	4
河南省	30	32	云南省	3	3
江苏省	25	31	贵州省	2	2
浙江省	20	22	宁夏回族自治区	2	2
黑龙江省	17	22	湖南省	2	2
福建省	14	20	青海省	1	2
陕西省	18	18	新疆维吾尔自治区	1	1
广西壮族自治区	10	18	安徽省	1	1

2.4.2 低水平重复现象严重

在已批准的 790 种产品中,90% 是第二代保健食品。这一代产品功能因子不明确,作用机理也难以阐述清楚,因此很难进入发达国家的保健食品市场。在日本审批特殊健康用途食品时,要明确功能因子构效和量效关系及其作用机理,而且不能采用粉剂、片剂和胶囊等通常使用的药品形态。另外,在已批准 45 个改善睡眠的产品中有 40 余个产品以褪黑素(melatonin)为原料。褪黑素是一个调节生物节律的松果体激素,但目前却有不少人将它作为一个安眠剂服用,往往收不到应有的效果。这种一窝蜂上,又一拥而下的局面,不仅造成了不应有的经济损失,也会对保健食品在人们心中的信誉带来较多负面影响。

2.4.3 "名牌战略"措施实施艰难

"名牌产品""明星企业"对于一个产业的推动作用无疑是十分重要的。但在保健食品行业内实施这一战略步履艰难。批准的国内产品 721 种，分属于 548 家企业生产，平均每家企业仅有 1.32 种产品。据有关部门报告，已批准 790 种产品，在市场上流通的还不足 50%。有一些记者访问了正在生产保健食品的企业，据他们反映，有的企业生产条件极差，也许还够不上生产一般食品的条件。近年来有一些保健食品企业发展很快，几年时间就从一家仅几万元资产的小厂，一跃而成年销售额几十亿的大中型企业，成为当地的纳税大户。但没过几年，便昙花一现，落入破产的境地。究其原因无非是产品科技含量不高，新产品接不上，企业生产经营上有重大失误和管理人员跟不上企业的发展，致使企业管理混乱等因素。因此，要发展保健食品产业，使其走出发展低谷，必须深化改革，把生产增长方式转移到依靠提高劳动者的素质和科学技术轨道上来，转移到集约经营轨道上来，优化产品结构，提高产品品质，提倡集约型的研制生产和营销。

2.4.4 对保健食品的质量的管理和监督任务艰巨

自 1996 年实施贯彻《保健食品管理办法》以来，取得了不少成绩，使保健食品管理纳入法制的轨道。但是目前管理重点是对保健食品配方的审批，确保该产品配方安全无毒，功能科学真实。但是，今后生产出来的产品是否符合"企标"规定要求，任务仍很艰巨。一方面，目前已批准的保健食品绝大多数为第二代产品，功能因子仍不明确，因而给今后对产品质量的控制和监督管理带来诸多困难。另一方面，目前从事保健食品检测的机构数量较少，进行功能评价、功能成分检测时间不长，技术水平尚有待提高。保健食品产业需要多学科、多部门通力协作才能获得发展，目前我国的国情还很难实现这一协作。专业人员匮乏是一个原因，人们思想观念转变困难是另一个原因，但这不是一朝一夕能实现的。目前对保健食品配方的审批使保健食品管理实现了"零"的突破，今后关于产品质量的监控和管理的任务还很艰巨。需要各部门、各单位"通力合作""大力协同"才能完成，这不仅是生产发展需要，也是对人民健康负责的需要。

3 前景展望

保健（功能）食品起源于我国已为世界各国所公认。食疗是中医宝贵遗产之一，应努力加以发掘，尽快予以整理。我们可以在研究借鉴发达国家发展功能食品经验的同时，以我国食疗为基础，发挥多学科综合研究优势，发展中国特色的保健食品。加紧使用现代科学实验手段，研究食养、食疗。既要用现代科学理论和术语，阐明有关食疗配方的功能和作用，又要允许用现代中医药理论和临床资料，阐明食疗机理，努力提高我国保健食品研究和生产水平。

近几十年来，我国在保健食品研究和生产方面落后于发达国家的一个重要原因是缺少必要的基础研究，因而缺乏创新和后劲。根据我国国情，下述基础研究的方向应予以充分重视。

（1）依据生理学、生物化学、营养学及中医药等多种学科的基本理论建立一系列为国内外所公认、反应灵敏的保健功能评价体系。目前卫生部已颁布了 12 项保健功能测试项目、检测方法和判定标准，另有 12 项保健功能的评价体系在研讨完善中。今后尚需建立更多更新的指标评价体系，满足保健食品发展需要。

（2）研究功能因子构效、量效关系及其作用机理，积极发展第三代保健食品，使我国保健食品研究和生产达到并超过世界先进水平。日本的厚生省按照功能因子划分为 12 个专业委员会来审批特殊健康用途食品，因此日本的这类食品发展起点较我国高。我们要加紧研究功能因子的构效量效、作用机理和可能的毒性作用。鉴于我国的国情，从某一复方研究其功能因子，既不经济，难度又大。根据发达国家的经验，我们首先应该积极开展研究功能因子的构效和量效关系，从分子、细胞和器官水平研究它们的作用机理和可能的毒性作用。其次要采用现代生物技术从各种天然产物中去寻找这类因子，然后采用外加法生产第三代保健（功能）食品。

（3）要加强保健（功能）食品基础原料的研究。

（4）要发展提取分离各类功能因子的新技术、新工艺、新装备，最大限度保留其活性，提高它们在保健（功能）食品中的稳定性。

发展保健食品是当代食品研究和开发的世界潮流。随着改革开放，我国人民生活水平的普遍提高，膳食结构有所改变，一些西方早已见到的"文明病"已经在我国沿海地区和大中城市出现，它为我们敲起警钟。开发保健（功能）食品不仅可以使有限资源得以充分利用，提高人们的躯体素质，促进健康，减少疾病，还可以进一步利用我国丰富资源生产高附加值的保健食品。当前要着重加强应用研究，加快产品开发，积极开展基础原料研究，完善法规建设，使我国保健食品发展走上一条健康发展道路，再创保健食品新辉煌。

原文发表于《食品工业科技》，1998年第4期

我国保健食品现状与 21 世纪发展趋势

金宗濂

北京联合大学　应用文理学院

1 我国保健食品的现状及存在问题

1.1 保健食品发展现状

至1998年10月，我国卫生部发布批准共1549种保健食品，其中国产1372种，进口177种（表1）。已批准1276种国产保健食品具有1668项保健功能，其地域和功能分布见表2、表3。

表1　至1998年10月我国批准保健食品现状

项目	国产	进口	合计
具有功能保健食品（种）	1276	137	1413
营养素补充剂（种）	96	40	136
小计	1372	177	1549

表2　1998年10月我国批准国产保健食品功能分布

保健功能	被批准保健食品数目（种）	保健功能	被批准保健食品数目（种）	保健功能	被批准保健食品数目（种）
调节免疫	500	抗辐射	20	改善视力	3
调节血脂	244	促进生长发育	19	促进排铅	2
抗疲劳	250	美容	28	调节血压	3
延缓衰老	118	改善记忆	43	促进泌乳	0
耐缺氧	74	调节血糖	52	清咽润喉	6
抑制肿瘤	67	改善睡眠	42	改善骨质疏松	20
减肥	40	对化学性肝损伤有一定保护作用	31	改善营养性贫血	10
抗突变	21			改善性功能	0

表3　至1998年10月批准保健食品地域分布

省、自治区、直辖市	批准国产保健食品数目（个）	省份	批准国产保健食品数目（个）	省、自治区、直辖市	批准国产保健食品数目（个）
北京市	161	福建省	21	广西壮族自治区	38
广东省	144	内蒙古自治区	19	河南省	37
山东省	90	重庆市	16	山西省	14
江苏省	77	黑龙江省	32	辽宁省	28
上海市	74	湖南省	13	吉林省	26
湖北省	68	海南省	10	陕西省	26
天津市	65	甘肃省	9	安徽省	6
河北省	62	宁夏回族自治区	7	贵州省	5
四川省	52	西藏自治区	3	云南省	4
青海省	2	新疆维吾尔自治区	2		
江西省	25	浙江省	51		

1.2 我国保健食品存在问题

1.2.1 产品地域和功能分布极不均衡

一个保健产品的兴旺，不仅会给一家企业带来一片生机，有时还会牵动一个县甚至一个地区的经济繁荣。

目前已批准的 1276 种具有功能的保健食品，就地区而言，42.79% 集中在北京市、广东省、山东省、江苏省、上海市等东部沿海和经济发达的地区。但诸如云南省、西藏自治区、新疆维吾尔自治区、青海省、贵州省等五个经济不发达的边远省、自治区的产品却很少，仅占 1.25%。而这些地区往往是生产保健食品所需原料的产地。我国要建立一个强大的保健食品产业，就必须有与之相适应的资源基地。将我国东部的科技、经济优势与西部地区的资源优势结合起来，发展保健食品产业，将有利于把西部山区资源优势转变为经济优势。

卫生部已公布可受理的保健功能有 24 项，而批准的 1668 项功能中仅调节免疫、抗疲劳、调节血脂三项就有 994 项，占 60%。批准产品功能如此集中，不仅使市场销售步履艰难，也很难取得良好的经济效益。

1.2.2 低水平重复现象严重，产品进入市场步履艰难

至 1998 年 10 月，已批准的保健食品共 1549 种，但真正进入市场的也许不到 1/3。为什么企业花了几十万元，用了一年多时间，报批一种产品，却不能尽快进入市场呢？据笔者所知，可能存在三方面原因。

首先，从技术角度看，主要是产品科技含量低，低水平重复现象严重。已批准的 1276 种国产保健品，90% 以上属于第二代产品。第二代产品功能因子不明确，作用机理也难以阐述清楚，一旦造假难以鉴别。多数企业在研制新产品时，没有经过周密的市场调查，新产品研制十分盲目。多数企业为了赶时间，也没有进行必要的基础研究，产品雷同，缺乏创新。因此，保健食品领域往往出现一窝蜂上，又一拥而下的局面，产品市场寿命极短。1997 年，国外进口了一种叫褪黑素的保健食品，开始销路还好。于是国内不少企业纷纷仿制，1996～1997 年年底共申报和批准了 40 余种以褪黑素为主要原料的改善睡眠产品。褪黑素是一个调节生物节律的松果体激素，宜用于调节时差反应，而不少人将它作为一个安眠剂服用，往往收不到应有的效果，因而受到市场的冷落。

其次，保健食品企业经济实力差，营销方式落后。保健食品是一种高科技的特殊消费品，需要与消费者沟通，使消费者对产品的功能有一个较深入的了解，才会刺激消费者的购买力。这需要企业不断向消费者进行科学技术普及。因而在中国台湾和东南亚地区，这类产品往往以直销方式进行销售。中国台湾 80% 的保健食品是以传销方式进行销售的。然而，"传销"并不适合于中国大陆的国情。如采用常规的销售方式，就需要调动各种宣传媒介进行广泛宣传，或组织庞大的销售队伍，进行直销和宣传，这需要企业有较强的经济实力。已批准的 1276 种国产保健品，分属 1059 家企业。平均每家企业仅有 1.20 个产品。有人对 12 个省市的 453 家保健食品企业进行调查，其生产设备平均仅为 241.5 万元。其中最小的企业仅有 1 万元的生产设备，保健品产值才 2 万元，处于负效益状态。这样的企业如何能投以巨资进行广告宣传和组织销售队伍呢？

最后，是经营管理方面的问题。国内的保健食品企业由于管理层的科学文化素质不高，他们在管理企业时缺少战略规划，缺乏科学决策。对企业发展没有一个长远考虑。他们往往受"打一枪换一个地方"的投机心理所支配，对产品不注重"品牌"，对企业不重视"信誉"。"名牌战略"在这些企业实施艰难。近年来，有一些保健食品企业发展很快，几年时间就从一家仅

几万元资产小厂,一跃而成年销售额几十亿的大中型企业,成为当地纳税大户。但没过几年,便昙花一现,落入破产境地。究其原因,无非是产品科技含量不高,新产品接不上,企业经营管理方面存有重大失误和管理人员素质跟不上企业发展,致使企业管理混乱等因素。因此要发展保健食品产业,使其步出发展低谷,必须深化改革,把生产增长方式转移到依靠提高劳动者素质和科学技术的轨道上来,转移到集约经营的轨道上来,优化产品结构,提高产品品质,提倡集约型研制、生产和营销。

1.2.3 重许可,轻监督,净化保健食品市场任务十分艰巨

自 1996 年《保健食品管理办法》实施以来,对原有市场 4000 余种产品进行重新评审,对产品的安全性、有效性、稳定性进行了科学鉴定,成绩卓著。但是,对于"保健食品"而言,卫生行政许可和市场监督管理都是卫生执法的重要内容。事前许可和事后监督是对保健食品实施有效管理的两方面,要"两手硬",而目前不少地方却多多少少存在"一手硬、一手软",即"重许可,轻监督"的状态。笔者 1998 年夏曾对一些省市的保健食品市场做过一些调查,"普通食品宣传功能""保健食品夸大宣传"的现象较为普遍。对市场上的非法产品和违法生产经营活动熟视无睹,放任自流,实际上是对人民健康不负责任,也不利于保健食品走出低谷,健康发展。

当前对保健食品的质量实施严格的监督管理尚有难度。因为我国 90% 的保健食品是第二代产品,功能因子尚不明确,给产品监督管理带来诸多不便。这就需要参照先进国家的经验,各部门密切配合,对保健食品尽快实施生产质量管理规范(GMP)管理。此外,政府各监督部门要克服地方保护主义,密切配合,强化监督检查,依法严厉查处,才能尽快净化保健食品市场。

1.2.4 依法治国,依法行政观念尚未深入人心,保健食品卫生行政许可行为尚待完善和规范

保健食品在我国实行卫生行政许可制度。这就是以技术评审为依据,与监督检查相结合,建立检验、受理、审评及批准各个环节互相依托又相对独立、科学、公正的卫生行政许可制度。1996 年以来,已制定十余个规范性文件和卫生行政许可的技术标准,使卫生行政许可工作纳入了法制化轨道。但是由于保健食品实行卫生行政许可时间不长,许多规章制度和标准尚不完善,一些许可行为还不规范,受人为因素干扰较大。例如,《中华人民共和国食品卫生法》(以下简称《食品卫生法》)已明确指出"食品不得加入药物",但是按照传统既是食品又是药品者除外。目前卫生部已公布了三批 78 种既是食品又是药品的物品名单,同时经过严格的安全性评价,又公布食品新资源名称,因此,这些名单作为食品的原材料是无可非议的。但是,已批准的 1276 余种产品,所使用的原材料却远远超出上述两份食品名单,有些是典型的中药材。因此有人曾质疑这样做有否法律依据,是否符合《食品卫生法》?这样的质疑不是没有道理的。我们可以参照一些先进国家和地区的做法,像日本那样,明确公布哪些只能入药,哪些可做食品的原料,还有一些需经严格审查后才能进入食品。在我国,由于祖国医药历史悠久,中草药名目繁多,很难在短时间内断定哪些中草药资源能够安全地进入食品。是否可采取否定排除法呢?先明确规定哪些中草药资源一定不能作为食品资源。这样使企业有法可依,减少许多不必要的人为因素对保健食品行政许可行为的干扰。

另外,保健食品能否以食品作载体,能否以普通食品形态出现,也是评审中经常遇到的一个难题。日本的特殊健康用食品明确规定,只能以食品作载体,不允许以片剂、粉剂和胶囊等形式出现。而美国人有一个十分聪明的做法,他们称这类产品为"膳食补充剂",避开了"食品"这一名词。

2 21世纪我国保健食品产业的发展趋势

2.1 保健食品销售额将有较大幅度的增长

人们对保健食品的购买力主要取决于两个因素：人们生活的富裕程度和他们对保健食品的可信度（包括安全性和有效性），当人们的物质生活进入小康水平后，后者是影响国民购买保健食品的主要因素。

据美国对消费者一项调查表明，美国国民对植物产品的信任度与日俱增（表4）。1991年3%的被调查者信任植物产品，至1998年的38%。随着人们对草药等植物产品信任度增加，这几年膳食补充剂在美国的年销售额以20%左右速度递增。

我国的保健食品市场在经过了1995～1997年的低迷徘徊走出低谷后，随着改革开放深入，人们生活质量逐步提高，以及人们对保健食品信任度增加，保健食品年销量将会有较大幅度的增长。有关部门预测如下（表5）。

表4 美国消费者使用植物产品调查

年份（年）	使用过植物产品人数（%）
1991	3
1994	8
1995	15
1996	19
1997	32
1998	38

表5 未来几年我国保健食品发展趋势

年份（年）	人民币（亿元）
1997	300
2000	500
2010	1000

2.2 保健食品的质量趋向天然、安全、有效的方向发展，第三代保健食品将是21世纪发展的重点

（1）21世纪保健食品的发展趋势是天然、安全和有效。第一是安全。保健食品是一种食品，长期服用应无毒、无害，确保安全。因此，一种保健食品在进入市场前应根据所在国家对食品安全性的要求完成安全性检测。近几年，我国的保健科技工作者应在广泛收集资料的基础上，经过严格的科学论证，扩大传统的既是食品又是药品的物品名单，明确哪些中草药不能作为保健食品的原材料，使保健食品的研制工作有法可依。第二是有效。它是评价一个保健食品质量的关键。目前卫生部仅公布了12项保健功能的评价程序和方法，这些功能检测方法已经过三年的实践，有许多地方尚需修改，有些功能的判定标准还不够明确，另有12项的保健功能的评价程序和方法，目前正在制定，卫生部尚未宣布，更没有经过全国各检测中心的实践和验证。今后还需建立更多、更新的指标评价体系来满足保健食品发展需要。

（2）研究功能因子构效、量效关系及其作用机理，积极发展第三代保健食品，使我国保健食品的研究和生产达到并超过世界先进水平。日本厚生省对特殊健康用食品是按照功能因子划分为12个专业委员会来审批特殊健康用食品。他们发展的起点较我们国家高。我国的保健食品要走出国门与世界接轨，必须将发展第三代保健食品作为今后研究、开发的重点。因此，我们要有计划地抓紧研究功能因子的构效和量效关系及作用机理。鉴于我国的国情，要从某复方中研究功能因子，既不经济，难度又大。根据发达国家经验，首先，我们应积极开展研究功能因子的构效和量效关系，从分子、细胞和器官水平上研究它们的作用机理和可能的毒性作用。

其次，要采用现代的生物技术，从各种天然产物中去寻找这类因子，然后采用外加法生产第三代保健（功能）食品。要尽快建立和发展检测各类功能因子的方法，它不仅是研究开发第三代保健食品的关键，也是今后市场监督的需要。

（3）鉴于我国的国情，在今后相当一段时间内，第二代保健食品仍占多数，因此要迅速建立保健食品的 GMP 管理体制，以确保进入保健食品市场产品的质量。

（4）要充分重视对保健（功能）食品基础原料的研究，要进一步研究开发新的保健食品原料，特别是一些具有中国特色的基础原料如银杏、红景天等。日本、中国台湾等一些经济发达的国家和地区，他们都十分重视对功能食品原料进行全面的基础和应用研究。不仅要研究其中的功能因子，还要研究分离保留其活性和稳定性的工艺技术，包括如何去除这些原料中一些有害、有毒物质。因而他们生产出来的产品科技含量较高，质量稳定，产品的品质好，其经济效益也高。例如，德国产的银杏提取物，与国内同类产品价格相比，其国际市场价格竟高出近百倍。

（5）要积极发展提取分离各类功能因子新技术、新工艺和新装备，最大限度保留其活性，提高它们在保健（功能）食品中的稳定性。

2.3 组建大中型保健食品企业集团，积极实施名牌战略，是今后保健食品产业发展的一个重要趋势

"名牌产品"和"明星企业"对于一个产业的推动作用无疑是十分重要的。但保健食品行业实施这一战略步履艰难。原因之一是当前我国保健食品企业多数是小企业，经济实力较差。而且，这些企业大多是在 20 世纪 80 年代末或 90 年代初建立和发展起来的新企业，企业的管理层和员工缺乏实践锻炼。特别是决策层，由于靠"拍脑袋"决策容易造成失误，使企业陷入大起大落的局面。笔者认为，在未来若干年内，国家应着手扶持和组建一些大中型保健食品企业集团，使其成为保健食品行业的排头兵。这些企业集团应将生产增长方式转移到提高劳动者素质和科学技术轨道上来，集约经营，集约营销，真正成为外向型现代化的企业集团，以带动整个保健食品企业迈入 21 世纪。

2.4 各部门各单位大力协作，加快法规建设，规范卫生许可行为

保健食品产业需要多部门多学科通力协作才能获得发展。《保健食品管理办法》实施以来，已实现了以技术评审为依据，建立检验、管理、评审、批准各个环节的科学公正卫生行政许可制度。这仅是生产保健食品的第一步，解决了配方的科学性、真实性问题。但是，配方如何变成高品质的产品，生产和流通环节如何进行有效的管理和监督，这不是卫生行政部门一家能够胜任的，需要各部门、各单位"通力合作""大力协同"才能完成。这不仅是生产发展需要，也是对人民健康负责的需要。

原文发表于《未来五十年北京农业与食品工业的发展研讨会论文集》，2000 年

中国保健食品科研开发进展（一）——功能因子及其作用机理研究

金宗濂

北京联合大学　应用文理学院

近年来，我国保健食品的科研开发工作大致围绕以下八个方面展开的。
（1）保健食品功能因子及其作用机理研究。
（2）保健食品功能性基础材料（配料）的研究与开发。
（3）保健食品功能因子（或特征因子）分析技术的研究。
（4）保健食品功能学评价程序和检测方法的研究。
（5）新技术、新工艺和新装备在保健食品生产中的应用研究。
（6）保健食品产品及其原料的安全性研究。
（7）保健食品的产品开发和市场开拓研究。
（8）保健食品的管理体制及各项政策法规的研究。

自1996年以来，中国营养资源与保健食品学会先后召开过三次有关保健食品的全国性专业学术会议。1999年中国食品科学技术学会（CIFST）和国际食品科学技术联盟（IUFOST）联合在北京举办了第四次会议即"东方食品国际会议"，也开设了"保健食品开发"的专题讨论。四次会议共发表了有关保健食品研究开发的论文301篇，分类统计见表1。

由表1可见，四次全国性的保健食品专业学术会议，发表的论文占前三位的分别是保健食品的产品开发和市场开拓研究、保健食品功能性基础材料（配料）的研究与开发及保健食品功能因子及其作用机理研究。

表1　1996年以来召开的四次保健食品专业学术会议发表论文分类统计表

论文类型	篇数	占总篇数（%）
保健食品的产品开发和市场开拓研究	82	27.2
保健食品功能性基础材料（配料）的研究与开发	77	25.6
保健食品功能因子及其作用机理研究	43	14.3
保健食品的管理体制及各项政策法规的研究	29	9.6
新技术、新工艺和新装备在保健食品生产中的应用研究	27	9.0
保健食品功能因子（或特征因子）分析技术的研究	11	3.7
保健食品功能学评价程序和检测方法的研究	3	1
其他	29	9.6

本文就"保健食品功能因子及其作用机理研究"的现状及进展作一综述。

笔者在"中国保健（功能）食品现状及趋势"一文中曾提出：第三代保健食品将是21世纪发展的重点。而功能因子的构效、量效关系及其作用机理的研究是发展第三代保健食品的关键。虽然在目前的国内市场上，第三代保健食品仍占极少数，而且功能因子研究技术多数从国外引进。但从上述四次会议发表的论文统计来看，该项研究的论文数量已占第 3 位。这是一个好兆头，表明我国保健食品研究工作正在赶超国际先进水平，我国保健食品升级换代并与国际接轨为期不远了。

从近年来我国学者发表的研究论文看，主要研究了 12 大类的功能因子，它们是功能性低聚糖，功能性多糖，腺苷受体阻断剂，功能性油脂，L-肉碱，褪黑素，黄酮类化合物，皂苷，氨基酸、肽和蛋白质，抗氧化维生素，核酸及其他。

1 功能性低聚糖

功能性低聚糖（functional oligosaccharide）是由 2～10 个相同或不相同的单糖以糖苷键结合而成。它不被人类胃肠道消化，因此属一类不消化性糖类。功能性低聚糖包括水苏糖、棉籽糖、低聚异麦芽糖、低聚果糖、低聚木糖、palafinose 等。由于人体胃肠道内没有水解这些低聚糖（除 palatinose 外）的酶。因此，它们不能被消化吸收而直接进入大肠。功能性低聚糖首先为双歧杆菌等大肠微生物所利用，属双歧杆菌增殖因子，亦称为益生元（prebiotics）。

已经确认的功能性低聚糖的生理活性包括以下五个方面。

（1）很难或不被人体消化吸收。所提供的能量值极低或根本没有，用于低热量或减肥食品的功能性基料，或供糖尿病患者食用，食后不会引起血糖升高。

（2）具有润肠通便和改善肠道菌群作用。特别是作为双歧杆菌的增殖因子，可促使肠道内有益菌增殖，抑制有害菌生长，有利于肠道内有害物质清除。

（3）预防牙齿龋变。龋齿是由于口腔内微生物特别是突变链球菌（*Streptococcus mutans*）侵蚀引起的。功能性低聚糖不是这些微生物合适的作用底物，因此不会引起牙齿龋变。

（4）具有降低血清胆固醇，调节血脂的功能。

（5）增强机体免疫。

由于功能性低聚糖具有这些独特的生理活性，引起了各国学者普遍关注。1996 年世界各国低聚糖产量约为 85 000 吨。日本在这方面的研究和开发工作位于世界前列，并已形成工业化生产规模的低聚糖有几十个品种，1990 年总产值达 4.6 亿美元。1998 年 5 月日本已批准的 108 种特殊健康用食品中，用功能性低聚糖作为功能因子的有 43 种，占 39.8%。功能性低聚糖作为保健食品功能因子也进入了欧洲和美国市场。在欧洲，如荷兰、比利时、英国均有不少高校和研究机构开发这方面工作。

我国功能性低聚糖的研究始于 20 世纪 90 年代初。1995 年国家科学技术委员会（以下简称国家科委）生物工程中心将功能性低聚糖研究列入国家科委"九五"生物技术攻关课题。

目前，我国研究开发的功能性低聚糖包括低聚异麦芽糖、低聚甘露糖、低聚果糖、低聚壳聚糖、低聚葡聚糖及大豆低聚糖等。目前国内已上市的低聚糖有低聚麦芽糖、低聚果糖、大豆低聚糖，还有小批量试生产的低聚木糖和水苏糖。

2 功能性多糖

至今我国研究最多的功能性多糖（functional polysaccharide）共四类：膳食纤维、真菌多糖、壳聚糖与植物多糖。

2.1 膳食纤维

膳食纤维是指一类"不被人体消化吸收的多糖类碳水化合物和木质素"。从化学组成讲，包括纤维素、半纤维素及木质素三部分。可见膳食纤维是一个集合名词，不同来源的膳食纤维其结构差异很大。

膳食纤维内有很多亲水基因，因此有很强的蓄水能力。又因有较多的羧基和羟基等侧链，相当一个弱酸性阳离子交换树脂，对阳离子有良好的结合和交换能力。膳食纤维表面又有很多活性基团，可以螯合吸附胆固醇和胆汁酸，抑制消化道对它们的吸收，因此有一定的降脂功能。膳食纤维的吸水功能加之体积较大，对肠道产生容积作用，食后可产生饱腹感，也是目前广泛用于减肥食品的机理之一。此外，膳食纤维能刺激肠道蠕动，促使肠道内有益菌生长，因此西方一些国家广泛用它作为食品添加物，以改善便秘、预防结肠癌发生。有人建议，正常人每天膳食中应摄取 15～25 g 膳食纤维，对改善便秘，预防结肠癌有好处。

目前我国已开发的膳食纤维包括谷类纤维（如燕麦、荞麦、玉米及小麦纤维等）、豆类种子和种皮纤维、水果蔬菜纤维等。

早在 20 世纪 80 年代，我校（北京联合大学）马熙媛教授等曾研究过"玉米胚强化谷粉"的降血脂和延缓衰老作用。研究表明，由于"玉米胚强化谷粉"能增加粪便量，促使各类胆固醇排出，提高血清卵磷脂酰基转移酶（LCAT）活性，促使体内积存的胆固醇酯化，使之易于转运和排泄，减少在体内的积存。"玉米胚强化谷粉"还能提高机体内抗氧化酶类，如超氧化物歧化酶（SOD）、谷胱甘肽过氧化物酶（GSH-Px）的活性，降低体内过氧化脂质（LPO）水平。笔者认为"玉米胚强化谷粉"的降脂延衰作用的功能因子除了蛋白质外，还包括该"谷粉"内高含量的膳食纤维。

2.2 真菌多糖

真菌多糖（fungus polysaccharide）因具有独特的生理活性是目前我国学者研究最多，也是最引人注目的一个研究领域。研究较多的多糖有香菇多糖、金针菇多糖、灵芝多糖、枸杞多糖、银耳多糖、茯苓多糖等。近年来，虫草多糖、灰树花多糖的研究也引人注目。真菌多糖分为结构多糖和活性多糖两类。真菌细胞壁中的几丁质属结构多糖，而另一类多糖是由真菌菌丝体产生的次生代谢产物，因对真菌本身的意义研究较少，而对它的生理活性研究较多，因此有人称活性多糖。

真菌的活性多糖均是广谱免疫促进剂。研究表明，它们具有较好的抑瘤活性。真菌多糖的抑瘤作用并不是它对肿瘤的直接杀伤作用，而是其激活了宿主免疫功能的产生的间接作用。进一步研究表明，具有免疫激活和抑瘤活性的真菌多糖的主链是 $\beta(1\rightarrow 3)$ 连接的葡聚糖，沿主链随机分布着由 $\beta(1\rightarrow 6)$ 连接的葡萄糖基。β 葡聚糖的分支度、分子大小、主链连接方式和侧链基团都会影响抑瘤作用。此外，也有报道说，真菌多糖还有降血脂、降血糖、抗氧化和提高机体运动耐力的功效。

2.3 壳聚糖

甲壳素（chitin）是 α-乙酰氨基-α脱氧-D葡萄糖经 $\beta(1\rightarrow 4)$ 糖苷键连接起来的一种多糖，与纤维素结构十分相似，也可称为动物纤维素。它经脱乙酰基后，形成 α-氨基 α-脱氧-D-葡萄糖的 $\beta(1\rightarrow 4)$ 聚合物称为壳聚糖（chitosan）。由于现有的技术尚不能将甲壳素完全脱去乙酰基形成 100% 的壳聚糖，也很难将两者完全分离开，因此现有的壳聚糖商品是甲壳素和壳聚糖的混合物。作为保健食品的原料要求脱乙酰度达到 85% 以上。

20 世纪 90 年代，比利时来恩公司的"救多善"（壳聚糖粉末）首次引入国内。并于 1997 年获卫生部批准为具有调节免疫功能的进口保健食品。此后以壳聚糖为原料的保健食品纷纷上市。我校曾研究过壳聚糖的生理活性，证明它具有良好的调节免疫和降血脂功能。但尚不能证明其抑瘤和降血糖（仅动物实验有效）功效。不同实验室报道结果差异较大，是否可能与壳聚糖的来源和分子量大小差异有关，有待进一步深入研究。国家科委生物工程中心曾将"低聚氨基葡萄糖"的研究列入了国家科委"九五"生物技术攻关课题。中国科学院大连化物所与我院合作，研制开发了一种具较强抑瘤活性的 6~8 个氨基糖的低聚糖。今年 8 月通过了科技部的鉴定，有望于 2001 年形成产品，投入市场。

3 腺苷受体阻断剂

1993 年以来，我校对腺苷受体阻断剂如茶碱的生理活性进行了较为深入的研究。腺苷是腺嘌呤与核糖缩合的产物。在体内是 AMP 在 5′- 核苷酸酶催化下脱磷酸而成，它在体内有着广泛的分布。在组织细胞膜上存在两类腺苷受体，当腺苷与膜上受体结合后会抑制细胞质内蛋白质的磷酸化。众所周知，体内的一些酶如激素敏感型脂肪酶是通过磷酸化被激活，因而体内腺苷含量的增加会抑制脂肪动员。利用腺苷的这一生理活性，我们曾采用腺苷受体阻断剂激活激素敏感脂肪酶加速脂肪动员，为肌肉活动提供充足能量。为此，我们不仅研制了有良好性能的抗寒、减肥食品，并与中国人民解放军总后勤部军需装备研究所合作，研制了一种具有国际先进水平的"高能野战口粮"。它在半能量供给条件下，能保持部队战斗力。它的功能超过了美国的 21 世纪军粮，已于 1998 年通过鉴定装备部队，1999 年获军队科技进步三等奖。

腺苷的另一个功能是它作为中枢神经系统的一个抑制性调质，对脑内神经递质的释放有着广泛的抑制作用，从而影响了神经元间的信息传递。众所周知，脑内腺苷含量伴有随龄增加的趋势。我们的一系列研究表明，腺苷的随龄增加也许是老年记忆障碍和阿尔茨海默型老年痴呆的机理之一。我们曾采用腺苷受体阻断剂在实验动物中证明了它确实能改善老年记忆障碍和老年痴呆综合征中记忆衰退的功效。进一步的人体实验也证实了动物实验的结论。

腺苷受体阻断剂作为开发第三代保健食品的功能因子，前景可观。

4 功能性油脂

作为保健食品的功能因子，目前应用最多的功能性油脂（functional fat）是必需脂肪酸、ω-3 多不饱和脂肪酸和磷脂三类。

4.1 必需脂肪酸

必需脂肪酸是指亚油酸（linoleic acid）、亚麻酸（linolenic acid）和花生四烯酸（arachidonic acid）。因人体体内不能自行合成而必须从膳食中获取。严格地说，只有亚油酸是人体不可缺少的，其他两种必需脂肪酸均可由亚油酸在体内部分转化而得，但因转化率较低，因而仍需从食物中获取。

实验证明，动物缺乏必需脂肪酸会出现诸多症候，如生长停滞、肾功能衰退、生殖能力丧失，尤其是中枢神经系统、视网膜和血小板功能异常。此外，亚油酸还具有降低血液胆固醇、防止动脉硬化的功效，对糖尿病也有一定预防作用。

γ- 亚麻酸及其代谢产物对婴儿生长发育有着重要作用，而且还是合成前列腺素 PG Ⅰ 的前体，也是花生四烯酸和前列腺素 PG Ⅱ 的来源。前列腺素 PG Ⅰ、PG Ⅱ 能抑制血管紧张素合成、降低血管张力作用，对高血压患者有明显降压作用。γ- 亚麻酸降低甘油三酯和胆固醇的效果也很好。

4.2 ω- 不饱和脂肪酸——DHA 和 EPA

近年来，国内外的鱼油产品蜂拥进入国内市场。这是根据一个流行病学的调查，爱斯基摩人因食用富含 DHA 和 EPA 的鱼油，其冠心病的死亡率大约只有北美人 10%。这一调查引起人们对 DHA 和 EPA 生理功能的深入研究。多数研究资料表明，DHA 和 EPA 对心血管系统有较好生理功能，如降低甘油三酯、降低胆固醇、降血压、预防心血管病、抑制血小板凝集、防止血栓形成。

此外，DHA 还有增强记忆，提高学习效果作用。还有报道说，它能增强视网膜功能、防止视力退化。据临床观察，EPA 还有增强性功能作用。因此，建议少年儿童慎用，并认为儿童每日摄入 EPA 应在 4mg 以下才较安全。我国关于用鱼油生产儿童增智保健食品也规定 DHA∶EPA＞2.5∶1。

5　*L-* 肉碱

L- 肉碱（*L*-carnitine）是 1905 年俄国化学家 Gulewitsch 和 Kriraberg 在肉浸汁中首次发现。1927 年，Tomita 和 Senju 确定它的化学结构。其分子式为 $C_7H_{15}NO_3$。肉碱分左旋（*L*）和右旋（*D*）两种。只有 *L-* 肉碱才有生理活性，*D-* 肉碱由于会竞争性地抑制肉碱乙酰转移酶（CAT）和肉碱脂肪酰转移酶（FTC）的活性，阻碍细胞脂肪代谢，对人体有害。

L- 肉碱的主要生理功能是参与转运脂肪酸进入线粒体的载体，因而有促进脂肪酸的运输与氧化的作用。此外，它还有加速精子成熟并提高精子数目和活力的功能。

婴幼儿自身合成肉碱的能力有限，因而有必要补充肉碱。对于成人来说，一般不易缺乏，但对于一些特殊人群如运动员，激烈运动会使肌肉中肉碱含量下降，有的可下降 20%，因此有必要进行补充，可改善疲劳。目前肉碱广泛用于运动员和减肥健美人群。

6　褪黑素

褪黑素（melatonin）是由人体和动物松果体分泌的一种激素。松果体位于人体大脑第三脑室上方，是一个退化了的内分泌腺体。儿童时代松果体较大，但它随龄趋于萎缩。松果体分泌褪黑素有昼夜、季节和年度节律。一般白天分泌下降，夜间分泌增加，凌晨最高，通常是白天的 10 余倍。褪黑素的主要生理功能是调节睡眠和昼夜节律，因此西方国家最早用于调节时差。目前我国已批准了 40 余种以褪黑素为功能因子改善睡眠的保健食品。据报道，褪黑素还有良好的延缓衰老、增强免疫、降血压及抑制肿瘤等功能。但目前我国尚未批准以褪黑素这些生理活性为基础研发的保健食品入市。

7　黄酮类化合物

黄酮类化合物（flavonoids）广泛存在自然界。在植物体内大多数与糖结合形成糖苷。一部分以游离形式存在。植物中黄酮类化合物分布广，含量丰富。黄酮类化合物又称生物类黄酮（bioflavonoid），有微雌激素样作用。花青素（anthocyanidins）的有效成分是黄酮和三萜，它有增加冠状动脉血流量、降低胆固醇及镇静中枢神经等作用。

黄酮类化合物的主要生理活性如下所示。

（1）调节毛细血管的脆性和渗透性，保护心血管系统。

（2）具有较强的抗氧化作用，是一种有效的自由基清除剂，其作用仅次于维生素 E（Vit E），主要的抗氧化活性基团是酚羟基。黄酮类化合物能在高胆固醇模型大鼠体内抑制脂质过氧化，降低血脂和胆固醇，防止血管粥样硬化。

（3）具有金属螯合能力，影响酶和膜的活性。由于黄酮类物质（如体内槲皮素）可抑制细胞膜脂质过氧化,从而保护细胞膜不受过氧化破坏。

（4）抗肿瘤活性。黄酮类化合物抗肿瘤活性主要表现为两方面,一是抑制肿瘤细胞生长,二是保护细胞免受致癌物的损害,如槲皮素能在每升毫摩尔浓度下直接阻滞癌细胞增殖。芦丁（rutin）等能抑制苯并芘对小鼠皮肤的致癌作用。美国国家癌症研究所（NCI）对黄酮-8-乙酸（FAA）的研究表明,它对几乎所有大鼠接种的实体瘤都有抑制活性,如多种结肠癌、胰腺癌、乳腺癌、M5076网状细胞肉瘤、Glasgow骨肉瘤等。

（5）抗炎、抗菌、抗病毒作用。

8 皂苷

皂苷（saponins）也称皂甙,是广泛存在于植物界和某些海洋生物中的一种特殊苷类。它也是许多中草药的有效成分,如大豆皂苷、人参皂苷、甘草皂苷、柴胡根皂苷等。近年来,随着分离纯化技术和结构测定的进步,皂苷的研究进展很快,揭示了许多鲜为人知的生理功能,如甘草皂苷具有脱氧皮质酮激素样作用和类似皮质醇抗炎活性,并具抗变态反应和抗消化性溃疡功能。大豆皂苷具有降低血胆固醇、预防心血管病、增强机体免疫力、抑制肿瘤细胞生长功效。

在皂苷类化合物中,国内外学者研究最多的是人参皂苷,目前已分离得到32种结构各异的皂苷,人参皂苷的生理功能较为广泛,主要为如下四方面。

（1）促进学习记忆。人参皂苷中Rg1和Rb1,是人参益智主要成分。其中Rg1可改善记忆全过程,Rb1仅对记忆获得和记忆再现有促进作用。人参皂苷的增智作用机制,可能是：①促进RNA及蛋白质合成；②促进神经递质（多巴胺,去甲肾上腺素）及其受体（M受体）的合成；③增加动物抗缺氧能力,改善脑内氧代谢和刺激大脑能量代谢。

（2）调节免疫功能。

（3）延缓衰老。

（4）强心,增加心肌收缩力,减慢心率。增加心排血量和冠状动脉流量,保护心血管系统。

9 氨基酸、肽和蛋白质

近几年,作为功能因子用于保健食品的这类物质包括牛磺酸、谷氨酰胺、酪蛋白磷酸肽、金属硫蛋白、免疫球蛋白及SOD等。

9.1 牛磺酸

牛磺酸（taurine）化学名为2-氨基乙磺酸。普遍存在于动物乳汁、脑及心脏中。动物实验表明,如果缺乏牛磺酸,小鼠会生长不良和存活率低,猫的视网膜会发生病变。婴幼儿如果缺乏牛磺酸,也会发生视网膜功能紊乱与生长、智力发育迟缓。因此,牛磺酸缺乏会影响生长、视力、心脏和脑的正常功能。牛磺酸与胆酸结合后形成胆盐。牛磺酸缺乏会减少胆盐生成量,使脂肪吸收发生紊乱。由于牛奶中的牛磺酸量仅是人乳中的1/25,因而用牛乳喂养的婴儿要注意补充牛磺酸。

9.2 谷氨酰胺

谷氨酰胺是人体中含量最多的一种氨基酸,在肌肉蛋白质中游离的谷氨酰胺占细胞内氨基酸总量61%。在正常情况下,它是一种非必需氨基酸。但在剧烈运动、受伤、感染等应激条件下,谷氨酰胺的需要量大大超过了机体合成谷氨酰胺的能力。这时,体内谷氨酰胺含量会降低,蛋白质合成也会减少，会出现小肠黏膜萎缩和免疫功能低下现象，因而需要适时补充。

9.3 酪蛋白磷酸肽

酪蛋白磷酸肽（casein phosphopeptide，cpp）是酪蛋白在胰蛋白酶作用下水解产生的。由于酪蛋白是一种非常不均匀的混合体，因而不同酪蛋白水解后获得 cpp 的结构和分子大小也有差异。由于 cpp 与钙、铁等金属离子有很强亲和力，能形成可溶性复合体，因而 cpp 能促进钙和铁的吸收。众所周知，无机钙必须处于可溶状态才能被小肠吸收，而小肠中的 pH 为弱碱性，常使钙沉淀形成不溶物。cpp 可防止钙沉淀，促进小肠对钙吸收。

9.4 金属硫蛋白

金属硫蛋白（metallothionein，MT）广泛存在于生物界、动物体内。MT 主要在肝脏合成。它是一种富含胱氨酸的蛋白质，分子量 6000～10 000。每摩尔 MT 含 60～61 个氨基酸，分子中 30% 为半胱氨酸。每 3 个键可结合 1 个 2 价金属离子。用重金属喂养动物时，可在肝脏内诱导生成 MT，后者螯合金属，使其失去毒性。

MT 的主要生理功能如下所示。

（1）清除自由基，不仅清除·O_2，还能清除·OH，因而较 SOD 更为优越。
（2）抗辐射作用。
（3）调节体内矿物元素平衡。
（4）排除铅等重金属。
（5）抗应激：各种内外应激因素如寒冷、创伤都能诱导机体合成 MT，来抵御应激。

我校曾研究 MT 生理活性，也证明了它有良好抗氧化和抗辐射的作用。

9.5 免疫球蛋白

免疫球蛋白（immunoglobulin，Ig）是一类具有抗体活性的球蛋白，它由 B 淋巴细胞合成，分泌体液执行体液免疫。1977 年，Hilpert 提出将牛初乳中 Ig 富集后，再应用于婴儿配方乳粉的设想，并对摄取 Ig 种类、加工过程、活性保存与肠道致病菌作用机制、抗蛋白酶消化能力及临床应用效果等问题进行了深入研究。但限于资源不足，大规模工业化技术不成熟和价格昂贵，因此仅作婴幼儿食品添加剂。Ig 类婴儿食品配方含有 Ig、DHA、EPA、蛋白质和碳水化合物，并与母乳相似，我国母乳化奶粉中也有添加 Ig 的。1991 年，美国 Conturg Lab 将 Ig 微胶囊化，使其应用更为广泛。

9.6 SOD

20 世纪 90 年代以来，人们从牛猪血或一些植物如沙棘中提取 SOD 再添加入食品中，出现 SOD 口服液、SOD 啤酒等保健食品，并声称具有抗氧化功能。SOD 是一种蛋白质，进入消化道后如何抵抗消化酶水解，进一步被小肠吸收而发挥生理作用，一直受到人们质疑。1995 年，我们曾对 SOD 作为延缓衰老食品功能因子进行了可行性研究，结果表明，SOD 可于 4℃ 酸奶中 72 h 保持活性不变。饲喂 SOD 酸奶 60 d 小鼠，其肝脏 SOD 比活性较普通酸奶组增加 28.8%（$P < 0.05$）。因而，SOD 可以作为延缓衰老保健食品的功能因子。如用 β- 环状糊精对 SOD 进行修饰和微胶囊化，可使其在高热和酸条件下稳定。对于 SOD 抗御胃肠道消化酶水解和吸收机制方面还有待深入研究。

原文发表于《中国保健食品》，2001 年第 1、2 期

中国保健食品科研开发进展（二）——对功能性基础材（配）料的研究

金宗濂

北京联合大学 应用文理学院

1 螺旋藻

螺旋藻是蓝藻门的一种生物。目前使用于保健食品的螺旋藻主要是两个品种，钝顶螺旋藻和极大螺旋藻。20世纪90年代初螺旋藻曾作为一种食品新资源，1998年卫生部已下文将螺旋藻作为一般食品资源。

螺旋藻含有丰富的蛋白质，含量高达60%～70%，动物试验表明，螺旋藻蛋白质功效比可达2.2～6，净蛋白质利用率为53%～61%，消化率高达75%，生物学价值为68%。

此外，螺旋藻蛋白质的氨基酸模式全面、平衡，符合联合国粮食及农业组织（FAO）确定的模式。

螺旋藻属于低脂食品，总脂含量仅为蛋白质的10%。其脂肪酸以不饱和脂肪酸为主，而且必需脂肪酸含量较高，如γ-亚麻酸含量达8.75～11.97 g/kg干藻。

螺旋藻含有丰富的维生素和微量元素。每100 g干藻中含胡萝卜素400 mg、维生素E 4 mg、维生素C 8.8 mg、铁93.10 μg、硒0.01 μg。

螺旋藻中含有螺旋藻多糖，经动物实验证明它具有抗肿瘤作用，对腹腔移植肉瘤S_{180}的小鼠腹腔注射2 mg/kg体重的螺旋藻多糖，连续10 d，小鼠平均生命延长76.5%。螺旋藻多糖的抑瘤作用主要通过增强机体免疫系统活性实现，此外，螺旋藻多糖对造血损伤有保护作用，还能增强机体抗氧化能力，减轻化疗毒副作用。

螺旋藻内还含有一种分子量1×10^4～3×10^4的凝集素，它能抑制血小板凝集，激活淋巴细胞，抑制肿瘤细胞增殖。

螺旋藻富含叶绿素，可达每100 g干藻含800～2000 mg叶绿素，其结构与人体血红素相似。有报道认为人体摄入叶绿素后，在体内很快转变为血红素，加之螺旋藻富含铁，因而对改善营养性贫血有很好作用。

螺旋藻内除了含有叶绿素和胡萝卜素外，色素蛋白——藻蓝蛋白含量异常丰富，据报道它能刺激机体免疫系统，提高机体免疫力和抗肿瘤功能。

2 冬虫夏草

冬虫夏草简称虫草，它是一种昆虫（蝙蝠蛾）幼虫和真菌的结合体。目前世界上有350种冬虫夏草。

冬虫夏草的生活规律是冬虫夏草的子孢子在前一年夏季随雨水渗透到土壤中被蝙蝠蛾幼虫摄入后侵入体内，逐渐繁殖使幼虫僵死，并在体外四周长出丝状物。当年冰冻前在虫体头部长出约10 mm高的子座，在冻土中越冬。次年5月土壤化冻，冬虫夏草的子座部分露出地面，6月下旬逐渐肥大，地下虫体逐渐变空腐烂，子座形成子囊壳，并散发子囊孢子。目前已有用发酵方法生产冬虫夏草的菌丝体。

2.1 化学组成

（1）氨基酸、二肽：冬虫夏草含有 17 种氨基酸，其总量在冬虫夏草子座为 22.72 mg/g，幼虫为 46.17 mg/g，从发酵的菌丝体中分离出 6 种环二肽，据报道它们具有抗肿瘤和增强免疫的作用。

（2）冬虫夏草多糖：有一类虫草多糖是半乳糖和甘露糖的聚合物，分子量为 23 000，两者物质的量的比为 3∶5，结构多为枝状。全链由 α-D-Man 残基通过（1→6）和（1→2）糖苷键相连，其中一些残基以（1→4, 6）糖苷键作分枝点，这些分枝点大部分由 β-D-Gal 残基通过（1→5）糖苷键相连，少量由 α-D-gal 残基通过（1→6）糖苷键相连。端基大部分是 β-D-Gal，少部分是 α-D-Man。

（3）甾醇、核苷：从冬虫夏草中鉴别出 9 种甾醇、11 种核苷类化合物，腺苷含量较高。

此外，冬虫夏草还富含各类维生素、矿物质。

2.2 冬虫夏草的生理功能

2.2.1 保护心血管系统

（1）降低心率，使心肌氧耗下降，增加心肌耐缺氧能力。

（2）降低血管的外阻力，降低血压。麻醉了的犬静脉注射冬虫夏草的乙醇提取物（CSB）0.3 g/kg，出现降压现象，维持 30 min。

（3）降血脂、抗动脉粥样硬化。皮下注射 CSB 可降低甘油三酯、血清总胆固醇，而且升高高密度脂蛋白，降低血清总胆固醇的主要机制是抑制肝组织合成胆固醇，而对胆固醇吸收和排泄量影响不大。

（4）抑制血小板凝集。

2.2.2 增强免疫功能

虫草不同部分的提取物都有显著的增强免疫的功能，但不同部分的提取物对免疫功能有不同影响。

多数研究者认为，冬虫夏草对特异性免疫有促进作用。腹腔注射冬虫夏草乙醇提取物能增加外周血和脾辅助 T 细胞（TH）的数量，但对脾细胞产生 IL-2 无促进作用；它还能提高人和小鼠血中 NK 细胞活性，促进迟发性过敏反应，但抑制溶血素生成，因此认为其有促进细胞免疫、抑制体液免疫的作用，但虫草多糖可使血清中 IgG 增加。

2.2.3 抗肿瘤

从冬虫夏草分离到的虫草素（3′-脱氧腺苷）对免疫系统有广泛影响，是抗肿瘤作用的主要活性成分。近年来国内外许多研究表明，冬虫夏草对中晚期癌症患者有显著功效，其中包括肺癌、肝癌和前列腺癌。

2.2.4 抗炎、平喘祛痰

冬虫夏草的虫草素对多种致病菌如链球菌、结核杆菌及肺炎球菌都有强抑制作用。虫草素也有一定止咳祛痰作用。用冬虫夏草菌丝体灌胃给予因氨雾致咳的动物模型，能延长咳嗽潜伏期和减少咳嗽次数，增加大鼠气管分泌液量；降低由肾上腺素所引起的小鼠急性肺水肿死亡率；能使组织胺致痉的离体豚鼠气管松弛。

冬虫夏草对由巴豆油或二甲苯诱发的小鼠耳郭炎症等多种炎症模型均有明显抗炎效果，作用机制可能与加强肾上腺皮质激素的合成与分泌有关。

冬虫夏草可镇静腺苷，对神经系统有明显的抑制性影响，剂量在 25 mg/kg 可明显减少小鼠的自主活动，延长戊巴比妥睡眠时间。

3　灵芝

灵芝是寄生于栎和其他阔叶树根部的一种真菌，世界上已知约 120 种。自然界生长的灵芝有菌丝体和子实体两部分。子实体发育到一定阶段形成人们通常看到的由菌盖和菌柄组成的灵芝。目前用于保健食品功能材料的除了天然灵芝的子实体外，也有用发酵法生产的菌丝体。另外，灵芝的孢子粉也作为功能材料广泛应用于保健食品的生产。

3.1　灵芝的化学组成和生物活性物质

已有报道灵芝内含有 150 多种化合物，其中有如下几种。

（1）三萜类化合物：是灵芝的主要活性成分之一。迄今已从赤灵芝子实体和孢子粉中分离出来 106 种三萜类化合物，其中很多有生理活性，如灵芝酸 A、灵芝酸 B、灵芝酸 C、灵芝酸 D 可抑制小鼠机体释放组胺，灵芝酸 F 有很强的抑制血管紧张素酶活性的作用，灵芝酸 A 对由四氯化碳和半乳糖造成的小鼠氨基转移酶升高有降低作用。灵芝酸分四环三萜和五环三萜两种，现从各种灵芝中分离出灵芝酸达 100 多种。灵芝酸有止痛、镇静、抑制组织胺释放、解毒、保肝及杀灭肿瘤等功能，是灵芝的有效成分之一。

（2）核苷、留醇、生物碱：核苷是一类具有广泛生理活性的水溶性成分。从薄盖灵芝菌丝体中分离出 5 种核苷类化合物，它们分别是尿嘧啶、尿嘧啶核苷、腺嘌呤、腺嘌呤核苷、灵芝嘌呤等，其中灵芝嘌呤是新化合物。灵芝含有多种腺苷衍生物，它们均具有较强的生理活性，能降低血液黏度、抑制体内血小板聚集，提高血液中 2,3-二磷酸甘油含量，以增强血液供氧能力。同时它能加速微循环和提高对心脑的供氧量。

灵芝中含留醇约 20 种，含量较高，其骨架分麦角甾醇和留醇两类。

灵芝中生物碱含量较低，但有些有一定生理活性。据报道，7-三甲氨基丁酸在窒息性缺氧模型中可延长动物存活时间，还能增加离体豚鼠心脏冠状动脉血流量。

（3）多糖、氨基酸及肽：灵芝多糖主要存在于灵芝细胞壁的内面，大部分为 β-葡聚糖，少数为 α-葡聚糖，其中多糖链由三股单糖链组成，之间以氢键固定，组成螺旋立体构型。灵芝多糖分子量从数百到数十万不等。此外，灵芝菌丝体还能分泌胞外多糖。胞内多糖和胞外多糖均有活性。灵芝多糖的组成中除了葡萄糖外，还有少量阿拉伯糖、木糖、岩藻糖、鼠李糖、半乳糖和甘露糖等，它们以（1→3）、（1→4）和（1→6）等糖苷键连接，多数有分枝，部分多糖还含有肽链。一般认为单糖间以 β（1→3,6）连接或 β（1→4,6）连接的糖苷键具有活性，全部以（1→4）糖苷键连接的则没有活性。多糖的生理活性与其立体结构有关。若螺旋形的主体构型被破坏则多糖的活性大大降低。灵芝多糖的构型和单糖组成已被测定的有 60 余种。1971～1989 年从灵芝属真菌中分离到 100 种灵芝多糖，其中 4 种有强烈的抗肿瘤活性，它们都含有蛋白质。有一种灵芝多糖是含有蛋白质的 C3-葡聚糖，有 15% 葡萄糖的 C6 上为呋喃糖苷，分子量为 $3.12 \times 10^5 \sim 1.56 \times 10^6$，具有较强的抗肿瘤活性。灵芝中的多肽类化合物中有 2 种中性多肽具有耐缺氧功能。

灵芝中富含各类氨基酸和矿物质。

3.2 灵芝的生理功能

3.2.1 保护心血管系统

赤孢液和薄菌液（薄盖灵芝提取液）均能提高小鼠耐缺氧状态下的存活时间，而且有量效关系。用 86 Rb 的实验证明，赤孢液还能提高心脑营养性血流量。

Shiniga 等证实，赤灵芝子实体的水溶液可抑制血小板凝固，具有疏通血管、防止脂质沉淀的作用，其抗凝的有效成分为腺嘌呤核苷。

灵芝多糖增加心肌收缩力，增加每搏量，有明显的强心作用。人工培养的赤灵芝子实体粉剂具有降压作用。灵芝三萜可以抑制胃肠道对胆固醇的吸收，抑制胆固醇合成酶的活性。

灵芝多糖还有调节血糖功能，从赤灵芝子实体中提取的两种多糖中还含有少量多肽。经试验证明它们均能降血糖，其机理可能是灵芝多糖增强细胞中水解酶活性而降低糖合成酶活性。

3.2.2 增强免疫功能、抗肿瘤

灵芝多糖可增强细胞免疫、体液免疫和非特异性免疫功能，间接产生抗肿瘤作用。

灵芝多糖能增强刀豆蛋白 A 诱导小鼠 T 细胞扩增的能力。赤孢液能使小鼠腹腔巨噬细胞进入激活状态，吞噬功能增强。灵芝所含 RNA 可诱导小鼠脾产生干扰素类似物，灵芝中的三萜类化合物可抑制人肝肿瘤细胞的生长。

3.2.3 抗氧化作用

灵芝抽提物有拟超氧化物歧化酶（SOD）活性、对 $O_2\cdot$ 和 $OH\cdot$ 有清除能力。

3.2.4 调节中枢神经系统

灵芝具有安神、镇静、增强记忆功能，对中枢神经系统（CNS）有良好调节作用。

3.2.5 保肝

深层发酵的树舌苓菌丝体乙醇-乙醚抽提物能降低四氯化碳诱导的血清氨基转移酶水平的升高，促进小鼠肝脾部分切除后再生，提高小鼠的抗毒性能力，降低甘油三酯的积累。灵芝孢子具有同样的功能。

3.2.6 抗炎

灵芝具有抗炎作用。

4 微生态制剂

4.1 微生态制剂的基本概念

在讨论微生态制剂之前，首先要阐明什么是微生态学。微生态学是研究微生物之间，微生物与宿主之间及微生物、宿生与环境之间相互关系及其规律的一门新的生物学科，它是一门在细胞和分子水平上的生态学。

微生态制剂也可称为微生态调节剂，它是在微生态学原理指导下制成的含有益活菌的制剂，有的制剂还含有这些微生物的代谢产物和能促进有益菌生长的促进因子。一般认为微生态制剂具有维持宿生的微生态平衡、调节其失调、提高机体健康水平的功能。按微生态制剂的内在成分，有人将其分为如下三类。

4.1.1 益生菌

益生菌是指一类口服的有益活菌制剂，它能改善肠道的菌群平衡，对人体和动物产生有益作用。

4.1.2 益生元

益生元不被宿主消化吸收，却又能选择性地促进一种或几种有益菌的代谢和繁殖，增进宿主健康，如各类低聚糖。它不被宿主肠道消化吸收，被一种或若干种肠道菌利用，能改善宿主肠道菌群，有益宿主健康。

4.1.3 合生元

合生元是指在制剂中包括有益生菌和益生元两部分制剂。

微生态制剂在国外多以片剂或胶囊的形式出现，如益生菌类制剂多用冻干法制成微生态制剂，活菌数很高，每个胶囊中（或片）可达 10^9 个活菌。我国的该类产品多数以水剂形式上市，由于不耐储存，难以保证有益菌存活，直接影响产品质量。

4.2 肠道菌群及其失调

存在于人体肠道中的细菌不仅种类多，可达 400 余种，而且数量大，占粪便湿重的 20%～40%，整个大肠内的细菌可达 1.5 kg。这些细菌 99% 是厌氧菌，其中杆菌和双歧杆菌两属细菌占总量的 90%，为优势菌。这些细菌主要位于大肠内，从胃部至回肠，每毫升肠内容物含菌数一般不足 10^3 个。进入大肠后，由于肠蠕动减慢、流速减缓，pH 较高（6～7），氧化还原电位值（E_h）较低，停滞时间长，有利于厌氧菌的定植和增殖。在正常情况下，健康的人体和动物肠道的细菌分布，虽因其种族（品系）、年龄不同而异，但以某一动物和某一肠段而论，只要食物与环境保持不变，其肠道菌群的组成和数量是相对稳定的，构成了宿主肠道内的正常菌群。在宿主大肠内聚集如此大量的细菌，对机体的生理过程必然会产生重大影响。多年来的研究证实，大肠内的正常菌群帮助食物消化，参与物质代谢，为机体提供某些维生素和必需氨基酸。由于它们的存在，阻止了致病菌的定植和增殖，诱发和刺激肠道免疫组织的发育，因而肠道内的正常菌群兼有养生补益和对机体保护的双重作用。但是，就菌群丛的组成菌来说也有少量对机体有害的细菌，在正常情况下，它们不占优势。但在某些条件下，如长期使用抗生素造成了肠道菌群失调（dysbacteriosis），为肠道的这些有害致病菌造成了入侵机会，最终引发感染，有时即使不发生感染，也会因菌群失调对健康造成诸多不利影响。例如，用奶瓶喂养和用母乳喂养婴儿在发育和抗感染上差别的一个重要原因就是饮食影响肠道菌丛，因而早在 20 世纪 30 年代，就有不少学者建议采用活菌制剂来调整肠道菌群，使机体保持健康。

人的肠道微生态系中厌氧菌是优势种群。少数优势种群对整个肠道菌群的组成起着决定性作用，它们直接负责定植抗力的构成，并对宿主的营养、代谢、免疫等功能起主要作用，一旦失去了优势种群则微生物群落会解体，微生态平衡会失调。例如，在创伤或滥用抗生素的情况下，由于优势种群的解体或替换，潜在的条件致病菌和革兰氏阴性菌会大量生长和繁殖，造成肠道菌群易位或内源性感染发生。

人肠道内有益菌优势种菌的形成有一个过程，新生儿的胎便是无菌的。出生后 24h 左右大肠杆菌占优势，达每克湿便 10^8～10^{11} 个。这时新生儿粪便中双歧杆菌数量不多，但增长十分迅速，至 4～5 d 开始占优势。此时肠道杆菌数量开始下降，至第 6 天左右降至每克湿便 10^6～10^7 个。至第 6～8 d，新生儿大肠内双歧杆菌成为占绝对优势的菌群。在母乳喂养儿的粪便中，双歧菌数量可达每克湿便 $10^9 \sim 10^{11}$ 个，占细菌总数的 98%。可见，在新生儿的肠道中最先出现并迅速繁殖的是兼性厌氧菌，它们在有氧条件下也能繁殖并消耗进入肠腔内的氧，这为双歧杆菌这类厌氧菌建立了生存必需的厌氧环境。而双歧杆菌在其糖代谢过程中会产生大量的乙酸和乳酸，使肠道 pH 迅速下降。例如，出生后第 7 天，母乳喂养儿粪便 pH 为 5.1。在这样的酸性条件下，兼性厌氧菌受到抑制，数量迅速下降。此外，母乳中含有较多免疫球蛋白 A（IgA），后者与大肠杆菌的凝集有关，这也抑制了肠道杆菌的繁殖。而人母乳中双歧因子又促进了双歧杆菌的增殖，一旦优势种群形成，会通过黏附、竞争排斥、占位和产生抑制物，形成定值抗力，使其在微生态环境中保持优势。

4.3 微生态制剂的生理功能

目前作为微生态活菌制剂的菌，主要是乳杆菌和双歧杆菌。微生态制剂的生理功能有以下几方面。

4.3.1 促进肠蠕动，阻止致病菌定植，维持肠道菌群平衡

乳杆菌和双歧杆菌在肠道内定植首先要黏附于肠道壁。研究发现，双歧杆菌和乳杆菌在细胞表面有黏附素，它是一种糖蛋白，能与小肠上皮细胞刷状缘上的受体相结合。这种结合有特异性。一般黏附作用强的细菌定植力也强。一旦这些有益菌黏附在肠壁上后，可能通过位点争夺等机制形成黏附屏障，抑制致病菌的黏附和定植。此外，肠道内乳杆菌和双歧杆菌在肠道中迅速繁殖还会产生大量乙酸和乳酸，使肠道 pH 降低、氧化还原电位（E_h）降低，促进肠蠕动，也抑制病源菌的定植和繁殖、还可以通过产生酶类、H_2O_2 及细菌素抑制致病菌的黏附、定植和繁殖，维持肠道菌群平衡。

4.3.2 激活宿主免疫功能

众所周知，有完全肠道菌丛的普通动物较无菌动物免疫力强。用肠沙门菌喂饲无菌小鼠只需 10 个活菌即可使其于 $5 \sim 8$ d 内死亡，而普通小鼠则需 106 个活菌才可致死。虽然这一现象可用定植能力差别来解释，但普通小鼠的免疫功能高于无菌小鼠，表明普通小鼠的免疫力的增强可能是由于肠道菌群丛刺激机体免疫组织的结果。例如，普通小鼠血液中单核细胞的数目较无菌小鼠多，给无菌小鼠腹腔注射细菌或硫基乙酸盐（thioglycollate）后，血液中单核细胞游走性能、对外来菌的杀伤能力均低于普通小鼠。就血清中免疫球蛋白数量而言，普通小鼠高于悉生小鼠，而无菌小鼠最低。给无菌小鼠静脉注射绵羊红细胞（SBRC）没有反应，而当有一种革兰氏阴性菌定居时，可恢复到一般小鼠水平。对于皮瓣的同种移植出现的迟钝性过敏反应和自然杀伤（NK）细胞等排异现象，无菌小鼠反应迟钝，炎症细胞浸润也轻。以上事实均说明，肠道菌丛具有刺激机体免疫功能的作用。

近些年来的研究还表明，肠内固有菌群对宿主免疫功能的刺激要小于外源性同型细菌。例如，来自功能食品的外源性乳酸菌对宿主免疫功能的激活作用要高于肠内固有的乳酸菌，这可能是外源性的乳酸菌具有更显著的抗原活性。如用酸奶饲喂小鼠，无论是含活菌还是经热处理的酸奶，在喂至第 15 d 时，小鼠血清内 IgC 和 IgM 量都会有暂时增加，但至第 30 d 时，两者浓度又降至原有水平。有人给小鼠口服或静脉内注射具致死作用的大肠杆菌或静脉内注射内毒素，在活性长双歧杆菌存在的前提下，小鼠在 2 周内就可诱导"抗致死作用"。但在无胸腺的无菌鼠中无此现象，可见长双歧杆菌可诱导抗大肠杆菌感染功能，而这一作用是通过细胞免疫介导的。也有证据表明，青春双歧杆菌 DM8504 活菌能大大提高小鼠巨噬细胞的吞噬率和吞噬

指数。

4.3.3 抑制肿瘤作用 微生态制剂的抑制肿瘤作用可能有两种机制

一是活菌及其代谢产物活化了宿主的免疫系统，抑制了癌细胞的繁殖。二是由于改善了肠道菌群，抑制了致癌物的产生。

（1）抑制肠道菌致癌的影响：有人用肝癌多发系 C3u/He 小鼠实验，将大肠杆菌、粪链球菌及两株梭菌加入小鼠肠道后，肝癌发病率为 100%。如果给上述四株菌中加上长双歧杆菌（*Bifidobacterium longum*），肝癌发生率降至 46%；如加入嗜酸乳杆菌，则肝癌发病率下降至 65%。说明肠道内某些细菌可产生致癌因子，而双歧杆菌、乳酸杆菌有清除这些致癌因子的能力。

（2）对化学致癌物的影响：有人用肉饲料加嗜酸乳杆菌喂 F-344 大鼠，用化学致癌物 1,2-二甲基肼诱发大肠癌产生。喂嗜酸乳杆菌组与不喂养组，20 周癌发病率有明显差别，饲喂组发病率 40%，而不喂组 77%。

也有证据表明将硝酸盐加入奶中发酵制成乳酪而在成品中未测到硝酸铵，经过 5 周的凝乳作用，乳酪中硝酸盐消失。也有人发现将嗜酸乳杆菌加入饲料可降低高肉食大鼠粪便中亚硝酸基的还原酶活性，因而可以认为，肠道内这些有益菌可防止致癌前体物质转变为致癌物。如果致癌前体物质不被激活，胃肠道肿瘤发生率会降低。

（3）抑制癌细胞作用：有报告青春双歧杆菌 DM8504 对小鼠 Hn 肿瘤有抑制作用，对 S_{180} 腹水瘤也有一定抑制作用，而且不仅活菌有抗肿瘤作用，死菌也有。

（4）营养作用：双歧杆菌可合成多种维生素，如维生素 B_1、维生素 B_2、维生素 B_{12}、叶酸、烟酸、吡哆酸等。当某些因素造成肠道菌群失调时，明显表现出维生素缺乏，证明正常肠道菌特别是双歧杆菌在为机体提供多种维生素方面有重要意义。另外，这些有益菌代谢过程产生的乳酸和乙酸，使肠道 pH 下降，E_h 降低，有利于二价铁、钙及维生素 D 的吸收。食用发酵乳（酸奶），由于其中乳糖酶不仅消耗原奶中 20%～40% 的乳糖，还会进一步消化食物中的乳糖，适用乳糖不耐受患者服用。

（5）降低胆固醇：有人给兔饲喂高胆固醇食物，制造高脂模型兔，如饲料中每天加入 10^{10} 个长双歧杆菌，持续 13 周，与对照组相比，血清胆固醇的升高受到显著抑制。

此外，也有证据说明，外源性双歧杆菌、乳杆菌还有控制内毒素、延缓机体衰老、抗辐射等保健功能。

4.4 微生态试剂的研发现状及今后的发展趋势

微生态制剂在国外多以片剂和胶囊形式出现，其中所含的益生菌多用冻干法生产，活菌含量高，有利于储存。每个胶囊和片剂含菌达 10^9 个或更高。我国可能限于生产条件和工艺水平，多数微生态制剂以水剂形式出现，这种形态的制剂难以保证有益菌存活，会直接影响产品质量。

微生态制剂按其成分，可分为益生菌、益生元和合成元三类；按其应用对象又可分为医用微生态制剂（又分药用和保健型两种）、兽用微生态制剂及农用微生态制剂三类。

我国最早用于治疗的微生态制剂如乳酶生，此后又开发了不少产品，如促菌生、乳孕生、回春生及培菲康（BiFico）等。

培菲康是由上海信谊药业公司开发的双歧三联活菌胶囊，它由两歧双歧杆菌、嗜酸乳酸杆菌及类链球菌三种菌株活菌制成。近年来，随着保健食品开发热的兴起，不少微生态制剂进入保健食品行列，如昂立1号、生态口服液、康健活性功能液、三株口服液、双歧王等。

一个好的微生态制剂的标准：①含一种至几种高质量的有效菌株；②活菌含量高；③保质期长，在保质期内不低于初始一半活菌数，按卫生部要求，活菌制剂的活菌数应不低于每克10^6个；④具有良好的微生态调节及其他保健功能；⑤制剂具有较强的抗氧、抗胃酸、抗胆汁功能；⑥尽可能地添加双歧因子等可促进外源和内源有益菌增殖的物质；⑦稳定安全、可靠及质优价廉。

目前我国的微生态制剂在生产使用上存在一些问题。①剂型问题（见前）。②剂量问题：目前我国微生态制剂作用剂量和疗程大多根据临床经验制订，缺少可靠实验基础，存在超量服用问题，这是今后需解决的一大问题。③时效问题：在停服后存在时效问题，也需进一步研究。④菌种的选择：选择黏附、定植力强的菌种，要做黏附实验。⑤价格偏高。⑥理论与临床研究少。

5 红曲

红曲是利用红曲霉所生产的曲，因生成红色色素，呈深红色，故称之为红曲。

5.1 红曲和红曲菌的历史

红曲究竟源于何时已难考证。早在1000余年前，我国唐代已有红曲煮肉的记载。元朝以后，红曲使用更为普遍。从现代科学方面研究红曲菌属（*Monascus*）的最早记载是1895年Went的报告，其首先从中国红曲中分离出紫红红曲素（*M. purpureus*）。此后大概在20世纪30年代，日本佐藤喜吉从红曲中分离到安卡红曲霉（*M. anka*），也称红色红曲霉。在20世纪20～30年代，以佐藤喜吉为首的研究人员从中国、韩国分离到的红曲有20个种。红曲在我国应用相当广泛，最早应用于红曲酿酒、制醋和红腐乳生产。20世纪50年代发现红曲菌产生的红曲红色素是一种天然红色素，所以红曲菌是目前世界上唯一生产天然食用色素的微生物。在我国及欧美、日本等地区关于红曲生产的研究文献与专利很多。我国的红曲色素的产品大约有两类，红曲米及深层发酵红曲菌的提取物红曲红色素，它们各有国家标准：食品添加剂红曲米（CB4926-85）和食品添加剂红曲（GB1596-95）。目前从红曲产生的色素中被确定化学结构可分为红色素、棍色素及黄色素，如将栀子提取物加入培养基中培养红色菌还能获黄绿色素等。

研究红曲的医用和保健功能只是近20余年的事，1979年日本的远藤章（Akim Endo）发现红曲霉属的微生物能产生一种胆固醇合成的抑制物——monacolin K，即lovastatin，后者因为能抑制胆固醇合成的限速酶羟甲基戊二酰辅酶A（HMG-CoA）的活性（3-hydroxy-3-methvLglu-tary L），减少体内的胆固醇水平，从而降低了发生动脉粥样硬化的风险。此后，经过长期的研究证实，lovastatin对治疗高胆固醇血症有良好的效果，长期使用无严重毒副作用，最近已被美国食品药品监督管理局（FDA）批准用于治疗原发性高胆固醇血症。

5.2 lovastatin的调节血脂的功能

1979年，日本的远藤章（Akira Eudo）从桔青霉菌（*Penicillum citrinum*）中获得一种具有降胆固醇作用的化合物，命名ML-236B；后来他从红色红曲霉及土曲霉中又得到了ML-236B的类似物，命名为monacolin K。此后，远藤章又得到两个monacolin K的同系物monacolin J和monacolin L。monacolin类物质由于降胆固醇作用十分有效，长期服用又很少有不良反应，因此有人认为它是降脂药物发展史上的一场革命。monacolin类物质较其他降脂药物降总胆固醇和使低密度脂蛋白 - 胆固醇（LDL-Ch）的能力更强，同时降低载脂蛋白 B（ApoB）、甘油三酯、极低密度脂蛋白（VLDL），一定程度提高高密度脂蛋白（HDL）。

5.2.1 高脂血症是诱发冠心病的主要危险因素

1953 年 Enos 报告，300 名美军青年战士死后尸检，发现 77% 人冠状动脉有可见损伤。据笔者推测，这些损伤与青年战士血中高浓度胆固醇有关。日本人有较低的胆固醇水平，冠心病发病率相对较低，但当他们移民到旧金山湾后，发现他们血液中的胆固醇水平上升了，冠心病发病率也相应提高。美国的一些调查机构所做的流行病学研究表明，当血浆中的胆固醇浓度达到 200 mg/dl 时，发生冠心病的危险提高许多。有证据表明，通过药物或食物降低体内胆固醇水平不仅可防止冠心病发生，还可使动脉粥样硬化逆转。Blankenhons 通过食物、cholestipol 和烟酸联合治疗，患者胆固醇含量下降 24%，延缓了冠状动脉的发病进程。

5.2.2 lovastatin 的降胆固醇作用

（1）胆固醇在体内的代谢：胆固醇是组成细胞膜的重要成分，又是合成留固醇激素的前体物质。所有细胞都具有合成胆固醇能力，血浆胆固醇 60% ～ 80% 由细胞合成，20% ～ 40% 由食物中获取。

食物中的胆固醇和甘油三酯作为外源性脂肪进入肠上皮细胞，合成乳糜微粒，有的进入脂肪组织，也有的进入肝细胞，在肝脏与内源性甘油三酯合成 VLDL，进一步转变为低密度脂蛋白（LDL），后者是血浆中转运胆固醇的主要物质，也是造成冠状动脉粥样硬化的重要原因。沉积在肝脏上的胆固醇可通过降解变为胆酸，分泌入肠道。

LDL 通过 LDL 受体从血浆中进入肝及肝外组织。肝、肾上腺、卵巢上有大量 LDL 受体，能吸收和降解 75% 的胆固醇。LDL 的数量和亲和力决定了 LDL 在血液循环中的数量和停留时间，从而对冠状动脉粥样硬化的发生和发展起着重要作用。如对于具有杂合高胆固醇血症的人群，他们仅有一半 LDL 受体，患者血浆胆固醇浓度为 300 ～ 500 mg/dl，过早地发展为冠心病。而对于纯合高胆固醇血脂患者，他们没有或有极少量 LDL 受体，血浆胆固醇的浓度为 600 mg/dl 以上，他们很少活到 20 岁。

LDL 经过受体进入细胞后，被细胞内的溶酶体水解成胆固醇，细胞内的胆固醇库中胆固醇通过抑制 HMG-CoA 还原酶活性，抑制胆固醇合成，同时又通过增强胆固醇酰基转移酶活性，使游离胆固醇酯化，储存于细胞中。此外，细胞内升高的胆固醇水平将抑制细胞合成新的 LDL 受体，减少细胞对胆固醇的吸收，增加参与体内循环的胆固醇量。

（2）lovastatin 的降低胆固醇机制：lovastatin 是 HMG-CoA 还原酶竞争性抑制剂，它通过抑制该酶活性，抑制了胆固醇的合成，从而降低了体内胆固醇水平。同时，由于细胞内胆固醇水平的降低，刺激了细胞内 LDL 受体的合成，后者增加了细胞从血浆中吸收胆固醇的能力，使血浆中胆固醇量进一步降低。实验证明，日服 20 ～ 80 mg lovastatin 后能降低血浆总胆固醇和 LDL-Ch 25% ～ 40%，同时降低血液中甘油三酯和 VLDL-Ch 量，分别降低 15% ～ 36% 和 2% ～ 41%。并能轻微增加 HDL-Ch 浓度的 5% ～ 10%。lovastatin 还能降低 ApoB。长期服用 lovastatin 会有严重不良反应。常见的不良反应是肠胃不适，1.9% 的患者因氨基转移酶升高而放弃治疗。患者体内除了胃组织外，其余组织中胆固醇量也无显著变化。

5.3 lovastatin 的降血压功能

日本远藤章曾用高血压大鼠进行红曲的降血压实验。他用 10 周的 SHR 大鼠，试验时血压

158 mmHg，对照组饲料添加 1% 的食盐，3 周内血压升至 224 mmHg，而添加 3% 和 5% 红曲的实验组血压没有升高，为 153～158 mmHg。实验组和对照组之间有显著差异，证明红曲降血压效果非常强，饲料中只要添加 0.03% 红曲就有降血压作用，而且随着剂量的增加，其效果越强。

红曲中降血压的成分是什么？目前尚无定论。开始人们认为红曲的降压效果与红曲中的乙酰葡萄糖胺（$GLC-NH_2$）含量呈一定比例关系，而且 90℃加热 20 min 对降压效果没多大影响。$GLC-NH_2$ 是构成细胞壁甲壳质的主要成分，至今并没有 $GLC-NH_2$ 降压的报道，加之红曲降压的有效成分在水相中，而甲壳质并不溶于水，所以推测红曲中的降压成分可能是构成细胞壁的一种组分。但 Uwajima 认为，米曲霉 $GLC-NH_2$ 与红曲相同，但降压效果较红曲差得多，因此认为细胞壁不一定是红曲降血压的有效成分。目前各种实验均证明红曲的有效成分溶于乙醇和水，不溶于丙酮、丁醇等有机溶剂，并认为有效成分并非存在于菌体内。Konama 等从红曲中分离到 γ-氨基丁酸（GABA），其含量为 5 mg/g 红曲。从文献资料看，红曲中有效成分的理化性质和降压效果与 GABA 十分相似，推测它可能是红曲降压的成分之一。虽然近年来对于红曲降压有效成分的文献报道较多，也有人认为其有效成分可能是 ACh、食物纤维素、血管紧张肽 I 转换酶抑制物、糖肽等，但都缺乏足够的实验证据。总之，对红曲降压有效成分有待进一步研究。

此后，有关红曲降糖、抑制肿瘤的作用也有一些报道，但与降脂、降压相比，材料少得多。

原文发表于《中国保健食品》，2001 年第 8、9 期

我国保健食品市场现状及发展趋势

金宗濂

北京联合大学 应用文理学院

1 我国保健食品市场容量及发展趋势

至 2000 年上半年，经卫生部批准的保健食品 2453 种，其中营养素补充剂为 227 种（国产 163 种，进口 64 种），具有功能的保健食品为 2226 种（国产 2019 种，进口 207 种）（表 1）。其功能分布仍集中在免疫调节、调节血脂、抗疲劳等三项，约占 62.3%（表 1）。产品的地域分布仍集中在东部沿海经济和科技发达区域。2000 年我国保健食品市场销售额将达 500 亿元人民币。

表 1 至 2000 年上半年我国批准保健食品功能分布

保健功能	数目（种）	保健功能	数目（种）	保健功能	数目（种）
调节血脂	438	调节血糖	72	对化学性肝损伤有保护作用	50
免疫调节	897	减肥	65	抗辐射	31
延缓衰老、抗氧化	179	改善睡眠	85	改善胃肠道	143
抗疲劳	408	改善记忆	54	改善营养性贫血	20
耐缺氧	96	抗突变	24	美容	47
辅助抑制肿瘤	93	促进生长发育	25	改善视力	6
促进排铅	3	调节血压	8	清咽润喉	22
改善骨质疏松	32	护齿	1	促进泌乳	1
				合计	2800

由表 2 可见：①全世界健康相关食品市场的容量是十分巨大的，我国进入世界贸易组织（WTO）后，只要产品与世界接轨，出口潜力是很大的；②中国大陆和中国台湾同宗同族。台湾生产质量管理规范（GNP）是大陆的 21.7 倍，而保健食品的人均占有量也为大陆的 10 倍左右。自 1997 年开始的五年间，美国膳食补充剂的年均增长率为 14%。若我国的年均增长率以 10% 计，到 2010 年，保健食品的销售额将达 1000 亿元人民币。

表 2 1997 年美国、日本及中国 GNP 与健康（保健）食品销售额和人均占有量比较人口数

国家/地区	人口数（千万）	65 岁以上（%）	15 岁以下（%）	GNP（美元/人）	健康（保健）食品销售量（亿美元）	健康（保康）食品人均占有量（美元/人）
中国大陆	123.7	6	26	620	36.13	2.92
中国台湾	2.16	8	23	13 467	6.63	30.70
日本	12.61	15	16	39 640	65.05**	51.59
美国	26.77	13	22	26 980	226*	84.42

* 美国，1997 年销售健康食品 226 亿美元，其中天然健康食品 148 亿美元，膳食补充剂 78.2 亿美元；** 日本，1997 年特定保健用食品 1300 亿日元，健康食品 6600 亿日元。

2　我国保健食品市场分析

2.1　产品功能分析

至 1998 年卫生部批准的具有功能的保健食品中，声称仅有 1 项功能的占 74.1%，20.1% 的产品声称有 2 项功能，也有 0.24% 的产品声称有 5 项功能。但 1999 年卫生部已宣布每一个产品至多仅能申报 2 项功能。因此，今后不会出现包治百病的"灵丹妙药"了。

其中批准最多的为"免疫调节"产品。从消费者的观点看，也许免疫调节与辅助抑制肿瘤等多项功能有关，加上受"无病保健防病"思想影响，该类产品市场广大。

"调节血脂"产品占第 2 位。据有关方面报告，1997 年我国居民十大死因中，"脑血管病"和"心脏病"在城市居民死因排名中，分别排第二位、第三位，仅次于肿瘤。农村居民死因也排第三位和第四位。因此，以"调节血脂"为主要功能，作为心脑血管患者辅助品有巨大市场潜力。至 1998 年批准的 1859 种保健食品中，有 368 种以声称"调节血脂"为主要功能。该类产品中鱼油类为 52 种，在数量上排第一位，螺旋藻产品 27 种，卵磷脂 21 种，银杏类产品 18 种，功能性油脂 14 种，大蒜类产品 7 种，红曲 4 种。"抗疲劳"产品排第三位。随着工作、生活节奏的加快，这类产品深受上班、白领人群的欢迎。有人估计 1998 年该类产品市场规模约 100 亿元人民币。

减肥保健食品也有相当大的市场，但我国的减肥保健食品也存在添加违禁药问题。在营养素补充剂中，"补钙"产品销售最佳。传统的钙制剂以骨粉、牡蛎壳、无机钙、有机钙为原料。近年来开发了一些新钙源，如 L-苏糖酸钙、甘氨酸钙等。

2.2　产品原料分析

据有关部门的一项统计，我国的保健食品中，75% 的产品使用传统的食品资源为基本原料，但也有 42.1 % 的产品使用了中草药。中草药种类为 158 种，其中西洋参排名第一，排名前十位的有人参、黄芪、灵芝、冬虫夏草、何首乌、当归、五味子、绞股蓝、党参、熟地黄。《中华人民共和国食品卫生法》曾有"食品不得加入药物"的规定，虽然这些产品都通过食品安全性检测，表明长期服用安全，但这些原料是"药"而不是"食品"。目前，卫生部正组织专家制定有关办法，以妥善解决这一问题。

2.3　产品形态分析

目前，我国市场保健食品 69% 的产品为非传统食品形态，如片剂、胶囊、粉剂等，它们更类似于药，由于服用方便，易于携带，更受消费者欢迎。但立即遭到食品界的非议，认为它失去了食品的应用属性，即食品的营养和感官功能。

2.4　市场占有率

至今已批准的保健食品已达 3000 种，但进入市场的只有 600～700 种，行销的也许不到 100 种。据 1993 年 5 月《市场报》对保健食品市场调查看，减肥食品的市场占有率差别极大。一种保健食品要在市场上占有较大份额，首先要有良好的内在质量，要有稳定的功效，消费者服用后确实有效果；其次是品牌，这是一个企业的信誉标志。因此，与世界各国的消费者一样，随着对保健食品信任度、认同度的提高，其消费量逐日增加。另外，一个行销好的产品应有良好的销售渠道，行销措施也是非常重要的。

2.4.1 销售通路问题

目前我国的销售通路主要有三条：一是医药公司销售体系；二是商品零售体系；三是其他通路如直销、网络等。

（1）医药公司销售体系：医药公司销售体系是计划时代的产物，主要是各地的医院药房和零售药店，它们长期处于垄断地位，对市场适应能力较差。目前存在着重批发轻零售、重城镇轻农村等问题。特别是今后随着非处方药进入药店，会给保健品销售带来更多的问题。

（2）商品零售体系：商品零售体系主要是百货商场、超市及零售店。目前是保健食品重要的销售渠道。特别是随着一个多层次、多元化及开放型销售体系的形成，如何充分利用掌握这一通路形态，是当今保健食品企业家的一个重要课题。

（3）其他销售通路：其他销售通路如代理商或企业自身组成销售网络进行销售，在我国还不太普遍。加之我国保健食品企业多为小企业，靠企业自己形成销售网络难度太大。

2.4.2 促销策略

我国保健食品市场有几个特点，企业在拟定促销策略时，应予以足够重视。

（1）市场销售的季节性：中国人有"冬天进补"的传统观念。因而冬季是保健食品销售的旺季。特别是目前随着消费观念的变化，"花钱买健康"观念深入人心，保健食品销售的季节性更为突出。

（2）促销费用高，但不一定见效。

（3）消费者自主性越来越高。

2.4.3 广告管理问题

保健食品作为"食品"，应按《中华人民共和国广告法》和《食品广告管理办法》进行管理。但保健食品作为一种具有功能诉求的特殊食品，本应管理更严。但由于保健食品的国家标准迟迟没有出台，食品广告又存在多头管理等弊端，加上地方保护主义，因此保健食品的广告宣传问题较多。例如，①"保健食品的广告证明"未经食品卫生部门审查自行发布，夸大和虚假广告层出不穷；②各地掌握的审查标准不一；③缺乏针对"保健食品"的广告审查标准。

目前消费者选择"保健食品"的信息主要来自各种来源的广告。虚假广告不仅直接损害了消费者的权益，对企业本身也是一种伤害，可以说是一种慢性自杀促销手段。虚假广告可以使企业产品盛行一时，可最后往往以损人害己而告终。

2.4.4 关于产品包装

近几年我国保健食品包装发生了较大的变化，很多企业不仅重视包装设计，还通过发掘"包装功能"取得了显著的经济效益，出现了一些质量可靠、包装精美的名牌产品。据调查，我国消费者购买保健食品作为礼品的占 56.6%。因而精美昂贵包装对这些购买者较为合适。但随着经济发展，人们生活水平的提高，自购自食的比例逐渐增加，企业应当注意设计一些价廉物美的包装来满足精打细算的消费群体需要。

3 我国保健食品产业发展中存在的一些问题

3.1 低水平重复现象严重，产品进入市场步履艰难

为什么企业花了几十万元，用 1～2 年时间报批一个产品，却不能尽快进入市场呢？笔者

认为"低水平重复、产品质量低下"是首要原因。

首先，审批门槛定得较低。如果我们将"审批门槛"定得较高，势必会有大量的产品淘汰出局，在一定程度上会促进保健食品产业的发展。对于这一问题，日本处理得较好。他们认为"功能食品"和"健康食品"是两个概念，以不同法规予以管理。他们将"功能食品"的审批门槛定得很高。如前所述，日本的功能食品必须是第三代产品，其功能因子应是天然成分，其采用传统的食品形态，并作为每日膳食的一部分。因此，日本厚生省自1991年立法至今近10年内，只批准120余种功能食品产品，但他们将有益健康的"健康食品"的审查门槛定得较低，这样给大量的健康产品进入市场给予了一条出路。近两年虽然我们也在逐步提高审查门槛，但顾虑较多。

其次，从技术角度看，在批准的2500余种产品中，90%以上属第二代产品。这一代产品功能因子不明确，作用机理也难以阐述清楚，一旦造假难以鉴别。加之我国保健食品厂还未实施GMP管理，产品质量难以保证。多数企业在研制新产品时，没有经过周密的市场调查，产品研制十分盲目，企业为了赶时间，也没有进行必要的基础研究，就投入产品开发，品种雷同，缺乏创新。因此，保健食品领域往往出现一窝蜂上又一拥而下的局面，产品市场寿命极短。

最后，是经营管理方面的原因。国内多数保健食品企业管理层的科学文化素质不高。他们缺少战略规划，缺乏科学决策，对企业没有一个长远考虑。因此，要发展保健食品产品，必须深化改革，把生产增长方式转移到依靠提高劳动者素质和科学研究轨道上来，转移到集约经营轨道上来，优化产品结构，提高产品品质，提倡集约型研制、生产和营销。

3.2 "重许可，轻监管"，净化保健食品市场任务艰巨

自1996年《保健食品管理办法》实施以来，对原有市场3000余种产品进行重新评审。对产品的安全性、有效性、稳定性进行了科学鉴定，成绩卓著。但是对于"保健食品"而言，"卫生行政许可"和"市场监督管理"都是卫生执法的重要内容。事前许可和事后监督，是对保健食品实施有效管理的两个方面，要"两手硬"。

当前，对保健食品的质量，实施严格的监督管理有相当难度。①现今我国90%的保健食品是第二代产品，功能因子不明确，给产品监督管理带来诸多不便。加之保健食品企业尚未进行GMP管理，也给产品质量的监管带来较大困难。②至今"保健食品"的国家标准尚未出台，使市场监督缺乏准绳。③对伪劣产品的处罚缺乏力度，违法企业仍觉有利可图。当然，要对保健食品市场实施严格的监督管理，尚需各级政府及政府各部门密切配合。如果大家都从大局出发，从人民根本利益出发，上述这些问题都不难解决。

3.3 "保健食品"管理法规有待完善，政府各部门协调尚需时间

（1）由于我国将"功能食品"和"健康食品"认作"同一概念""同法予以管理"，因此不能兼顾两者需要，产生了42.1%保健食品加（中）药，70%的产品采用非传统的食品形态和低水平重复等问题。众所周知，《中华人民共和国食品卫生法》（以下简称《食品卫生法》）已明确指出"食品不得加入药物"，但是按照传统既是食品又是药品者除外。目前，卫生部已公布了三批78种既是食品又是药品的名单，同时经过严格的安全性评价，又公布了食品新资源的名单。这些名单内的品种作为食品的原料是无可非议的。但在统计的1308种国产保健食品中有42.1%的产品使用了超出上述名单的中草药，中草药种类为158种。因此有人质疑这样做有否法律根据，是否符合《食品卫生法》呢？目前，我国卫生部已组织有关专家研究"保健食品加药问题"，也在制定一个名单，使企业、政府、专家在进行保健食品研究、开发、评审、批准时均有法可依，减少许多不必要的人为因素的干扰。另外，"保健食品能否以传统食品形

态作载体,能否以普通食品形态出现"也是评审中经常遇到的问题。日本的功能食品(特定健康用食品)只能以食品作载体,而美国的"膳食补充剂"避开了"食品"这一名词。

(2)我国的《保健食品管理办法》是以国务院一个部门制定和发布的,也给产品的生产、监督、流通带来诸多问题。

(3)"保健食品安全评价"和"功能评价程序和方法"执行中的一些问题。保健食品的安全性和有效性是评价保健食品和质量最重要的两方面。虽然日本和美国有关立法早于我国,但他们没有出台全国性功能评价标准。而我国的这些"标准"制定,特别是"功能评价标准"是在没有任何借鉴情况下出台的,存在不完善之处,如动物实验样本数量较少,人体实验仍没普及,功能评价实验时间也不够长,送检样品不是从市场抽样而是生产单位送样,问题较多。由于第二代产品功能因子不明确,功能因子检测方法也不完善,给产品评审和监督管理造成困难。此外,后来的12项功能受理,是在标准尚未出台的情况下进行的,也给功能评价和评审工作带来困难。上述这些问题,我们均有所觉察,并积极地创造条件,妥善解决。

(4)政府各部门协调尚需时间。我国的《保健食品管理办法》由卫生部制定、发布,卫生部不仅承担保健食品评审、监督管理工作,还要对保健食品产品的品质、标签和说明书承担责任,实在太重了。保健食品是一个综合性产业,需要各部门密切配合。《保健食品管理办法》出台已五年,但保健食品国家标准迟迟不能出台,媒介夸大宣传比比皆是,它是保健食品长期失信于民的原因之一。保健食品管理中,运动员、教练员、裁判员难以划分也是执法不严的原因之一。此外,如何缩小政府职能,发挥行业协会作用等问题,也需要逐步予以解决,才能推动保健食品产业健康发展。

3.4 推动保健食品产业发展的科技支持体系尚未形成

众所周知,保健食品是一个综合性产业,需要各部门密切配合。从学科发展来说,保健学科又是一门综合性学科,它需要多学科携手合作。由于我国的科学教育体系是在计划经济体制下形成的,它不适应当前保健食品产业发展。例如,国内的"食品科学"专业大都设置在轻工业和农业院校,他们研究的重点是食品加工过程中的科学问题,很少涉及研究"食品与人健康的关系",更少涉及食品的安全性问题和食品的保健功能问题。而医药院校的科研领域的主要精力在研究"天然药物",对"功能食品"涉足不多,更不要说对"专业人才"的培养。

另外,中央和各级政府的科研部门,对这一领域的科研投入极少,长期以来都没将其列入各级科研部门的纵向研究课题。各类食品研究机构也很少涉足这一领域,更少开展一些基础性研究。因此,这一领域基础研究十分薄弱,一些大专院校、科研院所也接受企业委托开发新产品。但多数企业为了赶时间,很少进行必要的基础研究,仅进行产品报批前的开发研究,这是我国保健食品领域长期低水平重复的重要原因之一。

目前,食品界的一些学者已认识到功能性食品是未来食品界的一个新的经济增长点,它是21世纪推动食品业发展的一个重要支柱。而保健食品产业发展要靠科技进步来推动,因而,构建保健食品科研体系是21世纪保健食品产业发展的保证。

4 21世纪我国保健食品产业发展趋势

4.1 保健食品销售额将有较大幅度的增长

随着改革开放深入,人们生活质量逐步提高,人们对保健食品信任度增加,我国的保健食品市场在经过了1995~1997年的低迷走出低谷后,健食品年销量将会有较大幅度的增长。据有关部门预测，年销量 1997 年为 300 亿元，2000 年为 500 亿元，2010 年为 1000 亿元。

4.2 保健食品的质量趋于天然、安全、有效的方向发展，第三代保健食品将是 21 世纪发展的重点

4.2.1 21 世纪保健食品的发展趋势是天然、安全和有效

首先是安全。保健食品是一种食品，长期服用应无毒、无害，确保安全。因此，一个保健食品在进入市场前应根据所在国家对食品安全性的要求完成安全性检测。近几年，我国的保健科技工作者在广泛收集资料的基础上，经过严格的科学论证，扩大传统的既是食品又是药品的名单，明确哪些中草药不能作为保健食品的原材料，使保健食品的研制工作有法可依。其次是保健食品的功能有效性。它是评价一个保健食品质量的关键。目前，卫生部仅公布了 12 项保健功能的评价程序和方法。这些功能检测方法已经过五年的实践，有许多地方尚需修改。有些功能的判定标准还不够明确。另有 12 项的保健功能的评价程序和方法，目前已经过专家多次研讨，有待卫生部宣布。今后还将建立更多、更新的指标评价体系来满足保健食品发展的需要。

4.2.2 研究功能因子构效、量效关系及其作用机理，积极发展第三代保健食品，使我国保健食品的研究和生产达到和超过世界先进水平

日本厚生省对特定健康用食品按照功能因子划分 12 个专业委员会来审批特殊健康用食品。他们发展的起点较我们高。我国的保健食品要走出国门与世界接轨，必须将发展第三代保健食品作为今后研究、开发的重点。因此，我们要有计划地抓紧研究功能因子的构效和量效关系及作用机理。鉴于我国的国情，若从某复方中研究功能因子，既不经济，难度又大。根据发达国家经验，首先我们应积极开展研究功能因子的构效和量效关系，从分子、细胞和器官水平上研究它们的作用机理和可能的毒性作用。其次要采用现代的生物技术，从各种天然产物中去寻找这类因子，然后采用外加法生产第三代保健（功能）食品。要尽快建立和发展检测各类功能因子的技术与方法，它不仅是研究开发第三代保健食品的关键，也是今后市场监督的需要。

4.2.3 鉴于我国的国情，在今后相当一段时间内，第二代保健食品仍占多数，因此要迅速建立和实施保健食品的 GMP 管理体制，以确保进入保健食品市场产品的质量

4.2.4 要充分重视对保健（功能）食品基础原料的研究

要进一步研究开发新的保健食品原料，特别是一些具有中国特色的基础原料，如银杏、红景天等。日本等一些经济发达的国家，都十分重视对功能食品原料进行全面的基础和应用研究。不仅要研究其中的功能因子，还要研究分离保留其活性和稳定性的工艺技术，包括如何去除这些原料中的一些有害、有毒物质。因而他们生产出来的产品科技含量较高，质量稳定，产品的品质好，其经济效益也高。例如，德国产的银杏抽提物，与国内同类产品价格相比，其国际市场价格竟高出近百倍。

4.2.5 要积极发展提取分离各类功能因子的新技术、新工艺和新装备，最大限度保留其活性，提高它们在保健（功能）食品中的稳定性

4.3 组建大中型保健食品企业集团，积极实施名牌战略，是今后保健食品产业发展的一个重要趋势

"名牌产品"和"明星企业"对于一个产业的推动作用无疑是十分重要的。但保健食品行

业实施这一战略步履艰难。原因之一是当前我国保健食品企业多数是小企业，经济实力较差，而且，这些企业大多是在20世纪80年代末90年代初建立和发展起来的新企业，企业的管理层和员工缺乏实践锻炼。特别是决策层，由于靠"拍脑袋"决策容易造成失误，使企业陷入大起大落的局面。笔者认为，在未来若干年内，国家应着手扶持和组建一些大中型保健食品企业集团，成为保健食品行业的龙头企业。这些企业集团应将生产增长方式转移到提高劳动者素质和科学技术轨道上来，集约经营，集约营销，真正成为外向型现代化的企业集团，以带动整个保健食品企业迈入21世纪。

4.4 保健食品产业是需要多部门多学科通力协作才能获得发展

在长期实行计划经济的我国，市场经济的机制尚未完全建立起来。《保健食品管理办法》实施以来，已实现了以技术评审为依据，建立检验、管理、评审、批准各个环节的科学公正卫生行政许可制度。这仅是生产保健食品第一步，解决了配方的科学性、真实性问题。但是，配方如何变成高品质的产品，生产和流通环节如何进行有效的管理和监督，这不是卫生行政部门一家能够胜任的，需要各部门、各单位"通力合作""大力协同"才能完成。这不仅是生产发展需要，也是对人民健康负责的需要。

4.5 加强产学研结合，积极开展国际交流，尽快确立保健食品的科研开发体系，使我国保健产业发展真正建立在"科教兴业"基础上

原文发表于《北京食品工业50年》，中国大百科全书出版社，1999年

我国保健食品的管理体制及消费者需求

金宗濂

北京联合大学　应用文理学院

1　我国《保健食品管理办法》及其内容

1.1　我国《保健食品管理办法》产生的历史背景

在我国，保健食品具有悠久的历史，其"食疗"效果也为世界学者所公认。但1982年11月全国人大常委会通过的《中华人民共和国食品卫生法（试行）》却没有认可保健食品的法律地位。该法第六条曾明确提出："食品应当无毒、无害，符合应当有的营养要求，具有相应的色、香、味等感官性状"，第十条又提出了"食品不得加入药物"。

可见，1982年的《中华人民共和国食品卫生法（试行）》实际上只承认食品的营养和感官功能，并不认可其保健作用。加之"食品不得加入药物"的规定，实际上当时市场上绝大多数的保健食品已丧失了存在的理由。接着1987年，国家中医药管理局又颁布了《禁止食品加药的卫生管理办法》。自1991年起，卫生部又先后三批公布了78种既是食品又是药品的名单。

从保健食品产生的历史背景可以看出，它的出现是人们在解决温饱问题后对食品功能的一种新需求。人们获取食品不仅是为了从中获取营养素，更希望获得一定的保健功能，以达到增进健康的目的。因此，不论哪一个国家，在人们温饱问题解决后，伴随经济的发展和人们生活水平的提高，这一类食品的生产必定会获得快速增长。虽然1982年全国人大常委会颁布的《中华人民共和国食品卫生法（试行）》不认可保健食品的法律地位，但整个20世纪80年代是我国保健食品发展最快的时期，每年以两位数字递增。至1994年，保健食品年销售额达300亿元人民币，占食品工业产值的1/10。可见，保健食品是一客观存在，它遵循事物客观规律产生与发展，不为人们意志所左右。

与此同时，一些食品科学工作者开始将研究"食品与人类健康"关系的议题提到工作日程上。如1983年，北大分校（现北京联合大学应用文理学院）率先建立了"食品科学及营养学"专业，填补了当时国内专业设置的空白。他们将"保健食品的理论和产品开发"作为科研主攻方向，并自1985年开始，花费五年左右时间，利用生理学、生物化学、营养学等现代科学知识，建立了60余项评价八项食品保健功能的指标体系，并着手研究和开发第二代、第三代保健食品。他们利用各种学术会议和报纸杂志等宣传媒介，大力呼吁政府部门应制定法规，加强保健食品的管理。

在这一形势下，经各方人士努力工作，卫生部于1990年7月颁布了《新资源食品卫生管理办法》和《新资源食品审批工作程序》，成立了新资源食品评审委员会，负责对新资源食品的评审工作。

新资源食品虽然经过严格的安全性评价，但它不能声称保健功能。一些中草药经过了严格的安全性评价进入了新资源食品，突破了传统的既是食品又是药品的名单，因而新资源食品的出现无疑向保健食品靠近了一步。

进入20世纪90年代，市场上保健食品琳琅满目，但由于法规建设跟不上，保健食品的研制、生产和销售缺乏监督和管理，处于一种无序状态，琳琅满目的保健食品市场出现了真假难分、良莠难辨的危机，保健食品逐渐在人们心目中丧失了应有的信誉。因此，各方有志之士，大声疾呼加快法制建设、加强监督管理，将我国的保健食品引入健康发展的轨道。

1995年10月，全国人大常委会通过了《中华人民共和国食品卫生法》，1996年颁发了《保健食品管理办法》，确立了保健食品的法律地位，迎来了保健食品发展的春天。从此，保健食品的研制、生产、经营、管理将纳入法制轨道，标志着我国保健食品的发展进入了一个新的里程碑。在新的《中华人民共和国食品卫生法》中，国家保护消费者健康权益，依法规范保健食品的研制、开发和生产经营，使整个保健食品行业逐步走上健康发展的轨道。

1.2 我国《保健食品管理办法》的内容

《保健食品管理办法》分7章35条，其中主要为四方面的内容：①保健食品的定义；②保健食品的审批；③保健食品的生产经营；④保健食品的监督管理。

1.2.1 保健食品的审批

我国保健食品采用两级审批制度，各省、直辖市自治区市和卫生部成立两级评审委员会。

研制者向所在地卫生行政部门提出申请，经初审同意后报卫生部终审。卫生部对审查合格的保健食品颁发"保健食品批准证书"。获得"保健食品批准证书"的食品，准许使用卫生部规定的保健食品标志，然后才能进入市场。

申请"保健食品批准证书"时要提供九种资料，其中主要的是配方和配方依据，生产工艺，产品企业标准，功能成分（或特征成分）的检测方法，安全性评价报告，保健功能评价报告，稳定性实验报告及卫生学检验报告，产品说明书及标识等。

保健食品的产品标签和说明书要经过卫生部审查通过。

为了使保健食品的评审工作科学化、规范化、标准化，卫生部于1996年7月发布了《保健食品评审技术规程》，明确了保健食品的审批工作程序、评审委员会的工作任务和制度，并对评审工作的各个环节都做了明确规定。

与此同时，卫生部还公布了《保健食品功能学评价程序和检验方法》，明确了12项保健功能的评价程序和检验方法。1997年6月，卫生部又公布了新的12项保健功能。此后生产和研究单位需申请新保健功能，必须先征得卫生部同意受理，然后在申请者提供方法的基础上，经卫生部或卫生部认定的检测机构进行验证，并报卫生部食品卫生评审委员会认可实施。保健食品的功能学评价工作是在卫生部认定的"功能学检测机构"内进行的。为此，卫生部制定了《保健食品功能学检测机构认定与管理办法》，并成立"保健功能检测机构认定专家组"，对申请单位经过考核才予以认可。至今，卫生部在全国认定了31家保健食品功能学检测机构，它们被授权对全国申请者研制的保健食品完成各类保健功能的评价工作。

1.2.2 保健食品的生产与监督管理

（1）保健食品的生产：在生产保健食品前，食品生产企业必须向所在地省级卫生行政部门提出申请，经同意后，并在申请者卫生许可证上加注"×保健食品"的许可项目后方可生产。

保健食品生产者必须按照批准内容组织生产，不得改变产品配方、生产工艺、企业产品质量标准及产品的名称、标签、说明书等。

（2）保健食品的监督管理：各级卫生行政部门对保健食品进行监督及管理，经审查不合格者或不接受重新审查者由卫生部撤销"保健食品批准证书"。

2 《保健食品功能学评价程序和检验方法》出台的历史背景

2.1 法律认可食品具有"健康（保健）功能"的国际背景

在第一部分我们曾指出，保健（功能）食品由于它能声称具有保健功能而区别于一般食品。"功能食品"这一名词，虽在 20 世纪 60 年代初已见诸日本厚生省文件，但对其保健功能的科学论证并予以法律认可，大致要推迟至 20 世纪 80 年代末。

众所周知，1984 年日本文部省曾发起并主持了一个"对食品营养的统计分析和综观"（A statistical analvsis and outlook on food nutrition）的研究课题。于 1986 年完成初步报告。该报告正式提出了食品具有营养、感官及调节人体生理活动三项功能，该报告引起日本政府特别是厚生省的重视。1986 年，日本厚生省成立了由大学的食品和营养方面的学者和教授组成的"功能食品恳谈会"（functional food form），讨论食品对改善人类健康的作用。1987 年，厚生省发表了"功能食品"导入市场的构想，其具体措施是在保健食品对策室之下成立了由专家学者组成的"功能食品委员会"，下设 12 个专门工作小组。这个委员会的任务是确定功能食品的管理体系、方针政策、保健功能评价和标志的许可等事宜。12 个专门工作小组是以 12 种特定功能成分区分的。为了使"功能食品"的许可制度法律化，日本厚生省于 1991 年 7 月修改了《营养改善法》的部分条款，将"功能食品"正式定名为"特定保健（健康）用食品"，将该类食品正式纳入《营养改善法》的管理范围。上述法规于 1991 年 9 月 1 日正式实施，从此可将食品的保健功能正式标记在商品之上，使功能食品纳入法制轨道。

美国的情况也大体相似。1984 年前，美国食品药品监督管理局（FDA）对食品有益人体健康、强调其调节人体生理活动的方面一般持反对态度。直到 1984 年 Kelogy 公司在美国国立癌症研究所协助下，开发出高纤维的"全麸"食品，并在食品包装上注明该产品有助于直肠癌的预防，这才引起全美关于"食品和健康"关系的研讨。至 1988 年，美国 FDA 才最后制定法规，确定了健康食品的六项审查标准。1990 年美国修订了"营养标签与教育法案"，允许对食物中某些成分在经过有充分科学论证和经美国 FDA 批准后，可以在标签上标以促进健康的某种声称，但是仅限于少数几种成分和有限的几个方面，如"膳食纤维与癌症"等。此后，保健食品的生产厂商认为，他们的产品较为特殊，似乎采用《营养标签与教育法案》管理不利于优质产品的发展，而且健康食品和膳食补充剂绝大部分成分经过科学证明是安全的，其功能也是明确的，应当制定另一个较为宽松的法规予以管理。经过多次论证讨论，终于在 1994 年美国国会两院通过了《膳食补充剂健康与教育法案》，保健（健康）食品作为膳食补充剂才正式纳入了法制轨道。美国的膳食补充剂可以是维生素、矿物质，也可以是草药和植物提取物，其形态可以是胶囊，也可以是粉状物和片剂。这一定义较我国的保健食品范围更宽，管理也更宽松、灵活。

由此可见，食品调节人体生理活动的功能和食品的保健功能，经过了世界各国学者反复的科学论证，于 20 世纪 80 年代末至 20 世纪 90 年代初才予以立法确认，这就不难理解为什么我国至 1995 年 10 月《中华人民共和国食品卫生法》才确定保健食品的合法地位。

2.2 我国《保健食品功能学评价程序和检验方法》产生的历史背景

如上所述，1983 年我国制定的《中华人民共和国食品卫生法（试行）》只承认食品的营养、感官功能，不认可它的保健功能。从客观上讲，在 20 世纪 80 年代初，食品的保健（健康）功能是否客观存在，能否用现代科学指标进行评价、检测在世界各国仍是一个悬而未决的问题。但是这一规定显然和客观情况不符，因为保健食品的出现是在温饱问题解决后人们对食品功能

的一种新需求，它是历史的必然。因此，1983 年后，我国的保健食品不仅没有在市场上消失，反而每年以两位数字的产量递增。但由于缺乏相应法规，又没有一个监督机构进行严格管理，保健食品产量在大幅度增长的同时，出现了"真假难分，良莠不齐，以假乱真"的局面。因此如果不对它及时予以引导，及早确定其法律地位，不仅这类食品发展会落后于世界各国，甚至许多起源于中国的新食品资源也会逐步失去其优势，最终在中国只有舶来品。

基于这一形势，除了 1990 年有关部门出台《新资源食品卫生管理办法》外，1991 年 3 月，全国食品卫生监督检验所所长会议上，还提出了一个对待保健食品"允许存在，允许宣传，科学依据，严格管理"的方针，在卫生部食品监督检测所的主持下，组织国内有关专家着手起草《保健食品功能学评价程序和检验方法》等标准，为《保健食品管理办法》的出台做出了必要的技术准备。

2.3 《保健食品功能学评价程序和检验方法》的具体内容

1996 年 6 月发布的由卫生部食检所主持制定的《保健食品功能学评价程序和检验方法》（下简称《方法》）规定了 12 项保健功能的统一评价程序、检验方法及结果判定，它包括动物功能试验和人体试验规程两个方面。这 12 项功能是免疫调节、延缓衰老、改善记忆、促进生长发育、抗疲劳、减肥、调节血脂、耐缺氧、抗辐射、抗突变、辅助抑制肿瘤、改善性功能。

《方法》包括了三方面的内容：①提出了评价食品保健功能对受试物、试验动物及给予受试物剂量和时间的基本要求；②保健食品的人体试食规程；③提出了上述 12 项保健功能的试验项目、检验方法及结果判定标准。

对受试物要求：受试物必须是规格化产品，并经过食品安全性评价认为是安全的物质。

对实验动物的要求：根据实验要求合理选用动物。常用的是小鼠和大鼠，品系不限，但应达到二级实验动物要求。不要求性别，但每组小鼠至少 10 只，大鼠至少 8 只（单一性别）。

受试物剂量和时间：各种试验至少设 3 个剂量组、1 个对照组，必要时可设阳性对照组，尽可能找出最低有效剂量。在 3 个剂量中，其中一个剂量应相当于人推荐剂量的 5～10 倍。给受试物的时间原则上至少 1 个月。

1997 年 6 月，卫生部又公布了受理新的 12 项保健功能，它们是调节血糖、改善胃肠道功能、改善睡眠、改善营养性贫血、对化学性肝损伤有一定的保护作用、促进泌乳、美容、改善视力、促进排铅、清咽润喉、调节血压、改善骨质疏松。自 1997 年下半年开始，由卫生部牵头，全国 31 家功能学检测机构参与组织了若干个协作组，进行了新 12 项保健功能的检测工作。经过近两年的实践，新 12 项保健功能的检验方法和结果判定业已成熟，1999 年卫生部又决定暂不受理辅助抑制肿瘤和改善性功能两项保健功能，因此至今卫生部受理的保健功能为 22 项，22 项保健功能的评价程序和检测方法，专家已经讨论多次，不久将会出台。

3 我国《保健食品管理办法》实施以来的一些问题

我国《保健食品管理办法》（简称《办法》）1996 年 3 月发布，至今已四年有余。办法的实施与贯彻无疑使我国的保健食品产业步入法制轨道，进入了健康发展的快车道，这是主流。但是，四年来的实践，特别是从保健食品市场所暴露出的某些问题也反映了《办法》本身的某些缺陷。

3.1 我国将"保健食品"和"功能性食品"看作一个概念，同法管理，不能兼顾两者需要带来的某些问题

目前世界上对"保健食品"一类产品有明确法规的国家与地区有日本、美国、中国（含

台湾地区）。

虽然这些国家与地区对"保健食品"的定义与界定不尽相同，但有一个共识，即该类产品强调的是除了营养的感官功能之外的第三种功能。

一般来说，普通食品提供人们必需的营养素（第一种功能），并满足色、香、味等感官需求（第二功能），而健康（保健）食品则强调它们的第三功能，即调节人体生理活动的功能。因而日本首先提出"功能性食品"之名称。但是在日本和美国，健康（保健）食品（health food）和功能食品（functional food）的概念略有不同，它们归不同的法规管理，特别是日本十分典型。

日本是世界各国唯一对功能性食品下了明确的官方定义的国家。1991年日本厚生省颁布的《特定保健用食品标签法规》对该食品给予明确定义，即指具有生理调节机能的附加价值食品，必须采用传统食品形态，并作为每日膳食的一部分。接着日本厚生省公布了12种功能性成分的功效审查规范。也就是说日本的特定保健用食品（或称之功能食品）必须是第三代产品，它采用传统食品形态，并作为每日膳食之一部分，这类食品的功能因子还必须是天然产物。

目前，在日本的市场上还有一类产品称之为"健康食品"。对这一类产品虽然没有官方的定义，但依1992年厚生省第10号组织令成立的"财团法人健康营养食品协会"将健康食品定义为含有营养成分或保健用途成分，类似医药品形态如片剂、胶囊、粉末、口服液等的食品。因此这类食品必须具有维持健康的功效，可帮助消费者达到积极保健的目的。日本食品产业中心也定义健康食品绝非医药品，是消费者在想要增进健康的想法下，主动积极摄取的特定的食品。因而这类产品的期待意味远大于功效。目前，日本健康营养食品协会已有绿藻、蜂浆、花粉、灵芝、鱼油等44项产品制造规格，明确显示健康食品的范围。当然，为了显示其是食品而绝非医药品，在制作形态上也采取一些措施使其与药品也略有差别，如采用异形、多角形或胶囊三角形片剂等。

由此可见，日本将"健康食品"与"功能性食品"分属两个法规予以管理，避免了诸如"食品加药""低水平重复""食品形态"等问题。1991～1998年7年间，日本的特定保健用食品只批准了108个产品，1997年产品市场销售额为1300亿日元，占健康食品市场的15%。

美国对健康食品虽未给予明确的官方定义，但美国FDA于1994年公布了《膳食补充剂健康与教育法案》，所称的膳食补充剂（将在以后专门详尽讨论）可视为健康食品，它也可采用非传统的食品形态，至于功能性食品美国没有官方定义。但美国于1990年颁布、1994年实施的"营养标签与教育法案"已定义可在一种食物标签上标出其所含之一种营养素与疾病或健康有关的声称（claim）。即食品允许标示已被科学证实的健康声称。这类产品是以食品为载体的。这一法案无疑承认了功能性食品的法律地位。目前美国FDA已通过了11项功能的声称，如钙与骨质疏松，钠与高血压，水果蔬菜与癌症，叶酸与神经管畸形，糖醇与龋齿，脂质与高血压，燕麦片与冠心病，车前子壳与冠心病等，可见在美国，"健康食品"和"功能食品"也是分属两个不同的法规管理。

中国大陆与台湾地区将"保健（健康）食品"与"功能性食品"作为一个概念，并用同一法规予以管理，因此不能兼顾两者需要，产生了如上一些问题，如产品的非传统食品形态占70%和42.1%、保健食品加中药及低水平重复等问题。

3.2 《保健食品功能学评价程序和检验方法》执行中的一些问题

虽然日本和美国关于保健食品的立法早于我国，但并没有出台全国性的功能评价的"标准"。因而我国《保健食品功能学评价程序和检验方法》是在没有任何借鉴的情况下出台的，

未免不太完善，如动物实验样本数量较少，人体实验尚未普及，功能评价实验时间也不够长，送检样品不从市场抽样而是生产单位直接送样，问题较多，功能检测单位水平参差不齐。由于承认是第二代产品，功效成分仍不明确，检测方法也不完善，给产品审批监督管理造成困难。此外，后来的 12 项保健功能的受理，是在标准尚未出台的条件下进行的，也给功能评价和评审工作带来了困难。

保健食品管理办法实施中遇到的问题，它是前进中的问题。目前卫生部已着手修订《保健食品管理办法》，我们相信该法一定会在实践中日臻完美，为我国保健食品产业的发展做出更大贡献。

原文发表于《中国保健食品》，2001 年第 10、12 期

2001 年中国保健食品产业的现状及 2002 年展望

金宗濂

北京联合大学　应用文理学院

1　2001 年我国保健食品产业的现状

2001 年上半年。国家有关部门对全国保健食品产业进行了初步调查，结果显示，至 2000 年年底，经卫生部批准的保健食品品种已达 3000 余种，但产品进入市场仅 1653 种。五年来其营业额长期徘徊在 200 亿～300 亿元水平，见表 1。

表 1　至 2000 年年底我国保健食品产业基本状况

项目	数量	备注
1. 保健食品企业	1013 家	占全部工业企业 0.08% 占全部保健品企业 85.2%
其中有生产活动	863 家	—
2. 生产的保健食品品种	1823 种	—
其中在市场销售	1653 种	产品销售率 84.7%
3. 保健食品企业全部销售收入	463.4 亿	—
其中保健食品销售收入	175.9 亿元	—
4. 保健食品销售利润	44.5 亿元	较 1999 年增长 10%
5. 保健食品企业资产总额	742.3 亿元	—
6. 保健食品企业从业人数	22.7 万人	—
7. 流动资金周转次数	1.3 次/年	—
8. 工业成本费用利润率	12.1%	—

从调查结果看，我国的保健食品企业有下列特点。

1.1　小企业、新企业多，盈利企业占一半，在全国工业企业中所占比例不到 0.1%

（1）保健食品企业主要集中在东部经济、科技发达区域，数量在前六位的省、直辖市是北京市、广东省、山东省、上海市、江苏省、浙江省，见表 2、表 3。

表 2　我国保健食品企业分布

地区	企业数（家）	占全国总数比例（%）
东部 12 省、自治区、直辖市	670	66.1
中部 9 省、自治区、直辖市	215	21.2
西部 10 省、自治区、直辖市	128	12.6

表3　我国保健食品企业数量在前六位的省、直辖市

省、直辖市	企业数（家）	占全国总数比例（%）
北京市	110	10.9
广东省	97	9.6
山东省	86	8.5
上海市	70	6.9
江苏省	67	6.6
浙江省	66	6.5

（2）小企业多：注册资本在500万元以上，占全部企业38%。年销售额在500万元以上占全部企业45%，见表4。

表4　我国保健食品企业规模

项目	规模	企业数（家）	占全国企业比例（%）
注册资本	500万元以上	385	38
	500万元以下	628	62
年销售额	500万元以上	458	45
	500万元以下	557	55

（3）新企业多：1995年以后新成立企业占全部企业44.1%，见表5。

表5　我国保健食品企业成立年份

成立年份	企业数（家）	占全国企业比例（%）
1980年前	136	13.4
1980～1990年	63	6.2
1991～1995年	368	36.2
1995年以后	446	44.1

（4）私营和股份制企业占56.4%，外资、港澳台企业占22.4%。

（5）上市企业占4%。

（6）盈利企业占50.4%，亏损企业为39.1%，见表6。

表6　我国保健食品盈利状况

企业盈利状况	企业数（家）	占全国企业比例（%）
盈利企业	511	50.4
非盈利企业	106	10.5
亏损企业	396	39.1

由此可见，目前我国保健食品产业规模小，在全国工业企业占比例不到0.1%，所以还不能成为国名经济的支柱产业。

1.2 保健食品企业科研投入少，人员素质普遍不高，从事科技开发创新活动能力低

目前保健食品企业从业人员22万人。其中科技人员仅占7%。平均每个企业有5.7个科研项目，每个项目参加2.5人，每个企业平均获2.8个获奖成果。在1013家保健食品企业中仅21%（217家）企业开发新产品，见表7。

表7　2001年保健食品企业科研及新产品状况

项目	数目	占全国企业比例
具有科研活动的保健食品企业	454家	44.8%
参加科研活动人数	6541人	2.9%
科研项目数	2567项	—
获成果数	505项	较1999年增长10%
开发新产品企业数	217家	21%
实现新产品产值	74.8亿元	—
销售新产品企业	212家	—
实现新产品销售收入	64.9亿元	—

1.3 保健食品企业质量管理状况令人担忧，多数企业没有健全的质量管理体系

在1013家保健食品企业中，虽然有73.3%的企业（743家）设有专门的质量管理机构，但仅有13.1%的企业经过生产质量管理规范（GMP）或国际标准化组织（ISO）体系的认证，8.5%的企业获驰名商标。15.3%企业获著名商标。

1.4 直销是保健食品主要销售方式，销售率低于全国平均水平（表8、表9）

表8　我国保健食品企业销售方式

项目	企业数（家）	占全国企业比例（%）
采取直销方式企业	703	69.4
采用设专卖店企业	197	19.4
采取商城设专柜	291	28.7
采取其他方式	477	47.1

表9　2009年我国保健食品销售率

	保健食品产品产值（亿元）	保健食品产品产值（亿元）	销售率（%）
全国企业	207.8	175.9	84.7
其中国有及规模以上企业	197.4	170.9	87.8

注：全国全部国有规模以上工业的销售率97.7%。

从以上的调查结果可见，目前我国保健食品产业的基本情况是：a.多数企业规模小、实力差，无力进行产品开发，难以扩大再生产；b.多数企业科技力量薄弱，技术储备不足，科技投入小，导致产品科技含量低，企业缺乏竞争力；c.多数企业管理较落后，绝大多数企业没有形

成质量管理体系，企业市场创新力差。总之。目前我国保健食品产业整体水平不高，规模较小，竞争力不强，还不能成为国民经济支柱产业。

2　我国保健食品产业存在的问题

2.1　我国绝大多数保健食品企业未将"诚信"作为企业的主要经营理念

他们往往不能按市场经济的规则出牌。致使"保健食品名牌产品少，市场寿命短""企业大起大落，老字号少"。最近笔者随中国食品科技学会代表团赴台访问，参观了"五家企业""一家研究所""六所大学"。印象最深刻的是我们参观的台湾的食品企业都将"诚信"原则作为办好企业的主要宗旨。

例如，"宏亚食品有限公司"是一个规模不大的生产糖果、巧克力的小厂。他们的企业理念是"诚信、创新、品质、服务"，并将"我们从事的是公平诚实的商业行为""诚信是我们企业行为的基石"作为企业和职工的行为准则。把"创新、求进"作为企业理念，而"三好一公道"即"品质好、信用好、服务好"，"价格公道"是他们企业的经营方针。可见中国台湾的一些经营较好的企业都将"诚信"作为办好企业的第一位原则，甚至放在创新之前。在经营中他们能自觉按市场规则出牌，达到了双赢的效果。

近年来，我国保健食品在人们心中信誉逐步下降，致使销售额长期徘徊在200～300亿元水平，笔者认为恐怕与未将"诚信"作为办好企业第一宗旨有关。

2.2　推动我国保健食品发展的科技支持体系尚未形成，它是我国保健食品长期低水平重复的重要原因

（1）保健食品产业是一个综合性产业，需要各部门密切配合：从学科发展来说，保健学科又是一门综合性学科，需要多学科携手合作。由于我国的科学、教学体系是在长期的计划经济体制下形成的，加之条块分割，因而不能适应当前保健食品产业发展。

（2）中央和各级政府部门对这一领域科研投入少：长期以来各级科研部门很少将保健（功能）食品课题列入各级科研课题。各级食品研究机构也很少涉足这一领域，更少开展一些基础或应用基础性研究，而热衷于短平快，这是我国保健食品领域长期低水平重复的重要原因之一。

（3）企业的科研投入少：企业的研究经费占销售额的1%。今年的科研经费1.5亿台币（合4000万元人民币）。2002年将增加到3亿台币。据该所所长称，只要需要还可以增加。

宏亚食品公司是一个小型食品企业。科研投入占销售额1.5%；味丹公司科研投入占销售额2%。在中国台湾称为"官、产、学、研"。通过企业推动政府做好产学研结合，这是一个可供借鉴的理念。有利于科研成果较快转化为生产力。

2.3　政府宏观调控的力度不够

（1）保健食品管理体系亟待改进：我国将"功能食品"和"健康食品"看作同一概念，并以同法予以管理，却带来一系列问题：a.保健食品审批门槛较低，它也是产品低水平重复的原因之一；b. 42.1%保健食品加中药，70%产品采用非食品形态，长期以来得不到解决。日本和美国等发达国家是将功能食品和保健食品看作两个概念并以不同法规予以管理。我国《保健食品管理办法》自1996年颁布至今已5年。我们应该总结5年的工作经验，参照国内外的先进经验，改进保健食品管理体制。

（2）"重许可""轻监管"，净化保健食品市场任务艰巨："事前许可""事后监督"是

保健食品实施有效管理的两个方面，要两手硬。

目前实施严格的市场管理还有相当难度：a. 90%保健品为第二代产品，功效因子不明确，加上仅有10%企业实施CMP和ISO认证，也给市场监管带来困难；b. "保健食品国家标准"尚未出台；c. 对伪劣产品处罚缺乏力度。

2.4 消费者科学文化素质有待提高

3 2002年我国保健食品产业展望

2001年年底，随着进入世界贸易组织（WTO），我国保健食品产业也进入国际竞争的行列。不少国际大公司都纷纷看好这一领域,跃跃欲试。我们该如何应付这一机遇与挑战并存的局面？

笔者认为，自2002年后的3年内，就保健食品这一产业而言，恐怕要蓄势待发。就是说我们要做多方面准备、调整，才能重振雄风，真正确立东方保健食品地位。

3.1 我们要充分认识到："保健食品产业目前处于幼小阶段，尚不足成为我国支柱产业。但它却是一个朝阳产业，一个战略性产业。"

评价一个产业是否是战略性产业有11项指标：a. 战略指标包括顺应世界潮流、关联度大、竞争性强、技术提升能力强、保持技术优势强、能符合国情、有利于国家富强；b. 经济指标（4项），即总规模大、成长性好、效应好、市场潜力大。

用11项指标衡量保健产业，战略指标大部分符合，经济指标全部符合。因此可认为保健产业具有发展成为我国战略产业条件，可作为新的经济增长点。加上我国有中草药优势，长期的养生康复的理念和文化熏陶，使保健食品产业再度腾飞为期不远。

3.2 《保健食品管理办法》《保健食品功能评价程序和方法》的修改应尽早出台

3.3 2002年我国保健食品销售额预计不会有较大幅度增长

在未来2～3年内，我们应在提高产品质量，规范销售市场方面狠下功夫。

3.3.1 尽快出台保健食品的有关国家标准

3.3.2 加强保健食品的市场监督工作

卫生部应会同国家质量监督等有关部门联手加强对保健食品的市场监管工作。

（1）应尽快出台保健食品功能因子或特征成分检测方法，定期对市场产品进行监测。对不合格产品加大处罚力度，并对优秀产品给予必要表彰。

（2）保健食品企业应分期分批通过CMP或危害分析和关键控制点（HACCP）的认证。对一些无法实施质量保证体系的小企业，应尽可能予以淘汰。

（3）政府的注意力应从审批转移到市场监管方面来。

3.4 要加强科研开发的投入，加快产业化步伐

（1）建议有关部门组织专家，通过各种途径向国家有关部门建议，加大对保健产业的科技投入。

（2）探讨适合我国国情的"官、产、学、研"的结合渠道。各级学会和协会应起好"牵线搭桥"的作用。

（3）组织有关企业、科研院所广泛合作，以我国特有的原料资源为基础，研发具有我国自

己知识产权的第三代保健食品。

3.5 认真研究在进入 WTO 后,我国保健食品产业面临的机遇和挑战,寻找应对策略

特别是大企业的董事长,要了解市场经济法则。特别要以"诚信"为第一宗旨办好企业。

3.6 加强科普,提高全民的保健意识

原文发表于《食品工业科技》,2002 年第 2 期

日本的特定保健用食品及其管理体制

金宗濂

北京联合大学　应用文理学院

在日本，与健康相关的食品有两类：一类为特殊营养食品，包括强化食品（图1）；另一类为健康食品，它们由不同的法规管理。特定保健用食品（foods for specified health uses，FOSHU）是特别用途食品中的一种，它与功能食品属一类产品。功能食品在日本的食品工业中占有相当重要的地位，其发展速度也十分惊人。20世纪70年代初，该类产品产值约为120亿日元，至20世纪80年代初增加至1500亿日元，10年间增加了11.5倍。功能食品在日本以如此惊人的速度向前发展，部分原因与日本的历史、文化渊源有关；而日本政府的积极推动和赞许也是功能食品得以蓬勃发展的重要原因。1991年日本修改了《营养改善法》，将"功能食品"正式定名为"特定保健用食品"，这一名称变成了官方术语，但"FOSHU"与"功能食品"两个概念还可以通用。表1为日本特定保健用食品通过审查的产品。

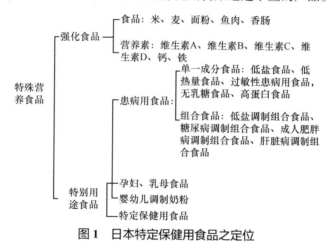

图1　日本特定保健用食品之定位

表1　日本FOSHU通过审查的产品

功能及产品	通过审查数（种）	功能及产品	通过审查数（种）	功能及产品	通过审查数（种）
改善肠道		促进矿物质吸收		降血压	
寡糖	42	钙	3	多肽	1
纤维	28	CPP蛋白	3	糖苷	1
双歧乳酸菌	9	卵磷脂	2	鱼油	1
低热量食品		调节胆固醇		酪蛋白	1
糖醇	1	豆蛋白	8	调节血糖	
茶多酚	3	膳食纤维	4	膳食纤维	2

1 日本 FOSHU 的发源历史

功能食品产生的一个重要历史背景是"人们在温饱问题解决后,对食品功能产生的一种新需求"。20世纪60年代初,解决了温饱的日本出现"功能食品"的名称;仅20世纪70~80年代,功能性食品的年销量就增加了10余倍。由于功能食品强调食品的第三种功能,即调节人体的生理活动的功能,如无适当法规予以管理,必将导致市场紊乱和泛滥。因此,20世纪80年代初,日本政府便积极探索如何将这类产品纳入法制化管理轨道,以协助产业界推动功能食品的健康发展。

1994年,日本文部省发起并主持了一个"对食品营养的统计分析和综观"的研究课题,于1986年完成了"初步报告"。该报告正式提出了食品具有营养、感官及调节人体生理活动的三项功能,该报告引起了日本政府有关部门特别是厚生省的重视。1986年,在厚生省举办了由大学的食品和营养学的学者、教授组成的"功能食品座谈会",讨论食品对改善人类健康的作用。1987年,厚生省生活卫生局健康食品对策室发表了如何将功能食品导入市场的构想,包括制造、查证、标识许可等事宜。其具体措施是在保健食品对策室之下成立由专家学者组成的"功能性食品委员会",下设12个专门工作小组。这个委员会的任务是确定功能食品的管理体系、方针政策、保健评价和标志的许可等事宜。此外,还成立了"功能性食品研究室",协助12个专门小组工作。为了使功能食品许可制度化、法律化,厚生省于1991年7月修改了"营养改善法"的部分条款,将功能食品正式定名为特定保健用食品,正式纳入"营养改善法"的管理范围,并颁布"特定保健用食品许可指导及处理要点"等法规性文件。上列各项法规制度于1991年9月1日正式实施,从此可将食品调节人体生理活动的功能即保健功能正式标示在商品上,使功能食品正式进入了法制轨道。

2 日本 FOSHU 法制管理的构架

2.1 特定保健用食品的定义

厚生省将特定保健用食品定位于特殊营养食品内(图1),这类食品可标以特定保健功能的标识,"它们除了具有营养功能外,应包含对机体有特定保健功能的各种成分,是经过加工而制成的食品"。

厚生省提出特定保健用食品应具备三项基本条件。
(1)它应采用食品的一般商品形式,而不是胶囊和粉剂,而且是由天然成分加工而成。
(2)它应作为每日膳食的一部分。
(3)具有增强机体防御能力,预防诸如高血压、糖尿病及先天代谢紊乱等疾病,调节身体状态和延缓衰老等保健功能。

厚生省还进一步提出了具有保健功能的12种功能成分,它们包括膳食纤维、寡糖、糖醇、多肽和蛋白质、糖苷、乙醇、维生素、胆碱、乳酸菌、矿物质、脂肪酸及其他具有保健功能却没有明确区分成分的集合体,如植物提取物和抗氧化剂等。

2.2 特定保健用食品的审批程序与要求

日本的特定保健用食品的审批程序如图2所示。一个特定保健用食品在申请前,它所包含的特定功效成分一定是上述被认可的12种成分。此外,厚生省对于这类食品的每一个产品大体有如下要求：①食品或特殊成分应有益于人体健康；②食品或特殊成分的健康和营养功效必须有坚实科学基础；③食品或特殊成分每日摄取量必须经过医学和营养学家的充分论证和确认；④食品或特殊成分对于消费者的平衡膳食是安全的；⑤要明确食品中各类成分的用量和质量，提供详细分析方法；⑥食品中特定成分不应降低食品营养价值；⑦必须经过正常途径摄取（口服）；⑧不能采用片剂和粉剂等商品形式；⑨特殊成分应是天然化合物。

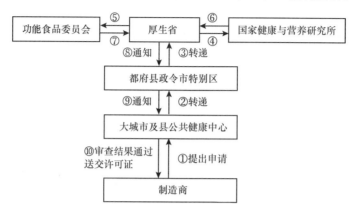

图 2　日本特定保健用食品审批程序

2.3　特定保健用食品确认过程所需文件

为了获得厚生省的认定，申请者必须准备下述文件：①提供医学和营养学的科学资料，可详细说明该产品或特殊成分具有增进健康功效的文件；②提供达到上述保健功效的每日摄取量的科学依据资料；③提供服用这一产品的安全性研究报告；④提供食品或特殊成分稳定性资料；⑤关于食品中特殊成分的检测方法；⑥食品中特殊成分的定性和定量分析报告及详尽的分析规程。

上述各项科学资料必须包括科学文献中发表的一些文章。各种分析资料应由厚生省授权的机构获得，并由研究机构权威人士签署。

2.4　特定保健用食品的标识

特定保健用食品的标识必须包括产品的名称、制造商名称及地址、制造资料、一些被批准生产同一产品的其他生产商的名称及地址、特定保健声称、认定的科学理由、关于各种营养成分及能量值的信息、包装的净重、保质期。在标识中要证明这是一种"特定保健用食品"，并注明最适摄取量，以及注明超量服用能否危害健康。

3　日本特定保健用食品的市场及存在的问题

3.1　市场规模

至 1998 年 5 月，日本厚生省批准的特定保健用食品仅为 180 种，不久又批准了 14 种，其中 40% 以上的为改善胃肠道功能的食品。1997 年 FOSHU 产品的市场价值约 1300 亿日元（表 2），占整个健康食品（传统营养补充剂、特定保健用食品及健康食品）市场的 15%。

表2 日本FOSHU产品市场概况

年别	1994	1995	1996	1997	1998
核准数（件/日）	18	45	85	100	108
市场值（亿日元）	206	286	624	1300	—

3.2 市场扩展中存在的几个问题

（1）特定保健用食品是一种食品，仅能在《营养改善法》规定的范围内声称某种被认定的保健功能。这类食品不能用于治疗和预防疾病，不然就会违反日本的《药物法》。因此日本在这类食品的标识方面有严格要求，防止因夸大宣传而损害消费者利益。

（2）日本的特殊保健用食品申报也是采用"个案"处理，因为即使相同功效成分，但在不同产品中也许不会显示完全相同的效应。

（3）"过量消费问题"，如过量消费对平衡膳食是否会不安全。这一问题需申请者在标识上加以申明。

（4）这些产品是否扩大用于正常人群和某些特殊人群（如老年人、孕妇等）尚有待研究。

（5）这些产品的销售地点有否限制，这将影响其市场扩展。

4 日本的健康食品及其管理体制

4.1 日本健康食品的法规管理

日本的健康食品（health food）是指有益于健康的通用食品，实际上是一种产业称谓，一般以片剂、胶囊等形式包装，但并非医药品。虽然健康食品中也有各种具有较强保健功能者，但多数没有经过人体实验验证。

1992年日本成立了"健康营养食品协会"，该协会将含有营养成分或保健用途成分又类似医药品形态的食品纳入协会管理，称为健康食品。协会为指导健康食品厂商的生产和销售，将市售的47种产品规定了规格要求，如外观性形状、成分含量、安全与微生物指标、重金属与农药残留、产品生产加工标准、标识和广告规范等（表3、表4）。厂商根据协会的规范，到指定检验机构进行了成分分析后，向协会申请核准，协会核准后授予健康食品的标志，厂商会依协会规定制作标识。如被发现有违规时，会加大提醒警告，严重者协会可以除名，并于报上公布。

微生物类：乳酸菌、酵母食品、绿藻、螺旋藻、灵芝、香菇、植物发酵饮料。

植物类：人参、刺五加、月见草油、麦类、女贞叶、苜蓿、李子精、梅干、花粉、胚芽、胚芽油（大麦、小麦、薏苡仁、稻米）。

动物类：龟、蚬子、牡蛎、绿贻贝。

其他成分食物纤维、寡糖类、蛋白质、大豆、卵磷脂、EPA、γ-亚麻酸、β-胡萝卜素、钙、含维生素C食品、含维生素E的植物油。

日本对特定保健用食品和健康食品是以两种不同的法规予以管理的，这点与我国不同（表5）。

表3　日本健康食品成分表示

健康食品种类	成分含量	健康食品种类	成分含量
1. 小麦胚芽油	d-a-tocopherol 含量（mg）	24. 含钙食品	钙（g，mg）
2. 大麦胚芽油	d-a-tocopherol 含量（mg）	25. 麦类嫩叶加工食品	总叶绿素（mg），SOD（U）
3. 米胚芽油	d-a-tocopherol 含量（mg）	26. 加工食品	总叶绿素(mg)，食物纤维（g）
4. 裸麦胚芽油	d-a-tocopherol 含量（mg）	27. 苜蓿加工食品	总叶绿素（mg），钙（g）
5. 含维生素 E 的植物油	d-a-tocopherol 含量（mg）	28. 刺五加	刺五加(g)，抽出物（干燥中，换算重）
6. 含维生素 C 的植物油	d-a-tocopherol 含量（mg）	29. 含 γ-亚麻酸食品	γ-亚麻酸（mg）
7. 绿藻食品	蛋白质（%），叶绿素（mg/100 g），铅（mg/100 g），维生素 B_2（mg/100 g）	30. 海鳖（干燥粉末）加工品	蛋白质（g，mg/100 g），灰分（g，mg/100 g）
8. 螺旋藻食品	蛋白质(%)，叶绿素 A(mg/100 g)，总胡萝卜素（mg/100 g）	31. 灵芝加工食品	灵芝（重量）或抽出物（干燥重量，换算重量）
9. 酵母食品	蛋白质(%)，维生素 A(mg/100 g)，维生素 B_1（mg/100 g），烟酸（mg/100 g）	32. 含 β-胡萝卜素食品	β-胡萝卜素
10. 含 EPA、DHA 鱼油加工食品	含有 EPA，DHA 鱼油（mg，EPA 及 DHA 中脂肪酸比率）	33. 梅抽出物食品	有机酸
11. 食物纤维加工食品	食物纤维	34. 西洋李抽出物食品	西洋李抽出物（%），钙（mg/100 g），钾(mg/100 g)，镁（mg/100 g）
12. 人参根加工食品	干燥人参根，抽出物干重	35. 含黏性多糖、蛋白质的食品	黏多糖，蛋白质（g，mg/100 g）
13. 含大豆磷脂食品	磷脂质（mg），磷脂胆碱（mg）	36. 海鳖油食品	脂质(g，mg）花生四烯酸+EPA（g，mg），钾（mg/100 g），镁（mg，g）
14. 香菇加工食品	菌丝（g），干燥抽出物（g）	37. 胚芽食品	蛋白质，米糠醇，食物纤维，维生素 E，维生素 B_1，灰分
15. 鲤鱼加工食品	鲤	38. 大豆皂角加工食品	大豆皂角（mg）
16. 牡蛎加工食品	牛磺酸（mg），亚铅（g，mg），肝糖（g，mg）	39. 花粉食品	Leucirie 含量（%）
17. 蚬加工食品	肝糖（g，mg）	40. 胃蛋白酶分解物食品	胃蛋白酶分解物（g，mg，100 g）
18. 蛋白质食品	蛋白质（g），水分（g），脂质（g），糕饼时以 % 表示	41. 蜂胶食品	蜂胶（g，mg/100 g）或蜂胶萃取物（g，mg/100 g）
19. 寡糖类加工食品	寡糖（g，mg/100 g）	42. 几丁聚糖加工食品	几丁聚糖（g，mg）
20. 乳酸菌（生菌）食品	菌数（个/g）	43. 芦荟（Kidachi Aloe）加工食品	芦荟（g，mg）
21. 月见草油	γ-亚麻酸（mg），亚油酸（mg）	44. 芦荟（Aloe verb）加工食品	芦荟（g，mg）
22. 绿藻加工食品	牛磺酸（mg），肝糖（g，mg）	45. Gimmuem	Gimmuem 酸（mg）
23. 植物萃取发酵饮料	有机酸酸度（体积质量），酵母菌（个/ml），直接还原糖（体积质量）	46. 绿茶抽出物食品	绿茶多元酚(儿茶素换算）(g)

表 4　小麦胚芽油之适用范围

成分定义	规格	成分含量规格	其他
包括食用小麦胚芽油、含维生素E的食用小麦胚芽油、小麦胚芽油加工食品等三部分	1. 必须保有小麦胚芽油色调 2. 不得附着异味、异臭、异物 3. 维生素E含量必须高于所标含量 4. 软胶囊包装者必须每粒中或每克油状、糊状、小型胶囊中小麦胚芽油的含量为 2～10 mg。同量含维生素E小麦胚芽油含量需为 10～100 mg。同量小麦胚芽油加工食品需为 2～10 mg 5. 动物胶质等包装材料用量比率，每粒不得超过该粒成品全重之 50%	1. 过氧化物价（P.O.V.）：食用小麦胚芽油、含维生素E的食用小麦胚芽油均不得超过 10 mg/kg，小麦胚芽油加工食品不得超过 30 mg/kg 2. 酸价（A.V.）：食用小麦胚芽油、含维生素E的小麦胚芽油加工食品不得超过 10 3. 残留农药：不得含有 endrin、ielorin 等农药成分。BHC 容许量 0.2 mg/kg 以下。DDT 容许量 0.2 mg/kg 以下。巴拉松 容许量 0.3 mg/kg 以下。Malathon 容许量 0.2 mg/kg 以下。无机溴含量必须低于 50 mg/kg	1. 产品中不许检出多氯联苯（PCB）成分 2. 产品中不许超过砒霜 2 mg/kg 3. 铅含量不得超过 20 mg/kg 4. 细菌数目必须维持在每克 3000 个以下 5. 制造过程如使用己烷、氢氧化钠或活性白土等时，最后制成产品中，不得检出有这类物质残存 6. 制造和加工基准（包括制造加工设备管理、保管设备管理及厂房管理） 7. 试验方法（包括硫酸法、硝酸法、干式灰化法等）

表 5　日本健康食品与特定保健用食品相关管理法规

种类	法源	定义	范围	声明管理
健康食品	厚生省组织令第 8 条第 10 号成立（财团法人健康、营养食品协会）（1992 年）	含有营养成分或保健用途成分，类以药品形态，如片剂、胶囊、粉末、口服液、茶包等	已有绿藻、蜂王浆、花粉、灵芝、鱼油、几丁质等 47 种产品制造规格	依协会要求的产品规格，向协会申请审核后，授予健康食品标志，并依协会规定做功效宣称
特定保健用食品	厚生省颁布（特定保健用食品的标准法规）（1992）	对生理益处已被证实的食品（以食品为载体），允许标明健康声明	已有 12 种功能性成分功效审查规范，包括食物纤维、寡糖、糖醇、多元不饱和脂肪酸、肽与蛋白质、醇类、卵磷脂、乳酸菌、矿物质、其他功能性成分	经国内营养研究所检测后，先由咨询性机构预审，再送州市办公室，最后由集合营养、食品、化学等专家的厚生省审查委员会审查批准

4.2　日本健康食品的市场规模

日本健康食品于 20 世纪 60 年代随着人口的老龄化而产生。20 世纪 70 年代，日本的健康食品市场成长迅速，销售额达 1500 亿日元，并有 3000 多家企业角逐市场。1984 年市场销售额为 4000 亿日元。1985 年厚生省开始对健康食品实施调查，确认其安全性，建立健康食品对策室并展开辅导，反而使市场萎缩。1987 年健康食品市场又逐渐复苏。随着经济的发展，人们生活水准的提高，日本的膳食结构西方化，慢性病、成人病逐渐增加，医疗费用随之上升。此外，伴随饮食和健康科学研究和媒体的宣传，消费者健康概念提升，自 1987 年起健康食品市场又开始逐渐扩展，1998 年市场规模大至 6900 亿日元。年均增长率 8.6%（表 6、表 7）。

表 6　日本健康食品的规模

年别	金额（亿日元）	增长率（%）	人民币（亿元）
1992	4100	5.1	280.43
1993	5000	21.9	342.00

续表

年别	金额（亿日元）	增长率（%）	人民币（亿元）
1994	5600	16.0	396.71
1995	6200	6.9	424.07
1996	6500	4.8	444.59
1997	6600	1.5	451.25
1998	6900	4.5	47.55

表7　1998年日本各类健康食品销售概况

种类	市场值（亿日元）	种类	市场值（亿日元）	种类	市场值（亿日元）
绿藻	600	藤黄HCA	180	牡蛎加工食品	44
健康茶（减脂茶）	500	螺旋藻	150	寡糖	39
蜂王浆	500	维生素E	120	花粉	30
芦荟	500	双歧杆菌/乳酸菌	120	酵母食品	25
维生素C	427	食物纤维	105	田七、人参	20
青汁	400	DHA	100	卵磷脂	20
维生素与矿物质	400	Gimunema茶	100	椰蓉	20
钙	300	大蒜	100	维生素B	20
蜂胶	300	核酸	100	β-胡萝卜素	20
酵素（植物综合酵素）	300	银杏叶	100	梅萃取物	17
西洋参（枣精）	260	胶原质	100	EPA	14
蛋白质	210	山桑子（蓝目）	100	红曲	10
姬松草	200	大豆卵磷脂	70	黏多糖蛋白	7
高丽人参	200	海鳖提取精华田	66	苜蓿	6
健康醋	200	郁金	50	绿茶抽出物	3
灵芝	200	甜茶	50	月见草油	2
几丁质/几丁聚糖	180	刺五加	48		

日本健康食品的销售渠道分为店铺和非店铺路线，店铺路线又分为食品系与药品系。自1998年药品邮购业务获厚生省认可后，开拓了健康食品的邮购道路。无店铺式渠道销售额达63.04%，药店占21.02%，专卖店、百货专柜占15.94%（表8）。

表8　日本健康食品销售通路概况

销售通路	1997年销售（亿日元）	占总数百分比（%）	1998年销售（亿日元）	占总数百分比（%）	增长率（%）
药店系统	1300	19.70	14500	21.02	12.0
专卖店、百货专柜	1100	16.67	1100	15.94	0
直销通路（邮购、传销）	4200	63.63	4350	63.04	3.6
合计	6600	100.0006	900	100.00	4.5

原文发表于《中国保健食品》，2002年第4期

对发展我国保健食品行业的一些思考

金宗濂

北京联合大学 应用文理学院

1 一年来我国保健食品行业保持了一定程度的增长与发展

2002年是我国保健食品行业经受考验和加强自律的一年，也是在激烈的市场竞争中寻求继续发展的一年。

至2001年年底，经卫生部批准的保健食品有3779种，其中有功能的保健食品3418种，营养素补充剂361种（表1），其功能分布仍集中在免疫调节、调节血脂和抗疲劳三项，占66.9%（表2）。产品地域分布集中在东部沿海经济发达地区（表3）。2001年，通过全行业的共同努力，我国保健食品行业保持了小幅度的增长与发展。据中国保健食品协会公布的资料表明，2001年全国保健食品生产企业有1027家，较上一年1013家增长1.3%，生产保健食品1509种，比上一年1318种增长12.7%。全年保健食品总销售收入181.5亿元，较2000年175.9亿元增加3.1%（图1）。

表1 至2001年年底我国批准的保健食品数目

项目	数目（种）
具有功能保健食品	3418
营养素补充剂	361
小计	3779

表2 至2001年年底我国批准的保健食品功能分布

保健功能	数目（种）	占总数比例（%）
免疫调节	1308	31.50
调节血脂	614	14.80
抗疲劳	604	14.60
改善胃肠道	225	5.40
延缓衰老、抗氧化	221	5.30
耐缺氧	127	3.10
调节血脂	116	2.80
辅助抑制肿瘤	112	2.70
改善睡眠	105	2.50
美容	96	2.30
减肥	92	2.20
对化学性肝损伤有保护作用	82	2.00
改善记忆	73	1.80
改善骨质疏松	65	1.60
抗突变	45	1.10
清咽润喉	44	1.06
抗辐射	42	1.00
改善营养性贫血	40	0.97
促进生长发育	29	0.70

续表

保健功能	数目（种）	占总数比例（%）
调节血压	13	0.31
改善视力	8	0.02
其他	55	1.30
小计	4152	

表3　至2001年年底我国批准保健食品地域分布

地区	企业数（家）	占全国企业比例（%）
东部12省、自治区、直辖市	670	66.1
中部9省、自治区、直辖市	215	21.2
西部10省、自治区、直辖市	128	12.6

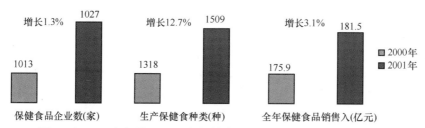

图1　与2000年相比，2001年保健食品行业总体上保持小幅度增长

从统计资料看，2001年我国保健食品行业取得了可喜的进展，具体表现如下所示。

1.1　企业规模有所扩大

2001年全国1027家保健食品企业中投资规模超过亿元的企业由2000年38家发展到50家，增长31.6%；投资规模在1000万元到1亿元的企业由2000年239家发展到258家，增长了7.9%；500万元以上投资规模的企业由416家上升到440家，增长5.8%；而500万元以下注册资金的企业由2000年597家下降至587家，减少1.7%（图2）。上市企业也由上年41家增至46家，增长12.2%。

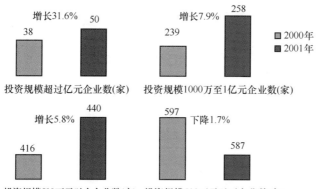

图2　2001年保健食品企业投资规模有所扩大

1.2 新产品开发有所成效

据统计，2001年全国保健食品新开发产品产值82.92亿元，比2000年增加15.13亿元，增长20.2%。新产品销售收入82.64亿元，比2000年增加17.77亿元，增长27.4%，实现利税16.52亿元，比2000年增加4.32亿元，增长35.4%。表明我国保健食品新产品开发正逐步取得成效（图3）。

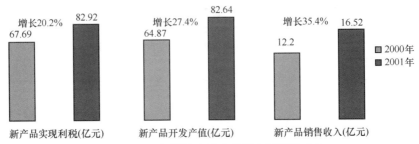

图3　2001年保健食品企业新产品开发成效

1.3 质量管理水平和品牌意识有所提高

2001年，保健食品生产企业设有专门质量监管机构，由2000年的743个增至762个，专职监管人员由5665人增至6041人，分别增长2.6%和6.6%。经过生产质量管理规范（GMP）和国际标准化组织（ISO）质量体系认证的产品数由2000年133种增加至158种，增长17.3%。取得国家驰名商标产品数量由2000年86种增加至88种，增长2.3%。说明我国保健食品企业正在加强产品质量管理意识和注意提高产品品牌知名度（图4）。

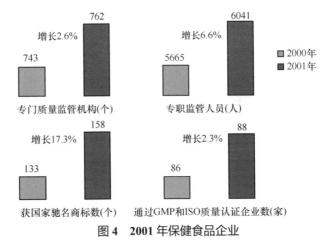

图4　2001年保健食品企业

1.4 民营企业有所发展

2001年在1027家保健食品企业中，国有企业92家，比2000年减少28家，下降23.3%。民营企业由2000年170家增至184家，增长8.2%，占保健食品企业17.9%。说明在国家政策鼓励下，保健食品民营企业有了进一步发展（图5）。

1.5 销售模式有所变化

从2001年统计资料可见，我国保健食品营销方式正由传统的企业直销模式向商场设专柜和设专营店方式转变。2001年保健食品直销企业688家，与2000年的703家相比下降了2.1%。

在商场设专柜由 2000 年 291 家增至 323 家，增加 11.1%，设专营店也增加 5.1%。说明在商场设专柜或设专营店是宣传和营销保健食品的一种较好方式（图 6）。

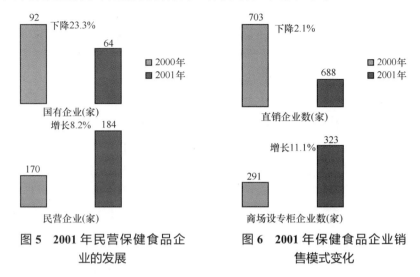

图 5　2001 年民营保健食品企业的发展　　图 6　2001 年保健食品企业销售模式变化

2　我国保健食品行业整体面貌尚未得到根本改观

从中国保健食品协会公布的资料看，我国保健食品行业的整体面貌尚未得到根本改观。

2.1　产品结构不合理和地域分布不均衡的现象依旧

2001 年实际生产的 1509 种保健食品中具有免疫调节、调节血脂和抗疲劳功能的产品为 1079 种，占全部生产保健食品的 71.5%。但从市场销售的情况看，这三类产品的市场销售收入仅占总销售额的 44.9%（表 4），而促进生长发育、改善胃肠道两项功能的产品的市场销售收入的比重已超过调节血脂和抗疲劳产品。特别是促进生长发育的产品，其批准的产品数仅占总数的 0.7%，但其销售收入占总销售额 11.9%（表 4）。

表 4　不同功能产品其产值及销售情况

功能	保健食品产品销售收入（万元）	销售收入比重（%）	保健食品产品产值（万元）	产值比重（%）	销售收入占产值比重（%）
免疫调节	524 955.1	29.8	574 732.5	27.7	91.3
促进生长发育	209 482.8	11.9	215 356.8	10.4	97.3
改善胃肠道	154 889.8	8.8	240 943.9	11.6	64.3
调节血脂	153 432.4	8.7	173 580.1	8.4	88.4
美容	114 128.5	6.5	130 710.8	6.3	87.3
抗疲劳	111 821.6	6.4	158 937.3	7.6	70.4
改善骨质疏松	109 077.1	6.2	109 077.1	5.2	100
改善营养性贫血	90 093.0	5.1	149 298.5	7.2	60.3
其他	290 782.4	16.5	325 103.9	15.6	94.4
合计	11 759 009.7	100	2 077 740.9	100	84.7

还值得一提的是改善骨质疏松功能。虽然目前这一项功能的产品仅局限于增强骨密度，但

其进入市场的产品几乎全部销售完毕,其销售率为100%。超过保健食品产品的平均销售额16个百分点(表4)。上述数据表明,我国的绝大多数保健食品企业在产品开发上带有较大的盲目性,它还不能适应市场瞬息万变的需求。

另外,由表3可见,保健食品的企业分布不均衡的局面也尚无改变。东部12省、自治区、直辖市的企业数占总数66.1%,最多的北京市有110家,而西部最少的省、自治区、直辖市仅2家。保健食品原料资源丰富的新疆维吾尔自治区、宁夏回族自治区、西藏自治区、青海省等西部地区只有23家保健食品企业,尚不及北京的1/5。企业分布不均衡也是限制保健食品行业发展瓶颈之一。

2.2 企业规模过小局面尚无改观

企业规模过小是我国保健食品企业缺乏竞争力的一个根本原因。

2001年全国1027家保健食品企业中投资规模超过亿元的企业仅50家,而500万元以下的注册资金的企业有587家,约占总数的54.1%(图2),并有近300家企业的注册资金还不到50万元。由于大部分企业投资规模过小,所以离规模生产、规模经营水平差距甚远,这样的企业不要说今后到国际市场上,就是在国内市场上也缺乏竞争力。从产品销售角度看,大部分保健食品企业市场占有率不高。2001年销售收入达10亿元的企业仅3家,1500万元以上企业也不到100家。统计资料显示,2001年全国1027家生产企业盈利523家,占50.93%,亏损504家,占49.07%,而且已有143家企业因长期亏损而破产倒闭。因此人们不由担心,今后在我国的保健食品市场上民族品牌产品能否占优势。

2.3 科技投入过低的局面依旧是我国保健食品产品长期低水平重复的重要因素

2001年全国保健食品企业用于科研项目的经费支出仅占销售收入1.55%。相比之下广告支出却占销售收入6.54%。由于科技投入过少,致使上市产品科技含量不高,进入低水平重复的怪圈。一个产品市场寿命为3～5年,有人将它称为"保健食品产品五年生死线"。

3 对繁荣我国保健食品产业的几点建议

近几年,我国保健食品市场的销售额一直徘徊在170亿～180亿元水平,市场总体呈现萎缩趋势。致使人们对其前景产生了种种疑虑。笔者认为对保健食品市场的前景持悲观论点是没有根据的。因为保健食品的市场前景是随着国家经济发展和人们生活水平的稳步提高而不断发展的。目前世界各国对国家经济水平和人们富裕程度的总体评价主要采用两个重要指标:人均GDP和恩格尔系数(表5～表7)。由表8可见,2002年我国保健食品市场应有500亿元人民币左右的市场份额。2010年将达1000亿元,2020年可能将有2000亿元。因此我国保健食品市场前景无疑是光明的。问题是这一份额是具有中国特色的民族品牌呢,还是为舶来品所占有?为了确立具有中国特色的民族品牌产品的市场优势,进一步扶持和培育具有国际竞争力的民族企业,振兴我国保健食品产业,笔者认为这是一项需要各方共同努力的系统工程。

表5 恩格尔系数与生活水平的关系

恩格尔系数(%)	生活水平
高于60	绝对贫困
60～50	温饱
50～40	小康
30～20	富裕

表6 人均GDP水平与生活水平关系

人均GDP(美元/人)	生活水平
400	温饱
800	小康
4000	富裕

表7 我国人均GDP和恩格尔系数与生活水平

年份	人均GDP（美元/人）	恩格尔系数（%）		生活水平
		农村	城镇	
1980	200	67.7	57.5	贫困-温饱
2001	800	47.7	37.9	进入小康
2020	3000	30～40		总体小康

表8 人均GDP与保健食品市场份额预测

国家/地区	年份	人均GDP（美元/人）	保健食品人均消费量（美元/人）	保健食品市场预测（亿元人民币/年）
中国大陆	1997	620	2.92	300
	2002	800～900	4.0～4.5	500
	2020	3000	15～20	1600～2000
中国台湾	1997	13467	30.7	55
日本	1997	39640	51.59	540
美国	1997	26980	84.42	1875

3.1 企业系统

对于企业来说首先要"更新观念"，确立"市场导向以人为本""产品质量以科技为本"的思想。确立"市场导向以人为本"的思想，其核心是企业要讲"诚信"，诚信是企业行为的基石。

最近中国消费者协会对北京市、山东省市场保健食品的产品说明进行调查。结果表明宣传内容符合法律法规的仅占26.5%。有虚假宣传的占调查总数42.1%。另有31.4%的产品没有经过卫生部批准，擅自宣称产品具有保健功能。总之，产品说明书有违规、虚假宣传占了调查总数73.5%。可以设想消费者稍不留意就会掉入虚假宣传的陷阱。加上业内企业为了短时间内获得利润，普遍采用"概念炒作""广告轰炸"等营销手段。这样做的结果直接损害了企业的整体形象，损害了业内正当经营企业的合法权益，导致了消费者的信任危机，致使人们对保健食品全行业失去信任，给整个行业带来了毁灭性的破坏。因此，我们提倡，保健食品企业的市场营销要建立"以人为本"的思想导向。要真正将消费者当作上帝，对消费者负责，采取实事求是的宣传。因此，全国的保健食品企业应该进一步加强自律，提倡诚信为本，自觉和共同抵制假冒伪劣产品和夸大宣传问题。特别要谴责在保健食品中添加违禁药品，严重危害消费者健康的恶劣行为。要树立"以质量创信誉，以信誉打市场"的信念。

首先，要确保产品质量，还应当建立"以科技为本"的思想。目前保健食品的低水平重复是其市场萎缩另一重要原因。至今经卫生部批准的保健食品已近4000种，但上市品种仅1600余种，为批准品种数的40%。在北京市场上有良好销售业绩的产品也许只有100～200种。造成低水平重复的重要原因之一是企业科技投入不足。据统计，2001年我国保健食品企业的科技投入仅占销售收入1.55%，而广告投入却占销售收入6.54%。一般来说像保健食品这类高科技产业，其科研投入占销售收入6%～10%为宜。国外一些业绩优良的企业有的多达15%，而广告投入应限制在2%以下。由于科技投入不足，特别是应用基础性研究缺乏，致使市场上科技含量高、保健功效好的产品寥寥无几。这也是当前保健食品得不到消费者信赖的重要原因之一。

其次，企业要改善生产条件，要加强对产品质量的监控。加快建立GMP和危害分析和关键控制点（HACCP）的管理体系。卫生部已发出通知，要求在2003年年底前，对于仍达不到"保健食品良好生产规范"的企业,不再核发卫生许可证。

再次,保健食品企业要发展规模经济,打造我国保健食品"航母"。

从中国保健食品协会发布的统计资料可知,我国保健食品企业大部分规模小,54%的企业的投资额在500万元以下,并有300家企业注册资金不到50万元。因此我国的保健食品企业对产品的市场开发、新品种的研究及抗风险的力度都十分不足,即使有好的产品也缺乏足够力量迅速打开和占领市场。进入世界贸易组织(WTO)后,我们还面临着一个全球经济一体化,充满竞争的国际市场。所以应提倡保健食品行业进行强强联合,优势互补,发展规模生产和规模经营,积极创造条件,打造我国保健食品行业的航空母舰,驰向全国,驰向世界。

最后,企业应积极建立"品牌战略"的思想,以打造"民族驰名品牌"。纵观我国一些优秀保健食品企业大都有这样一些经验:以高科技带动企业发展;以技术创新建立企业竞争优势;以高品质获取市场份额;以新观念创造市场机遇。总之,以名牌战略来夺取市场优势、获取企业持久的发展。

3.2 对于科研院所来说,当前要加强产学研的结合,用现代科学技术从我国传统的中医药宝库中开拓出具有中国特色的驰名产品

近年来我国的部分高校已经陆续建立了一些有关功能食品的省部级重点实验室、研发中心和工程中心。一些大中型企业还建有博士后流动站。这都是一些好兆头,说明我国的保健食品行业"以科技为本"的思想开始深入人心。笔者认为,下列一些课题应引起研究人员足够的重视。

(1)关于功能成分的研究。功能成分的构效、量效关系的研究,不仅是今后质控的需要,也是提高产品的科技含量的需要,为今后对产品实施分类监管打好基础。

(2)建立功能成分快速检测方法,为企业和口岸检测提供方便。

(3)改进产品口感,为保健食品进入一日三餐打好基础。

3.3 对于政府部门来说,首先是加强监管

首先,要改变过去"重审批,轻监管"的思路,要审批、监管两手抓。2002年卫生部联合国家工商行政管理局、国家技术监督局和国家食品药品监督管理总局等四部委开展保健食品的专项整治工作,取得了较好成效。今后应当将突出性的监管转向经常性工作来抓。要加强处罚力度,要使违规企业被罚得倾家荡产,得不到便宜,并引以为戒,再不违规。其次,卫生部应尽快出台新的"保健食品管理办法",并与技术监督部门尽快联合编制"保健食品国家标准",应尽快调整思路、理顺关系、提高评审门槛、完善评审程序、调整功能定位、加强原料管理,真正做到规范入手,从严要求,从严治政,促进我国保健食品行业健康有序的发展,繁荣保健食品市场。

原文发表于《中国食品学报》2002年增刊

中国保健食品产业与国际接轨——与世界同行

金宗濂

北京联合大学　应用文理学院

随着进入世界贸易组织（WTO），我国保健产业也进入了全球经济一体化和国际竞争的序列，加速了我国保健食品产业现代化和国际化的进程。如何面对这一机遇和挑战并存的局面呢？笔者认为，自2002年后的3～5年内，就保健食品产业而言，必须多方面的调整，才能重振雄风，真正确立东方保健食品的地位。

1　迅速与国际市场接轨，"诚实守信""公平竞争"

近几年来我国保健食品市场逐渐萎缩、据国家有关部门统计，2000年保健食品的营销额仅176亿元人民币，占当年食品工业总产值的2.2%，与1994年相比，营销额萎缩了40%。保健食品市场萎缩的一个根本原因是保健食品在人们心目中的信誉度逐步降低。笔者认为，消费者对保健食品的信任度下降与当前保健食品企业未将"诚实守信"和"公平竞争"作为办好企业的宗旨有关。

众所周知，"诚实守信"和"公平竞争"是市场经济运作中两项最基本的游戏规则。在吴晓波著《大败局》一书中提及的4个保健食品企业，从迅速崛起达到巅峰后迅速破产崩溃的严酷事实告诉人们一个真理：谁在市场运作中违规，谁便会遭到灭顶之灾，并被市场无情淘汰出局。这是我国保健食品产业进入国际化大市场必须做到的最基本的一步。

2　增加科技投入，提高产品的科技含量

至2001年年底，经卫生部批准通过的保健食品品种已达3418种，但进入市场的仅1600余种，行销的产品可能不到200种。笔者认为"产品低水平重复，质量低下"是它们进入市场步履艰难的首要原因。

造成"产品低水平重复"的原因是多方面的，除了管理层次上的一些因素外，笔者以为还与当前我国企业家的"浮躁心理"和"急功近利"分不开，从技术角度看，在已批准的3400余种产品中，90%以上属第二代产品。这一代产品功能因子不明确，作用机理也难以阐述清楚，一旦造假也难以鉴别。加上至今近90%的保健食品企业尚未实施生产质量管理规范（GMP）管理，产品质量难以控制。多数企业在研制新产品时，没有经过周密的市场调查。产品研制十分盲目。在目前批准的保健食品种类中，60%集中在免疫调节等三四项功能上。企业为了赶时间，绝大多数产品没有进行必要的基础研究，就投入研发。更有甚者，某些产品根本没有经历研发阶段。便直接进入报批程序，致使品种雷同，缺乏创新，产品寿命短，出现所谓的"五年生死线"。

（1）积极发展第三代保健（功能）食品：众所周知，天然、安全、有效的第三代保健食品将是21世纪发展的重点。一些发达国家，只认可第三代保健（功能）食品。因此，研究功能因子的构效、量效关系及其作用机理，积极发展第三代保健（功能）食品，才能使我国的保健食品产业在国际竞争中占有一席之地。

（2）要尽快在我国保健食品企业中实施 GMP 的管理：对一些没有条件通过 GMP 的小企业，尽快使其淘汰出局。

（3）要注重产品质量，重视产品形象：首先必须提高产品的科技含量。我们的企业家要注重产品的创新，重视科技的投入，据有关部门统计，我国保健食品企业的科研投入不到营销额 6%，仅为广告投入的 1/5～1/4。不少企业家宁肯投入近亿元做广告，也舍不得投入几十万元用于产品研发。

近年来笔者经常接触一些年销售额在几亿元的保健食品企业，使笔者感到困惑的是这些企业往往还是热衷"买批文"或希望经过仅几个月的短时间进行产品研发，即刻进入申报程序。由此进入市场的产品，如何能在国际竞争中获胜呢？

3　打破地域界限，加速组建大型保健食品企业集团，积极实施"品牌"战略

在我国 1013 家保健食品企业中，55% 的企业年销售额不到 500 万元。62% 的企业注册资金在 500 万元以下，而且仅五成的企业盈利或不亏损。

进入 WTO 后，我们所面临的对手是强大的国际跨国集团，我们必须"以强对强""以大对大"目前我国保健食品企业多数是小企业、新企业，不仅"品牌战略"实施艰难，也难抵御大型跨国公司的各类挑战。笔者认为，在未来 3～5 年内，国家应着手扶持和组建一些大型保健食品企业，使其成为行业的龙头企业。这些企业集团应将生产增长方式转移到提高劳动者素质和科学技术轨道上来。实行集约经营，知识营销，真正成为外向型企业集团，大步跨入国际市场，以带动整个保健食品产业进入现代化、国际化的殿堂。

4　加强产学研结合，尽快确立我国保健食品产业的科教支持体系，使我国保健食品产业发展真正建立在"科教兴业"的基础上

（1）设立相关专业：由于我国科学教育体系是长期在计划经济体制下形成的，加上条块分割，以致不能适应当前保健食品产业发展。例如，国内的"食品科学"专业，大都设置在轻工业和农业院校。他们研究的重点是食品加工过程中的科学问题，很少涉及研究"食品与人类健康关系"，更少涉及食品安全和保健功能问题。而医药院校的科研领域只在"天然药物"，而对"功能食品"涉足不多，更不用说对于专业人才的培养。在本科生阶段，不仅没有建立"保健科学"专业，连"食品科学和营养学"专业也没有设置。

（2）加大政府科研投入：自中央至地方各级科研管理部门对这一领域科研投入极少，长期以来都没有列入各级纵向科研计划。各类食品研究机构也很少涉足这一领域，仅满足完成一些短平快项目，很少有条件进行一些基础性研究。因此这一领域基础研究十分薄弱，它是我国保健领域长期低水平重复的一个重要原因之一。

目前食品界一些学者已认识到保健（功能）是未来食品一个新的经济增长点，它是 21 世纪推动食品工业发展一个重要支柱。保健食品的发展要靠科技进步来推动，因而构建食品的科教支柱体系是我国保健食品产业进入国际化大市场的保证。

原文发表于《中国保健营养》，2002 年第 11 期

我国保健食品的市场走向及发展对策

金宗濂

北京联合大学　应用文理学院

1　一年来我国保健食品行业的市场走向

2002年是我国保健食品行业经受考验和加强自律的一年，也是在激烈的市场竞争中寻求继续发展的一年。

至2001年年底，经卫生部批准的保健食品有3779种，其中有功能的保健食品3418种，营养素补充剂361种，其功能分布仍集中在免疫功能、调节血脂和抗疲劳三项，占71.5%。产品地域分布仍集中东部沿海经济发达地区。其中东部12省、自治区、直辖市占66.1%，而西部10省、自治区、直辖市仅占12.6%。2001年，通过全行业的共同努力，我国保健食品产业保持了小幅度的增长趋势。据中国保健食品协会公布的资料表明，2001年全国保健食品生产企业有1027家，较2000年1013家增长1.3%，生产保健食品1509种，比2000年1318种增长12.7%。全年保健食品总销售收入181.5亿元，较2000年175.9亿元增加3.1%。

从公布的资料看，2001年我国保健食品行业取得了可喜的进展，具体表现为如下几方面。

1.1　企业规模有所扩大

2001年全国1027家保健食品企业中投资规模超过亿元的企业由2000年38家发展到50家，增长31.6%；投资规模在1000万元到1亿元的企业由2000年239家发展到258家，增长了7.9%；500万元以上注册资金的企业由2000年597家下降至587家，减少1.7%。上市企业也由2000年41家增至46家，增长12.2%。

1.2　新产品开发有所成效

据统计，2001年全国保健食品新开发产品产值82.92亿元，比2000年增加15.13亿元，增长20.2%。新产品销售收入82.64亿元，比2000年增加17.77亿元，增长27.4%，实现利税16.52亿元，比2000年增加4.32亿元，增长35.4%。表明我国保健食品新产品开发正逐步取得成效。

1.3　质量管理水平和品牌意识有所提高

2001年保健食品生产企业设有专门质量监督机构由2000年的743个增至762个，专职监督人员由5665人增至6041人，分别增长2.6%和6.6%。经过生产质量管理规范（GMP）和国际标准化组织（ISO）质量体系认证的产品数由2000年133种增加至158种，增长17.3%。取得国家驰名商标产品数量由2000年86种增加至88种，增长2.3%。说明我国保健食品企业正在加强产品质量管理意识和注意提高产品品牌知名度。

1.4　民营企业有所发展

2001年在1027家保健食品企业中，国有企业64家，比2000年减少28家，下降23.3%。民营企业由2000年170家增至184家，增长8.2%，占保健食品企业17.9%。说明在国家政策鼓励下，保健食品民营企业有了进一步发展。

1.5 销售模式有所变化

从 2001 年统计资料可见,我国保健食品营销方式正由传统的企业直销模式向商场设专柜和设专营店方式转变。2001 年保健食品直销企业 688 家,比 2000 年 703 家下降了 2.1%。在商家设专柜由 2000 年 291 家增至 323 家,增加 11.1%,设专营店也增加 5.1%。说明在商场设专柜或设专营店是宣传和营销保健食品的一种较好方式。

2 我国保健食品行业整体面貌为得到根本改观

2.1 产品结构不合理和地域分布不均衡的现象依旧

2001 年实际生产的 1509 种保健食品中具有免疫调节、调节血脂和抗疲劳功能的产品为 1079 种,占全部在产保健食品的 71.5%。但该三类产品的市场销售收入仅占总销售额的 44.9%,而促进生长发育、改善胃肠道两项功能的产品的市场销售收入的比重已超过调节血脂和抗疲劳产品。特别是促进生长发育的产品,其批准的产品数仅占总数的 0.7%,但其销售收入占总销售额 11.9%(表 1)。

表 1 不同功能产品其产值及销售情况

功能	保健食品产品销售收入(万元)	销售收入比重(%)	保健食品产品产值(万元)	产值比重(%)	销售收入占产值比重(%)
合计	11 759 009.7	100	2 077 740.9	100	84.7
免疫调节	524 955.1	29.8	574 732.5	27.7	91.3
促进生长发育	209 482.8	11.9	215 356.8	10.4	97.3
改善胃肠道	154 889.8	8.8	240 943.9	11.6	64.3
调节血脂	153 432.4	8.7	173 580.1	8.4	88.4
美容	114 128.5	6.5	130 710.8	6.3	87.3
抗疲劳	111 821.6	6.4	158 937.3	7.6	70.4
改善骨质疏松	109 077.1	6.2	109 077.1	5.2	100
改善营养性贫血	90 093.0	5.1	149 298.5	7.2	60.3
其他	290 782.4	16.5	325 103.9	15.6	94.4

值得一提的是改善骨质疏松功能。目前这一功能的产品仅局限于增强骨密度,其市场销售率为 100%,超过保健食品产品的平均销售额 16 个百分点。这表明,我国大多数保健食品企业在产品开发上带有较大的盲目性,还不能适应市场瞬息万变的需求。

2.2 企业规模过小,局面尚无改观

企业规模过小是我国保健食品企业缺乏竞争力的一个根本原因。

2001 年全国 1027 家保健食品企业中投资规模超过亿元的企业仅 50 家,而 500 万元以下的注册资金的企业有 587 家,约占总数的 54.1%,并有近 300 家企业的注册资金还不到 50 万元。由于大部分企业投资规模过小,所以离规模生产、规模经营水平相距甚远。这样的企业不要说今后拿到国际市场上,就是在国内市场上也缺乏竞争力。从产品销售额角度看,大部分保健食品企业市场占有率不高。2001 年销售收入达 10 亿元的企业仅 3 家,1500 万元以上企业也不到 100 家。统计资料显示,2001 年全国 1027 家生产企业盈利 523 家,占 50.93%,亏损 504 家,

占 49.07%。而且已有 143 家企业因长期亏损而破产倒闭。因此，人们担心，今后在我国的保健食品市场上民族品牌产品能否占优势。

2.3 科技投入过低的局面依旧是我国保健食品长期低水平重复的重要因素

2001 年全国保健食品企业用于科研项目的经费支出仅占销售收入 1.55%。相比之下广告支出却占销售收入 6.54%。由于科研投入过少，致使上市产品科技含量不高，进入低水平重复的怪圈。一个产品市场寿命为 3～5 年，有人将它称之"保健食品产品五年生死线"。

3 对发展我国保健食品产业的几点建议

近几年，我国保健食品市场的销售额一直徘徊在 170 亿～180 亿元水平，市场总体呈现萎缩趋势。致使人们对其前景产生了种种疑虑。笔者认为，对保健食品市场的前景持悲观论点是没有根据的。因为保健食品的市场前景是随着国家经济发展和人们生活水平的稳步提高而不断发展的。目前世界各国对一个国家经济水平和人们富裕程度的总体评价主要采用两个重要指标：人均 GDP 和恩格尔系数。由表 2 可见，2002 年我国保健食品市场应有 500 亿元人民币的市场份额。2010 年将达 1000 亿元，2020 年可能将有 2000 亿元。因此，我国保健食品市场前景无疑是光明的。问题是这一份额是具有中国特色的民族品牌呢，还是为舶来品所占有？为了确立具有中国特色的民族品牌产品的市场优势，进一步扶持和培育具有国际竞争力的民族企业，振兴我国保健食品产业，笔者认为这是一项需要各方共同努力的系统工程。

表 2 人均 GDP 与保健食品市场份额预测

国家/地区	年份	GDP/人（美元/人）	保健食品人均占有量（美元/人）	保健食品市场预测（亿元人民币/年）
中国大陆	1997	620	2.92	300
	2002	800～900	4.0～4.5	500
	2020	3000	15～20	1600～2000
中国台湾	1997	13467	30.7	55
日本	1997	39640	51.59	540
美国	1997	26980	84.42	1875

3.1 对于企业来说，首先要更新观念，确立以市场为导向、以人为本，产品质量以科技为本的思想，其核心是企业要讲诚信。诚信是企业行为的基石

最近，中国消费者协会对北京市、山东省市场保健食品的产品说明进行调查。结果表明，宣传内容符合法律法规的仅占 26.5%；有虚假宣传的占调查总数 42.1%。另有 31.4% 的产品没有经过卫生部批准，擅自宣称产品具有保健功能。总之，产品说明书有违规、虚假宣传占了调查总数的 73.5%。可以设想消费者稍不留意就会掉入虚假宣传的陷阱。加上业内企业为了短时间内获得利润，普遍采用"概念炒作""广告轰炸"等销售手段。这样做的结果直接损害了企业的整体形象，损害了业内正当经营企业的合法权益，导致了消费者的信任危机，给整个行业带来了毁灭性的破坏。因此，全国的保健食品企业应该进一步加强自律，提倡诚信为本，自觉和共同抵制假冒伪劣产品和夸大宣传问题。特别要谴责那些在保健食品中添加违禁药品，严重危害消费者健康的恶劣行为，要树立"以质量创信誉，以信誉打市场"的信念。

首先，要确保产品质量，还应当建立"以科技为本"的思想。目前，保健食品的低水平重复是使市场萎缩的另一重要原因。至今经卫生部批准的保健食品已近 4000 种，但上市品种仅 1600 余种，为批准品种数的 40%。在北京市场上有良好销售业绩的产品也许只有 100～200 种。造成低水平重复的重要原因之一是企业科技投入不足。据统计，2001 年我国保健食品企业的科技投入仅占销售收入 1.55%，而广告投入却占销售收入的 6.54%。一般来说，像保健食品这类高科技产业，其科研投入应占销售收入 6%～10% 为宜。由于科技投入不足，特别是应用基础性研究缺乏，只是市场上科技含量高、保健功效好的产品寥寥无几。这也是当前保健食品得不到消费者信赖的重要原因之一。

其次，企业要改善生产条件，要加强对产业质量的监控。加快建立 GMP 和危害分析和关键控制点（HACCP）的管理体系。卫生部已发出通知，要求在 2003 年年底前，对于仍达不到"保健食品良好生产规范"的企业，不再核发卫生许可证。

再次，保健食品要发展规模经济，打造我国保健食品"航母"。从中国保健食品协会发布的统计资料可知，我国保健食品企业大部分规模小，54% 的企业的投资额在 500 万元以下，并有 300 家企业注册资金不到 50 万元。因此，我国的保健食品企业对产品的市场开发、新品种的研究及抗风险的产品也缺乏足够力量迅速打开和占领市场。进入世界贸易组织（WTO）后，我们还面临着一个全球经济一体化，充满竞争的国际市场。所以应提倡保健食品行业进行强强联合，优势互补，发展规模生产和规模经营，积极创造条件，打造我国保健食品行业的"航空母舰"，驰向世界。

最后，企业应积极建立"品牌战略"的思想，以打造"民族驰名品牌"。纵观我国一些优秀保健食品企业大都有这样一些经验：以高科技带动企业发展；以技术创新建立企业竞争优势；以高品质获取市场份额；以新观念创造市场机遇。总之，以名牌战略来夺取市场优势，获取企业持久的发展。

3.2　科学为本，建立快速检测方法

对于科研院所来说，当前要加强产学研的结合，用现代科学技术从我国传统的中医药宝库中开拓出具有中国特色的驰名产品。近年来，我国的部分高校已经陆续建立了一些有关功能食品的省部级重点实验室、研发中心和工程中心。一些大中型企业还建有博士后流动站。这都说明我国的保健食品行业"以科技为本"的思想开始深入人心。

（1）关于功能成分的研究：功能成分的构效、量效关系的研究，不仅是今后指控的需要，也是提高产品的科技含量的需要，并为今后对产品实施分类监督打好基础。

（2）建立功能成分快速检测方法，为企业和口岸检测提供方便。

（3）改进产品口感，为保健食品进入一日三餐打好基础。

3.3　加强监督，尽快出台新的管理办法

对于政府部门来说，首先是加强监督。要改变过去"重审批，轻监督"的思路。要审批、监督两手抓。要加强处罚力度，要使违规企业被罚得倾家荡产，得不到便宜，并引以为戒，再不违规。其次，国家主管部门应尽快出台新的"保健食品管理办法"，并与技术监督部门尽快联合编制"保健食品国家标准"。应尽快调整思路，理顺关系，提高评审门槛，完善评审程序，调整功能定位，加强原料管理，真正做到规范入手，从严要求，从严治理，促进我国保健食品行业健康有序地发展，繁荣保健食品市场。

原文发表于《食品工业科技》，2003 年第 4 期

功能食品的发展趋势及未来

金宗濂 张馨如

北京联合大学 生物活性物质与功能食品北京市重点实验室

早在 20 世纪 60 年代,功能食品的概念已在日本厚生省的文件中出现。1984 年,日本文部省组织了一个主题为"食品功能的系统分析"的研究课题,揭示了食品除了具有营养和感官功能外,还具有第三种功能,即调节人体生理活动的功能。1991 年日本厚生省修改了《营养改善法》,将功能食品正式定名为"特定保健用食品"(food for specified health uses, FOSHU)。20 世纪末至 19 世纪初,功能食品市场获得了迅速的发展外,为了规范市场,推动功能食品产业的发展,日、中、美等国又相继纷纷立法。至今全球功能食品的销售额已超过 100 亿美元。未来 10 年内,全球功能食品的市场份额每年将以 10% 的速度增长,超过了所有的食品和饮料年均 2% 的增长速度。

1 影响未来功能食品产业发展的重要因素

未来 10 年功能食品产业将以年均 10% 的增长速度向前发展。推动未来功能食品产业发展的主要是两个因素:市场的拉动和科学的推动。另外,食品工业及政府也是推动功能食品产业发展的两个重要因素。

1.1 市场的拉动

拉动市场的决定因素是消费者。一个产品是否成功,是否受到消费者青睐有 3 个因素值得重视:口味、便利性及消费者的信任度。

口味:按目前欧美流行的看法,功能食品首先是口味。只有良好的口味才能吸引消费者。消费者不会为了健康而忽视口味。

便利性:它符合现代高节奏生活方式。他们要求产品食用简易、加热方便、便于携带。

信任度:消费者对产品的信任是产品赢得市场的保证,产品的安全、有效是提高消费者对产品信任度的保证。然后一个好的品牌也是激励消费者购买欲的重要因素。

因为在一个面临大量选择的社会,消费者总是选择信赖度高的产品。一个企业要提高产品的市场销售额,下列几个因素是值得考虑的:消费者的需要和关注程度;消费者对一个产品接受程度(包括价格与性能比);该产品对消费者健康效应的大小;口感;最佳便利程度(试用、携带、加热方便);足够的零售网点;食用安全;可接受的价格;信息来源和科学的支持,特别是营养科学权威的观点等。

1.2 科学的推动

"科学"是功能食品产业发展的第一推动力。功能食品科学是需要多学科包括营养学、生理学、生物化学、药理学、工程学、基因学及信息学的支持和协作。

功能食品的未来科学研究主要集中在 4 个方面:评价功能食品健康的生物学标记及其有效性;食品及其组分的安全性;食品及其组分的健康效应及其作用机制与发现;开发新的生物活性物质。

功能食品科学研究需要回答如下 8 个方面的问题：①消费者理解：何种健康效应是消费者最需要的。②生物信息：何种分子担负此项功能。③体外筛选及体内效果：如有多种组分共同作用，哪一种组分的生物效应最大。④生物利用度：具有生物效益的特定生物活性物质的消化、吸收状况。⑤生物技术与食品工程：如何获得这一种生物活性物质及生产一种有前景的功能食品。⑥作用机理。⑦人群干预研究：对人体是否真正有效。⑧信息：我们如何解释这些效应。

纵观国际功能食品的科学研究，有 3 个动向值得我们注意。

（1）注意采用新的理论和方法来揭示食物中的非传统营养成分的作用及其机理。

考虑到食物中的功效成分多数是一个混合物，分离纯化有效成分有一定困难。日本大泽俊彦等建立免疫化学研究方法，评价氧化应激，成功地制备出对脂质过氧化物、蛋白质、DNA 氧化损伤有特异性抗体，并建立用此类抗体进行微量测定的 ELASA 法，从而达到可在体外和体内两方面评价抗氧化的食物成分。利用这种方法可从血液、唾液及尿液中检测出生物学标记物。

氧化应激是为了更加有效地做好食物中非营养成分，日本科技厅 2000 年为这种成分研究工作还资助了一项重要课题，即食物中非营养素功能性成分检索与鉴定数据库的研究。此课题拟利用高压液相等方法对各种食物中类胡萝卜素、黄酮、含硫化合物、肽类及多酚类物质进行定性、定量测定，进而做出食物编号、含量、结构、分子量、物理特性及生物效应方面的数据，并建立数据库。该项研究计划 3 年完成，该项数据库的建立对未来功能食品发展必有重要推动作用。

（2）更加注意开发新的功能素材。

未来几年，世界各国将会更加重视研究开发非传统营养素动植物资源。最近几年，欧、美、日各国学者纷纷将目光投向中国、印度、南美以寻找能降低严重害人体健康的一些慢性病及老年性痴呆风险的功能素材，如心血管疾病、糖尿病、高血压、老年性痴呆风险的功能素材。

（3）更强调跨学科和跨国度的合作。

近年来，欧美各国相继建立了功能食品研究开发国际组织，还出版了刊物，如美国出版了 *Functional Food*，并创刊功能性食品专门杂志 *J. Nutraceutical Functional and Medicine Food*。国际生命科学会欧洲分会为了协调功能食品研究，由 60 名来自不同国家的研究人员组建功能食品科学研究专题组，下设 6 个分课题，在"生长、发育、分化""底物代谢""活性氧防御""胃肠生理和功能""心血管功能""行为和心理学"等方面进行了深入研究，还发表了专题论文，该项研究对未来功能食品发展有着深远影响。

未来推动功能食品发展的除了上述的市场拉动和科学推动这两个决定因素外，食品工业和政府也扮演了十分重要的关键角色。

食品工业的作用是显而易见的，因为只有强大的食品工业才会生产出受消费者欢迎的口感良好的功能食品，也只有强大的食品工业，采用各种先进技术和质量监控措施才可能在产品中尽量多地保留功能成分，提高食品功能特性。

在推动功能食品发展诸因素中，政府的作用也是十分关键的。因为他们不仅制定法规政策鼓励功能食品产业发展，而且在加强市场监管，择优劣汰方面扮演了重要角色。更重要的是政府可以在科学家与消费者之间构筑一个桥梁，加强信息交流，使消费者对各种功能产品有一个正确的理解，增强消费者对功能食品的信任度。

2 功能食品未来的市场发展趋势

未来几年，消费者关注的"目标功能"食品大体上在以下 3 个方面：

2.1 以公众健康为目标的功能食品

在美国大约有 50% 的消费者为了健康目的而购买功能食品。公众最关心的健康领域包括控制体重、增强免疫、抗氧化剂及营养素补充剂。美国有 60% 的人在服用含有多种维生素和矿物质的营养素补充剂。

2.2 以提高机体健康和精神状态为目标的功能食品

提供能量的功能食品中以运动营养食品和饮料最为热门。还有提高"脑能量"的功能食品也有产品出现。

2.3 降低慢性病风险的功能食品

全世界现有 9.7 亿人患高血脂，14.3 亿人体重超重。现有 49% 的欧洲厂商将降低心血管疾病风险列为产品研发的首选功能。其次是癌症（37%）、肥胖（37%）、骨质疏松（27%）、肾脏健康（21%）、免疫（17%）等。

欧洲现有 1.25 万亿人患有高胆固醇血症，在消费者最需要的功能食品调查中，降低胆固醇的产品在法国排第二位，在美国排第五位。

肥胖症在全球迅速增加，全球减肥产品及各项服务的收入达 77 亿美元。几乎 1/3 西欧人超重，1/10 人肥胖。我国肥胖人群特别是儿童的肥胖率增长也很快，至 2000 年大致 8% 的儿童患有不同程度的肥胖，所以降低疾病风险的功能食品有着广阔的市场。纵观有关报道下列几个领域的功能食品市场值得我们关注。

2.3.1 儿童市场——一个特殊的消费人群

在美国有 0.72 亿儿童，其中 27 万 19 岁以下的少年儿童血脂偏高，200 万 16 岁以下儿童患高血压，第 11～12 年级有 1/4 的儿童超重。有 60% 的儿童白天上课感到疲乏，15% 的儿童上课因能量不足而打瞌睡。但也有 5%～10% 的儿童患有活跃的多动症状。由此，敏锐的美国食品厂商推出了一系列适合儿童食用的功能性食品，如根据约 80% 儿童没有得到推荐数量的维生素和矿物质，他们推出了一系列儿童强化食品，包括方便早餐和含有 6 种活菌的有机奶酪。能量强化食品也颇受欢迎，据调查美国有 37% 的高中生喜爱能量饮料，36% 的学生饮用咖啡饮料，24% 的学生饮用茶饮料。除了强调早餐重要性外，有关维生素 A、维生素 C、维生素 E、维生素 B、β-胡萝卜素产品受到少年儿童喜爱，具有提高智力的 DHA 和 EPA 产品也受到一定的欢迎。

2.3.2 以提高生活质量为目标的成人市场

（1）随着人们期望寿命延长，工作节奏加快及生活水平提高，消费者特别是中老年消费者日益重视提高自身的生活质量。提供能量的产品、减肥产品、提高视力、增强免疫力的食品都会受到消费者的关注。美国有 75% 的成年人关注能量和疲劳，3500 万成年人有能量缺乏症状。每 3 个购买者中有 1 个表示，他们的家庭中有 1 个人正在努力改善和消除能量缺乏和疲劳情况。有 5100 万人经常参与运动。2001 年，美国运动营养食品销售额达 25 亿美元，提供能量饮料的销售额为 5 亿美元。近年，在美国有 26% 的男性和 36% 的女性关心精神应激，脑能量产品也在市场出现。

（2）减肥产品，美国有将近 1.05 亿 20 岁以上成年人超重，4250 万人肥胖，有将近 50% 的购物者承认他们的家庭有 1 个人在试图控制体重，全美国有 6200 万人在控制体重，有 580

万的消费人群在试图减肥。因而减肥功能食品包括低热量食品在美国极为畅销。

（3）增强免疫功能的食品符合 3/4 美国人需要，美国每年有 1.08 亿流感病例，因而提高免疫力的功能产品和草药成为人们首选，特别是利用益生菌（probiotics）和益生元（prebiotics）的产品受到普遍关注。

（4）提高视力是功能食品领域中一个新出现的健康功能。美国有 90% 的成人希望保持健康视力，有 28% 的家庭中有一个成员在积极改善和治疗视力。美国超过 6000 万人近视，1400 万人黄斑功能减退。由于近年来科学发现叶黄素、花青素和类胡萝卜素在改善视力方面有重要作用，以叶黄素为主要原料的产品已陆续在欧美上市。

2.3.3 功能性的休闲食品是未来功能食品发展的一个方向

长期以来，功能食品的生产厂商认为功能食品与休闲食品之间没有什么联系。这些年来，美国的功能食品生产厂商逐渐认识到，美国人并不想为了健康而放弃他们喜爱的休闲食品。一些聪明的厂商开始将功能性食品引入到休闲食品的领域。目前，不仅开发出功能性糖果（在糖果中强化维生素 A、维生素 C、维生素 E 和钙），加钙口香糖也出现在美国糖果市场。全世界功能性糖果的销售额 40 亿美元，占糖果市场的 1/6。目前，一些生产厂商还在研制具有增强免疫和清咽润喉的功能性糖果。功能性茶饮料也已成为欧美主流茶产品之一，不少厂商在开发功能性茶市场取得成功。

原文发表于《食品工业科技》，2004 年第 9 期

韩国对功能食品的管理

秦 菲 陈 文 魏 涛 金宗濂

北京联合大学 应用文理学院

【摘要】 在韩国，功能食品被称作"健康/功能食品"。本文从健康/功能食品的范畴、法规、管理机构、审批制度、安全与功效评价、标签、功能声称及监督管理等方面介绍韩国对健康/功能食品的管理体系，为我国功能食品行业的科学管理和规范发展提供借鉴。

【关键词】 韩国；功能食品；健康/功能食品；管理；标准

Administration for functional food in Korea

Qin Fei Chen Wen Wei Tao Jin Zonglian

College of Applied Science and Humanities of Beijing Union University

Abstract: Functional food is defined as "health/functional food" in Korea. The administration system of health/functional food in Korea was introduced by focusing on the definition, regulations, administrative organizations, approval system, safety evaluation, efficacy evaluation, labeling, health claims and surveillance, et al. It was expected to provide reference for the scientific management and development of Chinese functional food industry.

Key words: Korea; functional food; health/functional food; administration; standard

随着经济的发展、人们生活品质的提高及医药科技的进步，人类的平均寿命得以延长。据报道，至2050年，韩国60岁以上老年人将达到人口总数的40%，日益严重的人口老龄化问题会导致慢性病数量的增加。近年来，韩国人饮食方式也有所改变，动物源食品的消费量增大，与传统韩国饮食模式相比，人们从动物脂肪中摄取了更多的热量，超重和肥胖人群增多，导致糖尿病和冠心病等慢性疾病的发病率不断升高。因此，功能食品在韩国受到青睐。1997年亚洲金融风暴后，韩国经济的快速复苏，间接带动了功能食品产业的发展，目前韩国已经成为亚洲功能食品最大的市场之一，2004年韩国市场规模达20亿美元。在韩国，功能食品被称作"健康/功能食品"（health/functional foods，HFFs）。2002年8月，韩国颁布了《健康/功能食品法》（*The Health/Functional Food Act*，HFFA），并于2004年1月正式生效。由于韩国与中国的文化背景相似，因此，韩国的健康/功能食品法规与我国保健食品的法规体系具有较强的可比性。

1 韩国功能食品的范畴及相关法规[1]

在HFFA颁布之前，营养补充剂、人参产品、专门为患者准备的食品等和其他普通食品一样，是由《食品卫生法》（*Food Sanitation Act*，FSA）来监管的，没有评价体系。因此，不仅市场混乱，也很难引入新的活性成分。韩国健康福利委员会（the Korean Health and Welfare Committee of National Assembly）于2000年11月提出制定HFFA的议案。2002年8月韩国颁布了HFFA，用于管理HFFs的安全性、功效性及标注，其目的是通过确保新活性成分的安全性以提高公共健康。该法于2004年1月正式生效。HFFA将HFFs定义为含有营养成分或其他具有营养或生理功能、以补充正常饮食为目的的物质（浓缩形式）。HFFA 规定 HFFs 要以可计量的形态（如丸剂、片剂、胶囊、液体）进行生产，以便更好地进行良好操作规范管理。

HFFA 把 HFFs 作为一个新的食品种类从传统食品中分离出来。HFFs 分为日常健康/功能产品和特种健康/功能产品。日常健康/功能产品主要包含以前《食品卫生法》监管下的具有功能声称的食品，如营养补充剂、人参及其产品。在 HFFA 实施之后，又新增加了绿茶提取物（抗氧化）、大豆蛋白（降低胆固醇）、红曲米（降低胆固醇）、低聚果糖（维持良好胃肠功能）、植物甾醇（降低胆固醇）5 种。目前日常 HFFs 共 37 种，详见表1[1]。日常健康/功能食品的活性成分不需要进一步检验，其产品功效也不需提供特殊的证据来证明。但许多 HFFs 配方中所用的活性成分不在该表之列，它们是新的活性成分，需要经过韩国食品药品管理局（Korea Food & Drug Administration，KFDA）的审批，这类产品属于特种健康/功能产品。

表1　37 种日常健康/功能产品

营养补充剂	葡萄籽油产品
人参产品	发酵蔬菜提取物产品
红参产品	黏多糖产品
鳗鱼油产品	含叶绿素的产品
含 EPA/DHA 的产品	蘑菇产品
蜂王浆产品	芦荟产品
酵母产品	日本杏提取物产品
花粉产品	软壳龟产品
含（角）鲨烯/三十碳六烯的产品	β-胡萝卜素产品
含酵母的产品	含壳聚糖的产品
含益生菌的产品	含壳低聚糖的产品
小球藻产品	含葡糖胺的产品
螺旋藻产品	蜂胶提取物产品
含 γ-亚麻酸的产品	绿茶提取物产品
胚芽油产品	含大豆蛋白的产品
胚芽产品	含植物甾醇的产品
卵磷脂产品	含低聚果糖（果寡糖）的产品
含二十八烷醇的产品	红曲米产品
含烷氧基-丙三醇的产品	

2　管理机构

HFFA 赋予 KFDA 管理 HFFs 上市前的安全性和功效性的评审权利。KFDA 的前身为韩国食品药品安全总署（Korea Food and Drug Safety Headquarter，KFDS），由于食品、药品的相关问题日益受到重视，韩国政府于 1998 年 2 月将其升格至国家级别的一个管理部门，并更名为 KFDA。KFDA 的总部设在首尔，由 4 个分部组成。KFDA 总部还监管 6 个地方的 KFDA 机构，这 6 个机构分别设在首尔、釜山、仁川、大丘、光州、大田。这些机构在其管辖范围内实施食品、药品的监管工作，并在其地方实验室对进口食品进行监管。

KFDA 有一个由 80 名专家组成的顾问委员会，委员应具备如下专业知识或代表某一方面的利益：食品科学、药学或消费者代表。该委员会下设 6 个分会，分别就法规、生产质量管理规范（GMP）、进出口、新活性成分、标准、规格及标签与广告方面向 KFDA 提供建议。

3 审批[2-4]

HFFs 需要通过安全性和功效性的检验才能投放到市场。已收录在日常健康/功能食品目录中的 HFFs，可以不必进行安全、功效评估。如果生产商或经销商拟上市的产品所含功效成分不在日常健康/功能产品之列（因此被视为新产品），或生产商或经销商欲在韩国销售不在日常健康/功能产品之列的 HFFs，则必须通过以下两个步骤申报特种健康/功能产品：新活性成分的安全性、功效性评价；终产品的规格及分析检测。

首先，如产品中的功效成分不在日常健康/功能产品之列，生产商或销售商必须向 KFDA 提供有关产品的安全性、功效性的相关证据。KFDA 必须在接受申请 120 日内进行上市前的审查。新活性成分若要获得批准，需要如下资料：成分的来源和性质、活性成分（或指示成分）的含量、加工方法、HFFs 的安全性、功效性的科学证据。

活性成分的安全性、功效性经过评审后，KFDA 在 90 日内对由评审过的活性成分组成的终产品的规格进行评审。该过程需要如下资料：活性成分的分析方法及确证、稳定性数据、纯度。

在申请者提交相关文件后，KFDA 的评审工作首先关注产品是否充分执行了相关标准，然后评审其安全性、功效及规格。一旦 HFFs 的功效和安全性评审通过后，KFDA 通过网站向公众公布评审结果，同时告知申请者，并向申请者颁发新食品证书。申请者再凭证书和样品，申请最后的产品许可。进行该申请时要求申请者向 KFDA 提供产品样品，同时附带活性成分分析方法的相关文件。KFDA 验证其方法，确定活性成分，如果评价结果是授权该产品为 HFFs，则还需确定保质期和卫生标准。

4 安全性评价[5]

活性成分的安全性评价是由 KFDA 通过审查申请者提交的材料进行的，如使用历史、加工过程、消费量、毒理学实验结果、人体实验结果、生物可利用性评价等材料，要根据安全性评价框架科学地进行审评。

韩国 HFFs 广泛的原料选择为建立其统一的安全评价标准增加了难度。然而，在韩国大多数用于制造 HFFs 的原料都有临床使用史。因此，可以根据从临床使用史中获得的信息进行有关安全性方面的推论。但具体要求比较严格，要在系统地编辑和整理已知信息的基础上，对相关材料进行鉴定，最终才能做出结论。此外，还可以通过建立适当的产品标准来控制某种原料是否可用于 HFFs。HFFs 的安全性评价框架见图 1。需要提供的安全性材料可分为 4 类：A. 不能作为 HFFs 的原料；B. 基于传统用途的证据；C. 产品不良反应和毒理学方面的实验数据、服用量的评价结果、营养、生理学及药理学评价数据；D. 安全方面的数据结果、对比服用的实验结果、营养评价数据、毒理学实验结果及其他能够证明该原料安全性的数据。

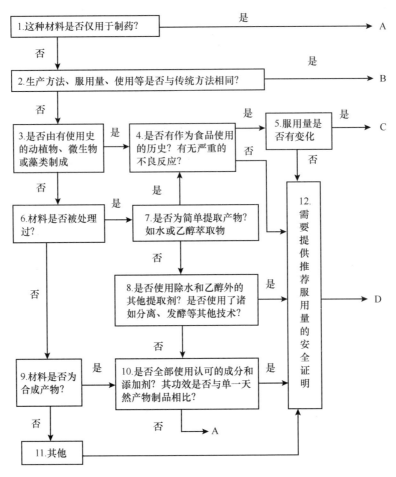

图 1 韩国 HFFs 的安全性评价体系 [6]

5 功效评价[6]

HFFs 的目标人群是健康、处于疾病初级阶段或处于风险边缘的个体，这类人群在服用 HFFs 时的效果显然没有在特定条件下患者服用药品的效果明显，因此，HFFs 的功效评价应区别于药品。

对于 HFFs，需要提供多少或何种类型的研究来证明其功能声称没有固定的模式，KFDA 采取"适当、可靠的科学证据"的标准。不仅使生产商或销售商在提供多少数量、何种类型的证据方面具有一定的灵活性，而且使消费者对 HFFs 具有信心。为了评价生产商或销售商提供的证据是否是适当、可靠的科学证据，KFDA 会分别审查单个研究证据，并对证据进行整体审查。

5.1 单个研究证据的审查

首先确定每个研究的设计类型。适当、可靠的科学证据可以充分支持/证明一个功能声称。这种类型的证据一般包括从人体实验中获得的资料，随机、双盲、平行、安慰剂对照干预实验是最好的标准实验类型。其他类型的科学证据如动物实验结果、体外实验结果、观察性证据及综述性文献也可以作为支持证据，但这些证据单独使用不足以证明一个功能声称，除非有足够的动物实验和体外实验可以解释 HFFs 对健康有益的生化、生理作用或可以证明功效成分的量效关系。其次，从实验设计及执行情况、研究人群、数据采集、观察指标、统计分析等方面审查每个研究的科学性。具备如上多因素的研究，其结论较为客观也更接近实际。

5.2 整体证据的审查

尽管单个研究证据的类型、质量非常重要，但是从单个研究中获得的实验结果应该在所有已获得信息或资料的条件下进行考虑。而科学证据的整体力度要从以下准则来考虑：质量、一致性及相关性。从独立进行的研究中收集的大量数据可以使证据更具有说服力。如果用于证明功能声称的证据与其他支持资料一致，则是比较理想的情况；如果相互矛盾、不一致就会使人们质疑所进行的特定功能声称。

若仅允许达到科学证据标准的功能声称标示出现在标签或广告上，HFFs 的健康 / 保健功能声称的消费者信息则太局限。因此 KFDA 引入了基于证据的等级体系（包括降低疾病风险及其他功能声称），等级的确定需要考虑单个研究的类型和质量，以及证据整体的数量、一致性及相关性。

可以降低疾病风险的功能声称需要最高级别的证据，主要是依据设计良好的人体干预实验，这些实验设计合理，可以证明 HFFs 的持久功效。该声称需要由经过良好科学训练且有评审经验的评审专家一致评审通过，而其他功能声称的科学证据比较广泛，尽管人体干预实验是最优选择，但动物实验、体外实验单独也可以证明或支持 HFFs 的其他功能声称。根据可信、可能、不充分的科学证据定义了 3 个级别的其他功能声称（表 2）。

表 2　HFFs 进行功能声称时可以使用的恰当描述语言

声称类型	科学证据的级别	对应的语言描述
降低疾病风险	明确科学共识	可以帮助降低……的风险
其他功能（Ⅰ）	可信	对……具有有益作用
其他功能（Ⅱ）	可能	可能提高 / 促进…… 可能增加 / 降低……
其他功能（Ⅲ）	不充分	可能促进……，但需要证实可能促进……，但目前科学证据不充分

注：基于证据的等级系统将科学证据等级与相关功能声称的语言描述联系起来，不同级别的证据可以用适当的语言描述声称。KFDA 拟进行消费者调查，以建立一个新的语言描述体系，提高消费者对功能声称的理解。

6　标签及功能声称[7]

6.1　标签

HFFs 的标签上一般包括如下内容："健康 / 功能食品"字样、产品名称、含量、营养功能信息、成分、保质期、储存条件、生产厂家名称及地址、服用方法、使用注意事项、警示语如"本产品非药品，无法预防或治愈人类疾病"等。

6.2　功能声称

HFFA 规定营养素功能声称、其他功能声称及降低疾病风险的声称与国际食品法典委员会的相关规定一致，生产商或销售商可以在标签和广告中使用这些标签。

（1）营养素功能声称（nutrient-function claims）是指描述营养素在机体生长、发育和正常功能中所起的生理作用。这类声称是非常成熟的功能声称，适用于有每日推荐摄入量（recommended daily allowance，RDAs）的营养素。

（2）其他功能声称（other-function claims）是指在正常膳食的基础上，HFFs对人体正常生理功能和生理活动的特殊、有益的作用。这类声称反映了增强机体功能、促进/维持健康的作用。

（3）降低疾病风险声称（reduction-of-disease claims）是提示、表明或暗示（在正常膳食条件下补充）某种食品、营养素与降低患病风险或健康状况关系的描述。不允许有预防和治疗某种疾病的声称。

日常健康/功能食品中的维生素和矿物质补充剂具有RDAs，可以进行营养素功能声称。膳食纤维补充剂的主要功能声称为维持体形和保持良好的胃肠道功能。

对于特种健康/功能产品，2005年10月，KFDA审查通过了23种活性成分和27种特种HFFs。大部分HFFs进行的功能声称是其他功能声称，降低疾病风险的声称仅用于木糖醇降低龋齿风险的声称（表3）。

表3 降低疾病风险和其他功能的声称

声称类别	功能声称
降低疾病风险	降低患龋齿的风险
其他功能	降血压
	降低胆固醇
	减少体脂
	保持健康
	调节血糖
	调节餐后血糖
	保持良好的胃肠功能
	提高记忆力
	提高认知功能

7 监督管理[8]

任何需在韩国申请生产HFFs的企业或个人必需取得KFDA的许可；申请进口HFFs的企业和个人应向相应地方KFDA机构提交申请；欲销售而不生产HFFs的企业或个人应向地方当局如城市办公室、区办公室、乡办公室提交书面申请。KFDA为生产HFFs的企业制订了GMP。并要求每个HFFs生产地点必须指派一名质量经理，负责确保生产设备的卫生条件，为生产人员提供必要的指导，并进行监管，以便企业控制生产过程和产品质量，确保公众健康。自2006年2月起，强制执行GMP[8]。

在HFFs卫生安全监管方面，以前由于政出多门，常常导致事故后无人负责。因此，韩国调整了食品安全主管机构，成立食品安全政策委员会，该委员会的委员长为总理，委员包括各部门长官、相关领域专家等20余人，以协调各部门业务，避免因负责部门众多、分工不明，导致管理不力的现象。

如未经许可生产HFFs或销售劣质产品，将被处以最多5年监禁或1亿韩元的罚款；如被控告不正确宣传、夸大宣传或标识HFFs，将被处以最多5年监禁或5000万韩元的罚款。

8 结束语

韩国是少数制定了功能食品法规的亚洲国家之一。HFFs 分为日常健康/功能食品和特种健康/功能食品，韩国对这两类 HFFs 采取不同的管理方式。HFFs 上市前需要进行审批，KFDA 负责 HFFs 上市前的安全性、功效性评价。安全性评价需要在安全性评价框架内进行，功效性评价过程中不仅要重视单一证据的审查，更要重视证据的整体审查。在卫生监管方面，成立了食品安全政策委员会，由总理任委员长统一指挥监管。在生产管理方面，自 2006 年 2 月起，强制执行 GMP。可见，作为和我国具有相似文化和健康理念的邻国，韩国对功能食品采取了分类和严格的管理，为我国功能食品法规标准的完善提供了借鉴。

【参考文献】

[1] HFFC.Health/Functional Food Code.Korea：Regulation of the Korea Food and Drug Administration.2004.
[2] Kim J Y，Kim D B，Lee H J.Regulation of Health/Functional Food in Korea//Bagchi D. Nutraceutical and Functional Food Regulations in the United States and Around the World.USA：Elsevier，2008：281-290.
[3] RHFF.Regulations on the Premarket Approvals of Safety and Efficacy of Product-Specific Health /Functional Food.2004.No.2004-12.Regulation of the Korea Food and Drug Administration，Korea.
[4] RHFF.Regulations on the Premarket Approvals of Standard and Specifications of Product-Specific Health /Functional Food.Korea：Regulation of the Korea Food and Drug Administration.2004.
[5] RHFF.Recent Amendment of Regulations on the Premarket Approvals of Safety and Efficacy of Product — Specific Health/Functional Food.Korea：Public Comment No.2005 — 181.Korea Food and Drug Administration.2005.
[6] Kim J Y，Kim D B，Lee H J.Regulations on health /functional food in Korea.Toxicology，2006，221：112-118.
[7] 兰洁，王瑾，王森，等.国际保健品管理的比较研究（下）.亚太传统医药，2008，4（8）：5-8.
[8] Zawistowski J.Regulation of Functional Food in Selected Asian Countries in the Pacific Rim//Debasis Bagchi.Nutraceutical and Functional Food Regulations in the United States and Around the World.USA：Elsevier，2008：365-401.

原文发表于《食品工业科技》，2009 年第 11 期

全球功能食品的市场及其发展趋势(上)

金宗濂

北京联合大学 生物活性物质及功能食品北京市重点实验室

近年来,随着经济的发展和人们对健康的向往,世界各国功能食品的市场年均以10%的速度递增,远远超出了一般食品年增2%的发展速度。至今,已有美国、日本、加拿大、中国等国家和地区相继立法,以规范功能食品市场,推动了这一产业的迅速发展。2005年6月在中国台北召开了全球华人保健食品科技大会,从各国学者的报告中充分显示了世界各国功能食品市场强劲的发展趋势。

1 中国

图1 中国保健食品标识

自1996年3月国家卫生部发布《保健食品管理办法》以来,至今已有9年。2005年4月国家食品药品监督管理总局又发布了《保健食品注册管理法》,并于2005年7月1日起实施。至2005年6月,经过国家主管部门审批过的产品已超过7000种,其标识见图1。

2004年6月至2005年5月,中国保健协会组织了300余人的调查队伍,历时10个月,对全国除港、澳、台的31个省、自治区、直辖市,300余个地区的零售终端(药店、超市、商场、专卖店、不包括非店铺销售)进行了专项调查。结果表明,自1996年至2004年6月底,经国家主管部门批准的保健食品共计6009种,其中国产5516种,进口493种。但在零售市场能调查到的产品仅为2951种,占已批准产品的49.1%。其中具有功能的保健食品为2629种,占89.09%,营养补充剂322种,占10.91%。在调查到的2951种产品中,合格的(仅标识合格)仅有1917种。"问题产品"或"疑似问题产品"为1034种,占35%,合格产品占审批量1/3左右。在1917种合格产品中,具有功能的产品1703种,营养素补充剂214种。在调查到的2951种产品中,按其原料构成,药食两用原料居首位,占41.5%,第二位为动植物原料,占35.6%。第三位为各类营养素,占23.35%。动植物提取物排第四位,为21.35%。其形态构成,胶囊排第一位为35%,其次为口服液17.4%,片剂、冲剂分别为14.57%和11.69%。

目前国家食品药品监督管理总局公布27项保健功能声称,但在调查到的2629种具有功能的保健食品中,免疫调节的产品最多,为36.6%,其次是缓解体力疲劳产品,为16.9%,第三位是调节血脂产品为15.6%,减肥产品排第四位,为12.1%。上述四类产品占据了总量的76.2%。而有些产品,如促进泌乳仅有1种产品,促进排铅为10种产品,改善视力为12种产品,抗辐射也只有12种产品,这四类产品,仅占总量的1.3%。

在调查到的322种营养补充剂中补钙产品最多占51.86%,其次为补充维生素产品,占41.93%,补铁产品排第三位,为19%。

在调查到的2951种产品,按其省、自治区、直辖市分布,前五位的省、自治区、直辖市为山东省、河北省、北京市、安徽省、广东省。近两年来山东省、河北省保健食品产业发展很快,超过了一些经济和科技发达的省、自治区、直辖市,如北京市、上海市,这是一个值得注意的动向。

这次调查到的生产企业共 2025 家，其中生产合格产品的企业为 1318 家，占 65%。这 2025 家企业分布在全国多个省、直辖市（含香港地区）。

在调查到的 2951 种产品中，国产占 92%，进口占 6%，还有 2% 的产品未标明产地。

我国保健食品的销售额到底有多少？长期以来各说不一。据原中国保健食品协会委托国家统计局统计结果显示，2002 年保健食品的销售额 193.08 亿元。这次中国保健协会的调查中，没有对销售额等经济指标进行调查，因此缺少这些数据。表 1 是原中国保健食品协会 2002 年调查结果。

表 1　2002 年我国保健食品产业基本情况

保健食品产值（亿元）	207.21
保健食品销售额（亿元）	193.08
其中出口额（亿元）	2.83
生产保健食品品种（个）	1474
保健食品资产总额（亿元）	988.95
其中流动资产（亿元）	526.93

2　日本

"功能食品"这一名词最早由日本提出。1991 年日本修改了《营养改善法》，将功能食品（functional food）正式定名为特定保健用食品（food for specified health uses，FOSHU）。这一名称变成官方法律术语。但它与功能食品两个概念是可以通用的。

2001 年日本厚生省又推出一类新食品，称之为营养素功能食品（food with nutrient function claim，FNFC）。FOSHU 和 FNFC 都可用健康声称，因而可合称为健康声称食品（food with health claim，FHC）。此外，日本还有一类由日本"健康营养食品协会"管理的，不具健康声称的产品，称为"健康食品"，其标识见图 2。

图 2　日本食品健康标识

因此，日本的健康相关产品可分为 3 类，见表 2。

表 2　日本相关产品分类

项目		审批特点	标签内容
具有健康声称产品	特定保健用食品	个别许可型（individual approval system）	营养素含量、健康功能声称、注意和警示
	营养素功能食品	规格基准型（standard regulation system）	营养素含量、健康功能声称、注意和警示
健康食品		规格基准型	营养素及有关成分含量

2.1 特定保健食品

日本厚生省将 FOSHU 定位于特殊营养食品。所谓 FOSHU 是指具有调节人体生理功能的成分加工制成的食品，其保健功能已获得医学、营养学证明，具有保健用途，保健功效的标示已获厚生省许可。这类食品可用 FOSHU 特殊标识见图 3，并允许在标签上标有某项保健功能的声称。

目前，日本 FOSHU 产品中功效成分大致有 12 种。它们包括膳食纤维、寡糖、糖醇、多肽和蛋白质、糖苷、乙醇、维生素、胆碱、乳酸菌、矿物质、脂肪酸及其他具有保健功能却没有明确区分成分的集合体（如植物提取物和抗氧化剂）等。厚生省还规定，这些功效成分一定是天然的，而且其产品还要求以食品作载体。至 2004 年年底，已批准的 FOSHU 产品共 483 个，销售额为 6349 亿日元，详见表 3。

图 3　FOSHU 特殊标识

表 3　日本 FOSHU 产品的市场销售

项目	1995 年	1997 年	1999 年	2001 年	2003 年	2004 年
厚生省批准的 FOSHU 产品数量计数	33	80	163	247	396	483
销售额（亿日元）	320	1315	2269	4121	5669	6349

日本 FOSHU 产品的功能声称可分为改善胃肠道功能、改善高血压、改善血清胆固醇、改善血糖、促进矿物质吸收、改善甘油三酯、预防龋齿等七类。各类功能声称批准产品的比例见表 4。

表 4　日本 FOSHU 产品功能声称产品数

序号	功能声称	占百分比（%）
1	改善胃肠道功能	56
2	改善甘油三酯	16
3	预防龋齿	15
4	改善血糖	5
5	促进矿物质吸收	3
6	改善血清胆固醇	3
7	改善高血压	2

各类产品 2004 年市场销售额见表 5。

表 5　日本 FOSHU 各类产品的 2004 年市场销售额

功能声称		2004 年市场销售额（亿日元）
改善胃肠道功能	寡糖	70
	乳酸菌	3145
	膳食纤维	241
改善甘油三酯		974
预防龋齿		905
改善血糖		324
促进矿物质吸收		167
改善胆固醇		175
改善高血压		146

2.2 营养素功能食品

日本厚生省于2001年4月推出了一个新的具有健康声称的食品，即营养素功能食品（nutrient functional food）。它包括了12种维生素及多种矿物质。日本厚生省根据年版食品法典委员会确定了这些营养素的功能声称和摄取量。这些声称是建立在长期科学研究基础上，并为全世界学术界公认，其用量下限是日本膳食营养素供给量（RDA）的1/3，其上限为非处方药的最高用量（1999年修订法）。各种维生素可用功能声称和摄取量上下限，见表6、表7。

表6　日本营养素功能食品的功能声称

营养素名称	功能声称
维生素A（或β-胡萝卜素）	维持暗视力，保持皮肤和黏膜健康
维生素D	促进胃肠道吸收钙和帮助成骨
维生素E	有助于保护体内脂肪免于氧化并维持细胞健康
维生素B_1	使糖类产生能量并且维持皮肤和黏膜健康
维生素B_2	有助于维持皮肤和黏膜健康
维生素B_6	有助于从蛋白质产生能量维持皮肤和黏膜健康
烟酸	有助于维持皮肤和黏膜健康
生物素	有助于维持皮肤和黏膜健康
泛酸	有助于维持皮肤和黏膜健康
维生素B_{12}	有助于红细胞生成
维生素C	有助于皮肤和黏膜健康、抗氧化
钙	有助于骨和牙形成
铁	有助于红细胞生成

表7　日本营养素功能食品中维生素、矿物质的使用量

类别	营养素	使用上限	使用下线
维生素	维生素A（视黄醇）	2000 U	60 U
	维生素D	200 U	35 U
	维生素E	150 mg	3 mg
	维生素B_1	25 mg	0.3 mg
	维生素B_2	12 mg	0.4 mg
	烟酸	15 mg	5 mg
	维生素B_6	10 mg	0.5 mg
	叶酸	200 mg	70 mg
	维生素B_{12}	60 mg	0.8 mg
	生物素	500 mg	10 mg
	泛酸	30 mg	2 mg
	维生素C	1000 mg	35 mg
矿物质	钙	600 mg	250 mg
	铁	10 mg	4 mg

2.3 健康食品

日本健康食品是指有益于健康而通用的食品。实际上是一种商业称谓。一般采用非传统的商品形式，如片剂、胶囊等，但并非医用药品。虽然健康食品中也有具有较强保健功能，但多数没有经过人体试验验证。

日本健康营养食品协会将含有营养成分或保健用途成分又类似医药品形态的食品，纳入协会管理，称为健康食品。协会协助指导厂商生产和销售。将市售的47种产品规定了规格要求，如外观形状、成分含量、安全及微生物指标、重金属及农药残留、产品生产加工标准、标示和广告规范等。厂商根据协会的规范，到指定检验机构进行产品分析后向协会申请核准，协会核准后授予健康食品标志。厂商依协会规定制作标识，见图2。

日本健康食品市场规模，见表8。

表8　日本健康食品的规模

年份	金额（亿日元）	增长率（%）	人民币（亿元）
1992	4100	5.1	280.43
1993	5000	21.9	342.00
1994	5800	16.0	396.71
1995	6200	6.9	424.07
1996	6500	4.8	444.59
1997	6600	1.5	451.25
1998	6900	4.5	471.96

原文发表于《食品工业科技》，2005年第9期

全球功能食品的市场及其发展趋势（下）

金宗濂

北京联合大学 生物活性物质与功能食品北京市重点实验室

3 美国

近些年来，由于膳食结构的不合理带来的慢性病侵袭了全体美国人。据统计，有 1/2 的美国人超重，1/4 的美国人诊断患肥胖症。有 9600 万美国成年人患有高脂血症，6000 万人甘油三酯升高，7000 万人消化不良。由此，美国人医疗费用急剧升高，超过国民生产总值 12%，即超过 1 万亿美元。因此，追求健康的生活方式，合理膳食，增加运动以降低患慢性疾病危险，已成为当今美国人的追求。美国政府不仅修订了"美国人膳食指南"，而且制定和修订了一系列法律法规，以发展健康食品，增进人们健康，降低患病风险。

当今，美国还没有一部有关"健康食品"的专门法规，规范"健康食品"的法律法规主要有两部，即《营养标签和教育法》和《膳食补充品健康与教育法》。

3.1 美国市场上的健康食品及其种类

在美国市场上健康食品大致有如下几类。

（1）天然健康食品（natural health food）：指少加工，无添加人工色素、香精和防腐剂的产品，或不使用农药化肥的有机食品，这类产品 2000 年销售额为 260 亿美元。

（2）设计食品（designed food）：指经过设计加工，具有某种生理调节功能，或降低某种疾病风险的食品，如低脂、无脂食品，强化食品，防癌食品。

（3）功能食品（functional food）：在美国，功能食品尚无官方定义，但美国医疗食品研究所和营养委员会（Institute of Medicines Food and Nutrition Board）将功能食品定义为除了具有传统营养素功能外，还能为机体提供一种健康效益的食品或食品组分，即功能食品是为了促进机体健康，改善机体生理功能或降低疾病风险而开发的食品。目前在美国市场上的功能食品大致有如下几个特点：①含有一定量已知的传统营养素以外的生物活性物质；②具有一定的调节生理功能或降低患某些疾病的风险作用；③一般以食品作为载体；④服用较长时间才显功效；

美国市场上的如燕麦片、麦糠、深海鱼油、水果、蔬菜、大豆等制品均可作为功能食品。当前美国食品药品监督管理局（FDA）宣布有 17 种食品或食物成分，均可认为是功能食品（见下文）。由于美国至今尚未对功能食品有官方定义，因而难以界定，因此这类产品的销售额在统计上往往有较大差别，可达 200 亿～2000 亿美元。

（4）营养药物食品（nutriceutical）：这类食品在美国也无官方定义。nutriceutical 一词是由美国医学创新基金会（Foudation for Innovation in Medicine，FIM）的创始人 Stephenl. Defelice 博士提出的。他将"ntriceutical"一词定义为能提供医疗或对健康有益的（包括预防和医疗疾病）的任何一种食品或食品的某一部分。它们可以是自然组分，也可以是一些可以提取的合成物，这些成分均有增进健康的作用。它涵盖范围非常广泛，包括提纯营养素，膳食补充品，基因工程食品，强化食品等。

（5）膳食补充品（dietary supplement）：美国国会于 1994 年通过《膳食补充品健康与教育法》

这部法律是管理"膳食补充品"的一个专门法律。因此，对膳食补充品是有官方的法律定义。

法案确定"膳食补充品"是一种可加到膳食中的产品，它至少是下列一种：维生素、矿物质、草药、植物性物质、氨基酸及其他可以补充到膳食中的膳食物质或是浓缩物、代谢产物、合成物、植物提取物或上述物质的混合物（不包括烟草）。这些产品可以是任何形式如胶囊、软胶囊、粉状物、浓缩物或提取物。补充品不是食品添加剂，也不是常用食品或餐饮中的一种。

3.2 关于健康声称

至1984年前，美国的食品标签上不允许有健康声称（health claim）。美国FDA对于食品有益于人体健康，强调食品调节人体生理功能一般持反对态度。1984年Kellogy公司在美国国立癌症研究所的协助下开发了一种含有膳食纤维的全麸食品，并在包装上宣称：全麸食品中的膳食纤维有益于直肠癌的预防。随后美国开始研讨食品和健康的关系。在许多事实证明下，至1987年美国FDA才认可食品可强调健康，并修订了《营养标签与教育法》（NLEA），提出了某些食品及食物成分与特定疾病之间存在一定关系，即长期食用这些食品和食物成分有助于降低患某种特定疾病的风险，并可以在标签上予以标示。至今，美国FDA已发布了17种食品及其食物成分与特定疾病的关系：①钙与骨质疏松；②钠与高血压；③膳食脂肪与癌症；④膳食中饱和脂肪及胆固醇与冠心病风险；⑤含有纤维素的谷类产品、水果、蔬菜与癌症风险；⑥含有纤维特别是可溶性纤维的水果、蔬菜与冠心病的风险；⑦水果蔬菜与癌症；⑧叶酸盐与神经管形成缺陷（folate and neural tube birth defect）；⑨糖醇与龋齿；⑩膳食中可溶性纤维如燕麦、车前子与冠心病风险；⑪大豆蛋白与冠心病风险；⑫全谷食品与冠心病及某些癌症风险；⑬植物固醇/睾酮醇酯（plant sterol/testosterone esters）与冠心病风险；⑭食物中钾降低高血压、脑卒中风险；⑮叶酸与神经管畸形（folate acid and neural tube malformation）；⑯ω-3脂肪酸与冠心病风险；⑰叶酸、维生素B_6、维生素B_{12}与血管性疾病。

目前在美国的功能性食品及膳食补充品除了可以在标签中标示营养素声称外，还可以标示这些健康声称。美国厂商在产品上健康声称标示只需在美国FDA备案，但必须说明，这一健康声称并没有经过美国FDA批准。同时在产品标识上，不可以标示该产品对某一特殊疾病具有诊断、治疗及预防疾病的声称。对于标识上健康声称的语言，美国FDA规定了如下四个等级。

第一个等级：用于健康声称，不需要任何说明语言。

第二个等级：需要添加某些适当说明，如"虽然这个声称是有科学依据的支持，但这个依据不是结论性的"。

第三个等级：这类声称或许要这样写着"一些科学依据显示……，但美国FDA认为这类依据是有限的和非结论性的"。

第四个等级：要用一些近乎否定语言，如"非常有限的和初步的科学研究显示……"美国FDA认为这一声称有很少的科学依据。

在1994年《膳食补充品健康与教育法案》公布前，食品营养素声称和健康声称必须要在经过大量动物实验、人体试验和流行病学调查基础上取得科学依据，并经过专家审议批准后才可以实施，这样保证声称不误导消费者。1997年美国FDA改变了两个声称的审批标准，只需根据官方报道即可审批。所谓官方报道是指美国FDA承认的官方机构，如美国国家科学院、美国国立卫生研究院（NIH）、美国疾病控制与预防中心（CDC）等，并且一个公司的产品申请通过后，其他企业生产该产品时，只要满足添加物的最低有效量，即可在产品商标标上该项功能声称，不用重复申请。

3.3 美国健康食品市场

美国市场上健康食品品种繁多，也受到消费者青睐，除了膳食补充品外，多数产品尚无官方定义，因而其市场销售额很难界定。如上所示，2002 年仅功能食品的市场销售额为 200 亿～2000 亿美元，这一销售额恐怕是指整个健康相关食品市场。据美国佛罗里达大学季蕴华教授的报告，2002 年功能性食品的销售额为 100 亿美元，天然食品为 260 亿美元，有机食品 52 亿美元，维生素和矿物质的销售额 70 亿美元，草药补充剂 100 亿美元，膳食补充剂 165 亿美元。1991～2003 年这些产品的年均增长率为 10%～20%。据预测，在未来 20 年中，仍会保持这一增长速率。

4 东南亚

东南亚十国，有 5.46 亿人口，人均 GDP 1.63 万美元。2000 年在遭受亚洲经济风暴后，经济指标一度下跌，近 3 年已逐步复苏。

东南亚各国至今尚未有一部管理功能食品的法规。但是他们对功能食品大体有一个统一的认识，即功能食品是指一类除了传统的营养功能外，还可提供健康效益的食品和食品成分。表 9 表明东南亚各国维生素和膳食补充食品的销售额。表 10 是销售前十位的膳食补充食品。

表 9 东南亚维生素和膳食补充剂的销售额（百万美元）

国家	2000 年	2001 年	2002 年	2003 年	2004 年
印度尼西亚	136.8	142.0	196.4	267.9	322.5
马来西亚	114.6	127.9	138.5	148.4	155.8
菲律宾	112.3	127.7	141.6	162.9	179.9
新加坡	73.6	75.2	78.6	87.1	89.2
泰国	127.9	123.2	135.0	148.6	160.9
总计	565.2	596.0	690.1	814.9	908.3

表 10 东南亚销售前十位的补充食品

序号	补充剂	2003 年销售额（百万美元）	2004 年销售额（百万美元）	增长百分率（%）
1	多种维生素	190.6	215.9	13.27
2	钙补充剂	43.0	49.1	14.19
3	鱼油	25.1	28.7	14.34
4	矿物质补充剂	24.6	25.6	4.07
5	银杏叶	16.7	17.5	4.79
6	夜来香油	15.2	16.1	5.92
7	大蒜	8.5	9.0	5.88
8	海胆	7.1	7.7	8.45
9	螺旋藻	7.1	7.6	7.04
10	蛋白粉	6.3	6.8	7.94

近年来多种维生素在东南亚功能食品市场上有一个稳定的增长趋势：2003 年印度尼西亚

增长 35%，马来西亚增长 6%，菲律宾增长 30%。

钙补充剂：2003 年印度尼西亚增长 26%，菲律宾增长 10%，新加坡增长 7%，泰国增长 40%。鱼油：2003 年印度尼西亚增长 36%，泰国增加 3%。瓶装营养饮料：2003 年马来西亚增长 4%，菲律宾增加 8%，新加坡增加 5%，泰国增加 3%。增强免疫功能产品：2003 年印度尼西亚增长 37%，马来西亚增长 15%，新加坡增长 15%。

这些产品要进入东南亚市场，各国均采取注册制，一般需要半年以上，有些国家需 12～18 个月。各国对注册申请材料也有不同要求，需要深入一步的了解。

5 功能食品是 21 世纪发明趋势

21 世纪全球功能食品市场一定会有一个较大幅度的稳步增长。从这次在中国台北召开的全球华人功能食品研讨会的情况看，21 世纪的功能食品大致有如下几个发展趋势。

（1）以食品作载体的产品是今后功能食品开发主流，而且此类产品将会进入人们的一日三餐，成为人们每日膳食的一部分。

（2）功能食品的健康声称，其作用主要是增强体质，使亚健康态人群向健康态转化。然后是降低患各类慢性病的风险。后一类健康声称将越来越受到人们的重视。

（3）功能因子即生物活性物质的研究将成为功能食品研究的重要热门话题。不仅研究开发新的功效成分，而且将会更深入的研究功效成分的构效、量效关系。研究生物活性物质的生物利用度，研究它们进入人体消化吸收状况，更重要的，还要研究它们生理效益和作用机理。不仅在器官、细胞水平解释效应机理，而且还要深入分子水平。这次研讨会有两篇大会报告，一篇来自美国，一篇来自中国台湾，它们都深入到了基因水平来解释生物活性物质的作用机制。这是一个苗头，提示功能因子研究将与生物技术紧密结合起来，也给大陆的相关学科的科学工作者一个十分有益的启示。

（1）重视东方特有的天然材料的研究，从中挖掘出新的功能材料，并进一步研究它的安全性、功效性，开发新型功能食品。例如，对红曲、灵芝的深入研究，代表了这一研究方向，将日益受到人们重视。

（2）整合国内功能食品科技力量，联合攻关，是推动功能食品产业发展的重要措施。在中国台湾，不仅资助自身特有的研究课题，还在行政管理机构下成立了工作委员会，整合各学科的科技力量，对涉及全局性科研项目进行联合攻关并取得较好的效果，也值得我们借鉴。

原文发表于《食品工业科技》，2005 年第 10 期

功能性饮料的市场发展趋势与管理对策

金宗濂

北京联合大学 生物活性物质与功能食品北京市重点实验室

【摘要】 简述了日、美及欧洲各国功能性饮料的市场发展趋势及其管理体制。参照国外经验,从我国现行的保健(功能)食品管理法规出发,提出了对功能性饮料的管理对策,以供有关部门参考。

【关键词】 功能食品;功能性饮料;保健食品

Market trend and administration strategy of functional beverages

Jin Zonglian

The Beijing Key Lab of Biology Active Material and Function Food, Beijing Union University

Abstract: The trend of market development and management system about functional beverages in Japan, Europe and America were described in this paper. The author put an administrative countermeasure of functional beverages according to foreign experiences and present managerial laws of health (functional) food of our country. This paper will provide some references for related departments in our country.

Key words: functional food; functional beverage; health food

随着经济的发展和人们生活质量的提高,消费者对饮料不仅要求营养丰富、美味可口,还希望它们具有某种特定的功效,以适应快节奏的生活,提高生活质量和工作效率。因此,近年来全球功能饮料(品)市场火爆。据欧洲 Euromonitor International 报道,2003 年全球功能性饮料销售额为 260 亿美元,占世界功能性食品销售额的 59%,已超过乳制品(占 23%,90 亿美元)、焙烤及甜食品(18%,70 亿美元)的销售额。

1 日、欧、美等发达国家功能性饮料的发展现状及趋势

1.1 日本

日本将"功能食品"(functional food)与"健康食品"作为两类产品,并制定了相应的两套法规予以管理。日本是最早提出功能食品概念的国家。1991 年日本修改了《营养改善法》,将功能食品正式定名为特定保健用食品(food for specified health use,FOSHU)。2001 年日本厚生省(Ministry of Health Labor and Welfare,MHLW)又推出了一类新食品,称为营养素功能食品(food with nutrient function claim,FNFC)。至今,已规定 12 种维生素、5 种矿物质的功能声称(functional claim)。由于 FOSHU 和 FNFC 都有功能(或健康)声称,因而可合称为具有健康声称的食品(food with health claim,FHC)或保健功能食品。这两类产品均由日本厚生省管理。但是,两者的健康声称有严格的差异。FOSHU 指的是产品的健康声称,它是经过严格功能评估的,特别是经过人体试食试验的评价;而 FNFC 是指产品中包含的营养素的健

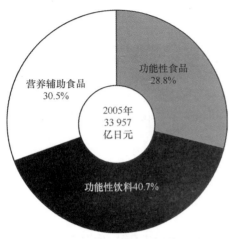

图1 日本健康食品市场产品分类（零售）

康声称，这种声称建立在长期科学研究的基础之上，并为世界学术界所公认。在日本，还有一类产品称之为"健康食品"，是指有益于健康的产品。这是一种商业称谓，无法定义。这类产品不能标示健康声称，虽然有些产品也具有较强的保健功能，但是由于这类产品多数没有经过人体试验验证，因此归属"健康营养食品协会"管理[1]。

近年来，日本的"健康食品"市场上出现了3类产品：营养辅助食品、功能性食品及功能饮料。2005年这三类产品的总销售额达33 957亿日元，其中功能饮料占40.7%，见图1。这些产品均不能标示健康功能声称，它们由健康食品协会管理，但是它们却受到了消费者的青睐，市场销售额远远超过了FOSHU产品，见图2。2005年功能性饮料的销售额为13 807亿日元，是FOSHU产品销售额（6300亿日元）的1倍多，见图3。2005年日本健康相关产品（包括FOSHU、FNFC及健康食品）销售额前二十位排名，其中功能性饮料占了11种，FOSHU产品7种，功能食品仅有2种，见表1。这些产品可能的健康作用和使用的原材料见表2。可见，功能性饮料是日本健康相关产品市场上发展最为迅速的一类产品。

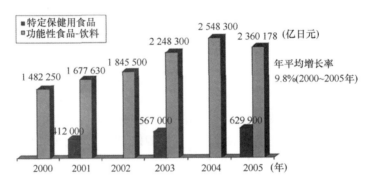

图2 日本市场功能性食品-饮料的销售额

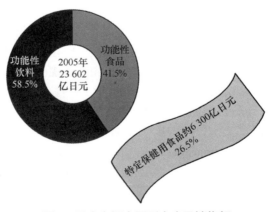

图3 日本市场主要形态产品销售额

表1 日本市场功能性食品-饮料前二十位的品牌

	品牌	公司	产品式样	销售额（亿日元）
1	ORONAMINC	Otsuka Phamaceutical	补充能量型饮料	442
2	XYLITOL 口香糖	LOTTE	口香糖（特定保健用食品）	385
3	DAKARA	三得利	运动型饮料	355
4	Healthya 绿茶	花王	绿茶饮料（特定保健用食品）	282
5	C1000 TAKEDA	House Wellness Foods	小型饮料	247
6	ECONA 料理用油	花王	料理用油（特定保健用食品）	245
7	CC 柠檬	三得利	软饮料	244
8	Bulgaria	明治乳业	酸奶（特定保健用食品）	244
9	Active Diet	日本可口可乐	软饮料	241
10	AminoSupli	麒麟饮料	软饮料	231
11	芦荟酸奶	森永乳业	酸奶	195
12	Weider in 果冻	森永乳业	果冻状饮料	177
13	Karudasu	森永乳业	乳酸饮料（特定保健用食品）	175
14	养乐多 400	Yakult	乳酸饮料（特定保健用食品）	159
15	双叉乳杆菌酸奶	森永乳业	酸奶（特定保健用食品）	153
16	Real Gold	日本可口可乐	补充能量型饮料	142
17	DEKAVITAC	三得利	补充能量型饮料	129
18	Caloriemate	Otsuka Phamaceutical	营养及能量补充棒（nutrition bars）	121
19	益生菌酸奶 LG21	明治乳业	酸奶	118
20	XYLISH	明治制果	口香糖	116
			合计	4400

表2 日本市场功能性食品-饮料的不同功效和主要素材

功能	主要素材
调整肠胃	欧洲李提取物、乳酸菌、寡糖、食用纤维、芦荟
强化骨质	钙、CCM、CPP、MBP
滋润强壮	蜂王浆、人参、大蒜、梅子肉提取物、冬虫夏草、小球藻、螺旋藻、羽衣甘草、大麦若叶、辅酶Q10、其他
美白肌肤	胶原蛋白、透明质酸、维生素C、其他
预防蛀牙	异麦芽酮糖（palatinose）、木糖醇、Recaldent、磷酸化低聚糖钙（Pos-Ca）

续表

功能	主要素材
预防成人病	DHA、EPA、卵磷脂、α-亚麻酸、银杏叶提取物、辅酶Q10、茶多酚、其他
润喉	药草提取物、木梨、薄荷醇
减肥	食物纤维、蛋白质、藤黄果、魔芋（glucomannan）、武靴叶、氨基酸、啤酒酵母、茶多酚、新甜味料、其他
预防口臭	叶绿素、黄酮类、药草
提神	咖啡因、薄荷醇

1.2 美、欧等发达国家和地区

至今美国尚无"功能食品"的法律定义。目前美国的《营养标签与教育法》（Nutrition Labeling and education Act，NLEA）允许在产品的标签上标示健康声称。它包括两方面的内容：一是与缺乏必需营养素导致的疾病有关的内容，如叶酸与新生儿神经管缺陷、钙与骨质疏松等；二是某些膳食成分或食品与某种特定的疾病相关，合理食用这些食物成分或食品可以降低人们患某种疾病的风险。目前已有17种食品成分和食品的健康声称。

1994年美国国会通过《膳食补充品健康与教育法》（Dietary Supplement Health Education Act，DSHEA）。至今这类产品充斥了美国健康食品市场，也是美国近年来发展较为迅速的一类产品。美国的功能性饮料占健康相关产品销售总量的1/6～1/3。2002年功能性饮料的销售额为1.2亿美元。美国功能性饮料主要有两大类：天然能量型饮品和饮食替代型饮品（如早餐替代型饮品）。

与美国一样，欧洲也无功能食品的法律定义。他们强调对产品的"健康声称"进行管理。其功能性饮料市场发展也很快，功能性饮料在德国、西班牙、荷兰的销量每年以20%的速度递增[2]。

由于美、欧等发达国家和地区均无"功能食品"的法律定义，因而进入市场的"功能饮品"很难进行界定。这些国家对"健康声称"管理较为严格，不允许厂家在产品标签上随意标示"健康声称"，而且对这类产品的市场准入采取备案制。消费者可以根据产品标签自主选择购买。欧、美未来功能饮品主要向大豆饮品和乳饮品两个方向发展。大豆将成为天然能量型饮品的主要配料。此外，乳饮品给功能性饮料提供了一个广阔的发展空间，特别是含有益生菌和益生元的乳饮品在日本、欧洲将占有较大市场[2]。

2 中国功能性饮料发展现状与管理对策

在中国，功能性饮料是指在饮料中加入一定的功能成分（或功能性食品添加剂），使饮用者在解渴的同时又具有一定的保健或降低疾病风险的功能。据中国饮料工业协会的统计资料，目前我国功能性饮料中运动人体饮料占68%，营养素强化饮料占25%，其他为7%，如近年来出现的"激活""脉动""尖叫""体能365""劲跑""体饮""他+她"和"东东"等产品。目前市场上的功能性饮料按其原料特点可大致分为蛋白质饮料、茶饮料、乳饮料、果汁饮料等。如按其保健功能可分为适宜运动人体服用的延缓体力疲劳饮料、调节胃肠功能的合生元类饮料、适宜肥胖人群服用的低能量饮料、适宜体弱人群使用的真菌类（冬虫夏草、灵芝等）饮料及添加维生素和矿物质的强化类饮料[3]。

与日本不同，在我国将"功能食品"与"保健食品"视作同一概念，并以一套法规——《保健食品管理办法》进行管理。从法律角度看，功能性饮料属保健食品的范畴。目前已有不少功能性饮料获得国家主管部门的批准，注册为保健食品，如红牛抗疲劳饮料等。这类产品可以在标签上注明其"功能声称"。如果按其说明书的推荐剂量服用，应该具有某种保健功能，这是经过严格的科学实验证实的。

但是，目前市场上许多号称功能性饮料的产品却没有经过保健食品注册。这些产品的生产商不仅在产品的标签上标明其为功能性饮料，还声称具有某种保健功能。这些产品是否合法呢？从法律层面上看，他们显然违反了我国《中华人民共和国食品卫生法》和《保健食品管理办法》。有人说，他们的产品中也添加了"功能性食品添加剂"，为何不能声称相应功能呢？有如下原因。

（1）一种保健食品具有某种保健功能，其添加的功能性成分是有量的限制的。添加量（或服用量）太低，达不到最低有效剂量的要求，不会呈现其功能性。但是，添加量（或服用量）过多，超过了生理调节量，不仅不会呈现保健功能，还会产生安全性问题。因此对功能性食品要求其功效成分的添加在一个有效剂量的范围内。一般情况下，按食品添加剂的标准添加功能性成分往往显示不出其保健功能。现今获批的保健食品说明书上都有明确的推荐服用量和服用时间的要求，按此要求去做了，才会显现其保健功能。

（2）由于功能性饮料是有适宜服用人群的，因此，在其产品标签上应标明适宜人群与非适宜人群。如果是添加维生素与矿物质类的产品，还要求告示人们如与同类维生素与矿物质产品同时服用，注意超量的警示语。该类饮料既然是食品就不能替代药品，它们没有治疗作用，也不能达到预防疾病的目的，充其量仅有降低疾病风险的作用。

（3）产品的安全性问题。保健食品在注册前需经过严格的安全性评价。只有通过了食品安全性评价的产品才会被批准注册。

由于上述三方面的原因，目前市场上的功能性饮料多数均未经保健食品注册，它们的保健功能和安全性令人怀疑，而且其标示"功能声称"也是违法的。

近年来，在人们追求健康、安全、时尚的潮流下，全球功能性饮料市场悄然兴起。为适应这一形势，一些国家对"功能食品"的管理也作了相应调整，如日本一些商家推出了"功能性食品与功能性饮料"产品。这类产品归入"健康食品"的范畴，不能标示功能声称。目前我国正在制定"饮料通则"，功能性饮料和运动饮料将被归入"特殊用途饮料"类。果真如此，我国的功能性饮料将可能分为两大类：一类经过批准注册为保健食品的，这类产品是真正意义上的功能性饮料，可以在其产品标签上标示"功能声称"；另一类归入特殊用途饮料类，属于一般食品，不能标示"功能声称"。对这类产品的市场准入如何管理呢？笔者认为对不同类型的功能性饮料应制定相应的法规。在目前法规尚未出台的情况下，应尽快制定"功能性饮料国家标准"。在国标出台前，可先出台行业标准。由中国轻工业联合会主持的运动营养食品行业标准可望近日出台，这将推动我国功能性饮料市场的健康、规范发展。

我国的功能性饮料将向强化功能、强化营养和低能量方向发展。从功能饮料看，大豆类饮料、添加益生菌和益生元的乳制品、新型功能性食品（如添加番茄红素、叶黄素和胶原蛋白等）将受到市场青睐。从适宜人群看，儿童有机产品、时尚白领抗疲劳产品及老年产品均能找到相应市场。现今国外流行的两大类产品：天然能量型饮品和饮食替代型饮料也会有广阔的消费市场。此外，果汁、乳品、茶饮料的复合产品也有一定的发展空间。总之，一个蓬勃发展的有中国特色的功能性饮料市场将逐步形成。

【参考文献】

[1] 金宗濂. 功能食品教程. 北京：中国轻工业出版社，2005.
[2] 媛媛. 美国功能性饮料变化及前景. 中外食品，2005，4：34.
[3] 续欣欣. 功能饮料缘何热卖市场混乱亟待"标准". 中外食品，2006，11：32.

原文发表于《中国食品学报》，2007年第6期

保健食品开发研究和营销管理模式的理论体系

刘长喜[1] 金宗濂[2] 李连达[3]

1. 国家食品药品监督管理局 保健食品审评中心
2. 北京联合大学 生物活性物质与功能食品北京市重点实验室
3. 中国中医科学院西苑医院 院士研究室

近年来保健食品产业的发展十分迅速，被认为是朝阳行业，它已成为促进我国经济发展的一个推动力。但是，由于保健食品产品的低水平重复现象严重，营销管理混乱等，给保健食品造成了很大的负面影响。本文从祖国医学、现代营养学及全科医学理论发展与实践的角度，结合我国目前保健食品相关的法律法规及其标准，借鉴美国、日本等发达国家的成功经验，对保健食品开发研究和市场营销管理模式等的理论体系进行探讨，以期为企业开发研究和生产经营保健食品提供参考，为保健食品产业的理论体系建设提供新思路，促进保健食品产业的可持续发展。

1 保健食品的开发研究应当遵循的原则

1.1 针对市场需求确定目标人群

保健食品的目标人群涵盖儿童、青少年、中老年人等所有人群，同时也包括处于特定环境、特殊生理或病理状态下的特定人群。不同人群具有不同的健康需求。如何确定目标人群，针对其存在的健康问题有的放矢地研制相应的保健食品产品，是保健食品开发研究的关键。目前，我国保健食品研发立项的论证工作尚没有得到足够的重视，许多产品没有经过市场调研、科研立项及同行专家、学者等的充分论证就匆忙推出，给事后的产品注册审批及市场销售等留下了隐患。

保健食品企业应根据自己的特点和优势，以及独特的企业文化，首先进行市场调研工作，广泛收集市场信息，认真分析市场需求，力争占有的目标人群市场份额等，有针对性地进行产品研发工作。纵观我国目前的保健食品企业，在产品的架构方面集中于某一年龄段或某一特定人群的不多，产品间的关联性也较差，有的企业虽然拥有几十个保健食品，却很难形成系统的产品文化，给市场营销管理增加了难度。据《科技日报》报道，中国老年保健医学研究会银色世纪工程把目标人群集中在全国 1.34 亿中老年人身上，与社区卫生服务机构合作共同进行流行病学调查，建立中老年人的健康档案并进行综合分析，针对中老年人存在的突出健康问题研制了一系列既相互关联又各有其特点的预包装特定膳食用食品和保健食品，全方位开展中老年人健康问题干预和健康促进工作，形成了服务于中老年人的系列产品文化，是很有创新精神的实践，其研发思路值得借鉴。

1.2 依法开发研究

2005 年 7 月 1 日国家食品药品监督管理总局颁布实施的《保健食品注册管理办法》（以下简称《办法》）及相关的配套文件是我国唯一的最具权威性的保健食品注册管理的法律依据。

保健食品的开发研究应在现行法律法规允许的范围内：① 确定产品的保健功能应尽可能在法定的 27 种保健功能内选择，其功能名称及其相对应的评价程序和检验方法等均依据卫部颁布的《保健食品功能学评价程序和检验方法》（2003 版）执行。但是，由于现有的 27 个功能远远不能满足人们的健康需求及企业自主研发新产品的需要，因此《办法》第二十条明确了开发研究新功能保健食品的具体要求，给保健食品申请者开发研究新功能提供了空间。②开发研究保健食品时所使用的原料尽可能在《中国食物成分表》《食品添加剂使用卫生标准》（GB2760）《食品营养强化剂使用卫生标准》（GB14880）和《卫生部关于进一步规范保健食品原料管理的通知》（卫法监发〔2002〕51 号）等范围内，加工助剂应符合 GB2760 和《中华人民共和国药典》（2005 版）的要求。使用不符合上述规定的原料开发研究保健食品，应参照《食品安全性毒理学评价程序和检验方法》中对食品新资源和新资源食品的有关要求进行安全性毒理学评价。

1.3 古为今用，洋为中用

祖国医学将辨证施治、辨证施食的理论应用于养生保健的实践，积累了丰富的经验，是博大精深的伟大宝库。开发研究保健食品首先应立足于挖掘祖国医学遗产，注重使用民族资源（如牦牛、红曲、甲壳素及其衍生物等），开发出符合我国国情、具有中国特色的保健食品产品，促进民族产业和中医药现代化的不断发展。同时，应本着"高端科技，精益求精，不断创新"的理念，借鉴国外的先进技术和最新科研成果，研制出高科技含量的保健食品产品，简单抄袭的低水平重复产品是没有前景的。国家应在政策上给予引导和支持，调动社会各方面的积极性，加大保健食品的基础和应用研究的科研扶持力度，对自主创新产品施行产权保护政策，引领保健食品产业走出国门，跻身于世界强者之林。

1.4 联合开发，资源共享

我国尚处于发展中国家，社会资源有限，各地区的发展也很不平衡，绝大部分的保健食品企业科研能力有限，甚至有的企业完全不具备科研开发能力，这与科研开发的主体主要集中于企业的国际形势大相径庭，是制约保健食品事业发展的瓶颈。与此相反，目前我国的绝大多数大专院校、科研院所人才积聚，设备先进，科研开发能力较强，有的甚至居全球领先水平。但是，由于缺少科研资金及市场推广的能力和经验等原因，使其科研成果很难转化为生产力。笔者认为企业应借助大专院校、科研院所等机构的技术、设备和人才优势来弥补自身的不足。政府部门应在鼓励和引导企业加大科研投入，提高研发能力的同时，采用现代信息技术创建各种信息平台，举办多种形式的科研成果推介会，努力构建科研机构与企业之间交流的纽带。联合开发、优势互补、资源共享被认为是整合社会资源，充分发挥现有社会资源的作用，共同促进保健食品产业整体水平提高的良策。

1.5 普遍性与特殊性辩证统一

一个企业的产品分布或者架构应遵循普遍性与特殊性、共性与个性辩证统一的哲学思想。企业应确立科学合理的产品架构，既要研制适宜于大部分人食用的普遍性或共性化的产品，也要针对特定的人群研制特殊性或个性化的产品。世界卫生组织将人群分为"健康—亚健康—亚疾病—疾病"四种状态，保健食品一方面适用于健康人群，维护和促进健康；另一方面适用于亚健康和亚疾病人群，即可控制或减缓其向疾病状态转化，降低疾病风险，又能使其消除亚健康、亚疾病的症状或体征，恢复至正常健康状态；同时保健食品还适用于疾病状态的人群，辅助药物治疗作用，增加药物治疗的效果，减轻药物治疗的毒副作用等。以中老年人群为例，针对该群体普遍存在的常见健康问题而研制的预包装特定膳食用食品、营养素补充剂及具有延缓衰老、提高免疫力等的保健食品，属于普遍性、共性的产品范畴；针对高血压、高脂血症、糖尿病、冠心病、骨质疏松、失眠、便秘、前列腺增生、变形性骨关节炎、肿瘤放化疗的毒副作用等突出的健康问题，甚至是疾病状态的特定人群而研制的具有功效作用的保健食品产品，属于特殊性、个性化的产品范畴。

在注意产品普遍性与特殊性分布的同时，还应努力寻求产品间的相互关联性，既辩证统一规律。把分散的系列产品集中于某一突出性或者具代表性的主线上，形成宝塔式的产品架构，使各产品既有联系又各有其特点，为建立系统的产品文化奠定扎实的基础。银色世纪工程系列产品集中于海洋生物这一主线，努力在海洋生物系列产品方面做实、做强、做大，使众多产品通过海洋生物这一主要原料巧妙的联系起来。

2 开发研究保健食品时功能定位的理论依据

2.1 祖国医学

祖国医学具有悠久的历史，其活血化瘀、舒筋通络、益气养血、滋阴补阳、健脾和胃、疏肝理气、清肝明目、补肾壮阳、清热解毒等传统功效作用是最具代表性的养生保健功效。依据祖国医学的养生保健理论，结合我国现行的保健食品相关法律法规，采用现代医学、现代营养学及生命科学的最新成果，开发研究具有增强免疫力、抗氧化、改善睡眠、增加骨密度、抗疲劳、润肠通便、辅助降血脂、辅助降血压、辅助降血糖、改善记忆、对化学性肝损伤具有辅助保护作用及减轻肿瘤放化疗毒副作用等系列保健食品，值得产品研发者深思。

2.2 现代医学、现代营养学

人体的健康、亚健康、亚疾病、疾病四种状态处于动态的相互演变过程中，健康人群由于某些生理指标的改变或功能受损而发展为亚健康、亚疾病人群，亚健康、亚疾病人群是疾病的高发人群，若不能及时得到改善，很容易发展为疾病人群。从保健食品对人体健康发挥的作用和法定定义两方面来看，可以将保健食品归属于调节机体的生理功能、提高机体的应激能力、减轻有毒有害物质对机体的损伤、改善各种营养素的代谢、辅助临床治疗疾病、减轻临床治疗疾病过程中的毒副作用、降低疾病风险等范畴。

2.2.1 目标人群普遍存在的健康问题

某种膳食摄取过多容易患肥胖等各种代谢相关疾病，缺乏某种食物或营养素容易患佝偻病、骨质疏松症、缺铁性贫血、缺碘性甲状腺肿及各种维生素缺乏症等。据中国卫生统计年鉴报道，我国中老年人体重超标者高达31%，高脂血症、高血压、冠心病、脂肪肝、糖尿病等发病率也在不断上升。保健食品的科研开发者应站在全面维护和促进人类健康的高度，针对目标人群的健康问题努力研制出适宜人群广泛、科技含量高的预包装特定膳食用食品和保健食品，用以对目标人群的健康问题进行全面系统的干预，以达到维护和促进健康、降低疾病风险、提高健康水平的目的。

2.2.2 目标人群的亚健康、亚疾病状态

现代营养学认为平衡膳食和营养支持是使人体亚健康、亚疾病状态向健康状态转化的重要手段之一，保健食品在此方面能发挥巨大的作用，可调节机体功能，改善机体的某些生理指标，解除或缓解导致亚健康状态的各种因素，使之恢复到健康状态或控制在正常范围内，降低疾病的发生率。根据我国现行的保健食品相关法律法规限定的保健功能来看，增强免疫力、辅助降

血脂、抗氧化作用、改善记忆、辅助改善视力、改善睡眠、提高缺氧耐受力、抗疲劳、增加骨密度、对化学性肝损伤的辅助保护作用、减肥、改善消化功能等可列为缓解亚健康范畴。但是，由于健康状态和亚健康状态很难截然分开，因此，保健食品的功能定位也难免有交融之处，有待于进一步商榷。

2.2.3 目标人群的常见疾病

药物以治疗疾病为目的，作用迅速效果显著，针对的是疾病的症状、体征及并发症，有明确的禁忌证和不适宜人群，给药途径多样，安全性评价是以治疗作用大于对机体的损害为前提，药物的使用应在疾病症状或体征消失后立即停止，以免对机体造成损伤。保健食品作为食品以安全、无任何毒副作用为前提，并具有调节人体生理功能的作用，其作用平和，不需要医生处方，可长期食用。保健食品的安全性评价，不得援用药品及其他日用化学品权衡利益与危险的原则，而只能是确保食用安全。它针对的是疾病过程中某些生理指标及功能异常的改善调理，是在药物治疗的基础上起辅助作用，不能代替药物的治疗作用。因此，开发研究此类保健食品时，其功能除定位于亚健康状态外，也应考虑对疾病状态的改善、降低疾病风险及减轻药物治疗的毒副作用等方面。例如，辅助降血糖作用、辅助降血压作用、减轻肿瘤放化疗的毒副作用等保健功能就属于此范畴。

3 全科医学理论与实践为保健食品的营销管理模式提供了重要参考

目前保健食品企业的市场经营管理模式十分复杂，多数企业采取大量的广告宣传等促销形势，也有直销、会议销售等销售模式，缺乏全面系统和可持续发展的理念。笔者认为保健食品企业应本着替政府分忧、服务社会、服务广大人民群众的理念，以全科医学理论与实践为指导，建立全面系统的经营管理模式和企业文化。通过有计划、有组织、有步骤的系统开展健康科普知识讲座，进行目标人群健康状况的流行病学调查，采用现代电子信息技术的最新成果建立时时跟踪的动态计算机管理的健康档案，适时组织问题人群的健康体检、健康评估、健康问题干预等一系列个性化服务，全面促进健康科普知识的普及宣传工作，提高人们的健康意识和自我保健能力，创造良好的社会效益，同时推介高科技含量的保健食品产品服务于广大消费者，创造良好的经济效益。

3.1 保健食品营销管理模式与全科医学的服务管理模式结合

保健食品既不同于普通食品，又不同于药品，是介于食品和药品之间的具有特定保健功能或以补充维生素、矿物质和微量元素为目的的食品，即适用于特定人群食用，具有调节机体功能，不以治疗疾病为目的，并且对人体不产生任何急性、亚急性或者慢性危害的食品。保健食品的特殊性决定了保健食品产业的特殊性。首先，对保健食品的经营管理人员来说，必须具有一定的保健食品相关知识，全面了解本企业产品的特点、适宜人群及具有的特定保健作用等，并用通俗易懂的科学道理向消费者推介，以赢得消费者的充分信任；其次，作为消费者来讲，必须具有一定的自我保健常识，了解自身的健康状况和存在的突出的健康问题，科学合理的选择保健食品。基于我国目前科普知识的宣传普及现状及虚假广告肆虐的严重现实，规范和指导群众性科普知识的普及行为，既需要政府部门的大力支持和正确引导，也需要社会各界的密切配合。可见，专业化、系统化、个性化的保健食品营销管理模式与全科医学的服务管理模式一脉相承。

3.2 保健食品产业的发展促进全科医学事业的不断完善与发展

保健食品的营销管理应以个人、家庭、社区为对象，以维护和促进健康为目的，本着促进全人类健康的服务理念，充分发挥企业的人力、物力和财力优势，与各级社区卫生服务机构密切合作，在全科医生及医学、营养保健专家的指导下，依据全科医学的理论架构设立保健食品企业的营销管理模式、组织结构、运行机制等，在市场经营管理服务的实践中逐渐建立系统的企业文化。

近年来，我国专业化很强的三甲医院在仪器设备、医疗水平及人力资源等方面有很大改善，有的已经接近或赶上世界先进水平，但是全科医学在我国却仍处于起步阶段。目前仅有少数高等医学院校设有全科医学专业，全科医生的人数还十分有限，对全科医学的重视程度还远远不能满足社会发展的需要。其实全科医疗和专科医疗是一种相互依赖、相互促进的关系，布局合理的卫生服务网络是一个三角形或"金字塔"形，大医院将精力集中于疑难问题和高技术的研究与应用，基层机构全力投入社区人群的基本医疗保健服务，患者的一般问题和慢性病可以就近获得方便、经济且具有人情味的服务，若需要专科治疗时可以通过全科医生的转诊而减少就医的不便与盲目性，从而减少浪费，提高资源利用上的成本效益。保健食品企业也应根据目标人群的健康需求，建立家庭、社区和医院之间的"一条龙"服务系统，提供"无缝隙"与快捷的全方位健康服务，减轻政府部门压力，弥补全科医生的人力不足，促进全科医学事业的不断完善与发展。

综上所述，笔者认为以现代医学、现代营养学和祖国医学理论为依据，以全科医学理论和服务管理模式为指导，以广大人民群众常见的健康问题为主攻目标，全面系统的开发研究具有高科技含量的保健食品，服务于社会造福于人类，是保健食品产业开发研究和营销管理模式理论体系建设的重要基础。

原文发表于"健康中国高级论坛"论文集，2008 年

我国保健（功能）食品产业的创新与发展

金宗濂　陈文

北京联合大学 应用文理学院

【摘要】　世界保健（功能）食品产业呈现一个快速增长趋势。2007年我国人均GDP已达2000美元，表明我国保健食品产业将进入快速增长的机遇期。依据人民生活水平和健康产业发展程度推算我国保健（功能）食品的市场潜在规模应有2000亿元人民币，而近几年我国市场销售额一直徘徊在500亿～600亿元人民币。为什么消费需求不能直接转化为购买力？从分析制约我国保健（功能）食品产业发展的主要瓶颈着手，指出创新是我国保健食品走出低谷的根本动力，并详细阐明了保健食品产业应从研发与技术、保健食品管理体制、监督机制及企业发展机制等4方面进行创新。

【关键词】　保健食品；功能食品；产业；发展；创新

Innovation and development for health foods industry

Jin Zonglian　Chen Wen

College of Applied Science and Humanities of Beijing Union University

Abstract: There is a sharp rise in health foods industry in the world, and the same thing will happen in China since the percapital GDP was over ＄2000 in 2007. According to the living standard and the development of health industry in our country, potential market scale of health foods is forecaster to be 200 billion RMB whereas the sales in such products were only around 50-60 billion RMB in the past few years. Why can't the large demand lead to large purchasing power? Innovation is considered as the basic motive force for Chinese health foods industry. The following four points are elucidated: R&D techniques, management, surveillance and enterprise development.

Key words: health food; functional food; industry; development; innovation

至今在世界范围内，对保健与功能食品有两类不同的管理模式，一类如日本，将保健（或健康）食品与功能食品视为两个不同概念，分别以两套不同的法规进行管理。另一类如中国，将保健食品和功能食品视为同一概念，并以一套法规予以管理[1]。

1　世界各主要国家保健（功能）食品产业发展趋势

据营养商业期刊 *Nutritron Business Joumal*（NBJ）的数据显示，2006年世界的膳食补充剂市场规模（相当于我国的保健食品）为680亿美元，近3年的市场增长率为8%。美国、欧洲、日本为世界三大市场。

1.1　美国

美国虽然没有官方的功能食品的定义，但美国食品药品管理部门（FDA）对健康声称（health claim）的管理却相当严格，主要包括具有明确科学共识的健康声称（SSA）、合格健康声称（QHC）、《食品药品管理局现代化法》（FDAMA）的健康及营养含量声称等级别，明确了多种食物或食物成分具有降低疾病风险的作用，可以在产品的标签上标明相应的健康声称。在美国，与我国保健食品相类似的称为膳食补充剂（dietary supplement）。美国有专门的法规《膳食补充剂健康与教育法》（DSHEA）管理这类产品，2006 年美国膳食补充剂的市场规模为 225 亿美元，2003～2007 年平均年增长率为 4.65%[2-4]。

1.2 日本

日本具有健康声称的有两类食品，一类是相当于我国的保健食品，称为特定保健用食品（food for specified health uses，FOSHU），另一类称为营养素功能食品（food with nutrient function claim，FNFC）。这两种产品均由日本厚生劳动省管理，因为两者均可有健康声称，因而可合称为具有健康声称的食品（food with health claim，FHC）。在日本还有一类称为健康食品的产品（health food，HF），它不允许在标签上标示健康声称，而且它归属日本健康营养食品协会管理[2, 5-6]。

在审批制度方面，FOSHU 属于个别许可型。2005 年 2 月 1 日日本公布了《健康增进法》《食品卫生法》及营养标示基准等的修订规则，扩大 FOSHU 的适用范围，增设了"附带条件 FOSHU""规格基准型 FOSHU"及"降低疾病风险的 FOSHU"。其中，"附带条件的 FOSHU"，针对那些虽然未达 FOSHU 在审批时所要求的功效作用机制，但在有限的科学证据下被认为具有保健功效的食品。因此，在标识上可以描述为本品含有某种成分，可能适于某种生理状态。可以看出，日本在不断改进 FOSHU 的管理制度，目的是给市场提供正确的产品资讯，指导消费者选择适合自己的 FOSHU 产品。由于日本厚生劳动省审批门槛较高，自 1991～2005 年仅批准 569 种 FOSHU 产品。2005 年销售额为 6299 亿日元，其中调节胃肠道产品占 58%，其次是预防蛀牙（15.3%）、控制体重（14%）和降血脂（3.6%）产品。1997～2005 年，该类产品的销售额平均年增率为 25%[2, 5]。

近年来日本的健康食品得到迅速的发展，市场上的健康食品可分为功能性饮料（40.7%）、营养辅助食品（30.5%）和功能性食品（28.8%）三类。2005 年的市场规模超过 FOSHU，为 33 957 亿日元。可见，日本对对人体健康有益的产品采取了双轨制管理体制，促进了健康食品的迅速发展[6]。

1.3 欧盟

欧盟没有功能食品的法律定义，和美国一样有补充正常膳食的产品，称为食品补充剂。2006 年欧盟食品补充剂的市场规模约 140 亿美元，从 2002 年到 2006 年平均增长率为 3.6%。

2 我国保健（功能）食品产业的发展及其机遇

自 1995 年立法以来至 2006 年年底，经我国有关部门批准的保健食品共 8577 种，其中国产 8013 种，进口 564 种。据不完全统计，近 3 年我国保健食品的市场规模为 500～600 亿元人民币，平均年增长率为 10% 左右。至今虽然我国已批准保健食品近万种，但批准率并不高。据有关部门 2005～2006 年的统计，批准率仅为 69%。由于产品的低水平重复等原因，产品的市场淘汰率相当高。据中国保健协会 2004 年的市场调查，1995～2004 年上半年，经批准的保健食品为 6009 种，但在市场上能调查到的仅有 1917 种，占批准量的 31.9%，即 70% 获得批准证书的产品被淘汰了，或根本没进入市场[7-8]。

综观世界功能食品市场，特别是东方的一些发达国家，如日本的 FOSHU 平均年增长率在 25%，近十年韩国的健康食品年增长率也超过 13%。世界各国保健（功能）食品进入快速增长

期的主要原因有如下几种。

（1）在发达国家和地区（如美国、欧洲和日本），随着人口老龄化和慢性病增长，医疗费用迅速上升，加重了政府和消费者的负担，同时人们关心食品的安全和环保等因素，推动了健康食品产业的迅速发展。

（2）在南美洲、亚洲等发展中国家和地区，随着经济的增长、人们生活水平的提高、可支配收入增加及具有较大购买力的中产阶层扩大等因素，促进了这些国家健康食品产业的发展。一般来说，一个国家在人均GDP超过1000美元时，健康食品产业会进入一个迅速扩张期。据有关部门统计，2007年我国人均GDP已超过2000美元，恩格尔系数已达到36%，标志着我国的保健（功能）食品产业将进入迅速扩大的机遇期。此外，近20年来，由于国人膳食结构不尽合理，致使我国亚健康人群扩大，非传染性的慢性疾病人数剧增。据报道，我国血脂异常人数超过1.6亿，高血压人数超过1亿，糖尿病患者有5000余万，肥胖人数也达6000万～7000万，超重者达2亿。

由于综上的原因，近年来我国医疗费用呈节节上升趋势，2007年总卫生费用已占GDP 4.82%，看病贵、看病难已成为日益严重的社会问题。据日本厚生劳动省的研究报告，健康产品市场每增加4000亿美元，医疗用品支出将减少2000亿美元。"九五"期间有关研究表明，预防保健每投入1元，可减少85元医疗费用和100元抢救费。我国国务院发展中心的研究也指出：保健行业每实现3亿元产值，可解决1万人就业，贡献4000万元税收，减少5亿元公费医疗费用。可见，发展保健（功能）食品对于降低医疗费用有重要作用，也是解决新世纪面临的健康问题的重要途径。根据人民的生活水平和健康产业发展程度推算，我国保健（功能）食品的市场潜在规模应达2000亿元人民币左右，而2007年我国保健食品销售额约为600亿元。

3 制约我国保健（功能）食品产业发展的主要瓶颈

为什么消费需求不能直接转化为市场购买力呢？笔者以为，制约我国保健（功能）食品产业发展的主要瓶颈为：研发盲目，科技投入不足；企业分散，规模过小；夸大宣传，信誉受损；管理多头，监督不力；科普滞后，人员素质有待提高。

3.1 研发盲目，科技投入不足

目前我国公布保健食品有27项保健功能。至2006年，已批准的8013项产品中，43%为增强免疫、辅助降血脂和缓解体力疲劳等三类产品，结构十分不合理，而且企业往往以报批代替研发，批准率不高，同质化现象严重，市场寿命低。长期以来（"八五""九五"和"十五"），国家各级科技部门均未将保健（功能）食品列入国家各级科技部门攻关计划，加上企业投入不足，据统计，全国3000余家保健食品企业，其研发投入不足销售额的1%。科技投入过低，是我国保健食品产业长期处于低水平重复的一个重要因素。

3.2 企业分散，规模过小

我国现有保健企业约3000家，大多为中小企业，投资规模在1亿元以上的屈指可数，50%企业投资额在500万元以下，其中30%企业投资额不到50万元。而国外，特别是美国，有许多像安利、雅芳等跨国大企业，实力雄厚，韩国的前十大厂商其销售额占韩国总销售额的60%，而我国前十强的销售额不到产业总产值的25%。企业规模过小是我国保健食品企业缺乏竞争力的另一个重要原因。

3.3 夸大宣传，名誉受损

美国有 3 亿人口，服用膳食补充剂的有 2 亿，而我国像北京这样的大城市服用保健品的人口仅占总人口的 36.2%，主要的原因是保健食品在我国人心目中信誉度不高。除了夸大宣传外，一是将保健食品与药品混为一谈，将保健作用夸大为治疗作用；二是将普通食品的营养作用夸大为保健功能，混淆了普通食品和保健食品的区别。

3.4 监督多头，监管不力

目前我国保健食品有近十个部门进行管理，总的来说重审批，轻监管。至今保健食品的国家标准尚未出台，给市场监管带来不少困难。就企业而言，违法成本过低，而守法成本太高，加上媒体的夸大宣传问题尚未得到解决，这些是造成在国人心目中保健食品的信誉不高的主要原因。

3.5 科普滞后，人员素质不高

我国保健食品的主要销售渠道在超市和药店，且由消费者自行选择购买。这不仅要求消费者对保健食品要有充分了解，也要求销售人员有相当的科学文化素质。就北京市调查情况看，北京市保健食品从业人员行业基本常识匮乏现象突出。在行业知识培训中，往往忽视科普知识和行业政策普及，因而销售人员无法正确向消费者普及保健食品知识。

4 创新是我国保健食品走出低谷的根本动力

创新是国家的灵魂，是发展国民经济的根本动力，当然也是促进我国保健食品产业走出低谷的根本动力。

对于保健食品产业应如何创新呢？笔者以为应包括下述 4 方面：首先是研发与技术创新；其次是保健食品管理体制的创新；再次是监督机制的创新；最后是企业发展机制特别是营销机制的创新。

4.1 研发与技术创新

据北京康派特保健食品研究中心的调查，我国 80% 保健食品企业认为，保健食品不需要技术含量，60% 的企业认为产品的功效不重要，广告提升才是产品成功的关键。因此在"九五"和"十五"期间，我国保健（功能）食品均未在各级科技管理部门列项，企业的科技投入不足，不到销售额的 1%。就是这些微不足道的科技投入，还主要用于申报。重申报不重研发，以申报代研发，不仅在中小企业中普遍存在，即使一些大型的保健食品企业也大体如此。由此造成十余年来，虽然批准了近万个保健食品产品，但大都为低水平重复，同质化现象非常严重。多数产品的市场寿命短促，更谈不上"品牌"，这是我国保健食品行业缺乏竞争优势、缺乏核心竞争力的首要原因。

进入"十一五"以来，"功能性食品的研制和开发""治未病和亚健康中医干预研究"均列入"国家科技部科技支撑计划"，表明国家对功能食品和中药保健品给予了前所未有的支持。注重技术和产品创新、符合未来发展方向和竞争模式、重视学术推广的企业和产品会得到快速发展。从最近科技部对"功能性食品研制和开发"项目进行的期中检查表明，各个课题进展情况良好，预期至 2010 年，一定会给我国保健食品产业注入新血液。

如何实现保健食品产业的技术创新呢？笔者认为，至少应包括三个层次上的科技创新：基础研究的创新、应用技术研究的创新及产业化研究创新。

4.1.1　基础研究的创新

众所周知，保健食品既不同于食品又区别于药品，它是给亚健康人服用的，使亚健康人群不要转变为患者，而向健康人回归。什么是亚健康态（或称第三态，诱发病态）呢？目前列入"十一五"科技支撑计划的"亚健康中医干预研究"是在中医理论和临床研究的基础下进行的，缺少现代生物学、医学和营养科学的支撑。据笔者了解，中国台湾一些生物科学、医学和营养学专家已组织起来，用现代生物学、医学的基本理论来阐述、界定及干预亚健康，这是值得我们借鉴的。

4.1.2　应用技术研究的创新

笔者认为，未来应用技术研究应围绕新功能和新原料进行。关于新功能研究，列入我国《保健食品检验与评价技术规范》的保健功能为27项。虽然2005年公布的《保健食品注册管理办法》明确并鼓励企业进行新功能的研究和申报，但自管理办法实施3年来，却没见一家企业申报新功能。为什么呢？一是国家对新功能的研究没有实质性的支持；二是企业因研发的新功能得不到应有的保护而不愿进行投入。当前有不少新功能是值得开发的，如改善妇女更年期综合征、预防蛀牙、改善老年骨关节功能等。笔者建议，应采取国家和企业相结合的方法开发新功能，国家给予一定的支持和投入，同时制定切实措施，在一定程度上保护开发单位的利益，使新功能开发进入实施阶段。

关于新原料的研发，目前国家规定了201种可用于保健食品的原料名单，凡名单以外的原料要作为"食品新资源"对待。由于我国众多企业家急功近利，至今企业开发的新原料很少，而国外一些生产原料的企业，由于掌握了原料优势，纷纷申请新原料。我国中药和食物资源丰富，又有药食同源的长期中医药文化。因此我们要掌握"巨大市场、优势资源、传统中医药文化"这一优势，把握"取材于天然、提升于科技、立足于有效、扩展于文化"这一思路，来开发具有中国特色的保健食品新原料。

开发一个新原料应如何创新呢？首先是安全性，其次是有效性。要明确摄入原料安全量和有效剂量，特别要明确有效作用范围（尤其是最低有效量）。对于一些有复杂成分的食物或中药，还要明确其功能因子。

关于功能因子的创新可能有两种方式，一种是新成分，无疑是一种创新；另外一种，即使是老成分，但发现其有新的功能或新的作用机制，这也是一种创新。例如，北京联合大学生物活性物质与功能食品北京市重点实验室曾对咖啡因进行过研究，它兴奋中枢神经系统的作用是世人皆知的，但是它的腺苷受体阻断剂的作用，即能激活体内激素敏感性脂肪酶，具有动员脂肪，达到抗疲劳和减肥作用却少为人知。此外，它还能提升脑内管理短期记忆的神经结构——海马的乙酰胆碱（ACh）的水平，从而改善老年记忆障碍。因而利用咖啡因的腺苷受体阻断剂的作用开发抗疲劳、减肥和改善老年记忆障碍的保健食品也是一种创新。

4.1.3　产业化研究创新

这里应包括生产关键技术创新和产品的创新。生产关键技术创新，主要是指保健食品生产中关键技术的创新，如功能因子分离和纯化技术创新，功能因子检测技术特别是快速检测技术的创新，保健食品的原料和产品检伪技术的创新，功能因子的稳定化技术创新等。目前，在保健食品的生产加工领域中大都采用了中药现代化生产的一些新技术,保健食品专用的技术较少,设备更是如此,所以应大力发展生产保健食品的专用技术和专用设备。在产品的创新方面,笔者以为要大力发展以食品作载体的保健(功能)食品,使其进入消费者的一日三餐。国外功能食品产业非常注意这一课题,而我国的保健食品以食品作载体的不到总数的1%,失去了食品本身的营养和感官属性,特别是我国一些传统食品,如何赋予其保健功能值得加强研究。

4.2 保健食品管理体制的创新

我国《保健食品管理办法》实施至今已经有13年了,《保健食品注册管理办法》实施至今也有4年了,这是我国管理保健食品的两部大法。由这两部大法衍生了61部管理法规和条例,数量不算少,但在管理体制上有一些问题还是值得探讨的,包括对保健食品的管理采取单轨制还是双轨制,是实施对产品管理还是标签管理,是以功能分类还是以原料分类等。

4.2.1 单轨制和双轨制问题

我国将保健食品和功能食品看成一个概念,并以一套法规予以管理,因此称为单轨制,而如前所述日本是将功能食品和保健(健康)食品看成两个概念,并有两套法规进行管理,因此可称为双轨制。双轨制最大的优点是采用一种疏导的方法,不仅提高了特定健康用食品的审批门槛,还促进了"健康食品"的大幅度发展。我们单轨制的最大弊端类似高考的独木桥,保健食品审批的门槛要求过低,面对市场上呈现的各种产品如"功能性饮料""功能性糖果"在管理时无法可依。如要实行双轨制,该如何做呢?这要求政府部门集中群众智慧进行创新。

4.2.2 是采取产品管理还是标签管理

自1995年实施《中华人民共和国食品卫生法》后,将保健食品作为一项单独的产品进行管理,并给予特定标识和批准证书,使它既区别于一般食品也不同于药品,目前日本即如此。但在国外还有一种对此类食品进行标签管理的办法,或称为健康声称管理法,就是在食品标签上,除了要标明各类营养素的含量外,还可以标示健康声称。这类声称由国家有关部门进行严格管理,如欧洲、美国等。虽然目前我国食品安全法尚未出台,但有消息称,"保健食品"尚不是食品的一个类型。如是这样,今后保健食品将如何管理呢?是另制定法规,如美国制定《膳食补充剂健康与教育法》,还是按标签的健康声称进行管理呢?如果采用后者,不仅要重新制定新的管理法规,还有市场平稳过渡等社会问题,毕竟按照产品管理已有十余年了。

4.2.3 是以功能分类还是以原料分类

目前我国对保健食品是按27项功能进行分类,这种分类给制定保健食品的标准带来诸多困难。目前世界各国如韩国、日本,他们对保健食品的功能是按原料分类的,如韩国市场的健康食品有营养素补充剂、芦荟、人参与红参、乳酸菌4类。这种管理易于制定标准,将每种原料安全量、功效作用量范围(特别是最小有效量)及作用机理弄清楚,产品的功能就易于管理了,就如《中华人民共和国药典》一样。

目前中国保健协会在组织专家、企业家制定保健食品标准时,先从制定原料标准着手,恐怕也是看到了这一发展趋势。我国保健食品法规的制定远远落后于产业发展。除了多头管理外,也与没有依靠行业协会、学会等专家组织,集多方面智慧有关。希望这次改革能带来一些新气象，给保健食品产业发展带来新风气、新气象。

4.3 监督体制的创新

据不完全统计，保健食品行业相关管理部门多达10余个，但是没有一个部门为这个行业的发展负责，无明确责任的多头管理将加剧行业混乱。监管体制不健全，形成我国保健食品行业"一管就死，一放就乱"的事实。众所周知，根据卫生部的三定方案明确食品安全监管的职责分工，卫生部负责综合监督，农业部负责农产品生产监督，国家质检总局负责生产加工和进出口监管，国家工商行政管理总局负责流通环节监管，国家食品药品监督管理总局负责消费者环节监督。至于广告宣传等媒体又归属国家新闻出版和广播电视总局管理。笔者以为，在保健食品的监管方面存在下列问题。

（1）由于政出多门，缺乏一个统一的政策。例如，关于保健食品标签上的原料，按保健食品审批要求，应按君臣佐使排列，但按技术监督部门要求，则应按量的多少排列，使企业无所适从。

（2）至今保健食品国家标准尚未出台，各部门监督缺乏准绳。

（3）监督检测技术落后，特别是对功效因子、违禁成分监督监测技术和检伪技术的发展，跟不上市场的需求。

（4）处罚过轻，以至守法成本太高，违法成本太低。处罚不能以儆效尤。笔者所知，美国的美国FDA，对"膳食补充剂"的许可采取备案制，标签内容和广告宣传由企业负责。但美国FDA对上市后监管体系采取收集负面评估数据，一旦宣布某产品为伪劣产品，该企业会受到严厉处罚，以至倾家荡产，并列入信用黑名单。

（5）"媒体"问题。在保健食品企业流传着"成在媒体，败在媒体"的顺口溜。媒体可以监督企业、监督市场，可同时它们也可以夸大宣传。这是大家公认的事实。目前，虽然国家食品药品监督管理总局、国家工商行政管理总局及国家新闻出版和广播电视总局制订了《保健食品广告审查暂行规定》，夸大宣传和虚假广告虽有所收敛，但仍比比皆是。这是保健食品在消费者心中造成信誉缺失的首要原因。因此保健食品产业的监督机制的创新势在必行。

4.4 企业发展机制的创新

目前，国内大多数保健食品企业的发展策略是以营销为龙头，带动企业发展，多数企业的营销策略是"靠概念、靠炒作、靠广告"。他们只要概念，不要技术，用炒作概念代替技术创新，以炒作概念代替品牌战略。这样结果往往是："小的做不大，大的做不强"，而且"昙花一现"，短寿的多。目前国外一些大的跨国企业像安利、雅芳、美国制药集团等纷纷进入中国，而且已将其研发部门设在北京和上海等地。国外产品也纷纷涌入中国，占据了国内市场。他们用7%的产品占据中国40%的保健品市场。因此一个严重的问题摆在我们面前，中国的民族产品究竟能占多少市场份额呢？笔者认为，我国保健食品企业发展的策略，应改老三靠（靠概念、靠炒作、靠广告）为新三靠（靠技术、靠质量、靠服务），要加强科普，实现科技营销战略，探索科学营销模式，来推动企业发展。

只要我们认真做到上述四方面的创新，保健食品一定会迅速走出低谷，保健食品美好的发展前景一定会加快呈现在世人面前。

【参考文献】

[1] 金宗濂. 保健食品的功能评价与开发. 北京：中国轻工业出版社，2001：486-488.

[2] 金宗濂. 功能食品教程. 北京：中国轻工业出版社，2005：409-426.

[3] Hoadley J E, Rowlands J C.FDA Perspective on Food Label Claim in the USA. New York:Elsevier,2008:115-132.
[4] Agarwal S, Hordvik S, Morar S.Health and Wellness Related Labeling Claim for Functional Foods and Dietary Supplements in the USA. New York:Elsevier,2008:133-142.
[5] Ohama H, Ikeda H, Moriyama H.Health Foods and Foods With Health Claim in Japan. New York:Elsevier,2008:249-281.
[6] 金宗濂.功能性饮料的市场发展趋势与管理对策.中国食品学报,2007,7(6):1-5.
[7] 金宗濂.功能学科的现状与发展.北京:中国科学技术出版社,2007:49-58.
[8] 金宗濂.拥有巨大市场的保健食品.北京:化学工业出版社,2006:146-155.

原文发表于《北京联合大学学报》(自然科学版),2008年第4期

从北京保健食品市场调查结果探讨保健食品管理问题

陈 文 吴 峰 谷 磊 金宗濂

北京联合大学 应用文理学院

【摘要】 通过对北京市八大城区 24 家零售终端销售的保健食品进行功能与形态分布等状况调查，来探讨我国保健食品管理体制中存在的一些问题。调查到的产品共计 501 种，其中功能类保健食品 451 种，功能分布列前五位的是增强免疫力、缓解体力疲劳、辅助降血脂、减肥及抗氧化；主要原料使用频次列前五位的是西洋参、黄芪、人参、珍珠和当归；功效成分使用频次居前三位的是总皂苷、总黄酮和粗多糖；产品形态以胶囊、口服液、片剂等药品形态为主，而普通食品、饮料、酒类形态的所占比例均不足 1%。结果提示，我国保健食品管理中存在对新老产品功能声称统一规范管理的问题、主要原料分类管理与研发的问题、审批制度不严谨的问题等。

【关键词】 市场调查；保健食品；功能食品；管理问题

A research of health foods management based on a market survey in Beijing

Chen Wen Wu Feng Gu Lei Jin Zonglian

College of Applied Science and Humanities of Beijing Union University

Abstract: The present study discussed the problems in health foods management based on the results of a market survey in Beijing. 501 health foods were investigated from 24 retail terminals, and 451 belong to functional products. The top 5 health claims are foods to enhance immune function, relieve physical fatigue, reduce blood lipids, control weight and improve anti-oxidation respectively. The top 5 raw materials are panax quinquefolium, astragalus membranaceus, panax ginseng, pearl, and angelica sinensis, respectively. The top 3 functional factors are saponins, flavonoids and polysaccharides. Most of them are in forms of capsule, oral liquid or tablets and less than 1% of the products are made into ordinary food, beverage and alcohol. These results suggest that there some problems in health food management, such as health claims problems in new and old products, management problems in raw material classification, and irrationality of approval system et al.

Key words: market survey; health food; functional food; management problem

目前，发达国家保健（功能）食品市场每年都以 10% 的增速在稳定、快速地发展，而我国却由于种种原因，使得处于发展初期的保健食品产业在 20 世纪末进入低潮，至今，其市场规模始终徘徊在 500 亿元左右。因此，本文从市场的视角出发，通过调查、了解北京市售保健食品的种类、功能分布、形态分布等状况，探讨我国保健食品管理体制中存在的一些问题。

1 材料与方法

2007 年 3～7 月期间，对北京市八大城区（东城、西城、海淀、崇文、宣武、朝阳、丰台、石景山）的 24 家零售终端（其中药店 16 家、大型超市 5 家、商场 3 家）销售的保健食品进行调查，逐一填写调查登记表，主要涉及产品名称、保健作用、功效成分、主要原料、批准文号、生产厂家、产品剂型性状、适用人群等 17 项内容。通过对调查结果的整理、归类与统计，分析了目前北京市售保健食品的种类、功能分布、产品形态分布、主要原材料及功能因子的使用情况等现状。

2 结果

本次调查零售终端 24 家，调查到的产品共计 501 种，其中国产保健食品 490 种，占 97.8%，进口 11 种，占 2.2%。从功能类保健食品与营养素补充剂的分布比例来看，功能类保健食品为 451 种，占 90%，营养素补剂为 50 种，占 10%。在营养素补充剂中，以补钙产品最多，占 52%，补充维生素产品占 42%。

本次调查的所有产品都能在中国保健食品库中查到，这和我们选择的调研地点主要是大型药店、超市和商场，但也在一定程度上从侧面反映了北京市场保健食品的安全性和真实性有所保障。

2.1 功能类保健食品的功效分布

在 451 种功能类保健食品中，功效分布居前十位的如表 1 所示，以增强免疫力的产品最多，为 136 种，其次是辅助降血脂和缓解体力疲劳的产品，分别为 77 种、76 种。但这其中有部分产品具有 2 项或 2 项以上功能声称，如同时声称具有"增强免疫力"和"缓解体力疲劳"2 项功能，同时声称具有"增强免疫力""对化学性肝损伤的保护作用""辅助降血脂"3 项功能。目前卫生部受理的功能项目为 27 项，本次调研涉及 26 项，仅未见有祛痤疮功能产品。在产品的功效标识中，虽然未见明显的夸张宣传，但却仍见到有多个产品宣传"抑制肿瘤"和"延缓衰老"作用。

表 1 保健食品的功能分类

排序	功效声称	数量（种*）
1	增强免疫力	136
2	辅助降血脂	77
3	缓解体力疲劳	76
4	减肥	61
5	抗氧化	32
6	改善睡眠	19
7	辅助降血糖	18
8	促消化	14
9	调节肠道菌群、通便	13
10	辅助改善记忆	13

*部分产品有 2 项或 2 项以上功能声称。

2.2 功效成分及使用频次

在 451 种功能类保健食品中，功效成分使用频次居前三位的是总皂苷、粗多糖和总黄酮，均超过 30 次。其次是人参皂苷、原花青素和亚麻油，均达 5 次以上。结果如表 2 所示。

表 2 功效成分使用频次

名称	使用频次（次）	所占比例（%）
总皂苷	45	10
粗多糖	35	7.8
总黄酮	35	7.8
人参皂苷	15	3.3
原花青素	5	1.1
亚麻油	5	1

2.3 主要原料使用频次

在 451 种功能类保健食品中，主要原料使用频次居前三位的是西洋参、黄芪、人参，均超过 30 次（结果如表 3 所示）。其次为珍珠、当归、银杏叶、红花、五味子。这几种原料均属于 2002 年 3 月卫生部公布的"114 种可用于保健食品原料"的名单之列。

表 3 主要原料使用频次

名称	使用频次（次）	所占比例（%）
西洋参	35	7.8
黄芪	33	7.3
人参	30	6.7
珍珠	15	3.3
当归	15	3.3
银杏叶	14	3.1
红花	13	2.9
五味子	12	2.7

2.4 产品形态分布

在 501 种保健食品中，主要分为 10 种形态，其中胶囊、茶类、口服液、片剂、软胶囊是保健食品五大主流形态，共占到了总数的 96% 以上。而丸剂、普通食品、酒类、饮料最少，所占比例均不足 1%，如表 4 所示。

表 4 产品形态分布

产品形态	数量（种）	所占比例（%）
胶囊	110	22
茶类	90	18
口服液	85	17
片剂	95	19
软胶囊	100	20

续表

产品形态	数量（种）	所占比例（%）
膏剂	10	2
丸剂	4	0.8
普通食品	3	0.6
酒类	2	0.4
饮料	2	0.4

2.5 产品产地分布

在501种保健食品中，产地涉及18个省、自治区、直辖市，其中天津市和广东省是两大主要产地，分别占了17.2%和15.2%（结果见表5），其次是陕西省、上海市、北京市、福建省等地。

表5 产品产地分布统计

产地	产品数量（个）	所占比例（%）
天津市	86	17.2
广东省	76	15.2
陕西省	38	7.6
上海市	36	7.2
北京市	35	7
福建省	33	6.6
山东省	31	6.2
黑龙江省	31	6.2
江苏省	28	5.6
浙江省	21	4.2

3 讨论

2004～2005年，中国保健协会曾在全国范围内对6890家零售终端的保健食品进行了调查，调查到的产品共计2951种，其中标识合规的产品1917种，占65%，标识不合规的问题产品和疑似问题产品为1034种，高达35%[1]，这足以说明我国保健食品市场监督管理存在严重问题。而本次在北京市八大城区24个零售终端调查到的501种产品，批准文号均可在中国保健食品库中查到，说明了产品的真实性，提示我国保健食品市场监管在近两三年有了一些改善，也可能是大都市中保健食品的市场规范程度高于全国平均水平。

3.1 对新老产品功能声称的统一规范管理问题

在451种产品的功能声称中，绝大部分产品在功效宣传方面比较规范，但存在新老产品不统一的管理混乱问题。例如，早在1999年和2003年卫生部就分别取消了"抑制肿瘤""延缓衰老"功能项目的受理，而9年后的今天，有少数产品，特别是1996～1998年获得批号的产品却仍在宣传其具有"抑制肿瘤""延缓衰老"的功效。2005年7月1日开始实施的《保健

食品注册管理办法（试行）》[2]中规定，保健食品批号的有效期为5年，这就意味着标有"抑制肿瘤""延缓衰老"功效的产品还将继续在市场上存在两年，距卫生部取消"抑制肿瘤"功能项目受理的时间达11年之久。

可以看出我们在审批体系的建立、功能评价与声称项目的制定，以及市场监管制度的完善与调整等三方面工作上衔接不畅。虽然，我国已经初步形成了保健食品的管理法律、法规和标准体系，但在实施过程中却存在着多头管理的局面，如卫生部和国家食品药品监督管理总局负责产品注册的行政许可、国家工商行政管理总局和卫生部进行市场监督、质量和技术监督部门管理生产企业，而各个管理部门之间缺乏沟通与信息交流，未能建立从行政许可到市场监督一体化的、整体的管理体制，导致市场上老一代产品的标签标示与现行的管理体制完全脱节或脱节时间过长。

3.2 从主要原料的使用情况分析保健食品的研发与分类管理问题

国际上关于保健食品的分类体系并不统一，这一点从国内外的功能食品著作中就可以明显看出，有的按照功能分类，有的则按照原料进行分类。随着保健食品产业在世界范围内的快速发展，按原料分类渐渐显示出了既易于制定产品标准也易于对产品进行监督管理的优势，如日本、韩国都是从原料出发对产品进行分类管理的。目前，我国对保健食品的管理是按照27项功能项目进行分类的，只能制定功能效果评价的程序和检测标准，涉及不同原料与功效成分的仍需要明确原料的安全用量、有效剂量等问题，因此在功能分类中仍套着原料分类，管理复杂易造成混乱。如果反过来，仅按原料分类，首先将每种原料的安全用量、有效剂量、功能因子的结构及作用机理弄清楚，那么产品的功能就易于管理了。

本次调查的451种功能类保健食品中，涉及的功能项目有26项；涉及的功效成分主要包括总皂苷、总黄酮、粗多糖、人参皂苷、原花青素和亚麻酸等；涉及的原料主要包括西洋参、黄芪、人参、珍珠、当归、银杏叶、红花、五味子、蜂胶、何首乌、绞股蓝等几十种。上述产品如果按照原料分类，类别可能增多，但易于制定各类型产品的标准。从原料分类中明确功能，比从功能分类中区分原料要简单合理，而且产品按原料分类管理也有利于保健食品管理体制的改进与完善。例如，日本就在不断改进特定保健用食品（FOSHU）的管理制度，为了给市场提供正确的产品资讯，指导消费者选择适合自己生活所需的FOSHU，2005年2月1日日本公布了《健康增进法》《食品卫生法》及营养标示基准等的修订规则，增设了"规格基准型FOSHU"。可以认为，"规格基准型FOSHU"的出现是建立在原料分类管理的基础上的[3]。

本次调查中功能类保健食品的原料均属于2002年3月卫生部公布的"114种可用于保健食品原料"和"87种传统的既是食品又是药品"的名单之列，未见到新原料的产品，提示目前保健食品的研发局限在了一定的范围内。而且这些产品中只有一部分既标明了主要原料，也标示了功效成分，而多数产品只标明了主要原料，并未标注功效成分，提示我国保健食品科技含量低，研发能力差，产品低水平重复，大部分产品功能因子不清，更不用说其结构、有效剂量和作用机理了。

3.3 从产品的形态分布情况分析保健食品的审批与管理问题

本次调查的501种保健食品中，以胶囊、茶类、口服液、片剂、软胶囊为五大主流形态，共占总数的96%以上，而在451种功能类保健食品中，以普通食品形态出现的仅3种，加上饮料和酒类各2种，三者合占功能类保健食品的1.4%。这样的结果，反映出我国保健食品在研发或产业化过程中可能存在技术瓶颈问题，难以用食品作为载体。同时，也从侧面反映出了我国保健食品审批与管理制度的弊端，即管理体系单一、审批门槛条件低，特别是对功能类保健食品，并未要求必须以食品作为载体。这种管理与审批方面的低要求、不严谨也是造成我国保健食品技术含量低、产品低水平重复的因素之一。美国的"功能食品"和日本的"FOSHU"虽然审批制度不同，美国采取宽松的备案审批制，日本则采取严格的"个别许可型""附带条件的个别许可型"及"规格基准型"审批制，但两国的这类保健产品大部分都是以食品为载体的。在管理方面，美国将"声称"分 5 个级别进行分类管理，日本则采取双轨制，以区别管理健康食品和特定保健用食品 [3-4]。

总之，仅从市场调查的结果就可以看出我国保健食品管理中存在的一些问题，保健食品的管理问题已成为制约我国保健食品产业发展的瓶颈问题之一。因此，深入分析我国保健食品管理方面存在的问题和成因，探讨造成各管理环节之间衔接不畅的主要因素，借鉴国外发达国家保健食品管理体制的优点等，都将有利于我国保健食品管理体制的改进与完善，促进保健食品产业的健康发展。

【参考文献】

[1] 中国保健协会.中国保健品市场零售终端调查报告.北京：中国保健协会，2005.
[2] 国家食品药品监督管理总局.保健食品注册管理办法（试行）.http：www.sda.gov.cn ws01 CL005324516.html. 2005-04-30.
[3] Ohama H，Ikeda H，Moriyama H.Health Foods and Foods with Health Claims in Japan. New York：Elsevier，2008：249-281.
[4] Agarwal S，Hordvik S，Morar S.Health and Wellness Related Labeling Claims for Functional Foods and Dietary Supplements in the USA. New York：Elsevier，2008：133-142.

原文发表于《北京联合大学学报》（自然科学版），2008 年第 12 期

我国保健（功能）食品产业的创新

金宗濂

北京联合大学　应用文理学院

当前世界保健（功能）食品产业已进入快速增长期[1]，近3年的市场增长率为8%。日本的特定保健用食品平均年增长率达25%，韩国的健康食品年增长率也超过13%。近年来，我国亚健康人群扩大，非传染性慢性疾病人数剧增，2007年医疗费用已攀升至GDP的4.82%。国务院发展中心的研究指出，保健行业每实现3亿元产值，可减少5亿元公费医疗费用。2007年我国人均GDP已超过2000美元，一般来说，一个国家人均GDP超过1000美元时，健康食品产业会进入一个迅速扩张期。这些综合因素均预示了我国保健（功能）食品产业迅速发展的可能性。

但是，目前我国保健（功能）食品产业情况尚不乐观。2005～2006年我国保健食品的申报批准率仅为69%；1995～2004年上半年批准了6009种保健食品，在市场上找到的仅有1917种（中国保健协会调查），即2/3获得批准证书的产品被淘汰，或根本没进入市场[1-3]。根据人民生活水平和健康产业发展程度推算，我国保健（功能）食品的市场潜在规模应达2000亿元人民币，但2007年销售额仅约为600亿元。

只有创新，才是我国保健（功能）食品产业抓住机遇，走出低谷的根本动力。针对我国保健食品产业目前存在的问题，我认为应注重研发与技术、管理体制、监督机制及企业发展机制四个方面的创新。

1　研发与技术创新

"八五"至"十五"期间，我国各级科技部门一直未将保健（功能）食品列入攻关计划，企业的科技投入亦严重不足。调查显示，我国保健食品行业研发投入不足销售额的1%，而这极其有限的科研经费又主要用于申报所需，致使产品结构低水平重复，同质化现象非常严重。目前列入我国《保健食品检验与评价技术规范》的保健功能为27项，而截至2006年，已批准的8013种产品中43%为增强免疫、辅助降血脂和缓解体力疲劳等3类，结构十分不合理。进入"十一五"以来，国家给予功能食品和中药保健品前所未有的支持，"功能性食品的研制和开发"和"治未病和亚健康中医干预研究"均列入"国家科技部科技支撑计划"。

我认为，保健（功能）食品的研发与技术创新至少应包括基础研究、应用技术研究和产业化研究三个层次。

1.1　基础研究创新

保健食品不同于食品又区别于药品，它是供亚健康（或称第三态，诱发病态）人群服用的。目前列入"十一五"科技支撑计划的"亚健康中医干预研究"是在中医的理论及临床研究的基础上进行的，尚缺少现代生物学、医学和营养科学的支撑。据了解，中国台湾一些生物科学、医学和营养学专家已开始用现代生物学、医学的基本理论阐述、界定并干预亚健康，这是值得借鉴的。

1.2 应用技术研究创新

1.2.1 新功能

虽然2005年公布的《保健食品注册管理办法》明确并鼓励企业进行新功能的研究和申报，但实施3年来未见一家企业申报新功能。当前有不少新功能是值得开发的，如改善妇女更年期综合征、预防蛀牙、改善老年骨关节功能等。国家应给予新功能的研究以实质性的支持，同时应制定切实的措施保护开发单位的利益。

功能创新可以有两种方式：发现新成分和发掘老成分的新功能或新的作用机制。我们实验室曾对咖啡因进行过研究，它的兴奋中枢神经系统的作用是世人皆知的，而它的腺苷受体阻断剂作用，即激活体内激素敏感性脂肪酶，动员脂肪，达到抗疲劳和减肥的作用却鲜为人知。此外，咖啡因提升脑内管理短期记忆的神经结构——海马的乙酰胆碱水平，从而改善老年记忆障碍的功能，尚未见有关研究报道。所以利用咖啡因的这一作用开发抗疲劳、减肥和改善老年记忆障碍的保健食品也是一种创新。

1.2.2 新原料

目前国家规定了201种可用于保健食品的原料名单。凡名单以外的原料要作为"食品新资源"对待。由于难度大，少有企业关注新原料的开发，而国外一些企业则纷纷申请新原料。应该充分利用"巨大市场、优势资源、传统中医药文化"的优势，以"取材于天然，提升于科技，立足于有效，扩展于文化"的思路开发中国特色的保健食品新原料。

原料创新首先是安全性，其次是有效性。要明确摄入原料的安全量和有效剂量，特别要明确有效作用范围（尤其是最低有效量）。对于一些有复杂成分的食物或中药，还要明确其功能因子。

1.3 产业化研究创新

1.3.1 关键技术创新

关键技术创新包括如功能因子的分离和纯化技术、功能因子检测技术特别是快速检测技术，原料和产品检伪技术，功能因子的稳定化技术等方面的创新。目前，在保健食品的生产加工领域中大都采用了中药现代化生产的一些新技术，保健食品专用的技术较少，设备更是如此。应该在生产保健食品的专用技术和专用设备上下功夫。

1.3.2 产品的创新

目前我国以食品为载体的保健（功能）食品不到总数的1%。以食品为载体，使保健食品进入消费者的一日三餐，是国外功能食品产业非常注重的课题。如何赋予我国传统食品以保健功能，值得加强研究。

2 保健食品管理体制的创新

我国《保健食品管理办法》实施至今已经有13年，《保健食品注册管理办法》实施也有4年了。这是我国管理保健食品的两部大法，由这两部大法衍生了61部管理法规和条例。但目前我国保健食品管理体制还有很多值得探讨的问题。

2.1 单轨制和双轨制

我国将保健食品和功能食品作为一个概念，以一套法规予以管理，因此称其为单轨制[4]。日本具有健康声称（food with health claim，FHC）的食品有特定保健用食品（food for specified health uses，FOSHU），相当于我国的保健食品和营养素功能食品（food with nutrient function claim，FNFC），均由厚生劳动省管理，属于个别许可型。日本还有一类称为健康食品的产品（health food，HF），不允许在标签上标示健康声称，归属日本健康营养食品协会管理[1, 5-7]。市场上的 HF 分为功能性饮料（40.7%）、营养辅助食品（30.5%）和功能性食品（28.8%）3 类。HF 近年来得到迅速发展，2005 年市场规模超过 FOSHU。由于日本对人体健康有益的产品采取了双轨制管理，促进了 HF 的迅速发展[3]。

2005 年日本还增设了"附带条件的 FOSHU""规格基准型 FOSHU"及"降低疾病风险的 FOSHU"。"附带条件的 FOSHU"是那些虽未达到 FOSHU 的功效作用机制，但在有限的科学证据下认为具有保健功效的食品，在标识上可以描述为本品含有某种成分，可能适于某种生理状态。可见日本在不断改进 FOSHU 的管理制度，目的是给市场提供正确的产品资讯，指导消费者选择适合自己的 FOSHU 产品。

双轨制最大的优点是采用疏导的方法，提高特定健康用食品的审批门槛，同时又促进了"健康食品"的大幅度发展。而我国的单轨制不仅使保健食品审批的门槛要求过低，还使得对市场上呈现的各种产品如"功能性饮料""功能性糖果"无法可依，难以管理。政府部门应借鉴国外经验，集中群众智慧进行体制创新。

2.2 产品管理还是标签管理

自 1995 年实施《中华人民共和国食品卫生法》后，将保健食品作为单独的产品来管理，既区别于一般食品也不同于药品，给予特定标识和批准证书，目前仅日本如此。但欧盟、美国等国家和地区还有一种标签管理的办法，或称为健康声称管理法，在食品标签上除了标明各类营养素的含量外，还可以标示健康声称。这类声称是由国家有关部门严格管理的。目前我国食品安全法尚未出台，但有消息称"保健食品"尚不是食品的一个类型。如果这样，今后保健食品管理是另制定法规如美国的《膳食补充剂健康与教育法》，还是按标签的健康声称进行管理呢？如果采用后者，不仅要重新制定新的管理办法，还存在市场平稳过渡等社会问题。

2.3 以功能分类还是以原料分类

目前我国对保健食品是按 27 项功能分类，这种分类给制定保健食品的标准带来诸多困难。目前世界各国如韩国、日本对保健食品是按原料分类的。韩国的健康食品有营养素补充剂、芦荟、人参与红参、乳酸菌 4 类。日本也有类似情况。这种管理与《中华人民共和国药典》类似，规定每种原料安全量、功效作用量范围（特别是最小有效量）及作用机制，较易于管理。目前中国保健协会组织专家、企业家制定保健食品标准时，先从制定原料标准着手，可能也是考虑到这一发展趋势。

目前我国保健食品法规的制定远远落后于产业发展。除了革除多头管理之弊外，还应依靠行业协会、学会等专家组织，集各方智慧不断完善各项法规。

3 保健食品监督体制的创新

目前我国有近 10 个部门管理保健食品，职能存在重叠和空白，试举几例。

（1）政出多门。例如，关于保健食品标签上的原料，保健食品审批要求按君臣佐使排列，技术监督部门则要求按量的多少排列，企业无所适从。

（2）保健食品的国家标准至今尚未出台，各部门监管工作缺乏准绳。

（3）监督检测技术特别是对功效因子违禁成分和检伪技术的研究跟不上市场的需求。

（4）处罚过轻。守法成本太高，违法成本太低。美国食品药品监督管理局（FDA）对"膳食补充剂"的许可采取备案制，企业自定标签和广告宣传内容。但美国FDA收集上市后的负面评估数据，一旦宣布某产品为伪劣产品，其生产企业会受到严厉处罚甚至倾家荡产并列入信用黑名单。

（5）《保健食品广告审批的暂行规定》实施后，夸大宣传和虚假广告虽有所收敛，但远未绝迹。

保健食品产业的监督机制的改革势在必行，政府有关部门应承担主要责任。

4　企业发展机制的创新

目前，国内大多数保健食品企业的发展策略是以营销为龙头。许多企业用炒作概念代替技术创新和品牌战略，夸大宣传降低了保健食品在国人心目中的信誉度，结果是"小的做不大，大的做不强"，而且"昙花一现"，短寿的多。我国现有约3000家保健食品企业，投资规模在1亿元以上者屈指可数，50%在500万元以下，其中30%还不到50万。韩国前十大厂商的销售额占韩国总销售额的60%，而我国前十强的销售额不到行业总产值的25%。目前安利、雅芳、美国制药集团等跨国企业纷纷进入中国，并且将研发部门设在北京、上海等地。国外产品用7%的产品占据了中国40%的保健品市场。

我国保健食品企业的发展策略，必须改老三靠（靠概念、靠炒作、靠广告）为新三靠（靠技术、靠质量、靠服务），依靠科技营销战略和营销模式推动，才能求得生存和发展。笔者认为，只要我们认真做到上述四方面的创新，保健食品一定会迅速走出低谷，保健食品美好的发展前景一定会加快呈现在世人面前。

【参考文献】

[1] 王大宏，崔瑾. 世界保健食品市场概况. 北京保健食品行业调查报告. 北京：北京市工业促进局，北京市保健协会，2008：1-28.
[2] 金宗濂. 功能学科的现状与发展. 北京：中国科学技术出版社，2007：49-58.
[3] 金宗濂. 拥有巨大市场的保健食品. 北京：化学工业出版社，2006：146-155.
[4] 金宗濂. 保健食品的功能评价与开发. 北京：中国轻工业出版社，2001：486-488.
[5] 金宗濂. 功能食品教程. 北京：中国轻工业出版社，2005：409-426.
[6] Ohama H, Ikeda H, Moriyama H.Health foods and foods with health claims in Japan.Toxicology，2006，221（1）：95-111.
[7] 金宗濂. 功能性饮料的市场发展趋势与管理对策. 中国食品学报，2007，7（6）：1-5.

原文发表于《食品与药品》，2009年第3期

美国对功能食品的管理

陈 文　魏 涛　秦 菲　金宗濂

北京联合大学 应用文理学院

【摘要】 本文主要从功能食品的范畴、相关管理法规、标签声明、审批机制、监督管理及生产管理等几方面介绍美国对功能食品的管理，为我国功能食品行业的规范管理与健康发展提供借鉴，同时也为我国的功能食品能够进入美国市场提供相关参考。

【关键词】 美国；功能食品；膳食补充剂；管理；标准

Administration for functional foods in USA

Chen Wen　Wei Tao　Qin Fei　Jin Zonglian

College of Applied Science and Humanities of Beijing Union University

Abstract: The administration system of functional foods in USA was introduced by focusing on the definition, regulations, nutrition and health claims, approval systems, manufacture management and market surveillance, et al. It was expected to provide the suggestions for the healthy development and scientific management of functional foods in China and the references for Chinese functional foods to enter into USA market.

Key words: USA; functional food; dietary supplement; management; standard

1938年美国国会颁布了《联邦食品、药品和化妆品法》（Federal Food, Drug, and Cosmetic Act，FD&C Act），赋予美国食品药品监督管理局（FDA）管理食品、食品成分的权利，以确保食品安全。除 FD&C Act 外，《美国联邦法规》（Code of Federal Regulation，CFR）第21卷收纳了，美国 FDA 的食品和药物行政法规。为了改进对食品标识与声称的管理，20世纪90年代，FD&C Act 被多次补充与修订，并于1990年11月8日颁布了《营养标签与教育法》（NLEA），于1994年10月26日颁布了《膳食补充剂健康与教育法》（DSHEA），于1997年11月21日颁布了《食品药品管理局现代化法》（FDAMA）。这些法规法案的相继出台，使得食品标识与健康声称的管理逐渐清楚、细化，有利于功能食品产业的健康发展。

1 美国功能食品的范畴

目前，美国并无"功能食品"的法律定义，市场上的功能食品是通过现有的食品法规框架进行监督的。根据美国现有食品法律和法规框架，功能食品主要包括下述五大类产品：带有特定声称的常规食品（conventional foods with claims）、膳食补充剂（dietary supplements）、强化食品（fortified, enriched or enhanced foods）、特殊膳食食品（foods for special dietary use）和疗养食品（medical foods）。这些产品一般都在标签上声称食品（或食品成分）与健康的关系，其健康声称归属 NLEA、DSHEA 和 FDAMA 管理。其中，与我国的功能食品类似的是膳食补充剂。

1.1 膳食补充剂的定义

上述五类产品中,膳食补充剂的市场份额最大、品种最多。DSHEA 将膳食补充剂定义为是一种旨在补充膳食的产品(而非烟草),可能含有一种或多种如下膳食成分:维生素、矿物质、草本(草药)或其他植物、氨基酸,以增加每日总摄入量而补充的膳食成分,或是以上成分的浓缩品、代谢物、成分、提取物或组合产品等。在标签上需要标注"膳食补充剂",可以丸剂、胶囊、片剂或液态等形式口服,但不能代替普通食物或作为膳食的替代品。

1.2 DSHEA 的制定背景

1994 年美国的医疗保健费用已达 1 万亿美元,相当于国民生产总值的 12%,并且这个数目将继续增长。因此,美国联邦政府越来越清晰地认识到提高美国国民的健康状况应为联邦政府的头等大事。同时,科学研究的结果也显示出营养的重要性及膳食补充剂对促进健康和预防疾病的益处,提示健康饮食可以减少慢性病的发病率,减轻医疗保健费用。从美国联邦政府的视角考虑,降低医疗保健费用对国家的未来和国民经济的健康发展至关重要。

而事实上,在 1994 年至 DSHEA 出台之前,根据美国全国性的调查,已有约 50% 的美国人经常使用维生素、矿物质、草药等膳食补充剂以改善营养状况,公众越来越希望获得营养与身体健康相互关联的知识。在一定程度上,营养补充剂产业已经成为美国经济不可分割的一部分。加上一些生产企业认为 NLEA 的内容不适宜管理膳食补充剂而游说美国联邦政府对 NLEA 进行修订。

在这样的大背景下,为了促进公众健康,保护消费者获得安全的膳食补充剂,也因当时有关膳食补充剂方面的政策法规缺乏的问题,必须制定一个合理的联邦法规。于是,1994 年 10 月 26 日国会颁布了 DSHEA。

2 食品标签的声称

2008 年 4 月,美国 FDA 发布了最新版本的"食品标签指南"(Guidance for Industry-A Food Labeling Guide,以下简称指南)[1]。指南由营养产品、标签和膳食补充剂办公室(Office of Nutritional Products, Labeling, and Dietary Supplements)编写,该办公室设在美国 FDA 的食品安全和应用营养中心(Center for Food Safe and Applied Nutrition,CFSAN)里。指南概括了根据相关法律法规而出现在食品标签上的规定信息、声称及其表达方式。

美国食品标签上的声称可分为三类:健康声称(health claim)、营养素含量声称(nutrient content claim)及结构/功能声称(structure/function claim)。其中,健康声称是对一种食品、食品组分、膳食成分或膳食补充剂与某种疾病风险之间关系的说明,包括具有明确科学公示的健康声称、具有权威声称的健康声称、有条件的健康声称三类。

2.1 具有明确科学共识的健康声称

根据 NLEA 和 DSHEA,这类健康声称必须符合一定的标准,美国 FDA 经过对申请者送报材料中的科学证据进行严格审查后,方可授权。美国 FDA 依据的主要标准是"显著的科学已执行标准"(significant scientific agreement standard),包括两个基本要点,即具有完整的、可公开获取的和能够支持健康声称的科学(文献)证据,这些科学证据的有效性必须在有资质的专家中得到普遍的共识或具有显著的科学一致性。

美国 FDA 已批准的具有明确科学共识的健康声称(health claims that meet significant scientific agreement,SSA）[2-4]有 12 项：钙与骨质疏松，钠与高血压，含纤维的水果、蔬菜、谷制品与癌症，含可溶性纤维的水果、蔬菜、谷制品与冠心病，富含抗氧化维生素的水果蔬菜与癌症，叶酸与神经管畸形，含非致龋齿性糖类的膳食和龋齿，膳食中的可溶性纤维（如全麦和亚麻籽壳）与冠心病，大豆蛋白和冠心病，植物固醇/酯与冠心病，补充锌可以提高老年人免疫功能，低饱和脂肪酸、低胆固醇和低脂肪食品能预防癌症的发生。

2.2 具有权威声明的健康声称

1997 年颁布的《食品药品管理局现代化法》（FDAMA）规定了用于食品健康声称授权的第二条途径。这类声称以美国政府或国家科学院的科学团体所提出的"权威声明"为基础，将研究结果提交给美国 FDA，由美国 FDA 最终确认。美国 FDA 已就企业如何使用具于权威声明的健康声称 [FDA Modernization Act of 1997（FDAMA）health and nutrient content claims][2-3] 而出版了使用指南。FDAMA 的条款中不包括膳食补充剂，因此该健康声称不适用于膳食补充剂。

美国 FDA 已批准的具有权威声明的健康声称包括以下五类：钾与高血压和中风，全谷类食物与心脏病和癌症，膳食脂肪与心脏病，含氟化物的饮水与龋齿，含胆碱食品的营养素声称。

2.3 有条件的健康声称

1999 年的 Pearson v. Shalala 案件和 2002 年的 Whitaker v. Thompson 案件中，涉及道德共同问题都是有些食物成分可能具有降低疾病风险的作用，但是又不完全符合"显著科学一致性标准"。这使得美国 FDA 不得不开始考虑可以承认并批准其为符合适当条件的健康声明。于是，"2003 年美国 FDA 较好营养的消费者健康信息计划"（2003 FDA Consumer Health Information for Better Nutrition Initiative）即对有条件的健康声称（qualified health claims，QHC）[2-4] 做出了规定。QHC 的批准准则是根据科学证据的权重，在食品成分与疾病之间的关系中有力的科学证据要多于不利的证据，但不需要达到"显著科学一致性标准"。此类声称必须被限定保证其表述正确并且不误导消费者。常规食品和膳食补充剂都可使用限定的健康声称。美国 FDA 已出版关于 QHC 的暂行程序和支持该声称证据的强度分级指南。

美国 FDA 已批准的 QHC 包括十四项：叶酸与神经管畸形；B 族维生素（维生素 B_6、维生素 B_{12} 和叶酸）与血管疾病；硒与癌症；磷脂酰丝氨酸与认知障碍和痴呆；抗氧化维生素（维生素 C 和维生素 E）与癌症；坚果与心脏病；核桃与心脏病；Ω-3 脂肪酸（EPA 和 DHA）与冠心病；橄榄油中的单不饱和脂肪酸与冠心病；绿茶与乳腺癌和前列腺癌；钙与直肠癌；番茄或番茄酱与前列腺癌、卵巢癌、胃癌和胰腺癌；Canola 油中的不饱和脂肪酸与冠心病；玉米油及其制品与降低心脏病风险。

此外，具有健康声称的食品还必须符合一些基本要求，其所涉及的成分或营养素（强化前）必须在该食品中含量达到 10% 或多于每日摄取量，每份食品（按标签指示）所含脂肪要少于 13%、饱和脂肪少于 4 g、胆固醇少于 60 mg、钠少于 480 mg。因此，凡含有过量脂肪、饱和脂肪、胆固醇、钠的产品不能做健康声称。

2.4 营养素含量声称

根据 NLEA，营养素含量声称（nutrient content claims）[2-4] 是对产品中的某种营养素或膳食补充剂成分的含量进行描述，使用"无（free）、高（high）、低（low）"等术语来描述产品中营养素或膳食成分的水平，使用"加量（more）、减量（reduced）、微量（lite）"等术语来比较一种食品与另一种食品的营养素水平，使用"有益健康（healthy）、瘦（lean）、精瘦（extra lean）"等术语来含蓄地表达营养素含量声称。美国 FDA 允许的营养素含量声称内容包括以下十类：热量、脂肪、饱和脂肪、胆固醇、钠、糖、维生素、矿物质、纤维素和蛋白质。

常规食品和膳食补充剂都可以使用营养素含量声称，大多数营养素含量声称规章适用于已有确定的每日摄取量的营养素或膳食成分。但也可以有另一种类别，即膳食补充剂通常使用的百分比声称（percentage claims）适用于尚未建立每日摄取量的膳食补充剂成分的百分比水平，如 "40% Ω-3 脂肪酸，每粒胶囊含有 10 mg"。

与健康声称类似，FDAMA 也为营养素含量声称提供了第二种方法，即可以根据 "权威声明" 来确定声称，如在 2.2 中涉及的 "含胆碱食品的营养素声称"。

2.5　结构/功能声称

依据 FD&C Act，结构/功能声称（structure/function claim）[2-4]是陈述某一特定物质在维持人体正常结构或功能方面所起作用的声明，适用于常规食品、膳食补充剂及药品。常规食品的结构/功能声称主要侧重于从营养价值的角度来说明其对机体结构/功能的影响，而膳食补充剂则侧重于营养和非营养的角度来说明其影响和效果。

在膳食补充剂的结构/功能声称方面，DSHEA 从以下三点对 FD&C Act 进行了增补：在标签上或标示中使用结构/功能声称的膳食补充剂生产商必须保证生产的准确性、真实性及不误导消费者；产品标签上必须注明 "美国 FDA 没有对该声称进行评估" 及 "该膳食补充剂并不适用于诊断、处理、治疗或预防疾病" 等 "免责声明"（disclaimer）；产品上市的 30 d 之内向美国 FDA 送报含结构/功能声称文本的告知。DSHEA 还为膳食补充剂建立了一些特定的结构/功能声称，主要包括结构/功能声称可以针对某种营养素或膳食补充剂成分对机体结构或功能的作用和影响进行说明，如 "钙能强健骨骼"；可以针对某种营养素或膳食补充剂成分具有维持机体结构/功能的特性进行说明，如 "抗氧化剂维持细胞的完整性"；可以针对某种营养素缺乏症（如维生素 C 与坏血病），但声称中必须指出在美国这类疾病发生的普遍程度；还可以描述某一营养素或膳食成分在总体上有利于维持人体健康。

结构/功能声称与健康声称的不同之处在于健康声称必须有两个基本要素，即某种物质（食品或膳食成分等）及某种疾病或健康相关状况，而结构/功能声称只具有第一要素（某种物质），不可以明确或含蓄地与疾病或健康相关状况相联系。另外，结构/功能声称不需要美国 FDA 的审查与授权。

美国 FDA 不要求常规食品生产商对其结构/功能声称向美国 FDA 进行通报，也不需要对其进行免责声明。

3　审批机制

美国 FDA 对产品的审批包括成分安全性审批和标签声称审批两个方面，批准的声称具有联邦规则代码（CFR）或由美国 FDA 备案。

3.1　安全性审批 [5]

根据 FD&C Act，一般被认为安全的物质进行 GRAS（generally recogized as safe）登记即可，如不属于 GRAS 的食品成分，企业须向美国 FDA 递交有关其安全性认可的食品成分，类似于食品添加剂的审批，程序烦琐且昂贵。

而 DSHEA 的颁布，使膳食补充剂无须上市前的安全性审批，只要生产商提出上市要求，

向美国 FDA 提供通告和安全性证实资料表明产品成分"有理由看作是安全的"75 d 后即可出售产品。另外，在 1994 年 10 月 15 日之前未曾在美国上市的膳食补充剂，生产商必须在上市前 75 d 向美国 FDA 提供资料，证明其是安全的、无致病与危害作用。同时，生产商也可以委托美国 FDA 请有关单位对新原料制定一个安全使用条例。可见，DSHEA 摒弃了"GRAS"概念，为确保膳食补充剂及其成分的安全性创立了一个有企业进行自我约束的新机制。

虽然美国 FDA 不对膳食补充剂进行评审，但对食品补充剂的安全性有质疑的权利。一旦美国 FDA 发现产品存在安全问题时，美国 FDA 会通知生产商进行口头或书面解释。如安全性确实存在问题，美国 FDA 可宣布该膳食补充剂为伪劣产品。

3.2 标签声称的审批 [6]

根据 NLEA，美国 FDA 进行产品标签声称的审批，主要采取审查备案机制，一般只涉及产品的功效，而美国 FDA 没有在任何法规中明确"健康声称"的评价指标。因此，申请者需要提供尽可能多的科学研究资料，使美国 FDA 认可该声明所表达的内容。

生产商申请某个"健康声称"时一般须提供以下资料：证明该物质是一种食品，或一种 GRAS 物质，或一种食品添加剂；列出提供营养成分的物质（即健康声称的主体）及其分析方法；拟选择的健康声称形式（claim model），支持有关"健康声称"的各种科学研究结果；其他相关资料，如"健康声称"所涉及的疾病的患病率、针对的特殊人群及其饮食习惯和营养水平等。另外，根据 NLEA，一般需进行 4 个方面的科学验证，即临床试验、动物实验、体外实验及流行病学研究，重点侧重在降低慢性病风险的研究方面。审批的具体要求是健康声称必须是基于联邦科学机构 [包括美国国立卫生研究所（NIH）、美国疾病控制与预防中心（CDC）及美国国家科学院（NAS）等负责公众健康保护或营养研究的机构] 提出的公开、权威且具有现实意义的观点；上市前 120 d，生产商须向美国 FDA 提交有关"健康声称"的具体内容和依据；120 d 后，美国 FDA 或批准该声称的使用，或审批结果时禁止该种声称或修改声称。

而对于改善食品补充剂，大多数生产商选择使用结构 / 功能声称。因为依据 DSHEA，选用结构 / 功能声称的膳食补充剂不需要美国 FDA 的审批，只需在产品上市的 30 d 之内向美国 FDA 送报告结构 / 功能声称文本的告知，无须提交"结构 - 功能"声明的证明材料。但是需要在产品标签上注明"美国 FDA 未对该声称进行评估，本品不适用于诊断、处理、治疗或预防疾病"。

4 基本要求

4.1 生产管理

在产品的生产管理管理方面，要求符合食品生产质量管理规范（GMP）法规。

2003 年 3 月，美国 FDA 发布了一项行政规则建议"膳食补充剂和膳食成分的制造、包装或保存的现行生产质量管理规范"（current good manufacturing practice in manufacturing, packing, or holding dietary ingredients and dietary supplements，cGMP）。2007 年 7 月，颁布了 cGMP 的标准，并针对大中小型生产商，cGMP 已于 2008 年 6 月起生效，对于雇员少于 500 人的中型生产商则将于 2009 年 6 月执行，而对于雇员少于 20 人的小企业则推后与 2010 年 6 月执行 [14]。可见，美国 FDA 还是顾及了小企业的实际情况，充分考虑了市场的稳定。

这一标准的执行，可以帮助消费者获得准确标示的非假冒的膳食补充剂，确保企业进行质量控制，保证不同批次产品之间的一致性，使生产的膳食补充剂不被污染或掺假。cGMP 适用于所有制造、包装或保存膳食补充剂或膳食成分的机构，包括参与检测、质量控制、包装和标识以及批发销售产品的单位，也适用于产品欲出口美国的外国公司。

4.2 其他要求

作为不同于传统食品的特殊类别，膳食补充剂在剂型、安全性、功效和标识等方面有一些特殊规定。

剂型：片剂、胶囊、软胶囊、粉剂、饮液、薄片或条棒状或普通食品剂型。

安全性：属于 GRAS，如含有 GRAS 以外的新膳食成分，企业在销售前 75 d 向 FDA 通报并提供安全性证实资料。

功效：功效声称须符合 NLEA 和 DSHEA 中的相关规定。

标识：均需标注"膳食补充剂"，不能作为餐食、总膳食或普通食品的替代品。

5 监督管理

主要的监督部门之一是美国 FDA，负责产品安全和标签上的声明，包括包装和其他促销材料的管理。监督的实施主要依靠现场监督员消费者对企业的投诉。美国 FDA 现场监督员发现不符合规定的标签内容即可实施监督处罚，FD&C Act 的 303 条款是处罚条例，并对各种违规情况给出了具体的处罚细则。同时，同类产品的生产商及消费者也在实施日常监督，发现问题及时向美国 FDA 通报，美国 FDA 也会采取行政行动。美国 FDA 的调查显示绝大部分产品的生产销售与标签声称能够符合 NLEA 和 DSHEA 的规定，生产商守法相对自觉。

另一监督部门是联邦贸易委员会（Federal Trade Commission，FTC），主要负责管理产品广告的健康声明，即如果产品不是通过食品标签而是通过散发广告的形式进行健康宣传，就属于 FTC 的管理范畴。FTC 有关准许产品"健康宣传"的标准较美国 FDA 要宽松，因而也产生了一些管理方面的不一致与不协调。

6 结束语

美国的"膳食补充剂"类似于我国的"保健食品"。

由于美国企业与行业协会的自律性较高，消费市场也相对成熟，因此，与其他国家相比较，美国对膳食补充剂的管理有着鲜明的宽松特点。虽然膳食补充剂同时受 DSHEA 和 NLEA 的管理，但美国 FDA 并不对产品进行注册管理，而是实行备案制，无须上市前的审批，也不发批准文号。由企业负责成分的安全性和产品功能声称的科学性，美国 FDA 则负责市场监督管理。在标签管理方面比较严格，涉及新膳食成分的健康声称必须获得批准，当标签上声称产品对人体结构/功能或整体具有作用时，必须同时注明该声称未经审评，该产品不可用于诊断、治疗或预防任何疾病。在生产管理方面，已逐步开始实施膳食补充剂的 cGMP。可见，美国在立法理念、监督管理模式、科学依据的提供等方面均显现出了成熟市场才具有的特性。

总而言之，美国对膳食补充剂采取了一种较宽松的监督管理方式，而企业与行业协会的自律对保障产品的安全性和质量方面起到了重要作用。

【参考文献】

[1] FDA/CFSAN.Guidance for Industry-A Food Labeling Guide.VIII.Claims，2008.

[2] Hoadley JE, Rowlands JC.FDA Perspectives on Food Label Claims in the USA. Am sterdam：Elsevier, 2008：115-132.
[3] Agarwal S, Hordvik S, Morar S.Health and Wellness Related Labeling Claims for Functional Foods and Dietary Supplements in the USA. USA：Elsevier, 2008：133-142.
[4] DA/CFSAN.Health Claims That Meet Significant Scientific Agreement（SSA）.http：//www.cfsan.fda.gov/-dms/lab-ssa.html.
[5] 赵丹宇, 张志强. 国内外保健食品管理法规、标准比较研究（待续）. 中国食品卫生杂志, 2004, 16（4）：301-307.
[6] 赵丹宇, 张志强. 国内外保健食品管理法规、标准比较研究（待续）. 中国食品卫生杂志, 2004, 16（5）：404-409.

原文发表于《食品工业科技》, 2009 年第 7 期

创新是推动我国保健（功能）食品产业发展的根本动力

金宗濂

北京联合大学　应用文理学院

随着国民经济的发展、生活水平的不断提高，以及疾病谱的变化，人们的医疗观念已由病后治疗型向预防保健型转变，健康保健意识逐渐增强，对保健（功能）食品的需求将大大增加，我国保健品市场前途广阔。但是，发展迅速的同时，保健品市场也出现了企业规模过小、夸大宣传、监管不力、人员素质不高等问题，借鉴国外经验，结合我国市场现实情况，创新才是推动我国保健食品产业发展的根本。

目前，我国亚健康态人群逐年增多，肥胖症、高血压、血脂异常、糖尿病患者合计已超过 4 亿人。因此，我国政府于 2006 年 3 月将"推进公众营养改善行动"列入《中华人民共和国国民经济和社会发展第十一个五年规划纲要》，2008 年又提出我国将制定实施"健康中国 2020"战略。同时，国务院发展中心的研究指出，保健行业每实现 3 亿元产值，可解决 1 万人就业，贡献 4000 万元税收，减少 5 亿元公费医疗费用。

因此，保健（功能）食品产业的发展具有十分重要的经济意义和社会学价值，也是解决新世纪面临的健康问题的重要途径。根据居民生活水平和健康产业发展程度推算，我国保健（功能）食品市场的潜在规模应达 2000 亿元人民币，预示着我国即将进入"功能食品产业迅速扩张"的发展机遇期。

1　世界发达国家功能食品产业的发展现状

据 NBJ 的调查显示，2006 年全球营养产业的市场规模为 2250 亿美元，其中膳食补充剂的规模达 680 亿美元，近三年的市场增长率超过 8%，以美国、欧洲和日本为三大主要市场，分别占 35%、32%、18%。除日本以外，亚洲仅占 7%。

2006 年，美国营养产业中功能性食品、膳食补充剂、天然有机食品、个人健康护理产品等四大类产品的市场规模分别为 314 亿美元、225 亿美元、236 亿美元、74.9 亿美元，均居全球领先地位。特别是膳食补充剂，占到全球同类产品规模的 1/3。

据日本富士经济公司的调研结果，2006 年日本有健康诉求的市场总产值为 19 000 亿日元，其中特定保健用食品为 6645 亿日元、营养补助产品 6278 亿日元、健康饮料及其他为 6077 亿日元。值得关注的是，1991～2005 年，日本的特定保健用食品销售量以平均每年 25% 的速度递增。

2006 年欧洲食品补充剂市场估计产值为 140 亿欧元，2002～2006 年平均增长率为 3.6%。可见，全球保健（功能）食品市场远没有成熟，各国的起步时间不同、消费者的教育程度与需求不同，市场成熟度及市场发展的驱动力也不尽相同。

2　我国保健（功能）食品产业的现状及制约其发展的主要瓶颈

我国保健（功能）食品的审批情况自 1996 年 3 月 15 日卫生部颁布的《保健食品管理办法》实施以来，截止到 2008 年年底，获批准的保健食品总数达 9613 种。在获批准的产品中，功能声称排列前五位的是增强免疫力、缓解体力疲劳、辅助降血脂、抗氧化和通便，分别占 30.0%、14.5%、11.9%、6.5%、4.2%，无新功能产品出现。

我国保健（功能）食品的市场状况：2005 年 5 月，中国保健协会发布了《中国保健食品调查报告》，初步掌握了我国保健（功能）食品的市场状况。结果显示，自 1996 年至 2004 年 6 月底，经国家主管部门批准的保健食品共计 6009 种，但在零售终端市场能调查到的产品仅为 2951 种。在调查到的 2951 种产品中，标识合格的仅为 1917 种，占审批量 1/3 左右。在 1917 种合格产品中，具有功能的产品 1703 种，营养素补充剂 214 种。按其形态分类，胶囊占 35%，口服液 17.4%，片剂、冲剂分别为 14.57% 和 11.69%。

3 制约我国保健食品产业发展的主要瓶颈

2008 年我国的人均 GDP 已达 2400 美元，表明我国健康产业将进入快速增长的机遇期。依据人民生活水平和世界健康产业发展程度推测，我国保健（功能）食品市场潜在规模应为 2000 亿元人民币左右。实际上，近几年我国保健（功能）食品市场规模为 600 亿～1000 亿元人民币。制约我国保健（功能）食品产业发展的主要瓶颈如下所示。

3.1 研发盲目，科技投入不足

目前我国公布有 27 项保健功能，至 2008 年年底，已批准的 9613 种产品中，增强免疫、辅助降血脂和缓解体力疲劳等三类产品占到 50% 以上，结构十分不合理。而且企业往往以报批代替研发，批准率不高，同质化现象严重，市场寿命短。据统计，全国 3000 余家保健食品企业，其研发投入不足销售额的 1%，而广告投入占销售额的 6%～10%。科技投入过低是我国保健食品产业长期处于低水平重复的一个重要因素。

3.2 企业分散，规模过小

我国现有保健企业约 3000 家，大多为中小企业。50% 以上的企业投资额在 100 万元以下，12.5% 的是投资额不足 10 万元的作坊式企业。而国外，如韩国的前十大厂商，其销售额占韩国总销售额的 60%，我国前十位的销售额不到产业总产值的 25%。企业规模过小是我国保健食品企业缺乏竞争力的另一个重要原因。

3.3 夸大宣传，名誉受损

美国有 3 亿人口，服用膳食补充剂的有 2 亿在我国，像北京这样的大城市服用保健品的人口占总人数 36.2%，主要原因是保健食品在国人心目中信誉度不高。除了夸大宣传外，一是将保健食品与药品混为一谈，将保健作用夸大为治疗作用；二是将普通食品的营养作用夸大为保健功能，混淆了普通食品和保健食品的区别。

3.4 管理与监督体系不完善，监管不力

据不完全统计，我国保健食品行业相关管理部门曾经多达 10 余个，总体说来重审批，轻监管。管理与监督体系还不完善，存在一些监督管理方面的盲点。就企业而言，违法成本过低，而守法成本太高，加之媒体的夸大宣传等问题，都是造成国民心目中保健（功能）食品信誉不高的主要原因。

3.5 科普滞后，人员素质不高

我国保健食品的主要销售渠道在超市和药店，且由消费者自行选择购买。这不仅要求消费

者对保健食品要有充分了解，也要求销售人员有相当的科学文化素质。就北京市调查情况看，北京市保健食品从业人员行业基本常识匮乏现象突出。在行业知识培训中，往往忽视科普知识和行业政策普及，因而销售人员也无法正确向消费者普及保健食品知识。

4 创新是发展我国保健（功能）食品产业的根本出路

从上述制约我国保健（功能）食品产业发展的主要瓶颈可以看出，知识创新的不足、管理体制与监管机制的不完善、企业发展机制的不健全等弊病影响了产业的发展。因此，创新是发展我国保健（功能）食品产业的根本出路，其主要包括研发与技术创新、企业发展机制创新、监督机制创新、管理体制创新4方面。

4.1 研发与技术创新

研发与技术创新至少涵盖基础研究、应用技术研究，以及产业化研究等三个层次的创新。在基础研究方面，由于保健（功能）食品既不同于食品又区别于药品，是适宜亚健康态人群服用的。因此，要用现代生物学、医学、营养学的基本理论来阐述、界定及干预亚健康，要结合现代营养学、生物化学、生物制药、植物化学、食品科学等理论，来研究现代的功能食品体系。

在应用技术研究方面，可以围绕新功能和新原料两个方向进行。一方面，鼓励企业进行新功能的研究和申报，值得开发的新功能如改善妇女更年期综合征、预防蛀牙、改善老年骨关节功能等；另一方面，鼓励企业开发新原料，我国有万余种药用植物资源，我们应在战略上高度重视中医中药的保健功能，把握"巨大市场、优势资源、传统中医药文化"的优势，开发中国特色的功能食品新原料。在产业化研究方面，一是涉及保健（功能）食品生产中关键技术的创新，如功能因子分离和纯化技术、功能因子快速检测技术、保健食品的原料和产品的检伪技术等；二是涉及产品的创新，大力发展以食品作载体的保健（功能）食品，使其进入消费者的一日三餐。

4.2 企业发展机制创新

目前，国内大多数保健（功能）食品发展策略是以营销为龙头，带动企业发展。多数企业的营销策略是"靠概念、靠炒作、靠广告"，用概念炒作代替技术创新，以概念炒作代替品牌战略。这样结果往往是"小的做不大，大的做不强"，而且"昙花一现"，短寿的多。一些国外的企业和产品纷纷涌入中国，用7%的产品占据我国40%的保健品市场。因此，我国保健（功能）食品企业发展的策略，应改老三靠（靠概念、靠炒作、靠广告）为新三靠（靠技术、靠质量、靠服务），实现科技营销战略，探索科学营销模式，以推动企业发展。

4.3 监督体制创新

虽然我国已经初步形成了保健（功能）食品的管理法律、法规和标准体系，但在实施过程中却存在着多头管理的局面。各管理部门之间缺乏沟通与信息交流，产生了一些的政策盲点，加上至今尚无"保健（功能）食品"的国家标准，导致监测指标与标准不明、监督管理缺乏准绳，阻碍了保健（功能）食品产业的健康发展。因此，监督机制的创新势在必行。

4.4 管理体制创新

我国《保健食品管理办法》实施至今已经有13年，《保健食品注册管理办法》实施至今也有4年了。这是我国管理保健食品的两部大法，由这两部大法衍生了61部管理法规和条例，已不算少，但在管理体制上还有一些值得探讨的问题。

有关保健（功能）食品的单轨制和双轨制管理问题：我国是将保健食品和功能食品看成一个概念，并以一套法规予以管理，称为单轨制。而日本是将功能食品（称为特定保健用食品）和保健（或健康）食品看成两个概念进行管理，可称为双轨制。双轨制最大的优点是采用了疏导的方法，不仅提高了特定健康用食品的审批门槛，而且促进了"健康食品"的大幅度发展。我国实行单轨制的最大弊端是保健食品审批的门槛要求过低，并且面对市场上出现的诸如"功能性饮料""功能性糖果"等产品进行管理时又无法可依。因此，需要进行体制创新，采取"产品"管理还是"声称"管理。自1995年实施《中华人民共和国食品卫生法》后，一直将保健食品作为一项单独的产品行管理，并给予特定标识和批准证书，它既区别于一般食品也不同于药品。目前日本即是如此。但国外还有采取标签管理的模式，或称为健康声称管理模式，即在食品标签上，除了要标明各类营养素的含量外，还可以标示健康声称。这类声称由国家有关部门进行严格管理，如欧洲、美国等。我国的保健食品到底应该采取何种管理方式，应从我国保健食品产业的现状出发、从维持市场平稳的角度出发，进行管理创新。

保健（功能）食品标准制定的问题：我国保健食品是按27项功能进行分类的。这种分类给制定保健食品的标准带来诸多困难。目前，一些国家对保健食品的功能是按原料分类的。例如，韩国市场的健康食品有营养素补充剂、芦荟、人参与红参、乳酸菌四类。这种管理易于制定标准，将每种原料的安全量、功效作用量范围（特别是最小有效量），以及作用机理弄清楚，产品的功能就易于管理了，如同《中华人民共和国药典》一样。

我国自《保健食品管理办法》实施以来已有13年，也积累了相当多的保健食品原料与功能的相关数据。因此，可以参考韩国的原料分类管理经验，先从制定原料的标准着手，逐步过渡到保健食品的标准化管理，从而避免目前审批过程中的一些重复性工作，这就要求尽快建立各类功效成分的标准检测方法。法规标准的制定与及时修订是确保我国保健（功能）食品产业健康发展的基础。我国保健（功能）食品的管理存在很多问题，究其成因，法律法规的滞后和其前后脱节是主要因素。例如，早在1999年和2003年卫生部就分别取消了"抑制肿瘤"和"延缓衰老"两项功能的受理，而目前市场上仍有少数产品（特别是1996～1998年获得批号的产品）在宣传其具有"抑制肿瘤""延缓衰老"的功效。2005年7月1日开始实施的《保健食品注册管理办法（试行）》中规定，保健食品批号的有效期为5年，这就意味着标有"抑制肿瘤"功效的产品距卫生部取消"抑制肿瘤"功能受理达11年之久。可见，市场上老一代产品的标签标示与现行的管理体制存在脱节问题。相比之下，各发达国家对法律法规的修订就比较及时。例如，美国对食品标签上功能声称的管理依据主要是《营养标签与教育法》（NLEA）（1990）和《膳食补充剂健康与教育法》（DSHEA）（1994），明确了"营养素含量声称""结构/功能声称"，以及"具有明确科学共识的健康声称"，随后又于1997年颁布了《食品药品管理局现代化法》（FDAMA），明确了健康声称授权的第二条途径——"具有权威声明的健康声称"，而"2003年美国食品药品监督管理局（FDA）较好营养的消费者健康信息计划"又对"有条件的健康声称"做出了具体的规定。这些法规的出台都是管理与市场需求之间的平衡，在确保消费者健康利益的前提下维护市场的稳定发展。

因此，我们应借鉴发达国家为加强管理而适时修订法规或颁布补充规定的经验，针对我们在管理中存在的一些疏漏，为适应产业发展和市场需求而定时修改或补充出台新法规，避免上述的法律法规严重滞后或法规之间脱节、不衔接的问题，以确保保健（功能）食品管理制度的连续性和系统性。

5 结束语

当前，我国保健（功能）食品法规的制定已远远落后于产业发展，特别是目前《中华人民共和国食品安全法》业已出台执行，制定保健（功能）食品的国家安全标准已迫在眉睫。因此，有必要研究发达国家的相关法规、标准及研究报告，特别是近几年，美国、日本、欧洲和韩国等国家和地区对功能食品的管理都有重要进展，更需我们深入了解其管理法规与标准建立的背景与科学依据，结合我国实际情况进行管理模式的综合比较与分析，旨在提出完善我国保健（功能）食品管理体系的意见和建议，以推动我国保健（功能）食品产业的发展，确保人民群众的食用安全，使社会环境和市场环境和谐、协调发展。

原文发表于《食品工业科技》，2009年第7期

日本对功能食品的管理

陈 文 秦 菲 魏 涛 金宗濂

北京联合大学 应用文理学院

【摘要】 从功能食品的范畴、相关管理法规、标签声明、审批机制、监督及生产管理等几方面介绍了日本对功能食品的管理，为我国功能食品产业的规范管理与健康发展提供借鉴，同时为我国的功能食品进入日本市场提供相关参考。

【关键词】 日本；特定保健用食品；管理；标准

Administration for functional foods in Japan

Chen Wen Qin Fei Wei Tao Jin Zonglian

College of Applied Science and Humanities of Beijing Union University

Abstract: The administration system of functional foods in Japan is introduced by focusing on the definition, regulations, health claims, approval systems, manufacture management and market surveillance et al. It is expected to provide the suggestions for the healthy development and scientific management of functional foods in China and the references for Chinese functional foods to enter into Japanese market.

Key words: Japan; foods for specified health uses (FOSHU); management; standard

日本是较早开始研究功能食品科学依据的国家之一。为了应对因人口老龄化、生活方式性疾病等因素而日益加重的医疗负担，早在1984～1986年，文部省就已将"食品机能的系统性分析与拓展"列为特定研究项目。这一课题以研究人类健康为目的，以最新的科学视角和现代医学、生物学理论为基础，探讨饮食与人类健康的关系，并积极开发功能食品。1984年7月，厚生劳动省生活卫生局成立了健康食品对策室，以加强宣传由治疗疾病向预防疾病转化的健康理念，并着手规划机能性食品的市场导入体系。1997年7月，厚生劳动省对《营养改善法》进行了修订，提出了"特定保健用食品"（foods for specified health use, FOSHU）的概念，将其归列于"特别用途食品"中，并颁布了"特定保健用食品许可指南及处理要点"。随后，又对一些法规性文件进行了修订，于2001年建立了保健功能食品制度，并于2005年对该制度又进行了修订。2002年，日本废止了《营养改善法》，开始实施《健康增进法》。

1 日本功能食品的范畴

1.1 特定保健用食品

1991年，日本修改了《营养改善法》，提出了FOSHU。FOSHU的定位归属于"特别用途食品"中的"特殊膳食用食品"，其定义为在日常饮食生活中因特定保健目的而摄取、摄取后能够达到该保健目的并加以标示的食品。这类食品应具备以下特征：食品中的某种成分具有特定的保健作用；食品中的致敏物质已被去除；无论是添加了功效成分，还是去除了致敏物质的食品都必须经过科学论证；产品的功效声称经过厚生劳动省批准，同时产品不得有健康和卫生方面的危险。从此，日本对功能食品开始了制度化管理，目的是向消费者提供具有健康益处的食品。

1.2 营养素功能食品

2001年4月，厚生省又建立了"保健功能食品制度"，提出了"营养素功能食品"（food with nutrient function claims，FNFC），并将其和FOSHU一并纳入"保健功能食品制度"内管理。FNFC包括了12种维生素和两种矿物元素，但在2005年对"保健功能食品制度"修订时将矿物元素扩充至五种。这12种维生素分别是：维生素A（或β-胡萝卜素）、维生素D、维生素E、维生素B_1、维生素B_2、维生素B_6、维生素B_{12}、维生素C、烟酸、生物素、泛酸、叶酸；五种矿物元素包括：钙、锌、铁、镁、铜。这类产品可以在标识上标明其中营养素的功能声称。

"保健功能食品制度"的建立，一方面是为了给消费者提供准确、贴切的食品信息，使消费者更好地了解各类食品的特性，能够根据自身饮食结构的现状，合理地选择适合自己的产品；另一方面则是参考了其他国家对营养补充剂的管理法规，设置了既具有日本特色又与其他国家有一定共性的管理体制。

2 健康辅助食品

健康辅助食品是以补充营养成分，达到保健目的而摄取的食品。这类产品由日本健康·营养食品协会（Japan Health Food & Nutrition Food Association，JHFA）管理。JHFA对其安全性、标签标示的内容进行规格基准型审批，获批的产品可以标注JHFA的特殊标志，但不能有降低疾病危险性或增进健康的功能声称。截止到2009年3月，JHFA已批准了60类产品，包括蛋白质类、脂类、糖类、维生素类、矿物质类、草药等植物成分、发酵产品、藻类、蜂产品、菌菇类及其他。

3 食品标签上的声称

对于FOSHU产品，除了标注健康声称外，标签上还必须包括每日推荐摄入量、营养信息、食用方法及注意事项、过量服用警告等，不得有任何误导消费者的信息。在管理体系中，FOSHU属于食品范畴，因此不能强调治疗效果。如有关高血压的健康声称不能是"改善高血压"，而只能是"该食品适用于高血压人群"。可以看出，日本对健康声称的表述有严格的措辞规定，以避免误导消费者。

截止到2009年6月，厚生劳动省已批准的870个FOSHU产品主要涉及8大类：有整肠作用的食品、适合于高胆固醇人群的食品、适合于高血压人群的食品、适合于高血糖人群的食品（可减缓餐后血糖值的升高）、能提高矿物质吸收的食品、对维持牙齿健康有帮助的食品、适合于高中性脂肪高体脂人群的食品（不易使餐后血液中性脂肪含量上升或不易使脂肪在体内积聚）、对维持骨骼健康有帮助的食品。这8大类健康声称产品涉及的功能因子主要包括寡糖、乳酸菌、膳食纤维、糖醇、多不饱和脂肪酸、多肽和蛋白质、矿物质、胆碱、醇和酚类、配糖、类异戊二烯和维生素以及其他。

对于17种FNFC产品，标签上需要标注：营养成分的含量、热量、每日推荐摄取量、食用方法及注意事项、营养成分的功能声称等信息。另外，所有FNFC产品特别要醒目标注的是本产品并非厚生劳动省的个别许可产品、大量摄取并不能增进健康。17种营养素的功能

声称是钙，骨骼和牙齿形成的必要营养素；锌，维持味觉正常、皮肤和黏膜健康、参与蛋白质、核酸代谢、维持健康；铁，有助于红细胞生成；铜，维持酶的正常功能、有助于红细胞和骨骼形成；镁，有助于骨和牙形成、有助于产能、维持酶的正常功能、保持血液循环正常；维生素 A，维持暗视力、保持皮肤和黏膜健康；维生素 B_1，有助于糖类产生能量、维持皮肤和黏膜健康；维生素 B_2，维持皮肤和黏膜健康；维生素 B_6，有助于蛋白质产能、保持皮肤和黏膜健康；维生素 B_{12}，有助于红细胞生成；维生素 C，抗氧化、维持皮肤和黏膜健康；维生素 D，有助于肠道对钙的吸收、利于骨骼生成；维生素 E，抗氧化、防止脂质氧化、维持细胞健康；烟酸、生物素、泛酸，维持皮肤和黏膜健康；叶酸，有助于红细胞生成、胚胎正常发育。

4 审批机制

根据《健康增进法》和《食品卫生法》，FOSHU 和 FNFC 虽然都属于保健功能食品，但彼此的审批形式不同。FNFC 的审批形式为规格基准型，12 种维生素和五种矿物元素的使用量都规定有允许摄取量范围的上下限，只要产品中营养素的含量在此范围内，即可申请为 FNFC。FOSHU 产品需要经过厚生劳动省的严格审批，属个别许可型，耗时半年。需要提交许可申请书、审查申请书及其支撑资料、样品分析结果等材料，经过"药事·食品卫生审议会"和"食品安全委员会"对产品的有效性、安全性进行综合评定。样品分析需由"国立健康·营养研究所"或其他登录在册的机构完成。近几年，日本对审批过程做了一些修改，但并没有放松安全性评价，而是适当放宽了功效评价标准。FOSHU 管理关注的是产品的健康声称，产品标签上需标注 FOSHU 的特殊标志，进口的产品也必须有许可证标识。

4.1 功效审批

为了鼓励产业发展，也为了给消费者提供正确的保健功能食品资讯，以指导消费者选择适合自己的产品，日本政府自 2003 年起就开始重新研讨保健功能食品的管理制度，于 2005 年 2 月实施《健康增进法》《食品卫生法》《营养标示标准》等的修订规则，将个别许可型的 FOSHU 范围扩大，增添了"附带条件的 FOSHU""规格基准型的 FOSHU"以及"降低疾病风险标示的 FOSHU"。

4.1.1 附带条件的 FOSHU

安全性审查没有改变，但作用机理与功效性的审查标准比原本的 FOSHU 要宽松。一方面，由原来的显著性差异比较必须小于 5% 放宽到 10%；另一方面，作用机理不够明确，但在有限的科学依据下，也可认为产品具有保健功效。在标签上可以描述为"本品含有某种成分，可能是适用于某种生理状态"。这类产品的特殊标志与原本的 FOSHU 产品有所区别，带有"附带条件"的字样。

4.1.2 规格基准型的 FOSHU

是从已获得批准的 FOSHU 中筛选出的，必须满足以下 3 个条件：某保健用途的产品已超过 100 种、其中某功效成分获得许可已超过 6 年和有多个企业的该功效成分获得批准。只要满足上述 3 个条件，表示获准的产品较多、积累的科学根据较为充分；则此类产品不需要在"药事·食品卫生审议会"上进行个别审查，只需在厚生劳动省医药食品局食品安全部基准审查科的新开发食品保健对策室进行简单的规格基准审查即可获得批准。目前，已有 3 种膳食纤维、

6 种寡糖，共计 9 种成分被批准为规格基准型。规格基准型 FOSHU 的安全性临床实验的标准并未改变。

4.1.3 降低疾病风险标示的 FOSHU

当食品中的功效成分在医学、营养学上已被广泛证实具有降低疾病风险时，允许其在标签上表示降低疾病风险的标示。已获厚生劳动省批准的是钙能降低女性患骨质疏松症的风险、叶酸能降低胎儿神经管畸形的风险，并给出了每日摄取钙和叶酸的范围，分别是 300～700 mg、400～1000 μg。

4.2 安全性审批

日本厚生劳动省要求 FOSHU 产品及有关成分须经安全毒理学评价证实安全无害。但其需要提供的安全资料远远少于食品添加剂和药品的要求。

5 基本要求

日本对 FOSHU 进行研究时突出的一点是明确具有保健功能的活性成分，并确保这类食品是安全有效的。按照厚生劳动省要求，由生产商制定产品质量标准，明确标出功效成分含量。在产品的生产管理过程中，按照两个指南执行，一个是"生产质量管理规范（GMP）指南"，针对生产和品控，从各程序的标准、责任人等多方面进行管理；另一个是"原料安全性自检指南"，涉及两个要点：必须收集基础原料的安全性毒性信息，根据当前的饮食经验对安全性不能确保的原料必须进行毒性实验。

剂型：以普通食品形态为主。安全性：须经安全毒理学评价证实安全无害，提供安全性证实资料。功效：功效声称须符合"保健功能食品制度"中的相关规定。标识：需标注 FOSHU 的特殊标志，还要标明注意事项和警示的内容。

6 监督管理

首先，要求企业实施自行管理，包括确定标准、审核标签和声明，并于 2007 年 6 月由 JHFA 向生产商发出了"正确进行特定保健用食品广告宣传的自主准则"，要求企业在标示许可的范围内进行产品宣传，以达到稳定市场、普及特定保健用食品的目的，从而在行业自律方面起到积极的作用；其次，各地方政府每年都会制定（修订）监督指导规划，聘有食品卫生监督员，现场检查违规情况；再次，实行举报制一旦发现产品有问题，可以及时向厚生劳动省医药食品局食品安全部基准审查科的新开发食品保健对策室通报，以便对策采取相应措施。对于违规情况，可以处以 1～3 年的监禁、50 万～300 万日元（重者 1 亿日元以下）的罚款。

7 结束语

20 世纪 80 年代日本就提出了"功能食品"的概念，于 1991 年将"功能食品"定名为 FOSHU，产品上市前必须经厚生劳动省的严格审批，标签上标有 FOSHU 的特殊标志和健康声称。2001 年，又建立了"保健功能食品制度"，增加了"FNFC"，并将其和 FOSHU 一并纳入"保健功能食品制度"内管理。还有一类"健康辅助食品"的产品，不能声称功能，采用规格基准型管理模式，由 JHFA 管理。可见，日本是将功能食品和保健（或健康）食品看成两概念，进行双轨制管理。突出的特点是采用了疏导的方式，不仅提高了 FOSHU 的审批门槛，而且促进

了"健康食品"的大力发展。在 FOSHU 产品的健康声称方面进行了分类,扩展了规格基准型 FOSHU、有条件的个别许可型 FOSHU 和降低疾病风险标示的 FOSHU 等三类,并在标识上有所区分。在监督管理方面,企业与行业协会的自律对保障产品的安全和质量起到了重要作用。

原文发表于《食品工业科技》,2009 年第 8 期

欧盟对功能食品的管理

魏 涛　陈 文　秦 菲　金宗濂

北京联合大学 应用文理学院

【摘要】 从功能食品的范畴、相关管理法规、管理机构、审批机制、标签声明及生产管理等几方面介绍了欧盟对功能食品的管理，为我国功能食品行业的科学管理和规范发展提供借鉴，同时也为我国功能食品生产企业进入欧盟市场提供相关参考。

【关键词】 功能食品；欧盟；管理；标准

Administration for functional foods in European Union

Wei Tao　Chen Wen　Qin Fei　Jin Zonglian

College of Applied Science and Humanities of Beijing Union University

Abstract: The administration system of functional food in Europe Union was introduced. The analysis was focused on the definition, regulation, administrative organization, nutrition and health claims, manufacture management and other issues. It was expected to provide suggestions to the healthy development and scientific management of functional food in China and references for Chinese functional food manufactures to enter into European Union market.

Key words: functional food; European Union; management; standard

欧盟是一个超国家的组织，既有国际组织的属性，又有联邦的特征。欧共体最初建立时，特别强调减少和消除成员国之间的贸易壁垒。食品行业是最需要将各种法规进行统一的一个领域，尤其是健康食品、功能食品、多种形式的膳食补充剂、营养食品等产品的贸易都会受到欧盟各成员国间不同法律法规的限制，使得这些食品即使在欧盟成员国之间也不能进行自由流通和公平竞争。随着功能食品、营养补充品市场的不断扩大，健康声称已成为一种重要的食品管理手段。经过几十年的努力，欧盟委员会于2006年年底宣布于2007年开始执行"食品营养与健康声称法规"，各成员国之间的相关食品法规将逐步统一，使这些食品具有了实现自由贸易的基础。另外，"食品中添加维生素、矿物质及其他物质的法规"（即"强化食品法规"）"膳食补充剂指令""新食品管理法规""特殊营养用途食品法规"等也都涉及对功能食品的管理。

1 欧盟功能食品的范畴

迄今，欧洲对于功能食品还没有立法定义或官方定义，也没有将功能食品列为一个独立的条目，仍将其归于食品条目下管理。因此，在欧洲，功能食品必须遵守所有与食品相关的法律法规，包括组成、标签及声称等。欧盟现有的功能食品包括以下几类：膳食补充剂、新食品、特殊营养用途食品、强化食品，也包括有营养声称和健康声称的普通食品。

1.1 膳食补充剂

欧盟2002/46/EC关于"膳食补充剂法令"的第2章，将膳食补充剂定义为补充正常膳食

的食品、浓缩的营养素或其他具有营养或生理效应的物质，可以是单一成分或混合物，以胶囊、片剂、药片、药丸和其他相似的形式出现，也可以是一些液体或粉末，需分装在具有能够准确计量的容器中。

1.2 新食品

欧盟新食品管理法规（EC）No258/97 对新食品的定义为在 1997 年 5 月 15 日以前，在欧盟还没有被大量消费的食品或食品成分（如 Noni 果汁）。几经修订后，法规中规定了 4 种类型新食品：由微生物、真菌或藻类组成或从微生物、真菌或藻类中分离的食品；由植物和动物组成或从植物和动物组织中分离的食品（不包括安全的传统种植和饲养的动植物）；拥有新的分子结构或定向修饰分子结构的食品；经过新工艺生产的食品，新的生产过程可能导致食品或食品成分发生组成和结构上的显著变化，从而影响到营养价值、机体代谢或不良物质水平的改变。

1.3 特殊营养用途食品

在指令 89/398/EEC 中被定义为满足特殊营养功能而设计的食品，是为特殊人群设计和销售的。随后经指令 99/41/EC 和指令 2001/15/EC 的补充修订后，最终确定 PARNUTS 分为五大类产品：即新生儿配方乳粉和较大婴儿配方乳粉、谷物食品和幼儿食品、控制体重的食品、特殊医疗用途的食品、运动食品。

1.4 强化食品

欧盟于 2006 年年底公布了关于食品中添加维生素、矿物质或其他物质的 NO.1925/2006 号法规，即强化食品法规。从中可看出强化食品包括维生素、矿物质，以及除了维生素和矿物质以外的具有营养或生理学效应的其他物质。因此，该法规涵盖了某些功能食品，特别是植物来源的功能食品。

2 功能食品的相关管理法规

2.1 通用食品法规

欧盟委员会于 2002 年 1 月 28 日通过了，通用食品法规（Regulation laying Down the General Principles and Requireinents of Food Law）[（EC）No.178/2002] 法规。在该法规中提出了食品的官方定义、有关食品法律的原则和要求、建立欧盟食品安全局、确定食品安全的立法程序等内容。（EC）No.178/2002 法规将食品定义为不论处理过、部分处理或者未处理的，人类有意摄取或适合人类摄取的任何物质或产品。食品包括饮料，口香糖及在生产、储藏或加工过程中特意加入食品的其他物质，也包含水。该法规适用于所有食品，其目的是为确保人类健康和消费者利益，而且新法规不再把食品安全和贸易混为一谈，只关注食品安全问题，要求实行食品供应链（即从农场到餐桌）的综合管理，对食品生产者提出了更高的要求。对产品具有责任可追溯性问题食品将被召回。该法规涵盖了对添加了功能性成分的食品（如功能食品、保健食品、食疗食品和食品添加剂）的管理。

2.2 食品营养与健康声称法规

欧盟于 2006 年 10 月公布的关于食品营养与健康声称的法规（Regulation on Nutrition and Health Claims Made on Foods）[（EC）NO.1924/2006]，已于 2007 年 1 月 19 日起生效，并于 2007 年 7 月 1 日起实施。（EC）NO.1924/2006 法规共 5 章 29 款，对营养与健康声称的定义、

适用范围、申请注册、一般原则、科学论证等内容做出了明确的规定。该法规适用于在欧盟市场出售、供人食用的任何食品或饮品，旨在确保在食品包装上向消费者提供的营养、健康资料准确可靠，以避免使消费者产生误解。该法规的基本宗旨是对欧盟成员国间食品及相关功能食品的营养和健康声称在标签、介绍、广告等方面提供法律法规的协调，使相关食品在各成员国之间能够自由流通。

2.2.1 营养框架

该法规规定任何有关营养和健康声称的食品必须遵守法规中有关营养框架（food profiles）的条款。法规第 4 条对营养框架做出了规定，如任何食品中的盐、糖和脂肪的比例要以欧洲食品安全局（EFSA）提供的恰当比例为准。营养框架是基于饮食、营养素与健康的关系的科学知识而确定的。营养框架必须在该法规发布 2 年后强制执行前建立。

2.2.2 营养和健康声称的条件和一般原则

根据法规第 5 条规定，允许营养和健康声称的条件为食品中的活性成分的含量必须达到声称所宣示的营养和生理学效果，并且该声称必须被普遍接受的科学证据所证实。声称的宣传要为消费者所理解并且不会引起误解。法规第 10 条强调了均衡多样饮食的重要性，并规定当过量摄入该食品中某种成分（如维生素 A）时要对可能出现的健康危害进行提示和警告。未加工过的新鲜食品如水果、蔬菜和面包不能进行营养和健康声称。

2.2.3 营养和健康声称的分类

2.2.3.1 营养声称

法规第 8 条规定，食品的营养声称（nutrition claims）必须按照法规附录中列出的 24 项声称进行标注，如"低脂""脱脂""低糖""无糖"等。此外，标注营养声称时还必须遵守法规中的其他条件，如乙醇含量超过 1.2% 的饮品，不得标示健康与营养声称。

2.2.3.2 一般性健康声称

这类声称采取准许列表管理制度。即凡列入允许使用健康声称范围内的声称，满足使用条件的食品均可标注[1]。法规第 13 条规定了要在法规进入强制执行前的 12 个月内，由各成员国向欧盟委员会提出一般健康声称（generic health claims）的申请名单。在 2010 年 1 月前，这些所申请的健康声称必须在成员国内已经被允许使用至少 3 年。欧盟委员会将会有条件地采纳这些名单。其遵循的原则是声称要建立在新的科学证据或专利数据的保护之下。欧洲各国的相关部门必须于 2008 年 1 月 31 日前向欧盟委员会提交允许使用的健康声称建议名单、使用条件及相关的科学证据。在征求 EFSA 的意见后，欧盟委员会将不迟于 2010 年 1 月 31 日前公布欧洲允许使用健康声称的名单。欧盟委员会根据科学的发展和新健康声称的申请情况，适时地对名单内容进行补充修订、增加或撤销。根据 EFSA 官方网站统计，截止到 2008 年 12 月 17 日，共有 9720 项针对第 13 条健康声称的申请，去除重复的申请，共有 4185 项申请，其中 1900 项为植物来源的相关健康声称。

2.2.3.3 特殊或其他健康声称

法规第 14 条规定，降低疾病风险声称与促进少年儿童生长与健康及除第 13 条规定的其他特殊的相关声称均归属于特殊或其他健康声称（product specific/other health claims）。第 14 条所规定的这些声称必须经过欧盟委员会授权许可才能进行（授权程序详见下文审批机制）。对于使用降低疾病风险声称时，在产品标签、广告或宣传品上还需注明声称中所述疾病具有多种

危险因素，降低其中一个危险因素可能会带来益处。

2.3 强化食品管理法规

欧盟于 2006 年年底公布了关于食品中添加维生素、矿物质或其他物质的（EC）No.1925/2006 号法规。该强化营养食品法规（Regulation on the Additional of Vitamins and Minerals and Certain other Substances to Foods）旨在保护消费者利益，统一各成员国所实行的不同食品法规，允许含有维生素、矿物质或其他物质的营养强化食品在欧盟自由流通。该法规已于 2007 年 7 月 1 日起实施。2007 年 7 月 1 日前上市的该类食品，最迟于 2009 年 12 月 31 日前遵守该法规的要求。

（EC）No.1925/2006 号法规主要针对食品中补充维生素和矿物质做出新的规定，同时包括了植物在内的其他物质。该法规规定：对添加到食品中的维生素和矿物质，做出大量的限制规定，要求该法规生效两年内由欧盟委员会提出，同时规定添加的维生素和矿物质必须是生物利用率高（即必须是身体可以吸收）的；列出一个多达 100 多种营养强化食品配方的成分列表；添加维生素和矿物质的食品对消费者健康无害，即可在食品中添加这两样物质。但对新鲜蔬菜、水果及肉类禁止添加此类物质；提供给消费者的信息必须是"易懂且实用"，必须提供必要的相关细节来防止过量摄入维生素和矿物质；不能用于特殊营养用途的食品，如婴儿配方食品、新食品、新食品原料或食品添加物等。

2.4 膳食补充剂指令

欧盟（EC）NO.2002/46 关于膳食补充剂指令（Directive on the Approximation of the Laws of Member States Relating to Food Supplements）所关注的主要是维生素和矿物质。该指令与上述强化食品法规的主要区别在于本指令所指的是单独补充浓缩的维生素、矿物质或其他物质，而强化食品法规所指为添加于食品中的维生素、矿物质及其他物质。该指令首先对维生素与矿物质进行规定并给出使用上限。对于在膳食补充剂中使用的其他物质种类，欧盟委员会须在 2007 年 7 月 12 日前向欧洲议会和国会递交建立特定规则的可行性报告。报告内容包括具有营养和生理效应的营养品或物质分类，以及欧盟委员会认为对增补此指令必要的任何提议。

2.5 新食品管理法规

欧盟新食品管理法规（Regulation Concerning Novel and Novel Ingredients）[（EC）No258/97] 对新食品的授权程序做出了明确规定。欧盟委员会于 2008 年 1 月 14 日采纳了一项提议对新食品管理法规进行修订，旨在保护消费者利益。在条例草案中，提出新食品在欧盟市场的授权程序应当更简化、更高效，如指出许多新食品在第三世界国家有很长的安全历史，但在欧盟市场还不允许上市。

2.6 特殊营养用途食品的管理指令

2001 年 6 月，欧委会通过了"关于允许加入到特殊营养用途食品（PARNUTS）中的营养物质的指令"（EC）No.2001/15，对 PARNUTS 产品的营养物质实行准许列表制度。

如果功能食品和健康食品为了特殊营养目的，PARNUTS 法律可适用于这些产品。但关于食品营养及健康声称的法规生效后，更多的健康食品或功能食品也许倾向于后者的管理。因 PARNUTS 的定义中规定必须是为特殊人群设计和销售的食品，否则都不认为是 PARNUTS 产品，这就局限了食品的用途。因此，生产商可以根据其产品的定位，选择归属于食品营养和健康声称管理法规管理,还是 PRNUTS 的管理指令(Directive on Substances That May by Added for Specific Nutritional Purposes in Foods for Particular Nutritional Uses)。

3 审批及监督管理

3.1 管理机构

欧盟委员会是欧盟的执行机构,欧盟委员会是提出各项法规且在法规通过后负责监督法规在各成员国的执行情况的一个机构。有关食品方面的法规也不例外,所以食品法规的监督管理由欧盟委员会负责。

欧盟委员会下设 36 个总司和与之相当的部门。在食品法律领域最重要的总司是健康和消费者保护总司,其任务是保护欧盟消费者的健康、安全和经济利益,是欧盟委员会下属具体负责欧盟食品安全法规、政策执行和协调的机构[2]。

EFSA 是欧盟食品安全技术方面的咨询机构。EFSA 的主要任务是在科学、独立、公开和透明的工作原则下,对食品安全有影响的所有领域向欧盟委员会和欧洲议会等欧盟决策机构提供科学的评估和建议,并向民众提供食品安全的科学信息。

食品链及动物健康常务委员会(SCFCAH)是欧盟的食品法规、决策的支持机构。该委员会是一个监管委员会。欧盟委员会只有在获得该委员会成员国有条件多数同意时才可以采取执行措施。

3.2 审批程序

3.2.1 食品营养与健康声称法规的审批

(EC)NO.258/97 食品营养与健康声称法规规定营养声称和第 13 条规定的一般健康声称采取列表制度,而第 14 条规定降低疾病风险声称与促进少年儿童生长与健康及其他特殊的相关声称必须经过欧盟委员会授权许可后才能进行。

整个审批过程大约要经过 1 年。欧盟委员会对营养和健康声称审批的程序包括如下几步。

(1)申请。EFSA 起草了"健康声称申请注册科学与技术指南",对所需提交资料的内容、要求、格式等做出了规定。该指南于 2007 年 7 月 6 日通过执行。申请人需按照该指南准备资料并提交给本国的相关管理部门,再由该部门转交给 EFSA,EFSA 据此给出技术建议并上报欧盟委员会,最终由欧盟委员会做出该健康声称是否可用或是否列入允许使用健康声称名单的决定。

(2)欧盟委员会公报。(EC)No.1924/2006 法规第 20 条规定了公报的详细内容,涉及以下两个要点。一是公报包括营养声称、一般性健康声称及使用上述声称的限制性条件;被授权的特殊或其他健康声称及适用条件,被禁止的健康声称名单及被禁止的原因。这样便于在申请特殊健康声称时,生产商能较清楚地了解到自己的申请是否是被禁止的声称,以及可以使用健康声称时所需要的条件。二是,建立在特定科学数据基础上被授权的特殊健康声称,应该独立备案,备案时应包括以下信息:欧盟委员会授权该健康声称的日期及被授权的原始申请者;被授权健康声称的特定的科学数据的说明;被授权健康声称被限制使用的说明。

3.2.2 新食品的审批

新食品的审批包括两种途径[3-4]。第一种为简化程序,基于通告体系。如果申请者能够提供证据证明所申请的新食品或其中的成分与现有某种食品或成分在组成、营养价值、代谢、用途、产生不良物质水平等方面相同,且所申请的新食品来源于微生物、真菌、藻类、动物、植物,与传统的来源不同就能够进行新食品标识。第二种为常规授权程序。如果所申请的新食品不能满足简化程序的条件,食品成分中含有新的分子结构,或食品的加工过程过去从未使用过(该加工过程导致食品成分和结构的显著变化从而影响到营养价值、代谢途径或产生不良物质的水平),就必须进行常规授权程序。生产商或相关利益组织向本成员国递交申请,如本成员国对其申请持肯定意见,则需要转发给欧盟的 26 个成员,无异议即可通过。但事实上,总会有至少一个成员国提出反对意见。此时就需要欧盟委员会对此做出风险评估。欧盟委员会委托 ESFA 进行风险评估,若 ESFA 确认能够通过风险评估,则需提交含有证明食品所含成分在其使用条件下服用安全的科学数据资料。SCFCAH 在收到 ESFA 科学风险评价意见后决定是否同意使用。如果批准,将由生产商来证明它的安全性及预见最高限量使用的后果。

3.2.3 特定营养用途食品的审批

特定营养用途食品采用的也是准许列表制度[2, 5]。如果生产商能证实食品的特殊用途与产品确有关联,并符合食品的各项法规要求,即可标示食品的特殊营养用途。但必须进行通告程序,即产品上市前必须通知各成员国有关部门,生产商必须出示有关文件证明该产品作为特殊用途食品的适宜性和安全性。

4 标签

目前,欧盟各成员国执行统一的食品标签指令——2003/13/EC。如果提到营养和健康声称,则遵守"食品营养及健康声称法规"或"PATRTUTS 法规"。

4.1 食品标签指令

食品标签指令规定要标注以下信息:食品名称、成分列表、某些成分的数量、净含量、保质期、任何特殊的储存和使用条件、制造商、包装商和销售商的名称和地址、产地、任何必要的使用说明、单位体积所含乙醇度超过 1.2% 的饮料须注明乙醇具体的浓度。

4.2 食品营养及健康声称法规

法规对食品标签上营养资料的可靠性提出了非常严格的要求。法规要求的标示,必须按照成分重量的顺序列出所有成分。对特定食品还制定了附加的法规,如对食品营养成分的标注,欧盟作了明确规定,要求必须标明食品的能量指标和蛋白质、碳水化合物、脂肪、糖、饱和脂肪酸、纤维和钠的含量等。淀粉、糖醇、胆固醇、维生素和矿物质达到一定量之上,也须提供其含量,而营养和健康声称的规定详见 2.2。其他一般规定如下:声称不得鼓励或纵容过量食用某种食品;不得令消费者以为均衡及多样化的饮食不能提供适当的营养;不得提及可能引起消费者恐慌的身体功能变化,如某含钙食品宣传时声称如不服用该产品,将导致骨质疏松。该法规中还规定,使用降低疾病风险声称时,在产品标签、广告或宣传品上还需注明声称中所述疾病具有多种危险因素,降低其中一个危险因素可能会带来益处。

4.3 "特殊营养用途食品指令"

指令中规定适宜的 PARNUTS 产品可标注"食疗"或"规定饮食"。该指令禁止医疗声明。在食品的标识和销售中不应该宣称或暗示该产品具有可以预防或治疗疾病的特性。除非生产商提供具有说服力的证据、申请不受该禁令约束的特许[2]。

5 基本要求

5.1 生产管理

无论何种食品，均要求符合食品生产企业的生产质量管理规范（GMP）要求。

在"通用食品法规"——（EC）No.178/2002 中，欧盟首次对食品生产提出了可溯性的概念。以法规形式，明文规定食品在生产、加工、流通等各个阶段强制实行溯源制度。为此，相关生产程序必须保全记录以供查询。2004 年，欧盟开始实施"食品卫生法"，对食品卫生进行了较为严格的规定，明确食品生产者应承担欧盟消费者安全食品的责任，且生产商必须进行验证程序、危害分析和关键控制点规定的有关程序。该规定能非常有预见地对欧盟及成员国食品生产商的生产进行指导，并要求所有食品生产商必须进行登记。2006 年，欧盟正式实施了"食品及饲料安全管理法规"，进一步完善了"从农场到餐桌"的全程控制管理。对各个生产环节提出了更为具体和更为明确的要求，确保食品的"零风险"。法规要求生产商有适当召回产品的系统和从市场撤回产品的程序（当他们认为产品不符合食品安全时）。生产商还有加强通报的责任，如果他们认为或有原因相信在市场上销售的产品对人体健康有害，应立即通知主管当局[6]。

5.2 成分

产品必须由下述一种或几种膳食成分组成：维生素、矿物质、草本植物、氨基酸、微生物来源的产品、藻类来源的产品、动物组织等。

5.3 剂型

膳食补充剂指令中规定产品形态为胶囊、片剂、药片、药丸和其他相似的形式，其他法规中对产品的形态未作具体规定。

5.4 安全性

产品符合一般食品的安全性要求。

5.5 功效

功能声称符合"食品营养与健康声称法规"中有关"营养声称"和"健康声称"的规定或"特殊营养用途食品指令"中有关的规定。

5.6 许可制度

"食品营养与健康声称法规"中规定实施一般营养和健康声称的列表制度和特殊产品的行政许可制度。

5.7 对进口产品的规定

进口产品要求符合欧盟的各项法规要求。

6 结束语

随着健康食品、功能食品和营养补充食品市场的不断扩大，健康声称已成为一种重要的

食品管理手段。尤其在20世纪90年代后期，健康声称在食品的标示、销售和发展过程中愈显重要，特别是在抗氧化物质、益生菌和益生元等一些功能性食品概念的宣传中。美国、日本等国家都在立法中允许健康声称。立法总有一定的滞后性，欧洲在有关食品的健康声称方面情形一直如此。尽管欧洲关于功能食品及健康声称的关注与研究起步较晚，但在立法理念、管理制度、科学论证等方面均有自己的特色，符合欧盟食品工业的实际情况和市场需要。其营养和健康声称采取列表制度与行政许可相结合的管理制度，有效地提高了行政管理效率，节约了社会资源，这点非常值得我们借鉴。

【参考文献】

[1] 赵洪静，余超，白鸿，等. 欧洲功能食品与健康声称管理概况. 中国食品卫生杂志，2008，2（3）：260-263.

[2] Goodburn K. 刘中学，李卫华，赵贵明译. 欧盟食品法应用指南. 北京：中国轻工业出版社，2008.

[3] STEPHEN A Ruckman. Regulations for nutraceuticals and functional foods in Europe and the United Kingdom.USA：Elsevier，2008：221-238.

[4] Om P Gulati，Peter B.Ottaway.Botanical nutraceuticals（foodsupplements，fortified and functional foods）in the European Union with main focus on nutrition and health claims regulation.USA：Elsevier，2008：199-220.

[5] 兰洁，王瑾，王森，等. 国际保健品管理的比较研究（上）. 亚太传统医学，2008，4（70）：3-6.

[6] Coppens P，da Silva M F，Pettman S. European Legislation on Dietary Supplements and functional foods：Safety is key. USA：Elsevier，2008：173-198.

原文发表于《食品工业科技》，2009年第9期

澳大利亚对功能食品的管理

秦 菲　陈 文　魏 涛　金宗濂

北京联合大学 应用文理学院

【摘要】 澳大利亚尚未有"功能食品"的法定定义，其政府将这类产品归类为"补充药品"。本文从补充药品的范畴及管理法规、管理机构、审批制度、标签及声称、生产销售的基本要求、监督管理等方面介绍澳大利亚对补充药品的管理体系，为完善我国功能食品的法律法规提供参考。

【关键词】 澳大利亚；功能食品；补充药品；管理；标准

Administration for functional foods in Australia

Qin Fei　Chen Wen　Wei Tao　Jin Zonglian

College of Applied Science and Humanities of Beijing Union University

Abstract: There is no statutory definition of "functional food", and it be belongs to "complementary medicines" in Australia. The administration system of complementary medicines in Australia is introduced by focusing on the definition regulations, administrative organizations, approval system, labeling and health claims, manufacture management, surveillance, et al. It is expected to provide the reference for Chinese functional food management.

Key words: Australia; functional food; complementary medicines; management; standard

随着生活水平的提高，人们的健康观念发生了重大转变，从过去的疾病治疗向预防疾病、注重营养健康转变。追求健康、高质量的生活方式已成为时尚。近年来，随着人口老龄化的加剧，以及多种慢性病（糖尿病、脂肪肝等）发病率的不断升高，使得人们对功能食品的需求日益增长。为了规范行业发展，确保消费者的健康和安全，各国政府纷纷出台了相关的法规和政策对该行业进行监督管理。迄今为止，国际上对功能食品尚未有一个统一的定义，在澳大利亚，这类产品归类为"补充药品"（complementary medicines）。

1 范畴及管理法规

1.1 范畴及定义[1]

澳大利亚没有"功能食品"的法定定义，其政府根据产品的预定用途或主要用途决定产品是归属食品还是治疗产品予以管理。1989年《治疗产品法》（Therapeutic Goods Act）第7条对介于食品/治疗产品之间的产品作了明确规定，任何产品如声称有治疗功效，即属治疗产品；如同时符合食品和治疗产品的定义，则需转交界定产品属性的基准委员会处理。治疗产品是指可作治疗用途的任何形态的物品，可以是药品或医疗装置。"补充药品"（complementary medicines）属于治疗产品，是介于食品与药品之间的产品。1989年《治疗产品法》第52条将补充药品定义为全部或主要由一种或几种的有效成分组成的治疗产品，而且所含的各种有效成分均经明确鉴定和具有：①传统用途；②《治疗产品管理规定》（Therapeutic Goods

Regulations）中指定的任何其他用途。补充药品包括草药、维生素、矿物质、营养补充剂、芳香性植物油和顺势疗法产品等。它的形式有片剂、胶囊和粉剂等，可以有功能声称，并作为药品进行管理。

1.2 管理法规[2]

澳大利亚的补充药品不受食品法典委员会的标准和法规的约束。补充药品主要由《治疗产品法》和《治疗产品管理规定》监管。1989 年《治疗产品法》是一个全国性的法令，是对在澳大利亚使用和（或）从澳大利亚出口或进口的治疗产品的质量、安全性、功效及使用期限进行管理的法令。1990 年在《治疗产品法》的基础上制定了《治疗产品管理规定》，这是一个行政性的法规，是监督管理治疗产品的主要法规，包括中草药在内的治疗产品的生产、供应及分发均受此法规控制。

为了使补充药品生产厂家更好地按治疗产品法规的规定履行义务，提交申请时能符合基本的法规要求，增加补充药品注册、表列过程的透明度，澳大利亚治疗产品管理局（Therapeutic Goods Administration，TGA）自我疗法工业协会、澳大利亚补充医学协会于 2001 年 8 月一起着手制定《澳大利亚补充药品管理规定指南》（Australian Regulatory Guidelines for Complementary Medicines，ARGCM），并于 2004 年 8 月正式颁布。内容包括补充药品的注册、补充药品的表列、补充药品原料的评审、一般指导方针、政策性文件及指南 5 个部分。全面系统地反映了澳大利亚对补充药品的监督管理要求。其中第 2 章专门论述了传统草药，包括传统药品用途、质量、稳定性测定，以及关于其安全性、有效性、复方制剂和证据材料的指导和规定。

2 管理机构[3-4]

根据《治疗产品法》要求，TGA 负责对补充药品进行监督管理。TGA 的重要监督管理措施是建立并维护一个强大的"澳大利亚治疗产品注册登记数据库"（Australian Register of Therapeutic Goods，ARTG）。该数据库登记了治疗产品的名称、详细配方、经办人及生产厂家等详细信息。《治疗产品法》规定，除非获得豁免，所有在澳大利亚供销售的治疗产品必须列入 ARTG 内。TGA 隶属澳大利亚卫生和老年人健康部（Federal Department of Health and Aged Care），负责执行《治疗产品法》。TGA 执行多项评估和监管工作，确保治疗产品达到可以接受的标准。TGA 的主要职责包括在新的治疗产品上市前进行评审；对治疗产品生产企业进行检查并核发许可证；对上市后的产品进行评价分析等。

1999 年 4 月成立了补充药品办事处（Office of Complementary Medicines，OCM），隶属 TGA，以此将补充药品的检定和审核申请工作纳于同一架构下处理。办事处的主要职责包括：审核数据；对表列及注册补充药品进行评估；就补充药品的管理及相关事宜向部长及 TGA 提供意见等。

补充药品评审委员会（Complementary Medicines Evaluation Committee，CMEC）属法定的专家委员会，由 8～12 名委员组成，委员及委员会主席由澳大利亚卫生部长任命，并下发聘书。委员应具有以下专业知识或代表某一方面利益：补充药品、医学、草药学、自然疗法、营养学、生药学、药理学、药品监督管理、毒理学、消费者代表。CMEC 的主要职责是评审补充药品及其成分，并就是否同意批准补充药品上市销售等向 TGA 提出建议。

2003 年 12 月，澳大利亚与新西兰政府签订了一项协议，拟建立一个独立的双边机构对两国的治疗产品进行管理,包括处方药、非处方药和补充药品。这个新成立的澳大利亚与新西兰治疗产品管理局(The Australia New Zealand Therapeutic Products Authority,ANZTPA)将取代澳大利亚的 TGA 和新西兰药品和医疗器械安全局(The New Zealand's Medicine and Medical Devices Safety Authority,Med safe),其主要职责是对治疗产品上市前的评审和审批,对治疗产品的生产企业进行监管,治疗产品上市后的跟踪检查,设定相关标准等。新机构作为一个特定法人直接对两国卫生部部长和两国国会负责,同时受由新西兰和澳大利亚两国卫生部部长组成的管理委员会的监督。新成立该机构的目的是通过对两国治疗产品的统一管理,加强未来两国的监管能力,促进两国间药品贸易并减少管理成本,最终保障两国公民的健康和安全。初步计划分别在澳大利亚的堪培拉和新西兰的惠灵顿设立补充药品办公室。目前,两国建立 ANZTPA 的商谈已推后,但是两国建立一个治疗产品联合机构的协议仍然有效。

3 审批机制

在澳大利亚,补充药品须经审批才可进行销售,并根据产品风险程度的高低进行分类管理。对于风险低的表列补充药品,TGA 严格限定其原料和功能声称,实施电子登记系统快速审批制度;对于风险较高的注册补充药品,TGA 严格评审其安全性、有效性和质量可控性。

3.1 表列补充药品的审批 [5]

表列补充药品通过 TGA 的电子登记系统 ELF3 自动进行申请与审批。电子登记系统 ELF3 是"战略信息管理环境系统"的一个组成部分,负责表列类产品的申请、审批与数据更新、维护等工作。ELF3 系统自 2003 年 9 月 15 日起正式运行。表列补充药品的申请要通过 ELF3 提交。通过 ELF3 的确认后,申请人在 14 日内向 TGA 的金融服务机构(FSG)交纳所需费用。TGA 在收到申请费用 2 个工作日内做出处理决定。该申请提交至表列药品和沟通组(LMACS)进行进一步处理。LMACS 在 2 个工作日内完成如下工作:生成表列类产品的药品批准文号"AUSTL+数字";将产品相关信息输入 ARTG 系统;生成"表列产品证书";ELF3 系统将自动随机抽取部分申请进一步审查;通过电子邮件告知申请人申请已处理完毕。如是新的申请,告知批准文号,并告知该申请是否被随机抽取进一步审查。申请人在正式使用 ELF3 系统前,必须填写"申请人详细信息表""电子商务表"等表格,上报给 TGA。TGA 审核无误后,确定申请人的用户名称和密码,然后申请方可上网使用 ELF3 系统。一旦某种物质获批为表列补充药品,其他制造商不必再进行申请。

3.2 注册补充药品的审批 [6-8]

以下 4 种情况,补充药品需要按照注册类产品申请上市:a.该产品的原料和(或)功能声称不符合表列补充药品的要求;b.该产品的原料属于"药品和毒品统一编号标准"附录中的原料;c.该产品的原料属于《治疗产品管理规定》附录 4 第 4 部分的原料;d.属于"澳大利亚药品保险范围"的药品。注册补充药品风险指数较高,其审批过程要比表列补充药品复杂得多。申请人首先向 TGA 提交申报材料。TGA 在收到申报材料后,给申请人发出资料表明已收到的信函,核查评审费用是否已收到,将有关数据导入 TGA 评审数据库。然后 TGA 委派 OCM 进行初审,OCM 判断申请是否合格,是否具有进一步评审的资格,并初步判断申请者是否提交合适的费用和合理充分的证据,有无明显的缺陷项目,是否需要进行临床实验评审。初审后,OCM 对产品的安全性、有效性及质量可控性进行全面评审,形成评审报告。绝大多数注册补充药品在评审时均须经过 CMEC 评审。OCM 在向 CMEC 提交评审报告的同时,将评审报告抄送给申

请人。申请人在收到评审报告后的 5 个工作日内，可就评审报告中存在的差错问题提出改进意见，上报给 CMEC。CMEC 通过综合评审，做出评审意见，向 TGA 建议是否批准上市。如不同意上市，申请人可要求当面与 CMEC 进行沟通，阐述理由时间不宜超过 20 min。经过沟通讨论后，CMEC 将再次做出评审意见。CMEC 的建议或由 TGA 提供的意见或信息将交于隶属 TGA 的卫生和老年部的代表，并由他们对申请做出最后裁定。

4 安全性评价

根据澳大利亚法规，补充药品的风险程度主要取决于以下几个方面：a.产品成分的毒性；b.产品的剂型；c.产品是否被用于治疗或预防严重疾病或症状；d.产品的使用是否会导致严重的不良反应，包括与其他药品可能发生的反应；e.产品的持续使用或自身的使用不当是否会导致不良反应。对于风险性较高的产品，TGA 在产品上市前对其质量、安全性、功效进行评价，一旦批准，则列入注册药品管理，并在标签上贴"AUSTR"的标识以进行识别。风险较低的产品在 ARTG 中为表列产品，通常有较长的食用史，如维生素和矿物质，绝大多数补充药品属于此类，在标签上贴"AUSTL"的标识以进行识别。在表列补充药品的安全性方面，TGA 重点关注的是含有动物成分的产品，以尽量降低可能传染性海绵样脑病（牛传染性海绵样脑病，俗称疯牛病）的风险。如果表列补充药品含有动物成分，TGA 要求申请人在通过 ELF3 系统申请上市之前，向 TGA 提交动物源性成分确认表，以供 TGA 对产品风险情况进行评估[7]。

5 标签及声称

5.1 标签

标签必须符合治疗产品标签的一般要求。所有补充药品必须附有"AUSTR"或"AUSTL"的标签，注明产品的疗效是否已经证实。标签上主要包括产品名称、所有活性成分的名称及含量、辅料（防腐剂）的名称及含量、批号、剂型、有效期、经办人的名称及地址、功能声称、有关警示语等。澳大利亚对药品标签的警示语有详细而明确的规定。例如，如果某补充药品的精油含有天然樟脑成分，且含量在 2.5% 以上但不高于 10%，必须注明"小心放置，以免儿童触及"及"不可吞服"字样。所有与症状有关的声称，必须附注"如症状持续，必须向医生求诊"或意思相同的语句。在标签上标注产品未含有的成分或特性，以及在标签上做出导致消费者不安全使用产品的表述，都是不合理的标签表述。

5.2 功能声称

补充药品经过批准可以在标签及广告资料内声称具有治疗功效。在进行声称时要符合以下原则：a.声称预定用途或适用症状时，必须有充分的证据支持；b.所做的声称必须属实、经证明有效，以及无误导成分，且声称必须与 ARTG 所记载的产品用途相符；c.所做的声称不应导致使用者不安全或不适当地使用该产品。补充药品的功能声称分为三个级别，即"普通""中级"和"高级"。只有注册补充药品才可以进行高级声称，而表列补充药品只可附有中级和普通声称。有两类证据可用以支持补充药品的功能声称，分别为科学证据和基于某物质或产品的传统用途而提出的证据。TGA 承认的基于传统用途的证据有以下 4 种：a.TGA 认可的药典；b.TGA 认可的专题著作；c.三篇独立记载有关该种药品使用历史的文献或传统医药文献；d.其他国家认可该种药品的某项功能声称。

5.2.1 普通声称

如一种产品具有上述四种传统使用的证据之一，即可进行普通声称。普通声称包括：a. 维持健康，包括提供营养支持；b. 补充维生素或矿物质；c. 减轻症状（不可提及具体病名称）。除了传统证据外，支持普通声称的证据还有科学证据，主要包括分析报告、病历报告或相关专业委员会的意见；文献典籍，如TGA认可的药典或专题文献；其他参考书。

5.2.2 中级声称

如一种产品具有上述四种传统使用的证据中的两个，即可进行中级声称。中级声称有如下几种：a. 促进健康；b. 降低患某种疾病/失调或障碍的风险；c. 减少偶发状况的次数；d. 辅助/协助治疗特定的症状/疾病/失调或障碍；e. 减轻特定疾病或失调/障碍的症状。除了传统证据，可支持中级声称的科学证据有设计良好、非随机的对照临床试验，设计良好的分析研究（最好从多个中心或研究组织获得的数据），多次干预或非干预研究获得的证据。

5.2.3 高级声称

高级声称包括预防、治疗严重的疾病/某一特定的维生素或矿物质缺乏病。不允许仅依据传统用途证据进行高级声称。进行高级声称需要如下科学证据：对所有相关的对照临床实验进行系统分析，至少有一起设计合理的、随机对照的、双盲的临床实验（最好是两组独立的临床实验数据，或是一组设计良好的大样本的临床实验数据）。

6　生产、销售的基本要求

澳大利亚的补充药品必须符合《良好生产操作规范》（Good Manufacturing Practice，GMP），该规范规定了生产厂家必须遵守的原则和生产模式，务求保证补充药品的生产安全可靠。补充药品制造商必须持有有效牌照，在公开销售补充药品之前，要提交主管当局，以便进行市场准入前的评估。补充药品必须列入ARTG内，才可推向澳大利亚市场销售。有意向澳大利亚供应补充药品的国外制造商，必须持有有效牌照，证明符合生产质量管理规范（GMP），并安排产品接受市场准入前的评估，证实可供安全服用和质量符合标准。制造商亦须提供证据，支持产品所做的声称，并在ARTG内登记其产品，其后才可推向澳大利亚市场销售。补充药品的销售限制较少，大部分补充药品可以经直销或在药房、健康食品店及超级市场等处销售。

7　监督管理

对于已上市的补充药品，TGA主要通过以下几种监督管理措施来保证产品的质量[8]：有目的或随机地分析样品有关材料，补充药品不良反应监测，有目的或随机抽取样品进行实验室测试，有目的或随机进行市场监管，快速高效的产品回收程序，GMP检查，对产品广告的有效管理。

补充药品不良反应监测是监管的一个必不可少环节。在澳大利亚，药品不良反应报告体系非常完善。TGA规定，药品不良反应报告者包括药品的申报者、医生、护士及消费者。其中，药品申报者应具有药品监督经验，有义务组织药品监督，并长期履行药品监督的职责，确保相关信息能及时、全面地上报。TGA下设药品不良反应处，具体负责药品不良反应病例报告的收集、分析、整理与评价。对于收集到的报告信息，有一套规范的处理程序。所有的可疑不良反应报告都应交由专业人士进行复查。涉及严重不良反应或近期上市药品的报告则由药品不良反应咨询委员会（Adverse Drug Reactions Advisory Committee，ADRAC）复查。报告由专业人士从收到之日起 3 日内复查,两周内输入数据库,然后作进一步的评估[9]。

8 结束语

澳大利亚没有功能食品的法律定义,这类产品划入"补充药品"管理。补充药品分为低风险的表列补充药品和高风险的注册补充药品两类进行分类管理。这样既能顾及产品的质量与安全,保障消费者利益,又可加快处理申请程序,使产品尽快进入市场。而且有多个机构负责管理补充药品,其成员来自不同的专业,这种管理形式网罗了各类专才,使澳大利亚政府能够面对发展迅速的补充药品行业而做出快速的回应。因此,澳大利亚补充药品管理还是比较规范的。在澳大利亚和新西兰达成协议成立 ANZTPA 后,ANZTPA 将取代 TGA 来管理补充药品,这将加强未来两国的监管职能,促进两国间药品贸易并减少管理成本。随着全球经济的一体化,功能食品管理制度的一体化也将成为一种趋势。

【参考文献】

[1] 赵丹宇,张志强.国内外保健食品管理法规、标准比较研究(待续).中国食品卫生杂志,2004,16(4):301-307.
[2] Ghosh D,Skinner M,Ferguson L R.The role of therapeutic goods administration and the medicine and medical devices safety authority in evaluating complementary and alternative medicines in Australia and New Zealand. Toxicology,2006,221:88-94.
[3] 兰洁,王瑾,王森,等.国际保健品管理的比较研究(下).亚太传统医药,2008,4(8):5-8.
[4] 翁新愚.中药国外注册指南.国外传统药/植物药注册法规及分析.北京:人民卫生出版社,2007:314-315.
[5] ARGCM.Australian Regulatory Guidelines for Complementary Medicines(ARGCM):Part Ⅱ.Listed Complementary Medicines. Australia,2004.
[6] ARGCM.Australian Regulatory Guidelines for Complementary Medicines(ARGCM):Par Ⅰ.Registration of Complementary Medicines. Australia,2004.
[7] 翁新愚.中药国外注册指南—国外传统药/植物药注册法规及分析.北京:人民卫生出版社,2007:330-331.
[8] 翁新愚.美国、澳大利亚及中国保健品管理的比较分析.国外医学中医中药分册,2004,26(1):3-6.
[9] 丁正磊,王莹,张冰.澳大利亚草药不良反应的监控体系.中国中医药现代远程教育,2004,2(11):34-35.

原文发表于《食品工业科技》,2009 年第 30 期

我国对保健（功能）食品的管理

魏 涛 陈 文 秦 菲 金宗濂

北京联合大学　应用文理学院

【摘要】 从保健（功能）食品的范畴、相关管理法规、管理机构及制度、审批机制、标签声明、生产管理等几方面介绍了我国保健（功能）食品的管理体系，为国内外保健（功能）食品企业和业内人士解读我国对保健（功能）食品的管理模式提供借鉴和相关参考。

【关键词】 保健（功能）食品；中国；管理；标准

Administration for functional foods in China

Wei Tao　Chen Wen　Qin Fei　Jin Zonglian

College of Applied Science and Humanities of Beijing Union University

Abstract: The administration system of functional food in China was introduced. The analysis was focused on the definition, regulation, administrative organization, nutrition and health claims, manufacture management and other issues. It was expected to provide suggestions and references for global functional food manufactures to understand management model of functional food in China.

Key words: functional food; China; management; standard

当前保健（功能）食品产业已成为世界范围内增速发展的特殊食品产业，近3年的市场增长率为8%。日本的特定保健用食品平均年增长率达25%，韩国的健康食品年增长率也超过13%[1]。世界各国对保健（功能）食品一般均实行有别于普通食品的特殊管理：一是把这类食品作为一种特殊食品类型，对其进行安全、功效验证等上市前审批的管理方法；二是采取产品注册通报代替上市前审批；三是不作为特定的食品类别，而是对食品标签中健康声称进行管理的方法[2]。无论上述哪种方式，各国政府对保健（功能）食品的特殊监管均有从严趋势。中国对保健（功能）食品的监管采用上述第一种管理方式，涉及保健（功能）食品的审批、生产监管、市场监督三个环节，国家食品药品监督管理总局、卫生部、国家工商行政管理总局、国家质量监督检验检疫总局四个部门[3]，具有较为完整的监管体系。

1 我国保健（功能）食品监管的相关法规与标准

我国保健（功能）食品管理体系的建立始于1995年，《中华人民共和国食品卫生法》（以下简称《食品卫生法》）的颁布首次明确了保健（功能）食品的法律地位。1996年3月，卫生部根据《食品卫生法》制定颁布了《保健食品管理办法》，明确了保健（功能）食品的定义、审批、生产经营、标签、说明书及广告宣传和监督管理等内容。1998年卫生部又颁布了《保健食品良好生产规范》，从而使保健（功能）食品产业的发展有章可循，有法可依。

《保健食品管理办法》及相关的部颁规章构成了我国保健（功能）食品的管理体系，其中《保健食品功能学评价程序和检验方法》规定了12项保健功能的评价程序与检验方法，2000年调整为22项，2003年5月卫生部又公布了《保健食品检验与评价技术规范》，将受理的22

项功能扩展为 27 项。这 27 项功能可分为两大类：一类是与增进健康、增强体质相关的保健功能，有 11 项，另 16 项是与降低疾病风险、辅助药物治疗等相关的保健功能。就此新规范而言，其中的部分评价方法存在技术上的缺陷与漏洞，不能客观、科学、严谨地反映产品的功能特性，需要进行改进与完善。

2003 年 9 月，国家食品药品监督管理总局（CFDA）与卫生部进行了保健食品的职能移交，并于 2003 年 10 月 10 日开始开展保健食品的受理审批工作。2005 年 4 月，国家食品药品监督管理总局颁布了《保健食品注册管理办法（试行）》，并于 2005 年 7 月 1 日起实施，明确了对保健食品的申请与审批、研发报告、原料与辅料的安全性、标签与说明书、实验与检验、再注册、复审、法律责任等的要求。同年，还发布了《保健食品广告审查暂行规定》《营养素补充剂申报与审评规定（试行）》等法规及相关文件。2007 年，又相继出台了《保健食品命名规定（试行）》《营养素补充剂标示值等有关问题补充规定（征求意见稿）》等法规及相关文件。

至今，我国《保健食品管理办法》实施已经有 13 年，《保健食品注册管理办法》实施也有 4 年了。这是我国管理保健食品的两部大法，由这两部大法衍生了 61 部管理法规和条例。将这些按照注册、生产、流通等环节进行分类（表 1），不难看出，注册环节成为国家规范保健（功能）食品行业发展的重头戏，国家在注册准入环节出台的部级法规和标准规范性文件占到了整个行业法规和条例的 70%，而生产和流通环节分别只占到 12% 和 18%。由此可见，保健（功能）食品的准入门槛相对较高，这种制度在现阶段最大限度地保障了产品质量和维护了消费者的安全。但是，通过这个数字也能看出对于保健（功能）食品的流通环节的监管相对较弱。

表 1 保健食品法规及条例类别统计表

保健食品管理环节	数量（部）	占总法规条例的比例（%）
注册环节部级法规	14	23
注册环节标准规范性文件	29	47
生产环节部级法规	1	2
生产环节标准规范性文件	6	10
流通环节部级法规	2	3
流通环节标准规范性文件	9	15
合计	61	100

我国保健（功能）食品法律法规建设虽然只有短短十几年的历史，但已基本形成了自己的管理结构与框架体系。同时伴随着国家机构改革的深入和各部门职责的进一步明确，我国保健（功能）食品法律法规体系有待于进一步的完善与科学化。

2 保健（功能）食品的范畴

我国的"保健食品"与国际上的"健康（功能）食品""营养药品""特定保健用食品""膳食补充剂"等概念相似，都是强调食品的传统功能以外的其他生理功效，并且将保健食品与功能食品视为同一概念。营养素补充剂作为保健食品的一种特殊形式，也纳入保健食品管理。

2.1 保健（功能）食品

2005 年，在 CFDA 颁布的《保健食品注册管理办法（试行）》中对保健食品作了明确的定义，保健食品是指声称具有特定保健功能或者以补充维生素、矿物质为目的的食品，即适宜于特定人群食用，具有调节机体功能，不以治疗疾病为目的，并且对人体不产生任何急性、亚急性或慢性危害的食品。保健食品是食品的一个种类，具有一般食品的共性，可以是普通食品的形态，也可以使用片剂、胶囊等特殊剂型；保健食品标签说明书可以标示声称保健功能以区别于普通食品。保健食品与药品的主要区别是保健食品不能以治疗疾病为目的，可以长期使用而没有不良反应，而药品应当有明确的治疗目的，并有确定的适应证和功能主治，可以有不良反应，并在医生指导下服用。

自1996年6月实施《保健食品管理办法》以来，一直将保健（功能）食品作为一项单独的产品进行管理，并给予特定标识和批准证书。

2.2 营养素补充剂

根据《营养素补充剂申报与审评规定（试行）》，营养素补充剂是指以补充维生素和矿物质而不以提供能量（能量食品）为目的的产品，其作用是补充膳食供给的不足，预防营养缺乏和降低发生某些慢性退行性疾病的危险性。营养素补充剂包括10种矿物质和维生素，必须符合《维生素、矿物质种类和用量》《维生素、矿物质化合物名单》等规定。

3 审批机制

1996年3月卫生部出台了《保健食品管理办法》，于当年6月1日开始实施。自此，由卫生部开展保健（功能）食品的审批。2003年9月保健（功能）食品的审批职能由卫生部转为CFDA，仍沿用卫生部颁布的相关法规。2005年7月CFDA出台《保健食品注册管理办法（试行）》，保健（功能）食品的审批按此新法规执行。《保健食品注册管理办法（试行）》规定：保健（功能）食品的注册申请仍为两级审批。省、自治区、直辖市食品药品监督管理部门受CFDA委托，负责对国产保健（功能）食品注册申请资料的受理和形式审查（初审），对申请注册的保健（功能）食品实验和样品试制的现场进行核查，组织对样品进行检验（进口保健食品申报资料的受理和形式审查由CFDA承担）。之后由卫生部确定的检验机构负责承担样品检验和复核检验工作。CFDA负责终审，主要进行技术评审和行政审批，决定是否准予注册。初审前，企业要在卫生部确定的检验机构完成申报产品的安全性毒理学实验、功能学实验[包括动物实验和（或）人体试食实验]、功效成分或标志性成分检测、卫生学实验、稳定性实验。初审时须提交研发报告、生产工艺、质量标准、标签、说明书、样本及上述五项检测报告等多种材料。

省级食品药品监督管理部门受理申请后至CFDA发放保健食品批准证书的全过程属于政府行为，一种国产保健食品新产品从申请受理到批准注册时限为150 d。我国国产保健（功能）食品的审批程序见图1。申请人在省级食品药品监督管理部门受理前，在认定的检测机构进行的各类实验过程，均不属于政府行为。

进口保健食品的注册由CFDA直接接受申请并对其进行形式审查。其后的程序与国产保健食品注册程序相同，我国进口保健（功能）食品的审批程序见图2。申请企业除要提交国产保健食品提交的材料外，还需要提交产品在境外的相关6份材料。进口保健食品从申请受理到批准注册需140 d。

相对于《保健食品管理办法》，新的注册管理办法增加了原料与辅料、实验与检验、再注册、复审等章节内容，责任主体由国家变为企业。同时，建立了保健（功能）食品的退出和淘汰机制并对新功能放开管理。新管理办法第二十条规定：拟申请的功能在CFDA公布范围内

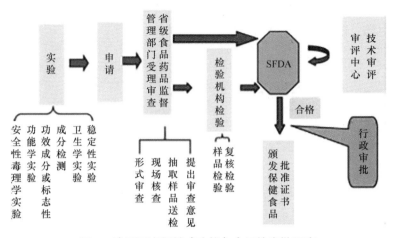

图 1　我国国产保健（功能）食品的审批程序

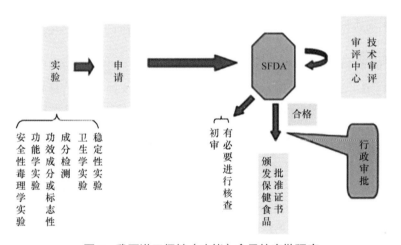

图 2　我国进口保健（功能）食品的审批程序

的，申请人应当向认定的检验机构提供产品研发报告；拟申请的功能不在公布范围内的，申请人还应当自行进行动物实验和人体试食实验，并向确定的检验机构提供功能研发报告。新功能的申报需提交以下相关材料。a. 功能研发报告：包括功能名称、申请的理由和依据、功能学评价程序和检验方法及研究过程和相关数据、建立功能学评价程序和检验方法的依据及科学文献资料等。b. 申请人依照该功能学评价程序和检验方法对产品进行功能学评价实验的自检报告。c. 确定的检验机构出具的依照该功能学评价程序和检验方法对产品进行功能学评价的实验报告及对检验方法进行评价的验证报告。但到目前为止，尚未有企业申报新功能，这可能是由于新功能的申报前期的研发投入过大，对其新功能的检测方法又缺乏相应的保护措施，企业积极性不高所致。

申报营养素补充剂时，不需要提交产品的功能学评价实验报告和（或）人体试食实验报告及食品毒理学实验报告，其他申报资料与申报保健食品相同。另外，配方中如使用了营养素的新的化学物形式（一般以营养强化剂使用卫生标准为参照），则要求提供营养素的该种化学物形式消化吸收实验及有关的安全资料。

4 功能与安全性评价

根据《保健食品管理办法》和《保健食品注册管理办法（试行）》，对于既是食品又是药品原料的水提物之外的所有保健（功能）食品均需进行毒理学安全性评价。按照 2003 年修订的《食品安全性毒理学评价程序》，保健（功能）食品可依照其成分原料进行急性毒性、三项致突变实验及 30 d 喂养实验等不同阶段的评价实验。由保健（功能）食品评审专家委员会进行安全性资料的评估。

在保健功能评价方面，2003 年 5 月卫生部公布了《保健食品检验与评价技术新规范》，涉及 27 种保健功能的检验项目与检测方法、实验原则及结果判断。依据《保健食品管理办法》及《保健食品注册管理办法（试行）》，申请保健（功能）食品注册时，须提交功能评价报告、保健食品的功效成分或标志性成分的定性和（或）定量检验方法、稳定性实验报告、卫生学检测报告等资料。因在现有技术条件下，不能明确功效成分的，则须提交食品中与保健功能相关的主要原料名单。《保健食品注册管理办法（试行）》规定，若申报的功能不在 CFDA 公布的范围内，还应当对其功能学检验与评价方法及其实验结果进行验证，并出具实验报告。

5 标签与声称

根据《保健食品管理办法》及《保健食品注册管理办法（试行）》，保健（功能）食品标签内容应当包括产品名称、主要原（辅）料、功效成分或标志性成分及含量、保健功能、适宜人群、不适宜人群、食用量与食用方法、规格、保质期、储藏方法和注意事项，以及保健（功能）食品批准文号和标志等。

《中华人民共和国食品安全法》第五十一条规定：声称具有特定保健功能的食品不得对人体产生急性、亚急性或者慢性危害，其标签、说明书不得涉及疾病预防、治疗功能，内容必须真实，应当载明适宜人群、不适宜人群、功效成分或者标志性成分及其含量等；产品的功能和成分必须与标签、说明书相一致。

迄今为止，卫生部批准的 27 种保健功效的宣传要依据 CFDA 制定的"保健食品广告审查暂行规定"实施。

对于营养素补充剂允许产品宣传"补×"，但不得宣传营养素的功能。

6 基本要求

6.1 原料与辅料

保健（功能）食品的原料是指与保健（功能）食品功能相关的初始物料，辅料是指生产保健（功能）食品时所用的赋形剂及其他附加物料。2002 年，卫生部发布了《关于进一步规范保健食品原料管理的通知》（卫法监发〔2002〕51 号），对保健（功能）食品涉及的各种原料物质的管理作了明确的规定。目前国家规定可用于保健食品的原料包括：a.食物成分；b.《食品添加剂手册》目录中可用于营养强化剂及具有营养功能的成分；c.《新资源食品管理办法》中涉及的食品新资源；d.《卫生部关于进一步规范保健食品原料管理的通知》中规定的 87 种既是食品又是药品的原料和 114 种可用于保健食品的重要原料。申请注册的保健（功能）食品所使用的原料和辅料不在规定范围内的，《保健食品注册管理办法（试行）》第六十四条规定要提供该原料和辅料相应的安全性毒理学评价实验报告及相关的食用安全资料。但具体申报办法还未公布。《保健食品注册管理办法（试行）》规定申报材料中要包含原料及辅料的来源和

使用的依据，此项规定有利于保证产品的质量。

进口保健食品所使用的原料和辅料应当符合我国有关保健食品原料和辅料使用的各项规定。

6.2 生产要求

《保健食品注册管理办法（试行）》第二十六条规定：申请注册保健食品所需的样品，应当在符合《保健食品良好生产规范》的车间内生产，其加工过程必须符合《保健食品良好生产规范的》要求。这标志着保健食品行业门槛的提高，必然导致企业的优胜劣汰，将对净化市场、促进竞争、提高产品质量起到积极的促进作用。

1998年卫生部发布的《保健食品良好生产规范》是强制性国家标准，不仅针对卫生操作方面作了具体要求，而且涉及保健（功能）食品生产的全过程，使保健（功能）食品生产中发生差错和失误、各类污染的可能性降到最低程度，是保健（功能）食品生产全过程的质量管理制度。保健（功能）食品具有功效成分，是一类介于药品和普通食品之间的食用种类，制定和实施《保健食品良好生产规范》，对于保证我国保健（功能）食品生产的质量，规范我国保健（功能）食品生产经营活动，具有重要的意义。

6.3 其他要求

剂型：片剂、胶囊、软胶囊、粉剂、饮品或普通食品类型。安全性：须经安全毒理学评价证实安全无害，提供安全性证实资料。功效：功效声称须符合《保健食品管理办法》和《保健食品注册管理办法（试行）》中的相关规定。标识：需标注保健（功能）食品的特殊标志和批准文号。

7 监督管理

《中华人民共和国食品安全法》第一章第四条规定：国务院设立食品安全委员会，其工作职责由国务院规定。国务院卫生行政部门承担食品安全综合协调职责，负责食品安全风险评估、食品安全标准制定、食品安全信息公布、食品检验机构的资质认定条件和检验规范的制定，组织查处食品安全重大事故。国务院质量监督、国家工商行政管理和国家食品药品监督管理部门依照本法和国务院规定的职责，分别对食品生产、食品流通、餐饮服务活动实施监督管理。因此，作为食品之一的保健食品的监督管理也由卫生部、国家质量监督检验检疫总局、国家工商行政管理总局、CFDA四个部门共同负责。这样形成多个部门多头管理，监管部门分工不明确、职能交叉、工作分散、信息不畅、缺乏协调、影响保健食品监管力度的提高。

8 我国保健（功能）食品管理中存在的主要问题

从以上对管理体系的论述中可以看出，我国对保健（功能）食品的管理存在一些问题，主要表现在：a.法律法规不完善，核心法规——《保健食品注册管理办法（试行）》仅是一个产品注册管理办法，缺乏新功能、新原料、再注册等配套的管理办法，缺乏系统的检验检测技术规范；b.监管体系缺位，监管过程中存在多头管理的局面，各部门之间缺乏沟通与信息交流，未能建立起从行政许可到市场监督一体化的管理体制；c.生产方面，研发投入不足，新产品开发慢，低水平重复现象严重，个别企业违规生产，食品安全问题突出；d.经营方面，产品标识和功能声称不规范，夸大宣传影响行业整体信誉，营销模式缺乏创新。上述诸方面的问题已成为制约产业发展的瓶颈问题，因此，有必要与国外发达国家的管理体制进行比较，寻找国内外功能食品在管理方面的差距，以推动我国保健（功能）食品行业步向稳定、健康的发展轨道。

9 结束语

目前，我国对保健食品实行注册准入制度，还缺少关于生产、流通等环节的监管法律法规，因此，存在保健食品重审批、轻监管的不足。保健食品市场问题不断，如在减肥、抗疲劳、促进生长发育、调节血糖、调节血脂类保健食品中非法添加违禁物品问题时有发生，非法生产经营问题屡禁不止，保健食品不实宣传问题严重，使消费者对保健食品的信任度下降。当今，世界各国均对食品安全高度重视，尤其对保健（功能）食品的管理更为严格。为了我国保健（功能）食品产业的有序健康发展，呼吁国务院尽快出台保健（功能）食品的监管条例，对保健（保健）食品监管科学化、制度化。

【参考文献】

[1] 金宗濂. 我国保健（功能）食品产业的创新. 食品与药品，2009，11（3）：65-67.
[2] 赵丹宇，张志强. 国内外保健食品管理法规、标准比较研究（待续）. 中国食品卫生杂志，2004，16（4）：301-307.
[3] 赵洪静，徐琨，白鸿. 中国保健食品注册管理概况. 中国食品卫生杂志，2007，19（5）：422-425.

原文发表于《食品工业科技》，2009 年第 12 期

我国与国外发达国家在功能食品管理上的差距

陈 文　魏 涛　秦 菲　金宗濂

北京联合大学 应用文理学院

【摘要】 本文主要从法律法规的修订与衔接、功能食品标准制定、标签标示与宣传的问题、生产管理及监督管理等几方面阐述了我国与国外发达国家在功能食品管理上的差距，提出了完善我国保健（功能）食品管理体系的意见和建议。

【关键词】 功能食品；管理；标准

Administration gaps of functional foods between China and developed countries

Chen Wen　Wei Tao　Qin Fei　Jin Zonglian

College of Applied Science and Humanities of Beijing Union University

Abstract: The administrations of functional food between China and developed countries was introduced by focusing on regulation revision, standards constitution, problems in labeling and advertising, manufacture management and market surveillance, et al. And some suggestions were proposed.

Key words: functional food; management; standard

当前，我国保健（功能）食品法规的制定已远远落后于产业发展，特别是目前《中华人民共和国食品安全法》（以下简称《食品安全法》）业已出台执行，制定保健（功能）食品的国家安全标准已迫在眉睫。而近几年，美国、日本和韩国等国家和欧洲地区对功能食品的管理都有重要进展，这就需要我们深入了解其管理法规与标准建立的背景与科学依据，结合我国实际情况进行管理模式的比较，找出我国与发达国家在功能食品管理上的差距，提出完善我国保健（功能）食品管理体系的意见和建议，以推动我国保健（功能）食品产业的发展，确保人民群众的食用安全，使社会环境和市场环境更和谐地发展。

1 世界各国对功能食品的管理特点

世界各国对功能食品的管理大致采用以下两大类不同的模式。一是中、日、韩等国，采取制定专门法律法规来规范这类食品的监管。根据这些国家法律法规的特点，又可分为两小类。其中我国将功能食品和保健（健康）食品视为同一概念，并以一套法规予以管理。而日本将"功能食品"与"健康食品"看成两个概念，并制定两套法规分别予以管理。二是欧盟等地区，没有功能食品的法律定义，采取"健康声称"管理模式来监管这类产品。美国则介于两者之间，既有专门法律管理相当于我国"保健食品"的"膳食补充剂"，又借助于食品标签法管理"健康声称"。美国涉及功能食品管理的主要依据是《营养标签与教育法》（NLEA）和《膳食补充剂健康与教育法》（DSHEA），一是对标示健康声称的传统食品的审批相对严格；二是对膳食补充剂的管理较为宽松，这类产品只采取申报备案制，企业要负责产品成分的安全性和产品宣称的科学性，美国食品药品监督管理局（FDA）则负责市场监管[1]。

1.1 制定专门的法律法规进行管理

我国一直将保健（功能）食品作为一项单独的产品进行管理，并给予特定标识和批准证书，管理的主要依据是 1996 年颁布的《保健食品管理办法》和 2005 年出台的《保健食品注册管理办法》。营养素补充剂也归类在功能食品管理。

日本于 20 世纪 80 年代就提出了"功能食品"的概念，1991 年厚生省修改《营养改善法》时，颁布了"特定保健用食品许可指南及处理要点"等法规性文件，将"功能食品"定名为"特定保健用食品"（FOSHU）。要求产品上市前必须经厚生省的审批，才可使用 FOSHU 的特殊标志，并允许在标签上标有某项保健功能的声称。日本还有一类称为健康食品的产品，不得声称功能，采用规格基准型管理模式，由行业协会进行管理[2]。

韩国于 2004 年起实施了《保健/功能食品法》。韩国食品药品管理局（KFDA）负责产品上市前的审批，对已收录在日常保健功能食品目录中的保健功能食品，可以不进行安全功能评估，对于功效成分不在日常保健功能产品之列（视为新产品）的，则必须通过两个步骤申报特种保健功能产品。2008 年韩国又发布"制定保健功能食品标签标准"修正提案[3]。

1.2 采取"健康声称"管理模式

欧盟各国没有功能食品的法律定义，多用"健康声称"表示食品有功能。为了顺应健康产业的发展需求，于 2007 年 7 月 1 日起实施了关于食品营养及健康声称的（EC）No.1924/2006 法规，该法规要求对降低疾病风险声称与促进少年儿童生长与健康相关的声称需要行政许可，其他一般性声称采用准许列表管理制度（相当于规格基准型）[4]。目前，欧盟正在修改《欧盟营养与健康声称法规》，并计划通过 27 个成员中科学家的讨论，在 2010 年 1 月前建立一个健康声称名单。

1.3 其他管理模式

澳大利亚将介乎食品与药品之间的产品归类为"补充药品"，包括草药、维生素、矿物质、营养补充剂、芳香性植物油和顺势疗法产品，依据《治疗产品法》《治疗产品管理规定》《澳大利亚补充药品管理规定指南》（ARGCM）管理。采取上市前的分类审批制度，对于风险低的表列补充药品，治疗产品管理局（TGA）严格限定其原料和功能声称，实施电子登记系统快速审批制度，并在标签中贴 AUSTL 数码进行识别；对于风险较高的注册补充药品，TGA 严格评审其安全性、有效性和质量可控性，获准后在标签上贴 AUSTR 数码进行识别[5]。

2 我国与国外发达国家在功能食品管理上的差距

2.1 关于法律法规的及时修订及前后衔接的问题

我国保健（功能）食品的管理存在很多问题，纠其成因，法律法规的滞后及其前后脱节是主要因素之一。例如，早在 1999 年和 2003 年卫生部就分别取消了"抑制肿瘤"和"延缓衰老"两项功能的受理，而目前市场上仍有少数产品（特别是 1996～1998 年获得批号的产品）在宣传其具有"抑制肿瘤""延缓衰老"的功效。2005 年 7 月 1 日开始实施的《保健食品注册管理办法（试行）》中规定，保健食品批号的有效期为 5 年，这就意味着标有"抑制肿瘤"功效的产品距卫生部取消"抑制肿瘤"功能受理达 11 年之久。可见，市场上老一代产品的标签标示与现行的管理体制存在脱节问题。

相比之下，各发达国家对法律法规的修订就比较及时。美国对食品标签上功能声称的管理依据主要是 NLEA 和 DSHEA，首先明确了"营养素含量声称""结构/功能声称"，以及"具有明确科学共识的健康声称"，随后又于 1997 年颁布了《食品药品管理局现代化法》(FDAMA)，明确了健康声称授权的第二条途径——"具有权威声明的健康声称"，而"2003 年美国 FDA 较好营养的消费者健康信息计划"又对"有条件的健康声称"做出了具体的规定[1]。这些法规的出台都是管理与市场需求之间的平衡，在确保消费者健康利益的前提下维护市场的稳定发展。而澳大利亚对法规的修订与补充则比较系统，为补充药品生产厂家更好地按治疗产品的法律规定履行义务，提交申请时符合基本的法规要求，增加补充药品注册、表列过程的透明度，2004 年 8 月颁布了《澳大利亚补充药品管理规定指南》（ARGCM）。内容主要包括补充药品的注册、补充药品的表列、补充药品原料的评审、一般指导方针、政策性文件以及指南五个部分，全面系统地反映了澳大利亚对补充药品的监督管理要求[5]。

因此，我国应借鉴国外发达国家为加强管理而适时修订法规或颁布补充规定的经验，针对我们在管理中存在的一些疏漏，为适应产业发展及市场需求而及时修改或补充出台新法规，避免上述法律法规的严重滞后或法规之间脱节不衔接的问题，以确保保健食品管理制度的连续性和系统性。

2.2 关于单轨制和双轨制的问题

我国是将保健食品和功能食品看成一个概念，并以一套法规予以管理，称为单轨制。而日本是将功能食品（称为特定保健用食品）和保健（或健康）食品看成两个概念，进行管理，可称为双轨制。双轨制最大的优点是采用了疏导的方法，不仅提高了特定健康用食品的审批门槛，而且促进了"健康食品"的大幅度发展。我国实行单轨制的最大弊端是功能食品审批的门槛要求过低，并且面对市场上出现的诸如"功能性饮料""功能性糖果"等产品进行管理时又无法可依。因此，单一审批制是导致我国保健食品存在严重管理问题的主要原因之一。

从我国的具体情况考虑，要在近期实行双轨制还有较大难度，但是我们可以借鉴发达国家的经验，采取相应的措施。例如，可将目前保健食品的审批分为个别许可型和规格基准型两类，具有功能的保健食品为个别许可型，而营养素补充剂可采取备案制即规格基准型审批方式，并以此为基础发展类似日本对健康食品的管理模式；对健康声称采取分类管理的模式，如美国将食品健康声称分为三类[1]，包括"具有明确科学共识的健康声称""具有权威声明的健康声称""有条件的健康声称"，这三类健康声称审批的基本条件各不相同。日本也已于 2005 年起将 FOSHU 的审批扩展了三类[2]，即规格基准型 FOSHU、有条件的个别许可型 FOSHU 和降低疾病风险标示的 FOSHU，并在标示上有所区分。

2.3 关于保健食品标准制定的问题

目前我国对保健食品是按 27 项功能进行分类的。这种分类给制定保健食品的标准带来诸多困难。而韩国、日本对保健食品的功能是按原料分类管理的。目前韩国市场上的日常保健功能产品已达 37 类，按原料分类，包括营养素补充剂类、芦荟产品、人参产品、绿茶提取物产品、含益生菌的产品等。这种管理易于制定标准，将每种的原料安全量、功效作用量范围（特别是最小有效量）及作用机理弄清楚，产品的功能就易于管理了，如同《中华人民共和国药典》一样。我国自《保健食品管理办法》实施以来已有 13 年了，也积累了相当的保健食品原料与功能的相关数据。因此，可以参考韩国的原料分类管理经验，制定保健食品的标准，实施按原料分类的标准化管理，也可以先从制定原料的标准着手，逐步过渡到保健食品的标准化管理，从而避免目前审批过程中的一些重复性工作，这就要求尽快建立各类功效成分的标准检测方法。

2.4 关于营养素补充剂的管理问题

美国、日本等国家和欧洲地区对维生素和矿物元素类的营养素补充剂的管理均不采取个别许可制，主要是采用规格基准型即备案制实行市场准入，可以标注"结构/功能声称"（美国）、"营养素功能声称"（日本）。因为，基于经典的营养学理论，这些营养素都有明确的推荐摄入量范围。

目前，我国营养素补充剂的管理是归属保健食品范畴内的，实行个别许可制。考虑到我国功能食品管理的现状和该类产品的复杂性，建议仍然将营养素纳入保健食品的范畴，但可以实行分类简化管理，将来可以逐步过渡到类似日本健康食品的管理。分类管理是今后管理改革的一个方向，可以考虑先从营养素的分类管理开始执行。

2.5 关于产品的标签标示与宣传问题

我国现行的《保健食品管理办法》中第4章是关于保健食品标签、说明书及广告宣传的一些规定，《保健食品注册管理办法（试行）》中的第4章也是关于标签与说明书的规定，但都没有详尽的细则，缺乏统一的要求，导致部分产品标签上的用词不当，易引起消费者的不解或误解。而发达国家在企业的自律性相对较高、消费市场也相对成熟的情况下，对功能食品健康声称的表达形式、措辞与宣传警示（如"本品不得用于治疗和预防疾病"）等大多有详细的规定，如韩国就于2008年发布了"制定保健功能食品标签标准"修正提案。

因此，我国应该建立"保健食品标签与宣传标准"，以规范市场，逐步提高企业的自律性，同时约束媒体在保健食品不实宣传中起到的不良作用，确保消费者获得真实、可靠、科学的信息。

2.6 关于功能食品的生产管理问题

世界各国对功能食品的生产管理大多按照食品生产质量管理规范（GMP）的管理要求。我国卫生部于1998年5月5日也颁布了《保健食品良好生产规范》，但由于国内生产企业的规模和实力差别很大，以中小型企业居多，规模以上的大型企业较少，因此《保健食品良好生产规范》的执行情况不尽人意。

美国对于有健康声称的传统食品按照食品GMP的要求，但2003年3月特别针对膳食补充剂，美国FDA发布了一项行政规则建议《膳食补充剂和膳食成分的制造、包装或保存的现行生产质量管理规范》（cGMP）。2007年7月，颁布了cGMP的标准，适用于所有制造、包装或保存膳食补充剂或膳食成分的机构，包括参与检测、质量控制、包装和标识及批发销售产品的单位。cGMP的一大特点是针对大中小型生产商分3个阶段执行[1]。可见，美国FDA还是顾及了小企业的实际情况，充分考虑了市场的平稳。

日本对FOSHU产品的生产管理也很有特点，按照厚生省的要求，由生产商制定产品质量标准，明确标出功效成分含量。在生产管理过程中，按照两个指南执行，一个是"GMP指南"，另一个是"原料安全性自检指南"。日本管理方式突出强调的是明确具有保健功能的活性成分，并确保FOSHU产品是安全有效的[2]。

欧盟在"通用食品法规"——（EC）No.178/2002中首次对食品生产提出了可溯性的概念，以法规形式，明文规定食品在生产、加工、流通等各个阶段强制实行溯源制度，为此，相关生产程序必须保全记录以供查询，该法规同样涵盖功能食品[5]。

因此，我国在功能食品的生产管理方面可以考虑：借鉴美国的管理思路，重新修订我国的《保健食品良好生产规范》，特别要针对我国保健食品生产企业的实际情况，也可以采取分阶段执行的方式，使得《保健食品良好生产规范》能够切实可行地执行下去；参考澳大利治疗产品的管理方式，派遣 TGA 和 GMP 检查员定期或不定期对企业的生产管理进行监督检查，以确保企业进行质量控制，保证不同批次产品之间的一致性，使生产的功能食品不被污染或掺假。最终目的要确保消费者的食品安全；加强保健食品 GMP 和危害分析和关键控制点（HACCP）认证；对于委托生产，可以考虑制定委托加工的详细规则；对于原料的管理，可以参考日本的管理方式，制定"原料安全性自检指南"，使企业提高安全意识，逐步规范原料安全性、产品功效性的质量标准；借鉴欧盟的方式，对食品生产实行溯源制度，加强生产经营者的食品安全责任和意识，当产品出现问题时，能在第一时间将产品召回并寻找到问题所在，确保食品安全。

2.7 关于监督管理的问题

据不完全统计，我国保健食品行业相关管理部门曾经多达 10 余个，目前已主要归拢于国家食品药品监督管理总局（CFDA）管理。但监管体系还不健全，仍然在沿用以往各部门以职能和利益为出发点而制定的政策，产生了许多监督管理方面的政策盲点。可以认为，监管体制的不健全形成我国保健食品行业"一管就死，一放就乱"的事实。

从美国的情况来看，主要的监管部门之一是美国 FDA，负责产品安全和标签上的声明，包括包装和其他促销材料的管理。监管的实施主要依靠市场监督员和消费者对企业的投诉。另一部门，联邦贸易委员会（FTC），主要负责管理产品广告的健康声明。FTC 有关准许产品"健康宣传"的标准较美国 FDA 要宽松，因而也产生了一些管理方面的不一致与不协调[1]。但美国 FDA 的调查显示，绝大部分产品的生产销售与标签声称能够符合 NLEA 和 DSHEA 的规定，生产商守法相对自觉，显示美国企业的自律性较高，消费市场也相对成熟。

因此，我国在功能食品的监管方面可以考虑：明确主要的管理部门及职责，有效覆盖目前存在的管理盲点；建立保健食品的国家标准，统一监督的标准，建立监督检测技术标准（特别是功效因子、违禁成分和检伪技术标准）；逐步实行保健食品企业的 GMP 和 HACCP 认证，加强对生产企业的监管和监督抽检；借鉴美国的方式，聘请市场监督员，还可以将电话举报、网上举报和来人举报结合起来，完善投诉举报机制，增强公众对功能食品安全工作重要性的认识。

2.8 关于罚则

各国对功能食品的管理中都涉及罚则，美国、澳大利亚、日本、韩国等都对违规者实行了罚款和监禁的处罚。例如，在韩国，若被控告不正确宣传、扩大宣传，将被处以最多 5 年监禁或 5000 万韩元的罚款。而目前我国《保健食品管理办法》中的罚则过轻，导致守法成本太高，违法成本太低，处罚不能以儆效尤。因此，可以考虑加大《保健食品管理办法》中罚则的惩罚力度，提高违法成本，以此来逐步规范、强化企业的责任与自律性，控制市场流通中的不正当竞争行为或违规行为；借鉴发达国家的经验，罚则的细则可以考虑分级，如对于夸大宣传、不正确宣传的处罚力度，对于假冒伪劣产品的惩罚力度，对于产品贴牌生产的处罚力度等；不仅要对违规的生产、销售进行处罚，还特别要明确媒体在保健食品不实宣传中应承担的连带责任和处罚细则，以监督、规范媒体的行为，逐步杜绝在行业内流传的"成也媒体，败也媒体"的现象，杜绝因媒体的作用而"昙花一现"的保健食品。

2.9 关于审批过程的公开与透明

目前，我国功能食品的评审会议每月举行一次，只以最简单的形式公布结果，而审批过程中出现的问题或相关资讯并不向社会公开。美国的情况则正好相反，健康声称的审批结果与相关的详细内容均以法规条文的形式公布于美国 FDA 的网站，及时向社会披露。因此，本着公开、透明的原则，功能食品（特别是审批过程与结果）的相关资讯应通过信息平台向社会公布。

3　结束语

目前，国际上尚无统一的功能食品定义，各国的管理标准亦不相同。我国虽然已经建立了保健（功能）食品的管理体系，但在实施过程中存在诸如多头管理、管理盲区、缺乏国家标准等管理不善与缺失的问题。为了我国保健（功能）食品产业的健康有序发展，呼吁国务院尽快出台《保健食品监督管理条例》、CFDA 尽快修订《保健食品注册管理办法》，借鉴各发达国家在功能食品管理方面的经验与长处，结合我国的实际情况，对保健（保健）食品实行科学化、制度化的管理。

【参考文献】

[1] 陈文，魏涛，秦菲，等 . 美国对功能食品的管理 . 食品工业科技，2009，（7）：297-301.
[2] 陈文，秦菲，魏涛，等 . 日本对功能食品的管理 . 食品工业科技，2009，（8）：306-308.
[3] 秦菲，陈文，魏涛，等 . 韩国对功能食品的管理 . 食品工业科技，2009，（11）：283-286.
[4] 秦菲，陈文，魏涛，等 . 澳大利亚对功能食品的管理 . 食品工业科技，2009，（10）：308-311.
[5] 魏涛，陈文，秦菲，等 . 欧盟对功能食品的管理 . 食品工业科技，2009，（9）：292-295.

原文发表于《食品工业科技》，2010 年第 1 期

中国保健(功能)食品的发展

金宗濂

北京联合大学 应用文理学院

随着国民经济的发展、生活水平的不断提高及疾病谱的变化,人们的医疗观念已由病后治疗型向预防保健型转变,健康保健意识逐渐增强,对保健(功能)食品的需求将大大增加。因此,保健(功能)食品产业的发展具有十分重要的经济意义和社会价值,是解决新世纪健康问题的一个重要手段,也是解决我国民生问题的一条重要途径。

1 我国保健(功能)食品产业的基本状况

1.1 我国保健(功能)食品的基本概念

保健(功能)食品是指具有调节人体生理功能,适宜特定人群食用,又不以治疗疾病为目的的一类食品。这类食品强调的是食品的第三种功能,即调节人体生理活动的功能,在我国也称保健功能。其"功能声称"可在产品的标识上标示,因此称为"功能食品"。由于这类食品具有增进健康的作用,也可称为健康(保健)食品。在我国功能食品和保健食品同属于一个概念,两者可以通用(见 GB16470—1997,《保健(功能)食品通用标准》),并以一套法规予以管理。

1.2 我国保健(功能)食品在社会经济中的地位与作用

随着社会进步和经济发展,健康已成为人们生活关注的主题。以疾病预防和健康促进为基本内容的保健养生,是人们保持健康的重要手段。从发展趋势看,功能食品正成为我国食品产业中新的经济增长点,功能食品产业在国民经济中的地位将越来越重要。

1.2.1 功能食品产业的发展有利于国家经济发展和居民消费升级

功能食品是人们在温饱问题得到基本解决后,对食品功能提出的一种新需求。经济的发展和居民消费观念的升级会带动功能食品产业的发展,这在功能食品产业发展迅速的美国、日本等都经历了时间的检验。

1.2.2 功能食品产业的发展是解决新世纪面临的健康问题、降低医疗费用的重要途径

近20年来,由于膳食结构不尽合理,致使我国亚健康人群扩大。据报道,我国血脂异常、肥胖、高血压、糖尿病患者合计超过4亿,因而导致医疗费用节节上升。我国居民已由"显性饥饿"转向"隐性饥饿",即由吃不饱转向营养不均衡和营养素缺乏,亚健康人群数量已占总人口的60%~70%。与生活方式密切相关的慢性疾病及其危险因素已成为威胁我国人民健康的突出问题,同时也对我国的公费医疗体系和医疗保险事业提出了严峻挑战。而功能食品产业的发展,无疑将使"预防为主"的理念得到深入贯彻,有利于控制国家和居民用于疾病发生后的治疗和抢救费用,是解决新世纪面临的健康问题的重要途径。

1.2.3 功能食品产业的发展有利于解决三农问题和拉动就业

以健康为切入点,通过功能食品产业的发展,带动其他产业,可形成一个以功能食品产业

为龙头，其他产业良性循环的产业辐射效应。例如，功能食品产业是农产品加工领域中最具潜力、最有可能实现农产品大幅度增值的新的经济增长点，可以带动农业发展，加速农业结构的优化调整，充分合理利用农产品资源，使农产品大幅度增值，从而促进农村经济繁荣和农民生活富裕，为解决我国的"三农问题"做贡献。同时保健行业每实现 3 亿元产值，可以解决 1 万人就业，贡献 4000 万元税收，并减少 5 亿元公费医疗负担。因此，大力发展功能食品产业，有利于促进消费、拉动内需、增加税收、创造就业，是构建和谐社会一举多得的明智之举。

1.2.4　功能食品产业的发展有利于中国传统文化向世界传播

随着我国功能食品产业国际化步伐的加快，独特的中医药传统文化与养生保健知识，将更快更深入地传播到世界各个角落，这是中华民族对世界文明的重大贡献，必将为向世界传播中国优秀传统文化起到推波助澜的作用。让世人看到，一个历史悠久、内涵丰富、文化深厚、文明现代的泱泱大国正在和平崛起。

1.3　我国保健（功能）食品产业的现状

1.3.1　我国保健（功能）食品的审批情况

自 1996 年 3 月 15 日卫生部颁布的《中华人民共和国保健食品管理办法》（以下简称《保健食品管理办法》）实施以来，截止到 2011 年 6 月，15 年期间获批准的保健食品总数达 11 339 种，其中具有功能的保健食品 9658 种（国产 9100 种，进口 558 种），营养素补充剂 1681 种（国产 1602 种，进口 79 种）。

1.3.1.1　功能分布情况

获批准的 9658 种具有功能的保健食品中，功能声称排列前五位的是增强免疫力、缓解体力疲劳、辅助降血脂、抗氧化和润肠通便，分别占 30.5%、13.9%、10.2%、5.6%、4.6%（图 1）。

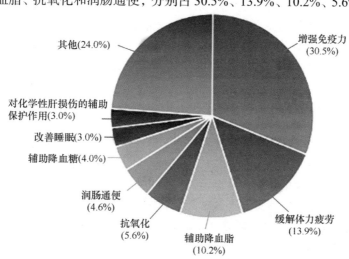

图 1　1996～2011 年获批准的功能类别

1.3.1.2　剂型分布情况

以 2003～2005 年获得批准的 2261 种功能类产品为例，剂型涉及 11 大类 29 种。以胶囊、片剂、口服液 3 种剂型的产品数量最多，其中胶囊剂（软、硬胶囊）产品数量占同期批准全部产品的 49.5%，片剂、口服液类产品分别占 21.3%、11.5%，三者合计超过了 80%。而普通食品在获准保健食品所占比例非常小，仅为 0.8%，所涉及的食品类型也很有限，仅包括奶类、糖果、保健醋、饼干、膨化食品及蜜饯。

1.3.1.3 功效/标志性成分

1996～2011 的 15 年间获得批准的国产保健食品中，涉及的功效/标志性成分主要包括碳水化合物、磷脂、酚类化合物、萜类化合物、含氮化合物（生物碱除外）、生物碱、维生素、益生菌类等。以总皂苷、总黄酮、粗多糖为功效/标志性成分的产品数量最多，在功能类产品中所占比例分别为 32%、25%、23%。

1.3.2 我国保健（功能）食品的产业现状

据统计，2009 年我国保健（功能）食品的生产企业约 3000 余家，从业人数约 500 万人，市场规模约为 1000 亿元人民币，年增长率在 10%～15%。

2 我国保健（功能）食品的管理体制与政策

2.1 我国保健（功能）食品的管理体制与政策现状

我国把保健（功能）食品作为一种特殊食品类型，对其进行安全、功效验证等上市前审批的管理方法。《保健食品管理办法》及相关的部颁规章构成了我国保健食品的管理体系，其中《保健食品功能学评价程序和检验方法》规定了 12 项保健功能的评价程序与检验方法，2000 年调整为 22 项，2003 年 5 月卫生部又公布了《保健食品检验与评价技术新规范》，将受理的 22 项功能扩展为 27 项。

2005 年 4 月，国家食品药品监督管理总局（CFDA）颁布了《中华人民共和国保健食品注册管理办法（试行）》（以下简称《保健食品注册管理办法（试行）》），并于 2005 年 7 月 1 日起实施，明确了对研发报告、配方原料及安全性的要求。同年还发布了《保健食品广告审查暂行规定》等法规及相关文件。2007 年，又相继出台了《保健食品命名规定（试行）》《营养素补充剂标示值等有关问题的补充规定（征求意见稿）》，2010 年发布了"关于进一步加强保健食品注册有关工作的通知""关于印发保健食品产品技术要求规范的通知"等规范性文件。

《保健食品管理办法》和《保健食品注册管理办法（试行）》是我国管理保健食品的两部大法，由这两部大法衍生了几十部管理法规和条例。将这些按照注册、生产、流通等环节进行分类，其中注册准入环节出台的部级法规和标准规范性文件占整个行业法规和条例的 70%，而生产和流通环节分别只占 12% 和 18%。由此可见，保健食品的管理重在审批，而对生产和流通环节的监管相对较弱。这正是我国功能食品市场紊乱的主要原因之一。

随着《中华人民共和国食品安全法》的颁布，保健（功能）食品的管理法律法规有待完善。目前，保健食品的监督管理条例、保健食品注册管理办法即将出台，27 项受理的功能项目也将会随着新条例的出台而调整，部分项目将取消或整合。

2.2 我国保健（功能）食品管理体制存在的主要问题

我国保健（功能）食品法律法规的建设历经了十几年的时间，虽已初步形成了自己的管理结构与框架体系，但还存在一些问题，主要表现：①法律法规不完善，核心法规——《保健食品注册管理办法（试行）》仅是一个产品注册管理办法，缺乏新功能、新原料、再注册等配套的管理办法，缺乏系统的检验检测技术规范；②监管体系缺位，监管过程中存在多头管理的局面，各部门之间缺乏沟通与信息交流，未能建立起从行政许可到市场监督一体化的管理体制；③生产方面，研发投入不足，新产品开发慢，低水平重复现象严重，个别企业违规生产，食品安全问题突出；④经营方面，产品标识和功能声称不规范，夸大宣传影响行业整体信誉，营销模式缺乏创新。

上述诸多问题已成为制约保健（功能）食品产业发展的瓶颈问题，随着国家机构改革的深入和各部门职责的进一步明确，我国保健（功能）食品法律法规体系有待于进一步的完善与科学化。

2.3 完善我国保健（功能）食品管理法规的建议

2.3.1 重视法律法规的前后衔接、加快制修订步伐

目前，我国保健（功能）食品管理行政性的政策法规较多，有"预见性"和"超前性"的较少，整个法规体系缺乏系统性，法规之间缺乏协调性。因此，我们应借鉴国外发达国家为加强管理而适时修订法规或颁布补充规定的经验，针对我们在管理中存在的一些疏漏，为适应产业发展和市场需求而及时修改或补充出台新法规，避免法律法规严重滞后或法规之间脱节不衔接的问题，以确保功能食品管理制度的连续性和系统性。

2.3.2 强化标准体系建设，统一技术标准

在功能食品生产源头、生产过程、评审审批和产品宣传各个阶段都要有技术标准体系的支持。建议制订涉及功能食品的食物、中药材与天然提取物有效成分（即功能因子）的技术标准，确保食品、中药材与天然药物中有效成分（含量）标示的准确可靠；制订中药材类功能食品中活性成分的有效剂量和安全限量标准，促进中药材类功能食品中添加剂使用的规范化管理；制订中药材外源性有害物质安全限量的技术标准，保障消费者的服用安全；制订功能食品的退出机制与标准；制订事前风险评估与上市后的市场监管体系；建立产业发展与统计目录；制订功能食品产业发展规划等。

2.3.3 改进生产管理环节中的法规细则

针对我国功能食品生产企业的实际情况，重新修订我国的《保健食品良好生产规范》，可以采取分阶段执行的方式，使得生产质量管理规范（GMP）能够切实可行地执行下去。加强功能食品 GMP 及危害分析和关键控制点（HACCP）认证，根除功能食品制造业的作坊式模式，制订原料安全性指南、委托加工的细则，并对功能食品的生产实行溯源制度，加强生产经营者的食品安全责任和意识，确保食品安全。

2.3.4 制定功能食品标签与宣传标准

虽然我国管理保健食品的两部大法中都有关于功能食品标签、说明书和广告宣传的一些规定，但都没有详尽的细则，缺乏统一的要求，导致部分产品标签上的用词不当，易引起消费者的不解或误解。因此，应制订"功能食品标签与宣传标准"，以规范市场，逐步提高企业的自律性，同时约束媒体在功能食品不实宣传中起到的不良作用，确保消费者获得真实、可靠、科学的信息。

2.3.5 加大法规中的处罚力度、细化罚则

可将罚则细化分级，如对于夸大宣传的处罚力度、对于假冒伪劣产品的惩罚力度、对于产

品贴牌生产的处罚力度等，以逐步规范、强化企业的责任与自律性，控制市场流通中的不正当竞争行为或违规行为。而且，要明确媒体在保健食品不实宣传中应承担的连带责任和处罚细则，以监督、规范媒体的行为。

3 我国保健（功能）食品的科学研究和未来发展方向

3.1 我国保健（功能）食品的科学研究现状

2006年，国家科技部首次将"功能性食品的研制和开发"列为国家科技支撑计划项目，拨出4500万元科研基金，加上地方政府和企业配套资金共计1.5亿元，用以开展2个层次、9大类相关课题的研究以提升我国功能食品科技水平。目前，保健（功能）食品的研究也已列入国家自然科学基金、863项目等各级政府科研项目。

最近，CFDA已颁布了重点实验室建设指导意见：至2020年形成学科齐全、技术领先CFDA保健食品化妆品重点实验室体系，不断提高监管能力，促进保健食品、化妆品行业又好又快发展。在保健食品方面重点建设的领域涉及：①检验检测技术研究领域，主要包括原料检验与鉴别，营养素、功效成分、危害物质、包装材料检验检测等；②评价技术研究领域，包括产品、原料、包装材料的安全评估和风险性评估，配方和工艺合理评价，产品功能评价等；③风险控制研究领域，包括产品风险监测，上市后再评价，应急处置等；④监管政策研究领域，包括国内外监管政策、监管模式和监管效果评价，技术标准与规范，风险交流，科普宣传。

3.2 我国保健（功能）食品的未来发展方向

3.2.1 我国保健（功能）食品的研究方向

众所周知，功能食品既不同于食品又区别于药品，是为亚健康态人群所设计的，使亚健康人群不向患者转变，而向健康态回归。因此，食品的功能学研究可以包括对亚健康的界定；用体内体外相结合的方法，特别是在细胞水平上进一步深入研究降低心血管病、癌症、肥胖、糖尿病、骨质疏松等疾病风险的功能食品及其作用机理；从分子营养学的角度解析功能食品的作用机理；从相互作用的视角探究各类功能成分之间的关系等。目前，有关部门已初拟了"新功能申报与评审指南（送审稿）"，主要包括以产品为依托、新功能产品相关的动物实验和人体试食实验的符合条件，以及对首个产品的保护措施等内容。

在功能食品资源研究方面，欧洲一些国家已经走在了前面，建立了植物源性生物活性物质与功效作用关系的数据库，用于指导功能食品的研究与开发。目前，我国缺乏功能食品资源及其分布情况的详细数据，更缺少功能食品资源、功能因子、功效作用三者之间关系的数据，而这些数据库的建立将有助于指导功能食品的研发与管理，也有益于了解我国功能食品生产的资源可靠性和可持续发展状况。

功能食品有效成分的检测和检伪是其市场监管的重要手段。由于我国技术支持手段的缺乏，功能食品的监管工作很难开展，导致市场上产品质量鱼龙混杂，假冒伪劣时有发生，严重影响了消费者的身体健康和对功能性食品的消费信心，阻碍了功能性食品产业的发展。因此，要将安全问题作为功能食品的一个科研方向。

3.2.2 我国保健（功能）食品的市场方向

保健（功能）食品的核心词是食品，不能丧失食品的本质。因此，我国功能食品的剂型需做调整，以食品为载体的产品应是今后功能食品开发的主流，而且此类产品将进入一日三餐，成为人们每日膳食的一部分。

　　利用功能食品辅助药物以减轻症状，降低患病风险是我国未来保健（功能）食品开发的一个主要渠道，如利用保健（功能）食品降低心血管病、癌症、肥胖、糖尿病、骨质疏松等疾病的风险。随着我国对保健（功能）食品标签标示、功能声称及广告宣传管理的改进，消费者在获得值得信赖的产品信息的基础上，可以根据自身的健康状况选择保健产品。

原文发表于《食品工业科技》，2011年第10期

我国保健食品研发趋势及其产业发展走向

金宗濂

北京联合大学 应用文理学院

目前,我国功能食品行业正处于高速发展阶段,市场需求也在不断攀升。近年来,功能食品行业凭借超过 12% 的年均增速,使产值达到 2600 亿元,居世界第 2 位。

1 我国保健食品的发展历程

我国是保健食品的最大原料供应国,正在成为世界制造中心,也是世界最大的潜在市场,我国保健食品产业的升级势必会主导世界保健品产业的发展。

我国保健食品的发展历程大致可分为 6 个阶段。20 世纪 80 年代初至 80 年代末为起步阶段。保健食品主要是以滋补品类为主,且大部分是以酒为载体,并宣称有辅助治疗作用,却没有保健药品和保健食品之分。无论是企业的自身技术、管理水平、市场营销还是消费者对保健食品的认识,都处在一个较低的水平。20 世纪 80 年代末至 90 年代中期为启动成长阶段。随着国内经济的快速发展,"花钱买健康"已成为时尚,保健品市场也开始出现口服液和胶囊剂型保健食品和添加中药的化妆品。而且,一大批民营企业如三株口服液、太阳神、沈阳飞龙、巨人等迅速崛起。20 世纪 90 年代中期至 21 世纪初为竞争发展阶段。保健食品行业进入竞争和繁荣阶段,从广告大战到直销的高速发展,保健食品行业发展出现反复阶段,从 1994 年出现低谷,至 1998 年保健食品开始走出低谷,到 2000 年年产值超过 500 亿元,企业数量和年产值都达到了历史最高点。2001 年太太药业和交大昂立在证券交易所上市,保健食品行业达到顶峰时期。2001~2003 年为"信任危机"阶段。保健食品行业连续发生负面事件,企业盲目夸大宣传和媒体的负面报道终于酿成恶果,"三株"从年销售额 80 亿元到垮台,消费者对保健食品的信任度不断降低,从 2001 年开始,这个行业再次陷入"信任危机",市场总额不断缩水,保健食品消费一路走低,2002 年产值减少到 175 亿元。2003~2005 年为"盘整复兴"阶段。2003 年的重症急性呼吸综合征(SARS)让消费者重新建立对保健食品的信心,需求有了极大增长。中国加入世界贸易组织(WTO)后,国际要求中国政府开放直销市场的呼声越来越大,引起政府和社会的重点关注,随之行业内出现重新洗牌,在这一阶段,国外保健食品巨头纷纷以高姿态进入直销,行业进入高速发展期,2003 年行业产值为 300 亿元,2004 年增长到 400 亿元,2005 年超过 500 亿元。

2005 年至今,经济的持续快速发展也带来了这个行业的繁荣。近年来的年增长率在 20% 以上。生活水平的提高、健康意识的增强及各种疾病的侵袭,让人们对我国保健食品行业的长期繁荣发展充满了信心。

2 我国保健食品的研发趋势

创新是发展我国保健食品的根本出路,保健食品产业的创新包括 4 个方面,即研发技术创新、保健食品管理体制创新、保健食品监管体制创新和企业发展机制特别是营销机制创新等。研发技术创新包括基础研究创新、应用技术创新。基础研究创新有 2 个重要课题,即亚健康的研究和关于生理剂量、生理效应（保健功能）与药理剂量、治疗效应的区别及机理的研究。亚健康的研究是"十一五"国家科技支撑计划设立"中医'治未病'及亚健康中医干预研究"重点项目，其中包括6个子项目：亚健康范畴与评价标准及方法的研究、亚健康状态中医辨证与分类研究、亚健康中医干预效果评价及其方法学示范研究、亚健康基础数据库及其数据管理共性技术的研究、亚健康人群监测方法与监测网络的研究、健康保障与健康管理及其实施模式研究。关于新功能的研究，当前国家食品药品监督管理总局公布有27项功能，待新条例出台后，要进行功能调整，现已网上征求意见。按征求意见稿称，现有的27项功能将大致调整为18项。调整后中国大陆有10项功能与中国台湾相同或大体相当，而中国台湾有3项功能是中国大陆所没有的，中国大陆有8项功能是中国台湾所没有的。可能开发的新功能有改善妇女更年期综合征、保护牙齿、降低过敏性反应、改善骨关节、减轻电磁对机体的损害、缓解精神疲劳等。

关于新原料的研究包括食品新资源和保健食品新原料，新资源食品2008年批准了17种，其中包括嗜酸乳杆菌、低聚木糖、透明质酸钠、叶黄素酯、L-阿拉伯糖、短梗五加、库拉索芦荟凝胶、低聚半乳糖、副干酪乳杆菌、植物乳杆菌、珠肽粉等。2009年公布了16种，其中包括蛹虫草、菊粉、多聚果糖、共轭亚油酸甘油酯、杜仲籽油、茶叶籽油、盐藻及提取物、鱼油及提取物、地龙蛋白、乳矿物盐及牛奶碱性蛋白等。2010年公布了17种，其中包括DHA藻油、棉籽低聚糖、植物甾醇、植物甾醇酯、花生四烯酸油脂、白子菜、御米油、金花茶、小黑药、诺丽果浆、雪莲培养物、蔗糖聚酯、玉米低聚肽粉、雨生红球藻等。2011年公布了5项，包括翅果油、β-羟基-β-甲基丁酸钙、元宝枫籽油、牡丹籽油、玛卡粉。2012年公布了1项，即蚌肉多糖。这5年来合计公布了56项。

关于功能因子和功能材料的研究大体有两种思路。一方面是单体结构明确、作用机理清楚，对有效量和安全量有一定的了解，将这一单体加入产品；另一方面是复杂的功能材料，特别是一些天然功能材料，研究功能因子的构效、量效关系难度较大，现大体采用天然药物的研究途径。我国保健食品中允许使用的功能材料和功能因子实行"名单"管理。用量一般规定为《中华人民共和国药典》用量的1/3~1/2，有些性味偏烈（如熟大黄、番茄叶及含有蒽醌类原料），可用国家有规定的下限剂量或《中华人民共和国药典》药典用量的1/2；有些性味平和（如甘草等）可用上限剂量。当前功能因子研究的重点是需要确定功能因子的最低有效量、有效剂量范围及安全量。

未来功能食品研究的趋势包括食品功能学研究（功能食品与降低疾病风险、新功能、作用机理、蛋白质组学、代谢组学）；植物资源与功能成分研究；功能因子及检测技术研究；功能食品原料及产品安全性研究；功能食品制备技术研究；功能食品资源数据库研究及政产学研用一体化平台建设等。

3 我国保健食品的产业发展走向

中国食品工业"十二五"发展规划中，国家发展和改革委员会、工业和信息化部首次将"营养与保健食品制造业"列为我国重点发展行业，"营养与保健食品制造业"5年发展目标为到2015年产值达1万亿元，年均增速为20%，建成10家销售收入100亿元以上的企业，百强企业生产集中度超过50%。我国保健（功能）食品的产业发展趋势表现在以下几个方面：①开展食物新资源、生物活性物质及其功能资源和功效成分的构效、量效关系和生物利用度、代谢效应的研究与开发，提高食品与保健食品及其原材料生产质量和工艺水平，发挥和挖掘我国特色食品优势；②大力发展天然、绿色、环保、安全的食品，保健食品和特殊膳食食品，以城乡居民日常消费为重点开发适合不同人群的食品，保健食品和营养素补充剂；③结合传统养生保健理论，充分利用我国特有生物资源和技术，开发具有民族特色的新功能保健食品；④调整产业结构，改变企业规模小、技术水平低、产品同质化等状况；⑤加强技术创新和成果转化，提高产品科技水平，提高企业核心竞争力。对我国保健食品产业的未来来说，一是要寻找具有中华民族特色的食物资源，分离纯化其有效成分，建立起检测方法，特别是建立一套与体内试验相结合的体外快速检测方法，这将有助于在较短时间内获得天然的活性成分（即功能因子）。二是进行体外和体内相结合的生物活性成分研究，包括体外、体内动物实验和人体试食验证的研究，特别是要明确天然活性因子的有效剂量和安全剂量。三是对功能食品的原料安全性研究，特别要加强对保健食品中新原料的开发与研究。四是要加强对功能食品的新工艺研究，我国的工艺水平较为落后，造成了保健食品多数以药品形态出现的状况。五是加强对保健食品功能评价体系的研究，努力开发各种新功能。

原文发表于《农产品加工》，2012 年第 12 期

我国保健食品研发与生产中可能出现的安全问题及对策

金宗濂

北京食品学会

【摘要】 我国保健食品行业进入快速发展阶段，保健食品产品的安全保障是一项系统工程，不仅包括保健食品的研发、注册环节，还包括生产、流通、监管等各个重要环节。只有在各个环节都采取了切实措施，才能确保终产品的安全。本文从保健食品研发、注册和生产环节，阐述了我国保健食品可能出现的安全问题，并针对问题提出可以采取的相应对策。

【关键词】 保健食品；研究和生产；食品安全；对策

Possible security problems and countermeasures for health food research and production in China

Jin Zonglian

Beijing Food Institute

Abstract: The health food industry in China has entered a rapidly developing stage. To ensure the safety of health food products is a systematic project, which includes not only health food research and registration links, but also production, circulation, regulatory, and other important links. To ensure the safety of the final products, the effective measures must be taken in every link. From the aspects of research, registration, and production, the possible security problems and corresponding countermeasures of health food in China were elaborated.

Key words: health food; research and production; food safety; countermeasure

自 1995 年立法以来，我国保健食品进入了一个快速发展的新阶段。至今，通过国家食品药品监督管理总局，批准注册的保健食品已达到 12 000 余种，年销售额超过 1000 亿元人民币，年均增长率超过 12%。虽然取得了不小的成绩，但问题也不少，主要集中在产品的安全性上。众所周知，确保保健食品产品的安全是一项系统工程，不仅包括保健食品的研发注册环节，还包括生产流通监管等各个重要环节[1]。只有在各个环节都采取了切实措施，才能确保终产品的安全。本文拟从保健食品研发注册和生产各环节，论述我国保健食品可能出现的安全问题及其应采取的一些相应对策。

1 研发环节中出现的一些安全问题及对策

无论是一家保健食品企业，还是一家研发机构，在确定研发一个保健食品前，一定要在广泛市场调研基础上，首先确定目标人群和产品的功能声称，然后在传统的中医养生理论或现代医学指导下进行组方。这时，影响产品安全性的主要因素是对原料的选择，要确保其安全。根据我国保健食品注册管理办法规定[2]，国家管理部门为确保使用的保健食品原料的安全性，实行了名单管理制[3]。就是说在保健食品配方中使用的原辅料一定要在管理部门公布的可使用的名单范围内，包括普通食品原料；列入《食品添加剂使用标准》（GB2760 2011）和《食品营养强化剂使用标准》（GB14880 2012）中规定的食品添加剂和食品强化剂种类；公布的食品

新资源名单；卫生部 51 号文件中公布的既是食品又是药品及可用于保健食品的物品所列的品种[4]；可用于保健食品益生菌和真菌名单[5]等。上述名单以外的品种，要用作保健食品原料者必须先申请食品新资源或保健食品新原料品种，获得批准后方可使用。在用量方面，为确保产品的安全，一般要求其用量必须在《中华人民共和国药典》用量的 1/3～1/2 以内，超过此用量的，要提供安全性的科学依据。此外，国家食品药品监督管理总局还先后公布了 10 种原料使用量的上限。至于营养素补充剂所采用的营养素种类和使用量，国家食品药品监督管理总局也做了规定，并已予以公布。一般说，成人维生素和矿物质使用量应在最高使用量和最低使用量之间，特殊人群如少年、儿童、孕妇、乳母应为其推荐摄入量（recommended nutrient intake，RNI）1/3～1/2。目前从原料角度看，有 3 个重要问题影响产品安全性，需要今后加强研究：① 功效成分浓缩后的用量的安全性问题；② 生理剂量和药理剂量的差异及安全用量问题；③ 产品原料的相互作用问题。由于上述原因，至今我们对每一种功效成分（或称功能因子）因缺乏深入研究，尚未能确定下述 3 个重要的量效关系：最低有效量、有效剂量范围及安全量。此外关于原料的安全性还存在中草药原料的内源性毒性，基因工程材料的安全性问题，保健食品原料特别是植物性原料外源污染及原料中过敏原等问题。可见当前从研发角度出发，终产品的安全有多种影响因素，而且随着时间推移和科学进步，还会出现许多新的问题需要我们加以深入研究总结，不断与日俱进。

2 注册与准入过程中的安全性问题及对策

在产品注册准入过程中产品安全风险主要是造假，包括样品造假、注册检验造假、原料生产造假、采购索证不实等问题。原料生产造假，尤以动植物提取物类原料造假问题为甚，如黄芪提取物，按《中华人民共和国药典》规定，黄芪只能用蒙古黄芪和膜荚黄芪，由于现在检测方法限制，提取物原料厂家考虑成本，可能用其他植物作为提取物原料。当前在注册准入过程还有一个突出的影响产品安全的问题，即所谓的批准工艺没生产，生产工艺没批准。众所周知，在注册阶段生产供检验用的样品可以是有一定规模的中试产品。但是有不少科研单位送样检验的可能是小试或实验室阶段的产品，因没经过中试放大，实际无法大规模生产，因而在实际生产时往往会改变工艺导致上述批准工艺没生产，生产工艺没批准的情况。最近在再注册过程中，这类问题暴露不少。因此要确保注册准入环节的安全性，除了要加强企业诚信自律外，还应加强监管，特别是省食品药品监督管理局对样品抽检方面的监管。

3 生产环节出现的安全性问题及对策

保健食品生产中存在影响质量安全问题主要是不依方生产和生产质量管理规范（GMP）不落实。不依方生产，除了在注册准入过程中暴露问题外，还有包括送审样品和关于采用大孔树脂分离纯化工等问题。例如，送审样品的感官性状和企业标准不符，样品有包衣，而配方企业标准中无此辅料。有个别企业送审样品还混杂明显杂物和出现沉淀，因而导致注册时一票否决。不依方生产，还包括采用大孔树脂分离纯化工艺。生产企业为了要提高有效成分的纯度，在工艺中必须采用大孔树脂分离纯化工艺。因此为了确保产品安全，国家食品药品监督管理总局对工艺中采用大孔树脂有明确规定，需要进行一系列的检测。但有些企业，为了规避这一套检测，明明在生产中使用了大孔树脂，但在申报材料中略去这一细节。这样做不仅反映了企业的诚信度不够，也给监管部门的工作带来困难，最为严重的是对产品的安全带来了风险。至于 GMP 落实不到位，主要存在品质监控的记录缺失，设备维护和环境不达标等问题，如生产记录不是现场填写，完全由生产主管部门在生产工序完成后，统一编制。而整个过程也没有质控人员进行监督。近年来，在保健食品生产中存在安全问题还表现在采用新工艺的安全问题，如采用纳米材料和辐照技术的安全性问题。

4 保健食品产品中添加违禁药问题

有些企业为了增强产品的有效性，违法在保健食品中添加违禁药。据有关报道，2002年有单位从市场中抽查50种保健食品，有17种添加了违禁药，占34%。例如，减肥保健产品中添加芬氟拉明、麻黄素、去氢表雄酮。缓解体力疲劳产品中添加雄性激素西地那非、柠檬酸西地那非。辅助降糖保健产品中添加盐酸苯乙双胍、盐酸二甲双胍、格列苯脲。改善睡眠产品中添加安眠药。这些添加的违禁药给消费者健康带来严重危害，应当进行严格监管，从重从严查处。当然，给保健食品的安全性带来严重影响的还有流通领域。在流通领域的安全性的风险主要是虚假广告导致对消费者发生危害。

5 展望

综上所述，导致保健食品发生安全性危害是多方面的，要解决安全问题也应采取多元的系统工程。对于企业来说，有一个诚信自律的问题，对于政府监管部门来说有一个重审批、轻监管的问题，有一个管理制度的创新改革问题。目前一个重要问题是食品安全法公布已4年，但保健食品监管管理条例至今没有出台，这不仅给保健食品的各个环节的监管造成法律缺失，并且对保健食品产业的发展及对消费者的安全造成严重影响。

【参考文献】

[1] 金宗濂.功能食品教程.北京：中国轻工业出版社，2005.
[2] 国家食品药品监督管理总局.保健食品注册管理办法.（2005-04-30）. http：//www.sda.gov.cn/WS01/CL0053/24516.shtml. [2013-04-15].
[3] 国家食品药品监督管理总局.可用于保健食品的物品名单.[2013-04-15]. http：//www.sda.gov.cn/WS01/CL1160/.shtml.
[4] 卫生部.关于进一步规范保健食品原料管理的通知.（2002-03-11）. http：//www.moh.gov.cn/mohwsjdj/s3593/200810/38057.shtml. [2013-04-15].
[5] 卫生部.关于印发真菌类和益生菌类保健食品评审规定的通知.（2004-06-04）. http：//www.moh.gov.cn/mohwsjdj/s3593/200804/16533.shtml. [2013-04-15].

原文发表于《中国食品学报》，2013年第5期

功能食品论文集

第六章

教学和学科建设

开拓实验室的社会服务功能,建设好保健食品功能检测中心

葛明德 金宗濂 徐 峰

北京联合大学 应用文理学院

从 1983 年起,我们系(原北京大学分校生物系,现北京联合大学应用文理学院生化系)确立了以食品与健康关系为生物系专业的主要方向以后,在实验室建设上,始终兼顾教学、科研与社会服务三种功能。十多年来,通过横向协作,为有关企业进行了保健食品的研制和功能学检测,并建立起了包括七大类功能共 60 余项检测指标的保健食品功能检测方法。1996 年卫生部发布了《保健食品管理办法》[(中华人民共和国卫生部第 46 号令,1996 年 3 月 15 日发布,自 1996 年 6 月 1 日起施行),载卫生部卫生监督司编《保健食品监管法规汇编》,吉林科学技术出版社,1997 年],需要认定一批检测机构来负责保健食品功能学检测工作。为适应此需要,我们将原生物系保健食品实验室加以扩充和完善,于 1996 年 7 月分别获北京市实验动物管理委员会和北京医学实验动物管理委员会所颁发的实验动物环境设施合格证书[北京医学实验动物管理委员会《医学实验动物环境设施合格证书》(医动字第 01-2088),北京市实验动物管理委员会《动物实验设施合格证》(京动管准字 1996 第 002 号)]。1996 年 10 月通过了北京市技术监督局的计量认证[北京市技术监督局《计量认证合格证》(96 量认京字 Q270 号)]。1997 年 4 月 21 日被卫生部正式认定为保健食品功能学检测机构:北京联合大学应用文理学院保健食品功能检测中心(以下简称"中心")[中华人民共和国卫生部《关于公布第二批保健食品功能学检验机构的通知》(卫监发 1997 年第 25 号)]。从此,社会服务就成为一项基本功能纳入了我们实验室。

一年多来的实践证明,开拓实验室的社会服务功能,能有力地推动深化教动深化教学改革和实验室的全面建设。

1 扩展实验室功能,适应时代的要求

当前,科学技术迅猛发展,知识商品化的能力大大提高,科学技术应用于制造业、服务业的速度大大加快,高等学校及其所属的实验室同社会经济发展的关系变得更加密切。高等学校实验室在行使传统的教学功能和科研功能以外,不可避免地将担负起越来越多的社会服务功能。总结一年多来的工作,我们认识到,开拓社会服务功能可以在学校和社会之间建立起一个双向交流的窗口,做到和社会声息相通;可以推动实验教学内容和方法的革新,适应高等职业教育的需要;还可以为实验室建设开辟一条新的经费渠道,建立起自我滚动发展的机制。

1.1 建立起学校和社会双向交流的"窗口",做到和社会声息相通

当前正在深入开展的教育改革的一个重要内容就是克服传统体制下,学校各方面不同程度地存在着与社会相隔离的现象,构建起和社会声息相通的渠道和机制,开拓学校实验室的社会服务功能,其意义首先在于建立起学校和社会双向交流的一个窗口,使其成为产、学、研相结合的一种行之有效的途径。

一年多来,"中心"一共接受了56家企业62种产品的80项功能的检测任务。这使我们检测和研究的保健食品不仅在种类上,而且在功能类型和基础材料类型上,比过去成倍地增加,这就为学科建设、课程建设提供了大量的第一手材料。更重要的在于,"中心"的成立标志着我们已步入保健食品产业与科技发展的主战场,并逐步地从边缘走向中心。我们与众多保健食品的企业和科研单位建立起了密切的联系,进行多方面的协作,积极参与并推动有关保健食品及其科技发展战略的研讨和学术交流,从而使我们摸到了保健食品发展的脉搏,比较真切地把握住它的现状、发展动向和存在问题。这一切对于我们生化专业的教学、科研及师资队伍的建设,具有巨大的推动作用,不断为教改的深化注入活力。

另外,接受企业委托,用现代科学方法确认他们生产的保健食品的功能,其本身是对保健食品的一种重要的科技投入。我国有关企业生产的保健食品多是根据中医理论和民间秘方配制而成的,属于第一代传统保健食品,经过严格的功能学检验就能使之转变成有明确保健功能和量效关系的现代功能食品。从某种意义上讲,这也是知识转化为现实生产力的一种方式。经过我们检验而被肯定的产品中已经有数十种被卫生部鉴定认可而投入市场。事实证明,开拓实验室的社会服务功能是高等学校直接介入社会经济发展的一种有效形式。

1.2 推动实验教学内容和方法的改革

教学功能是高校实验室一项基本功能,教学实验是高校教学中的一个重要的实践环节。在传统的教学实验中,主要是印证性和模拟性的实验。这些实验在培养学生具有实验工作的基本知识、基本方法等方面有着不可替代的作用。这些验证性和模拟性实验今后仍然是实验教学的重要内容。同时,为了开拓和发展应用方向,特别是在探索高等职业教育时,不仅要给学生以基本实验训练,而且要给予综合性的实战性的实验训练,从而增强学生真刀真枪解决问题的能力。我们将社会服务纳入实验室的工作内容,为这种综合性、实战性的实验训练创造了更多的条件。

"中心"建立时,就明确"中心"既是为社会服务的检测机构,又是我校食品检测高等职业教育的实训基地。1997年9月开始接待学生实习,学生到"中心"可以参加实验动物饲养、制造模型动物、生化指标测定、盲样测试、数据统计处理等检测工作全过程。"中心"工作人员为同学讲了"检测程序与质量系统"等五个专题。由于这些专题均来自检测工作第一线的经验和体会,使实习同学较好地把握检测工作的任务、方针、程序、规范、方法及注意事项,从而受到一次扎实的训练。由于"中心"规定,只有经过考核,取得上岗合格证的人员才能出具实验数据,学生实习所获得数据不能被检测报告所采用,但这一点并不降低对学生的要求和培养。

1.3 开辟新的经费渠道,实行自我滚动发展

"中心"是一个不以赢利为目的的自收自支的事业单位,通过对社会的有偿服务所收取的检测经费,用于"中心"的日常开支和"中心"自身建设,从而形成了服务和建设的滚动发展的机制。

从1996年7月筹备建立"中心"到1997年年底,用于实验室建设的经费共105.8万元,其中北京市教育委员会和北京联合大学拨给我们35万元作为高职实训基地的经费,北京市科学技术委员会拨给"中心"15万元作为动物房建设的补助款,剩余的55.8万元均来自"中心"收取的检测费。现在已建成140 m^2 的检验室和100 m^2 的二级动物房,置备了全部的空调设备及分光光度计、分析天平、二氧化碳培养箱、自动酶标仪、离心机、生化培养箱、超净工作台、

显微镜等仪器共 20 余件。

事实表明，开展对社会的有偿服务，开辟了新的经费渠道，有力推动了实验室建设，同时，对我们在实验室建设过程中更加精打细算、提高效益及更好地走群众路线，实行民主决策方面也是有意义的。

2　抓好实验室规范化、秩序化、标准化建设，提高实验室水平

"中心"作为卫生部认可的具有第三方立场的保健食品功能检测机构，是为企业提高产品质量、规范市场，为国家机关执法服务的。检测工作的质量如何，关系到企业的命运、广大消费者的利益及我国保健食品行业的发展，责任重大。面对这种形势，我们将压力转化为动力，努力贯彻质量第一的方针，在严字上下功夫（严格、严密、严谨、严明），抓好实验室规范化、秩序化、标准化建设，把实验室工作和管理水平提到一个新的高度。

2.1　建立完善的规章制度

一个实验室要有严谨的学风、严格的要求、严密的工作和严明的纪律，首先要有完善的规范，而规范的核心是实验室工作人员的行为规范。在筹建"中心"时，我们认真地总结了过去实验室工作的经验教训，制定了一套规章制度，包括岗位责任制、检测工作规范和 17 种具体管理制度。我们的做法：①使全部规章制度文件化，并汇编成为《质量管理手册》作为实验室工作的规范；②以岗位责任制为核心，以建立起质量保证体系为目标来制定规章制度，因此各种制度能做到相关衔接、相互配合，形成一个完整的系统；③充分发动全"中心"同志参与规章制度的制定工作，在制定中发扬民主、集思广益，并反复修改完善，规章制度制定出来以后则由"中心"主任正式发布执行。"中心"把《质量管理手册》列入上岗考核的内容之一，工作人员必须考核合格方能上岗。在实行聘任制时，又明确《质量管理手册》是一种具有聘约性质的文件，用以作为双向选择的重要依据之一。"中心"制定《质量管理手册》一年以来，全体工作人员都自觉按规范要求自己，从而为"中心"高质量地完成检测工作奠定了基础。

2.2　建立明确的工作程序和质量控制要求

"中心"不仅对于各个具体的工作环节如使用仪器、样品保管、撰写检测报告等有明确的规范要求，对工作进行的程序也有明确的规定。对一个样品进行检测，从委托单位按要求填写委托单到发出检测报告，一共有 13 个必经的工作环节。在这个程序中：①从检测工作一开始到结束，每一个环节都有按规范所做的记录，将各个环节的检测人员、实验时间、场所、实验结果、发生问题等记录在案；②对各个环节的工作都有明确要求，而且作为质量控制点，在质量控制上也要有明确的要求；③在各个环节上都把责任落实到人。因此，这个程序是一个便于检查和复核的程序。它可以有效地减少差错，并在发生差错以后便于检查，及时采取措施加以纠正。

2.3　以国家标准为中心，抓好标准化建设

"中心"的检测工作是面向社会，为执法服务的，它必须得到社会承认，为此，在检测工作中凡是有国家标准的，我们都坚决地执行国家标准，主要有：①按国家标准建立二级（洁净）动物房，并经有关部门认证合格；②在检测中所使用的实验动物为有国家和部门批号的二级动物〔《北京市实验动物管理条例》（1996 年 11 月 17 日北京市第十届人大常委会第三十一次会议审议通过）中有关规定〕；③用于检测的计量仪器均送国家技术监督部门检查，以溯源

到有关国家标准 [中国实验室国家认可委员会《实验室认可准则》（CNACL201-95）量值溯源和校准]；④用于检测工作的标准物质，尽量使用计量部门认定的标准物质 [中国实验室国家认可委员会《实验室认可准则》（CNACL201-95）设备和标准物质]；⑤在检测工作中遵守卫生部制定的检测方法和判定标准（中华人民共和国卫生部《保健食品功能学评价程序和检验方法》，载卫生部卫生监督司编；《保健食品监管法规汇编》，吉林科学技术出版社，1997）。

通过执行国家标准，使我们认识到标准化是实验室工作中的一个重要原则，对提高实验工作质量有重大意义。除了必须执行的国家标准以外，我们自觉抓好各个方面标准化建设，如原始记录有统一的标准表格，自行配制的试剂标签有统一的规格，检测报告及实验结果的表达有统一的要求和格式等。现在我们准备在通过北京市计量认证的基础上，争取尽快通过国家 ISO9000 质量认证。

在筹建"中心"时，我们的工作重点是着眼于检测工作的特殊性去抓规范化、秩序化、标准化。通过一年多的实践，我们进一步认识到，现代的实验室已经不仅是科学家个人探索自然的场所，无论从实验室内部还是从实验室与社会的关系来看，均具有极大的社会性。科学技术作为第一生产力对经济和社会的发展日益显示出它的巨大作用，社会对实验室的功能提出更高、更严格的要求。因此，规范化、秩序化、标准化不只对检测工作是重要的，对实验室其他工作同样有重要意义，它已经成为现代实验室文明的重要组成部分。基于这一点认识，我们正在把这套要求逐步因地制宜地推广到科学研究工作中去，并逐步把它纳入实验教学的内容，提高实验教学的水平。

3 提高实验室人员素质，抓好实验室队伍建设

实验室建设是一个系统工程，包括硬件、软件等诸多方面，但是最重要的还是队伍建设。我们检测"中心"的人员中，主要干部如主任金宗濂教授，是成熟的学科带头人，但年龄偏大。大部分在检测第一线工作的同志都是刚跨出校门不久的大学生，年龄均在 30 岁以下。世纪之交，如何让这些年轻的科技人员迅速地成熟起来，成为 21 世纪科技工作的骨干，担当起更为艰巨的任务，是摆在我们面前的一项重要任务。

为了使年轻的同志全面发展，我们在学习邓小平建设有中国特色的社会主义理论、参与社会公益活动、进行岗位培训和业务进修、组织学术交流、提高外文文献阅读能力等方面均有所要求，并有所安排。我们认为，培养一支优秀的科技队伍更重要的是在日常业务工作中培养对人民高度负责的职业道德，以及严谨求实、不断探索创新的科学精神和科学态度。

3.1 树立社会责任和科学精神统一的理念

在检测工作中，对某一试样可能得出肯定的判定，也可能是否定的判定，但都必须是正确的判定。如果将一个本来无效的试样判定为有效，这无异于在欺骗广大消费者；如果将本来有效的试样判定为无效，就会给企业及其职工带来巨大的损失。因此，自建立"中心"起，我们就在全体工作人员中树立社会责任和科学精神统一的理念。要做到这一点就必须坚持靠数据说话。就是说，我们做出判定的唯一依据是经统计学处理过的可靠的实验数据。所谓可靠，就是要做到检验方案合理、建模成功、仪器和实验室环境条件合格、指标测定准确等，在这些方面都经得起检查。如果有问题，要及时解决，或者推倒重做。如果没有问题，数据是可靠的，那么，根据这些数据所做的判定，不管是正结果，还是负结果，不管委托企业及有关部门高兴还

是不高兴，都是不受任何干扰的正确的判定。

3.2 树立实验工作质量的保证要建立在扎实的基础工作之上的理念

实验工作的质量是检测工作的生命线。为此，在实验室环境、仪器、药品、实验动物的饲养等各个环节都要做好保证与监督工作。除此以外，还必须在方法上下功夫，系统地摸清楚影响实验结果的各种基础条件。例如，在研究保健食品消除疲劳的功能时，往往用血乳酸作为一项重要的指标。我们系统地研究了随运动的不同时间实验动物血液中乳酸含量的动态变化规律。由此发现，如果以某一时刻血乳酸含量的高低作为评价保健食品功能的指标，往往会造成较大误差，甚至得出错误结论。提出用血乳酸的动态变化，即用血乳酸的平均恢复速率和恢复水平这两项指标说明降低血乳酸的效果。由于检测工作大多是慢性动物试验，影响实验结果的因素很多，常常遇到意想不到的问题。这时，我们不主张用"押宝、撞大运"的办法来解决问题，而主张用回溯基础的方法来解决问题。例如，按文献值用四氧嘧啶来制造高血糖动物模型，有时成功，有时不成功，我们重新研究摸索出不同剂量四氧嘧啶对动物的影响，在此基础上对剂量作了调整，从而解决了问题。我们从大量实践中总结出一条重要理念：把实验质量的保证建立在扎实的基础工作之上。

3.3 树立在严谨中求创新的理念

保健食品是一种新兴食品，它在我国刚刚取得合法地位。保健食品的发展方兴未艾。今后，不仅会不断涌现出新的保健食品，而且会不断开发出保健食品的新功能及新的功能因素和新的检测方法。前面讲到，"中心"在第一线从事检测工作的人员均为年轻教师，他们是跨世纪的人才。着眼于食品科学的发展，也着眼于年轻教师的成长，"中心"既安排他们按现行规范做检测工作，同时又安排他们摸索新功能和新方法。每一位青年同志都要从事这两种工作，完成两种任务，而不是单一的一种工作。要求他们把执行规范和探索创新结合起来，在两个方面都得到锻炼，增长才干，从而使"中心"能跟上保健食品的发展的步伐，并在某些方面走到保健食品发展的前列。这就是我们在实验室工作中树立的一条重要理念：在严谨中求创新。

回顾"中心"建立一年多来，在实验室建设、完成检测任务及教学实习等方面均取得可喜的成绩。我们认为，最重要的还是在队伍建设上迈开了坚实的一步。现在，"中心"已经建立起严谨有序的工作秩序，自觉执行规范，将高度的社会责任感和科学精神相结合，积极探索创新已经形成风气。年轻同志通过实际工作，得到扎扎实实的锻炼，在各个方面取得长足进步。现在我们"中心"的装备水平和国内外同类先进实验室相比还有一段差距，年轻同志的业务水平还有待提高，然而，凭借这样一支积极进取的队伍，一个好的学风和工作作风，我们将能一步一步扎扎实实地前进，去迎接 21 世纪的挑战。

原文曾以《开拓实验室的社会服务功能，全面推进实验室建设》为题发表于《北京联合大学高教研究》，1998 年第 1 期，并被《二十一世纪中国社会发展战略研究文集》收录

更好地发挥实验室的社会服务功能

徐 峰 葛明德 金宗濂

北京联合大学 应用文理学院

北京联合大学应用文理学院生化系自从确立了以食品与健康关系为主要方向以后，在实验室建设上，始终兼顾教学、科研与社会服务3种功能，建立了包括7大类功能共60余项检测指标的保健食品功能检测方法。1996年7月，保健食品实验室分别获北京市实验动物管理委员会和北京医学实验动物管理委员会所颁发的实验动物环境设施合格证书；1996年10月，通过了北京市技术监督局的计量认证；1997年4月21日卫生部正式认定北京联合大学应用文理学院保健食品功能检测中心（以下简称"中心"）为保健食品功能学检测机构。实践证明，有条件的高校实验室开展社会服务，在学校和社会之间建立起一个双向交流的窗口，推动了实验教学内容和方法的革新，为实验室建设开辟出一条新的经费渠道，建立起自我滚动发展的机制。

1 建立起学校和社会息息相通的双向交流"窗口"

开拓学校实验室的社会服务功能，其意义首先在于建立起学校和社会双向交流的一个窗口，使之成为产、学、研相结合的一种行之有效的途径。

一年多来，"中心"一共接受了56家企业62种产品的80项功能的检测任务，通过"中心"检测和研究的保健食品，不仅在种类上，而且在功能类型和基础材料类型上，比过去成倍地增加，为学科建设、课程建设提供了大量的第一手材料。更重要的是，"中心"由此步入保健食品产业与科技发展的主战场，并逐步地从边缘走向中心。"中心"与众多保健食品的企业和科研单位建立起了密切的联系，进行多方面的协作，积极参与并推动有关保健食品及其科技发展战略的研讨和学术交流，摸到了保健食品发展的脉搏，比较真切地把握住它的现状、发展动向和存在的问题。这一切对于学校生化专业的教学、科研及师资队伍的建设，具有巨大的推动作用。

另外，接受企业委托，用现代科学方法，确认企业生产的保健食品功能，其本身就是对保健食品的一种重要的科技投入。我国有关企业生产的保健食品多是根据中医理论和民间秘方配制而成，属于第一代传统保健食品，经过严格的功能学检验就能使之转变成有明确的保健功能和量效关系的现代功能食品。从某种意义上讲，这也是知识转化为现实生产力的一种方式。经过我们检验而被肯定的产品中已经有数十种被卫生部鉴定认可而投入市场。事实证明，开拓实验室的社会服务功能是高等院校直接介入社会经济发展的一种有效形式。

2 推动实验教学内容和方法的改革

教学实验是高校教学中的一个重要实践环节。传统的教学实验，主要是印证性和模拟性的实验。这些实验在培养学生具有实验工作的基本知识、基本方法等方面，有着不可替代的作用。为了开拓和发展应用方向，特别是在高等职业教育中，不仅要给学生以基本实验训练，而且要给予综合性、实战性的实验训练，增强学生真刀真枪解决问题的能力，我们将社会服务纳入实验室的工作内容，为这种综合性、实战性的实验训练创造了更多的条件。

"中心"建立时，就明确它既是为社会服务的检测机构，又是我校食品检测高等职业教育的实训基地。1997年9月，"中心"开始接待学生实习，学生到"中心"可以参加实验动物饲养、制造模型动物、生化指标测定、盲样测试、数据统计处理等检测工作全过程。"中心"工作人员为同学讲了"检测程序与质量系统"等五个专题。由于这些专题均来自检测工作第一线的经验和体会，使实习同学较好地把握检测工作的任务、方针、程序、规范、方法及注意事项，从而受到扎实有效的训练。

3　开辟新的经费渠道，实行自我滚动发展

"中心"是不以营利为目的的自收自支事业单位，为社会有偿服务所收取的检测经费，用于"中心"的日常开支和"中心"自身建设，从而形成了服务和建设滚动发展的机制。

从1996年7月筹备建立"中心"到1997年年底，用于实验室建设的经费共105.8万元，除北京市教育委员会和北京联合大学校本部拨给"中心"35万元作为高职实训基地的经费，北京市科学技术委员会拨给"中心"15万元作为动物房建设的补助款，其余55.8万元均来自"中心"收取的检测费。现在已建成140 m^2的检验室和100 m^2的二级动物房，置备了全部的空调设备及分光光度计、分析天平、二氧化碳培养箱、自动酶标仪、离心机、生化培养箱、超净工作台、显微镜等仪器共20余件。

开展对社会的有偿服务，开辟了新的经费渠道，有力推动了实验室建设，同时，对"中心"在实验室建设过程中更加精打细算、提高效益，以及更好地走群众路线，实行民主决策方面也是有意义的。

原文发表于《北京联合大学高教研究》，1988年第1期

以科研为先导,推动学科建设,办好特色专业
——食品科学和营养学专业方向与学科建设 15 年回顾

金宗濂 葛明德

北京联合大学 应用文理学院

食品科学和营养学是应用生物学的一个领域。它是生理学、生物化学、微生物学和营养学等学科与食品工业相结合的产物。该学科在国外发展很快,很多一流大学都设有该专业,培养本科生、硕士生乃至博士生。至 20 世纪 80 年代初,国内尚没一所高校设置以此学科为主攻方向的专业。北京联合大学应用文理学院(当时北京大学分校)生物系于 1982 年年底确立了以食品科学与营养学作为我院生物系一个主要专业方向,1983 年 9 月招收专科生,1984 年开始招收本科生,至今已有 11 届本科毕业生。自 1994 年起又开始招收硕士研究生,迄今已有 2 名研究生获硕士学位,其中一名已赴美国继续深造,攻读博士学位。此外,在学科建设基础上,1995 年还设置了食品检测和食品工艺高职专业。食品科学和营养学专业的建立,填补了当时国内高校学科设置的一项空白。1989 年"食品科学和营养学专业设置和建设"获北京市优秀教学成果奖。1992 年年底,被评为北京市级重点建设学科。

1 深入实际,走向前沿,找到自己的位置,选好专业的主攻方向

1978 年北京大学分校建校之初,生物系基本上按基础理科模式设置专业。1983 年首届学生毕业,我们认识到培养基础理科专业人才,不是我们这样一所市属高校的当务之急。我们应另辟蹊径,走出一条办好应用理科专业的路子。为了使生物系专业更好适应社会需要,经过大量社会调查和严格论证,经北京市高等教育局批准,1984 年开始试办当时国内尚属空白的食品科学和营养学专业,培养将营养学、生理学及生物化学等生命科学成就用于食品工业的专业人才。专业方向确定后,我们又制定了一个既有良好理科知识结构和科学素质,又有一定食品工业知识的应用理科专业的教学计划。

专业创立伊始,建设专业应该从哪里着手呢?我们认为,要创办这样一个崭新的应用理科专业,必须组织教师深入我国食品工业发展与建设的实际,倾听实践的呼声,并努力开创食品科学真正前沿性的工作。这就意味着我们要努力将营养学和食品工业结合起来,基础与应用相结合起来,开展科研工作。只有进行了这种类型的科研工作,从中获得了第一手经验,才能真正理解和把握如何去培养这种类型的人才。这样我们确定了以科研为突破口,推动学科和专业建设的思路。

抓科研,首要问题是选择科研方向。经过大量调查论证,我们逐步认识到在食品科学领域内有两个重要方向,一个是研究食品加工、运输和储存过程中物理、化学和生化变化及其机理的方向。培养这类人才需要较好的工科基础。目前轻工业、农业院校的食品科学专业大致属此类型。食品科学的另一重要方向是研究"食品与人类健康"关系。它需要较好的生理学、生物化学、营养学等理科基础。后者恰恰是食品工业和生物化学、生理学等基础学科相互交叉、相互渗透的结合点。选择这个领域作为专业方向,符合我校实际,利于扬长避短,将专业办出特色。研究食品和人类健康的关系,除了研究食品的营养和感官等两种功能属性外,还有一个

当时被人们所忽略的食品的特殊生理功能或称食品的保健功能。自 1985 年起，我们确定将"保健（功能）食品的理论及新产品开发"作为我系科研主攻方向。

保健（功能）食品已经成为当今食品研究开发的世界潮流。这类食品在人们温饱问题解决后，随着经济发展和人们生活水平提高必有大幅增长。这一点已经被我国 20 世纪 80 年代末以来的保健食品的发展事实所证明。选择这一方向无疑有很强生命力，也符合我国国情和发展潮流。由于这是一个全新的应用研究课题，选择这一科研方向也有利于处理好"基础和应用""理与工""学术成果和经济效益""当前及长远"等四方面的关系，有利于我们探索如何办好应用理科专业。

1993 年，我们接受了一个北京市自然科学基金资助的课题：天然腺苷受体阻断剂改善老年记忆障碍研究。腺苷是一种神经调质，研究它与衰老的关系是当今基础生物学、实验性老年医学研究的一个前沿课题，是国外衰老生物学和老年医学研究的热点之一，但国内外还很少报道。开展这方面研究，我们有较好的条件：有素质较好的生理学及生物化学的专门人才，有北京大学老专家指导。我们有条件从事这项在国内尚属领先、接近国际同类研究先进水平的工作。但作为一个应用理科专业，尚不能停留于此，还必须考虑它的应用前景，因此在课题设计时，我们从天然资源中筛选"腺苷受体阻断剂"，将它进一步开发成延缓老年记忆障碍和老年痴呆的保健食品，并将此作为科研主要内容列入研究计划。经过三年的努力工作，现已结题。从查找报告看"用 HPLC 加电化学检测器测定脑内乙酰胆碱"，在国内尚未见报道，国际上也属行进水平。在研究中提出的"腺苷是老年记忆障碍和老年痴呆很重要原因"的科学假设，在国内外尚未见报道。目前已完成了发展性研究，证明了口服的有效性，确定了最适口服剂量，为开发产品完成了关键性技术工作。根据腺苷的脂肪动员功能，我们与中国人民解放军总后勤部军需装备研究所合作，完成了总后"八五攻关课题"——高能野战口粮研究，经专家鉴定，认为是国际上第一个具有功能性的军粮，属国际首创。1998～1999 年将装备部队。可见，在保健（功能）食品领域内，只要课题选得好，就可处理好上述四方面关系。

2 倾听实践呼声，从自身条件出发，用滚动发展的办法，推动学科建设和专业建设

自 1985 年开始，我们在功能食品研究领域内，经过十余年坚持不懈工作，取得了一定成绩。回顾起来，大体上可划分为两个阶段。第一个阶段，大约花费了五年时间（1985～1990 年）。当时科研方向刚确定，物质条件较差，教师队伍刚组成，根据社会和文献调查得知，研究保健食品首要的任务是要用现代生理学、生物化学和营养学的理论建立一套评价食品保健功能的指标体系和检测方法。这是一项研究保健食品的基础工作，要开展这项研究当时面临三方面困难。

第一个困难，在 20 世纪 80 年代后期，开展这项研究没有现成的国内外文献可供借鉴。原因是在此期间，世界范围内对食品的健康（保健）功能是否客观存在，能否用现代科学方法予以检测，尚是一个悬而未决的问题。1983 年，我国的《中华人民共和国食品卫生法（试行）》只承认食品的营养和感官功能，不认可食品的保健功能。第二个困难，1985 年，我们还没有科研实验室，硬件条件极差。科研队伍刚组成，年轻、缺乏经验。第三个困难，系里一些同志受传统思想影响，认为保健功能评价指标的研究水平低。

经过多次讨论，意见逐步趋一致。多数同志认为进行功能评价指标的研究是开展保健食品科研的基础性工作。当时在国内外尚属空白。我系有较好的生理、生化的基础，从这一起点开始，采用滚动发展办法，为今后赶上国内外先进水平创造良好条件。为此我们制定了专业

建设三步走的奋斗目标，即 1985～1990 年初具规模；1991～1995 年在国内本学科领域内处于先进地位；1996～2000 年在某些方面进入国际先进水平。这样经过五年时间，到 1990 年我们建立了 8 项功能 60 余项评价指标，使我们在保健功能评价方面在国内占据了领先地位。1992 年后，在总结了我系科研工作基础上，于 1995 年由北京大学出版社出版了我国第一部保健食品功能评价专著《功能食品评价原理及方法》。该书得到了广大科研人员和有关领导的首肯。此时，正值"保健食品管理办法"即将出台。有关部门正在制定"保健食品功能评价程序与方法"等法规性文件，这本专著就成为他们编制文件主要参考材料。金宗濂教授被选为卫生部"食品卫生评审委员"和"保健食品功能检测机构认定专家组成员"，成为唯一一位非卫生部系统的专家。我院的"保健食品功能检测中心"（以下简称"中心"）也被卫生部认定为国家级保健食品功能检测中心，两年多来，中心七名专职人员，完成了 400 余万元的检测任务。1998 年开始，"中心"不仅逐渐向科研领域拓展，还承担了我校"食品检测"高职专业的实训基地，使高校的实验室，不仅完成教学、科研等基本任务，还拓展了它们社会服务功能。

十年来的科研工作使我们认识到：第一，国家教育委员会的"分层次"办学原则，鼓励各类高校，在各自的层次上办出特色，办出水平的方针是正确的。我们不能一开始就将目标定在某些尖端课题上。科研必须是前沿性的，但前沿的课题并不都是尖端的高科技课题。我们可以在自己的层次上办出特色，办出水平，创造一流工作。第二，要发扬"钉子"精神，方向一旦选好，不要轻易改变，要十几年如一日，持之以恒，能求生存，得发展，并采用滚雪球办法，从小到大，形成实力。第三，将科研和教学结合起来，用科研带动学科建设和课题建设。十余年来，我们先后动用 60 余万创收，支持教学实验室建设。我们在总结科研工作基础上为本科四年级学生开设了"功能食品"专题讲座课，不仅讲授功能食品基本知识，各种保健功能评价原理和检测方法，还试图通过该课程启发学生如何将生命科学成就应用于食品工业的思路和方法。

1992 年以后，我们的科研工作进入了第二个阶段。我们抓住了北京市高等教育局建设重点学科的时机，以 50 万元重点学科建设费，建设了"功能食品实验室"，添设了具有 90 年代初期国际先进水平的 HPLC 和高速离心机等设备，使实验室有可能开展接近国际先进水平的第三代保健食品的研究工作。自 1992 年开始的五年内，我们从上级获得了各类款项 215 万元，建设和发展了教学和科研实验室。1994 年，金宗濂教授与首都医科大学合作，开始招收脑营养硕士研究生，现已有 2 人获硕士学位。自 1994 年开始的四年多时间内，该专业完成近 250 万元横向研究课题和两项省部级重点科研项目。保健食品功能评价指标的建立和第三代保健食品研制，使我们在保健食品研究、开发和检测领域在国内占据领先地位，接近国际水平。

1998 年，我们入围国家科学技术委员会生物技术领域"九五"攻关课题："机能性食品及添加剂"，并受北京大学、浙江农业大学邀请，共同合作完成金属硫蛋白（metallothionein，MT）和促红细胞生成素（erythropoietin，EPO）等生物技术制药领域"九五"攻关课题。我们担任了五个国家级二级学会的常务理事和副会长职务。1999 年《保健食品的功能评价与开发》一书，由中国轻工业出版社出版。五年来，该专业老师共发表论文 80 余篇，其中国内重要学术刊物 24 篇，SCI 收录 8 篇，更重要的是该专业形成了一支可打硬仗的科研团队，这支团队人数不多，但是未来三年，该学科更应注重开展科研工作以进一步推动学科建设。

3　组织起来，集中力量，干出系统的科研成果，让优秀人才脱颖而出

十五年来的科研和学科建设，使我们逐步认识到：我们不能把科研与教学对立起来，而应

该使之结合起来，使高等学校的三项功能：教学、科研和社会服务能互相促进、互相依赖、互为条件。要创造条件开展工作，而不是坐等时机。要做到这一点，关键在于把队伍组织好。

当代的科学技术研究很少是单纯的科学家的个人创造，任何一项比较重大的成果都是由一个科学集体来完成的。只有组织起来，形成拳头才能在科技战线上打好阵地战，取得比较系统的重大的成果。因此，科研方向必须相对集中，不宜分散。我们认为像我们这类学校一个近20人的小系，原有基础又非常薄弱，也许全系重点从事一个方向为好，而且要长期坚持，持之以恒，才能做出成绩。当然也可允许少数同志根据自己的志趣，从事别的课题。但系里只集中精力从事少数几个方向，争取拿到一批比较系统、比较重大的成果。

如何组织科研队伍呢？我们的做法是：①采取双向选择，在自愿的基础上组织科研队伍；②科研队伍要形成核心，要提倡团队精神，要关心骨干成长，要使干活的人舒心；③尊重科学，尊重劳动，严格要求，严格考核，不平均主义，在有一定经济效益时，保证多劳多得，拉开差距；④要有竞争机制，不论资排辈，而以业绩论英雄。

如何使学科带头人脱颖而出是一个相当重要的问题。一个学科的发展需要一批勤勤恳恳、踏实工作的业务骨干，还需要一些成熟的专家作为学科带头人。这些学科带头人被社会认可，将会推动一个学科，乃至整个学校上一个台阶。这就好像一个交响乐团要有一批高素质的演奏员，还要有杰出的指挥和第一提琴手。我们这样的学校，知名专家、学科带头人不是太多，而是少了。特别重要的是，在这世纪之交，培养跨世纪的中青年业务骨干和学科带头人，已经作为十分紧迫的战略任务提到我们面前。如何使学科带头人能排除各种障碍，脱颖而出，是校系两级领导一项严肃的任务。这项任务不是可有可无，而是深化教学改革赋予高校一项义不容辞的政治任务，是每一所高校得以生存和发展的生命线。

4 以更加扎实的工作迎接新世纪的到来

回顾十五年来风风雨雨，酸甜苦辣俱在。展望未来，这还仅仅是一个序幕。总的讲还是打基础阶段。现在的问题是如何面向21世纪，努力拼搏，不断进取，使专业和学科建设上一个新台阶，迎接新世纪的挑战。当前随着教育体制改革的深入，十多所部委高校进入北京市，国家教育委员会为了加强素质教育，拓宽基础教学，修改了专业目录。生命科学方向仅设置"生物科学"和"生物技术"两个专业。我们深感形势紧迫，决定加快步伐建设"生物技术"专业。

1994年，应用文理学院院系科调整，生物和化学两系共建生物化学专业，下设"食品科学和营养学""生物工程（技术）""现代仪器分析"三个方向。但由于当时主客观条件限制，仅先行建设了"食品科学和营养学"和"现代仪器分析"两个方向。生物技术方向至今尚未开设。根据我们建设"食品科学和营养学"专业经验，要建设好一个学科，要办好一个专业，办出特色、办出水平，一定要以科研为先导带动学科和专业建设，牵动师资队伍成长。1994年在建设生化专业时，由于缺乏必要的软、硬件条件，开展生物技术科研时机尚不成熟。自1994年开始，我们在发展"食品科学和营养学"学科的同时，为建设生物技术专业方向，特别是开展生物技术科研进行了多方努力和准备。

首先是人才的培养和储备，1996年下半年我们派出了两名青年骨干教师分赴美国和日本深造学习生物技术。一名赴美教师，在美一年半已于今年8月学成回国，另一名赴日攻读硕士学位的青年教师将于明年3月回国。他们将成为我们今后建设生物技术专业的骨干教师和学术带头人。

其次，当前我国生物技术主要有三个应用领域：医药、农业和轻化工。由中国生物工程中

心组织三个领域的"九五"攻关课题,我们已经入围,获得"轻化工生物技术新工艺研究"的一个子课题"机能食品及添加剂研究"。该课题自1998年开始至2000年完成,共获20万科研补助费。同时还与北京大学、浙江农业大学合作开发生物医药(金属硫蛋白和促红细胞生成素)下游工程研究。由此,我们挤进了国家"九五"生物技术攻关项目,实现了"零"的突破。这对我们今后开展生物技术的科研,培养自己的教师队伍,无疑有重要意义。

再次,学科带头人金宗濂教授已经在国内保健食品界获得一定声誉。我们要利用这个条件开展国内外合作,进一步推动学科建设。1997年,金宗濂教授受青岛海洋大学校长管华诗院士邀请,正式受聘该校国家"海洋药品和食品"重点实验室和食品工程系兼职教授,该实验室有开展生物技术研究国际一流装备,这是我们建设生物技术专业一支重要借助力量,可借此开展科学研究,建设和培养自己的师资队伍。我们要有意识地向社会推出中青年的骨干教师,让他们的学术成就获得社会的承认,这不是个人的事,而是事业发展的需要。

最后,近年来经国内专家多方呼吁,建设"生物技术"专业条件日趋成熟。今年11月,国家轻工业局规划司,会同无锡轻工大学将集中国内各路专家,研究"我国食品工业和生物技术"发展,届时也将讨论食品和生物技术高级人才培养问题。农业部于1998年8月在内蒙古研究如何编写"生物技术"内容的教材,并于2000年前出版。教育部将于1998年9月在武汉研讨生物技术专业的教学计划和课程设置。上述一切将为我院设置和发展生物技术专业创造较好的外部条件。

因此,我们考虑当前面临的紧迫形势,为了迎接21世纪,我们应当加快开展生物技术的科研,从功能食品开始,逐渐向轻化工其他领域和生物医药、农业方向扩展,从下游工程开始逐步向上游拓宽。同时采取渐进的、由浅入深滚动式发展的策略,在教师队伍建设上,采取"走出去,请进来"的方法,先在别人腿上搓麻绳,借用别人装备,开展自己科研培养教师队伍。同时,利用周边如北京大学、清华大学、中国科学院及高新企业的有利师资条件,来校开设专业课,同时培养自己教师队伍。实验课也先添基本设备,开设基本教学实验,强调基本功训练,再向深难实验进军。在经费方面采取"上级拨款"和"自筹资金"相结合的办法,在滚动中求发展。争取再一个十五年,我们将在生物技术领域内,有我们的特色,有我们的一席之地,为北京市和全国的经济建设做出我们应有的贡献。

面向21世纪,在发展应用理科的同时,还应集中一些力量发展高等职业教育,为北京联合大学建成北京市的高职中心做出应有贡献,建设高职中心是北京联合大学在世纪末最后的一项选择,也是21世纪我们得以生存和快速发展的一项重要的抉择。

原文发表于《北京联合大学高教研究》,1998年第2期

发展高等职业技术教育，培养"技术型"的食品工业人才

白　桦　唐秀华　孙士英　金宗濂

北京联合大学　应用文理学院

【摘要】　本文结合我国食品工业技术人才的现状，论述了发展高等职业技术教育的重要性；介绍了"食品工艺与质量监控"专业高职试点班的特点、培养目标、课程体系、教学计划等，认为大学与中专联合办高等职业教育是一种高效率的办学途径。

【关键词】　高等职业技术教育；食品工艺；质量监控

1995年应用文理学院生物化学部与北京市第一轻工业学校联合试办"食品工艺与质量监控"专业的高等职业教育班。经过几次研讨，并学习其他院校的经验，我们对开展高等职业教育的必要性的认识有了明显的提高。为了适应首都经济建设的发展，推动食品工业发展，生物化学部在培养"食品科学与营养学"专业的学科型人才的同时，大力发展高等职业技术教育，培养技术型的食品工艺与质量监控人才。

1　发展高等职业技术教育，提高劳动者的科学文化素质，是振兴我国食品工业的必由之路

高等职业教育是国民教育体系中的重要组成部分，是生产社会化、现代化的重要支柱。随着科学技术的迅速发展，技术密集型企业和以高新技术产业为代表的第三产业的兴起，不仅需要研究、设计、规划、决策的学术型和工程型人才，更需要大批受过高等职业教育并在生产或工作第一线从事生产技术和经营管理的技术型和管理型人才。当前，世界各国有志之士都逐渐认识到"技术"对于社会发展所起的促进作用。越来越多的国家期望通过职业教育，提高和改善劳动者的素质，以此提高科技转化为生产力的能力，以推动经济的高速发展。

在我国，食品工业是从手工业基础上发展起来的，设备陈旧落后，工人的素质低，技术力量差。至1985年，北京市的食品行业中，中专以上的技术人员不足0.9%。至20世纪90年代，技术人员的比例也不超过2%，这是北京市食品工业长期落后的根本原因之一。为此，应用文理学院在1983年设置了"食品科学与营养学"专业，为北京市的食品工业培养高级专门人才。但是，近10年来，随着改革开放的不断深入，食品工业的面貌发生了根本的变化，不仅将如生物工程这样的高新技术引入食品工业，而且以高精尖的自动化设备和生产线武装首都的食品工厂。越来越多的人逐渐认识到，企业的竞争实质上是技术的竞争，说到底是人才的竞争。企业发展需要一批既有一定的理论知识，又有较强的实际动手能力，面向生产第一线从事成熟技术应用和运作的技术和管理人才。1995年5月，应用文理学院生物化学部主任金宗濂教授去中国台湾讲学，走访了台湾的重点食品企业——统一食品集团。该企业仅是一般食品的生产企业，但它的经济效益却与中国大陆地区效益较好的药业大厂（如南方制药厂）相当。除了科研投入不同外，重要原因是员工的素质。他们的工人一般都受过高等职业技术教育，还有相当一批是本科生。由此可见，职业教育与社会经济发展存在着天然的、紧密的联系，它是社会经济发展的一个支撑。发展食品工业不仅需要从事科研开发、规划和设计的学术型人才，更需要大批在生产第一线从事生产组织和管理的技术型人才。由于生产现代化，中等技术人才已不能胜

任现代化大生产，培养高等技术人才被提到议事日程。因此，生物化学部决定在本科专业"食品科学与营养学"和"近代仪器分析"的基础上，试办高等职业技术教育班，以满足北京市食品工业向现代化企业接轨的需要。

2　以职业岗位设置专业，确定培养目标，是高等职业教育的一个重要特征

高等职业技术教育是高等教育的一个组成部分，它具有高等教育的属性，但又不同于普通高等教育。高等职业教育并非仅以知识的获取为主要目标，而是以达到胜任一定的职业岗位要求为目标。在调查中我们了解到，在食品和工业发酵行业中，需要一批能够从事常规工艺技术实施、工艺管理、生产调度、产品检测的工艺员、质量监控员，以及从事产品更新、副产品综合利用、小型技术试验等的高等专业技术人员。这些岗位，要求在岗技术人员有较强的实际动手能力，较好的应变能力和组织能力，在理论方面仅要求知识够用。因此，高等职业技术教育与普通高等教育相比，具有以下特点。

（1）以岗位设置专业，从岗位出发提出能力和技能的培养目标。

（2）在理论知识方面，要求理论深度低于普通高等教育，但要具有较宽的知识面。我们调整了部分课程，不再上"普通物理"课，增开了"电子电工、化工仪表"等课程；取消了"物理化学"课，相对减少其他基础理论课学时，以理论知识够用为限。

（3）在实践教学方面，比普通高等教育要求更高，加强实践教学环节，强调综合运用各种知识解决实际问题。目前，本专业的普通实验课学时已占总学时的43.6%，除此之外，还有15周的综合训练、岗位培训和16周的毕业设计，以增强学生的职业技能和职业能力。

（4）学生毕业后，不仅可以取得学历文凭，而且还可获权威机构授予的技术等级证书。

中等专业教育也是按某一职业岗位设置专业，以培养中级技术型的专门人才为目标。在这一点上，它与高等职业教育的本质是一样的，但两者相比，高等职业教育具有以下特点。

（1）培养目标是高级的技术型人才。

（2）在文化基础方面要高于中专，特别是在外语、应用数学、计算机应用等方面要有所加强，并应用于实践。

（3）在专业理论方面，在中专理论课的基础上，进一步加深拓宽，适应高新技术和复杂岗位的需要。

（4）在实践技能和能力方面，不仅熟练程度有所提高，而且能够适应日益现代化、复杂化的岗位。

总之，高等职业教育的目标是培养高等技术人员或技术师。它的文化基础是高中水平或建立在中专技能和技术基础之上的。因此，高等职业教育和中专教育是可以衔接的。

我们设置的"食品工艺与质量监控"专业，培养高级技术人才，它既区别于"食品科学与营养学"专业培养的学科型人才，也不同于中等专业学校培养的中级技术人才。

3　注重职业技能和职业能力培养是高等职业教育的核心

培养目标明确后，一个重要的问题就是如何确定课程体系、课程内容及时间分配计划。我们认为"食品工艺与质量监控"专业是培养工艺员（食品、发酵）和质量监控的技术型人才，因此，教学计划、课程设置及教学过程要具有明确的职业性特征，要确立知识和能力的标准，既要与中专衔接好，又要突出以能力培养为核心的职业技能和职业能力的培养。所以，在吸取国内外的经验后，我们从食品工艺和质量监控这两个岗位来确定能力培养目标，并围绕能力培

养制定教学计划。高等职业技术教育是以岗位设置专业，因此在课程设置上要满足岗位的要求。基础理论知识以够用为限，加强实践环节，进行各方面的综合训练，实践学时要占总学时的 50% 以上。根据岗位需要，我们将能力培养分为如下七个方面。

（1）基础能力：要具有高级技术人员的基本素质，能够将所学知识和技能运用于实际工作；具备一定的自学能力和知识更新能力，解决工作和学习中的一般问题；具有一定的计算、写作和社交能力。

（2）工艺实施能力：掌握食品发酵工艺的基本原理，熟悉食品发酵产品的检验项目和规定；懂得主要生产设备的工作原理和操作要点，针对生产问题，设计小型的工艺试验等。要熟悉原辅料产品的质量评价，掌握原材料设备对产品质量的影响，确定小型的技术改革项目，并提出方案等。

（3）工艺管理能力：掌握食品工艺的基本原理，熟悉食品发酵产品的检验项目和规定；熟悉全厂各车间的生产任务和生产规律，协助或参与新产品、新工艺、新技术的开发；具备食品品尝、酒类品评的初步技能，掌握工艺实验操作技能；具备起草工艺调整文件的能力，熟悉企业标准和企业工作程序，运用企业管理知识参与经济活动分析，懂得商品营销知识和市场调研方法；能够起草生产情况报告和总结等。

（4）实验检测能力：熟悉食品发酵产品国家标准，懂得食品发酵工艺基本原理；掌握食品发酵专业分析检测理论知识，掌握容量分析各种规范操作技能及仪器分析方法选择和操作技术；熟悉食品发酵产品理化检验标准，懂得检验与生产、工艺管理的关系；熟悉并执行微生物检验标准，在微生物实验项目、仪器分析项目、发酵分析项目方面每项不少于 50 学时。

（5）实际动手能力：掌握基础课、专业课及实验操作技能，通过工艺实习、课程设计、毕业设计的基本训练，具备自己动手制作试验仪器及安装等技能；会画工艺布置、配件管路、试验装置、试验设备等草图。要掌握计算机基础知识和操作技能，能使用常用的计算机应用软件，使计算机成为自己工作中必不可少的重要工具。

（6）中外语言及文字表达能力：能够起草工作计划和工作总结；能够做好资料整理和信息汇编工作；掌握试验报告、技术文件、技术论文书写方法和格式，并能够用专业技术术语进行交流；外文知识和能力要达到大学三级，并具有一般的听、说、交际能力。

（7）工作适应能力：要具有独立的工作和生活能力及自我约束能力；能够适应工作环境的变化，与上、下级相互配合，与群众处理好关系，正确对待逆境和困难。要具有较宽的知识面，能够跟上工作的新要求，在人际交往中，要礼貌待人，言谈举止稳重大方，要体现企业的精神面貌，维护企业的荣誉等。能力培养目标确定之后，我们将以怎样的方式来实现这些目标？我们参阅了中国台湾的相同专业的课程设置，决定采取阶梯式的课程结构，即第一年是职业基础教育；第二年是职业领域专门训练；第三年向特定的职业深入。配合实现每项培养目标，我们开设了相应的相关技术课、专业基础课、专业课及各种综合训练、毕业设计等教学实践活动。

4 与重点中专联合办学是有效利用资源，确保教学质量的好形式

突出岗位技术技能和实际动手能力的培养，是高等职业教育的一大特征，如果在整个教学过程中，不能全面、系统地突出这种能力的培养，就不能实现我们制定的培养目标，也办不出高等职业教育的特色。因此，在能力教学的目标和教学计划确定之后，最重要的问题是如何从教学的软、硬件方面来确保这一目标的实现，其中最重要的两个方面是实践教学与教材。由于种种原因，北京联合大学，特别是应用文理学院食品专业，目前尚无实践基地，尤其是食品工

艺，连个像样的实验室也没有。经过有关领导推荐，我们决定与北京市重点中专——北京市第一轻工业学校共同举办了应用文理学院首届高等职业教育——"食品工艺与质量监控"专业大专班。最近几年，北京市第一轻工业学校得到80万美金世界银行贷款，购置了许多较为先进的仪器和单元设备，还有一条饮料生产线。我们可以充分利用北京市第一轻工业学校现有的仪器设备条件，这样不仅可以共享教学资源，满足教学要求，完成教学过程中重要的实践环节，确保办学质量，而且可以节省大量的教学经费开支。

从双方的师资队伍建设来看，联合办学也是大有好处的，可以取长补短。大学的教师理论知识较深，科研能力强，但缺少生产第一线的实践经验。而中专教员，他们更着眼于实践环节，实践经验较为丰富，但在理论和科研方面相对较弱。因此，这种联合办学的形式，对双方教师是互相学习，取长补短，共同提高的极好机会。另外，高等职业教育的教师应是"双师型"的，既要有高等教育的理论基础和学术水平，又要有在生产第一线上的实践经验；既是教授、副教授，又是高级工程师、工程师或高级技师。要使我们的教师具备"双师型"的素质，通过这种联合办学形式，双方教师可以共同学习，共同进步，共同提高，逐步达到"双师型"的基本要求。

高等职业教育的发展在我国是近几年的事。要确保教学质量，教材问题日益突出。1995年北京联合大学应用文理学院金宗濂教授去中国台湾讲学，收集了有关仪器类的高等职业技术教育的教材。我们正在组织力量以中国台湾教材为基础，结合中国大陆的食品工业实际，编写适合"食品工艺与质量监控"专业用的教材，以确保培养高质量的技术型人才。

原文发表于《北京联合大学学报》，1995年第4期

张龙翔老师指导我们创办应用性生物学专业

葛明德　金宗濂

北京联合大学　应用文理学院

1984年初，我们二人在北京大学分校生物学系主持工作。我们接手该工作以后，面临的一项任务是研究北京大学分校生物学系的专业设置和专业方向问题。就在这时，我们在《生命的化学》杂志上看到北京大学校长张龙翔老师在中国生化学会理事会上的一段发言。张龙翔老师在这篇文章中用了相当大的篇幅谈了有关生物化学人才培养的问题，而且专门谈到为食品工业输送生物化学专门人才的问题，给了我们很大的启发。循着张龙翔老师的思路，我们去社会上做了一些调查，使我们进一步认识到张龙翔老师富有的远见卓识，他提出的看法反映了食品工业发展的趋势。经过一段时间的准备，我们去向张龙翔老师请示汇报。

一天晚上，张龙翔老师在家中接待了我们二人。他听完我们汇报以后，十分高兴地说："你们要在分校办这样一个'食品生物化学及营养学'专业，是一种很好的想法，我完全支持你们。"他着重和我们谈了以下两点：①北京大学分校是北京大学和北京市合办的一所市属院校，分校要面向北京市的需要，为北京市的社会主义建设服务，并以此来取得北京市社会各界的支持，办出自己的特色；②分校不要照搬北京大学的基础性理科或文科专业的模式，而要突破单纯理科的框框，多设计一些实用性学科，培养应用型人才。从这两点讲，你们办专业的思路就对了。

张龙翔老师认为："将食品科学和生物化学、营养学结合起来有很广阔的天地，在这方面我们国家还很薄弱，许多方面是空白，特别是没有一个专业培养这方面的人才，你们把这个专业办起来，填补这个空白，是很有意义的。"他认为，食品和健康的关系是一个很大也是很重要的问题，关系到广大人民的切身利益，现在应该是重视这个问题的时候了。他说："就我们北京大学而言，这样一个万人大学，每天这么多的学生到食堂吃饭，不是吃饱了、吃得还可口就没有事了，要了解他们的健康，要研究他们需要吃什么，要指导他们科学的吃饭，而要做好这件事，就需要这方面的专门人才，要去调查、分析、研究。"他认为把这个问题解决好，不用多花钱，就可以显著地提高学生的体质，有很多的疾病也可以预防和避免。张龙翔老师指出："这样的专业，分校要办，北京大学也应该办。"北京大学生物学系也要重视食品的生物化学问题、营养学问题的研究，在时机成熟时也要把这样的专业办起来，你们在分校先走一步。

张龙翔老师的谈话使我们进一步认识到办好这个专业的意义并给了我们很大的鼓舞。他帮助我们争取使上级领导机关批准试办这个专业，并给我们推荐人才，给予我们巨大的指导和支持。

1989年，北京大学分校（当时已改名北京联合大学文理学院）的食品生物化学营养学专业已经培养出第一届本科毕业生。我们对这一个比较完整的教学过程进行了总结。张龙翔老师已是古稀老人，他专程到分校，很有兴趣地看了教学计划、讲义、毕业论文等材料，再一次给了我们鼓励，并提出了指导意见。他提到："多年来，我一直在想食品和健康的问题，在想生物化学如何在食品科学方面发挥作用的问题。为此，我要做三件事：第一件倡导创办食品生物化学专业，这件事今天在北大分校实现了，这个专业是国家需要的，是有前途的。第二件，推荐一批年轻同志，到世界有名的食品科学的研究单位去留学，为国家培养高层次的专业人才。第三件，从我们多年基础研究的成果中选择一些应用于食品，使之转化为现实的生产力，推动食品科学、食品生物化学的发展。"他对祖国、对社会主义事业高度的责任心和对年轻一代的热爱和希望溢于言表，使在座的同志深受感动。

张龙翔老师所说的这三件事，他都一一付以实施。在20世纪80年代中后期，他推荐多人去国外攻读食品科学或食品生物化学。后来，张龙翔老师从无锡轻工业学院招一位博士后，完成了一个既有理论意义，又有重要应用价值的研究课题，即在张龙翔老师研究组利用基因工程获得胰蛋白酶的基础上，采用固定化酶的方法将牛乳中酪蛋白水解，获得类似人的母乳成分的奶粉。该项研究成果刚一问世，便得到国家和北京市科学技术委员会高度重视，组织食品工业部门进行中试，在很短时间内完了产业化，从而为我们的研究工作树立了个范例。

今天，食品与健康问题日益受到人们的重视，食品科学、食品生物化学已获得长足的进步。饮水不忘掘井人，张龙翔老师是我国生物化学界最早倡导开展食品生物化学研究、培养食品生物化学人才的老一辈科学家，并且亲自为此做了切实而又卓有成效的工作，这已经是不争的事实。历史同样不应忘记，张龙翔老师是我国食品科学富有远见的倡导者，是在此领域做出重要贡献的科学家。张龙翔老师指导我们创办应用性生物学专业这件事也见证了在北京联合大学办学的初期，各个"老校"对"分校"的援助、指导和贡献，这是我们每一个北京联合大学人不应该忘记的。

【作者简介】

葛明德，教授。曾任北京联合大学文理学院、应用文理学院院长。1998年退休。

原文发表于《往事钩沉》，北京联合大学应用文理学院建校三十周年

难忘于若木同志的指导和关怀
——记于若木同志指导我们创办食品科学专业

金宗濂

北京联合大学　应用文理学院

1983年初,葛明德(离任前为北京联合大学应用文理学院院长)和我两人来到当时的北京大学(以下简称北大)分校生物系工作。我们面临的首要任务是要将生物系的传统理科专业改造成应用理科专业。换句话说要建设应用生物专业。那么面向首都经济建设应当建立怎样的应用理科专业呢?经过一年多的社会调查和国内外文献查阅,又请教了北大的一些老校友,如时任天津轻工业学院院长姚国雄、北京营养源研究所所长朱相远等,此后经过反复研讨决定先建立"食品科学(生化)及营养学"专业,因为食品工业是国计民生的重大的产业,有人说:"一个民族的命运是看它吃什么和怎样的吃法。"而发展食品工业的关键是人才培养,是科学技术。在调查中我们发现,就总体而言,食品工业需要三方面专业人才:食品科学人才、食品工程人才及食品装备人才。以前我国食品类高等院校只培养食品工程和装备人才,没有设立培养食品科学人才的专业,而培养该类人才需要较强的生理学、生物化学、微生物学和营养学等基础学科,这正是背靠北大建设的北大分校的强项,因而建设这一专业易于发挥北大分校的优势,易于扬长避短。但是我们这一想法却遭到来自各方的非议,特别是来自当时教学行政部门的异议。他们提出当时教委的专业目录中没有"食品科学(生化)与营养学"专业名称。历史上,也没有一所高校曾设置过这类专业。难道高校还要设置做面包、做汽水的科学专业,培养高级技术人才吗?而且这类专业"非理""非工",有点不伦不类。1983年10月,我们在《红旗》杂志上看到了一篇署名于若木的关于营养与食品工业的文章。文章对我国食品营养的现状和问题做了深刻而又中肯的分析,对于解决这些问题的重要性和途径作了精辟而富有远见的阐述,使我们读了的人深受启发。我们想,如果我们把正在拟定的教学计划寄给这位专家征求意见,一定会对我们有很大的帮助。但是我们不知道于若木为何人,也不知道他的通信地址,大家商量后,就十分冒昧地将信和教学计划的草案寄到红旗杂志社,请他们转交给文章作者。后来我们才知道于若木同志是我国老一辈革命家陈云同志的夫人,一位多年潜心研究食品营养问题、很有造诣的营养学家,当时任中央书记处政策研究室的顾问。

1983年11月30日,于若木同志在她秘书于永龙陪同下,专程来我校和我们座谈办专业的问题。她就建立"食品科学与营养学"专业中一些问题发表了许多重要意见。

于若木同志说:"你校办食品科学与营养学专业非常及时,很有发展前途,国家需要,国内综合性大学办这一专业,你们是首创。你们制定的教学计划很好,你们可以办专业,也可设系。(北大)分校要办,总校(北大)也要办,有条件的大学都应办。""我们一方面要发展理论,也要发展应用学科""要多层次办学""四年制本科人数可少一些,两年制专科可多一些,大量办短期训练班"。

于若木同志针对当时教育界个别同志"重理论轻应用"这一问题时说:"我们有些同志看不起应用,觉得从事应用低人一等,这就是学风问题。科学研究缺乏与实际联系,看不起应用,这种状况是国家不发达的表现。这些问题现在还没引起大家重视,重视了问题是可以解决的。"她又说:"科研要面向经济,经济要靠科研。两者要结合,要提倡科研和应用相结合。"

听到于若木同志的这些语重心长的话,大家心里一下豁亮了,建立应用理科专业信心也坚定了。于是我们抓紧向有关方面沟通,不久,我们在分校设置"食品科学与营养学"专业的报告,也由北京市高等教育局正式批下来了。

接下来的问题是要建立应用理科专业,就需要建设应用理科专业实验室。这不仅是教学要求,也是科学研究的需要。但建设经费从哪儿来呢?根据当时的情况,如从北京市教育委员会系统解决10万元实验室建设经费,都很难办到,这时我们又想到了于若木同志。1984年3月,于若木同志在中南海的办公室接见了葛明德、杨师鞠和我三位教师,详细地听取了我们工作汇报,询问了我们的要求。她支持在北大分校先建设一个"食品生化"专业实验室,教学计划中一些基础实验可在北大做,专业实验室建好后,还可为北京市服务。她还指示我们,一定要将食品科学与营养学相结合,要发展食品营养方向。关于实验室建设经费问题,她会向北京市有关领导反映。不久,时任北京市经济贸易委员会副主任、北京市食品办公室陈式宽主任,受时任北京市韩伯平副市长委托,在北京市政府食品办公室接见了时任北大分校校长李椿和我。在听取我们汇报后很快地解决了10万元实验室建设经费。食品生化实验室很快在双清路(校区)建设好了,这不仅满足了我们上专业课的需要,更重要的是使我们有条件开展应用性科学研究。通过科研推动学科建设,并通过滚雪球的方式,使我们的学科从小到大,从弱变强,成为我校学科建设一个亮点。此后在国内各种大小会议上我经常能见到于若木同志,每次她都会亲切地问长问短,十分关心我们"专业"和"学科"的建设与发展。现在我院的"食品科学"学科已成为北京市重点建设学科,"生物活性物质和功能食品"实验室成为北京市重点实验室;"保健食品功能检测中心"成为国家认定的实验室,是非卫生部系统唯一一个保健功能检测实验室。此外还建立了"食品科学"硕士点。

在创办营养学及食品生物化学专业过程中,我们有幸认识了于若木同志。这是一位有崇高的精神境界而又平易近人的老共产党员,一位在学术上有真知灼见又能为解决我国食品营养问题干多事的老一辈营养学家,无论是在做人上还是在治学上都是我们的楷模,在我们专业建设上起到的推动和指导作用是十分重要的。二十五年弹指一挥间,老人已经驾鹤西去,但她的音容笑貌久久在我们心里回荡。可以毫不夸张地说,没有老人的关心和爱护,就没有我们的今天,起码要大大推迟它的到来。我深深感到,我们要感恩,只有感恩才有继承,只有继承我们才会有发展。

【作者简介】

金宗濂,教授,享受政府特殊津贴专家。曾任北京联合大学应用文理学院生物学系主任、生物活性物质与功能食品北京市重点实验室主任。2007年退休。

原文发表于《往事钩沉》,北京联合大学应用文理学院建校三十周年功能食品是时代的产物，可弥补膳食结构之不足，从而提高免疫力，延缓衰老……，前景十分广阔。

题赠
《功能食品评价原理及方法》

于若木

一九九五.九.十四

顾景范教授为《功能食品评价原理及方法》一书作序

顾景范教授为金宗濂等编著《功能食品评价原理及方法》一书作序,此为序之全文,刊登如下,以飨读者。

功能食品是指一类具有一般营养和感官功能以外的特殊生理功能的食品,在我国常称为营养保健食品。营养学家主张食物多样化,强调合理膳食构成,认为通过膳食可以达到营养需要和保证健康的目的。但也不可否认,食物含有许多成分,有一些并非已知营养素,因而具有新的生理功效。

我国人民生活水平提高以后,对食品的要求已不满足于达到营养需要,而是希望增强体质,提高防病能力,于是各种营养保健食品应运而生,成为食品中的一支生力军。但由于对这一类食品的检测和管理缺乏明确规定,因此各生产厂家均以炫耀其产品的特殊功能作为竞争的主要手段,有的甚至到了离奇的程度,而实际上并无科学的实验数据。广大群众缺乏营养知识和医学常识,选择产品只是随着广告走,以致良莠不分,上当受骗,贻害无穷。其实,昂贵的价格不一定与其功效成正比,有时还适得其反。因此,科学地评价营养保健食品的功能和进行严格管理等问题已到了非解决不可的时候了。

金宗濂教授等在多年从事功能食品评价工作的基础上,结合评价方法的基础理论与实际经验,编写了这样一本既有原理又有操作,覆盖主要类别功能的专著,在我国首次提出一套可行的评价功能食品的方法,对促进研究与生产,指导监督与管理起到了重要作用。我祝贺本书的出版,并希望广大专业人员很好利用它,宣传它,正确推广营养保健食品的应用,以推动我国营养科学与食品科学的新发展。

顾景范
1995 年 8 月

【作者简介】

顾景范(1927—),教授,军事医学科学院卫生学环境医学研究所所长,中国营养学会原理事长。

李椿校长为《食品科学论文集》作序

1999年北京大学分校生物系食品科学与营养学专业建立15周年，由时任系主任、学科带头人金宗濂教授主编的《食品科学论文集》一书，由北京联合大学文理学院院长李椿作序，此为"序"之全文，刊登如下，以飨读者。

1978年，伴随我国跨入以经济建设为中心的新的历史时期，北京大学分校（现北京联合大学应用文理学院）和其他各大学的分校一起应运而生。1983年，首届学生毕业，我们通过回顾总结4年的办学经验，逐步明确了这样一点：北京大学分校作为一所市属院校，应该将重点放在发展应用学科，培养北京市所需要的应用人才上，应该扎根北京，在为北京市社会主义经济建设和社会发展服务中，办出自己的特色。在这个大背景下，生物系的葛明德、金宗濂等同志积极行动起来，经过大量的社会调查和文献调研，提出生物系以食品科学与营养学为专业方向，并在1985年确立以"食品与人类健康"为主攻方向。从那时起到现在，15年过去了，这本论文集是他们专业建设、学科建设的历史记录。

15年来，该院生物系（现生化系）的同志在专业建设和学科建设上付出了艰苦的劳动，取得值得珍惜的成果，这本论文集收录了他们的总结性报告。我在这里仅指出一点，即在20世纪80年代他们刚刚起步的时候，根据当时自身的条件，选择了一个可行的科研发展的思路。这个思路概括地说就是从下游做起，逐步做到上游。从事功能食品的研究本来可以按部就班地从上游做到下游，就是说从功能因子的结构、作用机理做起，确定其功能的构效关系和量效关系，再从事慢性动物试验和人体试验进行功能学检验，最后进行工艺研究。但1985年生物系的实验条件十分简陋，没有比较精密的生理、生化仪器。如果从上游做起，会因为条件限制，而根本无法下手。因此，他们果断地采取了一条完全相反的思路：从下游做到上游。拿研究抗疲劳功能食品来说，他们选为工作起点的是用小鼠游泳试验和爬竿试验来筛选具有抗疲劳功能的基础材料（不是功能因子）。这样的功能学试验有一个玻璃水缸和一块秒表就可进行了，但又可以得到能够做出明确、可靠结论的实验数据。进而，他们研究能客观反映抗疲劳功能的生化指标。到了20世纪90年代，他们开始从机制上探索抗疲劳功能的新思路，探寻新的功能因子，并做出了成果。他们每一步的成果在本论文集中都有反映，有兴趣的同志可以看他们的论文，这里不再赘述。

为了推动科学研究工作的开展，是从上游做到下游，还是应该从下游做到上游，这要根据着手工作时的主客观条件来决定。两种思路并没有孰优孰劣的问题。但是生物系的同志当时根据自身条件选择从下游做到上游的路子则是可取的，在他们的实践中蕴含着两点精神是应该肯定的。第一，是从实际出发，面向现实，立足于现实，把握住今天，去迎接明天。这是一种高度务实的精神，它也许可以用一句话来表达："借问路在何方？路在脚下。"第二，建立强烈的前沿意识，不管自己当前的工作和科学前沿相距多远，但要始终了解前沿，瞄准前沿，扎扎实实一步步接近前沿。

在上级领导的关怀下，经过15年的奋斗，他们的工作条件已经大大改善。今天，他们既可做下游工作，也可以做上游工作，但是上述的两点精神不能丢。坚持以这种从实际出发，自强不息的精神来从事专业建设和学科建设必能取得更大的成绩，是为序。

【作者简介】

李椿（1929—2009），北京大学物理系教授。曾任北京大学分校校长、北京联合大学文理学院院长。

获奖及专利

1. 我国核实验对农作物、种子、土壤等效应影响研究 农业部技术进步二等奖（1979年）；国家科技进步三等奖（1985年）
2. 食品科学与营养学专业的设置与建设 北京市高教局优秀教学成果二等奖（1989年）；北京联合大学优秀教学成果一等奖（1989年）；北京大学分校优秀教学成果一等奖（1988年）
3. 达乌尔黄鼠诱发冬眠及其神经机制探讨 国家教育委员会科技进步二等奖（1991年）
4. 发展高等教学有突出贡献 获国务院特殊津贴（1993年）
5. 全国优秀教师荣誉称号（1998年）；北京市优秀教师荣誉称号（1997年）
6. 高能野战口粮研究 中国人民解放军科技进步三等奖（1999年）
7. 功能食品评价原理及方法（著作）北京市科技进步三等奖（2000年）
8. 中国食品科学技术学会2015年度 科技创新奖 突出贡献奖
9. 国家专利：红曲中降压活性物质的提取方法以及红曲降压药物，ZL200710176431.3（2011年）

著 作

1. 哺乳动物和鸟类的冬眠和蛰眠 蔡益鹏主译 北京大学出版社 1992年出版
2. 功能食品评价原理及方法 金宗濂，文镜，唐粉芳，陈文 北京大学出版社 1995年出版
3. 功能性发酵制品 尤新主编 中国轻工业出版社 1999年出版
4. 保健食品的功能评价及开发 金宗濂主编 中国轻工业出版社 2001年出版
5. 功能食品教程（北京市高等教育精品教材立项项目）中国轻工业出版社 2005年出版
6. 保健品营销师培训教材 中国保健协会 人民卫生出版社 2011年出版

附录：金宗濂教授著述目录
（按发表日期先后为序）

1. 金宗濂等.光辐射、冲击波对开阔地面畜禽的杀伤特点及受害畜禽利用价值研究.中国人民解放军国防科学技术委员会出版，我国核试验技术资料汇编第八分册《我国核试验技术资料汇编第八分册》
2. 金宗濂等.接受**拉特早期核辐射对畜禽繁殖机能影响研究.中国人民解放军国防科学技术委员会出版，我国核试验技术资料汇编第八分册《我国核试验技术资料汇编第八分册》
3. 金宗濂等.接受**拉特早期核辐射对畜禽远期效应观察.中国人民解放军国防科学技术委员会出版，我国核试验技术资料汇编第八分册《我国核试验技术资料汇编第八分册》
4. 金宗濂等.简易掩蔽地坑对光辐射、冲击波防护作用研究.中国人民解放军国防科学技术委员会出版，我国核试验技术资料汇编第八分册《我国核试验技术资料汇编第八分册》76-86
5. 金宗濂.达乌尔黄鼠（Citellus dauricus）冬眠的一些观察.北京大学研究生硕士论文摘要汇编，理科版，1982届
6. Y.P. Cai, Z.L.Jin, Induced rammer hiberhation in cittelus dairies. Program and Abstract for Living inde cold An international Symposium Staford University conference center Fallen Leaf Lake, California, 1985
7. 蔡益鹏，金宗濂，郑为民.中国达乌尔黄鼠有否血源性冬眠触发物质.科学通报，1986年第4期
8. 蔡益鹏，金宗濂，郑为民.Does the Blood-Borne Hibernation Induction Trigger（hit）Exist in the Chinese Seasonal Hibernator（Citellus dauricus PALLAS），Science Bulletin, 1986（4）
9. 蔡益鹏，金宗濂，郑为民.中国达乌尔黄鼠的夏季诱发冬眠——对有否冬眠触发物质的探讨.生态学报，1987年第4期
10. 金宗濂，蔡益鹏.季节、环境温度与黄鼠冬眠的关系.生态学报，1987年第2期
11. 金宗濂，蔡益鹏.人工低体温条件下达乌尔黄鼠的脑电研究.生理通讯，中国生理学第一届比较生理学学术会议论文摘要汇编，1987年
12. 金宗濂，蔡益鹏.人工低体温条件下达乌尔黄鼠心电研究.生理通讯，中国生理学第一届比较生理学学术会议论文摘要汇编，1987年
13. 金宗濂，文镜.复方脉饮的配方及其对运动疲劳及耐力影响.中草药，1990年第8期
14. 金宗濂，文镜.从血乳酸动态变化看药物和实物抗疲劳的作用.北京联大学学报，1990年第1期
15. 金宗濂.参芪合剂抗衰老及有效成分研究.Progress Report to ZENYAKU, 1990年
16. 金宗濂，唐粉芳，戴涟漪，丁伟，周宗俊.榆黄蘑发酵液的抗衰老研究.北京联合大学学报，1991年第7期
17. 金宗濂，唐粉芳，戴涟漪，丁伟，周宗俊.金针菇发酵液的抗衰老作用.中国应用生理学杂志，1991年第12期
18. L.C.H.Wang, Z.L.Jin, Decrease in cold tolerance of age rat caused by the enhanced adenosine activity. Pharmocology Biochemistry and Behavior, 1992年
19. 文镜，金宗濂.小鼠运动后血尿素的变化规律及药物影响的实验研究.华北地区生化学术会议论文摘要汇编，1992年
20. Z.L.Jin et al., Age-dependent change in the inhibiting effect of adenosine on hippocaml ACh release in rat. Brain Research Bullitin, 1993年（Vol.301）
21. 文镜，陈文，王津，金宗濂.金针菇抗疲劳的实验研究.营养学报，1993年第4期
22. 金宗濂.开发中医药食疗宝库，发展中国特色的营养保健食品——从食养、食疗到功能食品.中国中西医结合杂志，1993年第9期

23. 文镜，金宗濂，陈文，周宗俊．榆黄蘑对小鼠血乳酸、血尿素、乳酸脱氢酶影响的实验研究．北京联合大学学报，1994年第2期

24. 唐粉芳，金宗濂，王磊，张文清，赵红，李静绮．香菇发酵液对小鼠抗衰老及增强免疫功能的评价．北京联合大学学报，1994年第1期

25. 唐粉芳，金宗濂，王磊，郭豫．富硒营养粉对人工缺硒小鼠免疫、衰老、疲劳等生理指标的影响．北京联合大学学报，1994年第1期

26. 唐粉芳，金宗濂，王磊，郭豫．半乳糖亚急性致衰老模型的研究．北京联合大学学报，1994年第1期

27. 唐粉芳，金宗濂，赵凤玉，张文清．金针菇发酵液对小鼠免疫功能和避暗反应影响．营养学报，1994年第4期

28. 文镜，唐粉芳，金宗濂：黑优黏米酶解水提液延缓衰老作用研究，赖来展著：黑色食品开拓研究，1995年

29. 金宗濂．小议我国功能食品的发展方向．科技与企业，1995年

30. 文镜，金宗濂，翟士领．"燕京2号"口服液抗疲劳作用的实验研究．首届国际中医药保健与食疗研讨会论文汇编，1995年

31. 金宗濂，朱永玲，赵红等．功能因子——腺苷（adenosine）受体阻断剂改善老年记忆障碍的研究．首届国际中医药保健与食疗研讨会论文汇编，1995年

32. 文镜，王津，金宗濂．通过小鼠运动后血尿素变化规律观察中药的抗疲劳作用．北京联合大学学报，1995年第2期

33. 金宗濂，赵红，王磊，唐粉芳，高松柏．SOD作为延衰食品功能因子的可行性研究．食品科学，1995年第8期

34. 金宗濂，王卫平，赵红．腺苷与阿尔采默氏型老年痴呆症———一种可能的分子机制的新思路．心理学动态，1995年第4期

35. 金宗濂．中国保健食品功能评价程序和检验方法建立与实施．海峡两岸首届营养与保健食品学术研讨会论文摘要，1996年

36. 金宗濂．中国功能食品的回顾与展望．燕京研究院94国际学术研讨会——当代食品工业发展趋势论文集，北京大学出版社，1996年

37. 金宗濂，文镜，李嗣峰，王家璜．参芪合剂抗衰老的实验研究．中草药，北京大学出版社，1996年第2期

38. 金宗濂，朱永玲，赵红等．腺苷受体阻断剂对老年大鼠记忆障碍的研究．营养学报，1996年第1期

39. 金宗濂．发展具有中国特色的功能食品．中国食物与营养，1996年第1期

40. 文镜，金宗濂．肝癌细胞能量代谢中三种酶活力的比较研究．北京联合大学学报，1996年第2期

41. 唐粉芳，陈义，金宗濂．硒的生理活性及保健功能．中国食物与营养，1996年第3期

42. 金宗濂．你知道吗？1997：保健食品将有新标准——谈新出台的保健食品功能学评价程序和检验方法，中国食品，1996年第11期

43. 金宗濂．1997：保健食品将有新标准——谈新出台的保健食品功能学评价程序和检验方法．中国食品，1996年12期

44. 王政，刘忠信，戴涟漪，李鹏宇，谢承宁，王昉，金宗濂．金针菇增强免疫保健营养液的研制．北京联合大学学报，1996年第4期

45. 金宗濂，王卫平．茶碱对东莨菪碱造成的记忆障碍大鼠海马皮层及机体乙酰胆碱含量的影响．中国营养学会第四次营养资源与保健食品学术会议论文摘要汇编，1997年

46. 金宗濂，王卫平．茶碱对喹啉酸损毁单侧NBM大鼠学习记忆行为的影响．中国营养学会第四次营养资源与保健食品学术会议论文摘要汇编，1997年

47. 魏涛，金宗濂．壳聚糖降脂、降血糖、增强免疫作用的研究．中国甲壳质资源研究开发应用学术研讨会论文集（下册）青岛，1997年

48. 文镜，陈文，金宗濂．"六珍益血粥"的配制及其对贫血改善作用的实验研究．食品科学，1997年第1期

附录：
金宗濂教授著述目录（按发表日期先后为序）

49. 文镜，金宗濂．大鼠脑组织腺苷含量的 HPLC 分析．北京联合大学学报，1997 年第 1 期
50. 文镜，陈文，金宗濂．复方生脉饮对小鼠心肌 LDH 同工酶的影响．中草药，1997 年第 11 期
51. 文镜，唐粉芳，高宇时，高兆兰，金宗濂．果蔬组织中维生素 C 对邻苯三酚法测定 SOD 的影响．中华预防医学杂志，1997 年第 6 期
52. 文镜，陈文，金宗濂．用血糖动态变化评价抗疲劳功能食品可行性的研究．食品科学，1997 年第 11 期
53. 施鸿飞，王磊，唐粉芳，金宗濂．黑米对小鼠 HyP 和 GSH-Px 的影响．南京中医药大学学报，1997 年第 11 期
54. 魏涛，唐粉芳，郭豫，金宗濂等．壳聚糖降血糖作用的研究．中国甲壳资源研究开发应用学术研讨会论文集（下册），1997 年
55. 魏涛，唐粉芳，郭豫，金宗濂等．壳聚糖降脂作用的研究．中国甲壳资源研究开发应用学术研讨会论文集（下册），1997 年
56. 唐粉芳，金宗濂．茶碱的动员脂肪功能及其在功能食品中的应用．全国第二届海洋生命活性物质天然生化药物学术研讨会论文集，1998 年
57. 金宗濂．口服茶碱对喹啉酸损伤 NBM 大鼠学习记忆行为影响．全国第二届海洋生命活性物质天然生化药物学术研讨会论文集，1998 年
58. 金宗濂．苯异丙醛腺苷对大鼠学习记忆行为和脑内单胺类递质的影响．全国第二届海洋生命活性物质天然生化药物学术研讨会论文集，1998 年
59. 金宗濂．嘌呤类物质生理活性和第三代保健（功能）食品研制与开发．食品科学，2000 年 12 期
60. 金宗濂，葛明德．以科研为先导，推动学科建设，办好特色专业，食品科学和营养学专业方向与学科建设 15 年回顾．北京联大高教研究，1998 年第 2 期
61. 金宗濂．保健食品研讨会：A. 中国大陆保健食品现状及展望；B. 中国大陆保健食品的管理制度和政策；C. 中国大陆保健食品市场开拓；D. 中国大陆保健食品功能性评估及方法；E. 嘌呤类物质生理活性与第三代保健食品研究与开发，台湾新竹食品工业发展研究所，1998 年
62. 金宗濂．保健（功能）食品的现状和展望．食品工业科技，1998 年第 4 期
63. 唐粉芳，陈文，金宗濂．硒的生理活性及保健功能．中国食物与营养，1996 年第 3 期
64. 施鸿飞，曹晖，孙鸿才，唐粉芳，王磊，金宗濂．桑源口服液延缓小鼠衰老指标观察．南京中医药大学学报，1998 年第 11 期
65. 徐峰，葛明德，金宗濂．更好地发挥实验室的社会服务功能．北京联大高教研究，1998 年第 1 期
66. 张连龙，金宗濂．脑白金胶囊改善睡眠作用的实验研究．安徽医药，1999 年第 2 期
67. 金宗濂等．肝细胞能量代谢中三种酶活力比较研究．北京联合大学学报，1996 年第 2 期
68. 金宗濂．中国保健（功能）食品的现状及趋势．中国食品工业 50 年，中国大百科全书出版社，1999 年
69. 文镜，赵建，毕欣，张东平，金宗濂．金属硫蛋白抗亚急性辐射的实验研究．中国营养学会第五次营养资源与保健食品学术会议论文摘要汇编，1999 年
70. 金宗濂，文镜，王卫平，贺闻涛．天然腺苷受体阻断剂茶碱改善学习记忆障碍机理的研究．食品工业科技，1999 年第 12 期
71. 金宗濂，文镜．茶碱的动员脂肪及抗疲劳功能及其机理研究．食品工业科技，1999 年第 12 期
72. 文镜，金宗濂．金属硫蛋白抗亚急性辐射的实验研究．中国营养学会第五次营养资源与保健食品学术会议论文摘要汇编，1999 年
73. 金宗濂，文镜等．茶碱的动员脂肪及抗疲劳功能及其机理研究．东方食品国际会议论文摘要集，北京，1999 年
74. 文镜，金宗濂．参芪合剂对血乳酸、血尿素及肌力影响．当代卓越医家学术研究．香港医学出版社，1999 年
75. 金宗濂．于怀谦中国大陆保健食品功能评价原理．食品工业（台湾），1999 年第 12 期
76. 金宗濂，文镜．茶碱的动员脂肪功能及其在功能食品应用．食品工业科技，1999 年第 12 期

77. 金宗濂. 中国保健食品的现状、存在问题和发展趋势. 中国保健食品，2000年第2期
78. 魏涛，金宗濂等. 壳聚糖降血脂、降血糖及增强免疫作用的研究. 食品科学，2000年第4期
79. 文镜，王卫平，贺闻涛，金宗濂. 不同龄大鼠不同脑区乙酰胆碱的反相高效液相色谱测定. 北京联合大学学报，2000年第2期
80. 魏涛，唐粉芳，王卫平，高兆兰，金宗濂. 金属硫蛋白抗氧化及增强免疫作用的研究. 中国食品添加剂，2000年第2期
81. 金宗濂. 中国大陆和台湾地区健康（保健）食品的管理体制的比较研究. 中国保健食品，2000年第3期
82. 金宗濂. 我国保健食品科研开发进展（一）——功能因子及其作用机理研究. 未来五十年北京农业与食品业的发展研讨会论文集，2000年
83. 金宗濂，文镜，王卫平，贺闻涛. 茶碱改善东莨菪碱诱发的大鼠记忆障碍. 生理学报，2000年第5期
84. 文镜，常平，顾晓玲，金宗濂. 红曲中内酯型lovastatin的HPLC测定方法研究. 食品科学，2000年第12期
85. 金宗濂. 嘌呤类物质生理活性和第三代保健（功能）食品研制与开发. 食品科学，2000年第12期
86. 文镜，顾晓玲，常平，金宗濂. 双波长紫外分光光度法测定红曲中洛伐他汀（lovastatin）的含量. 中国食品添加剂，2000年第4期
87. 金宗濂. 我国保健食品科研开发进展（一）——功能因子及其作用机理研究. 未来五十年北京农业与食品业的发展学术论文集. 北京市科学技术学会重大学术活动之一，第六届世界城市首脑会议系列活动之一。
88. 金宗濂. 我国保健食品现状与21世纪发展趋势. 卫生部首届保健食品理论研讨会论文汇编，2000年
89. 金宗濂. 中国大陆和台湾地区健康食品管理体制比较. 卫生部首届保健食品理论研讨会报告，2000年
90. 金宗濂. 中国保健食品科研开发进展（一）功能因子及其作用机理研究. 中国保健食品，2001年第1期
91. 文镜，金宗濂. 茶碱促进脂肪动员功能的研究. 东方食品国际会议论文集，2000年
92. 金宗濂. 保健食品管理与开发. 中国卫生画报，2001年第4期
93. 金宗濂. 中国保健食品的现状及管理体制. 保健食品科技发展国际研究会论文集，2001年
94. 金宗濂. 我国保健食品市场现状及发展趋势. 食品工业科技，2001年第3期
95. 文镜，金宗濂. 芪草当归五子汤抗疲劳的研究. 世界名医论坛杂志，2001年第2期
96. 魏涛，金宗濂. 木糖醇改善小鼠胃肠道功能的实验研究. 食品工业科技，2001年第5期
97. 金宗濂. 中国保健食品科研开发进展（二）——对功能性基础配料研究. 中国保健食品，2001年第7期
98. 金宗濂. 中国保健食品科研开发进展（三）——对功能性基础配料研究. 中国保健食品，2001年第9期
99. 金宗濂. 我国保健食品的管理体制及消费者需求. 中国保健食品，2001年第10期
100. 金宗濂. 我国保健食品的管理体制及消费者需求（续）. 中国保健食品，2001年第11期
101. 金宗濂. 我国保健食品的管理体制及消费者需求（续）. 中国保健食品，2001年第12期
102. 文镜，赵建，毕欣，金宗濂，金瑞元，茹炳根. 金属硫蛋白抗辐射的实验研究. 营养学报，2001年第3期
103. 文镜，常平，顾晓玲，金宗濂. 红曲及洛伐他汀的生理活性和测定方法研究进展. 中国食品添加剂，2001年第1期
104. 金宗濂. 我国保健食品市场现状及发展趋势. 食品工业科技，2001年第3期
105. 金宗濂，王政，陈文，田熠华，金川，张颖，马远芳. 低聚异麦芽糖改善小鼠胃肠道功能的研究. 食品科学，2001年第6期
106. 文镜，常平，顾晓玲，金宗濂. 红曲及洛伐他汀的生理活性和测定方法研究进展. 中国食品添加剂，2001年第1期
107. 姜招峰，张蕾，谢宏，赵静，赵江燕，金宗濂. Aβ神经毒性作用机制的研究：Aβ1-40与CU（Ⅱ）的螯合. 中国生物化学与分子生物学学会第八届会员代表大会暨全国学术会议论文摘要集，2001年
108. 魏涛，陈文，齐欣，彭涓，金宗濂. 木糖醇改善小鼠胃肠道功能的实验研究. 食品工业科技，2001

年第 5 期

109. 金宗濂.我国保健食品的现状与发展趋势.食品工业科技，2001 年第 3 期
110. 金宗濂.我国保健食品产业现状及发展趋势.第二届世界养生大会论文集，2002 年
111. 金宗濂.我国保健食品管理体制及消费者需求（续）.中国保健食品，2002 年第 1 期
112. 金宗濂.我国保健食品管理体制及消费者需求（续）.中国保健食品，2002 年第 3 期
113. 金宗濂.日本的特定保健用食品及其管理体制.中国保健食品，2002 年第 4 期
114. 金宗濂.2001 年中国产业研究报告.中国工业经济联合会信息工作委员会，2002 年
115. 金宗濂.2001 年中国保健食品产业现状 2002 年展望.中国食品工业与科技蓝皮书，2002 年
116. 金宗濂.进入 WTO 后，我国保健食品产业面临危机与机遇.中国保健食品产业面临危机和机遇.中国保健食品行业入世对策及行规高层研讨会文集，2002 年
117. 金宗濂.从现代食品分析技术发展谈技术应用型人才培养.北京联合大学技术应用型本科研讨会论文集，2002 年
118. 文镜，金宗濂.D-木糖调节肠道功能的实验研究.世界名医论坛杂志，2002 年第 2 期
119. 金宗濂.日本的特定保健用食品及其管理体制.中国保健食品，2002 年第 5 期
120. 金宗濂.美国的健康食品及其管理体制.中国保健食品，2002 年第 6 期
121. 金宗濂.美国的健康食品及其管理体制（续）.中国保健食品，2002 年第 7 期
122. 金宗濂，文镜.参芪合剂抗衰老的实验研究.中国医学月刊，2002 年第 1 期
123. 金宗濂.我国保健食品市场现状及发展趋势.中国食品工业年鉴，2002 年
124. 金宗濂.台湾的保健食品及管理体制（上）.中国保健食品，2002 年第 8 期
125. 金宗濂.台湾的保健食品及管理体制（下）.中国保健食品，2002 年第 9 期
126. 文镜，罗琳，常平，金宗濂.紫外分光光度法测定红曲中酸式 lovastatin 的含量，中国食品添加剂，2002 年第 1 期
127. 金宗濂.2001 年中国保健食品产业的现状及 2002 年展望.食品工业科技，2002 年第 2 期
128. 魏涛，张蕊，金宗濂.褪黑激素抗氧化作用的研究.食品工业科技，2002 年第 2 期
129. 金宗濂.中国保健食品现状、存在问题和发展趋势.中国食品工业年鉴，2002 年
130. 魏涛，魏威凛，贡晓娟，金宗濂.冬虫夏草菌丝体镇咳、祛痰及抗菌消炎作用的研究.食品科学，2002 年第 3 期
131. 杜昱光，白雪芳，金宗濂，燕秋，朱正美.壳寡糖抑制肿瘤作用的研究.中国海洋药物，2002 年第 4 期
132. 文镜，赵建，朱晔，沈琳，金宗濂.利用失血性贫血动物模型评价含 EPO 因子功能食品的方法.食品科学，2002 年第 7 期
133. 文镜，李晶洁，郭豫，张东平，赵江燕，金宗濂.用蛋白质羰基含量评价抗氧化保健食品的研究.中国食品卫生杂志，2002 年第 4 期
134. 文镜，金宗濂.D-木糖调节肠道功能的实验研究.世界名医论坛杂志，2002 年第 2 期
135. 文镜，吕菁菁，戎卫华，金宗濂.低聚壳聚糖抑制肿瘤作用的实验观察.食品科学，2002 年第 8 期
136. 魏涛，唐粉芳，郭豫，贡晓娟，张鹏，魏威凛，金宗濂.冬虫夏草菌丝体改善肺免疫功能的研究.食品科学，2002 年第 8 期
137. 魏涛，唐粉芳，金宗濂.褪黑激素的生理功能.食品工业科技，2002 年第 9 期
138. 金宗濂.中国保健食品产业的出路——与国际接轨与世界同行.中国保健营养，2002 年第 11 期
139. 金宗濂.对发展我国保健食品行业的一些思想.中国食品工业与科技蓝皮书，2003 年
140. Zonglian Jin, Bodi Hui, Development of functional food production and market in China: expereme progress and scope for future ASEAN food science and technology: cooperation and integration for development proceeding of the 8th ASEAN food conference Hanoi Vietnam, 2003
141. 文镜，金宗濂.红曲中 lovastatin 的检测.全国功能性发酵制品生产与应用技术交流展示会论文集，2003 年

142. 金宗濂，唐粉芳．国外功能食品研究现状与法规．全国功能性发酵制品生产与应用技术交流展示会论文集，2003年
143. 金宗濂．从我国食品工业的发展试论应用型食品科学人才的培养．2003年海峡两岸高职教育学术研讨会论文集，2003年
144. 金宗濂．2002年中国保健食品制造业发展报告．中国食品工业发展报告（2003），中国轻工出版社，2003年
145. 文镜，常平，刘迪，金宗濂．RP-HPLC以开环形式测定红曲中总lovastatin含量．食品科学，2003年第3期
146. 魏涛，唐粉芳，张鹏，何峰，潘丽颖，金宗濂．褪黑激素调节免疫和改善睡眠作用的研究．食品科学，2003年第3期
147. 金宗濂．我国保健食品的市场走向及发展对策．食品工业科技，2003年第4期
148. 文镜，刘迪，金宗濂．洛伐他汀检测方法研究进展．北京联合大学学报（自然科学版），2003年第3期
149. 雷萍，金宗濂．红曲中生物活性物质研究进展．食品工业科技，2003年第9期
150. 金宗濂．我国保健食品市场走向及对策．食品工业年鉴，中华书局，2004年
151. 裴凌鹏，惠伯棣，金宗濂，张静．黄酮类化合物的生理活性及其制备技术研究进展．食品科学，2004年第2期
152. 郭俊霞，金宗濂．食物中一些降压的生物活性物质及其降压机理．食品工业科技，2004年第2期
153. 唐粉芳，张静，邹洁，孙伟，焦晓慧，金宗濂．红曲对L-硝基精氨酸高血压大鼠降压作用初探．食品科学，2004年第4期
154. 金宗濂．保健食品消除自由基作用体外测定方法和原理．食品科学，2004年第4期
155. 雷萍，金宗濂．几种食源性生物活性肽．食品工业科技，2004年第4期
156. 常平，李婷，李茉，金宗濂．γ-氨基丁酸（GABA）是红曲中的主要降压功能成分吗．食品工业科技，2004年第5期
157. 金宗濂．保健食品注册管理制度及其进展．第五届食品毒理学专业委员会学术会议及国际生命科学学会中国办事处生物活性物质学术研讨会论文集，2004年
158. 金宗濂．红曲降压的生理活性及功能因子研究初探．第五届食品毒理学专业委员会学术会议及国际生命科学学会中国办事处生物活性物质学术研讨会论文集，2004年
159. 金宗濂．功能食品的发展趋势及未来．食品工业科技，2004年第9期
160. 裴凌鹏，惠伯棣，张帅，金宗濂．葛根黄酮改善老龄小鼠抗氧化功能的研究．营养学报，2004年第12期
161. 金宗濂．大陆保健食品管理体制变革．2005全球华人保健食品科技大会论文集，2005年
162. 金宗濂．解读《保健食品注册管理办法》——中国保健食品的注册管理及框架．最新消费者维权法律文件解读，人民法院出版社，2005年
163. 金宗濂．中国保健食品的注册管理体制及架构．中国食品工业与科技蓝皮书，2005年
164. 张馨如，郑建全，魏嵘，任勇，金宗濂．红曲中降压活性物质的提取工艺研究．食品科学，2005年第4期
165. 斐凌鹏，金宗濂等．葛根黄酮对DNA氧化损伤的保护研究．食品科学，2005年第4期
166. 金宗濂．全球功能食品的市场及其发展趋势．食品工业科技，2005年第9期
167. 金宗濂．红曲降压活性、活性成分及作用机理研究．农产品加工（学刊），2005年第10期
168. 金宗濂．拥有巨大市场的保健食品——中国生物技术产业发展报告．化学出版社，2005年
169. 金宗濂．21世纪全球功能食品及其发展趋势．中国食品工业与科技蓝皮书，2006年
170. 金宗濂．保健食品中功能因子研究进展．2006年第四届中国功能食品配料应用暨发展研讨会，2006年
171. 金宗濂．提高科技水平，我国保健食品走向世界．国际商情，2005年
172. 金宗濂．世界功能性食品发展趋势与我国保健食品进展．中国老年学会老年营养与食品专业委员会第一届学术研讨会论文集，2006年

173. 金宗濂.2005年我国营养产业与功能食品学科.食品科学技术学科发展研究报告，2006年
174. 金宗濂.功能食品学科的现状及发展.食品学科技术学科发展报告，2007年
175. 金宗濂.红曲降压活性、活性成分及作用机理研究.第四届第二次中国毒理学会食品毒理专业委员会学术会议论文集，2006年
176. 金宗濂.2005年我国保健食品的注册及"注册管理办法"的实施态势.中国食品学报，2006年第6期
177. 郭俊霞，郑建全，雷萍，高岩峰，陶陶，金宗濂.红曲降血压的血管机制：抑制平滑肌钙通道并激发其一氧化氮释放.营养学报，2006年第6期
178. 秦菲，陈文，金宗濂.丙烯酰胺毒性研究进展.北京联合大学学报（自然科学版），2006年第9期
179. 董福慧，金宗濂，郑军，裴凌鹏，高云，杨淑芹，蔡静怡.四种中药对骨愈合过程中相关基因表达的影响.中国骨伤，2006年第10期
180. 秦菲，陈文，金宗濂，栾娜.油炸食品中丙烯酰胺分析方法研究进展.中国油脂，2006年第11期
181. 郑建全，郭俊霞，金宗濂.红曲对自发性高血压大鼠降压机理研究.食品工业科技，2007年第3期
182. 雷萍，郭俊霞，金宗濂.红曲降低肾血管型高血压大鼠血压的生化机制.辽宁中医药大学学报，2007年第3期
183. 常平，张颖，夏开元，金宗濂.红车轴草提取物中异黄酮成分的分析.食品科学，2007年第9期
184. 郭俊霞，郑建全，雷萍，高岩峰，陶陶，金宗濂.红曲降压的血管机制：抑制平滑肌钙通道并激发其一氧化氮释放.中国食品科学技术学会第五届年会暨第四届东西方食品业高层论坛论文摘要集，2007年
185. 金宗濂.功能性饮料的市场发展趋势与管理对策.中国食品学报，2007年第6期
186. 刘长喜，金宗濂，李连达.保健食品开发研究和营销管理模式的理论体系.营养与食品——健康中国高级论坛Ⅱ论文集，2008年
187. 金宗濂，陈文.我国保健（功能）食品产业的创新与发展.北京联合大学学报（自然科学版），2008年第4期
188. 陈文，吴峰，谷磊，金宗濂.从北京保健食品市场调查结果探讨保健食品管理问题.北京联合大学学报（自然科学版），2008年第12期
189. 金宗濂.我国保健（功能）食品产业的创新.食品与药品，2009年第3期
190. 金宗濂，张安国.还原低聚异麦芽糖调节肠道菌群动物实验研究报告.中国食品添加剂，2009年第4期
191. 尚小雅，王若兰，尹素琴，李金杰，金宗濂.紫红曲代谢产物中的甾体成分.中国中药杂志，2009年第7期
192. 陈文，魏涛，秦菲，金宗濂.美国对功能食品的管理.食品工业科技，2009年第7期
193. 金宗濂，陈文.创新是推动我国保健（功能）食品产业发展的根本动力.食品工业科技，2009年第7期
194. 陈文，秦菲，魏涛，金宗濂.日本对功能食品的管理.食品工业科技，2009年第8期
195. 魏涛，陈文，秦菲，金宗濂.欧盟对功能食品的管理.食品工业科技，2009年第9期
196. 秦菲，陈文，魏涛，金宗濂.澳大利亚对功能食品的管理.食品工业科技，2009年第10期
197. 秦菲，陈文，魏涛，金宗濂.韩国对功能食品的管理.食品工业科技，2009年第11期
198. 魏涛，陈文，秦菲，金宗濂.我国对保健（功能）食品的管理.食品工业科技，2009年第12期
199. 陈文，魏涛，秦菲，金宗濂.我国与国外发达国家在功能食品管理上的差距.食品工业科技，2010年第1期
200. 金宗濂.中国保健（功能）食品的发展.食品工业科技，2011年第10期
201. 金宗濂.中国功能（保健）食品发展动向.食品工业科技，2011年第10期
202. 王志文，张秀春，徐峰，金宗濂.润康普瑞牌平脂康胶囊辅助降血脂功能实验研究.北方药学，2011年第11期
203. 王志文，张秀春，徐峰，金宗濂.平脂康胶囊辅助降血脂功能人体试食研究.中医药临床杂志，2012年第1期
204. 王志文，张秀春，徐峰，金宗濂.润康牌伊然胶囊延缓衰老功能的研究.北方药学，2012年第1期

205. 金宗濂.我国保健食品研发趋势及其产业发展走向.农产品加工,2012年第12期
206. 王志文,张秀春,徐峰,金宗濂.润康牌伊然胶囊改善睡眠功能实验研究.内蒙古中医药,2012年第12期
207. 金宗濂.我国保健食品研发与生产中可能出现的安全问题及对策.中国食品学报,2013年第5期
208. 赵建元,魏涛,陈文,秦菲,金宗濂.加拿大对功能食品的管理.食品工业科技,2013年第11期

后　　记

　　2015年恰逢北京联合大学成立三十周年之际，更是"十二五"收官之年。北京联合大学应用文理学院于年初决定编辑出版《学知学术文库》。其第一辑出版了六本文集。我的《食学集》有幸入编。由于受到篇幅和编排格式的限制，出版后不少读者和同仁们纷纷来电、来函提出了一些合理化建议，归结为两方面：其一，自然科学的论文编排格式要规范化，应包括题目、作者、中英文摘要、关键词、正文和参考文献等；其二，可增加刊登论文的数量。虽然论文发表的年代较早，但许多论文至今仍有参考价值，特别可增加对保健食品管理及产业方面的评述和教学学科建设方面的论文。

　　2016年我已七十有六，退休至今也有九年了。毕生大部分的时间和精力都献给了保健（功能）食品事业，也有必要和可能对自己三十余年的学术工作做一个小结，画上一个圆满句号了。经过考虑再三，趁目前精力尚可，决定再度出版文集，并定名为《功能食品论文集》，与《食学集》相比，这本论文集做了一些较大的变动。

　　其一，增加"工作回顾与评述"部分。包括两篇论文，一篇为《保健（功能）食品三十年科学研究工作的回顾与评述》，另一篇为葛明德教授撰写的《一次探索应用理科专业方向的实践》一文。这是我的功能食品学术生涯的综述与小结。

　　其二，增加了论文的数量。特别是增加了保健食品管理和产业评述与学科建设方面论文和科研论文的数量。保健食品管理和产业评述方面的论文增加了28篇，学科建设方面的论文增加了7篇。

　　其三，刊登了的论文全部按照自然科学论文的格式进行了规范编排。

　　在论文集编辑过程中，得到了陈文教授、常平高级实验师、郑建全老师、陈彩玲和乔勤勤同学的大力协助，他们帮助我做了大量收集、校订论文等辛苦繁复的工作，在此一统并表示衷心感谢。

　　《功能食品论文集》的即将面世，与我的家人三十年如一日的支持和鼓励是分不开的。特别是与《中国医疗设备》杂志社金东董事长鼎力相助和出版社全体同仁的努力工作密不可分的，在此一并予以衷心感谢！

金宗濂
2020.1